高等院校海洋科学专业规划教材

Biological Oceanography
（Second Edition）

生物海洋学 （第二版）

查尔斯·米勒（Charles B. Miller）

帕丽夏·惠勒（Patricia A. Wheeler）著

龚骏 译

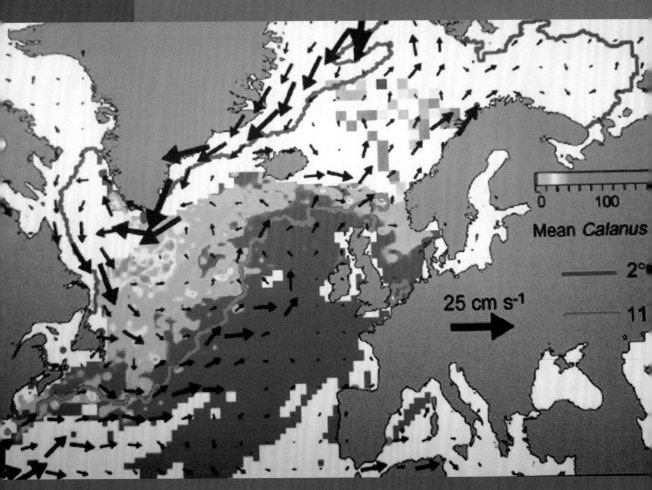

Mean *Calanus*

0   100

25 cm s⁻¹

2°

11

中山大学出版社

·广州·

图书在版编目(CIP)数据

生物海洋学：第二版/查尔斯·米勒，帕丽夏·惠勒著；龚骏译. —广州：中山大学出版社，2019.12

（高等院校海洋科学专业规划教材）

书名原文：Biological Oceanography(Second Edition)

ISBN 978 −7 −306 −06600 −8

Ⅰ．①生… Ⅱ．①查… ②帕… ③龚… Ⅲ．①海洋生物学—高等学校—教材 Ⅳ．①Q178.53

中国版本图书馆 CIP 数据核字(2019)第 073246 号

Shengwu Haiyang Xue

出 版 人：王天琪
策划编辑：李 文　　　　　　　责任编辑：张 蕊
封面设计：曾 斌　　　　　　　责任校对：梁嘉璐
责任技编：何雅涛
出版发行：中山大学出版社
电　　话：编辑部 020 −84111996，84113349，84111997
　　　　　发行部 020 −84111998，84111981，84111160
地　　址：广州市新港西路 135 号
邮　　编：510275　　　　　　　传　　真：020 −84036565
网　　址：http://www.zsup.com.cn　E-mail：zdcbs@mail.sysu.edu.cn
印 刷 者：佛山家联印刷有限公司
规　　格：787mm ×1092mm　1/16　46.75 印张　1085 千字
版次印次：2019 年 12 月第 1 版　2021 年 7 月第 2 次印刷
定　　价：150.00 元

总　序

　　海洋与国家安全和权益维护、人类生存和可持续发展、全球气候变化、油气和某些金属矿产等战略性资源保障等息息相关。贯彻落实"海洋强国"建设和"一带一路"倡议，不仅需要高端人才的持续汇集，实现关键技术的突破和超越，而且需要培养一大批了解海洋知识、掌握海洋科技、精通海洋事务的卓越拔尖人才。

　　海洋科学涉及领域极为宽广，几乎涵盖了传统所熟知的"陆地学科"。当前海洋科学更加强调整体观、系统观的研究思路，从单一学科向多学科交叉融合的趋势发展十分明显。在海洋科学的本科人才培养中，如何解决"广博"与"专深"的关系，十分关键。基于此，我们本着"博学专长"的理念，按照"243"思路，构建"学科大类→专业方向→综合提升"专业课程体系。其中，学科大类板块设置基础和核心2类课程，以培养宽广知识面，让学生掌握海洋科学理论基础和核心知识；专业方向板块从第四学期开始，按海洋生物、海洋地质、物理海洋和海洋化学4个方向，进行"四选一"分流，让学生掌握扎实的专业知识；综合提升板块设置选修课、实践课和毕业论文3个模块，以推动学生更自主、个性化、综合性地学习，提高其专业素养。

　　相对于数学、物理学、化学、生物学、地质学等专业，海洋科学专业开办时间较短，教材积累相对欠缺，部分课程尚无正式教材，部分课程虽有教材但专业适用性不理想或知识内容较为陈旧。我们基于"243"课程体系，固化课程内容，建设海洋科学专业系列教材：一是引进、翻译和出版 *Descriptive Physical Oceanography*：*An Introduction*（6th ed）（《物理海洋学·第6版》）、*Chemical Oceanography*（4th ed）（《化学海洋学·第4版》）、*Biological Oceanography*（2nd ed）（《生物海洋学·第2版》）、*Introduction to Satellite Oceanography*（《卫星海洋学》）等原版教材；二是编著、出版《海洋植物学》《海洋仪器分析》《海岸动力地貌学》《海洋地图与测量学》《海洋污染与毒理》《海洋气象学》《海洋观测技术》《海洋油气地质学》等理论课教材；三是编著、出版《海洋沉积动力学实验》《海洋化学实验》《海洋动物学实验》《海洋生态学实验》《海洋微生物学实验》《海洋科学专业实习》《海洋科学综合实习》等实验教材或实习指导书，预计最终将出版40多部系列教材。

教材建设是高校的基础建设，对实现人才培养目标起着重要作用。在教育部、广东省和中山大学等教学质量工程项目的支持下，我们以教师为主体，及时把本学科发展的新成果引入教材，并突出以学生为中心，使教学内容更具针对性和适用性。谨此对所有参与系列教材建设的教师和学生表示感谢。

系列教材建设是一项长期持续的过程，我们致力于突出前沿性、科学性和适用性，并强调内容的衔接，以形成完整知识体系。

因时间仓促，教材中难免有所不足和疏漏，敬请不吝指正。

《高等院校海洋科学专业规划教材》编审委员会

译 者 序

此书是 2012 年由 John Wiley & Sons 公司出版的《生物海洋学》第二版的中文翻译版。第二版在 2004 年第一版的基础上进行了很大的更新与扩展，呈现了当前对海洋生态学的最新理解，强调从病毒到鱼类、蠕虫等海洋生物的特征及其生境适应机制与意义。此版的作者查尔斯·米勒（Charles B. Miller），现为美国俄勒冈州立大学海洋系荣誉退休教授，曾讲授生物海洋学与浮游动物生物学课程多年；他对俄勒冈近海及河口、阿拉斯加湾、乔治沙洲及缅因湾的海洋浮游动物（尤其是桡足类）生态中的季节性过程的研究非常出色。另一作者帕丽夏·惠勒（Patricia A. Wheeler），现为俄勒冈州立大学海洋与大气科学系荣誉退休杰出教授，在生物海洋学与浮游植物生理教学上拥有丰富的经验；在浮游植物营养盐动态，包括溶解有机碳与氮，太平洋赤道带、加州洋流北部及北冰洋现场研究方面做出了重要贡献。

本书从全球视角讲述海洋生物及其与海洋物理、化学过程的互动，一开始着重于海洋上表层生活的生物与过程，但也关注了底栖生物、热液喷口及渔业海洋学等内容，信息覆盖非常全面。作者从始至终力求在内容上反映生物海洋学的最新研究进展。分子遗传学在生物海洋学研究中的应用也变得越来越重要，这一点在许多章节中也有体现。与国内已有的同类主题参考书相比，本书中有几章非常有特色，例如，第 4 章"数值模型：浮游生态学理论的标准模式"、第 5 章"微生物的海洋：海水中的古菌、细菌、原生生物与病毒"、第 11 章"海洋生物的群系与区系分析"、第 16 章"海洋生态学与全球气候变化"。本书内容反映了近年来在海洋模型、微型生物分子系统学与生态学、海洋生物地理学等领域的最新或整合性成果，以及当前生物海洋领域对全球变化相关热点科学问题的关注。

本书在内容编排、叙述方式、文字表述风格等方面也非常有特点。总体上从生物海洋学入门的基础知识开始，由浅入深地进行讲解。对于一些有必要详细讲解的知识点（尤其是方法学的基本原理），常采用知识框及框图的形式，相对独立、清晰地将其呈现出来。这种编排方式既保持了正文叙述的连贯，又给初学者自学这些细节内容的机会。每节的标题都概括了内容的中心论点，真正做到方便读者阅读。全书图文并茂，生动形象。

此外，文中涉及的绝大部分内容都给出了文献源，在本书后文中也给出了详细的文献列表，方便读者查找原始文献。例如，可通过互联网搜索这些经典文献的被引用情况，迅速了解有关这个子问题的研究现状与最新进展。每个章节都通过易于理解的例子启发式地引入，使读者读起来宛如作者就在跟前讲述一般，娓娓道来，偶有诗歌、幽默与调侃。以上种种，我们在翻译过程中都力求忠实于原文。

我们翻译这本优秀英文教材的初衷是为了方便国内初学者迅速了解并掌握生物海洋学的基本概念、内涵、原理与思想，也希望能为高年级本科生、从事海洋生态研究的研究生、海洋生态工作者提供些许参考与借鉴。同时，也推荐有志于献身海洋科研事业的读者去阅读英文原著，体验其原汁原味。

衷心感谢参与翻译的全体工作人员，他们在工作与学业的压力下仍都帮助完成了相应章节译文的前期修订：中山大学海洋科学学院的沈卓副研究员（第10、11章）、张筱墀副研究员（第8、15章）、李桂豪（第5、9章）、蒋小萌（第1、6章）、巩法慧（第4、16章）、邓宇帆（第13、14章）及中国科学院烟台海岸带研究所的张倩倩副研究员（第2、7章）、张晓黎副研究员（第3、17章）与邹松保（第12章）。译者后期再次对全文进行了修订与复核。因为译者水平有限，对原文的理解难免有纰漏与错误，力所不及之处，还请读者不吝批评指点，以便我们尽力修正。

龚　骏

2018 年 7 月

第二版前言

在第一版问世之后的 **9** 年中，科学与学术研究发生了翻天覆地的变化。很多学术期刊不再印刷纸质版，也不再只能在图书馆中查阅，计算机文件取而代之。仅在 **10** 年前，同行对打印版文献的建议及图书检索服务看起来是那么有趣，使我们了解到许多令人兴奋的事实与层出不穷的想法。现在，可以检索到几乎所有研究方向的书面内容（北极古菌宏基因组学、鲸鱼牙齿的生长环、端足目动物的游泳机制……）。此外，海洋学（以及生物学）的文献数量惊人。科学家的人数越来越多，而且几乎都用英文发表文章。现在，很多历史悠久的学术期刊每年出版数以万计的"页数"，除此以外，有些杂志还可开放获取或只有在线版本。因此，要跟上某些子学科的子方向的发展步伐都很难（如原绿球藻代谢中磷的替代途径）。我们猜想本书的读者将是未来的海洋研究者，将会在某个方向上变得极为专业，将会在不断扩展的生物学与海洋学领域的某个子方向上不断钻研。不过，一开始就以一个广泛的视角了解这个研究领域同样可以使您受益匪浅，因此介绍生物海洋学的方方面面也会非常有用，这也是我们这次修订《生物海洋学》的目标。

在本书中，我们坚持从生物本身出发展开论述：海洋中有哪些原核生物、藻类、原生生物和动物？它们如何在水中运动，如何繁衍生息，如何获取及提供食物？这些生物是如何分布的，为何以这种方式分布？在阳光炙热的水面上、黑暗的深水中、海底淤泥以及深海热液喷口附近生存需要哪些特有的适应机制？随着海洋溶解更多二氧化碳而酸化及变暖，生物体的适应性将发挥哪些作用，又将发生哪些变化？我们采用这种方法来展开介绍，不论是受阳光照射的海水上层、昏暗的中层带还是海底，同时也重点介绍了在这些生境中开展的一些具体生态学研究。本书有时也从其他视角展开介绍，在强调说明生物海洋学与物理海洋学的交互作用时尤其如此。在这方面，**K. H. Mann** 和 **J. R. N. Lazier** 所著的《海洋生态系统动力学》（2006 年第三版，**Wiley-Blackwell** 公司出版）中有更有指导性的说明。若想重点了解生物海洋—物理海洋交互过程方面的内容，我们向您推荐此书。

在介绍生物—生物及生物—生境的相互作用关系时，我们也尝试选择许多此方面的研究案例来讲解，其中一些案例是最新的研究成果。这一版也沿用了第一版中的原有内容；并非所有主题都是最新的，也应避免给人生物海洋学始于 **2003** 年这类错觉。另外，对近 **10** 年来的一些"热门"研究主题，我们也特意为之安排了一些新的示例。分子遗传学的内容已经渗透到生物学的方方面面，也包括生物海洋学，因此，新版中我们加入了更多分子遗传学方面的内容。我们新加了第 **1** 章，介绍了水（尤其是咸水）中生物学的一些基础知识；更新并扩展了有关春季藻华的讨论，并将这部分内容移至第 **11** 章"海洋生物的群系与区系分析"；有关浮游食物链的内容是新增加的一个章节，包括利用消化道内含物以及稳定同位素比值的方法来确定营养级等。

如果您在生物海洋学研究上很活跃，那么，本书有可能展示或引用了您的研究成果，但也仅能引用极少有用的研究成果。您的研究内容有可能在本书后期剪辑时被减掉，也很可能我们从未发现您的研究内容。有关研究内容未能囊括在本书中并不代表我们对那些工作价值的一种评判。在第一版中，有些研究领域的篇幅占比不大，这次再版也将再次出现这种现象，因此，我们建议教师在授课时利用自己掌握的知识和分发资料的方式来填补相应的知识缺口。

同很多科学家一样，在某些研究主题上我们可能稍稍有点师心自用，而且很多此类观点都明确地呈现在您面前。若读者在一些内容上持有与我们不同的观点，也有可能您能更好地对某些内容进行解释时，敬请告知。目前，我们仍处于工作状态，衷心希望我们能相互沟通。期待您的意见。

谢谢！

Charles B. Miller 和 Patricia A. Wheeler
2011 年 11 月

作者、译者简介

作者简介

查尔斯·米勒（Charles Miller）博士：美国俄勒冈州立大学海洋系荣誉退休教授，对海洋浮游动物（尤其桡足类）的季节变化研究尤为出色，拥有多年生物海洋学与浮游动物生物学教学经验。

帕特丽夏·惠勒（Patricia Wheeler）博士：俄勒冈州立大学海洋与大气科学系荣誉退休杰出教授，在浮游植物营养盐动态研究方向上做出了重要贡献。

译者简介

龚骏博士：中山大学海洋科学学院教授，长期从事海洋微型生物多样性、分子生态学、生物地理学及生物地球化学研究与教学工作。

目　　录

第 1 章　海洋生态学研究的基本问题

生物海洋学也可称为海洋生态学，指从海滨（或从最低的低潮水位向外）直至大洋中心的生态学。通常河口生境也是海洋学的研究对象。海洋学家研究如下问题：不同海洋区域栖息着哪些类型的生物，它们为何以此方式栖息？有机物是如何形成的，通过哪种"植物"（虽然我们极少使用这个词，随后我们将对此进行解释）形成，以及哪些因素控制着这些"植物"的生长？哪些海洋动物是食草动物，哪些是食肉动物，食肉动物如何发现并捕获它们的猎物？季节变化如何影响生物区系？从微生物到鲸鱼，海洋生物之间的主要关系是什么？海水具有哪些化学与物理性质？在水下4000 m 几乎完全黑暗的环境中，蠕虫和等足类动物如何在淤泥中生存？我们期待从大海中收获什么，如何在不破坏资源或栖息地的情况下，开采渔业资源或海底矿产？全球气候变化如何影响海洋生物区系？这些问题的答案有些来自生物海洋学，有些则主要来自化学或物理学。基本来说，生物海洋学跨越许多学科，这使生物海洋学研究充满了乐趣。

1.1　海水

"生态学"（ecology）这个词的词根是 oikos（οικοσ），后者为希腊语，表示"房屋"或"栖息地"。这是一门研究生物及与其相关的栖息地的科学，显而易见，海洋生物的关键栖息地是水——咸水。因此，让我们首先来详细谈谈水。水的分子结构为一氧化二氢——由一个氧原子及两个氢原子通过中等强度的共价键（共同使用孤电子）结合而成。水分子并不呈线性，因为氢质子与电子层相斥，使电子层移至氧原子的远侧，并且认为两者之间的夹角为 $105°$。因此，整个分子是极性分子，在氢侧为阳性，在氧原子附近为阴性。这种极性导致液相和固相中的水分子之间形成较弱的键。这种氧原子与氢原子产生的氢键形成链式连接，在液相中形成"忽隐忽现的簇团"矩阵，在冰中形成有序性较低的晶体。当液态水冷却时，分子热运动对水分子之间的氢键的破坏将降低，分子之间更紧密的键合使它们占据的空间逐渐缩小。因此，水在3.98 ℃时达到最大密度（Caldwell，1978）。但是，冰中同样数目的水分子却占用了更大的空间，因此，同样质量的冰的体积比最大密度时的液相水的体积大了约 10%，这就是冰漂浮在水上的原因。正因为这样，水与其他液体在性质上的不同造就了很多特有现象。例如，湖泊必须完全冷却至约 4 ℃，达到垂直均匀的状态时表面才会开始结冰。海洋咸水则具有截然不同的状态方程（密度是关于温度、盐度和压力的函数），因此，海水密度达到最大时的温度随着盐度和压力的增高而降低（Caldwell，1978），水体翻转混合不再是结冰的必要条件。

此外，由于氢键的存在，水的比热容非常大（"比"指单位质量）。在 1 个大气压下，将 1 g 水的温度升高 1 ℃（比热）所需的热量定义为 1 卡路里（卡，cal）。卡路里是一个旧的单位，1 cal 约等于 4.186 J，此单位在一定程度上随着温度和压力的变化而变化。与水相比，乙醇的氢键能量相对较弱，1 g 乙醇温度升高 1 ℃只需要 0.58 cal 的能量。因为水的比热容较大，所以海洋升温、冷却速度也非常慢，这使源于热带的暖流可以携带大量的热量向极地高纬度方向输送。此外，必须向水中输送非常大的热量来促使海水蒸发（2 257 kJ·kg^{-1} = 540 cal·g^{-1}）；同样，海水结冰也需要放出大量热量（334 kJ·kg^{-1} = 80 cal·g^{-1}）。当液态水为纯水时，在 0 ℃时，水温将在凝固期间保持不变；当液态水为盐水时，其凝固温度将比 0 ℃降低几摄氏度（所以，我们会在结冰道路上撒盐来促使冰融化）。凝固之后，冰的温度甚至可以变得更低。在压力一定时，水也有固定的沸点（水分子爆发性地逸散成气态时的温度）。在 1 个大气压下，沸点为 100 ℃。压力对相态变化的影响在深海热液喷口处非常重要，因而水在 2 000 m 深度的沸点高于 330 ℃。因此，岩浆加热的水可在不变成水蒸气的情况下从海底涌出。在低于沸点的温度下，水也会发生蒸发，并且空气和水之间的温差越大，水蒸发的速度越快。海洋、湖泊、水洼、湿砂以及植物蒸腾出的水蒸气进入大气中，形成云，使太阳光在大气中的反射量增加，也使降雨随着地理、季节和年份的变化而变化。显而易见，水的化学和物理性质在海洋生态学中都是非常重要的。

由于水分子的静电极性，水分子的排列也会偏向于朝向与之临近的离子（盐）。例如，对于氯化钠，氧原子将会吸引钠离子，而氢原子则吸引氯离子。这种吸引足以使许多盐的离子键发生解离，并且水分子随后会围绕这些自由离子。如此，当水流过陆地，溶解的盐类会随之逐渐积聚，并在流经岩浆加热后浓度升高。这些盐分将被输送至海洋。海洋相对地势较低，因此，盐分在这个巨大蒸发池中大量聚集。只要时间足够长，对海洋盐分的补给与盐分被输送至沉积结构（沿海盐层、锰结核、深海热液喷口塔等）中的过程将达到平衡，故而海洋中不同离子的比例相对恒定。因此，海水"盐度"正是在主要溶解离子比例恒定的基础上确立的（见表 1.1）。

表 1.1　海水中的主要溶解离子比例

阳离子	海水中含量/(g·kg^{-1})	阴离子	海水中含量/(g·kg^{-1})
Na$^+$	10.78	Cl$^-$	19.35
Mg^{2+}	1.28	SO$_4^{2-}$	2.71
Ca^{2+}	0.41	HCO$_3^-$	0.126
K$^+$	0.40	Br$^-$	0.067
Sr^{2+}	0.008	B(OH)$_4^{3-}$	0.026
		F$^-$	0.001

总盐分 = 35.17 g·kg^{-1}海水。

所有这些离子被称为保守离子，它们的比例仅存在微小变化——Forchhammer 在

1864 年注意到这个现象，而 William Dittmar（1884）则利用"挑战者"号（1873—1876）采集到的世界海水样品开展详细的分析工作，并证实了这个规律。由于碳酸钙质壳体在高压下发生溶解，因此，钙离子的浓度随着海水深度会发生较小的变化；碳酸氢盐的浓度随着海水中 CO_2 含量而变化（因为海水吸收矿物燃料燃烧所产生的 CO_2，海洋中的 CO_2 含量不断增加）。由于海水中主要离子之间的比例几乎保持不变，因此可通过测定其中任何一种溶解离子的浓度来估算总盐度，例如，可采用硝酸银滴定法测定氯化物，或通过测量水的整体导电性的方式测定氯化物。在实践中，将海水样品的导电率与"标准"海水导电率的比值设定为盐度，这个比值没有单位（在获得比值时将单位相互抵消），通常也称之为"实用盐度"。例如，我们通常将盐度（S）简单表示为 $S = 35$，后面不再加千分号，这个数值与每千克海水中的盐分克数有关。$S = 35$ 接近海洋盐度的总体平均值。在红海的某些海域，S 最高值约为 40。与这些保守离子不同，硝酸盐（NO_3^-）等离子可被进行光合作用的藻类与细菌吸收，它们的浓度有较大变化，因此，属于非保守离子（盐类）。贫营养大洋表层的 NO_3^- 浓度低到几乎检测不到，而北太平洋深海的 NO_3^- 则可高达 45 $\mu mol/L$。即使太平洋极深层海水中较高的 NO_3^- 浓度确实使海水密度有所增高，但 NO_3^- 浓度并不会给氯化物或导电性的测定带来很大的偏差，因此，对总盐度 S 的测定不会产生很大的影响。

细胞膜基本上仅允许盐离子通过特定的耗能的蛋白质通道进出细胞，但水的跨膜交换非常自由，从溶质（盐和所有其他物质）浓度较低的一侧，流动至溶解物浓度较高的一侧。水的这种渗析流实际上也遵循沿水浓度梯度从高到低流动的规律。在很多海洋生物（包括海洋藻类与大多数无脊椎动物）中，它们的细胞和组织液与海水具有相等的渗透压，即溶质和水在其细胞内外的浓度相同。淡水植物和动物则不然，它们的细胞必须含有一些盐分和溶解有机物，使水从多孔的细胞表面进入细胞。这些细胞必须不断地将水排出，才能避免过度膨胀、破裂和死亡。原生生物拥有专门的细胞器来完成此功能，而在后生动物中该任务则是通过（不同类群生物具有不同复杂度的）肾脏来完成。

鱼类在淡水中进化出来。鱼类的鳃膜必须与水接触才能完成氧气交换，但它们的皮肤和鱼鳞的不渗透性限制了水进入鳃膜，高效工作的肾脏也将体内多余的水排出体外。当一些鱼类从淡水转移到河口与海洋（很可能是此进化顺序）中生活时，上述问题就解决了：海水可以通过鱼鳃直接流出。另外几种适应机制也逐步形成：鲨鱼和鳐可以承受身体组织中具有较高浓度的尿素，使其组织与海水的渗透压相等；硬骨鱼类可以吞咽水，随后通过肾脏和鳃上的淡化腺体将盐分从体内排出；在淡水和海水之间洄游的鱼类（包括三文鱼、鲱鱼、鳗鱼等）必须在这些模式之间来回切换，有时候（如硬头鳟）会来回变换很多次。很多海鸟虽然不会因和海水之间的渗透压差而受到影响，但这些海鸟必须通过饮海水来补给肺部水的损失，同时利用鼻孔中的腺体来排出体内的盐分。海洋哺乳动物没有很多与水接触的细胞膜，一般而言，此类动物会避免饮用海水。它们能够非常有效地将食物中的水分及自身代谢产生的水分保留在体内。这些动物拥有专门的肾脏，管理着组织电解质（盐分）的平衡。生活在河口半咸水中的动物和植物适应中等盐度及高度变化的渗透压的方式是多种多样的。

水分子中的氢原子和氧原子共价键不稳定，因此，水分子中的氧原子有时会将一个氢原子从另一水分子中吸引出来，生成水合氢离子（H_3O^+）以及氢氧根离子（OH^-）。在纯水（实际上很难获得此类水）中，这两种离子的浓度都为 10^{-7} mol/L。在酸性溶液中，游离氢原子生成更多 H_3O^+，将其摩尔浓度增加至 10^{-6} mol/L，这会中和掉等量的 OH^-，将其摩尔浓度减少至 10^{-8} mol/L。在碱性溶液中情况则刚好相反。对于酸性或碱性溶液，通常用水合氢离子摩尔浓度的负对数或者 pH 来表征这种离子浓度的平衡，中性时该值为 7.0，当氢离子浓度为 1 mol/L 时，该值为 1.0，当氢氧根离子为 1 mol/L 时，该值为 14.0。表层海水 pH 稳定在 7.9～8.4（近表层海洋的平均 pH 约为 8.1）的范围内，海水中的碳酸盐和硼酸盐起了很重要的缓冲作用，其中，碳酸盐对缓冲效应的贡献率约为 95%。该系统的化学反应过程较为复杂，主要是因为涉及二氧化碳（CO_2）溶于水后生成碳酸（H_2CO_3），碳酸又会发生多级解离。碳酸氢盐（HCO_3^-）在碳酸盐总量中占较大一部分，HCO_3^- 又可进一步解离——HCO_3^- 既可作为酸释放氢离子又可作为碱吸收一个氢离子，因此，可发挥较强的缓冲功能。矿物燃料燃烧以及其他人类活动导致溶解于海水的二氧化碳增加，整个缓冲系统承受着一定的压力。其带来的一个最重要的问题是，更多碳酸的电离，不仅使壳层和珊瑚骨骼的稳定性降低，也增加了形成碳酸钙质的成本。生物体虽拥有一定管理内部 pH 的能力，但随着酸性的增加，生物用于调控 pH 的能量成本也随之增加。海洋化学家已对海水的酸碱关系进行了大量研究，我们在此不做过多说明。需要牢记的一点是，常用 pH 范围是以 10 为底的对数值，因此，如果 pH 从 8.1 降至 7.8，这表明水合氢离子摩尔浓度增加至原来的 2 倍——这实际上是一个非常大的变化。

1.2 浮游自养生物很小

与陆地不同的是，海洋里通常没有大型的、复杂的植物。生长在北大西洋亚热带环流中的马尾藻（*Sargassum* spp.）却是一个例外，这样的大型植物漂浮的例子虽然存在，但并不典型，且在地域上比较局限。而与底栖生物相反，几乎所有浮游生境中的光合生物都是个体较小的单细胞藻类，统称为浮游植物（phytoplankton）。"浮游生物"（plankton）一词源于希腊语，含义是"需随着水流漂流"。在埃斯库罗斯的著名悲剧《阿伽门农》中，克吕泰墨斯特拉这个角色使用"planktos"一词来否认她自己没有主见。后来，有学者向 Victor Hensen（浮游生物学创始人）建议使用"plankton"这个词来指代那些相对被动的生物。大多数浮游植物的细胞直径为 1 μm 至 70 μm，只有极少数种类的细胞直径可达到 1 mm。浮游植物个体大小范围是一个非常重要的特征。在一般情况下，细菌直径为 1 μm，红血球直径为 7 μm；在反差鲜明的条件下，裸眼可看到 50 μm 大小的物体。因此，大部分海洋藻类细胞都无法用肉眼来分辨。生物海洋学中有关"个体大小"的术语定义，见表 1.2。

表 1.2　浮游生物体型尺寸

特征性长度	术语(示例)
<0.2 μm	超微型浮游生物 Femtoplankton(病毒)
0.2 ~ 2 μm	微微型浮游生物 Picoplankton(细菌、极小的真核生物)
2 ~ 20 μm	微型浮游生物 Nanoplankton(硅藻、腰鞭毛虫、原生动物)
20 ~ 200 μm	小型浮游生物 Microplankton(硅藻、腰鞭毛虫、原生动物、桡足类幼虫等)
0.2 ~ 20 mm	中型浮游生物 Mesoplankton(主要是浮游动物)
2 ~ 20 cm	大型浮游生物 Macroplankton

已提出了几组前缀用于区分浮游生物的个体大小等级。我们可采用 Sieburth 等(1978)提出的方法。

　　为何浮游自养生物如此小？生物海洋学上一般都给出以下解释：当个体细胞较小时，在生物量不变的情况下，其对应的表面积就较大，这有利于浮游植物从稀释度非常高的溶液中吸收硝酸盐、磷酸盐和铁等营养物质。在陆地生境中，土壤水营养盐浓度相对更高(见表 1.3)。但是，土壤水中的营养盐可通过邻近矿物获得快速的补给，因此，土壤水中的养分不太容易被耗尽，这个特点进一步扩大了海水与土壤水之间的差异。正因如此，占植物表面较小比例的支根和根须能提供大型植物生长与维持生命所需的足够养分。在海洋中，从稀溶液中被吸收到细胞表面，营养盐对浮游植物的供给过程受到了营养盐扩散的限制，因此，浮游植物的表面积必须相对于细胞体积最大化，而这是通过体形很小来实现的。例如，硅藻是浮游植物中数量较多的类群。其中很多硅藻呈圆柱形，并在我们将长度或直径设为 1 时，表面积与体积之比以 6 每长度单位的幅度变化，该值随着尺寸的缩小而大幅增加。同样形状、直径为 30 μm 的硅藻所具有的表面积为 4 241 μm^2，而直径 15 μm 的硅藻，其表面积只有该值的 1/4 (1 060 μm^2)。然而，较小的硅藻单位体积所占有的表面积是较大者的 2 倍。球状硅藻表面积与体积比(S/V)也以相似方式变化——6/直径。细胞形状较长的浮游植物，其细胞大小对 S/V 的影响更大(您可以通过计算自行证明)。

表 1.3　冬季表层海水中主要营养盐浓度及与天然(和已施肥情况相对)土壤水的比较

单位：μmol/L

	NO_3^-	PO_4^{3-}
北大西洋亚北极	6	0.3
北太平洋亚北极	16 ~ 20	1.1
天然土壤水	5 ~ 100[*]	5 ~ 30[**]

[*] 土壤农业化学家使用奇怪的单位，如 kg NO_3^-·hm^{-2}。从本质上讲，他们极少尝试提取土壤水(这较为困难)，因为土壤相对干燥，并且大部分与有机物相关。

[**] 难以定性。此范围摘自土壤科学文件，但请勿过多相信此范围。多数已发布数据以每克土壤含多少微克 PO_4^{3-} 的单位进行计量。

事实上，浮游植物细胞将营养盐由胞外运输至胞内的酶类仅占其表面的一小部分，因此，重要的并非表面本身。个体小的重要性在于提供相对较大的表面，使养分可通过扩散输送至此表面；而在低浓度环境下受到限制的是扩散速率。在浮游植物个体大小范围内，与细胞表面相邻并与水接触的边界层相对于细胞而言较大，边界层抑制紧靠边界的流体交换。紊流剪应力主要出现在相对于细胞更大的尺寸范围上，特别是在尺寸大于柯尔莫哥洛夫长度范围的时候。该尺寸在海洋紊流能量耗散率下通常为数厘米。当小于该尺寸时，黏度发挥主要作用，而紊流的影响较小（Lazier 和 Mann，1989）。因此，与细胞相邻的水仅能缓慢交换，分子扩散仍是养分供应最大的限制因素，尽管沉降和紊流可在与细胞保持一定距离的情况下提高养分的可利用度性。对于吸收表面 A，硝酸盐等溶质的扩散通量可以根据菲克定律给出。该定律是菲克（Cussler，1984）通过类比法，按照热传导方程——傅里叶定律推导得出：

$$流量（到达量／时间） = -AD \cdot \delta C/\delta x, \qquad （式1.1）$$

式中，D 是物质特异性的扩散系数，$\delta C/\delta x$ 是远离（因此为减号）表面的浓度梯度（质量/体积）。如上所述，如果扩散足够慢，则运输酶仅需占用细胞表面的很小一部分来吸收特定的分子。Berg 和 Purcell（1977）基于各分子扩散速率和处理时间计算出估计值，其启示为：获得任意一种溶质，只需要细胞表面的一小部分被运输酶所占用，再多的表面积也不会带来更多的好处，因为溶质扩散过程限制了对细胞表面的供应。在某种意义上这个机制有助于浮游植物生存，因为还有许多不同的溶质的吸收需要膜上的转运蛋白或至少需要一个运移通道来协助完成。Sunda 和 Huntsman（1997）的实验数据（图1.1）表明，当生长受到三价铁离子浓度的限制时，单位面积的铁摄入率在所有大小不同的浮游植物细胞中是相等的（受扩散限制，均达到极大值）。因为浮游植物对铁的需求是非常普遍性的，并且仅吸收 Fe^{3+}，因此，大部分物种都通过进化使细胞具有足够的运输蛋白区域密度，足以使铁的吸收不被运输蛋白所限制，而只受到扩散速率的限制。较小的细胞的质量表面积比值较低，体型较大的细胞受铁限制，小型细胞却能吸收足量的铁以维持生长。此外，小个体的海洋浮游植物已通过进化，对光合代谢和氧化代谢进行了大幅调整，以减少其单位细胞质量对铁的需要。

因为浮游植物个体很小，所以与陆生植物或海岸沿线生长的海藻相比，浮游植物的个体生命也是短暂的。陆生食草动物啃咬植物后植物能自行恢复，重新生长；浮游动物则吞咽整个浮游植物细胞，浮游植物整个都没有了。因此，浮游植物群体存量的维持取决于这些细胞能否快速繁殖，事实上，浮游植物的繁殖速度可以很快。很多（非全部）浮游植物的数量每天能以两倍或更多倍的速度增加。因此，如果浮游动物很少且生长条件（光照、养分和温度）较好，那么这些浮游植物的细胞数量可能以指数方式增长，每天翻一番，10天后可增加1000倍。快速生长的硅藻的增加速度可能是上述速度的两倍。这种指数化快速增加是浮游植物数量大暴发或"藻华"（blooms）的基础。然而，藻华的发生通常与浮游植物生长并不同步，主要原因是浮游植物在生长的同时也被浮游动物大量摄食，因此，每天浮游植物存量的增加比例不会太高。藻华最常发生在春季，春季浮游植物的暴发一直以来都是（直至今日仍是）生物海洋学研究的中心议题之一。我们将对此现象以及不发生此现象的海洋学机制进行详细阐述。

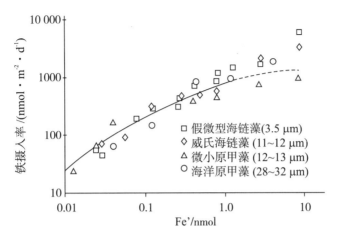

图 1.1　不同平均直径的浮游植物细胞对培养基中三价铁离子的摄取率

不同平均直径的浮游植物细胞对培养基（对数坐标）中三价铁离子的摄取率（每平方米细胞表面），包括两种海链藻（硅藻）以及两种原甲藻（腰鞭藻），通过放射性铁原子示踪方法来测定。Fe' 是溶解 Fe(3+) 的总量。图 1.1 中，在 20 ℃ 下，$c[Fe(3+)] \approx 0.75$ nmol/L，虚线表示 c(Fe') 保持在 ≈ 0.75 nmol/L 时氢氧化铁沉淀量。实验中，Fe' 通过铁螯合剂固定。（Sunda 和 Huntsman，1997）

1.3　海水较重，并且对小颗粒而言呈黏性

淡水或盐水都有质量，通常选择克（g）来粗略估算一定体积（如立方厘米，cm^3）的水的质量。因此，在 1 个大气压下，温度为 0 ℃ 的水的密度为 1.0 g·cm^{-3}。重新规定计量单位造成了微小的偏差，此类偏差在多数情况下可忽略不计。和所有物质相同，水随着温度的变化而膨胀和收缩，在高于或低于 4 ℃ 时都会膨胀。由于水分子间作用力随离子静电力的变化而变化，海水在最小密度下的温度与淡水不同。海水在温度下降至冰点时收缩，又因为所谓的依数效应的存在，海水冰点远低于 0 ℃。因此，在全球海水温度范围（南极洲为 −2 ℃ 至 40 ℃）内，温度较高的海水的密度均低于温度较低的海水。此外，密度还随着盐度的变化而变化。最后，水也不是不可压缩的——在深海高压下，海水会被明显地压缩。

海洋学家使用希腊字母符号来代表海水密度的不同方面。使用 σ_t 描述当某一深度的海水在没有热交换或盐度变化的情况下被带到海洋表层（仅压力降低）时的密度：$\sigma_t = 1\,000(\rho - 1)$，公式中 ρ 为海水实际测定密度（通常是类似 1.024 37 这样的数值，对应的 $\sigma_t = 24.37$）。因此，σ_t 是因盐度和温度（而非深度）变化造成的密度变化的一种快速记录，这种密度变化虽然不算大但却非常重要。σ_t 经常被进一步细化成 σ_θ，用以解释因膨胀（对外做功）而带来的绝热冷却。

随着温度(T)和盐度(S)的变化，海水密度的变化可粗略地计算为：

$$\Delta \sigma_t \approx 0.20 \ ℃ \quad\quad\quad (\text{式 } 1.2a)$$

(与盐度的效应相比，温度效应不算特别有用，因其与 T 的关系非线性)

$$\Delta \sigma_t \approx 0.77 \ \text{unit } S^{-1} \quad\quad\quad (\text{式 } 1.2b)$$

实际密度(ρ 而非 σ_t)随着深度(基本上使用符号 z 表示)的变化而变化，约为

$$\Delta \rho = 0.000\ 004\ 4 \ \text{g} \cdot \text{cm}^{-3} / \text{大气压}, \quad\quad\quad (\text{式 } 1.3)$$

其中，深度每增加 10 m，P 值约增加 1 个大气压。因此，在马里亚纳海沟底部，密度约为 $1.069 \ \text{g} \cdot \text{cm}^{-3}$($1\ 069 \ \text{kg} \cdot \text{m}^{-3}$)。这种堆积可增加海洋水体的稳定性。事实上，海水的压缩也影响深海生物(包括细菌、深海潜水海豹和鲸鱼)中有机分子的构型。酶对有机化学反应速率的调节取决于酶活性部位处原子之间非常弱的作用力——氢键和范德华力。酶形状的小幅畸变可以改变键合或键释放的有效性，当深度差约为 1 000 m(100 个大气压)时，压力的影响变得至关重要。因此，用于实验的深海鱼、枪乌贼、虾等生物的生化特征，有时甚至是生存力，都会在向船舱转移的过程中受到影响。对深海底栖细菌的生物化学反应研究必须在压力室中进行。总体而言，减压不会使酶解离，当重置于高压条件后，酶的功能又会恢复。

利用导电率(C，盐度的另一种度量)、温度(T)以及压力(D)数据准确计算海水密度时，需要使用多项式的经验函数。在当前版本中，参见 Feistel(2005)方程，其中含有保留了 15 个小数位的 101 个常量(很多与声速、焓有关，也包括一些偶尔有用的参数)。

海水 $T - S - z$ 的参数非常重要。海水密度随着深度的增加而增加，而且海水的这种垂直堆积状态非常稳定。此外，海水的堆积会带来重要的生态学影响。极地附近寒冷高盐水的下沉是形成这种堆积结构的原因之一。当墨西哥湾暖流进入北大西洋时，寒冷的北极气团使其温度降低，随后海水密度增大并下沉；然而，在南极，由于海水结冰，盐分从海冰中析出并被输送至下方水中，这使正在下沉的、极冷表层水的密度进一步增大。这些深层水在全球范围的大洋中传输，降低了所有海域深层水的温度。同时，表层水温因阳光照射而升高，密度降低，垂直结构的稳定性增加。在整个深度范围的 4 km、8 km 或更深的位置，由高压力引起海水的压缩，进一步提高了堆积的稳定性。为了给下沉到深处的低温高盐水提供空间，整个海洋中其他地方的海水就必须上移，从而产生缓慢的垂直混合。这种现象在上层水承受风力、潮汐和内波作用时表现最为活跃，但其实在各个深度上，海水的运动都在进行。该环流的较深支流(在很大程度上)起源于德雷克海峡(Drake Passage)附近的挪威海(Norwegian Sea)和伊尔明厄海(Irminger Sea)，随后向东流经南大西洋与印度洋，最后流入太平洋深处。这个环流周期需要几千年，被称为"热盐环流"。下沉水体积与向上混合水体积的测定并不简单，以至于这项工作目前仍未完成。所谓的内潮汐仅可提供混合必需能量的一半左右。近期有研究表明大型动物(从磷虾群至鲸鱼)游泳时对水体的搅拌作用可能提供了差不多的能量(Dewar 等，2006；Visser，2007；Katija 和 Dabiri，2009)。

海洋"水柱"(water column，海洋学术语)的稳定垂直堆层对海洋生态学具有重要

意义，因其限制了无机养分(如硝酸盐、磷酸盐和微量金属元素)向海洋表层的输送与混合，只有在透光的表层海水中浮游植物才能通过光合作用而大量生长。在世界范围内，海水层积的稳定性、密度跃层所处的深度(最显著的密度变化，以及因此形成的最稳定的海水层化)、海流向上涌动(上升流)及垂直混合的驱动力等因素可能存在显著的不同，从而影响各特定区域的初级生产力。这是生物海洋学的一个基本内容，也是我们要反复讨论的一个主题。在此，我们仅列举一个关于海水密度堆积及其随着季节变化而变化的例子。在讨论海洋生物圈层的变化时，我们将考虑不同堆积模式以及混合条件的生态影响。在大西洋墨西哥湾流北部，冬季风的搅动通常使上层 300 m 的水体发生混合，形成如图 1.2 及图 11.23 所示的 T、S、营养盐、溶解氧的分布。换言之，混合层环境条件比较均一，上下变化不大。在此深度下方，仍存在分层的迹象，混合并未使层化彻底消失。应该注意的是，在混合期间，深层海水温度净升高，而上方海水温度净降低。春季，风力和混合速率均变缓，在某些区域，太阳辐射还使上层海水温度升高，从而提高了海水堆层的稳定性。随着春天海面风平浪静和暴风雨天气的交替变化，这种境况的形成与瓦解也不断重复。到仲夏时，海水层化强烈，表层水温升高，通常在 35 ～ 45 m 深度处形成温跃层，又称季节性温跃层。若层化发生在较浅的水域，浮游植物在多数时间位于阳光所照射的上层区域，就可能形成藻华。

1.4　大气气体也溶解在海水中

氮气、氧气、氩气和二氧化碳都可溶解在海水中，且遵守亨利定律：平衡时气体的溶解度与水面上方空气中的分压成正比。这个比例常数与温度成反比，对于氧气而言，该常数在 −1 ℃ 下约是 40 ℃ 下的 2 倍，即当温度从 −1 ℃ 升高至 40 ℃ 时，海水中氧气的饱和浓度从 360 μmol·kg^{-1} 减少至 165 μmol·kg^{-1}，也就是说当温度升高时，溶解氧浓度并不呈线性地减少。盐度会降低气体在水中的饱和浓度。例如，在 0 ℃ 下，氧气在淡水中的饱和度为 457 μmol·kg^{-1}，而相同温度下，在盐度为 34 的海水中，氧气的饱和度为 351 μmol·kg^{-1}(当温度较高时，盐效应的作用略减小)。目前，氧浓度最常使用的单位是 μmol·kg^{-1}；之前使用的单位是 mL O$_2$(STP)·L^{-1}，此单位指在 0 ℃ 和 1 个大气压即"标准温度和压力"(STP)条件下的气体体积。在文献资料中，这两种单位都有出现。通过温克勒尔滴定法(Winkler titration)能简便清晰地测定一系列氧化还原反应达到的终点，故可准确灵敏地测定溶解氧浓度。溶解氧浓度也可使用克拉克氏电极以及最近采用的光极来测定。光极测氧的原理是：嵌入透氧塑料中的分子发出冷光并根据附近氧浓度的不同而发生不同程度的淬灭，使用测光表测定冷光的强度，从而推测出氧浓度。光极塑料的渗透性决定其反应时间，有时反应相当长(很多秒)；但光极的优点是冷光－溶解氧浓度的非线性关系标定后可长时间保持稳定，而且其量程可涵盖整个海水溶解氧浓度范围。

若缺氧海水被输送至海表混合层，并与大气接触与交换，则其溶解氧含量将逐渐升高直至饱和。但是，达到平衡的过程相对较慢，主要是因为混合层可能较厚，另

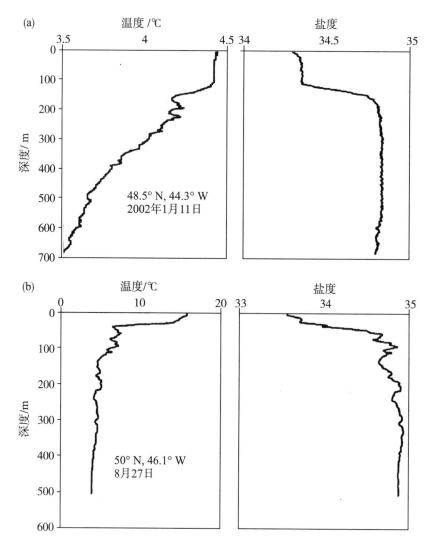

图 1.2　大西洋亚北极海域格陵兰岛南部水体冬季(a)和夏季(b)温度(T)和盐度(S)的垂直分布
注意冬季和夏季刻度之间的差异。对于这两个决定密度的变量而言，夏季比冬季的分层更为明显。在冬季，持续的表面降温和暴风雨带来的混合作用可使水体混合的深度范围扩大至超过300 m。数据来源：NOAA 的世界海洋数据库，WOD09，http://www. nodc. noaa. gov/OC5/WOD09/pr_wod09. htmL。

外，氧气自身在将要达到所述饱和浓度时缺少非常大的"推动力"。我们将气体交换系数和"活塞速度"的主题留给化学海洋学讨论(如 Pilson，1998)。尽管氧气交换速率较慢，但很多深层水都"形成"于低水温的高纬度地区，因此，次表层海水大多具有较高的溶解氧量，初始含氧量接近最低温条件下的饱和氧浓度。

从细菌至虎鲨所有生物的呼吸都需要消耗溶解氧。并非所有生命都依赖氧气(存在厌氧微生物)，但活动水平较高且代谢速率较快的大型生物体都依赖有氧呼吸。有氧呼吸功能主要存在于真核生物中，由线粒体来完成。在海表垂直混合层之下的海水中，消耗的氧气仅通过海水的水平流动进行补充，这种补氧方式通常发生在距表层有一定距离（并且通常是一段非常大的距离）的地方。因此，当有机物质下沉至这些水层并被摄食和呼吸消耗时，含氧量随之降低。另外一部分氧气的消耗来自动物，有些动物在海洋表层摄食但在深层栖息或躲藏，它们在表层与深层之间的活动也会消耗掉溶解氧。在深水区生活的鱼类、鱿鱼和一些浮游生物等仍需消耗氧气。在水柱中等深度氧气的消耗导致含氧最低区（oxygen-minimum zone）的形成，这种现象在阿拉伯海和太平洋尤为显著，并且在太平洋呈现出溶解氧从南向北由饱和大幅降低的趋势（彩图 1.1）。

上升流区下方也存在一些接近缺氧或完全缺氧的水层，尤其是秘鲁洋流（Peru Current）和阿拉伯湾（Arabian Gulf）的部分区域。在阿拉伯湾，溶解氧甚至可被完全耗尽，缺氧层的微生物可利用硝酸根和硫酸根离子中的氧原子继续呼吸。硫酸盐被还原后释放出对其他生物有毒的硫化物，在采取水样时很容易闻到其异臭味。有氧呼吸的动物对缺氧的耐受因群体、种类和个体的不同而有所差异。当含氧量约为 $1\ mL \cdot L^{-1}$（$45\ \mu mol \cdot kg^{-1}$）时，双壳类软体动物和蛇尾类动物的死亡率升高，当含氧量小于 $0.5\ mL \cdot L^{-1}$ 时，死亡率大幅增加（通常在沉积物中出现）（Diaz 和 Rosenberg，1995）。这样低的溶解氧含量也会导致很多其他种类生物的死亡或迁移。一些浮游性动物虽然在表层水中捕食，但为了栖息或掩藏也会迁移至含氧量非常低、甚至缺氧的区域，如东部热带太平洋以及加利福尼亚洋流海域的美洲大赤鱿（或巨型鱿鱼、茎柔鱼）就是此类生物的例子。这类生物有非常大的鳃，且鳃具有非常细的丝状体，可用于摄取稀薄的氧气。茎柔鱼的厌氧代谢能力超强，在缺氧时可形成一种"氧债"，当回到海面上之后调节生理机能，从而非常快速地释放氧债，显示出极强的生命力。此外，从运动速度来看，可生活在低氧水层中的鱿鱼和中水层鱼类游泳速度也非常慢，以至于看这类掠食者的攻击和猎物逃亡视频时就像看它们打太极拳。

近几十年来，很多沿海地区都出现了低氧区和缺氧区，尤其是在大江大河的近海地区，如密西西比河、莱茵河与长江。形成这种现象的原因是：农业源营养盐随河流进入海岸带，造成水体富营养化，使藻类的生长与繁殖猛增，这些浮游植物死亡后下沉，分解耗氧，导致底层水缺氧。缺氧进而导致鱼类和底栖生物的死亡。在无明显人为富营养化的海域也有发现陆架区缺氧导致海洋动物群死亡的案例。2000 年以来，在美国俄勒冈州沿岸经常发生生物缺氧死亡事件，有时可导致鱼类和海底生物的全部死亡，含氧极低区中的无氧水向海岸区大规模的输送可能是其成因。另外，由于很多有机物质在这片海域被氧化分解，由此释放出来的营养盐又能支持更高的生产力，随后造成更大的需氧量和更快的氧气消耗。在俄勒冈州的这个例子中，涌升流期与减弱期之间的循环可能会减少含氧水对底层的补充。海洋生态学本身比较复杂，因此，这些现象的解释有时也不一定十分明确。与环境条件和生态关系的复杂交互作用相比，仅在一片海岸，或仅在一处峡湾发生的过程，可能更为重要。

1.5　流体阻力的类型与重要性

海水(任何水)的质量与密度都会产生其他生态效应，因为生物游泳时需要施力使水流加速流向体侧。对应于这种运动驱动力的反作用力被称作惯性阻力，它是大体积、高密度物体在水体中下沉时遇到的主要阻力，也是大体型动物快速向前游动时的主要阻力。另外一类阻力来自用于水分子重排、连接以及穿过这些分子所需要的力，称之为黏性阻力。通常用雷诺数(Reynolds number)即 Re 来表征惯性阻力和黏性阻力的相对重要性。雷诺数的分子是与惯性阻力成比例的三个因子(l, v, ρ)的乘积，分母则是水黏度，其中，l 为惯性阻力与移动物体的线性尺寸，v 为相对于水的速率，ρ 为水密度。黏度(此处讨论的是动力黏度)是对抗撕裂的分子阻力，用符号 μ 表示(也经常用 η 表示)，国际通用单位是 Pa·s，即 N·s·m^{-2}。进行一些转换之后，雷诺数的分子上的单位如 m、m·s^{-1} 以及 kg·m^{-3} 和分母单位相互抵消，因此 Re 无量纲。

实验与理论均表明，当 Re 较大(大于100)时，可在阻力计算中忽略黏度(至少在计算游泳的阻力时可忽略黏度)，因为这时惯性作用占主导地位。相反，当 Re 小于1时，惯性作用较小，黏作用则是主导因素。因为藻类细胞、其他原生生物以及很多较小型的后生动物(如蛤仔或桡足类幼虫)的 l 和 v 值都很小，所以，它们生活在相对高黏度的环境中。这对它们游泳以及接近附近食物颗粒时的力学机制发挥着重要效应。水的黏度(包括海水，因为盐的效应较小)随温度的变化并不完全是线性的——40 ℃时黏度约为0.65 mPa·s，在0 ℃时变为约1.8 mPa·s，这使纤毛虫和鞭毛虫在0 ℃游动时的做功是40 ℃时的3倍。

那么，游泳是如何进行的？当主要阻力为惯性阻力时，动物在水中游泳时发挥作用的力的大小就等于惯性阻力的大小。鱼鳍或鱼尾在水中以和预定轨迹呈一定角度的方式划动，将一定质量的水向后推动，其反作用力推动鱼或海狮向前移动。有很多具体的例子，例如，金枪鱼拥有理想的梭形体形，能以约20 m·s^{-1} 的速度游泳，当其穿过水域时，能最大限度地减少水被加速推动至体侧然后回流至体后所需的距离。金枪鱼尾巴梗节上的鳞片在鱼体开始加速时呈平放状态，达到中等速度后这些鳞片又伸展出去，以便形成湍流。这个机制非常有用，因为当皮肤表面的平滑层流转变为湍流时，阻力大幅降低了。为了避免体侧伸出的胸鳍和背鳍产生阻力，金枪鱼可将胸鳍和背鳍沿身体放平至非常适合的体沟中。

纤毛虫和鞭毛虫的游泳运动与鱼类游泳方式存在很大差异(Purcell, 1977)。鞭毛向后摆动将水推向后方，但水量非常少，以至于细胞前行并不明显。但是纤毛虫或鞭毛虫的移动可通过分子间吸引力的差异与变化来实现，当鞭毛由纵向改为侧向划水时，水分子间的吸引力必须重排。这些情景看上去不太好理解，但两种状态下的差值约为1.7倍。因此，纤毛沿垂直于前进方向向后推动，随后沿前进方向被拉回(图1.3)。

在纤毛恢复到之前位置的过程中，柔韧的纤毛呈弯曲状摆动。利用鞭毛的螺旋，

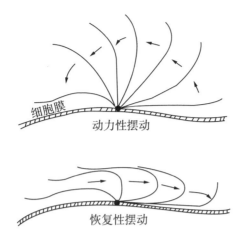

细胞膜

动力性摆动

恢复性摆动

图 1.3　纤毛动力性和恢复性摆动的连续位置

产生交替出现的沿毛杆阻力和穿过毛杆阻力之间的黏性阻力差，其反作用力的差值推动细胞前进。通常，鞭毛根部的分子马达与鞭毛的旋转轴垂直，当分子马达驱使鞭毛相对于细胞体做旋转运动时，将稳定地使细胞向前推动。生物在黏性液体中的游泳（或滤食性摄食）模式通常显得有些令人意外。如果主要阻力来自黏性，那么就不会在尾部或体侧产生漩涡。惯性远小于鞭毛用力划动产生的向前推动力。换句话说，在没有主动施力的情况下，细胞就不会持续前进，也就是说细胞的运动将瞬间停止。

纤毛和侧鳍需要先克服阻力向后划动推动生物体前进，然后纤毛或侧鳍以顺桨角或开关角向前滑动。在很多情况下，利用纤毛与鳍来游泳看似很相近，但这两种不同的游泳模式中有效阻力的来源存在很大的不同。一些浮游生物（尤其是桡足类动物）利用的是惯性阻力向黏性阻力的过渡。这些生物的体型中等（l 为 $0.1 \sim 1.0$ cm），利用滑板似的"脚"和扇形的尾巴向前推进，加速至极高的相对速度（每秒前进约几百个身体长度的距离），当速度 v 足够大时，就可惯性游泳了（增加 Re）。但是，如果动力冲程停止，阻力将迅速下降变为黏性阻力，因此，静止状态时的下沉速度非常慢，不费什么力就能保持悬浮，尽管其身体密度略高于水。

我们来谈谈沉降速度。如果炮弹没有击中目标，那么炮弹将加速下坠，直到惯性阻力等于重力后，速度将最终保持不变（大于 100 m·min^{-1}），直到沉底。毋庸置疑，密度差决定了物体的重力与浮力之差。因此，足够中空的（可能为铝）炮弹可能在落入水中后向上移动而非向下。炮弹的尺寸仅会带来极小的差异。浮游动物的小粪粒（有些含有致密的硅藻壳蛋白石）的下沉主要受到黏性阻力的影响。对于球形粪粒，下沉速度 v_s 可通过斯托克斯定律得出：

$$V_s = \frac{2}{9}\frac{(\rho_p - \rho_f)}{\mu}gR^2 \qquad\qquad (\text{式} 1.4)$$

式中，g 指重力加速度，ρ_p 和 ρ_f 分别指粪粒和流体的密度，R 指粪球半径，μ 指动力黏度。粪粒形状的不同可能会带来一定的差异，但若将粪粒看作等体积球体，则可根据球的直径计算出下沉速度的近似值，结果还是非常逼近真实情况的。需要注意的是，颗粒越大，下沉速度越快，V_s 随着半径（或直径）平方的变化而变化。若 $\rho_p < \rho_f$，则颗粒将上浮。考虑温度对 μ 的影响：尽管 T 会对 ρ_f 产生影响，密度为 ρ_p 的颗粒在 40 ℃下的下沉速度将是在 0 ℃下的 4 倍。斯托克斯定律（仅含黏度阻力）是对纳维叶－斯托克斯方程的简化，也是对牛顿的加速度定律（$F = ma$）的应用，流体动力学家们对此进行了毕生的思考和研究。

阻力效应使颗粒在水和固体表面（甚至是软体表面，如海蜇皮或藻类细胞膜）的交界面区域沉降时呈现出一些特点。除非剪应力足够大（大到可以形成气穴），否则固体旁边的流体将始终附着其表面，确保其在表面上完全没有相对运动，即处于"无滑移"状态。沉降颗粒与固体表面（如鱼鳞）的相对速度随着与表面间距的增加而增加，并在间距非常大时，以渐进的方式达到最大值。远离固体表面向外的加速区称为流体的"边界层"。如图 1.4 所示，在与表面非常接近（约 1 cm）的位置，沉降速度会随着与沉积物表面距离的加大呈线性增加，这是因为此区域黏性作用是主导因素，在此范围内，黏性抑制了湍流。再往上 0.5 ～ 1 cm，随着惯性作用变得更加重要，速度的增加更加快，在几十厘米外形成向外的渐近线；或者，相对海水与海底沉积物界

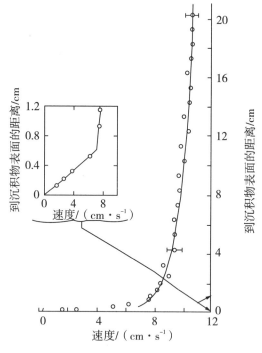

图 1.4　199 m 深处的砂质粉土海底，颗粒物沉降到沉积物表面过程中（穿越黏性边界层）的速率变化

在此边界层处，速度随着与海底间距的增加呈线性增加（小图），随后穿过"缓冲层"向上（大图）。在"缓冲层"内，当与沉积物表面的距离在约 20 cm 以内时，速度约为 10.5 cm/s。Caldwell 和 Chriss（1979）使用热敏电阻速度探头获得了这些测量值。非常轻微的变异（在 20 cm 处为 ±0.5 cm/s，黏性层中的变异则更小，见 Chriss 和 Caldwell，1984）最终被平均掉了。

面来说，在若干分米外形成向上的渐近线。在此范围内，沉积颗粒到固体表面之间距离的对数与沉降速率呈线性关系。随着颗粒与表面之间距离的增加，湍流发生的可能性也随之增加。

边界层会引起很多生态效应，Mann 和 Lazier(2006)对此做了详细的评述。游泳动物，尤其是小型动物，必须有效地推动一个略大于自己的质量。这使分子扩散在分子运输至鱼鳃和细胞表面的过程中发挥更加重要的作用。这意味着并排的纤毛或刚毛（如栉水母的纤毛、磷虾腿上的刚毛）可形成交叠的边界层，从而有效地形成"桨"。同样，当动物利用刚毛或黏液网滤食时，每缕刚毛的边界层变窄，产生较大的压力，从而压迫水流穿过这些滤网。当相对速度较大时，边界层的效应减弱。沉积物上方水流有使底栖动物倾翻或将这些动物从沉积物中拖曳出来的趋势，边界层的存在则使这种倾向大大降低。如前所述，由于边界层效应，藻类细胞对营养盐的摄取也取决于分子扩散，即背景浓度、细胞表面潜在摄取率以及具体溶质扩散系数，而非水流速度。事实上，边界层的生态效应还有很多，在此不一一列举。有关流体动力对生物过程影响的论述参见 Steven Vogel(1996)的著作《移动流体中的生命》。

1.6　阳光射入海水后的效应

海水在重力作用下贴附在地球上，填充海盆，海表面与大地水准面几乎持平，当然，海洋表面的波浪、由于地球自转使水体流动而形成的大范围缓坡除外。相对于地球直径而言，海洋只是地球表面很薄的一层水，因此，海洋可以接收太阳光的照射，有时晚上也可接收月光的照射。部分光线被反射回太空，未被反射的光会逐渐被水及水中的溶解态与颗粒态物质吸收。根据比尔定律(Beer's Law)，吸光度随着深度(z)的增加而增加：$dE/dz = -kE$，因此，$E_z = E_0 e^{-kz}$，即辐照度 E 随着深度以指数方式减少。在洁净海水中，太阳光谱的整体衰减率常数 k 等于 $0.067\ m^{-1}$，贫营养的亚热带大洋海域（叶绿素浓度接近 $0.05\ \mu g \cdot L^{-1}$ 或更低）的 k 值就非常接近于该值。当浮游植物或悬浮物浓度较高时，k 值变高，当光强一定时，光线所能到达的深度就会减小。此外，k 值也随着光波长的变化而变化。在纯水以及清澈海水中，穿透力最大的单色光波长约为 435 nm(蓝色)。其他单色光在射入海水后会很快被吸收，最终仅剩下蓝光，在约 100 m 深度以下，蓝色光影是唯一能从视觉上区分出来的颜色，并且光合作用系统和视色素也必须吸收波长在 435 nm 附近的光。在大部分情况下，穿透至深处的光确实会偏移至波长约为 465 nm 的绿色光部分（在 410 ～ 475 nm 范围内衰减率几乎保持不变）。在浅海区存在更多有色的可溶性有机物（发出黄光的称为黄色物质）以及浮游植物（发出绿光），使最大透射波长向绿色光移动。光的波长越长，海水对其的吸收也越快速。

实际上，水对某些波长的光的吸收比其他波长的光的吸收都低，这些光的波长范围（又称"透明区间"；Yentsch，1980）刚好位于太阳辐照波长峰值范围内（图 1.5），包括可见光与具有光合作用活性光的波长范围。这个透明区间和可用光波长范围惊人的一致，使浮游植物可以选择不同的光合色素，并针对海洋中上层以蓝光为主的可用光谱调整光合色素，这些基础条件为生命在地球上的存在提供了可能。唯一能够穿透至约 100 m 深度水层的光是（或接近）蓝光，因此，深海鱼类和无脊椎动物（虾、鱿鱼）已适应这种环境，它们通过吸收这些特定波长的光（蓝光或接近蓝光）以产生视觉神经冲动。

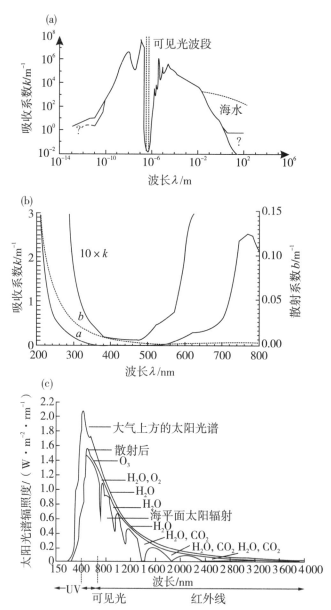

图 1.5　水对光的吸收及大气对太阳光谱辐照度的影响 *

（a）纯水（实线）与海水（虚线）的吸光系数 k 关于波长的函数，表明在可见频带周围有一个透光窗口（透光区间）。（b）可见光波段以及近紫外和近红外附近海水的吸光（k）和散射光谱（Smith 和 Baker，1981）。（c）太阳光到达大气和海洋表面过程中被大气中主要气体吸收而形成的光谱能量变化（Falkowski 和 Raven，2007）。

* 图题为译者总结。

海洋表面光照充足，足以支持净光合作用（光合作用产生的有机物多于呼吸作用消耗的有机物）的水层叫真光层（euphotic zone），通常被认为是阳光能够穿透海面向下逐步衰减至正午辐照度 1% 的深度。此深度下方的区域并非完全黑暗，在清澈的热带水域，净光合作用可能延伸至更深的深度，约达到 120 m。在自然系统中，含有色素的浮游植物也会吸收光线，导致真光层的深度变浅。色素所引起的光的衰减效应基本与叶绿素浓度成正比，叶绿素浓度每增加 1 $\mu g \cdot L^{-1}$，蓝光的吸光系数（或最小吸光度）就增加约 0.02 m^{-1}。关于色素对吸光光谱的影响的详细论述见 Morel（1991）。

多数生物发光的光谱较窄，波长在 465 nm 附近。在深海，鱼、鱿鱼和虾身体底部的发光器官向下发出的就是这个波长的光，它可以用来模糊自身身体轮廓，避免被下方的其他动物看到或分辨出来。生物发光还有许多用途，例如，个体之间的信号传递，生物发光将确保"信息"传递至尽可能远的地方。在讨论初级生产时，我们将会对光与光合作用色素之间的相互作用随深度的变化进一步说明。在阐述海洋中层栖息地时，我们也将对深海视觉与生物发光进行更详细的说明。水的透光区间（图 1.5）也非常重要：一方面，短波长的紫外线（能够破坏有机分子，如 DNA）可在几米深度内几乎被完全消除；另一方面，水中的红外波段（波长较长）不易逃逸，从而减少海水热量向大气的输送。

当然，除了热带正午时间点外，地球上太阳辐射呈直角的区域极少。在其他时间，阳光以较大角度穿过大气照射到地表，这个角度随季节和一天中的时间点变化而变化。此外，白昼的长短也随季节更替而变化，同时也伴随着太阳高度、透光深度、日照时间、可用于光合作用的辐照度以及表层加热量的变化而变化。太阳高度角越小，阳光照射的面积越大，单位面积上的光量子数量也就越小。辐照度的单位有很多。海洋学文献中最常见的单位是 $W \cdot m^{-2}$（功率的量度，即辐照度），表示每秒到达 1 m^2 表面的光子摩尔数（能量或功率由波长决定）。与光合作用一同讨论的"光合作用有效辐照度"（Photosynthetically active radiation，PAR）通常使用 $\mu mol \cdot s^{-1} \cdot m^{-2}$ 表示，它的等值单位 $\mu Einstein \cdot s^{-1} \cdot m^{-2}$ 也经常被使用。

太阳辐射对海水在垂直方向上的层化产生重要影响。太阳辐射从上方使海洋表面温度升高，使表层水变轻从而形成相对浮力，这样就增加了水体层化的稳定性。层化的稳定会限制风和潮汐的垂直混合作用，并减少溶解营养盐向海洋表层的输送。海水分层和垂直交换的日、季变化是海洋生态过程中的关键内容。

1.7　从个体或具体事件角度来研究生物海洋学

生物海洋学研究非常关注总速率和总数量之类的问题，例如，1 m^2 海洋表面的光合作用总量、浮游动物的生物量（单位为 $mg \cdot m^{-3}$ 或 $g \cdot m^{-2}$）及其季节变化、颗粒有机物向深海的沉降速率等。然而，对于一种捕食性箭虫（毛颚类动物）而言，重要的是遇到猎物（主要是桡足类动物）的可能性和频率，或者遇到可交配同类的可能性和频率。对于一个受到氮限制的藻类细胞而言，决定其生长潜力的关键是其细胞膜周围的铵或硝酸盐分子以及铁离子，是否能够在距离细胞膜足够近的位置扩散进入细胞内并被用于构建硝酸盐还原酶辅助因子（将硝酸盐转化为铵）。如果生命过程所需的上述"遇见"或"接近"发生得不够快，那么将不会有光合作用、食物、生长、繁殖，什么都没有，生态系统的功能也将逐渐终止。从这个角度看，最重要的就是事件的发生率，而发生率取决于两个实体的浓度（密度）的乘积。我们以浮游动物相遇并交配这一事件为例进行说明。桡足类动物是海洋中主要的小型甲壳类动物，并且此类动物为雌雄异体（雌雄生殖器官分别生在不同个体内）。因此，它们在一定距离内相遇并交配的概率可以表示为：

$$P_m = \beta[\text{雄}][\text{雌}] \qquad\qquad (\text{式 } 1.5)$$

式中，方括号表示体积密度，β 被命名为"相遇内核"。Thomas Kiφrboe（2008）在他的书中已经利用大量示例对这个术语做了进一步解释。虽然最初这个词用于研究浮游生物，但此理论观点同样也适用于包含底栖生物在内的海洋生态环境中的任何地方。

无论是对现实环境的估测，还是生态理论上的估算，确定 β 值的过程都非常复杂。理论上，我们可以对影响 β 的各个因素进行观测和实验，但在多数情况下，要想在海洋中完成这些工作并不容易，因为要逐个考虑前述"相遇"情况下的所有重要因素。我们甚至还不能很好地测量相关生物的有效丰度（浓度）。当然，从细菌到鲸鱼的很多海洋生物类群都非常擅长在营养物质、猎物或配偶集中度较高的区域自行聚集。另一类群则非常擅长避开捕食者的集结区，或者仅去捕食者无法捕获自己的一些区域（如躲藏在黑暗区，这样就不容易被捕食者看清）。动物的聚集和规避行为都是自然选择的结果。虽然研究起来有一定困难，但有关生物个体"相遇"过程重要影响因素的研究仍获得了一些非常重要的发现。如 Kiφrboe 的研究工作，通过一个明确的函数，尝试对 β 进行量化。在很多变量中，"相遇"个体（从分子至鲸鱼）的相对运动通常是 β 重要的构成要素之一。此外，信号传输也很重要，如在桡足类动物交配期间，雌性会放出引诱性的信息素以提醒雄性交配机会的存在。因此，在多数情况下，β 对个体的体型大小比较敏感，这实际上也是体积浓度的另一种表达形式。大自然中个体相遇的方式有很多。沿着上述"相遇"的思路，非常有利于我们对在下述章节有关问题进行详细探讨，也为我们思考影响海洋生物的重要因素提供了诸多备选项。

1.8　海洋栖息地分区的通用术语

栖息地在水体中的称为浮游（pelagic），在海底栖息的称为底栖（benthic）。在水体中栖息的生物称为浮游生物（plankton）和游泳生物（源于"ηεκτος"，指游泳性能良好、不依赖水平流即可产生位移的大型动物）。海洋表面向下被依次划分为上层（epipelagic）、中层（mesopelagic）、深海（bathypelagic）以及深渊（hadopelagic）。这些分区的深度分别延伸至约 200 m、1 000 m 或 1 200 m、4 500 m 和海沟底部。海洋中层带存在视觉上可感受的光线，这样的弱光环境对生命有着强烈的制约。在弱光层以下的深海几乎无光线，深海区动物也很少具有生物发光能力。真光层下方的生物主要依靠下沉的颗粒和捕食垂直迁移的动物获得食物与能量。

在海底栖息的生物体被称为底栖生物(benthos)。benthic(形容词)和 benthos 都源于希腊语"bathos"(βαθος)，意指深度。底栖生境与浮游和陆地生境都有一些相同之处。它们都(或多或少)存在固体基质(如陆地)，但其长时间淹没在海水中。因此，底栖生物的基本生理学问题与浮游生物相同，但同陆地一样具有二维平面特征(至少垂向深度相对较小)。底栖生物栖息地从上到下也有一系列分区：潮间带(intertidal)、潮下(subtidal，近岸较浅底部)、半深海(bathyal，大陆坡深度)、深渊(abyssal)和超深渊(hadal，海沟)。

地表主要有两种，一是海平面以上的大陆地盾，其海拔与大草原或低地雨林相当(海拔约为 300 m)，二是深度约为 4 500 m 的深海平原。深海带约占世界海洋面积的 60%(图 1.6)。

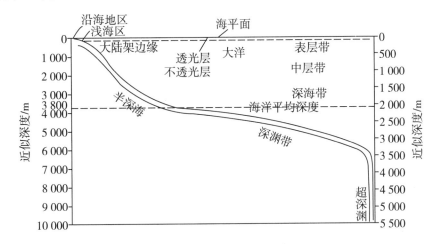

图 1.6　世界大洋深度曲线

深度在横坐标上的跨度与该深度所占世界大洋的面积成正比。如深渊约占海底的 60%。(Hedg-peth，1957)

深海中存在很多岩质海底，尤其是在大洋扩张中心部分，但多数海底(位于真光层下方 2000 ～ 5500 m)被沉积物所覆盖。我们研究了浮游和底栖生境对生活在其中的生物体的影响，发现其生态随着深度的增加而迅速变差。虽然人类还不易到达海洋深部，对其取样也困难重重，但深海一直都是海洋研究的对象之一，并且对它知道的也不少了。

1.9　一些基本数学问题的说明

1.9.1　指数函数

毫无疑问，下面要讲到的都是基础数学问题，但为了温故而知新，我们特地做了这些注释。在生物海洋学的论述中，指数函数会不断出现。不仅如此，指数函数反复出现在几乎所有科学研究中。例如，前文讨论过的比尔定律（不完全透明的传输介质的光吸收与介质吸收柱长度之间的关系）即为指数函数关系。指数函数也出现在种群动力学、核衰变理论等很多研究中。

形如 $y = a^x$ 的函数都可称为指数函数。我们使用 10^x 值，其中 x 为整数，以确保在我们通常使用的数系中形成整数数位。（见表 1.4）

表 1.4　指数函数示例 *

x	10^x	2^x
0	1	1
1	10	2
2	100	4
3	1 000	8
4	10 000	16
5	100 000	32

＊表题为译者总结。

但是，在应用指数函数时，通常使用 $y = e^x$ 函数对应的数值序列，式中，e 为无理数 2.718 28。这个特殊的指数函数有这种特性：当 $x = 0$ 时，函数的斜率（y 的变化量除以 x 的变化量，即 dy/dx）为 1，且不论 x 取何值，e^x 的斜率为 $de^x/dx = e^x$。当银行利息以复利计时，这个函数正是准确计算复利的关系式。实际上，重要的并不是计息间隔时间，而是利率。让我们用一个例子来说明。设年利率 r 为 8%。如果每年对利息进行一次复利计算，那么在第 T 年的本金为 $P_T = P_0(1 + r)^T$。如果每年将其进行 n 次复利计算，则本金为 $P_T = P_0(1 + r/n)^{nT}$。如果继续进行复利计算，则第 T 年的本金为 $P_T = P_0 e^{rT}$。设 P_0 等于 1 000 美元（或日元、卢比或欧元），则每年进行 N 次复利计算 T 年后的金额见表 1.5。

表 1.5　每年进行 N 次复利计算 T 年后的金额

T	$N = 1$	$N = 2$	$N = 3$	$N = 4$	$N \to \infty$
0	1 000	1 000	1 000	1 000	1 000
1	1 080	1 082	1 082	1 082.4	1 083.3
2	1 166	1 170	1 171	1 171.7	1 173.5
3	1 260	1 265	1 267	1 268.2	1 271.2
4	1 360	1 369	1 371	1 372.8	1 377.1

即使连续进行复利计算，也不会获得很多利息。事实上，若年利率发生很小的变

化，如从 8% 变为 8.3%，则复利的增加就大大超过复利计算频率提高带来的增加量。这种连续复利计算对于很多过程而言都是非常好的模型，如动物过滤部分水再将水排回到水体的过程中浮游植物浓度降低的计算。

我们将数学思维再延伸一下，讨论海水中下行光的衰减问题。经证明，利息公式（或指数函数）是光强关于深度的曲线上任何一点处斜率方程的解（或积分）。这些方程是微分方程，当这些方程为一次方程时，其解通常为函数，如指数函数。两处深度之间光强的绝对变化量取决于下述因素：一是待吸收的光量 E，二是每米深度的吸光率 k，三是吸收层厚度 z。我们将其表示为：

$$dE/dz = -kE \tag{式 1.6}$$

这类微分方程被称为一阶可分离变量微分方程。以式 1.6 为例，可将此方程重新排列成等号一侧为 dE 以及所有涉及 E 的函数，另一侧为 dz 以及所有涉及 z 的函数。重新排列后进行积分运算，得出这些方程的解：

$$dE/dz = -kE \Rightarrow dE/E = -kdz \Rightarrow \int_{表面}^{z} \frac{dE}{E} = -k\int_{0}^{z} dz \tag{式 1.7}$$

dE/E 的积分为 E 的自然对数，即 ln E，dz 的积分为 z，因此，积分可化为：

$$\int_{表面}^{z} \frac{dE}{E} = -k\int_{0}^{z} dz \Rightarrow \ln E \Big|_{0}^{z} = -kz \Big|_{0}^{z} \tag{式 1.8}$$

最终，可利用差分和反对数解得 $E_z = E_0 e^{-kz}$，式中，E_z 为相对于紧靠海表面处的光强 E_0 来说深度为 z 处的光强。

一定规模的种群会呈指数增长，即使种群在某种程度上未能完全同步繁殖，统计后的结果也是呈指数增长的。当上述情况发生时，指数模型可用于在繁殖周期的等距测量中进行计数。如果我们使用 N 表示种群数量，将得出 $N(t) = N_0 e^{rt}$，其中，r 为种群增长率（增长率为负值代指种群下降率）。出生率（b）和死亡率（d）都可作为指数函数，因此，我们将其表示为 $r = b - d$。如果已知 $N(t)$ 和 b，我们可以得出 d，或者反之亦然。

下面给出指数函数的例子，请使用计算器进行指数函数的相关练习，确保可以非常清楚地理解其特征。

问题 1：了解一些浮游植物细胞的生长率。将少量细胞移入一罐富含多种营养盐（硝酸盐、磷酸盐等）的无菌海水中。两天后，细胞数量为每毫升 200 个。4 天后，数量增加至每毫升 800 个。求指数增长率、倍增（数量增加一倍）时间、倍增时间与指数增长率之间的关系方程。

问题 2：逻辑斯谛方程是指数函数的一个"简单"的扩展，通常用于表示种群增长至栖息地最大环境承载能力的过程。逻辑斯谛方程表示，根据剩余承载能力的比例，减少自然增长率 r：

$$dN/dt = r(1 - N/K)N, \tag{式 1.9}$$

式中，K 为环境承载能力，N/K 为使用的"资源空间"的比例。请求出这个方程的解。

提示：这是简单的一阶可分离变量微分方程。复习分部积分法，可使用积分表辅助计算。

1.9.2　限制性因子

限制性因子的概念最早由德国农业化学家 Baron Justus von Liebig（1803—1873）提出。他是早期的有机化学家之一，致力于研究植物的元素含量，从而研制出有效的肥料（Moulton，1942）。他做的一个著名的实验就是在花盆中用已知重量的土壤种植植物，随后将植物和土壤分离，他发现了植物中除含有土壤中的元素外，还含有其他一些元素，由此提出了一个守恒定律。他用这个定律说明植物体源于水和空气。他对限制性因子概念的说明现在也被称为利比希最小值定律（Liebig's Law of the Minimum），即植物的生长取决于体系中某一种浓度最低营养物质的供给。还可给这句话加上限定语"与其所需成正比的"。注意，这句话中提到的是一种营养物质，并未提及多种营养物质的相互关联。事实上，多种潜在限制性因子之间的相互作用也是非常重要的，且仍是生态学中存在争议的问题之一。

有关限制性因子对生物影响的例子还有很多。限制性因子的效应特征通常可以用一个双曲线函数来表征。在不同喂养水平下的鱼的生长率是一个经典的例子。一般而言，随着可利用食物量的增加，被摄取的食物量与鱼体的生长率都遵循这种双曲线模型。因此，食物可利用性是生长的一个限制性因子。在渐近线附近，固有生长能力等其他因素也会成为限制性因子。双曲线关系在海洋生态学中有重要的运用，在模型中可以使用多种形式的函数来表示这些关系。常用的形式包括：

（1）两个线性部分在曲线最高点相交；

（2）基于酶动力学的米氏曲线（也称莫诺方程），如图 1.7 所示；

（3）Ivlev 方程。

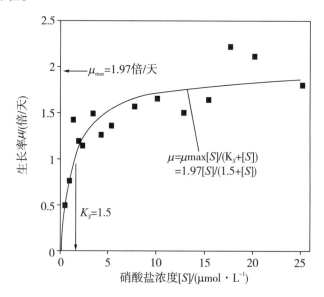

图 1.7　利用双曲线米氏方程拟合的本星杆藻（硅藻）生长率关于硝酸盐浓度的函数关系
实心方块代表测量值。（Eppley 和 Thomas，1969）

　　有时候数据非常分散，我们没有特别的理由来选择何种方程。因此，经常是哪种方程应用起来更便利我们就选择哪种方程形式。我们会列出一个清单供您参考。通常，曲线的两个线性部分用肉眼就可以分辨出来。这两个线性部分表示的是关系式中的两个基本参数：生长率的渐近线及随着限制性因子的逐渐增加而做出响应所形成的斜线。

　　米氏方程最初源于生物化学研究。在生物化学中通常根据酶的反应动力学对酶的特征进行描述，即酶催化反应的速率随着底物浓度的变化而变化。反应速率可用图 1.7 中所示的形式来表示。

　　假设酶有很多的活性位点可与底物结合，设这些活性位点的浓度为 $[E]$。酶与底物的结合是底物转化为产物过程中最慢（限制性）的步骤。该反应为 $E + S \leftrightarrow$ 酶 － 底物复合物 $ES \rightarrow$ 产物。ES 的解离常数为 $k_S = ([E] - [ES])[S]/[ES]$。$[ES]$ 的解为：

$$[ES] = [E][S]/(k_S + [S]) \tag{式 1.10}$$

　　由于 ES 会以与 $[ES]$ 成正比的速率转化为产物，于是得反应速率为：

$$V = c[ES] = c[E][S]/(k_S + [S]), \tag{式 1.11}$$

式中，c 为比例常数。当 $[ES] = [E]$ 时，达到最大速率 V_{max}，即 $V_{max} = c[E]$。我们可以将其代入米氏方程，得：

$$V = V_{max}[S]/(K_S + [S]) \tag{式 1.12}$$

　　V 相对 $[S]$ 变化的曲线图就是双曲线图，其渐近线为 V_{max}。若 $V/V_{max} = 0.5$，则 $[S] = K_S$。K_S 因此也被称为半饱和常数，该值比较容易测定出来；K_S 的大小也常被看作酶 － 底物亲和力的简单指标。K_S 也可用来表示双曲型生态关系的初始线性关系部分的斜率。注意，K_S 是个"反向"指标：K_S 值越大，表示酶与底物的亲和力越小，达到饱和状态的速度越慢。

　　Ivlev（1945）方程是假设在食物过量的情况下，动物在达到最大摄食量 R_{max} 后就不再继续摄食，当食物量较低时动物的摄食量将随之减少，以渐进方式接近的摄食量就是最大摄食量。摄食量 R 可表示为：

$$R = R_{max}(1 - e^{-\lambda \rho}), \tag{式 1.13}$$

式中，ρ 为食物密度，λ 为 Ivlev 常数。为了导出这个方程，先求关于 ρ 的微分，进而获得一个微分方程。可以看出，当 ρ 无限增加时，摄食量也趋向 R_{max}（即当 $\rho \rightarrow \infty$ 时，$e^{-\lambda \rho} \rightarrow 0$）。

　　双曲线关系函数还有其他表示形式，其中一些形式会在本书后面的章节中展示出来，如 Jassby 和 Platt（1976）推荐了一种双曲正切函数，用于表征当可用性辐照度增加时光合作用速率也增加并逼近渐近线的情况。当呈双曲线变化规律的函数中涉及的一些生态或生理数据变化程度非常高，要表示应变量对自变量主要响应趋势时，具体选择哪种定量方程并不重要。最佳的方程选择取决于数值模型应用的便利程度，而非模型的拟合精度。

　　阈值效应在生态学关系中很常见。例如，我们有时发现，只有当食物量高于某个特定的最低值时，动物才开始摄食，否则摄食行为不会发生。这个最低值就是阈值。

可对米氏方程（这里特指食物浓度而非底物浓度）或 Ivlev 方程稍微增改，使其体现出食物的阈值效应：

$$R = R_{max}(\rho - \rho_t)/(D + \rho - \rho_t) \qquad （式1.14）$$

$$R = R_{max}\{1 - \exp[-\lambda(\rho - \rho_t)]\} \qquad （式1.15）$$

在上述两个方程中，ρ_t 为食物丰度的阈值。这两个方程都只能在 $R \geqslant 0$，即 $\rho \geqslant \rho_t$ 时成立，否则 $R = 0$。如果未能遵守此限制条件（比如在生态系统模型的电脑编码中），那么摄入量和营养吸收量等参数都会成为负值。所有这些负值量的带入导致这种生态相互作用模型看似稳定，实则为脱离现实的假象。

生物必须从外界获得的物质或能量常常成为限制性因子。然而，生物对限制性因子水平高低变化的响应也可能受其他因子（如温度、盐度、紫外线辐射、行进道路上出现大块岩石的频率等）的调控。动物的生长率（如桡足类，见 Vidal，1980）不仅随着资源和环境条件而变化，也与其所处生活史的阶段及身体尺寸有关。生长率确实会随着食物的可获得性呈现出双曲线型变化趋势，但至少对于小型变温动物来说，双曲线中渐近线的高度随着温度的升高而下降。温度越高，新陈代谢消耗越大，用于生长的营养物质就越少。总而言之，栖息地的很多环境变量对很多生态过程都会产生影响。

1.10 确定性函数（及模型）与实际数据

对于数学函数来说，对自变量赋值（输入）后就可得到对应的输出（应变量）。因此，函数关系都是非常精准而明确的，故此也被称为确定性函数（deterministic function）。当然，自然界中也存在这样一种"函数关系"：给定输入值，输出一组或在某个范围的数值。但这种函数关系常常难以运用，在生物海洋学中的使用也不广泛。图1.8(a) 和 1.8(b) 分别摘自 Richardson 和 Verheye(1998) 及 Hurtt 和 Armstrong(1999)，图片很好地展示了这种关系。第一张图显示桡足类动物产卵量随着温度和叶绿素浓度（表征可获得的食物量）的变化情况。数据的变化非常明显，但变化的趋势并不明确，这仅表明变量之间存在某种关系。尽管在中等温度条件下，桡足类动物产卵率达到最大，但 Richardson 和 Verheye 并未找到一个函数来恰当地描述温度的效应。后来有研究者以叶绿素浓度为变量拟合出产卵量的 Ivlev 曲线方程，但对观测值的预测效果仍不理想。

第二张图显示的是浮游植物存量的周年变化，其中曲线表示通过一个适度复杂的浮游生态系统模型得出的预测值。这是一个函数，当函数中的各个变量确定数值后，就可以得到一个确定的浮游植物数量值，某时间点的浮游植物数量输出值也与先前的浮游植物丰度有关。在后文中我们将对此类模型进行详细的讲述。Hurtt 和 Armstrong 对此结果比较满意，因为模型的预测值与实际数据在主要趋势上确实比较相符。在生物海洋学研究中，有时我们对生态关系能做到最好的描述也只是找出这种近似关系了。

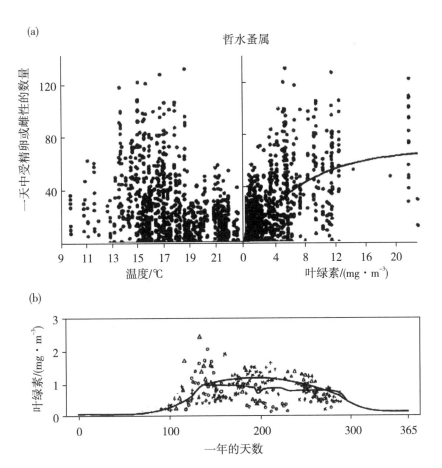

图 1.8　运用函数关系来拟合高度变化的海洋生态学观测数据的两个示例

高度分散生态数据源于随机因素的存在，而确定性函数模型给出的"最佳拟合"又未将随机因素考虑在内。(a)为本格拉沿海上升流区域不同温度和叶绿素浓度条件下的哲水蚤属产卵量(Richardson 和 Verheye，1998)。(b)为基于类似于第 4 章所述的浮游生态系统模型得到的拟合结果，图中的两条曲线分别表示利用两种略有差异的拟合模型所获得的叶绿素浓度输出值，不同的数据标志表示在挪威海域(59°N，19°W)不同年度的叶绿素浓度实际观测值(Hurtt 和 Armstrong，1999)

1.11　有关生物学术语

　　生物学词汇在不断演变，其中一些词汇变化源自分子遗传学的研究成果。分子遗传学的发展使我们重新理解物种的系统发育关系，进而对很多生物类群的分类地位进行修订。随着真核生物系统发育关系不断被揭示，对各个真核生物子类群高级阶元也进行了多次修订。稳定的系统学暂时还遥不可期。因此，在大多数情况下，我们仍会使用那些非常典型的、高辨识度的分类名称，如常用的一些动物门级名称。词汇的演变也导致对一些专业术语理解的不确定性，如细菌、原生动物、植物和动物。这里的

"植物"指的仅是多细胞、有根自养生物，而不包括大型藻类。从通常意义上讲，动物是异养生物，以植物、真菌和其他动物为食。对于通过这种方式生存的原生生物，我们有时会使用"原生动物"（protozoa）一词，意思是"简单的动物"。需要明确的是，这些词汇并不对应于分类学上的某些特定阶元，但是与"小型异养生物"等词相比，这些词对生物类群的指代更为直接明了。有些原生生物既是自养生物也是异养生物，因此也被称为"混合营养生物"。我们将使用这个术语讨论这种生物具体的生物学，但鉴于这种生物既进行光合自养也进行异养，我们也可能将它们与"浮游植物"或"原生动物"归为一类而展开有关讨论。本书中的"细菌"专指真细菌，而"古菌"则专指那些进化上与真细菌及真核生物明显不同的古生菌。

1.12　本章结语

除本章中提到的内容外，海洋化学、海洋物理、全球海洋分布和运动、"生态数学"等基础学科的方方面面都对生物海洋学的深刻理解起到了重要的支撑作用。希望本章的简要介绍能为后面章节内容的学习做好铺垫。本书作者也非常荣幸能够继续就这些问题做深入讲解。

第 2 章　浮游植物的藻类学

浮游植物是海洋浮游食物链中处于第一营养级的所有光能自养微生物的总称。在植物分类学中，浮游植物均属于藻类，浮游植物的研究者被称为藻类学家。与约 250 万种陆地植物相比，浮游生物中藻类的物种数要少很多，仅有约 5 000 种（Tett 和 Barton，1995）。浮游动物和鱼类在陆地与海洋生境物种数的比例也与浮游植物类似，其原因将在随后介绍浮游生物地理学时说明。既可根据生态功能分类，也可从植物分类学角度对浮游藻类进行分类。在谈到藻类形态时，我们会将这些不同分类名称混用并进行讲述。多数藻类门中的代表类群都营浮游生活。门（Division），根据形态学和生物化学标准进行的界定，是藻类和植物分类学中的最大分类学单位，等同于动物学中的门（Phyla）。我们将重点关注几个生态学上的优势类群，其中一些类群与植物分类学的名称完全相同，有些则不然（见表 2.1）。

表 2.1　浮游植物的主要生态功能类群

类群	藻类学用语
微微型浮游生物	细胞大小小于 2 μm 的光能自养生物
蓝藻	光合原核生物，细胞大小小于 2 μm，属于蓝绿藻门（最近又称"蓝细菌门"），如聚球藻和原绿球藻
真核微微型浮游生物	细胞较小，但具有高级细胞结构
微型鞭毛虫	包含多个门和纲的生态学集群：隐藻门、定鞭藻门、绿枝藻纲和普林藻纲
硅藻	隶属于不等鞭毛门，硅藻纲
腰鞭毛虫	隶属于双鞭毛虫门，甲藻纲

浮游植物类群的相对重要性因生态环境不同而变化。由于个体较小，人们最近才认识到小型浮游植物的重要性，很多类群直到 1979 年后才被发现。鉴于浮游植物在海洋生态系统中的重要地位，我们将对这些重要类群的生物学进行详细的介绍。很多时候生物海洋学研究者必须搁下海洋生态学家的身份，变身为海洋生物学家来讲故事。那就让我们开始吧。

2.1　浮游植物的进化

全球范围内，蓝细菌和微藻是海洋光合作用的主要贡献者。蓝细菌起源于 28.5

亿年前(Falkowski 等，2004)，属于简单的原核生物，无膜包被的细胞核，也无其他细胞器。微藻也是单细胞生物，但细胞结构更为复杂。事实上，微藻起源于光合原核生物或真核生物与其异养真核生物宿主形成的共生体(彩图 2.1；Parker 等，2008)。微藻包括多个分类学单元，按形成内共生体的过程主要分为三类。在初级内共生过程中，蓝细菌被异养真核细胞所捕获。在次级内共生过程中，异养真核生物细胞获得一个可进行光合作用的真核生物细胞。在三级共生过程中，腰鞭毛虫作为宿主吞食次级内共生体，该次级内共生体为腰鞭毛虫提供叶绿体。研究发现，被转移(吞食)的叶绿体的色素和基因与现存的真核藻类的色素和基因非常吻合，这为三级共生理论提供了线索(Keeling，2010)。在所有这些共生类型中，叶绿体的一部分(或全部)基因最终都已转移至宿主细胞核内。

2.2 海洋浮游植物的主要类群

2.2.1 微微型浮游生物——原核和真核类群

2.2.1.1 蓝细菌/蓝藻(Cyanobacteria)

细菌是原核生物，它们携带基因信息的大分子物质——脱氧核糖核酸(DNA)不被限制于细胞核(karyon)内。细胞核是由薄膜包裹的特殊细胞器。相对简单的、包含DNA 的染色体分散在细胞中心区域，这就是"原核"一词的由来。细菌中的一支被称为蓝细菌，它们可以通过光合作用产生有机物。在这个意义上，它们既是藻类，又是细菌，因此，植物学家将其归于蓝藻门、蓝绿藻。它们的光合色素分多层排列，以类囊体形式分布于细胞膜周围。小溪和池塘通常可滋生数量众多的丝状蓝绿藻(念珠藻、鱼腥藻等)，这些肉眼都能辨识的大型类群在基础生物学课程中常常都有介绍。人们认识到蓝藻在海洋和浮游生境中的重要性的历史其实并不算长。

1979 年，Waterbury 等及 Johnson 和 Sieburth 两个研究团队都发现，在海洋水体样品中存在大量光合细菌。导致这些细菌被忽视的原因众多，主要原因是其个体微小，直径均小于 2 μm，大部分小于 1 μm。蓝藻的类囊体结构(图 2.1)包含多层藻胆体，由很多结合有光合作用辅助色素体(包括藻红蛋白)的蛋白颗粒组成。该色素体在蓝光激发下发出标志性橙色荧光，因为橙色荧光足够明亮，以至于可盖过叶绿素的红色荧光。基于这一特征，可非常方便地使用荧光显微镜对蓝细菌进行辨识和计数，以便研究其种群生态学(见框 2.1)。

目前，聚球藻属在海洋学中非常受关注，因为聚球藻在近岸和沿海区域真光层的光合生物中通常可贡献一半或更高比例的生物量，其微小的个体无疑是它们具备生态重要性的原因之一。因为沉降(浮升)速率与细胞直径的平方成正比(斯托克斯定律)，所以微微型浮游生物的沉降或浮升都十分缓慢。聚球藻的沉降速率小于 $1 \text{ cm} \cdot \text{d}^{-1}$，因此，只要维持一个不算高的种群繁殖速率，就足以补偿向深处沉降而导致的生物量损失(Raven，1985)。较小的体型也最大限度地增加了相对表面积，这有利于吸收营养盐，减少被滤食性动物摄食。聚球藻含有多种藻青蛋白和藻红蛋白色素，因此，不同的聚球藻菌株可以利用水平（海岸—大洋）和垂直梯度上自然光中的不同波段（Scanlan 等，2009）。藻红蛋白在红藻门（红色藻类）中的含量也相当丰富，在近岸潮线以下的生境中，随着深度不断增大，红藻的优势度也越来越明显。事实上，在类囊体的构成和含有藻胆体这些特征方面，红藻的叶绿体与蓝藻的十分相似。这些叶绿体很可能起源于早期蓝藻细胞在大型植物细胞的胞内共生（彩图 2.1）。

框 2.1　落射荧光显微技术

生物学家（包括生物海洋学家）已越来越多地使用落射荧光显微镜，这种特殊的显微设备可以观察检测对象发出的荧光，而不会看到穿过或反射自颗粒的光线。在观察浮游植物时，浮游植物细胞先被过滤到一种黑色滤膜上。通常操作过程如下：首先将样品加入醛类物质（如戊二醛），经滤膜过滤后覆盖一点浸镜油并加盖玻片，之后在显微镜下检查。落射荧光显微镜使用高亮度蓝光，与物镜成较小角度从上方照射而不是从下方投射，通常，会通过棱镜使光线穿过物镜镜头（框图 2.1.1）。蓝光会激发出绿光到红光荧光。物镜上方的光路装有滤镜，可以消除所有反射的蓝光，但允许荧光通过。在黑色背景的衬托下，观察者可以看到来自细胞和细胞器的绿色、黄色、橘黄色和红色的荧光。蓝藻可发出橘色波长的荧光，而微微型真核藻类则发出红色荧光，因此，这一方法对于研究微微型浮游植物极为有效（彩图 2.2）。

即使微微型蓝藻和微微型真核藻类的个体很小，利用荧光显微技术也可以轻松地对这两个功能群进行观察与区分。原绿球藻的荧光较弱，难以通过显微镜观察，但可通过流式细胞仪对其进行分辨（见框 2.2）。

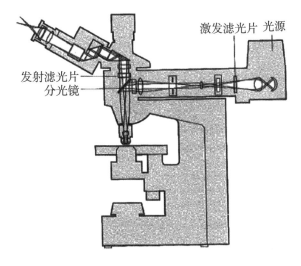

框图 2.1.1　落射荧光显微镜原理

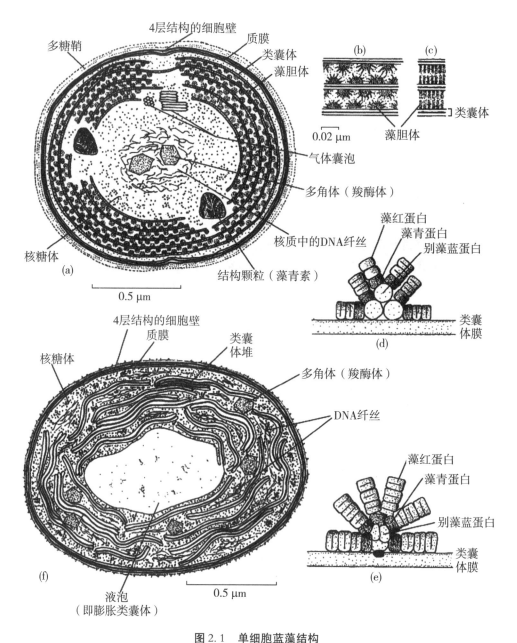

图 2.1　单细胞蓝藻结构

聚球藻（上图）和原绿球藻（下图）细胞构造。（Van den Hoek 等，1995）

　　束毛藻属（*Trichodesmium*）属于丝状蓝藻，多分布在热带海域。束毛藻形成的"毛发"（tricho）可产生气泡，使其漂浮于海面。它还可以调节浮力使藻体向上或向下移动，从而吸收深水区的营养盐，再回升至阳光更为充足的表层水。与淡水蓝藻的某些属类似，它可以将氮气（N₂）固定为化合态的铵和含氮的有机分子。这样，在一定量磷和微量元素存在时，固氮作用使氮源的限制得到了缓解，可以在近表层形成藻华。

框 2.2　流式细胞术

一些对血细胞计数和组织培养技术感兴趣的生物学家开发出一整套仪器,可以用来对大量细胞进行自动识别、计数和分离。目标细胞分散于等渗压的盐水缓冲液中,缓冲液流经装有一系列传感器(包括电导仪、色量计和荧光计)的狭窄管道。通过对溶液进行稀释,可以做到每次仅一个细胞经过传感器,如此,与传感器连接的计算机电路系统就可通过大小、颜色和对多种波长激发的荧光反射信号对细胞进行分类。需要时,还可将细胞分离到不同的容器内。为实现这一操作,需从流速上对管道内含有目标类群细胞的部分液体进行跟踪。液体可从管道末端的小孔滴出,该小孔可从液滴表面剥离少量电子使其带正电。之后,环绕的电极装置可通过电脑控制给予正(排斥)电荷或负(吸引)电荷控制液滴的坠落轨迹,将其引导滴进适当的容器。海洋学家将这些装置应用于大数量细胞的识别和计数,尤其对于微微型浮游生物,可以根据它们荧光和光散射的特征进行分类和计数(框图 2.2.1)。如框图 2.2.2 所示,基于前散射光信号与不同波长荧光构建二维图,多个单体细胞在二维图中的位置聚为集群,显示出原绿球藻和蓝细菌在给定样本中的相对重要性。

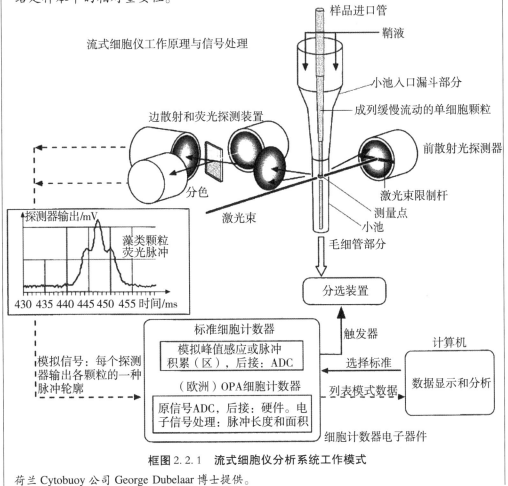

框图 2.2.1　流式细胞仪分析系统工作模式

荷兰 Cytobuoy 公司 George Dubelaar 博士提供。

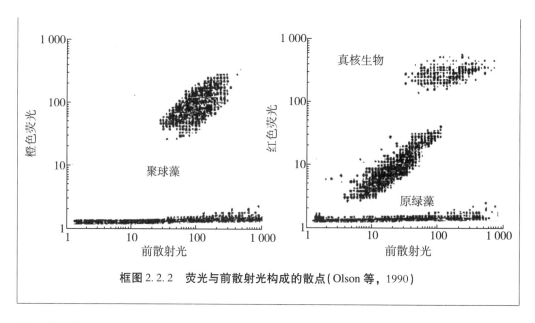

框图 2.2.2　荧光与前散射光构成的散点（Olson 等，1990）

束毛藻藻华在热带海域偶有发生，在阿拉伯海和红海则尤为常见，原因可能是这些海域存在丰富的沙尘输入（提供了丰富的铁元素）、温暖的海水以及较长的无风期。红海的红色通常来自束毛藻形成的藻垫。另一种固氮丝状蓝藻——胞内植生藻（*Richelia intracellularis*），则共生在多个硅藻属如根管藻属（*Rhizosolenia*）、角毛藻属（*Chaetoceros*）和半管藻属（*Hemiaulus*）的细胞内。胞内植生藻的固氮作用使这些硅藻藻华在寡营养盐的中央大洋环流中偶有发生。Moisander 等（2010）通过检测固氮酶中铁蛋白编码基因对两种单细胞固氮蓝藻——瓦氏鳄球藻（*Crocosphaera watsonii*）和单细胞蓝细菌－A 类群（UCYN－A）的分布进行了研究，结果表明，UCYN－A 的纬度分布范围比束毛藻更为广泛，表明它们显著的固氮作用既可能发生在热带也可能发生在温带海域。有趣的是，UCYN－A 细胞中缺少可以同化 CO_2 并释放 O_2 的相关酶类（Bothe 等，2010）。不产生氧气有助于保护对氧气敏感的固氮酶，但这使 UCYN－A 需要利用细胞外的有机碳生存。

2.2.1.2　原绿球藻

原绿球藻属于微微型（小于 2 μm）浮游生物，是浮游植物的重要组成部分（Chisholm 等，1988）。遗传分析表明，原绿球藻是一种与聚球藻亲缘关系密切的蓝细菌。原绿球藻是贫营养热带海域中细胞丰度最高的浮游植物类群，从 45°N 到 40°S 都有分布，它们对初级生产力贡献了不小的比例（Olson 等，1990）。与聚球藻类似，原绿球藻也是无核膜的原核生物（图 2.1），具有胞壁质（形成细菌细胞壁的一种聚合物）支撑的分层细胞壁。此外，它们显示出多个独特的生化特征，最特别的是其光合色素以二乙烯基叶绿素色素为主，而其他所有植物则以正常形式的叶绿素 *a* 为主（Wu 和 Rebeiz，1988）。与绿藻门（绿藻）和高等植物相似的是，原绿球藻含有叶绿素的另一类分子变体，即叶绿素 *b*。原绿球藻最早由 Lewin 在热带海藻中发现，并被认为是藻类的共生体(Lewin 和 Withers，1975)。原绿球藻可附着在热带海鞘类(被囊动物或海鞘)生物体上，以外共生体的形式存在。在使用流式细胞仪(见框 2.2)对水体中的聚球藻进行研究时，首次发现原绿球藻的存在，其属名"原绿球藻"则源于其球状(即球菌状)外形。

原绿球藻和聚球藻在海洋中的生态位互补却又重叠。它们在海洋中广泛分布，可分为三个重要的生态类群：高光适应性原绿球藻、低光适应性原绿球藻和含有各种不同色素体的聚球藻菌株。比较三个类群的基因家族(Zhaxybayeva 等，2009)，可以发现基因转移在聚球藻和低光适应性原绿球藻之间频繁地发生，这种基因共享(水平基因转移)方式在其他细菌中也同样出现，这使细菌能针对性地、快速地适应生态环境。

2.2.1.3　真核微微型浮游植物

除蓝藻外，微微型光合浮游生物通常还包括大量细胞直径小于 2 μm 的单细胞真核生物，此类细胞数量庞大(Johnson 和 Sieburth，1982)。这些生物中包括球状的绿色藻类——绿藻(Chlorophyta)，它们的细胞无鞭毛，却保有基体甚至是根丝体结构，表明其祖先可能与衣藻(*Chlamydomonas*)类似。*Ostreococcus lucimarinus* 属于绿藻的一种，其基因组已完成测序，在其基因组中发现了大量的含硒酶类基因(Palenik 等，2007)。与非含硒酶相比，这些酶的催化活性更强，并且可能是对其微小个体的一种适应。绿藻中的其他两门——不等鞭毛门(Heterokonta)和定鞭藻门(Haptophyta)，也包含具有重要生态学意义的海洋真核微微型浮游生物(Worden 和 Not，2008)。

Liu 等(2009)整合基因信息、色素体和显微镜观察数据分析了个体非常微小的定鞭藻的丰度和多样性。这些浮游植物使用 19 -乙酰氧基岩藻黄素(19 -Hex)作为辅助光合色素；尽管这类色素在全球海洋的有光层较为常见，但来自定鞭藻核基因组的 rRNA 序列却较少(见框 2.3)。传统的核糖体小亚基 RNA(SSU rRNA)基因的通用引物不适用于扩增定鞭藻类，而在设计并使用更为专一性的扩增引物后，定鞭藻的多样性和丰度开始凸显。这些微型的定鞭藻可能占到全球海洋中浮游植物总量的 30% ~50% 。

框 2.3　基于分子遗传学的分类与系统发育重建

近年来，基于 DNA 序列的相似性和差异性分析可用于生物的分类并探讨其进化关系(系统演化)。此外，还可以对其他序列进行分析，确定与发育和代谢相关的基因有哪些，识别不同环境条件下的基因的表达活性。要理解这一主题，需要对分子遗传学有大致了解。这些基础内容将在此有所说明。

基因指导 20 种氨基酸在细胞中有序地连接形成蛋白质，基因则由 4 种独特化合物，即核苷酸(或碱基)，以特定的顺序储存于细胞中，这 4 种化合物分别为胸腺嘧啶(T)、腺嘌呤(A)、鸟嘌呤(G)和胞嘧啶(C)。它们排列并结合在一个聚合糖分子链（脱氧核糖）上，构成了脱氧核糖核酸（DNA）。氨基酸由 3 种碱基构成密码子，如色氨酸对应 TGG 密码子。4 种碱基可以组合出 $64(4^3)$ 组编码，所以大部分氨基酸可通过多个同义的碱基组合进行编码。一些特定氨基酸专性密码子在某些生物体中有所不同。一个蛋白质的构建需要通过酶将 DNA 转录为结合在核糖聚合物上的类似分子（尿嘧啶为 U，代替 T）：核糖核酸（RNA）。某些密码子提示转录酶"从此处开始转录"或"停止转录"。转录产物被称作信使 RNA 或 mRNA，之后通过一类叫作核糖体的细胞器（复杂的分子器件），将其翻译为蛋白质。在核糖体中，mRNA 的碱基三联体按照三联体密码子与散布的携带特定氨基酸的 RNA（转运 RNA，tRNA）啮合，核糖体催化所产生的氨基酸序列进行聚合形成蛋白质肽链。然后，蛋白质被释放出来，折叠为有功能的形式，经其他复杂过程被转化为细胞特定的结构组成。

基因以双螺旋 DNA 形式存储在细胞中，双螺旋 DNA 是两条通过 A 和 T 及 G 和 C 之间氢键连接的长链聚合物。它在细胞分裂过程中必须复制，此时会暂时断开氢键连接，形成含有互补核苷酸的两条单链。DNA 聚合酶复合体可以解开双链并沿双链活动，将 A（核苷酸）与 T 对应放置并通过氢键连接，以此类推，T 连接 A，G 连接 C。通过上述过程，1 个双螺旋成为 2 个同样的双螺旋。在细菌和古菌中，DNA 链（染色体）位于细胞中心区域。在真核生物中，染色体同样包裹于细胞的核膜内（细胞核）。染色体包括 DNA 和被称作核染色质的蛋白复合体。

在揭示 DNA 的结构、储存、复制和翻译成蛋白质的漫长过程中，分子生物学家掌握了如何"读"这些长 DNA 序列的编码。过程已相当简化（Sambrook 等，2006），以化学方法将 DNA 从生物体中提取出来，将目的片段进行扩增以达到可以读取的数量。目前主要有两种方法：一是将 DNA 打断为片段，插入到细菌的质粒（DNA 闭环）中，这些片段通过载体细菌（通常为大肠杆菌）的大规模繁殖成倍增长。特定目标 DNA 从克隆的质粒回收并纯化；二是通过聚合酶链式反应（PCR），对目标序列进行有选择的扩增。如分子生物学书籍所述，PCR 是在细胞外完成的人工扩增程序。当目标序列存在可靠的保守区域作为"引物"时，可以使用 PCR 方法对感兴趣的序列进行扩增。这两种方法产生的 DNA 纯化后均可通过 Sanger 双脱氧链终止法进行测序（Sambrook 等，2006），其中，PCR 方法实现了自动化。可通过此方法产生的色谱图读取 DNA 编码。其结果十分明确：

...AGATTTCTGGTTTCTTAATGCCAGCTTTA...

近期，自动化技术可通过随机切断 DNA，对所有片段进行扩增（PCR）和测序，之后通过计算机对比查找匹配的重叠部分来重新组装可能的整体 DNA，从而获取全部（或几乎全部）的生物体基因。

可在个体、物种或门级类群间对基因的部分序列、整体基因或长链基因进行相似度的比较。相似度或差异度水平可体现亲疏等级。目前的比较算法基于不同的原则，如邻接法、进化简约法等。根据基因与已知功能的其他基因的相似度可以推断其功能。因此，对于大型编码数据库的访问比较重要，比如可通过网络访问记录所有物种 DNA 序列的大型数据库——美国国立卫生研究院建立的基因库。数学技术与以上所有分析方法的计算机操作技术的结合被称为"生物信息学"。

为审视大范围的亲缘关系，需要借助所有生物中都存在的基因。编码核糖体 RNA 的基因尤为重要。此类 RNA 来自两种亚基，称为大亚基和小亚基。一般来说，小亚基(SSU RNA)序列在识别微生物关系以及古老的亲缘关系时十分有效。16S RNA 和 18S RNA 这两个术语被广泛使用，它们反映了原核生物和真核生物 SSU RNA 的分子量(千道尔顿)。针对 SSU DNA 的保守性引物在 30 多年前就已知道了。在向更复杂生命形式进化的过程中，核糖体结构变得更为复杂，编码也越来越长。不同进化类群分支的不断细化，以及细分类别间的变化，构成了系统分类及进化关系重建的基础。显而易见，保守区域对于核糖体功能十分重要，因为它解释了核糖体基因在地球上生命体进化进程中的序列一致的部分。保守区域是进行序列对比和 PCR 扩增的基础。C. R. Woese 率先使用 SSU RNA 对生命形式进行归类(Woese 和 Fox，1977)，之后 Norman Pace 和他的同事将其进一步扩展为"探索性系统学"(Olsen 等，1986)。这项工作对于微生物尤为重要，深刻地改变了人们关于微生物形式的认知。

线粒体和叶绿体原本是作为内部共生体被祖先细胞所获取，它们保存了构建自身蛋白质需要的一部分 DNA(和核糖体)。此类 DNA 在不发生有性重组的情况下可进行无性繁殖(一种与核或细菌基因相比更为简单的遗传模式)，进化速度更快，可以提供一些更为直接的先祖溯源。线粒体 DNA，即 mtDNA，在研究真核生物分子系统发育，尤其是动物系统发育时备受青睐。由于线粒体基因的单倍体特性，基因变异被称为"单倍型"。使用基因短序列或物种特有的 mtDNA PCR 引物，特定的 mtDNA 基因序列广泛用于物种和菌种的鉴别。细胞色素氧化酶 I(COI)基因在动物研究中被广泛使用，有时称之为 DNA"条形码"，并在近期海洋生物普查(COML)中得到广泛应用。

分子遗传学的更多具体情况将根据需要在全书各处进行说明。

2.2.2　微型鞭毛虫

多种藻类包含小型、具有鞭毛的种类，贡献了很大比例的海洋初级生产力。从植物学角度，根据超微结构、色素构成、生物化学的详细信息可对这些微型鞭毛虫进行分类；可以应用 SSU rRNA 基因的比较分析进行类群划分。然而，由于这些类群细胞大小及形态都相近，为了方便生态学研究，生态学家常将其归为一类。微型鞭毛虫个体大小从 2 μm 到 30 μm 不等，但多数都小于 10 μm。所有的微型鞭毛虫都通过鞭毛缓慢运动进行光合作用，需要小心呵护才能将株系保存下来。这些共同特征意味着，无论其植物学分类关系如何，对它们的研究必须采取相似、专门的方式。表2.2根据鞭毛、细胞壁和主要色素等特征分别给出了主要鞭毛类群的特征。细胞分裂上的差异可能也同样十分明显（Taylor，1976），但形式十分复杂。所选分类系统参照Falkowski和Raven（2007），并借鉴了Dodge（1979）对各类群的描述。除所列类群外，一些底栖藻类可产生小型、带鞭毛的光合作用配子，它们也可能在沿岸浮游植物中不时大量出现。这些藻类包括底栖硅藻、褐藻（褐藻纲）、各种绿藻、黄藻和真眼点藻。对于黄藻和真眼点藻这两类的描述参见Van den Hoek等（1995）。

表2.2　微藻分类学类群的显著特征*

	鞭毛	细胞壁
原核生物（蓝藻）		
聚球藻	0	胞壁质
原绿球藻	0	胞壁质
绿藻门	两根（或四根），顶生，等长，光滑	裸露带纤维鞘，有时钙化
绿枝藻纲	一根或两根，不等长，或四根等长有鳞鞭毛	有机鳞片或裸露
隐藻门	两根顶部等长鞭毛，有时多毛	裸露
定鞭藻门	两根，等长或不等长，多毛、中间有附着鞭毛	叶绿素 $c1$，叶绿素 $c2$ 有机鳞片
土栖藻目	两根，不等长，多毛，附着鞭毛退化	有机或钙化鳞片
不等鞭毛门硅藻纲（硅藻）	雄配子一根多毛鞭毛，无微管	裸露配子
金藻及其亲缘物种**	两根不等长鞭毛，后部较短，平滑，前部较长	裸露或鳞片（某些为蛋白）
腰鞭毛门	两根鞭毛，一根环绕，一根位于后部	纤维板或通常裸露
红藻门	0	纤维素

*海洋生境中的非常见类群未被列出：裸藻门、针胞藻纲和真眼点藻纲。主要类群的基本色素见表2.3。

** 某些与金藻相关的类群最近被归入一个新的门——不等鞭毛门内。它们包括黄群藻纲、硅鞭藻纲（包括生有蛋白鳞片的网尾线虫属或硅鞭藻）和非常小的海金藻（主要为真核微微型浮游生物）。不等鞭毛门的特征是不等长的鞭毛（前部"细丝"，后部平滑），含有叶绿素 c，使用金藻昆布多糖作为储存介质。金藻纲和硅藻纲（上文所列），以及褐藻（褐藻纲）和黄藻均属于不等鞭毛门。

尽管细节方面有差异，但大多数微型鞭毛虫的细胞构造都大同小异。细胞有时为圆形，有时为卵形，有时为梭形。具有供鞭毛插入的"前"端，一般有两根鞭毛。细胞通常向有鞭毛的方向运动，并由鞭毛牵引。细胞表面可能为裸露的细胞膜，也可能覆盖有次级有机壁，或具有有机质、硅质或钙质鳞片。细胞内部结构如图 2.2 所示。

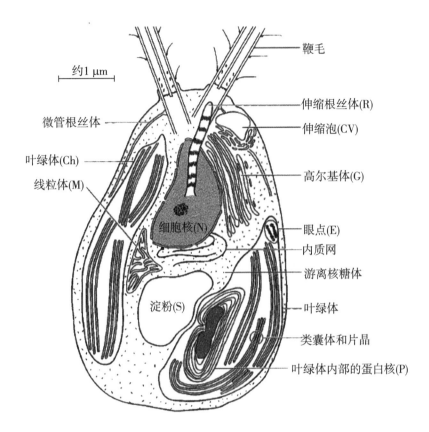

图 2.2　微型鞭毛虫的通用形态结构

细胞核为梨形，较窄的一端向前，位于鞭毛根部下方。一根鞭毛（有时为两根鞭毛）根部连接至一列条纹状纤维——根丝体，根丝体向后延伸至细胞核周围的细胞质内。根丝体纤维可以收缩，间断拉动根部，使鞭毛产生波浪状运动。细胞核和鞭毛根部结构一侧有伸缩泡。细胞前端有高尔基体，为扁平膜池结构，与分泌活动有关。在许多种类中它可以产生覆盖细胞外部的鳞片。

部分种类存在一个或两个叶绿体。如果仅有一个叶绿体，则形如杯状并充盈于细胞后端。如果有两个，则分别位于细胞两侧，其中一个通常延伸至细胞后部。类囊体是叶绿体内部的多层膜状结构，承载着光合色素系统，类囊体与细胞外表面平行排列。类囊体两个或多个，并且不同类群构成类囊体的膜状结构数量有所不同。叶绿体杯状结构中心为蛋白核，负责储物的排布，储藏的产物有多种形式的脂质或淀粉，在细胞核下方大量聚集。叶绿体最前方的延伸部分一般承载着由多层色素颗粒构成的眼点。眼点使细胞体有趋光性或者产生其他光敏反应，因此会导致轻微的垂直迁移。线粒体分散于叶绿体和细胞核之间，或在有些生物种类中，仅有单独的形状复杂的线粒体位于中心位置。

　　带有鳞片的微型鞭毛虫（如球石藻）在细胞内的特定细胞器内逐个形成鳞片（一次一个），并通过膜层将其压出至细胞表面。在某些种类中，产生鳞片的细胞器与高尔基体相关。鳞片形成并压出后将沿细胞表面整齐排列，可能是由细胞质相对细胞膜连续旋转流动而形成（Brown 等，1973）。某些球石藻在形态上更为复杂，可能带有经过改装的"附属物"颗石，可用于抵抗捕食者。带有附属物钙板的金藻的扫描电子显微照片可参见 Young 等（2009）。

　　微型鞭毛虫的形态多变（图 2.3），有些种类具有两个叶绿体（并非一个），不具

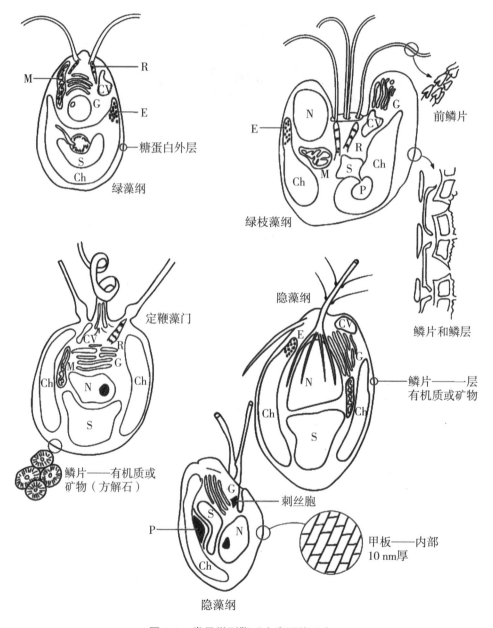

图 2.3　常见微型鞭毛虫类群的形态

缩写参考图 2.2。

有眼点，带有附加鞭毛或鞭毛状细胞器。其繁殖情况在不同种群间有所不同，是物种分类十分重要的特征（Taylor，1976）。然而，所有类群的繁殖均通过沿卵裂沟的简单分裂来维持种群增长。有性繁殖存在于大多数微型鞭毛虫中，具有多种形式，目前仍有许多过程未知。定鞭藻门中的颗石藻存在两种形态，浮游习性的、有鳞片结构的二倍体型与底栖的、丝状的单倍体型更替出现，两种细胞形态均可进行营养繁殖（Gayral 和 Fresnel，1983）。底栖类型会释放裸露孢子，孢子融合以形成合子并发育为有鳞类型。大多数颗石藻中存在单倍体 – 二倍体交替现象（de Vargas 等，2007）。在衣藻属（绿藻）中，营养细胞为单倍体，营养细胞被修饰为带有附属细胞结构的"＋"和"－"形式，以允许融合和细胞核转移，修饰的营养细胞通过融合完成有性生殖（Goodenough 和 Weiss，1978），减数分裂在合子内发生（Triemer 和 Brown，1977）。

　　普林藻门是海洋浮游植物中的特别优势类群。活赫氏颗石藻和其他球石藻带有钙质板。它们有时会大量繁殖，密度大到足以将光线反射回天空，在卫星图像中呈现乳脂状轮廓的旋涡（图 2.4）。

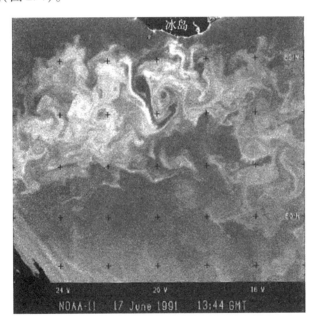

图 2.4　超高分辨率辐射仪（AVHRR）图像

展示冰岛南部大西洋海域球石藻暴发时可见的反射光谱。浅色部分为藻类细胞表面块状方解石（颗石藻）的高反射光。由普利茅斯海洋实验室 Steve Groom 提供，与 Robertson 等（1994）文中的图 2 相似。

　　其近亲巴夫藻目，在两根鞭毛间保留着功能完整的结构——附着鞭毛（haptonema），它由三层同心的膜状鞘层构成，围绕着七根微管构成的核心。外围鞘层可能带有小鳞片。附着鞭毛可以通过内部微管的活动发生弯曲和盘绕，为摄食细胞器（Kawachi 等，1991）。与之相连的颗粒物将向细胞基部移动，黏合成为整体，之后分散返回顶部。顶部因此将向细胞基部环形弯曲，细胞表面环绕顶部形成一个食物泡

（吞噬作用）。即使在极小的细胞中，自养和吞噬营养的混合营养模式也十分普遍。

2.2.3　硅藻与硅藻纲

在营养丰富的海岸带水域，以及海洋春季藻华期，硅藻通常是浮游植物中的优势物种。它们的大小从 2.0 mm 的帝王筛盘藻（*Ethmodicus rex*，见于温暖的大洋中央环流内）到 2 μm 如亚北极太平洋常见的菱形藻（*Nitzschia cylindroformis*）。与其他浮游植物相比，硅藻分裂更快，因而在暴发期具有重要的生态作用。它们除作为浮游生物组成部分的重要性外，硅藻会在沙滩里频繁地上下迁徙，可以在海冰底面的裂缝中生长，也可以在大型海藻表面生长。其显著特征在于具有硬矿物壳或由蛋白石构成的细胞壳，即含水聚硅酸——$Si(OH)_4$。蛋白石的硬度为 7，这意味着它像盔甲一样坚硬，其密度为 2.7 g·cm^{-3}，使其可以保持浮力。实际上，在消耗掉水层的营养盐后下沉可能是具有一定意义的，因为这将使细胞向下移动至营养跃层（真光层底部的营养盐浓度增高），或使其迅速远离捕食者，从而以休眠孢子的形式储存于沉积物内。在用显微镜观察时，所有硅藻壳体都十分精致，并且非常美观。

分类学家根据硅藻细胞壳结构将其大致分为两个类别：中心型（中心硅藻目）和羽纹型（羽纹硅藻目）。中心硅藻起源于放射状对称的原始类群，具有培养皿状的细胞壳（图 2.5）。上瓣膜和下瓣膜（上壳和下壳）各由平板（瓣膜）和柱状唇组成，柱状唇是包裹平板弯曲边缘的环带。瓣膜和环带有时松散地连接，有时相互融合。下瓣膜环带嵌入上瓣膜环带内。细胞生长时，可以滑动的接合处能够张开，从而为细胞内含物增长提供空间。某些属（如根管藻属），其接合处并非是可以滑动的连接，而是一系列碎片或带环结构，细胞生长时这些结构会不断增加直到成为管状。细胞质沿内层壳表面分布，环绕细胞中心的大液泡形成中空的胞质层。胞质层包含多个细胞器，最明显的是叶绿体和线粒体。细胞液是与海水类似的液体，但具体离子含量稍有不同，它充满了中央液泡。细胞核通常贴近一片瓣膜的中心，但在分裂前，它会滑入悬浮于液泡的中心胞质岛，胞质岛通过周边链体悬挂得以悬浮。通过沿一轴或另一轴延伸壳体，或增加棘状突起，中心硅藻得以有多种不同的形状。

羽纹硅藻为两侧对称，并非辐射对称。各瓣膜均带有沿表面裂缝状的开口，称之为壳缝（图 2.6）。在一般情况下，壳体沿壳缝平行延长。细胞质沿壳缝流动，推动细胞运动。细胞通常沿固体基质表面移动，浮游硅藻以群体形式存在，个体之间相对移动。对于这一运动形式的机制，最佳的解释方案（Edgar 和 Pickett-Heaps，1984）来自基于超微结构的分析。黏液带通过壳缝伸出附着到基质上，同时通过一个胞膜蛋白复合体保持与肌动蛋白纤维丝的连接（Edgar 和 Pickett-Heaps，1983）。肌动蛋白为收缩性蛋白质，它在细胞质流动和肌肉收缩等运动中的作用尤其重要。肌凝蛋白是胞膜蛋白复合体中的一种，它沿肌动蛋白纤维丝运动，使膜蛋白质和与之相连的黏液链沿壳缝的长边向后移动位置[图 2.7（a）和图 2.7（b）]。在细胞后部，黏液链被肌动蛋白 - 肌凝蛋白系统产生的向前牵引力断开，并留下黏液痕迹。黏液链可融合或保持单链状态[图 2.7（c）和图 2.7（d）]。

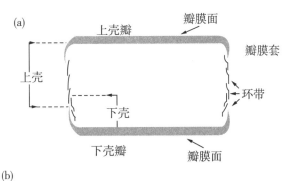

图 2.5　中心硅藻细胞壳(壁)剖面图解及标准术语(a)和偏心海链藻(*Thalassiosira eccentrica*，一种中心硅藻)扫描电子显微照片(b)

图(b)给出了最简单的培养皿形状和辐射对称类型，且图中细胞大小的差异展示了复大孢子形成之前(小)和刚形成后(大)发生的变化。偏心海链藻的细胞直径为 12 μm ～ 100 μm。图由萨尔茨堡大学植物生理学中心 Anne-Marie Schmid 提供；也见于 Schmid(1984)，由 Koetz 出版社授权。

　　硅藻细胞壳纹理较为复杂，可使细胞膜多方面与水接触。细胞壳上可能有斑点，即小孔。细胞壳通常有网隙，即内嵌在壳壁里的小型箱体，箱体向外的表面为大孔，贴近细胞膜的一面为带有很多小孔的网状物。一些开口，比如中心硅藻和羽纹硅藻的唇状突起，以及羽纹硅藻的孔板，通过特性细胞器与外部水体相连。很多种类的硅藻细胞带有棘刺和突起(图 2.8)。这些结构有时较长，可能将细胞连接为链状。在中心硅藻中，这些结构可能是纤细的硅丝，连接着一个瓣膜与另一个瓣膜的中心(如海链藻属)，也可能是围绕着瓣膜边缘的且由精致的、相互交错的栅栏形成的完整的环状结构(如骨条藻属)。在羽纹硅藻中，伸长的、类似矩形的壳体可以通过边角连接形成星型(海链藻属)，细胞也可以在壳缝处互相黏附，以形成"筏状体"，其中细胞可

图2.6　羽纹硅藻小头舟形藻的扫描电子显微照片

图中显示了中央壳缝。由荷兰格罗宁根大学生态与进化研究中心海洋生物学部 E. G. Vrieling 提供，已获《藻类学杂志》许可。

沿长轴前后滑动（链状硅藻属）。通常认为，侧面棘刺的作用在于防御捕食，或增加表面积以增加浮力从而防止下沉。然而，计算表明，因棘刺密度附加的重力要超出其产生的浮力。此外，Gifford 等（1981）证明，和不带棘刺的类型相比，桡足动物更倾向捕食带有长型几丁质棘刺的威氏海链藻（*Thalassiosira weissflogii*）。据推测，这可能是由于长棘刺使细胞更易被察觉，反而使细胞更易被捕食。棘刺的功用还未能被完全解释。

　　硅藻细胞分裂的过程异常复杂，因为细胞不仅要分裂，还必须形成新的瓣膜。Pickett-Heaps 等（1990）总结了硅藻有丝分裂的有关研究成果。分裂过程（图2.9）在旧的细胞壳内进行，直到形成两个原生质体，各与一个瓣膜相邻。每个原生质体在中心平面上有各自的细胞膜。新的硅藻细胞壁在内部形成，并与各细胞膜平行。细胞壁的产生开始于膜囊泡的出现，膜囊泡可能源于每个细胞中的一组或多组高尔基体（细胞器，用于包装分泌产物，尤其是蛋白质－碳水化合物复合物）。这些囊泡聚集于分裂平面中心，并合并形成"硅质囊膜"——包裹着硅质囊泡（SDV）的一层膜。硅质囊膜两侧可连接成一个"甜甜圈洞"，其所在之处在新细胞壳上会是一个小孔。还有一些塑造方式，至少对应新壳上的一些纹理，虽然还不确定硅藻壳上的所有细节都以此形式塑造。硅质囊泡可以以极快的速度（几分钟内）充满硅藻。

　　组成细胞壳的硅必须以硅酸形式被利用。实际上，细胞分裂的全过程受到硅酸可用量的控制，因为控制硅藻中 DNA 复制的酶以硅酸为辅助因子。在大多数情况下，硅酸在细胞壳形成之前被直接吸收进细胞，无论数量多大，都不会在内部储存（Dar-

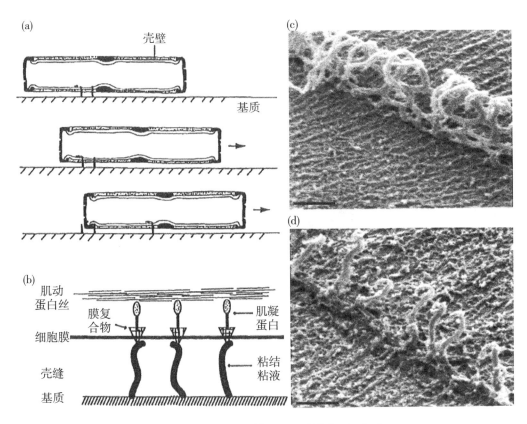

图 2.7　硅藻的滑动模式和运动器官组织模式

（a）为硅藻滑动模式图。硅藻分泌的黏液链依附到基质上，但仍保持与硅藻细胞膜组分的连接。
这些膜元素在肌动蛋白丝组成的框架结构作用下活跃地向后迁移，引导硅藻相对基质向前运
动。在细胞后部，黏液链断裂并留下痕迹（Edgar 和 Pickett-Heaps，1983）。（b）为硅藻运动器官
组织模式图。分泌的黏液链依附到基质上，并与一系列胞膜蛋白（与硅藻肌凝蛋白相连）连接。
肌凝蛋白使膜复合体及与之相连的黏液链沿着一束肌动蛋白丝向后移动，推动硅藻向前滑动
（Heintzelman，2006）。（c）和（d）为化学方法固定的微缘羽纹藻沉积的黏液痕迹扫描电子显微
照片（SEM）。从壳缝伸出的黏液链，可能相互融合（c），或者保持为单个链体（d）。（c）和（d）
来自 Higgins 等（2003），经《藻类学杂志》授权。

ley 等，1976）。吸收和储存硅酸都需要能量（Lewin，1955）。蛋白石作为"纳米"（小
于 1 μm）球被安置在经修饰的硅蛋白矩阵上（Kröger 等，1999）。硅蛋白含有羟基的
氨基酸的主干上带有成对的、修饰过的赖氨酸残基间隔排布，其中一个赖氨酸带有 5
到 10 个重复的 N-甲基-丙胺聚合物，其他为 N，N-二甲基赖氨酸（图 2.10）。

　　Vrieling 等（1999）使用在低 pH 下发荧光的活体染色剂进行染色，显示在酸性条
件下，蛋白石会在硅质囊泡中发生沉淀。在酸性条件下，羟基尤其是重复的 N-甲
基-丙胺链会催化硅酸的聚合作用。在硅藻的生活史中，上述过程产生的蛋白石细胞
壳将得到外表面上有机物覆盖层的充分保护。细菌可以侵入并发生酶促反应降解这些

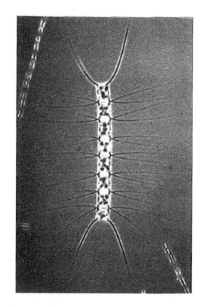

图2.8 并基角毛藻相差光学显微图像

显示形成链条的细胞和纤细的硅质棘刺，一般将如此纤细的棘刺称为刚毛（由墨尔本大学 J. D. Pickett-Heaps 提供）。

有机物覆盖层（Bidle 和 Azam，2001）。细胞死后覆盖层腐烂，弱碱性海水将缓慢分解蛋白石。因此，含硅藻沉积物的累积需要快的埋藏速度，并且通常只有外壳很厚的物种才会留在地质记录中。

对于很多硅藻物种而言（并非所有），细胞个体将随着分裂次数不断变小（Mac-Donald，1869）。因为下壳成为其中一个子细胞的上壳，该子细胞将比它的姐妹细胞要小。这种个体减小终止于复大孢子的形成。这通常（即便不总是）伴随有性生殖的发生。Drebes（1977）对硅藻的有性生殖过程进行了详细的讨论。在中心硅藻中（生活史顺序示例如图2.11所示），许多物种通过减数分裂产生四个带鞭毛的精子。卵母细胞产生于退化的营养细胞壳内。每个精子与单个卵母细胞受精，产生的合子将扔掉原细胞壳，生长为大的个体，并形成由有机质构成的、含有硅质鳞片的厚重的细胞壳（Edlund 和 Stoermer，1991），最终在内部发育出一个营养型细胞壳。包裹着"原始细胞"的新细胞壳，需经过多次有丝分裂生成，这说明对细胞壳形成的控制和有丝分裂自身的控制之间存在联系。所有子细胞核中仅留一个，其他则退化。羽纹硅藻表现出类似的有性生殖过程，只是其中不出现活动精子。相反，其配子为"同形配子"，减数分裂产生的相同大小的细胞（有时为变形虫状），在相互接触的母细胞壳之间发生内容物交换时，配子聚合形成合子。合子通过一个精密的过程产生新的细胞壳（Mann，1984；Pickett-Heaps 等，1990）。

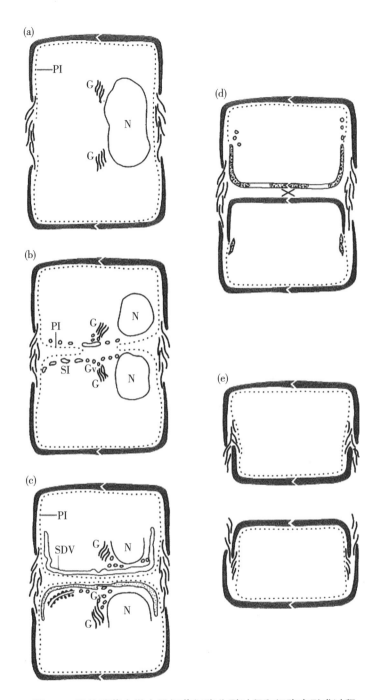

图 2.9 羽纹硅藻中微小异极藻细胞分裂过程和细胞壳形成过程

(a)细胞延伸,通过增加环带来增加被覆盖的细胞体积,细胞核随 DNA 复制增大,高尔基体(G)代表的细胞器将分裂。(b)原生质体由质膜(PI)内陷沿分裂平面分割,囊泡(Gv)显然源于高尔基体,并在紧贴质膜处累积。(c)沉积囊泡(SDV)周围形成硅质囊膜(SI),辦膜在此发育。(d)蛋白石在 SDV 中沉积,之后更小的 SDV 在侧面形成,供环带沉积(如下方细胞所示)。(e)细胞分离。(Dawson,1973)

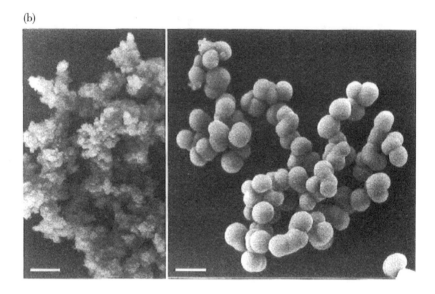

图 2.10　硅蛋白的氨基酸序列和蛋白石

（a）该蛋白可促进蛋白石自稀薄硅酸溶液中析出，并埋藏在硅藻蛋白石中；聚酯－N－甲基－丙胺的侧链放大后如下方的图所示；重复单元个数不定。（b）自稀薄硅酸溶液析出的蛋白石在硅蛋白的两个修饰位点处沉淀。获《科学》授权，由雷根斯堡大学 Nils Kröger 提供。

　　通过对那不勒斯湾 10 年内细胞大小和丰度变化的观察，D'Alelio 等（2010）研究了一种羽纹硅藻——多纹拟菱形藻的生命周期。他们发现其无性生殖阶段和有性生殖阶段的出现极具规律性。细胞大小为 75 μm ~ 30 μm 不等，大型细胞（暗指复大孢子）每两年出现一次（约 200 代之后），随后体型不断减小。这是第一份关于硅藻区域种群细胞分裂和有性繁殖具有上述规律性的报道。目前仍不清楚这一规律产生的机制。

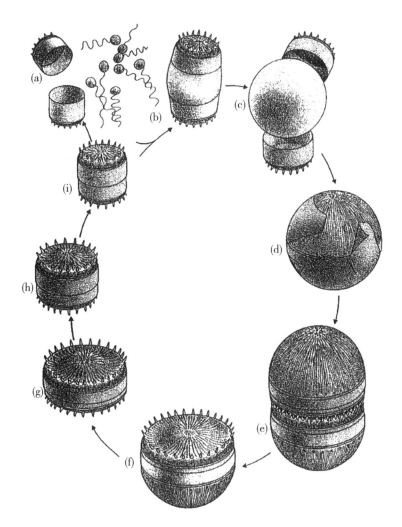

图 2.11　冠盘藻生活史中的重要事件

(a)细胞个体变小形成游动配子。(b)配子与单倍卵原细胞原生质体融合,形成肥大的复大孢子。(c)和(d)复大孢子膨胀之后开裂,露出原始细胞的带纹理外壳。(e)原始细胞分裂,产生营养细胞。(f)随后为(g)。(h)和(i)经过多次有丝分裂周期后细胞个体再次减小。在这个属中,游动配子的形成仅为推测,未经实际观察。(Round 等,1990)

2.2.4　腰鞭毛虫与鞭毛藻(甲藻)

关于腰鞭毛虫的生物学研究,已有多位专家撰写过长篇综述(Taylor,1987)。多数带鞭毛的浮游植物细胞具有两根鞭毛。它们可能在长度、螺旋方式、插入方式、是否有鳞片或绒毛等特征上有相似之处,也可能有所区别。在腰鞭毛虫中,其中一根鞭毛结构复杂,并在细胞中线的槽沟——瓣环(cingulum)内环绕细胞。其波浪状运动使细胞在水中行进时发生旋转,其类群名称便是源于这一特性。另一根鞭毛结构较为简单,从第一根鞭毛着生点的后方生出,从一个纵向槽沟——纵沟(sulcus)中向后穿过，延伸到细胞之外，波动力量沿此鞭毛传送，拉动细胞穿行于水中。细胞利用鞭毛在水中的运动，完全是由黏性效应主导的(解释请见第1章)。

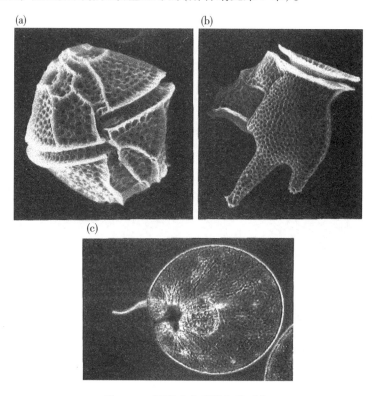

图 2.12　腰鞭毛虫门的多种形态

(a)多边舌甲藻，一种有外壳的腰鞭毛虫，约 30 μm 长。(b)三角鳍藻，一种带"鳍"的热带鞭毛虫，约 100 μm 长。(c)夜光藻，一种裸露的大型掠食性双鞭毛虫。从细胞延伸出的结构为"触角"，并非鞭毛；直径为 200 μm ～ 2 000 μm。(a)和(b)由 J. D. Dodge 提供，来自 Dodge(1985)；(c)由罗德岛大学 Jan Rines 提供。

腰鞭毛虫分为三个宽泛的类群：无铠甲的裸甲藻门、有铠甲的多甲藻目和甲藻门。然而，Dodge 和 Crawford(1970)已证明这些物种实际上分化得不是那么明显。所有类型均带有细胞膜构成的外部薄膜，下面有扁平囊泡。在有铠甲的类群中，囊泡充满交联纤维素，用于形成板体。两个类群的薄膜被分割为瓣环之前的上锥(epicone)以及瓣环之后的下锥(hypocone)。有铠甲鞭毛虫的板体在上锥和下锥上方排列，排列模式可遗传给后代，且在亚类群和物种之间各有不同。依据形态学定义的物种并不能完全对应于依据 SSU rRNA 所做的归类。各种类如图 2.12 所示。多甲藻多为双锥形，瓣环部分较细，向前端和后端逐渐变圆。有两排板体环绕着上锥和下锥。某些藻类的板体可能具有延伸出来的角，如纺锤角藻(常见属)。板体还可能带有棘刺或其他形式的装饰。甲藻门具有较小的独立板体，板体融入前瓣膜和后瓣膜内，瓣环和纵沟环绕有细小膨胀物或冠状物，发源于槽沟(groove)边缘。膨胀和冠状物的纹理，在不同物种之间模式不同，形成的很多形态会令人联想到科幻电影中的星际巡洋舰。甲藻门多为热带生物，且仅生活在海洋中，几乎从未占据过浮游植物的主要组成类群。

裸露和有铠甲类群中的一些种类可以捕食更小的生物体，如硅藻、纤毛原生动物甚至桡足类幼体。有些种类并非光合作用生物，它们缺乏叶绿素，仅靠捕食获取营养。在原多甲藻属和翼藻属中，位于"口腔"或外套膜孔隙内缘的一组复杂结构（图2.13）可以产生一个膜囊结构，被称为隔膜，位于纵沟之内。对于棘刺原多甲藻（*Protoperidinium spinulosum*），猎物首先被狭长的伪足粘住，伪足在蛋白微管（被称为拖曳纤维）作用下将猎物牢牢固定。之后外套膜被射出，包裹猎物，消化过程在外部的一个套囊中进行（Jacobson 和 Anderson，1992）。

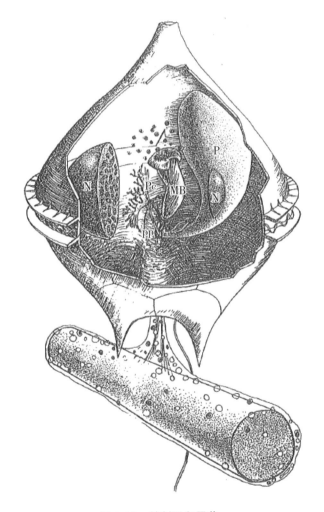

图 2.13　棘刺原多甲藻

棘刺原多甲藻在体外形成套囊来消化柱状硅藻，套囊由微管篮（MB）经由细胞铠甲上的开口射出，该开口位于鞭毛出口附近。其他名词缩写：N—细胞核，pp—孔板，Pc—聚合液泡，P—囊液泡。来自 Jacobson 和 Anderson（1992），经《藻类学杂志》授权。

如图 2.14 所示，裸露的非光合作用的菌状裸甲藻通过将管状突触插入猎物组织来攻击猎物（Spero，1982）。一个直径 15 μm 的细胞，其突触每次延长可增加 3 μm 直径，直到 12 μm，突触由内部微管篮产生的微管支持（微管篮与分泌套囊相似）。猎物的细胞质可通过突触被迅速地传输至腰鞭毛虫细胞，并形成大量食物泡。多数（即使不是全部）光合型腰鞭毛虫同时也能吞噬营养，因此，混合营养是这个类群特有的标志之一。

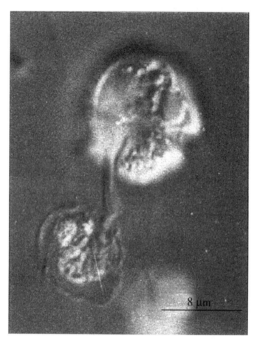

8 μm

图 2.14 真菌裸甲藻（上方）摄食突触插入不明食物颗粒（下方）

该图由 H. Spero 提供，来自 Spero(1982)，经《藻类学杂志》授权。

甲藻中有一些种类可生物发光（其较老的分类名称为"甲藻门"，"甲藻"的拉丁文意为"燃烧的植物"），但是大部分类群也包括一些不发光的种类。它们发出的光亮形成了众多绚丽多彩的海洋奇观，比如发光的航船尾纹、夜晚闪闪发光的海滩，以及热带夜晚闪耀的一整片海湾。波多黎各的一片海湾——Bahia Fosforente（也称为 Bahia Mosquito）因此得名，此地形成这一景观的原因相当复杂：来自海岸沿线红树林的有机物催生了大量细菌，这些细菌产生细胞外维生素 B_{12}（钴胺素与蛋白质结合的一种形式），使需要维生素并发光的巴哈马麦甲藻数量激增。有些藻类发出的光亮，来自弥散的可溶解荧光素——荧光素酶系统（一类化学发光的复合物和对传递给它的能量进行调节的酶），其他藻类的发光物质类似，但基于膜表面的生物化学。带有膜表面发光细胞器（又称作闪烁小体）的腰鞭毛虫，可以发出非常密集的短频闪光，这种闪光通常用于回应细胞受到的机械刺激。对于很多物种而言，明亮的环境光可能会抑制生物发光，据推测，这可能是为了在背景上无法看到生物发光时节约能量。实验方法（Esaias 和 Curl，1972）确认，浮游食藻动物摄食肢的运动会激发腰鞭毛虫生物闪光，该闪光使浮游动物停止摄食，从而降低对腰鞭毛虫的摄食率。这一机制无疑可以用一个事实解释：周围有大量发光颗粒的掠食者也会更容易引起其他动物的注意，被捕食的概率增加。在自然选择之下，只有这些在遇到生物发光时便停止摄食的浮游动物生存了下来。

腰鞭毛虫的内部结构相当复杂。大的细胞核位于中心位置，具有明显的染色体（数量巨多）。染色体存在于整个细胞周期，由粗环状的 DNA 链构成。DNA 链缠绕成二级螺旋，像扭曲的甜甜圈一样形成粗环（Oakley 和 Dodge，1976）。腰鞭毛虫染色体中几乎不含蛋白质，即使有蛋白质存在，也和大多数真核生物的染色体蛋白质不同（Rizzo 和 Nooden，1973）。线粒体和高尔基体分散在细胞质中。用于光合作用的叶绿体围绕在细胞边缘。它们的结构相对典型，为多层堆叠的囊膜体。有些藻类带有额外细胞器，有些则没有。具有一个或多个囊体，称为液泡，其中充满粉红色液体，附着在一个位于纵向鞭毛根部的管道上，管道由细胞表面向内延伸。多认为液泡与渗透调节相关，或者可能与浮力调节相关（Dodge，1972）。可能存在蛋白质性质的淀粉核（pyrenoids），与淀粉形成有关。某些藻类可能带有与多种原生动物类似的红色斑点或眼点，用于根据光照调节运动速率或运动方向。在腰鞭毛虫中，眼点的存在，使许多种类可以垂向迁徙——黄昏向下，黎明向上（Eppley 等，1968）。刺丝胞（trichocysts）是一种在纤毛原生动物（如草履虫）和某些绿藻中也存在的细胞器，刺丝胞位于鞘内的孔隙下方，可将小股蛋白质丝猛烈射入周围介质中。据说由此产生的推力可使细胞瞬间位移。仅仅几倍于细胞直径的瞬间位移，就足以逃脱捕猎或者成功捕获猎物。

在无性繁殖开始以前，腰鞭毛虫的细胞膜裂开，使细胞裸露。据推测，可能在囊泡层下形成新细胞膜。细胞膨胀为球形，并分裂为 2 个（有时为 4 个或 8 个）子细胞。鞭毛复制一般出现在分裂之前，各子细胞获得两根附加鞭毛。某些细胞器，如液泡，可能不是在复制过程中产生，而是在细胞周期的后期重新形成。腰鞭毛虫细胞核的分裂与大多数真核生物有所不同。核膜始终存在，通过形成一条逐渐收缩的环带，进而分裂。不产生中心粒，但随着微管形成，从细胞质穿过正在分裂的细胞核，染色体将沿核膜内表面迁移至细胞核子细胞部分。腰鞭毛虫大多（即使不是全部）是有性生殖的。Von Stosch（1973）详细描述了裸甲藻属的有性生殖方式。在结合过程中，两个细胞沿其槽沟融合，之后进行染色体的配对（染色体来自母体细胞核，通常为单倍体），随后二倍体的游动孢子被释放，最后通过细胞减数分裂产生细胞，该细胞再长成一般营养细胞的外形（Faust，1992）。Beam 和 Himes（1979）还描述了有性生殖的其他方式。

腰鞭毛虫是引起季节性赤潮的主要类群。在美国的加利福尼亚州，有时在俄勒冈州，夏天时，可以在海岸边的悬崖上看见大片大片的不规则红色水域，那就是赤潮。海水的颜色深浅不一，从勉强可辨的浅红，到如番茄汁般浓重的鲜红，这些大片的色彩是不同的腰鞭毛虫大量繁殖造成的。涉及的物种通常因地点不同而有所变化。在南加州沿岸，最常见的是由多边舌甲藻形成的赤潮。佛罗里达沿岸最常见的为短凯伦藻。两种藻类均含有强力的神经毒素，分别为短裸甲藻毒素和虾夷扇贝毒素。某些浮游动物能够躲避这些有毒细胞，而有些浮游动物因摄入这些细胞而受伤或死亡，也有些浮游动物即使吃掉这些藻类也不受影响。赤潮能够导致鱼类大量死亡，使沙滩变得惨不忍睹，给许多度假者和酒店经营者带来困扰。相比于西海岸，赤潮在佛罗里达州更为常见。毒素能够在蛤类和牡蛎中积累，达到致死水平，若饮食时不注意，则会因食用带有神经毒素的贝类而引发中毒。此类致命事件在美国西海岸十分少见。在世界范围内，赤潮和其他有毒浮游植物暴发的频率不断增加，尤其是纬度更高的地区。虽然还不确定这种变化是否源于人类对沿海环境的影响（如养猪废水的排放），但这种可能性非常高（Glibert 等，2005）。人类活动的另一个影响——全球变暖，可能也是造成赤潮发生次数增长的原因之一。一种剧毒的腰鞭毛虫——噬鱼费氏藻的发现，吸引了众多科学家和公众的注意，它能产生一种可致鱼类死亡的神经毒素，并可通过水传播至空气，进而直接影响人类健康（Burkholder 和 Glasgow，1997）。有关噬鱼费氏藻生活史各阶段的详细情况，请见 Litaker 等（2002）。

除了作为浮游植物、微型异养生物、夜间发光生物和有毒赤潮的罪魁之外，腰鞭毛虫能以多种方式与动物共生。当虫黄藻处于共生状态时，它们存活于动物宿主细胞内，而宿主从它们身上获取其光合产物。虫黄藻的共生关系在多种浮游原生动物中（孔虫门、放射虫门）被发现，在珊瑚虫、海葵、大砗磲（砗磲贝）和许多裸鳃亚目软体动物中也存在。尽管关于这一共生关系的专著已经不胜枚举，但人们仍对其抱有强烈的好奇心，因此相关研究仍在继续。

2.3 浮游植物病毒

超过 50 种浮游植物被证实带有病毒或病毒样颗粒，很可能病毒可感染所有主要的藻类门类（Munn，2006）。很多这些病毒已经被描述（Lawrence，2008），它们在控制浮游植物暴发规模和持续时间方面的作用可能十分重要。利用中型模拟实验（1 m³ 容器）对球石藻的研究已很好地证明了这一点（Martinez 等，2007）：藻类暴发之后，病毒颗粒数量迅速增加。营养生殖期（具有颗石的二倍体）的球石藻暴露在病毒中，会引发有性生殖阶段（Frada 等，2008）。颗石藻在单倍体有性生殖阶段对病毒免疫，因此为种群提供了一种逃避机制。

对 5 种可感染硅藻的病毒进行的研究发现，病毒复制或发生于细胞质中，或发生于细胞核中。Eissler 等（2009）研究了感染韦氏角毛藻的一种细胞核内病毒的裂解周期。随着病毒的接种，在感染早期的细胞核内观察到了成列的棒状结构（图 2.15）。在随后的 24 小时中，这些棒状结构被类似病毒的颗粒所取代，大约 20% 的细胞受到感染。细胞的丰度出现衰减，游离病毒的丰度增加。

多数藻类病毒似乎都具有宿主物种专一性。有关藻类病毒多样性的描述、宿主特异性和病毒的生态学作用，更多研究仍在进行中。我们终将搞清楚，对于浮游植物的死亡原因而言，病毒裂解和被捕食过程哪个影响更大。

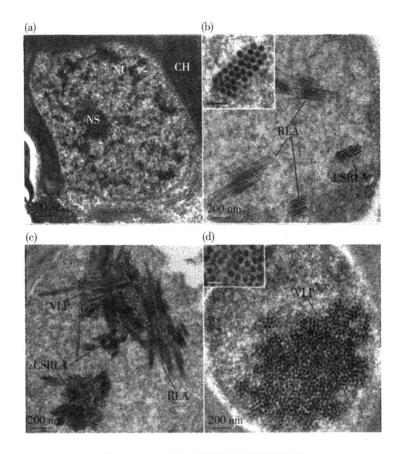

图 2.15 韦氏角毛藻透射电子显微照片

(a)健康细胞核切面,名词缩写:NU——细胞核、NS——核仁、CH——叶绿体。(b)感染早期细胞切面,显示成列的棒状结构(RLA)和棒状阵列的横截面(CSRLA),嵌入图(比例尺:50 nm)显示更多细节。(c)感染中期细胞的薄切面,显示病毒样颗粒(VLP)、RLA 和 CSRLA。(d)感染晚期细胞薄切面,显示 VLR,嵌入图(比例尺:50 nm)显示更多细节。该图来自 Eissler 等(2009),经《藻类学杂志》授权。

2.4 浮游植物总量

虽然浮游植物多种多样,但通常情况下对浮游植物总生物量或现存量进行测量十分有必要。几乎所有浮游植物都含有叶绿素 a,因此,基于叶绿素 a 在海水中的含量测量浮游植物总量仍是一种合理(如果不是最佳)的研究方法。此外,叶绿素浓度也相对容易测定。使用适当的细滤器(最常用的是玻璃纤维滤网),从已知体积的水中收集浮游植物,然后使用丙酮提取叶绿素,并使用光谱测定法、色谱分析法进行定量,或者当其在蓝光照射下发出红色荧光时,使用荧光光度计测定。Parsons 等(1984)给出了这些方法的标准流程。

为了更清晰地观察浮游植物存量空间和时间上的变化,通常使用原位荧光法(见框 2.4)。要实现这一点,可定点进行时间序列采样,或者沿水体垂直剖面测定浮游

框 2.4　原位荧光法

由于浮游植物含有叶绿素，故可通过激发浮游植物后测量其荧光进行原位定量。水样贴近原位荧光计（框图 2.4.1）的一个小窗口，氙灯光经过滤得到 455 nm 波长的激发光，使用光电倍增管电路测量 685 nm 波长下叶绿素产生的荧光。通过报告室内测量的不同强度光线激发荧光的比率，进行光源变化的误差校正。Neveux 等(2003)通过过滤传感器附近的浮游植物，提取叶绿素进行荧光光谱测定，对仪器信号进行定期校准。以这种方式在表层水样中检测的荧光，随外部光线发生剧烈波动。白天荧光因非光化学淬灭减弱，激发的能量传递给光保护色素体，或以热量的形式耗散。夜间可观察到最亮荧光。该波动随深度的增加而减弱。因此，会有因昼夜切换和深度变化带来的误差（框图 2.4.2）。使用荧光计进行现场研究时，必须仔细考虑这种影响。原位荧光仪通常部署为水体垂直剖面分析器和系泊记录仪。

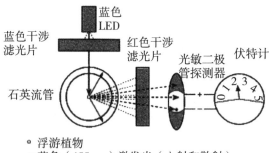

蓝色 LED

蓝色干涉滤光片

红色干涉滤光片

光敏二极管探测器

伏特计

石英流管

。 浮游植物
→ 蓝色（455 nm）激发光（入射和散射）
--→ 红色（685 nm）发射光

框图 2.4.1　商用荧光叶绿素记录装置结构（上图）及运行原理（下图）
将蓝光投射到观察区域中，并使用检测器测量所得的红色荧光并记录（切尔西仪器）。

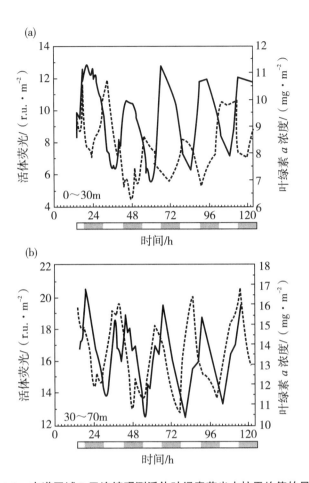

框图 2.4.2 赤道区域 5 天连续观测活体叶绿素荧光水柱平均值的昼夜变化

（a）和（b）分别为 0～30m 和 30～70m 水层活体叶绿素荧光（Fiv，实线）与提取的总叶绿素 a 水柱平均值（虚线）昼夜变化的比较（Neveux 等，2003）。

植物总量。之后，应通过一系列化学提取的叶绿素测量值，对原位荧光光度计测量结果进行校准。

2.5 叶绿素的卫星估测

生物海洋学的所有研究，尤其是在物理和生物方面，都面临着卫星数据带来的巨大挑战。太空拍摄的温度分布快照向物理海洋学家提出了挑战，由于早期航船采样站点间距较远，采样过程中水体模式发生变化，提供的数据非常模糊（低"概括性"）。卫星可在数分钟内横跨地球，在很大的范围内采集影像。某些卫星位于地球同步轨道，可以获取近整个半球的瞬时影像。20 世纪 70 年代中期，科学家们就能够观察到几千米范围内的变化状况。卫星可以给出岸边的急流、旋涡、蜿蜒的曲流和表面环状的结构。另一个重要的好处是可以从此看到海洋过程的动态变化，以远距离和瞬时视角观察海洋。之前的物理学家在他们的流体力学模型中没有使用高阶元素，他们认为这些高阶元素太小，不足以提供显著的、可观察的效果。在船舶采样的情况下，这个考虑是有道理的。但在卫星的瞬时视角下，这一做法将使画面变得相当模糊。生物学家则震惊于数据的相似性。急流和旋涡不仅出现在卫星温度图中（如 AVHRR），也出现在基于海洋颜色的卫星图像中，而海洋颜色的变化大多由叶绿素含量决定。同样地，首次在海岸带水色扫描图像中看到的旋涡和急流也令人印象深刻。本书封面展示了一幅西北大西洋的卫星图片（虽然是经过修饰的"假"颜色），从中可看到一些显著特征，进而改变了人们关于海洋变化的理解。

卫星图像呈现出的因时期和季节更迭带来的短期数量和分布的变化同样令人印象深刻。卫星可以在一周之内就提供新的拍摄图像，也就是对轨道带进行记录，通过累积获得区域和全球图像。如此就可实现对短期和季节数据的比较，根据初级生产率和叶绿素存量广义上的相关性，可以对区域或全球的初级生产速率进行较为可信的预估。我们可以大概计算出有多少有机碳被合成，并获取相对精确的大尺度上的生物地球化学转化速率。近期和现今常用的卫星颜色传感器包括水色卫星（现已弃用）、MODIS-AQUA（过时）、MERIS（欧洲航天局）、海洋卫星（印度）和 FY1－D（中国）。您可以登录 http://seawifs.gsfc.nasa.gov/SEAWIFS.htmL 网站，查阅到 3 级标准（精细矫正、平均和测绘）的水色卫星图片库。通过该网站可以获取每月的全球平均值，显示所有海洋区域浮游植物总量季节循环的主要特征（两极区域及冬季的近极地区域除外）。

水色卫星在 1997 年 9 月投入运行，通过逐个区域扫描，每隔 2 天合成覆盖全球的卫星图像。NASA 的戈达德宇宙飞行中心可以快速生成处理后的卫星图像，数据输入几天后可产生每周平均值作为全球图像，月末即可生成每月平均值，以此类推。全球影像（彩图 2.3）显示了全球范围内蓝色（低叶绿素含量）和绿色到红色（人工着色，代表高和更高的叶绿素含量）区域的分布。现在的卫星阵列可以同时生成陆地的彩色照片。

在 $0.02 \ mg \cdot m^{-3}$ 至 $20 \ mg \cdot m^{-3}$ 范围内，叶绿素含量的卫星估测结果通常与航船获取的数据相匹配（Bailey 和 Werdell，2006），如图 2.16 所示。图 2.16 显示了水色卫星 OC4v4（见框 2.5）测量值和与之匹配的一套全球测量值（称为 NOMAD）的比较。在多数情况下卫星估测结果，如框式 2.5.3 的输出值，是实地估测值的三分之一到三倍，在贫营养范围（小于 $0.3 \ mg \cdot m^{-3}$）内甚至更好。散点图中使用对数刻度，既适合海洋叶绿素大尺度变化（$0.01 \ mg \cdot m^{-3}$ 至大于 $20 \ mg \cdot m^{-3}$），也适合展示叶绿素浓度反射的水光谱信号的明显变化（生物学本质上不确定）。必须指出的是，二者差距并非都来自卫星测量值。通过水体采样进行叶绿素测量，一定会出现误差和差异，而在用于与船舶数据比较的平均片区内，像素范围中也会出现适度差异。此外，浮游植物的叶绿素和辅助色素反射的离水光谱同样会发生衰减。在任意给定的浓度范围内，其浓度比率及其效应与实际值均会有明显差距，但就比较的浓度比率（对数－对数尺

框 2.5　基于卫星数据的叶绿素估算法

水色卫星、MODIS 以及 MERIS 数据的确切算法相当复杂，方法学上很多只有内部专业人士才能完全解释。其中许多算法的概要参见：

http：//oceancolor. gsfc. nasa. gov/DOCS/MSL12/master_prodlist. htmL/#prod11

以下是关于水色卫星 SeaWiFS 的简要说明，类似的技术同样应用于 MODIS、MERIS 和 CZCS 数据。在白天，一套光谱传感器与望远镜中的组合棱镜连接并向下俯视。望远镜的目镜投影出的图像对应一个小的（约为 1.2 km × 1.2 km）海平面像素。望远镜左右摇摆覆盖卫星下方的路径，并连续记录这些海平面像素。二向色分束镜和滤色器将来自每个像素部分的光分成 8 个光谱带，每种光被一个传感器记录。不同卫星的光学部件也有不同，例如，MERIS 有一排摄像机，以不同横向角向下俯视。所有卫星系统的传感器均为类似于数码相机传感器的电荷耦合装置。在卫星发射升空之前，所选波长段的光谱灵敏度就需要校准，在轨卫星也可以通过与其他卫星进行比较完成纠正。航天器定期通过电磁波向地面站台传输记录的结果。

在运行过程中，各传感器从每个像素中收集与离水辐射光（L_W，其为目标变量）成正比的光量（$L_总$）。传感器收集的其他参数：一是从该像素代表的海面反射出来的光量（L_r）；二是像素范围以外的海面反射光经空气散射后又进入像素–卫星路径中从而被传感器接收的那部分光（L^* 的一部分）；三是直接从大气散射的光（L^* 的另一组成部分）。信号处理的第一步是删除很多像素，例如，光谱太宽（白光）的像素点来自云层，另外，波浪反射的强太阳光可遮盖 L_W。只有消除了这些明显的干扰，海洋与传感器间的大气厚度才是影响 $L_总$ 的因素，而大气厚度在不同像素之间会有所不同，因此需要使用特定的透射率分数（T_A）对各像素进行校正。由此可得：

$$L_总 = L^* + T_A L_W + T_A L_r \qquad （框式 2.5.1）$$

L_r 可设定适度且与 L^* 成正比，可并入 L^*，得出的 $L_总 = L^* + T_A L_W$。L^* 根据太阳辐照度计算，由一个模型估算得来（见下文）。透射率随大气条件波动，T_A 根据多个波长接收辐照光的某些比率估计，已知在这些波长中 L_W 是不变的。L_W 低于 $L_总$ 的 10%，在估计 T_A 时可能引入对 L_W 估算较大的不确定性。所有计算，包括入射辐照光模型，必须考虑到太阳的天顶角、卫星与所观察像素的天顶角以及包括地球曲率等角度（一般通过仅使用卫星最低点附近的宽度来忽略地球曲率）。这些角度随着时间、季节和纬度的变化而变化，并且太阳光的输入也随地球与太阳之间距离的变化而变化（夏天较多，冬天较少）。在此我们将可能的不确定性暂且搁置不谈（以备后续评估），L_W 的值可按照不同波长来计算。

在大多数算法中，L_W 被转换为 $R_{rs} = L_W/E_t$，其中，E_t 为相同波长的光到达海表以下过程中其辐照度的降低量。对于所研究的像素区域，该值需根据太阳辐照度模型进行估算，并对大气吸收效应进行校正（仍为 T_A）。

获得多个波长的 R_{rs} 估算值后，其与叶绿素浓度（C_a）的关系 $R_{rs}(\lambda)$ 就可以建立起来了：C_a 值为在某像素点范围内采集的水样的叶绿素浓度，R_{rs} 为卫星通过该像素点上空最接近采水样时间（一些数据为 3 小时以内）收集并计算出来的遥感信息。当针对不同波长的新卫星发射升空后，旧的传感器校准可能出现偏差，这样就需要对新的算法进行测试，也需要对海表面 C_a 重新测定。

在某像素范围内，海面叶绿素浓度的卫星遥感估测大多可以通过基于几个波长 R_{rs} 比率的函数来完成。例如，在用于水色卫星（OC4v4）的公式中，先求出 R 值，即 3 个波长条件下 R_{rs} 值中的最大值除以波长为 555 nm 时的 R_{rs}：

$$R = \max[R_{rs}(443), R_{rs}(490), R_{rs}(510)]/R_{rs}(555) \quad \text{（框式 2.5.2）}$$

式中，R 是海洋发出的蓝光与绿光的比率（式中的数值指代以纳米为单位的波长）。注意：R 越小，相应的叶绿素浓度越高（绿光多于蓝光）。最后，根据拟合的函数可以计算出叶绿素浓度（单位为 $mg \cdot m^{-3}$ 或 $\mu g \cdot L^{-1}$）：

$$C_a/(mg \cdot m^{-3}) = 10^{0.366 - 3.067R + 1.930R^2 + 0.649R^3 - 1.532R^4} \quad \text{（框式 2.5.3）}$$

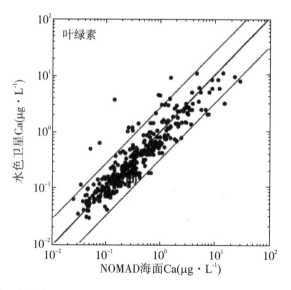

图 2.16　海表层大范围内多个位点 OC4v4 水色卫星叶绿素估测值（纵坐标）与 NOMAD 船上测量表层水叶绿素结果（横坐标）的对比

叶绿素估测值根据框 2.5 中框式 2.5.3 计算。粗线代表 1∶1，趋势拟合良好，偏差较小。细线表示从三分之一到三倍的偏移，可涵盖大部分比较结果（Bailey 和 Werdell，2006）。

度）来看，从严重贫营养状态到深绿色海水，卫星数据与船舶数据均以 1∶1 的比例很好地匹配（Trees 等，2000）。获取叶绿素和辅助色素变化这两方面的数据，有助于相对现场测量值全面优化叶绿素 a（C_a）估测值，也有助于分辨总体趋势中的显著变化。

虽然在特定像素，C_a 的卫星估测值无法始终保持精准，但由足够多的区域得出的平均数也十分有用，因为平均估测值无明显偏差。区域和全球总量值因来自大量数据的平均，理当非常准确。

　　另一方面，可以将 NOMAD（或任何海洋表面"实际"数据集）分割为区域子集，卫星数据经常与对应的海洋表面数据有显著差异，尤其是在沿海。例如，在大西洋沿海，由 NOMAD 数据中水表叶绿素浓度和水色卫星的 C_a 估测值（图 2.17）所作的散点图显示，卫星估算法严重高估了中度富营养的北美水域（每立方米约 1 mg 叶绿素）和极贫营养的地中海的叶绿素浓度。非洲西南海岸估测结果的匹配度更好，至少未出现明显偏差。与之相反，明显低估了南极帕玛半岛周围水体中的 C_a（未显示）。

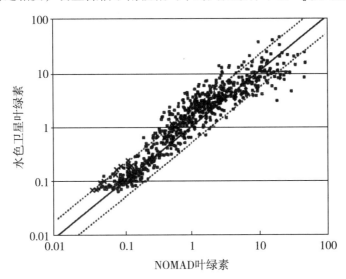

图 2.17　大西洋沿海站点水色卫星 OC4v4 叶绿素估测值与 NOMAD 船载估测值的对比
实、虚线分别表示 1:1 的关系、从二分之一到两倍的差异度。空心正方形数据点来自北美沿岸；实心菱形数据点来自西南非洲；X 形数据点来自地中海。分析和图像由新罕布什尔大学的 Janet W. Campbell 提供。

2.6　浮游植物色素

　　光合作用是地球上大部分生物能量和物质转化的基础，因此，理解光合作用机制是生态学和生物海洋学的关键。光合作用通过色素对光的吸收来实现。生物色素通常是含有大量碳原子共轭双键的一些化学分子。不饱和碳链的共振电子可以吸收光子，转变为新的能量状态，然后将获得的能量传递到酶调节的生化反应中。叶绿素 a（图 2.18）是所有光合生物体中的关键色素（除原绿球藻外，因其含有非常类似的二乙烯基叶绿素）。功能型叶绿素包括一个大型矩阵蛋白，在光下呈现一个卟啉环，在卟啉环中央有一个配体结合的镁原子。卟啉环带有尾部（一种称为叶绿醇的线性碳链），通过碳链连接到系统的蛋白质部分。"光合体系"有两种：光合体系 I（又称 P700，名

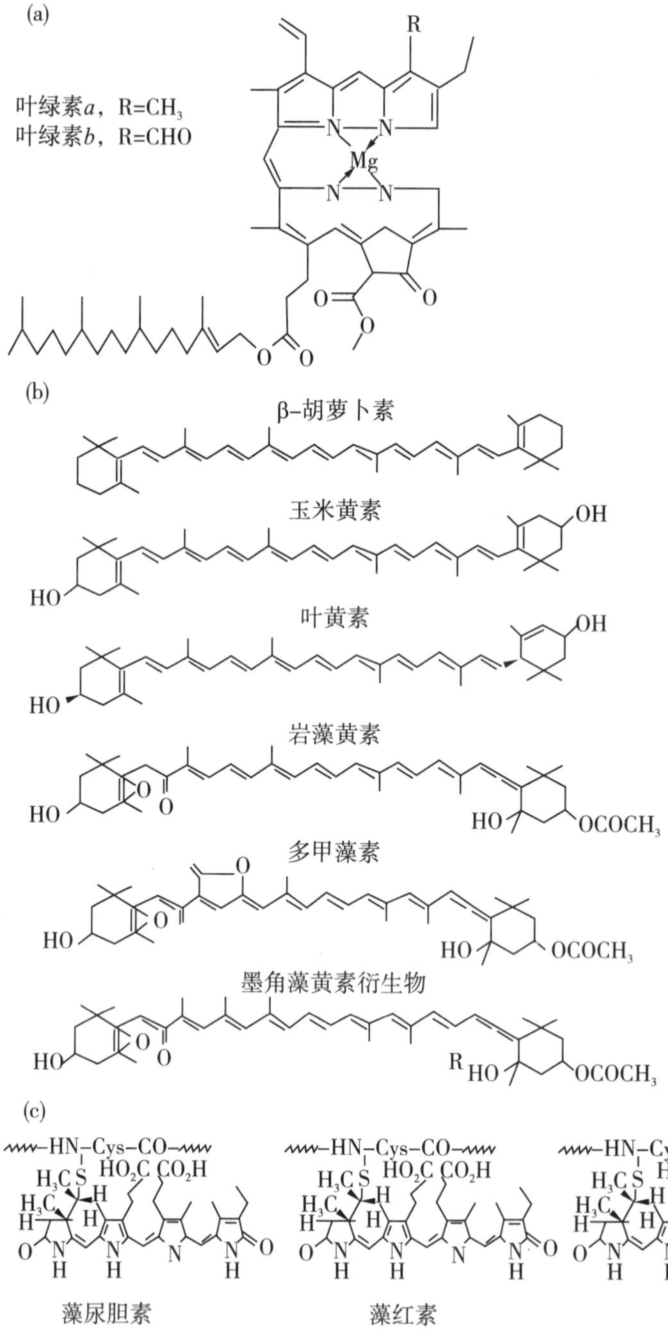

(a)

叶绿素a，R=CH₃
叶绿素b，R=CHO

(b)

β-胡萝卜素

玉米黄素

叶黄素

岩藻黄素

多甲藻素

墨角藻黄素衍生物

(c)

藻尿胆素　　藻红素　　藻青素

图2.18　一些高丰度浮游植物色素的化学结构

（a）叶绿素 a 和叶绿素 b。（b）β-胡萝卜素（最常见的类胡萝卜素），以及五种叶黄素衍生物。

$19'$-乙酰氧基黄原黄素和 $19'$-乙氧基黄原黄素的 R 侧链分别是 $CH_2—O—\overset{\overset{\displaystyle O}{\|}}{C}—C_3H_7$ 和

$CH_2—O—\overset{\overset{\displaystyle O}{\|}}{C}—C_5H_{11}$。（c）含有开放吡咯结构的几种藻红蛋白状色素。

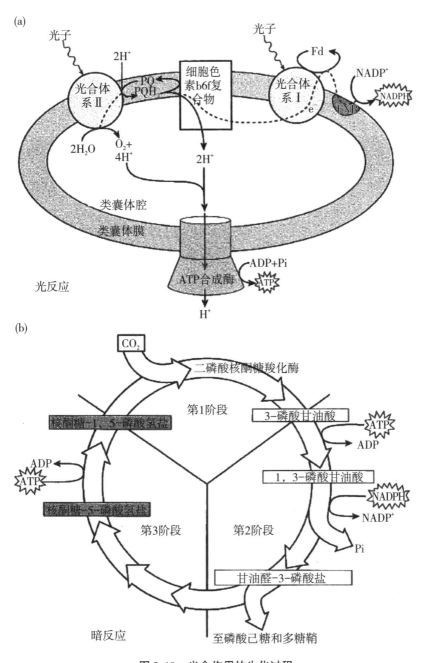

(a)

光子

光合体系 II

2H⁺

PQ
PQH

细胞色素b6f复合物

光子

Fd

光合体系 I

NADP⁺

NADPH

2H₂O

O₂+4H⁺

2H⁺

类囊体腔

类囊体膜

ATP合成酶

ADP+Pi

ATP

光反应

H⁺

(b)

CO_2

二磷酸核酮糖羧化酶

第1阶段

核酮糖-1,5-磷酸氢盐

3-磷酸甘油酸

ATP

ADP

ADP

ATP

1,3-磷酸甘油酸

NADPH

核酮糖-5-磷酸氢盐

NADP⁺

第3阶段

第2阶段

Pi

甘油醛-3-磷酸盐

暗反应

至磷酸己糖和多糖鞘

图 2.19　光合作用的生化过程

称源于最大吸收波长)和光合体系 II(又称 P680)。在其中一种"光合体系"中,叶绿素 a 与其他蛋白结合型色素(类胡萝卜素、叶黄素和几种叶绿素变体)有联系。P680 使用吸收的能量(图 2.19)捕获水中的电子,释放质子($4H^+$)和氧气(O_2),质子活跃地转移到类囊体腔,氧气则弥散出类囊体。电子通过一系列复杂的传递之后转移给 P700 体系。在 P700 体系中,更多的光能量被吸收,提高了电子的能量级,从而将 $NADP^+$(烟酰胺腺嘌呤二核苷酸磷酸)还原为 NADPH。NADPH 是一种中等稳定的可扩散分子，其携带还原能力（可用于生物合成的能量）进入细胞质。被泵入类囊体的质子跨膜产生高活跃度的梯度（高达 3.5 个 pH 单位）。唯一的通道是经过一个酶复合物，其利用能量，使二磷酸腺苷（ADP）与额外的磷酸盐离子发生酯化作用，以产生 ATP。ATP 是细胞中主要的可扩散能量分子，与 NADPH 配合，可用于驱动生物合成。

剩余的光合作用过程被称为"暗反应"（因在进行反应时无需光照而得名），需使用碳酸氢根、ATP 和 NADPH。糖分、脂肪和蛋白质均通过暗反应在类囊体的"基质"层中生成。ATP 将一个五碳糖——核酮糖 -5 -磷酸（Ru5P）磷酸化为核酮糖 -二磷酸（RuBP），RuBP 由此携带能量来进行还原并增加一个来自 CO_2 的碳原子，该反应需在关键酶核酮糖二磷酸脱羧酶（"RuBisCO"）的作用下完成。所得的六碳糖断裂成两个三碳糖，它们都再生成为 RuBP，并转移到细胞的各个生物合成途径。这些途径是连续的酶促反应，通过 NADPH 的还原力，增加分子的复杂度，并储存更多的能量。来自 P680 的某些游离氧在细胞内再循环，参加呼吸作用，即对光合产物进行氧化，而剩余部分则从细胞中扩散出去。这种光合产氧方式（全球约有一半氧气来自海洋浮游植物）驱动了生态碳循环的氧化部分。光合作用的化学步骤比较复杂，但是借助基质[14]C 同位素标记，可以详细地了解这些步骤。很多生物化学文章都对这些进行了很好的总结（如 Mathews 等，2000）。

除叶绿素 *a* 之外，所有浮游植物均含有辅助的吸光色素。其中，有些被称为"天线"色素，它们将电子激发传递给叶绿素 *a*，以驱动光合作用。实际上，叶绿素中的很大一部分，包括叶绿素 *b*、叶绿素 *c* 和某些叶绿素 *a*，都起"天线"色素的作用，在光合体系中向叶绿素 *a* 传递电子激发。β -胡萝卜素是另一种所有自养植物均具有的"天线"色素（除一种罕见类群——Chlorarachniophyta 外）。胡萝卜素是带有共轭双键的烃分子（图 2.18），呈链状，链长足以维持并转移光子激发能量。蓝藻和红藻使用独特色素行使这一功能，即藻胆色素，其中交替的双键和单键出现在类似叶绿素卟啉环的四吡咯中，但不是封闭的（图 2.18）。

其他色素体被称为保护性色素，可以吸收光子以防止光解损伤叶绿素和光合器官的其余部分。它们大多属于色素体的一类，叫作叶黄素。叶黄素与 β -胡萝卜素（图 2.18）在化学结构上很相似，但所有叶黄素分子结构均包含一个或多个氧原子。不同藻类种群可通过色素类别进行分辨甚至鉴定，尤其是通过藻类光合细胞器中含有的叶黄素。叶黄素大约有 30 个类别，但大多数浮游植物类群中数量占绝对优势的仅为其中的一种或几种（见表 2.3）。因此，如图 2.20 所示，可对这些色素进行提取，通过吸收光谱进行识别，利用色谱分析法（通常为 HPLC）进行定量分析，以确定浮游植物高阶类群（门和纲）的存在或相对丰度。

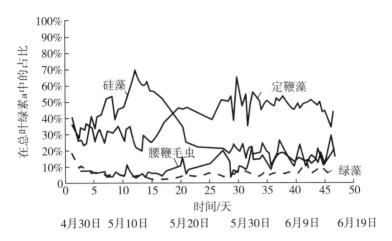

图 2.20 1990 年西北大西洋(约49°N，20°W)春季藻华期间，利用辅助色素标记展示不同浮游植物种群在总叶绿素 *a* 中的占比

(Barlow 等，1993)

2.7 浮游植物功能类群

浮游植物功能类群是共同具有某特定功能(如钙化作用)的浮游植物物种的总称。利用卫星，根据海洋水色来区分不同类群的浮游植物是一个非常活跃的研究领域。方法之一是根据色素的粒径大小等级进行分类。Uitz 等(2006)使用海表叶绿素的卫星估测值，与海表实测叶绿素含量、叶绿素垂直分布模式，以及浮游植物三种粒径等级(微微型、微型和小型浮游生物)的相对比例，一起构建了经验关系模型。为简化分析流程，Uitz 等(2010)使用七种色素来估算每个粒径等级类群中的相对叶绿素含量(见表 2.4)。

在不同浮游植物分类类群(见表 2.3)和粒级类群之间，色素的种类存在一些重叠，因此，色素-类群的对应关系并不精确。Uitz 等(2010)针对不同类群，计算它们各自在水柱平均叶绿素中的含量及所占的百分比，得出了 2000 年 6 月所取样品的结果。微微型浮游植物在亚热带大洋中是优势种群，相对丰度为 45%～55%。然而，微微型浮游植物的生物量在所有海域均处于较低水平。小型浮游生物是亚北极带和沿岸上升流区域的优势物种，它们在垂直整合叶绿素中占有最高的比例。微型浮游植物似乎无所不在，占叶绿素总量的 40%～50%，生物量在赤道区域急速增长，而在亚南极区域附近有所减少(Uitz 等，2010)。利用遥感技术识别浮游植物功能类群的方式还包括：使用光谱测定分辨六种不同的浮游植物类群(Alvain 等，2008)，以及对卫星测量的反射光进行光谱检索从而分辨浮游植物的三种粒级(Kostadinov 等，2010)。这些方法虽然不能对特定物种进行种类鉴定与计数，但的确能提供一些海洋浮游植物类群在区域、季节(图 2.20)和年际尺度上的变化概况。随着新卫星的发射升空及新型光谱传感器的装配，卫星观测数据有望获得更高的分辨率，这给特定类群的识别提供了可能。

表2.3　不同浮游植物种群的主要色素

	聚球藻	原绿球藻	绿藻	绿枝藻	隐藻	金黄藻	硅藻	金藻	黄藻	腰鞭毛虫
叶绿素										
叶绿素 a	*	*	*	*	*	*	*	*	*	*
叶绿素 b		*	*	*						
叶绿素 $c1$						*	*	*	+	
叶绿素 $c2$					*	*	*	*	+	*
叶绿素 $c3$							*			
藻胆色素										
藻青蛋白	*				*					
别藻蓝蛋白	*									
藻红蛋白	*				*					
胡萝卜素										
α－胡萝卜素					*			+		
β－胡萝卜素	*	*	*	*	*	*	*	*	*	*
叶黄素										
玉米黄素	*	*	+	+		+		+		
紫黄素			*	*						
19′－乙酰氧基岩藻黄质						+				
19′－丁酰氧基岩藻黄质						+				
硅藻黄素							*	*	+	*
硅甲藻黄素							*	*	+	*	*
异黄素					*					
多甲藻素										*
新叶黄素								+	+	+

*表示重要色素；＋表示具有此色素（Van den Hoek 等，1995）。

表 2.4　利用特有色素生物标志物，从卫星遥感海水表层叶绿素数据中进一步估测
不同浮游植物功能类群的丰度

色素	缩写	浮游植物类群	粒径等级
岩藻黄素	Fuco	硅藻	小型浮游生物
多甲藻素	Perid	鞭毛藻	小型浮游生物
19′–乙酰氧基岩藻黄素	Hex-fuco	定鞭藻	微型浮游生物
19′–丁酰氧基岩藻黄质	But-fuco	定鞭藻	微型浮游生物
异黄素	Allo	隐藻门	微型浮游生物
叶绿素 b + 二乙烯基叶绿素 b	TChlb	原绿球藻	微微型浮游生物
玉米黄素	Zea	蓝藻	微微型浮游生物

计算各粒级类群叶绿素分数(f)的方程：

$$f_{micro} = (1.41[Fuco] + 1.41[Peri])/\sum DP_w \tag{1}$$

$$f_{nano} = (1.27[Hex\text{-}fuco] + 0.35[But\text{-}fuco] + 0.60[Allo])/\sum DP_w \tag{2}$$

$$f_{pico} = (1.01[TChlb] + 0.86[Zea])/\sum DP_w \tag{3}$$

其中，$\sum DP_w$ 表示依据七种其他已知色素重建的叶绿素 a 浓度(Uitz 等，2010)。

2.8　本章结语

本章简要介绍了以浮游植物为研究对象的藻类学研究部分。有关藻类的知识点广泛且庞杂。随着现代工具在显微镜检查、生物化学和分子遗传学中的使用，对藻类的了解正在迅速增加。因此，对于生物海洋学家而言，若想获得最新的学科知识，就必须定期通过图书馆和互联网，阅读最新的藻类学文章。浮游植物的原位研究技术及分布模式的卫星遥感技术的不断改进，将为区域性与全球性主要浮游植物类群总量变化研究提供重要信息。第 3 章将专门介绍影响藻类生长率和初级生产力的环境因素。

第3章 影响海洋初级生产的环境因素

在生态系统营养动态的研究中，我们尽力对食物链或食物网每一环节、每一个营养级的生产量进行测定。"生产量"指细胞合成或吸收新的有机物，即细胞生物量的增加量。浮游植物通过光合作用完成生产过程，是初级生产（primary production）的主要途径（在某些环境中，化能合成也十分重要）。总初级生产量（gross primary production）是所有光合作用产物的总和，而净初级生产量（net primary production），即生长量，是总初级生产量减去呼吸作用消耗量后的剩余部分。净初级生产量可被植食性浮游动物所利用。浮游动物生物量的增加（次级生产量）可以表述为：

$$次级生产量 = 浮游植物被食量 - 粪便量 - 呼吸作用消耗量 \quad （式3.1）$$

我们后面会讲到，测定次级生产及更高营养级的生产力比测定初级生产力要难得多。生产的速率（每单位时间内合成或增加的生物量）通常被称为生产力（productivity）。海洋学家常说的"初级生产力"（primary productivity）指的是浮游植物生产率，通常表示为每单位面积（或体积）的浮游植物在单位时间内合成有机物的含碳量。

光合作用的光反应阶段（图3.1），包括光能的吸收，通过光合作用反应中心将光能转化为电能，同时将水还原为氧气并产生三磷酸腺苷（ATP）和磷酸酰胺腺嘌呤二核苷酸的还原型（NADPH）。所产生的 NADPH 随后在光合作用的卡尔文循环中被用作生物合成反应的还原力。在光合作用的暗反应阶段，CO_2 被固定为碳水化合物。因此，光合作用又是碳水化合物（糖及其聚合物）的生化合成过程。我们沿用这一说法，同时也要了解：在大多数单细胞藻类光合作用产生的有机物中超过半数是蛋白质，而能量分子的主要储存形式通常是脂质。光合作用产生碳水化合物的总反应方程为：

$$2H_2O^* + CO_2 + 光 \xrightarrow{\text{叶绿素 } a} (CH_2O) + H_2O + O_2^* \quad （式3.2）$$

式中，星号表示氧气来自反应底物水，而不是二氧化碳。反应产物中的水是通过脱羟基步骤产生的。该总反应过程由两部分组成，分别是光合系统 II（PS II）与光合系统 I（PS I）的光反应：

$$2H_2O^* + 光 \xrightarrow{\text{PS II}} 4H^+ + 4e^- + O_2^* \quad （式3.3）$$

$$NADP^+ + H^+ + 2e^- \xrightarrow{\text{PS I}} NADPH \quad （式3.4）$$

及暗反应：

$$CO_2 + 4H^+ + 4e^- \xrightarrow{\text{RuBisCO}} (CH_2O) + H_2O \quad （式3.5）$$

其中，ATP 的高能磷酸键被打开时释放的能量和 NADPH 的还原力被用来固定和还原 CO_2，生成碳水化合物。参与该反应的酶为1，5-二磷酸核酮糖羧化酶（RuBisCO）。

依靠色素系统浮游植物细胞能从可见光谱的大部分波段获取能量。色素吸收光能的相应作用过程如图 3.2(a)所示。

(a)

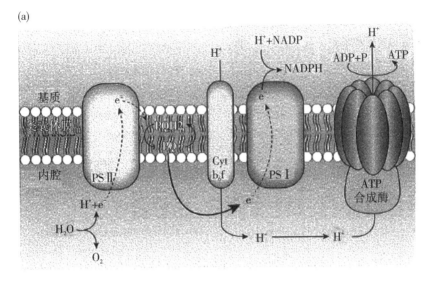

(b)

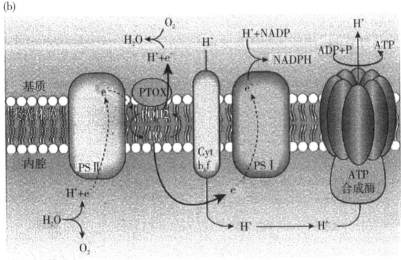

图 3.1　光合作用的光反应过程所涉及主要元素和电子流动路径

(a)光合反应中心 PSⅡ和 PSⅠ激发产生线性电子流,通过 PSⅡ的放氧复合物分解水分子。电子从 PSⅡ转移至质体醌(PQ)池,然后转移至 PSⅠ,形成 NADPH。细胞色素复合物(Cyt b₆f)泵入质子,驱动 ATP 的生成。(b)在高光照和低营养的条件下,质体末端氧化酶(PTOX)被激活,充当电子释放阀,利用多余的电子将 O_2 还原为水,因此,相对于线性电子传递过程,此途径生成的 NADPH 较少(Zehr 和 Kudela,2009)。

　　色素对光能的吸收并非十全十美,在驱动光合作用上,一些波段的光比其他波段的光更加有效。如图 3.2(b)所示光合作用的"有效光谱"图很好地说明了这一点。其中, 465 nm 左右的波段驱动光合作用的效果最好,这个波长范围的光是海水较深层光的主要组成。对于浮游植物来说，这个规律也普遍适用。Lewis 等（1985）研究了不同站位浮游植物群落在自然条件下对光谱的有效吸收，结果也证实了这一点。所有浮游植物的有效吸收波长的峰值均在 425 ～ 450 nm，550 nm 处为肩部（吸收率已大幅下降，之后随波长增加吸收率的变化也不大），然后在 675 nm 处吸收率又开始上升（图3.3）。对于波长小于 425 nm 的波段，每光子对应的光合作用产量迅速下降；在600 ～ 650 nm 处产率较低。然而，对于中上层生境的浮游植物来说，除了最表层外，光的波长并不重要。

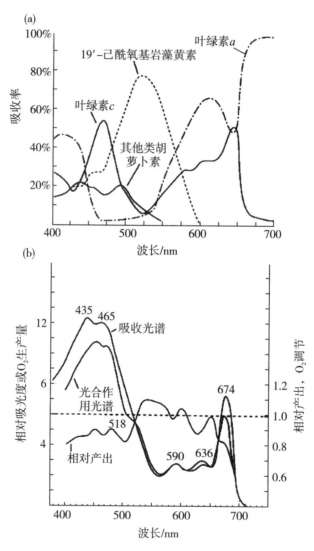

图 3.2 赫氏颗石藻（*Emiliania huxleyi*）的相关光谱

（a）赫氏颗石藻（*Emiliania huxleyi*）活体细胞中不同色素吸收光谱的相对比较。图中，任一波长对光的总吸收率为 100%。色素分别为叶绿素 *a*、叶绿素 *c*、19′–己酰氧基岩藻黄素及其他类胡萝卜素。（b）赫氏颗石藻的吸收光谱、每光子的氧气产率及对应的有效光合作用光谱。光合作用和吸光度的比（即相对产出）的变化趋势显示：在所有波长处的吸光量大致等效（Haxo，1985）。

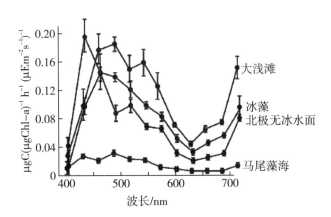

图 3.3　自然条件下四个海区浮游植物集群的光合作用光谱：大浅滩（标准误差为 ±1）、冰藻、北极无冰水面和马尾藻海

（Lewis 等，1985）

太阳光谱、水的透射率与各种藻类色素的吸收波长范围，这三者之间存在明显的互补性。水对不同波长光的吸收率不同，当波长在某一范围时水对光的吸收达到最低，这个最低吸收的波段恰好位于太阳辐射波峰值范围内，被称为"透明区间"（透明窗）（Yentsch，1980），如图 1.5 所示，正好也是可见光与有效光合作用的波段。浮游植物色素的吸收峰值［图 3.2（b）］恰好集中在水的光谱吸收系数 k 值的最小区［图 1.5（b）］。最重要的是，"天线"色素和叶绿素 a 共同形成的吸收峰对应的波段也靠近465 nm 的最深波谷。这些现象并非偶然，而是光合作用系统为适应水的特性进行自然选择与调整后的结果。

海洋中光合作用整体速率，即初级生产力的控制因素分为两类：控制光合系统（PSⅠ 和 PSⅡ）反应效率的因素和控制暗反应效率的因素。前者包括光强度、水和二氧化碳的可利用量。水和二氧化碳在海水中大量存在，有时二氧化碳浓度的增加能稍稍促进反应速率。后者包括温度和可利用的营养盐（nutrients）。营养盐包括氮盐、磷酸盐、各种金属离子、硅酸（硅藻和金藻需要），有时还包括维生素。在此只讲述其中部分因素的作用。

3.1　初级生产量的测定

在各营养级生产力的测定中，对海洋中上层生境初级生产力的估测是最成功的，因为通常可以很容易地将浮游植物与浮游动物分离，从而观察浮游植物细胞的累积率。其中有一些方法原理十分简单，但实际操作起来却比较复杂。基本方法是：从要研究的地点和深度采集一瓶海水，检查并确认其中没有浮游动物（可能需要使用孔径较大的过滤器过滤），经一定间隔时间后测量浮游植物生物量的增量。最合适的培养时间是一个自然光照周期——24 小时，但培养瓶的空间限制会引起浮游植物的不良反应，因此，培养时间通常不得不缩短一些。另外，也可测定所有光合作用产物的增加量或测定有所光合作用底物的减少量。但在实际操作中，仅有少数方法是有用的。回顾光合作用的总反应（见式 3.2），可通过温克勒尔滴定法来测定培养前后样品中氧气的产量。该方法仅适用于水体富营养、存在大量浮游植物的情况，因为一般培养时间内氧气浓度的变化量和误差范围几乎相当。光合作用放氧量还可通过 ^{18}O 同位素示踪直接测定，或通过 $H_2^{18}O$ 和 $H_2^{16}O$ 混合物中 ^{18}O 与 ^{16}O 释放量的比率进行测定（Bender 等，1987）。

很多研究都采用 ^{14}C 吸收法测定初级生产力，该技术由 Steeman-Nielsen（1952）首次应用于生态学研究。采集一瓶海水，向其中添加 ^{14}C 标记的碳酸氢钠，然后将样品瓶置于原水深处进行培养，或者是在船甲板上模拟当时的水温与光照条件进行培养。一段时间后，取回该实验瓶，滤出浮游植物，通过闪烁计数测出与其结合的 ^{14}C 数量。将 ^{14}C 被吸收的比例（即每分钟滤得细胞中 ^{14}C 的数量/每分钟提供的 ^{14}C 数量）乘瓶中碳酸盐的总量，即可得到净初级生产量（整个培养过程中除光合作用外，呼吸作用也在进行）。显然，碳酸盐含量也需要测定出来。Parsons 等（1984）给出了 ^{14}C 吸收法测定初级生产量的标准流程。最终的计算公式如下：

$$光合作用 = [(R_s - R_b)W]/RT \qquad (式 3.6)$$

式中光合作用的单位是 $mgC \cdot m^{-3} \cdot h^{-1}$；$R$ 是全部 ^{14}C 被摄入后的期望闪烁计数率；R_s 和 R_b 分别为滤后样本和空白对照的闪烁计数率；W 是溶解碳酸盐中的碳的总重量（单位：$mgC \cdot m^{-3}$）；T 是培养时长（单位：h）。在该实验设计中，通常还会设置一组暗瓶吸收实验，以测定不属于初级生产但会导致闪烁的碳同位素交换过程。注意：R_s、R_b 和 R 中都隐含了培养容器的体积（即每升中的 ^{14}C 的闪烁计数），但在计算过程中均被抵消了。

从 1952 年起，^{14}C 标记法在国际上得到了广泛应用，获得了大量的数据，描述出许多初级生产力的垂向分布和地理分布模式。不过，该方法存在一定的不确定性。20 世纪 80 年代，许多常见的测量结果甚至都被质疑。该方法存在的问题可分为两类：一是该方法本身存在的问题，即程序性问题；二是现场对多个参数的测定结果不同于采用 ^{14}C 技术得出的数值。

大约从 1978 年开始（Peterson，1980），该方法被多次重新评价，结果只有一个：1980 年前使用该方法得到的 ^{14}C 吸收值过低。Fitzwater 等（1982）使用离子交换介质（Chelex®）处理碳酸氢盐培养液，并在聚碳酸酯材质的实验瓶中进行培养，在所有实验过程中维持高洁净度，避免微量金属进入培养液，尤其是铜和锌。结果显示，浮游植物在聚碳酸酯瓶培养液中产量是在玻璃瓶标准培养液中产量的 2~8 倍。这意味着微量金属污染对浮游植物有致毒作用，在海洋生境中尤其如此。早期 ^{14}C-碳酸氢盐中的微量金属污染物浓度远高于自然生境中的浓度。使用最新清除技术处理后得出的实验结果证明浮游植物对微量金属毒性非常敏感，与 Fitzwater 等（1982）相似的一些实验方法已成为标准。总体说来，新方法得到的数据值高于旧数据值。例如，Welschmeyer（1993）在亚北极太平洋的研究（图 3.4）显示，1980 年后采用清洁方法得出的实验结果高于 20 世纪 60 年代与 70 年代传统方法得出的结果，前者约是后者的 2

倍。在太平洋中央环流这样非常贫营养的生境中，微量金属清除法比旧方法的初级生产力测定结果高出更多。

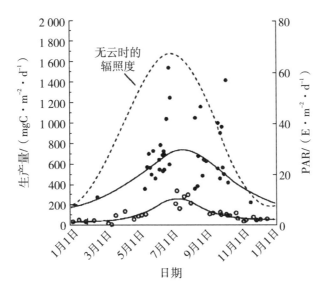

图 3.4 亚北极太平洋海域水柱综合初级生产力曲线与光合作用有效辐射（PAR）周年变化曲线的比较

实心圆点是采用微量金属清除技术（1984—1988 年）获得的[14]C 吸收数据；空心圆是 1980 年之前采用当时标准的[14]C 吸收法采集的数据（Welschmeyer，1993）。

[14]C 法的另一个问题是，计算得到的结果究竟是代表总初级生产量还是代表净初级生产量（Marra，2009）。当培养时间较短时，呼吸作用的消耗量较小，用[14]C 技术估算的是总初级生产量。如果培养时间较长，固定和呼吸的[14]C 将会被浮游植物再次固定，这样测得的结果将大于净生产量而小于总生产量。

很多研究表明，在不损失浮游植物的情况下彻底过滤掉小型浮游动物（原生动物、甲壳类无节幼虫、轮虫）是非常困难的，因此，在进行[14]C 吸收研究时，残留在培养瓶内的小型浮游动物会吃掉相当一部分浮游植物，并在培养期间继续摄食。这些浮游动物对浮游植物的影响各有不同，但它们能吃掉三分之一甚至更多的新合成的有机碳。当然，它们最初摄食的都是未结合[14]C 的浮游植物。随着实验的进行，小型浮游动物摄食造成的影响会越来越大，因此，较短的培养期优于较长的培养期。这促使研究者们在他们的实验中采用非常高的[14]C 添加量。为了测定初级生产实验中小型浮游动物对浮游植物的摄食，Landry 和 Hassett（1982）建立了稀释技术，我们将在讲解微型浮游动物摄食时对其进行讨论。

Bender 等（1999）比较了多个海域的总 O_2 生产率和[14]C 法测得的生产量。总 O_2 生产率是净[14]C 生产量的 2～4 倍。若不将呼吸作用损失的[14]CO_2 和释放的 DO[14]C 考虑在内，则[14]C 法估计的初级生产量偏低。若电子从光合系统 Ⅱ（PSⅡ）释放并用于还原 O_2 而不是转移至光合系统 Ⅰ（PSⅠ）以合成 ATP［图 3.1（b）］，则总产氧率也将超

过 ^{14}C 的估计值。这种高水平的氧还原在低营养、高光强的寡营养海水中很普遍（Mackey 等，2008）。Halsey 等（2010）通过对杜氏藻的研究发现，净初级生产量和总初级生产量之间的差值以及碳在不同代谢产物中的分配都取决于细胞生长速率。在生长较慢的细胞中，O_2 总量和总固碳量远大于净生产率。相反，在生长较快的细胞中，净生产率和总生产率十分接近。现场和实验室模拟实验都清楚地显示，基于 ^{14}C 和基于 O_2 进行的光合作用活性测量方法针对的是不同的细胞代谢过程。

当无法使用放射性同位素时，稳定同位素 ^{13}C 也可用于测量光合作用的速率（Hama 等，1983）。在海水中添加富含 ^{13}C 的碳酸氢盐，通过测定颗粒碳（PC）中 ^{13}C : ^{12}C 的比值相对于总 CO_2 库的变化，可以反映出 CO_2 被吸收转化成 PC 的增量。通常采用质谱分析法测量同位素比率。与 ^{14}C 法相比，^{13}C 法的敏感度较低，需要更多的培养用水，而且一般来说成本更高。理论上，可采用 ^{13}C 和 ^{15}N 同位素进行碳固定和氮吸收的同步测定（Slawyk 等，1977），但在实际操作中，通常还是分开培养（Imai 等，2002；Kudo 等，2005，2009）。

使用荧光来测定 PSⅡ 的活性是一种现场测量初级生产量的新方法。普遍使用的技术有两种：快速重复率荧光测量法（FRRF）与脉冲幅度调制荧光法（PAM）。有关 PAM 方法的细节，详见框 3.1。这种技术本质上为瞬时测定，无须培养。Cermeno 等（2005）和 Corno 等（2006）发现，在测定 5 m 深处海水样品时，基于 ^{14}C 的生产量和 FRRF 测量值的对应性不强，但在测定其他水层时吻合度很好。Suggett 等（2009）比较了 FRRF、^{18}O 生产量和 ^{14}C 测量值，获得的 FRRF 生产率约 $^{14}CO_2$ 吸收量的 5 ～10 倍。Suggett 等将这一差异归因于 PSⅡ 和 PSⅠ 之间电子流动的解偶联，并强调使用 FRRF 测定水体生产力时需要重点关注"自然条件下电子如何参与碳固定过程的系统性机理"。比较之后的结论就是：^{14}C 技术仍是测定海洋初级生产的"标准"方法，并能用于测定浮游植物固碳的净值和总值。研究者们正在寻求其他方法，但大部分都基于光合作用的光反应。光合反应过程中捕获的总光能与净固碳量及总固碳量之间的确切关系仍需进一步研究。

我们将再次讨论初级生产力的测定。下文将比较不同海域的生产力，尝试对差异进行解释，总结全球生产力总值，并试着将海洋系统整合进全球碳素的生物地球化学循环中。现在我们将开始讲述生产率的影响因素。

框 3.1　利用叶绿素荧光测定光合作用活性

光能被叶绿素吸收后有三种去向：为光合作用（光化学）提供能量、以热能的形式消散、以荧光的形式发射出去。光化学过程包括 PSⅠ、PSⅡ 的活动及碳的同化。发射荧光峰值对应的波长比吸收光波段的波长要长些。为测量叶绿素发射的荧光，可控制光源以较高的频率反复地开关，然后调试检测器，使其仅检测到这种高频激发光所激发出的荧光。

脉冲幅度调制（PAM）荧光计和快速重复率荧光计（FRRF）均可用于测定浮游

植物与蓝细菌的光合作用活性。我们在此简要解释其中的 PAM 荧光技术（Mackey 等，2008），读者也可参考 Kolber 等（1998）和 Suggett 等（2009）论著中有关 FRRF 技术的详细信息。可变荧光（框图 3.1.1 中的 F_v）是在明亮闪光时适应黑暗环境（暗适应）的植物细胞所发出的最大荧光，减去该细胞对标准的弱闪光激发发出的荧光，即 $F_v = F_m - F_0$）。F_v 估测了暗适应细胞的电子流经 PS Ⅱ 的最高潜在效率。最高潜在相对光合效率与 F_v 成比例。相对荧光度随着连续曝光而递减，约 5 min 后达到渐近线（F_s）。荧光发射量（F_s）较小，因为一些电子受体被还原后就不能再接收电子。已经适应（光适应）的细胞对饱和闪光的荧光响应为 F'_m。PS Ⅱ 在光适应状态下的实际相对光合效率为 $(F'_m - F'_s)/F'_m$，该比率又可用 $\Phi_{PSⅡ}$ 表示。用 $\Phi_{PSⅡ}$ 乘光合作用有效光的强度 I_A，得到 PS Ⅱ 在该光强度下的电子传输速率。因此，$\Phi_{PSⅡ} \cdot I_A$ 是对总光合产氧量的估计值。对这些关系的完整推导过程参见 Mackey 等（2008）。

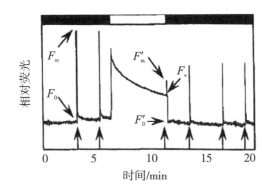

框图 3.1.1

顶端的长条显示了光合作用的暗（黑色）阶段和光化光（白色）阶段。采用饱和光脉冲前，先采用低强度光测定最低荧光值（F_0 和 F'_0）。箭头表示饱和（3 000 μmol quanta m^{-2} · s^{-1}）光化光脉冲的时长为 0.8 s。（Mackey 等，2008）

　　PAM 荧光计通过如框图 3.1.1 中所示的闪光和"光化光"间隔，生成了 F_0、F_m、F_s、F'_0 和 F'_m 的数据。FRRF 系统的工作原理有所不同，但也能以足够快的速度估测水柱剖面的光合作用活性。与传统的 ^{14}C 技术相比，这两种方法提供的光合作用时空分辨率更高。但荧光测量法在生态研究中的应用比较有限，除非能将这些测得值转化为碳同化效率。当 PS Ⅰ、PS Ⅰ 和碳同化活性紧密耦合时，荧光测量法和 ^{14}C 法得出的光合作用率就比较接近。然而，各细胞组分的光合作用过程并不总是紧密耦合，这限制了 PAM 和 FRRF 在生态学研究中的应用。一些具体的比较案例将在正文中阐述。

3.2　光强效应

　　光强效应也被称为辐照度、照明度或光子通量。从黑暗（呼吸作用造成的负净生产力）到海面的完全光照（伴有强烈的"光抑制"），光照强度变化后，光合作用速率也随之变化。这种关系被称为光合作用－辐照度关系（$P-E$ 曲线），其中，E 指辐射能通量，单位为 $W \cdot m^{-2}$（图 3.5）。较早的文献中使用符号"I"来表示辐照度，而现在"I"专门用于表示辐射强度，即特定方向上辐射能的通量。实际上，并非当 $E=0$ 时，对应的光合作用速率为 0。净光合作用是总光合作用减去呼吸作用的结果，其值可以很小，但必须为正值。当总光合作用恰好与呼吸作用相等时的光照强度被称为补偿光强（compensation intensity）。然而，在许多海区（图 3.5），浮游植物对可利用光的敏感度非常高，以至于实际数据在辐照度（横）轴上的正截距并不明显。光依赖（光限制）部分的响应关系为线性，表现为曲线起始段的斜率 dP/dE，通常用 α 来表示。当光照强度更高时，由于绝大部分叶绿素一直处于激发状态，这时暗反应过程就会限制整体的光合作用速率。这样，整个光合系统也处于光饱和状态，光合作用速率不再随着光强度增加而增大，$P-E$ 曲线趋向水平。

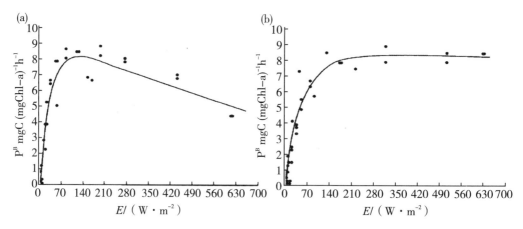

图 3.5　在两种不同的现场情况下，通过甲板培养实验得出的光合作用（每单位叶绿素）与辐照度的 $P-E$ 曲线

（a）秘鲁海域高密度（$13\ mg \cdot Chl \cdot m^{-3}$）的硅藻集群表现出一定程度的光抑制；（b）新斯科舍海域主要为低密度（$0.3\ mg \cdot Chl \cdot m^{-3}$）的鞭毛虫集群，未表现出明显的光抑制（Platt 等，1980）。

　　当光照强度更高时，光合作用速率开始下降，这种现象被称为光抑制（photoinhibition）。该现象产生的原因在浮游植物中各有不同。其中一个重要的原因是"光呼吸"。暗反应的中间产物包括磷酸酯化的五碳糖等，这些中间产物对光不稳定，在强光照下，它们会分解为磷酸乙醇酸（C_2）和磷酸甘油酸（C_3）。前者将从细胞中排出，或者代谢为 CO_2，但不能回到光合作用途径。这些代谢过程（或类似的其他过程）的增强将降低整体净光合作用速率。

浮游植物光强度响应曲线（$P-E$ 曲线）的基本形式都很类似，但在起始斜率（α）、光合作用速率最高值（P_{max}）、触发光抑制时的光强度及光抑制导致的光合作用衰减率方面有所差别。将光合作用速率按照（或除以）单位叶绿素或细胞碳水平进行标准化后，起始斜率和光合作用速率最大值分别用 α^B 和 P_{max}^B 表示，其中，B 表示所用的标准化参数。$P-E$ 曲线的起始斜率与 P_{max} 的交点为光饱和参数 K_E，当光强达到该点后，光合作用的控制因素将发生变化。生活在不同（或甚至是相同）生境的同一物种的不同种群之间，或同一站点不同深度的样品之间，光响应可能会有所不同；而浮游植物对光响应的不同与它们过去一段时间被光照射的历史有关。描述 $P-E$ 关系的数学函数有很多，其中，Platt 及其合作者提出的几个公式被广泛应用。在较高的光强下，当光抑制不是很明显时，Platt 和 Jassby（1976）给出的双曲正切函数 $P = P_{max} \tanh(\alpha E / P_{max})$ 非常适用。这个函数同样也具有理论吸引力。Platt 等（1980）基于一系列自然条件下浮游植物集群的 $P-E$ 数据，拟合出以下函数，确实显示出了光抑制效应：

$$P = P_{max}[1 - \exp(-\alpha E / P_{max})] \cdot \exp(-\beta E / P_{max}) \qquad （式 3.7）$$

这个函数被应用于许多野外研究中（Welschmeyer，1993）。式中参数 β 是发生光抑制时的光强。当使用"标准化"的光合作用速率（即每单位浮游植物生物量的光合作用速率）时，该函数尤其适用。在野外研究中，标准化变量通常为叶绿素 a 浓度，每单位体积浮游植物光合作用速率（碳吸收率）与叶绿素浓度的比值被称为同化值（assimilation number）。

要满足生长和光合作用，不同微藻类群对光照的要求显著不同（Richardson 等，1983）。在低光照强度下，腰鞭毛虫和蓝藻的光合作用速率最高，生长最好。硅藻能利用弱光，但比大多数其他藻类更能耐受强光。关于藻类和浮游植物 $P-E$ 曲线光合作用参数的总结性资料已有很多。表 3.1 展示了一些代表性的参数。就单位叶绿素光合作用速率（P_{max}^{Chl}）而言，硅藻的最高，蓝细菌的居中，微型鞭毛虫（主要为定鞭藻）的最低。对于起始斜率（α^{Chl}）这个特征参数而言，硅藻的最大，微型鞭毛虫的居中，蓝细菌的最低。

表 3.1 优势浮游植物类群的光合作用特征参数

藻群	α^{Chl}	P_{max}^{Chl}
硅藻	0.032 ±0.007	4.26 ±0.45
定鞭藻	0.026 ±0.005	2.94 ±0.43
蓝细菌	0.007 ±0.003	3.75 ±0.37

α^{Chl} 是 $P-E$ 曲线的起始斜率，单位为 mgC（mgChl-a）$^{-1}$ h^{-1}（μmol quanta μmol quanta m$^{-2} \cdot$ s^{-1}）。P_{max}^{Chl} 是叶绿素 a 的标准化光合作用速率最大值，单位为 mgC（mgChl-a）$^{-1}$ h^{-1}。基于用特定浮游植物色素的现场数据校准的初级生产模型，计算出光合作用参数（α^{Chl} 和 P_{max}^{Chl}）；该模型中辐照度、深度、特定吸收系数呈函数关系。（Uitz 等，2008）

浮游植物利用光的能力各有不同，这体现了基因型的差异（光适应性，photoadaptation）。此外，所有浮游植物都可在短期内调整表型，以响应光强度的变化（光驯化，photoacclimation）（MacIntyre 等，2002）。当光照强度较弱时，具有光合活性的色素在数量上可能会增加（衣藻和三角褐指藻中将出现更多叶绿素 a、更多的 P700），使短期测量中 $P-E$ 曲线的斜率增大[图 3.6(a) 和(c)]。另外，在高光强下，暗反应系统的活性也可能会增大（由于 ATP、NADPH 的数量增多），使小环藻的 P_{max} 值在短期内增大[图 3.6(b)]。

图 3.7 显示了低光适应与高光适应条件下中肋骨条藻的 $P-E$ 曲线。对该曲线的解释取决于光合作用速率相对于何种变量进行标准化。若光合作用相对叶绿素 a 标准化[图 3.7(a)]，则当光照较弱时，低光适应和高光适应细胞显示出相似的光合作用速率；当光照较强时，高光适应细胞的光合作用速率高于低光适应细胞。若采用细胞数对光合作用进行标准化[图 3.7(b)]，很显然，当光照较弱时，低光适应细胞具有更高的光合作用速率；当光照较强时，高光适应细胞具有更高的光合作用速率。若采用细胞碳含量对光合作用进行标准化[图 3.6(c)]，则在所有光照强度下，低光适应细胞的光合作用速率均高于高光适应细胞。最后一种方法的优势在于：在某些情况下，$P-E$ 曲线变化能反映细胞生物量中碳被固定的情况。

植物通过对辐照度变化的生理适应，将光照对生长速率的影响程度降至最低。对浮游植物来说，这种生理适应需要维持光合作用光反应和暗反应之间的平衡。当辐照度较低时，光合作用受到光吸收率和光化学能量转换率的限制；当辐照度较高时，光合作用受到电子转移速率、RuBisCO 的水平或（碳固定所需的）1，5-二磷酸核酮糖供应量的限制。

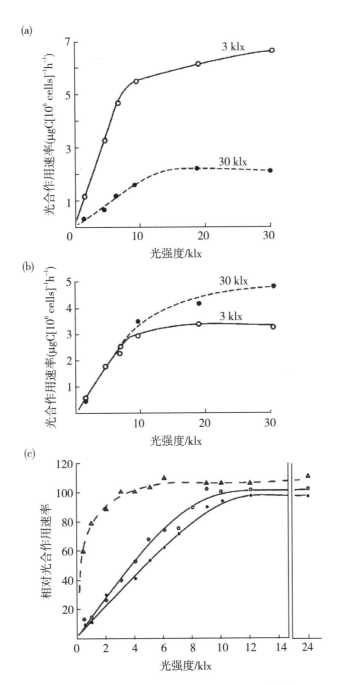

图 3.6　不同光照强度条件下的三种光适应类型

光合作用速率的标准化均为每个细胞的光合作用速率，而非每单位叶绿素的光合作用速率。细胞叶绿素数量的变化也是光适应的一个方面。(a)衣藻；(b)梅尼小环藻；(c)三角褐指藻，光强度分别为 12 klx(点)、5 klx(圈)和 0.7 klx(三角形)。图(a)来自 Jørgensen，1969；图(b)来自 Jørgensen，1964；图(c)来自 Beardall 与 Morris，1976。

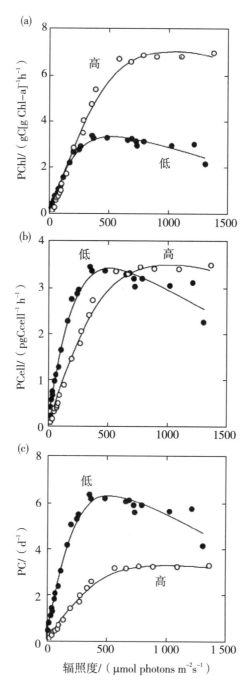

图3.7 营养充足条件下中肋骨条藻(硅藻)对高光照强度(1 200 μmol photons m⁻² s⁻¹)与低光照强度(50 μmol photons m⁻² s⁻¹)的 $P-E$ 响应曲线

(a)单位叶绿素 a 含量的光合作用速率；(b)每个细胞的光合作用速率；(c)单位细胞碳含量的光合作用速率(MacIntyre 等，2002)。

3.3　光合作用模型

从基本的 $P-E$ 曲线中也可以看出每单位浮游植物生物量的光合作用速率随水层深度变化的情况。在最表层海水中，初级生产力要么为 P_{max}，要么受到光抑制。在稍深一点的水层，由于辐照度下降，未能触发光抑制，因此光合作用速率可能增大至 P_{max}。再深一点，P_{max} 可能基本维持不变，因为水和颗粒物（包括浮游植物）对光的吸收使可利用的辐照度逐渐减少。当位于某些不算很深的深度时，辐照度数值将处于 $P-E$ 曲线的下坡段，此时光合作用产物逐渐减少。由于辐照度随深度以指数方式减少（根据比尔定律，$E_z = E_0 e^{-kz}$，式中 k 为消光系数，z 为深度），从辐照度低于光抑制的深度开始，P 随着 z 的增加呈指数递减，就像 ^{14}C 吸收的垂直分布图显示的那样［图 3.8（a）］。当然，单位体积的初级生产量同样是关于浮游植物总量的函数，其特征通常可用叶绿素垂向剖面分布表示。在温带和高纬度海区［图 3.8（b）］，表层海水混合层中单位体积的初级生产量最高且十分均匀，随后便逐渐降低。

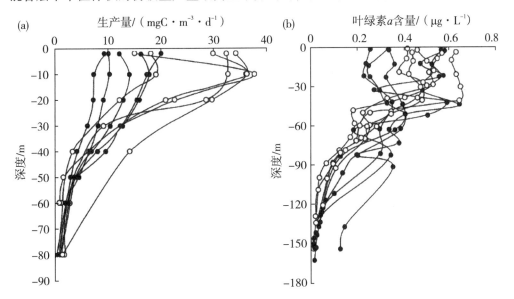

图 3.8　初级生产力与叶绿素浓度的垂直分布

（a）5 月（实心点）和 9 月（空心点）阿拉斯加湾（50°N，145°W）初级生产力的垂向分布。（b）叶绿素浓度在同一站点、不同时间的垂向分布，叶绿素浓度最高值总是出现在近表层，当深度大于 50 m 后明显降低。（Welschmeyer，1993）

随着深度的增加，光线逐渐变弱直至消失，这意味着在接近海面的深度，辐照度是限制生产力的主要因素。这个规律在海洋中普遍适用。当谈及浮游植物的生长受到营养盐的限制时，默认的谈论对象是上层水体或真光层。光合作用补偿深度通常指辐照度降低到表面值 1% 时的深度，该深度随表面辐照度和吸收系数（k）的变化而变化；

当 k 值最小（ -0.067 ）时，最大光合作用补偿深度为 70 m。然而，在 k 值最小的亚热带环流区，真光层较深处的浮游植物非常适应弱光条件（辐照度约为表面的 0.1%），在深度约 100 m 处形成"深处叶绿素最大层"（deep chlorophyll maximum）（图 3.9），此处净光合作用仍为正值。这一现象在热带及亚热带海洋十分普遍，主要是因为浮游植物的低光适应使每个细胞都含有大量叶绿素；当然，该深度浮游植物群落物种组成上的变化对形成叶绿素峰值也有一定的贡献。

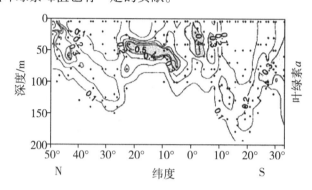

图 3.9　大西洋海水叶绿素垂直分布随纬度（49°N 至 33°S）的变化情况

在 45°N 以北和 40°N 以南，叶绿素最大值出现在上层 50 m 处。深处叶绿素最大值出现在深度为 100～175 m 的亚热带环流中。表层和亚表层（50 m）处的叶绿素最大值出现在赤道海域。（Serret 等，2006）

3.4　初级生产的生物光学模型

初级生产（ P ）的生物光学模型的一般形式为：

$$P = PAR \times [\text{Chl-}a] \times a^* \times \Phi_c \qquad （式3.8）$$

式中，PAR（单位：mol quanta $m^{-2} \cdot s^{-1}$ ）为光合有效辐射，$[\text{Chl-}a]$ 是叶绿素 a 浓度（单位：$mg \cdot m^{-3}$ ），a^* 是叶绿素 a 的吸收系数（单位：$m^2[\text{mgChl-}a]^{-1}$ ），Φ_c 是碳固定的量子效率（单位：molC$[\text{mol quanta}]^{-1}$ ）。

光谱辐照度（ PAR ）是关于海水深度的函数，在一天中随时间的变化情况可通过模型计算。叶绿素 a 可通过荧光测定法或高效液相色谱法测得。用滤纸收集浮游植物，然后使用分光辐射计可以测定吸收系数 a^*。Bannister（1974）建议 a^* 的平均值取 0.016 $m^2[\text{mgChl-}a]^{-1}$，但基于更多数据（Bricaud 等，1995）的计算显示，a^* 的取值范围为 0.18～0.01 $m^2[\text{mgChl-}a]^{-1}$。光合作用的最大量子产额（ $\Phi_{c,max}$ ）根据下面的公式确定：

$$\Phi_{c,max} = \alpha^B / \overline{\alpha^*} \qquad （式3.9）$$

式中，α^B 是 $P-E$ 曲线的斜率，单位为 mgC$(\text{mgChl-}a)^{-1} h^{-1}$（ μmol quanta $m^{-2} s^{-1} \cdot ^{-1}$ ），可通过收集不同深度、一定光强范围内的水样培养并利用[14]C 方法测定出来；在培养箱控制光强来测定 $P-E$ 曲线的同时，也可计算出这个光强范围内的浮游植物叶绿素吸收系数的加权平均，即$\overline{\alpha^*}$。

利用 HPLC 测得的多个色素浓度来定量表征浮游植物群落组成（Bricaud 等，2004），再将群落组成的数据与生物光学模型相结合，对北大西洋不同粒级的浮游植物的初级生产量分别进行评估（Claustre 等，2005）。结果显示 P_{max}^B、α^B 和 $\Phi_{c,max}$ 均会随着细胞粒径的减小而降低，但 a^*（叶绿素 a 吸收系数）在最小的细胞中反而最高（表 3.2）。这可能是由于叶绿素在较大细胞中的"包装"效应会影响吸收光能的有效横截面积。利用生物光学模型来估测初级生产量的前提是，真光层中不同深度的 $P-E$ 曲线需要分别测定出来，但基于光吸收率随深度的变化趋势对整个真光层的光合作用进行计算仍是可行的。

表 3.2　基于 HPLC 色素测定及光合作用模型得出的浮游植物光合生理参数和生物量

	小型浮游生物	微型浮游生物	微微型浮游生物
$P_{max}^{Chl}/(\text{mgC}[\text{mgChl-}a]^{-1}\text{h}^{-1})$	6.27 ± 0.53	2.38 ± 0.23	0.13 ± 0.3
$\alpha^{Chl}/(\text{mgC}[\text{mgChl-}a]^{-1}\text{h}^{-1})/(\mu\text{mol quanta m}^{-2}\text{s}^{-1})$	0.093 ± 0.009	0.046 ± 0.004	0.014 ± 0.005
吸收系数$/(\text{m}^2[\text{mgChl-}a]^{-1})$	0.021 ± 0.002	0.021 ± 0.001	0.038 ± 0.001
每光量子的产碳量$/(\text{molC}[\text{mol quanta}]^{-1})$	0.102	0.050	0.009

（Claustre 等，2005）

3.5　通过卫星反演的叶绿素浓度来估测初级生产量

在第 2 章中，我们描述了如何利用各种卫星（SeaWiFS、MODIS 等）的传感器提取地区和全球海洋表面叶绿素浓度图像（彩图 2.3）。生产率和叶绿素存量之间的相关性使我们对区域性和全球性的初级生产率的估测有一定的可信度。初级生产量（PP）是水体中叶绿素数量与光利用效率（ε）的乘积，即

$$PP = C_{sat} \times \varepsilon \qquad\qquad （式 3.10）$$

式中，C_{sat} 是通过卫星反演的海面叶绿素量，ε 包含通过式 3.9 得出的叶绿素 a 的吸收系数（a^*）和每光量子的产碳量（Φ_c）。

将深度变量代入后，每日净初级生产量（NPP）的最简模型如下：

$$\sum NPP = P_{opt}^B \times C_{sat} \times DL \times Z_{eu} \times F \qquad\qquad （式 3.11）$$

式中，P_{opt}^B 是水柱中采用叶绿素标准化的光合作用的最大值（类似于 P_{max}^B）；DL 是光周期的时长；Z_{eu} 是真光层的深度（辐照度为海表 1% 处的深度）；F 描述了整个水柱净初级生产量的总和（$\sum NPP$）对海面光照强度的依赖性，该依赖性会影响光合作用的光饱和深度。

Behrenfeld 和 Falkowski(1997a)测定了不同温度下的 P_{opt}^{B}（图 3.10），推导出关于温度的单因子经验模型，用于预测水体中叶绿素标准化光合作用的最大值：

$$P_{opt}^{B} = -3.27 \times 10^{-8}T^7 + 3.4132 \times 10^{-6}T^6 - 1.348 \times 10^4 T^5 + 2.462 \times 10^{-3}T^4$$
$$- 0.0205T^3 + 0.0617T^2 + 0.2749T + 1.2956 \qquad （式 3.12）$$

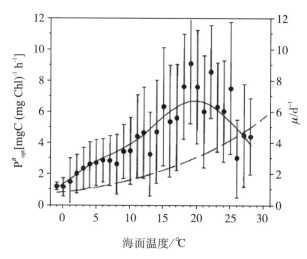

图 3.10　以海表温度对光适应参数进行的函数拟合 *

光适应参数 P_{opt}^{B} 的测量值(黑点；±标准差)和数学建模获得的中位数(实线)与海表温度呈函数关系。虚线表示浮游植物理论最大比生长速率(μ，单位为 d^{-1})随海面温度的变化模式，由 Eppley (1972)提出，在各种生产力模型中都有使用。(Behrenfeld 和 Falkowski，1997a)

* 图题为译者总结。

由于 P_{opt}^{B} 测得值的误差范围较宽，必然会带来对初级生产量预测的不确定性，但该近似值足以将全球海洋生产力存在的区域性差异分辨出来。Behrenfeld 和 Falkowski (1997b)比较了整合时间、整合波长及波长分解的多个模型，并估测了初级生产量的全球规模。模型结果之间的主要差异源自 P_{opt}^{B} 的估算模式及"光适应"变量。当在这些模型中采用相同的叶绿素数值，全球海洋的年初级生产量约为 44 Gt·C·yr^{-1}。

3.6　浮游植物生长率的测定

通过对浮游植物的培养，可以深入研究它们对环境因子的响应模式，可以比较不同条件下浮游植物的光合作用率或细胞分裂。细胞生长和繁殖一段时间后，统计细胞数的变化来测定繁殖速率。健康、养分充足的微藻培养体系可在相当长的时间内维持指数增长，这种响应模式通常可用指数增长率来描述：

$$\mu = 1/t \cdot \ln(N/N_0) \qquad （式 3.13）$$

式中，μ 的单位通常为 d^{-1}。

或每天的细胞分裂(加倍)次数来描述：

$$\mu_2 = 1/t \cdot \log_2(N/N_0) \qquad (式3.14)$$

当 $\mu_2 = 1$ 时，$\mu = 0.69$。

当浮游植物细胞在恒定条件下生长时，细胞任意组分（如碳或氮）的每日增量都可以被测量出来，并用于计算生长率。稳态连续培养能够达到这种条件，但不太适用于培养时间少于浮游植物世代周期（加倍期）的情况。营养盐浓度相关的生长率可以通过 Monod 函数来确定（Monod 方程类似于更常见的米氏酶动力学方程，参见第 1 章和框 3.2）：

$$\mu = \mu_{max}[S]/(K_S + [S]) \qquad (式3.15)$$

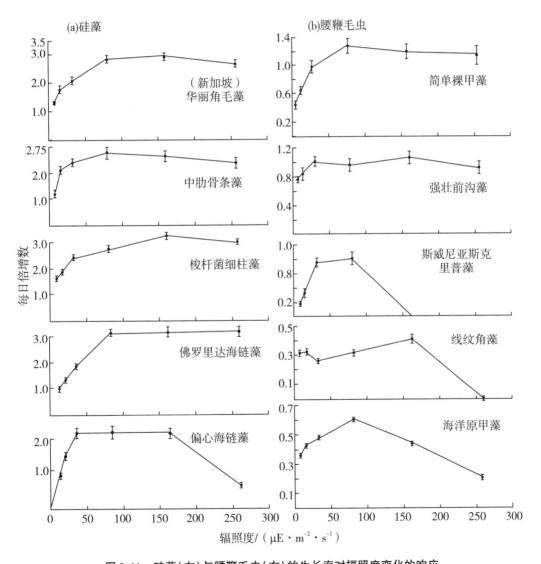

图 3.11　硅藻（左）与腰鞭毛虫（右）的生长率对辐照度变化的响应

图中数据点是这些浮游植物在各辐照度下进行长期适应驯化后得到的指数生长率。误差线为 95% 置信区间。（Chan，1978）

Chan(1978)的数据(图3.11)显示，与硅藻相比，充分光适应后的腰鞭毛虫的生长达到最高倍增率，需要的光照强度较低，但硅藻的最大生长率更高。实际上，腰鞭毛虫和硅藻具有相同的单位叶绿素光合作用率，但自养型的腰鞭毛虫细胞叶绿素含量要低得多。当处于高辐照度，即辐照度大于200 μmol photons m^{-2}·s^{-1}时，腰鞭毛虫细胞中一般有4～10 ngChl(μg protein)$^{-1}$，而硅藻细胞中则有15～30 ngChl(μg protein)$^{-1}$。相比其他藻类，腰鞭毛虫细胞还具有更多的DNA，因此也需要更多的能量维持细胞生命活动，这也造成它们的生长效率较低(Tang，1996)。

上层海洋的光照并不连续，但具有明显的昼夜更替规律。太阳升起，光强度迅速增强，中午达到高峰，夜间又降至最低。事实上，所有生物，无论生活在海洋还是陆地，都具有与光照循环对应的生理周期，并且大部分都具有生物钟，使它们能够"预测"日常事件的发生。藻类生长和繁殖随昼夜周期变化，因为光合作用必须随昼夜交替发生变化。Nelson 和 Brand(1979)对所培养的各种浮游藻类的细胞分裂和明暗循环之间的相位关系进行了研究，发现细胞分裂的时机在同一个分类群中趋同，而不同的分类群则差异明显[图3.12(a)和(b)]。

六种硅藻更倾向于在日间进行细胞分裂。一种腰鞭毛虫和六种微型鞭毛虫的最高分裂率出现在夜间[图3.12(c)和(d)]。尽管硅藻在黑暗条件进行分裂的反例也存在(Eppley 等，1971)，但整体来看，硅藻通常在日间分裂，而其他形式的藻类则通常在夜间分裂。藻类的其他许多生理参数的周期均与分裂周期同步。

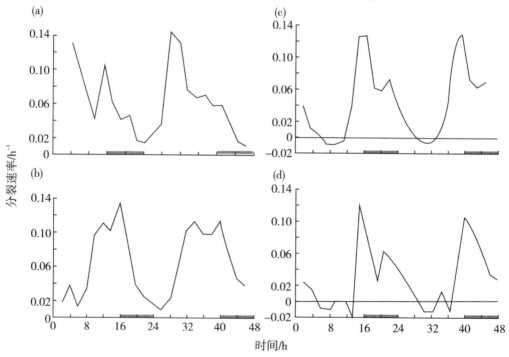

图3.12　两种硅藻与两种鞭毛虫的无性繁殖系在昼夜循环期间的细胞分裂速率

(a)假微型海链藻；(b)简单角刺藻；(c)赫氏颗石藻；(d)球等鞭金藻。(Nelson 和 Brand，1979)

3.7　营养盐可利用度的效应

海洋中典型浮游植物集群有机质的元素（原子或摩尔）组成比例为 $C : N : P = 108 :$
$15.5 : 1$。Redfield 于 1934 年首次测量得出该元素组成比例（Redfield 等，1963），之后
这些比值常被称为 Redfield 比值（Redfield ratios）。有机物中同样存在氧和氢，但氧和
氢在海洋环境中的含量非常丰富，因此是非限制性的。同样，碳酸盐中的碳（约为
$2 \ mmol \cdot L^{-1}$）也是非限制性的，尽管海水中碳酸盐系统成分变化可改变光合作用率。
深海中的氮、磷元素主要来自上层有机物质沉降后的分解，深海中化合态的氮和磷的
比值约为 $16 : 1$。制造有机物所需的氮和磷的比例约等于 Redfield 比值，且由于氮和
磷通常有限（对最高生长率来说，氮、磷提供率小于需求率），它们在控制海洋浮游
植物生产量方面有一定影响。氮和磷被称为"常量营养盐"。对硅藻和硅鞭藻来说，
硅元素也是一种常量营养盐。在海水中，这些主要营养元素呈现出明显的垂向分布特
征（图 3.13）：在表层水中的浓度极低甚至低到无法检测，随着深度增加浓度也增加，
但营养盐跃层（最陡浓度梯度水层）的位置稍有不同，这取决于再矿化过程的深度和
速率。

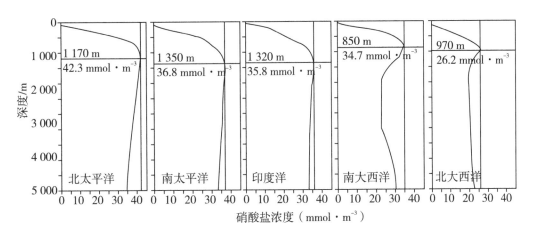

图 3.13　不同洋区硝酸盐浓度的垂向分布

（Beckmann 和 Hense，2009）

浮游植物对其他很多元素需求量较小，但这些元素仍非常重要，其中过渡金属和
共同离子尤为重要。浮游植物的生长可能会受到这些元素供应量的限制。然而，许多
离子（Na^+、Cl^-、SO_4^{2-}、Mg^{2+}、Ca^{2+}）在海水中的含量远超出其需求量。因此，需
求量较小的组分元素（微量元素）Fe、Zn、Cu、Mn、Mo 和 Co，又被称为"微量营养
盐"。有证据表明，在这些元素被利用前，至少某些微量元素必须是以有机螯合形式
存在，但整体来说，细胞能吸收的微量元素数量与自由离子的活性成正比。浮游植物
营养的另一重要方面是微量元素之间的互相干扰（一些微量元素会占据并封锁其他元

素的吸收位点）。此外，人类所需的一些维生素也是许多浮游植物必需的生长因子。这些维生素，尤其是硫胺素、生物素和维生素 B_{12} 在海水中含量较低，有时其含量甚至会低于限制水平。

浮游植物的生长和吸收动力学与营养盐浓度呈不同形式的双曲线函数关系（见框3.2）。浮游植物生长对一种限制性营养盐（其他营养盐均过量的条件下）浓度变化的响应如图1.7所示（以硝酸盐为例）。当营养盐浓度较低时，生长率随浓度增加迅速增长，然后逐步趋于平稳。一旦营养盐需求得到了满足，其他因素将变为限制性因素

框3.2　营养盐吸收与生长的动力学

米氏方程是描述细胞生长与外部营养盐浓度关系最常用的一种函数。我们已于第1章进行了介绍。在此，我们用营养盐吸收动力学中最常使用的符号与参数来介绍该方程式，又名 Monod 方程式：

$$\rho = \rho_{max}[S]/(K_\rho + [S]) \qquad \text{（框式3.2.1）}$$

式中，ρ 是单位生物量单位时间（标准化）内的吸收率，ρ_{max} 是最大吸收率，K_ρ 是半饱和常数，$[S]$ 是营养盐浓度。Monod 方程式用于计算短期（通常为几分钟或1小时）内的吸收率。为适应有限的营养盐供给，浮游植物可以增加 ρ_{max}（即增加传输通道），或者减少细胞对营养盐的需求。K_ρ 表征底物（如营养盐）亲和度，但使用时必须小心，因为 K_ρ 会受到 ρ_{max} 的影响。如果两条双曲线的 ρ_{max} 值不相等，但具有相同起始斜率，那么它们将具有不同的 K_ρ 值。更高的 ρ_{max} 会产生更大的 K_ρ。Kristiansen 等（2000）为该效应提供了一个非常好的例子。

在稳态条件下，生长率与底物浓度之间的函数关系可用 Monod 方程式来描述：

$$\mu = \mu_{max}[S]/(K_\mu + [S]) \qquad \text{（框式3.2.2）}$$

研究浮游植物营养吸收动力学的另一方法是：在连续的营养供应下进行细胞培养，然后评估细胞生长率与细胞营养盐含量（Q）之间的函数关系。在该条件下，应通过 Droop 方程来计算生长率（Droop，1968）：

$$\mu = \mu_{max}(Q - Q_{min})/Q \qquad \text{（框式3.2.3）}$$

在稳态条件下，营养吸收率等于比生长速率和细胞营养盐含量的乘积：

$$\rho^{ss} = \mu Q \qquad \text{（框式3.2.4）}$$

结果发现，该稳态营养盐吸收率与外部营养盐浓度呈双曲线函数关系（采用 ρ^{ss}_{max} 和 $K_{\mu Q}$ 以与 ρ_{max} 和 K_ρ 进行区分）：

$$\rho^{ss} = \rho_{max}[S]/(K_{\mu Q} + [S]) \qquad \text{（框式3.2.5）}$$

Morel（1987）对该方程式的推导和应用进行了更详尽的描述。

Monod 和 Droop 模型对研究稳态条件下浮游植物营养盐吸收和生长动力学非常有用。Monod 模型更为简单，且更适用于稳态条件；而 Droop 模型更为复杂，对测定细胞数目变化有较高的要求，但在瞬态条件下更为有效。

（光照或常见温度下的生理潜能）。最近的很多文献都用 K_S 值来描述浮游植物生长对营养盐可利用度的响应程度（见表 3.3）。较小的 K_S 值表示生长率对营养盐可利用度增加的响应更加迅速。较大的 K_S 值则表示为获得接近最快生长的速率需要相对较高的营养盐浓度。

1970—1990 年，生态学家们花费了大量精力来研究浮游植物物种和集群对营养盐可利用度变化的响应，获得的数据复杂多样。在图 1.7 中，结果是用每日倍增次数来表示的，这是一种比生长速率，即生长/（丰度·时间），是营养盐响应的一种理想表达形式。然而，许多研究也给出了营养盐吸收率，结合高营养盐浓度下最大生长率的测定来绘制 $\mu - [S]$ 曲线。

表 3.3　浮游植物种群吸收硝酸盐的半饱和常数（K_S）±95% 置信区间

物种与种群	来源	$K_S/\mu mol \cdot L^{-1}$
矮小环藻		
3 -H	河口	1.87 ±0.48
7 -15	陆架	1.19 ±0.44
13 -1	大洋	0.38 ±0.17
羽纹脆杆藻		
0 -12	河口	1.64 ±0.59
13 -3	大洋	0.62 ±0.17
华丽中鼓藻		
Say -7	河口	6.87 ±1.38
675D	陆架	0.12 ±0.08
SD	大洋	0.25 ±0.18

（Carpenter 和 Guillard，1971）

采用恒化器（chemostats）测定的营养盐吸收率曲线与生长率曲线是相同的。恒化器是在培养器中装有混合均匀的营养盐培养基，按一定的容积率 μ_1（如 mL·min^{-1}）提供新的营养液，并以另一容积率 μ_2 排出培养基，通过使 $\mu_1 = \mu_2$ 来保持营养液的体积恒定。在系统平衡条件下，通过统计单位体积流出液中的细胞数并除以[流速/培养器容积]来测量浮游植物的生长率。每个细胞的营养吸收率等于流入液和流出液之间的浓度差除以流量和稳态培养器中的细胞数。Falkowski 等（1985）曾使用恒浊器（turbidostats）来测定营养盐吸收率。与恒化器相比，恒浊器具有很多优点：在恒浊器中，通过颗粒密度传感器的反馈来控制流入液和流出液，并允许培养器中的液量升至平衡水平而无须在"旋转加速"时"控制"流出量；恒浊器的另一优点（未被 Falkowski 等 1985 使用）是将自然光昼夜循环因素考虑进来，当生长或繁殖率发生升降时，能通过减少流出量，然后取生长率在整个昼夜循环中的平均值来比较营养盐浓度的效应。

在自然环境中，浮游植物集群对营养盐的亲和度极易发生变化，但当营养盐浓度下降时，通常吸收能力会增高（更低的 K_S 值）。Harrison 等（1996）研究了北大西洋 10°N — 63°N 处的硝酸盐吸收动力学，包括上升流区与营养盐极低的环境条件。研究一系列从 1 nmol·L^{-1} 或 2 nmol·L^{-1} 到 1 μmol·L^{-1} 的 K_S 值，发现大部分 K_S 值在 100 倍范围内，即从 5 nmol·L^{-1} 到 0.5 μmol·L^{-1}。当浓度低于约 0.1 μmol·L^{-1}（100 nmol·L^{-1}）时，K_S 值呈现急剧变低（表现为更高的亲和度）的趋势。高敏感度（检测限值为 2 nmol·L^{-1}）的化学发光硝酸盐分析法的建立（Garside，1982）使这些研究成为可能。浮游植物集群对硅酸的亲和度同样变化很大，大部分海域，包括那些硅藻占优势的近海，K_S 值的范围为 0.5 ～ 5 μmol·L^{-1}（Nelson 和 Dortch，1996）。然而，在南极极地锋面的南部（约 58°S），硅酸的浓度始终高于 20 μmol·L^{-1}（多数高于 40 μmol·L^{-1}），硅藻营养盐的 K_S 值高达 20 ～ 40 μmol·L^{-1}（Nelson 等，2001）。因此，当存在大量营养盐时，细胞只需动用较少的细胞功能去获取养分。

3.8　氮

在某种意义上，氮是信息量最大的浮游植物营养元素，因为从其氧化状态可得知原子刚刚经历了何种生物转化过程。正因为如此，早期对浮游植物氮吸收动力学和生长调控的研究主要关注它们对硝酸盐和铵盐的利用。目前，浮游植物生理与生态研究的范畴已经很广，包括微量元素、共同限制因子和氮磷的有机形态等。氮是蛋白质、核酸、辅酶因子的基本组分，也至少是一种重要的海洋碳水化合物——甲壳素的基本组成元素。因此，氮被浮游植物获取并吸收利用，进行初始有机物合成，在食物链的所有环节中都十分重要。然而，只有少数生物能直接还原并利用 N_2（大气中氮的主要存在形式，溶解在海水中的总量非常巨大）。仅某些细菌具备该能力，其中包括可进行光合作用的蓝细菌（"蓝绿藻"）。这种生化转变过程被称为"固氮"，需要耗费高能量将 N_2 还原为铵基，然后合成氨基酸、嘌呤、葡萄糖胺等。海洋系统中的铵也可作为细菌和古菌的能量来源，这些微生物能将铵氧化为亚硝酸根（NO_2^-），然后再氧化为硝酸根（NO_3^-）。NO_2^- 和 NO_3^- 可被大多数浮游植物和许多细菌吸收，因为它们可被生物利用，所以这些还原和氧化形式的氮均被称为"固定态"的氮。

海洋氮固定通量约为 121×10^9 kgN/a（Galloway 等，2004）。固氮生物包括：丝状蓝藻——束毛藻；*Richelia*，一种内共生于多种硅藻（主要为根管藻和半管藻）细胞内的细菌；其他蓝细菌和异养细菌。固氮酶需要以钼和大量的铁为辅酶因子，因此，当铁浓度较低时，固氮作用可能会受到限制（Falkowski，1997）。束毛藻通常仅存在于寡营养的热带海域。对其丰度的调查和现场固氮率的测量表明，超过半数的海洋水体固氮都是束毛藻完成的（Carpenter 和 Capone，2008）。束毛藻在红海和阿拉伯海域尤为丰富，主要是因为来自非洲的尘土被风刮到这些海区，尘土中含有的铁足够维持固氮作用。单细胞的蓝藻鳄球藻（*Crocosphaera*）比束毛藻具有更广的温度耐受性，对铁的需求量也更低（Fu 等，2008；Moisander 等，2010），研究者们正对其在海洋固氮中的贡献进行定量分析。

　　海洋水体氮循环的氧化还原过程在垂直方向上是分隔开来的。蛋白质或核酸被异养生物代谢，排泄出的常见含氮产物是铵，除此以外还有尿素和尿酸，这些有机分子在细胞内液中的毒性小于铵。这些含氮化合物的氮为还原态。真核异养生物不利用这些还原态氮作为能源。古菌将铵氧化为亚硝酸盐，细菌将亚硝酸盐氧化为硝酸盐，这些过程受到光抑制，因此这两种过程大多数都发生于真光层以下。由于光抑制，硝化细菌甚至在夜间都无法储存并利用海水中的铵。最终，在真光层，浮游植物优先吸收铵和尿素而非硝酸盐或亚硝酸盐(图 3.14)。因此，铵和尿素的浓度均维持在较低水平，除非是河口，很少会超过 $0.5\ \mu mol \cdot L^{-1}$。

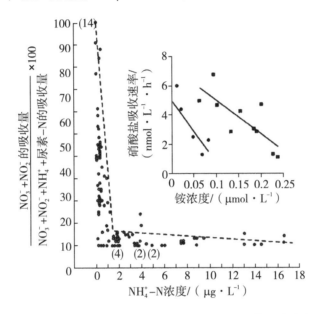

图 3.14　硝酸盐吸收量与总化合态氮吸收量的比值(f 比值) 与切萨皮克湾中可用铵浓度之间的关系

(该图来自 McCarthy 等，1975)插图：硝酸盐吸收率与可用铵浓度之间的关系，根据亚北极太平洋中的 $^{15}NO_3^-$ 估算。这两个生境中的可用铵含量均超过浮游植物对硝酸盐的利用量。插图来自 Wheeler 和 Kokkinakis，1990。

　　固定态氮像所有营养盐一样，在真光层被光合作用合成为有机物并向下沉降。这一过程伴随浮游植物的下沉、颗粒物和溶解有机物的垂直混合、植食动物排泄物颗粒的下沉和浮游动物及鱼的向下游动。在海洋深处，有机质矿化分解为铵，硝化细菌将发挥作用。硝化过程的第二步(由硝化杆菌完成)比第一步(由海洋中的古菌完成)更容易受到光抑制，因此，海洋水体中通常存在 NO_2^- 浓度可测量的薄层。该薄层以下，大多数固定态氮都被氧化为 NO_3^-。在大多数海域，水体的垂直混合是将硝酸盐输送返回上层水体的最为重要的一种形式，通常具有明显的季节性与地域性。硝酸盐回到真光层后，被浮游植物吸收，又重新回到生物循环中。

由海洋深层输送至真光层的硝酸盐贡献产生的那部分生产量被称为新生产量（new production）。有机物随后被摄食或通过呼吸作用消耗，铵氮被排泄出来后又被浮游植物吸收并重新结合形成有机物，被称为再生生产量（recycled production）。在一篇重要的论文中，Dugdale 和 Goering（1967）清楚地阐述了新生产量与再生生产量的关键区别，他们假设：总体来说，固定态氮是常见的限制性营养盐，因此，系统整体的生产速率终将由硝酸盐的供给率来决定。后来的研究进一步发现，其他营养盐的可利用度，尤其是铁，会影响浮游植物对硝酸盐的利用率。铁之所以重要是因为光合作用电子传输系统的一些组件和硝酸盐还原酶（能将硝酸盐还原为铵基）均需要铁。不过，硝酸盐的利用率仍是衡量新生产量的一个重要因素。同样地，铵的利用率也可用来衡量再生生产量。在硝酸盐含量极低或者硝酸盐含量较高但铁含量较低的生态系统中，再生生产量在碳固定中的比例远远高于新生产量。在既含硝酸盐又含铁的系统中，新生产量与再生生产量相差不大。这两个生产量的相对重要性可用"f 比值"来描述：

$$f \text{ 比值} = \frac{\text{硝酸盐吸收率}}{(\text{铵} + \text{尿素} + \text{硝酸盐})\text{吸收率}} \qquad (\text{式} 3.16)$$

通常可在培养实验中添加氮的稳定同位素（^{15}N）来测定吸收率和 f 比值（见框 3.3）。f 比值大概在 0.5（沿岸上升流系统，硅藻在初级生产中占主导地位）到 0.05（高度寡营养的大洋系统）之间变动。

框 3.3　^{15}N 同位素示踪法测定新生产量与再生生产量

采用同位素示踪法测定新生产量与再生生产量。对氮营养盐进行 ^{15}N 标记，添加到培养瓶中，培养自然环境采集的浮游植物水样（与 ^{14}C 吸收实验类似）。经过一段时间后，硝酸盐或铵盐中的 ^{15}N 原子参与合成浮游植物细胞中的有机物，将培养液用水过滤收集，对含 ^{15}N 的有机物进行破坏性氧化，其中所有的氮都被转化为 N_2，随后通过质谱分析法或通过高压电场对 N_2 进行激发而产生的发射光谱来测定 $^{15}N/^{14}N$ 的比值。同位素标记后的硝酸盐与铵盐需要各自单独进行试验测定，因此该技术并不完美。尤其是在保持体系中总 NH_4^+ 浓度不明显增加的情况下，很难添加足够多的 $^{15}NH_4^+$（或带 ^{15}N 标记的尿素）来获得浮游植物 $^{15}N/^{14}N$ 比值变化的阳性信号。实验中 NH_4^+ 的使用量迅速提高必将导致浮游植物对 NO_3^- 吸收量的减少。在硝酸盐含量很低的水体中，加入 $^{15}NO_3^-$ 将人为地提高初级生产力。该方法存在的另一问题（如 Bronk 和 Glibert，1994 提出的）是很难回收并记录所有的含 ^{15}N 物质的去向，因为一些含氮化合物最终变成了胞外溶解态有机物。尽管如此，^{15}N 同位素示踪法仍然显示了海洋水体氮循环的大概情况。大致来看，新生产量与 $^{15}NO_3^-$ 的吸收率成正比，再生生产量与 $^{15}NH_4^+$ 的吸收率成正比。由于 ^{14}C 方法估测的是新生产量和再生生产量之和，因此，将 ^{15}N 同位素吸收率测定的 [新生产量/（新生产量＋再生生产量）] 的比值乘 ^{14}C 吸收率就可得出新生产量（以碳为度量单位）。

在稳定的浮游生态系统中（或从长期平均状态来看），通过垂直混合与水平对流上升到真光层的无机营养元素通量应该与这些元素在真光层底部以有机物形式向下沉降的通量相等。下行物质通量包括颗粒有机物的沉降、溶解及颗粒态有机物在下行递减梯度上的垂直混合。因此，估测新生产量的另一方法是水体中适当深度捕获下落的颗粒有机物，然后测定其中的碳含量。基于捕获的有机物总量除以捕获器面积和时间计算出单位面积的捕获率。Elskens 等（2008）开展示踪实验并使用具有中性浮力的沉积捕获器测定，比较了中等营养型的亚北极太平洋海域(47°N，161°E)新生产量和输出生产量。海面下 50 m 的新生产量约为总初级生产量的 20%，而 150 m 水深的输出生产量约为总初级生产量的 10%。Elskens 等还估测了再矿化率，发现 80% 的再矿化都发生在海表 50 m 内，11% 的再矿化发生在 50～150 m 的水层。卫星测量的海洋表面叶绿素和较深处的沉降捕获实验表明，Elskens 等开展的捕获实验在时间上处于该区域硅藻藻华的末期。海面下 150 m 内浮游植物生物量的变化很小。初级生产过程中碳和氮的同化产物大部分都被 150 m 内上层水中异养生物摄取与再矿化，约 9% 的初级生产量沉降进入了海洋深处。

通常，元素的循环不是一直都处于平衡状态。在初级生产快速的季节，溶解态、溶胶态和颗粒态有机物在真光层中累积（Wheeler，1993）。全年其他时间都循环再利用前期产生的有机碎屑。因此，短期捕获器实验获得的输出生产量结果通常小于（排除采样问题）短期估测的新生产量。

再生生产同时也伴随光合产物的呼吸作用，因此真光层的新生产量应等于净氧气生产量，即光合作用－呼吸作用（$PS-R$）。现场测定新生产量相当麻烦，对海面氧气交换率精确测定的要求尤其高。还必须测定惰性气体的浓度，这样才能将导致表层海水混合层中气体过度饱和的物理和生物过程区分开来。Emerson 等（1991）使用了氩气和氮气估计温度和气泡过程对夏季亚北极太平洋表层海水和大气之间气体交换率的影响。氩气和氧气饱和状态下的差异可显示 O_2 过饱和状态下的生物组成。净氧气生产率与夏季新生产量的 ^{15}N 估计值吻合得非常好。为估算季度与年度净氧气生产量，Emerson 等对表层海水中的 O_2 和 N_2 进行了现场测定。固氮作用仅能改变氮气浓度约 0.1%，因此，氮气可看作"惰性"气体。在夏威夷海时序站点每 2 小时测量一次温度、盐度、氧气和总溶解气体的压力，Emerson 等（2008）测定出海表混合层的净生物氧气生产量为 $4.8 \pm 2.7 \ mol \cdot m^{-2} \cdot yr^{-1}$。Emerson 和 Stump（2010）采用相同的方法测定了亚北极太平洋中的氧气净生产量。在长达 9 个月的时间内，在停泊站点每 3 小时测量一次，结果显示夏季平均氧气生产量为 $24 \ mmol \cdot m^{-2} \cdot d^{-1}$，而冬季则很低。基于氧气净生产量，可将光合作用商（即 O_2 释放的物质的量∶CO_2 消耗的物质的量）取值 1.45，换算出碳生产量。上述两项研究中得出的氧气净生产率非常符合新生产量的估算值，但对物理过程的估计还不够精准，导致对氧气净生产率的估算仍存在 40% 的不确定性。

3.9 磷酸盐

磷元素在海洋中的主要存在形式为磷酸盐（PO_4^{3-}），是许多生物分子的组成成分，如核酸、二磷酸腺苷（ADP）与三磷酸腺苷（ATP）。磷酸基团与小分子酯化后产生可扩散的、高能量的"货币"，非常适于在底物结合位点附近与酶结合。酯键水解（脱磷酸）过程可为底物转化提供能量（$-62\ kJ \cdot mol^{-1}$）。海洋中的磷酸盐仅来自岩石，最终会进入沉积层而离开海洋系统。同时，作为一种营养盐，磷的循环与氮的循环非常相似，不同的是磷没有氮那么多的氧化还原价态。在高度寡营养的环境中（中央环流），相当一部分溶解磷酸盐以小分子有机磷酸酯化合物的形式存在，这些海区的一些浮游植物细胞表面具有酶，可酶解有机磷酸酯，释放出磷酸盐供细胞利用。

总的来说，磷酸盐在淡水系统中是浮游生物光合作用的主要限制性营养盐，但在海洋系统则不是，尽管这个结论仍存在争议（Falkowski，1997；Cullen，1999；Tyrrell，1999）。这是因为淡水总是靠近陆地，故而更容易获得铁的补给。丰富的铁使蓝藻固氮与光合作用成为可能，直到磷酸盐耗尽。Tyrrell（1999）分析大范围的 NO_3^- 和 PO_4^{3-} 浓度，绘制散点图（图 3.15）后发现，在近海，首先耗尽的是硝酸盐。当硝酸盐含量为零时，磷酸盐通常仍为正值。

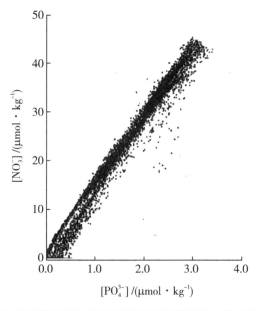

图 3.15　全球海水样品中（海洋断面地球化学研究项目）硝酸盐（NO_3^-）和磷酸盐（PO_4^{3-}）浓度的散点
当样品中硝酸盐浓度降至标准方法检测限以下时，仍存在一定量的磷酸盐（Tyrrell，1999）。

氮再循环的速度很快，即使不依赖固氮作用也足以维持初级生产量。在大洋海水中，多个因素会限制固氮作用。亚北极、亚南极和临海的南极生态系统的温度低于固氮蓝藻的适温范围。而且，除北大西洋春季藻华外，由于铁的限制，氮通常都不会减少至限制性水平。在赤道带和亚热带的大片寡营养海域，固氮潜力非常可观，但却受到磷或铁的限制（Hutchins 和 Fu，2008）。Van Mooy 和 Devol（2008）通过测量加入 NH_4^+ 和 PO_4^{3-} 后的 RNA 合成率，评估北太平洋亚热带环流区域的营养盐限制。NH_4^+ 的添加使 RNA 合成率升高，而添加 PO_4^{3-} 则无此效果，表明该海区浮游植物受到氮的限制。相对于太平洋，大西洋中的 PO_4^{3-} 浓度较低，因此，似乎大西洋存在磷限制，但 Van Mooy 等（2009）研究发现大西洋浮游植物对低浓度磷出奇地适应。马尾藻海中的浮游植物可用无磷膜脂代替含磷脂质，以此降低细胞对磷的需求量。原绿球藻的基因组大幅缩减（Dufresne 等，2003），从而节省对磷的使用量。

3.10　浮游植物对有机氮、有机磷的利用

有机氮、有机磷也可为浮游植物（及异养生物）生长提供潜在的营养盐。在某些海区，它们是溶解态营养盐中很重要的组分，周年循环的收支计算表明：当无机营养盐耗尽后，有机营养盐可支持生产季并维持更长时间（Banoub 和 Williams，1973）。溶解态有机物有多种源和汇，要概括其意义还比较困难，但比较明确的是溶解有机碳具有以下特点：（1）库存总量较小；（2）周转率很高；（3）很难区分自养与异养微生物对溶解有机碳的贡献。

3.11　微量金属和初级生产量

如上所述，微量金属是浮游植物细胞中某些酶的辅酶因子，也是线粒体和叶绿体中的电子传输链组分。必需金属元素（如锌和铁）在海洋中的垂向分布模式也反映了这种需求。大多数必需金属元素在海表层的含量很低，其含量随深度增加而升高（图3.16）。

表层海水中大部分微量金属的含量为兆分之一至毫微摩尔级，而它们在浮游植物细胞中的浓度为微摩尔级。许多微量金属与很强的金属螯合物结合，因此在化学上并不活跃。这导致研究浮游植物对微量金属的吸收机制及其动力学变得异常复杂，尽管如此，仍取得了一些进展。例如，已经发现，铁的吸收系统有四种类型：①特定铁化合物转运蛋白，如柠檬酸铁和铁载体；②二价铁转运蛋白，当二价铁穿过膜时对其进行氧化，如氧化透性酶复合物；③三价铁还原酶；④未螯合的三价铁转运蛋白（Morel 等，2008）。可以通过浮游植物的培养对这些铁吸收系统进行研究，但要确定哪些系统对海洋浮游植物自然群体的铁吸收最为重要仍是极为困难的。

由于铁主要来自陆地，因此铁在近海的浓度比远洋海水高出 100～1 000 倍。早期的浮游植物培养研究（Brand，1991；Sunda 等，1991；另参见图 1.1）显示，远洋和浅海浮游植物对铁的需求量也反映了铁浓度在区域上的差异：远洋种群生长所需的铁浓度远低于沿海种群。Sunda 和 Huntsman（1995）后续又研究了直径为 3 ～ 13 μm 的

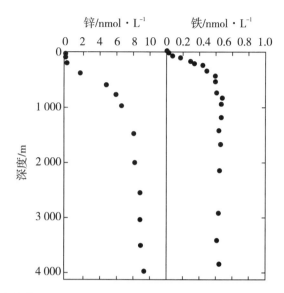

图3.16 北太平洋海域(32°41′N，144°59′W)溶解锌和(50°N，145°W)溶解铁的垂向分布
(Bruland，1980；Martin 等，1989)

三种近海浮游植物和三种大洋浮游植物的铁吸收率。结果发现，将铁吸收率标准化至细胞表面积后，六种浮游植物的铁吸收率非常相似。这种相似性可解释为：进化压力驱动所有物种在分子扩散和配体交换速率压力下最大限度地发展吸收能力。因此，大洋物种被迫缩减细胞体型和(或)减少生长对铁的需求。他们还发现近海硅藻细胞积累的铁量是其代谢所需的 20 ～ 30 倍，而近海腰鞭毛虫和大洋颗石藻吸收的铁量仅超过其所需的 2 ～ 3 倍。

利用培养实验可测定浮游植物生长对微量金属元素的相对需求量，细胞中微量金属和磷的含量可通过高分辨率电感耦合等离子体质谱法(HR-ICPMS)分析测定(Ho 等，2003)。研究 15 种不同物种生长所需元素得到的结果，可用类似 Redfield 公式的形式来表示：

$$C_{124}N_{16}P_1S_{1.3}K_{1.7}Mg_{0.56}Ca_{0.5}(Fe_{7.5}Mn_{3.8}Zn_{0.80}Cu_{0.38}Co_{0.19}Mo_{0.03})/1\ 000$$

(式 3.17)

尽管组成元素的比值在不同的物种中有些差异，但大体顺序如下：$Fe > Mn > Zn > Cu > Co > Mo$。Fe 大量存在，且在光合系统电子传输中起重要作用，因此细胞中铁含量也较高。浮游植物对铁超过 90% 的代谢需求是为光合作用服务，光合系统包含 2 个铁原子/PSⅡ复合物、12 个铁原子/PSⅠ复合物和 6 个铁原子/(Cyt) b_6f 化合物。

Falkowski 等(2004)提出，蓝藻和含有绿质体的藻类(源于蓝细菌初级内共生体，参见彩图 2.1)在原生代海洋(25 ～ 5.42 亿年前)中进化出来。那时，海洋中 Fe、Zn 和 Cu 的浓度很高，因此相对于后来进化的红质体藻类(源自红藻门植物的次级内共生体，参见图 2.1)，绿质体藻细胞中含有较高的 Fe、Zn 和 Cu。红质体藻包括定鞭藻、硅藻和一些腰鞭毛虫，相对于绿质体藻，红质体藻类细胞含有较高的 Mn、Co 和 Cd。Quigg 等（2003）把绿质体藻中较高的铁含量归因于该种群中的高 PSⅠ∶PSⅡ 值，而红质体藻由于其较低的 PSⅠ∶PSⅡ 值，因此对铁的需求较低。在当前海洋条件下，大洋和近海浮游植物细胞中铁含量的差异十分明显，这种差异远高于系统发育的差异。例如，Strzepek 和 Harrison（2004）揭示了一种大洋硅藻——大洋海链藻通过大大降低 PSⅠ 相对 PSⅡ 的水平，使其对铁的需求降至最低，此时其细胞中 PSⅠ∶PSⅡ 的值为 0.1，而近海环境中的一种硅藻——威氏海链藻中 PSⅠ∶PSⅡ 的值为 0.5。因此，大洋硅藻通过降低其对铁的需求来适应低铁环境，但这样做的代价是它们不能再利用 PSⅠ 实现对大范围光强变化的快速响应。

Marchetti 等（2006 a 和 b）比较了生长在富铁和贫铁培养基中的不同种类硅藻细胞中的铁含量。拟菱形藻的大洋分离株（大洋铁加富实验中维持原样的一种硅藻）在铁加富实验中积累的铁量非常高，超过低铁浓度下生长所需铁含量的 60 倍，而该种的近海分离株仅积累超过所需量 25 倍的铁。海链藻的大洋和近海种群对铁的累积率分别为 14 和 10。

Finkel 等（2006）的研究更为全面，他们比较了不同浮游植物的铁需求基因（系统发育）与环境（表型）变化的关系，并测定了 5 种浮游植物在 5 种不同光照强度下的 Fe、Mn、Zn、Cu、Co 和 Mo 含量水平。金属与磷的比值在 1 ～ 3 个数量级内变化。所有试验物种的 Fe∶P 值在 2 ～ 1 000 变化（Fe 的单位为 mmol，P 的单位为 mol）。硅藻和蓝藻细胞的 Fe∶P 值范围最大，分别为 2 ～ 251 和 7 ～ 1 053，而腰鞭毛虫和绿枝藻的 Fe∶P 值范围则窄得多，分别为 18 ～ 359 和 9 ～ 52。这表明，相对于种群或物种差异对金属与磷比值的影响，光照水平的变化对该比值的影响有过之而无不及。

铁和光照对细胞组分、初级生产率和海洋浮游植物生长率的影响具有交互效应。铁吸收的效率、PSⅠ 和 PSⅡ 对铁需求的变化及细胞中铁含量范围较大，这些事实都表明成功争夺有限的铁供应对浮游植物的重要性。实验室培养实验的结果显示：不同浮游植物采取不同的争夺策略。Mackey 等（2008）研究了高光照、低营养环境中（聚球藻或原绿球藻占优势的）自然浮游植物群落光合作用的电子流动变化。聚球藻或原绿球藻这两大类群的大洋分离株的 PSⅠ∶PSⅡ 值均较低，可能是对低铁环境的一种适应。较低水平的 PSⅠ 限制了电子从 PSⅡ 流向 PSⅠ，同时将 PSⅡ 暴露于光损伤之中。在这些微微型浮游生物中，细胞通过质体末端氧化酶（PTOX）预防光损伤，这是一种位于 PSⅡ 下游的酶，能利用电子还原氧气生成水。这种途径广泛存在于大洋表层水中，能够使光合作用中的氧循环与 CO_2 固定解耦联。

3.12　温度变化对初级生产力的影响

正如温度升高会影响浮游植物代谢过程一样，温度升高也会影响其生长：使生化反应进程加快。光合作用涉及了多种反应，各反应具有不同的动力学特征，因此，光合作用率、生长率和温度之间的关系并不简单。最重要的是，不同的物种对温度变化具有不同的反应。另外，温度与营养盐可利用度等其他因子共同作用决定生长率，因此这些关系十分复杂。然而，在生态学层面上，温度的影响为生长速率设定了一个整体上限。Smayda（1976，1980）汇编了许多物种最高细胞分裂率的数据（图 3.17）后发现，当温度升高 10 ℃或更多时，分裂率呈指数增长，达到某温度阈值之后，随着温度的升高，大多数物种的分裂率均迅速下降。Eppley（1972）根据批量培养获得的一份类似的速率数据汇总绘制了一张散点图，但并未区分物种。随后，他采用一个指数方程为该数据拟合出了上包络线。单个物种的实际 μ_{max} 值并不太接近该包络线。那些数值更高的点，尤其当温度低于 10 ℃时，大部分来自硅藻，因为只有当内部生理相互作用（速率由温度来决定）是限制性因子时，硅藻才会比其他浮游植物具有更高的生长潜力。大部分鞭毛虫具有更低的分裂率。Bissinger 等（2008）对更大的数据集进行了统计分析，并对 Eppley 的方程提出了以下修改：

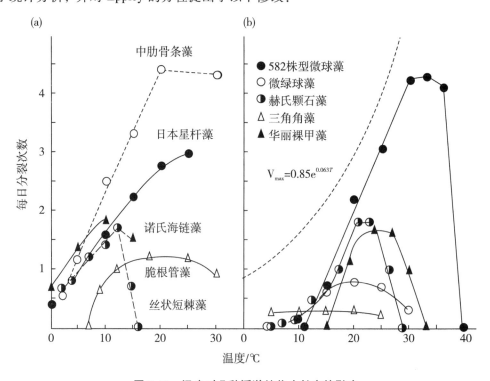

图 3.17　温度对几种浮游植物生长率的影响

左侧为硅藻，右侧为鞭毛虫。右侧虚线为"Eppley 曲线"，μ（增长倍数/天）$= 0.85\exp(0.063T)$（Smayda，1976）。

$$\mu_{max} = 1.169\exp^{0.063\,1T} \qquad （式 3.18）$$

这表明较低温度下的生长率可能比原 Eppley 方程的估计值高 30%（图 3.18）。

　　Goldman 和 Carpenter（1974）研究了恒化器培养条件下多个物种对温度的响应。他们采用 Arrhenius 曲线（图 3.19）来描述这些数据，并推导了 Arrhenius 型方程，其中生长率为 $f(1/T)$，T 单位为 K。他们对一系列物种的研究结果描述如下：

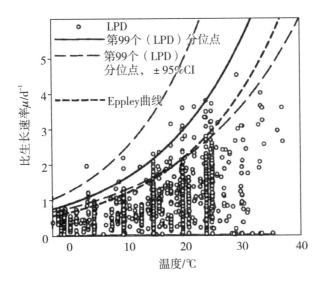

图 3.18　一定温度范围内多种浮游植物的日倍增率曲线

最大生长速率的拟合曲线：其中一条来自 Eppley（1972），另一条来自由 Bissinger 等（2008）对利物浦浮游植物数据库（LPD）中更大的一个物种集的拟合（具置信区间）。（Bissinger 等，2008）

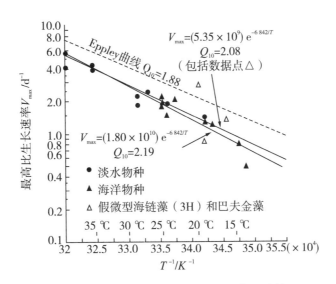

图 3.19　营养盐与光饱和条件下最大生长速率 V_{max} 与温度的 Arrhenius 曲线

该曲线形式允许对方程参数进行测定。图中数据点来自利用恒化器研究所得数据（Goldman 和 Carpenter，1974）。

$$\mu_{max} = (1.8 \times 10^{10}) \exp(-6842/T) \qquad （式 3.19）$$

当绘制在 Arrhenius 坐标轴上时，该曲线比 Eppley 曲线低，但实际差异很小（另参见 Goldman，1977）。Goldman – Carpenter 的方法是根据数据的集中趋势拟合出函数关系（或许更可靠），相对于 Eppley 的方法，差异显然来自 Eppley 的上包络线（这一包络线位置的确定比较主观）。在数值建模中，这两种函数应用于描述浮游植物对温度的响应均很普遍。

3.13 休眠期

当环境条件变得不利时，许多硅藻和腰鞭毛虫会进入休眠期（孢囊）以适应环境。与羽纹硅藻相比，休眠孢囊在中心硅藻中更为普遍（Hasle 和 Syvertsen，1997）。培养研究显示，硅藻在休眠期间至少能保持两年的生存能力。野外调查研究表明，有些藻类在海底休眠时仅可保持几年的生存能力，另一些则能保持长达数十年的生存能力（McQuoid 和 Hobson，1996；McQuoid 等，2002）。海底沉积物中的藻类休眠孢囊起到种子储备库的作用，当它们悬浮进入水体后，可大量繁殖，很可能形成浮游植物藻华。Wetz 等（2004）在晚冬时节检测了沿海水底边界层样品是否包含可能引起藻华的藻类孢囊。当光照强度为海面光的 40% ~ 50% 时，藻类开始生长，表明再悬浮的细胞能够重新开始生长，但冬季混合的深度太深常常会阻碍生长。

腰鞭毛虫孢囊期的细胞壁与活跃生长期的细胞壁并不相同，脱孢囊前通常需要先经历一段时间的黑暗、阴冷的环境条件。藻华结束时，腰鞭毛虫（尤其是亚历山大藻属中的一些种类）会经历有性繁殖，游动的合子最终变成休眠孢囊，在沉积物中可保持数年的生存发育能力。一个多世纪以来，缅因湾的有毒赤潮周期性地暴发带来重大环境问题。孢囊苗床主要位于靠近芬迪湾湾口的海湾东北部，而海湾中的环流主要流向西部和南部（图 3.20），所形成的单向运输系统为细胞回到东北部提供的机会非常有限。Anderson 等（2005）和 McGillicuddy 等（2005）基于海湾的循环模式提出假说：靠近芬迪湾湾口的自流漩涡使细胞累积，孢囊沉积在该海域，为未来的藻华埋下了种子。有些孢囊得以从该漩涡区域离开，进入缅因湾沿岸流的东段，在下游再次发展为赤潮，同时沉降形成位于安德罗斯科金河和肯纳贝克河附近的第二个孢囊苗床（图 3.20）。第二个苗床中的孢囊萌发则使这些种类进一步在缅因州沿岸蔓延。

3.14 注意事项与前景展望

浮游植物生态学家是生物海洋学家中的一个半独立的子群体。在海洋浮游植物生长的控制因素议题上，他们有着非常浓厚的兴趣，也发现了许多生态学联系。然而，仍存在几个明显的问题。能在实验室成功培养的浮游植物并不一定是海洋自然环境中浮游植物优势类群的代表。人工培养不可避免地涉及非自然条件，包括将浮游植物与其完整的天然环境完全隔离。为计算生产率而进行的培养扰乱了正常的捕食和再生过程。因此，尽管光照和营养条件对浮游植物细胞生长的影响非常重要，捕食对浮游植物存量的影响也同样重要。除赤潮发生的初期外，每天生长出来的浮游植物细胞大部分在当日就被捕食了。春季藻华所显现出来的浮游植物数目增加，实际上是细胞增殖稍高于被捕食的结果。对浮游植物进行分离培养会得到一些非常有用的结果，但在面对这些结果时，还是必须设想这样一个场景：当这些细胞处于各种不同因素相互作用

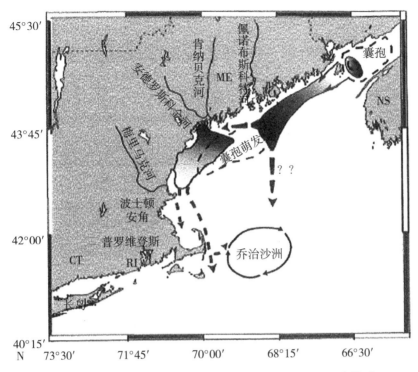

图 3.20　缅因湾芬地亚历山大藻和游动细胞的动力学概念模型

虚线圈出的区域表示提供接种细胞的孢囊苗床。阴影箭头表示主要的洋流系统。阴影区域代表游动细胞的生长和运输。(Anderson 等，2005)

的环境条件下时又会怎样。

分子技术和基因组分析使人们对浮游植物系统发育关系和各类群的代谢功能有了前所未有的认知。基因组数据表明存在多个养分获取和代谢通路，但未指明细胞是否利用、在什么情况下利用这些通路。挑战犹在，我们需要利用这些分子和基因技术，结合离体培养和原位实验，从而确定浮游植物与它们的物理－化学环境之间的关系，以及浮游植物与其共存的微生物与浮游动物之间的关系。

理论上，我们希望更准确地估测浮游植物的初级生产量及随后其他生物对已固定碳的利用率。然而，浮游生物群落多样性极高，不同的物种可能具有相似的生态学功能，而单一生物物种可能具有多种功能。例如，兼性营养类群(mixotrophs)既能进行初级生产，又能进行异养生产[利用溶解的有机物质和(或)吞噬颗粒有机物]，这对区分初级和次级生产来说是个问题。

第 4 章　数值模型：浮游生态学理论的标准模式

　　早在计算机问世之前，Riley 等（1946，1949）就提出海洋浮游生态系统的动力学，包括海洋物理因素和多个营养级之间的相互作用等问题，可以用数值化的速率方程模型来求解。随着 20 世纪 60 年代计算机的发展和改进，数值模型已成为生物海洋学大部分理论的基础。基于数值模型的理论已十分普遍，因此，建模已成为目前生物海洋学中一个专门的研究方向，这一点与理论物理学和观测物理学有不同的研究方向相类似。在海洋生态学研究中，模型是必不可少的。几乎我们所有的工作，不是在模拟种群与生态系统，就是在进行实地观测。对非常宽泛或者无法观察的微尺度过程，模型能帮助我们开展相关的思想实验。对于未来可能发生的事件，比如大气 CO_2 浓度加倍所带来的影响，这些生态效应无法通过实验测定出来，但可以利用模拟进行预测。现已建立的模型包括海底生态系统模型、渔业模型、鲸鱼种群动态模型等。如何解释春季浮游植物藻华及季节循环的起因与后果，这是生物海洋学模型理论研究中的一个标准问题，我们将在下文继续讨论。目前，每个海洋系统和过程都存在相应的模型，在此我们只对其中一些模型的基本原理进行介绍。

　　浮游生态系统模型通常是微分方程组的数值化近似解。我们对整个生态系统的复杂过程的了解并非面面俱到，但我们能做的，就是对未知过程的"参数化"（可以通过猜测，或分门别类地进行处理，或其他类似的策略）。通常，模型对概念性生态过程的模拟具有较高的可信度。在下文中，我们将讲解几个建立时间较早且容易上手的水体生态系统模型。先回顾温带、近海、浮游生态系统的季节循环有关知识，再简单介绍差分方程建模，然后，我们将重点讲述春季藻华的产生和终结（或预防）过程的模拟。

4.1　浮游植物的季节性

　　浮游植物的春季藻华发生于温带近海和北大西洋的亚北极海域，海洋科学观测正是在这些区域开始并一直延续下来。因此，解释生产力的季节性变化、浮游植物与植食性动物存量变化规律是"经典"生物海洋学研究的中心内容。在第 11 章中，我们将详细讨论春季藻华。在此，对藻华的发展过程及起因简述如下：

　　（1）尽管营养盐充足，但海水垂向混合较强，使真光层的浮游植物净损失量高于净生长量，浮游植物在整个冬季都较少。另外，冬季的太阳高度角较低、日照时间较短，藻类生长率较低，存量维持在较低的水平。

　　（2）春季光照增强，风力减弱，使部分水体形成分层。在光照良好的表层水中，浮游植物的损失率降低，藻类种群不断增长，这被人们称为春季藻华。

（3）春去夏来，由于海水密度差异，水体层化明显，抑制垂向混合，营养盐不能快速地从深处向海面输送，于是藻类的生长耗尽了海水中的营养盐。藻类的生产力受到营养盐的限制，开始消退。与此同时，更多的藻类也因带来更多的植食性动物而被大量捕食。动物的捕食、藻类生长率降低、营养盐耗尽、细胞胶合造成藻类细胞沉降，这些因素使藻类存量在仲夏时达到低值。

（4）秋季，植食性动物的数量减少，或进入冬季前的休眠状态。入冬前断断续续的几场风暴通常会使营养盐混匀，但又不会使密度分层发生彻底混合。与此同时，白昼时间仍较长，太阳高度角仍较高，冬季常见的灰色云层此时还没大量出现，这些因素为秋季藻华的短暂出现创造了条件。

（5）初冬的风暴使秋季藻华混合、下沉直至消失，同时，营养盐重新被带回到表层。像土地被犁耕过一样，冬季的海水混合也为下一次春季藻华做好了准备。

以上场景的若干细节与过程的具体变化都是我们研究大型生态系统时的主要对象。当然，这些也是浮游生态学模拟研究的主要内容。

4.2 速率方程建模

速率方程体现了大多数生态系统模型的内在机制，因此，透彻了解这些方程及其求解十分重要。美国数学生态学家 A. J. Lotka（1925）及意大利数学家 Vito Volterra（1926，a 和 b）建立了一个简单的微分方程模型，用来描述猎饵（prey）种群和掠食者（predator）种群之间的相互关系。白兔－加拿大猞猁振荡（MacLulich，1937；Stenseth 等，1997）就是这种相互关系的经典示例。该模型通常被称为 Lotka－Volterra 猎食模型，为模拟生态过程提供了范例。设猎饵种群数量为 N_1，掠食者种群数量为 N_2，可用以下两个方程来描述这两个种群变化的相互依赖关系：

$$dN_1/dt = b \cdot N_1 - K_1 \cdot N_1 \cdot N_2 = 猎饵增加量 - 被捕食数 \qquad （式 4.1）$$
$$dN_2/dt = K_2 \cdot N_1 \cdot N_2 - d \cdot N_2 = 捕食者数 - 捕食者死亡数 \qquad （式 4.2）$$

式中，b 是在不存在捕食压力的情况下猎饵出生率－死亡率的净值，d 是捕食者的死亡率，K_1 和 K_2 为常数。在模型常用术语中，N_1 和 N_2 被称为系统的"状态变量"，而 b、K_1、K_2 和 d 为系统的"参数"。

该模型背后的假设有些符合现实，而有些则不符合：

（1）在捕食压力不存在的情况下，猎饵的数量将以速率 b 呈指数增加，但现实中不存在捕食压力且不受限制的栖息地。

（2）猎饵被吃掉的速度与猎饵与掠食者密度的乘积成正比，等同于"相遇"模型。这个假设相对还算现实。

（3）掠食者吃掉猎饵并将这些食物转化为下一代掠食者需要花费一定的时间，但这个时间段在模型中被忽略不计。模型假定这个过程无时间延迟，因此也不现实。

（4）其他假设。

尽管存在很多不太现实的地方，但这些方程式仍十分有用，对它们的研究也很多。它们是典型的微分方程组，用于描述生态因子之间的相互作用。因为没有显式解，也就是说，无法重排（对变量进行分离）、不能求积分，从而获得 N_1 与 N_2（这两个变量可被视为该方程组的"解"）关于时间的函数关系。因此，我们转向其他方法进行更深入的研究。

通常，这些猎食的相互关系可以用有限差分方程来近似地表达，然后不断地重复有限时间段增量，循环计算得出 N_1 和 N_2。所得到的"不唯一"解是一个变量的时间序列。该方法又被称为 Euler 方法。Lotka - Volterra 方程的有限差分形式为：

$$\Delta N_1 / \Delta T = b' \cdot N_1 - K_1' \cdot N_1 \cdot N_2 \qquad \text{（式 4.3）}$$

$$\Delta N_2 / \Delta T = K_2' \cdot N_1 \cdot N_2 - d' \cdot N_2 \qquad \text{（式 4.4）}$$

式中，上撇号（′）表示的最佳常数可能与无限小的情况有所区别，Δ 符号表示在较小但有限的时间段内发生的变化。N_1 和 N_2 的很多循环计算的结果是方程的解，借助计算机，这一求解过程可大大简化。用一些常用的计算机语言对该方程进行编程，然后对 ΔT 进行多次循环。在框 4.1 中，我们展示了一个名为 PROGRAM VOLTERRA 的 MATLAB 脚本（当前比较流行的一种编程语言）。

有了这一程序后，还需要对常数取一些初始值。我们选择能得出稳态或均衡结果的初始值，即在所有情况下，$\Delta N_1 = \Delta N_2 = 0$，于是（为简化而去掉上撇号）：

$$N_1 \cdot b \cdot \Delta T = K_1 \cdot N_1 \cdot N_2 \cdot \Delta T \ \text{及} \ K_2 \cdot N_1 \cdot N_2 \cdot \Delta T = d \cdot N_2 \cdot \Delta T \text{（式 4.5）}$$

因此，$N_1 = d/K_2$，且 $N_2 = b/K_1$。

虽然有许多值可使等式成立，但我们在此并不考虑 $N_1 = N_2 = 0$ 的情况。在装有 MATLAB 软件的计算机上运行 VOLTERRA 程序，尝试满足均衡条件的任意值。MATLAB 运行的界面十分方便。在编辑器窗口中输入代码，点击"运行"按钮，结果将作为时间序列图出现在新窗口中。程序中包含所有的常数和初始值。如果想要改变其中某个值，只需输入不同的数字，重新点击"运行"按钮，就会出现新的结果。因此，可以很容易地进行实验。框 4.1 中的程序使用了一些均衡值：$N_1 = 1\ 000$，$N_2 = 10$，$D = 0.1$，$K_2 = 0.000\ 1$，$B = 0.1$，$K_1 = 0.01$，$\Delta T = 1$。每进行 10 次计算步骤查看一次结果，输出的结果见表 4.1。

表 4.1　框 4.1 中程序的输出结果

时间	N_1	N_2
10	1 000	10
20	1 000	10
30	1 000	10
40	1 000	10
⋮	⋮	⋮
⋮	⋮	⋮
90	1 000	10

框 4.1　基于 Lotka – Volterra 模型的计算机程序

该程序的编程指令简单易学。程序代码用 MATLAB 脚本写成。这种脚本是一种很受欢迎的商业编程系统，为数学乘法、数据处理和制图提供了各种工具，可供编程人员和其他计算机使用者使用。程序中的“%”符号表示注释，向读者解释语句的含义，计算机在运算过程中会自动忽略这些注释。以下所有的注释语句均以粗体标出。

%PROGRAM lotka_volterra. m
%1. Set up vectors of zeros for 1000 time steps
　　N1 = zeros(1,1000); N2 = zeros(1,1000);
%2. Enter starting values N1 = prey, N2 = predators
　　N1(1) = 1000; N2(1) = 11; **%Stable point; change to experiment.**
%3. Parameters; these are values for the 1000:10 stable point
　　B1 = 0.1; K1 = 0.01; K2 = 0.0001; D2 = 0.1; **%Change to experiment.**
%4. Loop through 1000 time steps
　　Dt = 1.0; **%Time step is 1 time unit**
　　for i = 1:1000 **%Approximate over 1000 time steps**
　　　　DN1 = B1 * N1(i) * Dt − K1 * N1(i) * N2(i) * Dt;
　　　　DN2 = K2 * N1(i) * N2(i) * Dt − D2 * N2(i) * Dt;
　　　　N1(i + 1) = N1(i) + DN1;
　　　　N2(i + 1) = N2(i) + DN2;
　　end
%5. Graph the results as a function of time
　　subplot(3,2,1:2);
　　plotyy((0:i), N1,(0:i), N2);
　　xlabel('Time Steps')
　　ylabel('Left No. N1; Right No. N2')
　　% As a phase diagram
　　subplot(3,2,3:6);
　　plot(N1,N2); xlabel('N1'); ylabel('N2');

要运行程序时，在 MATLAB 系统的编辑器窗口中输入语句（注释语句无须输入）。当使用分号时，系统就不会将每个运行步骤的所有变量都在命令框中显示出来。点击“运行”符号（白框中的一个绿色三角形标志），程序将很快在一个新窗口中显示分别以 N_2 – N_1 为轴的二维相位图。在稳态下，在坐标(1 000, 10)处将出现一个点。例如，设 N_2 的初始值为 11，那么，程序将显示一个种群扩大波动螺旋图，于 N_1 < 0 或 N_2 < 0 时结束（图 4.1）。

同我们预计的一样，该模型处于均衡状态，并且在生成的图中出现了单一点。现在，对程序进行编辑，将 N_2 设置为 $N_2 = 11$，并在不改变任何其他状态变量或参数的情况下运行程序。N_1 和 N_2 值的时间序列将开始波动，距离均衡越来越远，直到该模型"崩溃"，其中一种物种（然后是与其存在依赖关系的另一物种）走向灭亡。该类模型的图形化常用以 N_1 和 N_2 为坐标轴的"相空间"（phase space）来表示（图 4.1）。开始时，在该相平面上任意取一个起始值，并不断地重复，这样就得到 N_1 与 N_2 之间关系的一些稳定特性。根据式 4.5，该模型仅存在一个均衡点，但该均衡点并不稳定，因为即使是轻微的变动，也将导致模型"崩溃"。

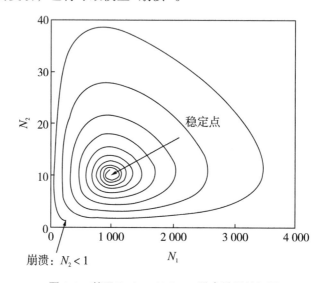

图 4.1　基于 Lotka－Volterra 猎食模型的相图

初始猎饵和掠食者的数目分别为 1 000 和 11，参数恰好偏离稳定点（1 000，10）。该图显示出一种逐步放大的振荡，当 N_2 数目小于 1 时，模型将"崩溃"。

通过为猎饵设置一个栖息地承载容量（或阈值）来改变猎饵的指数增长模式（这个模型更接近现实情况），这样，掠食者和猎饵之间的相互作用就变得稳定。设猎饵的最大数目为 M，则可得到逻辑斯谛方程：

$$\Delta N_1 / \Delta T = bN_1 \cdot \left[(M - N_1)/M \right] \qquad (式 4.6)$$

随着可用空间（或食物、栖息地点）逐渐被占据，增长率将下降。在微分方程专业用语里，$(M - N_1)/M$ 被称为"缓冲项"。下面，我们在 PROGRAM VOLTERRA 中加入一个缓冲项并试试有何效果。

目前，这个级别的建模可能看上去比较简单，似乎也不是很有用，但使用 Lotka－Volterra 模型仍可以检验一些非常重要的生态学假设。例如，Strom 等（2000）指出这样一个现象：当受营养盐限制时，浮游植物的现存量不会因为被捕食而降至很低的水平。如何理解这个现象呢？一种可能的解释是：原生动物作为掠食者对浮游植物进行摄食，若那些原生动物足够小且多种多样，当浮游植物数量开始下降时，原生动物之间就开始自相残食；于是对浮游植物的捕食压力就得到了缓解，避免浮游植物丰度太低而使循环终止。浮游植物的这种稳定机制是否说得通？可通过对 Lotka - Volterra 方程式进行稍稍修改来进行检验，如下所示：

浮游植物和捕食者(P 和 Z)的相互作用函数为

$$dP/dt = aP - 0.06PZ \quad (a = 0.69 \ d^{-1}，即倍增 1 次 / 天) \quad （式 4.7）$$

和

$$dZ/dt = 0.02PZ - 0.5Z \quad （式 4.8）$$

求解该函数的电脑程序见框 4.2。

无论初始条件如何变化，求解过程都需要经历枯燥乏味的循环过程[图 4.2(a)]。然而，当给捕食者方程式(即式 4.8)加上一个与密度相关的自我消耗项(框 4.2 中的变量 2)后，波动开始趋于稳定。新方程式为：

$$dP/dt = aP - 0.06PZ \quad (a = 0.69 \ d^{-1}) \quad （式 4.9）$$

和

$$dZ/dt = 0.02PZ - 0.5Z - 0.03Z^2 \quad （式 4.10）$$

捕食者通过同类相残[图 4.2(b)]实现自我限制(self-limitation)的过程可以用方程式 4.10 中的二次项来表示，运行程序后，P 和 Z 将很快变得稳定，这表明同类相残产生的影响很大。如果让每个时间步长的浮游植物生长率 a 在 0.52 ~ 0.86 范围内随机变化(框 4.2 中的变量 3)，得到的模型就非常贴近现实情况。现在让变量保持波动[图 4.2(c)]，就像在寡营养盐系统中观察到的真实情况那样。这样简单的模型带来的好处是，提出的机制性假设与模型预测出来的生态效应之间不涉及多个因子的相互作用，因此对应关系非常明显。微型浮游植物和微微型浮游植物与原生动物之间的相互作用关系是真实存在的，对于这种情况，原生动物的自我限制不一定表现为同一个物种的残食。当一些原生动物丰度很高，而且浮游植物的数量减少的时候，这些原生动物就会倾向于捕食另一些原生动物。然而，应该引起注意的是，在猎饵 - 掠食者相互作用的基期、原生动物同类相残还没出现时，波动[图 4.2(a)]会"重新出现"。这种波动可能是猎饵 - 掠食者相互作用导致的。在所有这类建模中，成功的模拟只能表明某一机制的可能性，但并不能证明真实环境中存在着这样的机制。要证明后者，还需要进行现场试验，或至少需要利用来自真实环境的生物进行培养实验。

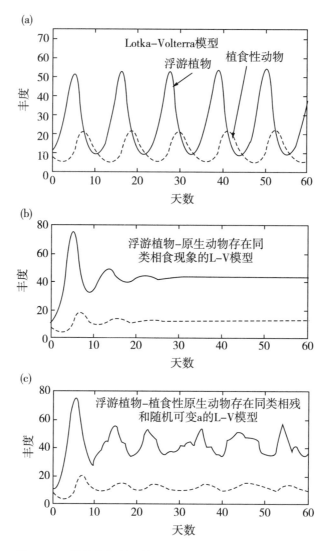

图 4.2　不同设定条件下的 Lotka－Volterra 模型计算结果[*]

（a）Lotka－Volterra 模型的持久波动，该模型用于描述在缓冲阶段浮游植物－植食性原生动物的相互作用时间序列。（b）浮游植物－植食性原生动物关系，存在轻度的原生动物自我限制（加入了二次缓冲项）。（c）如（b）一样，但存在浮游植物生长率的随机变化。

[*] 图题为译者总结。

4.3　简单的浮游生态系统模型

浮游生态学的基本研究目标之一是理解营养盐的可利用度（必需资源的一种度量）、浮游植物生长率（取决于物种、营养盐、光照和温度）、浮游植物群体规模（取决于生长率、捕食、混合及沉降）和浮游动物群体规模（取决于捕食和死亡率）之间各式各样的、可能的相互作用关系。最基本的模型被称为营养盐－浮游植物－浮游动物模型，或 NPZ 模型。Franks 等（1986）提出的 NPZ 模型虽然相对简单，与现实情况的

框 4.2　微型浮游生物与原生动物相互作用的 Lotka － Volterra 型模型的 MATLAB 脚本

```
%PROGRAM STROM. m
%1. Set up vectors of P, Z and T
% filled with NaN ("not a number") for
% 120 steps/day for 60 days：
    ndays =60; nsteps =120;
    P =ones(nsteps * ndays,1) * NaN; Z =P; T =P;
%2. Set starting values：
% PP = phytoplankton, ZZ = grazers
    PP =10. ; ZZ =8. ;
%3. Set Parameters
    a =0. 69; b =0. 06; c =0. 02; d =0. 5; e =0. 03;
%reduce parameters for small time steps
    as =a/nsteps; bs =b/nsteps; cs =c/nsteps; ds =d/nsteps; es =e/nsteps; ct =0;
%4. Main daily loop
    for i =1: ndays
%Variant 2：Remove next "%"to
% randomly vary a (0. 52 to 0. 86)
    %as =a * (1. +0. 5 * (rand -0. 5))/nsteps;
%5. "Euler" loop to closely track the solution：
    for j =1: nsteps
        ct =ct +1;
        T(ct) =ct/nsteps;
        P(ct) =PP; Z(ct) =ZZ;
        dP =as * PP -bs * PP * ZZ;
        dZ =cs * PP * ZZ -ds * ZZ;
% Variant 2：Remove next "%" to add
% grazer cannibalism
        % dZ =dZ -es * ZZ * ZZ;
        PP =PP +dP; ZZ =ZZ +dZ;
    end
end
%Graph result
    figure;
    plot(T(1: end),P(1: end),'g'); hold on
    plot(T(1: end),Z(1: end),'r');
    axis([0 60 0 100]);
```

有关说明同框 4.1 底部。

差距甚远,但仍具有很好的指导意义。这个模型描述了理论上海洋上层水体中可溶性营养盐数量、营养盐的吸收量(即藻类和植食性原生动物的生物量)的时间变化趋势。由于不存在空间变动,因此,这个模型被称为"零维模型"(尽管时间是一个"维")。浮游植物摄取营养盐,转化为浮游植物存量。浮游动物捕食浮游植物,并将其转化为动物组织,转化过程中的新陈代谢也带来了一些损失。这些损失随即以营养盐的形式供浮游植物吸收。浮游植物和浮游动物死亡与腐败的速度都非常快,释放的营养盐随即转化为溶解、可利用的形式。简言之,该系统是闭合的,且所有物质都在系统内运转。有关这些相互作用关系的流程图如图 4.3 所示。

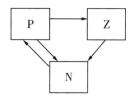

图 4.3 Franks - Wroblewski - Flierl 提出的 NPZ 模型框架

先用语言来表达这些方程关系:

$$P \text{ 的变化量} = + \text{营养盐吸收量} - P \text{ 的死亡量} - \text{捕食量} \qquad (式 4.11)$$
$$Z \text{ 的变化量} = + \text{生长效率} \times \text{捕食量} - Z \text{ 的死亡量} \qquad (式 4.12)$$
$$N \text{ 的变化量} = - \text{营养盐吸收量} + (1 - \text{生长效率}) \times \text{捕食量}$$
$$+ P \text{ 的死亡量} + Z \text{ 的死亡量} \qquad (式 4.13)$$

然后,将这些等式关系以微分方程的形式表达出来。这一步的最大难点在于找出适当有效的函数关系来准确表示它们之间的相互作用。此处所用的函数与 Franks 等(1986)使用的不同:令 γ 为浮游动物的生长效率(所摄取食物的 0.3 倍),而非 $(1 - \gamma)$。函数如下:

$$\frac{dP}{dt} = \frac{V_m NP}{K_S + N} - mP - ZR_m(1 - e^{-\Lambda P}) \qquad (式 4.14)$$

$$\frac{dZ}{dt} = \gamma ZR_m(1 - e^{-\Lambda P}) - kZ \qquad (式 4.15)$$

$$\frac{dN}{dt} = \frac{V_m NP}{K_S + N} + mP + kZ + (1 - \gamma)ZR_m(1 - e^{-\Lambda P}) \qquad (式 4.16)$$

用 MATLAB 脚本写成的方程式求解程序见框 4.3。状态变量的名称、参数及其标准值见表 4.2。

表 4.2 Franks 等(1986)模型所采用的符号、标准值或初始值

变量和参数	标准值
V_m =最高浮游植物生长率	2 d^{-1}
N =营养盐浓度	自 1.6 μmol N/L 开始

续表 4.2

变量和参数	标准值
K_S = 营养盐的半饱和常数	1 μmol N/L
P = 浮游植物存量大小	自 0.3 μmol N/L 开始
m = 浮游植物死亡率(除被捕食外)	0.1 d^{-1}
Z = 浮游动物存量大小	自 0.1 μmol N/L 开始
γ = 浮游动物生长效率	0.3
R_m = 最高浮游动物食物配给量	1.5 d^{-1}
Λ = Ivlev 常数	1.0 (μmol N/L)$^{-1}$
d = 浮游动物死亡率	0.2 d^{-1}

　　模型的假定条件如下：上层水体刚刚出现层化，且光照强度足以维持浮游植物的快速生长，营养盐(氮)是唯一的限制性条件。这些条件正是春季藻华发生时的状况。系统起初含有大量营养盐和少量的浮游植物及浮游动物。

　　浮游植物(P)和浮游动物(Z)仅代表数量，以它们的营养盐(氮)含量来表示。不考虑浮游植物与浮游动物的年龄或粒级结构。浮游植物增量与营养盐可利用度呈双曲线函数关系，并可通过 Michaelis – Menten 函数(第 3 章)来表示，即 $dP/dt = V_m NP/(K_S + N)$。除被捕食外，浮游植物的死亡率 $-mP$ 与其现存数量成正比。浮游动物摄食量作为浮游植物有效数量 P 的函数，摄食量根据 Ivlev 函数 $dP/dt = -PZR_m(1 - e^{-\Lambda P})$ 呈双曲线增长，逼近渐近值 R_m。这意味着：浮游植物数量越大，被浮游动物吃掉的浮游植物就越多，但被食量仍有个限度(不会无限增长)。超过该限度后，浮游动物的摄食量开始下降(如 Frost，1972)。模型中浮游动物的死亡，$-kZ$(k 的意思是"杀死")，与其丰度成正比。

　　基于初始参数集[在 Franks 等(1986)提出的参数集基础上修改而得]运行模型，结果暴发了一场强烈且短暂的藻华，并因浮游动物的捕食而消退[图 4.4(a)]。营养盐得到再生，随后，经过很短时间的衰减波动，各类群相对比例逐渐达到稳定的状态。加入更加贴近现实情况的参数值和初始值，对模型进行稍加修改。与浮游植物以 2.0 d^{-1} 的速率生长相比，更为现实的浮游植物生长率应为每天加倍 1 次，即 $V_m = 0.69\ d^{-1}$。在春季藻华来临前，温度较高的北大西洋海域中含有很多硝酸盐，为 10 ~ 12 μmol·L^{-1}。将这些值代入模型后[图 4.4(b)]，会产生一场强烈但来得更迟的藻华，之后浮游植物因浮游动物的捕食而减少。随后 P 和 Z 的值变得很低(但不为零)，几乎所有的营养盐都为无机态。该循环约 75 天后又重新开始，然后进入类似的强烈波动，为期约 50 天。要使模型变得更为贴近现实的话，还可采用一种通用建模策略：设定一个浮游植物的阈值 P_0，浮游植物的量必须大于或等于该阈值，以供浮游动物捕食。其 Ivlev 函数表示为：

$$dP/dt = -PZ[R_m - e^{-\Lambda(P-P_0)}] \tag{式 4.17}$$

另一条语句中，当 $P < P_0$ 时，使 $dP/dt = 0$。初次藻华后，捕食阈值使首次藻华暴发后 P 和 Z 维持稳定的低值[图 4.4(c)]。藻华暴发时，浮游植物吸收大量再生的营养盐，这种情况不太现实，只有当上层水体封闭的时候才可能实现。

更为拟实的模型需要考虑死掉的浮游植物和浮游动物($-mP - kZ$)的"沉降"过程，此外还有富营养深层水与上层水的混合过程，这个混合过程同时也使上层水中的营养盐与浮游植物相应地被带到深层，其速率约为每天 2% 上层水。另外，还可通过增加某天(例如第 120 天)的混合速率(2%/天)，在整个时间进程中制造一场秋季藻华。程序中的注释语句注明了这些变动(框 4.3)。结果[图 4.4(d)]呈现了一场较大且持续时间很短的春季藻华、较低的夏季存量和一场强度不到春季藻华一半的秋季藻华。随后营养盐迅速回到初始水平，更多的水体混合与捕食则使秋季藻华消退。

框 4.3   与 Franks 等(1986)NPZ 模型类似的 MATLAB 脚本

```
%Program Franks
   clear all
   ndays =60; nsteps =120;
%Setup storage vectors for results
   Pct =ones( nsteps * ndays,1); Tct =Pct;Nct =Pct; Zct =Pct;
%Set values of all parameters
%for standard run. Daily rates
%are reduced for small time steps
   Vm =2./nsteps; m =0.1/nsteps;
   Rm =1.5/nsteps; d =0.2/nsteps;
   Mix =0.02/nsteps;
%Try Vm =0.69; try other changes
   Gamma =0.3; Ks =1.; Lmda =1.; NatZ =10.6;
%Set values of starting conditions
   NIT =1.6; P =0.3; Z =0.1; P0 =0.;
   % P0 initially set to zero; try 1.0 ct =0;
%Main loop starts here,
%one cycle per model day
for i =1: ndays
    %To add autumn mixing use
%the following statements;
%make ndays =200.
```

```
%if   i >120
  %Mix = Mix +0. 02/nsteps; end
%Subloop to allow nstep
%time steps per day
  for j =1: nsteps
    ct =ct +1; Tct( ct) =ct/nsteps;
    Nct( ct) =NIT; Pct( ct) =P; Zct( ct) =Z;
    UPTAKE =Vm * NIT/( Ks +NIT) ;
    if P >P0
      Ivlev =Rm * ( 1 −exp(−Lmda * ( P −P0) ) ) ;
    else Ivlev =0. ;
    end
    delP =UPTAKE * P −m * P −Z * Ivlev;
    delZ =Gamma * Z * Ivlev −d * Z;
    delN = −UPTAKE * P +m * P +...
      ( 1 −Gamma) * Z * lvlev +d * Z;
%To mix with deeper water and sink
%some organic matter use the
%following delN = statement instead:
  %delN = − UPTAKE * P +0. 6 * m * P +0. 4
  % * ( 1 – Gamma) * Z * Ivlev +0. 4 * d * Z
  % + Mix * ( NatZ − NIT) ;
  %Calculate new values of P, Z,NIT:
  P =P +delP; Z =Z +de1Z;
NIT =NIT +delN;
  end
end
figure
plot( Tct( 1: end) , Nct( 1: end) ,'k' ) ;
hold on;
plot( Tct( 1: end) , Pct( 1: end) ,'g' ) ;
plot( Tct( 1: end) , Zct( 1: end) ,'r' ) ;
```

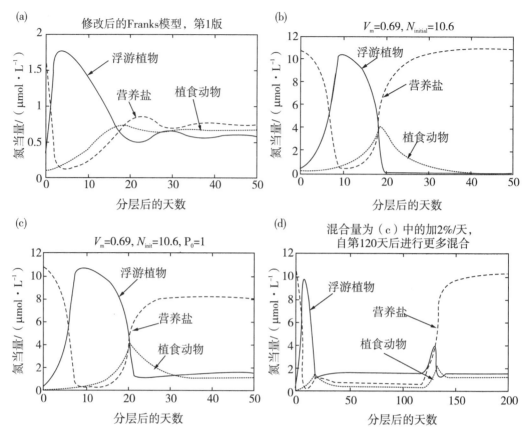

图 4.4 Franks－Wroblewski－Flierl 模型中营养盐、浮游植物和植食动物存量的年度变动
（a）类似于原始模型。（b）V_m 降至 0.69 d^{-1}，初始营养盐增至 10.6 μmol/L。（c）与（b）类似，但对植食动物活性来说，浮游植物丰度存在阈值 P_0。（d）与（c）类似，每日从较低水层（营养盐含量为初始值，且不含有任何浮游植物）不断进行混合。

4.4 稍复杂的 NPZ 模型

Franks 等（1986）建立的模型引发了很多同行的关注（Busenberg 等，1990；Edwards 等，2000），但这一模型对现实中非常复杂的浮游生物群落进行了很大程度的简化，因此，该模型在诸多方面都不够拟实。更重要的是，当春季藻华发生时，光照足以使浮游植物净增量(生长－被摄食)超过水体混合而造成的损失量。因此，可以在模型中加入这两个因素(光照的季节变动对初级生产量的控制、在混合层中光照强度随着深度递减)，这样就可使模型变得更为接近现实一点。由于浮游植物（P）的生长率随着光照强度呈非线性关系（P－E 关系），而光照强度随深度变深呈指数下降，因此，混合层中的生产量应逐步按深度加和，而不是通过对可见光求积然后对平均 E 采用 P－E 关系来计算生产量总和。必须考虑混合层在深度上的变化，例如，至少可以设定为季节变动时混合层也相应地变化。可以认为浮游植物在混合水层中是均匀分布的，而当混合层变浅时，浮游植物向深处沉降的损失增多；当混合层变深时，浮游植物被稀释。营养盐限制和捕食作用是导致春季藻华结束的两个独立因素，因此必须将之纳入模型，从而模拟它们对浮游植物的控制作用。浮游动物可通过游动维持它们在混合层内的数量，但对于原生动物来说，这可能现实但也可能不现实。

Evans 和 Parslow(1985)建立了非常类似 Franks 模型的另一种模型，其中就加入了前面列出的参数(在此对其稍微做出了一些修改)。用营养盐限制因素与光照限制因素的乘积来表示它们对浮游植物生长率的控制，这可能更有意义，如以下方程式所示，Denman 和 Pena(1999)在这些方程的每一个时间步骤选择光照或营养盐设定较小的生长率，以严格遵守 Liebig 的"最小因子定律"。

该模型的方程式如下：

混合水层深度的变化可表示为：

$$\Delta M_z/\Delta t = \zeta^+(t) \tag{式 4.18}$$

营养盐的变化可表示为：

$$\Delta N/\Delta t = -GP + [\zeta^+(t) + 0.025M_z](N_\text{深} - N) + 0.5mP + 0.5grazing \cdot H \tag{式 4.19}$$

式中，G 为浮游植物生长率，$\mathrm{d}^{-1} = \min\{V_\text{max}[-\exp(-\alpha Ez/V_\text{max})], V_\text{max}N/(K_S + N)\}$ （式 4.20）

浮游植物的变化可表示为：

$$\Delta P/\Delta t = GP - mP - grazing \cdot H - \zeta^+(t)P \tag{式 4.21}$$

$$grazing = c(P - P_0)/(d + P - P_0) \tag{式 4.22}$$

植食性动物的变化可表示为

$$\Delta H/\Delta t = grazing \cdot fH - carnH - [M_z(i) - M_z(I-1)] \tag{式 4.23}$$

式中，$\Delta M_z/\Delta t$、$\Delta N/\Delta t$、$\Delta P/\Delta t$ 或 $\Delta H/\Delta t$ 表示整日(24 h)的变动量，其中状态变量 N、P 和 H 以营养盐浓度(氮的当量)为单位，即 $\mu\text{mol} \cdot \text{L}^{-1}$。符号 $\zeta^+(t)$ 表示由于混合层深度的改变(图 4.5)而造成的 N 和 P 的浓度变化；仅适用于海水混合层变深，而不适用于变浅的情况。H 表示植食性动物，一般认为它们只在混合层中游泳生活，因此，混合层变深会将植食性动物稀释，混合层变浅则会使其个体密度增大。在混合过程中，混合层和更深层水之间每日进行的交换用 $0.025M_z$ 表示。当光照受限时，浮游植物的生长率与光照的关系可以用饱和 $P-E$ 曲线关系来描述。这个关系有很多种函数表达，但我们在此采用 Denman 和 Pena(1999)的函数：$V_\text{max}(1 - \exp[-\alpha E_z/V_\text{max}])$。$1 - \exp(-\alpha E_z/V_\text{max})$ 的数值在 $0 \sim 1$ 之间变动。E_0 为海面可利用光照的估计值，可依据基于纬度和日期的标准光照强度函数计算出来(Brock，1981)，这时不考虑云层对海面光照的影响(实际上也可在模型中添加并体现出来云层效应)。模型中的每一"天"都是从黎明到日落，随着水体深度增加，光强不断衰减，逐米逐米地在整个混合层深度上进行积分。浮游植物和浮游动物的日死亡率损失 mP 和 $carnH$ 与其丰度成正比。捕食与 P 呈双曲线关系，与 H 成正比，但这种关系存在一个临界

点 P_0，当 $P < P_0$ 时，捕食停止。植食动物以生长效率 f 生长，即增加的 $H = f \cdot grazing \cdot HP$。该模型的程序表达见框 4.4。初始变量和参数值（由 Evans 和 Parslow，1985 的值修改而得）如程序中所示。

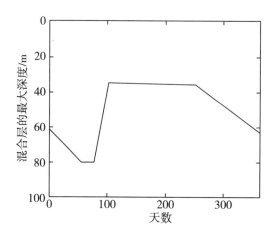

图 4.5　Evans－Parslow 模型中的混合层深度的周年变化

该模型将一直运行，直到循环达到稳定（通常大约需要 3 年，我们用了 6 年），然后从 1 月 1 日用第 6 年的值重新开始（见框 4.4）。结果［图 4.6(a)］显示反复不断的循环，4 月发生春季藻华，夏季的 P 值较低，小型的秋季藻华，冬季的 P 值再次降低。营养盐循环恰恰相反，浮游动物的捕食使浮游植物造成的藻华逐渐消失，并在 5 月底达到高峰。在大西洋 47°N 处，春季藻华出现得很准时，现实情况中，北大西洋的营养盐（氮盐）将降至很低的水平。春季藻华的高峰来临前，浮游植物生长受到光照限制，秋季藻华之后立马又受到光照限制；从 4 月中旬到 9 月，浮游植物生长都受到了营养盐的限制［图 4.6(b)］。

框 4.4　中纬度大西洋生产量循环模型，类似于 Evans 和 Parslow（1985）提出的模型，驱动因素为光照强度（单位：$W \cdot m^{-2}$）的变化（参照 Brock，1981）、营养盐和植食作用的循环

%Mid－latitude，Atlantic production cycle driven by irradiance（W/m^2）
%variation（modeled after Brock，1981），nutrient and herbivory cycling.
clear all **%Location and run length**：
Lat ＝47.；nyears ＝1；**%Storage vectors**：
Daystr ＝NaN * ones（365 * nyears，1）；Pstr ＝Daystr；Nutstr ＝Daystr；**%Storage vectors**：
Hstr ＝Daystr；MLZ ＝zeros（1，365）；DayNstr ＝NaN * ones（2，365 * nyears）；
%Solar constant（W/m^2），atmospheric attenuation，PAR fraction）：

SolarK =1373; AtmAtt =0. 5; ParFrac =0. 48;

%Light（water extinction，phyto extinction），from Fasham et al.（1990）:

ex =. 1; ey =0. 12; **%Nutrient Parameters，starting nutrients and mixing depths:**

Ks =1. 5; DeepNut =10. 0; Nut =5. 4541; Mprev =62;

%Phyto growth（alpha [hˆ-1/W mˆ-2]，Vmax[dˆ-1]，m = mortality [dˆ-1]），and starting value:

alpha =0. 04; Vmax =0. 7; P =1. 1228; m =0. 07;

%Hebivore parameters – grazing rate（c&d），threshold P，growth efficiency,
%starting value，death rate:

c =0. 35; d =1. 0; Po =0. 1; f =0. 35; H =0. 4048; carn =0. 07;

%Generate yearly sequence of mixed layer depths（MLZ）:

%for Yr =1:nyears %（remove % for random effects on MLZ）

  for i =1: 365

    %X =1. -2. * rand; %（remove % for random effects on MLZ）

    X =1. ; **%（add % for random effects on MLZ）**

    if i <58; MLZ(i) =X +62 +i * 18/58;

    elseif i > =58 && i <81; MLZ(i) =X +80;

    elseif i >80 && i <101; MLZ(i) =X +80 -45 * (i -80)/20;

    elseif i >100 && i <250; MLZ(i) =X +35;

    elseif i > =250; MLZ(i) =X +35 +27 * (i -250)/115. ;

    end

  end

for Yr =1: nyears **% Year – to – year loop（add % for random effects on MLZ）**

  for i =1: 365 **%Main daily loop**

    Day =(Yr -1) * 365 +i; Daystr(Day) =Day;

    NL =Vmax * Nut/(Ks +Nut); diff =0. 025 * MLZ(i);

    ext =ex +ey * P;

% Surface PAR at latitude for times of day from dawn to noon and
% production rate integration down to MLD:

%I. Declination = angle of sun above the equator:

    D1 =23. 45 * sind(360. * (284. +i)/365.);

%II. Angle(deg.) between south（ i. e. ，noon）and setting sun:

    W1 =acosd(-1. * (tand(Lat) * tand(D1)));

%III. One – half daylength，hours dawn to noon:

    L1 =W1/15. ; **% Earth rotates 15 = degrees/hour**

%Ⅳ. Distance of Earth from sun relative to average, a minor effect:

    Rx =1. /sqrt(1. +0. 033 * cosd(360, * i/365.)) ; %bookkeeping:

    VTofD =L1/40. ; TofD =12. 01 −L1 −VTofD ; SGr =0. ;

    for j =1 : 40 %summing production dawn to noon in 40 steps

        TofD =TofD +VTofD ; %for the following see Brock（1981）:

        W2 =(TofD −12.) * 15. ;

        CosZen =sind(D1) * sind(Lat) +cosd(D1) * cosd(Lat) * cosd(W2) ;

        Isurf =SolarK * CosZen/(Rx * Rx) ;

        Io =Isurf * AtmAtt * ParFrac ;

%Sum photosynthesis down to MLZ, meter by meter

    for k =1 : MLZ(i) %progressive light extinction to MLZ(i) :

        Iz =Io * exp(−1 * ext * k) ;

            % Denman −Pena function for phyto growth, scaled（0 −1）:

            Gr =1 −exp(−alpha * Iz/Vmax) ;

            SGr =SGr +Gr ;

    end

end

AveGr =2 * Vmax * SGr/(MLZ(i) * 40.) ; %（2 * to get dawn to dusk）

%convert rate to daily growth multiplier:

if NL < AveGr

    G =NL ;

else

    G =AveGr ;

end

%mixing due to mixing layer deepening, zeta:

if MLZ(i) > Mprev ; zeta =MLZ(i) −Mprev ;

else zeta =0. ; end

%update state variables（P, Nut, H）

graz =c * (P −Po)/(d +P −Po) ;

if P < Po ; graz =0. ; end

xmix =(diff +zeta)/MLZ (i) ;

P =P +G * P −m * P −graz * H −xmix * P ;

Nut =Nut −G * P +0. 5 * m * P +xmix * (DeepNut −Nut) +0. 5 * graz * H ;

DelH =f * graz * H −carn * H −(MLZ(i) −Mprev) * H/MLZ(i) ;

H =H +DelH ; %change to new mixed layer depth:

Mprev =MLZ(i) ; % store variables for plotting:

Pstr(Day) =P ; % For P as Chl, multiply P by * 8 * 12/50 ;

```
    % 8 = C/N，12 = mg C/mmoleC，50 = C/Chl
    Nutstr(Day) = Nut；DayNstr(1,Day) = Day；DayNstr(2,Day) = Nut；
    Hstr(Day) = H；
    end
end
%plot results vs. days from start on 1 January：
plotyy(Nutstr(1:end)，'k'，Pstr(1:end)，'g')；%Chlorophyll，green line
%Nutrient，mmoles/m^3 fixed nitrogen，blue line
ylabel('Nutrient Units')；
hold on %Herbivores as nitrogen，red line
plot(Daystr(1:end)，Hstr(1:end)，'r')；
```

　　值得注意的是，像 Evans 和 Parslow 一样，我们也设置一部分营养盐能从混合层底部突破密度跃层的阻碍向上扩散，因此，模型是考虑了海洋深处营养盐输入至混合层的，营养盐同样会被循环利用。我们设定半数已死亡的浮游植物(0.07 d^{-1})会释放营养盐，从而返回混合层，同时 P 被捕食量的 15% 将离开混合层，这些可被视为"输出生产"。

　　通常，运行该类模型[框 4.4，图 4.6(a)]需要人为设置一些参数和初始值，从而得到令建模者满意的结果(即模型匹配数据、模型符合其对循环的预想、该模型没有崩溃等)。下一步是通过改变参数和输入值以检验模型对参数和输入值的敏感度。例如，在该模型中，小型秋季藻华开始于第 250 天，也正是从这一天起，混合层深度开始变深。模型对混合深度的改变十分敏感。在试验中，使混合层深度有一些随机变化(仅 ±1 m)，然后看模型如何运行。程序语句在框 4.4 中的注释行也做了一些必要的修改(即以 % 开头的语句，对修改做出说明)。修改后，运行模型(设定 $nyear = 3$)，输出结果将大致相同，但在夏季及不同年份，N、P 和 H 的夏季值可能有些变化。由于混合层中的随机变化程度与混合层在秋季开始加深的程度大致处于同一数量级，因此，夏季波动通常会代替秋季藻华。

　　在建立了一个反复出现季节性循环，包括春季藻华的模型后，Evans 和 Parslow 开始探索使藻华现象消除的因素。大多数海洋生态系统为高硝酸盐低叶绿素(HNLC)系统(参见第 11 章)，始终都不会出现季节性藻华。他们尝试使混合层深度保持稳定，这个设定也减小了模型循环的振幅，但循环依旧存在。采用适当的简化代码并不断尝试。如果模型呈现出的基本关系比较接近现实情况，那么运行的结果将表现为：混合层深度的变化确实影响到藻华，但藻华并不只受混合层变化的支配，那么，藻华消退的主要驱动因素就一定是日照周期和浮游动物摄食效应了。然后他们试着探索捕食参数的变化是否会使许多海域的藻华消失，结果发现确实如此。在我们的模型版本中，当我们将每只植食动物的最高捕食率 c 从 0.35 增加到 0.6 后，浮游植物存量的变化由大幅波动变得非常平缓，即使光照强度和混合周期依旧，但春季藻华确实就不再出现了［图4.6(c)］。混合层中的营养盐仍在循环，但其含量全年都保持较高水平。因此，以上仍是对亚北极和亚南极太平洋藻华消退现象的一种理论解释。在本书的第11章中，我们将讨论有关观点与实验：微量元素的限制塑造浮游植物和植食动物关系，并保持浮游植物生长率的平衡，但类似于我们模型呈现出的夏季波动仍将出现。

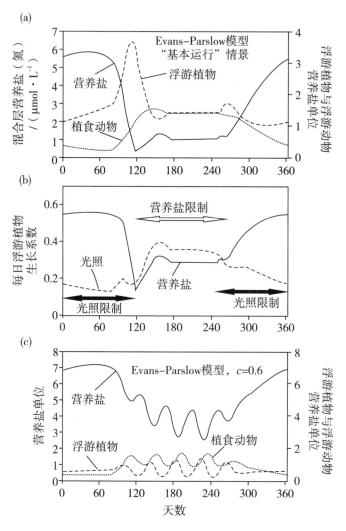

图4.6 Evans−Parslow模型示例 *

(a)修改后的 Evans−Parslow 模型的周年循环。左边的刻度表示浮游植物(虚线)和植食动物(细点线)的营养盐含量(单位：μmol/L)；右边的刻度表示营养盐(实线，单位：μmol/L)。(b)混合层光照限制对浮游植物生长率的影响比较。光照限制［实线，数值 $= V_{max}A_z[1-\exp(\alpha l_z/V_{max})]$，式中 A_z 为深度的平均值］的较小值或营养盐限制［虚线，数值 $= V_{max}N(K_s+N)$］在各模型中产生影响。(c)增加的捕食率对 Evans−Parslow 模型输出的影响。春季藻华受到抑制，并由较低水平的夏季波动代替。

* 图注为译者总结。

当尝试使用不同的参数时，你将发现模型的结果会在某些情况下出现很强的日波动，甚至会导致一些状态变量变为负值。出现这些问题的根源在于模型中整日步长的设置。实际上，海洋浮游植物生物量的变化将体现在每日增量中（白昼时生物量增加，晚上生物量减少），因此，这具有一定的现实性。我们采用了 Evans 和 Parslow 的方法，坚持将冬季混合层深度设定得较浅（80 m），这一深度比实际上的北大西洋冬季混合层浅得多。尝试对模型进行重新编程，将冬季混合层深度增至 300 m，即低于通常计算得出的临界深度（定义见第 11 章）。在这种情况下，将藻华限制在一定的时间跨度内就需要更为强大的捕食作用。如果没有设定恰当的初始参数，模型的运行结果也不会出现经典的北大西洋藻华现象。

4.5　微分方程数值求解中的一些问题

到目前为止，我们仅采用了所谓的 Euler 方法对微分方程进行近似值求解。对简单方程来说，这是一种好方法，可在较短的时间间隔内重新运行该近似解来检验其正确性。为此，还需要以一定比率减少模型中的速率参数。最终，经过较少的计算步骤后，该程序正确运行，并在稍多的步骤后再出现该结果，但可能需要花费很长的计算时间。如果计算时间太长，那么在一些点可能衍生出一条或多条曲线，使状态值大大偏离获得正确解的路径。这不会使积分停止，只会将曲线引至错误的方向，有时会产生看起来很不错但其实是完全错误的结果。当真正解极为弯曲时，或在某个计算步骤时曲线突然转向，导数序列产生偏离线性的步进，就会出现上述情况。图 4.7 展示了一个示例。

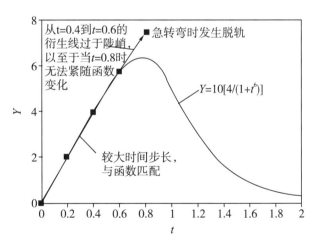

图 4.7　模型在不同时间步长情况下运行的实例

当时间步长过长时（连接黑色方框的直线），运行结果背离代表正确解的函数曲线轨迹。

有很多方法检验积分的准确性和纠正可能出现的偏差，包括具有不同次序的 Runge - Kutta 方法（Euler 方法是次序 1）及其他时间步长可变的方法或"邻近检查"方案。Marquardt – Levenberg 方法至今仍被广泛使用。有关这些方法的复杂性和误区的讲述都不在本书的叙述范围内，请读者参考相关文献。

一些编程误区也应避免。单位和换算系数必须始终保持一致：状态变量的单位为质量或物质的量，浮游植物生长率采用光照强度单位 [瓦/面积，光子/(面积 × 时间)] 等。如果 $P < P_0$，那么捕食函数中就不能采用类似如 $(P - P_0)$ 的阈值限制。以上只是举例，实际需要注意的问题还有很多。

4.6 更复杂的模型：亚北极太平洋生态系统动力学

更为复杂的模型（仍属于 NPZ 模型）可用于模拟所谓的"亚北极太平洋问题"（Frost，1993；Fasham，1995；Denman 和 Pena，1999；Denman 等，2006）。与北大西洋海域不同，阿拉斯加海湾浮游植物生长率的季节变化非常明显，但浮游植物存量（尤其是在用叶绿素浓度来表征时）并不出现明显的季节周期。我们发现 Frost 论文的一个优点，并极力推荐研究者在建模时使用：尽可能详细地提供模型的机制，使不那么精通建模技术的研究人员也可通过所提供的方程式进行编程。

建立这个模型的目的是对亚北极太平洋浮游植物、植食动物和营养盐之间的本质联系进行模拟（在第 11 章中进行了更详细的讨论）。在阿拉斯加湾海域及西部靠近日本的海域，不会发生藻华。但这里的浮游植物数量存在小幅波动，使叶绿素 a 的含量在 $0.15 \sim 0.65~\mu g/L$ 波动（图 11.5），偶尔会升至近 $1.0~\mu g/L$，但很少会超过该值。从阿拉斯加湾往西的库页岛和北海道沿海地区，叶绿素水平会更高一些。该地区全年海表混合层中的硝酸盐含量超过 $6~\mu mol/L$，且从未降至限制浮游植物生长的水平。表层海水中硝酸盐含量存在周年循环（图 4.8），3 月最高，为 $17~\mu mol/L$，7 月最低，为 $7~\mu mol/L$，但从未耗尽。具有上述特征的浮游生态系统被称为 HNLC 系统。如第 3 章和第 11 章中所讨论的，Martin 等（1989）提出，保持浮游植物数量较低的关键是生物可利用的铁元素，其较低的浓度限制了较大细胞浮游植物的生长。他们的铁加富试验的结果显示，较大细胞的浮游植物最终会在添加了铁元素的培养箱中大量繁殖，而在未添加铁的培养箱中则不会。未添加铁的培养箱中浮游植物生长迅速，每天进行一次或多次分裂，但它们的细胞都很小。该效应（Miller 等，1991a 和 b）出现的原因是：浮游植物随后易被原生动物捕食。反过来，原生动物可以和浮游植物生长得一样快，这将浮游植物存量限制在一个很窄的范围内波动。

Frost（1993）使用一维模型（维度为深度），结果获得了大部分动态特征。他将水柱分割成很多层，自上而下，上部为混合层，下部为一系列的密度分层逐步增加直到真光层的底部，不同的水层配置有单独的 NPZ 模型，从而描述整个水柱过程。每一步计算都考虑到了相邻水层之间进行的交换。如之前的 Evans – Parslow 模型所示，浮游植物生长取决于光照强度（但此处符合 Jassby 与 Platt 的 $P - E$ 函数），当可利用的氮盐浓度降低时，也可适当调整。因为较低浓度铁对大个体浮游植物生长的限制非常强烈，为模拟亚北极太平洋，假定浮游植物个体都非常小。由于浮游植物个体都很小，植食动物均描述为具有较高生长潜力的原生动物。假定上层水体混合均匀，在此仅需采用一组状态变量。然而，在混合层下方，深度每增加 1 m，生物过程与相邻水层的混合均随之变化，该状态变量的数值也与现实的速率变动较为接近。表 4.3 给出了所有变量和参数的名称。

以下是对表层海水混合层采用的方程：

$$\frac{\Delta P}{\Delta t} = \frac{1}{z_m} \sum_{z=0}^{z_m} P \cdot P_{max} \cdot \tanh \frac{\alpha PAR_z}{P_{max}} - \frac{e(P - P_o)H}{f + P - P_o} + \frac{K_v}{z_m}(P_{z_{m+1}} - P)$$

（式 4.24）

$$\frac{\Delta H}{\Delta t} = H\left[\frac{\gamma e(P - P_o)}{f + P - P_o} - \frac{mH}{h + H}\right] + \frac{K_v}{z_m}(H_{z_{m+1}} - H)$$ （式 4.25）

$$\frac{\Delta D}{\Delta t} = 0.3\left[H\frac{e(P - P_o)}{f + P - P_o}\right] - wD + \frac{K_v}{z_m}(D_{z_{m+1}} - D)$$ （式 4.26）

$$\frac{\Delta NO_3}{\Delta t} = -\frac{\xi}{z_m}\left(\sum_{z=0}^{z_m} P \cdot P_{max} \cdot \tanh \frac{\alpha PAR_z}{P_{max}}\right)\left(1 - \frac{NH_4}{d_{NH_4} + NH_4}\right)$$
$$+ \frac{K_v}{z_m}(NO_{3_{z_{m+1}}} - NO_3)$$

（式 4.27）

$$\frac{\Delta NH_4}{\Delta t} = -\frac{\xi}{z_m}\left(\sum_{z=0}^{z_m} P \cdot P_{max} \cdot \tanh \frac{\alpha PAR_z}{P_{max}}\right)\frac{NH_4}{d_{NH_4} + NH_4}$$
$$+ \xi H\left[\frac{0.4e(P - P_o)}{f + P - P_o} + \frac{0.4mH}{h + H}\right] + \xi(0.4wD)$$
$$+ \frac{K_v}{z_m}(NO_{3_{z_{m+1}}} - NH_4)$$

（式 4.28）

以下的方程与上面的极为类似，但用于第一层混合屏障以下的分层。涉及 K_v 的项为各时间步长中的某一层、该层的上一层及下一层（共三层）之间的混合比例分数。

$$\frac{\Delta P_z}{\Delta t} = P_z \cdot P_{max} \cdot \tanh \frac{\alpha PAR_z}{P_{max}} - \frac{e(P_z - P_o)H_z}{f + P_z - P_o} + K_v(P_{z-1} - P_{z+1} - 2P_z)$$

（式 4.29）

$$\frac{\Delta H_z}{\Delta t} = H_z\left[\frac{\gamma e(P_z - P_o)}{f + P_z - P_o} - \frac{mH_z}{h + H_z} + K_v(H_{z-1} + H_{z+1} - 2H_z)\right]$$ （式 4.30）

$$\frac{\Delta D_z}{\Delta t} = 0.3H_z \frac{e(P_z - P_o)}{f + P_z - P_o} - wD_z + K_v(D_{z-1} + D_{z+1} - 2D_z)$$ （式 4.31）

$$\frac{\Delta NO_{3z}}{\Delta t} = -\xi P_z \cdot P_{max} \cdot \tanh \frac{\alpha PAR_z}{P_{max}}\left(1 - \frac{NH_{4z}}{d_{NH_4} + NH_{4z}}\right)$$
$$+ K_v(NO_{3z-1} + NO_{3z+1} - 2NO_{3z})$$

（式 4.32）

$$\frac{\Delta NH_{4z}}{\Delta t} = -\xi P_z \cdot P_{max} \cdot \tanh\left[\frac{\alpha PAR_z}{P_{max}} \cdot \frac{NH_{4z}}{d_{NH_4} + NH_{4z}}\right]$$
$$+ \left[\xi H_z \frac{0.4e(P_z - P_o)}{f + P_z - P_o} + \frac{0.4mH_z}{h + H_z}\right]$$

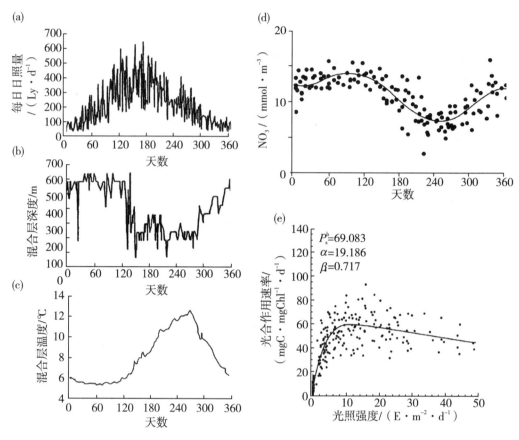

图 4.8　Frost 亚北极太平洋模型的输入数据

(a)来自气象观测船光照数据的光照强度。(b)来自日 CTD 观测的混合层深度。(c)混合层温度。(d)基于多年数据的年度硝酸盐循环，用每年第一天的起始值。(e)模型中采用的具有较大起始斜率的 $P-E$ 关系曲线。(Frost，1993)

$$+\xi \cdot 0.4wD_z + K_v(NH_{4z-1} + NO_{4z+1} - NH_{4z-1}) \qquad (式 4.33)$$

　　为模型选择适当的参数和初始条件，采用的数据来自 20 世纪 70 年代于海洋观测站"P"(50°N，145°W)的气象观测船上收集的全年样本序列[图 4.8(a)至图 4.8(d)]。这些数据包括温度、光照强度和混合层深度。一些初始值同样来自气象观测船数据，尤其是叶绿素和硝酸盐数据。一些参数取自 20 世纪 80 年代的一个观测项目[图 4.8(e)](Miller，1993)。这些参数包括 $P-E$ 关系(该 $P-E$ 曲线具有很陡的起始斜率 α)，以及当铵盐处于该浓度时的效应：浮游植物优先吸收铵盐，从而降低对硝酸盐的吸收(Wheeler 与 Kokkinakis，1990)。

　　最初模型是用 Fortran 语言编写的，其输出结果为叶绿素、植食性动物、硝酸盐、铵盐、碎屑氮及多种其他变量的时间序列[图 4.9(a)至图 4.9(d)]。该模型不仅再现了不同季节叶绿素含量的平缓变化及正确的初级生产力年度总和，而且得到的叶绿素和铵盐在较低水平上、短期的反向波动的结果，与实际情况(变化幅度和时间跨度)

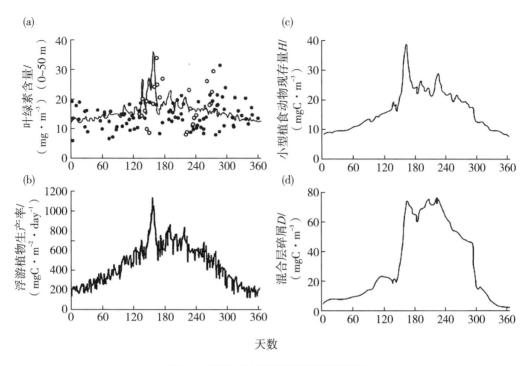

图 4.9 亚北极太平洋模型的输出结果

（a）表层 50 m 内的叶绿素含量积分的平均数，并与现场测定值的比较。（b）浮游植物生产率。（c）混合层中微型植食性动物的存量 H。初级生产力表现出的周期体现在第二营养级（摄食者），而不是体现在浮游植物本身。（d）混合层中的碎屑 D。（Frost，1993）

非常符合。Frost（1993）的模型还是很好地再现了 HNLC 系统中的基本生产过程，但也存在一些问题（Strom 等，2000）。尤其是该模型需要通过设置小型浮游生物的摄食阈值才能维持输出结果的 HNLC 状态。不幸的是，该摄食阈值始终未能在实验中得到证明。然而，Leising 等（2003）证明，可通过提高捕食的半饱和常数（式 4.24 中的变量 "f"）来模拟阈值效应。亚北极太平洋中是否真的存在小型浮游生物的捕食阈值还有待进一步研究。由此可见，模型可以为海上实测实验提供逻辑上可行的生态学假设，这也正是模型的价值所在。

表 4.3 模型中使用的符号

生物和化学状态变量	
P，P_z	混合层中的浮游植物的碳浓度，以及中间层深度 z 处的浮游植物碳浓度（单位：$mg \cdot m^{-3}$）
H，H_z	植食性浮游动物的碳浓度（单位：$mg \cdot m^{-3}$）
D，D_z	碎屑浓度（单位：$mg \cdot m^{-3}$）
N，N_z	氮盐（NO_3 或 NH_4）浓度（单位：$mmol \cdot m^{-3}$）

续表 4.3

物理环境输入数据(图 4.8)		
I_0	光照强度(单位：Ly·d^{-1})(在本文的方程式中未明确写出)	
z_m	混合层深度(单位：m)	
T_{z_m}	混合层温度(单位：℃)	
派生的环境性质		
k	光照强度的衰减系数(单位：m^{-1})(在本文的方程式中未明确写出)	
PAR_z	深度 z 处的光合作用有效光照强度(单位：E·m^{-2}·d^{-1})	
固定和可变参数		数值
K_v	垂直涡流扩散系数(单位：cm^2·s^{-1})	$0.1 \sim 1.80^*$
α	浮游植物光合作用 - 光照强度反应曲线的起始斜率 (单位：mgC$[$mgChl-a$]^{-1}[Em^{-2}]^{-1}$)	21.0
P_{max}	最高碳标准化光合作用率(单位：mgC$[$mgC$]^{-1}$day^{-1})	$0.47 \sim 1.38^{**}$
ξ	有机物中 N∶C 的值(单位：mmolN·m^{-3})	0.0126
d_{NH_4}	浮游植物 NH_4 吸收的半饱和常数(单位：mmolN·m^{-3})	0.1
e	植食性动物最高比摄食率(单位：mgC$[$mgC$]^{-1}$day^{-1})	$1.01 \sim 1.66^+$
f	植食性动物摄食的半饱和常数(单位：mgC·m^{-3})	17.0
ρ_0	植食性动物捕食阈值(单位：mgC·m^{-3})	10.0
γ	植食性动物生长效率	0.3
m	植食性动物最高死亡速率(单位：mgC$[$mg C$]^{-1}$day^{-1})	$0.30 \sim 0.50^+$
h	植食性动物死亡的半饱和常数(单位：mgC·m^{-3})	35.0
w	碎屑降解速率(单位：分数 day^{-1})	$0.03 \sim 0.05^+$

*随季节变动；**取决于白昼长度和温度；+取决于温度。
在 Frost(1993)模型的基础上进行了简化。

Frost(1993)模型中的垂直混合方案虽然很简单，但很有效，这是因为他对混合系数(扩散系数)进行了调整，以再现水文的垂直分布，并将模型设定的在运行一年后其上层水体营养盐与年初的相同。但当我们要模拟生态系统循环对气候变化的响应时，就必须基于更加复杂的混合方案：更多或更少的表面光照强度(云层差异及海面变暖)、风场变动等。Denman 等(2006)将一个所谓的紊流闭合系统(Mellor - Yamada 2.5，该系统中的水体垂直混合作用受到海面变暖和风力的影响)应用到亚北极太平洋海域的模型中，从而对深至海面下 120 m 处(每个分层厚度为 2 m)的效应进行模拟。被采用的还有其他方案，尤其是一种名为 Large - McWilliams - Doney(LMD)的方案和 K_v 分布参数化(KPP)方案，这些方案与 Frost 方案的区别不大，但整合了更多的过程。

　　Denman 研究小组的模型同样具有更为复杂的状态变量，包括 7 个变量（图 4.10），因此也纳入了更多的相互作用关系。他们将浮游植物分为不同大小的两类，一类为微微型 - 微型（pico - nano group）浮游植物，另一类为硅藻类浮游植物，而且浮游植物的生长受到铁元素的限制（对较大的细胞类群来说更是如此），且植食性原生动物以不同的速率捕食这两类浮游植物，植食性原生动物本身也被中型浮游生物捕食，其丰度也呈现出固定的季节周期。为了体现硅对硅藻的次级控制，还将硅循环加入模型中，并另外设置 3 个状态变量。这个复杂的模型具有非常多的参数，上述情况中就有 44 个之多，其中有些受到数据限制，有些则是通过反复运行模型不断试错而得到。由于模型的不确定性，模型与现实机制可能有些差异，但模型总能产生一些非常吸引人的结果。模型重现了该地区总浮游植物数量变化非常平缓的情景，但小个体与大个体浮游植物的季节周期则不同（彩图 4.1）。

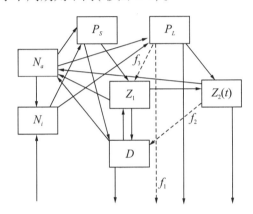

夹带 +混合　　　碎屑 聚合物 下沉　粪便

图 4.10　Denman 等（2006）亚北极太平洋海域生态系统模型中的状态变量与氮的转化与循环
P_S 表示微型和微微型浮游植物；P_L 为硅藻；Z_1 为小型浮游动物；N_i 为硝酸盐；N_a 为铵盐；D 为碎屑和细菌；$Z_2(t)$ 为中型浮游生物的周年循环；f_1 为硅藻沉降形成的聚积物；f_2 为中型浮游生物的未同化食物碎屑的损失，这些食物碎屑最终不会转化为铵盐；f_3 为小型浮游动物对硅藻的捕食。
（Denman 等，2006）

　　春季，小个体的浮游植物在海面游动；夏季，在季节性温跃层和永久性盐跃层之间的硅藻变得越来越多；秋季，硅藻群体向上扩张直至海面。通过几十年来观测船的时间序列取样，研究者们发现，叶绿素含量在 10 月达到高峰。模型结果也显示，藻华过程中起先大量出现的是小个体浮游植物，然后是大个体浮游植物，这种变化是对铁限制降低的一种响应。大个体浮游植物数量的增加，在时间尺度上与 2002 年 7 月至 8 月进行的铁加富实验中发生的浮游植物数量变化的时间大致相同（Boyd 等，2005）。对于这种不同粒径的浮游植物在垂直尺度上的隔离现象还需进行实地研究。

4.7　ERSEM - PELAGOS：欧洲和全球海洋的浮游生态系统过程模型

海洋生态系统模型已扩展至二维和三维空间，这使计算量大增。典型的二维模型用于解释沿海区域（如上升流区）向岸与离岸、海面至海底的生产量及植食性动物的分布（Edwards 等，2000）。在三维模型中，可以为多个区域乃至全球海洋系统构建模式和循环（Zahariev 等，2008）。

浮游生态系统模型试图将所有重要组分都包括在其中，变得非常极致。ERSEM - PELAGOS 模型就是这样一个例子。该模型具有 44 个状态变量（图 4.11），除了 C、N、P 以外，在某些情况下，Si 与 Fe 也被纳入模型系统的生命或碎屑组分中。一共约有 300 个参数。通过对众多参数进行微调，使模型与数据匹配，这样的模型运行产生的剖面图、季节循环（图 4.12）、分布图都与现实情况更为接近（Vichi 等，2007a 和 b）。然而，尽管模型反映了现实世界的一些变化模式，但实际结果却可能会偏离 2 倍之多。在某些情况下，只要模型输出的模式符合现实的分布和周期循环规律，那么，模型所整合的过程与交换参数是否能准确反映真实世界中的海洋物理和生态过程就不那么重要了。另外，如果只是通过某种强迫的方式来拟合出运转机制，那么，这样构建模型将无法正确预测环境变化（气候改变、过度捕捞、富营养化等）所带来的生态影响。人类活动也包括对海洋生态的管理，如同人类对地球上所有栖息地的管理一样。管理的智慧越来越依赖于这些复杂的模型。在我们如何与大自然打交道方面，如果构建这些模型的机制不现实，那么，模型就会误导我们，给出错误的预测与建议。

4.8　**动物个体的生命周期**

将本节放在这个位置是因为其与建模有关。读者可能想把对本节的学习放在后面，直到读了第 6—8 章中更多有关浮游动物学的知识后再读这部分内容。为了说明模型可以具有完全不同的表现形式，可用于处理完全不同的问题，我们将基于个体的模型（individual-based model，IBM）来探讨一些种群动态问题。这些模型也被称为基于主体的模型（agent-based model）。

4.8.1　一个简单的例子

多个证据显示，很多桡足类物种的性别由环境决定（参见第 6 章的桡足类动物部分）。简而言之，通常与性别有关的基因集中在亲本的一条染色体（如人的 Y 染色体）并控制生物发育为雌性或雄性，但与此不同的是：许多生物的性别是由栖息地的一些特定条件决定的，这种决定机制有时甚至在发育的晚期才会发生。许多爬行动物的性别是由胚胎发育过程中的环境温度决定的。在实际观察中发现，在哲水蚤中，所有卵

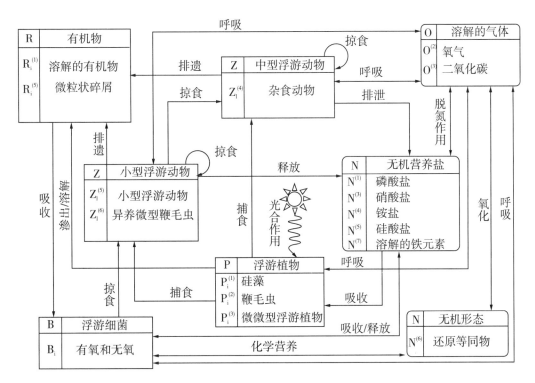

图 4.11　ERSEM‑PELAGOS 模型（欧洲区域海洋生态系统模型）流程
（Vichi 等，2007a）

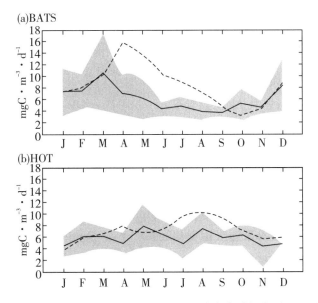

图 4.12　在(a)大西洋百慕大时间序列(BATS)和(b)夏威夷海时间序列(HOT)观察到的季节变化(实线)和 ERSEM‑PELAGOS 模型对总初级生产率(混合层中的月平均值)的模拟(虚线)
灰色阴影区域是 10 年数据样本的标准差。（Vichi 等，2007）

子可能全部发育为雌性，或90%都发育为雄性。目前还未找出确切的环境控制因素，其控制因素在不同属或种之间可能不同。

在仅了解这些背景知识，并且没有对环境性别决定的运作进行充分证明的情况下，你可能会问，自由决定性别比例为种群带来什么选择优势呢？针对这一问题，我们可以提出各种假说，由于差异明显的不同类群其个体的相对数目也不同，这些假说的可行性（而不是现实性）就可通过建模来进行验证。在一些实地观察中，雄性发育占主要优势，而且相对于雌性，雄性的实际死亡率要高得多（雄性更早地发育成熟），这表明更多的雄性发育将为群体带来优势。可用 IBM 模型进行验证。

设♀为发育为雌性的幼体数目，♂为发育为雄性的幼体数目，$T = ♀ + ♂$。根据简单的相遇理论，雄性与雌性相遇（E）并进行交配的预计数目（或比率）将与它们的丰度成正比：$E = C ♂♀$，式中的 C 是一个"相遇内核"（参见第 1 章）。由于 $♀ = T - ♂$，因此，$E = C♂(T - ♂)$，即 $E = CT♂ - C♂^2$，故相遇的数目将与雄性和雌性的相对数目呈抛物线关系。另外，由于不存在任何差别死亡率，因此，设 $dE/d♂ = CT - 2C♂ = 0$。我们发现，当 E 取得最大值时，雄性（和雌性）的数目 $♂ = T/2$（即两种性别的个体具有相同的丰度）。然而，这并不是产生最多受精卵的比例（该比例受精雌性个体的函数），尤其当雄性个体具有很高的成熟后死亡率时。毫无疑问，可以采用某种分析方法进行解答，通过基于个体的模型，已经可以得出一些答案，这又被称为蒙特卡罗（Monte Carlo）检验。可通过研究框 4.5 中的程序理解该过程。它计算了45"天"（任意时间步长）内 20 000 个成年个体中的交配数目（可计算更多个体以获得更高的精确度；也可减小该个体数以使程序更快运行完毕），任意值为 C，雄性比例为 10% ～ 90%。每只雌性和雄性个体在每次时间步长相遇的可能性（C 的成对等同量）设定为一个很低的值，对相当大的搜索量情景来说这种设定是正确的。当一只雌性个体交配两次时，它将离开雌性个体矩阵，这种交配特征在哲水蚤中很可能是接近真实的。

框 4.5　基于个体的模型，有关桡足类动物交配率的变动与成年雌、雄性比例呈函数关系的程序

```
%Copepod – mating encounter – rate model
%This plots total matings as a function of proportion of males.
%It also counts matings/male（no limit）& matings/female
%（the latter limited to 2）.
T = 20000；%Total adults in population
C = 0.0000045；%c = small daily probability a specific male will mate
        %with a specific female
%Prepare some storage：
```

```
A = zeros ( 9 , 1 ) ; Propmales = A ; Storem1 = A ; Storem2 = A ; Storef1 = A ;
Storef2 = A ; MpM = zeros ( 9 , 8 ) ;
for h = 1 : 9 %Loop over proportions of males from 0. 1 to 0. 9
    m = 2000 * h ; f = T − m ; Propmales ( h ) = m / 20000 ;
%Set matrices of individual vectors for males and females ,
%If males ( x , 1 ) = 1 , that male is alive ; = 0 means dead.
    males = zeros ( m , 3 ) ; males ( : , 1 ) = 1 ; fems = zeros ( f , 3 ) ; fems ( : , 1 ) = 1 ;
%Zero some summing registers
    em1 = 0 ; em2 = 0 ; ef1 = 0 ; ef2 = 0 ;
    for i = 1 : 45 %Loop over 45 number days of mating
%To apply differential mortality to males & females , loop over both :
% remove all % ( comment signs ) down to storage process part.
% PdeathM = 0. 15 ; PdeathF = 0. 015 ( try changing these )
    %for j = 1 : m
    %g = rand ; g is compared to probability of death , for males 15%
    % if males ( j , 1 ) == 1 && g < = PdeathM ; males ( j , 1 ) = 0 ; end
    %end
    %for k = 1 : f ;
        % g = rand ; for females
        % if fems ( k , 1 ) == 1 && g < = PdeathF ; fems ( k , 1 ) = 0 ; end
for j = 1 : m %loop over all males
%if males ( j , 1 ) == 1 %this skips dead males
for k = 1 : f ; %loop over all females
%if fems ( k , 1 ) == 1 %skip dead females
    Ctest = rand ; %ctest
    if Ctest < C
        if fems ( k , 2 ) == 0
        fems ( k , 2 ) = 1 ; males ( j , 2 ) = males ( j , 2 ) + 1 ;
        elseif fems ( k , 2 ) == 1 ;
        fems ( k , 3 ) = 1 ; fems ( k , 1 ) = 0 ; males ( j , 3 ) = males ( j , 3 ) + 1 ;
            end
        end
        %end
    end
    %end
end
end %Storage processes :
```

```
for j =1: m % Get frequency distribution of first femLe matings per male
    for n =0: 6
    if males(j,2)==n; MpM(h, n +1) =MpM(h, n +1) +1; end
  end
    if males(j,1) > =8; MpM(h,8) =MpM(h,8) +1; end
  end
    for k =1: f %Total up matings per female：
    ef1 =ef1 +fems(k,2); ef2 =ef2 +fems(k,3);
  end
    Storem1(h) =em1; Storem2(h) =em2; Storef1(h) =ef1; Storef2
(h) =ef2;
    h %To show program progress in the Command Window
    MpM(h,1:8) %List matings per male for current proportion of males, h
  end
MpM
figure
plot(Propmales(:),Storef1(:),'r');
xlabel('Proportion of Males')
ylabel('Number of Females Mated, 1x =red, 2x =blue')
hold on
plot(Propmales(:),Storef2(:), 'b');
```

对每对雌性－雄性来说，$C = 4.5 \times 10^{-6}$且无死亡，模型结果显示，使最多雌性个体受精(一次受精大概足以使受精卵产量最大化)时的性别比率为雄性占33%(图4.13)，约18%的雌性未受精。需要相对更多的雄性个体以使交配两次的雌性个体的数目达到最多(需填满两个受精囊，这是桡足类动物的繁殖特点，这可能是由雌性个体限制引起的)。因此，成功交配需要更高比例的雄性。如果 C 更高，就能有更多的雌性个体受精，需要的雄性比例将更低。若 C 相当小，则雌性将很难吸引雄性，或雌性将很难找到雄性(与种群密度、搜索量及其他变量呈函数关系)，因此，当雄性占绝大多数时，受精雌性个体的数目将达到最高。

还存在一个进化方面的问题。如果雄性个体相对较少，搜索问题或雌性个体的行为限制了交配数，那么这些雄性将可能成为更多受精卵的基因提供者(每个受精卵仅具有一个母本和一个父本)。因此，在图 4.13 中，当按照10%的雄性进行实验时，大部分是来自三个或更多雌性个体的受精卵(图 4.14)。

这将导致任何产生雄性个体的基因相对于产生雌性个体的基因出现选择优势(Fisher, 1930)。当雄性过分繁盛，导致大部分雄性个体死后无后代(如俗语所说)时，该影响达到顶峰。平衡通常出现在雄性比例为50%时，这个比例在许多物种的

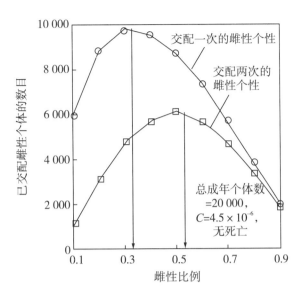

图 4.13　桡足类动物在不同性别比例（表示为雌性比例）下的交配概率基于个体的模型的输出结果

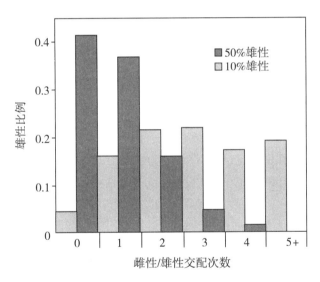

图 4.14　图 4.13 的相遇条件下（存在 10% 和 50% 的成熟雄性个体），未能交配、交配一次、交配两次等的雄性个体比例

进化模式也是固定的，并严格地由染色体分配来决定性别。桡足类动物为维持可变的性别比例和 ESD，必须通过某些机制，如栖息地的变化传递出的信息，指导个体在发育成熟前选择成为雄性还是雌性。基于多代个体的模型同样也可用于建模，其编程更为复杂，但在概念上也同样简单。尽管与现实情况还有差距，但基于"适应性的"模型仍可检验进化理论逻辑是否正确。例如，Fiksen 和 Giske（1995）建立的有关昼夜垂直迁移的适应性优势模型（但该模型本质上并不属于 IBM 模型）。

4.8.2 流体中的个体发育

基于个体的模型是模拟生长条件与水平流动对生物个体影响的有力工具。Batchelder 和 Miller(1989)建立了太平洋长腹水蚤(一种桡足类)生命历程模型，展示了栖息地对浮游生物种群繁殖和发育时机造成的影响。其基本思路是：单一动物的群体可用大量向量(超过 10^6)计算来表示，这些向量的要素包括它们的发育和繁殖状态。例如，存活或死亡(1 或 0)、年龄、阶段、阶段内年龄、营养盐、卵巢准备排卵及对种群动态和状态可能造成影响的其他因素。向量要素以连续的时间步长，在栖息地条件(温度、食物、一天中的时间段等)下、发育过程和死亡率信息基础上，构建函数并随之发生改变。最好根据特定海域位置和季节的现实数据，建立向量动物的初始集。当向量动物繁殖时，"卵"将成为新的向量。

在飞马哲水蚤(该种水蚤在缅因湾洋流中运动)的种群动态 IBM 模型中(Miller 等，1998)，为每个个体的发育向量赋予一些模型要素，使该个体在模型空间中占有一个位置。模型从冬至(12 月 21 日)开始运行，定义 1 000 个向量为一组，每个向量都代表一只处于第五桡足幼体阶段(C5)的水蚤，即 G_0 代。向量动物从休眠中苏醒，移动至海面，发育成熟后以区域流动 Quoddy 模型中各向量所处空间位置规定的流速随洋流移动(Lynch 等，1996)。它们同样可随机移动，这样就可以模拟混合与扩散运动(对于自游生物，还可采用位置的改变以模拟游泳)。

当 G_0 代 C5 成熟时，将为它们的产卵雌性个体分配新的向量，产卵后，它们将被分配至幼虫向量。每个向量拥有 6 个要素(表 4.4)。任何给定的 C5 将从滞育期苏醒，开始发育(第 1 天)，然后逐渐成长。所有个体将逐渐发育成熟并被分配至雌性向量。将成熟时的产卵就绪比例(CR)设定为 0 ~ 10 的随机数，使产卵时间分散于一天中的各个时段，这样的设定可能并不符合现实，但能消除各阶段的丰度差异。激活后(向量分配后)，7 天(的年龄)后繁殖开始，然后，CR 每小时增加产卵间隔天数的倒数的 1/24。该间隔天数可通过 Bělehrádek 函数[图 4.15(a)]进行估算，产卵间隔时长与温度呈函数关系。该倒数是 1 h 时间步长内卵发育的比例。当 CR 达到 1.0 时，产生 50 个受精卵，为每个受精卵分配一个"卵 - C_4"向量，然后将 CR 归零。基于一系列现场数据，拟合出一个季节性函数，用以获得产卵及其他活动对应的温度。每天每只雌性个体和幼虫向量都存在随机的死亡可能(例如，雌性个体每日的存活率为 0.975)。该模型的一个主要问题是，我们实际上并不太清楚每个阶段的死亡率到底是多少(参见第 8 章)。

表 4.4　Miller 等(1998)所建模型中三个不同生命阶段的向量值和意义

要素编号	休眠 C5 向量		雌性向量		卵 - C4 向量	
	数值	含义	数值	含义	数值	含义
1	1 或 0	存活/死亡	1 或 0	存活/死亡	1 或 0	存活/死亡

续表 4.4

要素编号	休眠 C5 向量		雌性向量		卵 － C4 向量	
	数值	含义	数值	含义	数值	含义
2	0 ～ 10	蜕皮就绪	可变	年龄	1 ～ 11	阶段（E － C4）
3	度	纬度	0 ～ 1	*CR*	0 ～ 1	*MCF*
4	度	经度	度	纬度	度	纬度
5	米	深度	度	经度	度	经度
6			可变	地图像素数	可变	地图像素数

像素数指物理模型中的一个空间要素。*CR* 是一个雌性个体的产卵变量，随着卵细胞的成熟而增加，当 *CR* ＝1.0 时进行产卵。*MCF* 是一只幼虫的蜕皮周期比例，该比例随幼虫生长而增加，当 *MCF* ＝1.0 时，幼虫开始蜕皮（"阶段"也增加）。当"阶段"达到 12 时，幼虫向量将转化为 C5 向量。

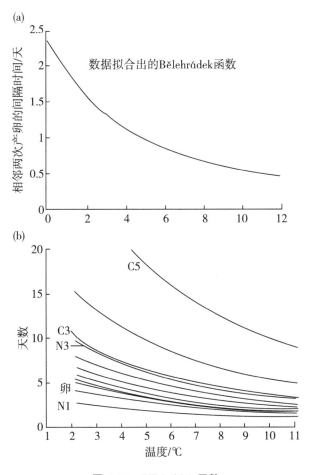

图 4.15　Bělehrádek 函数

（a）基于野外雌性飞马哲水蚤个体的产卵间隔数据拟合的 Bělehrádek 函数。（b）描述阶段时长变化的 Bělehrádek 函数，哲水蚤阶段时长变化与温度（℃）呈函数关系，基于 Campbell 等（2001）提供的数据。

各幼虫阶段的持续时长可通过 Bělehrádek 温度函数来表示［图 4.15(b)］，这个函数是通过拟合营养足够的情况下不同阶段 - 生长时长数据而得到的(Campbell 等，2001)。在每小时步长的计算中，用蜕皮周期比例(*MCF*)加上阶段时长天数倒数的 1/24。当 *MCF* 为 1 时，将其归零，阶段加 1。最终，通过改变个体向量的位置要素，使各个体在各小时时间步长内移动。所有雌性个体和发育中的幼虫始终以平均速率顺流移动，该平均速率取自 Quoddy 模型将混合层设定为 25 m 的输出结果。G₁ 中的向量数达到每 100 只 G₀ 雌性个体具有约 200 000 个向量。

当冬季或春季孵化个体的 C5 发育过程结束后，它要么发育成熟，要么进入滞育期，这个选择是随机的。基于颌的季节性发育研究(Crain 和 Miller，2001)，可以粗略估计成熟:滞育的个体比例：冬季为 50:50，春季为 10:90。大约半数成熟个体为雄性(随机过程)，简单计数即可得到；半数为雌性，记录成熟的日期和地点。记录休眠 C5 的休眠期的开始日期和位置以绘制分布图。为 G₁ 代的成熟雌性个体分配雌性向量，模型继续运行。

4.9　种群动态

当不考虑平流时，模型输出的生物方面结果(图 4.16)与南缅因湾和乔治沙洲飞马哲水蚤发育方面 GLOBEC 大规模调查数据非常相似。

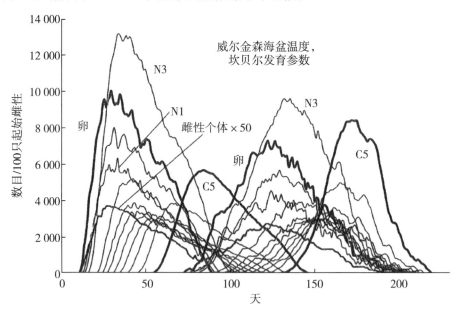

图 4.16　基于个体的模型对缅因湾和乔治沙洲飞马哲水蚤各生命阶段丰度的模拟结果
未显示第五桡足幼体发育期到滞育期；第一代成熟个体和进入滞育期个体的数量相等。雌性丰度较低，因此，图上的曲线是将其丰度放大 50 倍后描绘出来的。

轨迹

　　种群发育与海流的相互作用可通过动画生动有效地展示出来：生物个体最初分布在地图上的某个区域，如缅因湾的威尔金森海盆，然后进行移动。通过改变种群中个体位置点的颜色来显示生命阶段。研究者们建立了该类模型，以研究各种洋流状态下物种（从幼蛤到磷虾）的生命周期和空间动力学，如有关昼夜垂直迁移对平流种群转移的效应模型（如 Batchelder 等，2002）。

4.10　小结

　　许多从事观测研究的海洋学家对模型的价值心存疑窦，当和建模者在一起工作，他们常常感觉不自在。而建模者总是倾向于筛选论文中的观测数据，仅留下对他们有用的一些数据（通常是一些变异范围很大的平均值数据），然后再对下一份论文进行信息筛选。另外，建模者在阅读文献时常只利用其中很少一些"有用"信息，而不关心许多实际上非常有效的细节信息。构建模型能把人们已经知道的知识和仍待探究的知识区分开来，因此创造了一种强大的知识分类机制。对所有海洋工作者（观察者、建模者）来说，了解建模技术及其局限性都是非常必要的。

第5章 微生物的海洋：海水中的古菌、
细菌、原生生物与病毒

海洋浮游植物生产新的有机物，其中一部分用于组建浮游植物细胞自身的结构部分和储存成分，另外很大一部分被直接释放到了周围的水体中。浮游植物的分泌物，尤其是硅藻的分泌物，是存在于浮游植物细胞间、非晶体状和带状的透明胞外聚合颗粒物（TEP）。有些分泌物则是有机小分子。另外，原生生物和中型浮游动物捕食者也会释放出有机物，可能是从食物泡中排出的食物残渣，被刺破或牙齿嚼碎的食物吸入喉咙时的碎屑或汁液，或者粪球的溶出物等。可通过微孔滤膜的有机物被称为溶解性有机物（dissolved organic matter），缩写为 DOM（DOC 和 DON 则分别代表溶解有机物中的碳和氮组分）。

DOM 是异养浮游细菌的养料来源。细菌会被原生动物（绝大部分是微型鞭毛虫）捕食及被病毒感染。微型鞭毛虫又会被较大个体的原生动物（异养原生生物）捕食，一些中型浮游动物幼虫（如甲壳类动物的无节幼虫）或黏性滤食性动物（如尾海鞘纲动物）也会捕食微型鞭毛虫。植食性原生生物以捕食浮游植物为生，在这个过程中会分泌一些 DOM，但同时它们又是中型浮游动物的食物来源之一。通过这些食物链，DOM 经由单细胞生物逐级"传回"至鲸鱼、鱼、渔民。因此，从 DOM 到细菌、原生生物，再到中型浮游动物，形成了食物链的另一条途径，与海洋食物网中浮游植物直接到浮游动物的食物链平行。微食物环（microbial loop；Azam 等，1983）特指食物网中各类生物体释放出的 DOC 被异养细菌利用的过程（图 5.1）。病毒感染导致细菌裂解并将细胞内含物释放到 DOM 池中，这个过程被称为"病毒回路"，它会降低微食物网的整体效率。浮游植物细胞被病毒感染也会释放有机物质到 DOM 池中。

在生物海洋学的发展历程中，人们很晚才知道海水中异养细菌数量之巨大（Pomeroy，1947；Hobbie 等，1977）。因为在那个时代，测量细菌丰度的主要手段还是平板培养。海水琼脂培养基含有大量营养物质（蛋白胨、牛肉膏或其他物质），经消毒灭菌、胶化后，接种少量海水，然后培养几天。通常，每毫升近表层海水将会在培养皿上培养出几百个菌落，每一个菌落都被认为是由一个菌体不断分裂而形成。与沼泽水、沉积物或土壤相比，海水样品产生的菌落数量微不足道，因此，海水中的细菌一度被认为作用非常有限。当然，一些可培养的菌株被证明有特殊的作用，包括介导海洋氮循环中的某些特定步骤。还有一些海洋菌株被用来研究生长对寒冷（低温微生物）或压力（嗜压菌）的依赖。许多有趣的工作都是用这些细菌完成的，但是由于研究的细菌数量很少，研究结果与海洋食物网的营养传递过程相关性不大。

在 20 世纪 70 年代，可能从苏联（Sorokin，1964）和西方（Jannasch 和 Jones，

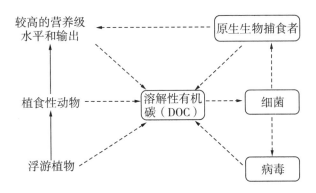

图 5.1　微食物环的所有组分（加框部分）

"浮游植物"也包括蓝细菌，这类细菌是大多数海区浮游植物群落的主要组成部分。原生生物是指单细胞真核生物。"环"意指所有生物流失的溶解性有机碳（DOC）通过异养细菌吸收整合又进入食物网的循环过程。（Kirchman 等，2009）

1959）的研究中获得了启示，学者们尝试通过直接显微计数技术来估算细菌的丰度。浮游细菌是非常小的，细胞直径通常是 $0.3 \sim 1.0~\mu m$，平均直径为 $0.6~\mu m$。直径 $0.3~\mu m$ 的物体接近光学显微镜的分辨率极限。因此，需要用特殊的技术方法在微小的有机或无机碎屑中找到细菌细胞，以得到具有说服力的计数结果。Francisco 等（1973）推荐使用一个价格适中的方法：将水样中的细菌过滤到一张平的、黑色塑料滤膜上，再用与核酸特异性结合的荧光染料（如吖啶橙）将滤膜上的细胞染色。Hobbie 等（1977）发明了现称为 Nuclepore™ 的（核孔）滤膜，已成为细菌丰度测定的标准流程。在落射荧光显微镜下对细胞进行计数（见框 2.1），此方法被称为"吖啶橙直接计数法"，缩写为 AODC。在一般情况下，计数可得到每毫升 $5 \times 10^5 \sim 2 \times 10^6$ 个细胞，这个结果比平板菌落计数法的结果高出非常多。目前，AODC 方法仍然在使用，只是除了吖啶橙外，经常使用的染料还包括 DAPI、YoPro 和 SYBR（彩图 5.1）。

　　应用直接计数法，微生物学家在很短的时间内对世界各个海域、不同深度的细菌数量都进行了测定。他们也曾面临一系列新的问题，其中一些问题的答案已经找到，但大部分问题还有待进一步研究。这些不容易在海水琼脂培养基上生长的众多细胞的活性和生物学特征是什么？它们为什么面对丰富的食物刺激无动于衷，不能形成菌落？它们是否属于寡营养型生物，是不是被高浓度的食物大分子所毒害？所有的细胞都活着吗？如果活着，它们的新陈代谢活跃吗？如果它们的新陈代谢是活跃的，它们的生长和呼吸的速度有多快？样品中有哪些类型的细菌？控制它们丰度的因素有哪些？它们通常在海洋和生物圈的元素循环中扮演着什么样的角色？自从 AODC 方法被应用后，这些问题立刻就呈现出来了。其中一些问题也是沿海水域的基本呼吸计量法研究中遇到的问题。滤液中细菌的呼吸量比平板计数中细菌的呼吸量大。Pomeroy（1974）将这些问题列在了一篇论文中，这篇论文后来被视为现代海洋微生物学创始宣言。因此，在介绍完一些生物学基础知识后，我们将会回顾这些问题的研究情况。

5.1 原核生物

原核生物是指储存遗传信息的 DNA 不被核膜包被，因此也不具有处理遗传信息的特殊细胞器（核或细胞核）的细胞生物体。原核生物的遗传物质是悬浮在细胞质内的，可能会有细胞亚区（拟核）的分化，用于遗作信息的处理。基于生化和基因序列上的差异，原核生物可分为两个区别明显的群体（常被称为"域"），即现在所说的古菌（域）和细菌（域）。关于原核生物这个词是否仍然有用还存在争议。例如，Pace（2006）认为，因为古菌和细菌不再属于一个单系，那么原核生物这个词就不合时宜了。但是，用这个词来统称那些无明显核结构的生物还是非常方便的（Whitman，2009）。我们在这里选择继续使用"原核生物"和"真核生物"，但还是要提醒读者朋友，这里对这两类生物的区别称谓并不涉及它们的进化关系。

5.1.1 古菌

自 20 世纪 70 年代中期开始，由于古菌的核糖体 RNA（见下文）序列不同于"真正"的细菌，微生物学家们才认识到古菌是非常特别的。在生化指标上，古菌与细菌及真核生物的差异都非常多，因此，在细胞生命进化历程中，古菌肯定在很早的时候就走上一条独特的进化之路。最显著的区别在于古菌的细胞膜。古菌的细胞膜是由一个亲水头部和两个疏水尾部连着甘油构成的（图 5.2）。在古菌域里，亲水头部和疏水尾部是通过醚键连接的，而其他生物的亲水头部和疏水尾部则是由酯键连接的。古菌细胞膜的疏水尾部是聚异戊二烯，但在细菌和真核生物中疏水尾部是脂肪酸。最后，古菌细胞膜的甘油是在其他生命形式的细胞膜中所用甘油的立体异构体。细胞膜是细胞的基本特征。古菌和其他生物在膜化学上的明显不同意味着它们代表了一个非常深而久远的进化分支。古菌细胞膜是磷脂单分子层，但是细菌的细胞膜是磷脂双分子层。细胞膜也是细胞外层覆盖物（如细胞壁）生物合成的来源地。古菌细胞壁不同于细菌细胞壁，它们没有真正的胞壁质，尽管一些亚群被"假胞壁质"所覆盖，但这些"假胞壁质"由相互交错的氨化聚碳酸酯组成。更具代表性的是，古菌细胞膜外有一个蛋白质外壳。古菌在生物化学上的一些特性（如 RNA 聚合酶和 DNA 聚合酶的组成和功能）也暗示了古菌与真核生物的亲缘关系比与细菌的亲缘关系要更近些。

最初，古菌被认为只在高热、高渗透压或还原能力强的极端环境中占优势地位，因此也曾被分为三个主要的生态类群：嗜热古菌、嗜盐古菌和产甲烷古菌。生长在非常热（大于 80 ℃或大于 100 ℃并且有足够的压力来防止水沸腾的深处）或盐度非常高的环境中的原核生物大多数属于古菌。所有通过还原二氧化碳和氢气来产生甲烷的产甲烷菌都属于古菌，它们可以固定二氧化碳和吸收一些有机小分子（如乙酸）。这种化能合成的生化过程和那些涉及二磷酸核酮糖羧化酶（包括光合作用）的模式是不同的。古菌的新陈代谢过程也包括铵、硫和金属的氧化。虽然最初大多数古菌被认为是极端微生物，但目前已知它们也存在于真光层以下的低温水体（DeLong，1992；Fu-

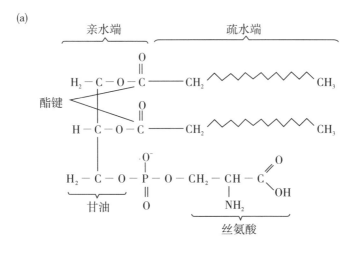

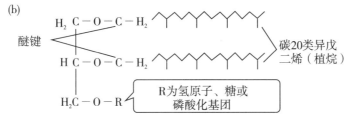

图 5.2 细菌、真核细胞、古菌的细胞膜脂结构

（a）磷脂是细菌和真核细胞膜的主要成分。甘油骨架由两个长链脂肪酸和一个磷脂酰基经酯键相连而成（几个磷脂酰基团可以代替所示的磷脂酰丝氨酸）。（b）古菌细胞膜脂结构。其疏水部分是聚异戊二烯，通过醚键与甘油连接。一个末端甘油碳原子可以携带一个羟基、一个糖或一个磷脂酰基。在所有生物体中，磷脂的亲水性末端形成细胞膜表面的内外层，疏水的长链脂肪酸参与并形成细胞膜的中央核心层。

hrman 等，1992）。在深海中它们占细胞生物数量的 10% ~ 20%（Varela 等，2008），并且在碳、氮循环中扮演着重要角色（Fuhrman 和 Steele，2008）。

5.1.2 细菌

细菌的细胞壁含乙酰氨基葡萄糖和乙酰基胞壁酸交替形成的聚合物，具中等强度。这些链条通过氨基酸短链紧紧地相互交叉，连接成一个三维网络结构，这种细胞壁结构被称为肽聚糖或胞壁质，也被视为细菌特有的分子结构（Mathews 等，2000）。在不太极端的环境中，细菌通常都是微生物群落的优势类群。尽管有些细菌也具有无机物代谢能力（如化能无机营养型菌和嗜热菌），但在更加极端的环境中古菌还是更胜一筹。所有细菌（和古菌）的生长、消耗环境中的基质、代谢生成特定的产物都需要特定的环境条件。细菌的生长和分裂都需要有机质和来自糖酵解的能量的支持。当然，细菌生存的方式比较多样化，如一些细菌可以利用无机化学反应产生的能量来驱动有机物的合成。

自 19 世纪中期发现细菌以后，很长一段时间内，用于细菌分类的工具都非常有限。光学显微观察可以揭示细胞的形态变化和鞭毛与绒毛的存在。因此，最初细菌的分类依据是形态特征：圆形的（椭球菌，如肺炎球菌属）、管状的（杆菌，如芽孢杆菌属）、弯棒状（如弧菌属）以及螺旋线状的（螺旋菌，如螺旋菌属）。大多数杆状菌有鞭毛和些许的运动能力。细菌的其他特点大多数与它们的传染性、菌体成分和代谢生化过程有关。感染性细菌可使宿主产生特定的症状，而且这些细菌常具有宿主特异性，在这方面已有大量、充分的研究工作。对于在自然环境中介导化学转化获得营养和能量的细菌（和古菌），它们的分类则主要依据化学反应的不同。Hans Christian Gram 开发了一种染色技术，用碘和结晶紫染料将显微镜载玻片上的细菌细胞壁着色，从而将细菌大致分为两类。在酒精冲洗后，仍残留染色剂的细菌是革兰氏阳性的；被酒精冲洗掉染色剂的细菌是革兰氏阴性的。革兰氏阳性菌有相对简单的细胞壁，其细胞壁最外层是胞壁质。革兰氏阴性菌细胞壁附着了大量的脂蛋白，多种脂质分子和碳水化合物包裹着胞壁质，因此阻止了胞壁质与染料的结合。

海洋中绝大多数非寄生浮游细菌的形状是球形，或稍微拉长的革兰氏阴性细菌。也有一些细菌为杆状，着生一根鞭毛。附着在颗粒聚集体上（如"海洋雪"）的细菌以杆状细菌更为普遍。形态特征（如鞭毛的有无）偶尔也会是细菌精细分类的依据，但细菌的代谢活性（氧化酶的有无）是分类的必需指标。Sochard 等（1979）的鉴定方法为海洋细菌鉴定提供了一个非常好的流程。现在，细菌分类则主要基于核酸结构。

5.2 浮游原核生物的分子系统学

科学家们对生物分类更深的认识（见框 2.3）来自 DNA 序列的差异，尤其是那些编码核糖体（能够组装蛋白质且存在于每个细胞生物体中的细胞器）RNA（rRNA）序列的基因。rRNA 可以分为一个较小（SSU rRNA）和一个较大的亚基。成千上万的古菌和细菌 SSU rRNA 序列的对比结果表明它们在进化道路上很早就分道扬镳了（图 5.3）。

起初，根据古菌 SSU rRNA 和蛋白质进化树的差异将其分为两个门，泉古菌门（Crenarchaeota）和广古菌门（Euryarchaeota）。比较基因组学进一步为泉古菌门和广古菌门之间巨大的差异提供了支持，原因是广古菌拥有的大量基因并没有在泉古菌中出现，反之亦然。两者之间的这些差异并不是微不足道的，这体现了它们在细胞进化过程（如染色体结构的维护、复制和分裂）中的不同策略。这些差异比之前认为的两个门类的差异更基础。因此，将泉古菌门和广古菌门视作古菌的两个亚域似乎更为合适。依据 rRNA 系统发育关系，海洋细菌（图 5.4）被清晰地分为 11 个大类。其中的变形菌门分为 5 个主要的纲：α、β、γ、δ 和 ε 变形菌纲。自然界中细菌无处不在，许多细菌的生存条件都不算极端。在海洋表层水环境中，细菌是原核生物的主要组成部分。

基于 SSU rRNA 的分类绘制出了原核生物（也包括其他生物）的系统发育图。这对于很难培养的海洋浮游细菌来说极具价值：可以对细菌进行鉴定，将它们放置在进化树中的某些位置，并检验它们的代谢和生态功能。应用 PCR 建立起了一种不依赖纯培养的方法，最早来自对池塘细菌的研究（Olsen 等，1986），后被 Giovannoni 及其同事（Britschgi 和 Giovannoni，1991；Mullins 等，1995）应用于海洋细菌的研究。该方法（详情见框 2.3）并不是让细菌生长繁殖直到能够鉴定，而是提取整个细菌群落的DNA，然后随机扩增数十到数千个 SSU RNA 基因，根据基因序列获得系统进化位置，从而确定这些基因最初的携带者，即所谓的"鸟枪法"。如果一些基因型在数量上占主导地位，那么携带这些基因的浮游细菌就很有可能是群落中数量最多的。

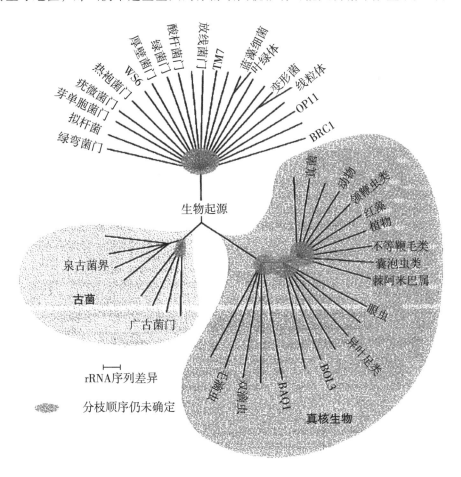

图 5.3　基于 rRNA 序列比较的生命进化树

此图展示了 rRNA 序列的比较结果。该树只展示了少数知名的分支。生物根据基因序列分为三类，其中两类属于原核生物，第三类是细胞核具有核膜的生物（真核生物）。有些代码（如 BRC1）所代表的细菌还没有被完全鉴定。（Pace，2009）

　　有学者在百慕大群岛附近的马尾藻海（Sargasso Sea）第一次做这种基因克隆调查，之后该方法逐渐在世界各个海域中广泛应用起来。在所有地方会发现非常相似的优势类群。这些类群的命名借用了当初从马尾藻海得到的各类群的克隆数量，如 SAR11

或 SAR324。在水体上层的优势群体是 α－变形菌（图 5.5）。其中数量最多的是 SAR11，约占浮游细菌丰度的 25%。大约十年间，人们找不到任何培养 SAR11 的方法，不过最后还是成功了（Rappé 等，2002）。用高压灭菌处理后的超滤（0.2 μm）海水稀释带有当地细菌的海水样品至细菌细胞浓度每毫升大约为 22 个，之后再加入 1 μmol/L 的铵盐和 0.1 μM 的磷酸盐。一些样品也会加入 0.001%（w/v）的结构简单的有机分子（如糖和氨基酸）。在海洋表面温度下培养 12 天以后，细胞数量每毫升大约为 3 000 个，这超出了 DAPI 计数的检测范围，之后细胞以 0.40 ～ 0.58 d^{-1} 的速度增长，在 27 ～ 30 天后细胞密度达到每毫升 350 000 个，明显已受到了营养物质的限制。培养的细胞是逗点状的，而且非常小，为 0.2 × <0.9 μm。它们可以用 SAR11 特异性荧光探针来计数，而且培养获得的 SSU rRNA 序列的变化范围在野外测得的变异范围之内。

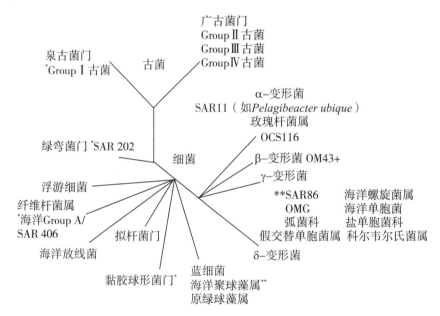

图 5.4 基于 SSU rRNA 构建的更为详细的古菌与细菌系统进化树

图中只展示了主要的海洋菌群。＊标记的菌群几乎都是冬天在海洋中层和在极地表面水域被发现，＊＊标记的菌群则几乎都生活在真光层，标"＋"的类群几乎都生活在沿海。其他菌群在海水中普遍存在。（Giovannoni 和 Stingl，2005）

获得 SAR11 的纯培养后，Rappé 等（2002）建议将其命名为远洋杆菌（*Pelagibacter ubique*）。当向其培养基中添加浓度非常低的蛋白胨后，该菌的生长被抑制。因此，这种丰度高、难以培养的浮游细菌属于寡营养型，其生长可以被浓度非常低的多种有机物抑制的特点也被证实了。在所有的非寄生生物中，远洋杆菌是拥有最小基因组的类群之一，这似乎是对利用有限的营养物质获得有效生长的一种适应（Giovannoni 等，2005）。通过比较远洋杆菌指数增长期和平台期的蛋白表达情况，发现这种细菌可以增加少数蛋白质的合成量，从而能快速应对营养物质供给的波动并适应生长受限的环

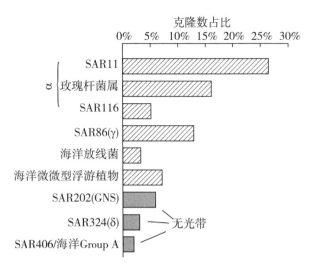

图 5.5　在马尾藻海样品 578 个 SSU rRNA 基因克隆中，不同细菌类群出现的频率

SAR 代表马尾藻海，Mullins 等（1995）第一次根据序列定义细菌类型的地方。每种类型都是狭义的，而不是广义的细菌分类。因此，SAR11 是海洋环境中最常见的细菌"物种"。（Giovannoni 和 Rappé，2000）

境条件（Sowell 等，2008）。

　　许多可培养的浮游细菌是 γ–变形菌，这一类群也包括大肠杆菌（*E. coli*）和弧菌（*Vibrio*），因此，它们也能与同属于 γ–变形菌的 SAR86 在系统进化关系上联系起来。但是，在 DNA 序列方面，SAR86 与可培养的 γ–变形菌有显著的差异，且至今仍未被成功培养。它的 SSU rRNA 序列和甲烷氧化细菌很相似，也有报道显示，SAR86 的子群与深海热液喷口的化能无机营养型生物有亲缘关系（Giovannoni 和 Rappé，2000）。有关 SAR86 表层水株系的功能识别方面正取得一些进展。Béjà 等（2000）对包含 SAR86 SSU rRNA 基因的一长条连续 DNA 片段进行了测序，发现其中的一个基因和古菌中一个编码视紫红质的基因非常相似。视紫红质是光色素，在古菌细胞膜上，与接收光能产生 ATP 有关。这些古菌细胞并不固定 CO_2，因此不是自养型的，但可利用"游离"的 ATP 为异养代谢提供能量。它们通过有机碳的氧化来产生 NADPH，为其他氧化还原反应提供还原力。显然，SAR86 有相似的生理机能。有关海洋浮游细菌膜结合蛋白的研究表明（Morris 等，2010），转运蛋白分子与视紫红质的质子泵有关，因此，这些光能异养生物可以使用光能来促进生长所需营养物质的转运。

　　Kolber 等（2000）发现了另一类光能异养生物存在的证据。他们发现该细菌的荧光会在闪光灯闪烁时作出回应，这就像那些光营养型的 α–变形菌（红杆菌和红螺菌，属于典型的紫色光合细菌，它们实际上是光养生物而非自养生物），它们总是出现在东部热带太平洋浮游细菌群落中。在寡营养盐水体中，它们发出的荧光比相同样品中浮游植物的荧光还多 5%。现在已知这些细菌是好氧不产氧光合（AAP）细菌：它们需要氧气(好氧)，但并不通过它们简单的光合系统反应中心产生氧气(不产氧)。这两类光能异养菌(SAR86 与 AAP)在海洋中扮演着多重要的角色还需要进一步研究。细菌视紫红质基因可在约半数的海洋细菌基因组内找到，但是，AAP 细菌在寡营养海域通常占到细菌群落的 1% ~ 7%，在生产力高的海域占原核生物的比例高达 30%(Koblizek，2011)。因此，光能异养菌可能在海洋中扮演着重要角色，但是它们的作用到底有多大还有待确定。

可充分进行光合作用的蓝细菌(如聚球藻)出现在 SSU rRNA 基因克隆文库中一点也不奇怪，但这些蓝细菌的丰度低于未被培养的细菌。海洋放线菌(革兰氏阳性细菌)在 SSU rRNA 基因克隆文库中约占 7%。虽然与它们亲缘关系近的一些放线菌可在各种各样营养丰富的基质中生长，但这并不能为它们在海洋环境中的活动提供太多线索。揭示那些未被培养、但数量众多的细菌的生态学功能仍是当前海洋微生物学研究中非常活跃的方向。

5.3 浮游古菌的分布和分子系统学

除浮游细菌外，还有浮游古菌。古菌的 SSU rRNA 克隆也出现在原核浮游生物鸟枪法构建的 DNA 信息库中。然而，对古菌的相对重要性更好的定量评价方法来自古菌特异性分子探针的使用(如 DeLong 等，1999)。其研究过程大致如下：水样被适当地保存，加入可以穿透细胞壁进入原核细胞的多聚核糖核苷酸探针；当探针与目标 RNA 序列特异性结合时，贴敷于黑色背景滤膜上的目标细胞就会在荧光显微镜下发出荧光，该技术称为荧光原位杂交法(FISH)，见彩图 5.1。Karner 等(2001)发现，在 100 m 深度内的水体中，古菌只占原核生物很小的一部分，但是在水深超过 100 m 的水层，古菌的最大密度可以达到每毫升 10^5 个细胞，并且在真光层以下，古菌约占原核生物丰度的 20%。

目前，对古菌在近海和远洋中的分布和活动的认识进展很快。使用探针和生物标记，古菌在所有海洋和周边海域的分布情况都已被研究记录下来。主要发现如下：(1)在丰度测定中，先前被算作细菌的一部分原核生物实际上隶属于古菌；(2)水体中的泉古菌通常占到原核生物生物量的 10% ~ 20%，且通常泉古菌比广古菌丰度高很多；(3)随着水深的增加，泉古菌对原核生物生物量的相对贡献也会增加。广古菌包括许多产甲烷类群，并且它们在沉积物中远比在水体中的丰度高。

显然，古菌在海洋中的分布非常广泛。它们的代谢功能是什么？与细菌的代谢功能相比的话，它们的代谢能力又如何？Ouverney 和 Fuhrman(1999)的研究表明，像许多细菌一样，泉古菌可以吸收游离的氨基酸，这表明了它们是异养型生物。地球化学家提供的证据表明泉古菌可能具有完全不同的作用。Pearson 等(2001)通过观察 1961 年和 1962 年秋天稳定同位素和核弹爆炸实验产生的放射性 ^{14}C 的详细分布，来区别沉积物中碳的来源。在圣巴巴拉市和圣塔莫尼卡盆地不同的脂类标记物被用于测定浮游植物、浮游动物、细菌、古菌以及陆源碳对沉积物中碳的相对贡献率。大多数的脂类标记物来自海洋真光层的初级生产或对初级生产的异养消费。然而，类异戊二烯（只在古菌中存在的醚键连接的脂质）中丰富的 ^{14}C 随着时间推移没有任何变化（即在核弹爆炸前和爆炸后的水平基本一致），这个结果说明沉积物中古菌的碳源并不是来自大气，因此，在真光层以下的黑暗水域中，古菌行化能自养生活。Venter 等（2004）在马尾藻海首次探测到古菌的氨氧化基因，并且 Francis 等（2005）使用 PCR 技术证明了这些古菌的基因在海洋水体和沉积物中广泛存在。

Wuchter 等（2003）发现北海自然菌群中的古菌可以不依赖光而吸收 ^{13}C 标记的碳酸氢根并将其整合进醚键膜脂质中，确证泉古菌属于自养生物。对一种纯培养泉古菌的研究也表明其是自养生物，可以将铵盐氧化成亚硝酸盐。泉古菌的丰度与亚硝酸盐的浓度呈正相关，古菌的氨氧化酶也被检测到，这些都表明泉古菌可能在海洋氮循环的硝化过程中发挥作用。之前人们一直认为负责海洋硝化过程的只有属于 β-变形菌和 γ-变形菌这两类细菌，直到 Wuchter 等（2006）发表北海时间序列的实验结果：古菌氨氧化基因的丰度和铵盐浓度呈负相关，和泉古菌的丰度呈正相关。细菌的氨氧化基因丰度比古菌的低了 1～3 个数量级。他们的实验结果和基因组研究（Walker 等，2010）都表明古菌在海洋硝化过程中起主要作用。

Ingalls 等（2006）测定了天然放射性碳在 DIC 和泉古菌醚键膜脂质中的含量，依此分析比较海洋表层和中层水中古菌利用的碳源。表层水中 DIC 的 Δ^{14}C 值（+71‰，以一种草酸为参照标准，见框 9.1）与古菌脂质（+82‰）的很接近，这表明古菌脂质来对 DIC 的利用或者来自新生产的 DOC。海洋中层水 DIC 的 Δ^{14}C 值和古菌脂质中的值分别为 −151‰和 −77‰，这表明海洋中层水中的古菌利用的 DIC 来源更古老（更深）。Ingalls 等（2006）计算出 83% 的古菌是自养的而非异养。这表明古菌群落要么是自养型和异养型共存的，要么它们就是混合营养型。在海洋中层水以下的深度上，古菌的氨氧化酶基因和碳固定基因丰度随着水深的增加而显著降低（Agogue 等，2008）。尽管古菌同时存在于两个水层分区中，但显然它们在两个区域中具有不同的代谢和生态功能。在海洋中层水中，古菌主要司自养，将碳酸氢盐作为碳源，将氨作为能量来源。海洋中层水的化能自养过程所固定的碳量是真光层年初级生产量的 1%（Ingalls 等，2006），这对更深水域的碳收支做出了重要贡献。此外，如果古菌是依靠氨氧化提供能量来进行自养的，那么这些生物会消耗超过 $1.2\,Gt \cdot a^{-1}$ 的 N 来生成 NO_2^-。这一估算足以对真光层以下的所有硝化反应的第一步（氨氧化过程）作出解释。

在深海（1 000 m 以下）海水中基本检测不到氨，因此，深海古菌可能利用有机物生存，司异养。深海古菌的基因组比浅水区的古菌基因组大（这表明它们的生活方式属于机会主义者类型），同时也有保留许多与表面附着有关的基因，例如菌毛基因（附着在表面的毛发状附属物）和胞外酶基因。Baltar 等（2009）发现了在 1 000 m 以下的悬浮颗粒物与电子传递活动有很强的相关性，更进一步说明了深水区原核生物的活动主要位于悬浮颗粒上。细菌和古菌对深海区的碳氮代谢的相对贡献还有待证明。

5.4 真光层中细菌的丰度与生产量

由于最丰富的海洋细菌是不易培养的，因此，微生物学家转而检测海水细菌群落整体的活性，力图估测每毫升海水中约 10^6 个细菌的代谢情况及产生了多少新的细菌生物量。大多数这方面的测定技术涉及细菌对放射性标记底物的摄取与代谢。另一种手段则是测定细菌对氧气的消耗，由此评估它们的呼吸作用。应用最广泛的细菌生产量测定法是以 DNA（Fuhrman 和 Azam，1982）或蛋白质（Kirchman 等，1985）的合成为基础，目前一般首选蛋白质方法（见框 5.1）。

"现场试验"证明了氚化胸腺嘧啶（TdR）的摄取（一种检测 DNA 合成的方法）和细菌丰度存在着一定的比例关系。1988 年 5 月，一支探险队在经历一场猛烈的风暴之后到达阿拉斯加湾，这场风暴使水体得到了充分的混合，也使表层水中细菌的丰度降低至不足平时的一半。Kirchman（1992）连续 21 天测定了细胞数量和氚化胸腺嘧啶的吸收情况（图 5.6）。细菌丰度变化并非呈指数式增长，大概是因为摄食行为在一定程度上抵消了细菌的增长。但是，有整整 15 天细菌对 TdR 的摄取和细菌丰度是成比例的（因此，在这个阶段细菌群体数量是增长的）。这表明风暴之后新增的细菌都分裂旺盛，而且在这段时间内细菌生产率超过了被摄食率。

如框 5.1 所示，通过转换系数 [TCF，平均值为 2×10^{18} 个细胞（mol TdR）$^{-1}$] 可以将 TdR 结合率的单次观测值转变为细胞增长量。细菌的增长数目乘每个细胞的有机碳含量就可以直接估算出新生产的生物量，然后再与细菌现存生物量做比较。Lee 和 Fuhrman（1987）发现细菌体含有机物的密度与细胞体积呈负相关关系（图 5.7），这有点令人意外。这样一来，单个细胞的含碳量大概稳定在 20 fg（即每个细胞含 2×10^{-14} gC）。对远洋环境而言，许多人认为这个单细胞含碳量有些偏高。不过，大多数单细胞含碳量估计值在 $10 \sim 30$ fg。需要注意的是，一般每升 10^9 个细菌的细胞丰度仅意味着含有 10^{-6} gC，即 $1 \ \mu g \cdot C \cdot L^{-1}$。

将细菌的直接计数转化为细菌的含碳量及将 TdR 或亮氨酸的结合量转化为细胞的生产量之后，浮游细菌生物量和细菌生产率之间的粗略关系就显现出来了。例如，Billen 等（1990）和 Ducklow（1992）把细胞数量转化成生物量（每个细菌细胞含 20 fgC），然后以转换结果与生产率数据作图（图 5.8）。正如 Thingstad（2000）等所提出的，系统的营养丰富度大致决定了细菌的整体生产率。因此，从亚热带环流的寡营养海域到营养最丰富的河口，TdR 摄入量平稳增长，但细菌数量和新细胞生产率（TdR 摄入量）之间并没有必然的关系。在一个适宜的系统中，不同位点的细菌生物量可能是相同的，但细菌的周转率也可能存在很大的差异，在现实中这种情况不会出现。在大多数情况下，细菌生产量的变化反映了细菌现存生物量的变化（图 5.8）。显而易见的是，营养丰富的生境可以供养更多的细菌。对此，Thingstad（2000）给出了更加细致的解释：细菌生物量范围包含 $2 \sim 3$ 个数量级，而细菌的生产量范围却包含 5 个数量级。实际上，细菌数量和细菌生产量的曲线在右侧向上弯曲：营养越丰富的海域，

框 5.1　细菌生长率的测定

胸苷(thymidine)是 DNA 复制必需的组分，用氚([³H]－thymidine，缩写 TdR，胸腺嘧啶脱氧核糖)标记后，加入海水样本中。之所以选择胸苷是因为胸苷不能被用于合成 RNA，而其他三种核苷酸则可以。也有证据表明，在短暂的培养期内，真核生物或蓝细菌几乎不吸收低浓度(nmol/L 级)的胸苷。因此，它可以用来准确地表征异养细菌的活动，故不需要在测量前用大的微孔滤膜来过滤水样以去除非细菌生物，这样就可避免过滤带来的干扰。假定胸苷中的氚被吸收且没有被代谢返回到培养基中。在模拟自然条件下(温度和光)，经过短时间的培养后，用孔径非常小的过滤器把细菌过滤出来，再做放射性检验来观察它们体内氚的活性。吸收的 TdR 数量是检测细菌繁殖的指标。实验结果与标定对比如下：先将培养液用约 1.0 μm 孔径的滤膜过滤掉海水样品中的摄食者，再用约 0.2 μm 孔径滤膜过滤后的无菌海水稀释(一般稀释比例为 9∶1)。接下来，在自然温度和自然光的设定条件下，在几天到一周的培养期内，细菌增加的数量被逐一直接计算出来。在整个培养期内，培养样本中 TdR 的摄取量被反复检测。假定细菌呈指数型增长，可用直接计数方法获得细菌生长率，$dN/dt = \mu N$。随着时间的变化，TdR 的吸收速度 $v(t)$(单位：mol/h)将会与 dN/dt 成正比。

$$v(t) = \frac{dN/dt}{C} \qquad (框式 5.1.1)$$

式中，C 为细胞 mol^{-1} TdR。Kirchman 等(1982)对盐沼水中细菌的研究清楚地展示了此关系(框图 5.1.1)，其他一些经验公式也可使用。对众多研究过的海水样品来说，C 的总平均值为 2×10^{18} 细胞 mol^{-1} TdR(Ducklow 和 Carlson，1992)，范围为 $(1 \sim 4) \times 10^{18}$。

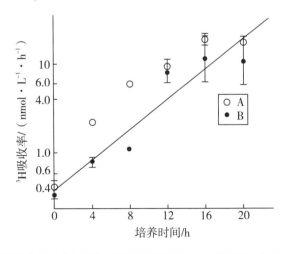

框图 5.1.1　稀释后的海水样本(实际来自马萨诸塞州的一片沼泽地)中的细菌吸收氚化胸腺嘧啶的速率呈递增趋势

图上的每个点代表一个相对短时期的吸收量。A 和 B 来自重复试验。在相同的时间间隔，每毫升的细菌数量从 1.6×10^{5} 增加到 3.0×10^{6}。(Kirchman 等，1982)

细菌数量和细菌生产量之间的比值越高，因此，与寡营养海域相比，细菌的生产率与被摄食率的耦合在富营养水体中并没有那么紧密。

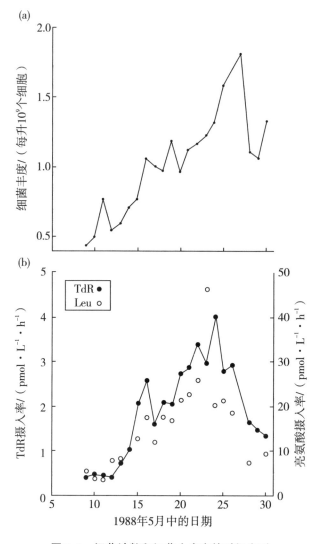

图 5.6　细菌计数和细菌生产率的时间序列

（a）近表层水的细菌计数的时间序列；（b）按时间顺序在阿拉斯加湾的一个远海站点（50°N，145° W）用两种测定方法获得细菌生产率的时间序列数据。强暴风增强了水体混合，稀释表层水并降低细菌数量之后，细菌丰度持续增长。细菌丰度和代谢活性之间有密切的关联性，表明细菌生长率非常稳定。（Kirchman，1992）

除了利用 TdR 方法研究细菌数量的增长之外，也可以用其他标记后的底物来研究细菌生物量的增长，最常见的就是[3]H 标记的亮氨酸。培养之后，在 TCA 和乙醇中清洗细菌细胞，去除可能已被细胞吸收但还未形成大分子的放射性基质。只有那些已经整合进蛋白质的亮氨酸才会在计数时发出荧光，因此可以用来测定细菌生长率。由

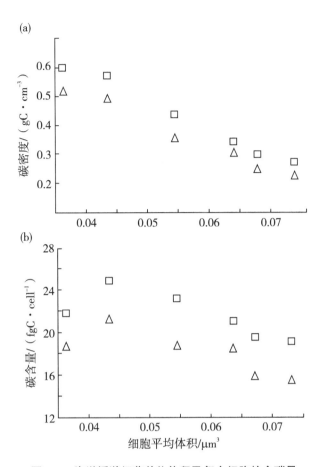

图 5.7　海洋浮游细菌单位体积及每个细胞的含碳量

（a）海洋浮游细菌的碳密度（g·cm⁻³）与细胞体积之间的关系。（b）负相关关系使每个细菌细胞的含碳量在 20 fg 左右。（Lee 和 Fuhrman，1987）

于亮氨酸、胸苷参与不同的生化过程，因此，这两种方法测定的亮氨酸吸收率和胸苷吸收率不一定相关。有时候这两个吸收率高度相关（图 5.9），有时候却没有任何联系。当亮氨酸与 TdR 摄入率之比为 10 时，细菌均衡生长，即细菌合成蛋白质和 DNA 的速率大致相同（Ducklow，2000）。根据 Kirchman 的研究（1992），尽管南极洲（图 5.9）和亚北极太平洋（图 5.6）有季节和地区的差异，但数据显示亮氨酸与 TdR 摄入率之比维持在 10 左右。在某些区域，亮氨酸与 TdR 摄入率之比有很大变化，这些需要小心解释（Sherr 等，2001）。

　　细菌可以利用一系列的溶解性有机物，通过显微放射自显影结合荧光原位杂交技术（MICRO－FISH），可以测定细菌群落中不同类群对 DOC 吸收的相对贡献。Cottrell 和 Kirchman（2000）发现在特拉华湾河口，没有一个细菌类群能在所有 DOM 的消耗中占优势，因此，细菌群落的高度多样化对水中复杂 DOM 混合物降解是非常必要的。Cottrell 和 Kirchman（2003）也使用 MICRO－FISH 比较特拉华湾主要细菌群落对

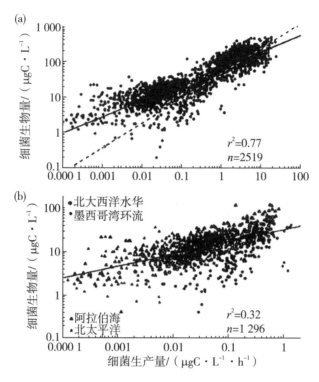

图 5.8　细菌生物量与细菌生产率的比较

（a）开阔海域和切萨皮克湾的站点，后者的生产率大多高于 1 μgC·L⁻¹·h⁻¹。（b）仅开阔海域（同样在图 a 中也有显示）。图中直线由最小二乘方拟合而得。（Ducklow，1992）

TdR 和亮氨酸的摄取，并发现在含盐量大于 9 psu 的水域，α-变形菌是对底物表现出利用活性的主要菌群，然而在淡水水域，β-变形菌起更重要的作用。Del Giorgio 和 Gasol（2008）综述了主要细菌类群利用底物的研究成果，认为通常情况下整个菌群中只有 10% ～ 60% 的类群会积极吸收所给底物。因此，在任何给定的时间点，细菌群落中只有一小部分类群会积极利用某种特定的底物。

5.5　细菌的呼吸和生长效率

对不同粒级浮游生物样本的研究表明，海洋浮游生物群落的呼吸作用大部分来自小于 1 μm 粒级的生物，即水体呼吸作用大部分是来自异养细菌的活动。异养细菌消耗了多少初级生产量？通过 TdR 摄取量（或亮氨酸摄取量）估算细菌生产量，再利用碳摄取量估算初级生产量，就可以清晰地做出对比。如果两种测量内容都是在同一站点使用同样的水样完成的，那么细菌生长的重要性可以与该生态系统的自养活动进行对比。Ducklow（2000）收集了许多来自海洋真光层且满足上述原则的比较结果（见表 5.1），得到多个估算值后再进行平均化处理，得出结论：在大多数的生境中，细菌生产量与初级生产量的比率为 10% ～ 25%。细菌生长效率（*BGE*）是生物量的增量或

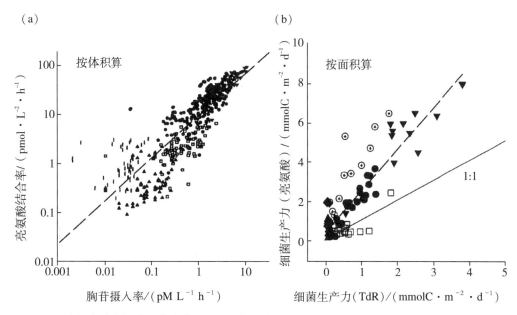

图 5.9　南极水域中浮游细菌胸苷摄入(细胞分裂率的一种测量方法)和亮氨酸摄入(蛋白质合成的一种测量方法)的相关性

(a)真光层单个水样比对的结果；(b)真光层垂直累积的比对结果。图(a)中的虚线是 10:1。细菌生产率(mmolC·m⁻²·d⁻¹)的垂直累积是用经验性转换因子计算而得的。图中标志符号代表来自不同季节的航次样品。(Ducklow 等，2001)

生产的生物量(BP)与生长所需的总碳量的比值，其中，生长所需的总碳量为 BP 与细菌呼吸量(BR)之和，即 $BGE = BP/(BP + BR)$。在相对短(小于 36 小时)的培养期内或稀释的培养液(见框 7.5)中，由同步测量的细菌的呼吸量和细菌的净产量来计算 BGE。在自然水生生态系统中，BGE 值的范围通常是 0.05 ～ 0.5。BGE 和浮游植物生产量之间有很强的正相关关系(del Giorgio 和 Cole，2000)。在寡营养水域，BGE 的值小于 0.15，然而在生产力较高的环境中，BGE 的值接近 0.5。

表 5.1 开放海域浮游细菌与浮游植物的属性

属　性	北大西洋	太平洋赤道区（春季）	太平洋赤道区（秋季）	北大西洋亚北极区域	阿拉伯海	夏威夷附近	百慕大群岛附近	罗斯海
真光层深度/m	50	120	120	80	74	175	140	45
生物量/(mgC·m^{-2})								
细菌	1 000	1 200	1 467	1 142	1 448	1 500	1 317	217
浮游植物	4 500	1 700	1 940	1 274	1 248	447	573	11 450
细菌：浮游植物	0.2	0.7	0.75	0.9	1.2	3.6	2.7	0.02
生产量/(mgC·m^{-2}·d^{-1})								
细菌	275	285	176	56	257	nd	70	5.5
浮游植物	1 083	1 083	1 548	629	1 165	486	465	1 248
细菌：浮游植物	0.25	0.26	0.11	0.09	0.22	nd	0.18	0.04
生长速率/d^{-1}								
细菌	0.3	0.13	0.12	0.05	0.18	nd	0.05	0.25
浮游植物	0.3	0.64	0.8	0.5	0.93	1.1	0.81	0.11
细菌：浮游植物	1	0.2	0.15	0.1	0.19	nd	0.06	2.3

nd 表示无数据。所有存量均以每个细胞中含 20 fg 碳为依据计算。（Dacklow，2000）

5.6　通过溶解有机物（DOM）进行的食物链传递

如果细菌生产力占初级生产力的 10% ～ 25%，那么，即使细菌在生长效率足够高的情况下能将 30% ～ 35% 的初级生产用于生长和代谢，浮游植物细胞也会向海洋中（直接或间接地）释放（如通过摄食或病毒裂解）大量光合作用产物，用量化光合作用的 ^{14}C 摄取技术很容易检测出来。将 ^{14}C 标记的碳酸氢盐加入真光层海水样本中，随后放在自然或模拟自然温度和照明的环境中进行培养。将海水样本中的浮游植物过滤到滤膜上，通过测定其中的 ^{14}C 含量就能估算出初级生产力。保存滤液，并对其进行酸化，以除去其中的二氧化碳及示踪物（碳酸氢根）。向处理后的水样中加入荧光染料，那么，酸化后仍能保留下来的溶解性有机物（DOM）中的 ^{14}C 就可被检测出来。在自然水体中，DOC 只占吸收的一小部分，颗粒碳所占的比例从百分之几到 80%。在营养盐受限的条件下，较高的 DOC 值出现在藻华的高峰期或末期（Wetz 和 Wheeler，2007）。这个现象被认为是由于碳水化合物的不断产生造成的，而这些物质的生产并不受氮、磷供给的限制。事实上，当释放的 DOM 在初级生产量中占很大一部分（如 Biddanda 和 Benner，1997）时，DOM 中的（小分子和大分子聚合的）碳水化合物的占比也较高。总平均值接近这个范围的下限，大约为 13%（Baines 和 Pace，1991）。聚合物类的分泌物被称作透明的胞外聚合物或 TEP（Alldredge 等，1993）。当细胞膜内有机物浓度比膜外水体中的浓度高出近百万倍时，细胞释放出一些 DOM 也是一个必然的结果。

初级生产量的 13%（平均）还不能满足细菌生产和呼吸对 DOM 的需要，因此，细菌的生长必需有其他有机物来源（William P. J. L.，1981）。DOM 需求的缺口可能大部分由原生生物和更大的浮游动物摄食期间流失到水中的 DOM 来弥补。Strom 等（1997）发现 16% ～ 37% 的被摄食的浮游植物碳迅速转化为 DOC。原生生物对食物消化不完全，因此，食物泡中的残留物会返回到水里。桡足类、磷虾和其他中型浮游动物在捕食和消化过程中会使猎物细胞破裂，因此在嘴边的食物会直接损失部分 DOC 返回到水里。浮游动物粪球也会溶出 DOC，有些则来自动物的分泌产物。大部分时间内，浮游植物的增长几乎被捕食作用所"平衡"掉，摄食过程中 DOM 的转移可能已足够弥补 DOM 生产。这种平衡意味着约 100% 的初级生产量被吃掉，因此，摄食者产生的 DOC 约占初级生产量的 16% ～ 37%。若加上浮游植物直接释放的 13%，那么，进入水体的 DOC 总量约占初级生产物量的 29% ～ 40%。水体 DOC 的另一来源可能是病毒对细菌的裂解（"再循环 DOC"）及对浮游植物的裂解。细菌被原生生物捕食时的损失也会带来一些 DOC，形成 DOC 循环（从 DOC 到细菌再到 DOC）。以上计算流程涉及的数据有很多不确定性，这说明 DOC 循环大致是平衡的。例如，不需要从河流中输入大量的 DOC 来维持 DOC 的平衡。在近海，初级生产量通常大于异养细菌对碳的需求量，但是在寡营养盐水域，细菌对碳的需求量等于或大于当地的初级生产量（Duarte 和 Regaudie-de-Gioux，2009）。

大约50%的细菌生产活动(利用DOC)是在上层水体中进行的。另外一半细菌的异养生产和大多数的古菌生产则发生在中层和深层水中(即黑暗海洋，dark ocean)。在黑暗海洋中，大多数细菌生产量依赖于沉降或悬浮的颗粒有机碳(POC)，而不是依靠真光层向深层输出的DOC(Aristegui等，2009)。在这些环境中，细菌中的很大一部分是附着在颗粒物上的。颗粒物在胞外酶的作用下释放出生物可利用的DOM(异养原核生物主要的营养基质来源)，这是POC被利用的主要方式。海洋中层和深海的细菌比真光层中的细菌具有更大的基因组、更高的单细胞呼吸活性。像深海的古菌一样，这些中层、深水细菌还拥有用于表面附着生活的一系列基因(Robinson等，2010)。外切水解酶酶解释放出溶解性物质的速度要快于附着性细菌对这些物质的吸收速度，有一部分酶解产生的DOM也提供给了非附着生活的原核生物(Aristegui等，2009)。

5.7 溶解性有机物(DOM)和颗粒有机物(POM)的化学特性

DOM和DOC都是基于实践操作上的定义，专指那些能够通过最小孔径滤膜的有机物(或有机碳)。测定DOM时使用的滤膜孔径为$0.2 \sim 1$ μm(Benner等，1993)，其中经常使用的是孔径0.7 μm的玻璃纤维滤膜，主要是因为这种孔径的滤膜价格便宜，并且很容易清洗。最近的研究也使用孔径小至0.01 μm的过滤膜(Poretics®)，但是孔径小于0.2 μm的滤膜实际用得不是很多，因为使用特小孔的滤膜很难处理大量的水样，据说还会截留胶体悬浮液中的颗粒。有些活细菌，如SAR11粒径比0.7 μm还要小，而且数量庞大，但与海水中真正的DOM相比，这些小细菌含有的有机物还是很少的。因此，不管是使用孔径0.7 μm还是0.02 μm的滤膜，测定出DOM的结果区别不大(Williams P. M.等，1993)。全球海洋中所有的DOC含量大约是6×10^{17} g(Hedges，1992)。这个量级与海洋中的总无机碳(完全氧化态，达到平衡时的CO_2、HCO_3^-和CO_3^{2-}总和，是海洋中最大的生物可利用活性碳存在形式)的含量3.8×10^{19} gC相比，算是很小的。尽管如此，海洋中DOC的含量几乎和大气中CO_2的含量相当。大多数DOC不是特别活跃，因此不能直接为细菌提供营养。细菌的活动依赖于吸收与代谢DOC中大约1%的部分，因此，这部分DOC的周转非常迅速。在海洋表层水中，DOM浓度呈现季节性的周期变化(Williams P. J. L.，1995)，这表明其中一部分DOM(被称为半活性DOM)的周转时间属于中等水平，约几周到几个季度，而不是几小时到几天。在热盐环流的太平洋深部末段，DOM中放射性碳的年龄高达6 000年。因此，这些DOM非常稳定(很难被细菌代谢利用)，周转周期也很长。目前，还不太清楚这些深海DOC的去向。

在全球有机碳库中，海洋DOC的总量还是相对较大的，但DOC在海水中的浓度仍然非常低，大约只有$30 \sim 150$ μmol·L^{-1}(约1 mg·L^{-1})，较高浓度多见于近表层和近海岸的水体，较低浓度在深海水域(Benner，2002)。由于受到污染物、高空白背景值(完全不含有机碳的水样很难制备)、器壁吸附、样品保存等问题的影响，

DOC 浓度的准确测定还是很困难的。目前标准的测定方法是：将水样酸化，除去碳酸盐后对其中的有机物进行高温氧化（HTCO），DOC 转化为 CO_2 后，再利用红外光谱对 CO_2 进行测定。积累大量的 DOC 然后分析其组成成分也是非常困难的事情，我们对海洋惰性有机物的定义也缺少适当的标准。即使这样，DOC 的研究工作仍然取得了一些进展。Aluwihare 等（1997）通过透析及切向流超滤（0.1 μm 孔径）技术将海水中的高分子量 DOC 进行了浓缩，发现它们占 DOC 的 30%，它们中的 80% 属于高聚合态的碳水化合物，包括许多结构简单的糖类。溶解性有机氮（DON）的浓度范围为 3.5 ~ 7 μmol·L^{-1}，已经确定的成分包括氨基酸和氨基糖，但是大多数 DON 的结构组成仍有待鉴定（Benner，2002）。出现在 DOC 和 DON 中的"细菌标志物"组分包括甲基化糖、氨基糖、D－氨基酸以及胞壁酸（Benner，2002）。将 D－氨基酸和胞壁酸作为标记物，Kaiser 和 Benner（2008）估算出约 25% 的 POC 和 DOC 以及 50% 的 PON 和 DON 都来自细菌残留物。没有迹象表明海水中惰性 DOC 来自陆源碳，比如木质素和腐殖酸（Hedges 等，1997）。

5.8　微生物食物网中的营养盐再生

营养盐再生（尤其是有机氮矿化成铵盐，有机磷矿化成磷酸盐）是微生物食物网中的一个重要过程。这些营养物质可以被细菌直接释放，或在摄食过程（摄食遗漏，sloppy feeding）、病毒裂解细菌和原生生物的过程中释放出来。释放速率可以通过控制食物源的培养过程测量出来，也可通过比较食物源和细胞组成中的元素比率来预测释放速率。当细菌吸收的 DOM 的 C∶N 值小于 4.5 时，细菌会释放出铵盐；当吸收的 DOM 的 C∶N 值大于 6.6 时，细菌会吸收铵盐（Goldman 等，1987；Kirchman，2000）。关于铵盐再生过程中细菌和原生生物的相对作用问题仍存在一些争议。细菌和原生生物都可以释放铵盐，但总体上细菌吸收与释放铵盐的量相差不多（Kirchman，2000）。因此，对于其他生物类群（尤其浮游植物）而言，铵盐的可利用度似乎取决于异养原生生物的活动（摄食）。

5.9　菌食者：摄食细菌的原生生物

海水中含有各种不同类群的细菌。这些细菌都是什么、正在做什么、是否都具有代谢活性都不清楚，但是相关研究已经取得了一些进展。因为 TdR 或亮氨酸吸收法估测出的细菌生产量远高于水体中细菌的存量，所以必然存在能以接近细菌增长的速率将细菌不断去除的机制。细菌的去向有三种可能：一是新生的细胞中有一半在分裂时死亡，但目前还没有证据能证明这一点；二是细菌的被摄食率和它们的生长率几乎相等；三是病毒裂解大量细菌细胞，并成为常态。其中，后两种解释比较靠谱。

海水中有种类繁多的菌食性原生生物（Sheer 和 Sheer，2000）。这些以细菌为食的原生生物可以从系统进化的角度来进行分类，也可以通过功能进行分类。在实际应用中，这两个分类方案都经常被用到。海洋环境中菌食性原生生物数量最多的类群是异养微型鞭毛虫(heterotrophic nanoflagellates，"HNAN")，其细胞大小为 2 ～20 μm。大多数属于"不等鞭毛类"(heterokont)，有两条在功能与结构上都不同的鞭毛。菌食性原生生物隶属于很多不同的系统进化类群，在形态、鞭毛排布、摄食方式上也各不相同。Sherr 和 Sherr(2000)列举了一些最为常见的类群：金藻、双并鞭虫、金须藻、金胞藻、领鞭虫、波豆类鞭毛虫和一些小纤毛虫。所有这些类群都摄食细菌，包括自养细菌(蓝细菌)，很多种类也吃与自身大小接近的小型浮游植物。另外，一些具有鞭毛的浮游植物，尽管作为自养生物，但也可以吃细菌。定鞭金藻(如颗石藻类)、青绿藻(如微胞藻)以及腰鞭毛虫类中就有一些属于这样的"混合营养型生物"。

菌食性原生生物都会面临着一个严峻的问题：如何在海水中寻找细菌。每毫升海水 10^6 个细菌是一个很大的数字，但细菌直径只有约 0.6 μm，它们的体积只占水体体积的百万分之零点一，原生生物的感知与摄食胞器相对又小，因此，要捕获细菌获取足够的营养，原生生物必须过滤处理大量的水。原生生物通过自身游泳及口区水流的转移来收集并吞食细菌体，每小时可清除约 10^5 倍于自身体积水量中的细菌(Hansen 等，1997)。原生生物也可以通过化学信号来搜寻食物颗粒。颗粒捕获和化学传感的确切机制仍在探索中(Strom，2000)。

用于测量单细胞和整个原生生物群落对细菌的摄食率的方法有多种。应用最广泛的是荧光标记细菌技术(见框 5.2)。整个原生生物群落的细菌摄食率则可使用连续稀释法来估测。用无菌水按不同的比例将海水样本稀释成几个不同的浓度级。每个细菌的净增长率(增长量减去被摄食量)随着稀释程度的增加而增加，这是因为被稀释过的摄食者需要搜寻更大体积的水来捕食猎饵。根据海水浓度变低后细菌增长率的相对增加量来计算摄食率(此时细菌和摄食者的密度都较低)。通常水体原生生物总体的细菌摄食率为每小时 3% ～ 5% 的水体细菌总数(Vaqué 等，1994)。这个摄食量占每天细菌生产量的 25% ～ 100%。

框 5.2 摄食者的摄食速率

通过喂食经荧光标记的已死亡的或不分裂的细菌(FLB)，可以测定单个摄食者对细菌的摄食速率(Sherr 等，1987)。短暂的培养之后，用荧光显微镜检查单细胞原生生物，对其体内的标记细菌进行计数。取多个细胞的平均值可得单位时间内每个摄食者对细菌的摄食率 I。已知荧光标记细菌浓度[FLB]，即每毫升FLB 的数量，那么对细菌的清除率为 $C = I/[\text{FLB}]$，即单位时间内每个细胞摄食者清除水样的毫升数。如果假定自然菌群中各个细菌以相同的清除率被摄食，那么这一结果就可以被应用到群落中。然而，研究证明摄食者会选择性地捕食正在运动的颗粒而不是加热灭活后的静止颗粒(Gonzalez 等，1993)。通过基因工程使绿色荧光蛋白在活菌中表达，利用这样标记后的细菌也可测定菌食者的摄食率(Fu 等，2003)。

来自一个峡湾的时间序列数据表明原生生物控制着细菌数量，如图 5.10 所示（Anderson 和 Sorensen，1986）。异养微型鞭毛虫和细菌的数量此消彼长，极好地反映了这种经典的掠食 - 猎饵种群的循环，以及捕食者 - 被捕食者关系。Calbet 和 Landry（1999，2004）使用不同孔径的滤膜进行实验，进一步展示了微型生物（尤其是光合营养型原生生物）之间的摄食关系。他们分别对海水原样，孔径 1 μm、2 μm、5 μm、8 μm、20 μm 过滤后的滤液进行培养，并测定了细胞直径约 1 μm 的自养原绿球藻和大多数直径小于 1 μm 的异养细菌的净增长率（μ =增长量 - 被摄食量）。结果见表 5.2。

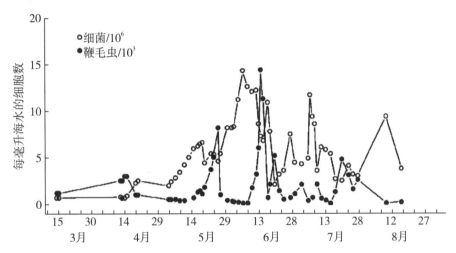

图 5.10　浅海峡湾（利姆峡湾，丹麦）中浮游细菌及食菌型微型鞭毛虫丰度的时间序列

图中的点表示 1 ～ 2 m 水深的细菌丰度的平均值。图中出现了典型的捕食者与猎饵丰度的反向互补振幅关系。（Anderson 和 Sorensen，1986）

表 5.2　不同粒径分级后滤液中细菌的净生长速率

粒径分级样品	每天的净生长率/d^{-1}	每天的净生长率/d^{-1}
	原绿球藻	异养细菌
对照组	+0.20	-0.04
<20 μm	+0.15	-0.06
<8 μm	-0.11	-0.10
<5 μm	-0.40	-0.18
<2 μm	+0.04	-0.06
<1 μm	+0.09	-0.03

请记住，只有单细胞体积最小的那部分微生物（即那些可以通过 1 μm 孔径滤膜的细菌）生长率被测定了。孔径 20 μm 和 8 μm 的滤膜显然可以除去那些以小细菌为食的捕食者，因此这些以细菌为食的类群就会持续增加，从而导致细菌的净增长率降

低。孔径 2 μm 和 5 μm 的过滤器不仅能除去细菌的捕食者，也会除去更大型的捕食者，因此菌体生长率再次增长，并且用孔径 1 μm 的滤膜过滤后，菌体生长率增长更为明显。对小于 20 μm 甚至小于 8 μm 的微型生物来说，肯定存在至少包含三个营养级的"营养级联"（trophic cascade）。Calbet 等（2001）的研究更进一步显示：通过营养级联可逐步影响到各营养级之间的相互作用。例如，从湖水中除去浮游藻类的一种方法是引进一种肉食性鱼类，这种鱼能吃掉以浮游动物为食的其他鱼类，然后浮游动物就不会被捕食，数量上升，大量捕食藻类从而使藻类减少。这个方法有时确实管用。

　　Storm（2000）对摄食细菌率与细菌生产率的比较研究做了很好的总结（图 5.11）：在细菌生产率低的情况下，即在寡营养或大洋环境中，细菌生长和原生生物摄食之间基本保持平衡；在富营养海域，尤其是近岸生境，几乎所有区域摄食率滞后于生产率，细菌的被摄食速度不如其增长的速度快。测定原生生物对细菌摄食率的这些方法并非完美，有时可能存在 1 ～ 2 个数量级的人为差异。另外，在稀释实验中，病毒也普遍存在，这样对结果的解释就更加复杂了。然而，有些结果还是大体可靠的：在近岸水域，控制细菌的另一个重要机制必定发挥了作用。

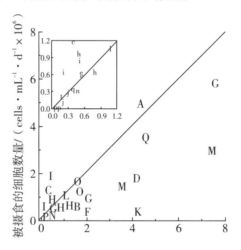

图 5.11　细菌生产率和摄食细菌率数据的比较

对于大多数寡营养的远洋水（左上角插图）而言，摄食细菌率和细菌生产率保持平衡，当细菌生产率较高时，通常会略超过摄食细菌率。（Strom，2000）

5.10　病毒、病毒裂解细菌及病毒回路

　　每毫升海水不仅含有约 10^6 个细菌，还含有约 10^7 个病毒。病毒丰度的测定方法为：用孔径 0.45 μm 的滤器过滤，然后放到电子显微镜网格（用塑料薄膜覆盖的铜线网格）上，应用透射电子显微镜（图 5.12）或落射荧光显微镜检测（Weinbauer 和 Suttle，1997；Chen 等，2001）。所有的病毒都依靠宿主细胞组件行寄生生活。结构上，

病毒粒子的外部是一个相对复杂的蛋白质外壳，内部则包裹由小 DNA 或 RNA 链组成的基因组。当病毒与一个合适的宿主细胞(如海洋细菌)相接触时，病毒的蛋白质外壳就会依附在其细胞表面，病毒基因通过一个特定的转运蛋白穿过细胞壁进入胞内。然后病毒基因组"劫持"宿主细胞的翻译与合成途径，用于病毒粒子自身的多次复制与组装，这些病毒复制品最终会裂解细胞并释放到环境中，然后循环往复地进行这个过程。大多数海洋噬菌体通过在宿主细胞内繁殖再裂解的循环感染模式来维持其群体。

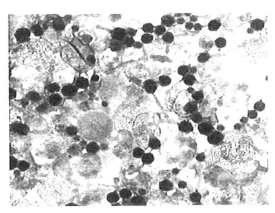

图 5.12　透射电子显微镜下的浮游病毒，可能多数是噬菌体

黑色的、像六边形的斑点是病毒的"头"。其中一些病毒与其寄主细胞的连接管道清晰可见。网状的、近圆形的结构可能是脱落的、用来包裹与细菌连接管道的蛋白质外壳(由 K. Eric Wommack 提供)。

　　Fuhrman 和 Noble(1995)用采自圣莫尼卡码头浅水区的细菌来研究噬菌体活性。利用类似细菌吸收结合 TdR 的方法，他们测定了细菌被病毒感染的水平(每个细胞中的病毒数量)。通过 FLB 法(荧光标记细菌法，见框 5.2)估测了原生生物对细菌的摄食率。他们对比研究了原生生物存在与无原生生物这两种情况，将标记细菌的 DNA 消失的速率在这两种情况下的差值归因于病毒裂解，发现原生生物捕食和病毒感染对细菌生长的平衡作用都很大。

　　水生病毒生态学领域的研究正在快速发展。早期有关水生病毒数量和活性的结果各不相同，一部分原因可能是使用的研究方法不同。病毒的丰度通常是利用 TEM(透射电子显微镜)、EFM(落射荧光显微镜)或 FCM(流式细胞术)测定的。测量病毒生产率使用最广泛的方法是"病毒减少和病毒生长"法，该方法与梯度稀释法类似。通过降低总的病毒丰度(包括病毒与宿主的接触几率)来减少新的病毒感染数量，这样就可以对已经感染的细胞中释放出的病毒粒子进行计数。用超滤器(孔径 0.2 μm)过滤水样，减少其中的病毒数量，接着给水样中添加自然存在的细菌和病毒，使这两者的浓度都减少至各自原始浓度值的10%。在 20 ～ 36 小时内频繁取样(每 4 ～ 6 小时取样一次)，可以测出细菌自然菌群在短期内被病毒感染的增长量。Winter 等(2004)发现病毒裂解通常发生在中午时分，病毒感染通常发生在夜晚(图 5.13)。在培养实

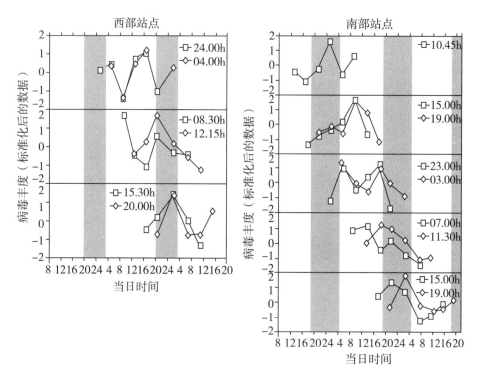

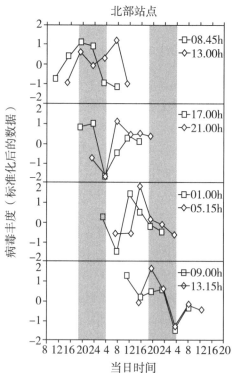

图 5.13　北海三个站点水样稀释后，病毒丰度随时间的变化情况

标准化丰度(各样品丰度用其与所有样品丰度平均值的差值来表示)，便于比较三个站点病毒丰度的相对变化。阴影部分代表夜间。出于清晰度的考虑，没有显示误差线。(Winter 等，2004)

验中观察到的两个峰值可能是由于存在两种不同的病毒－宿主系统或在收集样本之前存在两种不同感染事件。

显微镜分析（Weinbauer 等，2002）表明 2%～24% 的细菌细胞已被病毒感染，每天病毒裂解会清除掉 20%～40% 的原核生物（Suttle，2007）。在近海，病毒的生产率为 $1.2 \times 10^{10} \sim 2.3 \times 10^{11}$ 个病毒每毫升每天（Weinbauer，2004）。病毒的死亡受到非生物因素（如太阳辐射和温度）与生物因素（如细菌释放出的抑制性化合物）的控制（Weinbaure，2004）。病毒的衰退率（失去传染性）也可以通过实验测定出来，其范围为 $-0.05 \sim -0.11 \ h^{-1}$。在沿海水域，病毒的周转时间为 1.6 天，在大洋海域则为 6.1 天。

大多数（或全部）病毒具有宿主专一性，因此，病毒对细菌宿主的影响与宿主的丰度和活性、宿主和病毒的接触率密切相关。病毒感染率依赖接触率，因此，某类细菌在群落中丰度越高，这类细菌就越容易被病毒所控制。这促使了"杀死获胜者"假说的提出：病毒感染、裂解生长最快速的那些细菌，然后不那么丰富的细菌将成为群落中的优势类群。Thingstad（2000）的模型模拟了非选择性摄食的异养原生生物和宿主专一性病毒对快速增长细菌的裂解，发现模型能很好地解释细菌的多物种共存现象，以及细菌与病毒 1:10 的丰度比率。细菌与病毒以一种被捕食者－捕食者的关系展现出丰度上的此消彼长，但细菌和病毒总水平依然能保持相对稳定（图 5.14）。实验和现场数据支持了这一观点。然而，特定的宿主细菌及其病毒之间的波动只是从模型中推导出来，目前还没有被实验数据所证实。

病毒裂解细菌释放出的新病毒粒子（每个细胞为 20～50 个病毒粒子）加上主要由 DOM 组成的细菌细胞成分，这些占初级生产量的 25%，通过病毒回路再次进入水体。富氮、富磷的细胞组分可能提高碳和营养盐的循环速率。Wilhelm 和 Suttle（1999）估计病毒裂解可以满足乔治亚海峡（加拿大西部）水域 80%～95% 的细菌对碳的需求，而在全球范围内每年以病毒为介质释放的 DOM 大约有 3～20 Gt 碳。Middleboe 和 Jorgensen（2006）用海洋细菌（*Cellulophaga* sp.）和它的一个特异性病毒进行实验，测定了裂解释放出的溶解性游离氨基酸（DFAA）和溶解性结合氨基酸（DCAA）的数量，发现 DCAA 占释放的总 DOC 的 51%～86%，其中氨基葡萄糖和 DFAA 极少，每样都只占总量的 2%～3%。大多数（83%）释放出的物质会被其他存活的细菌所吸收。由于释放的物质中氮含量很高，有理由认为大量的氨基氮会被矿化成铵盐。Poorvin 等（2004）已经证明沿海水域中病毒造成的细菌裂解可释放出足够多的铁，可以支撑约 90% 的初级生产量。病毒裂解促进了细菌碳和其他组成元素在微型生物食物网内部的循环，而浮游动物对菌食性原生生物的捕食则将碳和其他元素向更高的营养级传递。

5.11　植食性微型浮游生物

直径为 20～200 μm 的较大浮游原生生物是主要的植食性生物（以浮游植物为

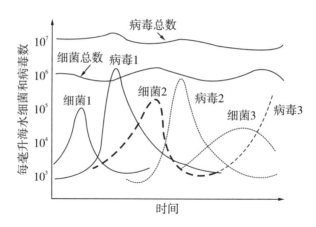

图 5.14 "杀死获胜者"假说的动力学示意

尽管细菌和病毒总浓度随着时间变化保持相对稳定，但是单个细菌和病毒株的浓度有显著的变化。当一种细菌(细菌 1)变得丰富时，可以感染这些细菌的病毒(病毒 1)将会针对性地裂解该宿主细菌。使细菌 1 的种群数量减少且病毒 1 的数量增加。但当宿主细菌数量下降时，缺乏宿主细胞来产生病毒 1，使病毒 1 的数量减少。由于病毒介入，宿主细菌的数量下降，这也给其他菌群(细菌 2)提供了生态位，给其他菌成为群落中优势菌创造了机会。随后，另外一种可以感染细菌 2 的病毒(病毒 2)数量变多，如此这般循环持续下去。病毒选择性地介导细菌的死亡是细菌群落结构变化的一个驱动力，为维持细菌较高的多样性做出了贡献。(Breitbart 等，2008)

食)，多数为旋唇纲纤毛虫(环毛类和寡毛类纤毛虫)及个体较大的腰鞭毛虫(彩图 5.2)。环毛类纤毛虫(包括常见的丁丁虫)个体通常呈卵形体或圆锥形，在细胞前端着生有一整圈或不足一圈的纤毛。通过环区纤毛的摆动摄取食物颗粒并将其拖进环区的食物泡里。属级分类相对容易，但种级分类较为困难，尤其是这些纤毛虫被鲁格氏碘液(导致它们细胞变暗、不透明)保存后。丁丁虫类是环毛类的一个子群，在浅海水域尤其常见。它们的细胞外有透明或不透明的壳，壳上常黏附一些沉积物颗粒。基于壳的形状与图案可对丁丁虫进行非常详细的分类鉴定以及在此基础上的分布研究。在大西洋西南部沿着阿根廷海岸，南纬 34° 和 58° 之间，丁丁虫类可划分为 5 个不同的纬度带，表现出很强的生物地理分布模式(Thompson 等，1999)。

对摄食超微型浮游生物的原生生物来说，它们的食物也包括蓝细菌和超微型真核生物。然而，大多数(个体大于 5 μm 的)原生生物会捕食比细菌大的浮游生物(主要是浮游植物)。

第 6 章　浮游动物的动物学

对一些生物海洋学从业者而言，浮游动物仅仅指"Z"，即浮游生态系统模型中浮游植物的摄食者。在模型中，必要时 Z 的数量会发生变化：使春季藻华时的浮游植物存量减少，或平衡浮游植物生长。虽然浮游动物在真实世界中也同样具有上述特点，但我们要测定它们的个体活性及群体平均活性时仍存在很多困难。另外，浮游动物的身体结构、发育和行为都非常精巧而复杂，目前我们已经掌握了很多这方面的知识。我们将在本章以及第 7 ~ 10 章中对浮游动物进行概述。海洋浮游动物包括许多原生动物，从刺胞动物门、扁形动物门到脊索动物门的大多数门级阶元，因此，以海洋浮游动物为研究对象，从动物学视角开展的研究内容也较为宽泛。

浮游动物是生活在海洋和湖泊中自由游动的动物。大多数浮游动物非常小(仅几厘米或更小)，但一些水母和火体虫也可达到一米甚至几米长。此外，"浮游生物" (plankton)一词来自希腊语"πλαγκτος"，它是由 Viktor Hensen 引入的专有名词，意思是"漫游或漂流"。因此，"浮游"一词有相对被动性的意味。在使用这个专有名词时，我们将游泳能力较弱的动物与更活跃的自游动物(necton)区分开来，后者(自游动物)在游动过程中有足够力气保持它们的地理位置不变，能在不受洋流影响的情况下随意游动。鱼类、海豚、乌贼就是典型的自游动物。但是，浮游动物的这个定义并非操作型定义。也就是说，判断某个动物是浮游动物还是自游动物并没有一个明确的标准。操作型定义其实很简单，即用浮游生物采集网捕获的动物就是浮游动物。浮游生物学家将浮游动物分为两大类：永久性浮游动物(holoplankton，整个生命周期都生活在水体中)与暂时性浮游动物(meroplankton，仅在幼虫阶段以浮游动物形式存在)。暂时性浮游动物会逐渐长成游动能力很强的自游动物，或者迁移到海底成为底栖动物。

6.1　样品采集

过滤(见框 6.1)是捕获海洋(和湖泊)中浮游动物的基本方法(Wiebe 和 Benfield，2003)。其分为两种途径：拖网(在水中拖曳锥形网)，或通过泵将水运送到船甲板上，然后在船上过滤。通常，浮游生物网是由单线尼龙编织而成、在经纬线交叉处聚合的工业滤布织物，网孔为方形，孔径采用方孔的边长来表示。对于大型浮游动物(磷虾类、成年桡足类)，一般使用孔径为 200 μm 或 333 μm 的网。捕获桡足类幼虫需要使用 50 μm 孔径的网。可使用最细的网孔径为 10 μm 或更小，但这些细网不太结实，也很难过滤大水量样品。常用的浮游生物采集网(图 6.1)的网口面积为 0.2 m^2 (圆形的半米网环)到 10 m^2 ("MOCNESS - 10"；图 6.1 展示的是 1 m^2 的"MOC-

NESS"）。若以1节的速度拖拽网口 0.4 m^2 的网（如70 cm 的"bongo"网），过滤速度为 12 $m^3 \cdot min^{-1}$。以这个速度，15 min 就可以过滤掉体积等于一个小型游泳池的海水。也有一些网，可以在深水区打开和闭合网口，以便专门捕获处于某一深度范围内的浮游生物。目前，MOCNESS 开发的拖网系统已广泛用于开展这些工作（Frost 和 Mc-Crone，1974；Wiebe 等，1985）。该拖拽系统一共由9张网组成，这9张网的顶部和底部连接缆线，固定在框架顶部的钢筋上。通过由计算机控制的电机一根接一根地投掷缆线（钢筋），在系统升提过程中，依次闭合和打开滤网。框架上的传感器通过电缆向船上的计算机及其操作者报告诸多信息，如深度、温度、行进的距离等。对较小浮游动物的采集，通常先用水泵采集或在水下闭合采集瓶的开口，转移到甲板后再行过滤。虽然船上的滤泵可过滤的水量远不及拖网，但是取样深度能得到精确控制。细网适用于采集个体较小、身体有一定弹性的浮游动物（如桡足类动物的受精卵和幼体）。

图6.1　浮游生物拖网采样

（a）使用系带操纵的简单环网，网尾坠重物以保持垂直拖拉。（b）在进行一次斜拖之后收回70 cm 小手鼓形网，也就是说，船舶向前拖拽网，通过绞车松开与收回绳索。（c）做好下水准备的1 m^2 MOCNESS 多网系统。可通过步进电机依次释放9张网，该步进电机释放连接到钢筋上的控制缆线，钢筋用于固定闭锁网的上部边缘和开口网的下部边缘。

　　捕获浮游生物之后，样品可以在活体状态下（或保存后）进行一系列实验（化学分析、鉴定和计数；测定体积或重量以计算生物量等）。实验动物不应受伤，对于那些仅可网捕的动物，可使用细孔网（网眼小于100 μm 能减小对动物的磨损，但代价是浮游植物也被大量截留，容易加剧网眼堵塞），缓慢拖拽，并使用网口较小、带网囊的大型拖网容器以确保排水轻柔，这样能捕获更多健康的浮游动物。即使已经采取了所有预防措施，捕获之后，也必须查看并评估采集的标本是否状态良好。

　　近几十年来，将胶质浮游动物与其他浮游动物区分开的做法十分流行。许多胶质浮游动物非常柔弱，很多关于它们的最新信息都来自潜水员、潜水器或遥控潜水器

框 6.1　过滤浮游动物用的网目大小

　　浮游生物网通常是由松弛的机织物编织成的锥形网。最早的采集网由丝织物制成，现代采集网则由尼龙线交叉熔聚精确编织而成。网孔为方形，网目尺寸指沿着孔侧边测量的长度（框图 6.1.1）。最小的网孔约 5 μm；常用的最大孔径为 1 mm。因为织物会扭结和拉伸，所以选择网目尺寸时应确保网孔对角线长度小于目标生物最窄的体轴。浮游植物采集网通常为 20 ～ 60 μm；浮游动物采集网通常为 50 ～ 1 000 μm。

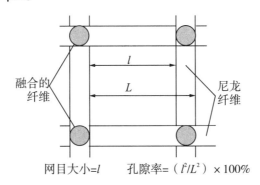

网目大小=l　　孔隙率=（l^2/L^2）×100%

框图 6.1.1　浮游生物采集网中包围网孔的纤维结构示意

（ROV）所携带的附件设备。在胶质浮游动物体内，水与有机物的比率非常大，通常湿重的 98% 都是水，这使它们能够摄取很少量食物就长得很大。胶质成分还有利于种群快速增长，因为较大的体型允许它们搜寻并处理更大体积的水以滤得食物，同时也不需要大量食物来形成新的个体。大体型也保护其免受小型捕食者的伤害，因为它们难以被消化。目前，有些同行非常热衷于研究胶质浮游动物，还建立了相关主题的网站，如 David Wrobel 的"www.jellieszone.com"。在 William Hamner（1974）与其同事于 20 世纪 70 年代发起潜水研究之后，潜水技术也被发烧友们广泛应用于胶质浮游动物的相关研究。其他浮游生物体内含水量（与陆地动物相似）多为 70% 左右。"硬体"（hard-bodied）浮游动物的叫法也不是很合适，"非胶质"这个词只指明它们不是胶质的。在本书中，我们仍称身体呈现胶质特征的动物为胶质浮游动物。

6.2　浮游动物种类简介

　　每个大（但并非每个"小"）动物门（phylum）中均有浮游动物的代表类群，有些重要的门级阶元在很大程度上都属于浮游动物。现在，我们开启"走马观花"模式，对每个门类做简要的介绍。

6.2.1 原生生物(Protista)

原生生物都是完整的、单个细胞的真核生物。现在我们并不将"原生动物"(Protozoa)看成是"动物"，"动物"近来也仅用于表示多细胞动物。原生生物并非一个单源发生系的"门"，而是各种相关类群的大聚集。许多海洋浮游植物都显示出动物性特点：可游动，具有与异养原生生物类似的感受细胞器，能够积极地响应环境刺激。有些带鞭毛的浮游植物类群(如许多定鞭藻类)既能光合作用也能吞食颗粒物，因此被称为获取能量的"兼性营养生物"(或"混合营养生物")。这些混合营养的微型浮游植物与无色素的异养微型鞭毛虫极可能是浮游细菌(包括蓝细菌)的主要摄食者。腰鞭毛虫(甲藻)是动物性最明显的藻类，它们中许多都是严格异养型。有些腰鞭毛虫(见第2章)可将猎物包裹在黏液囊(隔膜)内，从而捕获猎物(通常是浮游植物)。被固定住的猎物随后被吞食，形成食物泡。其他腰鞭毛虫无须吞食猎物，而是通过一根管状梗节插入到猎物体内获取营养。

浮游生物也包含各种各样的异养原生动物，我们在第5章中已经着重对它们进行了讨论。在淡水中比较多的一些异养原生生物类别，通常在海水中也非常丰富，如纤毛虫、鞭毛虫和变形虫。纤毛虫在海洋浮游食物网中发挥了重要的作用，目前，其作用仍在进一步评估中。无壳纤毛虫多隶属于环毛目，在几乎所有海域的丰度都较高。它们隶属于少数几个属，如罗曼虫属(*Lohmanniella*)、急游虫属(*Strombidium*)和螺体虫属(*Laboea*)。一些环毛类纤毛虫有时也行混合营养，它们吞食浮游植物细胞后，将其叶绿体保留在自己细胞内，并利用叶绿体光合作用的产物。第9章将讲解这些动物在海洋浮游食物网中的复杂作用。并非所有纤毛虫都是无壳的，比近海水域更为丰富的是丁丁虫(又称砂壳纤毛虫)，这类纤毛虫细胞外有一个皮质、锥形的壳，壳的表面通常被胶结性矿物颗粒覆盖。海水中裸鞭毛虫的丰度也很高，但细胞非常脆弱，加之体型很小(许多小于10 μm)，以至于长期以来都未能认识到它们(尤其作为食菌者)的重要性。裸鞭毛虫类是一个复杂的集群，大多数隶属于"不等鞭毛类"(两条鞭毛，在结构与功能上都不一样)。鞭毛虫的细胞尺寸与形态千变万化(图6.2)。所有这些"微型异养生物"，外加混合营养的鞭毛虫，都是微食物网中的摄食者。通常，微型异养生物是中型浮游动物如桡足类(Gifford，1993)非常喜好的食物，而桡足类曾长期被认为是浮游植物主要的摄食者。

无壳变形虫类(根足亚纲，有伪足的原生动物)在浮游生境中非常稀少。但是，根足亚纲中的五个有壳类群却很常见，如太阳虫、棘骨虫、稀孔虫、放射虫和有孔虫，在几升海水中就能达到中等丰度。基于DNA序列及特殊蛋白的有无，可进一步研究这些类群(以及所有真核生物)之间的进化关系。随着系统发育关系重建结果的变化，就可基于可能的进化路线创建新名称(新界、超群、门)。只要获取足够多的基因序列(以及可从DNA编码中读出的氨基酸序列，其可减少同义代码的影响)，并从足够多的代表类群中获取的足够多的序列，那么系统发育关系最终会被普遍接受。目前，放射虫与有孔虫似乎是来自同一个演化支(即在进化分支上密切相关)，最近

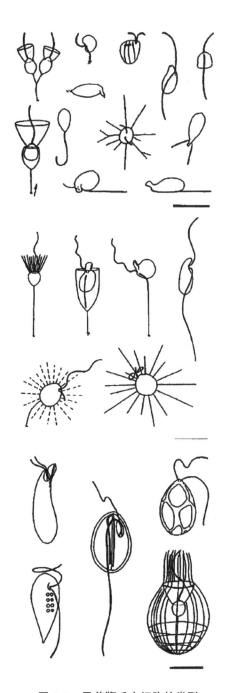

图 6.2　异养鞭毛虫细胞的类型

异养鞭毛虫细胞的类型分为小、中、大三个组。具有附着丝的异养鞭毛虫底部有小的"固着点"，大
多在中型浮游动物的表面上，尤其是在甲壳纲动物的外骨骼上很常见。所有比例尺均为 10 μm。
（Sherr 和 Sherr，2000；草图由 Naja Vors 绘制）

被命名为"Retaria"（几乎可以肯定这个名称会被再次修改），其他类群彼此之间的关系较远，与放射虫、有孔虫的进化关系也偏远（Moreira 等，2007）。很可能伪足在很早以前就已经演变出来了，而且这种演变可能还出现过不止一次（已知有好几种不同的伪足类型），伪足这种形态特征在很多亲缘关系较远的不同类群中保留了下来。

棘骨虫类的细胞具有由结晶硫酸锶（天青石）构成的辐射状骨针，此类结晶硫酸锶在细胞死亡后迅速溶解。在具有坚硬骨骼的原生动物中，棘骨虫类可能是数量最多的。尽管太阳虫目和放射虫目（"放射虫"）之间的亲缘关系不一定很近，但它们有些特征是共同的：在细胞质中，细胞核和其他几种细胞器周围都有一个硅质的中央囊；细胞质的外围部分被食物泡所占据。放射虫目的骨骼相当坚固，尽管体积非常小，但它们能与颗粒碎屑共同沉降形成被称为"放射虫软泥"的沉积物。多孔放射虫有 10 亿年历史的化石记录；它们在系统发育树中的位置表明，大多数根足虫类在寒武纪之前就已经存在很久了。大多数秀小水母虫具有蛋白质或几丁质的外壳（有时也包含无定形的硅），还带有精巧的分支状棘刺。极少一部分（如秀小水母虫 Phaeodina）是无壳裸露的。细胞核附近有浅褐色块状结构（称为暗块），被认为是由食物垃圾聚集而成的。Ernst Haeckel 在《挑战者报告》中提供了一些极其详尽的稀孔虫图片和一个复杂的分类系统。当时，他被指责在绘图中运用了过多艺术元素，但后来他的观察结果最终得到证实。"有孔虫"有较大的钙质外壳包围在细胞核周围，最终沉积形成有孔虫软泥。有孔虫不仅有浮游种类，还包括形态大不相同的底栖类群。有孔虫与放射虫的沉积物都为我们提供了非常有价值的地层记录。在许多情况下，同一埋藏点的沉积物中，底栖有孔虫与浮游有孔虫之间同位素组成的差异，可为揭示深层和浅层海水之间水文的差异提供有用的参考。

在所有的带壳根足虫类中，伪足沿着从细胞中心延伸出的一束顶针滑入及滑出。它们使用伪足来捕获食物颗粒，并通过吞噬作用获取营养。在壳和顶针底部周围，还有第二层细胞质层。有孔虫和放射虫的第二层细胞质高度泡沫化（彩图 6.1），可能偏向于内部容纳更轻的离子（如铵离子替换钠离子）来提供浮力。许多等幅骨虫、放射虫和有孔虫（并非稀孔虫目）的周细胞质内含有虫黄藻（一种共生的甲藻）细胞。因此，它们既可以通过内部"饲养"的虫黄藻获取营养物质，也可以捕获各种体型大小的动物（甚至包括较小的桡足类动物，如剑水蚤 Oncaea）。在有孔虫门中，也有生活在深海的浮游物种（不含共生体），还有一些底栖物种。许多浮游有孔虫的整体细胞直径可达 1 cm（有些底栖种类的直径更大）。Gowing（1989）已经证明了稀孔虫目是广谱性颗粒摄食者，发现在其食物泡中有细菌、硅藻、腰鞭毛虫、原生动物以及甲壳类动物的留存物。在从海表至海洋中层的很多水层都能采集到它们，但分布量最多的水层位于约 100 m 偏下的深度。

6.2.2 腔肠动物门（Cnidaria）

腔肠动物的体表生有刺丝囊或刺细胞，在触手部位尤其如此。所有腔肠动物的浮游种类均为胶凝质。腔肠动物的组织分化相对简单，无中央神经和循环系统，因此通常认为腔肠动物门是后生动物或多细胞动物中的一个"低等"门类。腔肠动物有两个基本组织层：外胚层和内胚层。这两个胚层之间有坚实的胶状物质，被称为中胶层。腔肠动物门中的许多种类（尤其是水母）体内存在中等复杂程度的感觉器官，包括眼睛和平衡胞（重力和加速度的传感器）。浮游生物中有三个代表性的刺胞动物群组，分别是水螅纲（Hydrozoa）、钵水母纲（Scyphozoa）、立方水母纲（Cubozoa）。

6.2.2.1　水螅纲（Hydrozoa）

水螅纲的水螅水母阶段是浮游动物的重要组成之一。水母（彩图 6.2）为钟形，嘴位于柄状体尾端，从顶部内表面垂下，如铃舌一般。它们通过伞膜边缘的触手捕获猎物，然后将猎物送至口中。水螅水母这一阶段与固着（通常为群体）生活的水螅虫阶段交替进行。水螅水母阶段以小型水母居多，它是这些二态形动物产生配子的生活阶段。卵先发育为小的、带纤毛的幼虫（称为"浮浪幼虫"），幼虫沉入底部附着后成为水螅型珊瑚虫，然后形成群体。伞膜有柔韧的组织带（缘膜），缘膜从其边缘伸到钟口。当伞膜收缩时，钟口孔径变窄，集中喷射水流来推进。在大洋生活的一些水螅属级类群（尤其是在刚水母亚目中），无世代交替现象，卵直接发育成水母。

大量生活在热带 - 亚热带地区的"漂浮性"（在海洋表层水中生活）的水螅类为银币水母科（例如银币水母属 *Porpita* 和帆水母属 *Vellela*），它们的水螅虫在结实、充气的浮囊（3 ~ 10 cm 大小）下形成悬浮的群体。帆水母身体顶端生有一帆状物。同一个浮囊上的水螅虫为雄性或雌性，它们通过生殖腺释放非常小的雄性或雌性水母体（Larson，1980）。卵发育成新的水螅虫群体。在北美洲西海岸沙滩上，经常发生大量帆水母被潮水冲上海滩的情况。

20 世纪 90 年代，对新英格兰乔治沙洲的浮游生物研究（Madin 等，1996）再次发现：沙洲附近的闭合式反气旋环流为海洋生物提供了春夏季栖息地，在那里通常会发现附着在浅水基质表面及海草上的水螅型美螅水母（*Clytia gracilis*）群体，这些水母自由漂浮，通过不断的群体扩张和分裂达到很高的密度，使海洋表层呈现黄绿色。但是，它们并没有藻类共生体，而是以浮游动物为食。据报道，大西洋东北部也出现过类似的水母种群。

管水母为永久浮游性的（彩图 6.3）水螅虫类腔肠动物，具有复杂的"群体"形态。群体中的"个员"（彩图 6.4）各自负责推进、摄食和繁殖。通常，从管水母大型泳钟处露出一根长长的管状茎，茎上着生幕帘般的触手。触手上的刺丝囊可刺伤并捕获猎物，然后将猎物移送至水螅型开口处并吞入。有些管水母的身体结构极其复杂。在种类丰富的类群（Physonectidae）中，身体上的许多泳钟呈垂向排布，顶部生有一个终端个员，能从内部分泌一氧化碳气泡，从而调节整个群体的浮力，有时还借此垂直迁移。钟泳目管水母的摄食帘长度可达数米，能捕食许多小型浮游动物（包括仔鱼），是非常重要的捕食者。众所周知的漂浮性管水母目——僧帽水母（*Physalia physalis*，葡萄牙语表示为"Man o'War"）拥有长达 40 cm 的气囊，它长须般的触手能在游泳者身上留下条状伤口，令人疼痛难忍。

6.2.2.2 钵水母纲(Scyphozoa)

这是水母类的另一个类群(彩图6.4)。其中常见属的大多数种类能长得很大；有些钟形体直径可达1 m，在柄状体下还悬生长可达数米的交叠层状组织。有些属(例如金水母属 Chrysaora，彩图6.3，海月水母属 Aurelia，野村水母属 Nemopilema)的生活史中会有一个较小、不形成群体、无性繁殖的底栖水螅虫阶段；另外一些属(例如游水母属 Pelagia)则不会经历这一阶段。水螅虫通过在口腔开口正下方进行重复的横向收缩产生幼体水母(钵口幼虫)。钵水母类没有缘膜，但像水螅水母类一样，它们是生活史中的有性生殖阶段。近年来，大量钵水母类种群激增，影响许多海滨地区拖网渔业。最突出的例子是在夏秋季期间，直径达到2 m(重达0.5 t)的野村水母(Nemopilema nomurai)成群出现在日本海及其他海域。

6.2.2.3 立方水母纲(Cubozoa)——箱水母

这类水母因其非常透明的、横截面为方形的水母体而得名，身体的每个角都悬垂一到三根触手。伞膜拥有像水螅虫一样的缘膜。箱水母的浮浪幼虫下沉后成为水螅虫，最终变态成水母，分离后游往各个方向，这种生活史模式与水螅纲、钵水母纲的模式均不相同。钟体边缘的每个角上都生有一个感觉复合体，包括几种类型的眼睛，有些还具有眼角膜、晶状体、视网膜和平衡胞(含有水母体的另一些种类也有与众不同的感觉系统)。在遇到障碍物或捕食者时，感觉复合体可清楚地引导立方水母以约$20 \text{ cm} \cdot \text{s}^{-1}$的速度快速游动以避开障碍或远离捕食者。刺丝囊数量众多，其毒液比大多数刺胞动物的毒性更强，在热带或亚热带海域偶尔会有箱水母蜇死游泳者的事件发生。一种很小(伞膜1 cm)的箱水母——疣灯水母(Carybdea sivickisi)，在礁石区数量很多，夜间时在水体中很活跃，白天时则利用伞膜上的黏附垫附着在岩石的阴暗面(Hartwick，1991)。

6.2.3 栉水母动物门(Ctenophora)

栉水母动物门中的生物除了一个类群是主要分布在热带、极端衍生的底栖生物外，其余基本上都属于浮游生物。栉水母仍保留两个胚层及中间的中胶层，但不同的是，它们还有肛门，将进食口与排泄口在空间上分离开来。结构略简单的种类呈球形，直径约2 cm(如侧腕水母 Pleurobrachia)。生有八条"栉毛带"(纤毛聚集组成的一系列盘或栉)，这些栉毛带从上端(离口端)向下延伸至下端(口端)。栉上的纤毛能起到衍射光栅的作用，当纤毛波浪式推进时，在光场中看起来就像移动的彩虹一样。栉水母的运动较慢且平缓，通常伴有优雅的转弯。消化道有两个侧袋，其中含有可伸缩的触手，这些触手通过嘴周围的管伸展出来。触手上生有粘细胞，它们的爆发方式与刺细胞非常类似，不同的是，粘细胞利用粘垫缠绕猎物而非刺伤猎物。栉帮助身体向前划动，触手是在水中的。一个常见属(瓜水母 Beröe)摒弃了所有的触手，取而代之的是强有力、可伸长的嘴，它们专门捕食个体更小的栉水母(如侧腕水母)。一些栉水母(例如淡海栉水母 Mnemiopsis 和带栉水母 Cestum)在发育后期身体向两侧强烈伸展，呈扁片状物，以波浪式运动。大西洋西部沿海和河口区的淡海栉水母，以及加利福尼亚州和俄勒冈州的侧腕水母呈现种群激增的现象，几乎将它们的主要食物桡足类吃光，然后消退。许多栉水母（但不包括侧腕水母）能进行生物发光，沿着栉毛带下的消化道发出微弱的蓝光。有些深海栉水母能释放出具有生物性发光的黏液，从而分散捕食者的注意力。通过深潜发现了许多从来没有观察到的该门种类，包括一些体型可达到 1 m、非常精美的物种。根据这些深海资料，已经建立了许多新属、新科、新目（如 Madin 和 Harbison，1978）。

6.2.4　扁形动物门（Platyhelminthes）

扁形动物并非浮游生物的重要成员，但它们当中也存在少数浮游生活的种类。在热带的礁石附近会经常发现一些扁形动物在游动，它们可能来自海底。

6.2.5　触手冠动物（Lophophorate phyla）

腕足动物、外肛动物、内肛动物和帚虫动物并不属于终生浮游生物，但它们中的一些种类能够在近岸、近海产生大量浮游幼体，且幼体的形态与其成体相比较为奇异，可能与科幻小说中太空巡洋舰的形状相似。

6.2.6　纽形动物门（Nemertea）

尽管纽形动物的系统学还远不完善，但已有约 100 种浮游生活的纽虫物种被描述（Roe 和 Norenburg，1999）。纽虫为身体不分节的肉食性蠕虫，其浮游种类体长可达20 cm，使用带钩的、可翻转的吻来捕获猎物。浅水生活的种类多靠近水体底部生活，但它们也可从底部游离到达水体上层。在中深海和深海处生活着一些终生浮游性的种类。

6.2.7　环节动物门（Annelida）

环节动物门中有一些终生浮游性的多毛类，其物种数不超过 100 种，但隶属在 6个不同的科，这表明浮游生活方式在进化过程中出现了多次。这些种类通常身体透明，具有大型瓣状疣足以及非常大且可成像的眼睛。所有浮游环节动物均为捕食者，通过有力的颚或可伸出的口针来捕获猎物。最常见的属为浮蚕属（*Tomopteris*，彩图6.5），该属具有长管状疣足，足末段生有非常长的刚毛。浮蚕属的数量从来都不会很多，在大多数海域它们数量只是中等。根据 Latz 等（1988）的研究，当受到惊扰时，尼森浮蚕（*Tomopteris nisseni*）会通过其疣足喷射黄色的荧光颗粒。大多数底栖环节动物都有形似双锥、以纤毛运动的浮游幼虫，称为"担轮幼虫"，与软体动物及其他"担轮动物"门的幼虫类型相同。

6.2.8　软体动物门（Mollusca）

无论作为终生浮游生物还是暂时性浮游生物，软体动物都是其中非常重要的一个类群。软体动物门主要类群的幼虫都属于暂时性浮游生物。螺（腹足类）是终生浮游种类的主要组成之一，Lalli 和 Gilmer（1989）对它们进行了充分描述与绘图说明。在浮游软体动物中，腹足类的两大类群是其代表：后鳃类软体动物与前鳃类软体动物。

6.2.8.1 后鳃类软体动物

（1）真壳类（Euthecosomata）。真壳类软体动物是有壳的翼足类动物（*pteropods*，非正式名词，意为"翼形的足"）。它们的足在发育过程中特化为一对翅膀状结构（翼足），司游泳。在最常见的螺属（*Limacina*，即 *Spiratella*，图 6.3）中，螺壳形态非常典型，但为左螺旋，翼足从螺壳（在老年成体中的直径通常为 3 ~ 5 mm）开口处伸出。左螺旋是指当壳的螺顶向上放置时，壳的开口位于观察者的左侧。绝大多数的底栖螺类壳为右螺旋。在真壳亚目的其他常见属中，壳并未盘成螺旋形，而是圆锥体的变体，例如龟螺（*Cavolinia*，彩图 6.6）、驼蝶螺（*Clio*）、笔帽螺（*Creseis*）、蛆状螺（*Cuvierina*）和厚唇螺（*Diacria*）。这些类群的头部和翼足都从锥口处伸出，锥顶通常朝下。

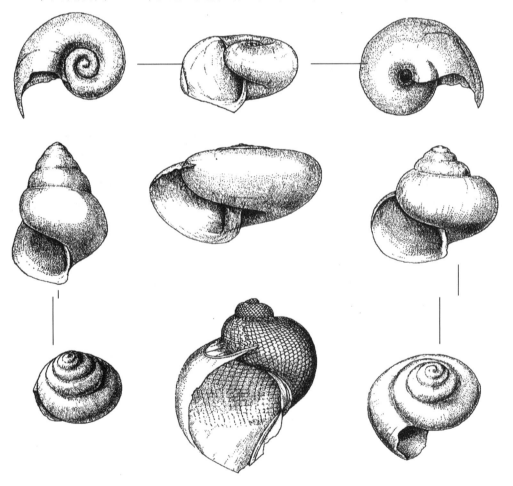

图 6.3　真壳亚目螺属常见种类中壳的变化

用线连接的图为相同物种的不同角度视图。（McGowan，1968）

真壳类的壳是文石材质(图 6.4),文石是碳酸钙的晶体形态中的一种,与真珊瑚骨骼中的碳酸钙属于同一晶型,但不同于底栖螺类、蛤蜊、有孔虫类和红藻科珊瑚的碳酸钙晶型(方解石)。在大西洋少数相对较浅海域的沉积物被称为翼足动物软泥(ptero-pod ooze),其大部分由翼足类动物的文石壳组成。

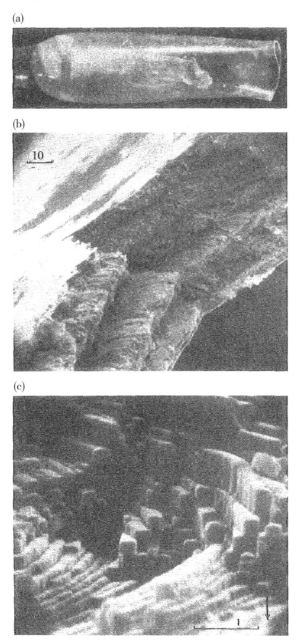

图 6.4　蛆状螺(真壳类动物)的螺壳

(a)整个壳。(b)破裂壳面的扫描电镜照片,比例尺为 10 μm。(c)文石(CaCO₃)晶体的放大图,比例尺为 1 μm。(Bé 等,1972)

真壳类软体动物有两种摄食模式。在外套腔内侧有长纤毛的黏液腺，通过这个腺体可以进行内部过滤。Gilmer 和 Harbison(1986)还观察到一种外部"过滤"模式：许多真壳类实际上可从黏液"泡"或黏液性浮囊(彩图 6.7)上悬垂下来。这些黏液泡也可收集食物并可周期性地卷起。拥有浮囊使翼足类动物不需要花费太多的能量就能在上层水体中悬浮。但是，Gallager 和 Alatalo(私人通信)曾在蓄水池内养殖后弯螺，并称这些螺即使不形成黏液性浮囊也能存活，而且还能生长很长时间。显然，后弯螺在用翼足游泳的过程中完成了摄食。真壳类是依序雌雄同体动物，当生长达到最终体型(大多数物种为 5 ～ 10 mm)的一半大小时，其性腺从睾丸转变成卵巢。

(2)假壳类(Pseudothecosomata)。假壳类也是翼足类动物，但它们的壳是胶质的拟耳壳或假壳。在此类群中，矿物质壳已经完全消失，仅用非常薄的、拖鞋状的拟耳壳来包裹脏器。假壳类也是滤食性动物。它们将黏液球排入水中，用于摄食和悬浮。假壳类的体长可达 10 cm。所有假壳类动物都生活在亚热带或热带海区。最常见的属有冕螺(*Corolla*)和 *Gleba*(彩图 6.8)。

(3)裸翼足类(Gymnosomata)。裸翼足类都是肉食性的无壳翼足类，小锥体型主要是由肌肉组成，通常体长约 1 cm，有两个很小的翼足。大多数裸翼足类专门以有壳的翼足类为食。高纬度海域常见属为海若螺(*Clione*)，它们捕食螺属(*Limacina*)的种类，使用齿舌将猎物的软体部从壳中拉出，然后将壳丢弃，任其沉入海底。其他属(如小角螺 *Paedoclione*、*Crucibranchaea*)的头部周围有触手结构，还有用于抓住猎物的可推出的壳针。除了海若螺，我们对大部分无壳翼足类动物的生活史及周期还知之甚少。

(4)前鳃虫的一个类群。前鳃亚纲生物大部分由底栖螺类组成一个大类群，异足类(Heteropoda)是其中浮游生物类群的典型代表。许多异足类都保留了方解石质的壳。*Atlanta*(体长约为 5 mm)是该类中体型最小的代表，其壳一直盘绕到开口处，软体部可以完全缩回至壳内。龙骨螺(*Carinaria*)是大型异足的典型代表，该螺软体部明显增大，不再适合生活在壳内，壳呈帽状的圆锥体型，覆盖着性腺和消化腺。软体部中的其他部分为透明管状，管前端生有大型摄食结构，还包括波纹状的尾巴以及与壳对位的腹鳍。眼睛位于躯干上，可看向嘴外，具有黑色的视网膜构件和球形晶体，表明这些眼睛可成像。龙骨螺科用腹鳍游泳，保持嘴部朝上，因此，它们可利用排状齿舌从下部捕获大多数猎物。龙骨螺的长度可达到 30 cm。在 *Pterotrachea* 和心足螺属(*Cardiopoda*)中存在体式的变化。

6.2.9　节肢动物门(Arthropoda)

节肢动物非常多样，它们在浮游生物中最具代表性的是甲壳纲(*Crustacea*)。甲壳动物是已知浮游动物中物种数量最多、生物量最大的类群，在大多数时间、地点和深度都是如此。下列几个亚纲的甲壳动物在海洋终生浮游生物中都非常重要。

6.2.9.1　鳃足亚纲(Branchiopoda)

枝角目(Cladocera)是鳃足亚纲中唯一的目，也是淡水生物学家们熟知的水蚤，溞类(*Daphnia*)。枝角目动物体长为 1～2 mm，头部占据身体的主要部分，身体被包裹在类似蛤壳、后端稍尖的壳瓣中。体前部几个体节，生有很大的、半球状的复眼，裸露在壳瓣之外。它们通过触角(第二个干肢)的划动来游泳，该触角从眼睛后伸出至壳瓣外。海洋枝角类使用嘴周围的干肢抓住并摄食猎物。这些肢暴露在壳瓣之外，壳瓣则几乎与身体的后段完全结合。海洋枝角类包含 10 个种，大多数种隶属于三角溞属(*Evadne*)和圆囊溞属(*Podon*)。虽然在很多海域均有分布，但它们并非优势类群。然而，在河口区，枝角类在一些特定季节会很多。像水蚤一样，三角溞属和圆囊溞属可通过孤雌生殖的方式繁殖，有时也会不定期地变成(包含雄性在内的)有性世代。河口上游的半咸水中象鼻蚤属(*Bosmina*)通常数量很多。

6.2.9.2　介形亚纲(Ostracoda)

介形动物的整个身体(包括头部)都被壳瓣覆盖，看起来与蛤类的贝壳很类似，壳的背面由背绞合脊(链)相连接，由一束横肌负责闭壳。头部占据了体长的很大一部分，躯干退化成两个附肢，腹部则退化盘卷在后端。触角上有长长的刚毛，通过桨架式的凹口延伸至壳外，通过划动触角前进。基于 Martin Angel、Kasia Blachowiak-Samolyk、Vladimir Chavtur 和其他研究人员对这些物种的关注，被形态描述的介形动物物种数量快速增长，但仍然只有几百种，且其中大部分都属于壮肢目(Myodocopa)，枝柄科(Halocypridoidea)。有很多其他介形动物，并非所有都隶属于壮肢目，都生活于沉积物表层，具有钙化壳，因此可在地层中留下它们的化石记录。大多数海介虫都曾被划归在浮游类群的浮萤属(*Conchoecia*，如图 6.5 所示)，现已被划分到约 30 个属中。

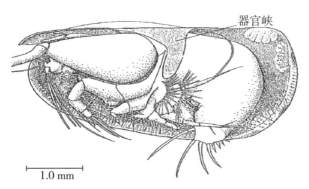

图 6.5　北方贝属浮萤(*Conchoecia borealis*)身体、肢的示意

右壳瓣在背景中，左壳瓣已被移除。闭壳肌通过器官峡。左侧的泪珠状结构是包含推进肌肉的触角基。(Iles，1961)

有些枝柄科介形虫以捕食为生。体型较大的浮萤属介形虫具有从腹侧壳瓣的开口伸出的小颚骨触角，用于抓捕桡足类等猎物。被抓住的猎物将被推向大颚基部，被齿片连续切片，然后被咽下。壳瓣的边缘生有腺体，其分泌物可在壳瓣开口处形成一过滤面。在介形虫的肠道中可观察到这个过滤结构：呈折叠褶皱状，其上还包含有食物颗粒。壳边缘附近还存在其他更明显的腺体，有些物种中的腺体还能喷射生物性发光的黏液滴，将之作为诱饵，掩护自己逃离捕食者。

雄性介形动物通过阴茎将精液送至雌性体内。浮游生活的雌性会将受精卵一直保留在体内直到孵化，与桡足类相比，这种孵化方式在进化上较为高级。介形动物幼体（ostracodites）看上去就像其成年形态的缩小版。在海洋中层生活着体型较大（体长达到约 2 cm）的介形动物：巨海萤属 *Gigantocypris*（海萤科 Cypridinidae）。巨海萤属的壳为近球形。不像海介虫（无眼睛），这些巨海萤属拥有复杂的视觉系统。终生浮游生活的介形动物都生活在大洋水体中，偶尔会被岸向的混合流带向陆架区，极少被携带到河口。在沉积物表面生活的介形动物，例如隶属于弯喉萤属（*Vargula*）的热带海萤，在夜间时会游到热带海草床和礁石上方，发出冷光，以利于交配。

6.2.9.3　桡足亚纲（Copepoda）

就数量和生物量而言，在所有海洋水体内，桡足类通常都在中型浮游动物中占有主导地位。数量大、自由生活的目级阶元有：哲水蚤目（Calanoida，彩图 6.9）、剑水蚤目 Cyclopoida（长腹剑水蚤科 Oithonidae）、杯口水蚤目 Poecilostomatoida（隆剑水蚤科 Oncaeidae、大眼剑水蚤科 Corycaeidae、剑水蚤科 Sapphirinidae）以及猛水蚤目（Hatpacticoida）。Huys 和 Boxshall（1991）综述了桡足类的解剖、解剖变异及系统发生，Boxshall 和 Halsey（2004）给出了一份关于桡足类动物系统分类学的指南。Claude Razouls 及其同事在一个网站给出了 2 462 个目前已经得到公认的浮游动物物种中每个物种的文献资料（http：//copepodes. obs－banyuls. fr；《海洋浮游桡足类动物的多样性和地理分布》），全部使用法语和英语书写。海洋桡足类拥有的物种数是如此之多，以致于它们代表了中型浮游动物物种多样性的一大部分。它们个体数量还非常庞大，通常一次拖网获得超过一半的标本都是桡足类，占生物量的很大一部分。正因为如此，相当一部分生物海洋学家都是做桡足类研究的，但桡足类的研究本身就是一个活跃的研究课题，而不仅仅是与海洋学有关。世界桡足类动物学家协会会员中有几百位非常专业的分类学家，他们仍活跃于世界各地。这与其他许多浮游动物类群的研究人数形成了鲜明对比。在介形亚纲、毛颚类、磷虾、翼足类动物、海樽和尾海鞘纲动物等的研究领域，非常活跃的分类学家都不到 10 位，也未见有学术组织推广他们的生物学和分类学研究。Mauchline（1998）对浮游桡足类的生物学和生态学做了深入评述。

桡足类动物的身体分两大部分：前体部呈米粒状（6 个头节，外加早期的 6 个胸节）；后体部窄很多，包含 4～6 个管状体节。它们划动第二触角缓慢游动，通过前体部后半部分上的胸足连续拍打可快速逃离。尽管摄食方式和口肢多种多样，但基本体型和胸足运用相当统一，这也是整个桡足类的一个非常关键与保守的特征。这个特征可以使（至少较大体型的）桡足类的逃离速度超过 $1\ \mathrm{m}\cdot\mathrm{s}^{-1}$。捕获或过滤水中的浮游植物和原生生物是许多桡足类（如哲水蚤属、纺锤水蚤属和长腹剑水蚤属）的摄食方式。第 7 章将对它们这种颗粒进食的机制进行讲解。掠食性的桡足类（如真刺水蚤属 *Euchaeta*、平头水蚤属 *Candacia*）使用头节背面的棘刺来刺穿它们的猎物，然后将其送到嘴里。许多在中层水生活的种类（脊水蚤属 *Lophothrix*、刺哲水蚤属 *Spinocala*-

nus、歪水蚤属 *Tharybis* 等)寻觅并摄食沉降中的碎屑(包括海雪和来自上层水体的浮游生物粪粒)。对于大多数的科来说,它们的大颚上都生有齿,用于粉碎或撕裂食物。许多食颗粒与食肉性种类的牙齿尖是由坚硬的蛋白石构成。有几个特别的科,即隆剑水蚤科(隆剑水蚤,图 6.6)和大眼剑水蚤科 Oncaeidae(大眼剑水蚤 *Oncaea*),它们的口器退化为一小排钳,它们的触角和颚足也相应特化,变得有利于抓牢胶质浮游生物和海雪等软表面,这样它们就能以吸吮或小口捃咬的方式获得营养。隆剑水蚤常在物体表面活动,例如被丢弃的尾海鞘的壳或翼足类的摄食"球";大眼剑水蚤 *Corycaeus* 能从身体柔软的动物(水母、大型毛颚类)身上吸取营养。大眼剑水蚤体前生有一对表皮晶状体,通过光导管将光线汇聚到离得较后的色素视网膜上。这些眼睛约占了身体的一半,这表明大眼剑水蚤可以看见寄主并向其移动。

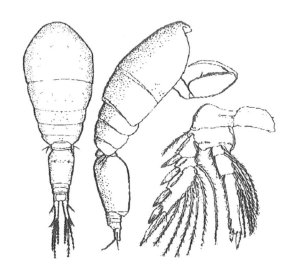

图 6.6　弗氏隆剑水蚤(*Oncaea frosti*)

左侧为 1.0 mm 雌性的背面观。中间为 0.72 mm 雄性的侧面观,展示了利于扎入软表面的颚足。桨叶式的第二胸足位于右侧。像这样的简化图(例如胸足并未在侧面观中给出)是小型甲壳纲动物分类学中常用的图例。Böttger–Schnack 和 Huys(2004)认为 *O. frosti* 是一个分类地位尚存疑问的物种。(Heron,2002)

典型浮游生活的桡足类成体体长多数为 1～3 mm,但也有一些种类更小,极少数种类(如深水生活的深哲水蚤属 *Bathycalanus*)可以长到 16 mm。桡足类雌雄异体,有关其有性生殖、求偶和发育等方面内容会在本书第 8 章中讲解。这里简要提及一下需要注意的知识点:许多雄性桡足类在交配过程中利用非常精巧的夹状结构来抓住并握紧雌性。雄性有专门的肢用于传输精子——第五胸足。在无脊椎动物学家中,桡足类的专家因研究第五胸足而闻名于世。这种研究兴趣背后的原因是:用于物种鉴定的很多特征常与第五胸足有关。雄性第五胸足与雌性的体型大小及身体形状是否能适当匹配是物种鉴定的一个重要方面。

有些属(如真刺水蚤属 *Euchaeta*、伪镖水蚤属 *Pseudocalanus*)的雌性个体会一直将受精卵放在受精囊携带直到孵化；其他属（如哲水蚤属 Calanus、纺锤水蚤属 Acartia）则将受精卵排入水中。受精卵孵化出的幼体被称为"无节幼体"（nauplii，彩图 6.10），这些幼体为橄榄球状，在其庞大上唇（口封）附近有三对前肢。有些属的无节幼体由卵黄提供营养，所以不需要摄食；其他种类的幼体早期便需要开始摄食。无节幼体是较小异养浮游生物的重要构成部分，它们通常是仔鱼的饵料。经历无节幼体的 6 个阶段后，幼体变态，长成与成体类似的形态，称为桡足幼体（copepodites）。桡足幼体也需要经历 6 个阶段，最后一个阶段就是性成熟的成体。

桡足类动物研究起来很方便，既可研究活体也可研究固定保存的样本，有关它们的知识已有很多了，对此我们要进一步讲解。

6.2.9.4 蔓足亚纲（Cirripedia）

藤壶幼体是近岸浮游生物中的重要一员，在所有热带海洋中均可发现海洋鹅颈状藤壶（茗荷介属 Lepas）的幼体。有两个发育阶段都是浮游生活的：盾形无节幼体和介虫期（它们的壳瓣让人联想到介形动物）。这两个时期均以颗粒物为食。

6.2.9.5 端足目（Amphipoda）

从进化角度讲，软甲亚纲（Malacostraca）属于较高级的甲壳动物，该纲中有些类群属于浮游生物，如端足目（Amphipoda）、糠虾目（Mysidacea）、磷虾目（Euphausiacea）和十足目（Decapoda）。软甲亚纲的次一级阶元囊虾总目（受精卵位于胸足间的抱卵板上；端足类、等足类、糠虾和最新系统分类学中的其他六个目）在底栖动物中占据更为优势的地位。但是，端足类中的一个科——泉戎科（Hyperiidae）在海洋浮游生物中存在很多的代表物种。它们外形并不像虾，而且也没有融合的甲壳；胸节保留了其背部咬合。体式变化很大，有光滑快速的游泳动物（司氏戎属 Streetsia），也有杂乱无序地伸展抓握肢缓慢前行的慎戎属（Phronima）。大多数种类的复眼非常大，位于小触角和触须的正后方以及周围位置。前面的胸足上的钳子通常可抓住猎物，后足上的钩子则用于附在物体的表面。泉戎类通常与胶质浮游生物在一起，它们骑附在樽海鞘或水母身上，搭它们的便车。其中一些生态关联看起来像是专性的，而另一些关联则很普通。在浮游生物中，这种关系不太明显，在观察与分析浮游生物样品时，骑坐者和被骑坐者已经被迫分开，因此这种现象极少能见到。然而，慎戎类通常与其"寄主"一起被捕获，其寄主为樽海鞘或海樽的中空胶质（但有弹性）筒形物。它寄居在管内，通过腹足产生的喷射流前进。

该目中浮游动物繁殖方式为有性繁殖。像海洋底栖生物和淡水囊虾总目（大多数为底栖生物或沉积物表层生活）一样，雌性泉戎在胸部下方的抱卵板处抱卵，抱卵板在足基部形成育仔囊。受精卵发育之后形成幼体，其与成体在身体结构和活动方面均很相似。这个类群的生物学和生态学仍需要进一步研究。

6.2.9.6 糠虾目（Mysidacea）

糠虾是囊虾总目中外形最像虾的一类。大龄期的糠虾有柄眼，体型与虾和磷虾的体型非常接近。但是，糠虾的"甲壳"是由第一胸节向后扩展形成的，而非很多胸节在背部的融合。糠虾成熟个体长度通常约为 1.5 cm，体透明，具有色素细胞形成的斑点。尾足（尾扇）上有较大的平衡囊，这是糠虾区别于其他虾形游泳动物的重要特征之一。糠虾科（糠虾属 *Mysis*、糖虾属 *Hemimysis* 和有时被称作"负鼠虾"的动物）是近岸生境中的底栖型浮游动物，在碎浪带内及其附近的底质上成群结队，数量众多。在这种高冲击性生境中，糠虾是鱼类的重要食物，岩礁上的糠虾群也为常年生活在美国俄勒冈州海域的少量灰鲸提供了食物（Newell 和 Cowles，2006）。有些糠虾既能在海洋也能在淡水及不同盐度水体中生活，而且它们的亲缘关系非常近，因此被认为属于同一物种的多个种群。很多糠虾种群构成了湖泊浮游生物生物量的主体，在大型湖泊中尤其如此。孤糠虾（*Mysis relicta*）在密歇根湖内的数量很多，在近岸海域和入海口内也发现其踪迹。其他糠虾科，例如疣背糠虾科 Lophogastridae（如疣背糠虾属 *Lophogaster*）和颚糠虾科 Gnathophausiidae（如大颚糠虾 *Gnathophausia ingens*），生活在海洋中层带。它们的体型较大，有些体长超过 10 cm，身体呈明亮的红橙色；拥有简化眼，没有平衡囊，有非常长的触角鞭毛，以腐肉为食或捕食。颚糠虾属是少数捕获后仍能存活一段时间的海洋中层带动物之一。

6.2.9.7　磷虾目（Euphausiacea）

磷虾目的动物，在英文中又被俗称为"krill"，是鲸类、经济鱼类（如鳕鱼、鲑鱼）甚至个体非常大的乌贼（看起来似乎无法捕获磷虾）的重要食物。磷虾体型与虾类似（彩图 6.11），有 7 个腹节，胸节背面的外骨骼已顺滑地融合成甲壳，甲壳依附于整个身体长度（这点与糠虾不同）。胸足向甲壳以外伸展，侧向分支形成鳃。磷虾无颚足，即身体前部的胸足均未特化成额外的口器。虾是具有颚足的，而且虾的甲壳能将鳃完全覆盖。磷虾幼体与成体的体长变化范围为 1 ~ 10 cm。有些磷虾为严格的肉食性，通常以其他甲壳动物为食。有几个属（脚磷虾属 *Nematoscelis*、臂磷虾属 *Nematobrachion*、樱磷虾属 *Thysanoessa* 和手磷虾属 *Stylocheiron*）拥有一对或两对明显加长的胸足，足上有钳或茅刺束，用于捕获猎物。其他属的磷虾主要为植食性，尤其是在沿海生活、丰度更高的一些种类，但所有种类也捕食动物（尤其桡足类）来补充食物源。

磷虾为雌雄异体，由于每次产卵前都（或至少相当频繁）需要进行交配，因此，雄性和雌性的数量基本一致。精子通过精荚传递，雄性的前几对腹足（腹肢）用于操控精荚。有些属在胸足上大量地抱卵（如脚磷虾属），其他属则将它们的卵释放到水中（如磷虾属 *Euphausia*）。受精卵孵化后将产生无节幼体或"后无节幼体"，不久后会蜕皮进入（体型呈帽贝状、腹部呈棍状的）短眼柄幼虫期。再往后，柄眼伸出甲壳外，拥有一条或多条腹足的幼体被称为带叉幼体。带叉幼体逐渐长大，经数次蜕皮后，肢的数目增加，这样幼体阶段可以增加，也可以跳过某些幼体阶段成长为小磷虾（Knight，1984）。不管食物的可利用度及成长情况如何，幼虾和成体的蜕皮行为取决于温度。即使没有食物，它们也会持续蜕皮，但体型会逐渐减小。在生长过程中，复眼也变得越来越复杂，且不会因体型变小而失去复眼（Sun 等，1995）。有资料表明，痕量金属将会在磷虾外骨骼中累积并在蜕皮过程中丢弃，因此，常规蜕皮现象可能是一种排泄或排毒形式。在食物短缺期，通过蜕皮可使体重减小，但仍可以重新包裹在较小的壳内，保持一个紧凑的、结实的体型，因此，蜕皮也可能是磷虾的一种适应性行为。

磷虾的发光器位于身体腹侧中线位置。通过发光器的发光使虾体轮廓完整。许多种类都是出色的昼夜垂直迁移者。能成群聚集在一起的类群包括磷虾属和樱磷虾属等。最好的例子是南极磷虾，其老年阶段生活在巨大的磷虾群中。在这个真正的"群体"中，个体在间距和运动方向上保持高度统一（有关南极磷虾的更多信息见第10章）。樱磷虾群中的个体交替地游向和远离虾群的中心，因此将它们的这种群集称为涌动更为合适。樱磷虾属（还可能包括太平洋磷虾 *Euphausia pacifica*）的涌动似乎是对交配活动的一种行为适应。

由 Brinton 等（1999/2000）建立的 CD-ROM 专家鉴定系统是一份关于磷虾（包括幼体期）的非常系统的工作，其中包含了 1999 年前几乎所有关于磷虾的参考文献，以及许多系统学信息和生物学信息。记录的样品也来自世界各地。除了隐匿种可能需要分子遗传学鉴定及极少数深海种类（如深海磷虾 *Bentheuphausia amblyops*）以外，对 11 个属 86 个种的系统分类学工作已接近完整。

6.2.9.8 十足目（Decapoda）

在浮游生物中，代表"真"虾的几个科是甲壳动物中较为高级的类群，其显著特征是甲壳覆盖整个背部及鳃。与其他动物相比，十足目动物的胸足有些已特化形成了颚足。有些虾是终生浮游生活的，因此也可称为浮游动物或小型自游动物。在海洋上层分布最广泛的是樱虾属（*Sergestes*），这是一种"半红"色的虾。它们的红色色素覆盖住胸部的食物团，因此不会因食物的荧光向捕食者泄露它们的位置。身体其他部分均透明。在海洋中层带生活有大量暗红色的囊虾和对虾类群。这些类群的大部分个体约 10 cm 长，但触角鞭毛向外延伸可达 1 m。因此，虾的振动检测器就可探测一个较大范围的水体，这样有利于在猎物很少的环境中寻找猎物。此外，大多数底栖生活的虾和蟹的幼体都属于浮游生物。

6.2.10 尾索动物亚门（Urochordata）

海洋浮游生物包含两个重要的脊索动物类群，即尾索动物和脊椎动物。海洋浮游生活的尾索动物的代表是海樽纲（樽海鞘、火体虫和海樽）和尾海鞘纲。

6.2.10.1 纽鳃樽科（Salpidae）

樽海鞘（Salpa），如樽海鞘属 *Salpa*（彩图 6.12）和纽鳃樽 *Thalia*，其为管状、胶质、一端具有瓣阀的浮游动物。长成之后的体长为几厘米到 20 cm 左右，典型个体的纵横比（长度/宽度）约为 3。樽海鞘的管或介壳是由纤维素纤维支撑的坚硬胶质结构。前端入水孔周围的肌肉将管关闭，然后介壳壁中的肌肉压缩圆柱体，水从出水孔喷射出去。管的弹性驱动压缩后的管舒展开来，并从入水孔将水注满。在柱状躯干内有旋转的黏液锥，起到滤水并截获颗粒物的作用。颗粒物沿着一条纤毛带（咽膜）逐渐聚成一团，在消化的过程中移动至靠近出水口的后肠团。其对食物过滤有一定的选择性，可根据嗅觉信号停止过滤，臭味强烈的水或颗粒会导致黏液锥被呕出。

樽海鞘有相对复杂的世代交替。独栖个体的长管形延伸臂（生殖根）通过一段一段地断离的方式进行无性繁殖。这些节段（10 ~ 50 节）中的许多段仍然可以肩并肩地彼此相连，形成链状（环纽鳃樽 *Cyclosalpa* 则形成闭环状）——新的樽海鞘。该聚集体阶段则进行有性繁殖。生殖腺被消化道包裹在体后，最初的作用是卵巢，能够产生单个卵子（因此，有性生殖阶段将会进行繁殖但不会使群体大量增长），这个卵子与随水泵入体内的精子结合发生受精。受精卵保留在介壳壁的壳室内，通过脐带连接到聚集体中某个个体，获取营养。然后生殖腺转变为精囊继续活动，产生并释放精子。最终，胚胎通过体壁分裂出来，进入独居期。循环周而复始。这个循环也非常迅速，仅需几天便可完成，产生的许多聚集体个体链将会导致种群激增——樽海鞘暴发。当浮游生物网不小心拖过樽海鞘暴发的海域时，就可能网获这些含水量极大的生物，因为太重而难以转移到船上。目前，对于能够刺激或抑制这些生物过量繁殖的环境条件的认识还不够清晰。

6.2.10.2 海樽科（Doliolidae）

海樽与樽海鞘非常相似，其区别在于一些解剖学特征及生活史的具体细节。海樽的介壳肌肉将身体完全包围，而樽海鞘的腹面有一部分并没有肌肉。独居的海樽以出芽方式产生幼体，芽体沿着一根组织管（生殖根）移动然后附着在管上，由它们的"母亲"拖拽着。在独居阶段，独居体在摄食和成长过程中，其幼体也聚集并被拖在身后。最终，独居体的大多数身体结构消失，而生殖根则演变成肌肉质的拖拽工具，拖着火车似的一长列幼体的聚集体。聚集体列中的一些个体分离开，达到性成熟，其生殖腺可产生卵子和精子。它们的胚胎孵化出后呈"蝌蚪"状（有尾幼体），发育长成新的独居体。海樽中较为典型的属是海樽属（*Doliolum*）。

6.2.10.3 火体虫目（Pyrosomida）

火体虫的群体与樽海鞘或海樽的都不同。火体虫的个员体呈桶状，能抽水与过滤。个员嵌在一个胶质管的管壁中，胶质管的一端闭合。入水孔位于管外，而出水孔位于管内部。于是，开口端喷射出水流驱动这个由很多个员组成的管状群体运动。典型的群体直径为 2 cm，长度为 8 ~ 20 cm，但有时巨型群体的直径超过 50 cm、长度达几米。火体虫的个员有非常明显的生物发光，它们也由此得名。当群体外侧被触碰或刺戳时，管壁内的个员便通过延长闪光时间来响应。群体中的个员可像雌雄同体的动物一样进行有性生殖，产生的幼体长成"过滤筒"，其芽体生殖根能够产生新的群体。樽海鞘和火体虫（至少它们中的一些种类）有时会进行昼夜垂直迁移。

6.2.10.4 尾海鞘纲（Appendicularia）

尾海鞘（彩图 6.13）外形类似于底栖型海鞘（被囊动物）的幼体，因此也被称为幼形纲（Larvacea）。它们真正的身体是位于消化腺和生殖腺下方的小咽头。身体的基本布局与成体海鞘类似。其与被囊动物幼体的相似之处在于其具有由中央脊索和肌肉组成的长尾，在成年的尾海鞘中，这些结构也会持续保留。在口附近有一片分泌细胞

（oikoplast），形成复杂的黏液室（彩图6.14），约核桃大小，但有些物种的黏液室要大很多，有的直径甚至达到1 m，起食物过滤的作用。通过平直的肌肉尾部的振动将水抽入并贯穿黏液室。黏液室包括预滤器、过滤器、出水通道等很多部件，其作用将在第7章中进行说明。尾海鞘的黏液室（包括占用的和遗弃的）有时会大量出现于海洋中。它们的黏液性表面是颗粒物质重要的集聚器，为小型甲壳纲动物提供了栖息地。这些动物，特别是桡足类动物的 *Oncea* 属，会爬到黏液表面享受美食。黏液室也是构成"海雪"的絮状碎屑物质的组分之一。出现最频繁的尾海鞘动物是住囊虫（*Oikopleura*）。与其他浮游生活的尾索动物一样，它们也是依序雌雄同体动物。

6.2.11　脊椎动物门（Vertebrata）

此门包括鱼类。仔鱼、鱼类浮游生物均为季节性浮游生物。几乎所有仔鱼看上去都像小鱼，并且大多数仔鱼的体长为几毫米或稍微长一点。一些鱼类在卵黄囊被完全吸收之前进行孵化，余下的卵黄囊在腹部呈膨胀状。此类幼体不需要立即摄食，但如果在卵黄完全吸收之前便开始摄食，它们的生存概率通常会更高。其他种类则更为早熟，在孵化之后便能游动和捕食。许多仔鱼拥有相对较大的眼睛。可能除了深海钻光鱼科 Gonostomatidae（圆罩鱼，bristle-mouths）之外，很少有成鱼能算是浮游生物。

6.2.12　毛颚动物门（Chaetognatha）

该门中的种类全部为海洋生物，既包括在沉积物表层生活的类群（锄虫科 Spadellidae），也包括浮游生活的类群，通常称为箭虫（图6.7）。

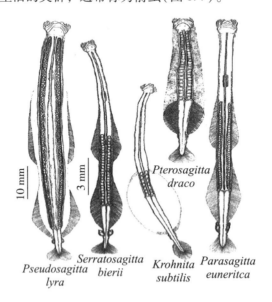

Pseudosagitta lyra　*Serratosagitta bierii*　*Pterosagitta draco*　*Krohnita subtilis*　*Parasagitta euneritca*

图6.7　毛颚动物门：几个属和几种体型变化

其中琴形箭虫示意图比例尺为10 mm，其他箭虫示意图比例尺为3 mm。（Alvarino，1965，复绘而成）

　　毛颚动物是海洋浮游动物中常见且数量很多的掠食者，目前包括 98 个公认的终生浮游性物种。毛颚类身体通常呈细长、透明的圆筒状，被横膈膜分成头部、躯干和尾部。成体体长为 2 ～ 12 cm，尾部和躯干有鳍。它们的头部长有尖牙，尖牙较长，呈曲线形，甲壳质，牙尖镶有蛋白石，这些尖牙将捕获的猎物（大部分为桡足类动物）送入无颌的腹口中。捕食策略是悬浮在水中不动，待猎物主动游到距离小于 20 cm 时发起攻击。箭虫用身体表面毛发似的接收器来感受水中传播的振动，以此警戒，然后在纵向躯干肌的推动下迅速向前，并用其尖牙刺穿猎物。这种狩猎策略将游动的猎物置于巨大的危险之中，因此，对猎物来说，游动性越差越好。桡足类中的长腹水蚤属的个体常持续不停地游动，因此它们是所有浮游"伏击型"捕食者（尤其是箭虫）的常见的猎物之一（Sullivan，1980）。其他桡足类动物也是非常重要的猎物。Thuesen 等（1988）的研究表明，至少有些毛颚动物会使用河豚毒素（一种强劲的神经毒素），使捕获的猎物"僵直"。可能这样能使猎物的振动停止，因为猎物的振动也可能向更高一级的捕食者泄漏毛颚动物的位置。

　　毛颚类动物的繁殖方式为雌雄同体生殖，通常为雄先型。卵巢位于躯干中，精巢位于尾部。精子由储精囊进行传输，且传输是相互的，相关细节还需要进一步研究。储精囊在位于尾节侧面上的精巢内部形成，精子通过尾节壁内的孔径充满储精囊。它们位于双方躯干段后端的雌性生殖孔附近。大多数专家认为毛颚类动物也可能自体受精。精子迁移到管状的卵巢内，该卵巢从尾段的正前方开始，沿着躯干壁向前延伸。卵细胞通常在身体两侧各形成一条线。精子如虫形（Shinn，1997），必须钻穿输卵管内的"保卫"细胞才能到达卵细胞并为其受精。箭虫科（Sagittidae）物种（之前为箭虫属 *Sagitta*，目前被分成 12 个属，如 *Parasagitta*、*Serratosagitta* 等）会释放受精卵任其自由发育，但至少一些真虫属（*Eukrohnia*）物种的受精卵位于袋囊内。孵化出的幼体形态上就像成体的简化版。

　　目前毛颚动物得到了广泛的关注，因为它们似乎在很久以前就已经与两侧对称动物（即除了刺胞动物门和栉水母门之外的所有后生动物）的共同祖先在进化上分离开了。就其基因序列分析已达成共识（如 Marlétaz 等，2006；Helmkampf 等，2008）：毛颚动物与原口动物（两侧对称动物的一个主要分支，包括节肢动物、软体动物和环节动物等）之间的进化关系很近。长期以来，箭虫被分归到另外一个主要分支——后口动物（包括类脊索动物群组、脊索动物和棘皮动物）中，所以毛颚动物与原口动物具有很近的亲缘关系，这个发现是对箭虫认识的一个很大的转变。Kapp（2000）对毛颚类动物发育模式的重新评估表明，它与任一主要动物群在很多方面都不尽相同，Ball 和 Miller（2006）列出了毛颚类动物与所有其他后生动物之间的不同点。从帽天山和伯吉斯页岩沉积物中发现的化石资料给出了令人信服的结论：毛颚类的体式自寒武纪早期起就一直保持基本稳定（Chen 和 Huang，2002；Conway Morris，2009）。分子遗传学研究（Papillon 等，2006）合理刻画了毛颚类动物各科之间的亲缘关系。与几乎所有其他动物门相比，线粒体基因组的大幅简化是毛颚动物门的遗传学特征（Helfenbein 等，2004）。

6.3　美学

所有那些枯燥的专业术语都不能描绘浮游动物的优雅与美丽。它们让人赏心悦目，甚至保存的标本也可让人迸发出想象的火花。桡足类动物足上奇特弯曲的刺和一块块毛只能被用作桨？水母泳钟边缘的眼睛用途为何？扁平的腺体细胞(尾海鞘纲动物的分泌细胞)如何产生多级滤膜(含有粗糙且微细的孔隙、通气门和流体通道)中的大量黏液？是否能得到关于糠虾尾扇(必须不断进行上下、左右翻动)中部的平衡胞上下运动的有用信息？或者重力并非该传感器运行的基准？波涛汹涌的大海，在稍微往下的地方是否真正足够平静，从而确保脆弱连接的樽海鞘链可以长到几米的长度而不会断裂？显然，诸如此类的问题我们可部分解答，但另外一些则仍可能被其他表象所掩盖，令我们无法找到答案。这种令人沉思的神秘是人类进步过程中不可或缺的一部分。

第7章 海洋浮游动物的生产生态学

浮游动物学家们感兴趣的是动物本身,研究它们的系统学(分类学)、生存适应策略以及在海洋食物网中的位置。很多研究特别关注浮游动物的分布模式、摄食机制和速率、食物选择性、不同年龄阶段的生长率和生长模式、次级生产力、繁殖生物学和产卵力、死亡(比率、原因和年龄分布)、生活史变化以及垂直迁移。本章将介绍浮游动物的摄食和生长,及营养方式等内容。这些内容也是生态系统模型构建者最感兴趣的主题。这方面的工作有非常大一部分是有关桡足类的,相比之下,其他类群似乎被忽视了。之所以对桡足类的研究这么多,是因为它们稳定存在于很多海洋样本中。因此,在研究过程中总能捕获到桡足类,而其他类群则不然。然而,有关其他类群的研究也颇受关注,目前对它们的了解也甚为深入。分布模式和适应策略问题将在其他章节中进行介绍。

7.1 摄食机制

中型浮游动物捕获、分检并吞咽食物的机制多种多样。颗粒摄食者通常捕食比它们自身小很多的食物颗粒(如浮游植物和原生动物)。它们都通过一种或多种方式对水进行过滤获取食物颗粒,在对颗粒周围的水进行过滤之前,还有一系列搜寻、定位过程。

与大多数中型浮游动物捕食者(约 $200~\mu m$ 到约 $20~mm$)相比,作为食物的浮游植物和原生动物个体较小(体长约 $1~\mu m$ 到几百微米),在水中的密度也很稀少(见框7.1)。百万分之几的浮游植物和原生动物浓度就称得上是"浓汤"了。因此,要获取食物,中型浮游动物就必须过滤大量的水。在海洋动物中,樽海鞘和海樽是标准的过滤摄食性动物,它们利用由黏液构成的网过滤水。在入水孔注入大小不一的颗粒(通常是按大小分级的塑料小球),然后在出水孔收集未被滤膜捕获的颗粒,便可测定滤锥的有效孔径(图7.1;彩图6.12)。结果表明,樽海鞘对大于 $2 \sim 4~\mu m$ 颗粒的捕获效率较高。由于黏液中的多糖通常带电荷,因此一些小于网孔的生物体也可能被吸引,然后黏附在网上。

尾海鞘的摄食也是以抽水、黏液网过滤的方式来完成(彩图6.14),此黏液网滤膜是其住囊(house)结构的一部分,但与樽海鞘相比,此结构更为精细。由于黏液网结构透明,观察网内微小颗粒的运动非常困难,但 Flood(1991)对拉布拉多住囊虫(*Oikopleura labradoriensis*)摄食过程的描述是很可信的。住囊的壁厚约 $1~mm$,是由水合的黏多糖纤丝随机排布而成的网状结构,网上携带具有生物荧光的颗粒团。进入的水流过外部筛网,在筛网内有黏液链排列成的矩形网格,将粒径大于 $13~\mu m$ 的颗粒

框 7.1　海洋是营养稀薄的介质

相对富营养水含有的叶绿素浓度为 $1 \sim 20\ \mu g \cdot L^{-1}$。例如，典型的沿海水或大洋春季藻华期的叶绿素浓度水平为 $2.0\ \mu g \cdot L^{-1}$。若碳含量：叶绿素 $=60-200$（在此我们使用 100），碳干重 $=0.4$，而干重：湿重 $=0.3$。我们可得到：

$$2 \left[\frac{\mu g\ Chl}{liter}\right] \times 100 \left[\frac{\mu g\ C}{\mu g\ Chl}\right] \times \frac{1}{0.4} \left[\frac{\mu g\ DW}{\mu g\ C}\right] \times \frac{1}{0.3} \left[\frac{\mu g\ WW}{\mu g\ DW}\right]$$

$$= 每升海水中食物的湿重 1667\mu g\ = 1.7mg/1025g \qquad （框式 7.1.1）$$

这表示沿海水域或大洋藻华发生期间的食物浓度小于百万分之二。在浩瀚的寡营养盐海域中，叶绿素浓度小于 $0.3\ \mu g \cdot L^{-1}$，且食物浓度小于百万分之零点三。

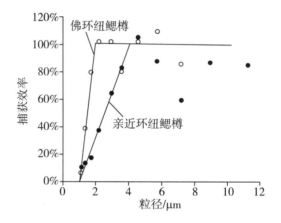

图 7.1　两种樽海鞘的黏液过滤网捕获效率随颗粒粒径变化的情况

（Harbison 和 McAlister，1979）

挡在住囊外面。漏斗似的通道将来自外部筛网的水流带到（包含躯干的）腔室内，尾腔室从该腔室处延伸到住囊背部，仅宽于尾部且仅高于波浪形尾巴摆动的幅度。尾腔室在背部变窄成为出口喷嘴。沿着住囊侧面向上延伸的通道将水从住囊背部送到"风琴管"样过滤器的入口槽处。过滤器是一对多孔的膜，通过一根内部为十字交织结构的黏液纤维连接（参见 Flood 的原始模式图），从而在流水冲击下不至于各自飘离，黏液纤维的连接使滤膜呈现弯曲的风琴管形状。水流多平行于滤膜的平面，但当压力足够时，水将透过膜表面，这样颗粒就被截留在膜上。膜下部的孔径为 $0.24\ \mu m \times 1.43\ \mu m$，而膜上部的孔径为 $0.18\ \mu m \times 0.69\ \mu m$。沿着中线，两个弯曲的黏液膜表面贴附到中心管道的一侧，通过带有瓣膜的孔与中心管道相连通，中心管道连接到口的边缘。

类似的过滤装置已经被工程师们设计出来，称为切向流滤器。因为水体在非常大的区域内进行整体传输，所以局部流动速度非常缓慢，水流的外向分量使颗粒轻轻附着到网孔上。当水停止流动时，大多数颗粒从滤膜上掉落到中央区域内，然后来自另一个方向的缓慢水流会将这些颗粒移动到一个聚集点处。尾海鞘的滤食过程正是如此，尾部抽水动作停止后，住囊稍微变瘪，将颗粒从外部筛网振落，起到清洁外部筛网的效果，同时释放内部滤膜表面的颗粒。一股新的、速度更慢的侧向水流穿过滤膜流向中心管道，食物颗粒顺着管道流到口中。这股新水流的动力来自口后方咽头侧内呼吸孔（洞）周围的纤毛。然后，横跨咽头内部的网状黏液膜对收集的颗粒再次过滤。

另一种物种——梵氏住囊虫（*Oikopleura vanhoeffeni*）的咽部滤膜比上述住囊滤膜网孔要粗得多，网孔直径多为 3～5 μm（Deibel 和 Powell，1987）。因此，数量最多的那些约 1 μm 的小颗粒可能不会被有效地捕获，进入消化道的食物平均粒径可能大于 3 μm。很明显，实际的颗粒捕获效率与粒径并非呈函数关系。细菌大小的颗粒可能通过与滤膜纤维直接碰撞而被捕获，从而被包裹在滤膜纤维的流体边界层中。Acuna 等（1996）发现，在他们测定的流速下，边界层可能较厚，推测这种滤膜纤维的雷诺数约为 10^{-5}。

真壳亚目和伪有壳翼足亚目（两类滤食性的翼足类动物）也是通过黏液滤膜来摄食的，但它们并不主动推动水流通过滤网，而是将颗粒吸引到黏液滤膜表面。据 Gilmer 和 Harbison（1986）的报道，它们的套膜腔（在真壳亚目属的壳内）产生的一个膨大的黏液泡（彩图 6.7）垂下几分钟，吸引颗粒附着后，将黏液泡和其上的颗粒一并吞食。Morton（1954）描述过套膜腔内存在纤毛－黏液式过滤，在动物活跃游动过程中，它们也有可能使用这种方式摄食。套膜腔内的纤毛驱动水和颗粒越过套膜腺，套膜腺连续分泌黏液，并将积聚了颗粒的黏液汇聚成一条线，此线沿着纤毛束移动到口中，然后被摄入。在以上这些过滤模式中，位于食道管与胃之间的咀嚼器中坚硬的啮合齿都会将捕获的颗粒碾碎。

甲壳类动物从水环境中摄取食物颗粒的过程与机制各不相同。磷虾（*Euphausia*）是典型的滤食性物种，其滤食机制与樽海鞘的简单筛网过滤非常类似。成对胸足，其较长的内部分支（内肢）前表面生有较长的、朝前的刚毛，封闭了两足之间的空间（图 7.2），且刚毛上还生有一系列小刚毛，这些小刚毛又生有更小的次级小刚毛。这样，就在身体两侧下方形成了紧密的过滤网。此外，每条肢中部表面上还生有较短的梳形刚毛，这些梳形刚毛可以梳理后面肢上的过滤刚毛，从肢表面到达刚毛顶部。根据 Hamner（1988）的研究，当动物的足伸向一侧时，水从胸足筛网之间穿过，然后从头部下方的一个开口排出。足的外分支（外肢）较短、瓣状，覆盖在内肢之间的筛网上，防止滤篮中的水经滤网流出。足尖在底部关闭滤膜，推动水漩涡（和颗粒）向上进入滤篮内，然后滤篮从侧部关闭，将水挤出筛网，只保留颗粒。当再次收回足时，梳形刚毛将颗粒移向刚毛顶部，口器上的其他梳形刚毛则会清理刚毛顶部的颗粒。食物被推挤到位于上唇（体积大的上方唇部）下方的口中，被大颚齿片磨碎，然后由嗉囊内的啮合齿再次研磨。

桡足类动物对颗粒物摄食的机制有几种。帽状真哲水蚤的颗粒摄食机制已有详细记录。Rudi Strickler 及其同事使用高频摄影（达到每秒 2 000 帧）捕捉以 50 Hz 及更高频率循环的摄食肢运动模式。拍摄此类影片需要精心设计与安排，包括将头发粘到动

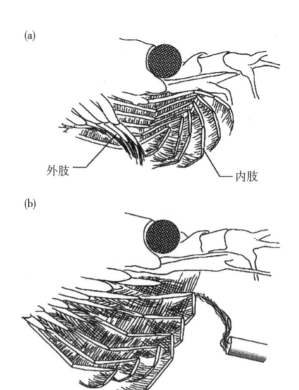

(a)

外肢 —— —— 内肢

(b)

图 7.2　进行颗粒摄食的磷虾

（a）磷虾胸足上有较长的、朝前的刚毛，它们共同形成了滤篮。（b）当足打开时，水流从头部下方的前部进行填充（从右侧细管流出的染色流来显示水流流向）。胸足打开期间，滤网表面由外肢（外足）覆盖，以阻止水透过筛网流入。（Hamner，1988）

物背部，将其定位在显微镜物镜前方进行激光照射，以及高帧摄影专用的胶卷和快门等摄影设备。Strickler 开发了以上所有的措施并加以应用。当时遇到的一个难题是：在每秒 2 000 帧下，仅几秒的拍摄便需要一整卷电影底片，然后逐帧进行评估以确定肢体运动的顺序。在 20 世纪 80 年代，大多采取这样的工作流程，以后则更多地使用高频视频。这种视频方法也被应用于游泳机制的研究。粒子图像测速法（PIV）可以用来解析拴住的或自由游动的摄食桡足类动物周围的流场。

　　把生物约束住并在显微镜物镜前观察，这样的操作对真哲水蚤的摄食研究干扰不大（参见下文），因为其口器的摄食动作只给整个身体带来了非常缓慢的运动。Koehl 和 Strickler（1981）描述了其基本的摄食机制。他们强调，在桡足类口器（见框 7.2）范围内的所有水运动均为黏性水流态，也就是说，雷诺数较小。在他们影片中有一现象最能说明这一点：在完成推进式肢体运动后，没有惯性"携带"水流的现象。肢体施力的过程中水也在运动，但当停止施力时，水的运动也几乎瞬间停止。当颗粒朝动物体靠近时，动物停止其肢体运动，那么颗粒也会停止运动，而不会在残余的涡流中打旋。因此，肢体反复运动产生的效果是：动物周围的水及其所含颗粒一步一步地向动物靠近。

框 7.2 哲水蚤属的摄食肢

要理解 Koehl 和 Strickler(1981)的研究，就必须了解桡足类动物的头肢结构（框图 7.2.1）。

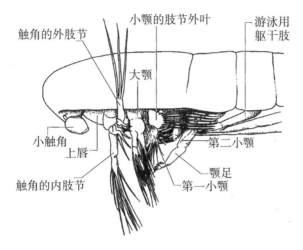

框图 7.2.1 哲水蚤摄食肢的侧面观

(Cannon，1928)

桡足类身体最前端的一对不分支(单肢型)的管状肢称为小触角，在摄食时伸出到身体两侧。在框图 7.2.1 中，只显示了小触角的一部分(形似圆圈)。触角为双肢型，主要用来产生摄食"水流"，引导水流经过动物身体以搜寻其中的食物。大颚的触须也参与形成摄食水流。"肢节内叶"(一个节段外的侧支)被称为大颚基，它们位于每个大颚的基部，带有桡足类动物的牙齿，并延伸到上唇下方的口中。触须几乎独立于颚基运动。接着是小颚(或第一小颚)，呈较大的瓣状，看上去有点像大象的耳朵。每个小颚的基部肢节的内叶上均有非常坚硬的梳形刚毛。紧随其后是单肢型的小颚(或第二小颚)，其带有细长的、栅栏状刚毛，是最终捕获食物的筛网。这些刚毛从肢体基部向前延伸，指向口的后侧。可通过第一小颚的肢节内叶梳对这些刚毛进行耙梳。最后是不分支的颚足，它们参与形成摄食水流，也可用于捕获大型猎物并将猎物向口部牵引。

肢体运动方式如下(图 7.3)：第二触角向前移动而颚足向后运动，将周围的水向腹侧推动一"步"，然后，大颚触角从腹部到背部扫动，使水流向体侧背面运动，正好通过小颚端部。这样的动作按顺序重复循环，将水逐步推向身体及身体周围。当食物颗粒(或在一些情况中，任何颗粒)接近动物体时，肢体运动立刻停止。然后，小颚上的刚毛散开并侧向摆动，水流将颗粒带到小颚伸出的刚毛之间，刚毛随后将颗粒封闭。刚毛被拉动靠近动物体壁，刚毛之间也彼此靠近，将"黏性"水从刚毛之间的空隙中挤出。水并非以平行于小颚刚毛的方式向前运动，因为小颚同时在向后运动，使前面的空隙闭合。Koehl 和 Strickler 将小颚捕获颗粒的过程称为"猛冲及拍打"。当颗粒被拒绝摄入时，通过一系列反向的移动，将小颚之间的水推出。在一些影像中，这时候的颗粒看起来只是简单地被吸入口中。食管中有横纹肌，将食道管壁黏附在内部骨架构件上，这些横纹肌可将食管突然拉展开，将水和颗粒一并吸入口中。较大的颗粒（如小型动物类的猎物）可能被小颚内叶上坚硬的刚毛耙梳下来。然后，在唇须将口的后侧封闭的同时，食物被推送穿过唇须之间的空隙，经过有齿的大颚基（颚），进入口中。

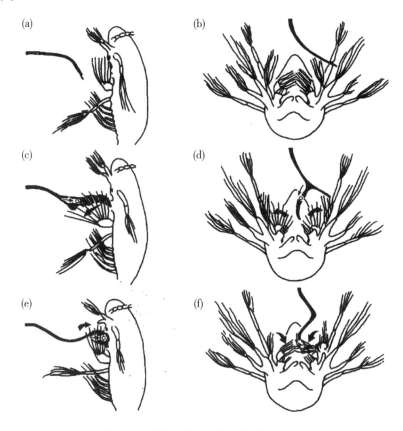

图 7.3　帽状真哲水蚤捕捉颗粒的过程

左图为侧面观，右图为底面观，黑线表示染料标记的水流。在（a）和（b）中，触角向两侧分开，将水引到口区，然后拐向体侧。在（c）和（d）中，感知到一个颗粒物（用圆圈表示）的存在，小颚向外摆动将颗粒物包围并吸到小颚之间。在（e）和（f）中，小颚闭合，将水挤出，只保留颗粒物。（Koehl 和 Strickler，1981）

　　在颗粒物接触桡足类动物身体之前（还有一段距离时）就可被其探测到。嗅觉可能在检测过程中发挥很大的作用，主要证据是桡足类整个嘴部的感受器与其他甲壳动物的嗅觉器官非常类似。在影片拍摄设定好时间和距离后，对可能来自食物颗粒的底物扩散率进行比较，这样可以获得非常重要、令人信服的（靠嗅觉捕食）一些证据。

Paffenhöfer 和 Lewis（1990）观察到：随着颗粒浓度减小，起始感识需要的距离增大；此现象符合他们的预期并可以用化学感受力来解释。浮游植物细胞周围一个有边界的区域范围被称为藻际环境（phycosphere），在这个环境中的细胞产物以较小的分子扩散速率向远处扩散，被桡足类感知。Price 和 Paffenhöfer（1984）展示了桡足类这一探测机制的奥妙。他们将浮游植物食物与帽状真哲水蚤放置在一起，"相处"不同的时间段，重复多次拍摄影片。相处初期，当浮游植物细胞离小颚约 273 μm 时，之前没吃过此类浮游植物的那些水蚤开始表现出对食物细胞的响应；而与浮游植物细胞共处 24 小时或更长时间的那些水蚤，当食物离它们约 345 μm 时就可以观察到其响应行为。当食物出现在小颚附近时，"经验丰富"的水蚤响应的概率是 31%，而"缺乏经验"的水蚤响应的概率只有 12%。Price 和 Paffenhöfer 以此证明水蚤确实是通过嗅觉来探测浮游植物的。该实验至少说明了一个问题：经验使动物能识别更微弱的、与食物相关的有效信号。Bundy 等（1998）的研究结果则表明，即使聚苯乙烯小球没有气味，桡足类也会游向并捕获这些小球。他们推测，当水流靠近动物的边界层时，聚苯乙烯珠的存在会使摄食水流的流线扭曲，这样肢体（尤其是小触角）表面的流体传感器官（神经支配的刚毛）就能探测到这些水流扭曲。

Koehl 和 Strickler 则描述了桡足类的另外一种滤食性摄食机制，有别于那种通过过滤使很稀的食物变浓然后一口吞下的摄食方式。即先发现每个食物颗粒，使颗粒靠近并与周围的水分离开后做出判断，然后一个一个地摄入或丢弃。然而，桡足类摄食口器的差异较大，这表明并非所有滤食性桡足类的颗粒收集机制都与已知的完全一样。同样使用粘住动物个体然后摄影的方法，Vanderploeg 和 Paffenhöfer（1985）对剑水蚤（*Diaptomus sicilis*，淡水桡足类动物）的另一种摄食机制进行研究。剑水蚤肢体运动产生一股从前到后的水流。水流中非常靠近大颚刚毛的颗粒将引发猛冲及拍打的响应方式，这与真哲水蚤的响应方式类似。但是，沿着大颚小刚毛的内表面，部分水流发生偏离，使水流像灌进漏斗一样。此水流中的一些颗粒可能直接被摄入口中，无需任何猛冲及拍打（被动捕获模式）。然而，Vanderploeg 和 Paffenhöfer 坚持认为该机制下刚毛的网状结构并未起到过滤器的作用。

Kiørboe 等（2009）使用高频（1 600 ～ 2 200 Hz）视频分析法研究了一些小型桡足类动物：大量分布于浅海区的纺锤水蚤属（镖水蚤目）、广泛分布且数量庞大的长腹剑水蚤属（剑水蚤目）。其研究工作描述了一种对靠近触角的运动性细胞进行摄食的方式（伏击摄食），该摄食方式无须产生摄食水流。当一个食物细胞靠近，在距离约 200 μm 的范围内时，桡足类的胸足可以从后往前的顺序弹回，这个动作类似于逃生时的游泳方式（这样的运动并不会持续很久，详见第 8 章），驱动身体向细胞前移。桡足类的前扑动作并未明显地将食物颗粒推走，其尾扇可能被用于旋转调整体位，使口部区域靠近颗粒。随后，口肢打开（与真哲水蚤属摄食肢动作顺序类似），由小颚将细胞拉近以捕食。从启动前扑动作到最终捕获食物颗粒经历的时间各不相同，可能还需要口肢猛抓几次，但时间较短，长腹剑水蚤大多只需要 3 ～ 30 ms。在如此之短的时间内，几乎没有任何猎物能够逃离。

有些硅藻细胞包被着坚硬的蛋白石壳，这样的食物对桡足类来说太大、太硬，无法吞咽。然而，Jansen（2008）通过显微镜观察到，宽水蚤（*Temora*）能抓住圆筛藻（*Coscinodiscus*）的帽盒形细胞（直径为宽水蚤长度的三分之一），在细胞的一侧啃出一个孔，由于细胞膨压降低，硅藻的细胞质收缩到相反的一侧。然后，桡足类将硅藻细胞旋转，咬出另一个孔，将细胞质吸出，最后扔掉细胞空壳。

在身体不被束缚的情况下，桡足类动物摄食水流（与伏击摄食相反）的视频研究可能不久之后就会被报道。当桡足类身体被固定时，水流的模式会有所改变。桡足类不被固定时，其周围的水流情况曾应用 PIV 方法研究过。使用激光薄平面（1 mm）对含有反光小颗粒的水族箱进行投影。摄像机以大约 60 Hz 的帧频对平面内的颗粒流场进行记录，通过连续帧中相同颗粒的位置变化来测定（通过在几个水平的精细分析）流速场。当南极真刺水蚤（*Euchaeta antarctica*）桡足幼体以 1～2 cm·s^{-1} 的速率在光照平面内游动时，Catton 等（2007）获取了从水蚤背面向下看及从侧面看的流场平面图（彩图 7.1）。真刺水蚤的触角呈双桨式滑动，驱动身体以较低的速率运动。在水蚤前方非常短的距离（约身体长度的一半）内，水流才被加速，这样可以尽量减少运动方向上给掠食者造成的惊扰。但是，也有一些水流从头顶流向侧面并流过小触角，这些水流可能被用于嗅觉探测。水蚤体前的大部分水流会从背侧流过。水从身体下方被导引到摄食肢区域，可能是在检查食物气味，然后水流在身体中心靠后的下方进行加速，在尾部散开或下沉。Catton 等的论文明确显示，固定的水蚤个体与自由游动的个体相比，身体附近的水流模式发生了强烈的改变，尤其是水流加速区在所有方向上都会延伸得更远。浮游动物可对体周流体中的掠食者或猎物进行感知，也能对水流的切应力（应变速率）以大约 0.5 s^{-1} 的速率进行响应（即每厘米的垂直流对应的顺流方向上的速度变化量）。在彩图 7.1 中，Catton 等将速度梯度转换成应变速率，发现应变速率以 0.5 s^{-1} 的速率延伸，范围超过约 2 倍的身体长度、3 倍的身体直径。毕竟，为了运动摄食，桡足类必须接受更高的被食风险，这也是显然的，不入虎穴，焉得虎子。与固定的个体相比，自由游动的桡足类摄食期间驱动加速的水量更少，这暗示游动时摄食所需的能量少于被固定的个体（van Duren 等，2003）。桡足类漫游摄食花费的能量似乎只占总能量预算的一小部分。

7.2　摄食率及影响摄食率的因素

营养动力学关注的并非浮游动物如何完成摄食，而是它们以多快的速率消耗食物。目前有几种方法可测定摄食率。前后对照方法：瓶中装有已知浓度的藻类细胞，向其中放入一些浮游动物个体，放置培养几小时或一天，然后重新测定藻类细胞的浓度。浓度测定可通过血细胞计数板的直接显微镜计数或电子颗粒计数器进行（见框 7.3）。

计算的结果通常以过滤率（filtering rate）或清除率（clearance rate）来表示，缩写为 F，为单位时间内单个动物个体过滤水的体积。由于"过滤"这种说法不足以表明动物

框 7.3　自动颗粒计数

使用电子颗粒计数器可使滤食性摄食实验分析变得相当简单。这些装置最初源于 Wallace Coulter 的设计，用于对电解液(血液或海水)中流动的微小颗粒进行计数。当电解液流过玻璃管壁内两个电极之间时，其中的颗粒会引起电极之间电阻的变化，从而进行计数。每个颗粒引起的电阻变化都被收集起来，电阻的振幅在一定程度上是关于粒径的函数，于是在获得颗粒数量的同时还能得到对应的粒径。电阻变化大体与颗粒体积成比例，因此，在摄食实验的过程中可以测定出动物摄食一段时间后容器中总颗粒体积的变化。

是如何摄食的，因此，清除率是更为合适的表述。动物摄食悬浮颗粒并不像将盆子里的豌豆过滤到筛子上那样简单。将水和豌豆一起倒在筛上，每次都会有大量的水从筛子漏掉而与豌豆分离。连续 N_t 次后，留在盆子里的豌豆数量的变化率可通过下列公式给出：

$$\mathrm{d}N/\mathrm{d}t = - FN_{初始}/V \qquad (式 7.1)$$

即 $\mathrm{d}N/\mathrm{d}t$ 为常数。式中，F 是单位时间筛掉水的体积，V 是实验用水的原体积。N_t 与时间的关系曲线将是一条斜率为负值的直线，当 $t = V/F$ 时，该直线与时间轴相关($N_t = 0$)。在动物滤食性摄食过程中，水中的颗粒被掳走之后，那部分被过滤掉的水并未从实验瓶(或海洋)中消失，而是又回到周围的悬浊液中，稀释了剩余的颗粒。因此，颗粒浓度的减小遵循指数衰减律。也就是说，要获取等量的食物颗粒，动物必须逐步过滤越来越多的水。通过下式表示：

$$\mathrm{d}N/\mathrm{d}t = (- FC/V) N \qquad (式 7.2)$$

式中，C 是动物(如桡足类)在瓶中的数量，V 是瓶子的体积，F 是单位时间内每只桡足类动物过滤水的体积，且假定过滤效率为 100%。Harvey(1937)最先应用此等式来测定过滤率。需要注意的是，此处使用的模型为滤食者，而不是遭遇性的掠食者。相对于水的体积而言，动物的个体非常小，它必须通过 Koehl - Strickler 或其他机制寻找食物，在这种情况下以上模型仍然正确。每个动物的清除率是对动物在摄食过程中做出的搜寻努力的近似估计量。分离变量并积分之后，我们得到：

$$\ln(N_t/N_0) = - FCt/V \ 或 \ N_t = N_0 exp(- FCt/V) \qquad (式 7.3)$$

其中，N_0 和 N_t 分别代表观测开始时与间隔时间 t 后的细胞浓度。

如果藻类细胞增长很快，必须设置容器中无捕食者的一组来作为对照组(其生长速率为 μ)，那么，这个生长速率在关联的方程中必须考虑到：

$$\ln(N_t/N_0) = (\mu - FC/V) t \qquad (式 7.4)$$

通常将此等式称为 Frost 公式(Frost，1972)。Frost 还指出，摄食实验期间细胞的平均浓度 $N_{平均}/V$ 可计算如下：$FC/V = g$(此处的字母 g 代表"摄食")，则

$$N_{平均}/V = N_0 [e^{(\mu - g)t} - 1]/Vt(\mu - g) \qquad (式 7.5)$$

可使用此数值来计算个体平均摄食率：$I = FN_{平均}/V$。

7.2.1　桡足类动物研究

影响 F（清除率）和 I（个体平均摄食率）的因素有很多，包括：食物密度、容器的容积、食物颗粒的粒径、捕食者的个体大小与生命周期的不同阶段、不同类别食物的混合、过往进食状况以及温度。以上每个方面都还有必要做进一步研究。Frost（1972）研究了食物密度对桡足类动物进食率及清除率的影响，给出了基本结果，即所谓的"功能性响应"。实验容器为 3.5 L，持续轻轻地搅拌。该体积远高于已知会产生容积效应的临界值（早期研究发现，使用小体积的培养容器会降低进食率）。实验前，每个容器装有中心硅藻作为食物，以及 10 ～ 30 只雌性太平洋哲水蚤，水蚤为成年个体，实验前没有经历饥饿，稳定喂食。所谓的功能性响应（图 7.4）具有以下基本特征：

（1）过滤速率是可变的，但当食物浓度很低时，过滤速率不会发生明显的改变。

（2）当食物密度高到一定程度时，过滤速率开始降低，以便保持进食率恒定。在几乎所有实际应用中的浮游生态系统模型里，浮游动物摄食的参数与函数关系都体现了这种功能性响应。

（3）即使食物足够多，桡足类动物也不会（至少在此数据集中）过多地进食。也就是说，此类动物的进食量不会超过自身生长和新陈代谢的需要。

（4）若食物细胞个体较大，则在较低的食物密度下就可达到最大进食率。

雌性太平洋哲水蚤个体的干重约为 170 μg，若碳含量为 40%，则每个个体含有约 68 μg 碳。因此，每只桡足类每小时摄入 1.1 μg 碳（每天总共摄入 26.4 μg 碳），这个数字约为其个体总碳含量的 39%。

在食物密度较低时，每只桡足类动物的最大过滤速率约为 8 ml·h^{-1}，或 192 mL·d^{-1}。此速率低于预先饥饿过的个体所能达到的过滤速率。Runge（1980）发现，饥饿一段时间后，以及在特定的季节进行的取样中，吃一些大细胞食物的太平洋哲水蚤的 F 值可达到每个个体 49 ml·h^{-1}（超过 1 L·d^{-1}）。在自然界的浮游生物浓度条件下，桡足类以这个速率摄食能否获得足够多的食物，这个问题目前还存在争议。在许多桡足类生活的水体中，每 200 毫升水的颗粒碳含量不超过 1 μg，因此，它们应该处于食物短缺的状态。针对以上水体，早期的（Mullin 和 Brooks，1976；Derenbach 等，1979）以及近期的（Cowles 等，1998；Benoit-Bird，2009）观察均发现海水中存在薄的、水平分布的水层（薄层），其中的浮游植物浓度为背景的 2 ～ 5 倍，这表明至少在近岸海区，桡足类动物可在此类水层中短时停留，以解决食物不足的问题。声学探测资料也明确显示，反射 120 kHz 声波的浮游动物与近岸水域的薄层有着紧密的联系（Benoit-Bird 等，2009）。事实上，将桡足类动物饥饿一段时间，然后喂食，它们会突然加速过滤，这暗示它们具有利用薄层中食物的能力。声学研究结果还表明，桡足类动物可停留在这一薄层中，或在掠食性鱼类周围形成桡足类自己的聚集层。

关于桡足类动物摄食研究的改进和发展，可能有 100 多篇有价值的论文值得在此

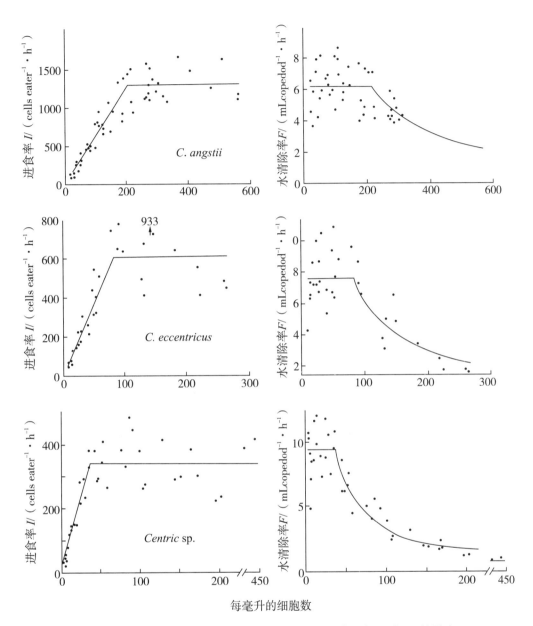

图 7.4　浮游植物细胞浓度对进食率 *I*(左图)和水清除率 *F*(右图)的影响

实验用动物为雌性太平洋哲水蚤，食物分别为小个体、中型和大型个体的中心硅藻。进食率的三条渐近线均约含 1.1 μg cell carbon · h⁻¹。(Frost, 1972)

引用。我们只展示一些重要的结果：

（1）功能性响应曲线并不是固定不变的。在一定食物浓度范围内开展桡足类动物摄食实验，摄食不久之后测定进食率，测定的结果往往逼近渐进线，这个渐进线值非常接近在实地水体中的浮游植物浓度范围内所测得的进食率（Mayzaud 和 Poulet，1978）。提高食物浓度不会刺激桡足类动物吃更多食物。然而，和低浓度食物相比，高浓度食物情况下桡足类动物摄食率的渐近线更高。因此，当培养时间比通常实验时间更长时，功能性响应也可能发生变化（Donaghay 和 Small，1979）。

（2）存在进食阈值。在低食物浓度情况下，至少对一些食物而言，桡足类的过滤速率会降低（哲水蚤：Frost，1975；纺锤水蚤：Besiktepe 和 Dam，2002）。进食阈值具有潜在的重要性，因为桡足类进食阈值的存在给浮游植物提供了喘息的机会，使它们不至于被吃光，尽管这不是捕食者进食阈值存在的根本原因。

（3）摄食涉及各种各样的选择过程。桡足类动物可以不同的速度吃不同种类的颗粒。许多因素都会影响桡足类吃什么样的食物或首选什么食物来吃。粒径并不是首要的决定因素。Richman 等（1977）用自然水体中的食物颗粒来喂食采自切萨皮克湾的纺锤水蚤，他们发现，处于食物粒径谱峰值区的那部分食物会被很快吃掉（图 7.5），而那些较大或较小的颗粒则会被水蚤完全忽略。这种摄食机制还不能用面粉筛的原理（将面粉分为粗料与细料）来解释，除非颗粒能被鉴别并能在过筛后又重新捡回来。Koehl 和 Strickler 提出的桡足类摄食机制认为：它们可以进行食物选择，而且通过高速摄影也能明显看到桡足类能拒绝某些食物颗粒。

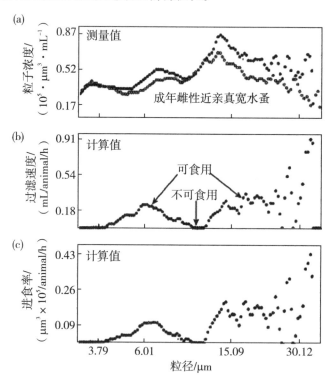

图 7.5　切萨皮克湾雌性近亲真宽水蚤（*Eurytemora affinis*）对颗粒的摄食选择性
（a）进食前（黑色圆圈）和进食一天后（空心圆圈）不同粒径食物颗粒的丰度变化。直径约 10 μm 的颗粒未被摄食。（b）计算出的不同颗粒粒径下的过滤速率。（c）不同颗粒粒径对应的过滤速率与进食率。（Richman 等，1977）

（4）动物的个体大小会影响进食。体型较大个体的过滤速率高于体型较小个体。

Paffenhöfer(1971，1984)做了很好的比较研究(图7.6)。Saiz 和 Calbet(2007)对在实验室和实地研究中获得的桡足类个体大小与进食率数据进行了评述，发现同一温度范围内的进食速率大致相等，这种适应策略是已经预料到的。在实验室中获得的最大摄食率与体重的0.74次方成正比[图7.7(a)]，这种生理速率与个体大小的关系会经常出现(见下文)。实地获得的摄食率实验数据也显示了同样的趋势，摄食率的高值与个体大小相关，低值则较为分散[图7.7(b)]，可能受到食物可利用度的限制(当食物较少时，摄食率降低)。

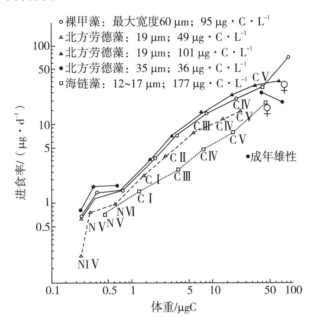

图7.6　太平洋哲水蚤(*Calanus pacificus*)进食率与体重的函数关系

温度均为15 ℃，过滤速率都呈现随体重增加而增加的趋势。无节幼体和桡足幼体阶段(均用罗马数字表示)的重量略有变化，用四种藻类(用不同线条表示)作为食物时的进食率也有差异。进食率大致随着体重的0.87次方增长。(Paffenhöfer，1971)

(5)很多实验都表明浮游植物产生嗅觉信号物质对浮游动物摄食率的重要性，但都还不是非常明确。Poulet 和 Oullet(1983)说："桡足类动物像法国人一样，他们喜欢美味的食物"。Poulet 发现，与那些没有海藻味道的珠子相比，桡足类动物更容易摄食那些带有海藻味道的 Sephadex® 珠子。

(6)Rothschild 和 Osborn(1988)认为，海洋小尺度的湍流会使捕食者与猎物之间的遭遇率增加，从而使进食率也升高。其基本思想是：小规模的切应力可以使捕食者与其周围猎物的相对速率增加，这样就可将更多猎物送入捕食者的探测半径范围内。基于这个设想，实验科学家们开展了许多研究。Peters 和 Marrasé(2000)对那个时期的文献进行了综述，发现基于已有的结果还不宜下此结论。尽管如此，至少在某些情况下，当湍流为中等强度时，进食率会随湍流强度先增后减(呈圆顶式曲线)。Caparroy 等(1998)对胸刺水蚤(*Centropages typicus*)的研究发现，与平静的实验环境相比，

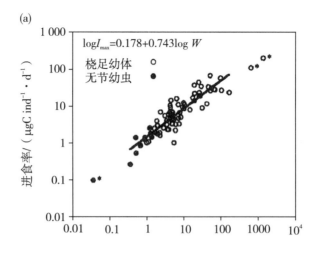

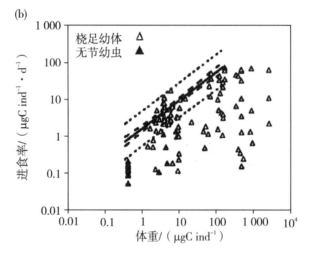

图7.7　浮游动物进食率与体重的关系

（a）实验室中测得的最高进食率与哲水蚤桡足幼体（○）、无节幼虫（●）身体生物量（W，碳含量）的函数关系。图中的公式对应拟合曲线。（b）实地采集的、从实地获取食物的成年哲水蚤（△）和无节幼虫（▲）的进食率及与（a）中的拟合曲线的比较。（Saiz 和 Calbet，2007）

具有一定能量耗散水平的湍流（ϵ 约为 $0.3 \ cm^2 \cdot s^{-3}$）会增强水蚤的进食能力。湍流可增加遭遇率（或捕获效率，但说不清楚到底是哪个），从而使水蚤进食量很快饱和，而清除率随着猎物密度的增加快速下降。更大强度的湍流似乎会阻挠猎物的捕获。强烈或反复出现的切应力可能会破坏进食水流、中断猎物位置信息的传递。在实验室容器中准确地模拟浮游动物体型尺度级别的海洋湍流是非常复杂的（如果有可能的话）。例如，Caparroy 等使用一个网格在摄食容器中上下移动。当网格移动时，水的混合程度还是很高的，但此后就衰减了。利用不同的网格推动速度（和频率）的变化，可以实现不同程度的平均能量耗散（ϵ 的估计值）。因此，这种方法制造出的湍流频率非常极端，而非自然状况下的常见的湍流频率。

　　不过，波动肯定会对一些过程产生影响。Yen 等（2008）使用一个类似球形的、完全密封的水族箱(直径为 40 cm)开展实验。在箱内对称地放置 8 个脉冲致动器,其产生的能量耗散和涡流大小近似地模拟典型的海洋上层湍流。确实,当耗散率低于 0.1 cm^2·s^{-3}时,此装置中的桡足类大致都能(不依赖水流)独立运动;当耗散率超过以上数值时,桡足类就开始随着涡流进行运动。这个能量耗散率阈值在数量级上与 Caparroy 等其他研究的结果惊人一致。可以说,大多数湍流的长度尺度(基本上为涡流的直径)要大于中型浮游动物的个体大小。论据来自对柯莫格罗夫长度尺度的估计,在此长度下,水体黏度能有效地减少动能向逐步变小的涡流转移。然而,不管浮游动物有多长,涡流范围内的浮游生物均会被涡流冲翻,大多数浮游动物(尤其是桡足类)具有体位朝向偏好,但复原力矩(垂向稳定性)较小。因此,不论湍流尺度多大,浮游动物都需要反复不停地纠正游泳姿势,当涡流较强时,浮游动物将很难维持朝向稳定。

7.2.2　其他中型浮游动物类群

磷虾类动物是浮游生物中十分重要的类群,但测定磷虾过滤速率的工作还比较少。McClatchie(1985)展示了另一种测量摄食率的方法。他使用的是 250 L、球状的容器,容器的流入口和流出口连通,底部带有磁性搅拌棒。每隔一段时间就由入口向容器中添加硅藻培养溶液,搅拌使快速混合,然后根据测得的叶绿素荧光确定培养液的稀释比率。当培养容器中存在北方磷虾(*Thysanoessa raschii*)时,表观稀释率的增加量是测定磷虾进食率与水清除率(*F*)的基础。经过 4 倍添加后,磷虾的进食率随硅藻浓度的变化而变化[图 7.8(a)],那么此时的常数 *F* =15.4 mL·krill^{-1}·h^{-1}。在所检测的食物浓度范围内,功能响应曲线[图 7.8(b)]呈线性增长。这种磷虾(以及其他任何动物)必然有一个进食率的上限,但本实验中食物浓度并未达到 7 μg Chl·L^{-1}的极高水平。基于其他磷虾类实验所测定的清除率,随着个体大小的变化而有所不同。本实验中 McClatchie 使用的北方磷虾干重为 17 mg,而超大体型的南极磷虾(*Euphausia superba*)干重约为 250 mg,对硅藻悬液的过滤速率达 25 ～ 300 mL·krill^{-1}·h^{-1}(Antezana 等,1982)。在 McClatchie 实验中,较低的过滤速率出现在叶绿素浓度低于 3 μg·L^{-1}时。当叶绿素处于 4 ～ 12μg·L^{-1}时,平均过滤速率约为 210 mL·krill^{-1}·h^{-1}。这样看来似乎也存在临界效应,尽管叶绿素低至 0.6 μg·L^{-1}时也会有摄食发生。

Hernández-Léon 等(2001)对肠道内含物进行了色素分析(见框 7.4),用于比较夏季南极水域中戈氏长腹水蚤(*Metridia gerlachei*)和南极磷虾幼虾(8 ～ 21 mm)摄食的昼夜周期变化。夜晚,长腹水蚤从水下 400 m 游到表层水摄食,肠道内充满浮游植物细胞,其中一些浮游植物细胞可保留到黎明时分。磷虾会在白天摄食近表层海水中的浮游植物,夜晚则会分散在整个水柱中,至少能达到 600 m 深的水层,捕食对象则转变为甲壳动物。更替性(断断续续)的摄食现象(例如,夜晚与白天的食性转换,或在更短时间内食物的转换),可能会使肠道色素定量进食率方法的应用变得太过复杂,但应用肠道色素法能很好地展示白天与夜晚周期性的进食规律。Karaköylü 等(2009)已经开发了一种估算浮游生物肠道荧光的激光技术,有望应用于大量野外样品的快速

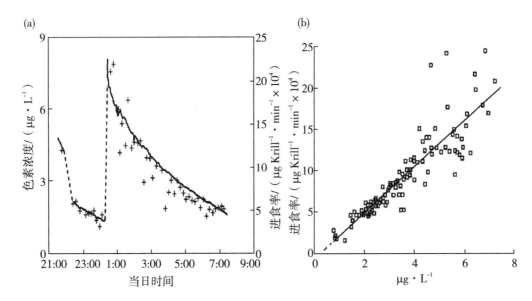

图 7.8   连续培养实验中进食率与叶绿素浓度关系

（a）含 25 个北方磷虾（*Thysanoessa raschii*）个体的培养瓶中色素含量随时间的变化情况。向瓶内加入高浓度浮游植物（色素浓度增加 5.4 倍），这些浮游植物会部分地从容器中流出及被动物吃掉，使浓度降低，追踪这些浓度变化，通过过滤率与浮游植物浓度就可以计算出进食率。（b）在一定食物浓度范围内，进食率随着食物浓度的升高而升高。（McClatchie，1985）

测定。

　　对于其他（摄食颗粒物质的）浮游生物清除率的估算与功能响应曲线也有过研究。Bochdansky 等（1998）应用改进的色素替代方法测定了一种大体型尾海鞘（梵氏住囊虫）的清除率。不管是温度还是食物浓度出现细微变化，这种住囊虫的排泄速率基本不变，大约每 13 min 排出一粒粪球。据观察，其消化道内的食物总是约有 3 个粪粒体积那么多，并且肠道中的色素仅为整体替换量的 21%。因此，肠道内含物每 39 min 全部更新一次，并且周转一次所需的色素量为 4.76（ =1.0/0.21）倍的肠道内容物。现场捕获的梵氏住囊虫清除率（单位：mL · h^{-1}）可以等同于每 0.65 h（39 min）过滤水的体积中包含（按比例放大）的内容物。清除率与体型大小有关：当躯干长度为 3 mm 时，清除率为 40 mL · h^{-1}；当躯干长度为 5 mm 时，清除率增加到 175 mL · h^{-1}。

　　这些大型个体的摄食率比桡足类动物高出近 10 倍。Bochdansky 和 Deibel（1999）在每个瓶子中放入 1 个梵氏住囊虫开展摄食实验，连续测定培养瓶中浮游植物细胞的丰度。由于使用的是对数刻度，因此曲线［图 7.9（a）］的斜率与过滤速率呈线性比例关系。食物浓度随着清除率的指数次方降低（半对数图中的直线），然后对食物进行补充。当食物浓度较低时，清除率较快，对单个住囊虫试验获得的清除率超过 500 mL · h^{-1}，远高于中等或高食物浓度（69 mL · h^{-1}）情况下测定的清除率［图 7.9（b）］。尾海鞘类动物的功能性响应非常明显，在硅藻浓度大于每毫升 10^7 个细胞时，清除率

框 7.4　根据肠道内含物色素计算清除率

Mackas 和 Bohrer(1976)建立了一种主要针对桡足类动物进食率的测定技术(类似的方法在鱼类也使用过)。动物吃了含叶绿素的藻类后,它们的肠道必然会残留一些藻类。如果突然将食物拿走,肠道中的叶绿素(或者是叶绿素与分解色素)将会减少,减少的速率等于内部色素降解的速率与色素被排泄出去的速率之和。通常,随时间的推移,肠道色素的降低趋势将表现为一条陡峭的指数曲线,其模式取决于所研究动物的类型,以及减少量是个体肠道清除量还是一群动物的总肠道内含物的减少量。当摄食处于稳定状态时,食物的输入率可能等于粪便的输出率,这样肠道中的色素含量就接近于一个常量。肠道内的叶绿素或总荧光色素含量可使用荧光计测定。具体操作为:捕获浮游动物后,必须马上置于丙酮中研磨,提取色素,依据标定曲线计算其荧光信号对应的叶绿素含量。使用实验室的常规仪器对浮游动物个体肠道中的色素进行测定,一般都能获得强烈的荧光信号,空白对照组(空肠道)的荧光信号则非常微弱。由于样品中总存在一部分动物没有进食的情况,因此需要测定足够多的动物个体然后再取平均数。在测定一群动物时,先将动物活体快速地分拣出来,放到过滤后的海水中,然后每隔 1 小时(或更长时间)取其中很小的一批来测定肠道中色素减少的比率(框图 7.4.1),比率的单位为 min^{-1} 或 h^{-1}。

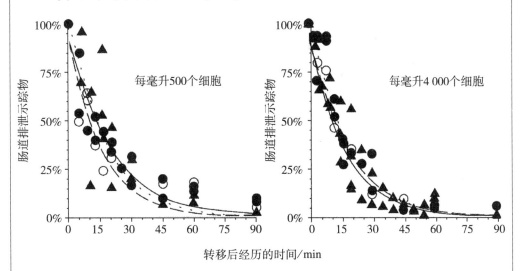

框图 7.4.1　**以不同起始浮游植物细胞浓度喂食马歇尔哲水蚤(*Calanus marshallae*),其肠道中色素含量(三角形)随时间减少的曲线**
图中的圆圈样品对应用锗 -68 标记食物喂食后水蚤,然后转移到过滤后的海水中(空心圆圈),或转移到食物没标记的海水中(实心圆圈),所观察到的肠道色素降低的过程。(Ellis 和 Small,1989)

自然群体中动物个体之间有明显的差异(Mobley，1987)，因此建议使用一组或一群动物来测定肠道色素变化。肠道色素随时间的变化过程通常可以用指数曲线很好地拟合出来。然后，假定动物必须以相同的速度从生境中摄食有色素的藻类，从而保持肠道原有的叶绿素含量，此时的清除率就是单位时间内清除水的体积乘水中叶绿素的浓度，那么单位时间摄入的叶绿素含量就是肠道内叶绿素被替代的速率。

关于这种测量方法的讨论也有很多。在通常情况下，大多数色素被消化后的分解产物是不发荧光的，其中有些成分也可能被吸收同化。有些人认为这可能会导致一些偏差。如果该方法是单纯根据排泄出的粪便色素含量来推测进食了多少的色素量，那么进食者的分解与吸收可能会给结果带来很大的偏差。但实际上，上面介绍的方法并没有测定粪便中的色素含量，而是基于时间序列对整个个体肠道进行的测量，排泄和分解均已经包含在比率内了，没有必要将体内"流失"的那部分叶绿素(摄入与排出叶绿素浓度的差值)考虑在内。然而，就正文中提到的 Bochdansky 和 Deibel 的研究案例来说，对海鞘摄食进行这种矫正是有必要的。

上述研究方案中也有一些假设需要验证。首先，当动物处在过滤后的(无浮游植物细胞)水中时，食物在肠道内的滞留时间可能会比水中有食物时更长。Thor 和 Wendt(2010)发现，当食物供给较低时，食物的同化效率较高，这可能与食物在肠道内的滞留时间较长有关。因此，色素减少率方法的可靠性取决于动物如何快速地察觉到食物已经排出。Ellis 和 Small(1989)的实验显示，食物在肠道中的滞留时间变长，造成的变化来得非常慢，因此造成的影响也无关紧要。利用放射性锗对硅藻的壳体做标记，用这些硅藻喂食马歇尔哲水蚤，测定肠道内色素减少的速率，然后换成喂食没有标记的硅藻，这样就可以对粪便中有锗标记和无锗标记的硅藻壳含量进行比较。色素流失率大于标记物的损失率，不存在任何问题。对于那些转移到已过滤海水中的动物，标记物排出与正常喂食动物的速度相同，验证了取走食物并不能立即改变摄食行为这一假设。但关于这点的研究结果也不总是一致的：Penry 和 Frost(1991)发现，被转入过滤后海水的动物会加速排便，这一点在其他研究中也有观察到。因此，谨慎是有必要的，但并没有必要对色素的消化进行纠正。

基于物种或类群特异性 DNA 的定量 PCR(qPCR)方法可以研究动物对一些特定类群生物的摄食，而不是只测定那些含叶绿素生物的摄食。几个实验室仍在开发该类分子生物学方法(Durbin 等，2007；Nejstgaard 等，2008)。使用特定基因，例如线粒体细胞色素氧化酶 I(COX I)或 SSU rRNA，对潜在猎物和捕食者肠道内食物中相同基因的拷贝数进行比较(食肉动物可以咬碎整个物体，但它本身的 DNA 并不会匹配针对猎物 DNA 的引物)。捕食者对 DNA 的消化很迅速，但是 qPCR 也十分灵敏，因此该方法至少能给出一些定性的结果提示：使用物种特异性引物及 qPCR 可以检测这些食饵是否被吃掉了。利用该方法的实地研究尚待开展。

达到饱和。在低食物浓度条件下，随着时间的流逝，其住囊会出现阻塞和退化，导致单只住囊虫的摄食逐步减缓[图 7.9(a)]。更换住囊之后，清除率在几分钟后便能恢复至较高的水平。显然，在住囊严重损坏之前更换一个新的住囊是很划算的。在此类实验中，实际清除率在个体之间的差异非常大，且这种差异不是仅仅从个体大小角度能解释得通的。

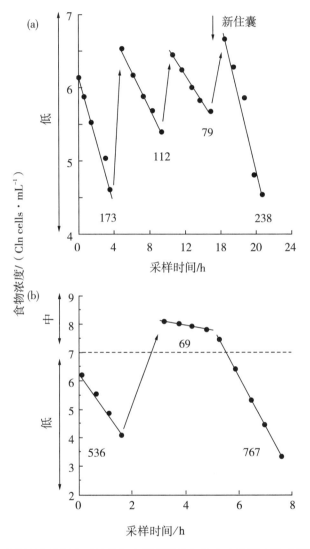

图 7.9　梵氏住囊虫的摄食对培养瓶中浮游植物细胞丰度的影响随时间的变化过程

每段斜线的下方均标出了清除率(mL·h^{-1})。向上的箭头代表补充添加了浓缩食物颗粒。(a)住囊虫的进食速率约为 250 mL·h^{-1}，随着住囊的老化而降低，更换新住囊后进食率便会恢复至正常水平。(b)在低食物浓度(每毫升少于 1 100 个细胞)情况下，住囊虫的清除率较高，而食物浓度较高时清除率较低，表明进食已变得饱和。(Bochdansky 和 Deibel，1999)

7.2.3 原生生物的摄食和进食率

大约从 1985 年起，我们才意识到海洋浮游生境中异养原生生物（比使用"原生动物"一词更为合适）的重要性。研究表明，异养原生生物比中型浮游动物消费了更多的藻类初级生产量，因此，它们构成了海洋食物网中的一条主要途径。虽然原生生物在大洋和浅海环境中都很多且活跃，但它们在大洋环境中相对更加重要。异养原生生物研究开展得比较晚的主要原因是个体较大的捕食者吸引了更多的关注，以及大洋原生生物细胞通常都非常易碎且透明，不利于观察及操作处理。细胞数量最丰富的浮游微型异养生物是个体较小的鞭毛虫类。它们的游泳行为和觅食机制与黏性流的性质及边界层过程密切相关。原生生物利用水流运动信息（非常小的生物个体的黏性区域）和猎物散发出来的化学信号来寻找食物颗粒。很多化学感知信号的结构都较简单，例如一些带有小侧链的氨基酸（如脯氨酸）。Strom 等（2007）发现，纳摩尔浓度级的简单氨基酸就可以有效地抑制砂壳纤毛虫类的网纹虫（*Favella*）的摄食。尚不清楚这种氨基酸的生态适应浓度具体是多少，但这一现象说明：极低浓度的化学物质信息在原生生物与其猎物、其掠食者的相互作用中发挥了作用。

原生生物通过多种机制来俘获食物颗粒。个体最小的原生生物种类（微米级），例如以微微型浮游生物（自养和异养皆有）为食的微型鞭毛虫，捕食者和猎物细胞表面都可产生疏水性作用力，其可将食物颗粒拉离捕食者运动产生的流线范围，创造了接触并摄食的机会（Monger 等，1999）。有些鞭毛虫，如无色素的隐藻（Lee 等，1991），其相对复杂的"口器"通过微管来操纵与吞噬食物，微管还延伸到细胞内部，看起来与"消化道"类似。其他类群（领鞭虫类）有摄食用的领部结构，利用领部的黏性物质来粘缚微小的食物颗粒，最终在细胞某个特定的部位完成吞食过程。纤毛虫会向特定的食物移动，通过胞口的吞噬作用摄入食物。Hausmann 等（1996）对纤毛虫的摄食机制进行了综述。

测定海洋原生生物（常被叫作"小型异养生物"）的进食率的方法通常有 3 种：

（1）测定中型异养浮游动物的进食率。在一个适宜容器内将一定数量原生生物与猎物培养一段时间，对培养前、培养后的猎物进行计数。假定在捕食过程中猎物呈指数方式减少，那么就可以计算出水清除率（单位时间内单个捕食者清除水的体积）和捕食者的进食率。

（2）荧光标记细菌（FLB）技术（见框 5.2；Sherr 等，1987）可以应用于藻类摄食率计算（称为"FLA"）。荧光标记的细胞因发出荧光而可观察到并计数，被摄食后，在原生生物的食物泡中仍发出荧光。单个原生生物细胞的水清除率 F 通过下式得出：

$$F = 原生生物细胞中 FLB 数目 /（FLB 的浓度 × 培养时间） \qquad （式 7.6）$$

基于对原生生物的密度以及相同载玻片上的多个原生生物取平均值，可以获得微型异养生物的总体清除率（单位时间内清除水的体积）。该计算方法尤其适用于聚球藻和原绿球藻的捕食者摄食率计算。

（3）与 FLB 法相比，系列稀释法（Landry 和 Hassett，1982 年；见框 7.5）在测定摄

框7.5　梯度稀释法测定小型浮游动物摄食率(Landry 和 Hassett，1982)

　　梯度稀释法估测的是小型异养生物的整体进食率，而不是原生物个体的摄食率。使用干净和轻柔(无强力关闭装置)的取样瓶采集一定深度的海水。用 0.45 μm 或 0.2 μm 孔径的滤膜过滤一部分的水样(F)，以去除所有的颗粒状生物体。取另一部分水样并去除其中的中型浮游动物($-M$)。按照不同体积倍率(例如 $-M$ 的 1.0、0.75、0.5、0.35、0.2、0.1 倍)将 F 加入 $-M$ 的瓶中，得到一系列不同比例的稀释液，然后进行培养。通过细胞计数、叶绿素浓度或 ^{14}C 吸收来测定一段时间(例如 24 小时)内的个体(通常是浮游植物，也可以是异养细菌)增长率。其原理为：稀释不会改变个体的增长率，但它会降低被摄食造成的个体死亡率。将净生长率与稀释液中 $-M$ 所占的体积分数做线性回归(框图 7.5.1)。得到的回归直线斜率为负值，稀释得越多，净生长速率(=生长 -摄食)就越高。直线在纵轴上的截距是"真实的"浮游植物生长率 μ(单位：d^{-1})，斜率是整体的摄食率 g(单位：d^{-1})。

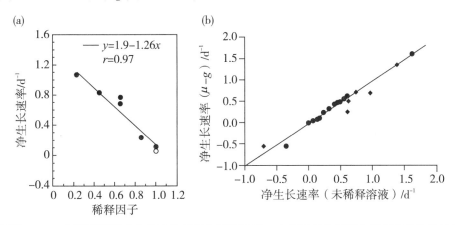

框图 7.5.1　稀释后浮游动物的净生长率与稀释因子、未稀释条件下净生长率的线性关系*
(a)太平洋东部热带海域进行的梯度稀释实验所得的回归直线。在甲板上培养 24 h 后根据叶绿素浓度变化计算净生长。这是一个极端的例子，因为可以很清楚地看到未稀释的海水(稀释因子为 1.0)中的净生长接近零，并且稀释因子为零时净生长较大，为 1.4 d^{-1}。(Landry 等，2000)(b)普吉特海湾和阿拉斯加湾北部取不同水样，梯度稀释实验计算得到截距(μ)和斜率(g)的差值(代表净生长率)与未稀释水样培养获得的净生长率的比较。此线条斜率是1:1，说明了计算值与实测值完全吻合。(Strom 等，2001)

*图题为译者总结。

问题：推导出其中的关系

　　如框图 7.5.1 所示，这种算法通常有效。然而，有时数据点会过于分散或出现正斜率(表观上的"负摄食")。如果方法实施得非常规范，找不到任何操作上的错误，通常的做法是放弃此类不好的数据。

食率上应用更为广泛，可能是因为系列稀释法不需要大量的显微镜观察。

Strom 等(2001)的稀释实验结果表明，即使在浮游植物丰度较高的沿海水域，即使这些浮游植物是细胞较大的硅藻，原生生物都会吃掉浮游植物生产量中的很大一部分。将一系列摄食实验的结果总结为：对于细胞小于 8 μm 的浮游植物，摄食率与生长率之比(g/μ)为 80%；对于细胞大于 8 μm 的浮游植物，g/μ 为 40%；总体平均值为 64%。他们发现，随着大个体浮游植物的增加，大体型纤毛虫和异养腰鞭毛虫的数量也会增加，当浮游植物数量很大时，这些异养原生生物会消费掉更大个体的浮游植物初级生产量。这其中的部分原因可能是许多异养原生生物，特别是腰鞭毛虫，可以将摄食管插入猎物细胞中，或使用摄食笼包围猎物细胞，在外部消化浮游植物。

与成年桡足类或尾海鞘相比，所有的原生生物体型都很小，但原生生物体型范围跨度很大，可以占据多个连续的营养级。拟急游虫(*Strombidinopsis*)这种个体较大的纤毛虫(达 150 μm)可以捕获以及吃掉异养腰鞭毛虫(如尖尾虫 *Oxyrrhis*、卵甲藻 *Oblea*，20 ~ 25 μm)，这些异养鞭毛虫又可以捕食大小不等的藻类细胞(Jeong 等，2004)。像中型浮游动物一样，原生生物在各营养级上的摄食行为也遵循对食物可利用度的功能响应规律(图 7.10)。

进食率和生长率随着食物丰度的增加而逐步升高，但清除率会随之下降。还没发现存在食物低于某一阈值时清除率也低的情况(Strom 等，2000)。当没有食物时，原生生物显然会尽最大的努力寻找食物。Shimeta 等(1995)研究太阳鞭毛虫与纤毛虫的相互作用，发现结果与桡足类动物研究结果一样，小尺度的切应力(湍流)也会提高原生生物和潜在猎物之间的遭遇率。异养原生生物还可以从其猎物中获取叶绿体并维持其功能很长时间，因而海洋微型生物网中从底层到高层的能量传递也可以调转方向进行(Stoecker 等，2009)。

因为原生生物生长潜力很高，分裂速率与浮游植物相似，所以对微型异养原生生物的研究也越来越重要。微型异养原生生物的总体摄食速率大致与浮游植物丰度变化保持同步。纤毛虫类的侠盗虫(*Strombilidium*)和急游虫(*Strombidium*)(Montagnes，1996)的分裂速率估计大多在 0.6 ~ 1.0 d^{-1}(每天翻一番，即生长率为 0.69 d^{-1} 的指数增长)范围内，大致与典型浮游植物生长率一样；在温度较高、食物饱和的条件下，它们的生长率可高达到 2.2 d^{-1}。Strom 和 Morello(1998)发现沿海纤毛虫生长速率在 0.77 ~ 1.01 d^{-1}。异养甲藻生长得稍慢些(0.41 ~ 0.48 d^{-1})，但这一速度也足够快，足以称其为重要的浮游植物捕食者。以上最大速率结果都来自实验室的批量培养，而不是现场的总速率，也不是捕食之后的净速率。

生物海洋学家仍致力于更透彻地理解原生生物摄食的重要性。显然，不管是在寡营养的远海还是在富营养的近海，微食物网承载着浮游初级生产量一半以上的代谢过程。中型浮游动物，如尾海鞘、桡足类、磷虾以及翼足类，以"巨型"食肉动物的身份捕食微型异养生物从而获取很大一部分营养，这样一来，与 40 年前所认识的营养级相比，现在浮游食物网中以浮游生物为食的鱼类占据的位置也许高出了 2 个营养级。

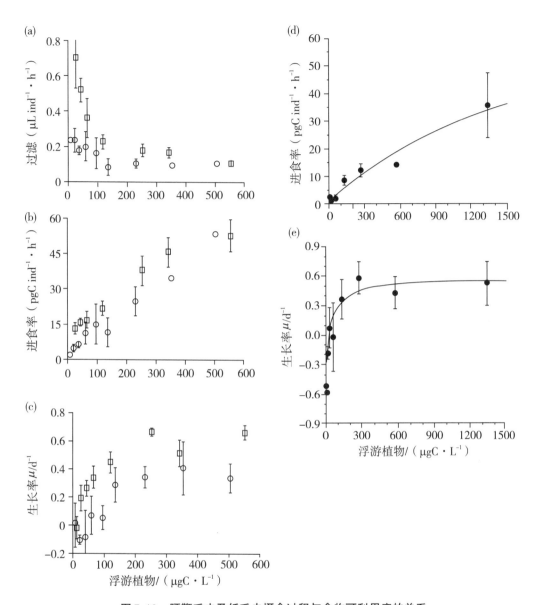

图 7.10　腰鞭毛虫及纤毛虫摄食过程与食物可利用度的关系

(a) 至 (c) 为腰鞭毛虫类的卵甲藻 *Oblea rotunda* 以摄食笼摄食过程中的水清除("过滤")率、进食率、细胞生长率与食物可利用度的关系。食物包括硅藻类的双尾藻属(□)和绿藻类的杜氏藻属(○)。(Strom 和 Buskey，1993)(d)和(e)为以腰鞭毛虫类环沟藻为食的纤毛拟急游虫(*Strombidinopsis jeok-jo*，大小约 149 μm × 70 μm)的进食率和生长率。注意进食率单位的不同。(Jeong 等，2004)

7.3　中型浮游动物生产量的测定

　　计算完浮游植物的生产量之后，下一步必须将浮游动物的生产量估算也纳入这个体系中。浮游动物为"次级"生产者，因此，我们要测定它们的生产率，详细说明每天或每年新浮游动物组织的产量。然而，中型浮游动物不像浮游植物那样呈完全分散的颗粒状态，也不是只摄取一种明确且容易标记的基质（CO_2），因此不能通过简单的过滤和掺入示踪物来计算其生产力（尽管对原生动物的研究上已进行过尝试，而且获得了很不错的结果）。目前估算次级生产力还比较困难，我们对生物群落中的很多定量参数知道得也不够详尽。然而，对该问题开展研究仍可获得一些关于浮游动物本身的深刻见解。有时人们希望此类研究能对渔业生产有用：如果我们知道浮游生态系统中的次级生产率，我们便可以估算底层营养级的生态效率，并由此预测较高营养级（鱼、乌贼、虾）的产量。

在营养动力学模型中，颗粒摄食者的位置如图 7.11 所示。

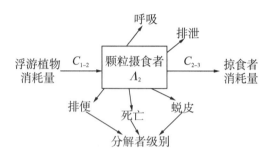

图 7.11　颗粒摄食者在营养动力学模型中的位置

次级生产力是颗粒捕食者生物量的变化率，即 $\Delta A_2 / \Delta t$，加上被捕食抵消掉的那部分的生物量增量 C_{2-3}。在某些情况下会考虑加大非掠食导致的死亡和蜕皮的数量。这样计算的次级生产力适用于稳态系统，或者说它适用于代表整个季节周期的平均生产率。要解决的问题是需要测定所有捕食者或某个优势物种的生产率。测定生产率的方法分为生长增量法和生理学方法。

7.3.1　生长增量法

测定生态系统中某特定类群生产量（例如某物种的某个生长时期）的基本思想就是测定单位生物量的生长速率，即比生长速率 g（specific growth rate），也就是质量的增加量/（质量·时间），单位可以是 g C (g C)$^{-1}$ d^{-1}。将比生长速率与现存丰度或生物量（B）相乘即可得生产量 $P = gB$。对该物种的所有生长阶段进行以上测量后，我们就可以通过 Boyson（1919）的公式来计算该物种整个种群的生产率：

$$P_2 = \sum_{\text{最年轻的阶段}}^{\text{最老的阶段}} \text{阶段性生长速率} \times \text{阶段的生物量} \qquad （式 7.7）$$

式中，P_2 便是种群的次级生产率。

一种简单（但工作量也不小）的方法是：在培养过程中就对上述各阶段进行求和，就像使用同位素测定初级生产率一样，只要测定出示踪物在干重或有机碳表示的生物量中的变化量即可。也可使用稳定同位素，但由于稳定同位素跨营养级的分馏作用，新生的那部分组织中稳定同位素丰度本身也会增加。从原理上讲，可以从生境中取

样，去除样本中的大型捕食者，培养一段适宜的时间后，立刻观察并计算这段时间植
食者生物量的增量，即可获得次级生产率。例如，Kimmerer(1983)采用这种直接法
研究了卡内奥赫湾海岸(夏威夷)数量很多的一种小型热带桡足类(无棘隆哲水蚤)。
他用水桶舀水，获得水、浮游动物以及它们的食物微粒；经 333 μm 孔径的筛绢滤除
水样中的大型动物；从初始样品和培养 20 ～ 40 小时的样品中挑取各个生长阶段的无
棘隆哲水蚤个体，使用燃烧分析法测定它们的碳含量。他认为，在培养期内，碳的增
加量(P)与碳生物量(B)的比率($P:B$)与生物量(B)的比增加率[即 $\Delta B / [B\Delta t]$]相
同，或等于 ln B 相对于时间变化的斜率。在 Kimmerer 的多项实验结果中，ln B 与时
间确实呈很好的线性关系，并且 $P:B$ 的结果几乎均在 0.2 ～ 0.32 mgC (mgC d)$^{-1}$ 范
围内。虽然无节幼体与桡足幼体长得一样快甚至更快，但无节幼体个体相对小得多，
故对生产量的大部分贡献仍来自该水蚤的桡足幼体阶段。

　　通过估算生物量密度(例如卡内奥赫湾每平方米内无棘隆哲水蚤的毫克数)，然
后乘 $P:B$ 的数值，可计算出单位面积(或单位体积)的总生产量。Kimmerer(1983)没
有报道此类结果。

　　准确地遵循"Kimmerer 方法"的研究很少，很多研究都使用各种各样的方法来近
似得出培育期间的增重(Kimmerer 等，2007)。最常用的是应用各种"假想的同期群"
(AC)技术研究桡足类动物的次级生产。实验流程大致如下：通过浮游动物拖网轻柔
地收集样品，然后倒入细孔筛绢，将一个或更多目标物种的幼体过滤去除掉。将细孔
筛上的浮游动物再悬浮于过滤后的水中，并通过粗孔筛再次过滤，以去除老年期的动
物和动物捕食者。穿过粗孔筛的浮游动物便是"假想的同期群"。向其加入大体积的
细孔筛滤液，营造一个临时生境的同时也给它们提供食物颗粒，然后开始培养。有时
将培养瓶悬挂于海洋深水区(或河口区)中进行培养。去除最年幼的浮游动物后，在
AC 培养期将不会再出现这些幼体，在培养期出现的较老龄个体(与起初相比)则是生
长增量的主要贡献者。其中一种方法是，比较培养之前和培养之后种群中处于不同生
长阶段的组成比例变化。如果培养的时间基本足够个体进行阶段性发育，那么其中一
些浮游动物将出现蜕皮，这就会导致培养前后的不同。根据该动物在不同生长阶段的
个体重量乘不同阶段的个体数目，得出培养前与培养后的生物量差异。Kimmerer 和
McKinnon(1987)的研究使用了现场样品中各个阶段的平均重量来计算次级生产率：

$$P = (B_{前} - B_{后}) / (B_{平均} \times 培养时间) \tag{式 7.8}$$

研究结果显示，热带沿海港湾中梵氏纺锤水蚤(*Acartia fancetti*)的 $P:B$ 估值为
0.025 ～ 0.25 d^{-1}(平均为 0.11 d^{-1})，乘基于一段时间序列的生物量平均值，得到
130 mgC · m^{-3} · a^{-1}，大约为初级生产量的 1%。

　　在很多同期群研究中，对培养前与培养后样品测定得比较多的指标是桡足幼体的
长度(仅在蜕皮时发生大幅度变化)，而非重量；然后，通过基于现场样本的长度－
重量标准曲线来计算生物量及其在培养期间的变化。Hirst 等(2005)在综述中对该方
法存在的诸多问题表示担忧。然而，个体较小的热带桡足类动物通常生长与蜕皮都很
快，培养时间也较长(跨越所有桡足幼体阶段，大约为 5 天)，那些问题就不那么重

要了。虽然身体长度会有很大变化，但可以在不同的时间点记录下来。Hopcroft (1998)对牙买加沿海水域(温度为28 ℃)的5种镖水蚤和3种剑水蚤的次级生产率进行了多次估算，如表7.1所示。

表7.1 牙买加沿海水域中型浮游动物次级生产率

物种	金斯敦港(更多食物)$[g \pm SE(N)d^{-1}]$	珊瑚岛(较少食物)$[g \pm SE(N)d^{-1}]$
纺锤水蚤	0.81 ±0.17(6)	0.59 ±0.13(4)
胸刺水蚤	—	0.85 ±0.15(2)
除强额孔雀水蚤	0.73 ±0.06(13)	0.69 ±0.12(6)
桡足类针刺拟哲水蚤	—	0.78 ±0.06(15)
锥形宽水蚤	0.93 ±0.10(5)	0.72 ±0.23(8)
大眼剑水蚤属	—	0.23 ±0.04(6)
小长腹剑水蚤	0.65 ±0.05(8)	0.46 ±0.03(4)
长腹剑水蚤单形	0.35 ±0.04(8)	0.35 ±0.03(7)

后面的3种剑水蚤生长相对较慢。其他(哲水蚤类)水蚤的质量每天能长出1倍或更多。这个估值比较贴近现实情况，因为这些小型热带桡足类可以在2周内完成从卵到成年的发育过程。在稍大体型的物种(如宽水蚤)中，可以对其各发育阶段逐个进行估算，随着跨阶段的生长不断进行，体重的相对增长也会逐渐变慢(C2/C1阶段是2倍，C5/C4阶段则只有1.5倍)，因此，尽管生命周期时长相对恒定，但生长率还是会发生一些变化。在更多温带海区生活的大体型桡足类，如北大西洋中的飞马哲水蚤(*Calanus finmarchicus*)，其总体平均生长速率(Campbell等，2001)会随着温度和食物供给量的变化而变化(见表7.2)。

表7.2 飞马哲水蚤的生长速率随温度与食物浓度的变化情况

温度/℃	食物浓度	生长速率/d^{-1}
12	高	0.28
8	高	0.21
8	中	0.13
8	低	0.09
4	高	0.13

这些数据均来自实验室的培养实验，但一些野外现场数据也呈现相似的速率和关系：食物和温度都是生长(即次级生产量)的决定性因素。

同期群技术也有其他形式（见 Renz 等，2008）。然而，应用此方法的大多数研究都存在严重的统计学问题：样品过筛也没有设置对照组，收集的浮游动物有些是在非自然状态下培养的。

以上 Boyson（1919）公式，也称为 Ricker（1946）公式，通常转换为符号形式：

$$P_2 = \sum_{i=1}^{成年} G_i B_i \qquad\qquad (式 7.9)$$

其中，P_2 是每日种群的次级产量，i 表示生命周期的某个阶段（或与年龄、体型大小有关的任何标记），G_i 是第 i 个阶段的单位体重比生长率（每天每单位体重的体重增加量），B_i 是在该生境中该阶段动物的平均生物量。还有另一种截然不同的次级生产量测定方法：通过现场观测同期群中个体大小的增长对生长进行直接评估（见下文），有时会借助实验室培养来测定生命周期各阶段的时间长短。各阶段总生物量等于同一份实地样品中的个体数量乘该阶段生物量。如果样本采集得足够多，那么可以对短期估计的 P_2 进行累积相加，得出某段时间（一年或一个生长季节）内种群的累积产量。

在海洋学中应用这类方法很难保证准确。海水及浮游生物均处于运动之中，某天浮游动物群落通常与前一天或后一天均不相同。物种和生长阶段的组成通常（不总是）飘忽不定，因此也无法对生长进行可靠的估计。有时，当天捕获的个体平均年龄和体型会比前一天捕获的个体还小，这反映的便不是种群在生物学上连续的变化，而有可能是水流造成的种群变化。B_i 观测值的变异度也非常大，以至于置信区间相对于平均值过大（1/2 至 2 倍，或更多）。

对于湖泊和河口中的种群，此方法的应用已经有了一些成功案例。例如，Landry（1978）对杰克尔潟湖中桡足类汤氏纺锤水蚤（*Acartia hudsonica*）的生产量进行了研究，该湖泊较小、封闭，水深 3.5 m，毗邻普吉特海湾。Landry 在这片潟湖中采集小型桡足类动物的样本，研究历时 2 年（我们将只介绍其中 1 年），对整个水柱（从表到底）进行样本采集，因此丰度能以单位面积来估算（图 7.12）。

第一阶段的无节幼虫（N1）明显取样不足，可能是由于幼虫孵化和停留时太靠近底部而未能捕获。第二阶段（N2）主要是通过卵的增加量进行确定，时长的变化非常大。雌性动物丰度和繁殖力的不同是产生上述现象的原因之一，受精卵及 N1 期孵化过程中的死亡也是很重要的因素。无论高变异度的来源是什么，发育的模式不变，各发育阶段会按部就班地进行。Landry 挑选出一些自定义的"同期群"，并在时间序列图上以阴影与白色间隔、标识出来（图 7.12）。每个阶段、每一同期群中的碳含量用 CHN 分析仪进行测定。每时间序列群组中某个生长阶段的日期以丰度加权平均值的日期来确定。上述因素绘制在一起，组成生长曲线（图 7.13），其斜率就是重量比生长速率（weight-specific growth rate）。当营养充足（在杰克尔潟湖似乎如此）时，这些浮游动物在发育过程中呈指数方式生长，因此相同的速率可适用于所有阶段。

使用次级生产量等式，即每个日期、每个生长阶段的生物量现场估计值乘同期群的生长率，然后累积求和。雌性个体产卵量通常是浮游物种次级产量的一个重要组成部分，因此也需要加上。如此，基于桡足类的丰度时间序列，就可以绘出桡足类生产

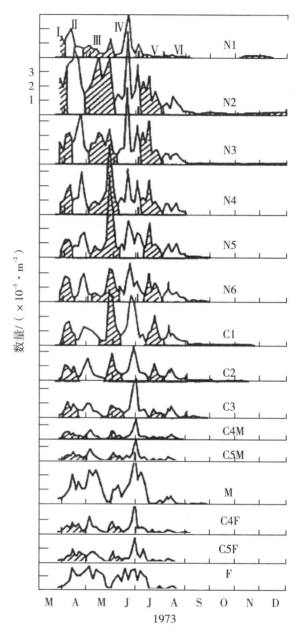

图 7.12 **美国华盛顿州杰克尔潟湖中汤氏纺锤水蚤各生命阶段丰度估计值的时间序列(1973 年)叠加图**

4 个"同期群"(Ⅰ 到 Ⅵ)以阴影与白色间隔标识。(Landry，1978)

量的时间曲线(图 7.14)，单位是有机物中新增加的、以新组织和受精卵的形式同化的碳量。其中无节幼体的生长对生产量的贡献占 15%，桡足幼体的生长占 47%，产卵量占 38%。生产量有明显的季节性，主要来自丰度变化。年度碳总产量约为 8 g·m^{-2}。汤氏纺锤水蚤是杰克尔潟湖中唯一数量丰富的中型浮游动物，因此其生

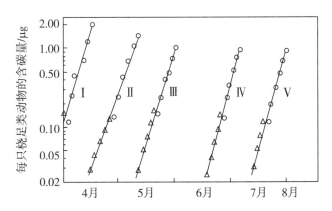

图 7.13　杰克尔潟湖中汤氏纺锤水蚤同期群的生长曲线

这些半对数图表的斜率是同期群单位重量上的生长速率。三角形表示无节幼虫，圆形表示桡足幼体。（Landry，1978）

产量也必然占了绝大部分的"次级"生产量。夏季的次级碳生产量约为 70 mg·m⁻²·d⁻¹，可能占了初级生产量（未测定过，但很可能约 200 mg·m⁻²·d⁻¹）的很大一部分。显然，大部分的初级生产量被其他方面消费了。底栖动物在浅潟湖中十分重要，它们可以吃掉湖底沉积的浮游植物，也可对上覆水体行过滤摄食。

像 Boyson 那样详细的研究开展得很少。关键的问题是海洋本身缺乏固定的种群。对此方法感兴趣的学生可以查阅 Uye（1982）对日本女川湾中克氏纺锤水蚤（*Acartia clausi*）生产量的估算，与杰克尔潟湖相比，女川湾是一个较为开放的生态系统。

7.3.2　更多有关生长的研究成果

Vidal（1980）深入研究了桡足类的生长对温度、食物可利用度和个体大小的响应。受试动物是从普吉特海湾中采集到的太平洋哲水蚤，其为该海湾中占优势地位的浮游植物摄食者。实地采集携卵的雌性个体，维持采集时的温度，然后待其产卵。待其适应环境后，可收集 12 小时之内产下的卵。在 12 ℃ 的条件下，对无节幼体进行大量喂食，然后分别转移到温度为 8 ℃、12 ℃ 和 15.5 ℃ 的罐子中，喂食不同密度的海链藻，每天重新添加 2 次硅藻，使其维持一定的密度。在正常培养管理的同时，根据个体大小和生长阶段，每 1 ～ 6 天取样，观察并记录各阶段的组成和生长情况。Vidal 采用 Chapman - Richards 方程（用于描述重量随时间增加的方程）来拟合生长数据：

$$W_t = W_{max}(1 + Be^{-kt})^{-m} \qquad （式 7.10）$$

式中，W_t 是时间 t 时一个桡足类个体的干重，W_{max} 是达到成熟时的最大体重，B、k 和 m 是体重 - 时间 S 形曲线的参数，分别为初始体重、斜率和拐点。根据方程所述内容，个体大小随着时间的变化关系呈 S 型（图 7.15）。

食物、温度和体型大小均会影响生长率。当食物较少时，处于同一个发育阶段的个体生长速率不会很快，体型也不会很大。当喂食较少食物时，食物可利用度对曲线斜率（dW_t/dt，体型大小对应的生长率）的影响程度大于温度的影响（图 7.16）。

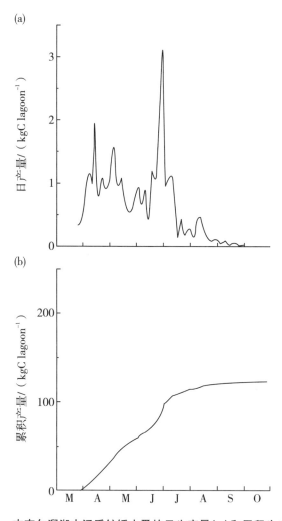

图7.14 杰克尔潟湖中汤氏纺锤水蚤的日生产量(a)和累积生产量(b)

日产量的波动主要反映了生物量的变化，因此所有同期群的生长率都十分接近(图7.15)。(Landry, 1976)

在同一个生长阶段中，食物对体型大小的影响呈现双曲线形式(图7.16)，当浮游植物浓度达$(4 \sim 6) \times 10^{-6}$(相当于 160 μg·L^{-1})时，接近渐近线。显然，生长确实需要食物维持在一定的浓度，也就是营养阈值。该阈值不会随温度变化而改变太多，但数值可以非常低(可能为 50 μg·L^{-1})。在营养充足(超过约 160 μg·L^{-1})时，温度对生长率有很大的影响：温度较高时生长也更快。从幼体到成年的各个生长阶段，温度对同一生长阶段个体大小的影响随阶段的跨越而逐步减弱，但在较冷水域，大多成年水蚤个体体型也较大。在野外现场情况下，这类现象在浮游生物中很常见，但并不总能观察到。较高的温度使生长开始阶段速率明显加快，尤其是温度处于 8 ℃ ~ 12 ℃时。然而，较高的温度会对生物生长阶段跨越(发育速度)过程的影响更大，因此，温暖条件下生物成年时的体型会更小。

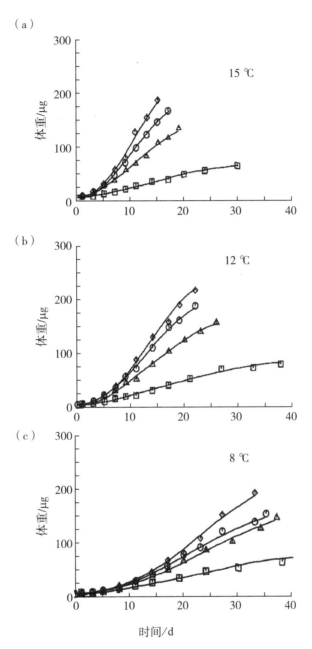

图 7.15　在不同温度、不同食物可利用度培养条件下太平洋哲水蚤的体重变化
0.67×10^{-6}，□；2.28×10^{-6}，△；4.70×10^{-6}，○；9.39×10^{-6}，◊（Vidal，1980）

　　Vidal 将其实验结果整合成了一个复杂的预测方程，其中生长（次级生产量）是关于体型大小、温度和食物可利用度的函数。基本上，在给出 T 测量值、食物浓度、太平洋哲水蚤的大小分布和丰度，以及浮游植物食物的可利用度后，使用该方程就可确定普吉特海湾中此类桡足类动物的次级生产力。然而，在实地情况下，桡足类食物

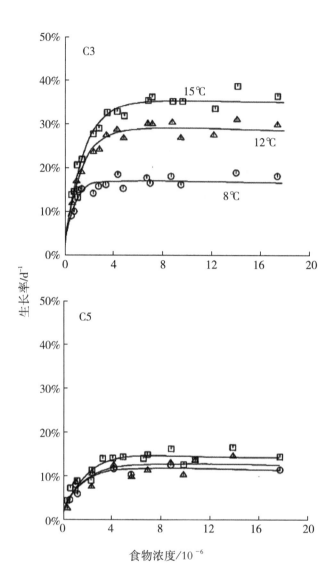

图 7.16　3 个温度、不同食物浓度条件下太平洋晢水蚤的 2 个桡足幼体阶段生长速率的变化
8 ℃，○；12 ℃，Δ；15 ℃，□（Vidal，1980）

可利用度如何测定仍是一个尚未解决的问题。现在我们也不知道答案。因此，无论实验室培养实验得出的数据如何丰富，对野外现场次级生产量的研究却通常都无法获得一个令人满意的结果。

7.3.3　生理学方法

次级生产量实质上是一种输入 - 输出关系，因此，通过测定所有的输入率和输出率，就可以计算出次级生产力。同时，还需要对所有浮游动物或感兴趣的动物种群的生物量进行测量，尽管估测出来的生物量数值变异范围通常都比较大（一半到 2 倍或更大差异），这种方法称为生理学方法。确切地说，这个方法是理论层面上的，因为所有实际应用于野外现场研究的方法均有一个或多个变量是空缺的，这样就需要将之暂时设定为固定值。要计算某个物种的次级生产力，我们需要估算其进食率(I)和排便率(D)，从而得出吸收效率[$A = (I - D)/I$]、呼吸(R)、蜕皮(E)和死亡率(M)。有了这些参数的估算值，次级生产力 P_2 可通过下式计算：

$$P_2 = IA - R - E - M \qquad\qquad (式 7.11)$$

P_2 单位为每天或每年增加的干重或增加的碳含量(Λ_2 的增加量)。对于生长的直接估算，通常将生产量表示为现有量的比增加率，例如，$gC(gC)^{-1}d^{-1}$，也称之为 P 与 B 的比率。当处于稳态或平均状态时，

$$P_2 = B(P:B) \qquad\qquad (式 7.12)$$

所有这些速率变量会随着动物的体型大小、年龄的变化而变化，因此，我们不能简单地采集一个浮游动物的样本，称重，然后根据 I、A、R、E 和 M 的关系、生境变量(如食物可利用度、温度)就计算得到次级生产量。确实也有一些工作对此进行了尝试，我们会在下文进行评述。与体型大小、物种组成相关的所有过程都必须详细地考虑进来。最难估测的速率就是死亡率(M)，因为 M 不同于 C_{2-3}。然而，原则上，如果我们能得到足够多的参数(物种、生长阶段、年度时间)，我们就可以对所有的分量进行求和，估算出次级生产力。

目前，在很多利用生理学方法估算次级生产量的研究中，我们认为还没有哪个能说得上是足够好，可以称为经典范例的(可能很多浮游动物研究者并不同意这个说法)。这其中的难点包括野外实地情况下浮游动物真正吃了什么、吃了多少(即它们实际上摄食了哪种可获得的食物颗粒)还存在很大的不确定性。因此，"IA"(进食率×吸收效率)这一项并不可靠。例如，通过浮游植物色素方法获得的进食率忽略了无色素食物颗粒对植食性原生生物营养的贡献，而这些原生生物则是许多中型浮游动物的主要食物源。另一个问题是很多参数需要在实验条件下才能获得，如呼吸作用，其在本文中的含义主要包括有机物和分泌物的分解代谢。

7.3.3.1 呼吸作用

呼吸作用通常以几小时或一天时间内生物在密闭容器中对氧气的消耗率来测量。氧气浓度的变化可以利用电极或光极，或以温克勒尔滴定法(Winkler titration)来测定。对氧气消耗数据来源的选择和解释存在一定的复杂性。捕获浮游生物后刚开始的一段时间，氧气的消耗量会出现大幅上升。这可能是由捕获压力引起的，但也有可能此时的氧气消耗与实际代谢率确实很接近。实验所用容器的容积也很小，因此，即使样品中浮游动物密度很低，它们对氧气的消耗量也是可以测量出来的；但在这样的小空间内浮游动物的活动也受到限制，也没有掠食者追捕它们。这些实验条件可以解释耗氧率的测定结果为什么偏低，而不能解释为实验条件消除了捕获压力而导致耗氧率恢复到原有状态。还说不清楚哪些耗氧率测定方法更适用于野外实地实验。已摄食过的和还未摄食的动物会有不同的耗氧率，这很容易理解。目前，大部分有关耗氧率的数据都来自 Tsutomu Iked 的研究，而他认为培养初始阶段出现的高值是浮游动物对压

力的一种响应，因此倾向于忽略掉（或不测定）这部分数据，在捕获12小时后才开始测量。初始期过后，摄食过的动物的氧气使用率会相当稳定，而饥饿状态的动物的氧气使用率会缓慢下降。初始阶段，氮和磷的排出速率也较高，但在氧气使用量保持稳定之后，在接下来的几天甚至几周内会持续下降。生理学方法很难保证测量的标准化，因此也给次级生产力的测定带来很多问题。然而，使用该方法得到的近似结果仍很有用。

许多研究结果显示，随着温度、体型大小的改变，浮游动物呼吸速率也会发生变化。Ikeda（1974，1985）给出了大地理范围（包括热带和极地海域）、多个分类类群（7个门）的浮游生物耗氧率与体型大小的关系（图7.17）。

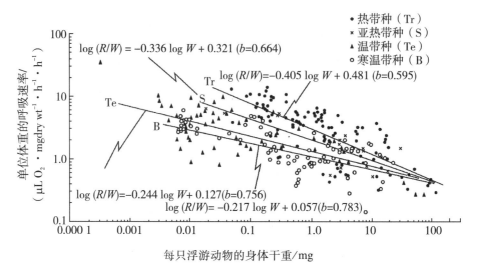

图7.17　浮游动物（来自7个动物门）个体的单位体重耗氧量与体重的函数关系

不同的采集地区分别做回归分析。当体重相同时，热带浮游动物的呼吸速率更高，体型大小变化引起的呼吸速率变化也比寒温带浮游生物的变化更加剧烈。（Ikeda，1974）

采用温克勒尔滴定法，测定培养前与培养后氧气浓度的变化，进而计算出单位重量的耗氧量。随着体型变大，单位重量的耗氧量降低。这个结果非常符合动物的真实情况。蜂鸟的新陈代谢（每克）比鹰快，婴儿的新陈代谢（每克）也比其父母要快。浮游动物在热带地区新陈代谢随个体增大而变小的趋势比在高纬度地区更为明显。图7.17中的散点拟合成回归直线，方程为：

$$呼吸 / 重量 = a(重量)^{(b-1)} \qquad (式7.13)$$

或

$$\log (R/W) = (b^{-1})\log W + \log a \qquad (式7.14)$$

该公式源自公式：代谢率 $= a$（重量）^{b}，是适用于许多生物速率随体型变化的一种异速生长关系。至少对于Ikeda分组的数据来说，b（斜率）的减少和 a（位置）的增加均随着栖息地温度（寒温带大约为8 ℃，热带大约为28 ℃）的变化而变化。后者产生的效果十分明显：更温暖的环境使大多数过程（包括生物学速率）进行得更快。然而，地区之间呼吸作用的差异也没有单一物种在同样温差引起的呼吸作用差异那样大。这是因为寒冷和温暖生境中的物种对运动和活动速率的适应，与生物化学过程所允许的变化非常类似。例如，掠食者攻击和猎物逃跑的能力由自然选择来推动，但攻击与逃跑的最高速度受到流体动力学的限制，而不是受温度的限制。目前还没能完全理解斜率在不同地区之间的变化机制。基于某种原因，热带和亚热带动物的呼吸的对数值几乎与体表面积（b 大约为 2/3）成比例，在高纬度地区时则会更多地受到体重（b 接近 3/4）的影响。斜率的变化代表着体型大小与栖息地温度之间的相互作用，即较小的生物体受到温度的影响更多。热带生物与寒温带生物相比，对体重为 1 mg 的动物来说，前者是后者呼吸速率的 3 倍，而对于体重为 100 mg 的动物则只有 1.1 倍。Huntley 和 Boyd（1984）给出了这些数据的主轴回归线，相对斜率和位置并未发生变化。近年来，对新陈代谢异速比例的解释问题（如 West 等，1997）和变化问题（如 Glazier，2005）也广受关注，争论不断。

　　绝大部分现有呼吸速率数据都来自对桡足类的研究（关于中型浮游动物其他方面的研究亦是如此）。Ikeda 等（2007）使用 3 幅图总结了温度、体重和氧气可用度对呼吸速率的影响（图 7.18）。对于表层浮游生活的桡足类来说，在 −2 ℃～28 ℃ 的温度范围内，其单位体重的呼吸速率的增长略大于 3 倍，这个值并不高。这再一次反映了新陈代谢的适应性，以便在所有温度下提供运动和生长的最大潜力。"校正"到10 ℃ 条件下（通过 Q_{10} 函数）的总呼吸率与干质量的 3/4 次方成比例。海洋中层和深层生活的桡足类呼吸作用较弱，似乎与环境中较低的氧气可利用度有关（也有反例，见 Childress 等，2008）。对磷虾及其他一些类群的研究也得到了类似的数据与结论。

　　总体来说，目前对呼吸作用及其变化的研究已经非常详尽了。虽然可以运用拟合方程来计算次级生产率，但其计算结果也会附带大约 5 倍的差错率［图 7.18（b）中散点］。基于氧气 − 碳的转换系数和大尺度下求得的区域生物量的平均值，Hernández − León 和 Ikeda（2005）使用此类呼吸速率数据对中型浮游动物在全球海洋碳循环中的作用做了全面的汇总与估算，结果表明，浮游动物呼吸对碳的消耗约为 13 Gt·a^{-1}，约占全球海洋初级生产力的 25%～30%。约 3/4 的呼吸总量发生在深度为 200 m 以上的浅水层中。相对于近期估算出的细菌和原生生物呼吸量，这个比例也是很高的。然而，我们不可能将不同异养类别在整体新陈代谢中的贡献界定得非常精准，但在年度与全球尺度上，海洋整体新陈代谢消耗量与初级生产量必定是大致平衡的。

7.3.3.2　吸收效率

　　摄食率的测量已经在上文做了讨论。食物在肠道内并不等于食物已经被动物吸收，动物体的拓扑结构就像一个环形结构：肠腔就像是甜甜圈中间的孔洞。动物为了吸收食物营养，需要咬碎食物并将其酶解为小分子以便吸收。没有分解或被肠道微生物吸收的成分便会被排泄（D）出去。吸收的部分与所摄取食物的比率就是吸收效率，$AE = (I - D)/I$。有些人用"同化率"来替代"吸收效率"，但这两个词实际上是有差异的：完全同化涉及更多的步骤，而不仅仅是透过肠壁获得营养。I 和 D 都可以是数量或比率；AE 是分数，没有单位。目前，仅有少数关于中型浮游动物 AE 的研究。

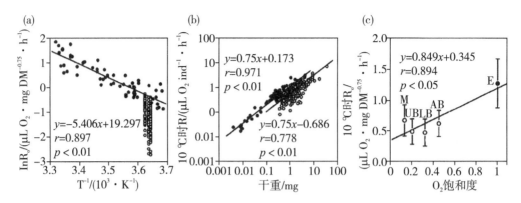

图 7.18　多种从海洋表层 (●) 和中层或深层 (○) 采集到的桡足类动物在采集时的温度下进行培养的结果

(a) 耗氧率与温度的阿伦尼乌斯经验公式的关系 (横轴也可用摄氏度)。(b) 使用 Q_{10} 进行标准化处理成相当于 10℃ 时的耗氧率与干重的关系。在对数 - 对数坐标中的回归直线斜率为 0.75，也是典型的代谢速率 - 个体生物量的回归直线的斜率。(c) 按生境分组后的耗氧率平均值与生境中氧饱和度的关系。海洋表层 (●) 的氧饱和度与耗氧率均高于海洋中层 (M)、上层 (UB)、下层 (LB)、深海和深渊 (AB)。(Ikeda 等，2007)

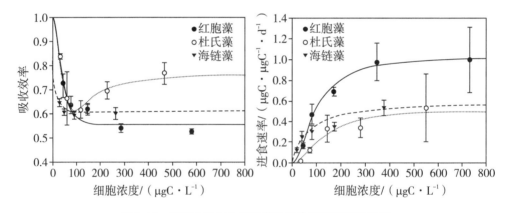

图 7.19　纺锤水蚤对 3 种微藻的进食速率和吸收效率

(Thor 和 Wendt，2010)

Thor 和 Wendt (2010) 发现沿海桡足类 (纺锤水蚤) 的 *AE* 随着食物种类和数量的变化而改变。他们通过两种放射性同位素 (^{14}C 和 ^{51}Cr) 标记的浮游植物细胞来测定 *AE*。碳用来示踪有机物，其中的一部分被吸收；铬依附在细胞外侧且大多不被吸收，采用 $AE = 1 - \Phi_{粪便}/\Phi_{食物}$ 计算，式中，$\Phi = {}^{14}C/{}^{51}Cr$ 的比率。他们还通过摄食前与摄食后的细胞计数来计算进食率。当喂食红胞藻 (图 7.19) 时，*AE* 随着食物可利用度的增加而降低；当喂食海链藻时，*AE* 大致保持不变；当喂食杜氏藻时，*AE* 的变化比较奇怪，但有变化这一点是非常明确的。至少对于一些食物来说，如果可获得的食物少，消化会更加彻底。*AE* 范围大约在 50% ~ 85% 内，若使用测一次获得的 *AE* (就像通常应用于 NPZ 模型中那样)来计算次级生产量,则对估算结果的影响就会非常大。Besiktepe 和 Dam(2002)的研究结果表明,粪粒的大小和次级生产率的变化与 *AE* 的变化基本同步。

7.3.4　温度或食物可利用度控制着中型浮游动物的次级生产吗?

回顾次级生产的测量方法后,我们就会明白测量全部次级生产量实际上是非常困难的,即使是测量一个物种的种群的身体组织的生产量,也是如此。对野外实地生产量的估算需要一些参数或前提假设,但这些参数可能无法进行实际测量(如应用 Vidal 的研究结果),或者在前提假设的条件下很难测定。即使是这样,我们仍然想估测一些类群的生产量是多少,例如,中型浮游动物,或仅仅是桡足类动物。如上所述,我们从海洋中捕获了很多经济动物,例如,鲱鱼、鳀鱼、鳕鱼和大西洋鳕鱼等,我们因此也想知道海洋能给这些经济动物提供多少食物。为了预测,如有关气候变化带来的影响,我们需要知道是什么因素控制这一生产率。可能的影响因素有两个:温度与食物可利用度。研究人员们已经提出了一些评估控制因素的捷径,并且完成了大量的研究。我们讲述其中的两项。

7.3.4.1　Huntley‒Lopez 模型

Huntley 和 Lopez(1992)的文章在浮游动物生物学家中引起了不小的反响。他们在已有数据基础上重新进行计算,随后认为:不管在什么地方、什么时间,桡足类动物(可能还有其他浮游动物)的生长速率主要是由栖息地的温度来控制。首先,他们假定桡足类从孵化期到成熟期均处于一个速率几乎恒定的指数式增长中,这种情况对于一些桡足类来说也确实是事实,如 Lee 等(2003)针对营养充分条件下伪哲水蚤的研究。Huntley 和 Lopez 进行了文献调查,找到所有纬度地区许多物种的数据,包括单个卵的质量、成年后的质量(碳或干重)以及从卵期到成年期的生长时间(*D*)。在这些假设的基础上,使用以下方程式:

$$成年期质量\ =\ 单个卵的质量\ \times e^{gD} \qquad\qquad (式 7.15)$$

求出生长率的估计值(*g*)。

获得的结果(图 7.20)有两点看起来很奇怪:(1)*D* 和 *g* 均不受体型大小的影响;(2)*D* 和 *g* 都受到温度的强烈影响。这两点看起来都很奇怪,因为生理速率取决于个体大小是"众所周知"的,而个体大小大约与 $W^{0.7}$(*W* 为重量)成正比(或者一些类似规律);此外,大家也都认为生长速率对温度的依赖与对食物(与温度一样存在时间变化)的依赖是差不多的。因此,Huntley 和 Lopez 基本的观点是:食物变化远不如温度变化重要。

他们对生长速率曲线进行函数拟合[图 7.20(b)],得到:

$$g = 0.044\ 5 \cdot e^{0.111T} \qquad\qquad (式 7.16)$$

式中,*T* 为温度(单位:℃)。与 Boyson 方程式中一样,*g* 为单位生物量上的生长速率,即每天每单位质量体重的增加量。然后,一次性越过所有障碍,Huntley 和 Lopez 认为用这些速率就能大致估算网拖生物量。在野外现场,用网捕捞中型浮游动物,

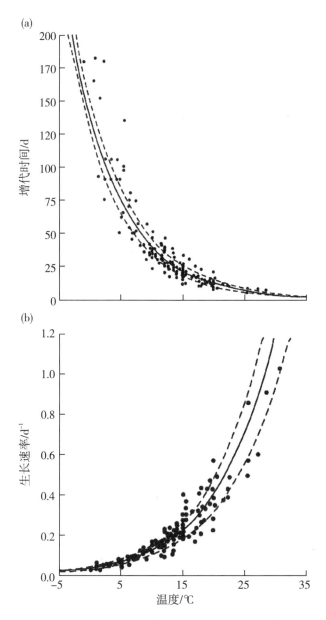

图7.20 桡足类发育时长、生长速率与温度的关系

（a）不同纬度、不同个体大小的多种桡足类动物发育时长（从卵到成年所经历的时间长度）与温度
的关系。（b）（与上图相同的）桡足类个体生长速率（根据简易的指数式生长关系计算出来）与温度
的关系。（Huntley 和 Lopez，1992）

估算碳重量（单位：$g \cdot m^{-3}$），测量出水温，然后应用此方程式：

次级生产率（$gC \cdot m^{-3} \cdot d^{-1}$）＝ 生物量（$gC \cdot m^{-3}$）$\times 0.044\,5 \cdot e^{0.111T} [\, gC\,(gC)^{-1}\,d^{-1}\,]$

（式7.17）

这种方法仍然有待评述和讨论。Huntley 和 Lopez 选择了一些数据，试图说明用生理学方法估测的生长率可变性很大。例如，对于一些探讨食物可利用度对生长速率影响的研究，他们使用了食物变化范围很大（包括从营养全面到没有营养）情况下获得的数据，这样得到的生长速率估计值（g）比一般情况下野外实地的生长速率范围要大很多。在回应对该研究的质疑时，Huntley（1996）给出了一个有趣的观点：他们1992 年论文的科学目标不再是为了在实验室中测定生长速率，而已经转移到为了获得较好的生物量估计上。实际上，我们无法通过生理学方法估测生物量，因为浮游动物的斑块分布会强烈影响网拖、声学技术等方法对它们丰度的测定结果。对生长率的估值误差不太可能偏离 2 倍以上，而对生物量的估值则存在相当大的不确定性，一般会超过 2 倍，有时甚至超过 10 倍。

7.3.4.2 "Hirst"模型

Huntley 和 Lopez 的研究是否正确？温度是全球范围的主控因素吗？Andrew Hirst 及其同事从不同的视角对这个问题进行了探讨。他们开始都质疑 Huntley 和 Lopez 的分析，认为他们的生长速率测定都是在食物充足的前提下进行的。事实上，Huntley 和 Lopez 仅仅声称基于整个纬度梯度范围内的数据，发现温度是生长速率（g）变化的主要因子。看看 Huntley 和 Lopez 的图你就会发现，在所有温度下，g 的变化范围都超过平均值的 2 倍，这个偌大的变化范围可能来自营养条件和个体大小变化引起的 g 的变化。Hirst 和 Bunker（2003）从很多已发表论文中提取了对应于生长阶段的生长速率，这些论文中的研究技术多涉及假想同期群方法：对浮游动物进行取样，对一个物种处于一个特定生长阶段（如飞马哲水蚤的桡足幼体第 3 阶段）的个体进行计数，对其中一些个体进行干燥和称重（$W_{开始}$），对剩下的个体喂食并让其生长 1 天或 2 天（t），然后再对剩下的这些个体进行干燥并称重（$W_{结束}$），也可以通过燃烧来测量碳含量。通常情况下，桡足类动物的生长速率（g）大致呈指数增长，在整个发育时期（纺锤水蚤）或某一特定阶段都是如此（如 Vidal 在 1980 年有关哲水蚤的研究结果）。因此，指数性的生长速率 $g = 1/t \cdot \ln(W_{结束}/W_{开始})$。这样得到的总体结果依然表明生长速率受到温度变化的影响［图 7.21（a）］。

发育速率（1/从卵到成年期经历的时间）的变化范围从 2 ℃条件下约 0.01 d^{-1} 到 28 ℃条件下的 0.1 d^{-1}，一些非常小的种类发育速度为 0.2 d^{-1}［图 7.21（a）］。数据点的适度散布也与 Huntley 和 Lopez 的研究结果相符。从 7℃到 28 ℃，无论是自由产卵型（将卵排放到水中任其孵化）还是带卵囊型的桡足类，它们的单位体重生长速率（weight - specific growth rate）平均值从约 0.1 d^{-1} 增加到约 0.5 d^{-1}［图 7.21（b）］，这与 Huntley 和 Lopez 的研究结果也很一致，只是数据离散范围很大，尤其是在自由产卵的雌性中。低于 0.1 d^{-1} 的生长速率可能是由于受到了食物的限制。当温度大于 10 ℃时，高于回归线的生长速率接近 1 d^{-1}，且这些速率数据主要来自小型桡足类，这与 Huntley 和 Lopez 的研究结果存在一定的分歧。显然，当体重达到约 20 μg 碳时，体重对生长速率的影响并不显著，体型较大的种类在老年阶段生长速率会有所下降，这个趋势多来自自由产卵的雌性个体。最后，自由产卵的［图 7.21（c）］和带卵囊的雌性的生长速率均受到食物可利用度（用捕获深度处的叶绿素浓度来近似体现）的强烈

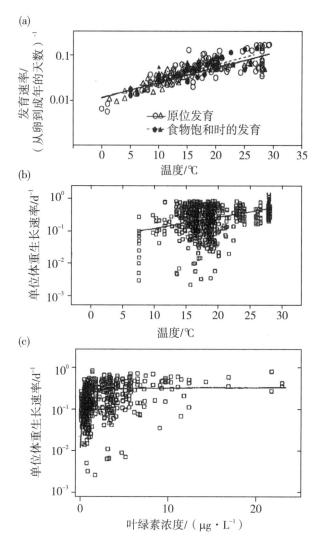

图 7.21　浮游桡足类动物发育速率与生长、环境因子、体重之间的关系

（a）发育速率（从卵到最后一次蜕皮，再到成年整个发育过程所经历的时间的倒数）与温度的关系。圆圈表示自由产卵型，三角形表示卵囊产卵型；空心符号表示实地数据，实心符号表示最大喂食量（实验室数据）。（b）自由产卵型桡足类的单位体重生长速率（$\Delta W/W\Delta t$）与温度的关系。（c）自由产卵型桡足类的单位体重生长速率与（采获时所在水深的）叶绿素浓度的关系。（Hirst 和 Bunker，2003）

影响。然而，即使叶绿素浓度非常低，许多物种的生长速率也非常接近 Hirst 和 Bunker 的双曲函数的渐近线。总而言之，Huntley 和 Lopez 的分析结果的合理性已被很好地证实。

　　明确几个因素的效应之后，Hirst 和 Bunker 针对自由产卵的和带卵囊的雌性给出了多元回归公式：生长率的常用对数是关于温度、体重（在自由产卵的雌性中还加上了叶绿素浓度）的函数。若需要求出次级生产率，则可以测定出 T 与叶绿素浓度，对浮游生物样本按照产卵方式和体重分成不同的类别，然后代入公式中即可。然而，这些公式只"解释"了39%和29%（R^2值）的变异，因此，物种、季节、地点对变异的影响还是相当大的。最后，将不同体重阶段的$g_i W_i$加和，就得到了桡足类的次级生产量。

Roman 等（2002）应用一个类似 Hirst 和 Lampitt（1998）提出的等式（不包含叶绿素浓度）进行了分析。他们在夏威夷时间序列（HOT）和百慕大大西洋时间序列站点（BATS）用 200 μm 孔径的网采取浮游生物样本，然后使用一系列孔径的筛网将水样（水深为 0～200 m）分成 5 个粒径等级，测定出它们的碳生物量，然后进行计算。季节性变化由 T 和 BW 共同驱动。在研究开展的 4 年中，HOT 和 BATS 样品中浮游动物次级生产率的平均值分别为 13 mgC·m^{-2}·d^{-1} 和 6 mgC·m^{-2}·d^{-1}，在转移给捕食者的总初级生产力（P_1）中占 2.7% 和 1.3%。对于面积广阔的亚热带大洋海区来说，这些估算值也许是合理的。这些浮游动物实际摄入的食物量可能是这些水平的 3 倍以上，也就是约占年度 P_1 的 9% 和 4%。这个结果与 Hernández – León 和 Ikeda（2005）所提出的全球估测值（P_1 的 25%～30%）形成了鲜明的对比。桡足类额外的产卵量没有包括在内。高纬地区估算值在不同文献中差异也很大。Zhou（2006）提出，可按照体型大小（使用自动化计数器、光学计数器和可测定大小的计数器）将整个群落生物量划分为连续的谱系（从小到大，从多个小型动物逐步到几个大型动物），使用多种近似方法计算出生产量。

从图 7.21 中散点的分布可以看出，对于快速、可靠地测定海洋中型浮游动物生产力这一问题，我们一直都没能很好地解决。也许平均值在数量级上没有问题，但从不同角度估算出的次级与初级生产力之比却大相径庭。

7.3.5 小型异养生物的次级生产量

到目前为止，还没有直接的观测技术可以确定小型浮游动物（主要是原生生物）中的有机物同化（生长）速率。Landry 和 Calbet（2004）给出了比较宽泛的求解这些速率平均值的方案，对此我们将在第 9 章进行讨论。

第8章 浮游动物的种群生物学

原生生物(包括浮游植物)的种群动态相对简单。1个细胞分裂成2个子细胞；每个子细胞承担着被吃掉或受到致命感染的风险，然后再次分裂。分裂间隔和风险决定增长速率，如果风险小，则种群呈指数增长；如果风险大，则种群数量下降。上述情况的复杂性由诸多因素引起：偶然交配、硅藻复大孢子的形成、腰鞭毛虫休眠孢囊的形成，以及其他生命周期变化。相比之下，生动物的生命周期始终都很复杂。因此，它们的种群动态涉及较长的生殖期、不确定的觅偶和选择配偶的过程，在许多情况下还存在雌性单体重复多次的繁殖过程，这既可改变发育过程中的死亡风险，又是在恶劣条件下续存的一种巧妙对策。这适用于浮游动物、底栖动物(环节动物、等足类动物、蛤类等)、游泳动物(金枪鱼、鱿鱼、海豚等)和海鸟。我们无法对所有细节都介绍得面面俱到，因为每个细节都是一项专门的研究课题。我们只介绍一些熟悉的浮游动物，展示实地情况、测量和计算方面的例子。在每个动物种群中，繁殖间隔期、繁殖力、寿命和特定年龄段的死亡率都随物种、区域性种群、世代而有所变化，因为这些生物学适应受条件短期变化的强烈影响，且因自然选择而发生强烈、迅速地改变。

描述种群动态的数学模型有很多。可惜，对于大多数生物(包括浮游动物)而言，因不满足假定条件，这些数学运算无法发挥作用。例如，中纬度及高纬度的浮游动物种群的年龄或生活阶段比率分布特征不太稳定，因此，基于稳定参数(例如，对各个年龄 x 龄期种群存活率与 x 龄期种群繁殖率的乘积求和，由公式 $1 = \sum r^{-x} l_x m_x$ 计算内禀自然增长率 r)的经典计算方法未必奏效。在热带海区，年龄分布很有可能是稳定的，如果年龄分布不稳定，那么 r 通常接近于零，并在零值周围波动。因此，评估种群动态参数的大量数学运算几乎一点用都没有。对于许多物种而言，我们对其丰度周期变化的认知好于对其丰度周期中涉及的出生率和死亡率的认识。桡足类动物的发育阶段顺序固定，它们也稳定地出现在几乎所有海水样品中，其作为种群动力学研究的对象非常具有优势。因此，大量此类研究工作集中于桡足类动物。

大多数中、高纬度浮游生物的种群循环周期含休眠期或静止期。在这个阶段，所有个体在一个或连续几个生活史阶段内的生长都会停止。在桡足类水蚤属中，休眠期发生在第5桡足幼体(C5)阶段，少部分的 C4 阶段和 C6 阶段成体也会积攒丰富的脂质，然后离开生长栖息的近表层，向下游动并休眠数月之久，这一现象被称为滞育。当不利条件出现时，河口和近岸水域的桡足类(如纺锤水蚤)产出许多休眠卵，这些休眠卵堆积于沉积物中。随着季节变更，当环境条件变好时，休眠卵就开始大量孵化。同一生命阶段的所有个体出现多次种群进程的停止，带来种群的发育阶段与年龄结构的持续循环。开展浮游动物种群动力学的研究必须面对这样的循环，但也可以利用这种循环。对浮游动物种群动态的研究有专门的估算流程，也涉及对繁殖、发育和死亡率的建模。

　　死亡率是最难估算的参数，它不同于其他参数。在数值模型中，死亡率可以设定为一系列能自由轮转的值，每一个值对应着一个生活阶段。我们可以轮番将死亡率设为这些值，直到模型输出的结果与实际的生活阶段－丰度时序观测数据相吻合。也许，这将是获得死亡率估计值最有效的方案。发育时间从饲养实验获得，或通过观测同生群在实地的生长发育情况获得。这些已在次级生产量（第 7 章）中有过详细介绍。因为我们不能精确模拟实地的营养状况，所以实验也存在这样那样的缺陷：抽样统计数据存在惊人的差异，可能影响对同生群的跟踪观察；取样时的采样位点也存在水平流，从而导致种群时序的变化（因此，生长发育有时可呈现为倒退，年龄分布转向年轻化）；由于个体死亡，实地样品中同期群的年龄结构或发育阶段结构也有可能变得混乱。然而，繁殖是很容易测量的，且对繁殖进行测量现已非常普遍。

8.1　繁殖生物学和繁殖力

　　对于大多数的浮游动物来说，甚至那些雌雄同体的种类，繁殖都始于觅偶和交配。在一些类群中，雌性将化学信号（信息素）释放到水中，宣告其已做好交配准备。雄性跟着这些信号，找到信号来源并启动交配。在桡足类中，哲水蚤属（图 8.1）、宽水蚤属、拟哲水蚤属、胸刺水蚤属和长腹剑水蚤属都以此方式来吸引并找到配偶（Weissburg 等，1998；Kiørboe 和 Bagøien，2005）。许多其他物种也可能如此，很多雄性成体的小触角上有一系列化学感应毛（化感刚毛）。对少数几个属的研究表明，信息素不具有物种特异性。例如，Goetze（2008）指出，至少在实验室器皿中，雄性宽水蚤和胸刺水蚤也会跟踪同属但不同种的雌性个体发出的信息素。这种分布区有重叠的"异种间"的追踪也会导致交配。

　　寻觅雌性个体的过程增加了雄性死亡率，因为在不断移动的过程中，不仅会碰到雌性，也会遇到埋伏型掠食者（像毛颚类动物）的攻击。为了降低死亡率（并节约热量），仅当低水平的信息素指示附近存在雌性时，雄性哲水蚤才开始寻觅（图 8.1）。至少，纺锤水蚤属的某些种类不是通过信息素来探测潜在配偶的，而是追踪游泳扰动产生的短暂水动力痕迹（Kiørboe 和 Bagøien，2005）。Kiørboe 和 Bagøien 通过修改会遇率（encounter rate）公式——$ER = \beta$（雌性密度）×（雄性密度），建立了交尾率模型。一定程度上，速率常数 β 是关于雄性游动速率的函数，说明遇见的频率和每次遇到后交配成功的比例。由于游泳导致的水动力扰动痕迹存在的时间非常短暂且不及信息素追踪的影响广泛，因此，纺锤水蚤觅偶策略需要更高的种群密度来作支撑。这也可能促使觅偶雌性的游泳方式尽可能与雄性一样，从而使两性间的被捕食死亡率更均等。事实确实如此，纺锤水蚤通常比伪哲水蚤有更均等的成体性别比例。桡足类中许多属（如哲水蚤属）的雌性个体以及（可能的）毛颚类雌性，会将一次或几次交配时获得的精子储备起来，然后为自己在很长的产卵间隔生产的所有卵子进行受精。其他类群（如桡足类的纺锤水蚤属和宽水蚤属）中的雌性需要多次交配。这种重复多次的交配策略在自由产卵的磷虾类中非常普遍，需要更高的雄性个体比例、持久稳固的性关系，这可能有利于群体的长期聚集。少数几个浮游动物类群将精子释放到水中，这些精子将移向自由的卵子或抱有未受精卵子的雌性个体。在释放精子与卵子时，亲本保持较近的距离通常能提高受精成功率。例如，一种亚北极区的太平洋樽海鞘（贝克环纽鳃樽），白天在水的深处，日落后不久就迁移至海水表层，因为这些水域没有黏液滤食网，所以这种迁移并不是为了觅食，而是游向非常确定的地方进行交配。年长的雄性个体释放出精子，并输送到带有成熟卵子的年轻个体中（Purcell 和 Madin，1991）。

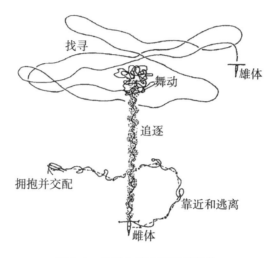

图 8.1　马歇尔哲水蚤觅偶行为

雌性慢慢下沉，在垂直方向上留下信息素踪迹。雄性在水平方向搜索踪迹。当雄性发现一只雌性时，它大约在距离雌性12 cm处的位置翩翩起舞，然后跟着踪迹游至雌性个体。雄性触碰雌性，雌性移动，雄性跟着移动，最后相互拥抱并转移精荚。（Tsuda 和 Miller，1998）

　　在另外几个研究主题中，对甲壳动物产卵力（繁殖力）的研究最为广泛，对其他类群产卵力的研究则相对粗略。从海水中轻轻采集一些雌性成年个体，舀取或用移液管将它们放入盛有原采样点水样（连同食物一起）的容器中，保持温度稳定，一天后计数容器中卵的数目。这很容易，但是很快问题就来了。当将雌性动物与它们的卵放置得很近时，雌性个体可能会将卵子吃掉。因此，根据大多数卵会下沉的特性，可在雌性个体下方放上网筛，卵可沉入网下雌体触碰不着的地方。或者，将雌性动物放在平的培养皿中。卵停留在底部，雌性动物无法轻易移动并吃掉这些卵。这样似乎能得出最大的繁殖力估计值。这些方法有许多版本，随研究者的关注点和物种特性等细节的不同而有所不同。当然，首先让我们来看看有关桡足类动物的一些数据。

8.1.1　桡足类动物的繁殖率

　　Jeffrey Runge 发表了有关华盛顿普吉特海湾太平洋哲水蚤产卵率（egg production rate，EPR）的多篇研究论文（如 Runge，1984，1985），引起学术界对产卵率的研究兴趣。他证实了产卵量取决于产卵前的近期摄食，即可获得的食物量（曾经经历过的叶绿素浓度水平）与产卵量之间存在相关性。Runge 还研究了飞马哲水蚤（亚北极大西洋中大型桡足类的优势种）的产卵量。结论总结如下：

（1）产卵量与食物的可利用度相关（图 8.2），与双曲线形式类似。

（2）个体较大的雌性怀卵量（窝卵数）也较高：当飞马哲水蚤的前体部长 2.5 mm时，每次怀卵 45 个；当前体部长 3.3 mm 时，怀卵数增至 120 个。

（3）产卵通常在夜间，有时持续到凌晨。

（4）食物可利用度与温度的相互作用决定了两次怀卵的间隔时长，从而决定产卵率。

（5）通过计算已准备好产卵的雌性个体（成熟的和半成熟的）在一个种群中所占的比例，然后乘平均窝卵数，可得到整个种群的产卵率。可使用此法对一些固定保存的样本进行统计。

产卵量与叶绿素浓度的函数关系并不总是那么匹配。Plourde 和 Runge（1993）在圣劳伦斯河河口的研究发现，水蚤的繁殖时间出现了很长的延迟，直到 3 月底 4 月初才有大量的浮游植物出现。但是，这个群体此后的繁殖似乎并不完全取决于叶绿素丰度，或许它们转向以小型浮游动物为食了。Runge 通常将产卵量表达为雌性个体每日体重（碳含量）的一个分数（图 8.2）。该分数可能随着温度升高而平稳增长，在 5～10 ℃哲水蚤大约能增重 1 倍，这主要是因为两次怀卵的间隔时间较短。Ambler（1986）证明在 28 ℃下，摄食良好的纺锤水蚤每天的产卵率是体重增长率的 1.6 倍。也就是说，中型浮游动物的大部分生产量都用于了卵的生产。

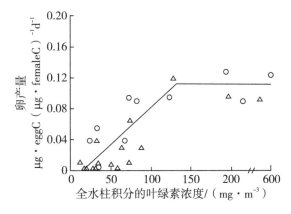

图 8.2　普吉特海湾太平洋哲水蚤的卵产量（卵碳含量与雌性个体碳含量的比值）与水体叶绿素浓度的关系

产卵量在捕捉水蚤的当天测得；叶绿素浓度为各水层叶绿素浓度的加权平均值。（Runge，1985）

Niehoff（2000）对挪威峡湾中飞马哲水蚤的研究显示，摄食是该属持续产卵的前提（图 8.3）。与此相反，北太平洋的一些粗新哲水蚤属并不将怀卵时获得的营养用于产卵。事实上，那些成熟个体不具有正常功能的摄食肢。它们在水深 500 m 以下度过滞育期后，变得成熟并在那里交配、产卵。卵所需的营养来自储存的脂肪和其他组织成分。无节幼体体内含有大量的油珠，且随着它们的发育进程不断增多（Saito 和 Tsuda，2000）。

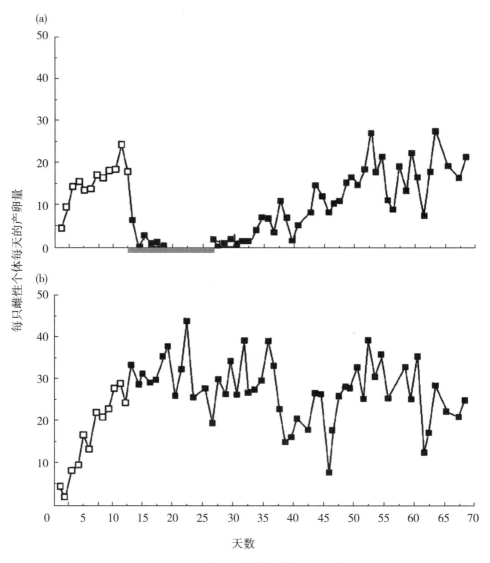

图8.3　两组飞马哲水蚤雌性个体的日平均产卵量

水蚤在捕获后就立即用大量硅藻（首次）喂食。（a）平均产卵数逐日增加，12 天后，其中一组水蚤（N=10，饥饿组）换成在过滤后的水中培养（横坐标上色彩较暗的线）。（b）另一组水蚤（N=25）继续摄食丰富的食物。饥饿组的产卵量迅速下降到零。给饥饿的个体继续喂饵料后，它们开始慢慢恢复产卵，但产卵量仍达不到持续喂养组所维持的水平。（Niehoff，2000）

　　通过相关研究的开展，已从不同生境收集到许多桡足类物种高质量的产卵率数据。存在的几个重要问题是：多少卵孵化了？有多少第 1 期的无节幼体（N1）是健康的？Poulet 等（1994）研究发现，事实上，孵化失败率很高似乎与食物中硅藻较多有关。他们宣布了一项挑战竞赛计划：证明或证伪桡足类母体摄食的硅藻对卵有毒害作用。有不少人接受了这项挑战。其中一项较好的实验来自 Uye（1996）对俄勒冈州近海太平洋哲水蚤的研究。他用几种硅藻和几种腰鞭毛藻交替喂养太平洋哲水蚤雌性个体，实验结果非常引人注目（图 8.4）。食硅藻的雌性个体很快产卵，但这些卵并不发育。当换成腰鞭毛藻时，其卵又恢复了发育能力。食硅藻雌体产卵孵化出的无节幼体通常会出现畸形，缺四肢或仅有球状残肢。Uye 认为是一种化学物质在起作用。他将摄食甲藻的水蚤所产的卵浸泡在硅藻提取物中，发现幼体有很高的畸形率。

在实地采集的样品中，雌性桡足类有时也会以硅藻为食，但并未发现四肢畸形的无节幼体。正常的无节幼体具有非凡的逃脱跳跃能力，而四肢不正常的无节幼体则很可能从群体中迅速消失掉。然而，实地观察确实发现存在中毒现象。Miralto 等（1999）发现食硅藻的雌性海岛哲水蚤（*Calanus helgolandicus*）所产卵的孵化率非常低，起因是化学中毒，而不是营养问题。Miralto 等证实有毒化合物是一小类分子量约 152 Da 的多不饱和醛。并非所有的硅藻都产生这些毒素，但产生毒素的某些藻类，如数量丰富的太平洋海链藻（*Thalassiosira pacifica*），被吃掉后可能会造成哲水蚤（尤其是伪哲水蚤）卵子活力的急剧下降（Halsband-Lenk 等，2005）。致毒的机理是细胞分裂时有丝分裂纺锤体形成过程被中断。这表明除母体摄食有毒硅藻导致胚胎中毒外，桡足幼体摄食有毒硅藻也会引发身体和腿的细胞分裂畸形（C. Miller，未发表）。在水蚤发育后期，最新形成的关节是有丝分裂的主要部位。与胚胎中毒相比，硅藻对幼体的毒害是保护自身不被摄食者吃掉更为直接的一种方式。Leising 等（2005）指出，尽管有毒硅藻数量非常丰富，但雌性太平洋哲水蚤对有毒硅藻的摄食率要显著低于对其他硅藻的摄食率。也许，这些水蚤能探测并感受到有毒醛或其化学前体在环境中的存在，这对桡足类和硅藻的选择都有利。

产卵实验数据让我们对浮游生物种群中新生幼体的补充有了一些基本的了解。通过自由产卵方式产卵的桡足类（与携卵孵化的桡足类正好相反）通常卵死亡率较高，所有自由产卵的浮游生物可能都有这种情况。对水蚤不同胚胎阶段的相对丰度的统计表明，处于早期分裂阶段的胚胎数量过剩，说明在孵化前胚胎的死亡率约达 60%（Miller 等，撰写中）。也有可能大多数死亡是由捕食造成的。不管死亡了多少，孵化出的健康幼体的数量通常应该是足够多了（40% 的孵化率已经非常好了），这也正好说明：自由产卵的形式在浮游动物群落中始终存在，而且是浮游生物群落繁殖力的重要组成部分。

许多桡足类（拟哲水蚤、真刺水蚤、长腹剑水蚤和其他水蚤）的雌体可以一直用卵囊携带卵子，直到孵化。其通过将卵子推入生殖器开口附近的腺体分泌物中形成卵囊。然后，雌性个体拖着卵囊直到卵孵化。因为母体对卵的保护使卵免于被掠食者捕获，所以孵化存活率显著增加（Kiørboe 和 Sabatini，1994）。因此，卵发育可能更慢，且更完善。与自由产卵种类相比，抱卵种类的第一阶段无节幼体个体更大、发育更完善，孵化后就开始摄食，而不像典型的自由产卵种类那样在第三阶段无节幼体（N3）时才开始摄食。较高的孵化存活率使产卵量可以更少、两次怀卵的间隔时间可以更长。整个动物界都存在这两种生存策略的权衡：孵化量大、亲本对卵的保护少、高死亡率；孵化量少、亲本对卵的保护多、成活率高。

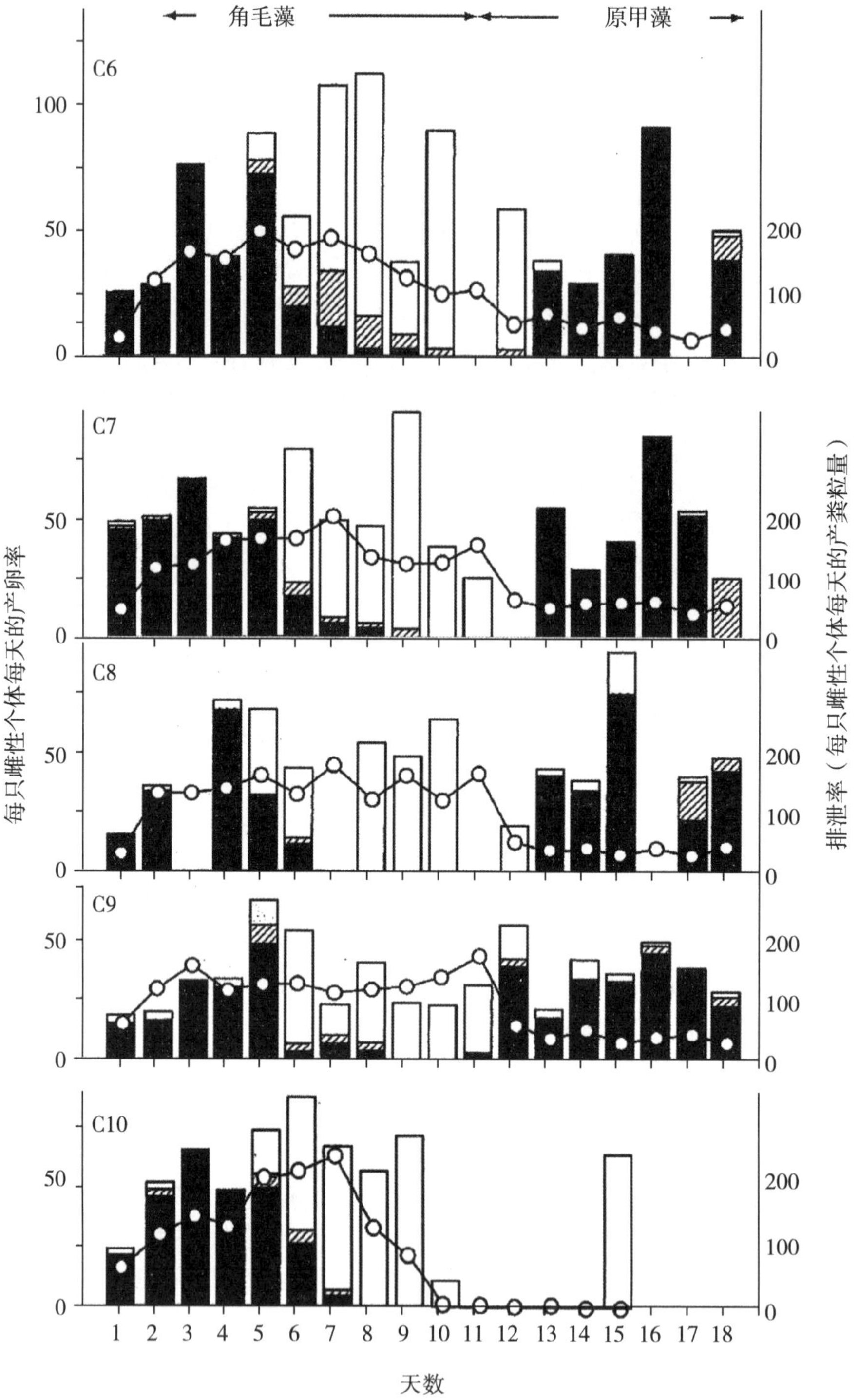

图8.4 太平洋哲水蚤的产卵率(柱高)和卵的活力

柱中黑色表示健康的无节幼体，阴影线表示畸形的无节幼体，白色表示无活性、未孵化的无节幼体。起初用微小原甲藻(腰鞭毛藻)喂食雌性个体，在第2天换成用硅藻类的角毛藻喂食，然后在第11天改回喂食原甲藻(如顶部标示)。粪粒生产量(连接的圆圈)表示摄食水平。(Uye, 1996)

8.1.2　磷虾的产卵力

磷虾也分自由产卵(如磷虾属、*Thysanoessa* 属)和抱卵(如脚磷虾属、*Nyctiphanes* 属)两类。现有的产卵力数据通常来自自由产卵的类群, 如磷虾(Ross 等, 1982; Gómez-Gutiérrez 等, 2007)。临产的磷虾有一个大而有颜色的卵囊, 内有第Ⅳ期卵母细胞。亚北极太平洋海区的太平洋磷虾, 当携卵块的颜色变成深蓝色或紫色、卵囊体积大到能将头胸甲撑向两侧时, 在随后 1 天(至多 2 天)内就会产卵。其他磷虾也有类似的产卵特征, 例如即将产卵的南极磷虾, 其卵块会呈浅灰色(Ross 和 Quetin, 1984)。产卵后, 磷虾卵巢明显变空, 也同样可以用这个特征来评测磷虾在实地的产卵活动。Ross 等(1982)认为捕获后 24 h 内产卵的、抱有第Ⅳ期卵细胞的雌体太平洋磷虾个体可以称得上是"成熟的"。在普吉特海湾, 抱有第Ⅳ期卵细胞的雌体比例在 4 月末上升到 100%, 在整个 5 月也保持较高水平, 然后逐渐下降。成熟的雌体约占抱有Ⅳ期卵细胞的雌性数量的一半。Ross 以捕获后的产卵雌体占比的倒数计算出抱卵孵化间隔时间, 得到的结果为 2～3 天。每次产卵量存在很大的变化, 体型越大的个体最高产卵量也越高[图 8.5(a)]。有时, 仅仅是有时, 食物的可利用度也会导致产卵量的较大波动[图 8.5(b)], 即当叶绿素浓度较高时, 怀卵数通常也较高。然而, 低的叶绿素水平并不总是对应低的怀卵数, 这表明其他食物可代替浮游植物。事实上, 所有滤食性磷虾都是杂食者。4 月到 9 月, 太平洋磷虾在俄勒冈州(美国)水域产卵, 一个雌体一共可产 45 窝卵(Gómez-Gutiérrez 等, 2007)。在产卵雌性个体的通常体型范围(体长 13～25 mm)内, 一个雌性的平均产卵数将随其体型的增大而升高, 可产出 5 800 多个卵子。

Ross 和 Quetin(1984)对南极海域的南极磷虾进行观察, 也得到相似的结果。不管卵巢状态如何, 成熟的雌体有红色的体外纳精囊(生殖孔区), 这个特征使其很容易就可与青年期的雌体区分开来。他们将用网捕捉的雌体一个一个地放入 4 L 的广口瓶, 将瓶置于船甲板的水浴锅内, 然后进行观察。第一天, 没有多少雌体产卵, 多数雌体的卵巢已空, 说明它们近期已经产过卵, 很可能发生在捕获期间。在第二、三、四天, 产卵个体比例上升, 每天约达到 16%, 说明抱卵孵化的间隔时间是 6 天(如果收集的标本不相同的话)。事实上, 采集到的一些雌性动物确实处于卵巢发育周期的各个阶段, 其比例与 6 天的产卵间隔期相符。在南极温度普遍为 −1 ℃～2 ℃ 的情况下, 6 天的产卵间隔期看起来很快, 但想想南极磷虾对寒冷环境的适应能力, 也就不会感到吃惊了。南极磷虾在总体长达到 36 mm 时进入成熟期, 首次的怀卵量 450 个左右。怀卵量随着身体的增长而增加, 体长为 56 mm 的雌体平均每次怀卵约 5 000 个。喂养条件下存活的南极磷虾可以在夏季的 2 个月中保持产卵 9～10 次, 每次产卵约 2 500 个, 每个季节、每只雌性个体产卵共计约 22 000 个。Ross 和 Quetin 指出这些结果与早期的研究结果大不相同(早期的研究假设雌性每年只产一次卵), 他们告诫说: 从保存的标本中猜测动物在实地现场的行为是片面的。下面这个毛颚类产卵量的研究案例就说明了这一点。

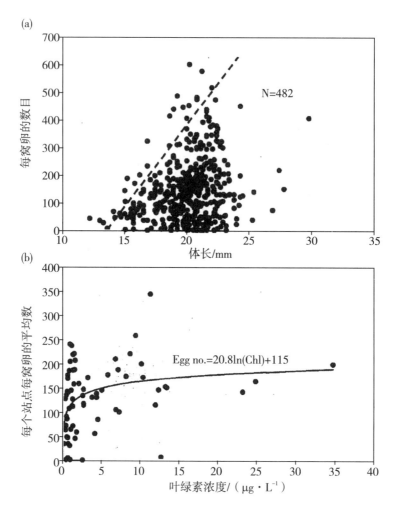

图 8.5　太平洋磷虾每窝卵数与体长及叶绿素的关系

（a）俄勒冈州（美国）近海太平洋磷虾采集后培养得到的首次窝卵数。曲线表示 95% 的雌性观察对象中窝卵数极大值，另 5% 的雌体每窝的卵粒数较多。（b）各站点采集到不同数量的雌性个体的平均窝卵数随对应站点近表层叶绿素浓度的变化情况。（Gómez-Gutiérrez 等，2007）

　　产卵需要消耗大量的物质和能量，每次产卵约消耗 40% 的体重（Nicol 等，1995），南极磷虾的体重每隔 6 天大幅增加。Quetin 和 Ross（2001）定量分析了帕玛半岛附近水域南极磷虾产卵力的年际变化。7 年间，处于繁育期的雌性个体约占所有雌性南极磷虾总数的 10%～98%。该比例的变化与磷虾食物的可利用度有关，而食物可利用量的变化又与春季海冰消退节奏非常吻合。从自由产卵型磷虾的发育时间表（Pinchuk 和 Hopcroft，2006）来看（图 8.6），产卵与温度具有显著的一致性。在南极低温环境条件下，磷虾（*Euphausia cystallophorias*）和南极大磷虾（*E. superba*）的发育时间很长，使卵粒可以下沉至很深后再孵化。

　　欧洲学者称 *Meganyctiphanes norvegica* 为北方磷虾，这种磷虾在挪威至利古里亚

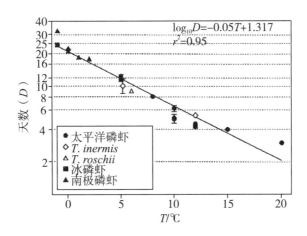

图 8.6　极地与亚极地海域生活的 5 种磷虾胚胎发育时间与温度的反向指数关系

图中这些种类表现出相同的发育速度－温度对应关系，其中 T. 表示 *Thysanoessa* 属。（Pinchuk 和 Hopcroft，2006）

海沿海的丰度很高，在北美缅因湾向北的沿海也有分布。Cuzin-Roudy 和 Bucholz（1999）指出，北方磷虾的产卵量与蜕皮周期之间有很强的相关性。在表皮细胞从旧的外骨骼上分离之前，一批卵细胞发育成熟。在蜕皮之前，新的皮肤和刚毛形成，成熟的卵分 2 次排出，每次的排卵量大致相同（有时会有第三次排卵，但卵量较少）。当卵巢内无大的卵子时，卵黄形成（卵黄生成作用）产生一批新的卵细胞，该过程持续进行，贯穿于旧皮肤的脱落及第二次蜕皮周期。因此，雌体交替经历产卵蜕皮周期和卵黄形成蜕皮周期。新的初级卵母细胞不断产生，同时后备的卵子也通过卵黄生成作用不断地形成。当温度相同时，地中海的磷虾 1～5 月产卵季的蜕皮周期比夏秋季的要短。不仅产卵和蜕皮周期相关，大多数磷虾也在夜间蜕皮；具有昼夜垂向迁移习性的北方磷虾则是在黎明前产卵。因此，产卵、蜕皮和垂向迁移这些生物学周期之间都是相互联系的。其他很多磷虾种类可能也存在这类偶联关系。

　　在携卵的磷虾中，卵被挤入位于后胸足周围的一对卵囊。在个体较小的磷虾（多数是亚热带种类 *Nyctiphanes simplex*）中，卵粒数目随着雌性体长的增长而增多：当雌体体长为 9.5 mm 时约怀卵 32 个，当雌体体长为 12.2 mm 时约怀卵 70 个（Lavaniegos，1995）。在 16 ℃时，发育至孵化需 5 天时间，卵细胞在母体卵巢内发育并形成一窝卵。孵化出一窝卵后，雌体很快就蜕皮，然后将卵子挤满一对新的卵囊。对于大多数种类，整个循环周期的时间为 7～12 天（Gómez-Gutiérrez 等，2010）。卵囊型产卵方式给母体生长带来的负担小于自由产卵型。当然，携带卵子、形成水流促进氧气和废物的交换也是需要消耗一部分能量的。

8.1.3　毛颚类动物的产卵量

　　用浮游生物网采集时，毛颚类动物常被擦伤，因此很难获得大洋毛颚类产卵力的可靠数据。在与东京湾相连的一盐池水闸处，Nagasawa（1984）采集到强壮箭虫（*Sag-*

itta crassa，个体较小、强壮有力的近海种类）并对其做了研究。她将这些样品置于培养皿中，以同时采集到的克氏纺锤水蚤喂食这些强壮箭虫。在饲养的 100 个个体中，只有 3 个个体在死亡前表现出很强的产卵力。这 3 个个体的产卵具有周期性，在约 10 天的时间里，产卵量先增加然后减少，但与摄食活动的节律并不一致。观察到一个寿命最长的箭虫个体，在存活的 33 天内共产卵 952 粒，平均每天产卵 29 粒，产卵量为 0 ~ 90（图 8.7）。

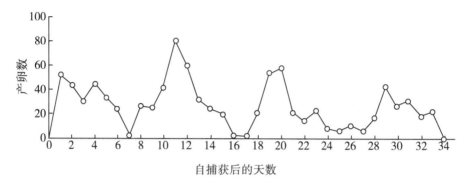

图 8.7 强壮箭虫每日产卵数

箭虫采自东京湾，喂食充足的纺锤水蚤桡足幼体。（Nagasawa，1984）

Kuhl（1938）有关毛颚类动物产卵力的观点如下：毛颚类动物一生只产一"窝"卵，采集毛颚类个体后观察到的较大的卵巢中所含卵母细胞的数量即为其一生的产卵量。该观点一直以来被广泛接受。Nagasawa 并未否定 Kuhl 的观点，而是将 Kuhl 提出的"窝"的定义重新修改为"终生产卵量"，于是，从这种意义上来说，毛颚类动物的终生产卵量只有一个（即只产一"窝"卵）。显然，毛颚类的产卵活动重复了许多次卵母细胞生成、成熟和释放这样的周期。箭虫科的产卵方式都属于自由产卵型，但是深海真虫（*Eukrohnia bathypelagica*）和深海南极真虫（*Eukrohnia bathyantarctica*）属于携卵型（抱卵多达 60 个，每个卵袋分别携带 6 个卵），将卵及幼体放在"袋状"卵囊内，与桡足类或磷虾的携卵方式非常相似。卵囊是生殖孔附近分泌的像膜一样的物质，卵被排入其中。胚胎在卵囊中发育并孵化，直到卵黄被完全吸收（Kruse，2009）。自由产卵和雌体护卵这两种生存策略都同样有益于中型浮游生物的进化。

8.1.4 尾海鞘是终生一胎

因为尾海鞘可以培养，所以测定它们的产卵量相对容易。住囊虫（*Oikopleuroa dioica*）是温带水域中常见的种类之一，与大多数尾海鞘种类不同，住囊虫为雌雄同体、异体受精。在 14 ℃ 下，住囊虫生长约 10 天后，卵细胞在 1 天内迅速地形成卵黄。卵子从母体躯干的前端挣裂而出，母体随即死亡。因此，这类浮游动物的一生只繁殖 1 次（产 1 批卵，随即死亡），受精在体外进行。Fenaux（1976）研究发现，采自地中海的 4 个住囊虫个体的产卵量和躯干（咽、消化腺和生殖腺）长度之间存在相关性：当躯干长 800 μm 时产卵 21 个，躯干长 920 μm 时产卵 94 个，躯干长 1 000 μm 时产卵

118 个，躯干长 1 100 μm 时产卵 187 个。在较冷的海域，其产卵力更强，产卵数量可多达 500 个。住囊虫和许多其他尾海鞘种类的卵径约为 100 μm，这恰恰是桡足类动物理想的食物大小。Sommer 等(2003)在挪威峡湾进行的原位中尺度群落实验中设置了不同浓度的桡足类个体，他们认为桡足类通过摄食尾海鞘的卵来控制其个体数量。在波罗的海也观察到桡足类和住囊虫的种群数量呈反向波动的现象，从而支持了尾海鞘数量受桡足类控制的观点。

8.2　死亡率与死亡年龄分布

死亡率在浮游动物各生命阶段有何不同？这是种群生物学中的一个关键的问题。从幼体到老年，存活曲线(l_x 存活率和年龄 x)是如何变化的？存活曲线的形状影响种群的生产力和繁殖力的各个方面。例如，大个体对个体平均生产量的计算有明显的贡献，但如果种群中仅少数个体很大，那么总生产量仍是很小的。此外，如果生命初期的死亡率较高，那么就需要多个世代维持较高的产卵量，这样才能维持种群延续；生产的重任也主要是由成熟的雌性个体来承担。同一物种在不同季节或不同地点长大的后代，其存活曲线间也可能存在一定的差异。

由于水平流和样本的斑块分布的存在，估算存活率非常困难，得到的数据结果也不稳定，因此已绘制出的浮游动物存活曲线还相对较少。存活曲线绘制多采用两种经典的方法：水平寿命表法和垂直寿命表法。水平寿命表法大致如下：对大致同时出生的一批幼体进行计数，然后跟踪它们的数量，直到最后它们全部死亡。在潮间带生态学研究中，使用这一经典方法的流程如下：一批藤壶的浮游幼体变态成幼虫附着于岩石表层后，在岩石上圈划出一个具有一定面积的正方形区域，记录该区域中藤壶的数量，同时绘制每个个体在区域中的分布图。随后几年，在低潮时对该区域中的藤壶进行观察，记录其生长、彼此竞争、被腹足类捕食、繁殖的情况，直到所有个体最终都消失。垂直寿命表是在某个合适的季节观察藤壶世代情况、确定其年龄结构而获得的，操作如下：将不同年龄个体数量的相对值绘制成表，根据个体数随年龄增长的减少量来估算存活率。水平寿命表中的群体数量不随年龄增长而增加，因为同期出生的个体数量是固定值，只有死亡引起其变化。垂直寿命表需要做统计分析，因为对现时所观察的中年期的个体来说，它们所出生的那个时间点幼体产生量可能非常高(或低)。例如，第二次世界大战后，美国人口出现了生育高峰，那时生孩子变得很流行，于是产生了婴儿潮。短时间内出生的大量人口所造成的"人口脉冲"会在总人口中持续存在，这一部分人同时引起自己那代人生孩子的比率降低，形成所谓婴儿潮的"回声"。如此，年龄结构不能准确地反映死亡率时间表，用垂直寿命表预测未来的种群存活率是不可靠的。当然，同理，利用水平寿命表跟踪同龄群体的命运也是不正常的，且对该藤壶种群数量的估算毫无普遍应用意义。除了甲壳动物外，对浮游生物死亡率进行估算的尝试很少，因此，下面就列举一些有关甲壳动物的例子。

基于垂直寿命表法，可通过多种途径算出某个特定生命阶段的个体死亡率。其中一个途径就是重复取样，取多个世代、多年的平均值。基于加利福尼亚南部海洋渔业合作调查（CalCOFI 调查）采集的大量样本，Brinton（1976a，1976b）研究了太平洋磷虾的年龄结构（实际数据为个体大小的结构）。如果把所有这些采集于不同年份、不同季节的数百个样本的个体大小的频率分布简单地加起来，就得到平均垂直存活率曲线（图 8.8）。每毫米体长的死亡率大致固定，可对应于 3 个或 4 个生长阶段：幼虫、早期幼体、成体和衰老阶段。将这种存活模式以半对数尺度标绘成图，所绘图在连续的生长阶段大致呈线性，表明此模型适用于描绘死亡率与年龄的指数函数关系。在计算出存活率（$-m$，单位为 mm^{-1}）后，可将其绘制成曲线图。Brinton（1976）仔细核查了同期群模型中的一系列数据（如其论文中的图 9 和图 10 所示），并得到了许多有关死亡率模型的信息，获得了一种分析太平洋磷虾的年龄结构的水平寿命研究方法，该方法适用于 1953 年到 1956 年间采集的、有较好的年龄分组的样本。相同季节的繁殖时间和生长率在不同年份表现出年际差异。Brinton 的论文具有里程碑意义，仔细研读，你将明白此类研究难以开展的极其罕见的原因：工作量巨大。

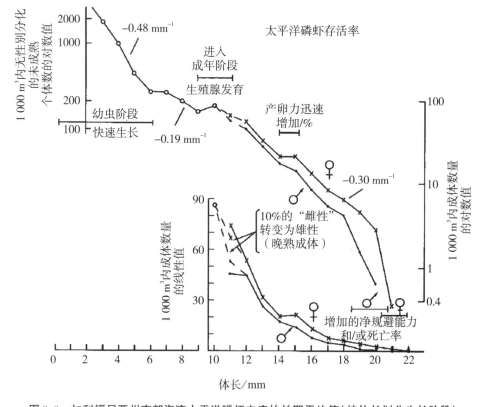

图 8.8　加利福尼亚州南部海湾太平洋磷虾丰度的长期平均值（按体长划分生长阶段）

图上部：太平洋磷虾幼体和未成熟阶段的丰度已进行对数转化；图下部：太平洋磷虾成体阶段的丰度为线性算术值（未经对数转化）。据此绘制出了随体长变化的存活曲线。太平洋磷虾的死亡率分为 3 个阶段，各阶段中死亡率相对稳定：体长 3～6 mm 时对应幼虫存活率，体长达 12 mm 时幼体存活率较低，体长 12～20 mm 阶段的成虫存活率略升高。死亡率必定会有变化，但是在种群数量随体长增加而下降的过程中，存活率曲线斜率的变化也受生长速率和净规避敌害能力的影响。（Brinton，1976）

　　根据不同发育阶段的特征，可将桡足类群体分为不同的年龄组，这样，上述分析年龄结构的水平寿命法也可应用于研究桡足类动物。在俄勒冈州亚库伊纳湾（美国）温暖的上游水域，夏季时加州纺锤水蚤种群非常活跃。Johnson（1981）研究了处于生长季的加州纺锤水蚤（*Acartia californiensis*），对每个生长阶段的生物丰度进行每周 2 次的估算。遗憾的是，加州纺锤水蚤的无节幼体与共存的克氏纺锤水蚤无节幼体在形态上很相似，很难将两者区别开来，因此无法进行计数（也节省了工作量）。图 8.9 显示的是 1972 年加州纺锤水蚤不同发育阶段的丰度情况。在产卵力已知的情况下，假设浮游生物的每个雌体在某天的产卵量为 20 粒，即每个同期群大概所需的卵粒数。然后，根据同一年的每个不同同期群（与第 7 章中 Landry 对 Jakle's 潟湖的研究非常相似）在"桡足幼体 - 天数"图中的减少量，计算出各个生长阶段的存活率（图 8.10）。显然，与磷虾的研究结果一样，桡足类生活史各个阶段的死亡率也必然不同。卵和无节幼体的死亡率很高，只有少部分能存活下来并发育成桡足幼体，然后桡足幼体以相对高的存活率发育至成体阶段。批次较早的同期群包含的个体数量较少，但无节幼体的成活率高于批次较晚、个体数量较多的同期群。Landry（1978）对克氏纺锤水蚤做了类似的研究，Twombly 则对湖水和其他水域中的镖水蚤也做了类似的工作。最后，Hairston 和 Twombly（1985）发现：决定同期群的桡足幼体 - 天数变化情况的因素不仅有死亡率，还有发育速度。如果发育几乎是同步的，且每个发育阶段所经历的时间相等，那么存活率不会太糟糕。这种情况在食物充足的纺锤水蚤中确实存在，因此 Johnson 和 Landry 的研究结果可能会很有用。但是，当发育阶段不同步时，则需要建立一个更复杂的模型。

　　Simon Wood 建立了一种复杂的模型，且 Ohman 和 Wood（1996）将此模型应用于华盛顿 Dabob 湾纽氏拟哲水蚤（*Pseudocalanus newmani*）的种群研究。该方法需要有连续的、不同发育阶段的个体丰度数据。为避免采集实地数据时发育阶段时间不同步和样本死亡，实验者必须在实验室内先模拟设置出与实地一致的食物、温度及其他条件，通过实验来估计发育速率。遗憾的是，无法完全保证水蚤在现场的发育速率与实验室测得的发育速率相等。在预设几个前提条件的情况下，可以基于各发育阶段的丰度数据拟合出一条圆滑的曲线（函数模型）。其中的一个前提条件是"种群没有个体流入或流出"，当然这个条件也是水平寿命表法成立的基础。对于浮游动物而言，该条件使水平寿命表法仅适用于研究水平对流很少、几乎无个体流入或流出的斑块状种群。各发育阶段对应的个体年龄也被假定为固定值：两个相邻的发育阶段对应的个体年龄无重叠。遗憾的是，在实验室培养（与实地条件尽量一致）条件下，处于同一发育阶段的个体在蜕皮时，个体年龄的差异可能会非常大，可达 1 倍以上（Carlotti 和 Nival，1991）。即使是来自同一批卵，有些Ⅳ期桡足幼体的年龄也可能比Ⅱ期桡足幼体的年龄小（更年轻）！Wood 建立模型的假设情况不可能发生，即便发生，也不会一直影响其模型。此模型的主要特点是：用三次样条曲线（cubic splines）表示的曲面来拟合种群的丰度数据。这样一来，就可以利用这个数学函数来清楚地表达数据的变化，同时消除实测数据中的一些噪声。样条曲线模型的建立方法是非常复杂的，需要

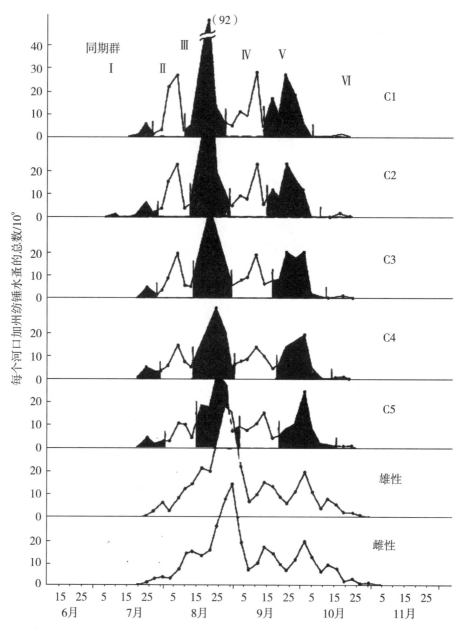

图 8.9　1972 年俄勒冈州（美国）亚库伊纳湾上游水域加州纺锤水蚤的同期群模型
罗马数字表示发育阶段。相邻的发育阶段中个体的丰度大致相同。（Johnson，1980）

对每个发育阶段建立关于通量（前一阶段到后一阶段的进阶速率，从培养实验中得到这样一个参考值，并将此值应用到模型中）和死亡率（最终流出个体量）的方程。

图 8.11 显示了纽氏伪哲水蚤各发育阶段的（指数化的）死亡率（单位：d^{-1}）。从 Dabob 湾的数据来看，2 年中各发育阶段的死亡率变化相当一致，这说明死亡率在不同发育阶段的差异确实很大。在 Johnson 的研究中，由于无法通过形态特征将纽氏伪

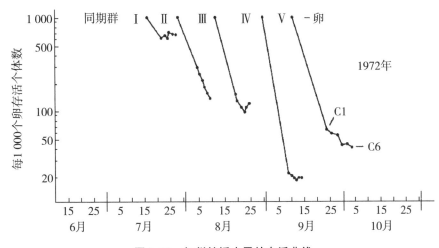

图 8.10 加州纺锤水蚤的存活曲线

由图 8.9 中各发育阶段的个体丰度随时间的变化情况推算而得。(Johnson，1980)

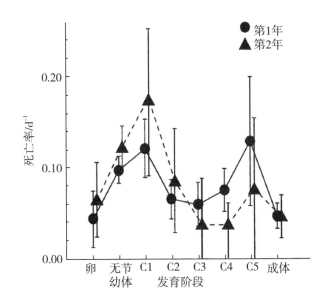

图 8.11 华盛顿 Dabob 湾纽氏伪哲水蚤各发育阶段的死亡率

数据源于 Wood（1994）对每周死亡率的统计。符号 ● 和 ▲ 分别代表某一年的数据。(Ohman 和 Wood，1996)

哲水蚤无节幼体与同期出现的克氏纺锤水蚤无节幼体区别开来，因此，纽氏伪哲水蚤的死亡率是基于雌体数量的变化而近似地计算出来的。由于雌体一直抱卵至孵化，因此，卵子死亡率相对较低且与雌体的死亡率大致相同。虽未对雄性的死亡率做计算，但雄性的死亡率一定很高，因为伪哲水蚤属雄性个体数量非常少。当然，这也可能是由 C5 期性别发育比例的不均衡（大量个体发育为雌性个体）造成的。有证据表明，许多桡足类后期幼体所经历的环境条件决定了其成体的性别。V 期桡足幼体已长大到容易被吃掉的体型，因此，V 期桡足幼体死亡率升高可能是因为它们被大量掠食者吃掉了；在夏季进行的垂直迁移（傍晚下行，黎明上行；Ohman 等，1983）则使雌性个体死亡率降低，因为它们的昼夜迁移方向刚好与掠食者普遍的迁移方向（见下文）相反，从而避免了被捕食；捕食它们的那些动物主要是通过感受振动而启动捕食行为。虽然上述结果都可以得到相应的解释，但这些解释是否经得起验证则是另外一回事了。

　　Mullin 和 Brooks（1970）建立了一种简单的垂直寿命表法，也被应用于分析 Aksnes 和 Ohman（1996）的 Dabob 湾纽氏伪哲水蚤数据。该模型假设：相邻发育阶段的死亡率非常接近，年幼水蚤的数量为 X，年长水蚤的数量为 Y。如果两个发育阶段的持续时间都是 a 天，个体流入和流出大致稳定，则 $Y<X$，即有

$$Y/X = S^a \qquad\qquad (式 8.1)$$

式中，S 为日存活率。指数化的死亡率为 $m = -\ln S$。计算公式很简单，但 Mullin 和 Brooks 接着考虑更普遍的情况，即年长阶段比年幼阶段需要的发育时间更长。这使模型更加有趣（参见他们的论文或 Aksnes 和 Ohman，1996），但概念上并无不同。与水平寿命表法得到的结果相比，基于纽氏伪哲水蚤（图 8.12）数据得到的模型运行结果非常不错。但该模型也存在问题：抽样偏差通常与发育阶段不一致；由于多种原因，年长阶段通常比年幼阶段的个体更易被捕食（图 8.13），从而导致死亡率变为负值，这与我们已有的生物学认知明显相悖。

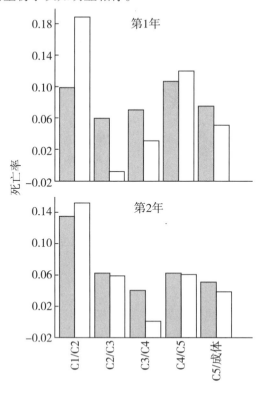

图 8.12　Mullin-Brooks 垂直死亡率的估算结果

所用数据与图 8.11 所用的数据完全一样。灰色柱表示利用 Wood（1994）方法计算出的死亡率（图 8.11 中显示的是同一发育阶段的平均值）；空心柱表示按照 Mullin-Brooks 模型计算得到的死亡率。（Aksnes 和 Ohman，1996）

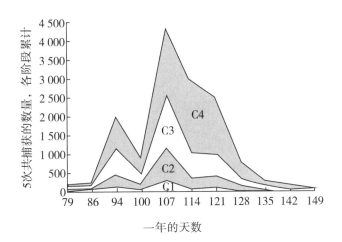

图 8.13　基于 Marshall 和 Orr(1934)数据绘制的洛赫斯特文海域飞马哲水蚤的各发育阶段个体丰度（C1、C2 等）的时间序列

在年长阶段，随时间推移，丰度累加的速度快于对一些发育持续时间较长的阶段丰度增速的预期值。显然，这是因为年长阶段的水蚤更易被捕捉，不是浮游生物网网孔大小的问题。

Mullin-Brooks 模型应用的另一个问题是：就大多数桡足类而言，多数种群从来就不会达到种群组成的稳定状态，而种群组成稳定则是模型的前提条件之一。以在乔治沙洲所进行的为期 5 年（每年的 1—6 月采样）的全球海洋生态系统动力学（GLO-BEC）项目数据为基础，Ohman 等（2004）根据数月的观测数据计算得到各发育阶段的阶段丰度、比率和死亡率的平均值，但还不清楚这样的平均化能否抵消短期的不良影响。此外，在乔治沙洲进行的水蚤抽样调查中，使用的是上两周采样、下两周停止的采样策略，其采样方式可能影响阶段之间比率的估算，尽管计数的个体数成千上万。较好的一方面是，改良的 Mullin-Brooks 方法（Ohman 等，2008）对新生卵至 Ⅲ 期无节幼体（N3）时期的乔治沙洲飞马哲水蚤的死亡率估计值在数量级上应该是正确的，即3 月每天死亡约 20%，5 月每天死亡约 50%。作者将这些死亡率的归因于水蚤属雌性的同类相食。这一点已被几个不同实验室的实验结果所证实（如 Basedow 和 Tande，2006）：1 L 容器中的雌性水蚤至少会吃掉部分卵子和无节幼体。

另一种估算死亡率的方法是：基于野外实地获得的各发育阶段的组成及个体丰度数据的时间序列，拟合出死亡率。野外现场种群动态变化程度越大，拟合出的死亡率就越精确。可测量每只雌体的产卵量，乘雌体的丰度即可得到总产卵量。发育阶段的持续时间较难估算。某阶段蜕皮率（样品采集后培养一段时间，每天样品中蜕皮个体所占的比例）的倒数等于稳定状态下该发育阶段所持续的时间，但所谓的稳定状态实际上从来就不会出现。一个同期群中最老的个体（即达到某个发育阶段后一段时间内不蜕皮的那些个体）与一个同期群中最年轻的那些个体（即刚结束一个发育阶段的个体），它们每天的蜕皮比率接近 1.0。可以将实验室培养获得的实验数据代入到模型中使用，但需要明确的是，实地环境中可利用的营养尚无法被完全准确地描述，对那些在层化水体中上下迁移的种群来说，也很难确定温度变化对死亡率的影响。

　　虽然困难重重，但还是有一些很好的研究案例。Li 等（2006）将流经乔治沙洲的水流（反气旋，潮汐校正驱动）模型与飞马哲水蚤种群经世代交替的水平动态过程的模型相结合。他们试图计算出生率和各阶段的死亡率，还估算了沙洲的夹带量与从沙洲扩散出去的损失。Campbell 等（2001）开展的实验室饲养研究证实：温度的季节变化强烈影响各个发育阶段的持续时间。Li 等（2006）将叶绿素浓度设置为一般水平，使食物供给受到限制，就观察到其中一些水蚤个体的发育减慢了。依据在乔治沙洲开展的 GLOBEC 计划采样调查中得到的各阶段丰度，在时间与空间上取平均（所谓气候学手段）后，通过数据同化（"伴随法"）将桡足类种群数量模型融入平均种群动态模型中，从而计算出死亡率。因为此模型的数学运算非常复杂，在其被采用的文章中很少有完整的演算，所以我们在此跳过公式演算直接介绍结论。种群数量的增加主要来自沙洲区的繁殖（图 8.14）。与群体的离岸迁出相比，生物源性（捕食、寄生等）的死亡占绝大部分。该方法得到的各阶段死亡率比 Mullin-Brooks 方法的估算值低 20%～40%，低死亡率给 C5 期无节幼体生长发育、形成大量个体提供了机会，以备 7 月时在离岸海域进一步发育成大量滞育个体。

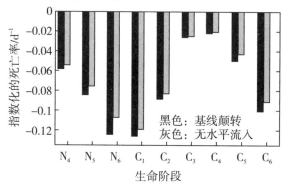

图 8.14　飞马哲水蚤的死亡率估算

将乔治沙洲区的水平流与扩散模型与当地桡足类种群的发育动态模型相结合，计算出死亡率。对繁殖和死亡率做了微调，以拟合浮游丰度和各阶段种群组成的空间变化规律。黑色柱代表群体中有来自沙洲外部（根据外部数据可知）的个体流入时的死亡率，灰色柱则代表无外源流入时的死亡率。当群体有水平流入的个体加入时，会导致死亡率很小幅地增加。很明显，在沙洲种群数量的扩增中，种群内的繁殖对种群数量的补充做出的贡献远大于水平流入对群体的补充。（Li 等，2006）

　　模型的研究发展很快，能全面展现种群-动力学过程的估算模型正在快速地建立中，未来几年，对死亡率的估算研究可能会在曲折中前进。例如，Neuheimer 等（2009）重新评估了乔治沙洲飞马哲水蚤模型，并指出：用 Li 等（2006）的模型估算得到的 5 月（来自前一个繁殖周期）无节幼体的数量比实际数据超出 1 至 15 个标准差。他们由此认为：无节幼体死亡率在时间和空间（时间尺度上，死亡率在 4 月底和 5 月更高；空间尺度上，死亡率在沙洲的脊区最高）这两个尺度上的变化都非常大。死亡率随时空变化这个结论并不令人惊讶。Neuheimer 等（2010）也提出一种基于个体的建模方法，通过微调死亡率，使预测值与各阶段丰度的时间变化序列变动完全匹配。要验证计算出的死亡率是否可靠，这些模型还需要更多研究的实际应用。

除了磷虾和桡足类动物，对浮游动物死亡率的估算寥寥无几。

8.3　死亡的原因

捕食、饥饿、疾病和高龄都可能导致死亡。我们还没有办法测定已发育完全或成年的浮游生物个体年龄，因此也不知道群体中哪些个体达到了我们实验所需的年龄。在上层水体样品中，正处于繁殖期的雌性桡足类或磷虾个体数极少。可能是因为它们在上层水体中被捕食的风险非常高，以致于很少个体能顺利生长到繁殖年龄。大量肠道内含物的数据表明：浮游动物被其他浮游动物、仔鱼、成鱼或鲸鱼吃掉。被吃掉几乎是所有浮游动物个体的宿命。连续不断的高风险促使每个类群中的每个物种发展出全方位的适应能力，以此抵御掠食者。大洋生境缺少山丘、树木、灌木、藏身用的岩石、挖洞的土壤和其他覆盖物。如果你走过一片树林，通常能看到的动物非常少。鸟和某些昆虫比较容易被发现，因为它们具有迅速飞离的能力，以便躲避掠食者。然而，哺乳类动物、爬行动物和大部分无脊椎动物却很少被发现，除非采用专门的方法。它们只是通过覆盖或躲藏在其他物体的里面、后面、下面等方式，利用周围模糊的景象保护自己不被掠食者发现。

大洋生境缺乏掩蔽物，因此，生物需要采取不同的适应策略。几乎透明的身体就是许多浮游生物采用的策略之一。一些几乎透明的浮游生物也会稍有斑驳的色彩，使上面水层射入的光"解散"，让自己在背景中变得不清晰。肠道内含物通常是有颜色的或发荧光的，且不可能变透明，因此在白天摄食常停止。有些动物类群，如介形类的某些种和桡足类的某些属［主要是长腹水蚤属（*Metridia*）和 *Pleuromamma* 属］，当掠食者靠近时，它们会飞快逃离，并在身后留下发荧光的黏液团。下面单独介绍浮游动物是如何通过昼夜的垂直迁移来避开那些靠视觉捕食的掠食者的。

在开放水体中生活需要时刻保持警觉，还得具有飞快的避敌能力。桡足类的小触须上生有向不同方向生长的刚毛，可以感知周围水的切变运动，从而对附近的捕食者迅速做出响应。切变率达 $1.5\ s^{-1}$（即 $\Delta[cm \cdot s^{-1}]cm^{-1}$）即可引起纺锤水蚤的避敌反应（Fields 和 Yen，1997）。对于普通水流引起的切变运动，引起水蚤避敌反应的切变率阈值可能很大，但对于预示掠食者即将接近的涡流，水蚤对其切变的探测则非常灵敏。Fields 和 Yen 证实：这些切变阈值是变化的，生活在静水中的物种比在背景剪切率较高生境中的物种具有更高的敏感度。多数桡足类物种的逃逸反应阈值约为1.5 ms（Lenz 等，2000），比人类的反应快近 100 倍。对那些反应时间最短的桡足类进行研究，发现它们的轴突具有髓鞘（Lenz 等，2000）；其他科的桡足类没有髓鞘，只能在大约 10 ms（仍然相对较快）后才启动避敌反应。髓磷脂是包裹髓鞘的一种多层脂质，在无脊椎动物类群中非常少见，在超微结构上与脊椎动物的髓磷脂具有不同的排列。髓磷脂在桡足类动物中单独进化。机械动力感觉神经位于刚毛基部，向 3 个（或者更多）方向延伸，许多无脊椎动物的共同征特是这些神经沿小触须以不同的间距分布，提供掠食者（或振动的实验探针）靠近路径的方位信息，使机体快速旋转到最佳避敌路线。反射弧短，运动冲动由腹神经中的巨轴索传递至游泳足。胸足的肌肉结构能非常迅速地补充 ATP，从而驱动加速运动（Fahrenbach，1963）。

在避敌过程中，游泳速率的变化非常剧烈，主要通过一系列动作来驱动：4 对或 5 对胸足用力划动，然后尾部摆动，使身体进入惯性阻力范围，顺势收回向前滑动的胸足，速率降至（低雷诺数的）黏滞曳力范围。飞马哲水蚤的 C5 期幼体的避敌速率可以在 8 ms 内从 0 加速到 750 cm·s^{-1}，在接下来的 4 ms 内速率可下降至 380 cm·s^{-1}，各相邻胸足的用力划动为这种脉冲式的加速提供了动力（图 8.15）。

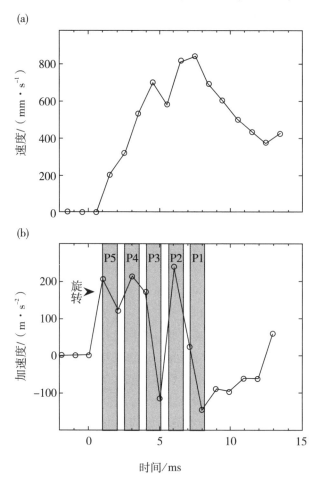

图 8.15　飞马哲水蚤的游泳逃逸动力学

（a）五对胸足逐对有序地（从 P5 到 P1）向后划动，使身体向前加速，当胸足向前恢复到原来位置时，身体减速。用力加速时足上刚毛保持平开，减速时刚毛保持闭合，呈拖曳状。（b）5 对胸足的加速度随时间的变化情况。跳跃性的逃逸需要经历多个加速与恢复周期。（Lenz 等，2004）

如果这些避敌伎俩不奏效了，那么灭绝将接踵而至。然而，避敌行为的确不总是奏效，因为掠食者必定也会进化出与之匹敌的速度，也会尽量降低切变，否则掠食者也会面临灭绝。虽然水蚤逃避时跳跃起始速率相对于自身的体长来说非常快，但毕竟移动的绝对距离并不远，对一个体型较大的捕食者来说也无足轻重。例如，纺锤水蚤体长约 1.3 mm，躲避时的位移距离只有 4 ～ 6 cm（Buskey 等，2002）。一些体型更大的桡足类动物，其胸足可连续划动约 1 s，受刺激后可使身体迅速移出半米甚至更远。无论如何，迅速地身体移动会使周围水流加速形成涡流，引起掠食者的警觉，后者可通过感受运动来捕获猎物。因此，浮游动物的移动既可消除一类危险，又可招致另一类危险。关于逃避运动的成果大多数来自对桡足类成体和晚期个体的研究，针对无节幼体避敌跳跃的研究工作尚在进行。无节幼体可迅速远离正逼近的掠食者，但不会逃得特别远（小于 1 cm）。

　　浮游动物的其他类群也存在逃避掠食者的行为。在被触碰时，尾海鞘会冲破并远离滤食用的黏液住囊，独居的樽海鞘会加速喷射推进，使其喷出黏液滤食网。在受到攻击时，有壳翼足类释放黏液网，将其"翅膀"缩进壳中并迅速下沉。毛颚类攻击水动力切变小的生物，飞快远离水动力切变较大的生物。磷虾附在栉水母触须上，会向后翻转尾部，且通常以此逃逸。南极磷虾（*Euphausia superba*）在水平方向上数米范围内成群游动，密度高达 25 000 m⁻³，可形成雁列式旋转和俯冲。磷虾群可以裂开形成数米宽的空间，从而避开掠食者和浮游生物网。企鹅等大型磷虾掠食者可以突然翻转其尾部，这样可以破坏磷虾的群游（Hamner 和 Hamner，2000）。其他磷虾类（磷虾属、*Thysanoessa* 属、*Nyctiphanes* 属）的幼体和成体也有群游（schooling）的时候，有时是为了繁殖，但更多是为了躲避依赖视觉的掠食者。群游的优势在于，群体聚集使水体相对空旷，使掠食者需要更多的搜寻，联合起来的大量个体更容易感知天敌来袭。

　　饥饿可通过实验诱导。某些物种可以延缓生长，减少新陈代谢，然后等待死去。其他物种不能延缓生长，且很快死去（Dagg，1977）。有关海洋中浮游动物饥饿实际上如何发生的问题一直尚存争议，但饥饿可能不会非常频繁地发生。浮游动物中存在疾病和寄生虫。一类纤毛虫原生动物（Apostomatidae）具有大量的"寻胚"阶段，可在磷虾和桡足类动物的刚毛上形成包囊。主身体上出现的一点小伤口渗漏出的组织液能刺激"寻胚"离开它们的胞囊。它们游向伤口，进入身体，通过"渗透营养"迅速耗尽寄主的组织，反复分裂，最后退出寄主寻找合适的新寄主。死去的寄主仅剩一小缕外骨骼。Gómez-Guttiérez 等（2006）报道，*Collinia* 属的一种后口类寄生纤毛虫（动物与寄生虫一起生活，死于其寄生生物）能感染多种磷虾，偶尔会导致其大量死亡。

8.4　生活史的变化

　　和许多其他动物一样，浮游动物的活动和繁殖也随季节而变化，特定物种或种群的这种变化模式被称为物候学（phenology）。许多物种的物候学特征是每个世代（或者在某些季节的世代）都有一个持续很长时间的休眠期（滞育期），另一些物种则没有这种滞育。滞育不仅在高纬度区发生，也在季风区（如阿拉伯海）发生。高纬度区的一些浮游动物可能需要不止一个生长季才能发育成熟，经历 2 ～ 3 个滞育期，这样就能存活多年。与浮游生物学的诸多研究一样,对浮游动物生活史模型的研究也多针对(容易采样的)甲壳动物,尤其是桡足类。桡足类丰度的变化足够大,这一显著特征有助于消除采样偏差对丰度估算产生的影响。目前,我们已经可以在实验室中培养桡足类,至少可以维持它们的生存。桡足类生活史有 3 种基本模式:

模式一:有些热带生活的种类经历孵化、连续的无节幼体与桡足幼体阶段,然后成熟、交配、产卵。其后代也重复这样的生活史。处于生活史各阶段的个体在任何给定的时间内均可被发现。在毛颚类动物中也发现了与此类似的生活史模式。

模式二:对分布于近海岸浅水层的桡足类来说,一年之中总会有段时间在水体中不见其踪影。它们那时正以产卵来避开条件不太适宜的季节,这些卵在孵化前于沉积物中经历休眠期。在 Sazhina(1968)发现一些黑海生物种类的休眠卵之前,学者们曾长期对观察不到各生活史阶段感到困惑。当更适宜的季节开始,休眠卵萌发、孵化,无节幼体再次回到水中,大量的种群补充群体从沉积物"卵库"中迅速发育。在条件适宜的时节,雌性准备繁殖产卵,所产之卵立即孵化,被称为即孵卵。此模式常见于纺锤水蚤属、胸刺水蚤属和 *Labidocera* 属。在纺锤水蚤属中,雌性个体可从产即孵卵转为产休眠卵,反之亦可。转换产卵类型的关键是水温的变化,水体的温度变化相比大气中的更平稳。当温度上升到阈值以上时,哈氏纺锤水蚤产休眠卵(Sullivan 和 Mc-Manus,1986);当温度降至阈值以下时,汤氏纺锤水蚤和加州纺锤水蚤产休眠卵(如 Johnson,1980)。当变冷时,哈氏纺锤水蚤发育并孵化;当变暖时,加州纺锤水蚤发育并孵化。后两者(汤氏纺锤水蚤和加州纺锤水蚤)的活跃种群被限制在河口上游,其休眠卵在春天温度上升前仍不发育。至少在加州纺锤水蚤中存在短的"免疫"时期。也就是说,在气温升高引起加州纺锤水蚤休眠卵发育响应之前,休眠卵必须经历一定的寒冷期。和一些昆虫滞育期间的免疫期一样,这不是很严格,但这种经历能确保短暂的气温升高不会引发沉积物中所有休眠卵发育,而只有在快被冻死时休眠卵才迅速发育。在夏眠唇角水蚤中,休眠卵的产生也取决于温度,但是随白昼的时长而变化(Marcus,1982)。

模式三:种群数量丰富的海洋桡足类哲水蚤科的大部分种类可在一个或多个高阶桡足幼体阶段进入休息状态,被称为桡足幼体滞育期。最典型的例子是,如果某一世代将包括一个滞育期,那么第 5 桡足幼体(C5)阶段的幼体在近表层摄食并在薄壁油囊内积累大量油质(彩图 8.1),作为有机物和能量的储备。然后其下沉到相当深的深度,并在那渡过大约半年的滞育期。尽管 11 月在缅因州海湾发现飞马哲水蚤吃"夜宵",但在滞育期通常没有摄食活动,呼吸被强烈抑制,且活跃度为零。最新的研究表明许多基因是下调基因(不生成 mRNA),而滞育期开始及维持期间,其他基因是上调基因(Tarrant 等,2008)。显然,滞育期只有一个小型热休克蛋白(HSP 或"分子伴侣",一种防止酶发生去折叠和降解的保护蛋白)基因 HSP22 在滞育期是上调基因(Aruda 等,2011)。大分子的 HSPs(如 HSP70 和 HSP90)在其他动物的滞育期中也是典型的上调基因。C5 期桡足幼体似乎接近中性浮力,身体悬浮着。这些幼体会保持警惕,当被刺到或其附近的水在旋涡时,它们会飞快离开。因为它们的新陈代谢处于

停滞状态，所以休眠的个体不能从这种避敌运动中迅速恢复，但它们基本上还可尝试
1 次或 2 次避敌移动来挣脱掠食者。大部分哲水蚤属种类的滞育期开始于晚春，在深
海度过最温暖、繁殖活动低下的夏秋季。隆线拟哲水蚤是一种热带种类，在沿岸大规
模的上升流期间，其在水表层附近活动、产卵并生长。这种现象多发现于几内亚湾和
阿拉伯海，那里有持续近半年的上升流期。来自 6 个世代（Binet 和 Suisse de Sainte-
Claire，1975）中最后一个世代的 C5 期桡足幼体，或来自所有世代的部分 C5 期桡足
幼体，远离（在物候学的生长阶段所处的）上升流中心区域，在海洋中层进入滞育期。

　　滞育期阶段的进化显得毫不费力。有多少物种就对应有多少种滞育模式，而且相
同物种的滞育期在不同海区也不尽相同。这表明，由于一年中仅某些时期适宜摄食和
生长，因此当务之急是形成与自然生境高度匹配的生活史。从 C5 期进入性别分化的
C6 期，桡足幼体的滞育期与性成熟个体的脱皮期相耦合。亚北极大西洋的飞马哲水
蚤，第一批成熟的且已交配的雌体（称为 G_0 代）移至表层附近摄食并产卵。尽管雌体
在春季繁殖潮之前便能开始产卵，但产卵（G_1 代）需要食物。飞马哲水蚤从滞育期到
G_0 代成熟的时间因海区的不同而大相径庭（Planque 和 Batten，2000）：在缅因湾始于
12 月底；在苏格兰沿海始于 2 月；在冰岛西部和南拉布拉多海则开始得更晚。除了
在挪威北部沿海，仅有百分之几的 G_1 代进入滞育期，有些亚区的部分性成熟个体在
冬末和春季经历完一个世代。G_1 代的雌性繁殖出 G_2 代，然后在 5 至 8 月之间完成生
长期，且绝大部分在 C5 期进入滞育期，有时在 C4 期。在某些地区，部分 G_2 代也会
成熟并繁殖出 G_3 代，G_3 代可以（或不可以）很好地存活到滞育期。或许，在 11 月最
后进入滞育期群体的 C4 个体多数来自 G_3 代。

　　Johnson 等（2008）根据多年间采集的不同发育时期的飞马哲水蚤样本（彩图 8.2），
很好地总结了该种在加拿大大西洋各水域生活史的变化。尽管各发育阶段在各亚区存
在时间点上的差异，但各亚区生活史变化具有惊人的一致性。与某些年份缅因湾产生
强健的 G_2 代类似，在纽芬兰沿海和新斯科舍省南部大陆架水域，成体在 12 月滞育期
结束后出现。尽管各年冬季采样间隔较长，飞马哲水蚤的滞育期在圣劳伦斯河下游
（新斯科舍省西部）结束得更晚。圣劳伦斯河系的滞育期群体中通常会出现较大比例
的 C4 期幼体。

　　哪些因素的改变能诱发个体立即进入滞育期或成熟期？遗憾的是，室内实验现在
还无法给出解答，因为容器中饲养的飞马哲水蚤不会进入滞育期，即使较大的所谓中
宇宙实验也不能实现。身体内部的节律似乎是滞育的起因，但时间节律唤醒滞育期的
具体机制尚不清楚。

　　不仅滞育期时间可变，滞育水深也是可变的。飞马哲水蚤在乔治海岸南部大约
450 m 深处度过滞育期，而在乔治海北部缅因湾约 300 m 深的底部即可滞育。在新斯
科舍省陆架上的盆地水域，滞育水深位于底部上方。在北大西洋东部深海区（大于
2 000 m），滞育期群体广泛分布于水深 400 ～ 1 600 m 的区间（Heath 等，2000）。在
挪威，滞育水深因峡湾不同而大不相同。Dale 等（1999）认为这种变化是对各水域中
掠食压力垂直变化的一种反映。我们无法一一查明各水层的掠食者对滞育群体的捕

杀，或桡足类是否逃离有掠食者的水层。针对此类假设的实验验证还未见到。

　　其他物种表现出别的模式。在阿拉斯加湾和亚北极太平洋西部，桡足类新哲水蚤主要在 6 月从 C5 阶段进入滞育期。滞育的个体分散下沉到 500 ～ 2 000 m 处，在 8 月缓慢成熟，从 9 月到次年 1 月成体数量大致维持稳定。如前文所述，这些成体在没有食物的地方产卵。成熟个体可能长达 1 个月以上不产卵，但种群繁殖期大约持续 5 个多月。迄今的观察数据表明，发育仅在繁殖期即将结束时才会获得成功。春季，在表层附近摄食的桡足幼体数量达到峰值的时间点可在 6 周或更长的时间范围内波动，由此推测错峰繁殖使某些年轻的个体得以在合适的条件下快速生长。这似乎是一种种群"策略"，只有一些基于个体的选择机制能够使该策略奏效：有时，早批产卵的雌体持续产卵，有时晚批产卵的雌体持续产卵。另一种水蚤 *Neocalanus flemingeri*，与新哲水蚤为同域性物种，但种群数量不高。该种类从 2 月到 5 月持续地生长，然后下降到深处并发育为成体。雄性半途停止下降等待雌性到来。交配后雄性死亡。雌性携带大量油质进入滞育期。2 月，卵巢成熟，产卵在短期内集中进行，并循环重复。所观察的每一物种在滞育期和繁殖期阶段都有不同程度的差异。北冰洋的北哲水蚤出现 2 个滞育期，都在夏季的 3 个繁殖期间隔中相同的某一生活史阶段。南极海域中存在 5 种以颗粒物为食的大型桡足类动物。与亚北极种类水蚤相似，尖角似哲水蚤(*Calanoides acutus*)和巨锚哲水蚤(*Rhincalanus gigas*)在冬季的休眠期具有滞育期的特征：积累大量油质、活动减弱和新陈代谢减弱，以及个体发育向深水处迁移。而近缘哲水蚤(*Calanus propinquus*)、哲水蚤(*Calanus simillimus*)和长腹水蚤(*Metridia gerlachi*)在冬季似乎只是适当地减慢它们的日常活动，这种没有休眠的情况是可能发生的，因为实际水温随季节变化的幅度很小。其他的小型种类，包括矮小微哲水蚤(*Microcalanus pygmaeus*)，*Ctenocalanus citer* 和拟长腹剑水蚤(*Oithonasimilis*)也都处于活跃状态。

　　对磷虾和毛颚类的生活史时序和休眠期只有少量了解。它们在冬季有较长的生长停止期，因此大小－频率分布的峰值不会变动。但是，它们的休眠期特征不像桡足类动物那么明显。在某些季节，它们似乎只是阶段性停滞，等待着环境条件变得更适宜，相反，也有可能是我们不知道如何观察它们，而且几乎没有关于其他类群(介形动物、翼足类、尾海鞘等)生活史的研究。大多数生活史研究认为，即使是桡足类，浮游生物在透光层生长。对海洋中层种类的少量研究证实：在那里，全年存在繁殖个体，种群过程是连续的。但是在季节性海区，部分海洋中层浮游动物，在春季产生的有机物下沉穿越它们的栖息地时，加速繁殖，如桡足类 *Gaidius variabilis*(Yamaguchi 和 Ikeda，2000)。

8.5　昼夜垂直迁移

　　19 世纪对海洋和湖泊中浮游动物的研究证实，海洋表层种群数量的估算值在夜晚大于白天。曾有两种针锋相对的假说解释上述现象(Franz，1912)。一是浮游生物在夜晚向上移动，然后在白天返回深处；二是夜晚比白天更适于避敌。开展一个明确的验证实验就需要进行垂直分层取样，即采集指定范围内的各层水体并过滤收集样本，估算浮游动物数量。如果动物在夜晚离开较深的水层，并在白天离开表层，则判定确实存在种群移动。由于许多物种涉列其中，因此某种解释适用于某些特定的物种也就不足为奇了。白昼避敌仅限于具有高级视觉系统的动物，如磷虾类。具有简单视觉系统的动物并不具有白昼避敌行为，如桡足类和毛颚类动物。Brinton（1967a，1967b）利用开合环网调查了加利福尼亚海流中磷虾的迁移和避敌行为，并提供了一份强大的统计数据（图 8.16）。像 *Nyctiphanes simplex* 等种类的磷虾，很难在白天采集到，因此其白天的垂直积分比夜晚少很多。尽管如此，还未观察到水层深处的个体在夜晚向表层迁移的迹象。大概缘由是，位于表层附近的个体能看到采集网的靠近并躲避，而位于光线很弱的深层区域的个体很少能成功地躲避。像半驼磷虾这样具有几乎稳定的垂直积分的物种，它们看起来没把即将靠近的采捕网视为需要躲避的威胁，但是从白天到晚上它们的分布深度出现明显的上移。多年来，这种迁移行为被称为白昼垂直迁移，但在 20 世纪 70 年代，白昼特指白天的活动，而迁移行为的特征是在整个昼夜周期进行，因而被改称为昼夜垂直迁移（diel vertical migration）。通常上述行为以首字母缩写"DVM"表示。

　　垂直迁移的基本模式很简单：黎明向深水移动，黄昏向表层移动。Wade 和 Heywood（2001）利用一台声学多普勒流速剖面仪（ADCP，一种安装在船体上的 153 kHz 回声测深仪）提供了丰富多彩的垂直迁移演示。仪器记录了"砰"一声后，一系列连续时间间隔内从颗粒物反射回的声音的频率变化及各信号源的距离。位移变化被解释为相对于船的速率。在大多数应用中，ADCP 用于提供水平流速的垂直剖面数据，而 Wade 和 Heywood 却用此得出颗粒物的垂直速度。回声振幅（由尺寸一定且适合的物质引起的反向散射强度）也可解释为颗粒物数量。在 153 kHz 这一频率具有大量反向散射"目标强度"的大多数颗粒物，可能是较大的浮游动物（如磷虾），或是具有特别强的目标强度的小动物（如有壳的翼足类动物）。具有鱼鳔的鱼类也可能对目标强度有很大的影响。一个长达一整天的反向散射强度（彩图 8.3a）的深度分布记录显示：在白天，水深约 350 m 处（正是在此处 ADCP 结果开始不连续）有一个巨大的生物层，该生物层起初缓慢移动，随后加速上移并且刚好在日落后到达表层。该种生物在日出前返回深处。果如预期，"颗粒物"（彩图 8.3b）的垂直速度（上行和下行）最大时，生物层的移动速度也达到最快。持续游动的速度不可能大于每秒 10 倍体长，因此，由 6 cm/s 的速度推算出该生物体长约为 1 cm 或更长，如磷虾或蛇鼻鱼。Enright（1977a）证实了桡足类长腹水蚤属迁移迅速，速度可达 2.5 cm/s（约每秒 10 倍体长），因此，它们通常可垂直迁移 350 m 或更长的距离，但迁移可能不会准确地随光强深度而变化。它们必须早于某个特定的光强度就开始移动，或稍晚些到达表层，抑或两者皆有。所有数据（彩图 8.3）都显示了上行移动和下行移动均活跃。即便一条死鱼也不会如此之快地下沉。尽管水母目囊泳亚目的水母具有空心气囊并随浮力变化浮沉，但这种移动的速度可能很缓慢，因为相对于身体来说，浮囊是很小的。

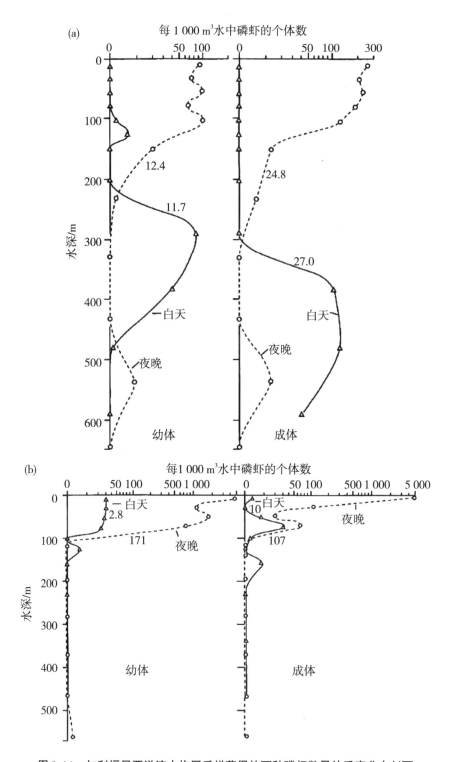

图 8.16 加利福尼亚洋流中拖网采样获得的两种磷虾数量的垂直分布剖面

（a）半驼磷虾（*Euphausia hemigibba*），该种在白天避敌，有垂直迁移习性。（b）*Nyctiphanes simplex*，该种无垂直迁移习性，白天时逃避拖网。曲线旁边的数字为丰度（每平方米个体数）的垂直积分值。（Brinton，1967b）

在同一栖息生境中，存在大量迁移的物种，通常也存在不迁移的其他物种。将DVM 认为是浮游动物特有的或几乎不变的行为，这是不正确的。Marlowe 和 Miller (1975)对比了阿拉斯加湾海区的整个中型浮游动物群落在白天和夜晚的分布，发现仅有 10% 的物种在统计学上表现出了可靠的垂直迁移迹象。某些类群的迁移比其他浮游动物类群的迁移更有规律且迁移距离更长，如桡足类长腹水蚤科(长腹水蚤属、乳点水蚤属)。其他类群时而迁移，时而不迁移，另外，一些类群没有与光照周期协调一致的垂直分布变化。

昼夜垂直迁移的原因一般分为两类：一是 DVM 是对生境变化的直接响应，即信号提醒该向上或向下迁移；二是 DVM 由迁移终点或适宜的迁移距离决定，自然选择使许多种群进化出这一行为。生物对表层水中光照变化的直接反应通常为随之向上或向下迁移。对光照的响应也受其他变量的影响，例如，水体温度结构、食物可利用性及视觉依赖性掠食者的有无。很多研究证实了动物对光的响应，其中最好的当属那些对深海声散射层中动物移动的研究，这些动物能将探测船中仪器发出的向下传播的声波直接反射回去，如上文所述的 ADCP 研究。Kampa 和 Boden(1954)使用一台 12kHz回声探测器进行了调查，这意味着中层水域返回的大部分声音来自小型鱼类鱼鳔对声波的反射。他们在日落前检测到一个很好的声散射层，并将辐照度计下放到该散射层的上边界，辐照度计面朝上测定下行光的强度。然后，随着太阳落山，他们抬升辐照度计，以便光照射到辐照度计，并连续记录深度。这样，他们获得了散射层上移中等光强度与时间序列－深度相关联的数据，直至辐照度计被抬出海面。从第一个数据点开始，单独记录的散射层深度准确地对应于散射层上移中的等光强度深度(图 8.17)。

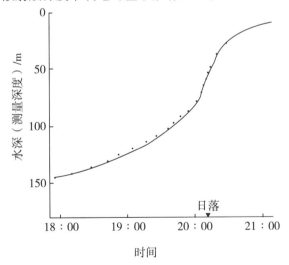

图 8.17　声散射层活动与相等光强度(黑点表示光强为 6.6×10^{-4} foot－candles)所处的水深随时间的变化情况

回声深度记录(连续的线)表示声散射层的移动；黑点表示辐照度计测定相同光强时所处的水深。(Kampa 和 Boden，1954)

显然，反射声波的鱼通过移动使周围的光照持续处于一个最佳辐照水平。此外，当黎明时太阳再次升起，散射层随之再次出现。在日食期间，对12 kHz散射的观察值也会急剧上升，尽管当月亮完全覆盖太阳时，最佳光强度上升过快以致游泳动物们无法跟随。这个特殊例子清楚地说明了这种最简单的响应模式。

以淡水桡足类为对象的实验能够将它们对光的响应演示得淋漓尽致。Harris 和 Wolfe(1955)将水蚤(*Daphnia*)装入一个圆柱形玻璃容器内，放入注有墨汁的悬浊液，用以提高消光系数，以此造成短时间内表层辐照度逐渐降到黑暗的梯度变化。当程控变阻器在几小时内模拟一天的表层光强度的周期变化时，利用红光定期从侧面对容器拍照。对不同深度的水层进行拍照，并记录下照片中水蚤的数量(图 8.18)。

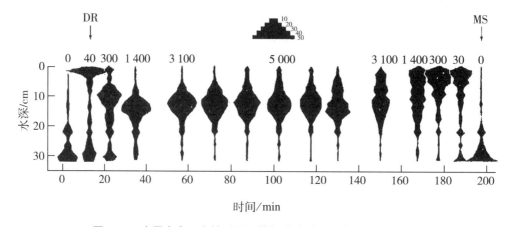

图 8.18　水蚤在人工光控诱导下的加速移动和垂直迁移周期变化
盛水蚤柱状容器高约32 cm，其中混有墨汁悬浊液。如图顶部的比例尺所示，"鸢形图"中宽度表示实验中 50 只水蚤所处的位置及在各深度上的分布，时间间隔为 10 分钟。表面光照强度(单位：lm)以数字标示在"鸢形图"的上沿。DR 表示类似于黎明上升现象的出现；MS 指类似于午夜下沉现象的出现。(Harris 和 Wolfe，1955)

在完全黑暗的环境中，水蚤会下沉到底部。随着光强度增强，他们会向上游至表面附近，这种现象被称为"黎明上升"(dawn rise)。接着，随着光强度变得更强，它们向下返回，并找到"正午"深度("mid-day" depth)。"正午"深度就是对光强度的"适应"，即动物在最强光照时期内稍向下移动。随着光照变弱，它们会加速向表面移动。一旦最佳光照度消失，它们会下沉至底部。这些垂直迁移的所有特征在野外实地生境中均可再现，也可人为调控。一个完整的迁移周期最短在一个或几个小时就可完成，因为光强度变化是上行和下行迁移最重要的控制因子。种群迁移方式与迁移周期时间的长短变化之间有着紧密的耦联关系，保持自身处于一个最佳光强是水蚤进行垂直迁移的直接原因。散射层实验(尤其是对日食的响应)证明：至少某些海洋浮游生物或微型自游生物也会通过改变垂直位置以对辐照度的变化做出响应，后续的扩展实验也已经开展。这些实验得到的结果稍有不同，例如：物种对光强度变化速率会做出响应，而非对光强度本身做出响应。

　　水蚤在白天向下移动至暗层的最终目的是避开掠食者的视线，这当然是推动DVM 在许多不同的动物种群（包括浮游生物所代表的各动物门）中反复进化的、最重要的选择优势。如前文所述，深水处的黑暗是远洋生境中为数不多的掩藏方式之一。提出 DVM 的适应作用很简单，证明其作用与机制却相对困难，尽管如此，后续观察设计精确而又幸运的实验已证明：避开掠食者才是 DVM 的首要作用。

　　证实 DVM 的适应作用是避开掠食者的最有力的证据来自选择性进行 DVM 的物种。Bollens 和 Frost（1989a）对比了 2 年内春季期间峡湾中雌性太平洋哲水蚤在夜间和白天的垂直分布。在 1985 年春季，白天和夜间的分布是一样的，而在 1986 年春季，在白天正午和黄昏时候的分布确确实实出现明显的变化。在那两年，大规模迁移终于在 8 月到来且集中于 8 月（图 8.19）。这种变化伴有捕食者的变化，即 1985 年初玉筋鱼仔鱼缺乏（由产卵失败导致），而 1986 年 5 月的拖网调查表明峡湾上层水域每10 000 m^3 约有 13 尾玉筋鱼幼鱼（和少量其他食浮游生物的鱼类）。在那两年的夏季，其他食浮游生物的鱼类已迁移至峡湾内，产生与 1986 年春季的玉筋鱼类相同的、基于视觉的捕食威胁。掠食者的出现似乎与桡足类动物的 DVM 适应相一致，更重要的是，除非出现掠食者，否则桡足类动物不会进行垂直迁移。至少在本次研究中，迁移的代价显而易见，迁移的哲水蚤不得不放弃白天表层摄食。在这个峡湾中，白天迁移时所经过的各水层没有可食的浮游植物，而且从黎明到黄昏处于深处的桡足类动物的消化道也是空的（Dagg 等，1989）。

　　实地数据通常是间接的信息，数据常不完整。例如，在 Bollens 和 Frost（1989a）的研究中，1985 年 4 月实际没有进行鱼拖网调查。为了寻求更多的可靠证据，Bollens 和 Frost（1989b）在海岸潟湖中一只木筏下悬挂了中宇宙实验装置，进行了一项桡足类纺锤水蚤的迁移实验。有些实验袋中仅有桡足类，有些实验袋中有桡足类和鱼，还有部分袋子中有桡足类和悬浮于表层附近的置于网箱中的鱼。实验袋中可自由游动的鱼诱导了桡足类的垂直迁移，而单独存在的桡足类或与网箱中的鱼共处的桡足类则没有出现迁移。这证明鱼产生的化学物质并不会介导诱发迁移，而是鱼的运动被桡足类探知。虽然一项海洋研究证实了这一结论，但是很多淡水研究的结果表明鱼的气味是一种强烈的迁移信号。例如，Loose（1993）分别从没有鱼、有一条鱼和有多条鱼的水箱内抽水，然后将其注入有大量水蚤和大量水藻饵料的水箱。水箱深 11 m，水藻主要分布在水深 3 m 处的温跃层之上。注入无鱼水时，水蚤散布在温跃层上方的水层。当注入有鱼水时，水蚤在夜晚散布在上部水层，但在白天会下沉到温跃层。鱼越多，效果越明显。由于鱼没有与水蚤类共存于水箱里，有关掠食风险的信息必须由鱼体排出的、可在水体传播的某种物质来传递。这类物质被称作利他信息素（kairomones），是掩盖存在感的一种化学物质，它与动物分泌的告知其他动物"我在这里"的信息素作用相反。

　　昼夜垂直迁移行为的首要目标是避免被捕食，尽管这一观点已被广泛接受，但还有其他目的。很多物种会在掠食者缺乏时停止迁移，直到这一规律被认知之前，其他不同的解释受到大量的关注。Alister Hardy 指出：为在海洋的某水层中寻找食物，浮

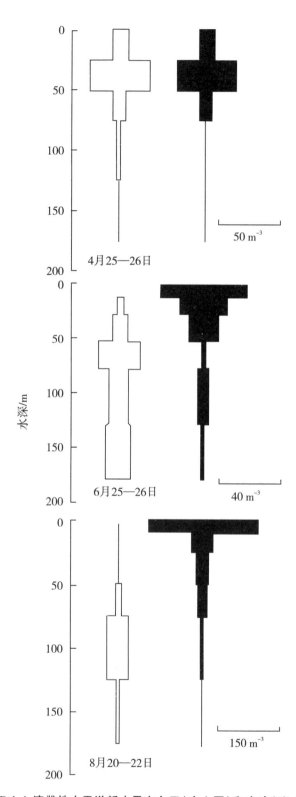

图 8.19　华盛顿州 Dabob 湾雌性太平洋哲水蚤在白天（空心图）和夜晚（实心图）的垂直分布之对比

采样基于分层拖网。在 4 月，没有出现昼夜垂直迁移；而在 6 月和 8 月，昼夜垂直迁移明显。（Bollens 和 Frost，1989a）

游动物会垂直迁移相当远的距离（数公里），迁移过程中的某段时间，它们在不同的水层度过，朝另一个方向移动或以不同的速度移动。海流会随水深而发生方向性的变化，这为浮游动物提供了一种寻找"更绿牧场"的方法。一旦找到特别好的"食物杂货店"，生物将停止迁移。对于此类短暂停止的迁移，尚无确凿的观察报告。有迹象表明，在施铁肥实验产生的浮游生物斑块中逗留了一些白天定期迁移的桡足类动物，如长腹水蚤属和乳点水蚤属种类。但是，于南大洋进行的施铁肥实验（SOIREE 项目）拖网调查结果（Zeldis，2001）几乎没有出现类似的效果。Ian McLaren 提出：迁移的动物可能受益于 DVM，因为它们在进行摄食的表层（食物丰富而温暖）和进行同化吸收的深海（较冷）之间反复移动。这样，与寒冷环境中生长的成体规格相比，它们最终的成体规格更大，使其得以获得产卵力。这可能对某些物种而言是非常重要的，但代价通常是以更长的世代时间来支撑产卵力的积蓄。有些物种，特别是生活在高海拔湖泊中的种类，当阳光直射水面时，它们可以离开表层以避免被光和紫外线伤害。紫外线的有害影响很容易通过实验被证实，迁移到表层以下几米处或许有助于免受伤害。这种轻微的位置变化很难以实地数据来证明。也有争论（如 Enright，1997b）认为，浮游植物在一天结束时最富营养，那时已经历了一天中最长时间的光合作用，细胞中的有机物质含量最高、质量最好，被摄食也在情理之中。

对数百个物种进行的大量研究表明：黎明下降和黄昏上升这一基本规律还存在很多变化。对毛颚类的 DVM 进行的早期观察（Michael，1911）表明：毛颚类会在黄昏时向上游至近表层，大体上它们一直跟随不断上移的辐照度上移，直至辐照度从表层消失，随后在午夜分散，向下缓慢返回，这种现象被称为"午夜离散"（midnight scattering）。在接下来的黎明，当再次出现可见但低于最佳强度的辐照度时，它们会向着光源、向着表层上移，可能是为寻找理想的辐照度。这被称为"黎明上升"，且已在前文所述的 Harris 和 Wolfe（1955）的水蚤实验研究中被明确证实。虽然可在实验室模拟午夜下沉和黎明上升，但两者在海洋中的重要性还有待进一步研究。即使实验数据表明上述现象及其机制来自海洋，但 Michael 的最初结果并不是很有说服力。Wade 和 Heywood（2001）的部分 ADCP 数据表明存在一种类似于午夜下沉的现象，只在最佳辐照度从海洋表层退去很久之后的午夜发生，这意味着食物饱和效应对迁移有影响。

Pearre（1973）认为饱食能导致亚北极毛颚类的秀丽箭虫表现出类似午夜下沉的现象。箭虫在黄昏时刻上行，随后在食物充足的表层觅食。它们在摄食 1 个或 2 个桡足类个体后，就基本满足了一天所需的食物量，因此，它们可以提早返回深处，返回深处越早就越安全。在午夜或稍晚的时候从深处捕捉到的毛颚类个体，其肠道中出现了表层栖息的桡足类，这证明上述情况确实有可能发生。在哲水蚤属（Simard 等，1985；Durbin 等，1995）和各种其他浮游生物和鱼类中亦发现类似的提早返回深处的现象。Durbin 等给出的数据表明：5 月在南部海湾观测站点存在适于飞马哲水蚤 4 期桡足幼体摄食的浮游植物，即大于 7 μm 的细胞，这些浮游植物仅存在于表层 20 m 范围内。然而，至少从凌晨 3:00 开始，消化道富含内容物的 4 期桡足幼体分布于海表层至 80 m 深的各个水层。每个桡足类个体以约 0.022 min^{-1} 的速率将消化道内的色素由原来的 5.7 ng 消化至剩余 3 ng，在此期间，桡足类要下行约 85 m，这需要其在 29 min 内，以接近 5 cm/s 或每秒 25 倍体长的速度走完全程。这个下行的速度是很快的，约为避敌逃逸速度的四分之一，而非典型的稳定游速（低于每秒 10 倍体长）。如果饱食确实导致个体向下迁移，那么根据 Durbin 等人的数据，下行似乎在午夜前就已经开始了，除此之外，仍有更多的内容有待研究。

消化道内含物中检获表层获取的食物的观察结果，均来自那些整夜（也可能是在白天）都在上行或下行的个体。部分胆大的个体可能会为了获取午餐而离开安全的昏暗的深水层；部分注重安全的夜间捕食者可能会在进食后立即前往月光甚至星光照射不到的更深的水层。夜晚在华盛顿州（美国）峡湾上行区和下行区分别进行桡足类个体诱捕的结果（Pierson 等，2009）表明，在几种摄食浮游植物的桡足类中，消化道充满内容物的下行桡足类的数量多于上行索饵者的数量。有趣的是，不迁移的浮游动物（特别是以植食性为主的种类）经常会在白天停止摄食，尽管它们仍一直停留在大多数浮游植物所处的水层。Durbin 等（1990）观察了纳拉干塞特湾的汤氏纺锤水蚤消化道内容物中色素的时序变化，证实该种类会在接近黎明时完全停止摄食，直到黄昏才恢复摄食。这种有规律的行为当然也是一种避敌策略。对玻璃容器中桡足类的随机观察表明，消化道内充满褐色浮游植物的桡足类比腹空的桡足类更容易被看到。

DVM 是理解个体的生活史和浮游动物（和更多的自游生物）种群动态的一个重要内容，昼夜垂直迁移还被认为是地球上最大规模的生物质运动。它将大量碳从表层移至海洋深处，所有迁移者都在海洋中活动，部分个体在海洋中死亡。Longhurst 等（1990）认为全球碳运输量为 2.7 ×10^{14} gC · a^{-1}，他们估计大约 20% 的通量进入位于水深约 150 m 的沉积物中。动物因个体发育而向滞育深度迁移的行为加速了碳转移进程，特别是在高纬度地区。Bollens 等（2011）发现文献记载的颗粒物通量的 10%～50% 由迁移活动转移，而且 Hernández-León 等（2010）认为，中层的鱼类在夜间（尤其在月光助力下）捕食表层中型浮游动物，引起生物质向深海的大量转移。这些估算仍存在很大的变异范围和不稳定性。当然，其中一些在黎明下沉并在黄昏返回的迁移模式，加大了通过垂直迁移估算净通量的难度。就像颗粒物通量一样，深海中的大部分消化道内容物和生物组织在水体沉降过程中就已经代谢掉了，而不是等它们沉到海底才被分解代谢。

第9章　海洋水体中的食物网

早在8世纪，阿拉伯学者便给出了与食物链类似的名称（Egerton，2002），这一想法显然与羊吃草、人吃羊这样的生活体验不无关系。那种简单、直接的食物链关系在海洋中也确实存在，并为一些巨型动物提供了食物。例如，在南大洋的一些海域，夏天硅藻大规模、持续地生长，然后被南极磷虾摄食。幼年和成年的磷虾以群聚的形式生活，形成相对密集的群体，成为须鲸、蓝鲸、鳍鲸、鳕鲸和小须鲸的美餐。这些鲸鱼一口能吞下大量水和磷虾，将水挤压出去而磷虾则被鲸须截留下来，然后咽下去。巨大的体型能帮它们很好地抵御掠食者(除了那种具有爆炸性的鱼叉)，它们也具有很长的寿命，但也可能被虎鲸攻击和吃掉。这就是一条食物链。然而，尽管这一系统的营养关系看起来非常明了，但实际上远比想象的要复杂。腰鞭毛虫、樽海鞘、桡足类和翼足类动物也以硅藻为食，而且部分硅藻生物量会通过混合作用或沉降作用到达海底，被蛤和蠕虫类动物滤食。在南极陆架和陆坡海域，磷虾也是企鹅、食蟹海豹(它的牙齿会形成一个"过滤网")和一种形似鳕鱼的南极鱼类的主要食物。由于商业捕捞给南大洋须鲸群体带来了毁灭性打击，商业捕鲸在1985年被暂停，其后的几十年里，食蟹海豹(*Lobodon carcinophagus*)和企鹅的种群数量急剧增长(Laws，1984)，以食蟹海豹和磷虾为食的豹形海豹(*Hydrurga leptonyx*)也同样急剧增多。由此可见，硅藻—磷虾—鲸这一食物链只是复杂食物网中物质与能量传递中的一个环节而已。在我们眼睛看不到的地方和水下同样存在复杂的食物网，因此，表征这些海洋食物网并量化其中营养传递的速率仍面临着巨大挑战。在一定程度上，我们已经迎接了此类挑战，并已获得了很多深刻见解。

Hardy(1924)绘制了一幅北海从小型浮游生物海藻(硅藻、腰鞭毛虫、小鞭毛虫)到鲱鱼的营养转移图，这是较早的复杂海洋浮游食物网图解(图9.1)。图中画出了从捕食者到猎物的箭头，暗示了捕食作用对种群的控制。最近，很多示意图通常采用与之方向相反的箭头来代表有机物的转移方向。尽管Hardy知道很多此类联系确实存在，但并非所有的联系都可以被画出来。例如，没有箭头从磷虾 *Nyctipbanes* 出发，但这种磷虾确实以小型浮游动物(多数为桡足类)和浮游植物为食。*Tomopteris* 属于浮游的掠食性多毛类，可能有很多箭头从它们出发，因为它们几乎会吃掉遇见的任何较小浮游生物。成年鲱鱼也肯定会吃掉遇到的鲱鱼幼体，就像它们会吃掉玉筋鱼(玉筋鱼属 *Ammodytes*)的仔鱼一样。此外，鲱鱼也并非处于浮游生物食物网的顶端，它们也会被鳕鱼、无须鳕、小鲨鱼、金枪鱼、海豚、海豹、海鸟等捕食。

尽管对食物网复杂性的研究早已经开始，但这项工作至今还没有完成。食物网中的各类后生动物都有从受精卵发育成为比之大约1 000倍的成年个体的过程，因此，随着个体的生长，食物源和捕食者都会发生变化。桡足类的无节幼体在体型大小、食物源、捕食者种类方面与砂壳纤毛虫几乎一样。虽然还不十分了解这些错综复杂关系的全部动态，但我们已认识到，海洋食物网有多个营养等级，涉及许多微型的生物：自养细菌、微型浮游生物摄食者、大量植食性和掠食性的原生生物。生物体会直接将有机物释放到溶液中，也可在摄食时释放。溶解有机物又被异养菌吸收，又返回到颗粒食物网。前几章已对微生物环特征、海洋初级生产进行了介绍，这里就不做回顾了。

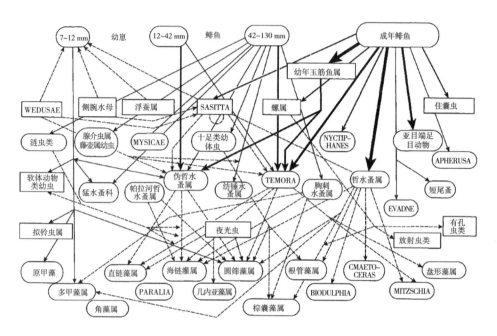

图 9.1　Alister Hardy（1924）的大型浮游植物—鲱鱼经典海洋浮游食物网

所有绘制的这些联系都是精准的。在 1924 年便已了解许多鲱鱼的捕食者（以及高于鲱鱼的其他营养级）。近期有关初级生产和浮游植被摄食的营养关系则更加复杂。（Hardy，1924）

9.1　动物的摄食途径

9.1.1　消化道内含物分析

动物到底吃了哪些食物？要回答这个问题，可以使用消化道内含物分析法：捕捉一些正在进食的个体，然后打开它们的胃，看看里面都有什么。退而求其次的方法是拨开排泄物食物残留物辨认出它们吃了什么。这些方法都是显而易见的，但也存在一定的困难。第一，必须鉴定捕食过程中摄入的食物，而非捕食之前。在网捕浮游动物和鱼类的过程中，"网内摄食"（Net feeding）现象非常常见，这很好地解释了在桡足类口器中发现毛颚类动物这种现象（Davis，1977）。对于很多捕食者而言，这些食物一般都位于其消化道最前端，处于未被消化状态或用常识即可判断它们肯定不会摄入这些食物，因此在食性分析中都可不予考虑。第二，已有证据证明，在人为捕获的压力下，很多已消化的食物会回流或被排出动物体外，这会使基于消化道猎物出现频率而计算出来的摄食率偏低。第三，由于咀嚼和酶解，大部分消化道内含物很可能无法鉴定，导致诸如"绿色物质"或"灰色物"之类的分析结果。到目前为止，使用 DNA 探针进行的特异性鉴定和基于内含物进行的 PCR 扩增技术都存在一定困难，因为猎物的 DNA 会很快被消化。

尽管消化道内含物分析法存在一些缺点，但该方法也确实能提供一些有用的信息。Sullivan（1980）检查了来自阿拉斯加湾毛颚类动物体内的食物：这些管状动物用抓钩刺穿它们的猎物，通过无颚的口器控制住它们，然后将它们沿消化道迅速转移至肛门前（在躯干－尾部隔膜处），再行消化。数小时后，未被消化的残留物会被压缩成粪团排出体外。因此，若要探明动物被捕食之前摄入了什么食物，可以把消化部位之前的身体切掉，然后将食物挤压出来检查。毛颚类的箭虫属（拟箭虫属）、钩状真虫（*Eukrohnia hamata*）的食物几乎都是桡足类动物。所以接下来的问题是：哪些桡足类被吃了？捕食者会选择性地摄食当地的桡足类吗？为了回答上述问题，有必要对桡足类几乎完全消化后的残留物进行辨别，而这通常是可行的。桡足类具有一个带牙齿的颌骨，其不易被消化，并且此类颌骨在属、种级别的鉴定中非常有用（Sullivan 等，1975）。从颌骨的大小还可以推测桡足类的发育阶段。

Sullivan 发现箭虫的幼虫（4 ～ 14mm 长，主要生活在 25 m 深的表层水）主要吃拟长腹剑水蚤（*Oithona similis*），这种约 1 mm 长的水蚤出现在 37% 的箭虫样本中。采用孔径为 183 μm 和 333 μm 的邦哥配对网筛绢进行采样，发现在粗网采获的毛颚类样品中几乎没有出现长腹剑水蚤，因此可推断，至少在该样品中，长腹剑水蚤在网内被摄食的可能性几乎为零。但对于来自 183 μm 筛绢的样本来说，长腹剑水蚤占了毛颚类动物食物的 50%。依据细网孔获得的样品就可以估算出长腹剑水蚤的相对丰度，这个结果可以用来评估毛颚类动物如何选择性地捕食其主要猎物及候选猎物。选择性系数 E，其取值范围在"－1"（拒绝）到"+1"（专一性摄食）之间：

$$E =（消化道内的 \% － 猎物混合群中的 \%）$$
$$÷（消化道内的 \% ＋ 猎物混合群中的 \%）\qquad（式 9.1）$$

取平均值后结果为 −0.05，与零值无显著差异。由于长腹水蚤（*Metridia*）桡足幼体的平均选择系数为正值，因此它们会捕获其他一些猎物。幼年的真虫（*Eukrohnia*）主要生活在季节性温跃层以下，吃了很多长腹剑水蚤，但这种水蚤并不是真虫优先选择（E = −0.33），真虫更喜欢吃剑水蚤 *Oncaea*（E = +0.73）——附着于水母之类的黏液质表面上的一种桡足类。箭虫和真虫长大到 14 mm 后，它们会逐步转向捕食哲水蚤（*Calanus*）和新哲水蚤（*Neocalanus*）的幼体，它们能吞掉与它们头一样宽甚至比它们的头略宽的动物，这样一来长腹剑水蚤的选择系数就变为负数。像蛇一样，箭虫能将嘴和身体伸展得很大，以包裹比它们宽的猎物。体型越大，猎物也越大，或许决定猎物大小最重要的因素是嘴巴的大小，如图 9.2 所示（Pearre，1980）。

自 1980 年以来，大约有 30 个重大项目使用相同的策略研究了毛颚类动物消化道

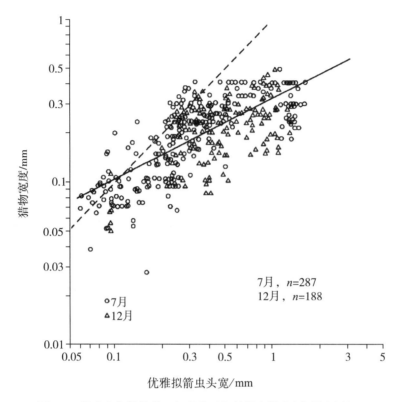

图 9.2　掠食者与猎物的正相关关系与数据离散度（变异度）情况

猎物的大小会随捕食者（以毛颚类的优雅拟箭虫为例，此处为头宽）体型的增加而增加。猎物脊柱的伸展随头宽增加。对于很多（并非所有）掠食者来说都是非常典型的。图中的虚线为 1:1，拟合出的最佳指数函数（实线）表明，头宽的增长要比猎物尺寸的增长快一些。（Pearre，1980）

内含物。Baier 和 Purcell（1997）对肥胖箭虫［*Sagitta*（*Flaccisagitta*）*enflata*］进行的研究发现：在被捕获的情况下它会将刚吃下不久的猎物立即排出（或呕吐出），他们指出了这一现象的重要性（使肠道内容物的统计量明显偏低）。他们对比了 2 分钟拖网（立即保存）与 5 分钟及更长时间拖网，发现消化道内含物的箭虫数从超过一半下降至仅四分之一。差异极大的这两种结果，可能直接改变对毛颚动物营养学的理解及它们对猎物摄食压力的量化。这说明肠道内含物的定性研究价值巨大，但始终难以达到定量的目的。也有类似的定量计算，例如：可通过有机物质摄入率（毛颚类动物见 Pearre，1981）、每个掠食者的餐数、每餐食物的质量、实验中获得的食物在消化道的停留时间（通常是温度的函数）的乘积来计算，尽管如此，这个估算方法仍存在多种偏差。但是，肠道内含物确实能够辨别出食物的种类、摄食时间点以及遇到猎物时的大概摄食程度或选择程度。

　　类似毛颚类摄食的研究同样也在其他动物类群中开展过，尤其是鱼类。Hardy（1924）有关鲱鱼的研究就是以肠道内容物分析为基础的。就摄食研究来说，以金枪鱼为研究对象是比较便利的，因为它们捕食的猎物相对较大（当然也包括小型浮游动物，例如，它们可吞食水母，而水母体上的端足目泉戎科的种类也会一并被吞食），因此在其胃中容易分辨出来。不同物种的食谱都会有些不同，但所有的金枪鱼都是通过视觉来捕食的，且主要在白天与黄昏时段进行。它们会高速游动（每秒连续游动 5 个体长），通常攻击相对较大的猎物，有时成群地将猎物赶入一个圈子后再捕猎。Olson 和 Boggs（1986）在热带太平洋东部（ETP）用围网捕获黄鳍金枪鱼（*Thunnus albacares*），给出了肠道内含物的分析结果（见表 9.1）。至少在这一区域直到萨摩亚（Buckley 和 Miller，1994），鱼类（尤其是马鲛鱼和小金枪鱼）是黄鳍金枪鱼的主要食物。鱿鱼也是其重要的食物，尤其对幼年的金枪鱼而言。黄鳍金枪鱼在 ETP 海域摄取的食物有铠甲虾科动物（远洋红蟹，*Pleuroncodes planipes*），这些甲壳动物一般都在沉积物表层生活，偶尔会在表层海水中成群涌动。在萨摩亚海岛沿岸附近，黄鳍金枪鱼猎取的甲壳动物为口足类（虾蛄）。一些主要在中层水生活、可以垂直迁移的鱼类，例如串光鱼（*Vinciguerria*），当它们在黄昏时分游到海面时，就变成了金枪鱼的猎食对象。最近，利用内部标签对压力的记录，发现金枪鱼偶尔也会潜入海洋中层水，在那里它们可能以发光的猎物为食（鱿鱼、钻光鱼、灯笼鱼）。随着黄鳍金枪鱼逐渐长大，它们对有些猎物（如鱿鱼）的捕食量似乎在减少，而对其他猎物（如舵鲣金枪鱼）的捕食量却在逐步增多。表 9.1 展示了各类食物在它们食谱中的百分比，随着年龄的变化各类食物相对比例也发生变化。事实上，若金枪鱼胃有 10 g 食物，其中的 13.4% 为鱿鱼，那么 1 龄的金枪鱼"平均"吃掉了 1.3 g 鱿鱼，而一条 4 龄的金枪鱼吃掉总共 310 g 食物，其中 1.5% 为鱿鱼，那么它就吃掉了 4.7 g 鱿鱼。某些食物，如鲳参鱼（pompano），被捕食量确实会随着金枪鱼的生长而逐步下降，但大部分仍然是金枪鱼的盘中餐，而且随着金枪鱼的不断成长，它们对大多数猎物种群的影响也越大。

肠道内含物分析（和其他数据）表明：金枪鱼可能时常会光顾那些猎物聚集起来摄食或交配的地方。在赤道以北、大西洋中部的圣佩德罗岛和圣保罗岛屿周围，11 月到次年 1 月期间会出现飞鱼（*Cypselurus cyanopterus*）群聚的现象。为了猎食它们，黄鳍金枪鱼会游向近海，这时飞鱼便成了它们的主食（Vaske 等，2003）。这个观察结果也确实存在一定的偏向（飞鱼偏多），因为金枪鱼是在夜间照明灯下以手钓方式捕获的，而布置照明灯是为了吸引飞鱼。然而 Vaske 等人发现：有 210 条（总共 395 条）鱼的肠道内含物中包含飞鱼，这个比例仅占 42%，而且真鱿科的一种翼柄柔鱼（*Stenoteuthis pteropus*）在其肠道中也很常见（27%）。

赤道以北的几内亚湾是另外一个例子。在这个纬度上，浮游动物相对稀少。通常来说，串灯鱼（*Vinciguerria nimbaria*）可以通过昼夜垂直迁移来捕食，但在赤道区域，很明显的是，串灯鱼在晚上的捕食量不足以维持其新陈代谢。因此，它们就滞留在表层，不管白天还是夜晚都进行摄食。根据声呐和拖网的结果，Ménard 和 Marchal（2003）指出它们在水深 60 ～ 75 m 处形成厚度约 15 m、直径 30 m 的鱼群（有些鱼群更庞大），而且鱼群聚集的模式也不是随机的。这些成年鱼大多体长 38 ～ 48 mm，重量约 0.6 g，它们的捕食者则是长约 46 cm、重 1.9 kg 的飞鱼、大眼鲷与黄鳍金枪鱼

表 9.1　热带太平洋东部（中美洲 5°—15°N 到 140°W）黄鳍金枪鱼的食物分析

纲	科	说明	1 龄	2 龄	3 龄	4 龄
	样本数量		53	637	1897	994
甲壳纲	铠甲虾科	底栖型蟹，可游至海水表层	3.1	3.5	1.8	1.2
	梭子蟹科	底栖型蟹，可游至海水表层	0	0.5	2.1	3.6
头足纲		鱿鱼	13.4	8.8	4.1	1.5
硬骨鱼纲	钻光鱼科	小型、在中层水生活的鱼类	14.8	11.8	4.3	3.4
	飞鱼科	飞鱼	10.4	12.9	7.7	3.7
	乌鲂科	鲳鱼，鳍带鲂	12.7	3.2	2.1	0.1
	鲹科	鲳参鱼，狗鱼	0	0.5	0.9	2.2
	鲭科	金枪鱼，舵鲣属（"舵鲣金枪鱼"）	39.7	42.4	58.2	55.5
	双鳍鲳科	玉鲳属鱼（鲈鱼之类）	0	11.1	12	21.7
	鳞鲀科	鳞鲀科鱼	1.4	0.1	0.4	1.3
	四齿鲀科	四齿鲀科鱼		1.1	3.9	3.2
	其他		4.5	4.3	2.5	2.6
胃容物均值/g			10	50	116	310

表中数据为某类食物占肠道食物总重量的百分数。（Olson 和 Boggs，1986）

的幼鱼，而后者则是人类围网捕鱼的目标。在捕获的金枪鱼的肠道内含物中也确实能观察到串灯鱼；在忽略少量空腹者的情况下，估计每条金枪鱼最近吃掉了 1～150 条（平均 45 条）串灯鱼。通过设定金枪鱼大约的消化时间，Menard 和 Marchal 估算出每条金枪鱼每天的食物量为 66～133 g·d^{-1}，相当于金枪鱼本身体重的 3.5%～7%。

对于不同海域、深度、种类的浮游动物来说，类似的例子还有很多——检查肠道内含物几乎成了生物学家的规定动作。使用这种方法，获得了很好且通常还真实的数据。第 7 章探讨了有关浮游动物肠道内含物的一些结果。有关金枪鱼的研究结果很多，因为大部分动物与金枪鱼也有类似之处，即不管是什么食物，只要食物的大小在适宜的范围，出现在它们面前或运动速度缓慢，那么它们就会追上去一口吃掉食物。就像毛颚类（图 9.2）和金枪鱼研究（见表 9.1）所展示的：随着捕食者的生长，猎物的体型也有增大的趋势，但中等体型的生物仍然是它们食物清单中的一部分。

9.1.2　根据稳定同位素比例划分营养级

在上文中我们提到了"食物网等级"，它的标准术语为"营养级"（trophic level）。

多年来，许多研究都致力于应用不同的方法来测定海洋生物的营养级，从肠道内含物分析法到近几十年来基于碳、氮稳定同位素的相对含量变化法（如 Fry 和 Sherr，1984）。然而，营养级是一个抽象的概念，营养级不会在大海中四处游动，不能被搜集或调查。我们可以利用光合色素来辨识初级生产者，因此，初级生产者这个营养级可能是一个特例。即使这样，这个营养级中的很多种类（腰鞭毛虫、其他鞭毛虫、将藻类叶绿体保留在自己细胞内的纤毛虫）实际上是"混合营养型生物"（既能自养又能异养的生物）。大多数海洋浮游消费者所摄食的营养级都超过 1 个。例如，有些纤毛虫原生生物可以在前一个小时吃聚球藻（*Synechococcus*）或定鞭藻（prymnesiophyte），下一个小时则改吃微型异养鞭毛虫。金枪鱼可以一次吞下一条鲭鱼，再接着吞下一连串樽海鞘。因此，只"属于"某一个单独的、完整的营养级的动物是极少的。尽管如此，和许多确实不存在的抽象概念（理想气体、无限稀释溶液、稳定的年龄分布）一样，营养级也是一个有用的抽象概念，尤其在评估生态系统中有多少初级生产量被高阶食肉动物摄食与代谢（即评估食物网的转换效率）的时候。

相对于主要同位素 ^{12}C 和 ^{14}N，稳定同位素 ^{13}C 和 ^{15}N 在自然界中的丰度非常低；有机质中的碳和氮沿食物网逐步向上传递后，^{13}C 和 ^{15}N 在杂食动物和食肉动物的组织中的含量会逐步升高。这主要是因为含有较轻同位素原子的化合物在一定程度上更容易进入酶的活性部位，而且优先从组织中被清除。这些丰度极低的同位素仅占同序号原子的千分之几，因此，它们的丰度单位常用"千分率"（‰）来表达。由于稳定同位素丰度的绝对变化值很小，于是采用样本与标准品的比值的变化率，用符号 $\delta^{13}C$ 和 $\delta^{15}N$ 表示（见框 9.1）。这些用法与标准简化了测定同位素比值的质谱分析流程。

各营养级之间的 $\delta^{13}C$ 和 $\delta^{15}N$ 的波动很大（Post，2002），因此，实验室测定的数据及食物网研究的数据都需要计算出平均值。从食物到消费者的过程中，$\delta^{13}C$ 的变化很小，大约为 +0.39‰，但是其他一些原因也会导致 $\delta^{13}C$ 的变化，这点我们后面会讲到。Vanderklift 和 Ponsard（2003）及 Caut 等（2009）的研究结果表明，当转移 1 个营养级时，$\delta^{15}N$ 的变化约为 +2.4‰，称为营养富集因子（*TEF*）。因为 ^{15}N 的变化量远大于 ^{13}C 的变化值，所以使用氮同位素来估测营养级更有优势。Olson 等（2010）对东热带太平洋北部海区的黄鳍金枪鱼种群营养级的估测研究是一个很好的实例：先测定商业捕鱼船采集的金枪鱼肌肉中的 $\delta^{15}N$，然后将之与同一海区网捕的"杂食性的"桡足类动物的 $\delta^{15}N$ 进行对比。将桡足类选为"食物网基础的代言人"是为了简化从初级生产到金枪鱼的一连串庞杂的摄食路径，Olson 等将它们的营养级设定为约 2.5（一个很不错的猜测值）。于是，根据黄鳍金枪鱼（YFT）和桡足类动物（COP）的 $\delta^{15}N$ 数值估算出的营养水平（*TL*）为：

$$TL_{YFT} = TL_{COP} + (\delta^{15}N_{YFT} - \delta^{15}N_{COP})/TEF \qquad （式 9.2）$$

其中，$TL_{COP} = 2.5$，$TEF = 2.4‰$。

框 9.1　碳和氮稳定同位素比率的测定和表达

　　测量$^{15}N/^{14}N$需要先干燥和研磨生物组织块；在碳氮分析仪中于1 000 ℃下用纯氧燃烧组织粉末；去除产生的水蒸气；碳和氮氧化物通过还原柱(碎铜)以获得N_2；利用气相色谱柱将N_2从CO_2中分离出来；最后利用质谱仪测定N的各同位素(^{14}N、^{15}N、^{16}N)的相对丰度。$^{13}C/^{12}C$的测量过程非常类似：燃烧生成的产物CO_2可以直接进入质谱分析，其中$^{12}C^{18}O^{16}O$通过质量差与$^{13}C^{16}O_2$分离。多个重同位素组合是罕见的，但同样地，它们也具有不同的质量。

　　通常，$^{15}N/^{14}N$和$^{13}C/^{12}C$比率需要与标准样进行比较来表征。对于大气中的氮气来说，其$^{15}N/^{14}N = 0.003\ 660\ (3.66‰)$。由于这些比率都在千分之几的水平，因此，样本与标准样的比值变化率即$\delta^{15}N$，可表示为：

$$\delta^{15}N = [(^{15}N/^{14}N_{样本}/^{15}N/^{14}N_{标样}) - 1] \times 1\ 000\ ‰$$
$$= [(^{15}N/^{14}N_{样本})/0.003\ 663 - 1] \times 1\ 000‰ \quad (框式9.1.1)$$

比率式的比率通常用于表示$\delta^{ar,wt}X$值。但是，如果将括号中的数量乘$(^{15}N/^{14}N_{标样})/(^{15}N/^{14}N_{标样}) = 1$，您将看到它实际上是样本和标样比率的差值。

　　在早期研究中，碳同位素的标准样取自头足类 Belemnitella americana 壳体化石中的$^{13}C/^{12}C$，它发现于美国南卡罗来纳州的皮迪河白垩纪灰岩地层中，因此称为皮迪河箭石(PDB)。这种天然箭石中的$^{13}C/^{12}C$的比率非常高，为0.011 11(11.1‰)，与这个标准相比较后，大部分天然有机物的$\delta^{13}C$值就都变成了负值：

$$\delta^{13}C = [(^{13}C/^{12}C_{样本}/^{13}C/^{12}C_{标准样}) - 1] \times 1\ 000‰$$
$$= (^{13}C/^{12}C_{样本}/0.011\ 11 - 1) \times 1\ 000‰ \quad (框式9.1.2)$$

　　将石灰岩作为标准样的优点非常明显：添加一点酸，瞬间就可获得CO_2。但所有相对^{13}C含量报告为负数是否有利？对这个问题的考虑显然为时已晚。标准样必须重复分析以检查质谱分析的真确性，因此，当稳定同位素研究变得非常普及的时候，原有的 PDB 标准样已被消耗殆尽。为了替代石灰岩标准样，维也纳的一个实验室提出了一种交叉标定方法，目前该方法已被广泛使用，称为维也纳皮迪河箭石(V-PDB)法。还有几种其他标样也可精确标定到 PDB。一般情况下，给出的$\delta^{13}C$值都默认是基于 PDB 标准样计算出来的，除非报告中有特别说明。

　　与金枪鱼相比，杂食性桡足类的$\delta^{15}N$值在整个采样区域的变化相对平滑[图9.3(a)]，这种分布模式可以由该区域上层水硝酸盐的$\delta^{15}N$的分布来解释。在较浅的缺氧水层中，细菌反硝化会优先利用$^{14}NO_3^-$，从而导致含氮营养物中^{15}N相对丰度增加，进而硝酸盐的$\delta^{15}N$升高(Sigman 等，2005)，也就是说，桡足类组织的$\delta^{15}N$的区域性变化受到了硝酸盐$\delta^{15}N$区域分布的影响。此外，在实验室测定的金枪鱼组织周转时间约为37天，而金枪鱼肌肉的$\delta^{15}N$具有相似的地理分布格局，这意味着在较大的分布格局下金枪鱼仅在适度的距离内迁移。Olson 等根据桡足类$\delta^{15}N$值拟合出统计平面（即预测值的分布），如图 9.3（a）所示，然后将金枪鱼 $\delta^{15}N$ 值也绘制到桡足类 $\delta^{15}N$ 的统计平面上[图 9.3（b）]。将金枪鱼与桡足类之间的差值除以 2.4‰，加上 $TL_{COP}=2.5$，算出黄鳍金枪鱼的营养级水平 TL_{YFT} 介于 4.1 到 5.7 之间，平均值为 4.7。

Olson 等（2010）还将 $\delta^{15}N$、肠道内含物 TL_{YFT} 结果与基于化合物特异性的同位素分析（CSIA）技术得出的结果进行了比较。CSIA 这种新的技术可以测定氨基酸分子中的 $\delta^{15}N$（McClelland 和 Montoya，2002；Popp 等，2007；Hannides 等，2009）。由于不同的氨基酸的代谢途径差异较大，因此，不同的氨基酸中的氮稳定同位素对营养级转换的富集响应也有所不同。有些氨基酸在每次营养级转移中 ^{15}N 会逐渐累积，被称为"营养型氨基酸"，其中分馏效应最强烈、最稳定的是谷氨酸、丙氨酸、天冬氨酸。这些氨基酸经常发生脱氨基并随后代谢，因此分馏效应也最明显。其他"来源型氨基酸"（大多数时候是甘氨酸和苯丙氨酸）源于食物，它们的分馏效应不明显，保留了食物链基部类群的 ^{15}N 标记特征。营养型氨基酸与来源型氨基酸之间的区别与必需氨基酸（仅由自养生物和一些细菌合成，因此是后生动物的必需品）和后生动物可自己合成的氨基酸之间的差异并没有对应关系。可以肯定的是，即使经历过多次营养级的转移，有些氨基酸（包括甘氨酸和苯基丙氨酸）也保留了区域内初级生产者的 $\delta^{15}N$ 信号。谷氨酸中 $\delta^{15}N$ 会不断累积，增长速率约为每营养级 7‰（McClelland 和 Montoya，2002）。

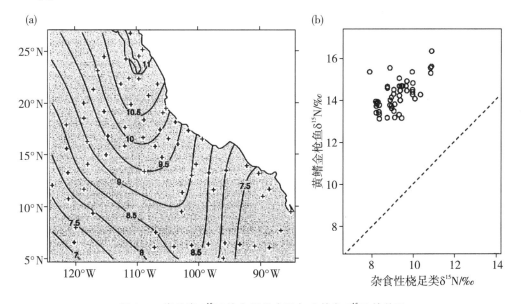

图 9.3　桡足类 $\delta^{15}N$ 的空间分布及与金枪鱼 $\delta^{15}N$ 的关系

（a）墨西哥太平洋西部 68 个采样站测得的杂食性桡足类动物 $\delta^{15}N$ 值（‰），经平滑曲线拟合后得到的等值线图。（b）黄鳍金枪鱼 $\delta^{15}N$ 的测量值，从拟合的等值线图（a）中得到杂食性桡足类动物 $\delta^{15}N$ 值的散点分布图。虚线代表 1∶1 的关系。

CSIA 分析方法涉及蛋白质的水解、将氨基酸转化为较重衍生物、单个氨基酸衍生物的气相色谱分离，最后是用质谱分析法来测定每个样品特定的 $\delta^{15}N$ 值。利用谷氨酸和甘氨酸，金枪鱼肌肉的营养级可以根据下式估算：

$$TL_{YFT(Glu-Gly)} = 1 + (\delta^{15}N_{谷氨酸} - \delta^{15}N_{甘氨酸})/7‰ \qquad （式9.3）$$

差值除以 7‰ 就可以计算出到达金枪鱼的营养级极差数，同时也考虑金枪鱼本身的营养级为 1（这就是为什么要加 1）。对于研究区域中从东北到西南的 6 个站（图 9.3），$TL_{YFT(Glu-Gly)}$ 的计算结果（见表 9.2）平均值为 5.2，高于整体肌肉的 $\delta^{15}N$ 值，但不那么显著。

表 9.2　东部热带太平洋黄鳍金枪鱼的整体背部白肌、谷氨酸、甘氨酸中 $\delta^{15}N$ 测定值（‰，平均值，括号中的数值是标准误差）以及利用 McClelland 和 Montoya 公式计算出的营养级 TL

样本数	整体背部白肌	谷氨酸	甘氨酸	$TL_{GLU-GLY}$
10	14.3	27.0 (0.01)	−0.1 (0.01)	4.9 (0.02)
13	13.1	27.0 (0.28)	−2.1 (0.00)	5.2 (0.08)
16	14.0	25.0 (0.04)	−5.4 (0.13)	5.3 (0.06)
31	14.6	28.7 (0.03)	−3.9 (0.34)	5.7 (0.09)
33	14.8	26.7 (0.05)	−1.5 (0.14)	5.0 (0.06)
34	14.0	27.1 (0.83)	0.4 (0.99)	4.8 (0.19)

（Olson 等，2010）

Hannides 等（2009）应用 CSIA 方法测定 4 种桡足类和北太平洋亚热带环流系（NPSG）1 种磷虾的 $\delta^{15}N$ 值，并比较了不同来源型氨基酸（谷氨酸、甘氨酸、苯丙氨酸）对结果的影响。根据对桡足类及其食物的了解（Oithona 和 Neocalanus 的 TL = 2.1～2.2；Euchaeta 和 Pleuromamma 的 TL≈2.8～3.3），计算结果中物种之间的差异是可以预见的（见表 9.3）。在这些寡营养水域中，从微微型浮游生物到小型浮游生物的食物网是非常复杂的，但估算出的每个营养级都很低，这样的结果有点出人意料。这显示出了问题的复杂性：来源型氨基酸和营养型氨基酸中的 $\delta^{15}N$ 存在显著的季节性差异，但这种季节变化的方向和变化量在所有物种中是相同的，这使 TL 估值几乎恒定。季节变化似乎源自含氮营养盐的同位素变化。因为桡足类的生命周期至少短于 1 到 2 个月，较低营养级中的有机碳也每天都发生周转，所以桡足类氨基酸的 $\delta^{15}N$ 确实也应该随着营养盐同位素组成的季节变化而变化。尽管营养盐 $\delta^{15}N$ 发生变化，但 CSIA 方法所估算的 TL 应该基本稳定。

表 9.3　根据 $\delta^{15}N$ 差值[（谷氨酸－苯丙氨酸）和（谷氨酸－甘氨酸）]估算 4 种桡足类动物和 1 种磷虾（燧磷虾属）的营养级（$TL \pm SE$）

物　种	平常食物	TL（GLU－PHE）	TL（GLU－GLY）
海洋真刺水蚤（*Euchaeta rimana*）	小个体的浮游动物	2.9 ±0.05	2.9 ±0.09
剑乳点水蚤（*Pleuromamma xiphias*）	小个体的浮游动物	2.8 ±0.08	2.7 ±0.1
粗新哲水蚤（*Neocalanus robustior*）	杂食性：原生生物和浮游植物	2.2 ±0.07	2.0 ±0.08
长腹剑水蚤（*Oithona* spp.）	微小移动颗粒，包括鞭毛虫	2.1 ±0.1	
燧磷虾（*Thysanopoda* spp.）	浮游植物、原生生物、小型浮游生物	2.3 ±0.2	

（Hannides 等，2009）

　　还没见到过有关稳定同位素在海洋浮游微生物食物网中信号放大的完美案例，有可能是我们疏漏了。关于颗粒有机物（Bode 等，2007）和培养实验中 $\delta^{15}N$ 的研究有许多。Hannides 等（2009）指出，基于 CSIA－$\delta^{15}N$ 方法得出的 NPSG 桡足类营养级较低的结果，可能是强烈的再循环过程导致的。几乎所有形式的有机氮可以高频率（可能每几天一次）地再循环生成无机氮。因此，稳定同位素的信号放大只有在含氮有机物转移到寿命较长的动物体之后才能得以长久保持。Bode 等用 20 μm 筛网收集"浮游生物"，然后用嵌套筛筛分，发现在 20 ～ 500 μm 范围内的 3 种粒级类别的平均值或中位数之间没有差异（平均值为 $\delta^{15}N$ =5.6‰）。粒级小于 20 μm 的浮游生物（实际上是颗粒物）低了 0.52‰，而 500 ～ 1 000 μm 的浮游生物略高了 0.80‰。对于留在1 ～ 2 mm 筛网的浮游生物，$\delta^{15}N$ =6.8‰，非常接近 3 种桡足类动物的 $\delta^{15}N$ 数值。不同粒级浮游生物 $\delta^{15}N$ 的微小但明显的变化符合 Hannides 等的解释，即来自小个体生物营养盐的快速再循环使营养级对重同位素的信号放大效应减弱。Bode 等发现，以浮游生物为食的鱼类，其肌肉 $\delta^{15}N$ 为 9.3‰～ 11.3‰，在常见的以鱼类为食的海豚中，$\delta^{15}N$ 为 13.1‰。显然，同位素的信号放大主要出现在寿命较长、更稳定的动物组织中。然而，Hoch 等（1996）以培养的细菌喂食鞭毛虫（*Pseudobodo*）和纤毛虫（尾丝虫属 *Uronema*），结果表明它们这些原生生物的摄食可引起约 3‰的 ^{15}N 富集。如果可以从水体 POM 中分离并获得足够量的异养鞭毛虫、纤毛虫和腰鞭毛虫等，那么就可以识别这些类群在水体食物网中对 ^{15}N 的单步富集贡献了。这样的分离操作可利用（无须过滤的）流式细胞术来完成。

　　Olson 等（2010）通过全肌 $\delta^{15}N$ 和 CSIA－$\delta^{15}N$ 计算出黄鳍金枪鱼的营养级，这个估算值非常接近于在同一时间捕获的金枪鱼肠道内含物 TL 值的质量加权平均值：

$TL_{YFT(肠道内含物)} \approx 4.6$。有人可能会问：既然肠道内含物分析出的 $\delta^{15}N$ 能给出相同的结果，为什么还要大费周章地去提取组织中的氮并进行 CSIA 的化学分析及质谱分析呢？对于金枪鱼来说，使用同位素方法来评价其营养级确实非常昂贵。但是，鉴定和定量化评估肠道内含物也需要有非常专业的知识与水平。广食性捕食者的食物种类非常多（它们可以捕食所有大小合适的食物），因此，在一个填满食物的胃中，可能存有大量的食物需要被鉴定。观察者必须能通过碎片化的和消化的残留物（也许只是一个下巴或一些鳍条）把食物的大类归属鉴定出来。然而，经验丰富的分类学专家比质谱实验室有时更难找到（或获得资助）。此外，一些捕食者会反刍消化道内含物，因此需要利用其他方法来判断营养级。当选择 $\delta^{15}N$ 方法时，应当在现场和实验室开展实验时设置重复样，以克服同位素比率在个体之间的差异性（Post，2002）。无论如何，基于 $\delta^{15}N$ 的方法目前已经广泛应用于海洋生物群的研究，从浮游动物到信天翁（包括北极熊），但是，研究结果的质量有好有坏，在使用时需牢记这一点。

9.1.3 根据 $^{13}C/^{12}C$ 比率鉴定有机物的主要来源

在营养级的每次转换中 $\delta^{13}C$ 值也会有变化，总体来说是富集的，但比 $\delta^{15}N$ 的富集要少得多。Post（2002）总结了 107 项研究后指出，跃升一个营养级，（$\delta^{13}C_{消费者}$ − $\delta^{13}C_{食物}$）的平均值约为 +0.39‰，标准偏差为 1.3。因此，营养级跃升导致的 $\delta^{13}C$ 变化可以为正（略过半数情况），也可以为负，范围从 −3 到 +4，所给出的营养级信息几乎毫无用处。然而，在近海和河口区，对于辨析有机物的光合作用来源，$\delta^{13}C$ 仍具有一定的价值。光合羧化反应分为明显不同的 2 类：藻类与一些高等植物的光合反应属于典型的卡尔文 − 本森循环（或 C3 循环），而禾本科植物（包括芦苇、甘蔗、玉米、小麦等许多农作物）则属于 Hatch − Slack（或 C4 循环）。C3 途径光合产物的 $\delta^{13}C$ 值范围为 −24‰至 −34‰，而 C4 途径光合产物的 $\delta^{13}C$ 值范围为 −6‰至 −13‰。仙人掌和其他旱生植物具有一种 C3 途径的替代系统，即 CAM 途径，其 $\delta^{13}C$ 介于 −10‰到 −22‰之间，但这些植物的碳大多不能到达河口或海洋。海草 $\delta^{13}C$ 的范围很大，从 −3‰到 −24‰，这可能是因为海水中碳酸盐的同位素比率与空气中 CO_2 的不同，且可变范围更大；而海草主要利用海水中的碳酸盐进行光合作用（Lin 等，1991）。例如，对于螺、海胆等近岸动物，其 $\delta^{13}C$ 值与 −24‰的差异可以指示摄食藻类与海草来源有机碳的相对多寡。此外，尽管因海草 $\delta^{13}C$ 值范围较大可能带来一些干扰，但 $\delta^{13}C$ 大于 −24‰仍指示陆源有机碳可能对海洋食物网存在部分贡献，而大多数海洋有机物 $\delta^{13}C$ 值要负得多（小得多）。当研究海源有机物在河岸带食物网中的传递时，$\delta^{13}C$ 可能更为有用：鲑鱼或其他溯河鱼承载着海源有机物，经大型动物如熊和河獭的摄食而分布开来，这些海源有机物可导致 $\delta^{13}C$ 的显著负偏。以上 $\delta^{13}C$ 的 2 种应用实例在文献中都有，有时还可引入其他示踪同位素进一步补足实验数据，如硫 −34（Ailing 等，2008）。感兴趣的读者可以自行阅读此类文献。

9.2　海水中较低级别的营养转移

9.2.1　稀释实验

研究(比后生浮游动物小的)浮游生物的营养级过程的实验方法有 2 种：稀释实验法和粒径分级生长实验法，这 2 种方法均已被广泛应用。通常将粒径小于 200 μm 的浮游生物体定义为微小的浮游生物，可细分为小型浮游生物(microplankton)、微型浮游生物(nanoplankton)和微微型浮游生物(picoplankton)。稀释实验法和粒径分级生长实验法均由 Michael Landry 及其同事创建。有关稀释实验的解释见第 3 章，粒径分级生长实验由 Calbet 和 Landry(1999，2004)最先发表。最近，利用滤膜(如滤孔大小为 10 μm)过滤，也可以将粒径分级生长实验融合到稀释实验中。

当然，稀释实验也被用来建立模型(如 First 等，2009)，但有些复杂，因此，在进一步开展模型应用时需要复查很多方面，其中就包括在孵育期间摄食者生长的作用：m 与 μ 的关系是非线性的。这个现象在 First 等开展的实验中也曾被观察到。为了方便介绍，我们在此忽略这种可能性。

在上述方法建立(Landry 和 Hassett，1982)后的 20 年间，很多研究利用稀释实验法估算了自养生物生长率与死亡率，Calbet 和 Landry(2004)回顾了约 788 项稀释实验的结果(见框 7.5)。当然，结果的质量可能参差不齐，但进行质量控制后仍可以提供一些信息。回想一下，表观生长速率的回归系数称为 μ_a，相对于海水样品的比例，随着过滤海水(0.45 μm 或更小的孔)的添加而减小，这样就可以估算出不受摄食影响情况下回归直线的截距，即自养生物生长速率 μ，其斜率即摄食死亡率 m。随着稀释加大，有两方面的原因会使 μ_a 逐渐增加：一是培养器皿中的植食性动物(G)相对较少，二是较少的自养生物(A)。因此，大量的植食性动物必须寻找食物。于是，该方法就是改进后的遭遇理论，$m = k[G][A]$，所做的改进是 $[A]$ 变为了培养期间的变化(关于近似值，参见 Landry 等，2000)。为了实现对相互作用的真实评估，有必要培养 24 小时，因为光合作用只发生在白天，但摄食是连续的，浮游植物细胞分裂也可以发生在夜间，并且通常在夜间更有利。因此，最好是从营养盐富集稀释液中获得 m，从单独的空白稀释液中获得 μ。图 9.4 显示了 392 对这样的 m 和 μ 的数据集。

拟合线表明，在全球范围内，对于所有季节的数据取平均值后可以看出：浮游植物生长量的 57% 在当天就会被小型浮游动物消耗了。

虽然图 9.4 中的回归在统计上是显著的，但数据的分布仍比较分散，这表示从微微型浮游植物到小型浮游植物和以它们为食的植食性浮游动物群落都有一定的可变性。当 μ 值接近甚至低于 1 d^{-1} 时，种群仍然能取得数量上的优势，这种快速增长仍然是合理的，特别是在寒冷地区。$\mu > 1.4\ d^{-1}$(每天超过 2 次倍增)是非常高的，比该值略高的生长速率可能代表着非常小的浮游植物，它们的细胞分裂周期非常快速。大量数据点分布在 1:1 直线附近，它们是典型的寡营养生境，其中微微型、微型自养生

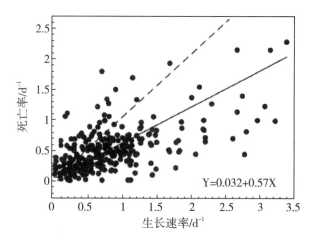

图9.4　浮游植物摄食死亡率 m 和生长速率 μ 的散点

图中这些成对的速率值来自稀释实验。所有数据都由实验得来，其中死亡率来自营养富集稀释液，生长率来自空白稀释液。实线是 II 型线性回归（$r=0.6$），虚线表示 1:1 关系。（Calbet 和 Landry，2004）

物和异养鞭毛虫维持着自养生物增加和死亡之间的近似平衡。有些数据点的位置远高于或远低于1:1直线，这些点（除了那些不切实际的实验结果外）代表长期变化范围内、在较短时段的测量值[图11.5(a)和11.5(b)]，在许多天中微小自养生物丰度的升与降。这种情况在所有海洋系统中都可能发生，但在营养盐较缺乏的区域，幅度较低。

　　就小型浮游动物每天摄食多大比例的初级生产量这一问题，Calbet 和 Landry（2004）也对不同海区的稀释实验结果进行了总结（见表9.4）。除了河口区（每天约2/5的初级生产量被摄食）以外，在大部分海区每天约2/3 的初级生产量被摄食，这意味着中型浮游动物在河口捕食过程中可能扮演着更重要的角色，河口区浮游植物细胞通常也较大，因此不太容易被小型植食性动物捕食（参见下面对异养鞭毛虫的讨论）。然而，河口浮游植物大多数是被底栖滤食性动物所消费掉的，而且有相当一部分被混合后由水流从河口输送到海洋。剩余的 1/3 初级生产量（非常粗略的平均数）会在远海被中型浮游动物消费或被病毒裂解，而且这部分初级生产量可导致浮游植物存量在几天内的持续增多。这些浮游植物也会向大洋深处沉降，在沉降到海底的过程中也可能被吃掉。回头再看图9.4 中的数据点分布，可发现摄食率通常超过生长率。这种"崩溃"的情况应该是标准差的统计计算造成的。这些标准差只可衡量总体均值的有效性，而不能衡量自养生物－小型植食性动物交互作用的变化程度。

表 9.4　稀释实验测定的小型浮游动物每日摄食量占初级生产量的百分比

生境	占初级生产量的百分比
大洋	78.0 ±1.8
沿海	56.6 ±2.9
河口	38.6 ±2.5
热带/亚热带	71.3 ±2.3
温带/近极带	68.8 ±2.3
极地	65.2 ±3.7

数值是图 9.4 中数据子集的平均百分比和标准误差。(Calbet 和 Landry，2004)

同期 Landry 和 Calbet(2004)的另一篇论文讨论了 $m/\mu \times 100$ 这个估计值(代表原生生物摄食的次级生产率)的含义。Straile 等(1997，下文讨论)认为总生长效率约为 30%。因此，如果原生生物所摄食的初级生产量的全球平均百分比大约为 70%，那么它们的产量应该是初级生产量的 21%。如果总生长效率稍高(稍低)，则原生生物所摄食初级生产量的比例也随之变高(变低)。当小型异养生物中存在多个营养级时，总产量就会稍大。若存在 3 个营养级，那么总产量占初级生产量的比例将是：21% + 0.3 ×21% +0.3² ×21% ＝29%。更多的营养级则会使比例小幅增加。如果全球碳初级生产量约为 44 Gt·a⁻¹，那么摄食性原生生物和微小的后生动物、留在稀释试验的培养液中的所有异养生物的碳产量可能约 10 Gt·a⁻¹。

9.2.2　诱导营养级联

稀释实验的整合分析显示，海洋小型异养生物和浮游植物之间有着强烈的相互作用，因此可以通过短期操控诱导营养级联来揭示这种强烈的相互作用。这就是粒径分级生长实验的核心思想。将海水轻轻地倾倒在几种不同孔径大小的过滤器上，从而对一些不同的粒级组分进行培养。将各种滤液和原始完整海水(有时以 200 μm 筛选过滤)培养 24 小时，测定培养前后微微型自养生物和异养细菌的丰度，并计算生长速率(假定其指数生长)。Calbet 和 Landry(1999)最初在北太平洋亚热带环流区开展了该实验，使用了孔径分别为 1 μm、2 μm、5 μm、8 μm 和 20 μm 的滤膜。从 20 μm 到 5 μm 的每个过滤组，试验结果都发现原绿球藻和异养细菌的表观生长速率降低了(图 9.5)。这是因为粗孔滤膜会逐级去除与细菌差不多大小的植食性动物的捕食者，而细孔滤膜(2 μm 和 1 μm)则会将捕食者和植食性动物都去除掉。捕食者和植食性动物主要是异养鞭毛虫(图 6.2)，它们会通过运动来靠近更小的生物体并摄食。

在广阔的寡营养海域、温带海区一很长的季节段中，主要初级生产者是聚球藻、原绿球藻以及许多微小的自养真核浮游植物，而异养鞭毛虫负责将大部分的初级生产量传递到海洋浮游食物网。第一次粒径分级生长实验的结果单一而清晰，后来的工作

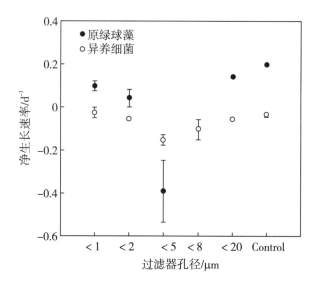

图 9.5　按横坐标上标示的滤径将大于此孔径的生物去除后，NPSG 中原绿球藻和异养细菌的净生长速率

以未过滤水测得的生长率作为对照。在滤孔大于 2 μm 的情况下，随着滤液中保留生物类群的体型逐步减小，原绿球藻和异养细菌的净生长也变慢。滤除大于 2 μm 的所有类群后，原绿球藻和异养细菌的净生长率又有增加，这说明小于 20 μm 的类群之间存在着多条食物链。图中竖线是 4 次重复实验的标准误差。（Calbet 和 Landry，1999）

（如 Calbet 等，2001）则发现试验结果可以有许多种形式。然而，在大多数情况下，未过滤分级的水样表观生长率基本接近于 0，而细孔过滤后通常会得到生长速率升高的结果。微型异养鞭毛虫通常会在样品中存在并有摄食行为。Calbet 等（2001）使用原黄素（用来将异养鞭毛虫与自养生物区分开的一种染料）和细胞核染料染色，在荧光显微镜下进行观察，发现小于 2 μm 和 2 ～ 3 μm 的细胞具有数量优势，而大于 10 μm 的细胞数很少（几个百分点），但在生物量上却占据优势，这种情况一般发生在混合层和叶绿素最大层（图 9.6）。

　　Fonda Umani 和 Beran（2003）以及 Calbet 等（2008）将粒径分级与稀释实验相结合，研究了小于 10 μm 原生生物群落对微微型、微型自养生物的捕食情况。他们每个季度在亚得里亚海采样，在巴塞罗那海滨的采样则一个月一次。这种组合方法被广泛应用于测定特定粒径范围的小型浮游动物的摄食率。目前，这种方法得出的结果需要被重复验证。稀释和级联实验存在的一个共同问题是两次实验之间的间隔过长：以月为单位（如在巴塞罗那海滨进行的实验）或以季度为单位（如在亚得里亚海进行的实验）。有时则只进行一次，这样测得的植食性动物 - 自养生物的关系和小型掠食者 - 植食性动物的关系只能捕捉到实验进行时的那个阶段，而且可能是其中的任一阶段，这样捕食者与被捕食者的数量在长时间尺度上的振幅（变化）就显示不出来了。仅仅测量一次的工作量都是相当大的，因此，需要进一步的方法创新，使以接近每日采样的频率进行长时间序列研究成为可能。存在的另一个问题是，在许多实验中检测的是

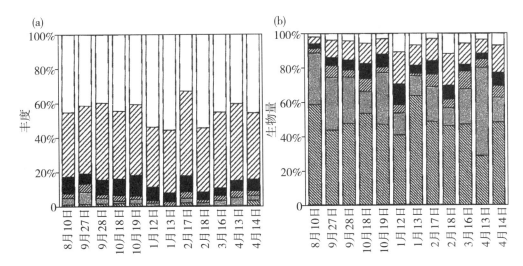

图 9.6　北太平洋亚热带环流中异养鞭毛虫粒级的数量比例（a）和生物量比例（b）

柱状图中从上到下的不同部分分别表示以下粒级：小于 2 μm、2 ～ 3 μm、3 ～ 4 μm、4 ～ 5 μm、5 ～ 10 μm、大于 10μm。（Calbet 等，2001）

叶绿素浓度的变化，虽然其测定相对简单，但与生长无关的一些因素也可能引起叶绿素浓度的变化。

9.2.3　浮游植物生长与摄食的区域性比较

通过功能类群的粒径分级，研究人员在浮游植物生产量和它们的被摄食量的总体划分方面已做出了许多努力。Fonda Umani 及其同事在地中海沿岸每季度进行的研究（将在 9.2.4 中讨论）就是一个很好的例子。在 2004 年 12 月和 2005 年 9 月的高硝酸盐低叶绿素（HNLC）的东赤道太平洋地区航行期间，Landry 等（2011）将测定的生长速率分解，并分配给不同粒级类群与不同的生物分类群。一共 32 个站位，在 110°W 和 140°W 之间横穿赤道，纬度在 0° 和 0.5°N 之间。在所有站位进行了简化的稀释实验（仅全海水和 64% 海水），样品取自 8 个不同光强（E_0 为 100% 至 0.1% 范围）的海水深度。在实际海水温度下，模拟采样深度的辐照度培养 24 小时后，测定所有瓶子中叶绿素含量的变化。所获得的表观生长与稀释实验的回归直线是非常好的，并对其截距（浮游植物的生长速率 μ）和斜率（植食性动物导致的死亡率 m；基本上是小型浮游动物，主要是原生生物）进行了比较（见表 9.5）。结果发现：在水柱垂直方向上的总生长速率 μ 的积分的贡献率几乎都来自 100% E_0 与 1% E_0 之间的水层，这与（很早之前就知道的）真光层的下边界近似值一致。光照强度高于 50% E_0 的水层会出现光抑制（25%）。死亡率（由异养原生生物摄食）平均约为生长量的 72%，这一比例在所有寡营养盐海域中也非常典型。

表 9.5 　在垂直剖面 8 个深度上开展两点组合稀释实验获得的结果（垂直积分平均）

日　　期	纬度	经度	$\mu(\mathrm{d}^{-1})$	$m(\mathrm{d}^{-1})$	μ/m
2004 年 12 月 11 日	4°N	110°W	0.15	0.09	60%
2004 年 12 月 12 日	3°N	110°W	0.12	0.14	117%
2004 年 12 月 13 日	2°N	110°W	0.33	0.22	67%
2004 年 12 月 14 日	1°N	110°W	0.34	0.19	56%
2004 年 12 月 15 日	0	110°W	0.45	0.20	44%
2004 年 12 月 16 日	1°S	110°W	0.39	0.17	44%
2004 年 12 月 17 日	2°S	110°W	0.37	0.23	62%
2004 年 12 月 18 日	3°S	110°W	0.53	0.43	81%
2004 年 12 月 19 日	4°S	110°W	0.37	0.23	62%
2004 年 12 月 22 日	0	116.7°W	0.54	0.29	54%
2004 年 12 月 23 日	0	120°W	0.49	0.30	61%
2004 年 12 月 24 日	0	122.8°W	0.55	0.36	65%
2004 年 12 月 25 日	0	125.5°W	0.66	0.42	64%
2004 年 12 月 26 日	0	128.2°W	0.65	0.45	69%
2004 年 12 月 27 日	0	131.6°W	0.63	0.47	75%
2004 年 12 月 28 日	0	135.2°W	0.64	0.49	77%
2004 年 12 月 29 日	0	138.7°W	0.45	0.37	82%
2004 年 12 月 30 日	0	140°W	0.53	0.41	77%
2005 年 9 月 10 日	4°N	140°W	0.32	0.18	56%
2005 年 9 月 11 日	2.5°N	140°W	0.45	0.27	60%
2005 年 9 月 12 日	1°N	140°W	0.40	0.21	53%
2005 年 9 月 13 日	0.5°N	140°W	0.25	0.12	48%
2005 年 9 月 14 日	0	140°W	0.32	0.31	97%
2005 年 9 月 15 日	0.5°S	140°W	0.30	0.32	107%
2005 年 9 月 16 日	1°S	140°W	0.34	0.46	135%
2005 年 9 月 17 日	2.5°S	140°W	0.51	0.40	78%
2005 年 9 月 20 日	0.5°N	132.5°W	0.56	0.29	52%
2005 年 9 月 21 日	0.5°N	130.2°W	0.49	0.43	88%
2005 年 9 月 22 日	0.5°N	128°W	0.40	0.32	80%
2005 年 9 月 23 日	0.5°N	128.7°W	0.27	0.28	104%
2005 年 9 月 24 日	0.5°N	123.5°W	0.54	0.43	80%
2005 年 9 月 25 日	1.7°N	125°W	0.57	0.39	68%
		平均值	0.43	0.31	72.56%

32 个东部热带太平洋站点浮游植物生长速率 μ 和小型浮游动物摄食速率 m。大于 100% 的值可能表示群体丰度下降；摄食率可以超过生长率。（Landry 等，2011）

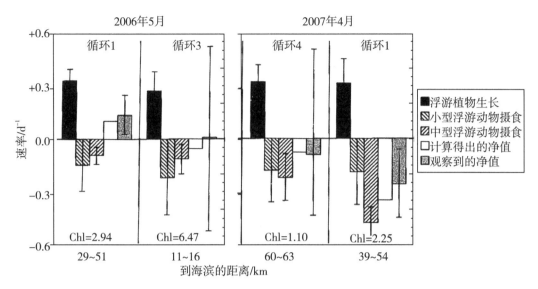

图 9.7　南加州近海上升流系统真光层中，在浮筒上系挂悬浮的培养瓶于不同水深处开展稀释实验
展示由不同的摄食过程导致真光层中叶绿素浓度的加权（每个深度层的叶绿素浓度）平均值的变化率。平均值的计算来自 3 ～ 5 次重复试验（工作周期）。图中还显示了由中型浮游动物摄食引起的变化及净变化，两者都来自对水柱的观察和来自平均速率的差异。结果展示了不同站位的四个研究周期，水体叶绿素浓度也各有不同（表面叶绿素浓度的单位为 $\mu g \cdot L^{-1}$）。（Landry 等，2009）

　　Landry 及其同事使用肠道荧光测量（与常用的假设一致）技术粗略估计了中型浮游动物对浮游植物的摄食量，从而使浮游植物生产量去向的计算更进一步。结果发现，所有站点的浮游植物生长和总摄食死亡之间的平均差值非常精确。在所有情况下，扣除原生生物的摄食量后，每日浮游植物生长的增加量只剩余约 30%，而且这个剩余量必定被中型浮游动物所摄食，或者通过沉降和混合输出到海洋深处。Landry 等认为，稀释实验并没有考虑病毒对浮游植物的裂解，但是，如果病毒导致的裂解确实存在，会导致部分初级生产量向异养原核生物转移。即使每天 70% ～ 100% 的浮游植物生产量被摄食，有机物向深海的输出也不会就此消失。植食性动物会排出很多粪便并向深处沉降，具有垂直迁移习性的浮游动物与游泳动物也会将部分生产量带到深水区，鲸鱼死亡后下沉到海底也是向深海输送有机碳的一种方式。

　　在营养盐丰富的加利福尼亚海流及康塞普申角近岸上升流期间，Landry 等（2009）也进行了类似的研究。不同之处在于：他们在拉格朗日浮筒上系一根 140 m 长的悬垂绳，浮标位于 15 m 深处，将 8 组培养瓶悬挂在绳上并开展两点组合稀释法实验。在 2006 年 5 月和 2007 年 4 月（叶绿素浓度大于 1 $\mu g \cdot L^{-1}$）两个航次分别放置浮筒。每次布置都将 3 ～ 5 个新培养瓶平行样连接到悬绳上，用来获得较好的平均值。总体来说，浮游植物生长率与小型浮游动物摄食率的计算仍基于叶绿素浓度的变化，先测出它们在每个深度上的平均速率，然后按照该深度上叶绿素占整个水柱叶绿素的比例，加权求出每天在整个水柱上的速率平均值（图 9.7）。结果表明：在 2006

年的 2 个观察周期中，小型浮游动物分别摄食了 43% 和 80% 的浮游植物生长量，而在 2007 年的两个观察周期内，分别摄食了 55% 和 58% 的浮游植物生长量。图 9.7 展示了中型浮游动物摄食率，该摄食率来自对整体浮游动物肠道内含物叶绿素值及周转时间的估算，也考虑了温度对周转时间的影响：消化道叶绿素减少的比率 $\approx$ $0.0124\exp[0.077\,T(^{\circ}\mathrm{C})]$ $\min^{-1}$（Dam 和 Peterson，1988）。Landry 等计算出的混合层浮游植物生长速率，比 140 m 水深的累计平均速率高 2～3 倍，也就是说，在深处，尽管叶绿素浓度可能很高，浮游植物生长却很缓慢。

这些利用稀释法开展的实验设计精巧，得出的主要结论是：浮游植物生长量大部分被小型浮游动物所摄食，特别是在寡营养海域，甚至在营养盐丰富的海域获得的结果也是如此。类似的研究在全世界范围内也得出了相似的结果：主要是原生生物，外加一些小于 200 μm 的后生动物，它们通常消费了至少一半的初级生产量。大型浮游动物也有可能比小型浮游动物消费更大比例的初级生产量，这种情况有时会在富营养生态系统中发生，因为大细胞的浮游植物通常是这些系统中主要的自养生物。

9.2.4　原生生物对大细胞浮游植物捕食的重要性

Sherr 和 Sherr（2007）在文献综述（包括一些新的观测结果）中认为：小型（20～200 μm）、异养与混合营养型的腰鞭毛虫，绝大部分是裸甲藻属（*Gymnodinium*）和其相关类群，是小型浮游植物（尤其是硅藻）的主要捕食者。他们认为 Evelyn Lessard（1991）最早发现了这一点。有些腰鞭毛虫是通过使用捕食茎插穿猎物细胞膜（图 2.14）完成的。有些腰鞭毛虫则可以使用捕食笼（图 2.13）或简单地将自身拉伸到比食物更大的尺寸（图 9.8）来吞摄较大的细胞，甚至是链状硅藻。异养腰鞭毛虫丰度会随着硅藻藻华而同步增加（图 9.9），直到硅藻增加到可以提供足够的食物时，异养腰鞭毛虫的生长才会加速。因此，在条件稳定时，硅藻可避开小型浮游动物的捕食从而大量繁殖引起藻华（Sherr 和 Sherr，2009）。

图 9.8　异养腰鞭毛虫（环沟藻属 *Gyrodinium*）的显微照片
此虫摄入了比其原始身体尺寸长 165 μm 之多的链状硅藻群体。该图由 Evelyn 和 Barry Sherr 摄影，发表于 Calbet（2008）。

直到最近，科学家们才意识到，随着藻华的消退，异养腰鞭毛虫摄食的比例可能远比之前认知的要显著，但它们摄食的比例变化也非常强烈。Calbet（2008）根据 Fonda Umani 和 Beran（2003）的数据绘制了图 9.9，他指出了叶绿素的峰值是由因劳德藻属（*Lauderia*）的大量生长而引起不太常见的藻华造成的。Fonda Umani 也用她的数据

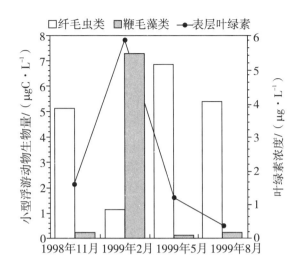

图 9.9　意大利的里雅斯特湾近岸水域叶绿素、纤毛原生生物和异养腰鞭毛虫（裸甲藻属 *Gymnodinium* sp.）丰度的季节变化

强烈的浮游植物藻华是由硅藻（劳德藻属）的大幅增长引起的。数据来自 Fonda Umani 和 Beran（2003）。该图来自 Calbet，2008。

表向我们证实了这一点：她 2003 年的论文中列出的"非纤毛虫原生动物"是异养的裸甲藻（*Gymnodinium* spp.）。因此，作为食物的劳德藻很可能支撑了腰鞭毛虫的增长（至少超过 7 μgC · L^{-1}）。然而，劳德藻的生物量超过 1 000 μgC · L^{-1}。Fonda Umani 等（2005）将里雅斯特湾数据进行了补充（包含了 4 年的数据），发现第二大的硅藻藻华达到 300 μgC · L^{-1}，但不是劳德藻，异养腰鞭毛虫的数量也没有大幅增加。关于 1999 年 2 月的劳德藻藻华，他们指出："令人惊讶的是，这么高的生物量竟然不会被中型浮游动物或小型浮游动物大量吃掉。"他们获得的沉积物捕集器数据表明，几乎所有未被吃掉的藻华生物量都输出到了海底。其他观测资料（例如 Archer 等人的南极数据，1996 年）表明，在藻华消退期间，异养腰鞭毛虫对硅藻类的摄食影响较为适度。总体来看，异养腰鞭毛虫的摄食影响有时是显著的，有时则不是。以颗粒为食的纤毛虫主要捕食小于其体型十分之一的猎物，而显然不会捕食与自己一样大的猎物。

9.2.5　小型后生动物

除了较大的原生动物外，较小的后生动物对原生生物的捕食也很重要。小型桡足类动物［长腹剑水蚤（*Oithona*）、拟哲水蚤（*Paracalanus*）、孔雀水蚤（*Parvocalanus*）、基齿哲水蚤（*Clausocalanus*）、微哲水蚤（*Microcalanus*）、栉哲水蚤（*Ctenocalanus*）等］是迄今为止数量最多的小中型浮游动物，比通常孔径为 200 μm 和 333 μm 的经典筛网捕到的更丰富（Turner，2004）。它们的成体长 0.6 ～ 1.2 mm，但窄得多，因此很容易通过这些筛网。作为一个群体，它们具有相对高的繁殖力，例如，当食物丰富时，加利福尼亚州沿海水域的小拟哲水蚤产卵每天超过 80 粒（Checkley，1980）。因此，数量巨大、体型小于 200 μm 的无节幼体是小型浮游生物群落的一部分，有些中级捕食者还会摄食异养鞭毛虫和其他微型浮游生物。相对于纤毛虫和腰鞭毛虫，小型后生动物的重要性仍然需要进一步量化。桡足类动物尤其喜爱吃纤毛虫（Calbet 和 Saiz，2005），因此，小型后生动物可能是从微生物到中型浮游动物营养级转换的主要环节。

当然，在微小的摄食者群落（2 ～ 200 μm）中，不同类群所带来的摄食影响是不同的，因此，我们需要尽量结合粒径分级、分类学关系来考虑和表征这些影响。事实证明，研究不同群体的专家往往强调自己研究对象的巨大意义，这可能会（也可能不会）将摄食研究工作引向深入，但至少他们出海去为他们自己的团队收集到了数据。

9.3　自上而下的营养级联

由于不断捕鱼，全世界大型掠食性鱼类群体数量已急剧减少。例如，巴西东北专属经济区黄鳍金枪鱼的捕捞率从 1956 年的 9.6 条鱼/100 钩下降到 1971 年的 0.77 条鱼/100 钩，在接下来的 10 年内一直保持在低位，然后在 1988 至 2003 年恢复到约 1.5 条鱼/100 钩（Vaske 等，2003）。我们在回顾渔业数据时了解到，与未曾捕捞过或轻度捕捞过的时期相比，目前大型掠食鱼类大约只剩余 10% ～ 40%。根据湖泊和陆地生态学，它们的减少必然产生营养级联效应，而且这种效应还将继续下去。当猎人杀死温带生态系统中几乎所有的土狼、狼和食肉熊时，大型食草动物（如鹿）数量扩大，过度啃植食被，造成大型食草动物挨饿，并最终死亡。这一现象已经被反复地观察到。在没有食鱼性鱼类的湖中放置大量食鱼性鱼类可以大大降低食浮游生物鱼类的数量。然后，浮游动物增加，摄食浮游植物，从而使水变"清洁"，改善附近豪华住宅的景观（有时是空气质量）。由此可推测，饥饿会沿着食物链向上传递，最终会建立一个新的平衡。这样的诱导级联有时候是一种有效的抗藻策略。

准确来说，我们并不是特别清楚顶级捕食者大量减少会如何影响海洋生态系统。例如，南大洋须鲸以及海豹和企鹅等磷虾的捕食者经历了过度捕捞，数量巨减，就形成了一种沿食物链自上而下的效应（下行效应）。仍以金枪鱼为例，金枪鱼渔业中多会捕捞那些体型较大、年龄较大的金枪鱼，而这些金枪鱼又大量捕食那些较小的鱼类（鲭科）和鱿鱼，小鱼又吃那些以浮游动物为食的更小的鱼类。与湖中加入或去除鱼类捕食者相比，海洋食物网的营养级至少多出了 1 个营养传递步骤。在营养丰富的海域，浮游动物的减少可能会导致大型浮游植物数量的增加，这样它们就会更快地消耗营养盐。然而，大型捕食性鱼类数量下降如何影响生物网底层的生物群落？总的来说，海洋学家还没有获得有关这些海洋生物群落的详细数据。这样的级联效应肯定已发生过而且会继续存在，但目前还有待观察与研究。

Shiomoto 等（1997）曾研究亚北极太平洋地区和白令海的粉鲑［细鳞大麻哈鱼（*Oncorhynchus gorbuscha*）］与浮游动物可能存在的相互作用，其结果被广泛引用（例如 Baum 和 Worm，2009；Perry 等，2010）。粉鲑具有 2 年的寿命，并且在每个生活阶段都吃浮游动物。它们在亚洲东北部的沿岸河流中产卵，呈现出一年强一年弱的交替变化规律；1989—1994 年（3 个周期）的数据显示，当粉鲑捕获量高时，浮游动物的数量就低。遗憾的是，鲑鱼数据来自白令海中部，而浮游动物估值来自阿拉斯加阿留申群岛南部。Shiomoto 等的数据（也来自阿拉斯加洋流）显示，这种级联效应可能最终也会对叶绿素浓度产生影响。鲑鱼在大洋中的迁徙路径是从堪察加半岛到阿纳德尔湾，这个路径至少包含了以上的 2 个研究海域。

Frank 等（2005，2006）对加拿大东部陆架渔业的 2 项研究为下行营养效应提供了强有力的证据。该区域的生态系统并不是严格的海洋中上层生态系统，而是涉及底栖（底层，或部分底层摄食的）鱼类（鳕鱼、黑线鳕、比目鱼）和小型浮游鱼类（鲱鱼等）、粉红虾和螃蟹的相互作用。在"第 6 区"（一个用来统计分析的地理分区，包括大浅滩到新英格兰的整个地区），底层鱼类（图 9.10），特别是鳕鱼、黑线鳕、无须鳕、比目鱼等的种群数量从 20 世纪 80 年代中期开始全面衰退，导致 90 年代初该区渔业的停顿，直到 2010 年都没有很好地复苏。被这些鱼类捕食的许多猎物出现相应

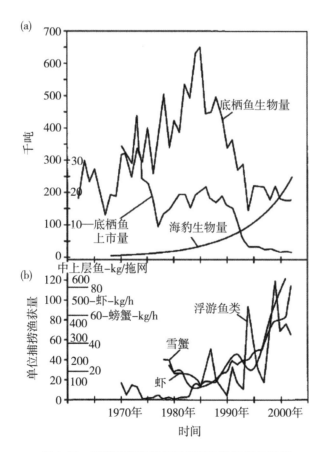

图 9.10　捕获底栖鱼类导致其猎物数量逐年增长

（上图）新斯科舍东部大陆架第 6 区中底层鱼（"底栖鱼"）生物量和渔获上市量的时间序列。（下图）同一区域小型浮游鱼类（主要为鲱鱼）、虾（北极虾）和雪蟹丰度估计值的时间序列。（Frank 等，2005）

的数量增加，特别是第 6 区的浅水底虾（北极虾）和雪蟹（红蜘蛛蟹）、其他底栖无脊椎动物和小型浮游鱼类。食物链效应可以对此现象做出一个合理的解释。浮游生物连续记录器（CPR）在 20 世纪 60—90 年代的记录显示，一些较大的浮游动物（如哲水蚤和磷虾）的数量会适度减少，浮游植物则大量地增加（Frank 等，2005）。

Frank 等（2006）比较了 1972—1994 年渔业署进行的实验性拖网作业的结果，拖网区域从新斯科舍东部到拉布拉多海的西北大西洋近岸［图 9.11（a）］。结果显示：底栖鱼类群体（鳕鱼等）和小型浮游鱼类（鲱鱼等）之间存在强烈的负相关性［图 9.11（b）展示了它们时间序列刚好相反的变化趋势］。食物链效应显然会沿着食物网向下扩展至浮游植物（有 CPR 记录估计可查）。当鱼类种群数量很多时，浮游植物的数量就低。营养级联假说的应用似乎很简单，但海洋生态学总会给出其他假说。Greene 和 Pershing（2007）指出，随着鳕鱼数量衰减，北冰洋和北大西洋的环流也发生了变化，在流向大西洋海岸线的过程中温度与盐度都逐步降低。他们认为，盐度的降低导致海水分层加剧，使浮游植物藻华更加强烈，同时小型桡足类动物［如伪哲水蚤（*Pseudocalanus*）和胸刺水蚤（*Centropages*）］的丰度也会增加，其中一些数据也显示 1991 年前后在缅因湾和乔治海岸发生了非常强烈的变化。因此，浮游植物数量的降低可能并不是下行效应带来的影响，上行效应同样可能对浮游植物产生影响。由此可见，海洋生态学不是一门所有条件都控制得极好的实验性科学，当然那些人为测试与控制的实验除外。

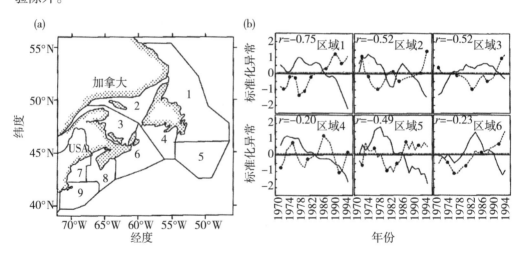

图 9.11 大西洋西北陆架的渔业数据历年变化情况

（a）将大西洋西北大陆架划分为 9 个渔业统计区。（b）1975—1994 年渔业署对底栖鱼（实线）拖网作业普查和小型浮游鱼类丰度（虚线，一些点为 *）的比较。图中数值为年平均数/拖网数的值与长期均值的差异，经标准化后绘制成。数据来自 55 043 次拖网，捕获了 412 种、26 286 369 条鱼。（Frank 等，2005）

在阿拉斯加沿海渔场与加拿大和新英格兰邻近海域发生的现象很类似：鳕鱼被虾替代。参见 Baum 和 Worm（2009）列出的下行营养级联的其他示例。海洋生态系统中的营养级联是多步的，而我们只有少量的证明可令人信服。尽管如此，理解捕食者和猎物数量的互动对揭示近岸及远洋海洋生态系统运行机制及管理极为重要。食物网模型对理解生态系统运行机制非常有用。接下来，我们介绍其中的一种食物网模型——生态通道模型（Ecopath models）。

9.4　海洋食物网模型：Ecopath 和 Ecosim

正确设定营养级的转移效率是食物网建模的一个重要的问题。形成的组织与吃掉的食物的比率就是动物的总生长效率。总生长效率的值必须大于生态效率。生态效率的定义则是基于种群（或营养级）的，而且包括了新陈代谢、排便等更多的损耗。具体来说，任何非捕食性死亡（由于遗传疾病、寄生虫和细菌感染）都是向生态系统中分解营养单元的额外转移。因此，生态效率是指物质沿食物网"向上"的转移。但是请记住，也有从分解者返回到"主要"猎物－捕食者营养通道的。例如，在深海以沉降的粪球为食的桡足类动物可以被蛇鼻鱼吃掉，然后蛇鼻鱼又会被鱿鱼吃掉。总生长效率为生态效率设定了上限，对某些问题的理解有所帮助（例如，根据某一区域的初级生产量估计出可能捕获多少鱼，见第 17 章）。动物的总生长效率不是一成不变的，而是随着体型大小、年龄和生境条件而变化的。人类就是一个很好的例子：在出生后迅速成长，体重在几个月内翻倍，但是通常（除了肥胖问题外）在 20 岁之前完全停止生长。我们从未停止进食，但我们的生长效率下降到零。许多鱼在一生中都会持续生长，但生长缓慢。当食物充足时，幼体和早期幼鱼的生长效率通常约为 30%，然后就会下降。例如，在池塘饲养的幼蓝鱼－扁鲹（*Pomatomus saltatrix*）最初体重为 1 ～ 2 g，总生长效率为 29%。90 天内，体重增加到 86 g，总生长效率下降到 15%（Buckel 等，1995）。在几年的时间内，总生长效率下降到只有几个百分点。生长速率和总生长效率都取决于温度，通常在较温暖、食物丰度与质量较高的地方生长速率也较高。尽管同化效率可能有所提高，但有限的食物供给量（有时会将总生长效率限制在0）会导致新陈代谢的消耗占较大的比例。

浮游动物（包括原生动物和后生动物）的生长效率在整个生命周期中更加均一，在一些情况下，成体的卵产量几乎与早期的生长效率相当。Straile（1997）回顾了当时已有的数据，指出"所有类群（即微型/小型鞭毛虫、鞭毛藻类、纤毛虫、轮虫、枝角类和桡足类）总生长效率的平均值和中位数均为 20% ～ 30%"。食物的可利用度是影响总生长效率可变范围最重要的因素，较高的生境温度可提高总生长效率，但幅度不是很大。在鱼类群体中，年龄较大、生长缓慢的个体对食物的消耗占了较大一部分；浮游动物与鱼类的比较结果表明，当营养物质沿着食物网向上传递时，生态效率出现大幅的降低，主要的原因就是总生长效率逐渐减小。两个营养级之间，甚至在种群之内，总生态效率的计算仍然没有很好的方法。

生态通道（Ecopath）模型是非常复杂的，在这里只能粗略地讲解。这些模型最初由 Jeffery Polovina 在 20 世纪 80 年代开发，然后由 Daniel Pauly、Villy Christensen、

Carl Walters 和许多其他人进一步扩展（Christensen 和 Walters，2004）。生态通道模型是稳态模型，其中群体用其生物量（或能量）表示，并通过营养级关系彼此连接。基本假设是总生物量（能量）保持不变，即食物的输入等于食物网中每个种群输出能量的总和：

被吃的食物 ＝ 形成的组织 ＋ 新陈代谢 ＋ 排便 （式 9.4）

然后将形成的组织（生产量）根据其最终命运拆分为：

生产量 ＝ 捕食死亡数 ＋ 抓捕死亡数 ＋ 净迁移 ＋ 生物量增量 ＋ 其他死亡数

（式 9.5）

在模型中，食物网中的每个种群（现存量）都会被分配到以上其中一个公式。一般来说，有必要对食物网中的"种群"进行定义，例如，生态功能群："浮游植物"和"浮游动物"，或者"小型鱿鱼"和"小型中层鱼类"。种群还可以是某些特别感兴趣的特定种（例如，大鳞大麻哈鱼或黄鳍金枪鱼）。某个给定的物种既可以是猎物又可充当捕食者。猎饵物种 i，受到一系列捕食者（给定下标 j）的捕食。输入－输出（或质量平衡）等式（Heymans 等，2007）如下：

$$B_i \cdot (P/B)_i \cdot EE_i = C_i + \sum_j [B_j \cdot (Q/B)_j \cdot DC_{ij}] + E_i + BA_i \quad （式 9.6）$$

方程的左边是猎物种群生物量（B_i）、猎物生产量与生物量的比率 $[(P/B)_i]$ 及"生态营养级效率"（EE_i 为捕食者消费猎物产量的分数，或猎物迁出研究区域的产量分数）的乘积。这是在一定时间间隔内（由生产率 P 表示）猎物群体的所有生长的总和。这里用的是 $B_i \cdot (P/B)_i$ 而不是 P，似乎有点奇怪，这是因为 B_i 作为群体的估计值是可以测量出来的，而 $(P/B)_i$ 这个比率也可以通过跨年龄段个体生长逐年的加和计算出来：将样本称重，根据耳石年轮推测标本的年龄（或估猜年龄）。这个乘积就代表了猎物的所有的生长"产出"。

方程的右边是渔业捕获量（C_i），加上由于猎物迁出与迁入建模区域（可能是禁捕保护区，或许是整个地中海）所产生的净生物量变化（E_i），加上该区域生物量的累积增量（存量的增加，BA_i），加上以下 3 个量乘积的累积加和：所有掠食者 j 的生物量（B_j）、它们单位生物量上的消耗量 $[(Q/B)_i]$ 和取自捕食物种 i 的 Q 比例（DC_{ij}）。同样，B_i 和 $(Q/B)_i$ 比 Q 更容易估算出来。需要注意的是，许多论文将此公式中的下标错误标注了：i 写成了 j，j 写成了 i。通常，这样的模型可在假设的基础上进行一定的简化，例如，迁出量为零或者迁入与迁出保持了平衡（$E_i=0$），猎物群体生物量也可以不变（$BA_i=0$）。如果用 N 组类似的方程来表示食物网中的主要种群（或生态功能群），那么方程中涉及的很多估计值或猜测值都可以估测或估猜出来，另外 N 个未知量也可以估算出来。这就给出了有机物（和能量）在食物网中转移的一副静态图像。

对生态通道模型的热情几乎都来自渔业科学家。他们根据渔业收益估算出各种各样的群体生物量。所研究的大多数物种可以老化（根据体型尺寸相对年龄，给出 P/B），肠道内含物也可以鉴定出来，通常也能在捕食它们的动物肠道中识别出来。例如，在纳米比亚本格拉流北部海区，沙丁鱼、鳀鱼、无须鳕（两种）、竹荚鱼、杖鱼［杖蛇鲭（*Thyrsites atun*）］、几种金枪鱼、几种鲨鱼等都被捕捞过，也能定期捕到海狗。从海洋群落中捕获的这些动物极可能是捕食者，也可能是猎物，很多种类的数量变化情况都会被记录在案。Heymans 和 Sumaila（2007）创建了一个包含 32 个营养组（方程）的静态生态通道模型来展示食物网的营养交互情况。主要类群及其相互作用可以绘制成生态通道状的食物网（图 9.12）。

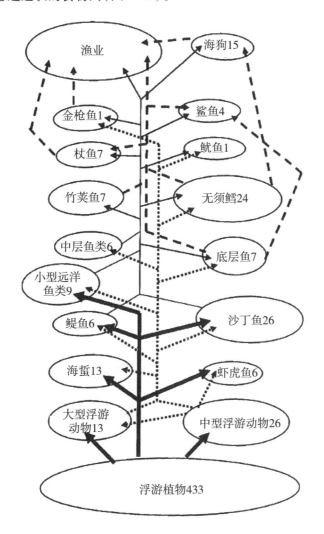

图 9.12　纳米比亚海域本格拉北部生态系统中主要生物类群之间营养关系示意

食物特征来自 Heyman 和 Sumaila（2007）。加粗的黑线表示浮游植物被摄食路径。虚点线表示浮游动物被摄食路径。细实线表示鲱鱼和其他小型浮游鱼类被摄食路径。虚折线表示食物网上层的捕食。箭头指向营养转移的方向。中央的垂直线表示潜在的猎物转换和/或竞争。椭圆中的数字表示大约的年产量（单位：百万吨）。

　　接下来，鉴于对维持渔业生产量（产生食物、金钱和就业）和生态系统健康的关注，需要超越如生态通道这样的静态模型，来评估捕获量（C_i 值）变化对许多物种生物量的影响。对栖息地环境条件变化的影响当然也是必须评估的内容。要达到这个目的可能需要几个步骤。Carl Walters 等已将生态通道模型转换为动态方程($dB_i/dt = \cdots\cdots$)，其中 Q_i、DC_{ij}、C_i、$(P/B)_i$ 等均为变量，所有这些都可以集成在被称为 Ecosim 的编程系统（Christensen 和 Walters，2004）中。Heymans 等（2009）基于 1956—2003 年的渔业数据，使用 Ecosim 中的参数拟合程序，对营养关系网的历史进行了重建。他们从 1956 年系统的生态通道模型开始，将 Ecosim 模型与本格拉的时间序列数据相拟合，其中涉及鱼类生物量的估计值（基于单位捕捞渔获量和实际种群分析法，VPA），如图 9.13（a）所示，以及纳米比亚滨海渔业捕捞量。对逐年生物量和捕捞量进行拟合，同时利用水温函数进行修正[图 9.13（b）]。当然，关键的变量是渔业数据提供的 C_i。捕捞量比生物量拟合得更好，主要是因为有更好的数据。模型较复杂，足以捕捉到食物网中许多显著的变化，如主要自游生物群体的重要互动（即掠食者－猎物之间的相互作用）、主要生境因子（上升流生态系统中的温度）及与渔业之间的互动。这类模型

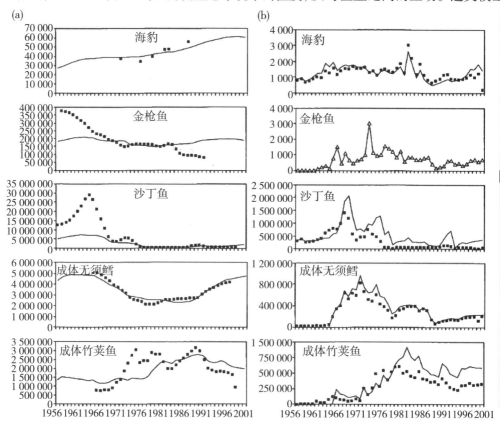

图 9.13　本格拉上升流生态系统北部种群数据和 Ecosim 模型结果的比较

从 1956 年（基线期生态通道群落模型）到 2001 年的（a）生物量（单位：吨）和（b）渔业捕捞量（单位：吨）的时间序列。线条表示 Ecosim 模型的结果，正方形表示实际数据。稍有例外的是，在金枪鱼捕捞量模型中，模型被设置为尽量拟合、准确地反映实际捕获量数据（三角形数据），以使整体模型结果得到改善。该 Ecosim 模型是对所有 32 个群落类别数据的整体最佳拟合。该图来自 Heymans 等，2009，图 1 和图 2。

是区域性渔业"基于生态系统管理"的基础。Heymans 等（2009）应用的 Ecosim 的一个明显问题是没有设置猎物转换。若知道捕食者改变猎食对象的信息，则 Ecosim 就可以将猎物转换的情况设置在程序中。例如，当没有鳀鱼时，杖鱼显然就不会对吃沙丁鱼那么挑剔了。

　　模型体现的部分结果可以用来作为调控捕捞量 C_i 的依据，在一定程度上基于 C_i 值的模型结果也可以用于改进模型本身。模型可能是成功的，然而，渔业管理与政治力量的相互作用，特别是与渔民和鱼产品加工者（立即捕鱼的欲望与利益）的互动，可能会给管理带来诸多问题。

第 10 章　海洋水体生境的生物地理学

纵观生物学史就会发现那些普适性的观点都源自对地球上生物分布模式的研究。达尔文和华莱士也曾是生物地理学家，他们通过对近缘种及亚种分布的比较，提出了许多物种演化的机制。生物地理学这方面研究的成功，促使生物海洋学家完成了许多海洋生物物种分布的研究工作，尤其是海洋表层浮游动物的分布模式。不出所料，这些分布模式对许多海洋历史和生态学假设的提出具有促进作用。通过对海洋沉积物中留存下来的古老分布模式的分析，部分假说已经得到了验证。

10.1　什么是"物种"？

在生物分布的研究中，最基本的单位是物种。物种概念的形成有一个相当长的历史，其中又不乏争议，在此不便一一回顾。目前正在使用的物种概念有几个。其中包括"生物种"（biological species）概念：物种是可以相互交配繁殖或有潜在相互交配繁殖能力（如个体可以跨过一些屏障进行交配）的生物个体的集合。我们有大量针对智人（*Homo sapiens*）和驯养动物的杂交实验，尝试了多种可能，也知道了哪些能够成功而哪些不能。然而，对典型的海洋动物或藻类，我们缺乏进行这方面实验的经验。如果深海鱼类之间试图杂交，我们就不知道哪些鱼会交配成功。根据生物种的定义，我们没有一个有效的方法来判定哪些变化是种内（intraspecific）变异，哪些是种间（interspecific）变异。典型的浮游生物或底栖生物样本通常是一罐被固定的标本，并不能给出任何有关杂交繁殖的信息。在这种情况下，一个物种（有时可称为"形态种"）是一组拥有许多共同形态特征的生物体的集合。如果形态特征相似度存在一个明显的差距，则可将两个形态种区分开。物种形态的相似程度通常需要使用复杂的数值计算评估，或者让经验丰富、掌握常识的分类学家来判定。分类学家所描述的"物种"，具有一定的主观性，我们知道的大多数物种都是通过这种方式来认定的。正如古语所言："物种就是由公认的、有能力的分类学家认定的。"

当分类学家命名了一个新的动物物种时，这个种与其他相关种近似，但又有明显的差别，她或他就会给出一份详细的描述，并将（可保存的）"模式"标本保存在一些可供访问的机构（通常是博物馆）内。这些措施允许新的研究者们将新的标本与已知种进行比较鉴定。分类鉴定，也具有一定程度的主观性，是生物地理学研究的核心。一个物种被鉴定，并被指定代表一个类群，称为"模式物种"。

近几十年，大多数系统分类学家接受了这样一个观念：生物的分类应该尽可能反映它们的系统发育地位（进化关系）。分子遗传学的变革使研究者们可以通过半定量方法来估算物种的相似度，即计算目的基因中 DNA 序列片段的相似度或差异程度。

这些生物大分子非常适宜于通过明确的算法来构建系统发育树。在系统发育树中，分支的末端被标上已测序种类的名字，然后确定 DNA 碱基对（成百上千的碱基对）中可能发生遗传物质的交换进而导致碱基发生变化的比例。该方法通常需要基于之前模式物种的鉴定（循环论证似乎不可避免），明确种内变异与种间变异，如硅藻或狮子鱼（snail fish）之间。一旦确定，它可以在新的实例中适当、有限地应用。通过这种方式命名的物种被称为"谱系种"（phylogenetic species）。在海洋生物地理学中，此类手段已日益发挥重要的作用，因为许多形态学上定义的物种与相近种具有基因差异，但又在系统发育树上聚在一起（即"隐存种"，cryptic species）。应用基于线粒体 DNA（mtDNA）的 DNA "条形码"是发展趋势之一：一是通过它们的"代码"识别个体，二是鉴定新种，尤其是隐存种（Goetze，2010）。已完成的大规模海洋生物普查计划（COML）就是基于 mtDNA 条形码技术。在此对结果进行评价还为时过早。物种并非静态存在的种群，在足够的时间范围内，它们会适应环境变化，分化成两个物种，有时还会跨越之前的生殖屏障进行杂交。

与陆地上的物种相比，海洋水体中藻类或动物的种类数并不庞大，这一点在海洋表层光合作用带中尤为明显。以甲壳动物为例，Razouls 等（2005 — 2011）对物种名录进行汇编后发现，多样性最高的类群是海洋浮游桡足类，已报道 2 454 种；Vinogradov 等（1996）列出了 233 种端足类（hyperiid amphipods）动物；Blachowiak-Samolyk 和 Angel（2008）列出了 217 种介形动物（ostracods），2011 年更新的一份种名录中列出了 305 种，其中一些已经鉴定但尚未进行描述（Martin Angel），此外，Baker 等（1990）还列出了 86 种磷虾。随着研究的进行，一些浮游性类群（如桡足类和介形动物）的物种数在增加，尤其是来自海洋的中层带和更深水层的物种数，但其他物种（包括磷虾和毛颚类）的编目与命名工作似乎已经完成。所有中型浮游动物的总种数小于5 000种，异养小型浮游生物的多样性并不算高。我们已进行了大量物种采集与描述工作，其中不乏对已知物种进行了大量的合并、分离，以及新种的报道，但对上层海洋中的物种来说，其中的大部分我们都已经认识了。近些年的海洋生物普查计划在深海发现了一些新物种，但目前给出新的总物种数量还为时过早。在海洋水体中生活的脊椎动物（鱼类、哺乳动物等）和其他自游动物（鱿鱼、大虾等）的种类仅有约 2 000种。已经得到描述的浮游植物不到 6 000 种。因此，在海洋水体生境中，特别明确的物种仅略多于 10^4 种（微生物除外，它们的物种定义有所不同，而且现在进行计数还为时过早）。陆地的物种数量肯定大于 2×10^6 种；仅甲虫的物种就多达约 30 万种，已经描述的维管植物超过 300 000 种。目前，据说全部种类数已超过 10^7 种。虽然我们常说"海洋生物多样性高得不可思议"这一类的话，在较高的系统分类等级（门、纲）上的确如此，但从实际的物种种类数目来看却是明显较少的，在海洋水体生境中尤其如此。请记住这一点，并想想为什么。

10.2　全球分布规律

让我们先介绍一下海洋表层浮游动物的分布模式，因为这个主题是最深入的，并且有良好的记录。绝大部分的海洋浮游生物类群（从浮游植物到鲸类）都具有非常类似的分布模式。只有少数几个物种（如蓝鲸）的分布比浮游动物更加宽广，它们会在南极或亚北极裂冰海域（摄食区）到热带海域（交配区）之间进行季节性迁徙。海洋中层生物物种的分布模式还不清晰，尽管全球范围内较深水层的环境条件非常相似，但几乎没有多少海洋中层的物种为世界性广泛分布。将环网从约 300 m 水深斜拖至表面，过滤 500～1 000 m³ 的水量，这样可以得到大多数的浮游动物样本。Bruce Frost（1969）对基齿哲水蚤属（*Clausocalanus*，一种小型表层浮游桡足类，分布于温带—热带）在全球范围内基本分布模式的研究是一个非常好的例子。该属的 13 个种分别属于 3 个以形态学定义的类群。Frost 分析了超过 800 个从全球各地采集的样品，其结果如图 10.1 和 10.2 所示。

图 10.1 给出了这些样品的分布情况，图 10.2 显示了这 13 个种的分布范围。此后，Frost（1989）对另一小型桡足类——拟哲蚤属（*Pseudocalanus*）的 7 个种进行了调查，发现它们的分布模式不同于基齿哲水蚤属（图 10.3）。

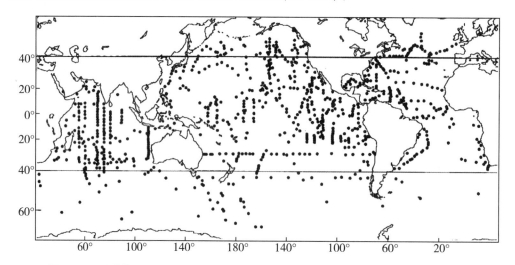

图 10.1　用浮游生物拖网法调查桡足类基齿哲水蚤属（*Clausocalanus*）13 个种的分布
（Frost，1969）

这两个属展现了 6 种基本模式：

同纬度分布，温带-热带型——分布于所有的三大洋，但不包括 50°N 以北、45°S 以南的区域：

尖基齿哲水蚤（*C. parapergens*）；

长毛基齿哲水蚤（*C. furcatus*）；

厚基齿哲水蚤（*C. paululus*）；

拟鞭基齿哲水蚤（*C. mastigophorus*）。

同纬度分布，双反赤道型——分布于所有三大洋，但不包括赤道海区，有时仅仅

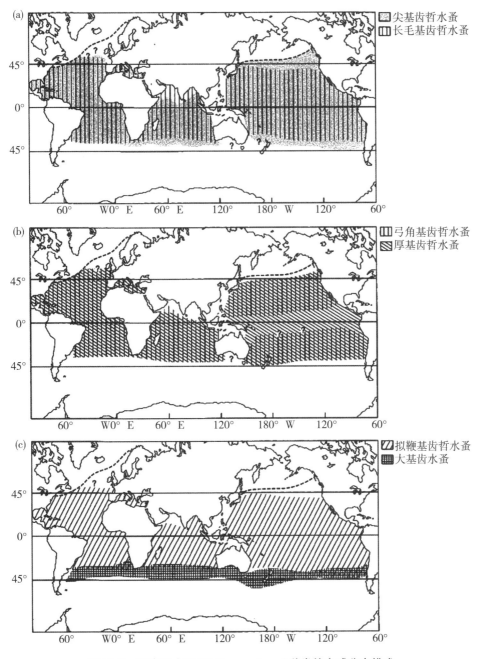

图 10.2　基齿哲水蚤属(*Clausocalanus*)种类的全球分布模式

(a)尖基齿哲水蚤(*C. parapergens*)和长毛基齿哲水蚤(*C. furcatus*),同纬、全暖水型分布模式,在南、北方边界限之间的区别通常很明显。(b)弓角基齿哲水蚤(*C. arcuicornis*),同纬、全暖水型分布模式;厚基齿哲水蚤(*C. paululus*),同纬、全暖水型分布模式,但在热带太平洋无分布。(c)同纬、全暖水型分布的拟鞭基齿哲水蚤(*C. mastigophorus*)以及同纬、亚南极分布的大基齿哲水蚤(*C. ingens*)。(d)活基齿哲水蚤(*C. lividus*),同纬、温带(或中央环流)分布;宽头基齿哲水蚤(*C. laticeps*),同纬、南极-亚南极分布。(e)法氏基齿哲水蚤(*C. farrani*)和小基齿哲水蚤(*C. minor*),两种都分布于印度洋-太平洋的温带-热带;高氏基齿哲水蚤(*C. jobei*),全世界斑块分布。(f)短尾基齿哲水蚤(*C. pergens*),分布于过渡带和水温较低的热带(东部热带太平洋、北赤道太平洋);短足基齿哲水蚤(*C. brevipes*),同纬、亚南极分布。(Frost,1969)

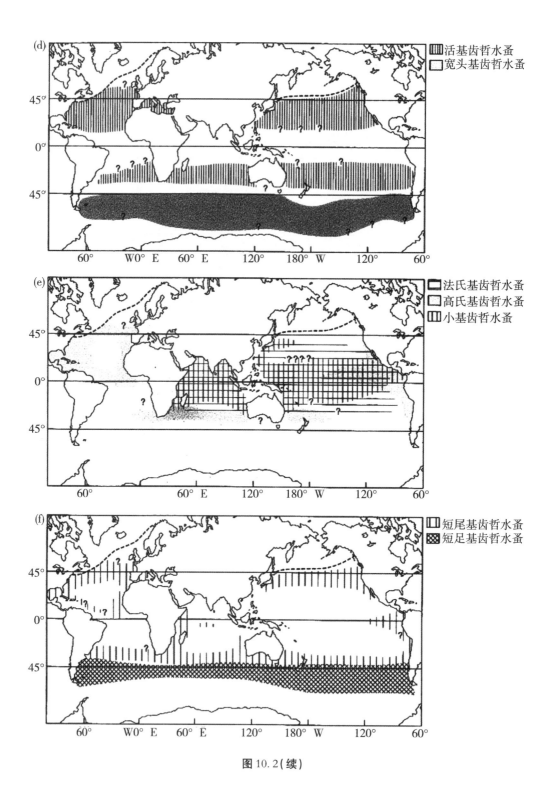

图 10.2(续)

图 10.3　北极－亚北极桡足类拟哲水蚤属(*Pseudocalanus*) 各物种在极地的地理分布

□, 小拟哲水蚤(*P. minutes*) ; ○, 长拟哲水蚤(*P. elongates*) ; ▲, *P. acuspes*; ▼, 巨大拟哲水蚤(*P. major*) ; ■, *P. moultoni*; △, 纽氏拟哲水蚤(*P. newmani*) ; ●, *P. mimus*。(Frost, 1989)

不包括太平洋赤道海区(太平洋的热带海域温度低于其亚热带海域温度, 但在印度洋并非如此), 其中, "双反赤道"(bi-antitropical)指生活在赤道热带海域的任意一侧, 而不是在赤道区内:

活基齿水蚤 (*C. lividus*) ;

短尾基齿哲水蚤(*C. pergens*) ;

弓角基齿哲水蚤(*C. arcuicornis*)。

印度洋－太平洋, 温带－热带型——分布于印度洋和太平洋, 在大西洋没有分布:

法氏基齿水蚤(*C. farrani*) ;

小基齿哲水蚤(*C. minor*)。

同纬度分布, 南大洋型——限制在一定的纬度范围内:

大基齿水蚤(*C. ingens*, 亚南极海域) ;

短足基齿水蚤(*C. brevipes*, 亚南极海域/南极海域) ;

宽头基齿哲水蚤(*C. laticeps*, 亚南极海域/南极海域)。

浅海广布型——斑块式分布于大陆架附近的适当生境：

高氏基齿水蚤（*C. jobei*）。

北冰洋及北方型——分布于北冰洋内、环北冰洋的不同纬度：

巨大拟哲水蚤（*P. major*）——严格限制在北极水域中；

小拟哲水蚤（*P. minutus*）和 *P. acuspes*——分布于约 50°N 至 90°N 的太平洋和大西洋内；

长拟哲水蚤（*P. elongatus*）——严格限制于大西洋；

小拟哲水蚤（*P. mimus*）——严格限制于太平洋；

纽氏拟哲水蚤（*P. newmani*）和 *P. moultoni*——分布于大西洋和太平洋海域，但不在北冰洋内。

其他类群也有与这两个属类似的分布模式。基于这些数据，我们已经能够总结出海洋生物地理分布的一些普遍的规律了：

（1）温带、热带、南极和北方种趋向于分布在跨越几个大洋、几个宽广的纬度带上。

（2）物种栖息的纬度范围各有不同。有些物种适应能力较强，而另一些则对水文条件有特定的要求。通常，如果这种特定的环境存在于全球多个海区，那么在其中的部分或全部海区都存在该物种。双反赤道分布型和高氏基齿水蚤的分布模式便属于此类。

（3）三大洋并非完全相同，它们共享一些种类，但并非全部。在许多情况中，可通过明显的环境差异来解释分布区域之间的相互排斥。例如，季风环流向西移动阶段会产生朝赤道方向的洋流，因此形成高温表层水，所以赤道印度洋表层水比赤道太平洋温度高。这也许能解释弓角基齿哲水蚤（*C. arcuicornis*）在印度洋分布横跨整个赤道区，但在太平洋却不是。然而印度洋－太平洋海域种与大西洋之间的排斥性分布似乎说不通，有时好望角周围也会出现从东至西的大量水流入侵现象。或许，暖水种不能完全渡过较冷的本吉拉海流（Benguela Current）。

10.3 太平洋的生物地理分布模式

1950 年，由 Martin Johnson 带领的斯克里普斯海洋研究所（Scripps Institution of Oceanography）研究人员报道了仅生活在太平洋、向南至亚南极辐合区范围内各类群物种的分布情况。英国发现者探险队将其分析范围扩展到南极洲。其他研究，尤其是日本学者的工作（Nishida，1985）新增了更多物种的分布信息，但发现的新分布模式极少。我们在此只选择性地列出几种典型的分布模式。

太平洋亚北极

存在两种变型：

均跨过 40°N 北部的亚北极环流区，并未被加州洋流携带向南行进：

海秀箭虫，毛颚类[图 10.4(a)]

与加利福尼亚洋流中的延伸情况一样，通常延伸至加利福尼亚的中部：

海蝴蝶(*Limacina helicina*)，翼足类动物[图 10.4(b)]

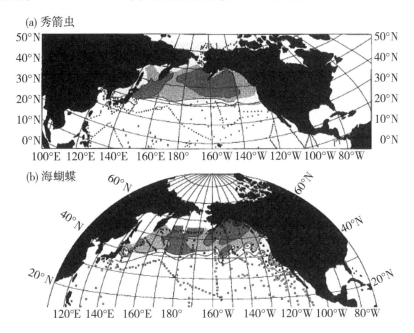

图 10.4　物种在亚北极太平洋的分布模式

(a)毛颚类的秀箭虫(Sagitta elegans)。(Bieri，1959)(b)真壳亚目翼足类的海蝴蝶(Limacina helicina)。(McGowan，1963)小点为采样点。阴影部分的变化代表了种群数量的变化，颜色越深即丰度越高，相邻颜色之间的丰度差异为 10 倍。翼足类分布于加州洋流向南延伸的区域——有些亚北极的物种具有此特征。

亚北极－中部过渡带

栖息在 35°N 至 45°N 区带内的所有或部分物种，它们总是在加州洋流的范围内，但通常不会向西扩展至亚洲。大多数物种还有另一个种群或近缘种生活在亚南极北部边缘。

Nematoscelis difficilis：磷虾（图 10.5）

全暖水型分布 ——有些为同纬分布，有些为印度洋－太平洋模式

尖基齿哲水蚤(*Clausocalanus parapergens*)：桡足类[图 10.2(a)]

Globigerina sacculifera：有孔虫

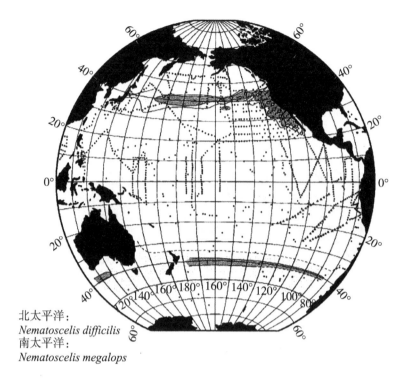

北太平洋：
Nematoscelis difficilis
南太平洋：
Nematoscelis megalops

图 10.5 磷虾 *Nematoscelis difficilis*（分布于北太平洋过渡带和加州洋流）及 *Nematoscelis megalops*（分布于亚南极）的地理分布模式
（Brinton，1962）

中央水团或亚热带

此类物种通常为双反赤道分布。

短小磷虾（*Euphausia brevis*）：磷虾（图 10.6）

赤道模式

限制于赤道带，但表现出不同程度的区域限制。以下两个分别是（图 10.7）温和限制、极端限制的例子。

Euphausia diomediae：磷虾

亚强真哲水蚤（*Eucalanus subcrassus*）：桡足类

热带东太平洋的局域性分布

Euphausia distinguenda：磷虾［图 10.8（a）］

暖水性，存在热带东太平洋空白区

小线脚磷虾（*Nematoscelis microps*）：磷虾［图 10.8（b）］

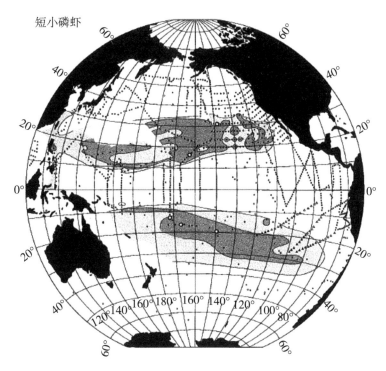

图 10.6　一种亚热带或中央环流物种——短小磷虾(*Euphausia brevis*)的太平洋分布模式 (Brinton，1962)

亚南极海区

短足基齿水蚤(*Clausocalanus brevipes*)：桡足类[图 10.2(f)]

长额刺糠虾(*Euphausia longirostris*)：磷虾

南极区

尖角似哲水蚤(*Calaniodes acutus*)：桡足类(图 10.9)

南极磷虾(*Euphausia superba*)：磷虾

有些种类的分布与以上模式并不完全一致，例如，*Euphausia gibboides* 分布在过渡区的南部以及热带东太平洋海域内，这两个区域相隔甚远。如许多独特的分布模式一样，这种分布模式也是两种常见模式的组合。Nishida(1985)展示了一个极端纬度分布模式的例子(图 10.10)：一种小型桡足类动物(拟长腹剑水蚤 *Oithona similis*)，分布于亚北极太平洋、加州洋流(本书作者的观测结果)、热带东太平洋、秘鲁洋流和亚南极。这些区域的水温非常接近海面(小于 300 m)温度，因此，这种多区域的分布模式也有一定的合理性。

(a) 亚强真哲水蚤（*Eucalanus subcrassus*）

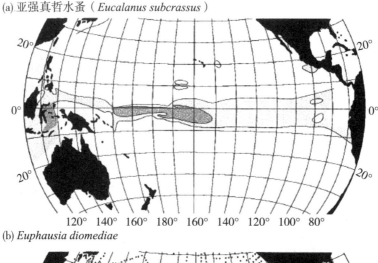

(b) *Euphausia diomediae*

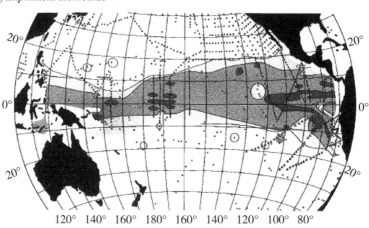

图 10.7　赤道带与热带分布示例

（a）亚强真哲水蚤（*Eucalanus subcrassus*）在赤道带的分布。（Lang，1965）（b）*Euphausia diomediae*，一种热带磷虾在太平洋的分布模式。（Brinton，1962）

10.4　分布模式的维持

　　太平洋的生物地理分布模式与水团的分布模式（基于温度 - 盐度图，即 T - S 图）极为相似（图 10.11）。T - S 图分别以温度与盐度为坐标轴（变量），绘制出水体垂直剖面图。在广阔的海洋空间上，多个 T - S 曲线均落在狭窄的条带上，或包络线上，不同类型的区域性海水或"水团"可以通过 T - S 曲线识别。从某种意义上说，海洋的各种水团也相当于各种特定的生境。水团至少随着生物分布范围的扩展而扩展，这说明它们确实是"栖息地"。实际上，这一点已通过比较不同站点的 T - S 图得到证实：特定水团的 T - S 包络线对应某些特定的捕获生物种类，生物捕获区的 T - S 曲线范围通常比标准水团 T - S 的包络线范围还要大一些（图 10.11）。这是因为：通过水

(a) *Euphausia distinguenda*

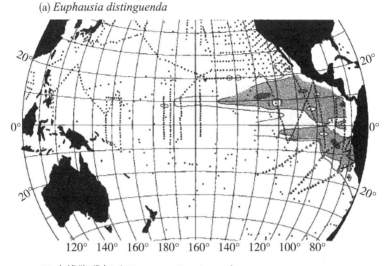

(b) 小线脚磷虾（*Nematoscelis microps*）

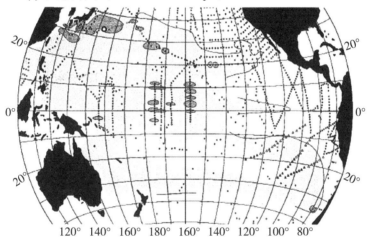

图 10.8　两种互补的生物地理分布模式

（a）*Euphausia distinguenda*，热带东太平洋的一个地方性磷虾种；（b）小线脚磷虾（*Nematoscelis microps*），分布在热带，但在东部热带太平洋中有一个（无分布的）空白区。（Brinton，1962）

体混合过程，个体可频繁地迁移到它们不常生活的地方，并存活相当长的一段时间。当然，许多物种占据了两三种水团，尤其是那些分布区被热带隔开的物种。显然，没有任何亚热带物种只分布在东部－中央或西部－中央水团；如果一个物种在上述一个水团之中被发现，那么其在另一水团中也会被发现。

　　为什么浮游生物分布边界通常与水团边界一致？如果浮游生物要持续停留在一个区域，那么这个区域就需要有合适的生境与半封闭式的环流，或者至少有间歇性的回流。因此，很多物种倾向于在一个封闭的环流区生活与进化，使自身的耐受范围能够涵盖该区域内可能遇到的所有环境状况。拥有足够宽广的耐受范围，才能在整个环流系统中终其一生，这必然需要经历强烈的自然选择。基于物理声学方面的原因，半封

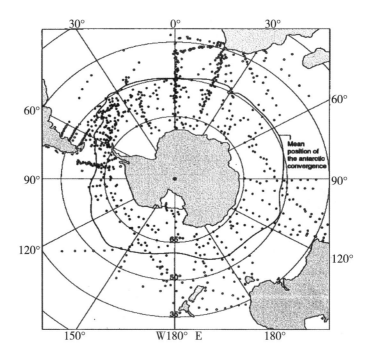

图 10.9　尖角似哲水蚤(*Calanoides acutus*，空心圆) 的分布模式

由发现者探险队采集(空心圆表示采样站点)。其地理分布主要局限在南极辐合带南部。
(Andrews，1966)

闭式环流区在很大程度上与 $T-S$ 图定义的水团区域一致。此外，由于水团在内部进行混合，水团内部通常比外部水域更加均匀。因此，生物尽量扩大耐受的范围以涵盖水团的所有条件变化，是非常合理的物种进化方向。

陆架近海许多浮游生物的分布模式证实了这一假设，例如，*Nyctiphanes simplex* (Eu) 在加州洋流中的分布(图 10.12) 便是如此。实际上，*N. simplex* 的分布模式是沿着美国海岸向南延伸至赤道南部，在加拉帕戈斯群岛附近丰度较高。海岸影响海洋环流，在近岸产生小环流或不间断回流，浮游生物的种群就会出现在其中。

用水团假说来解释过渡带的生物地理分布模式还需要更多分析。过渡带在 34°N 与 43°N 之间，在东西方向上延伸，横跨北太平洋，恰好沿着亲潮－黑潮交汇区和西风漂流的主轴线。西风漂流预计会将海水朝东推送至北美。在寒冷的亚北极与温暖的亚热带环流之间的海域，其上层海水受到(盐度与季节性温度) 锋面的束缚，而锋面海水盐度与温度自北向南逐步升高。在这一纬度范围内(以 40°N 为中心，6°～ 8°的纬度振荡变化)，一年中的某些时间段不会出现强烈的密度分层现象。北面的亚北极盐跃层(约 110 m 水深处) 非常持久，基本不受冬季混合的影响；南面的亚热带环流近表层全年始终存在一个温跃层，其深层还存在一个永久温跃层。亚热带环流的西侧形成了亚热带模式水团，其混合深度达 500 ～ 600 m，但并未使表面水温降低到 16 ℃以下。在过渡区内，水体层化于冬季瓦解，这可能会引发深层混合和更强的降温。这

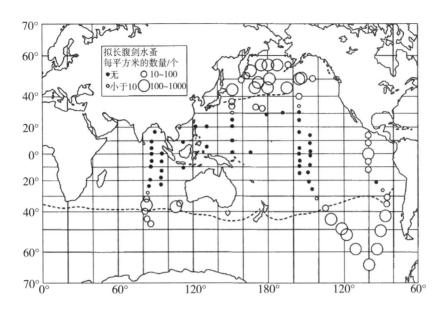

图 10.10　小型桡足类拟长腹剑水蚤（*Oithona similis*，空心圆）的地理分布模式

分布于多个海区：亚北极太平洋、沿着加州洋流（本书作者的观测结果）、贯穿赤道、亚南极和南极海域的南部。（Nishida，1985）

一纬度带并不狭窄，但相对于整个太平洋而言确实显得有点局促，然而它占据了海洋中很重要的一块区域。生活在这一纬度带内的浮游动物至少（不完全名录）包括：*Ne-matoscelis difficilis*、*Thysanoessa gregaria*、*Euphausia gibboides*、短尾基齿哲水蚤（*Clausocalanus pergens*）、明真哲水蚤（*Eucalanus hyalinus*）、海蝴蝶的"B 型"亚种（*Limacina helicina*）以及 *Pseudosagitta lyra*。几种小型自游泳动物也呈现出类似的分布模式。磷虾类和大多数其他种类的分布确实也可一直延伸到日本，但与 165°E 以东的海区相比，西区的物种数量持续下降。

尽管尚未对种群变动进行量化研究，但过渡区分布模式的难题已基本解决（Olson 和 Hood，1994；Olson，2001）。在帝王海山（Emperor Seamounts）以东，约 170°E 的海域，水流缓慢。在 158°W，水流向东，平均流速仅每秒几厘米。此外，中尺度涡旋场的局部流速与此相同（都非常慢）。水深 15 m 处的浮标数据表明，水流主要向东移动，速度极其平缓稳定。过渡带两侧的情况均是如此，但过渡带南部的涡流速度远大于过渡带内或其北部的速度。中尺度涡旋一直垂直向下延伸至约 600 m 深处，如此便包括了整个垂直分布范围的所有表层浮游生物。也许在这一经度范围内，临界净损失是由涡流扩散越过了适宜生境的南北边界引起的。浮标的数据显示临界净损失都很小。来自西部的净流入量替代了流向东部的净流出量。因此，尽管有横向平流损失，但新生个体足够多，加上良好的生存能力，过渡带中特有物种的经向分布得以轻松维持。

在帝王海山的西部，这种关系就有所不同。约 150°E 以外，亲潮（约 41°40′N）和黑潮（34°N）的净流连贯、快速、单方向地推动水流，尤其在黑潮延伸区（彩图

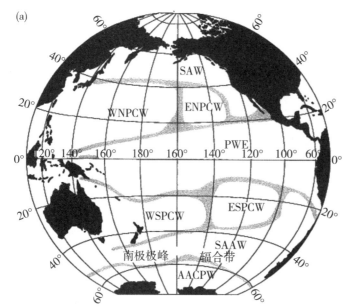

根据其水团结构，对太平洋水域进行分类。
SAW：亚北极水团
WNPCW：西北太平洋中央水团
ENPCW：东北太平洋中央水团
PEW：太平洋赤道表面水团
WSPCW：西南太平洋中央水团
ESPCW：东南太平洋中央水团
SAAW：亚南极水团
AACPW：南极环极水团

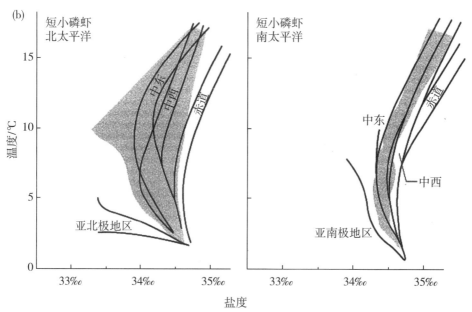

图 10.11 太平洋的水团结构及温度−盐度图示例

(a)根据温度−盐度图($T-S$图)在区域内的一致性定义的区域性水团分布范围。(Sverdrup 等,1942)(b)斯克里普斯探险队(如图 10.6 所示)于 20 世纪 50 年代所获取 $T-S$ 图的包络线(点状区),数据来自采集到短小磷虾的站点;与北太平洋和南太平洋中央环流区的 $T-S$ 图的总体包络线相比较。(Johnson 和 Brinton, 1963)

10.1),但在亲潮区较难看到连贯流。这种连贯的强流可以用来解释为什么过渡带西端的物种丰度急剧降低。150°E 以东,涌现出许多逆涡流,黑潮破碎。实际上,36°N

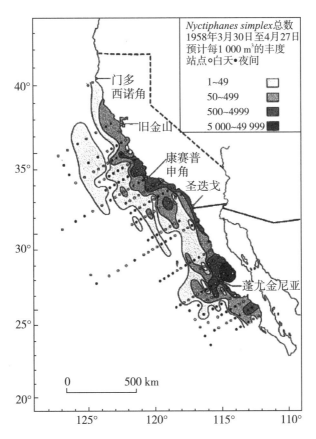

图 10.12 **磷虾**(*Nyctiphanes simplex*)**在北太平洋的分布模式**

在加拉帕戈斯群岛周围发现的另一种群。(Brinton, 1976a)

以北的涡旋非常活跃,几乎可延伸至日本海岸。从 150°E 一直到帝王海山,涡旋活动剧烈,上游浮游生物得以恢复。中尺度特征可到达水下 1 000 m 以及横向大约 250 km 范围,在此附近,南北水文断面交替出现,净流速为 15 ～ 20 cm·s^{-1},与促使动物向上游运动的涡流速度大概相同,也与浮标追踪的速度一致。由于没有浮游生物库存量输送至流入流中,故其必须通过逆涡流的形式不断地将一部分存量返回,这样才可以维持种群的数量。正如人们预期的那样,过渡带在上游最远端处特有种逐渐减少。深层的季节性混合可以使生产量增加,但这并没有发生在亚北极向北或亚热带向南的海域。季节性的深层混合非常重要,因为它使过渡带中的特有种保持较高的种群增长,以补偿水平流带来的种群数量损失。

北大西洋暖流(NAC)从新英格兰流至冰岛,再到挪威海,对其中的飞马哲水蚤(彩图 10.2)、北方磷虾等物种分布的影响机理基本是相同的。NAC 的通流维持了北欧地区的温暖,它在海洋上层沿三大漩涡(挪威海、伊尔明厄海以及从纽约州到大浅滩的坡面水域)的北部分支回流。相邻环流之间的交换可使整个区域内的浮游生物种群与亚北极环境相连(Bucklin 等,2000)。Bucklin 及其同事采用基因分析(读取基因序列的方法总结见框 2.3),基于线粒体假基因 72 对碱基序列的细微差异所占的比例，发现飞马哲水蚤遗传差异的迹象。假基因是 mtDNA 在核基因中的拷贝。但整个区域内占优势的单体型（haplotype）相同（冰岛附近一个含 10 个个体的样品除外）。最近，Provan 等（2010）发现，没有证据显示飞马哲水蚤在核微卫星 DNA 或线粒体细胞色素 B 基因上的地理分化现象。北方磷虾种群遗传的分离程度似乎要略大些（Papetti 等，2005），其范围更广，包括东部边界流，甚至地中海洋流。另外，Papetti 等所研究的 mtDNA 序列有 2 种主要单体型、2 种次要单体型以及 31 种罕见单体型。所有种群中主要单体型和部分次要单体型占很大比例，但远东南区域的物种除外。北部群体在环流之间发生交换，可能是大量或主要单体型的交换，也可能是之前独立种群的一种联合，两者对当前的进化选择都无意义。

中尺度和大尺度涡流也会使生物体从适宜的生境移出。这里有一个涡流效应的生动示例：沿新英格兰东南部的墨西哥湾流，在黑潮－亲潮汇流处，以及南半球的西边界流形成冷涡和暖涡。当喷流朝向大海时，它们沿着流向极地的冷水与流向赤道的暖水之间的边界缓慢流动，形成南北环流。墨西哥湾流南部的环流可向下游弯曲，以连接上游，形成一个以西北大西洋坡面冷水流为中心的气旋流环。由于气旋流环向南移动到达马尾藻海，温度更高、密度更低的环水向中心流动，遮盖了冷中心。冷涡流环可在马尾藻海表面水层下方持续存在约 1.5 年。至少在北部和东部冷水内活动的较大浮游动物，如磷虾类（Wiebe 和 Boyd，1978；Endo 和 Wiebe，2007），消亡速度非常缓慢。分布于从表面到 600 m 深的坡面水的 *Nematoscelis megalops*（在约 300 m 深处数量达到峰值），在涡流淹没和消散过程中缓慢下移（图 10.13），这表明其状况（碳含量）在逐步衰退（Boyd 等，1978），最终在最老的涡流内消亡。另一冷水种 *Euphausia krohni* 是一种强壮的昼夜迁移种，被冷涡流捕获时，它们依然保持这种习性，从而使其最终暴露在夏季马尾藻海 25 ℃的温暖环境中，它们的消亡速度较快（Endo 和 Wiebe，2007）。在表层，它们很快会被一大群亚热带磷虾所取代（图 10.14）。当然，在整个浮游生物群落内都会出现类似的取代、死亡和更新换代现象。

同样，南部环流可加入到马尾藻海暖水中心的反气旋涡流中。亚热带坡面水中的浮游生物在被侵蚀（长达数月）之前，沿着北美海岸向西和向南移动，在这一过程中，这些具有深达数百米暖中心的涡流为它们提供了临时栖息地（Wiebe 等，1985）。这些涡流可能沿着乔治沙洲的南侧向前"蹭"，这是通常出现在亚北极栖息地内的平流热波。涡流和洋流迂回曲折，在不同但相邻的栖息地之间运送裹挟的生物体，除非取样点的物理环境已经完全得到认可，否则，有时会产生物种分布模式范围和耐受极限不确定性的假象。沿海浮游生物被地形控制的上涌喷流以及其他洋流（如不列颠哥伦比亚省外的循环海达涡流）从栖息水域带向外海。

赤道区浮游生物分布模式的维持也取决于环流。向西行进的北赤道流、向东行进的北赤道逆流以及与赤道南部洋流成对的洋流，可维持类似 *Euphausia distinguenda* 的分布模式[图 10.8(a)]。与北半球的环流类似，南部亚热带环流为一系列的、同心圆样的封闭式环流，它们围绕地球球面形成封闭的环，这种环流模式与大量物种的分布模式非常匹配，例如，基齿哲水蚤[图 10.2(d)]、短足基齿哲水蚤[图 10.2(f)]。

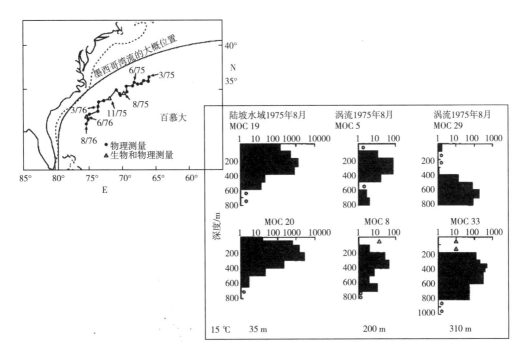

图 10.13　1975 年通过马尾藻海的墨西哥湾流冷涡"D 环"的轨线

图中给出了在涡流内夜间使用多重关闭式拖网得到的冷水种磷虾 *Nematoscelis megalops* 的垂直分布情况。在西北大西洋陆坡海域内拖网(左);此次拖捕 6 个月(1975 年 8 月)及 9 个月后(1975 年 11 月),再次在涡流中心拖网采集数据(右)。柱状图给出了每个日期的 2 次重复拖网。当等温线逐渐变深时,涡流内大多数种群处于 15 ℃等温线以下。1976 年 6 月,当等温线已经非常深时,未捕获到 *N. megalops*。(Wiebe 和 Boyd,1978)

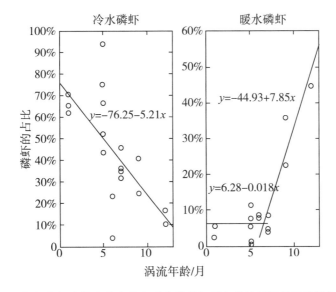

图 10.14　冷涡上部与内部水体中冷水种和暖水种磷虾所占的比例及其随冷涡年龄的变化情况

冷水种,主要代表为 *Euphausia krohnii* 和 *Nematoscelis megalops*,在向下运动的过程中被一系列暖水种替代。(Endo 和 Wiebe,2007)

以上我们介绍了中型浮游动物的分布模式，这些基本模式实际上在所有远海水体生物类群中也反复出现：浮游植物、乌贼、表层浮游鱼类、中层浮游鱼类、鲸类等。另外，游速明显快于洋流速度的自游动物可在不同栖息地之间运动，它们中许多种类定期迁徙，以充分利用不同区域的季节性优势。

10.5　生物多样性与群落结构

许多物种可能具有相同的分布模式，但它们的物种数目却是不同的。热带和亚热带海洋物种多样性（尤其是物种数的多少）远高于近极地和极地海洋。例如，Razouls等（2005—2011）的研究结果表明，北太平洋中央环流栖息着超过 520 种桡足类，而亚北极区域则只有约 300 种。北大西洋的 2 个地区似乎有更多种类，但也可能是由于分类学工作集中在此处开展的缘故。这些名录上所有地区的物种中，许多生活在海洋深处，许多非常罕见。为什么热带地区多样性更高？这一问题目前还没有确切的答案，但这一规律也适用于大多数陆地生物：热带雨林拥有比中纬度和高纬度雨林更多的植物、鸟类、昆虫和其他物种。产生这一现象的主要原因可能是在漫长的地质时期内，温暖栖息地更为稳定，即更少受制于温度和生产力的剧烈波动，这些变化在冰期－间冰期回旋中对高纬区生态系统的影响更甚。尽管优势类群可能随着季节变化而变化，但高纬区浮游生物群落结构趋向于由少数几个种类占据绝对优势地位。群落结构发展过程中的地区差异将在第 11 章中提及。

10.6　海洋水体生境中的物种形成

达尔文的著作《物种起源》中探讨了一个物种如何随时间推移进化出一个显著不同形态（新物种）的问题，但较少关注一个物种如何进化成两种或更多物种的问题。后来的研究工作和观点认为，大多数物种细分出新物种是通过异域性（allopatric）过程来实现的。这个词（allopatric）源自拉丁语"不同区域"，这一过程也被称为地理成种。同域的（"相同区域"，sympatric）物种形成机制有多种，但都较难被证实，因此也很少使用。异域物种形成有三步：

第一步，在一个物种分布的地理范围中，有持续的个体交配，因此也产生了"基因流"。在一个新的、强大的地理屏障出现后，基因流在生物体之间的传递被阻断，个体被分隔到 2 个或更多个小的范围内。例如，一个物种在 2 座山脊以及它们之间的山谷中呈连续分布，但由于气候变化，可能使山谷变得高温或干燥，不再适宜居住，使该物种被分隔在 2 座山脊上。

第二步，在具有选择优势的新分布区中，遗传漂变和遗传差异都会引起种群的遗传分化。当差异水平达到一定程度时，会对来自不同分布区的个体间交配产生不利影响，产生较少适合生存的后代。

第三步，在地理屏障消除后，被分割的分布区得以再次连接，与其他种群中的个体进行繁殖的机会也增多。但是这些异型杂交会产生较少或不健康的后代；若选择同一起源地的配偶进行交配，它们的既有特征则会拥有新的选择优势，导致"相像的"个体"相互喜欢"。这些特征通常在求偶仪式或交配器官形状上表现出差异，在节肢动物中交配器官的差异尤其明显。

交配器官的分化在物种形成中起到了重要的作用，这也是分类学家花费大量精力去检查和描述甲壳动物(和昆虫)性器官的原因。先前被隔离的 2 个种群后来再次相遇也可能出现另一种局面：交配可能会非常顺利，甚至得益于"杂种优势"，子代携带杂合基因的比例很高。经过多代的重组与选择之后，具有明显适应性的一组基因可能会在原先 2 个起源区内传播。在这种情况下，异域性的影响就会消失。第三步是非常关键的一点，但在讨论异域物种形成时又常常被遗忘。将一个物种分为若干新物种不仅需要遗传上的分化，还需要在新的同域分布区选择进化出某些交配屏障(生殖隔离)。

Edward Brinton(1962)设想有关海洋生物异域性物种形成的几种理论性机制，随后通过相关种类的直接试验与基因比较手段来检验这些机制。分子钟的精确校准问题最终可能会得到圆满的解决，使计算物种分化时间成为可能。所有这些机制均着眼于更新世全球冰川形成的增温和变冷效应对海洋温度模式的影响。在早于更新世的地质年代中，占主导地位的气候变化机制会有所不同，而且相关的事件可能很少。达尔文跟随"小猎犬号"探险时，对观察到的一系列珊瑚环礁的形成过程做出了解释。与之类似，Brinton 也是通过对现代水生物种不同分布模式的观察来重建其形成过程。Brinton 使用的磷虾分布模式数据包括他本人的研究成果及遍布全球的已有纪录。

在全球海洋中，*Thysanoessa gregaria* 生活在亚极地－亚热带的过渡区(双反赤道型分布)，在寒冷间隔期，它们很有可能穿过海洋东部边界，从而能够在更低的纬度生存下来。这种之前存在的连续分布模式可以解释目前物种的双反赤道分布模式。目前，这种地理隔离有利于物种分化，新的物种可能正在形成。另一个例子是 *Nematoscelis difficilis* － *N. megalops*(图 10.5)。1962 年，当时并未发现有物种能贯穿赤道在亚极地和东边界流中连续分布，但现在拟长腹剑水蚤(*Oithona similia*)(图 10.10)就是这样分布的。

大洋中部的物种可能会受到气候寒冷化的不利影响。目前，水温最高的区域(极表层水除外)在中央环流内，而并非在赤道区(印度洋除外)。像短小磷虾(*Euphausia brevis*，图 10.6)一类的物种，能在几百米的深度范围内生存，暖化可促使其分布区跨越赤道区合并起来，而寒冷化现象可使它们在区域上的隔离变得愈发严重。目前，短小磷虾可能正处于物种形成过程之中。在寒冷期，全暖水型物种如尖基齿哲水蚤(*Clausocalanus parapergens*)的分布范围[图 10.2(a)]可能会被一分为二，新的物种可能会形成。

全球变暖可能会打破当前赤道物种(如 *Euphausia diomediae*)的印度洋－太平洋或同纬度分布的局面，使一部分种群被隔离在较冷的赤道区，就像当前 *Euphausia distinguenda* 在热带东太平洋和阿拉伯海中的分布情况一样(图 10.15)。Sebastian(1966)

报道了 *E. distinguenda* 的阿拉伯海种群存在较小的（但稳定的）形态学变异，遂将其命名为 *Euphausia sibogae*，这表明 2 个不同物种已经完全形成。

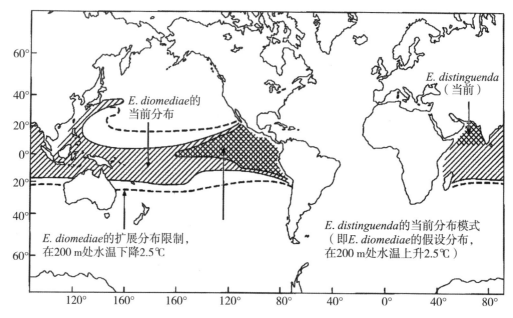

图 10.15 磷虾 *Euphausia distinguenda* 的热带东太平洋和阿拉伯海种群的当前分布与 *Euphausia diomediae* 的实时分布的比较

Brinton 认为该实时分布可以看作是 *E. distinguenda* 在全球变冷事件中的一种假设性分布。（Brinton，1962）

Abraham Fleminger（如 Fleminger 和 Hulsemann，1974）对最后一类机制进行了研究，并提出以下观点：对于同纬度热带和温带 - 热带物种来说，大陆一定起到了屏障的作用，阻断了这些物种在大西洋与印度洋 - 太平洋之间，或（有时）在印度洋与太平洋之间的扩散与传播。在气候变暖的间冰期，一些热带 - 亚热带分布的物种，如弓角基齿哲水蚤［*Clausocalanus arcuicornis*，图 10.2(b)］，可以从好望角周围向大西洋蔓延。随后的冷化现象使该种的分布范围受到挤压，直到大西洋和印度洋 - 太平洋种群被分隔开，这个种群就会形成新物种。当气候回暖时，物种形成过程已经完成，生物学上的生殖障碍已经形成，在一定条件下，2 个物种都以同纬度类型来分布。在大冰川形成期，海水撤退，使马来西亚到澳大利亚的岛弧更多地露出水面，大陆块显得更加完整，从而成为另一种屏障，使一个原始的物种在一次冰川循环期间被分别阻隔在大西洋、印度洋和太平洋，逐步形成 3 个不同的物种。例如，许多在表层浮游生活的桡足类的属分别包含有三四个相似种的种。因此，洋区的隔离机制（与 Brinton 提出的赤道 - 亚热带机制一起）可能发生了 2 ～ 4 次，这与更新世主要冰川形成的次数（4 次）一致。

Fleminger 和 Hulsemann(1974)通过对桡足类角水蚤属 *Pontellina* 的研究，提出大陆隔离可能带来的一些后果。1974 年以前，所有针对热带该类群的报道都集中于一个种：羽小角水蚤(*P. plumata*)。Fleminger 和 Hulsemann 描述了 3 个新种：莫氏小角水蚤(*P. morii*)、*P. sobrina* 和宽唇小角水蚤(*P. platychela*)。羽小角水蚤被认为是第 4 种，它的分布最为广泛。在此项研究之前，大量的相关工作并未将此种认定为新种。很明显，该属由一些非常类似的或"亲缘"的物种构成。在没有进行详细且深入查阅的情况下，我们没法告诉读者这些种的形态到底哪里有差异，请感兴趣的读者自行参考原文。所有形态学上存在明显差异的解剖结构都在交配过程中起重要作用。Fleminger 和 Hulsemann 将那些差异进行列表，并指出它们可能的进化关系，如图 10.16 所示。

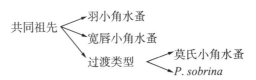

图 10.16　几种角水蚤的进化关系推断

　　羽小角水蚤(*Pontellina plumata*)分布在 40°N 到约 40°S 之间(图 10.17)，其体型基本稳定。该物种的分布范围在纬度和经度上受到严格限制。让我们来看看该物种是如何逐步扩大分布范围、突破限制，最终完成物种形成过程的。

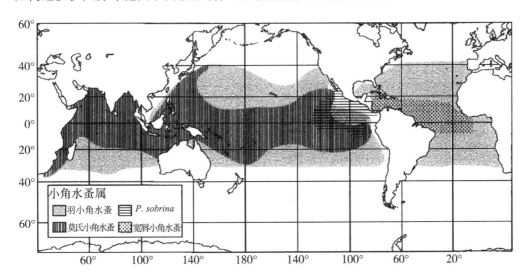

图 10.17　桡足类小角水蚤属(*Pontellina*)中 4 个相似种的现代分布范围

分别为羽小角水蚤、宽唇小角水蚤(大西洋中的圆点)、*P. sobrina*(东太平洋中的水平线)和莫氏小角水蚤(穿过热带印度洋－太平洋海域的垂线)。(Fleminger 和 Hulsemann，1974)

　　我们需要古生物地层学和分子遗传学的背景知识对这些物种形成假说进行验证，对于后者请回顾框 2.3 的内容。

10.7 海盆的古生物地层学及相关的浮游生物地理学

10.7.1 基本观点

海洋地层学与浮游生物的生物地理学研究之间是相互关联、相互依赖的。地层学是描述与解释在海底积聚的沉积层内含物的学科。这些沉积物可能已经岩化、被隆升，因此也可能在陆地找到；或者可能依然还保持着未固化、被埋没的状态。后一种情况是我们关注的重点。用于从洋底采集系列沉积层的装置有几种：自由下落的重力取芯器、活塞取芯器、钻孔设备。这些方法都通过将一根管子打入沉积物中，然后将其拔出，以获得垂直的、圆柱体沉积物柱芯样。通常来说，样品在柱芯中的位置越深，那么该样本沉积的时间就越长。但也会有一些例外：沉积物沿海底坡面滑动，或被洋流吹蚀后再沉积下来。这些例外情况通常可用一些循环性的证据链识别出来。因此，水体过程对沉积物特征产生的影响都会在沉积物中被粗略地记录下来。"粗略"是因为许多海区的沉积速率极慢（低至 1 cm·1 000 a^{-1}），另外，底栖动物在 2 ～ 10 cm 深处的活动会导致沉积物的混合（"生物扰动作用"）。因此，沉积物对年度的变动，甚至百年尺度的事件和循环的记录几乎都是不清晰的。当然也存在一些例外的、非常有用的情况：在缺氧海盆中没有底栖动物的情况下形成的沉积物。

对取自不同位置的沉积物进行仔细分检，通常会得到大量微体化石。这些微体化石来自硅藻和放射虫类的硅质壳、定鞭藻（颗石粒）和有孔虫类的钙质壳，以及翼足类动物的文石质壳。在一个沉积层序列中，微体化石通常在两个方面存在差异：在较长时间尺度上，物种在进化；在较短时间尺度上，不同化石类型的相对丰度随所处沉积物的深度而出现明显的差异。我们不能指望通过物种的进化来推测过去的环境条件，除非我们观察到微体化石形态上的变化并了解其在环境适应上的意义，但通常很难确定这些意义到底是什么。然而，短期物种丰度的变化能强有力地指示环境的历史变化，尤其是在更新世期间的变化。下面我们以一个较老的例子来说明短期变化与动物地理学之间的关系。

敏纳圆幅虫（*Globorotalia menardii*），属于有孔虫类，同纬度、温－热带分布（Bé 和 Tolderlund，1971）。在很多暖水区，该种占了浮游有孔虫类的很大一部分。Phleger 等（1953）通过分析沉积物柱芯顶层的样本，揭示了许多种有孔虫的空间分布情况，发现其分布与主要海洋水文分区情况一致，就像我们现今看到的活体动物的分布模式一样。因此，敏纳圆幅虫在柱芯顶部沉积物（即沉积物表面）的分布（图10.18）与其在海洋水体中的分布模式非常相似。不仅整体分布范围相同，而且在北大西洋中央环流周围的浮游生物中最大相对丰度所在的区域也相同（Bé 和 Tolderlund，1971）。分布模式的相似性暗示：在它们从生活的近表层水站点下沉到底部的过程中，其壳体并未漂流得很远。因此，沉积物内的敏纳圆幅虫的存在指示其曾经出现在该处的上覆水中。

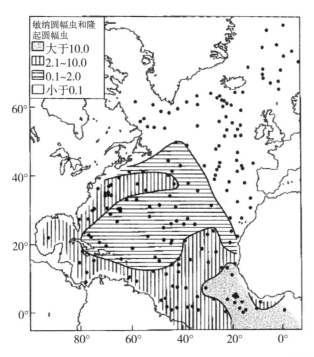

图 10.18　敏纳圆幅虫（*Globorotalia menardii*）和隆起圆幅虫（*G. tumida*）（分布情况类似）在沉积物中相对丰度（％）的分布模式

这些沉积物柱芯取自许多分散的站点（图中圆点），数据来自对柱芯顶部样品的分析结果。（Kipp，1976）

　　Ericson 和 Wollin（1968）研究了东部加勒比海的沉积物柱芯，绘制了每克沉积物中敏纳圆幅虫的数量随柱芯深度的变化情况（图 10.19），结果显示：在较长柱芯中，随着柱芯每层深度的增加，敏纳圆幅虫的相对丰度下降至非常低的水平。有孔虫物种组成的变化所指示的"事件"可以通过放射性化学年龄测定进行追溯。约在 10 000 年以前，敏纳圆幅虫个体数量增加，与陆相沉积中记录的威斯康星冰盖的衰退事件同时发生。似乎 75 000 ～ 10 000 年前末次冰期内的全球变冷引起了敏纳圆幅虫的减少。如此这般，只要柱芯没有空缺段，我们就可以用剩余的沉积记录来追溯更早的冰期和间冰期数据。如果大量柱芯反映的趋势相关性很好的话，就提供了一般模式或规律，这样，即使某些柱芯有空缺段，其他柱芯也能反映出这一情况来。

　　敏纳圆幅虫群体在冰期几乎从加勒比海中销声匿迹，它们究竟经历了什么？要么在冰期，低温等温线向热带海区移动，这种有孔虫的分布范围缩小到仅存的温暖区；要么其繁殖率或生存率明显的降低，导致其丰度在所有区域都有降低。CLIMAP 项目对冰河期分布模式的详尽研究为回答这些问题提供了答案。

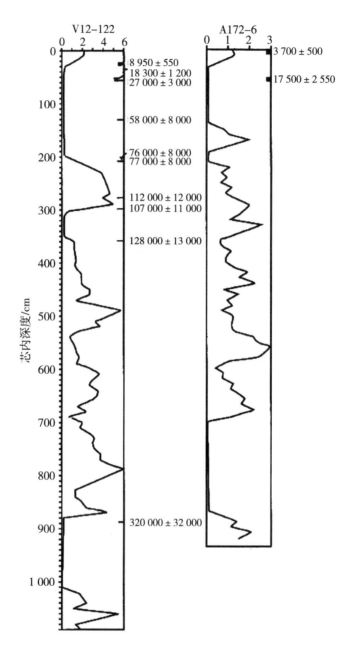

图 10.19　加勒比海两个沉积物柱芯中敏纳圆幅虫相对丰度变化的示例

剖面的右侧为放射性碳测定的年龄。两个柱芯对应的丰度标尺并不相同，主要是为了使绘制的曲线看上去更加相似。丰度单位为每毫克沉积物中的有孔虫个体数。（Ericson 和 Wollin，1968）

10.8　绘制史前动物地理分布图

20 世纪 70 年代间，CLIMAP 项目通过绘制一些物种（如敏纳圆幅虫）的相对丰度分布图来研究冰河时期的浮游动物的地理分布；该项目要解决的一个重要问题并不关心这些物种的命运，而是为了了解全球气候模式。因此，虽然项目对物种的分布进行了大致研究，但除了对表层沉积物进行的比较研究外（Kipp，1976），多数研究结果在当时都未发表。McIntyre 等（1976）通过因素分析法揭示了动物区系集群的分布，并发表了分布图。Kipp（1976）则分析了柱芯顶部的样品，进行物种鉴定，并将物种分为不同集群（assemblages）。例如，敏纳圆幅虫属于由 5 个主要物种组成的"环流边缘"集群，即这些有孔虫都是在北大西洋中央环流的边缘区占据数量优势，或者只在边缘区的样品中被观察到。*Globoquadrina deutertrei* 是其中的另一个物种，数量非常丰富。然后，测定并记录在柱芯的 18 000 年前的样层（与末次冰期的峰值相对应）中该集群个体数量的多少，依据所获数据绘图。至此，可以着手对数据进行解释了。

在继续下一步分析之前，请注意论点是否充分。CLIMAP 项目使用了地层学参数（每克沉积物含有的 $CaCO_3$ 的克数）来确定 18 000 年前的样层在每个柱芯中的位置，这个参数的变化与方解石中 $^{18}O/^{16}O$ 比值的变化（该指标主要用来测定冰川形成时从海水中吸取水的程度）是平行的。但是，沉积物中 $CaCO_3$ 的浓度主要源于有孔虫壳，在下一步的分析中也使用了这样一个生物学（有孔虫壳的形成）过程参数来表征当时的环境条件。此外，"植物区系和动物区系曲线及地层界线都是 0 ～ 130 000 年前地层年代推断非常有用的指标"（McIntyre 等，1976）。尽管使用方法不同，但结果也非常有趣。

环流边缘有孔虫集群在 18 000 年前的分布（图 10.20）表明：在冰期，这些物种撤退至东部大西洋靠近非洲的赤道海区。在冰河时代，热带和亚热带浮游物种的丰度并不一定在所有地方都下降，但它们的分布范围可能缩小，而当地的环境条件仍较适宜生存，成了它们的"避难所"。

CLIMAP 项目（Kipp，1976；McIntyre 等，1976）从另一角度提出论点。首先，他们拟合出一个多元二次（将变量的平方作为变量）回归方程，用来表达当代的一些海洋学变量（如冬季平均温度）与沉积物表面动物区系数据（作为因变量，实际是来自原始分析的"因子载荷"）之间的关系。其次，使用此方程，通过 18 000 年前的样层的动物区系数据，预测当时的温度。将冰河时代的古温度分布图与目前的表层海水温度分布图进行对比（图 10.21），就可以看到，由于冰川的形成，等温线朝赤道方向发生严重的倾斜。

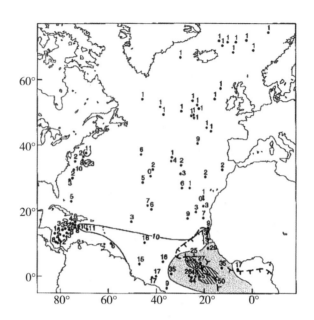

图 10.20　沉积物柱芯中 18 000 YBP 样层的中央环流边缘生物集群（主要为敏纳圆幅虫）的百分比（站点上的数字）分布

北大西洋和加勒比海的百分比非常低，表明其在冰期反复移居热带东太平洋的避难区，也有可能是通过生物扰动作用，与间冰期样层中一些敏纳圆幅虫微体化石发生了混合。（McIntyre 等，1976）

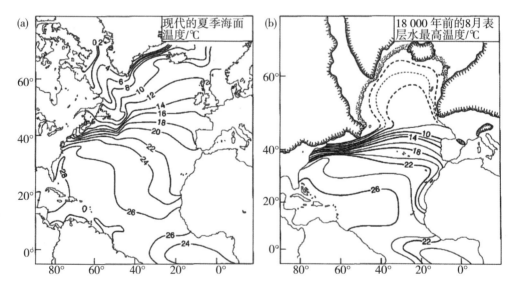

图 10.21　现代与古代北大西洋表层海水等温线分布的比较

（a）现代北大西洋在 8 月份的表层水等温线图。（b）18 000 年前的 8 月表层水等温线图，其数据来自有孔虫动物区系组成的转换函数对当时水温的预测结果。（McIntyre 等，1976）

10.9　再谈物种的形成

对浮游生物物种形成过程感兴趣的人来说，CLIMAP 研究最具有启发性的结果来自北大西洋亚极地物种集群的古今对比（图 10.22）。柱芯顶部的样品显示，其分布范围向南一直延伸到东部约 15°N 处，但在 18 000 年前，分布范围则横亘赤道。因此，Brinton（1962）曾设想有些物种是通过同域物种途径形成的（如 *Thysanoessa gregaria* 和 *Nematoscelis difficilis* − *N. Megalops*），化石记录确实证明了它们的存在，就像在亚极地物种集群中截锥圆辐虫（*Globorotalia truncatulinoides*）占据优势地位一样。如此，Brinton 提出的理论就得到证实：在冰期的末段，双反赤道分布的物种通过异域物种形成机制而发展起来。

CLIMAP 项目组及其他研究人员也应用此方法探讨了一些气候历史和气候过程等方面的问题。浮游动物在地理分布上的变化是所有这些研究的基础。最重要的贡献是对基于地球自转和绕太阳轨道公转的"米兰科维奇循环"与冰期 −间冰期回旋的解释。

10.10　物种真是这样形成的吗？

形态非常相似的动物种群发生隔离，或者曾经分布非常连续的种群在很久以前变得不连续，这样形成的种群会表现出遗传差异吗？如果是，差异到底有多大？一些实例也许可以提供最佳答案，但尚需分子遗传学家对其进行检验。例如，上面所讨论的小角水蚤属，尤其是在 3 个大洋采集的羽小角水蚤（图 10.17），从它们的基因组中通过获得一组相同的基因序列，就可以展示出 3 个种群经历久远的进化造成的遗传差异。对遗传差异的定量研究还有其他案例。例如，上面所提到的 Papetti 等（2005）对北方磷虾进行的研究就是其中的一种检验方式。

Erica Goetze 进行的一系列研究表明不同种群间的遗传学差异确实很大。她首先对最初鉴定为明真哲水蚤（Claus，1866）的几种桡足类动物的基因进行了测序。明真哲水蚤在太平洋呈双反赤道分布，在南印度洋分布于亚热带，在大西洋则生活在所有暖水型海域。Erica Goetze 确实发现其基因存在差异，它们从序列上分属于 2 个截然不同的类群。她从整个分布范围内采集多个样本进行形态学观察，发现了一些微妙的形态学区别：头部外形差异非常稳定，2 种小触角之间的对称性不同，终端尾段的长度不同以及成体的体型不同。T. Scott（1894）对来自几内亚湾那些个体较小的种群进行了描述，并命名为 *Eucalanus spinifer*，但这个种在很长一段时间被认为是透明真哲水蚤的同物异名。更进一步的遗传研究表明，2 个线粒体基因、16S rRNA 基因、细胞色素氧化酶 I（CO I）基因以及细胞核基因组的 rDNA ITS2（非编码的 rRNA 基因间隔区）在 2 个种之间确实有明显的差异。对于 CO I 基因，全球透明真哲水蚤（$N =450$）的种内平均差异为 348 对碱基（bp）中有 2.7 对出现差异，*E. spinifer*（$N = 383$）的种内平均差异为 348 对碱基中有 0.8 对差异，而种间差异为 348 对碱基中有 36.1 对

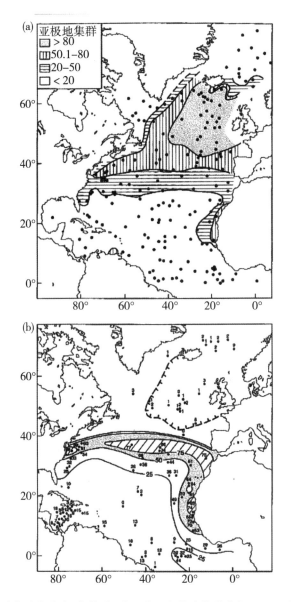

图 10.22　亚极地有孔虫种类(优势种)在现代沉积物中的分布与 18 000 年前的分布比较

图中, 18 000 年前的这些冷水种占赤道区有孔虫数量的 25％。图(b)中斜线面积表示图(a)中的核心分布区。图(a)来自 Kipp, 1976；图(b)来自 McIntyre 等, 1976。

出现差异。与其他相近种相比, 这些种内和种间差异较为常见, 或相对较大。基于这些形态学、遗传学的差异, Goetze 和 Bradford-Grieve(2005)将 *E. Spinifer* 从其同物异名列表中删除, 认定其为一个真正意义上的物种。

　　Goetze(2005)继续开展了此研究, 在全球分布范围内的许多站点进行样品采集, 并对这 2 个物种进行鉴定及测序。她发现, 虽然这 2 个物种是通过同域物种形成机制产生的, 却有明显的栖息地偏好：*E. spinifer* 在寡营养环流中心的个体数量较多, 而透明真哲水蚤主要分布在环流边缘以及附近的上升流海域。对全球范围分布的透明真哲水蚤开展测序，获得 450 个 COI 基因序列（长度为 349 对碱基），其中有单体型239 个（它们的平均差异仅为 2.7 个碱基对），可以分为 7 组，其中 2 组最占优势（编码为 H161 和 H2）。在不同的采样区之间，每个组内单体型所占的比例具有显著的统计学差异。在北太平洋、大西洋和南印度洋－南太平洋这 3 个区域簇内，比例差异量度 Φ_{st} 的数值很大（图 10.23）。在 *E. spinifer* 的 337 条序列中，亚群的分组也非常类似，但是，全球范围最优势的单体型为 H1，这个单体型在每个采样区的数量也非常大；大西洋和南印度洋群体中单体型比例较接近，而北太平洋与南太平洋群体和大西洋－印度洋群组各不相同。所有这些无疑证明：大陆和海洋环流屏障限制了浮游种群的基因流，被隔离的种群常会出现某些独特的遗传特征。因此，有理由认为，通过遗传漂变以及区域间的差异性选择（物种形成过程中的关键一步），透明真哲水蚤和 *E. spinifer* 很可能正经历新物种的形成过程。

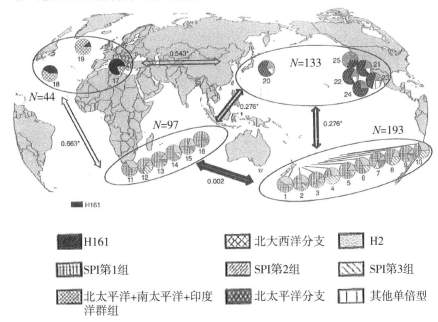

图 10.23　透明真哲水蚤中 COI 基因单体型的频率

Φ_{st} 值（＊表示有显著性）表示整体区域差异（旁边有双向交换箭头），基因流比例越高，箭头的颜色越深。（Goetze，2005）

　　若种群在整个海盆内更加连续且广泛分布，是否也会有遗传上的差异呢？ Goetze获得的亚热带真哲水蚤属在环流内的遗传相似性数据并不支持这一观点，因为环流在12 000 km 范围内造就了足够的基因混合，维持了群体的均一性。对此问题的研究虽然已有很多，但还未达成普遍支持的结论。对局限于海岸区域的物种来说，不同的分布区之间，单体型或等位基因比例差异通常都非常显著。这些 mtDNA 的差异为 1%～4%，该差异程度在不同形态种之间非常普遍。例如，在不列颠群岛周围，以及地中海的几个盆地内，毛颚类 *Sagitta setosa* 的群体中细胞色素氧化酶Ⅱ（mtDNA）发生了变化（Peijnenburg 等，2004、2006）。从分散采样点采集 148 个样本并分析长度为 551 个碱基对的片段（图 10.24），结果显示：北大西洋、地中海、黑海各样点之间的遗传差异非常明显，即使在地中海内部，也存在显著的区域差异。因为 *S. setosa* 从大西洋内 45°N 到西班牙巴塞罗那近海有一个分布空白区，目前似乎没有穿过直布罗陀海峡，因此，东北大西洋和地中海之间有差异的结果不足为奇。此研究还有一个额外的好处：作者告诉我们，虽然几乎每一个单独的标本都有独一无二的单体型，但仅 7 个标本的 COⅡ 在蛋白质序列上出现了差异，且差异相同。奇怪的是，这些标本取自黑海和东北大西洋，采样点之间的地理距离是最大的，进行基因交流的机会应该是最小的。Peijnenburg 等试图通过"分子钟"技术来确定单体型分离发生的时间，但仍难以给出一个可靠的结果，主要是因为基因的进化速率（"分子钟"）具有非常高的不确定性（即使目标基因被认为是选择中性、碱基只有同义突变的情况下也同样如此）。最有力的论据显示：在更新世早期至中期，北部冰川的形成使 *S. setosa* 栖息的东北大西洋－地中海分布区出现分裂。为了逃避寒冷，*S. setosa* 的祖先群体向南迁移，进入地中海，后来由于直布罗陀海峡干涸，从而强行将其分隔为两个群体。冰川消退后，南部群体返回到不列颠岛，地中海群体则仍然生活在海峡东部，这样可能就使它们后来成为被隔离的群体。

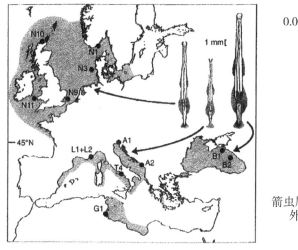 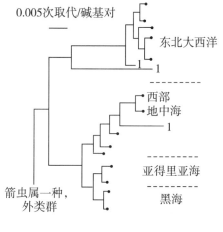

图 10.24　箭虫 *Sagitta setosa* 的物种分布与基于 COⅡ（mtDNA）基因的支序

Sagitta setosa 是一种生活在北大西洋东部和地中海/黑海的毛颚类动物。图上的小点为采样点：A，亚得里亚海；B，黑海；G，加贝斯湾；L，利古里亚海；N，东北大西洋；T，第勒尼安海。支序图上的点代表许多标本的细化分支；1 代表独特的个体。（Peijnenburg 等，2004）

　　在沉积物中除了冰川时期有孔虫和其他微体化石的分布外，还有其他证据能够证明冰川影响了浮游种群的分布吗？Bucklin 和 Wiebe（1998）宣称：亚极地浮游动物 mtDNA 的多样性很低实际上指示了冰川的影响。他们发现，在飞马哲水蚤的 216 个线粒体 SSU rDNA 序列中，79% 的标本个体仅有 1 个单体型，相对于一个雌性个体数约为 10^{15} 的大群体来说，该遗传多样性非常之低，与雌性个体数为 10^8 的亚热带、同科的另一个种群相比还要低。他们认为，至少在末次冰期，飞马哲水蚤在亚极地的栖息地已经发生了变化，且面积缩小了 75%（据 CLIMAP 结果），这迫使其经历了群体遗传"瓶颈期"。当然，这种冰期的瓶颈效应可能会在整个更新世反复出现。相反，Provan 等（2010）并未发现冰期飞马哲水蚤群体内显著遗传限制的 DNA 序列证据。所有这些问题仍未得到解决，我们也无法回到从前进行取样。随着更大量的样本、更多的基因序列、更可靠的生物信息学方法投入使用，解决这一问题的可能性将会越来越大。

由于线粒体来自母体，是严格的克隆细胞器，因此，线粒体单倍体基因出现的差异并不能代表通常意义上的遗传差异。线粒体只要功能正常，就能发挥氧化代谢作用。这种说法也有一定的道理，因为绝大多数 DNA 单体型的差异并不会导致编码氨基酸的不同，那些 DNA 水平上的差异仅仅是遗传漂变以及群体分离大概时间的指示物（显然在海洋与南、北半球间大量存在）。然而，mtDNA 确实也会发生非同义突变，而且这种突变可能比核 DNA 的突变速率还要快。线粒体（和叶绿体）并非仅仅由 mtDNA 编码的蛋白质构成，它们包含的某些蛋白质（以及蛋白质组件）也在细胞核内进行编码。核基因的变异必须与 mtDNA 内的此类变异匹配。核基因 − 线粒体基因之间的不匹配是造成 2 个远缘种群杂交实验失败的重要原因（Burton 等，2006）。因此，线粒体的快速进化可能是异域物种形成过程中遗传趋异的主要内容。随着对更多基因（尤其是发育相关的基因及其他核基因）的研究，系统生物地理学将会获得更好的洞见。最终，分子序列也必将有助于估测事件发生的时间，只是目前分子手段还未能变得非常强悍罢了。

10.11　近海分布及指示种的概念

近年来，强厄尔尼诺事件会导致洋流沿美洲西海岸大范围流向极地，这就会影响到浮游生物的分布。在信风盛行时，厄尔尼诺事件消逝，使热带太平洋中从东到西的上斜面向东坍塌，导致分布边界线快速偏移，并改变沿线分布点浮游生物群落的组成结构。厄尔尼诺为"指示种"概念提供了一个极佳的应用场景。

浮游生物种类构成可以指示水团运动的观点历来已久。从全球的视角来看，生物分布的模式似乎对应于海洋主要环流的空间范围。但是，在大多数近海站点，浮游动物区系结构在不同采样时间之间的波动非常大，因此通常表现出一定的节律或顺序。不像处于 35°N、150°W 等位置的站点那样，始终存在标准的中央太平洋环流动物区系，而沿海岸的动物区系随着季节及海流的变化而变化。在不列颠群岛附近开展的项目第一次详细研究了此问题，Russell（1939）提出，不论在什么时间，某些特定物种在海水中的出现就可指示出海水的来源。

Russell 主要对毛颚类进行了研究，他根据水团中出现的箭虫（*Sagitta*）优势物种对水团类型进行命名，如"锯颚箭虫水团""*setosa* 箭虫水团"和"秀丽箭虫水团"。在不同风场和水流条件下，这些毛颚类出现在不列颠群岛周围的不同水团中，因此被称为"指示种"。这些指示种的分布必须通过大规模调查来验证其有效性，这部分工作已经完成，这些指示种源自的水团特征如下：

（1）锯颚箭虫（*S. serratodentata*）：不列颠岛西部近海域内广泛存在的一种水团模式，北大西洋西风漂流水团，或墨西哥湾流北部分支的水团。

（2）*S. setosa*：浅海水团，通常是西欧近岸或陆架水团的主要模式。

（3）秀丽箭虫（*S. elegans*）：出现在上述 2 种模式之间的混合区内，与北冰洋、白令海和亚北极太平洋（西风漂流的最北部）远海海域的一个物种同种或同名密切相关。

指示种在水团中的出现与海洋水文状况密切关联，在任何给定的时间与站点（英国普利茅斯），可以通过水中物种的鉴定来识别平流的来源。若不列颠群岛附近出现锯颚箭虫，则表明该处的水温异常升高，具有较低的浮游植物可利用营养盐、初级生产力及渔业产量。

这一规律适用于任何近海海域，在美国西海岸也得到了应用。加利福尼亚洋流并非从北到南的简单单向流，而是拥有复杂多变的结构，涉及向北的潜流，同时近岸水流方向和流速呈季节性周期变化。春季和夏季，有向南和离岸的表层流出现，在近岸产生上升流，其强度和时间随着纬度的变化而变化。卫星图像显示其存在很强的近岸喷射流，可作为上升流区的一个特征。冬季表层流向北及向岸流动。厄尔尼诺事件发生期间，流场的冬季型态变得更加极端，并且可以一直持续到夏季，其特征通常表现为高温与低温年份之间的差异（图 10.25）。

等温线的变化可能由复杂的洋流变化（冷水平流至南部，暖水平流至北部）引起，也可能由区域的增温或冷化引起。究竟是哪种因素呢？美洲西海岸的指示种可以给出答案。例如：太平洋磷虾是亚北极太平洋和北部加利福尼亚洋流内的地方种，而 *Euphausia eximia* 是热带东太平洋的地方种，后者通常的分布范围只延伸到加利福尼亚洋流的南端。这 2 个种在海洋中的分布随着高水温和低水温的年份之间的交替此消彼长（图 10.25）。平流是导致磷虾类这种分布模式（图 10.26）的主要原因。3、4 月的数据显示，这一时期通常也是 *E. eximia* 最大程度向北侵入的时期，反之，是太平洋磷虾向南扩展范围最小的时期。

对物种种群的认定建立在其发源地的基础上，若该种群被洋流输送到其他地方，由此就可以推测出其发源地和流向信息，这种研究方法也被应用于俄勒冈州（美国）滨海浮游动物的标准季节性循环中（Peterson 和 Miller，1977）。夏季，在离岸很近的桡足类动物群落中占优势地位的通常都是一系列的北方种：小伪哲水蚤（*Pseudocalanus mimus*）、马歇尔哲水蚤（*Calanus marshallae*）、纺锤水蚤（*Acartia hudsonica*）、腹针胸刺水蚤（*Centropages abdominalis*）和长纺锤水蚤（*Acartia longiremis*）。这些种全年出现，但在冬季通常被一系列的南方亲缘种取代：小拟哲水蚤（*Paracalanus parvus*）、空栉哲水蚤（*Ctenocalanus vanus*）、一种基齿哲水蚤（*Clausocalanus* spp.）、盎格鲁大眼剑水蚤（*Corycaeus anglicus*）等种类。这些种类的主要分布区在南部，在某些情况下

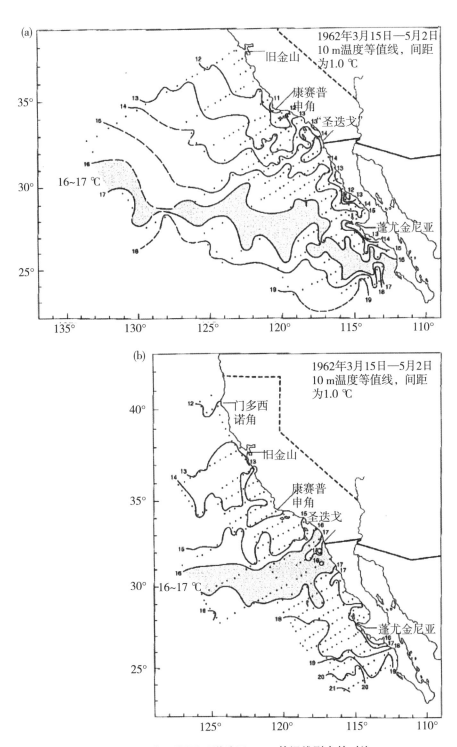

图 10.25　加利福尼亚洋流区 10 m 等温线型态的对比

（a）典型年份，即 1962 年；（b）厄尔尼诺事件期间，或温暖年份，即 1985 年。离岸 130°W 处，14 ℃～18 ℃等温线的位置差异并不大。但在近岸区域，该等温线的位置在这 2 种情况下发生了剧烈的变化。（Anonymous，1963；Wyllie 和 Lynn，1971）

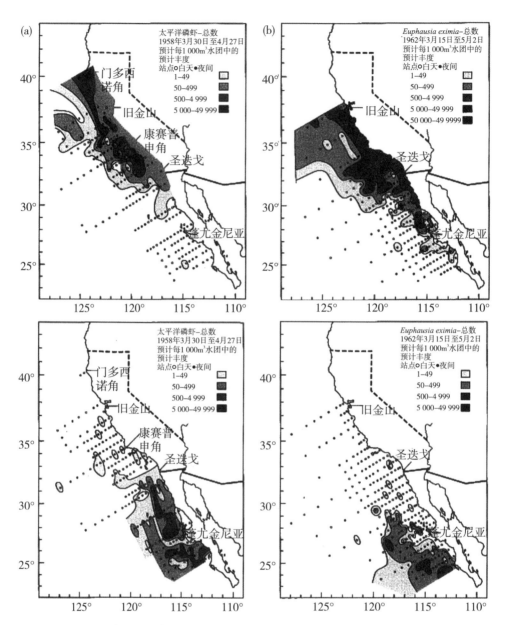

图 10.26 亚北极物种太平洋磷虾（左）和热带东太平洋物种 *Euphausia eximia*（右）分布形式的对比
（a）温度较高的年份，即 1985 年；（b）1962 年，典型的平常年份。在高温年份，北方物种的分布并未延伸至更远的南部，热带物种的分布范围则可向北延伸得更远。（Brinton，1967b）

还可出现在中央环流区。深秋和冬季，它们会被携带到俄勒冈州沿海海域。浮游动物的这种季节性变换与风向变化、海流计观测结果以及其他动物区系的变化一致。北方的夏季风带来了北方的亲缘种，它们的种群数量在冷化期间增加，并且由于近岸上升流的作用，它们的繁殖率很高。在秋季，风向相反，近岸流向北及向岸流动，因此，北方种被带入该海区，并在整个冬季滞留于此，通常要到次年 4 月才逐渐消失。它们繁殖率极低，甚至为零，丰度也一直保持在低水平。

在 1983 年和 1997 年的强厄尔尼诺事件期间，南方浮游生物如正常年份一样，在冬季被带入俄勒冈沿海，但不会在春季被再次带走。在夏季异常高温的海况下，南方种仍沿海岸分布，可产卵和生长。它们仍然是 1983 年和 1997 年整个夏季浮游动物群落的优势种或亚优势种（Keister 和 Peterson，2003）。例如，在 1983 年夏季的一段较长时间内，占优势地位的桡足类是汤氏纺锤水蚤。该种为同纬度、较高温的温带近岸水团分布的一个种（或"一组种"）。沿此海岸，它们是康赛普申角南部夏季的优势物种。在冬季大多数时间内，它们通常不会到达北部如俄勒冈州如此远的位置。但 1982—1983 年，它们确实到达了俄勒冈州，数量能够增长并在整个夏季于该区域生活。

通常，厄尔尼诺事件的结果（与其他结果一致）表明，因为能"随波逐流"，浮游生物可随水平流移动。由于平流作用，它们在发育过程中被带到新的生境，此类生境通常被称为"新的适生生境"。抵达之后，新来的物种迅速取代本地常见物种。然而，那些本地常见物种会在下游进一步取代其他物种，或到达下游沿线某些能生活得不错的生境。全球总物种数并未显著地减少，并不存在任何灭绝的风险。当环境条件反向变化时，群体被带回到原来的水团，并快速恢复。当然，要具有这样的灵活性，很重要的一个原因是大多数浮游生物的世代时间相对较短，能够快速生长。因此，它们具有良好的"弹性"以应对海洋气候的大幅变化。厄尔尼诺事件也不例外。我们之所以以俄勒冈州为例，是因为我们对它们非常熟悉。实际上，类似指示种概念已经或可以在每个海岸、近海海区得到应用了。

第 11 章　海洋生物的群系与区系分析

11.1　朗赫斯特(Longhurst)的分析

自第一台可见光波长卫星辐射计(CZCS)在 1978—1986 年期间使用起，Alan Longhurst 就是较早对图像获取与分析信息感兴趣的学者(Abbott，Banse，Brown，Esaias，Longhurst，McClain，McGowan，Pelez，Platt，Sathyendranath 等)之一。1998 年，他出版了《海洋生态地理学》(2006 年出版了第 2 版)。在该书中，他试图基于叶绿素和温度图像来定义全球海洋生态系统类型的地理分布。他得出结论：全球海洋基本上可划分为四种"生物群系"(biomes)。"生物群系"一词来自陆地生态学，在陆地生态学中，雨林、沙漠、大草原等栖息地都是非常普遍的生物群系类型，无论该生物群系中生活着怎样特定的生物体。Longhurst 提出，海洋可划分成极地、西风带、信风和海岸带生物群系。不久之后，他又将它们划分成许多"亚区"(provinces)，即在物理上更为同质化、适宜大量物种生活的生境(第 10 章)。例如，南极与北极、所有西风带的生物群系彼此之间的差异足够大，因此有必要将它们分割开来考虑。显然，Longhurst 提出的信风带生物群系涵盖了许多在物理和生物学上差异较大的区域，其中就包括中央环流区和赤道区。由于这些亚区的细分在一定程度上确实与已观察到的生物分布模式，这一相对复杂但又有必要的划分方案最终得以确立(图 11.1)。Longhurst 提到的亚区可以通过卫星观测数据很好地识别出来，与前面一些章节中所提到的生物地理学的观察结果总体也能很好吻合。在此，我们将亚区看成是需要进行单独分析的、富有特色的栖息地。我们赞同 Longhurst 的"海岸生物群系(coastal biome)与其他群系有差异"的观点，并进一步将其划分为许多类型，例如，上升流区、大河入海区。

国际海洋水色协调组(IOCCG)对 Longhurst 的亚区分析进行了多次评述，并将报告发布在互联网上(http://www.ioccg.org/)。2009 年的报告广泛讨论了通过卫星数据进行亚区鉴别的一些模式。此工作的基本原理是：对不同的区域进行定义，在这些区域内，影响初级生产力的参数至少在同一个季节内大体相同，也就是说，亚表层浮游植物的丰度、P 与 E 的关系(特别是 P_{max} 与 α)等参数相对恒定。此外，亚区内的许多生态参数，从营养盐到鲸鱼的一整套食物网关系，也都被认为是一致的，因此，基于卫星水色观测结果对整个亚区生物与生态情况进行预测具有一定的可能性。

当前有关大洋的生物海洋学研究中，有一部分研究项目常针对一个特定的生物群系或生态系统来开展，有时也跨越多个生物群系或生态系统。例如，SUPER，SERIES 和 SEEDS 这三个研究计划聚焦于亚北极太平洋(Miller，1993；Boyd 等，

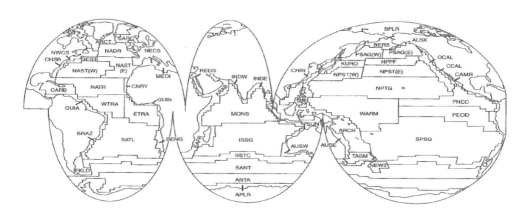

图 11.1　Longhurst(2006)主要根据卫星遥感得到的叶绿素数据，将全球海洋水体划分为各个不同的亚区

请读者基于海洋和全球地理学知识对亚区的名称自行解码。亚区的边界是直线，看起来很奇怪，这是 Longhurst 的边界选择算法产生的假象。真正的海洋边界通常有多个梯度，呈现为光滑的曲线，而且会有大幅度的移动。(Longhurst，2006)

2004)；夏威夷海洋时间序列(HOT)则针对北太平洋亚热带环流区；百慕大大西洋时间序列(BATS)主要研究北大西洋亚热带环流区(如 Siegel 等，2001)；美国的南大洋 JGOFS-AESOPS 计划和澳大利亚的 BROKE-West 计划的研究对象为南极海区(Smith 和 Anderson，2000a，2000b；Nicol，2010)；AMT 项目针对大西洋(从亚北极到亚南极)进行研究(Robinson 等，2009)。在过去，不同国家或国际性团队还实施了许多其他区域性的项目，这些项目的成果产出有时(但并不经常)由《深海研究Ⅱ》或《海洋学进展》杂志以单独卷的形式发表，通常汇编了参与项目研究各小组的论文。在多数情况下，所刊出的论文也包括对不同研究内容及其重要性的汇总。要想了解到所有生态系统类型，需要的篇幅将远远超过本书。下面只介绍有关生物群系的一些基础知识。

11.2　西风带生物群系

11.2.1　亚北极太平洋

西风带也可称为"亚极地"：亚北极大西洋、亚北极太平洋和亚南极。我们对亚北极太平洋的了解大部分来自与亚北极、北大西洋的对比。亚北极太平洋是高硝酸盐与低叶绿素(HNLC)区域中非常寒冷的一类。其他寒冷的 HNLC 亚区包括南大洋的南极、亚南极区域。诸多有关这些亚区的研究试图回答这样一个问题：在温度较高、光照充分、水体分层的夏季，浮游植物为什么不会耗尽海洋表层的硝酸盐、磷酸盐和硅酸盐？在某种程度上，这种现象至少可以用铁限制来解释：由于铁的限制，浮游植物的细胞都较小(小于 10 μm)。Martin 和 Fitzwater(1988)的研究最先证明了这个机制，他们从 50°N，145°W(P 站)处采取大体积水样，比较了加铁与不加铁这两种情景下浮游植物的生长情况。在加铁的处理组中，经历一段时间的迟滞后，大个体浮游植物（主要为硅藻）大量累积，贡献了大量叶绿素，形成的藻华消耗掉硝酸盐；但对照组并未出现此现象（图 11.2）。现场实验已经对这种解释进行了充分检验：小个体微藻的相对表面积较大，不受铁的限制，而大个体微藻（硅藻、腰鞭毛虫）则受铁的限制。初级生产者中多为较小体型藻类，这使原生动物成为该生态系统中的主要植食者，原生动物的倍增时间可以与浮游植物一样快（在食物量丰富的前提下，每天可翻两番）。

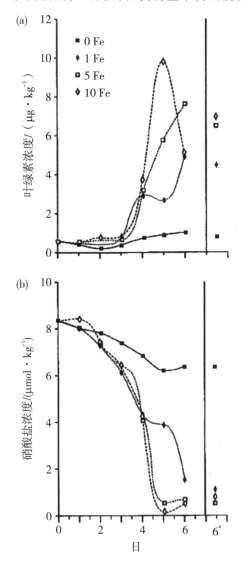

图 11.2 亚北极太平洋（海洋观测站 P，50°N，145°W）铁加富实验培养瓶中叶绿素（a）和硝酸盐（b）浓度变化的时间序列

共 3 个不同浓度的加铁实验。在第 4 天，大型硅藻的繁殖使瓶中叶绿素浓度迅速超过对照组。6* 代表另外一个培养组，培养过程中未曾打开采样，直到培养的第 6 天才打开进行取样并测定。（Martin 和 Fitzwater，1988）

因此，原生动物的捕食压制了初期藻华，促进了上层水体的营养盐再循环，从而阻止硝酸盐、磷酸盐和硅酸盐被耗尽。

亚北极太平洋海域是一个气旋式环流区，北太平洋的西风使海流沿着 40°N 以北的一个宽带区漂流。此海流在北美洲离岸区域变为阿拉斯加流，将水引向北部，然后在阿拉斯加湾和阿留申群岛周围引向西部。进入西风漂流的回流沿着堪察加半岛和北海道出现，与东行的亲潮（Oyashio current）相遇，在强大涡旋场内与黑潮（沿着本州岛向北流动）混合。西行的北部分支和西风漂流之间在日界线附近会发生交换，发展成 2 个单独的亚北极环流：西部与东部亚北极环流。气旋式环流在环流中心的密度等值线形成 1 个凸起，这应与上行的埃克曼输送相对应。然而，较低的表层水盐度（$S \approx 33$）也是整个区域的特点之一。在 80～120 m 深度（内波引起偏差）处的盐跃层（图 11.3），盐度 $S \approx 34$。通常认为亚北极太平洋区域的南部边界是从西向东的一条线，在此线上，$S = 34$ 的等盐线上升至海表面。较低表层盐度的成因包括：沿海山脉区的强降水量导致大量淡水排向海中；大量冰川融化；西风对亚洲山脉的摩擦侵蚀（Warren，1983）使风应力旋度减小（相对于北大西洋亚北极地区）。此外，整个环流系统也受到北部陆地的限制，这也是主要不同之处。

盐度跃层能有效阻碍水体混合，阻止跃层下富含营养盐（300 m 处硝酸盐浓度为 40 μmol L^{-1}）的水上升到表层换气。在阿拉斯加湾中部，秋季与冬季形成的季节性温跃层逐步被侵蚀，到次年 3 月时，表层水中最大的硝酸盐浓度仅仅升高到约 17 μmol L^{-1}。到 4 月或 5 月，由于风力下降，太阳辐射增加，导致在约 35 m 深处再次形成季节性温跃层，在此之后，表面硝酸盐浓度在 3 月到 8 月期间降低 8～10 μmol L^{-1}，但不会低于 6 μmol L^{-1}［图 4.8（d）］，这个水平的硝酸盐浓度不可能限制浮游植物的生长。磷酸盐和硅酸盐的浓度也会下降，但均未低至限制浮游植物生长的水平。非常重要的一点是：盐跃层限制了水体的垂直混合，同时也在全年尺度上维持了上层水体的小型浮游生物食物网，即使在亚北极北大西洋，冬季水体混合深度达 300～400 m，那里的小型浮游生物食物网也没有被瓦解过。

如上所述，亚北极太平洋海域占主导地位的浮游植物为微型和微微型浮游植物。聚球藻是其中一个重要的类群，尤其在夏末和秋季，在温跃层以下和盐跃层以上会大量出现，但其生物量从未占主导地位。寡营养海域常见的原绿球藻在亚北极太平洋海域几乎没有。通常，真核浮游植物是该区域的主要类群，它们的含碳量比微微型浮游植物要高很多，至于哪些真核浮游植物较多，每次采样都会得到不同的答案。Booth 等（1993）观察到球状的绿藻（小球藻 *Chlorella* 和微球藻 *Nannochloris*）、青绿藻（*Mantoniella* spp.）、金藻、小型硅藻（菱形藻 *Nitzschia cylindroformis*）和普林藻（棕囊藻 *Phaeocystis* spp.）分别在不同时间点占优势地位，而大量其他物种只占次要地位。特定物种或群组的优势度与特定环境条件之间的联系还不清楚。已观察到的这些物种均有可能被原生动物所摄食，观察结果显示该区域存在大量异养与混合营养型的腰鞭毛虫、领鞭毛虫、鞭毛虫（如 *Bodo* cf. *parvulus*）以及纤毛虫（急游虫科，包括球果螺体虫 *Laboea* 和急游虫 *Strombidium*）。

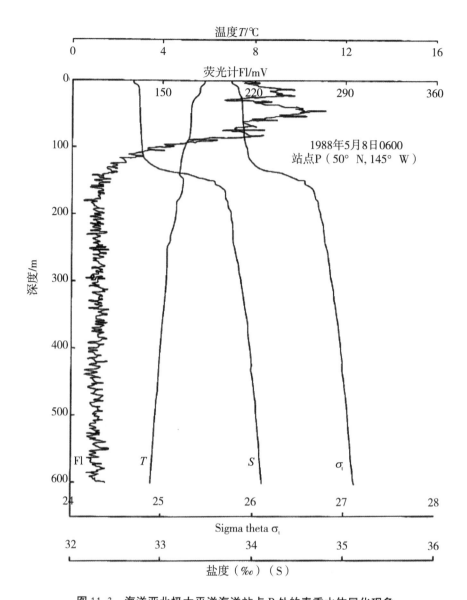

图 11.3　海洋亚北极太平洋海洋站点 P 处的春季水体层化现象

"Fl"剖面是叶绿素荧光参数。明显确定了密度（σ_t）剖面的盐跃层靠近循环性内波上的最深下降位置。更多的表面增温现象随着从夏季到秋季的演变逐步发展。（Miller 等，1991）

　　亚北极太平洋海域的中型浮游动物中占优势地位的是（尤其是从 3 月到 7 月）5 种桡足类：羽新哲水蚤（*Neocalanus plumchrus*）、弗氏新哲水蚤（*N. flemingeri*）、粗新哲水蚤（*N. cristatus*）、邦氏真哲水蚤（*Eucalaus bungii*）和太平洋长腹水蚤（*Metridia pacifica*）。前两种桡足类幼体大量存在于季节性温跃层以上的水体，而后两种在季节性温跃层以下的水体中大量存在，可能主要以表层沉降下来的粪便为食。长腹水蚤属具有非常明显的昼夜迁移习性（老年个体的迁移水深跨度大于 200 m），而其他属则不具此习性。除长腹水蚤以外，所有其他 4 种桡足类在第五桡足幼体期（C5）时都可休眠。

在这个时期，它们将大量营养物质以液蜡的形式储存在体内，然后下降到 400 m 以下（最深可超过 2 000 m）的深度，以避开夏末的高温与掠食者。不同物种的生殖时间表略有不同，这在第 8 章已进行了讨论。占主导地位的物种——羽新哲水蚤于夏末到早春在海洋深处持续大量产卵，为其后代提供尽量多的生存机会。由于春夏季表层水中的生产力急剧增加、食物丰富，那些到达海水表层、处于第一阶段的无节幼体最终获得食物并生长、存活下来。这些桡足类都主要以原生动物为食，它们形成的营养级具有显著的季节性（图 11.4）。因此，初级生产力的季节性可以传导至 2 ～ 3 个更高的营养级（其生物量的积累也表现出明显的季节性）。

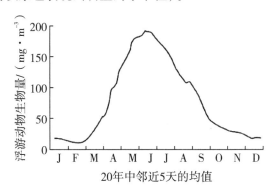

图 11.4　海洋亚北极太平洋上层 150 m 中浮游动物生物量的年度循环

春季生物量的积聚是由种群增长引起的，主要是由于大型桡足类的增长。桡足类滞育期导致生物量在初夏减少，此时他们下降至 500 m 以下的深度处。（Fulton，1983）

这些较低层营养级之间的相互作用使浮游植物群体发生变化，其变化机制尚未得到解释（图 11.5）。与温带沿海或北大西洋水域相比，亚北极太平洋海域浮游植物总量的变化范围很窄，在 0.15 ～ 0.6 μg·L^{-1} 之间缓慢徘徊。浮游植物也会有周日循环：一方面昼－夜间存在的荧光强度变化，另一方面白天生长引起生物量增加及夜晚被摄食导致生物量减少（Bishop 等，1999）。这些周日循环影响了更长周期的波动，可能是正向影响，也可能是负向影响。在 10 ～ 40 天内浮游植物也会产生明显的变化，可能体现出浮游植物群体的一种真实变化。此外，当间隔时间大于 10 天时，上层水体中铵离子浓度与浮游植物总量变化方向刚好相反：浮游植物总量增加时铵被吸收，浮游植物总量减少时铵得以再生（Miller 等，1991a，1991b）。很可能在铵的再生阶段植食性原生生物总量增加，阻止浮游植物总量上升，或导致浮游植物总量降低，将化合态的氮返回至水体。

总的变化模式（图 11.5）可能是：

（1）掠食者－猎物的振荡。原生动物吃掉浮游植物并排出铵，随后由于食物的限制，原生动物自身的数量也减少，在此期间，浮游植物得以繁殖，最终使原生动物数量回升，进而再次限制浮游植物进一步增长，振荡如此往复进行。

（2）间歇性的铁供应量增加可能驱动一系列变化。灰尘沉降（可能随着暴风雨落下）或水体垂直混合将可溶性铁输入表层，提高浮游植物生长率，使它们的总量增

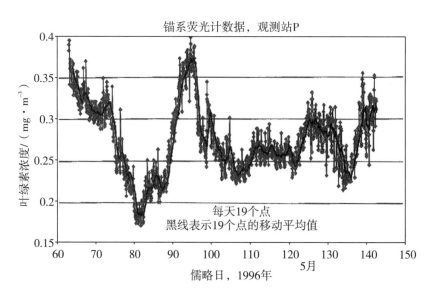

锚系荧光计数据，观测站P

每天19个点
黑线表示19个点的移动平均值

儒略日，1996年   5月

图 11.5　50°N，145°W 附近浮游植物生物量（测量叶绿素现存量）的短期循环
通过 Phillip Boyd 友情提供的固定荧光计数据进行绘图。

加，随后又被植食性动物摄食而受到抑制。在站点 P 附近的 ARGO 浮标每天上浮 2
次（Bishop 等，2002），观测到的光透射剖面显示：始于戈壁沙漠的沙尘暴（由卫星观
测到）经过该海区 2 个星期后，水体中的颗粒碳含量显著增加。在沙尘暴经过后的 12
天内，每天黎明时分，浮游植物总量比前一天净增约 10%，总量逐步增加，而浮游
动物的摄食相对滞后。ARGO 浮标所观测到的浮游植物增长与沙尘输送在同一时段
发生的现象令人印象深刻，但在浮游植物总量增加期间，混合层的深度变浅；而在浮
游植物总量降低期间，混合层的深度又变得较深，这提示存在另外一种可能性（见下
文）。Hamme 等（2010；参见第 16 章）的研究是有关沙尘驱动亚北极太平洋浮游植物
激增的另一案例。

（3）混合层变浅使浮游植物能吸收更强、更连续的光照，从而加速其生长；风暴
则使混合层变深，稀释浮游植物。因此，风平浪静与暴风骤雨天气的交替出现将驱动
这种循环往复进行。

（4）同样地，晴朗无云的天气也可加快浮游植物的生长，使真光层变得更深（但
不会将浮游植物夹卷带入黑暗的下方水层），浮游动物也因此能比往常摄食更多的浮
游植物。

（5）营养级联也可能导致振荡的发生（Dagg 等，2009）。中型浮游动物（桡足类、
磷虾、樽海鞘）的增加或减少，会导致原生动物的减少或增加，从而减轻或增加对浮
游植物的摄食压力，引起浮游植物（和荧光）的振荡，而这种振荡将会逐步受到抑制
（图 11.5）。但这仅仅将因果链的不确定性推向新的不确定性，而很多机制都能够引
起小型植食动物的掠食者总量增加或减少。

当然，这些机制都可能在不同的时间段发挥作用，但掠食者几乎总能在几周内迅

速赶上浮游植物总量的增长，从而将其（叶绿素浓度）限制在远低于 1.0 μg·L^{-1} 的水平。Strom 等（2000）指出了问题所在：在浮游植物总量的振荡中，存在一个相对较高的下限。在更加寡营养的亚热带海域，当主要营养盐和所需微量金属几近耗尽时，叶绿素浓度在很长时间内维持在0.1 μg·L^{-1} 以下。与这个最低值相比，为什么亚北极太平洋的叶绿素浓度仍能维持在一个相对较高的水平呢？一个可能的解释是：微食物网具有很高的复杂性，具有一种自我限制机制。例如，当微微型浮游生物和微型浮游生物总量减少时，体型较大的小型异养生物可能会摄食更多更小的微生物。然而，对于小型植食性动物摄食活动的基本调控方式我们还知之甚少。

在开阔海区开展大面积（多为 10 km × 10 km）的铁加富实验已经得出明确的结论：在亚北极太平洋和其他 HNLC 区域内，铁的限制是真实存在的且非常重要。最初 Martin 和 Fitzwater（1988）对大型浮游植物的铁限制实验时，是向培养容器内添加纳摩尔量级的铁，培养容器也被放置在船甲板上。这使一些人怀疑：密闭的空间可能会干扰微藻－掠食者、微藻－营养盐之间的相互作用。加拿大（"SERIES"，Harrison 等，2006）和日本（如"SEEDS Ⅰ & Ⅱ"，Tsuda，2005）的海洋学家开展了亚北极太平洋的现场铁加富实验，北太平洋海洋科学组织（"PICES"）也在道义上提供了支持。SERIES 在一块 8.5 km × 8.5 km 的海区内，以船的尾流搅拌氯化铁酸性溶液（同时加入 SF$_6$ 作为斑块的示踪剂），该海区以位于50.14°N，144.75°W 处的浮标为中心。第二次铁加富实验是在第一次实验操作后 7 天内开始的，涵盖从北到南的一个长条形区块。到第 26 天时，该区块大小约为 35 km × 10 km，并形成了一些旁瓣。每次加铁量至少约 2.4 μmol L^{-1}，浮游植物的响应非常强烈，尽管有点慢与迟滞。到第 18 天时，区块中央的叶绿素浓度升高到约 5 μg·L^{-1}，占优势地位的是细胞相对较大的壳缝羽纹硅藻（Marchetti 等，2006）。在相同时间段内，硅酸盐含量从 15 μmol L^{-1} 降低到 1 μmol L^{-1}，硝酸盐含量从 11 μmol L^{-1} 降低到 4 μmol L^{-1}。SEEDS Ⅰ 开展的铁加富实验也非常类似，但目标海域位于西部环流中（48.5°N，165°E），时间为 7—8 月，当时混合层深度仅为 10 m 左右，实验中加入可溶性铁溶液的浓度较高，导致藻华的产生，叶绿素浓度达到 20 μg·L^{-1}，其几乎全部来自一种中心硅藻——柔弱角毛藻（*Chaetoceros debilis*）。

亚北极太平洋环流在整个沿岸近海具有独特的生产机制：不列颠哥伦比亚和东南阿拉斯加海岸的涡流密集，阿拉斯加湾的北部靠近沿海水域，近岸的阿拉斯加流流经阿留申群岛，以及从堪察加半岛到其近海转向北海道的亲潮，它们均会产生剧烈的、由硅藻主导的春季藻华。这些藻华确实能将 NO_3^-、PO_4^{3-} 和 $Si(OH)_4$ 浓度降低至较低的水平，显然，这些区域的铁限制只是间歇性的，沉积物再悬浮和河流输入都可能向真光层提供铁。藻华发生的海域与 HNLC 海域之间的界限距离海岸的位置各不相同。近岸中型浮游动物群落与大洋区域的物种构成基本相同。但是，沿海和峡湾中的哲水蚤发育速率更快，在表层海水中的主动摄食时段更加集中，产卵的时段也更为集中，在日本海、峡湾区域（如佐治亚海峡和威廉王子海峡）内尤其如此。太平洋哲水蚤和伪哲水蚤属的几个种在近海的丰度比远洋更高，沿海的马歇尔哲水蚤则不然。几种磷虾（例如，*Thysanoessa spinifera* 和北极磷虾）在沿海区域的数量更高，或只局限在海岸带分布。

亚北极太平洋是许多局域性分布海洋生物（鱿鱼、鱼类、海洋哺乳动物）的栖息地，在远洋与近海区域都是如此。群游性鱼类中的秋刀鱼（*Collolabis sauri*，鲑鱼的一种重要食物）既可生活在大洋也可生活在近海，在亚北极太平洋区域的南部与北部之间进行季节性的往复迁徙。在夏季，鲳鱼（*Brahma brahma*）从偏亚热带海域跨越很远的距离向北迁徙到亚极地。近海的离岸区域是几种鳀鱼和沙丁鱼的生息地。当然，该区域的代表性鱼类是太平洋鲑属（*Onychorhynchus*）的 5 个种，俗称太平洋鲑（Pacific salmon），属于溯河性鱼类，它们的栖息地是亚北极海岸线上的河流。有些鱼类偏好在近海生活，尤其是当幼鱼刚进入海洋时，但红鲑（sockeye）、粉鲑（pink）、年龄较大的王鲑（chinook）的分布范围为整个大洋区域，它们冬季在南方生活，夏季在北方生活。鲑鱼的生物学已有大量的研究结果，这一方面是因为它们有重要的商业价值，另一方面它们的迁徙和生理学特征也令人惊叹。

亚北极太平洋也生活着大型远洋鱿鱼（力士钩鱿，*Onykia robusta*）以及许多近海鱿鱼，包括日本飞鱿——太平洋褶柔鱼（*Todarodes pacificus*）。太平洋褶柔鱼在日本列岛周围迁徙，在为期约 1 年的迁徙时间内逐步生长，然后聚集到九州岛附近、中国东海及日本海北部等海域产卵。在北海道的近岸地区，渔民们在船上挂灯，以灯光吸引太平洋褶柔鱼，那里已成为捕获太平洋褶柔鱼的一个渔业基地。Dahl's 鼠海豚——白胸拟鼠海豚（*Phocoenoides dalli*）是该地区的一个地方性物种，它们主要生活在离岸很远的海区；虎鲸（*Orca*）和几种更小的鼠海豚都生活在该海区的周边；北海狮（*Eumetopias jubatus*）、斑海豹（*Phoca largha*）和海獭（*Enhydra lutris*）同样也生活在这些区域。座头鲸（*Megaptera novaeangliae*）在亚热带（多在夏威夷群岛周围）海域越冬，春季时向北方迁徙，然后向东或向西游至亚北极，它们在夏季的阿拉斯加海峡和俄罗斯峡湾区域内摄食。灰鲸（*Eschrichtius robustus*）在墨西哥越冬，然后沿着海岸向北迁徙，大致经过亚北极地区，在白令海和楚科奇海北部摄食。因此，亚北极太平洋亚区有丰富的自游动物群，它们的丰富度远超我们此处所列的这些类群与物种，其中一些大型动物是许多专家专门研究的对象。

11.2.2　亚北极大西洋

与亚北极太平洋相比，北大西洋的墨西哥湾流北部和极锋南部海域差异主要体现在以下 4 个方面：（1）冬季混合层较深，可达 200 ～ 400 m（图 11.6），浮游植物总量下降至极低的水平（叶绿素浓度小于 0.2 μg・L^{-1}）。（2）春季藻华现象时常发生，从新英格兰到挪威海域，叶绿素浓度可达 2 ～ 4 mg・m^{-3}。大型硅藻是大西洋藻华中的优势类群，而在亚北极太平洋远洋水域内，硅藻仅偶尔能成为浮游植物生物量的优势类群，且通常是细胞较小（小于 7 μm）的种类。（3）北大西洋离大陆较近，当表层的主要营养盐（尤其是硝酸盐）几乎完全耗尽时，能得到足够的铁供给。同样重要的是，深层水中营养盐的浓度约为太平洋的一半，因此，在痕量金属的限制变得严重之前，营养盐很容易被耗尽。（4）大型植食性桡足类——哲水蚤属（*Calanus*），是中型浮游动物中的优势类群，它们上升到表层水中，主动摄食，然后大量产卵，这与亚北极太平洋的新哲水蚤（*Neocalanus*）有所不同。

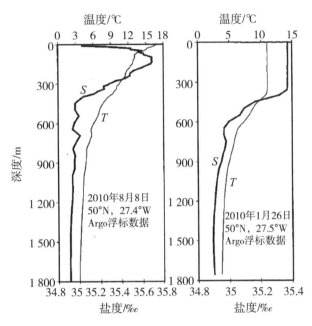

图 11.6 亚北极大西洋夏季（8 月）和冬季（1 月）温度（*T*）与盐度（*S*）的剖面比较
夏季水体明显分层，冬季剖面显示了较深的混合层（可达 360 m）。来自世界海洋数据库的 Argo 浮标数据，保存于美国国家海洋数据中心（NODC）。

春季藻华发生在近岸、温带、整个北大西洋等海域，有关其发生的时间、时序和强度的控制机制问题，一直吸引着海洋学家们去解答。如第 4 章所述，对浮游植物总量的季节性循环模型的研究是生物海洋学的一个专业分支。目前，已运用很多手段开展研究以加深对藻华发生机制的理解，包括小船、船舶、锚系、自主浮标和卫星观测等，但我们在这方面的工作还远未结束。浮游植物总量取决于过去一段时间内的生产力与细胞死亡率。导致"死亡"（或至少是在海洋表层中的损失）的因素包括：被食、水体混合后脱离了真光层、沉降、病害。最后一点直到最近才引起重视：海水中的病毒能裂解浮游植物细胞（见第 5 章）。

在北大西洋的不同区域之间，季节性循环也存在非常明显的差异。尽管如此，大西洋近海（如北海、科德角附近海域，以及整个大西洋寒温带海域）的循环模式仍堪称经典。很多教科书都以示意图的形式展示此循环过程及其特征（图 11.7），这是本学科研究问题的一个特征。定期出海或连续在海上作业仍十分困难，尽管我们通过锚系及后来的 ARGO 浮标确实可以得到一部分所需数据，但依然没有得到高分辨率（每天或接近每天）的所需变量，不利于对春季藻华的进程展开单一时间序列的量化分析。进行量化分析需要测定的参数很多，包括浮游植物总量、物种组成、辐照度、水柱密度结构、营养盐和摄食者的群落数据，所有这些参数都需要从浮游植物总量增加之前就开始测定，直到藻华消退。藻华过程可能包含几种不同的主要浮游植物种类的演替(此消彼长)，因此，弄清楚浮游植物物种组成对了解藻华进展特别重要。若能得到浮游动物的摄食、浮游植物沉降等数据当然很好，但测定这些参数更加困难。

藻华发生原理(图11.7)通常表述如下：在冬季，水体的混合使表层营养盐增加，达到季节性峰值，为浮游植物在春季生长奠定了基础。然而，冬季的光照水平持续偏低，混合层深度也较深，阻碍了浮游植物的快速生长，水体的混合作用也使更多浮游植物脱离真光层而损失掉。春季，光照增加，表层温度升高，水体混合受到水体层化的压制，生长率提高，浮游植物总量累积，从而产生春季藻华。到了晚春或初夏，表

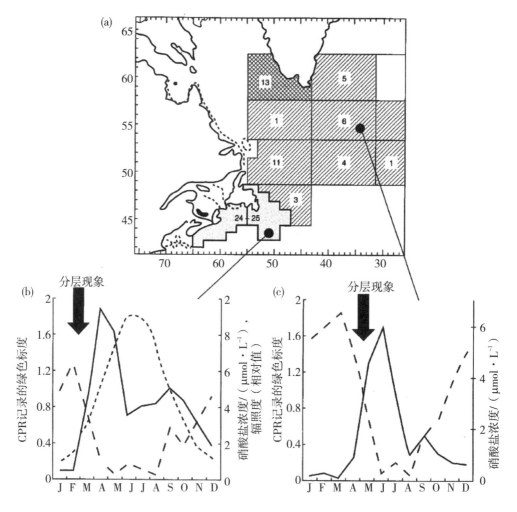

图11.7 两个大西洋站点浮游植物生物量(实线)的平均周年循环

循环包括春季、秋季藻华现象及冬季极端低生物量水平。在不同年份的所有季节，于指示站点区域内拖拽240 mm连续浮游生物记录器(CPR)，通过所得颜色结果进行估算(Robinson，1970)。在更偏北的站点，现存量峰值出现较晚。相对辐照度(短虚线)和硝酸盐(长虚线)曲线为假想的曲线。

层水中的营养盐被耗尽，浮游植物生长率降低，浮游动物因摄食浮游植物而总量增加，同时浮游植物量降低到一个较低(但变化不定)的水平。夏季的变化主要源于间歇性的营养盐补充(如风暴将底层水的营养盐带入表层)。秋季，光照依然良好，许多摄食者已经进入休眠期并为过冬做准备(或因为夏末至秋季的水温为全年最高)，风力不断加强，将营养盐带到表层，这些因素常导致秋季藻华的发生。冬季，风驱使水体重新混合，系统恢复到低浮游植物总量、低活性的状态，以上这种解释是基本正确的。对表现出此类藻华现象的站点来说，这些机制经得起定量研究的检验，但除此之外，还有许多细节需要考虑。

11.2.2.1　临界深度理论

仅通过摄食过程来解释春季藻华的发生也很常见。Gran 和 Braarud(1935)与 Sverdrup(1953)的"临界深度"(critical depth)理论因此而产生。在最初的公式中，摄食作用以一种模糊的方式加入其中。浮游植物的相对增长率，即每单位($1/P$)现存量的增加(dP/dt)，等于总光合作用减去呼吸作用，即

$$1/P \cdot (dP/dt) = PS - R \qquad\qquad (式 11.1)$$

Sverdrup 指出，辐照度与光合作用(PS)随深度的增加呈指数下降，而呼吸作用(R)可能在不同深度大体保持不变。他将呼吸作用看成是"群落新陈代谢"，即总的减少量包括浮游植物的呼吸作用和浮游动物对植物的摄食引起的总量减少，Smetacek 和 Passow(1990)的评论就强调了这一点。由 PS 与 R 之间的相互作用关系可以将垂直尺度上的变化分为几个层次(图 11.8)。群落光合作用的补偿深度(photosynthetic compensation depth)就是 PS − R = 0 处的深度。此外，此定义还适用于整个群落的代谢活动，而非仅局限于浮游植物。生理学家将光合作用补偿深度定义为净初级生产(光合作用 − 细胞呼吸作用)为零时的深度。摄食作用增加了损失项，使计算结果可能略低于 Sverdrup 所预期的光合作用补偿深度。"临界深度"定义为垂直方向上的积分(PS − R) = 0 时所处的深度，临界深度要远深于之前任一版本定义给出的补偿深度。临界深度原始定义中所涉及的唯一损失来自光合作用产物的群落代谢。然而，除此之外，垂直混合作用也会给有光层带来损失。通常来说，温跃层以上水体的混合非常迅速，在很多情况下几乎瞬间完成；而跨越温跃层的混合作用则较慢。Sverdrup 预计，当温跃层上升到临界深度以上时，水温升高，此时春季藻华开始发生。在此之前，混合作用可能使整个真光层的 $1/P \cdot (dP/dt)$ 值为负数。此后，由混合造成的损失将变小，浮游植物总量将会在温跃层以上累积。

临界深度理论很好地解释了藻华现象。Sverdrup(1953)展示了驻扎在北大西洋高温区域(66°N，2°E)内的一艘气象观测船得到的数据(图 11.9)，通过拖网测定(较大个体的)浮游植物量，确实发现水体分层后不久浮游植物开始增加。通常，藻华现象(在此现象较为重要的地方)在第一次非暂时性季节性温跃层出现后很快就会发生。藻华现象在不同年份之间随表层热度的变化而变化。此理论非常适用于冬季和初春植食动物总量较低的时间段，因为此时摄食作用只占"群落"呼吸作用很小的一部分。在中纬度北大西洋以及靠近海岸的其他地方，事实确实如此，因此，该理论非常适用

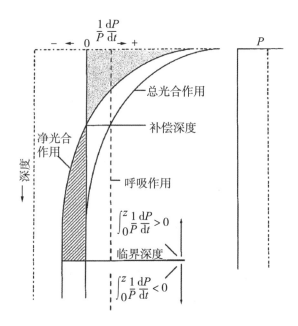

图 11.8 Sverdrup(1953)用于解释春季藻华起动过程的临界深度模型

根据比尔定律($l_z = l_0\, e^{-kz}$)，总光合作用随辐照度的逐渐衰减而呈指数下降(式中，k 是由于吸光度和散射引起的消光系数，z 是深度)。由于假定群落呼吸作用保持恒定而不随深度变化，因此净光合作用向左偏移。阴影区域表示净光合作用(高于补偿深度时为正值；低于补偿深度时为负值)，当往下至临界深度时，光合与呼吸的积分刚好相等。(Sverdrup, 1953)

于"经典"的季节性循环。在其他区域，混合深度仍然是一个重要参数，但有时会以略微不同的方式发挥作用(如 Nelson 和 Smith，1991)。在浅海大陆架内，底部可被视为垂直混合作用的下限，而此下限始终在临界深度以上，因此，季节性混合作用对浮游植物总量的影响会有所不同。Van Haren 等(1998)研究了北海中部一个站点 45 m 深度处叶绿素与其他高分辨率时间序列数据，发现一旦光合有效辐射(PAR)超过 6.5 μmol photoms m^{-2}·s^{-1}，从 2 月中旬开始，叶绿素就从隆冬的 0.5 mg·m^{-3} 增涨至 3 ~ 6 mg·m^{-3}。这与该水域的生理补偿(PS − R ≥ 0)强度近似(Tett，1990)。水体分层仅在藻华发生并引起营养盐受限、消退后很久才会出现。据报道，此类早于春季发生的藻华现象常见于较浅的沿海站点，包括乔治沙洲和纳拉甘西特湾。

11.2.2.2 全球海洋通量联合研究项目(JGOFS)：北大西洋藻华实验

在 45°N 以北的大西洋，尤其是东侧(Glover 和 Brewer，1988)，冬季混合层深度超过 200 m，为表层海水补充了主要营养盐，其中硝酸盐的含量超过 6 μmol L^{-1}，并带走了上部光照层内的大多数浮游植物(叶绿素含量多达 0.05 mg·m^{-3})和小型异养生物。3 月底至 5 月，分层现象重新出现并逐渐向北发展，藻华随即发生，并持续大约 50 天。此研究由一项国际合作项目——1989 年的海洋通量联合研究项目(JGOFS)及 1990 年的海洋生物地球化学通量研究项目(BOFS)共同完成。其中，研究最多的一个区域包括位于康沃尔郡海域正西方的 3 个观测站，它们沿着 18°W，分布在 46°N

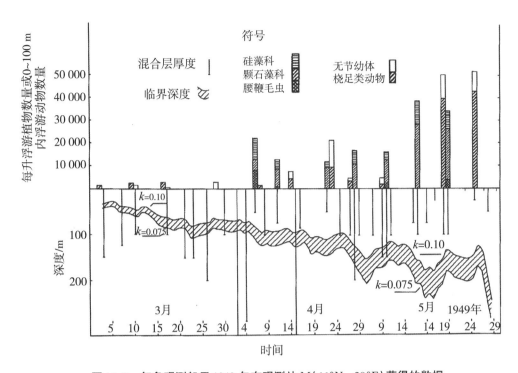

图 11.9 气象观测船于 1949 年在观测站 M(66°N，28°E) 获得的数据

展示近似临界深度（k 值介于 0.075 ~ 0.10 的阴影区）与混合深度之间的关系。在 4—5 月时，浮游植物数增加，此时的临界深度超过混合深度。（Sverdrup, 1953）

到 49°N 范围内。1989 年 4 月 25 日，当所有观测船和科学家抵达时，分层现象刚刚出现（图 11.10），浮游植物总量仍然较低（0.5 mg·m^{-3}）。藻华随后发生，叶绿素含量增加到 2.6 mg·m^{-3}，同时主要营养盐含量降低（图 11.10）。同样，1990 年在 49°N，18°W 的站点，浮游植物总量直到 5 月中旬才开始增加，叶绿素含量达到该区域春季藻华的峰值，约为 2.8 mg·m^{-3}。在藻华达到最巅峰时，增加的浮游植物大多数都来自水体的表层，仅在高峰期延伸到深约 25 m 以下的位置（Savidge 等，1992）。在这两项研究中，当浮游植物生物量增加时，硝酸盐含量减少，呈明显的负相关关系（图 11.11）。这显然是一种因果关系：浮游植物的增加会将化合态氮整合到自身的有机成分中，使化合态氮减少。当硝酸盐、磷酸盐、硅酸盐及其他营养盐含量降低时，浮游植物生长减缓。

在整个区域内，无论什么时间，藻华的发生范围都呈明显的斑块状，常形成中尺度（几十到几百千米大小）的团块。JGOFS 在北大西洋的藻华试验显示（Robinson 等，1993），出现这种现象的主要原因来自中尺度涡旋效应，这种涡旋总是在整个区域内分散地出现（图 2.4）。卫星测高数据也证明，1989 年 4—5 月，该区域内有 3 种持续性的气旋式（在北半球为逆时针）涡旋存在（图 11.12）。由于科氏力效应，发生气旋型涡旋的海面从中间到边缘向上倾斜。其斜率可由卫星雷达估算，旋转速度近似于地转速率（图 11.12 右下插图）。气旋型涡旋区域的水体在垂直方向上更为稳定，春季

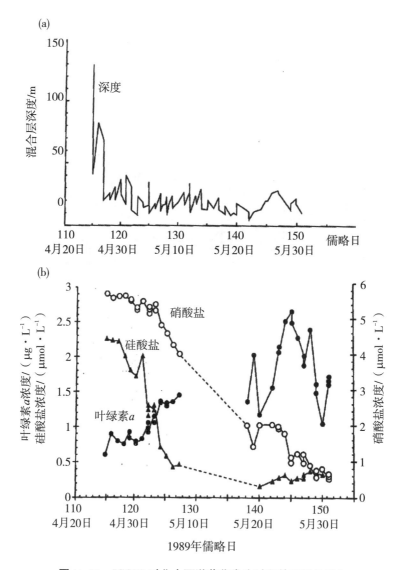

图 11.10　JGOFS 对北大西洋藻华发生过程的观测结果 *

（a）混合层深度的时间序列，时间 1989 年 4—5 月，海域 47°N，20°W。观测在季节性温跃层显著变浅前开始。（Lochte 等，1993）（b）1989 年 4—5 月，46°N，18°W 处的叶绿素 a、硝酸盐和硅酸盐浓度的时间序列。（Sieracki 等，1993）

*图题为译者总结。

藻华倾向于在涡旋中更早或更快地出现，于是涡旋区就出现了高浓度的叶绿素斑块（图 11.12 左上插图）。

　　如图 2.4 所示的 6 月冰岛南部水体卫星图像（来自颗石藻方解石板的反射），在大型春季藻华发生后，浮游植物的分布也表现出类似的模式，该图也显示出中尺度涡场对海洋浮游植物分布的重要性。通过北大西洋西部海区的卫星数据图像估算沿海叶绿素浓度，结果表明，浮游植物总量也呈现旋涡般、不断发展的模式。

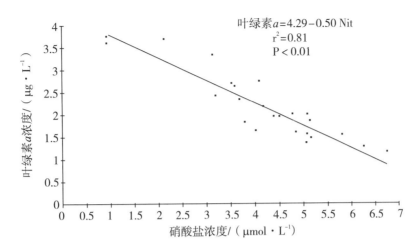

$$叶绿素a = 4.29 - 0.50\ \text{Nit}$$
$$r^2 = 0.81$$
$$P < 0.01$$

图 11.11　叶绿素 a 浓度和硝酸盐浓度的相关关系

该散点图显示了两者的负相关关系。数据来自 1990 年在 47°N，20°W 处进行的 BOFS 观测。实际上，此图的数据来自藻华加剧期间的时间序列，时间顺序从右下方数据点到左上方，随后叶绿素 a 浓度急速降为零。（Barlow 等，1993）

11.2.2.3　春季藻华过程中的物种演替

JGOFS 北大西洋藻华研究项目并不包括对浮游植物进行显微镜观察与分析的任务。然而，Barlow 等（1993）在此项目中间接地关注了这个问题：他们采用色谱分析法对不同时间、具有不同辅助叶绿体色素的主要藻类类群进行了鉴定。随着浮标（20 m）从 49°N，19°W 处向东南方向浮流（即所谓的拉格朗日站点），浮游植物色素的相对组成发生了变化（图 2.20），即从以墨角藻黄素为主转变成以 19 - 丁酰氧基岩藻黄素为主，这暗示浮游植物优势类群从硅藻演变为定鞭金藻。这种变化将会在叶绿素 a 浓度达到峰值后的 10 天内出现，且期间叶绿素浓度仍然维持相对较高的水平（大于 1.5 mg·m^{-3}）。因此，驱动春季藻华的并不仅仅是高生产力、高浮游植物总量，浮游植物种类的演替也非常迅速，起初的优势种可能很快就被另一优势种所取代。硝酸盐或磷酸盐的消耗会限制所有浮游植物生长率，在此之前，硅酸盐的消耗可导致硅藻生长缓慢，从而使优势种由硅藻转变为鞭毛虫（Sieracki 等，1993）。

Conover（1956）每周在长岛近岸采样构建时间序列，用显微镜对样品进行检查与分析，发现了春季藻华现象的另一个特征。全年浅水区内，每当叶绿素水平大于 2 μg·L^{-1}（多数时间为 5 μg·L^{-1}）时，藻华出现。这一叶绿素水平相当于大洋海区内藻华能达到的最大值。藻华的循环模式完全相同，会在一个相对较高的背景浓度下出现。正如前文所讨论的北海的情况，海底高于临界深度，因此，只要白昼稍微延长，太阳角度略微增大，就会引发春季藻华。硅藻藻华期间，营养盐（尤其是硝酸盐）被迅速消耗，9 月之前硝酸盐浓度持续较低。藻华高峰时，使用福尔马林固定的样本显示，硅藻（主要为中肋骨条藻）占据了优势。夏季，硅藻会被少量甲藻（主要为角藻属）替代。较大细胞的浮游植物表现出先硅藻后甲藻的典型演替次序。Conover

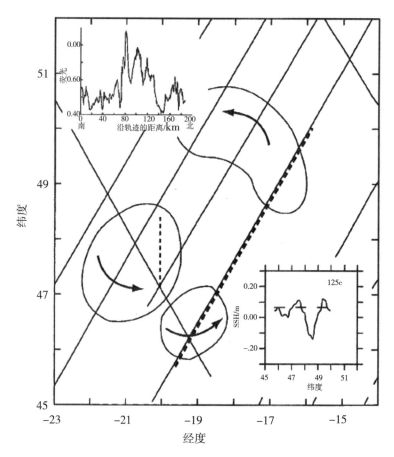

图 11.12　JGOFS 通过卫星测高法在北大西洋藻华观测区域内识别出 3 个气旋式旋涡

细斜线是卫星运行的轨迹。加粗虚线表示卫星轨迹的一部分，此段线路上的海面高度（SSH）变化情况见右侧插图。（Robinson 等，1993）中间位置涡流内的虚线是携带激光雷达的飞机的飞行轨迹。左侧插图给出了闪烁荧光测定术估测出来的叶绿素浓度沿轨迹线的变化。在飞机上，蓝色激光（LIDAR）方向朝下发出，探测器接受并量化返回的红色荧光，在叶绿素－红色荧光数据标定的基础上，计算出表层叶绿素 a 的浓度。（Yoder 等，1993）

意识到，除了这些大细胞的浮游植物外，还有一些属于不同藻类类群的小鞭毛虫（小于 5 μm 的浮游植物）存在其中。5—12 月，这些小鞭毛虫贡献了大多数的叶绿素，但 Conover 的显微观察与计数并未将之保存并记录下来。原始的时间序列数据来自连续 95 周的样本采集，这是我们海洋时间序列研究需要仿效的一个标准。

　　自动化的浮游植物鉴定系统正被应用于描述浮游生物细胞组成的季节性变化特点，也包括锚系搭载的流式细胞计数系统。这一系统可检测并存储一般类别的微微型浮游生物和微型浮游生物（聚球藻属、原绿球藻属、金藻类及其他微型真核浮游生物等）的数量。被称为"流式成像仪"的相机设备（Sieracki 等，1998），可记录并存储小型浮游生物个体（如硅藻和腰鞭毛虫）的大量照片。计算机图像分析系统目前可对硅藻进行属级鉴定，精度可达 95%，且系统可以将这些图像转换成丰度的时间序列。

例如，2 月中旬至 4 月中旬，Sosik 和 Olson(2007)将 1 台此类记录相机系泊在伍兹霍尔港，每 2 小时采集一组图片(图 11.13)。结果显示，大细胞浮游植物类群的优势种分别隶属于形态差异很大的 3 个属，它们此消彼长，演替非常平稳，最终丰度都减少至非常低的水平。虽然这些细胞的丰度水平并非特别高，但实验结果再次表明，叶绿素浓度和总细胞数量仅是一个概况，它掩盖了群落组成的动态变化。由于海港中潮汐流的进出会造成短周期的涛动，应当将它们从时间序列上移除(图 11.13；Sosik 和 Olson，2007)。我们希望在海区内布设这些自动装置，并希望在属级水平对藻华动态进行阐释。

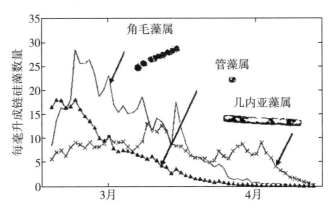

图 11.13　2005 年放置于伍兹霍尔港内的"流式成像仪"2 个月内记录的链状硅藻丰度动态
箭头表示由自动化图像分析系统鉴定的角毛藻、管藻和几内亚藻的不同的细胞数比例。(Dr. Heidi Sosik 绘图)

11.2.2.4　藻华浮游植物的命运

浮游植物增长后的命运是春季藻华动态变化的一个关键。春季藻华发生期间，显著增长的浮游植物类群通常是具有蛋白石细胞壁的、细胞中型至大型(10 ～ 70 μm 或以上)的硅藻(见第 2 章)。它们的细胞中央有一个大且充满水的液泡，具有与海水不同的电解质，以维持近中性的浮力。在营养盐胁迫条件下，中性浮力不能得到维持，细胞会变得"衰老"并开始下沉。在沿海及北大西洋的大洋海区，春季藻华现象通常以这些相对较大的硅藻细胞下沉的方式终止(Smetacek，1985)。它们在下沉的过程中逐渐絮凝，并在几天或几周后到达底部，成为下行有机颗粒通量"脉冲"中的主要贡献者。然而，在整个藻华发生期间，大量浮游植物被中型浮游动物所摄食。藻华发生期间，准确测定浮游动物的摄食率仍是一个问题，但在营养盐耗尽前，摄食作用对浮游植物的消耗使其得以很好地周转：植食性动物将它们所摄食浮游植物的一些元素以排泄物形式返回到水体中，相当一部分有机物则以粪球的形式下沉至水底。

表 11.1　临界深度随时间与纬度的变化

日期	纬度	临界深度/m	
		仅考虑浮游植物的呼吸作用	考虑所有损失量
2 月 1 日	40°N	361	131
	50°N	274	97
3 月 1 日	40°N	447	164
	50°N	385	141
4 月 1 日	40°N	551	193
	50°N	521	238
5 月 1 日	40°N	635	237
	50°N	639	238
6 月 1 日	40°N	691	258
	50°N	723	270

（Platt 等，1991）

11.2.2.5　临界深度理论的深入研究

如果临界深度理论在任何海区都成立，那么也一定在北大西洋的大洋海域成立（Smetacek 和 Passow，1990）。北大西洋具有明显的季节性：冬季，垂直混合所能达到的深度较深，使上层水体浮游植物总量在春季海水层化之前一直保持在较低的水平。Platt 等(1991)对 Sverdrup 的理论公式进行了改良，使用光的可利用度函数来描述基于现代方法测得的光合作用效率($P-E$ 关系)。他重新给出的数学方程看起来很深奥，其结果与 Sverdrup 原先给出的简单线性 P 和 E 关系式(此关系式给出了光合作用随深度指数衰减的关系)的结果相差最大约达 10%。随后，Platt 等对耗损项进行了猜想：

（1）浮游植物的呼吸作用(每天占生物量的 4%，外加光合作用的一部分)随光合作用的变化而变化；

（2）未被呼吸消耗的有机物被排泄掉(设为光合作用的 5%)；

（3）被中型浮游动物(占每天生物量的 4%)和原生动物摄食(占每天生物量的 5%)；

（4）细胞沉降(在所有深度处均为每天 1 m)。

Platt 没有发现有关耗损项随深度增加而变化的信息，因此，他们仍采用 Sverdrup 提出的恒定垂直剖面。生物量的损失比例"假设与深度不相关"。虽然这一点不太令人满意，但 Platt 等这样做也有道理，因为"我们没有相关数据来得到更好的结论"。随后，他们计算得出特定日期和纬度对应的临界深度。我们对他们的表格进行了精简

（见表 11.1），以显示其趋势。

与气象观测船在站点 M 得到的宝贵实测数据（图 11.9）对照来看，临界深度的计算结果大致预测了北大西洋藻华发生的日期。关键的一点是：日辐照度越大（即纬度越低或在春季偏晚），临界深度就越深。近表层藻类生长速率的增加也使生产力的垂直积分增加，临界深度变深。直到明显分层开始发生在计算的深度之上时，春季藻华现象才会发生。因此，在北大西洋大洋海区，临界深度理论大致上是成立的。

11.2.2.6　其他可能场景

Boss 等（2008）在 50°N，47°W 附近（位于纽芬兰岛东部和格陵兰岛南部的亚北极海域）放置了一个 ARGO 型的 CTD 浮标，其上装配了光散射传感器（颗粒密度）和荧光计，观测时间达 2 年。大多数时间里，它保持在 1000 m 水深处，每隔 5 天上升至海面绘制一次剖面图，在上升到 400 m 水深之前，每隔 50 m 测定并记录一次变量值，达到小于 400 m 的水深之后，测定与记录的频率更加密集。这为混合层深度（定义为密度 σ_t 比海面密度大出 0.125 kg·m^{-3} 时的最浅深度）与叶绿素和波束散射之间的关系提供了有价值的记录。所有的剖面图绘制均在接近午夜时分进行，以得到叶绿素的昼夜最大估算值。将实测的叶绿素浓度（仪器下水前在实验室校准）与卫星通过附近区域时记录的像素点进行比较，其不确定性在预期范围以内。粒子散射和叶绿素浓度（彩图 11.1）表征的春季藻华峰值出现在每年的 6 月 1 日左右，叶绿素浓度达 1 μg·L^{-1} 以上的情况在 2005 年持续了约 40 天，在 2006 年持续了约 30 天。实际上，叶绿素的增加过程很早就开始了，从冬季其浓度小于 0.2 μg·L^{-1} 时便开始逐渐增加，例如，从 2004 年 12 月 11 日到 2005 年的藻华现象，以及从 2006 年 2 月 21 日到该年的藻华发生都是如此。藻华之后叶绿素水平的降低过程大概与藻华之前的叶绿素增加过程呈镜像对称关系。

纵观这 2 年的观测结果会发现：从表层向下直到 $\Delta\sigma_t = 0.125$ 所定义的混合层深度，叶绿素浓度被混合得非常均匀，而此深度以下的水层中叶绿素几乎为零（彩图 11.1）。显然，混合深度是非常重要的一个参数，但即便在隆冬时节，该深度也远不足以除去所有的浮游植物。此外，在冬春季，随着混合层缓慢变浅，叶绿素浓度起初是逐渐增长的。之后，随着叶绿素浓度接近 1 μg·L^{-1}，混合层深度变浅至 50 ～ 75 m 时，叶绿素浓度会在一个月的时间内翻倍或增至原来的 3 倍。春季藻华期间，由于水体大量颗粒物对光的散射，在深于 $\Delta\sigma_t = 0.125$ 的深度上光强减弱（Boss 等，2008，图 6）。一个可能的解释是，对于一些藻类（其中肯定包括微微型和微型浮游生物）来说，冬季的光照和营养盐足以维持其数量或使这些类群的总量增加。水温下降后，原生动物捕食者数量的减少及活跃度的降低也可能是非常重要的因素。春季时，光照达到全年最大值，且混合作用被限制在很浅的水层内，使硅藻快速生长。当营养盐变得受限时，硅藻会大量向下沉降，在此期间也会被中型浮游动物大量摄食，腰鞭毛虫的摄食也可能造成硅藻的损失。

基于长达 9 年的 SeaWiFS 数据，Behrenfeld（2010）认为 25°W 到 35°W 的中央亚北极大西洋海域确实存在这种模式。在 45°N 到 50°N 的海域（图 11.14），在最大混合层逐步变深之前，表层叶绿素浓度维持在最低的水平（约 $0.2\ \mu g \cdot L^{-1}$，接近 1 月 1 日左右的值），随后，叶绿素浓度开始逐渐增长至翻倍。从 3 月中旬到 5 月下旬，浮游植物总量急剧增加（图 11.14），发生经典的"春季藻华"现象。在剧增阶段，混合层深度（Behrenfeld 通过风数据同化模型来近似地得出混合层深度）也陡然变深，光照（PAR，通过 SeaWiFS 估算）在此期间也快速增加。这些条件正是临界深度理论中提及的硅藻藻华发生的前提条件。ARGO 浮标和卫星分析发现了一个非常有趣的特征：从冬至到春分的这段时间内，藻类总量的增长较为缓慢。由于对微微型和微型浮游生物摄食的减少，冬季的群落"呼吸作用"（其中也包括被摄食的部分）大幅降低，临界深度理论很可能因此而需要修改。由于水体垂直混合，真光层的原生动物群落会被大幅地稀释；另外，冬季的低温也使它们的摄食活动和繁殖潜能降低。这种解释类似于 Behrenfeld 所说的"稀释再耦合"理论。然而，他在其 2010 年的论文中给出的解释却与此大相径庭。由于缺少数据，Gran 和 Braarud 以及 Sverdrup 都不得不将藻类的群落代谢近似地设定为不随季节变化，随深度的变化也保持恒定。这样的设定绝不会令人满意，并且新的观测结果也表明这些设定需要更充分的量化处理。

在北大西洋（和沿海海区）春季藻华进程中加速最快的阶段，临界深度的作用机制是说得通的，但内在机制并非只涉及光照－混合－生长速率关系。Townsend 等（1994）认为，水体垂直结构的关键并不在于层化而在于实际的水体混合。在缺少连续风吹的情况下，混合速率变慢至中等水平，与昼夜对流的速率相当。因此，在风平浪静条件下，无须层化，仅因为浮游植物生长率在近表层达到最大，近表层就可发生藻华。但这样一来，上层水体中大量的浮游植物就会阻挡更多光线，使上层温度增加，导致热层化现象的发生。换言之，事件的发生顺序（和因果关系）可能是平静→藻华→分层，而并不是平静→分层→藻华。Townsend 等（1994）也认为，低温对浮游动物摄食藻类的影响大于光合作用对藻类的影响，因此，低温可能会使藻华出现得较早。虽然他们的数据有点令人怀疑，但这一观点可能有一定的道理。例如，Stramska 和 Dickey（1993）利用在冰岛南部深水区锚系的荧光计和热敏电阻，获得了 1989 年 4—5 月间的叶绿素和温度数据。层化出现在 100 m 水深以上的前一周，正值藻华发生的初期（此时的临界深度远比 100 m 要深；见表 11.1；最终那次藻华发生后叶绿素 a 浓度最高达到 $4\ mg \cdot m^{-3}$），随后层化现象出现，事件发生的顺序似乎符合第一种情况。然而，Stramska 和 Dickey 的模型涉及有效辐照度、浮游植物色素光吸收的增强、水体混合（为风速的函数）之间的相互作用，给出的结果更令人信服，即色素对层化的影响最多可使藻华现象出现的时间提前一天。

11.2.2.7 **中型浮游动物**

同亚北极太平洋的情况一样，亚北极大西洋的中型浮游动物优势类群也是桡足类，尤其是哲水蚤属（*Calanus*）和拟哲水蚤属（*Pseudocalanus*）。在较大体型的桡足类中，海岛哲水蚤（*Calanus helgolandicus*）是墨西哥湾流东部及北部的优势种，飞马哲水蚤（*Calanus finmarchicus*）的分布范围从鳕鱼角（Cape Cod）向东北方延伸，穿过冰岛附近区域，然后进入挪威海（Norwegian）和巴伦支海（Barents Seas）的扩展带，而北

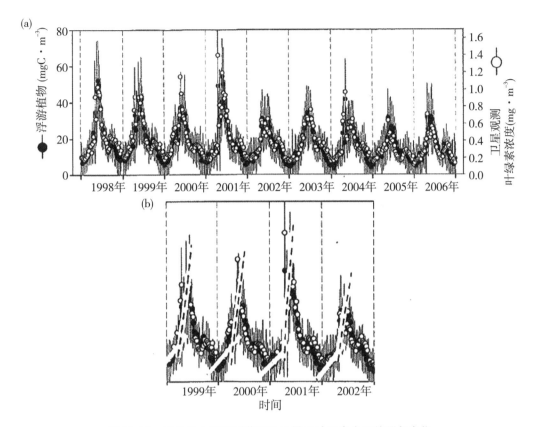

图 11.14　亚北极大西洋浮游植物总量及叶绿素水平的周年变化

（a）SeaWiFS OC4v4 对以 45°N 和 50°N 以及 25°W 和 35°W 为边界的方框区域每周叶绿素平均值的估算。（b）将上图 1999—2002 年的数据放大，突出显示叶绿素平均值从至日点开始的缓慢增加，到早春期间变成快速增加，斜率上发生急剧变化。（Behrenfeld，2010）

极哲水蚤（*Calanus glacialis*）大量分布在北极冰盖附近或冰盖之下。所有这些桡足类动物都具有相同的科级特征，即在桡足幼体晚期（C4 和 C5）休眠。飞马哲水蚤在不同的亚区有不同的成熟日期（彩图 8.2）：在缅因湾的成熟期为 1 月份，在挪威海的成熟期为 2 月份，而在伊尔明厄海的成熟期为 3 月份（Planque 等，1997）。在以上各种情况下，飞马哲水蚤能提前数周至数月预测春季藻华的到来，在春季藻华开始时，雌性个体就已发育成熟并开始大量产卵。

　　哲水蚤属的雌性个体在产卵之前必须大量摄食，这一点与亚北极太平洋的新哲水蚤属不同。Niehoff 等（1999）报道，哲水蚤在挪威海藻华发生前产卵，使孵化后的幼体能够利用浮游植物生长——全年生产总量的主要部分。在藻华期间，尽管产卵率达到最大值，但雌性个体的实际数量远少于藻华出现之前的数据，在藻华期间产卵孵化出的桡足幼体，必须以大小适当的微型异养生物为食。除伊尔明厄海之外，在深水区处于滞育状态的飞马哲水蚤到 6 月、7 月复苏。伊尔明厄海的群体只有在大约 10 月之后才进入休眠期。除挪威海北部以外，大多数海域内飞马哲水蚤存在 2 个世代——

不经历休眠期（至少没有长期休眠）就开始第一个世代的成熟期，到产生第二个世代。许多小型桡足类的生殖为有囊产卵型，尤其是长腹剑水蚤属（*Oithona*）和拟哲蚤属（*Pseudocalanus*）的种类。大型和小型桡足类在捕食中的相对重要性尚未得到充分的量化。北大西洋表层丰度较高的磷虾类只有少数几种：*Euphausia krohni*（南部亚北极区域和更南部区域），北方磷虾（*Meganyctiphanes norvegica*，在陆架水域内尤其丰富），*Thysanoessa inermis* 和 *Thysanoessa longicaudata*（这两种磷虾在冰岛以北大量分布）。毛颚类的优势种——*Parasagitta elegans* 在北大西洋也有发现。

11.2.2.8 上层营养级

亚北极大西洋的小型群游性鱼类包括：大西洋鲱鱼（*Clupea harrengus*），该种有几个差异明显的种群，分别在不同季节迁徙到近岸产卵，然后又回到海洋；毛鳞鱼（*Mallotus villosus*），分布在冰岛和挪威北部的海域。这些种群的总量对渔业的贡献很大，而大多数具有商业价值的大型鱼类（鳕鱼、无须鳕、黑线鳕及几种比目鱼）都生活于水底，其被捕获的区域主要在大陆架和沙洲上。在过去的几个世纪北大西洋曾经有大量的北露脊鲸（*Eubalaena glacialis*），它们以哲水蚤为食，当机械化捕鲸船进行商业化捕鲸之后，导致大量北露脊鲸被猎杀，目前它们的群体数量大约只剩几百头。与几种鼠海豚、海豚和海豹一样，目前长须鲸和虎鲸的数量中等。

同纬度南极带确实属于"西风带生物群系"，但将它与南大洋的其他海区放在一起考虑较为方便。

11.3 极地生物群系

Longhurst 所说的"极地海洋生物群系"指永久性或季节性由海冰覆盖、常年寒冷、海层温度保持在 5 ℃以下的海域，包括北冰洋、部分白令海，以及南极向外至环绕极地的辐合带［以下称之为亚南极锋（subantarctic front）］。冰的反射率较高，射入水柱的阳光会被冰遮蔽。当然，冬天海水结冰的时候也是太阳辐射角很低（甚至低于地平线）的时候，此时只有很微弱的光合生产。当太阳未升至地平线上足够高的位置时，卫星上的传感器检测不到水色（色素浓度），因此无法提供这部分数据。从区域性和亚区的角度来看，季节周期变化非常强烈。北冰洋实际上是一个中等大小的边缘海，但其生态极其重要而独特，因此需要单独进行讲解。

11.3.1 南大洋区的亚区

从某种意义上讲，从南极大陆到约 40°S 的亚热带辐合带（STC）的大多数南大洋海区，也是一系列"西风带"亚区。持续风为西风；洋流，即南极绕极流（ACC），自西向东形成一个完整的环，并一路向下沉。由于密度的驱动，从北到南和从南到北的速度分量在不同深度逐步累加。在约 65°S 以南，尤其是太平洋以南的罗斯海（Ross Sea）及大西洋以南的威德尔海（Weddell Sea），风向逆转为向东吹，迫使向西的海流沿着南极洲沿岸流动，随着冰的融化，浮力增加，从而在南极绕极流的边界处产生气旋(在南半球为顺时针方向)。近岸的西向海流并不连续,向东的南极绕极流的南侧边缘沿着海岸从 120°W 横扫至帕玛半岛(Palmer Peninsula)顶端,横跨印度洋和澳大利亚扇区至非常靠近大陆的位置。

密度驱动的经向流与温度和盐度等值线向南逐步上升有关。它们的上升呈阶梯状。与水平的密度梯度带,密度等值线沿锋面(front)形成的陡峭斜面交替出现,是强海流的核心分布区。这些锋面将海区分为温度、营养盐可利用度和生物区系明显不同的分区。最重要的是极锋(PF,位于约 50°S)与亚南极锋(SAF,位于约 46°S),两者均位于威德尔海东部的格林尼治子午线上(Orsi 等,1995)。两个极锋均与从南到北的海面温度上升相关,但密度等值线的垂向上升通常从亚南极锋延伸至 60°S,伴有深且强烈的南极绕极流。从亚南极锋到约 40°S 的亚热带辐合带,密度等值线较为平直且温度更为均一。除了在塔斯马尼亚岛(Tasmania)和新西兰周围向南摆动以外,亚热带辐合带基本上都靠近 40°S,在横跨太平洋至智利段时向北几乎偏移到 30°S。

同心环流靠近南美洲与帕玛半岛之间的德雷克海峡(Mar de Hoces)的过程中,部分偏北的亚南极流发生脱离,向北流去,成为洪堡海流(Humboldt Current)。其余海流以及海洋锋挤压着通过海峡。在许多海区,水流(及由此产生的锋)将会受到海岭和高原地形的影响,使同心环流产生跨纬度振荡。亚南极锋在向北移动到达新西兰东部的过程中也受地形影响发生偏移,此类偏移发生在克罗泽群岛(Crozet Islands)和凯尔盖朗深海高原(Kerguelen Plateau)。冬季,海冰形成,并向北逐渐固化,直至约 60°S(年际间、经度上的偏差均约为 5°);夏季,冰又向南逐步融化,冰间航道至少到达许多陆架外的海域:从别林斯高晋海(Bellingshausen Sea),沿着帕玛半岛的西侧,以及永久(至少到目前为止)冻结的罗斯海(Ross Sea)和威德尔海(Weddell Seas)北部区域。

11.3.1.1　**季节性冰缘的南极水域**

在南极季节性冰区内,冰的消退使深层水上涌,带来丰富的主要营养盐。在某个时间段,生活在屑冰(位于冰层底面,是松散的针状晶体)内的藻类数量非常多,在冰层逐渐向南消融的过程中,开阔的融水区会出现一次显著的硅藻藻华。冬季积聚在冰上的灰尘提供了铁,融水提高了水层的稳定性,临界深度远深于混合深度,因而能够出现叶绿素浓度大于 10 mg·m^{-3} 的藻华。硅藻的生产力惊人,它们在同纬度分布带形成的蛋白石沉积物可以弥补全球海洋硅酸盐溶解带来的损失(Nelson 等,1995)。但是,Nelson 等人也认为,此地沉积物中硅藻硅的输入并非不同寻常,其蛋白石的高保存率是主要因素。

从冬冰区域向北到极锋,再到亚南极锋,全球尺度的热盐环流也会产生上升流,将大量主要营养盐带到海表层。在极锋(PF)附近存在着显著但规模不大的春季(11—12 月)藻华现象(叶绿素浓度约 1.5 mg·m^{-3},图 11.15),在这一阶段,叶绿素 a 的浓度会连续大约 1 个月保持在年度背景浓度(约 0.3 mg·m^{-3})以上。我们认为,随着辐照度的季节性增加,藻华发生的区域向南偏移,在主要营养盐耗尽之前,微量的金属营养盐(最重要的是铁)已经耗尽,使浮游植物总量停止增长。硝酸盐和磷酸盐全年处于过量状态（例如，在罗斯海 76°S 处，硝酸盐浓度大于 7 μmol·L^{-1}；Gordon 等，2000），浮游植物总量维持在中等水平（叶绿素浓度约为 0.3 mg·m^{-3}），直到光照变弱，冰再次出现。然而，在远至 64°S 的南极海域（图 11.16），硅酸盐可能已经耗尽，这对于从南极绕极流（ACC）到极地锋面（PF）的整个北部范围内硅藻生产的终止起了重要的作用。

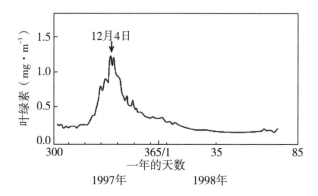

图 11.15　通过固定在 170°W 附近从 60°S 到 61°S 表面混合层内的 9 个荧光传感器测得1997—1998 年平均极地锋面 -叶绿素浓度的时间序列

浮游植物藻华现象开始于 11 月末，结束于 12 月 15 日之前（叶绿素浓度小于 0.3 mg·m^{-3}）。（Abbott 等，2000）

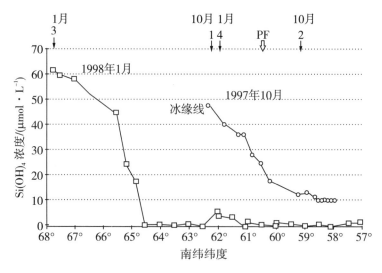

图 11.16　沿着 170°W 从极锋北部到季节性冰缘线断面的硅酸浓度

时间分别为春季（10 月）和夏季（1 月）。冰缘线的消退引起硅藻藻华，其耗尽了从 60°S 到 65°S 海域的硅酸。（Franck 等，2000）

从德雷克海峡（尤其是南乔治亚岛附近）向东的流出流可能是当地铁的来源，硅藻在整个夏季持续增殖，得以维持较高的次级生产力，尤其是大量的磷虾、鲸、海豹、鱼类[如南半球中类似鳕鱼的南极鱼科(notothenioids)]和海鸟(如企鹅)。硅藻是南极地区磷虾的主要食物，这里的磷虾主要是南极磷虾(*Euphausia superba*)，尤其是分布于大陆架以外(别林斯高晋海，从环绕罗斯海南佐治亚岛的德雷克海峡流出)的种群，但整个大陆架周围的南极绕极流与近岸流之间也生活着一些种群(Nicol，2006)，极地锋面以外的散布数量较少。磷虾大规模群集(宽度达到数公里)，像鱼群一样有组织地活动，它们之间保持均匀的间距，整体运动。自相矛盾的是，这种方式既使它们免于被掠食者捕获(至少总体平均而言)，又非常适合长须鲸和食蟹海豹通过过滤的摄食方式将它们吞噬。企鹅和斑海豹也主要依靠捕食磷虾来获取营养。在冬季，鲸向热带地区运动以便怀孕和产仔，到夏季则返回到南极摄食。海豹和企鹅往返于大陆上的冰区。

　　磷虾在夏季产卵(其产卵力在第 8 章进行了讨论)，我们认为雌性个体迁移到深水区以外再释放卵，以避免卵被它们自身的密集群体所摄食，因为它们那样密集的群体几乎能够清除水中所有颗粒物。可能出于同样的原因，卵在下沉到海洋中层深度之后才孵化，孵化出的无节幼体须蜕皮变成短眼柄幼体，然后游回到有食物颗粒的水层开口摄食。磷虾在海冰边缘区及其冰体下方越冬(Daly，1990)，幼体和成体可以摄食屑冰内的藻类，通过持续定期蜕皮来维持它们较小的体型，在食物较少时它们也可通过少量的肉食来维持生存(Ikeda 和 Dixon，1982)。春季时，光照恢复，冰融化，由于融水稳定化产生藻华现象。南极磷虾，尤其是幼体期以及 *E. crystallophorias* 的幼体，此时主要摄食浮游植物，在冰表面上生长的越来越多的藻类也是其食物。如同北极区，冰面(尤其是碎冰晶)上的生物群落相对复杂，也包括除了磷虾和磷虾幼体以外的其他物种，它们非常适应寒冷的湿度及盐度的显著变化，冰面为它们的生存提供了支持。例如 *Stephos longipes*，一种生活在南极碎冰晶内的典型浅海底生的桡足类动物，也生活在冰面上的融化池和冰内融化层中(Schnack-Schiel 等，2001)。

　　成年南极磷虾体长可达 10 cm，其尾肌发达，是很好的水产品，构成了海洋中最大、但还未深入开发的渔业资源。据 Atkinson 等(2009)估算，南极磷虾年平均产量可达 3.79 亿吨。20 世纪七八十年代初，人们曾尝试对南极大磷虾进行捕捞，之后这种尝试逐渐减少。特殊的加工工艺特殊，在南极及作业的成本很高，开展起来都困难重重，因此，南极磷虾的渔业捕捞业一直在低谷徘徊。

　　海洋桡足类[主要是大生物量的优势种：*Calanus propinquus*、尖角似哲水蚤(*Calanoides acutus*)、巨锚哲水蚤(*Rhincalanus gigas*)以及 *Metridia gerlachi*；小生物量的优势种：矮小微哲水蚤(*Microcalanus pygmaeus*)、桡足类的(*Ctenocalanus citer*)以及拟长腹剑水蚤]生活在亚南极锋(SAF)南部的大部分地区，是海冰边缘区临海区域的主要摄食性中型浮游动物(Atkinson，1998；Schnack-Schiel，2001)。大型物种与北极和亚北极地区的相似，均有着厚厚的皮脂层，可帮助它们度过浮游植物缺乏的冬天。然而，只有尖角似哲水蚤、巨锚哲水蚤在极昼时迁移到海洋中层，在那里度过漫长的桡足幼体滞育期。在某些年份，或这两个种类部分个体，其生命周期可能有 2 年，包含 2 个滞育期。其他物种在整个冬季都可以于水表附近生活和摄食，生长速率均有所下降。虽然棕囊藻属（*Phaeocystis*）在这种生态系统中尤为重要，但小型异养生物和中型浮游动物极力避免捕食这种藻类。因此，春季藻华过后，由于铁的限制，主要的初级生产者为微微型和微型浮游生物，一年中的大多数时间内，桡足类以浮游植物中的1个或2个营养级为食。梯度稀释法实验（Pearce 等，2010）结果显示，异养鞭毛虫、纤毛虫和腰鞭毛虫对浮游植物的摄食控制抵消了浮游植物的快速生长带来的增量。

南极海区以颗粒物为食的桡足类会被鱼类、仔稚鱼、真刺水蚤科桡足类和毛颚类动物（尤其是 *Solidosagitta marri*、*Parasagitta gazellae* 和钩状真虫）捕食。纽鳃樽（*Salpa thompsoni*）数量猛增也很常见，但与生境条件并无明显关系。SAF 南部中层水域的生物群落与其他海洋中层带非常相似，但也有许多地方性物种。当然，南极深海生态学远比我们介绍的要复杂得多，最近的研究已经产生了大量的数据、上千份论文以及几乎相同数量的新问题。由于人们对国际"共有"的南极大陆的鲸资源和磷虾资源的关注，对南极地区所做的研究远比亚南极海区的更加透彻。

11.3.1.2 亚南极海区

亚南极海区大致呈一个圆环带，位于亚南极锋面（SAF）和亚热带辐合带（STC）之间，该海区的范围可变，纬度约占 14°（38°S ~ 52°S），经度在东太平洋的 135°W 和狭窄的合恩角海流（Cape Horn Current）之间摆动，所有的环极地海流均在合恩角海流挤压下通过德雷克海峡（Drake Passage）。亚南极海区横跨"咆哮的西风带"，伴随持续的狂风（记录中显示一些岛屿平均每年有超过 150 天风速达到 50 km·h^{-1}以上），这使该区的水体持续混合且达到较深的位置。水体生态系统功能与亚北极太平洋有些类似。表层水温度随着纬度的不同而在 4 ℃ ~ 10 ℃变化，夏季水温上升至约 14 ℃以上后会出现一个较弱的季节性温跃层，但温跃层的深度比亚北极地区太平洋的更深。丰富的降雨是导致表层盐度降低的主要原因。盐跃层约 200 m 深，同样比亚北极太平洋的更深。在生产生态学方面，亚南极海区属于寒冷、高氮、低叶绿素（HNLC）的海区（Moore 和 Abbott，2000）。除硅酸盐外，该区的主要营养盐从来都不会被耗尽，叶绿素浓度的变化范围在 0.3 ~ 0.4 mg·m^{-3}（彩图 11.2），并且由于岛屿隔离，导致铁的限制，从而限制了较大个体浮游植物的生长。虽然 SAF（南乔治亚岛、凯尔盖朗群岛和克罗泽群岛）南部海域在春夏季藻华发生时会出现叶绿素的"热点区"（高值区），但亚南极区主要的热点区位于新西兰和南美洲的下游，甚至在克罗泽高原（Crozet Plateau）附近，延至亚南极 46°S，亚南极锋面从北转到西，使群岛完全被南极水体包围。然而，在春夏季节，新西兰高原和南美洲带来铁的供给，使亚南极地区的叶绿素卫星图像看上去如同一面向东飘扬的旗帜。更深的混合深度、冬季暗弱的光照限制了秋季和冬季的浮游植物生产量及总生物量。

与其他 HNLC 海区不同，亚南极海区硅酸盐的可用性很低，季节性的最高浓度低于 15 μmol·L^{-1}，在仲夏之后为 1 ~ 3 μmol·L^{-1}。一般的解释是硅藻的硅质壳在大量分解前，会比有机氮和磷酸盐（包括硅藻的有机质部分）下沉得更深，甚至会下沉到海底（Zentara 和 Kamykowski，1981）。此外，氮和磷在近表层水可多次循环再生，但每个周期中输出的硅却远多于氮或磷。因此，季节性混合使可利用的硅量开始变得更少：硅跃层深度远远深于氮的跃层深度。在亚南极锋（SAF）的南面，水层强烈的垂直移动速度将使硅的缺乏得到弥补，在弱光的冬季过后，62°S 以南的近表层水中的硅浓度可超过 50 μmol·L^{-1}。

　　几次中尺度铁加富实验（SoFEX 和 LOHAFEX），曾在亚南极海区开展此实验以检验是否可以通过加铁来增加深海的碳封存。实验在夏末进行，该时间的选择非常之恰当。然而这 2 次实验都未能引起明显的、大细胞硅藻形成的藻华。东太平洋亚南极海区［约 54°S，Si(OH)$_4$ 浓度约为 3 μmol·L^{-1}］进行的 SoFEX“北部”铁加富实验（Coale 等，2004）刺激鞭毛虫类浮游植物和一些拟菱形藻（*Pseudonitzschia*，小型硅藻）的增长，而 LOHAFEX 实验（Smetacek，2009）则使鞭毛虫类浮游植物少量增加，摄食它们的翼足类和桡足类（尤其是该区域特有的 *Clausocalanus laticeps*）的总量也有所增加。通过捕食植食动物，端足类动物的数量也显著地增加。

　　与亚北极太平洋的优势种类似，亚南极生活的 *Neocalanus tonsus*（数量丰富、同纬度分布的桡足类）也具有脂质积累及滞育的习性。像其在亚北极地区的同属种类一样，它们生长成熟、交配，随后雌性下潜到休眠深度开始产卵。然而，与太平洋生活的种类不同的是，雌性会保留用于摄食的口器，在上升到表层摄食时还会继续产卵（Ohman 等，1989）。*Calanus simillimus* 是亚南极体型较大的桡足类优势种之一，其分布范围横跨极地锋面到南极北部水域。该物种显然与其他哲水蚤属种类的亲缘关系相对较远（Hill 等，2001），但仍保留了冬季于深处滞育的生活史模式——雌性通过摄食积累营养为产卵作准备。它在繁殖季节要经历几次世代周期（Ward 等，1996）。很多小型桡足类、螺属（*Limacina*）、樽海鞘和磷虾类也同样存在这种现象。除了南美沿海地区外，其他海区鲱鱼或小型群集性鱼类的数量明显很少。然而，垂直迁移的中层水鱼群和柔鱼是十分重要的食物源，支持着在岛屿上繁殖的海豹、海狮、海象和特有海鸟等动物，例如，信天翁（漂泊信天翁 *Diomedia exulans*）、巨型海燕（巨鹱属 *Macronectes*）和小海燕（风鹱属 *Procellaria*）。在陆架和海山区域，底栖表层的鱼类（或已经被过度捕捞）的本地种数量十分丰富，包括能够忍受极寒、常在更南面的海区出现的各种南极鱼（notothenids）。重要的商业物种是巴塔哥尼亚美露鳕（小鳞犬牙南极鱼 *Dissostichus eleginoides*）、罗非鱼（大西洋胸棘鲷 *Hoplostethus atlanticus*）、长尾鳕（新西兰鳕 *Macruronus novaezelandiae*）和南方鳕鱼（无须鳕 *Merluccius australis*）。

11.3.2　北冰洋

　　北冰洋是全球大洋中面积最小的一个，同时也是最靠近内陆的一个。太平洋的海水通过白令海峡流入北冰洋，并与北冰洋中大约 24% 的海水进行交换。大西洋海水通过弗拉姆海峡（Fram Strait）和巴伦支海（Barents Sea）流入北冰洋，并与北冰洋中其余 76% 的海水进行交换。欧亚海盆存在气旋式环流，在加拿大海盆则存在反气旋式环流。6 个陆架海包围着这些中心海盆，占北冰洋 50% 以上的海洋面积（图 11.17）。在中心海盆区，海冰是常年存在的一个物理因素，对陆架海周围也存在季节性影响。近几十年来，总体上夏季融冰和无冰水面明显增加。海冰形成时将盐析出，使表层海水的盐度和密度增加，而冰块融化则会释放淡水。

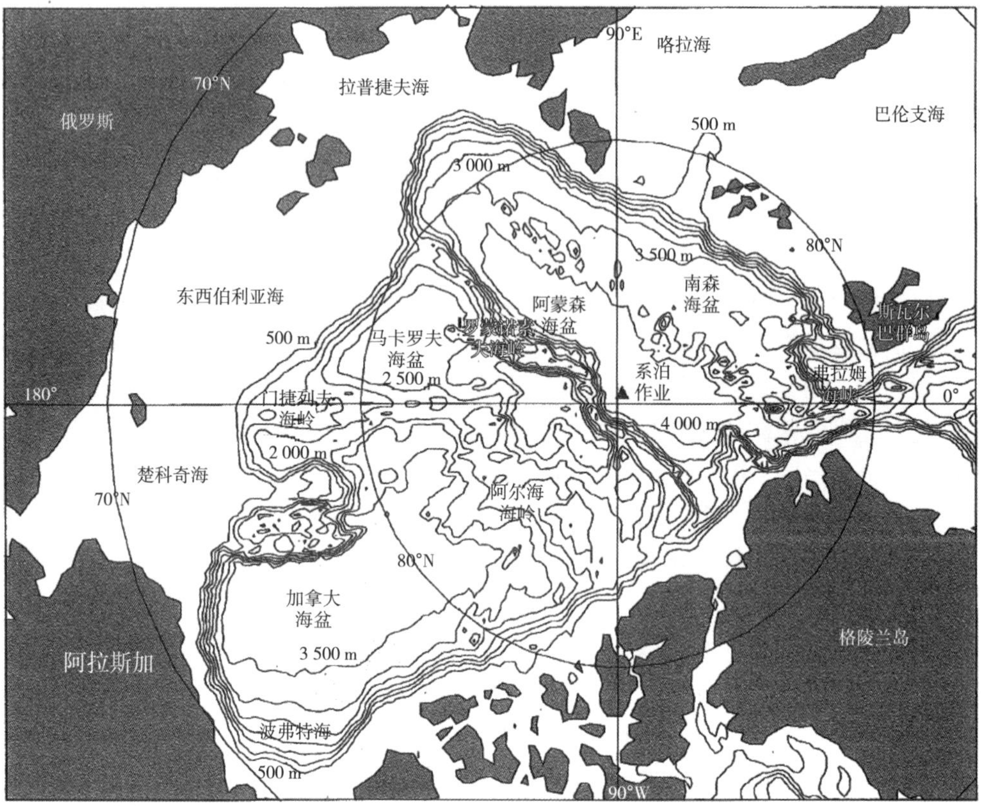

图 11.17　北冰洋陆架海和中心海盆

南森海盆（Nansen Basin）和阿蒙森海盆（Amundsen Basin）共同形成欧亚海盆（Eurasian Basin）；马卡罗夫海盆（Makarov Basin）和加拿大海盆（Canada Basin）共同形成了加拿大北部的海盆（Canadian Basin）。罗蒙诺索夫海岭（Lomonosov Ridge）将欧亚海盆和加拿大海盆分开。（Aagaard 等，2008）

北极生物群受到淡水夹带、海冰覆盖及由此导致的水体层化的影响。季节性冰融化（$800 \sim 1\,100$ $km^3 \cdot a^{-1}$）日益增长，产生的淡水流入河流（$3\,559$ $km^3 \cdot a^{-1}$）、太平洋和大西洋（大约 $2\,500$ $km^3 \cdot a^{-1}$）。流入太平洋的海水盐度比流入大西洋的低。这些淡水的流入导致在一个明显的盐跃层之上出现一个较浅的混合层。北极海冰储备着约 $17\,300$ km^3 的淡水。随着北极地区气候持续变暖，淡水输入将持续增加。

当极地大气高压单元充分发展时，波弗特环流（Beaufort gyre）将会延展到大部分加拿大北部的海盆，源于太平洋的海水从马卡罗夫海盆（Makarov Basin）一路流向罗蒙诺索夫海岭（Lomonosov Ridge）。当高压单元较弱时，波弗特环流的强度不高，并会转移至美洲大陆，减少太平洋入流量，并延伸到大西洋。在过去的几十年中，大西洋和太平洋海域之间的海洋锋面已经从罗蒙诺索夫海岭转移到了门捷列夫海岭（Mendeleyev Ridge；McLaughlin 等，1996）。

11.3.2.1　生产力的控制因素

加拿大北部的海盆和波弗特海(Beaufort Sea)、楚科奇海(Chuckchi Sea)以及东西伯利亚海(East Siberian Sea)表层水盐度较低, 位于温暖但盐度较高的大西洋水的上方。虽然营养盐的浓度随着太平洋与大西洋海水比例而变化, 但在相同盐度的条件下, 太平洋的硝酸盐、磷酸盐和硅酸盐浓度比大西洋高出 3 倍以上(图 11.18)。表

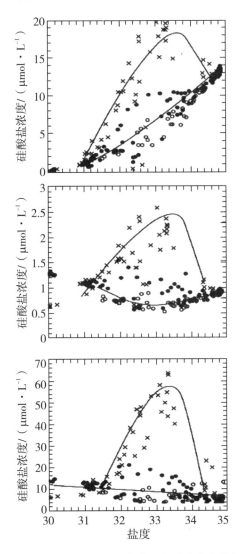

图 11.18　1994 年北冰洋断面营养盐与盐度变化的相关关系

具有太平洋特征的站点(×); 具有大西洋特征的站点(空心圆圈); 化学特征介于两者之间的站点(实心圆圈)。在相同盐度条件下, 太平洋海域中的营养盐浓度远高于大西洋海域。(Wheeler 等, 1997)

层水中的营养盐会出现季节性枯竭, 但在整个欧亚海盆中, 全年硝酸盐浓度为 2 ～ 4 μmol·L^{-1}不等。硝酸盐、磷酸盐和硅酸盐在陆架水中有明显增加, 并通过平流输送

到海盆，形成与盐跃层最相关的底层营养盐高值。在营养盐和盐度特征上，来自太平洋的水团与来自大西洋的有明显不同（Wheeler 等，1997）。

对于陆架海，混合层的深度和营养盐水平由冬季的对流和循环来决定。随着春季冰缘的融化和光照度的增加，冰藻和浮游植物陆续开始生长。河水和冰的融化增强了海水的层化，藻华持续的时间和规模均受初始营养盐水平的控制。随着营养盐水平的下降，亚表层的叶绿素浓度最大层也逐步形成（图 11.19）。

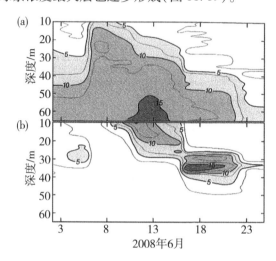

图 11.19 加拿大波弗特海（Beaufort Sea）冰缘上升流浮游植物藻华期间的时间序列
（a）硝酸盐浓度（单位：mmol·m⁻³）；（b）叶绿素 a 浓度（单位：mg·m⁻³）。基于 47 次长缆系瓶采样得出数据，采用插值法绘制而成。（Mundy 等，2009）

科学家曾利用标准^{14}C 技术来测定北冰洋初级生产力，但样品来源在空间和取样时间上都较有限。冬季时，光照显然限制了极地浮游植物的生产。随着雪开始融化，季节性生产开始（Sherr 等，2003），冰藻首先发生藻华，随后是浮游植物。在春季和夏季，营养盐供给是更为重要的控制因素。到了盛夏，陆架水团与海盆水团中的硝酸盐和磷酸盐通常会被耗尽。年平均初级生产力仅有南极海区的一半，并随着边缘海和中心海盆水文条件而变化（表 11.2）。

11.3.2.2 微食物网处于净异养的状态

极地的细菌生物量和生长率比其他大洋都要低。人们曾经认为，异养细菌的生长受到极地低温的限制，但最近对极地海洋中细菌生产的比较研究（Kirchman 等，2009）发现，限制细菌生长的主要因素是相对浓度较低的活性溶解有机碳（labile DOC）。在两极地区，细菌的生长率随着半活性溶解有机碳（semi-labile DOC）水平的增加而上升。DOC 浓度存在季节性变化，反映了浮游生物生产和消耗的季节性周期。

通过培养海水样品，测量瓶中氧气的净变化量，就可以确定自养与异养之间的差值。Cottrell 等（2006）的研究结果既有氧气净增加，也有净降低。在楚科奇海沿纬度梯度的多次测定结果表明，陆架区的初级生产量可被运输到海盆，而海盆区的呼吸作用则超过了当地的光合作用。

异养原生生物是北极浮游生物的重要组成部分。在楚科奇海和波弗特海同时进行梯度稀释实验和桡足类摄食实验，结果表明：纤毛虫和异养腰鞭毛虫消耗了浮游植物每日生长量的 22 ± 26%（Sherr 等，2009），而桡足类消耗了初级生产量的 13% ～ 28%（Campbell 等，2009）。在此类浅海中，中型和微型浮游动物大约消耗了水体初级生产量的 44%，剩余的初级生产量则被输出至海洋深处。

表 11.2　北冰洋的初级生产力

	/(gC·m^{-2}·a^{-1})	/(TgC·a^{-1})
北冰洋中央区（Central Arctic）		
加拿大北部海盆		
欧亚海盆	大于 11	大于 50
流入海洋（Inflow seas）		
白令海峡／楚科奇海	大于 230	42
巴伦支海	20 ～ 200	136
内陆架		
波弗特海	30 ～ 70	8
喀拉海／拉普帖夫海／西伯利亚海	25 ～ 50	83
流出（Out-flow）		
格陵兰岛东部大陆架	70	42
加拿大北极群岛	20 ～ 40	5
北冰洋初级生产量总计		
Sakshaug（2004）	大于 26	大于 329
Pabi 等（2008）	44	419
南大洋初级生产量总计		
Arrigo 等（2008）	57	1 949

有关亚区的数据来自 Sakshaug，2004。

与陆架海相比，北极中央海盆的浮游生物总量较低，食物网中的相互作用也有所不同。对北极中央区进行为期 1 年的采样研究发现，细菌和原生生物的总量在生长季数量翻倍（Sherr 等，2003）。北极中央区的中型浮游动物中，生物量占优势的是 4 种桡足类：飞马哲水蚤、极北哲水蚤、北极哲水蚤和长腹水蚤。飞马哲水蚤随大西洋海水进入北冰洋，并生存下来，但它们并不完全在北冰洋进行繁殖。Falk-Peterson 等（2009）对飞马哲水蚤季节性迁移和生活史模式（图 11.20）进行了报道。极北哲水蚤是北极体型最大的桡足类，也最能够适应短期多变的生长季，它们的生命周期有 3 ～ 5 年，能储存大量的油脂。在北冰洋中央海域，中型浮游动物总量约为浮游植物的 4 倍

（见表 11.3）。根据粪球产生率估算，桡足类动物摄食率约占食物饱和时（最大）摄食率的 3%～20%。此外，食物饱和时的碳需求超过了所测得的初级生产力。基于观测结果，Olli 等（2007）认为北极中型浮游动物的生长受到了食物不足的限制，而且，由于桡足类的大量存在，浮游植物在北极中央区不会出现累积。

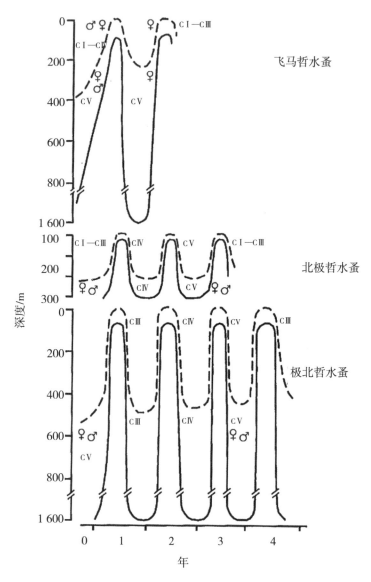

图 11.20　飞马哲水蚤、北极哲水蚤（*C. glacialis*）和极北哲水蚤（*C. hyperboreus*）季节性迁移和发育规律
虚线和实线间的空间表示种群在深度上的分布范围。（Falk – Peterson 等，2009）

　　Tremblay 等（2006）给出了北冰洋上层食物网结构图（图 11.21）。在北冰洋食物网中，以浮游动物为食的营养级包括：北大西洋露脊鲸（*Eubalaena glacialis*）、侏海雀(*Alle alle*)、北极露脊鲸(*Balaena mysticetus*)和北极鳕鱼(*Boreogadus saida*；彩图 11.3)，这些动物通常摄食桡足类。鳕鱼是环斑海豹(*Pusa hispida*)、北极鸥(*Larus hyperboreus*)、白鲸(*Delphinapterus leucas*)以及独角鲸(*Monodon monoceros*)的主要

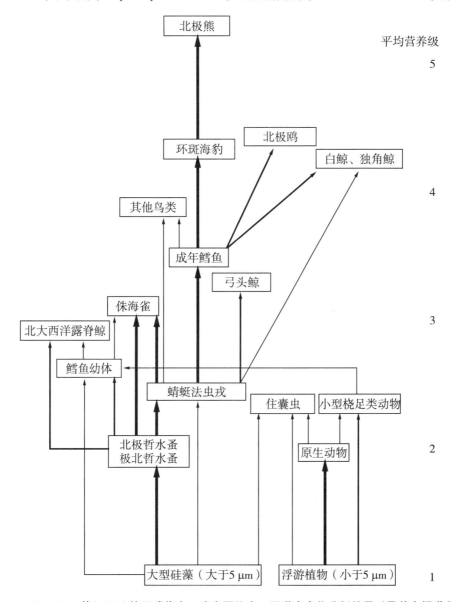

图 11.21 Tremblay 等(2006)基于碳收支、稳定同位素、肠道内含物分析结果以及前人报道所得数据，提出巴芬湾(Baffin Bay)北部的"北水冰间湖"中水体食物网结构

图右边缘的数字表示依据稳定同位素推断出的营养级。箭头的粗细反映该种食物对消费者的相对重要性，而不是碳通量的大小。细足法戎(*Themisto*)是一种浮游端足类。小海雀(*Alle*)是一种食浮游生物的鸟类。弓头鲸是大陆架区的濒危物种。北大西洋露脊鲸是北露脊鲸(northern right whale)，也是濒危物种。(Tremblay 等，2006)

食物，而这些大型动物构成了更高的一个营养级。加拿大北极区的北极鳕鱼可形成密集的集群，吸引大量海鸟和白鲸（彩图 11.3）。北极熊（*Ursus maritimus*）是顶级掠食者，会捕食斑海豹，当地的原住民也会猎食海豹和鲸鱼。

表 11.3　北冰洋中央区浮游植物、细菌、异养原生生物和桡足类的总生物量

分组	总生物量/（mg C · m^{-2}）
浮游植物	773 ± 1 076
异养原生生物	544 ± 360
细菌	506 ± 146
桡足类	3 190 ± 1 005

（Sherr 等，1997；Thibault 等，1999）

11.3.2.3　碳输出

可利用浮动式和固定式的沉积物捕获器对北冰洋上层的有机碳输出进行测定。位于 200 m 深处的捕获器结果显示，有机碳输出量在空间和时间上的变化非常之大。在北极圈中心，有机碳输出范围为 1.3 ～ 31 g · m^{-2} · a^{-1}，大陆架和冰间湖（冰块包围的无冰水面）有机碳的输出范围为 3.1 ～ 197 g · m^{-2} · a^{-1}（Wassmann 等，2004）。沉降不定期地发生，且在空间上呈斑块状，这使亚区之间数据的归纳与比较变得很困难。沉降通量最高的地方位于北部的白令海峡和楚科奇海，那里有丰富的底栖生物，其中，蛤蜊和端足类动物占绝大多数。弗拉姆海峡的沉降通量较低，底栖生物主要为多毛类。其他北极陆架海的有机碳输出通量处于中等水平，且有明显的陆源输入。

在整个生长节，北极中央区表层浮游植物所需要的营养盐浓度仍然能维持较高水平，例如，NO$_3^-$ 的浓度为 3 μmol · L^{-1}（Wheeler 等，1997；Olli 等，2007）。Olli 等认为，桡足类对浮游植物施加了巨大的摄食压力，此下行控制效应（top-down control）限制了细胞较大的浮游植物的初级生产，因此浮游植物总量维持在较低水平，从而限制有机碳的垂直通量。加拿大海盆的营养盐浓度较低，浮游植物的生长可能会受到季节性营养盐浓度变化的限制。

11.4　亚热带环流生物群

Longhurst 将信风区的边界设定在约 30°N 和 30°S 处。虽然卫星观测结果显示 30°N以北的叶绿素浓度出现适度增长，信风区的边界恰好穿过生态相当均一的中央环流。John McGowan 等人选择在 28°N—30°N 的纬度上研究亚热带环流的基本生态特征。百慕大大西洋时间序列研究站点（BATS）位于 32°N，研究的主要区域是亚热带的马尾藻海。生物地理学研究常将所有的暖水区合并汇总：许多物种分布范围向北达到了 45°N 或 40°N，向南延伸穿过赤道，扩展到大致与北纬相等的范围。然而，卫

星遥感图像显示中央环流区叶绿素浓度（浮游植物总量）较低，其初级生产力也必然低于受赤道上升流影响的海区（15°N 到 15°S）。此外，浮游生物的许多种类只生活在中央环流区，因此，我们会分开介绍亚热带（或中央）环流和信风带（赤道）的生物群。多亏 20 世纪 60—80 年代的 CLIMAX（McGowan 和 Walker，1985；Venrick，1999）以及夏威夷海洋时序（HOT，在"ALOHA"站点的取样，例如，Siegel 等，2001）研究（这些工作最初属于 JGOFS 项目的一部分），获得了有关北太平洋亚热带环流（NPSG）的大量数据。JGOFS-BATS 时序（Steinberg 等，2001）和早期百慕大附近的时序工作提供的数据可以与马尾藻海进行比较。北大西洋东部亚热带海区（ESTOC；Neuer 等，2007）时间序列以及马尾藻海（及其他地方）的生态过程研究也获得了很多洞见。HOT（距欧胡岛 100 km）可能会受到邻近夏威夷海隆的些许影响，同时 ESTOC 可能会受到邻近加那利群岛和非洲共同作用的（中等程度）影响。不过，这些影响发挥了应有的作用。已有的研究成果表明南半球的 3 个环流有着类似的生态系统特征和过程，但此类结论大多基于个案，尚缺乏非常系统的研究。

11.4.1　亚热带海域寡营养的物理化学基础

亚热带环流的主要特征是水体的垂直结构稳定。在从南至北的很多断面上，测定温度或 σ_t，在数千千米环流范围内它们的等值线都很平直。这样的系统被称为"正压"（barotropic）。这是由环流的反气旋方向所致，它往往趋于收敛，由于热带阳光的照射，海水暖化，并将海水在环流中心稳定地堆叠。从大约 120 m 到 1 200 m 有中等程度的海水层化现象（图 11.22），并具有永久性的密度跃层。这阻碍了海水的混合，使营养盐向上混合变得非常缓慢。在 50 ～ 70 m 深处，温跃层之上的表层海水呈现出季节性温度变化（冬季18 ℃至夏季25 ℃左右）。由于水体透明度高，125 m 深处仍有可能存在净光合作用（图 11.23），营养盐在略深于此深度处才被耗尽。表层水中的硝酸盐和磷酸盐被清除，直至超出标准分析方法的检测下限（大约 0.1 μmol L^{-1} 灵敏度）。对于这些常量营养盐的测定，目前已经可以先浓缩再分析，结合超高灵敏度检测的分析方法，灵敏度可达到纳摩尔级，但易水解的溶解有机物仍会产生一些干扰。初级生产需要的大部分营养盐都来自营养盐的再生（比率 f 为 0.05 ～ 0.1），固氮作用输入的营养盐很少。亚热带浮游植物对铵离子的亲和力极强，细胞表面的酶类可酶解有机物，从而释放出可被吸收利用的磷酸盐（如 Beversdorf 等，2010；Duhamel 等，2010）。由于总会有部分有机物会被输出至深海，因此，这样的系统不能完全依靠营养盐的再生一直运行下去。在 125 m 深处或稍浅于这个深度的水层，正是营养盐跃层的上边界，也是阳光能达到的最大深度。此处的阳光仍可以支持光合作用，为营养盐的吸收提供能量。从此深度往下，可利用的硝酸盐、磷酸盐和硅酸盐浓度逐渐增加，源于深层高浓度营养盐（硝酸盐浓度在北大西洋中为 16 μmol L^{-1}，在北太平洋中为 40 μmol L^{-1}）透过永久性密度跃层向上缓慢混合。因此，水体混合的速率最终决定了水体的初级生产力。

营养盐跃层也是叶绿素浓度增高至 2 ～ 3 倍的水层，即深处叶绿素浓度最大层

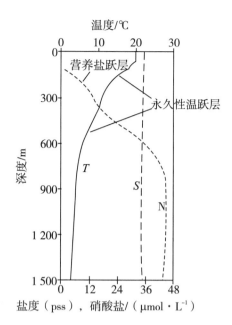

图 11.22 2006 年 3 月 16 日亚热带太平洋 30°N，152°W 处的温度 T、盐度 S 和（硝酸盐 + 亚硝酸盐）= N 盐剖面

相对于氮的变化尺度来说，盐度变化的尺度极小：从表层的 35.26 到约 540 m 处的 34.00（最小值）。这种（上高下低）颠倒的盐度梯度的存在，主要是通过温度的垂直梯度来维持稳定。来自 NODC 中的 CLIVAR 项目剖面数据。

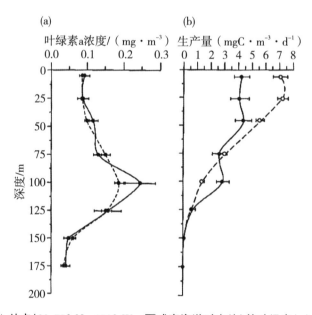

图 11.23 ALOHA 站点（22.75° N，158° W，夏威夷海洋时序站）的叶绿素（a）和初级生产力（b）的垂直分布

空心圈表示 1991 年 1 月的样本，实心圈表示此后的样本。（Letelier 等，1996）

［DCM，图 3.9、图 11.23(a)］。事实上，所有的亚热带和热带海区均可以观察到 DCM。在光合作用补偿深度以上的一些位置，营养盐的可利用度显著增加，使浮游植物合成更多的叶绿素(需要铁和更多的氮盐)以弥补光照的不足：它们"展开色素天线"收集微弱的光子。水体叶绿素浓度的增高主要是由于每个细胞叶绿素含量的增加，而不是细胞数量的增加。另外，Venrick(1982)基于"CLIMAX"站点($30°N$，$155°W$)的研究发现，DCM 的边界十分明显，在 DCM 边界稍浅一点的水层中，硅藻的种类组成几乎完全改变。这些植物群不仅仅是某些适应弱光的浮游植物个体，而且是一个完全不同的、适应弱光的群落。DCM 中蓝藻细胞也会变大(DuRand 等，2002)。DCM 对总初级生产量的贡献很大，但大部分的垂直积分生产力仍主要集中在海表层［图 11.23(b)］。

11.4.2　初级生产者

在所有的亚热带环流中，在数量和生物量上占优势的浮游植物都是超微型浮游生物(picoplankton)。DuRand 等(2002)使用流式细胞技术研究了 BATS($31°40'N$，$64°10'W$)超微型浮游生物的季节周期特征。蓝细菌/蓝藻的 2 个属(原绿球藻属和聚球藻属)的数量会轮番交替地占据优势地位。从夏季到初冬，原绿球藻位于表层以下至 200 m 的水层(大多数细胞位于表层以下至 125 m 的水层)，每平方米的平均数量大约为 10^{13}(约 0.5 g 有机碳)，在仲冬时节，由于垂直混合(范围通常超过 200 m 深度)，它们部分被聚球藻取代，几个月后聚球藻增长到 $(2 \sim 3) \times 10^{12}$ m^{-2}(约 0.2 g 有机碳)。虽然真核超微型浮游生物的数量较少，但在生物量上与两类蓝藻合并后的量相当，冬末"藻华"时尤其如此。然而，当这一海区的蓝藻占最大优势时，初级生产率最低，且小型真核生物细胞贡献了大部分的有机物年产量。Worden 和 Binder(2003)使用流式细胞技术研究了 3 月 BATS 站点 50 m 深处的原绿球藻，检测了处于细胞周期不同阶段的细胞数量。原绿球藻的 DNA 复制(S 期)发生在下午晚些时候到傍晚。具有 DNA 互补双链的细胞在午夜时分达到峰值，随后其丰度翻倍(从每毫升 2×10^4 增长到每毫升 4×10^4)。植食动物的数量会在上午的中间时段达到日间水平。细胞数较少的聚球藻也呈现出类似的昼夜循环规律。平行的梯度稀释实验结果表明，两种蓝藻的生长率通常略低于每日增长 1 倍。

Campbell 等(1994)利用流式细胞术在 HOT 站位($22°45'N$，$158°00'W$)进行一项比较研究，发现原绿球藻比聚球藻的季节性优势度更强、更有规律。此外，他们还比较了自养菌和异养菌的丰度(见表 11.4)。Liu 等(1997)通过流式细胞术研究了 HOT 站位的原绿球藻细胞周期，通过细胞周期的昼夜变化来估算生长率。像马尾藻海的研究结果一样，细胞增殖几乎完全在深夜进行，这也意味着近表层的生长率不会超过每天增长 1 倍，80 m 深处的生长率则更低。细胞的数量在黎明时达到峰值，在日落时达到最小值，每日的生产和消耗大致保持平衡。

表 11.4　HOT 站细菌和藻类颗粒在表面混合层(0 ~ 70 m)、深处叶绿素最大层(DCM)中
10 月至次年 4 月的平均百分比及在表层 200 m 水柱中的累计碳生物量

	Z = 0 ~ 70 m	DCM	mgC·m^{-2}(200 m 水柱累积)
异养细菌	40%	42%	1 273
原绿球藻	44%	27%	973
聚球藻	3%	1%	58
微微型真核生物(小于 3 μm)	10%	26%	404
"大型"藻类(3 ~ 20 μm)	3%	4%	98

季节变化适度，且 0 ~ 70 m 处的丰度大致保持不变，除了 3 月时丰度从 150 m 开始逐渐减少，其余时间通常在 120 m 深处时丰度就减少一半或更多。(Campbell 等，1994)

　　HOT 的 NPSG 中的初级生产力不会在冬季或春季达到峰值，主要是因为多数冬季不会出现营养盐的深层混合，故而不能为藻华提供充足的营养盐。每月 HOT 数据(图 11.24)在 20 年中的月平均值显示，仲冬时初级生产力较低，大约为 30 mmolC·m^{-2}·d^{-1}(表层 100 m 的累积值)，5 月到 8 月会升高至 54 mmol C·m^{-2}·d^{-1}。转换为质量单位的年平均值约为 514 mgC·m^{-2}·d^{-1}，年总量约为190 gC·m^{-2}。在夏季，混合层较浅，

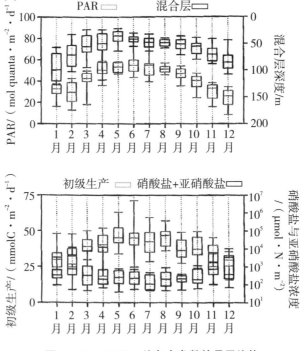

图 11.24　ALOHA 站多个参数的月平均值

该图为带有误差线和四分位数的箱形图，包含混合层深度、表层 100 m 水柱中硝酸盐与亚硝酸盐的累积浓度、光合有效辐射(PAR)的入射通量及表层 100 m 水柱累计初级生产力。(Church 等，2009)

使真光层中的浮游植物总量维持在高位，这时混合层的效应比充足的辐照度对初级生产的影响更为重要。在许多年份，除了超微型浮游生物和微型浮游植物的生产，亚表层水下的硅藻也会（叶绿素浓度上升到约 0.15 $\mu g \cdot L^{-1}$）引发藻华（Venrick，1974；Dore 等，2008）。这些硅藻属于根管藻属（*Rhizosolenia*）、半管藻属（*Hemiaulus*）和胸隔藻属（*Mastogloia*），这三类硅藻的细胞共生有固氮的蓝细菌，称为胞内植生藻（*Richelia*）。根据 Dore 等人的记载，此类亚表层藻华主要出现在气旋型涡旋中，这种涡旋可在营养盐跃层周围引起营养盐（包括合成硅藻细胞膜所需的硅酸）向上层混合。于是，硅藻呈现出脉冲式（持续时间短、快速）的生长，硅藻的共生菌也可固氮，给系统增添新生产力，也能补充营养盐的亏损。

在冬末（通常是 2 月或 3 月）的马尾藻海（图 11.25），会有一股中等强度的硝酸盐脉冲升至海水上层，此时混合层深度略深于 200 m。浮游植物的生产量和存量会适度增加（Steinberg 等，2001），且主要来自微微型真核生物和"大细胞藻类"的贡献。大西洋和太平洋时间序列在冬季混合和生产这两方面存在一定的差异，可能是因为BATS 比 HOT 更偏北 $10°$，会经历更强的冬季寒流（以及对流混合）和更强的冬季风。在 BATS 站点发生深层混合期间，优势类群从原绿球藻转变为聚球藻，从南到北的纬度梯度上，优势蓝藻种类也由原绿球藻转变为聚球藻。所有朝向极地的环流边缘很可能存在晚冬藻华，这一点与 BATS 站点类似，也表现出初级生产的季节性梯度。BATS 的年均总产量（155 $gC \cdot m^{-2} \cdot a^{-1}$）略低于 HOT（约 190 $gC \cdot m^{-2} \cdot a^{-1}$）。亚热带环流生产力存在年际变化，虽然根据 HOT 数据显示，初级生产力在 1989—2004 年已经增加了 1.5 倍（Corno 等，2008），但每月在同一位置采样所获取的时间序列样本，受时间和空间的限制，还不足以可靠地分辨出年际变化。

与 20 世纪 80 年代及之前的观测结果相比，1991 年后获得的 HOT 数据显示，初级生产力出现了大幅增加，前者数值不足后者的二分之一。出现这种现象的部分或全部原因（无法确定）是使用了新的、非常洁净的碳同位素吸收技术。

11.4.3　限制性营养盐

哪种营养盐限制了亚热带环流中的浮游植物的生产？近几十年来，这一直都是一个饶有兴趣的问题，但还没有一项研究能让所有人都信服。有些人支持李比希（Liebig）的多营养盐限制学说。李比希是早期的农业化学家，他认为，如果一种营养盐供应量少于植物的最低需求，那么这种营养盐就是植物生长的限制因子。这样一来，情况就复杂了：不同浮游植物对其中一种或所有营养盐有不同的需求和喜好，并且会受制于不同的摄食压力，这些会导致对野外浮游植物实验结果的解释混淆不清。此外，不同的环流，其真光层中主要营养盐比例也是不同的，在向上混合的时候，深处营养盐的浓度也有不同。限制性营养盐主要来自氮盐（主要是深层的硝酸盐）、磷酸盐和铁。

除了冬季最强烈混合的情况之外，NPSG 和马尾藻海上层水体的 N 和 P 都会被消耗殆尽，需要使用特殊分析技术才能测定其极低的浓度。使用化学发光方法，可测定

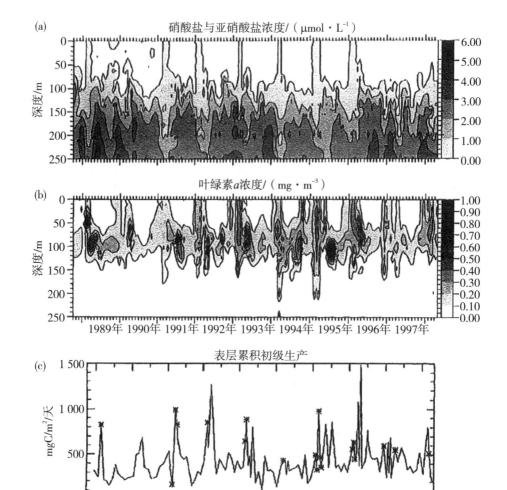

图 11.25　BATS 站点时序数据

此图显示晚冬时节，硝酸盐注入真光层中，引起浮游植物生物量(叶绿素 a 的量)和初级生产率的响应。最大叶绿素层持续存在，所在深度通常略浅于 100 m，是所有大洋和热带海域的典型现象。(Steinberg 等，2001)

浓度低至约 2 nmol · L^{-1}的 NO$_3^-$和 NO$_2^-$。可用一种名为"MAGIC"的技术来测定"溶解活性磷酸盐"(SRP)的浓度，SRP 中的一部分来自有机物(成分尚未确定)，其包含的磷酸根浓度可低至 3 nmol · L^{-1}。至少有一些有机磷可被浮游植物细胞表面(如束毛藻，White 等，2010)的磷酸酶分解供细胞利用，因此，SRP 的测定值非常接近细胞可利用的活性磷酸盐总量。在 HOT 站点(Karl 等，2001)整个真光层中，NO$_3^-$ + NO$_2^-$ =[N +N]的浓度检测下限约为 8 nmol · L^{-1}，而 SRP 范围是 20 ～ 100 nmol · L^{-1}。[N +N]：SRP 比值约为 3∶50。由于铵含量极低，以上这些营养盐就是常量营养盐的主要形态，但这个比值与浮游植物组分的 Redfield 比值(N∶P ≈ 16)相差甚远。另外，

可溶性有机 N 和可溶性有机 P（Karl 等，2001）的平均摩尔比率 DON：DOP =
5 μM N ：0.23 μM P，约为 22。无机 N ：P = 13.5（约 40 μM NO_3^- ：3 μM PO_4^{3-}），
均从 800 m 以下的深水慢慢地向上扩散而来。可用于再循环的 DON 和 DOP 量是不确
定的；然而，基于无机营养盐的较低水平及 N：P 的低比率，似乎 N 限制始终都比 P
限制更加严重。

在 BATS 站点，真光层的上部[N+N]和[SRP]随季节而变化，一年中的多数
时间浓度值都极低，在冬季深层混合（N：P ≈ 40）期间浓度分别增加到 0.2 ～
1 μmol · L^{-1} 和 20 ～ 100 nmol · L^{-1}，但它们在夏季到初冬期间的浓度都非常低，分
别为 2 ～ 10 nmol · L^{-1} 和 1 ～ 20 nmol · L^{-1}（N：P ≈ 0.3 ～ 7；Cavender-Bares 等，
2001）。因此，尽管 DON 和 DOP 更为丰富且部分可被利用，但相对于磷酸盐（以及
浮游植物的需求）来说，BATS 位点的 N 似乎比 NPSG 的更为丰富。其解释是：具有
固氮功能的浮游植物不需要化合态的 N，它们从上层水中吸收 P，与自身固定的 N 形
成有机物并向深层输出。

通过营养盐加富实验可以确定哪一种营养盐限制了浮游植物的生长：向实验体系
中适度地添加一种营养盐，或添加可能具有交互效应的营养盐组合（例如，N 和 P，
或 Fe 和 P）。催化固氮过程的固氮酶需要大量的铁：每一个具有活性的酶复合体需要
15 个铁原子。除了铁以外，固氮酶也需要钼，尽管表层海水中的钼可能会像其他营
养盐一样被耗尽，但总的来说钼从不受限制。Moore 等（2008）进行了一项研究，在 3
月和 4 月期间，他们将已去除微量金属的 PO_4^{3-}（0.2 μmol · L^{-1}）、$FeCl_3$（2 nmol ·
L^{-1}）、P + Fe、N（以 NH_4^+ 的形式，1 μmol · L^{-1}）、N + Fe、N + P 以及 N + P + Fe 添
加至马尾藻海 5 个站点的近表层水样中。经过 24 小时培养，测定 ^{14}C 吸收量；48 小
时培养后，测定叶绿素含量。各站点的结果比较一致（图 11.26）：在仅添加 P、Fe 或
P + Fe 的条件下，几乎没有引起明显的效应。然而，添加铵盐后，浮游植物生物量显
著增长，同时添加 NH_4^+ 和 P 时，刺激浮游植物生长的效果会更加明显。添加含 Fe
的所有组合都没有引起浮游植物的增长。显然，当 BATS 站点的浮游植物群落优势种
为原绿球藻与中等数量的聚球藻属和微微型真核生物时，浮游植物群落的限制性营养
盐是化合态的氮。然而，在铵盐浓度一定的情况下，添加的磷酸盐会使细胞进一步受
益。Moore 等的研究结果几乎完全印证了 Liebig 的理论：当最受限的营养盐需求被满
足后，添加第二受限的营养盐就能刺激进一步生长。在马尾藻海，同时添加 N 和 P
后引起浮游植物快速生长的原因可能是：相对于化合态的氮，磷酸盐的浓度依然很低
（图 11.27）。在其他一些测定浮游植物生长受限因素的实验中，通常测定的是细胞较
大、个数较少的浮游植物类群，因此与 Moore 等的实验有所不同。当实验体系经过
多日培养后，"新长出的"细胞可能会导致限制因素变得与原先完全不同。

从业已完成的 NPSG 研究来看，似乎与有关大西洋的研究没有确切的可比性，但
2003 年 7 月和 2004 年 7 月 Van Mooy 和 Devol（2008）在 HOT 站点使用示踪量级的放
射性磷酸盐分别测定了原绿球藻、真核生物及异养细菌的核糖体 RNA 合成（需 PO_4^{3-}
参与）速率。他们向培养水样中添加 PO_4^{3-}、NH_4^+ 和 NO_3^-，然后测定核糖体 RNA 的

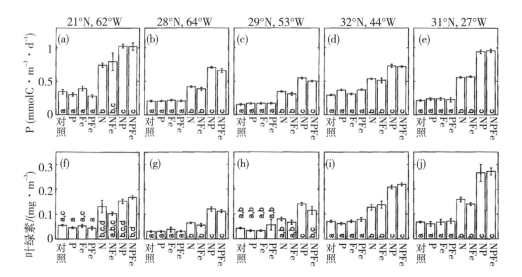

图 11.26　亚热带大西洋不同站位处，添加不同的营养盐对浮游植物群落总量和固碳量的影响

上排：添加营养盐后，24～48 h 测得的固碳量。下排：培养 48 h 后测得的叶绿素浓度。柱形数据框顶端的垂直线表示标准误差。两个柱形框之间标有的字母若完全不同则表示具有显著的统计学差异，即 $p < 0.05$。（Moore 等，2008）

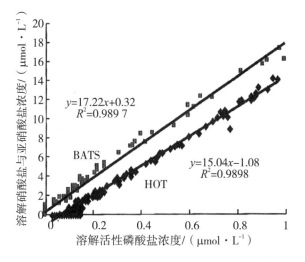

图 11.27　ALOHA（HOTS）和马尾藻海 BATS（31°45′N，64°10′W）站点的溶解硝酸盐和亚硝酸盐与溶解活性磷酸盐的摩尔浓度之比

亚热带北大西洋中固氮作用相对比较重要，可能导致了两条回归线的不同。（Wu 等，2000）

合成速率。实验结果与 Moore 等在马尾藻海的实验类似：显著效应仅出现在铵盐加富的处理组（图 11.28），即此系统受到氮的限制。而添加硝酸盐并没有刺激浮游植物的生长，这可能是因为原绿球藻缺乏硝酸盐还原酶（Rocap 等，2003；Martiny 等，2009）。然而，微微型真核生物通常具有利用硝酸盐的基因，但在［N＋N］浓度极低时，这些基因也可能不会表达。显然，直接的限制性营养盐是化合态的无机氮。由于

NPSG 中 N 与 P 浓度的比率很低，因此添加铵盐和磷酸盐后也可能不会产生协同效应，这个结果可能与在马尾藻海的实验是一样的。Van Mooy 和 Devol 指出，原绿球藻的代谢活动就是为了面对极度缺乏磷和铁的环境条件而量身打造：其细胞膜中的磷脂通常被硫脂所替代，而相对于生物需要量来说，海水中的硫酸盐含量非常丰富。原绿球藻的基因组也明显缩减（Dufresne 等，2003），降低了对磷酸盐的需求，同时由于缺乏硝酸盐还原酶，也降低了对铁的需求。因为对磷的需求量极低，所以无论 N 与 P 浓度的比值如何，亚热带环流真光层中极低的磷酸盐浓度都有利于原绿球藻的生存。南太平洋环流的营养盐动态可能完全不同：尽管处于非常寡营养的状态，但无机磷酸盐浓度却始终保持在 $0.2 \sim 3\ \mu mol \cdot L^{-1}$。

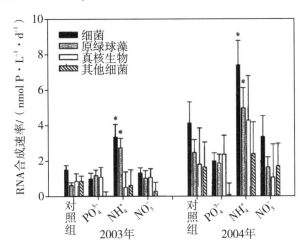

图 11.28　放射性$^{33}PO_4^{3-}$ 标记测定的微型浮游生物不同类群的 RNA 合成速率

星号处理组 RNA 合成速率与对照组有显著性差异；误差线表示 3 次重复获得的标准误差。（Van Mooy 和 Devol，2008）

在某种意义上，NPSG 生态系统也有可能受铁的限制，但长期来看，通过风与水平流的输送，铁的供给仍能达到很高的速率，超过氮盐供给（缓慢的）速率，因此，表层水中的氮会完全被耗尽。HNLC 海区均呈现出更多的"斜压"（baroclinic）和辐散特征，以致于铁的供应无法跟上氮的供应，因此，正如 John Martin 所描述的那样，铁开始变成一种限制性的营养盐。

如图 11.29 所示，HOT 站点上层水体 SRP 数据显示（http://hahana. soest. hawaii. edu/hot/hot - dogs/interface. htmL）：SRP 的变化范围很广，看起来有些混乱。截至 2009 年的时间序列数据表明，SRP 供给和降低都是间歇性的，没有明显的周期性。磷酸盐向上的混合具有强烈的间歇性，SRP 较高的时期一般出现在冬季，因为冬季的垂直混合较强烈；HOT 站 SRP 浓度的短暂上升可能是由经过的气旋型涡旋产生的。Johnson 等（2010）使用带有溶解氧和硝酸盐传感器的 Argo 浮标观测，证明了营养盐确实可以间歇性地输送到真光层。Argo 浮标从 HOT 出发，在 22°N 和 24°N 之间主要向东移动，并且每 5 天从 1 000 m 至表层收集一次剖面数据，在 21 个月的观测中总共收集 127 次。以营养盐跃层上部水体中硝酸盐的浓度增加为特征，他们发现有 12 次强烈的上升混合事件。混合发生后，观测到溶解氧浓度增加，应该是浮游植物光合作用大幅上升的结果。水体向上混合引起硝酸盐增多，硝酸盐又会被浮游植物很快地吸收，因此，在浮标两次剖面测定的间歇期内，有可能也发生过向上混合事件，但却未能被记录下来。营养盐向上混合的间歇性与气旋型涡旋的间歇性一致，因此，气旋型涡旋应该是引起向上混合的主要原因。

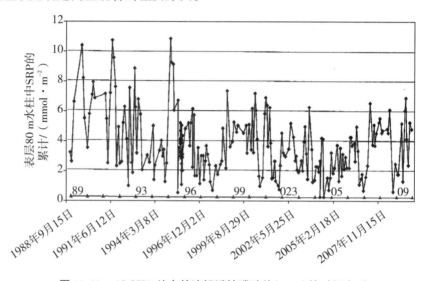

图 11.29 ALOHA 站点的溶解活性磷酸盐（SRP）的时间序列

数据来自 HOT 网页中可用于"上层水柱 SRP"（http://hahana. soest. hawaii. edu/hot/hot - dogs/inter-face. html. ）。

11.4.4 固氮作用

亚热带环流和赤道海区均会发生生物固氮作用（溶解的气态 N_2 转化为铵离子及胺类化合物的过程）。Carpenter 和 Capone（2008）已对固氮过程做了综述，本书第 3 章也有涉及。

固氮作用的重要性仍有待进一步全面研究。其困难在于：测量技术仍处于不断发展中；海洋中固氮菌在空间与时间上分布不均匀；地质历史上关于固氮的地球化学指标计算非常复杂，也易出错，很难将全球数据整合起来并给出解释。测定水体总体固氮作用的技术有以下 2 种：

（1）研究表明，*nif* 固氮酶复合物同样也会催化乙炔中的碳碳三键，使之转化为产生乙烯。因此，如果将乙炔注入样品瓶的顶部空间使其溶解，依据在样品培养期间产生乙烯的量，就可测定浮游植物固定 N_2 的能力，也就是总的固氮速率。说其是"总速率"是因为固定后的氮在颗粒物中存在，而产生的乙烯不会被代谢掉或通过排泄流失掉。

（2）将稳定同位素标记的 $^{15}N_2$ 注入样品管的顶部空间使其溶解，样品中随后固氮过程产生的有机物将会标记上^{15}N，将颗粒物滤出并提取，用质谱分析法进行测定。由于$^{15}N_2$溶解到溶液中的过程较为缓慢，固氮菌能吸收的量要大于溶液中$^{15}N_2$实际被消耗的量，因此，很多使用此方法的研究结果很可能低估了固氮速率。Mohr 等（2010）对该方法做了改进，但仍有待广泛应用。在某种意义上，使用$^{15}N_2$方法测定的固氮速率仍是一个"净值"，因为一部分固定后的氮进入生物体后又可能在培养期间就被代谢并释放到环境中了，固定形成的NH_4^+也可以从固氮生物细胞中轻易地溶滤出来。这两种偏差均可以在一定程度上解释为什么直接测定出的区域性固氮速率远小于"地球化学"的估计值。然而，固氮生物丰度和活度的斑块分布也可能同样导致低估。

　　在接近海表层的深度上，固氮速率最高（如 Grabowski 等，2008；图 11.30），随着深度加深，固氮速率下降，至 75 m 后逐渐降低至零。虽然固氮过程取决于光能的供给，但实际固氮反应的时序在不同物种会有所不同。对于束毛藻（Trichodesmium）来说，其固氮速率在日光照射下增长，中午达到峰值，随后开始下降。其他种类的固氮蓝藻则会在白天进行光合作用，在夜间进行固氮。显然，可能限制固氮的因素包括温度、辐照度（图 11.30）、磷酸盐和铁。Watkins-Brandt 等（2011）的研究结果与 Zehr 等（2007）的相矛盾，前者发现：向 NPSG 水样中添加少量磷酸盐会使由$^{15}N_2$方法测得的固氮速率升高。这种效应在马尾藻海中可能更为显著，因为相对于氮盐，那里的磷含量更低。这表示束毛藻对PO_4^{3-}吸收作用的K_s值较低（意味着有较高的亲和力），对于一些海域及一些培养对象来说会低至 100 nmol·L^{-1}（Moutin 等，2005），但该值仍远高于环流表层常有的 SRP 浓度。培养实验已多次证明，束毛藻能利用碱性磷酸酶分解有机物从而夺取其中的PO_4^{3-}。束毛藻（尤其是纠缠的丝状束毛藻群体）通过细胞内的气泡和糖原负荷的相互作用（如 White 等，2006）来调节自身的密度，从而控制细胞体下沉和上浮。有可能它们会下沉到营养盐跃层吸收磷酸盐，然后返回至光照良好的表层进行固氮与生长。有几项研究（如 Villareal 和 Carpenter，2003）都发现，在某些情况下，上浮的群体含磷量比下沉群体的高。束毛藻至少还可以吸收铵盐和硝酸盐，故可推测，在氮盐存在的情况下固氮过程可能会被抑制。事实的确如此，但最多只能使固氮速率下降 30% 左右。

　　现场样品实验（如 Reuter，1988）和培养实验均表明：束毛藻固氮速率与铁浓度有关，当铁的浓度处于实际海洋中的浓度范围时，束毛藻固氮会受到限制。通过现场铁加富实验观测固氮效应还没有被很好地研究过，但地球化学方面的论据表明，铁的可利用度是影响全球固氮速率与分布的关键因素。铁对N_2固定的限制可能直接导致了马尾藻海和 NPSG 的真光层中[N+N]∶P 值的差异（该值在大西洋中较高，而在太平洋中较低）：西向的信风将撒哈拉沙漠的沙尘携带到马尾藻海，由此提供了丰富的铁。而吹离美洲的风在遭遇降雨过程时，风中的沙尘会被清洗下来，使东太平洋得不到这些营养盐而变得不够肥沃。美洲也缺少类似的沙尘输出，因此东太平洋在很大程度上依赖于遥远亚洲的沙尘。这使固氮菌能利用大西洋中的磷酸盐，直至其变成限制性营养盐，这样残余的磷酸盐含量相对于氮盐而言就变得极低。由于磷酸盐的限制，

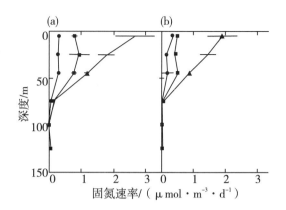

图 11.30   2004 年 11 月(●)、2005 年 2 月(■)以及 2005 年 3 月(▲)期间，基于$^{15}N_2$ 的吸收测定出固氮速率的垂直剖面分布

（a）整个水样；（b）粒径分级（小于 10 μm）后的水样。误差线是 3 次重复平均值的标准误差。这些测定结果可能低估了实际的固氮速率（Mohr 等，2010），但速率的相对变化可能是正确的（Grabowski 等，2008）。

偶尔测得的一些固氮速率可能都不会很高。然而，东部 NPSG 中风成铁供给的频率、含量都很低，因此，尽管浮游植物的吸收会将氮盐浓度降到极低的水平（［N + N］：P 降低），但磷酸盐不会被完全耗尽。

通过测算海水实际 N：P 值，并与 Redfield 比值（N：P ≈ 16：1，或略低）相比较，便可得到用于比较不同海域长期固氮效应的几个差异指标：

$$N^* \approx \left[NO_3^- \right] - 16\left[PO_4^{3-} \right] + 2.79 \ \mu mol \cdot kg^{-1} \qquad （式 11.2）$$

（Michaels 等，1996）和

$$P^* \approx \left[PO_4^{3-} \right] - \left[NO_3^- \right]/16 \qquad （式 11.3）$$

（Deutsch 等，2007）。

关于这些指标还有一些更复杂的版本，主要考虑到深层水的 Redfield 比值变化。例如，Gruber 和 Sarmiento（1997）采用的是调校后的 Redfield 比值；Deutsch 等（2007）将 P^* 表达式中的截距去掉。奇怪的是，关于固氮作用的全球模式，Gruber 和 Sarmiento 使用 N^* 而 Deutsch 利用 P^*，得出的结论几乎是相反的。更奇怪的是，在之后的论文中并没有对此差异进行讨论，我们把整个问题留给读者，让读者在原始文献中寻求答案。最后，可以利用这些指标（或类似的指标）粗略地描绘出全球氮预算中固氮作用的分布情况。这两种分析均认为海洋生物固氮是全球氮循环中的一个重要的因素，估计至少应在 $10^{14} \ g \cdot a^{-1}$（Gruber 和 Sarmiento，1997）。后来，使用硝酸盐中氮的稳定同位素比率来估算固氮速率（如 Casciotti 等，2008）对全球固氮通量的定量计算也有贡献。

11.4.5   较高的营养级

在 NPSG 及类似的生态系统中，摄食作用使浮游植物存量在细胞分裂和死亡之间保持一个几乎平衡的状态；实际上，植食动物会消耗每天所有的生产量（并不是所有生物量，而是所有增加的生物量）。Banse（1995）对此问题有进一步的论述，并对诸如 NPSG 等寡营养中央大洋上层水体浮游植物的生长率数据做出了总结（图 11.31）。营养盐限制对浮游植物实际生长率的影响并不算特别强烈，正是那些非常小的细胞（原绿球藻、聚球藻属和微微型真核生物）最有能力从低浓度营养盐溶液中充分获取营养，其生长率是每天进行 1 ～ 2 次细胞分裂。Banse 的论述令人信服：沉降和垂直混合对浮游植物细胞的损耗率至多占生长率的几个百分点，因此，表现出稳定状态通常都归因于细胞死亡；虽然病毒的裂解作用也很重要，但大多数的细胞死亡还是来自摄食作用。实际上，由于绝大多数浮游植物的体型都很小，因此几乎所有对浮游植物的摄食活动都来自原生动物。原生动物的组成与寡营养、高纬度生境中的一样，包括异养鞭毛虫、较大的纤毛虫以及异养腰鞭毛虫。不同类群和种类的精确比例还未得到充分的描述。尽管大部分桡足类动物、尾海鞘纲（larvaceans）以及其他中型浮游动物的体型小于其在高纬度地区的（相同科的）亲缘种，但严格来讲，它们都是食肉动物，属于第三或更高的营养级。

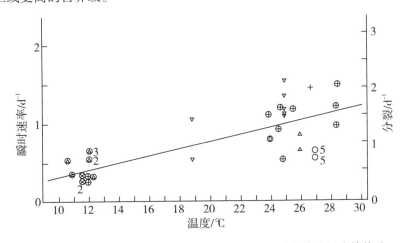

图 11.31 寡营养的大洋生态系统中浮游植物生长率与海水温度的关系

图中不同的符号表示来自不同研究人员的数据。符号内为空白的表示硝酸盐极低的海域，主要来自 NPSG。圆圈符号代表的数据来自 HNLC 海区；温度低于 15 ℃ 的数据均来自亚北极太平洋。生长速率测定的方法并不统一（参见原始文献）；所测得的生长速率均超过了浮游植物总体增长率。图中的数字表示多个样本的数目，数据来自 Banse，1995；有简化。

总的来说，NPSG 的中型浮游动物活跃度非常持续，无季节性的休眠期。它们在表层水中的生活周期是几个星期或一个月，而并不像在亚极地生境中的种类那样具有一年一次或两次生命周期。有关 NPSG 的中型浮游动物繁殖期的同期群及其发育历程研究难度很大。在 HOT 站点，使用孔径为 200 μm 的浮游生物网在表层至 160 m 深的水柱中采样，发现浮游动物丰度在季节之间的振幅较低（大约为 2 倍），围绕年平均（白天约为 0.7 gC·m^{-2}，夜间约为 1.0 gC·m^{-2}）水平上下振荡（Sheridan 和 Landry，2004）。此外，他们也报道了 1994—2002 年（图 11.32）中型浮游动物总生物量的显著增加。他们的分析表明，因为夜晚的生物量与白天生物量的差值几乎维持恒定，所以这些变化主要源于白天、在表层水中驻留的那些非迁移性浮游动物。白天，浮游动物迁移至 160 m 以下的深度，通过呼吸和排泄将真光层中的碳和营养盐携带至此，这一点十分重要。Hannides 等（2009）以生物量和耗氧量的估算为基础，计算出 150 m 深处的沉积捕获碳通量中约有 15%（约 2.6 mmolC·m^{-2}·d^{-1}）来自垂直迁移。捕获的沉降通量和浮游动物丰度表现出的季节性周期与初级生产的周期很相似（图 11.24），其峰值在春夏季可能还稍微有些提前。

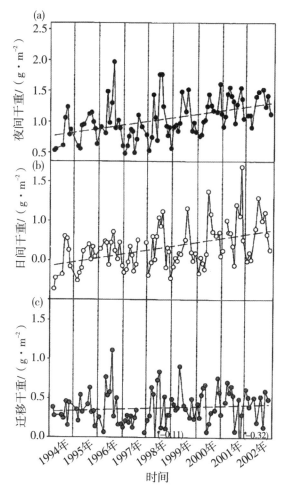

图 11.32　HOT 项目每月在 ALOHA 站点测定中型浮游动物生物量（干重）的时间序列（1994—2002 年）

（a）夜间的平均生物量，（b）日间的平均生物量，（c）迁移性浮游动物的夜间生物量减去日间生物量。显然，增加量主要来自无迁移习性的浮游动物。（Sheridan 和 Landry，2004）

　　尽管 NPSG 的中型浮游动物种群生物量较低，但其种类数却比高纬度海区高了 3 倍以上。McGowan 和 Walker（1979）主要以桡足类为例，提出这样一个问题：在无明显不同生态位的情况下，如此多的物种是如何共存的？它们不同的生态作用似乎可以归纳为食颗粒或互食。生态学家们深受"竞争排斥法则"的影响，于是料想，通过物种的竞争与灭绝，生态系统最终将简化，只留下少数几个物种来占据每个生态位。对这个问题永远不会有完美的答案，但其中一部分现象至少已经得到解释，以桡足类物种为例，同一个属的不同物种可能占据相似的营养级，但它们在各个深度上呈分散分布（Longhurst，1985——实际上指的是东太平洋赤道带；Ambler 和 Miller，1987——在 CLIMAX 地区中），同属的不同种类往往会分布在不同的水层。

如所有海区一样，亚热带环流区有大量自游生物，它们分布在许多不同的营养级。在远离陆地的海域，于表层生活的小型鱼类主要来自中层水体，具有迁移习性，尤其是灯笼鱼科（Myctophidae）。同时还有一些鲱科鱼类（clupeid），如西鲱（sprat）、鳀鱼和鲱鱼。其他鱼类，包括表层生活的物种，如飞鱼科（Exocoetidae）的飞鱼，在岛屿附近的丰度更高。较大体型的海洋鱼类，包括所谓的鲯鳅或海豚鱼（*Coryphaena hippurus*）、花腹鲭（鲭鱼属的 *Scomber australascius* 重量可达 2 kg）、剑鱼、旗鱼、一些金枪鱼以及某些海洋鲨鱼。这些大体型鱼类多数在岛屿附近丰度更高，因为岛屿周围的地形可以驱动上升流从而提高初级生产力；所有的鱼类均受到渔业活动的影响，大部分鱼类的现存量也受到了捕鱼活动的威胁。

对于柔鱼科（Ommastrephid）的鱿鱼，尤其是对于生活在太平洋海域中身长大约为 70 cm 的巴特柔鱼（*Ommastrephes bartrami*）来说，它们昼夜垂直迁移可达到的深度很深，也容易被夜间悬挂在船上的灯光吸引。其他鱿鱼种类组成复杂，在水体下方分布。虽然海洋哺乳动物在高生产力的生态系统中更为重要，并在岛屿附近具有更高的丰度，但它们也是亚热带环流系统动物区系的一部分。海豹（如濒危的夏威夷僧海豹）会离开水体上岛休息。飞旋海豚[长吻原海豚（*Stenella longirostris*）]在靠近海岸的地方丰度更高。夏季，鲸鱼（尤其是座头鲸）在高纬度海区捕食，冬季则迁徙到亚热带岛屿区交配和产仔。还有更多的例子：海山之上以及加那利群岛和亚速尔群岛（Canaries and Azores）附近剑吻鲸（beaked whale）的数量比其他海区的更多；以鱿鱼为食的抹香鲸聚集在新西兰北部及周边其他岛屿附近。所有这些哺乳类动物会在广阔海洋上进行长时间的游动，有少数几种，如象海豹（*Mirounga angoustirostris*）在美国西海岸的沿岸交配和繁殖，为捕食而向海中大量迁徙，在此期间还会下潜至极深的水中。雌性个体会游至亚热带海区觅食，而雄性个体则游向阿留申群岛（Aleutian Islands）。海龟（实际上所有的热带－亚热带动物物种也是这样）在沙滩上产卵后游入大洋觅食（主要捕食对象是水母），也会迁徙很远的距离。因此，即使属于初级生产力最低的海洋系统，其上层营养级的相互关联也是十分复杂的。

有关亚热带环流生态系统过程的模型正在开发中（如 Spitz 等，2001）。模型能很好地描述区域性营养盐和浮游植物总量平均季节性变化（"气候学"），在预测营养盐及浮游植物总量对混合过程、辐照度、温度以及特定事件的季节性时序方面已取得明显的进展。但是，至少在目前，当模型中有其他组分（包括初级生产力、溶解有机物、碎屑状有机物和浮游动物）时，模拟的结果并不理想，还需要进一步发展数据同化计算，为中等复杂的模拟寻求最佳拟合参数。比起那些临时设定的参数，使用这样的最佳拟合参数似乎总能得到更好的预测结果。

11.5 赤道生物群系

11.5.1 东部热带太平洋

生物群系会沿着赤道带发生变化。我们来详细讨论一下赤道太平洋海区，并将其与大西洋海区进行比较。随后，先着重讨论上升流生态系统中的沿海生物群落，再单独讨论印度洋的特点。

在20°N至5°N和5°S至20°S范围内，强劲的信风从东向西吹，在整个赤道留下一个微风带，即赤道无风带（doldrum）。信风是全球热量传递系统的主要表现之一。在信风的作用下，海水向西运动，又由于科氏效应（Coriolis effect），水流远离赤道，向极地方向流动，缺失的水体就通过上升流获得补充。上升流顶撞已层化的中央环流并向上滑动，赤道上升流富含常量营养盐。在太平洋，向西的风力驱动温暖的表层海水，在太平洋西部形成"暖池"（warm pool）。暖池区具有高蒸发率和降雨，因此在主温跃层之上又形成了一个盐度跃层。由于高温和降水的稀释作用，暖池区海水出现高度层化，其中的主要营养盐会被消耗殆尽。因此，在生态学上，暖池区与中央环流非常相似（Le Borgne 等，2002），在此不再做进一步介绍。

东部热带太平洋向西跨越日界线，营养盐的高值区恰好就在赤道上（图11.33），最高点位于90°W加拉帕戈斯群岛（Galapagos）西边，那里表层海水硝酸盐浓度多为6 $\mu mol \cdot L^{-1}$，向西逐渐降低（135°W 处为 5 $\mu mol \cdot L^{-1}$，160°W 处为 3 $\mu mol \cdot L^{-1}$，170°E 处为 1 $\mu mol \cdot L^{-1}$）。硝酸盐浓度向北与向南的下降速度更快，且南部等值线延伸的区域大于北部。表层流从赤道上升流区慢慢发散开来，营养盐随之被浮游植物吸收，并沿食物链向上传递。从赤道到高纬度海区，食物网的平均营养级确实有一个渐变的过程，尽管这种变化相当微妙。东部热带太平洋的中型浮游动物物种名录与中央环流的十分相似，有一些物种在东部热带太平洋从未出现，有一些则是东部热带太平洋的本地特有种。它们的生命周期较短，总生物量则高于中央环流区，叶绿素和初级生产力也是如此。表层初级生产力出现少量的光抑制，最高初级生产力水层深约12 m，随后随水深逐渐下降，在100 m以下的深度降为零。典型的叶绿素表层浓度为 $0.2 \sim 0.35$ $\mu g \cdot L^{-1}$，浮游植物自身散射造成的阴影不会成为一个重要因素。2—3月及8—9月期间（Barber 等，1996），在140°W跨赤道断面上，水柱累积初级生产速率在站点之间（尤其是从5°N到5°S的海区）存在一定的差异（图11.34）。Barber 等将该差异归因于北半球春季厄尔尼诺现象的出现，随后在夏末又恢复正常（更冷，营养盐更丰富），且该差异并不是因季节性循环而产生。赤道带的平均初级生产力为 1 002 $mgC \cdot m^{-2} \cdot d^{-1}$（见表11.5），约是中央环流区平均值的2倍。

该东部热带太平洋海区在全球海洋和大气之间的碳交换中发挥着重要的作用。因

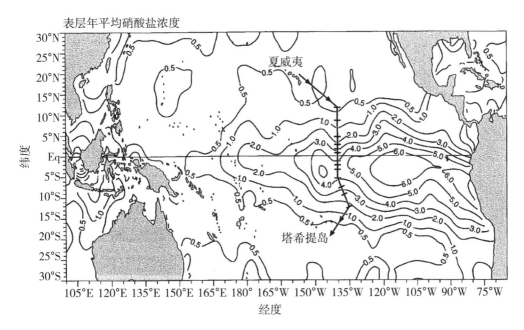

图 11.33　赤道太平洋表层水硝酸盐年平均浓度的等值线

浓度的单位：$\mu mol \cdot L^{-1}$，航迹线示 US JGOFS 赤道过程研究涉及的站点（Murray 等，1995）。

为深层含有高度过饱和 CO_2 的水被大量带到表面，所以该海区也是大气中 CO_2 的源区。表层营养盐支持的初级生产量远高于热带地区的平均水平，将更多碳通过沉降带回深海。然而，CO_2 净通量则是向大气排放。JGOFS 在 $140°W$ 的横断面进行了颗粒碳捕获研究，发现近底层的颗粒碳沉降通量为 $0.35\ mmolC \cdot m^{-2} \cdot d^{-1}$，相当于 0.5% 左右的表层初级生产力。其余的初级生产量在近表层中就被摄食与呼吸代谢掉了，产生的营养盐则被再次用于初级生产，或者在有机物下沉过程中被呼吸代谢掉。Walsh 等（1995）利用大气透射仪的研究结果表明，与亚热带海区一样，热带东太平洋每日的生产量约等于消耗量。大气透射仪的工作原理如下：激光二极管（激光指向仪）发出的激光束可透射过水，但又受保护而不受阳光的影响，然后对消光系数进行测定。通过滤光片进行标定，可将消光系数转换为"颗粒含量"。每 3 小时的剖面数据时间序列（图 11.35）显示，清晨时颗粒含量最小，夜晚时颗粒含量最大，这种现象会重复不断地出现。颗粒物每天的消耗量与初级生产量几乎相等。虽然颗粒含量在两个不同月份执行的航次之间存在差异，但昼夜循环几乎保持了平衡。颗粒总量的长期变化所呈现出的差异无法与统计噪声分辨开来。对全球范围的海洋都是如此，除非发生了强烈的春季藻华，否则几乎所有的浮游植物光合作用产物都会在当天就被消耗掉。

　　在约 3～6 年的循环周期内，信风变弱，赤道上升流减少，并使暖池向东转移，也使东部热带太平洋中的温跃层和营养盐跃层变深，这些事件被称为"厄尔尼诺"，它使信风的活动减弱，上升流对表层营养盐供应减少。Strutton 和 Chavez（2000）对

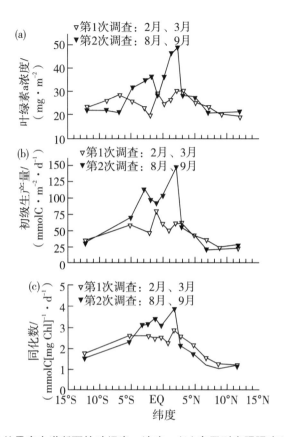

图 11.34 （a）140°W 处贯穿赤道断面的叶绿素 *a* 浓度，（b）表层到光照强度为 0.1% 表层光强水深处的总初级生产力，（c）在不同季节开展的两个航次测得的同化数
赤道上升流提供更多营养盐，维持了较高的生物量。（Barber 等，1996）

1997—1998 年厄尔尼诺事件发生期间和 1998 年年底正常情况之间的营养级、浮游植物总量和生产力进行了比较，结果发现：在赤道两侧南、北纬 3 ～ 6°，155°W 处，其硝酸盐含量通常为 3 ～ 6 $\mu mol \cdot L^{-1}$；而在厄尔尼诺事件高峰期，海水硝酸盐含量沿东部赤道带急剧下降至不超过 1 $\mu mol \cdot L^{-1}$，同时浮游植物的细胞急剧变小，叶绿素浓度是正常非厄尔尼诺时期的一半，日初级生产量也同样减少。在任一厄尔尼诺事件中，海水暖化扩张所达范围有多远，初级生产力沿美洲海岸向南、北大幅降低的范围就有多远。因此，近岸浮游生物和鱼类种群会暴露在温暖的海水中，它们的新陈代谢增加，导致对食物的需求增加，而同时初级生产力却在降低。厄尔尼诺对赤道海洋生物区系的影响也很强烈，那些寿命短、种群增长潜力高的浮游生物随厄尔尼诺的进程快速地迁入与迁出；但体型较大且寿命较长的动物（尤其是饵料鱼和海鸟）会大量死亡，需要很长时间才能使种群恢复。

表 11.5　赤道东太平洋 2°S、2°N 之间上升流区表层到
0.1% 光照强度水层的总叶绿素浓度与总初级生产力

日期	初级生产力/ （mgC·m^{-2}·d^{-1}）	叶绿素浓度/ （mg·m^{-2}）	同化数/ （mgC[mg Chl]$^{-1}$·d^{-1}）
1992 年 2—3 月	720 ±96	25 +1	29 ±4
1992 年 3—4 月	1 080 ±36	29 ±1	37 ±2
1992 年 8—9 月	1 212 ±96	32 ±2	41 ±2
1992 年 10 月	1 548 ±72	33 ±2	47 ±2
2004 年 12 月	744 ±108	26 ±3	29 ±4
2005 年 9 月	708 ±341	32 ±5	23 ±10

本表使用了 Barber 等（1996）发表的 1992 年的数据和 Balch 等（2011）发表的 2004—2005 年的数据。

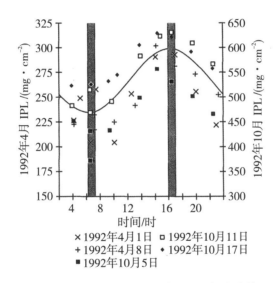

图 11.35　通过透射测量法测定的 5 天中真光层颗粒丰度的周日循环情况
（Walsh 等，1995）

　　沿着高温带区，中型浮游动物的丰度大幅度降低。Dessier 和 Donguy（1987）在巴拿马城和塔希提岛之间的邮轮上开展了一次时间序列研究，在夜间抽取海水填充邮轮上的游泳池，他们从池中采样，测定赤道桡足类动物丰度在 1979—1984 年的变化，获得了从赤道到 2°N 的海区中基齿水蚤（*Clausocalanus*）的种类和海洋真刺水蚤（*Euchaeta rimana*）的丰度，以及从赤道到 2°S（图 11.36）海区中小哲水蚤（*Calanus minor*）的连续丰度，结果显示：在 1982—1983 年厄尔尼诺期间，这两个海区的两种桡足类丰度都有强烈（但也有不同）的季节性变化，且急剧地减少。在厄尔尼诺期间许多物种销声匿迹。植食动物总量在 1984 年即刻回升；但作为掠食者，海洋真刺水蚤丰度在 1984 年的季节性峰值却又一次出现了降低。Dessier 和 Donguy 认为，这种季节性

变化受到了赤道上升流的强度和生产力变化的影响。他们注意到：植食动物（齿哲水蚤属，如小基齿哲水蚤）的丰度峰值与肉食动物（海洋真刺水蚤）的丰度峰值相互交替，这意味着食物链对浮游植物季节性变化的响应相对滞后。另一种可能的解释是：由于季节变化，中型浮游动物丰度呈现出的跨赤道梯度在位置上出现了水平挪移。

东部赤道太平洋中温跃层变浅，使上升流冷水水舌中的主要营养盐出现区带化梯度。赤道潜流（Equatorial undercurrent）会携带铁，在靠近西太平洋的水源区，铁浓度较高（Slemons 等，2010；Kaupp 等，2011）。向西流动的南赤道洋流及南、北逆流与向东流动的赤道潜流之间的切变力会产生热带不稳定波（TIW），由西向东的传播速率为每天 50 km。这些不稳定波使上升流水舌发生扭曲，出现波浪状的形态，这一点从海洋表面温度的卫星图像上可以清楚地观察到（彩图 11.4）。典型的 TIW 动画模型见 http://www.atmos.washington.edu/~robwood/images/1999_2000_ctl5.avi。

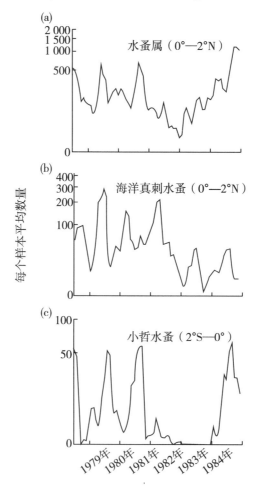

图 11.36　邮轮定期经过赤道时，桡足类动物的 3 个物种丰度的时间序列
（Dessier 和 Donguy，1987）

若将 TIW 的三维循环看成水柱中的涡流，即可获得最佳可视化效果（Kennan 和

Flament，2000）。沉降流和北向输送发生在西边缘，同时上升流和西向输送发生在北边缘。强劲的 TIW 将寡营养水向赤道输送，冲淡了营养盐和叶绿素，而较弱的 TIW 会使局部上升流增强，导致上升流核心区生产力更高、生物量进一步累积（Evans 等，2009）。

东部赤道太平洋水体与亚北极太平洋相似，其硝酸盐从未被耗尽，同时浮游植物数量适度，还未达到藻华的程度。东部赤道太平洋与亚北极太平洋和南大洋大部分海区一样，都属于 HNLC 海区。在寒冷的 HNLC 海区，由于铁的限制，浮游植物细胞小型化，原生动物的摄食使浮游植物总量保持稳定状态，固定化的氮在表层海水中再循环，氨的存在抑制了浮游植物对硝酸盐的利用率，因此，硝酸盐不会被耗尽。在加拉帕戈斯群岛（位于厄瓜多尔西部的赤道上）东南部进行的 2 次所谓的 IRONEX 实验，验证了对铁效应及其级联反应的设想。Martin 等（1994）和 Coale 等（1996）报道了实验结果。第二次 IRONEX 实验吸取了第一次的经验。Coale 等将酸性（pH =2.0）硫酸铁溶液倒入船的螺旋桨涡流中，总共加入了 225 kg 的铁（Fe^{3+}），同时船只绕中央浮标航行形成 72 km^2 网格轨迹。这使水中的铁浓度从不到 0.2 nmol · L^{-1} 增加到了 1.0 nmol · L^{-1} 以上。铁剂中同时也添加惰性化学示踪剂 SF_6，如果检测到其在海水中的微量含量，就可追踪到这个富铁"斑块"的位置。此后 3 天和 7 天，在斑块位置继续添加 110 kg 的铁，使海水中的铁浓度维持 1 周以上。彩色图片能清晰地显示这一结果（彩图 11.5）。他们发现浮游植物藻华迅速形成，叶绿素浓度最终达到了 3 μg · L^{-1}。自然条件下该海区从未出现过这样一个浓度。丰度增长最多的浮游植物类群是大细胞硅藻（85 倍）。硝酸盐和碳酸盐含量也相应地降低。

IRONEX-Ⅰ研究团队（Martin 等，1994）还比较了加拉帕戈斯群岛上游（东部）和下游（西部）的浮游植物发展过程，结果显示，浮游植物羽状流区的差异通常出现在群岛的下游。他们认为这是铁被冲离加拉帕戈斯群岛陆台的结果，这也可能是正确的。Boyd 等（2007）对全球性铁加富研究结果进行了总结：叶绿素增加了 2 ～ 25 倍；与深混合层相比，混合层较浅时浮游植物的响应更加强烈；水温越高，响应越迅速。浮游植物优势种的体型会变成中等，出现更多硅藻。细菌数量增加 2 ～ 15 倍。由于实验时间通常太短，一般观察不到中型浮游动物的响应，但在两次实验（IronEx Ⅱ 和 SEEDS Ⅰ）中观察到：桡足类动物的丰度很高，在控制藻华方面扮演了重要的角色（Boyd 等，2007）。到目前为止，并未观测到鱼类对加铁的响应。请注意，所有的这些实验结果，除了对浮游植物、光照、营养盐以及混合作用的响应外，还可能涉及其他因素。原生生物和动物对浮游植物的摄食也发挥了重要的作用，对这一点我们稍后会再论述。

1992 年 EqPAC 项目期间，Murray 等（1995，1997）对东部赤道太平洋的生物展开了深入的研究，结果表明这一海区的 HNLC 特征在某种程度上是由较低的铁利用度与小型和中型浮游动物的摄食压力交互作用所致。上涌海水中的 NO_3^- 与 $Si(OH)_4$ 的摩尔比大于硅藻的最适比例。Dugdale 等（2007）指出，硅酸盐可能在限制初级生产力水平上起到了重要作用。然而原位铁加富后，并未阻止硅藻藻华的发生。2004—2005

年，Nelson 和 Landry（2011）开展赤道生物多样性（EB）项目，对摄食作用、铁限制和硅酸盐限制在控制初级生产力、浮游植物的群落结构中的相对重要性进行了研究。群落中小细胞浮游植物占优势，它们的被摄食速率与生长率相当（Landry 等，2011）。大多数（70%）的摄食压力来自小型浮游动物，这些异养原生生物又是中型浮游动物的主要食物。原绿球藻是唯一一种丰度随铁浓度的增加而增加的浮游植物。在船上开展的 5～7 天小尺度实验中，增加铁会使一些罕见的大细胞硅藻数量增加，同时 NO_3^- 和 $Si(OH)_4$ 被消耗。添加硅酸盐会引起生物硅生产的增加，但不会耗尽常量营养盐（Brzezinski 等，2011）。

从 1992 年到 2004—2005 年，东部热带太平洋的中型浮游动物总量似乎增加了 2 倍。然而，由于两次取样使用了不同孔径的浮游生物网，很可能采集到了大小和活度不同的浮游动物（Décima 等，2011）。两次取样期间获得的初级生产力和同化指数相似（见表 11.5），但目前仍不清楚这种情况下中型浮游动物总量是如何实现翻倍的。

东部赤道太平洋海区既具有 HNLC 特征，又具有相对较高的初级生产力，从上层营养级的总量和有机物下沉的通量上看，以上特征非常明显。以浮游生物为食的海鸟（叉尾海燕属 Oceanodroma：白腰叉尾海燕和加拉帕戈斯海燕）在赤道锋面（赤道冷水舌和北部亚热带暖水之间的边界）聚集，海鸟的个体密度比从两侧分别流向赤道南、北部的逆流区要高出至少 1 个数量级（见表 11.6）。金枪鱼－海豚－海鸟组成的集群（assemblage）是东部热带太平洋海区的一个重要特征，这一集群具体包含：黄鳍金枪鱼（Thunnus albacares）、原海豚和飞旋海豚（点斑原海豚 Stenella attenuata 和长吻原海豚 S. longirostris）和海燕（圆尾鹱 Pterodroma spp.）（Ballance 等，2006）。那里的温跃层较浅，赤道上升流可能会影响这个集群的地理位置，为这个海区成为全球最大的黄鳍金枪鱼产地奠定了基础。

表 11.6　从南赤道海流（SEC）横穿赤道锋面，到北赤道逆流（NECC）的海洋水文条件和海鸟密度（每平方千米鸟类个体数）的变化

	南赤道流	赤道锋面	北赤道逆流
海面温度/℃	23.7	—	25.8
海表面盐度（PSS）	34.20	—	34.00
盐跃层深度/m	11	—	65
海鸟密度	0.18 ± 0.04	8.18 ± 3.40	0.38 ± 0.13
以浮游生物为食的海鸟密度	0.06 ± 0.04	7.27 ± 1.58	0.12 ± 0.03
以鱼类为食的海鸟密度	0.12 ± 0.05	0.90 ± 0.67	0.26 ± 0.05

观测时间：1998 年 10 月 11 日。位置：3°34′N，117°37′W。（Ballance 等，2006）

Buesseler 等（1995）发现赤道带 100 m 深处 POC 通量很高（3～5 mmolC·m^{-2}·d^{-1}），大约是赤道南、北部 POC 通量的 2 倍。Honjo 等（1995）测定的深海（1 000～

3 000 m)POC 通量为 0.2 ～ 1.0 mmolC · m^{-2} · d^{-1}。尽管 Honjo 等(1995)认为赤道太平洋深层水 POC 通量小于亚北极太平洋,但他们在 2008 年的论文中又给出了两者相似的沉降通量:太平洋赤道区为 158 ～ 194 mmolC · m^{-2} · a^{-1},站点 P(50°N,145°W)处为 163 mmolC · m^{-2} · a^{-1}(Honjo 等,2008)。

11.5.2　大西洋赤道上升流

信风驱动了赤道大西洋的主要洋流循环,也导致表层水的辐散。TIW 会使上涌海水的水舌产生波动,这在遥感测温图像中清晰可见(彩图 11.4)。6—10 月(5 个月)的 TIW 最明显,与太平洋中 9 个月的季节周期刚好相反。在 1995—2005 年,Robinson 等(2006)在执行大西洋经向断面(AMT)项目期间,对大西洋赤道上升流区进行了综合研究。在 50°N 和 52°N 间的 13 500 km 范围内,每年进行两次现场取样。对太平洋和大西洋赤道系统的物理、化学和生物因子进行比较(见表 11.7)发现,常量营养盐[NO$_3^-$、PO$_4^{3-}$ 和 Si(OH)$_4$]在太平洋的含量较高,但大西洋中的铁含量较高。向西流的大西洋赤道"冷舌"硝酸盐含量有时会大于 1 μmol · L^{-1},但在冬季(上升流较弱的季节)表层水中的硝酸盐通常会低至 0.1 μmol · L^{-1} 以下,浮游植物生长有可能受到氮的限制。赤道大西洋表层水中的叶绿素含量较高,而两个大洋中的水柱叶绿素含量十分相似,初级生产力和同化率也十分相似,但它们均呈现出显著的时空变化,这种情况下采样站点数量可能显得不足,因此很难做到精确比较。

微微型浮游生物在赤道大西洋和太平洋的浮游植物中均占优势,它们的主要捕食者都是异养型原生生物。两个海区的中型浮游动物的总量也十分相似,颗粒有机碳的输出量也大致相同,但大西洋中的变化程度较高,这可能是空间或季节差异所致。

在 8 次 AMT 航次中,Tyrrell 等(2003)在 0°N 到 15°N,20°W 的海区发现高浓度的束毛藻(*Trichodesmium* spp.)。这些固氮蓝藻的浓度与混合深度较浅及海洋表层较高的铁沉降相关。束毛藻的丰度与海水温度、硝酸盐浓度或可溶性铁含量均不相关。束毛藻占优势的海区,也是浮游植物总体生长较快的海区。Tyrrell 等认为,束毛藻对 N$_2$ 进行固定,释放出 DON,可能会促进其他浮游植物的生长。

Menkes 等(2002)研究了热带不稳定波波峰期间大西洋的营养盐、浮游生物及自游生物的分布情况(彩图 11.6)。波峰范围内的极大值相对较高:叶绿素浓度为 0.8 ～ 1 mg · m^{-3},净初级生产力为 1 500 gC · m^{-2} · d^{-1},浮游动物干重的总量为 40 mg · m^{-3},包含大量的弱游生物——小型浮游鱼类[主要为深层迁移的串光鱼(*Vinciguerria nimbaria*)]。数据显示,随着营养级的依次升高,它们分布的下游区也更靠北(Menkes 等,2002)。这些中尺度特征使各营养级的生产量都有增加,以支持赤道大西洋的金枪鱼渔业(Lebourges-Dhaussy 等,2000)。

表 11.7 东部赤道太平洋和大西洋赤道上升流区的比较

	太平洋	大西洋	参考文献
硝酸盐/(μmol·L^{-1})	5 ～ 10	大于 1	(Strutton 等，2011；Pérez 等，2005)
磷酸盐/(μmol·L^{-1})	0.3 ～ 3.0	大于 0.2	(Strutton 等，2011；Pérez 等，2005)
硅酸盐/(μmol·L^{-1})	3 ～ 8	大于 1.5	(Strutton 等，2011；Pérez 等，2005)
铁/(nmol·L^{-1})	0.03 ～ 0.2	1 ～ 2	(Kaupp 等，2011；Tyrrell 等，2003)
表层叶绿素量/(mg·m^{-3})	约 0.2	大于 0.5	(Balch 等，2011；Pérez 等，2005)
水柱叶绿素量/(mg·m^{-2})	29	32	(见表 11.5；Marañon 等，2000)
初级生产力/ (mgC·m^{-2}·d^{-1})	1 002 ±341	995 ±171	(见表 11.5；Pérez 等，2005)
同化数/ (mgC[mg Chl]$^{-1}$ d^{-1})	34 ±9	45 ±3	(见表 11.5；Pérez 等，2005)
每毫升细菌数	(8 ～ 9) ×10^5	大于 10^6	(Taylor 等，2011)
异养原生生物/(mgC·m^{-2})	200 ～ 500		(Taylor 等，2011)
64 ～ 200 μm 小型浮游生物/ (mgC·m^{-2})	4 ～ 6	13.9	(Roman 等，1995；Calbet 等，2009)
中型浮游动物/(mgC·m^{-2})	780	903	(Décima 等，2011；Calbet 等，2009
到 2 000 m 的沉降通量/ (mgC·m^{-2}·a^{-1})	1 284 ±396	2 256 ±1 392	(Honjo 等，1995；Honjo 等，2008)

11.6 近海生物群系和沿海上升流生态系统

与大洋生态系统相比，近海水域的营养盐浓度和生产力通常更高。在陆架区，潮流(速率记作 u_s，单位为 m·s^{-1})混合搅动水柱直至底部，根据 $h/u_s^3 > 80$ 可以计算出搅动所能达到的深度 h(单位：m)。据此标准，绘制出不列颠群岛(British Isles)和美国东北部大陆架附近的搅动深度图，其分布与陆架海域春夏季水体层化的界限具有相关性。尽管硝酸盐在夏季可能成为限制性营养盐，但界限内的浮游植物通常以硅藻为主。界限以外，硅藻并非如此重要(除非处于春季藻华期间)。近海海域较少受到铁的限制，但有时确实会发生，尤其是当 $h/u_s^3 > 80$ 时；但在热带海区，常量营养盐会被消耗至很低的浓度水平，在高纬度海区也会出现季节性的低值。

11.6.1 东边界流系统(EBCS)

在沿岸风盛行的作用下，毗邻海岸有一股流向赤道的东边界流，由于科氏力效应(Coriolis effect)，沿岸表层水向离岸方向加速流动，底层水向岸上涌，产生沿岸上升流，这会将富含营养盐的冷水带入真光层。经历初始"培养"阶段后，浮游植物形成藻华，快速生长并大量消耗营养盐。营养盐耗尽的海区离海岸的距离各有不同。4 个主要的 EBCS 是：加利福尼亚洋流、秘鲁寒流/洪堡海流（Peru/Humboldt）、加那利（Canary）海流及本格拉（Benguela）海流（图 11.37）。它们的初级生产（依据海水颜色估算）和鱼类生产水平各有不同（见表 11.8）。Mackas 等（2005）、Fréon 等（2009）以及 Quiñones 等（2010）进行了大量（但仍不完整）的对比研究。由于陆架宽度、地理特征（如海角）以及河流输入量的差异，每个 EBCS 内均可分为不同的亚区域，显著地影响着营养盐的供应、上升流强度、浮游生物保有量及鱼类生产量。

表 11.8　沿岸上升流系统的比较

	加利福尼亚	秘鲁/洪堡	加那利	本格拉	参考文献
60 m 深处的硝酸盐浓度/($\mu mol \cdot L^{-1}$)	14.9	16.8	19	16.9	Chavez 和 Messié（2009）
叶绿素浓度/（$mg \cdot m^{-3}$）	1.5	2.4	4.3	3.1	Chavez 和 Messié（2009）
初级生产/（$g\ C \cdot m^{-2} \cdot a^{-1}$）	479	855	1 213	976	Chavez 和 Messié（2009）
初级生产/（$g\ C \cdot m^{-2} \cdot a^{-1}$）	361	796	624	909	Carr 和 Kearns（2003）
初级生产/（$g\ C \cdot m^{-2} \cdot a^{-1}$）	345	500	300	450	Jahnke（2010）
初级生产/（$10^{12}\ g\ C \cdot a^{-1}$）	713	665	816	382	Jahnke（2010）
浮游动物/（$g\ C \cdot m^{-2}$）	2.5	3.34	3.16	2.83	Huggett 等（2009）
小型浮游鱼类/（$10^3\ t \cdot a^{-1}$）	479	9 210	1 292	547	Fréon 等（2009）
渔获总量/（$10^3\ t \cdot a^{-1}$）	1 278	12 021	2 232	1 308	Fréon 等（2009）
沉积速度/（$g\ C \cdot m^{-2} \cdot a^{-1}$）	6.1	7	5.2	6.1	Jahnke（2010）
沉积总量/（$10^{12}\ g\ C \cdot a^{-1}$）	15.4	12.0	8.3	5.8	Jahnke（2010）

加利福尼亚洋流系统（CCS）（图 11.38）通过埃克曼输送效应（Ekman transport）将表层水送离海岸，产生跨陆架的压力差，致使距海岸 5 ～ 30 km 处形成沿岸上涌喷流（图 11.39），将位于深处盐度跃层的富营养盐海水带到表层。除了这种快速垂直流动以外，离岸风应力旋度（wind-stress curl）也会引起较慢的向上垂直输送 [埃克曼抽吸效应（Ekman pumping）]，使表层水离岸越来越远（图 11.39）。据 Chavez 和 Messié（2009）的估算，在 4 个 EBCS 中，埃克曼输送效应平均输送了上升流量的 69% ～ 79%。然而，埃克曼抽吸在一些亚区中的作用可能更为重要，例如，风应力旋度对 CCS 中央区上升流通量的贡献占 33%（Dever 等，2006），但在南部亚区的贡献占 60% ～ 80%（Rykaczewski 和 Checkley，2008）。涡流通量是营养盐向上输入的第三个机制。Hales 等（2005）通过湍流结合营养盐梯度的高分辨率测定发现：北部 CCS 离岸

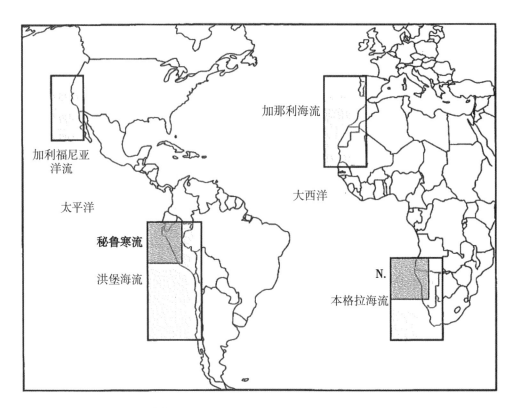

图 11.37　东部海洋主要区域性上升流系统的位置（阴影的矩形）

较暗阴影的矩形表示的是秘鲁/洪堡（Peru/Humboldt）海流以及本格拉（Benguela）海流的北部亚区域。（Bakun 和 Weeks，2008）

30 m 等深线处，近海的涡流通量会导致营养盐跨越等密度线发生混合，对驱动营养盐沿岸上升的贡献约占 25%。在近岸处的涡流通量甚至可能会更高。在其他 EBCS 中涡流促进营养盐供应机制的重要性尚不清楚。

在 4 个 EBCS 中，硝酸盐似乎是最受限制的营养盐。CCS 表层硝酸盐浓度范围为 $2 \sim 30\ \mu mol \cdot L^{-1}$，高于内、外陆架区（Corwith 和 Wheeler，2002）。离岸区硝酸盐浓度小于 $0.1\ \mu mol \cdot L^{-1}$。EBCS 中一些亚区的初级生产可能受到了铁的限制。在 CCS 中，华盛顿和俄勒冈州近岸海水中的铁非常丰富，可能源于广阔的陆架及大量的河流输入（Chase 等，2007），但在 CCS 中部 200 m 等深线以外的海区，铁的供应受到了限制（Kudela 等，2008）。

Carr 和 Kearns（2003）将水文和营养盐气候学与基于水色的初级生产相结合，比较了 4 个 EBCS 上升流和生物响应的模式。可能是由于铁的可用度、保有的生物量、群落结构的差异，大西洋 EBCS 中营养盐可支持的生物量是太平洋 EBCS 的 2 倍。利用卫星采集的表面风场和营养盐垂直分布数据，Messié 等（2009）进一步比较了沿岸埃克曼输送（Ekman transport）效应（相对于离岸埃克曼抽吸效应）对硝酸盐供应量的影响。他们估算的结果是：秘鲁/洪堡海流、加那利海流及本格拉海流硝酸盐供应量和

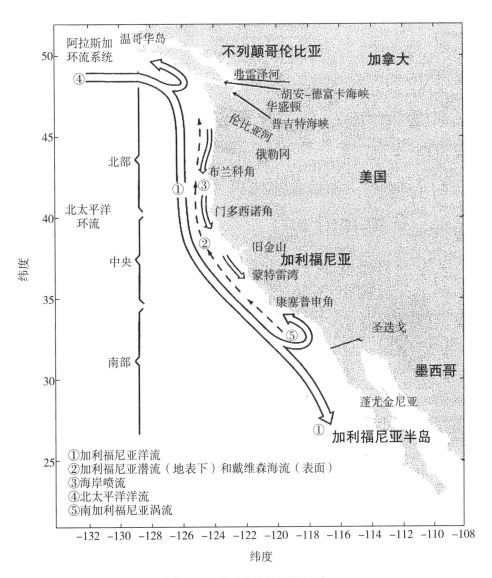

图 11.38　加利福尼亚洋流系统

该图显示了主要的海区、海流及地理特征。加利福尼亚洋流源自北面的北太平洋洋流，以及东面的海岸喷流。（Checkley 和 Barth，2009）

新生产量均非常接近，而加利福尼亚的供应量只有以上三者的 60%。然而，这些海区的初级生产有所不同，虽然沿岸上升流系统总面积只占海洋表面积的 0.3%，但对全球海洋初级生产力的贡献却高达 2%。

　　EBCS 中的浮游植物种类较多，但藻华通常还是以大细胞浮游植物（尤其是链式硅藻）为优势类群。上升流发生的季节，叶绿素含量约 1 ～ 10 mg·m^{-3}，在水体上部 10 ～ 20 m 处贡献了大部分初级生产量。小型浮游植物（小于 10 μm）的丰度高，但当水体叶绿素含量高于 2 mg·m^{-3} 时，大细胞浮游植物占总生物量的 60% ～ 90%

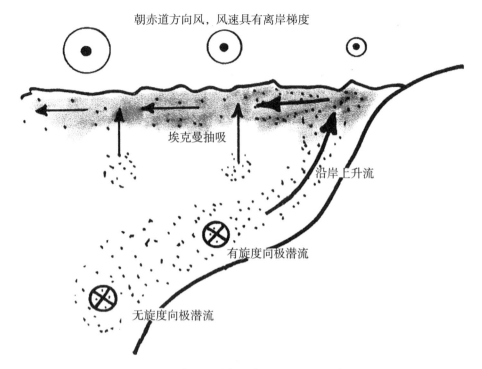

朝赤道方向风，风速具有离岸梯度

埃克曼抽吸

沿岸上升流

有旋度向极潜流

无旋度向极潜流

图 11.39　沿岸上升流与风应力旋度上升流的机制

上升流将营养盐（圆点）带入有光照的海表面，促进浮游植物的生长（阴影）。沿岸吹向赤道方向的风应力导致向海的"埃克曼"漂流的产生，其空位由深处的上升流来填充，这就是沿岸上升流。风应力旋度，即风速（逐渐变大的向海箭头）梯度，导致离岸区额外的、向上的埃克曼抽吸（垂直速率较低）。在旋度较大时，向极地的潜流朝近岸及较浅的地方流动，从而提供更多的营养盐。（Albert等，2010）

（图 11.40）。最初，一度认为 EBCS 中的食物链简单、较短，主要是桡足类摄食硅藻，随后桡足类被小型浮游鱼类摄食。然而，小型浮游动物（小型异养原生生物）的数量非常丰富，摄食了很大一部分的小型和大型浮游植物细胞（Sherr 和 Sherr，2007，2009）。尽管小型浮游动物占了总摄食量的 60% 左右，但有时植食性的中型浮游动物（尤其是桡足类）在近岸水域中显得更为重要（图 11.41）。就像在大洋生物群系中一样，小型浮游生物也是中型浮游动物食物中的重要组成部分。在上升流生态系统中反复提及桡足类是因为大型（尤其是哲水蚤）和小型物种（纺锤水蚤、伪哲水蚤、拟哲水蚤属、长腹剑水蚤、剑水蚤属以及更多）在上升流系统中始终存在，且比较活跃，常在网采样品中占优势地位。然而，上升流生态系统中（尤其在系统的外围区域）的磷虾数量也十分丰富。CCS 中有 2 种主要的磷虾：*Thysanoessa spinifera* 的分布局限在陆架海域，而太平洋磷虾（*Euphausia pacifica*）主要生活在陆坡海域（Feinberg 和 Peterson，2003）。

　　生活于 EBCS 的小型浮游鱼类数量丰富，尤其是鳀鱼和沙丁鱼。沙丁鱼通常离岸生活，以浮游植物和小型浮游动物为食，而鳀鱼在近岸海区的数量较高，以大型浮游

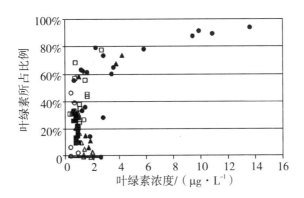

图 11.40 粒径大于 10 μm 的浮游植物叶绿素占总叶绿素的比例

实心符号表示厄尔尼诺发生后的航次，空心符号表示厄尔尼诺发生时的航次。圆圈为陆架站点，三角形为陆坡站点，正方形为陆架之外的站点。(Corwith 和 Wheeler，2002)

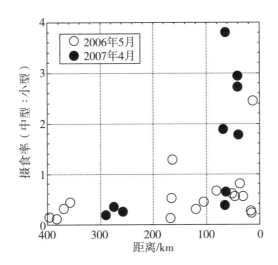

图 11.41 中型与小型浮游动物在水柱中的平均摄食率之比随离岸距离的变化情况

数据来自 2006 年 5 月和 2007 年 4 月的浮标实验。(Landry 等，2009)

生物为食。虽然 4 个 EBCS 中初级生产力最高值只有最低值的 2 倍，但秘鲁/洪堡上升流系统中的鱼类产量却是其他 3 个系统的 10 倍以上。这主要归功于秘鲁海域秘鲁鳀(*Engraulis ringens*)庞大的数量。Bakun 和 Weeks(2008)认为：如此之高的鱼类产量是上升流营养盐输入强度和上升后的海水在表层的存留时间(维持浮游植物生长)共同作用的结果。他们还推测，周期性的厄尔尼诺造成的扰动可能不利于那些生长缓慢的掠食性鱼类的种群增长。

Jahnke(2010)比较了 4 个 EBCS(还有其他陆架边缘海区)中有机碳的沉积速率，结果发现这些 EBCS 单位面积上的碳沉积速率(单位：gC·m^{-2}·a^{-1})相仿，但因为各区域的表面积存在差异(加那利 > 加利福尼亚 > 秘鲁/洪堡 > 本格拉海流区)，所以碳沉积总量在(6 ~15)×10^{12} gC·a^{-1}(见表 11.8)，该沉积总量只占 EBCS 初级生产总量的 1%～2%。总的来说，EBCS 约占了陆架边缘表面积的 16%，对全球陆架边缘有机碳沉积量的贡献则为 22%。

11.7　印度洋

11.7.1　印度洋的热带与亚热带海区

印度洋的北部被亚洲大陆封闭，无北温带或北极区。此外，印度洋北部 2 个非常大的海湾受大陆的影响非常显著，但影响的方式不同。阿拉伯海很深，大陆架稍狭窄，西部和北部被干旱的陆地（阿拉伯半岛东南部的索马里及巴基斯坦）包围。阿拉伯海东部紧邻印度的西部。北端有 2 个蒸发海盆（红海和波斯湾），通过狭长的海峡与阿拉伯海相连。和地中海一样，它们都是"负态河口"或蒸发盆地，表层水通过河口流入，高盐度的海水从岩床上流出，然后再下沉到中等深度。最北端的印度河及排入印度洋西部的一系列小河将一定范围的表层水稀释。孟加拉湾的大陆架也较狭窄，中央盆地较深，但它既没有被沙漠化陆地环绕，也没有从干旱地区流入或流出的蒸发盆地。两条大河——恒河和布拉马普特拉河使表层水盐度降低，影响范围一直到斯里兰卡南部的印度洋开阔海域。大部分海岸带都生长有红树，盐渍化的沉积区支持了大量红树林的生长。

11.7.1.1　阿拉伯海

季风是阿拉伯海典型的季节性特征，实际上也是整个印度洋的季节周期特征。冬季，温和的风从东北吹向西南，加速了这个方向表层水的流动，由于科氏力效应，表层水向阿拉伯海岸流动，形成下降流。于是，已被耗尽营养盐的海水流入海湾，只能支持较低的生产力。在北部春季，风向转向西南方，沿着索马里－阿拉伯海岸前进，并跨过开放的海湾吹向喜马拉雅山脉。携带的高蒸发量使原本干旱的沙漠空气变得湿润，然后在沿印度半岛爬升的过程中被降温冷凝，形成东部漫长的雨季。春夏季节的西南季风非常强劲，风速达 40 km，持续数月之久，引起约 10 m 高的巨浪，并驱动索马里海流以全球最大海表速率沿非洲之角海岸流动，流速可达 7 节。季风也会在索马里、也门和阿曼近岸产生强劲的沿岸上升流，大型浮游植物的高丰度能维持较长一段时间。此外，一部分季风会从索马里的末端直接穿过海湾吹向喜马拉雅山脉，两侧都会产生强劲的风应力旋度，被称为 Finlater 喷流。右侧的埃克曼抽吸将营养盐上带，使深水区形成大范围（达到 500 km 宽）的藻华，并连续维持数月。左侧的埃克曼抽吸使水向下移动，将"Finlater 藻华"从沿海藻华中部分地分离开来。横跨北部阿拉伯海的藻华（叶绿素含量超过 20 mg·m^{-3}）能维持数月之久，初级生产力超过 1 g C·m^{-2}·d^{-1}。长时间的季节性藻华，外加深层和表层流的相互补偿（流向分别为朝向大陆与远离大陆），使中间水体的运动处于最低水平，给大量表层有机碳的输出与降解耗氧提供了空间，导致深度 150～1 000 m 的水层中持续缺氧。

尽管处于缺氧状态，但白天的阿拉伯海缺氧层中生活着大量的中层鱼类〔尤其是灯笼鱼科的七星底灯鱼（*Benthosema pterotum*）和 *Diaphus arabica*］，这些鱼类被（以及夜晚迁移到表层的）被大量的 stenoteuthid 鱿鱼［奥兰鸢鱿（*Stenoteuthis oualaniensis*）］捕食。这里的磷虾（*Euphausia sibogae*）与其他虾类也有相似的生活习性：夜间迁移到表层、捕获食物、偿还氧债。声学探测研究表明，七星底灯鱼的数量极其丰富，其群体总量达 100 Mt（Gjøsæter，1984）。

在上升流发生的季期，阿拉伯海西部离岸约 400 km 的近海生活着大量大个体的桡足类——隆线拟哲水蚤（*Calanoides carinatus*）（Smith 等，1998），这样的印度洋－大西洋热带海区的例子还有几个：在每年信风驱动的上升流季节，沿着几内亚湾海岸也能发现它们的踪迹；在西澳大利亚和巴西的上升流间歇期，这些桡足类的数量则不会如此之多。目前，在太平洋中还未发现隆线拟哲水蚤的踪迹。在西南季风开始时，阿拉伯海的隆线拟哲水蚤会出现在表层水中，在整个季节快速地完成多个生命周期，然后在第五桡足幼体阶段储存丰富的油脂，下降到离岸缺氧层以下的深水中。这一阶段的隆线拟哲水蚤是生活在印度洋深处捕食者的主要食物来源。其他的中型浮游动物都属于相当标准的热带－亚热带物种。

在冬季季风期间，阿拉伯海的束毛藻暴发形成藻华，成为固氮的重要场所（Wajih 和 Naqvi，2008）。巴基斯坦沙漠中的沙尘为阿拉伯海提供了铁，支持了初级生产，促进了氧极小区相对较浅水层中的反硝化（NO_3^- 到 N_2）作用，将富余的磷酸盐留在上涌水及向上混合的水团中。这些环境条件为固氮提供了非常理想的条件。藻华规模变得足够大后，在海水中形成很多大面积的红色斑块。类似的藻华也在红海中出现，"红海"之名也由此而来。

11.7.1.2　孟加拉湾

这个巨大的海湾中也存在季风环流，1—10 月期间会出现反气旋（沿着印度近岸向北），秋季出现气旋，但不明显。飓风对孟加拉湾的影响非常严重，会给孟加拉国地势低洼地区带来洪涝灾害。由于大量淡水的流入，整个海湾会出现强烈的层化（在20°N—16°N，表层 20 m 的盐度梯度差达几个 PSS，向南缓慢变深），将营养盐压制在深层。河口冲淡水会携带大量的陆地浊流，使真光层变得非常浅。这些因素结合在一起，导致极低的初级生产力，通常全年在 200 mgC·m^{-2}·d^{-1} 左右（PrasannaKumar 等，2006）。在如此低的初级生产情况下，较高营养级（至少中型浮游动物）的生物量仍然高达 0.2 ~ 2 gC·m^{-2} 或以上。PrasannaKumar 等认为这是由细菌与小型异养生物的高丰度所致，维持细菌总量的 DOC 可能源于陆地。

11.7.1.3　印度洋赤道带

沿印度洋赤道带的环流与大西洋或太平洋中的环流明显不同。通常信风会沿东－西向轨迹吹向赤道的南部，但季节性变化也非常明显。在斯里兰卡（6°N）和赤道之间，从非洲和澳大利亚吹来的风带来了季风振荡，这会推动表层水向东、西部流动。向东流动的表层水主要集中在赤道，通过开尔文波（Kelvin waves）加速；向西流动的表层水会产生罗斯贝波（Rossby waves）。这两种波动在海水中经过长距离传播后，最终都会被大陆反射，以惊人的速率振荡，在某些经度上，交变周期约为半年或更短（图 11.42）。这使同一水团在阳光下保持温暖，抑制了大部分的赤道上升流，防止西面水平面的抬升驱动以赤道为中心的潜流。在大部分时间内，这一系统仍然受到常量营养盐的限制，生产力较低。跨赤道带的表层水叶绿素含量多为 0.1～0.2 mg·m⁻³，与赤道太平洋中部的叶绿素含量相差无几，但略高于太平洋暖池（Antoine 等，2005）。印度洋赤道带也存在深部叶绿素最大层，营养跃层中的营养盐含量约为表层的 2 倍，深度为 50～80 m。初级生产力约为 150～200 mgC·m⁻²·a⁻¹。与大西洋赤道区浮游植物的季节性高值及太平洋赤道区的持续（除太平洋厄尔尼诺时期外）高值相比，印度洋赤道带并不存在东部热带水舌携带较高浮游植物总量的情况。印度洋赤道带中的生态关系与亚热带环流中的非常相似，微型和微微型浮游生物均是主要的初级生产者。中型浮游动物和上层营养级动物群与亚热带环流中的也很相似，包括热带－亚热带金枪鱼、鲯鳅（*Coryphaena hippurus*）以及鱿鱼。阿拉伯海具有一些特有的本地种（endemic species），但印度洋赤道海区几乎没有。南部印度洋亚热带环流与太平洋和大西洋中的环流近似，但浮游植物总量只是以上赤道海区的一半，且多分布于赤道以北。

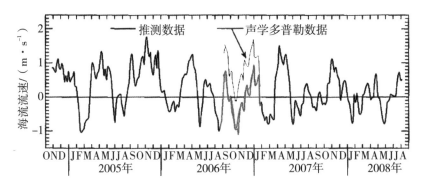

图 11.42　赤道 80°E 水深 10 m 处（斯里兰卡正南面）的东－西向海流流速
基于 2006 年 8 月至 2007 年 1 月的 10 m 水声多普勒海流剖面仪（受表面声反射影响更小的一种多普勒系统）数据（部分灰线覆盖了黑线，因此又额外绘制这一段平行线，上移量为 0.75 m·s⁻¹，以确保其清晰可见）的关系，通过外推法得到声学多普勒海流计 35 m 处的数据（黑线）。流速 1 m·s⁻¹ 等于 2 节，这是一支相对较快的海流。正值流速表示向东的海流，负值流速表示向西的海流。（Nagura 和 McPhaden，2010）

第 12 章 海洋动物对中层与深层生境的多重适应

从真光层底部（或更深层，即 200 m）到 1 000 m 或 1 200 m 的范围被称为海洋中层（中层带）。Carol Robinson 等（2010）对海洋中层带的生态和生物地球化学作了综述，并指出还有许多方面有待研究，其中包括微生物和后生动物多样性。例如，基于细菌和古菌的基因（主要是 DNA 编码核糖体 RNA）的研究发现，它们的相对丰度在海洋中层呈现此消彼长的现象（Aristegui 等，2009）。真光层以颗粒物下沉的形式输出了约 90% 的有机物，并在 1 200 m 以上的水层中代谢分解。但是，利用中性浮力沉积物捕捉器估测的有机物通量要小于微微型浮游生物（细菌、古菌和原生生物）与浮游动物对有机物的利用量（Steinberg 等，2008）。脉冲性的沉降和空间上不规则的输入事件都难以量化，这在一定程度上造成了以上计算结果的不平衡。此外，测定微微型生物生长效率的方法本身也存在一定的不确定性。Steinberg 等认为，很多浮游动物和自游生物具有垂直迁移的习性，它们在表层中摄食，而在深层呼吸和死亡，可能填补向深层水的有机物输送（可能填补下行通量）的缺口。目前，关于下行通量与消耗量的精确预算仍有很多问题等待我们去解答。我们将本章的重点放在 200 m 以下动物的适应性上，同时也展示生物进化如何使这些动物得以生存并适应海洋中层环境。

要获得正的净光合作用，海洋中层的光照是明显不足的，尽管如此，海洋中层的光线强度仍勉强满足视觉需要，这一点很重要。因为海洋中层的营养源于上层水有机物的输送，所以海洋中层生活的动物必须在碎屑沉降的过程中吃掉碎屑，或者参与到基于 DOC 的食物链中，或者向上迁移到真光层中摄食或被食。海洋中层动物迁移到表层摄食，这种捕食方式的出现是对几乎黑暗环境生活的一种适应，此外还有许多精妙的、"躲避"捕食者的特殊机制。可以说，海洋中层生境的营养物质与食物确实是非常稀少的，正像在俄罗斯亚极地和太平洋亚热带海区对浮游动物生物量调查的结果显示的那样（图 12.1）。因此，在中层水生活的动物必须适应食物稀少的生存条件，并能经受长期饥饿的生存考验。此外，海洋含氧极小区（oxygen-minimum zone）也都集中于海洋中层带（彩图 1.1），热带东太平洋和北印度洋中层带的低氧现象尤甚。动物要么回避这种低氧环境，要么通过多种形式的特化来设法获得氧气或在没有氧气的条件下生活，例如：较大的体型、分得更细的鳃、氧亲和力很高的呼吸色素、非常低的呼吸消耗、依靠糖酵解途径、间歇性迁移至含氧水层等。缺氧条件下的生命过程尤其缓慢，有证据表明缺氧环境中生物的生命周期也较长，中等体型的动物可活数年之久。

由于食物匮乏，中层水生物的总量是非常低的。这也给中层水生物的生态学研究带来了难度。必须过滤大量的水才有可能获得足够的生物样本，为此，通常需要使用大网，如萨克斯基德拖网（lsaacs-Kidd trawl，网口面积达 10 m² ），甚至更大的网，例如，要两艘拖船来拖、网板巨大、网口 100 m 宽的恩格斯拖网（Engels trawls）。20 世纪 80 年代早期，巨大拖网非常流行，但用这些巨网仍无法抓住大乌贼（*Architeuthis*，巨型乌贼），其巨大拖曳力几乎可以将绞车和船只撕得粉碎，因此现在已经难以再见到使用巨网了。总的来说，网采工具上的不断改进并没有带来新发现，只扩展了对某些物种体型上限的认识。近几十年来，潜水器和遥控水下机器人已成为非常重要的研究手段，尤其是在对凝胶动物（如种类多样、外形精美的深海管水母和栉水母）的观察和捕获方面非常有用（如 Haddock，2004）。

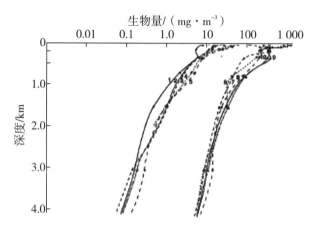

图 12.1　浮游动物生物量的垂直剖面分布

数据源于苏联海洋调查船"Vityaz"号在近极地（右侧曲线群）水域和亚热带（左侧曲线群）水域中的垂直拖网调查，采样深度（2～4 km）跨度较大。每条曲线都来自一个单独的站点。表层水和 3 km 水深之间，浮游动物的丰度下降了 2 个数量级。（Vinogradov，1968）

　　对海洋中层动物的采样大部分是通过大型拖网完成的，因此主要研究对象包括鱼类、乌贼和虾类，以及一些巨型动物，这也是我们要介绍的主要类群。Robison 和 Connor（1999）编写的《深海》一书展示了很多自然生境中这些生物的彩色照片，很多照片是采用 ROV 相机拍摄到的。然而，深海小型甲壳类动物的生物量更大，它们包括桡足类、磷虾类、端足类、介形动物以及糠虾类。此外，还有数量、种类繁多的水母及一些特有的毛颚类动物。相对于表层水桡足类动物来说，在深海它们的种类更加多样。较常见的小个体类群都来自隆水蚤属（*Oncaea*），它们在黏液滴和"海洋雪"上爬行，并吃表面上附着的颗粒。海洋中层较大体型的桡足类都隶属于镖水蚤目，其中许多物种超过 5 mm，斯维尔德鲁普深哲水蚤（*Bathycalanus sverdrupi*）可以长到 16 mm。深哲水蚤属（*Bathycalanus*）、巨哲水蚤属（*Megacalanus*）、脊水蚤属（*Lophothrix*）和暗哲水蚤属（*Scottocalanus*）的种类都是强壮的食碎屑类群，主要摄食下沉经过的粪球（Nishida 和 Ohtsuka，1991）。有些桡足类动物（*Gaetanus*、*Gaidus* 等）的摄食习性还不明确，它们大多颜色鲜红、不透明且肌肉发达。在水族箱中，它们常轮流向上猛冲，之后保持静止并以很快的速度下沉。

　　另一大类桡足类是以潜伏－捕获方式来捕食的：亮羽水蚤（*Augaptilus*）、真亮羽水蚤（*Euaugaptilus*）、全羽水蚤（*Haloptilus*）、双刺水蚤（*Disseta*）、拟真刺水蚤（*Paraeuchaeta*）和尖头水蚤（*Arietellus*）。除了拟真刺水蚤外，以上其他类群的肌肉通常较薄，刚毛上生有很多小枝以防止下沉。在水族箱中，常静止悬浮，触角延展，尾部朝下，几乎不下沉也不上升。实地环境中的拟真刺水蚤（*Paraeuchaeta*）行为也很类似，但它通常是在容器底部休息。与那些食碎屑的红色桡足类（还有大体型的红虾）不同，它们的体色多种多样。真亮羽水蚤属（*Euaugaptilus*）的体色有亮黄色、淡紫色、橙色、亮绿色等。有些种类的全身呈苍白色，但肠道的颜色明显不同，色彩非常艳丽。双刺水蚤为淡橙色和亮白色。拟真刺水蚤身体中有色素细胞，看起来就像在外骨骼下有微小海蛇尾图片的装饰图案，并且它们的颜色和图案均具有物种特异性。可以根据非常微妙的形状差异来识别死亡的个体（Park，1993），活体标本的鉴定则可依据其特殊的标志性颜色来进行。雌性真胖水蚤（*Euchirella*）的卵为紫色、绿色或黑色，呈锯齿状排列，拖行在其身后。在几乎黑暗、只有微弱蓝光的环境中闪耀（发光），很难想象这样挥霍它们绚丽的色彩对其适应环境有何价值。

海洋中层带的水母和管水母也很普遍。它们可能像生活在浅表层的同类那样，以触手捕食。五颜六色的体色也很常见，有些呈绛紫色，可能源于体内所摄食猎物的生物荧光。具有冠端的钵水母类（*Periphylla*）也具有这种荧光色素，分布在清亮中胶层的高锥形"晶状体"下方的组织层中，近来一些吹玻璃工艺就模仿了这种效果。

12.1　隐藏

中层水生物的许多特征说明：在有光（但非常微弱）的中层水环境（正午时分 1 100 m 左右的深度、清澈热带水体，光强超过 10^{-11} W·m^{-2}），保持自身不被轻易看见是非常重要的。人类视觉的光强极限大约为 10^{-9} W·m^{-2}。在热带最清澈水域，最深达 800 m 左右，从潜水艇背侧窗户向上看，"天空"看起来就像是个很小的蓝色圆圈。在海面略往下，白天时的辐照度约为 10^3 W·m^{-2}。对波长接近 475 nm 的光，纯净海水的扩散吸光约为 0.017 m^{-1}，所以每加深 135 m，光照强度至少会减少90%。大洋海水非常清澈，对波长400 ～ 500 nm的光吸收较低，但对较长和较短波长光的吸光度却非常大，蓝光是海洋中层以上水体唯一无法吸收的光。因此，中层水的光照非常黯淡且只有蓝光。深海鱼类的眼睛很大，其视网膜（最初不被吸收的光子通过反射面返回并通过第二层视网膜）后面具有近乎完美的反光色素层；具有 5 层色素和长视杆细胞；其视觉的光敏感阈值为人眼的 1/100。其像猫头鹰一样，可以在昏暗的光线下进行有效的观察。视觉适应中层水微弱光线的机制十分复杂，不同的鱼类、甲壳类和乌贼物种的视觉适应机制各有特色，差异也较大。由于良好的视觉是整个海洋中层十分重要的生存技能，因此，大多数动物需要通过隐藏以避免暴露并被捕食。Warrant 和 Locket（2004）全面评述了伪装和视觉对深海发光的适应性。在此，我们先介绍深海动物的伪装行为。

12.1.1　颜色

中层水生活的(尤其是在 650 m 及更深水中生活的)大多数鱼类体色都呈黑色，体型较大的甲壳动物则呈暗红色。当照射光为蓝光时，黑和红的体色看上去的效果都呈黑色。随着水深的增加，体色呈现梯度性的变化。在水深为 200 ～ 400 m 时，许多虾类都呈"半红色"，即身体前半部的红色覆盖了前肠中的食物荧光，而腹面和尾部则几乎透明。在海洋中层带的上半部生活的鱼类，其背部均为黑色，身体两侧均为银白色，腹侧还具有发光器官。在海洋中层带的下半部中，鱼类整个身体通常呈黑色或红色。在 1 200 m 以下的深海区，许多浮游鱼类都呈灰褐色或苍白色。

12.1.2　反光面——银白色的侧面

近表层水许多鱼类的身体两侧都会呈现银白色，如皇带鱼、沙丁鱼、金枪鱼等。这些反光面都是由鸟嘌呤晶体排列而成的，可以将光线以任意角度反射到捕食者眼睛中，这样对捕食者来说，光线似乎都来自同一方向，而实际上鱼类并不处于这个方向(图 12.2)。这样，在漫射光的背景下，鱼类灰暗的身体轮廓几近消失(Franz,1907)。不管鱼体两侧的曲率如何，鸟嘌呤板都平行于身体的垂直轴(背腹轴)，这样能达到更好的隐藏的效果(图 12.2)。在中层水鱼类中，此类反光面只在完全垂直的侧面才有用。然而，在更深层水中，这种反光面没有任何作用，深海生活的鱼类也不具有反光面。海洋中层水的无脊椎动物同样也不具有反光面。

12.1.3　反荫蔽

背部为深色、腹部为浅色是海洋和湖泊生物在有光水层生活的一种适应。你应该已经注意到鱼类通常是黑色的背部，银色或白色的腹部。这个"反荫蔽"效应也在很多近表层水生物中出现：鱼类、表层浮游的螺类[海蜗牛(*Janthina*)]、珍珠鹦鹉螺。但这种伪装方式并不完美，因为在通常情况下，向上的光线远少于向下的光线。因此，上行光被反射的量和下行光不完全匹配。在中层水中，许多生物体已进化出了另一种特性来适应这种环境：鱼类、鱿鱼、虾以及磷虾腹面排列着许多发光器官，补充了上行光线的不足，从而与下行光相匹配，刚好填满生物体轮廓。Dahlgren(1915—1917)最先独立提出生物腹侧发光器官的功能。

Young 与 Roper(1977)及 Warner 等(1979)的实验结果显示：鱿鱼、鱼类和虾的腹部发光器官确实有平衡下行光的功能(可能还有其他的功能，如吸引合适的伴侣)。Young 和 Roper 将鱿鱼或鱼类放在水槽中，将一面镜子置于鱼体的下方并以 45° 角倾斜镜面，这样，观察者就可以同时看到顶部、腹面的光线。使用光电倍增管(PMT)测定光照强度，测光方向也与观察者观察角度保持一致。先将动物置于可变的下行光光照强度下约 5 ～ 10 分钟，观察者刚开始看不到动物，快速地降低光照强度后，慢慢地又可以看到。接下来，他再一次提高光照强度直到动物消失，以使下行光与腹面发光刚好匹配。匹配时的光照强度，即动物的光能输出，可以从仪器中读出数值。这

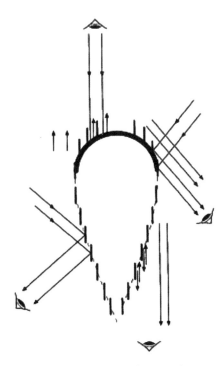

图 12.2　鱼体的横切面示意

该图显示了反光的鸟嘌呤板朝向及产生的伪装效果。捕食者的眼睛位于鱼体右侧与左下侧，接收到反射光后，看起来鱼体似乎不在那儿。正上方和正下方眼睛表示反荫蔽效应。（Denton，1970）

个实验要求动物对光强变化的反应要相对缓慢，需要花费几秒而不是几毫秒。中层水的动物运动较缓，响应的时间也较长。实验的结果给出了光照强度匹配的情况（见表12.1）。

表 12.1　不同的下行光强（"相对光值"）条件下观察到 4 次鱿鱼腹侧光的输出强度

相对光值	鱿鱼的匹配等级			
	Abralia trigoneura（1）	*Abralia trigoneura*（2）	*Pterygioteuthis* sp.	*Pyroteuthis* sp.
1	1.0	0.72	1.0	0.12
2	2.0	2.0	2.0	1.0
6.7	4.8	6.7	4.8	3.5
20	20	20	20	20
60	31	43	60	43
120	—	75	4.8	31
200	—	75	1.0	31
300	—	60	—	—

（Young 和 Roper，1977）

Warner 等使用更精密的仪器对半红色虾类 *Sergestes similis* 进行了研究。实验动物被放置在球形水族箱内，箱体上方设有蓝光（520 nm）光源向下照射，光照强度可以调节，虾体下方放置 PMT，辐照度的变化范围为 $(0 \sim 3) \times 10^{-4} \mu W \cdot cm^{-2}$。生物适应光照后关闭光源，在几毫秒时间内使用光电管迅速测量生物体发光。实验结果（图 12.3）表明，虾背面下行光的强度和腹部发出的冷光强度几乎完全匹配。在 *S. similis* 肠道下侧有一个（被称为 Pesta 的）发光器官。肠道的颜色较暗，是虾体中唯一在下行光下显示出阴影轮廓的部分，而阴影可能给下方的捕食者提供方位信息。后来 Warner 等又将此实验进行了扩展，分别用透光面罩和不透光面罩覆盖住虾的眼睛，然后比较下行光与虾体发光的匹配度。他们发现当不透光面罩蒙住虾眼时，Pesta 器官完全没有发光，由此可见，眼睛必须先检测下行光线，然后才启动生物发光来与之匹配。

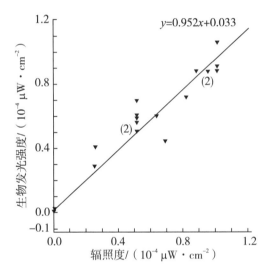

图 12.3　半红色虾 *Sergestes similis* 中发光器官的光输出强度与下行光强度的比较
该图显示了两者之间的高度匹配。（Warner 等，1979）

为了实现反荫蔽发光与下行光强度相匹配，动物必须满足以下条件：（1）能（用眼睛）感测下行光线强度；（2）腹部（发光器官）产生的光线强度可变；（3）能够测定腹侧的光输出强度，以便能够与下行光相匹配。要满足第二个条件，生物体发光不仅要与下行光的强度相匹配，还必须与其光谱相匹配。然而，通过动物的生物化学进化形成的冷光分子或荧光素的光输出可能无法提供精确的匹配。例如，银斧鱼［刺银斧鱼（*Argyropelecus aculeatus*）］腹侧发光细胞产生的光谱（图 12.4）比下行光的光谱更宽，尤其是长波区间。为了完美匹配，输出光先要穿过发光细胞管下方排列的滤片，然后透过一排色散反射器发射出去，这样最终的匹配就非常完美了。

对于第三个条件，大多数在海洋中层生活的鱿鱼、鱼类以及磷虾都具有发光器官，该发光器官与一只（或两只）眼睛有密切的关系，发光器官通常长在眼睛内。视觉系统产生的神经信号可能与总体发光强度呈正比。必定存在同一个过程，既调节眼

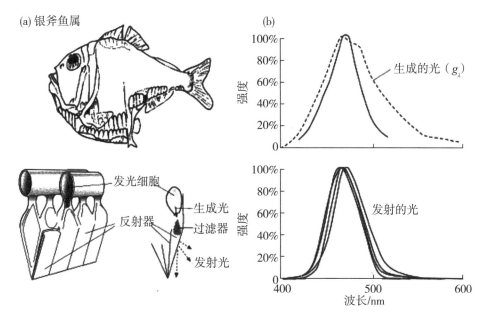

图 12.4　银斧鱼腹面发光光谱与下行光匹配的机理

(a) 星光鱼(银斧鱼属)中发光器官的排列。腹侧的管状器官中的发光细胞产生光线,穿过锥形滤镜后,经一排呈一定角度的镜片从身体下方发散出去。(b)上图为发光细胞产生的光谱(g_λ)与下行光光谱(实线)之间的比较;下图为 4 个样品中发射光(通过过滤器之后)的光谱。(Denton,1991)

睛中的发光器官,又同步调节腹侧的照明,这样就形成了一个反馈回路,使两者能刚好匹配。除了 Warner 等展示了此反馈机制外,Young 等(1979)对鱿鱼的实验也说明了这一点:当体背侧的光敏感囊泡被覆盖时,下行光与器官发光的匹配就会中断。主眼球与背侧光敏感囊泡在测定下行光强度中都发挥了作用,因为当其中任何一个器官被覆盖时,匹配过程均会遭到破坏。

在某些情况下,生物体发光反荫蔽的机理更加复杂。太平洋小钩腕乌贼(*Abraliopsis pacificus*)是一种小型鱿鱼,肌肉发达,在夏威夷附近海域的数量丰富。在不同温度下,Young 和 Mencher(1980)扫描了这种鱿鱼的腹侧皮肤发光器官输出的光谱(图 12.5),发现在白天的时候,它栖息在温度较低(8 ℃)的中层水中,产生的光谱较窄,波长中值为 472 nm,非常接近下行光的光谱;晚上这种鱿鱼就迁移到温暖(23 ℃)的表层水,此时产生的光谱较宽,与 20 m 水深处的月光光谱非常接近。因此,这种鱿鱼的发光不仅能与下行光的强度相匹配,其光谱组成也发生显著的变化以便与下行光相匹配。为此,太平洋小钩腕乌贼腹侧长有 3 种类型的发光器官,其中 2 种为蓝光过滤器,另外 1 种则是红光过滤器(彩图 12.1)。有点出乎所料的是,它腹面发光光谱配对的选择不是通过检查下行光线的光谱,而是取决于水域的温度。下行光光谱对它的光谱输出没有影响。

这些反荫蔽机理并不完美,因此许多海洋中层鱼类就会利用这种不完美。许多动物的眼睛都是向上看的(图 12.6),这样头顶阴影的减少就会引发视觉神经信号,从

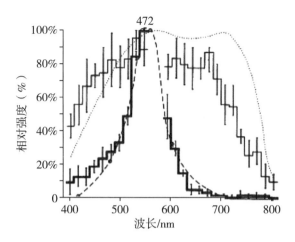

图 12.5　下行光光谱与太平洋小钩腕乌贼的腹侧生物体发光光谱的比较

8 ℃时产生的光谱(阶梯状的粗黑线)与深海下行光光谱(破折线)非常类似，两者均在波长 472 nm
处达到峰值。23 ℃时产生的光谱(阶梯状细线)与热带海洋 20 m 水深处月光光谱(虚线)非常接近。
(Young 和 Mencher，1980)

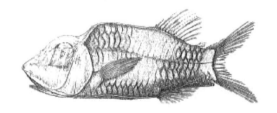

图 12.6　海洋中层水生活的后肛鱼(_Opisthoproctus_)形态

注意，向上的眼睛为球面透镜(活体状态下呈黄色)。鱼体平坦腹侧的"底部"是发光器官。
(Cohen，1964)

而启动摄食反应。不仅许多深海鱼类的眼睛会永久性地向上看，在大多数情况下，它
们的嘴巴也会朝上开口，以便捕获在身体上方游动的猎物。恐怕只有那些留下的阴影
足够小的动物才能幸免于难。

　　同其他生境中的生物一样，海洋中层的猎物也会采取相应的抗捕食策略，与捕食
者的捕食策略之间经历了反反复复的对抗，从而不断进化。腹部反荫蔽机制是一个很
好的示例。银斧鱼属已经进化到了能精确匹配下行光谱的程度，但不是所有的中层水
鱼类都可以做到这一点，它们产生的反荫蔽光谱大部分波长都高于 490 nm。有少数
捕食性鱼类(青眼鱼属、银斧鱼属、珠目鱼属)和鱿鱼(帆乌贼属)眼睛的晶状体是黄
色的，这可能会使它们利用这种轻微的不协调：眼睛中的黄色素会最大限度地吸收水
中的蓝光，这样光中的主要波长部分可能就被消除掉。然而，透过的那部分光的波长
都大于 490 nm(Muntz，1976；图 12.7)，这必然会导致腹面发光的那些动物看起来
呈灰白色。

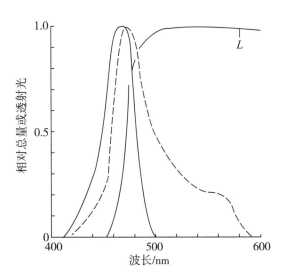

图 12.7　典型的蛇鼻鱼类（斑点灯笼鱼）的腹侧生物发光光谱（虚线）、500 m 水深处的下行光谱（钟形曲线）、柔珠目鱼眼黄色晶状体的光透射特征（L）之间的比较

注意，斑点灯笼鱼腹侧的生物发光未像银斧鱼属（图 12.4）那样经过过滤校正。通过消除掉光谱中的占优势波段（蓝光），捕食者可以看见猎物生物体发光中多余的、波长较长的波段（蓝－绿色光）。这与柔珠目鱼（图 12.9）的杆状细胞色素吸收峰 λ_{max} =503 nm 相吻合。（Muntz，1976）

12.1.4　透明的身体

相对于在表层水生活的生物来说，中层水的一些生物体是透明的，如鳗鱼的柳叶状仔鱼，它们的体色呈玻璃烟叶色，又由于它们的身体很薄，通常会达到近乎全身透明的视觉效果。因为它们的眼睛都必须含有不透明的吸光色素及反光色素层，所以它们的眼睛不能变成透明的。因此此类动物不透明的眼睛使它们被捕食者发现的风险有所增加。深海生活的水母、端足类、一些乌贼以及其他动物同样也拥有近乎透明的身体。这种隐蔽效果极佳，因为透明的身体降低了自身与背景的反差。有机分子对光的吸收率比水稍高，但蛋白质和油脂的折射率与水有差异，会导致光以不同方式散射。在一些透明的组织中，细胞膜中有一些小于可见光波长的亚微观"隆起物"，它们的存在减少了破坏性的干扰及对光散射的影响（Johnson，2001）。当向组织中添加水以及特殊的油脂和蛋白质结构时，对比度 C（通常为负值）可以降低到 -9%（即 91% 的透明度）左右。然而，有效的对比度会随着物体与眼睛距离的增加呈指数式降低。我们尚不清楚深海鱼类和无脊椎动物可感知到的最低对比度是多少；近表层鱼类的 C 值可以很小，大约为 -1%（Johnson，2001）。尽管如此，在海洋中层生活、通体透明的动物的"隐身"效果非常不错。

12.2 近乎黑暗环境中的视觉

海洋中层生物的视觉有着独一无二的特化，从眼睛的比较形态学与视觉色素等角度可了解许多视觉适应机制。当然，生物的其他感官仍然发挥着作用，如鱼类的侧线、甲壳动物中受神经支配的刚毛、毛颚类动物的触觉感受器等，可以感知与检测水的相对运动。深海甲壳动物的触角对水运动的传感尤其让人印象深刻，其触角非常细，长度通常可以是体长的 3 倍。在鱼类中，（至少）嗅觉看似在寻觅配偶的过程中发挥了主要作用：雄鱼的嗅觉高度发达，有些在头部会有复杂的外部感受器垫（如小齿圆罩鱼），但雌鱼几乎没有这一结构，因为雌性极可能通过分泌信息素来吸引雄性。在中层带，嗅觉在觅食过程中的作用可能非常小；在非常接近海底的区域，嗅觉的作用才开始显现，因为海底可能有发臭的食物（如下沉的鲸鱼尸体），甚至能以海底作为参考来辨别上游方向。

海洋中层水有两种光源：一是扩散性的背景光，从上方照下来的最亮的光，从各个角度照亮场景；二是生物体发出的光源，其通常是闪烁不定的，强度远远超过了扩散性背景光。动物的眼睛为适应低强度光线进行了结构上的最优化，但对不同类型光的要求也不同（Warrant 和 Locket，2004），有些仅对其中一类光源进行优化，有些则对两类光源都保留了一定的优化能力。优化改造的结果就是：鱼类和鱿鱼的眼睛如同相机一般，甲壳动物则形成复眼。就背景光和点状光源这两种情景来说，由于光在水中（比空气）具有较高的散射，鱿鱼和鱼类眼睛成像的质量都会急剧地降低。中层水鱼类只能看清几十米远，但这也足够让视觉发挥重要的作用了。

12.2.1 鱼的眼睛

大多数深海鱼类眼中只有呈"杆"状的感光细胞，视紫质是唯一含有的视觉色素，且无视锥细胞。视觉色素的最大吸收波长（λ_{max}）通常在 470 ~ 490 nm。然而，更进一步的研究发现，有些鱼的视觉色素包括不止一种受体色素（至少在一种视锥细胞中存在多个受体色素），因此具有区分细微颜色差别的潜力。由于水的折射率约为 1.33，与眼睛玻璃体的折射率一样；与在空气中相比，水中照相机式的眼睛需要更强的晶状体，因此，鱼类和乌贼的眼睛如同球面透镜一般。它们的眼睛的蛋白质组成存在变化，表面折射率为 1.33，但中心位置的折射率则变为 1.52。此晶状体的焦距为其半径的 2.5 倍（"Matthiesen 比率"），并且折射梯度可以对球面像差进行修改，以便在视网膜上清晰成像。瞳孔增大，成像精确度也增加（区域大，收集的光线就多）。一些中层水鱼类的瞳孔会放大达到晶状体的整个直径，瞳孔扩张时能接收 180°入射光。在上方最明亮光的映衬下，视场中的物体得到最大的对比度（和分辨率）；而下方及两侧的对比度则急剧下降。向上看的管状眼睛、视网膜局限在管状眼睛的底部都是对这种几何结构最常见的一种适应，所能看到的有效角度大约为 50°，但该角度能在平坦的视网膜上尽可能清晰地成像。焦距对应着晶状体的大小，进而决定了眼睛的整体大小。因此，大瞳孔、大晶状体就需要面积更大且距离较远的视网膜与之匹配，在许多中层水鱼类和鱿鱼中，这种视觉系统占了头部空间和大脑容量的很大一部分。巨型乌贼（大王乌贼属）的眼睛的直径接近 37 cm，同时拥有碗口大小的视网膜。鱼类眼睛具有多种结构模式（Collin，1997），以下我们仅举两例。

　　热带－亚热带同纬度分布的成年鱼类，如柔珠目鱼，其眼睛大小可达 12.6 cm。它们白天在水深 500 m 处捕食，夜晚则向上游到 275 m 深处捕食。就像许多海洋中层鱼类一样，它们的管状眼睛生在头部，呈背腹对齐，都朝上看。突出的晶状体聚焦在扁平的视网膜上，视网膜则位于管状玻璃空间的底部（图 12.8）。此外，光从侧面进入晶状体，一些光透过体壁（"晶状体垫"）上一块清亮的斑点进入晶状体，聚焦在管内侧壁的辅助视网膜上，以此提供对比度或（更可能为）外侧闪烁的信息。许多科的动物也具有类似的管状眼睛，有些类群的眼中还另有一块用于侧向成像的视网膜。在拟渊灯鲑（*Bathylychnops exilis*）中，侧向视网膜已演变成一种位于体壁上的、囊状的辅助眼，这种眼具有自己专属的晶状体（一个增厚角膜突出物），主要用于接收来自腹面的光线（Pearcy，1965）。

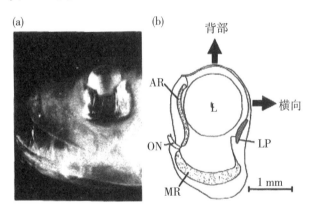

图 12.8　柔珠目鱼眼睛的朝向与结构

（a）Shaun P. Collin 拍摄的照片。（b）眼睛的垂直剖面图。AR：辅助视网膜；L：晶状体；LP：晶状体垫；MR：主视网膜；ON：视神经。该图由 Partridge 等（1992）绘制，来自 Pointer 等（2007）。

　　Partridge 等（1992）测定了柔珠目鱼视网膜神经细胞的吸收光谱，发现其主视网膜中存在两种色素，最大吸收波长分别为 405 nm（紫色）以及 507 nm（绿色），后者只分布在一些视杆细胞的远端。在辅助视网膜中，这两种色素均有发现（图 12.9），并且还发现某些细胞中存在第三种色素，其最大吸收波长 λ_{max} =479 nm（蓝色）。实际上，Pointer 等（2007）对柔珠目鱼进行了分子遗传学研究，发现了 3 种视色素（视蛋白）的基因：前两种为视网膜紫质，第三种与浅海鱼类的锥形色素最为相似。所测柔珠目鱼眼色素的最大吸收是非常接近的，但事实上，这三种色素的功能不同，是由截然不同的基因编码的蛋白质，这表明这种鱼可能辨别蓝色调的深浅，可能具有区分天空光与生物体发光的能力。这种辨识颜色的神经元回路是否存在还有待研究。

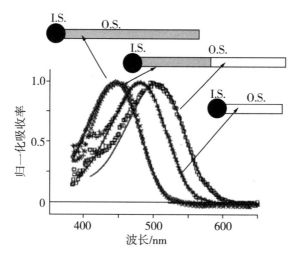

图 12.9   柔珠目鱼辅助视网膜中视色素的吸收光谱

吸收光谱通过微量分光光度测定。在短杆和长杆的外段(o.s.)中可发现 λ_{max} =443 nm 的色素，如图解所示。相对长一点的两杆的外段均具有 λ_{max} =503 nm 的色素。这两种色素在主视网膜的杆细胞中均有发现。试与晶状体的透光光谱(图 12.7)相比较。第三种色素(λ_{max} =479nm)仅在辅助视网膜的短杆的外段中有发现。(Partridge 等，1992)

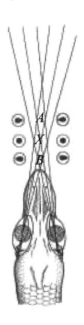

图 12.10   大眼鲷平头鱼(深水鲁氏鱼)的前背面

聚焦于眼后的中心凹处的入射光线范围。圆圈的图形表示生物体发光的点光源在每个中心凹上假想的局部成像模式。这些模式提供了光源的位置信息。点 A 以外的范围只能在一个中心凹上聚焦形成(更加扭曲的)图像。(Warrant 和 Locket，2004)

大眼鲷平头鱼[大眼加州黑头鱼(*Bajacalifornia megalops*)，体长可达 28 cm]的眼睛(图 12.10)结构非常优化，可以直接向前发现和定位个体正前方的点光源(Locket，

1985）。此鱼的大个体标本采自 1 200 m 以下、深至 3 000 m，无任何光线的深海。在 250 m 水深可捕捉到幼鱼。沿着鼻状深凹处，每只眼可以看到前方，也可看到稍微偏向另一侧的范围。瞳孔为圆形，位于眼的后部，可向前扩展，允许该角度的光线进入晶状体。光线聚焦于视网膜后端的中心凹（视网膜中的一块，图像分辨率很高）。中心凹是由杆状细胞密集排列而成的曲状侧壁，杆状细胞有很长的外段，这部分含有光敏色素。Locket 提出这样一个设想：依据物体的闪光图像穿过两个中心凹形成形状的不同，可以得出前面物体的位置信息（图 12.10）。与许多深海鱼类一样，视杆细胞的神经冲动在传输到大脑之前，可通过视网膜中的神经节细胞进行积累，获得较高的敏感度，但以损失分辨率为代价。Locket 从视网膜的切片中发现大眼加州黑头鱼的视杆细胞可多达 28 层，但不是所有的视杆细胞都可以连接到神经中枢。他认为，随着个体发育的推进，各层视杆细胞会逐步向深层迁移，而这些没有连接的视杆细胞则是发育进程中的残留物。然而，仍有几层视杆细胞保持活跃，它们具有最长的色素片段，具有最强的光线吸收能力。

在接近黑暗的环境中，鱼类的视觉能力需要极端敏感，为此对视觉系统的结构与功能上的优化与增强也层出不穷。视觉的优化方式包括：视杆细胞中的含色素部分变得非常长；视网膜后面具有反光膜，可将未吸收的光线反射回视网膜；视杆细胞聚集成束，将信号传导至反光管细胞中的单个神经节细胞；在神经节将信号传出至视觉神经之前，视觉集成的时间间隔是非常长的。这些结构与功能上的改进增加了视觉敏感度，但始终还是牺牲了空间或时间上的分辨率。也许在昏暗的背景下能看到东西比获得清晰的场景（或闪光）要更加重要。

12.2.2　甲壳动物的眼睛

对于一些"低等的"甲壳动物来说，其眼睛的构造比较简单，无聚焦功能的器件（晶状体），不能将光线聚焦后投射到视网膜上。有些桡足类具有由几丁质表皮形成的晶状体，可以将光线汇聚到小的视网膜元件上。但是，在深海环境中还没有发现桡足类具有此类眼睛。在深海介形动物［巨海萤属（*Gigantocypris*）］的眼中，视网膜周围具有抛物面状的反光层，可以将光线汇集到视网膜上。这种结构可能具有一定的敏感度，但基本无图像能力，获取物体位置的能力也较低。端足类、糠虾、磷虾、虾都拥有结构复杂的复眼，在深海生活的这些物种的眼睛结构也有一定的改进与优化，与夜蛾的眼睛类似。在不同水深生活的端足类中，视觉是占主导地位的感官，其头部覆盖有几乎透明的、呈半球形的小眼（晶面）。小眼将光线传导至一束小型化的视网膜元件（感杆束），这些视网膜元件通过所含的色素来发挥功能。像鱼类一样，甲壳动物眼睛的最大吸收波长（λ_{max}）数值处于蓝光部分，多为 460 ~ 500 nm，但有些物种还含另外一种色素，其吸收峰接近 400 nm（Warrant 和 Locket，2004），用于感受水下 250 m 处的微弱阳光，在感受生物体发光中也可能发挥作用。甲壳动物眼睛中的主要色素吸收峰波长（λ_{max}）的界限常常向绿光波段偏移，这是眼睛对看清生物发光的一种适应。

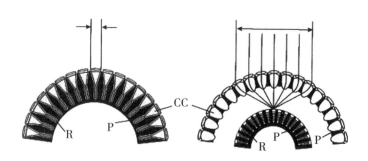

图 12.11　并列型与重叠型复眼的结构示意*

左侧为并列型复眼的解剖图：每只小眼中的晶锥都较短且受色素细胞防护，晶锥直接与感杆束接触。多数近表层水生活的生物（以及陆居生物）的复眼结构均属于这种模式。右侧为重叠型复眼：晶锥相对饱满；无色素细胞或色素细胞呈清亮态；光线通过许多晶状体汇集到每个感杆束上。缩略语：CC 表示晶锥，P 表示色素细胞，R 表示感杆束。（Warrant 和 Locket，2004）
* 图题为译者总结。

　　甲壳动物在昏暗光场下视觉的特化与鱼类基本相似，都放弃了成像分辨率而保持对光的敏感度（Warrant 和 Locket，2004）。在近表层水生活的磷虾和小虾中，小眼（包括表皮晶状体、光导晶锥以及视网膜感杆束）四周有带色素的掩蔽细胞，它们可以防止小眼之间彼此漏光，因此，每一个小眼都通过一个狭窄的角视场获得一副图像（图 12.11 的左侧图）。这是一种"联立眼"（并列型复眼），也就是说，光导结构和感杆束之间存在屏蔽的空间。片段化的场景图像在脑中集成，可以捕捉到场景像素从一个小眼的感杆束到另一个感杆束的移动，因此，这种眼结构对运动图像的敏感度极高（集成需要的时间也极短）。

　　在一些深海生活的糖虾、小虾以及磷虾中，小眼周围的掩蔽细胞仍然存在，但晶锥的色素已经消失了，这样就在晶锥和含感杆束的视网膜细胞之间留下较大的清亮空间（图 12.11 的右侧图）。晶锥的功能是折射并引导光线穿过清亮空间，最后集中到感杆束上。然而，通过多个小眼聚集光线这种方式虽然提高了敏感度，但也减损了分辨率。具有此类净空间的眼睛被称为"重叠像眼"，它可以通过几种不同的屈光机制发挥作用（Nilsson，1989），体现了眼睛成像模式的多次演化。在微光环境中生活的许多小虾和糖虾都具有感杆束，这些感杆束的横截面呈星形，感杆束因此也交错分布，共享邻近细胞之间的散射光（Gaten 等，1992），而近表层水生活物种的感杆束是严格分开的。与鱼类类似，许多感杆束中的信号可聚集到单个神经细胞中，然后再传至脑进行分析与处理（而不是由各个感杆束分别将视场信号传至脑）。这种机制提高了灵敏度但也减低了分辨率。感杆束基部的反光层是很常见的，这个结构能够提高入射光子的捕获比例。

　　Whitehill 等（2009）展示了海洋中层水生活的糖虾（*Gnathophausia ingens*）的发育过程，随着生活水层的逐步变深，其眼睛也发生变化（从联立眼到重叠像眼的发育过程）。该虾的第一个自由生活阶段在 175 ~ 250 m 深处，眼睛属于重叠像眼，但晶锥周围几乎没有清亮空间，也没有大量的鞘细胞。清亮空间（实际上是晶锥层透明层的扩展部分，且无色素细胞包被）在 5 龄期（生活的水深大于 400 m）时打开，在 10 龄期时围绕着整个感杆束层（水深 400 ～ 900 m）。随着生长阶段的发展，感杆束交错接合，星状横截面也没有改变，但眼睛结构会有变化以获取高的光敏感度；在各个发育阶段，视觉色素的吸收光谱或闪光敏感度的电极记录光谱都没有任何改变（Frank 等，2009）。光谱吸收最大处的波长（λ_{max}）均接近 500 nm。Frank 等鉴定出了糖虾视紫红素的两种基因，但这两种视紫红素的吸光谱似乎是平稳的单峰谱（$\lambda_{max} \approx 512$ nm）。

12.3　深海摄食

海洋中层鱼类对浮游动物的摄食很有规律性（Moku 等，2000）。例如，宽尾臂灯鱼（*Stenobrachius nannochir*）是亚北极太平洋中生活的一种蛇鼻鱼，身长 11 cm，生活水体的深度在 500 ～ 700 m，几乎只吃桡足类，至少在 8 月份时主要以大型哲水蚤属为食。在 8 月份，这些个体较大的新哲水蚤会向下迁移到 500 ～ 700 m 水层开始滞育期，此时其也会成为宽尾臂灯鱼的主要食物。在全天 24 小时昼夜采集的所有宽尾臂灯鱼样品中，超过一半的鱼体胃部存留一些食物，尽管食物只占体重的很小一部分（平均为 0.1%）。其他在夜晚迁移到表层的灯笼鱼通常会摄入更多的食物。例如，白身臂灯鱼（*Stenobrachius leucopsaurus*）的胃内容物通常为体重的 1.5%，主要包括许多桡足类和磷虾。

然而，对于海洋中层水的一些永居性种类，尤其是海洋中层带深部的掠食性鱼类来说，食物非常稀少，等待食物的时间也较长，这样就需要特殊的适应机制来应对这样的饮食条件。大多数中层水鱼类的身体都非常小，除了下颚外，其他部位骨骼的硬骨化都不明显，这样可减轻体重，有利于游动。肌肉组织也已退化，身体含水量比上层水体生活的鱼类要高。很多鱼类的身体已退化，看起来只剩下一个巨大的下颚外加一条尾巴。鱿鱼的身体绵软无力，体腔组织液中的钠离子通常已被铵离子替代，从而减轻体重。例如，在手乌贼（*Chiroteuthis*）中，腹侧臂腕内的腔室空间很大，充满了较轻的液体。

许多掠食性种类并不经常摄食，但一旦摄食起来就很惊人。一些中层水鱼类与陆地生活的蛇类一样，下颚能完全脱离头骨，以容纳相对巨大的猎物进入，喉咙具有弹性，胃部呈大折叠包形式。有些物种可以吞掉远比自身大得多的鱼类。James Childress（个人通讯提供的信息）发现叉齿鱼（*Chiasmodon niger*）"黑叉齿鱼"每次进食时，其耳石（听小骨）上都会增加新的生长层。此鱼肠道内充满食物与无食物时相比，耳石的最外层会有所不同。通过耳石中不同膜层的顺序，可以推测出此物种从幼鱼期到成年的繁殖期大概吃掉了 14 顿美餐。

捕食的策略十分复杂，其复杂程度与水深相关。如上所述，许多鱼类始终在等待或慢速巡游，它们朝上看的眼睛能发现下行光线和反荫蔽发光之间的微小差异，然后用朝上开口的大嘴巴捕获猎物。鮟鱇鱼将生物发光的鱼饵悬挂在嘴巴前部，以此吸引猎物。在中层水较深部生活的鱼类的牙齿非常长，如同军刀一般（图 12.12），下颚膨胀并向外伸展，以尖牙咬住猎物。

12.3.1　海洋中层带的（几乎）一切都很慢

从已有的数据来看，中层水生活的动物似乎寿命都很长且生长缓慢。至少有一种中层水生活的动物是可以在实验室饲养的：巨额颚糠虾（*Gnathophausia ingens*）。Childress 和 Price（1978）研究了加利福尼亚州南部边境地区（圣克利门蒂海盆）的巨额颚糠虾种群，绘制了它们体型大小的频率分布图（图 12.13）。群体中的各个体型等级都差异明显，基本没有重叠，包括幼虾离开育仔囊（育仔囊中存在 2 个龄期）之后的连续 11 龄。所有 13 龄期的个体都是雌性。

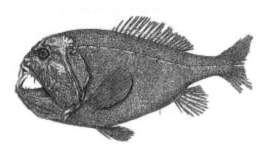

图 12.12　尖牙鱼（*Anoplogaster*）

又名婆婆鱼。这是深海鱼体中头部较大、长有长长的刺牙的很好的实例，这些形态特征在中层鱼类中多次出现（绘自 Woods 和 Sonoda，1973）。

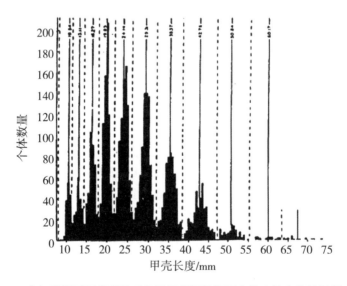

图 12.13　南加利福尼亚州附近采集的巨额颚糠虾甲壳长度的个体数量频率分布

在 11 个甲壳长度区段中，每个区段都代表了一个生命阶段或龄期。从一个龄期，经蜕皮，进入下一个龄期。（Childress 和 Price，1978）

Childress 和 Price 通过以下三种方法来估算巨额颚糠虾每个龄期所经历的时间：

（1）在实验室中，刚刚蜕皮的个体可以在 12 天内保持身体柔软。实地采样获得的数据显示，149 只中有 11 只的身体非常柔软，所以蜕皮间隔时长大约为（12 ×149/11）+6 =168（天）。

（2）样本中有 70 只在死亡前蜕过皮，并且累积分布表明需要约 63 天的时间其中一半的个体才能蜕皮。因此，蜕皮间隔期大约为（2 ×63）+12 =138（天）。需要加 12 是因为捕获时身体柔软的那些个体已经从样本中被移除。

（3）实验室中经过 2 次蜕皮的个体，其蜕皮间隔时间是关于体型大小和温度的函数，范围从甲壳长度 20 mm 时为 120 天（温度为 7.5 ℃）到甲壳长度 40 mm 时为 200 天（温度为 5.5 ℃）。

根据所有这些信息计算得出整个寿命为 6.4 ～ 8 年。通常情况下，在温带陆架生活、同样体型大小的底栖虾类的寿命只有 2 年。

Mauchline（1988）在 5 年内研究了大西洋东北部中罗科尔海槽很多中层生活的虾体型大小 –频率分布。他把采集到的样品按月份进行分组，发现这些虾的增长模式是间歇性的（图 12.14）。至少在温带偏北站点，中层生活的虾类在夏末和秋季生长较快（某些情况下），或在春季（其他情况下）比在冬季时生长更快。

Childress 等（1980）研究了中层水域鱼类的生长和生活史周期。如果能确定年龄，便可以对其生长进行研究；可以利用鱼类耳石的沉积分层（生长轮）来推测其年龄。

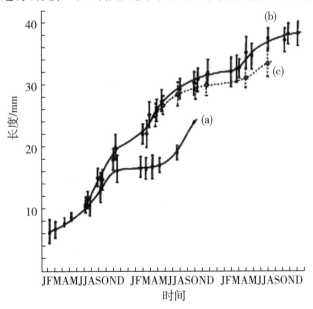

图 12.14　中层带生活虾类的生长曲线

（a）为小眼北糠虾（糖虾），（b）和（c）分别为雌性和雄性的对虾（*Gennadas elegans*）。数据源于在圣克利门蒂海盆所有季节采集样品的体型大小的频率分布。仔细观察此图可以看出其生长呈现出了季节性。（Mauchline，1988）

　　耳石中的生长轮几乎都是一年生长一轮，但有时也会出现一天生长一轮的情况。骨骼在生长时，不同的年份有不同的杂质被纳入新形成的骨骼中，或者不同年份形成的晶体结构不同，这样就形成了生长轮。鱼类的耳石悬于感觉毛的末端，用来感知重力的方向和向心力效应。将海洋中层鱼类的身体长度和年龄进行比较（图12.15），会发现，随着年龄的增长，鱼体长度的增加越来越慢，那些夜晚从中层水迁移到表层水摄食的鱼类与长期在表层水中生活的鱼类（如沙丁鱼）也表现出大致相同的模式。那些白天与夜晚都在中层水中的鱼类，在所有年龄段体长的增长基本相同。但是，有一种深水鱼[厚头犀孔鲷（*Poromitra crassiceps*）]随着年龄的增长，体重增长越来越快，这种现象在其他所有生境中都前所未见。深海鱼类必须更善于发现和捕获猎物，这样，随着个体的生长体型也变得更大了。

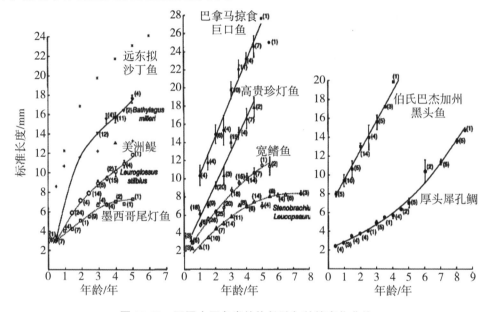

图 12.15　不同水层鱼类的体长随年龄的变化曲线

图中包括了表层水鱼类（×、+）、海洋中层迁移性鱼类（夜晚时迁移到表层水，空心符号）以及深海鱼类（实心符号）。圆括号中的数字表示每个年龄点分析用耳石的数量。（Childress 等，1980）

　　Mauchline（1988）在对 Childress 等（1980）的研究结果进行评述时说，他们是在逐年的数据基础之上开展的分析。然而，有证据表明年生长轮（年轮）大致上体现的是生长的季节性变化。根据罗科尔海槽中层鱼类的大小－频率数据，Mauchline 估算了其逐月的生长情况，发现有些物种的生长确实有明显的季节性。水下遥测仪对虾生长的监测数据也表明虾的生长具有季节性。然而，深水鱼的生长则没有季节性。水体垂直方向上季节性的遥测研究（telemetering）是当前一个很活跃的研究方向。

12.3.2　极其高效地利用能量

　　Childress 等（1980）测定了不同年龄鱼类的平均质量，给出了热含量（caloric content)随年龄变化的关系曲线(图 12.16)。在中层鱼类中,那些夜晚迁移到海洋表层的鱼类体重增加模式与主要在表层生活的鱼类基本相同(如沙丁鱼)。尽管初生的中层鱼类体型都很小,其生长曲线远低于沙丁鱼,但随着年龄的增长,它们重量增加的比例都是相同的。拿表层水鱼类与中层水鱼类相比似乎并不一定合适,因为从分类学上来讲,大多数中层水鱼类与表层水鱼类的亲缘关系较远,且中层水鱼类的体型也较小。深海的鱼类只在海洋深层水中生活,食物非常短缺,它们的生长速率低于海洋中层的鱼类,但能长期地、指数式地生长,因此,深海鱼类的体型能长得更大,生长得也更快。厚头犀孔鲷(*Poromitra crassiceps*)能在长达 7 年的时间内完美地指数式生长,令人惊讶。有人认为,极小的运动量、痿软无活力、低维护的肌肉,这样深海鱼获得的食物就更多地被用于生长。

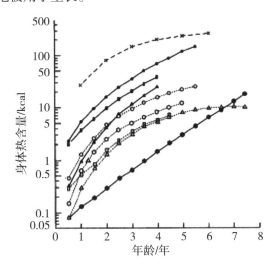

图 12.16　表层、中层及深海鱼类生长曲线的比较
该图显示了体重热含量随年龄的变化情况,包括表层水鱼类(沙丁鱼,×)、海洋中层迁移性鱼类(空心符号)、深海鱼类(实心符号)。厚头犀孔鲷(实心六边形)表现出极不寻常的长期指数生长模式。(Childress 等,1980)

　　使用隔热的网囊捕获鱼类后估测其耗氧量,其变化规律可以用能量代谢消耗的观点来解释(Torres 等,1979)。在年龄相仿、体型大小类似的情况下进行比较,中层水鱼类的新陈代谢速率比表层水鱼类要低很多。海洋中层迁移性鱼类所消耗的能量约为表层水鱼类的 25%,深海鱼类消耗的能量则更低(不超过表层水鱼类的 10%)。结合生长与新陈代谢这两方面的数据,可以估算出海洋中层水鱼类和表层水鱼类的相对生长效率(图 12.17)。由于鱼体游动和组织保养所消耗的能量随着水深的增加而降低,因此,在较深水层生活的鱼类的生长效率在整个生命周期内都较高。深海幼鱼生长效率高达 60%～70%,远高于陆居或表层水生活动物的生长效率。其他海洋中层动物也表现出类似的生长特性,尤其是鱿鱼和虾。

　　Torres 等(1979)研究了成年时体长约 20 cm 的鱼类,发现所有鱼类的寿命都近乎

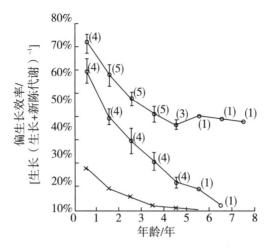

图 12.17 不同鱼类生长效率随年龄的变化

沙丁鱼(×)、海洋中层迁移鱼类(○)及深水鱼类(●)。括号中的数字表示样品个数。纵轴标题采用了"偏生长效率"一词，因为该研究对生长速率的计算没有将已摄入但并未吸收的那部分食物考虑在内。(Childress 等，1980)

相同，为 4 ～ 7 年。然而，它们初次性成熟时的年龄随着水深的增加呈现出增加的趋势(Childress 等，1980)：深水鱼类只有在其生命周期的最后阶段才会进行繁殖，而且繁殖的次数可能只有一次，表层鱼类在第二或第三年进行繁殖，海洋中层鱼类的繁殖年龄则介于深水鱼类与表层鱼类之间。

在近数十年，Childress 及其同事对许多海洋中层动物的新陈代谢进行了研究，包括鱿鱼(Seibel 等，1997，2000)、鱼类(Childress 和 Somero，1979；Torres 等，1979)以及大型甲壳纲动物(Childress，1975；Cowles 等，1991)，结果均表明：随着栖息水层深度的增加，新陈代谢速率逐渐降低(图 12.18)。这些新陈代谢速率都是在温度接

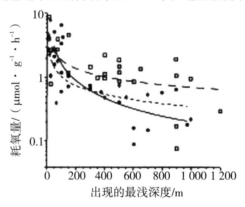

图 12.18 鱼类(菱形)、甲壳动物(正方形)以及头足类动物(实心圆圈，主要是鱿鱼)的呼吸速率(通过耗氧量测得)与相对该类动物通常被捕获的最浅水深(通常为垂直迁移水深的最小值)的相关关系

大多数数据来自加利福尼亚州南部或夏威夷附近的动物采样。(Seibel 等，1997)

近的条件下测量的，或根据 Q_{10} 对代谢速率进行过校正，因此，几乎可以肯定地说，温度不是代谢速率随深度下降的唯一原因，其他因素也可能发挥了作用。加利福尼亚洋流海域存在明显的垂直温度梯度，而南极海区几乎不存在温度梯度，对这两个海域的鱼类新陈代谢速率的比较研究进一步表明，垂直方向自上而下的温度（降低的）梯度并不是减缓新陈代谢的唯一驱动力。在这两个地区的鱼类新陈代谢速率都会随深度增加而下降，并且会在水深 800 m 左右达到一个渐近值。Childress 和 Somero（1979）发现，除了新陈代谢速率的降低与深度有关外，鱿鱼、鱼类和虾体内（或肌肉组织中）参与有氧和厌氧过程的酶类水平也随着水深的增加而降低。这表明代谢速率随深度而下降的现象是真实可信的，并非源于采样过程可能引起的生物体伤害。

　　与较大体型的甲壳动物、鱼类以及鱿鱼的代谢速率相比，毛颚类（Thuesen 和 Childress，1993）、水母（Thuesen 和 Childress，1994）以及桡足类（Thuesen 等，1998）的代谢速率似乎存在本质上的不同。Childress（1995）曾就这些对比研究的重要性进行了评述。与体型较大的动物相比，毛颚类（箭虫）、水母或桡足类（图 12.19）的代谢速率或代谢酶活性不会随着水深的增加而下降。显然，对于毛颚类和水母来说，生活在海洋中层与表层并没有太多的不同，就像对于鱼类、鱿鱼和虾一样。Thuesen 和 Childress（1993）以及 Childress（1995）认为，发现猎物的不同模式导致了这两大类生物代谢速率上的差异。鱼类、鱿鱼、甲壳动物主要通过视觉发现食物。随着深度的加深，光照强度呈指数下降，它们能探测到猎物的距离也大大缩短，这样可能离猎物很近时才启动捕食反应。在深海的短跳比在表层水中的长距离冲刺及游动追逐猎物需要更少的新陈代谢。毛颚类和桡足类动物则主要通过感受振动来发现猎物，水母仅以误碰其触手的猎物为食。因此，在不同的水深，这些动物需具备同样的反应能力和新陈代谢水平。Childress（1995）认为这些机制很好地解释了为什么有视觉的动物在水深达到 800 m 后新陈代谢速率不会再继续随深度下降的现象：当自然光线减少到只偶尔出现光子的时候，视觉就不那么有用了，并且捕食反应启动距离也不再随深度的加深而缩短。另外，Ikeda 等（2007；参见第 7 章）也获得了反面的证据：对海洋中层桡足类的呼吸速率进行温度校正之后，其呼吸速率会大幅降低。如此，有关温度对代谢速率的影响这一问题的争论就不断涌现（Childress 等，2008；Ikeda，2008）。

12.4　海洋中层带动物的繁殖

　　如同浅海桡足类动物，中层水域桡足类可分为两种类型：自由产卵型（如 *Gaussia* 属和巨哲水蚤属）和携卵型（如隆剑水蚤、真胖水蚤、拟真刺水蚤及 *Valdiviella* 属）。虽然缺乏繁殖率和死亡率的具体数据，但不难想象：自由产卵型的桡足类每次会产更多的卵子，在孵化之前卵死亡率也会更高。在摄食之前，拟真刺水蚤在无节幼体时期会多次蜕皮，这可能是深海桡足类生活史的一个常见特征。一些深海毛颚类动物［如深海真虫（*Eukrohnia bathypelagica*）］会将其产下的卵（甚至初孵出的幼体）放在雌性生殖孔的"袋"囊中携带。除此之外，毛颚类似乎不会专门在深海进行繁殖。深海生活

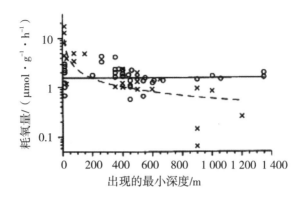

图 12.19   桡足类动物（空心圆圈及水平回归线）与大型甲壳纲动物（×表示糠虾和虾）每单位重量耗氧量的比较

所有的测定数据都在校正为 5 ℃和相等体重后再进行比较。（Thuesen 等，1998）

的箭虫属于自由产卵型；深海生活的磷虾类中，柱螯磷虾属（*Stylocheiron*）的雌性个体会一直将卵粘在胸足之间，深海磷虾属（*Bentheuphausia*）和燧磷虾属（*Thysanopoda*）则可能都属于自由产卵型。自由产卵型的卵往往会下沉，但在下沉至海底之前一般不会孵化。柱螯磷虾每次只会产下几粒或几十粒卵，这意味着它们的卵的死亡率非常低；雌性燧磷虾至少会产下上百粒卵，它们的卵和幼虫的死亡率可能较高。虾类也可以分成大量排卵的自由产卵型（如樱虾科中所有物种）和携卵型（如真虾次目中的大多数物种）。虽然母体的游动和逃生能力保护了携带的卵子，但卵子的数目依然众多。例如，身长为 7.5 cm 的四刺棘虾（*Acanthephyra quadrispinosa*）能携带 1 500 粒卵（Aizawa，1974）。不过，在整个水体深度上，浮游动物大体也可划归到这两类：繁殖力（产卵力）较低的卵保护者与高繁殖力的自由产卵者。

　　鱿鱼和章鱼均为雌雄异体，它们在深海生活的类群也不例外。它们的交配过程通常如下：雄性个体将一个包裹精子的小囊（精囊）黏附到雌性个体外套膜唇部，然后雌性通过受精囊器官对精子进行分配，使卵子受精。雌性则长出非常大的卵巢，同时也因此消耗掉许多身体组织，交配后产卵，然后死亡。刚孵化出的幼体身长只有几毫米，其外形像极了成体，但臂长相对较短。幼体通常在海洋近表层生活，随着不断成长，逐步迁移到更深的水层生活。鱿鱼生长速度往往非常快，那些夜晚从深处迁移到表层的种类尤其如此，因此它们的寿命只有一年或两年。还有些垂直迁徙更为活跃的物种，它们会沿着陆架迁徙、交配、产卵。例如：太平洋褶柔鱼（*Todarodes pacificus*）会在九州和对马海峡附近的中国东海东北角处产卵（Okutani，1983）。太平洋褶柔鱼的成年雌性个体身长约 50 cm（外套膜长 26 cm），可在足球大小的胶状子宫内产下大量的卵子。在接近海底的位置这些卵团被排出，卵粒由于十分密集而不会上浮。这种体型的雌性个体产下的卵子（直径为 0.8 mm）数目估计多达 47 万粒。输卵管中的缠卵腺会产生一种胶凝状物质，作为副产品提取后可用作冰激淋的增稠剂。孵化出的幼体被黑潮携带着穿过日本海，沿着日本东海岸一路向北，到达北海道和本州之间的津轻海峡附近，在那里觅食并生长直到成年，快成熟交配时又游回到原先的产卵场。人们通常在夜间捕捞这些柔鱼，彼时觅食区内灯火通明，从太空看就如同一座大城市，能够吸引柔鱼上钩。美国东海岸生活的短鳍鱿鱼（*Illex illecebrosus*）也具有类似的迁徙和繁殖习性（O'Dor，1983），它们在哈特拉斯角（Cape Hatteras）外陆架和南侧陆坡区域产卵，然后随着墨西哥湾流向北移动，在纽芬兰附近觅食。短鳍鱿鱼产下的卵块也会下沉。在一些无迁徙习性的海洋中层物种中，它们幼体的形态迥异。例如，手乌贼科（Chiroteuthidae）的拟幼体（doratopsis larva）泳姿非常怪异，历经一次变态后呈成体形态。还有一类鱿鱼，它们完全生活在大洋及深海中，夜晚不会迁移到海水表层，其繁殖习性还有待进一步了解。

Marshall（1979）认为海洋中层鱼类的繁殖方式非常统一，大多数（也可能是所有）物种卵子的密度都低于周围水体的密度。他认为这些鱼类在产卵前，可能会通过渗透效应利用铵离子（或一些较轻的物质）置换出卵母细胞中的盐分。卵细胞的外膜（绒毛膜）无法渗透盐分，也不含盐分。目前，还很难找到支持此假说的相关数据。大多数海洋中层鱼类的卵细胞中含有一粒小脂肪球，约为卵体积的 1/25，足以产生些许浮力。不管怎样，卵子和初孵出的幼体都易浮，因此它们常在近表层浮游生物中出现。鱼类似乎是唯一的卵子在水中上浮的游泳生物，其具有非常高的繁殖力。圆罩鱼属（*Cyclothone*）的雌性个体体长约 3 cm，它们可能是海洋中个体数量最多的脊椎动物，一次可以产 300 粒卵；中等体型的深海囊咽鱼 [宽咽鱼（*Eurypharynx pelecanoides*）成年时身长达 60 cm——体长主要是下颚和鞭状尾巴] 产卵一次后即死掉，卵子约 1.3 mm 大小，多达 33 000 粒或更多（Nielsen 等，1989）。大多数鱼卵会在上浮过程中被其他生物吃掉，只有少数能存活并孵化出来。鱼类幼体的死亡率同样也很高。当然，通过高产卵力来弥补卵和幼体较低的存活率是海洋生物中常见的一种生存策略。总的来说，初孵幼体的身体结构非常简单，呈蠕虫状，长约 1 ～ 3 mm，在腹侧通常有一个卵黄囊，能持久存在一段时间。鱼类幼体的开口饵料以微型浮游原生动物和甲壳动物的无节幼虫为主，通常在卵黄囊被完全吸收之前就开始摄食，早期幼体的摄食对许多鱼类物种的生存都非常重要。鱼类幼体的后期阶段长得确实不像鱼类，例如，黑色海蛾鱼 [奇棘鱼属（*Idiacanthus*）] 是一种深海捕食者，下巴上具有吸引猎物的触须，该鱼幼体的眼球着生在细长、可移动的柄上，柄的长度约为体长的一半。利用这样一对位置可变的眼睛来处理远处猎物的位置信息，需要具备复杂的本体感受及视觉感受能力。个体发育常需经历一次从幼体到幼鱼的变态过程，幼鱼的形态与成鱼就很相似了，在此过程中也伴随着鱼体向较深层水的迁移。

"极端环境中的生命"已经成为海洋领域中的一句流行语，也是许多研究项目获得资助的卖点之一。海洋中层和深海生境都属于极端环境，在这些环境中生存的动物具有非凡、但也说得通的生理与生态适应性。我们应该将这些动物与热液口生活的古菌一道划归为极端生物（*extremophiles*），并给予它们应有的关注。

第 13 章　深海沉积物的动物区系

海底生境被称为底栖(benthic，形容词)，生活在海洋基底表面或沉积物中的生物体被称为底栖生物(benthont，名词)，这些生物体的集合被称为底栖生物群落(benthos，名词)。这些专业术语显然都是希腊语"bathos"(βαθος)的变形，意指"深处"。底栖生境同时具有水体和陆地生境的一些特征：都(或多或少)有固态基质，就像陆地一样，但又持续浸没在海水中。因此，底栖生物的基本生理学问题与水体中的生物大致相同，但陆地生境呈现出的二维平面性质也是其特色。随着深度的增加，底栖生境可划分为一系列不同的类型：潮间带、潮下带、半深海(大陆坡深度)、深渊和超深渊(海沟)。固态地球的表面有两种主要类型：一种是高于海平面的大陆盾，多为大草原或热带雨林低地(海拔约 300 m)；另一种是深度约 4 500 m 的深海平原。深海约占世界海洋面积的 60%(图 1.6)。有些深海区域(尤其在板块扩张中心的部分)有很多岩石，多数深海海底都被沉积物所覆盖，位于高生产力的表层海水以下 2 000 ~ 5 500 m。鉴于沉积物覆盖区在面积上占大多数，对沉积物取样也十分容易，我们的介绍将聚焦在深海沉积物中的底栖生物上。潮下带的样品更易获得，将它们与半深海样品的对比，我们能获得很多洞见。因此，本章的讲解除了采用半深海的数据外，也采用了一些来自潮下带的数据。

若海水不深，海底处于真光层深度内，这样的底栖生境通常生长着海藻，如从墨西哥北部的下加利福尼亚(Baja California)至阿拉斯加都有海藻林的分布。但是，这些海藻林的分布都局限在与海岸相邻的、非常狭窄的带状区域内。深海海底的生物群依赖于上方水体供给食物。食物在沉积物表面积累，在一个薄层中聚集。虽然仅有不到 1% ~ 2% 的表层生产力可输送至深海海底，但与深海水层相比，这些资源还算是比较丰富的。

与其他宽广的生境相比，深渊区的物理条件变化不大。这里的温度较低(低于 3 ℃)，但从未低到能使盐水结冰。盐度为 33 ~ 35 PSS，大洋盆地内的盐度变化幅度更小。氧气浓度几乎接近饱和，高于 $4\,mL \cdot L^{-1}$，但在一些受到低氧水层影响的陆坡区域，溶解氧浓度可能要低很多。深渊见不到阳光，在 1 200 m 以下的水层甚至连生物发光都很微弱。水深每增加 10 m，静水压力递增约 1 个大气压，因此深渊处的海水压力为 300 ~ 600 个大气压。从生物学角度而言，这个值在任何一个区域几乎都保持不变。就目前所知，至少从威斯康星冰期(约 8 000 年前)至今，这些物理条件就一直保持不变。

在开始介绍观测结果之前，我们预测底栖生境的变化将取决于下述因素：

(1)基质类型——岩石或沉积物。不同的沉积物生境之间存在粒径的差异，可按粒径从大到小将基质划分为砾石、砂子、粉土、黏土(同时多数沉积物包含有硅藻或有孔虫"软泥"）。

（2）深度。

（3）食物的供给。

岩石为附着的动物提供了生活场所。在潜水艇和遥控潜水器（ROV）出现之前，对附着动物集群进行研究的难度是非常大的。沉积物也为内部生活的底内动物（infauna，在底质中生活或在基质中移动的动物）、底表动物（epifauna，在表面滑行或运动的动物）提供了生活空间。

鉴于多数海底覆盖着沉积物，可以使用抓斗、柱芯采样器或挖泥机非常容易地开展沉积物取样，大部分"底栖生物"研究的对象为底内动物。观察抓斗采集到的动物之前，需要清除掉动物周围的沉积物。将沉积物样置于筛网上，轻缓地将沉积物冲洗掉。那些比筛孔大的动物不会随沉积物被滤掉，因此，可通过筛孔的大小来定义不同的"生态"类群（见表 13.1）。

表 13.1　主要底栖动物类别的身体尺寸范围及实际采集中所用的筛网规格*

名　称	通常尺寸	常用筛网规格
巨型动物（Megafauna）	远大于 1 mm	任何孔径
大型动物（Macrofauna）	大于 1 mm	0.5 mm 孔径
小型动物（Meiofauna）	0.1 ～ 1 mm	先过 0.5 mm 网孔，再用 0.062 mm 网孔筛截留
微型动物（Microfauna）	小于 0.1 mm	

* 表题为译者总结。

按体型大小分类的生态类群通常包含不同分类地位的动物，而一名研究人员通常仅精通一个或几个大的生物类群（如大型动物中的片脚类动物、环节动物或蛤蜊，线虫类、哲水蚤类、有孔虫类），因此，对这些类群的研究经常由具有不同专长的人员共同合作进行。这些不同体型类别动物的生活史甚至被视为生态学中一个单独的研究领域。巨型动物（有时定义为照片或 ROV 视频中可见的生物）以及大型动物更容易研究（不需要很多的显微镜检查），因此我们对这些动物认识较多。小型动物具有重要的生态意义，因此对于它们的研究也十分活跃。与水体中的生物相比，沉积物中构成微生物群的细菌和小型原生动物的个体数量要多得多，它们占了总底栖代谢的很大一部分。

13.1　取样装置

并不是所有的研究都需要收集动物样本。从拍摄的海底照片和视频中也可获得很多有用信息。20 世纪 60 年代出现的深海摄影机和照明设施为我们清楚展示了海底情况（彩图 13.1）。将摄影机放在适当位置，每隔一段时间就拍摄照片。研究结果表明，底栖生物环境呈现一定程度的动态性：海参和海胆偶尔会从拍摄区域游过、搅动沉积物，穴居的食底泥动物在此挖洞穴和进行造丘活动。在春季藻华末期，浮游植物碎屑沉降至海底，或大型鱼类、哺乳动物的尸体下沉至海底时，沉积事件大量发生。采用定时摄影技术拍摄沉积物表面或诱饵（如固定至海床表面或其正上方的金枪鱼）的方式，获得了许多有关食物沉积过程的重要结果。在藻华消退时，会在近底层水中突然形成浑浊的植物碎屑层。通过观察并分析一连串照片（图13.1）就能知道游动动物到达诱饵处的先后顺序。

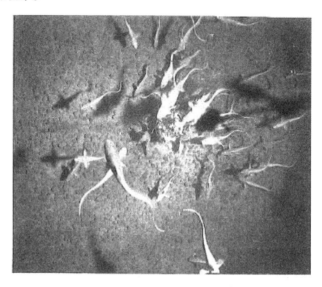

图 13.1　在西北太平洋 5 850 m 海底设置固定诱饵，吸引很多鼠尾鳕科的鱼靠近
该图来自圣地亚哥的加利福尼亚大学斯克里普斯海洋研究所档案馆。

　　早期对底栖生物进行采样使用挖泥器。一个简单的挖泥器通常是两端开口（较长的边）的平坦钢制箱体。一侧开口与拖曳栅栏连接，另一侧与收集袋相连。收集袋可以是链条网或细绳制成的网。拖曳时，挖泥器位于沉积物上方，部分箱体浸没于沉积物中，在拖动过程中对沉积物进行筛分，并保留大个体的底栖动物。如果挖泥器足够坚固，便可在岩石表面收集或刮动。挖泥器的具体设计各有不同，其中包括了沿着沉积物表面滑动、刮削并筛分表层 1 dm 左右沉积物的浅水底滑车。将挖泥器的踏脚索沿着沉积物表面或在沉积物中拖动，可对巨型动物进行采样。桁拖网（图13.2）是这种古老概念产品的现代改良版，网上有时还会装有测距轮。

　　将沉积物及底栖生物一起采集，对很多研究都会更有意义，过筛可以在甲板上完成。获得的样品可以随后用于测定沉积物特性（粒度、有机物含量与孔隙率），以便探讨其与动物群落之间的关系。有时也可使用挖泥器的改良版——Sanders"锚固"挖泥器进行采样。将挖泥器任意一侧贴近海底，拖动较短距离，直到后方连接的大型非过滤性袋或非过滤性箱（Carey 和 Hancock，1965）装满沉积物为止。如果要求对沉积物扰动较小，可以使用抓斗和柱芯采样器。在底栖生物采样期间可以使用各种抓斗（或铲斗）：索斗铲、蛤壳斗以及橘皮型抓斗。通常根据这些铲斗的重量来决定选用

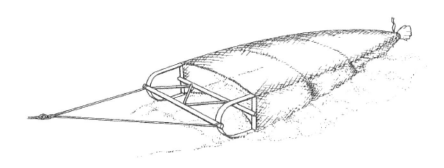

图 13.2　Agassiz 拖网

一种早期的两侧式桁拖网。（Gage 和 Tyler，1991）

何种铲斗，要确保能够控制铲斗下放到沉积物中进行挖掘。很多铲斗是专为底栖生物采样而设计的。最简单的设计（如 van Veen 抓斗）由两个开口相对的铲仓组成，分别悬挂在长杆臂的两侧。将长杆臂与开放式线缆相连，长杆臂与海底接触后将被松开，以便在线缆向上牵拉的过程中闭合铲仓，同时收集大量的沉积物。更加复杂的抓斗机械设计例子有很多，其中史密斯－麦金太尔（Smith-Mac）抓斗就是这些采样器的典型代表之一［图 13.3（a）］。将 2 种由弹簧驱动的蛤壳斗与重型框架铰接，并在使用长杆臂之前使其处于竖起状态。框架下方的止动垫在与海底相撞时会松开弹簧，并以此施力将铲仓打入沉积物中，铲仓将在 0.1 m² 表面积的半圆柱体下方闭合起来。先使用筛网遮盖封闭沉积物上方的开口，随后再覆盖橡胶刮板。在闭合过程中海水会流经刮板下方，但在收回采样时，刮板将筛网密封起来，防止海水对样品的冲刷。

　　虽然 Smith-Mac 抓斗采样器及其衍生装置（Petersen、van Veen、Okean、Campbell 等抓斗）已被广泛使用，但仍饱受诟病，因为这些装置在水中的推动力会形成压力波，进而扰动沉积物，使表层的一部分松软沉积物在被收集之前就被刮走了。此类抓斗采样器的故障率也非常高，因为如果有小石子或贝壳之类卡在铲仓闭合口边缘，将会使铲仓闭合不严密，那么在收回铲斗的过程中，有一部分沉积物就可能被冲刷掉。因此，近些年来它们已多被箱式取样器所代替［Hessler 和 Jumars，1974；图 13.3（b）］。通过几轮改进，箱式取样器已变得非常复杂，并且其中一些轻型采样器可以在小船上使用（相对于轮船使用的重型采样器而言）。箱式取样器取样尺寸为 25 cm × 25 cm 或 50 cm ×50 cm，两端为敞开的不锈钢箱，通过重力作用插入沉积物内。箱底与沉积物碰撞后，固定提环的销钉会松开，该提环同时与穿过滑轮的线缆相连。收回时，线缆牵动叶片向下旋转进入沉积物，以便封闭采样箱的弧形边缘。同时，在采样器顶部会盖上盖子，以防止箱外水流的冲刷。由于采样箱呈敞开状态，因此其产生的压力波较小。此外，可控制采样器下沉到达海底的最后一段时的速度，这样可最大限度地减小压力波。沉积物样本仅受到极小的干扰（如受到干扰的话），同时近底层的水会保留在样品的顶部上方，但在提升至甲板的过程中，途经上层海水时其温度会有一定程度的升高。Jumars（1975）等研究者就是使用箱式取样器采样并分析了深海沉积物较小范围内动物的分布模式。

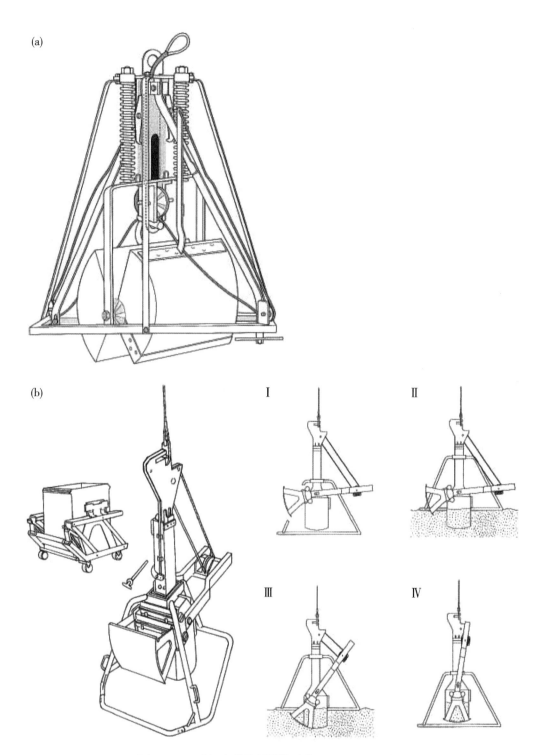

图 13.3　两种沉积物取样器的结构及工作原理示意*

（a）Smith‑Mclntyre 抓斗采样器的设计。（Smith 和 Mclntyre，1954）（b）箱式取样器，示意箱式取样器推车，使用与回收的不同阶段（Ⅰ—Ⅳ）。（Gage 和 Tyler，1991）

* 图题为译者总结。

现已开发出非常复杂的滑车取样器，用于采集表层底栖生物以及近底层海水中的浮游生物样品。例如，Macer-GIROQ 系统，该系统是一张带有一个正方形开口的网，安装在滑行装置上，当滑车在海底着陆时开口即可在沉积物正上方打开。这个系统上方是一个开口闭合的浮游生物网，此网的开口也在采集器到达海底时打开，并在向上提升时关闭。网上装有鳍板，（通常）可在下降期间保持滑车竖直。关于此系统以及其他各式各样的海底采样装置，详见 Eleftheriou 和 McIntyre（2005）。采集非常大的游动动物，须使用更大的拖网系统，栖息在极深海底且活动性非常高的动物则往往无法被捕获。

在 1950 年前后，随着载人潜水艇的出现并不断发展，进入深海底的能力、精密度和采样性能不断提高。这些潜水器可携带传感器、采样器、铲斗、沉降板、摄影机，开展有关沉积物的对比等实验。最近，上述很多搭载功能也可在船舶上通过线缆配置的遥控潜水器来完成。给这些潜水器装上推进器和摄像中继器后，操作员可在甲板上控制这些装置进入想到达的深度，以较低的成本完成载人潜水器的大多数功能，而且研究面临的危险仅限于设备。

对底栖动物的文字描述与照片并不能代替实际的观察，尤其是有机会活体观察或采样后随即对它们进行观察。如果有机会参与底栖生物采样考察，请抓住这种机会。

13.2　巨型动物——深海中最大的居民

有些特化的鱼类，尤其是投弹鱼（长尾鳕科，也称鼠尾鳕）（图 13.1）会沿着深海底面游泳并在底面上休憩。这些鱼类有时被称为"超底栖动物"（suprabenthos）集群。

长尾鳕头部较大，眼睛也较大（此类鱼在完全黑暗条件下是否能看见东西仍是未解之谜），口较宽且较深，背鳍较高。身体从头部开始向后逐渐缩小，尾鳍连续，尾部呈狭长的管状，腹鳍较长且较深，胸鳍较大，腹鳍较小。长尾鳕巡游时速度较慢，通过嗅觉来搜寻鱼尸（见前文），常是较早赶到鱼尸处的深海底栖物种之一。其他鱼类，如狮子鱼（狮子鱼科），生活方式与长尾鳕略有相似，在沉积物中捕获食物。一些深海章鱼在紧靠海底上方区域游动。尤其是在陆架和上陆坡深渊区域，底表动物或超底栖动物也包含螃蟹和虾。在底部休憩和摄食的虾经常向上游泳至水体中。

通过拖网可以捕获所有深度的底栖动物，包括螃蟹、东方扁虾以及虾，但在深海捕获的巨型动物以棘皮动物为主[图 13.4、图 13.5（d）]，包括海蛇尾（蛇尾亚纲，其个体数量在巨型动物中的占比多达三分之二）、海星[海星纲（Asteroidea）]、海参[海参纲（Holothuroidea）]、海胆[海胆纲（Echinoidea）]，在一些地方还包括有柄海百合（通常附着在岩石上）与自由生长的海百合，以及毛头星（海百合纲）。当海蛇尾被掠食者抓住时，海蛇尾可自行断腕，由此得名（注：brittlestar，brittle 有"易碎"之意）。此类动物有 2 个钙化程度很高的部位：中心盘的表面（中心盘腹侧即为口部），以及 5 个腕肢上的硬质链状结构。管足之间有一定的间距，确保腕可以大幅弯曲，使其十分灵活。海星也可以弯曲，但体盘弯曲较缓慢、僵硬。海胆内部器官都被包裹在钙化程度很高的硬质表皮或外壳内，仅一些表面棘以及腹侧管足可以活动。正如其名所暗示的（注：sea cucumber，海黄瓜），很多海参呈管状，但有些海参体盘存在悬垂的肉刺，其"腿"也能伸得很长。据记载，海参类物种多达 20 余种，主要包括 4 个科（Sars，1867；Miller 和 Pawson，1990），它们是常见的游泳动物。这种能力在很多类群中都有，是不断重复进化的结果。所有棘皮动物都利用数百根管足（一些类群管足末端长有吸盘）施力，在海底上游动，动力来自内部液压。一些海蛇尾也可通过抬高腕足的方式向前移动。

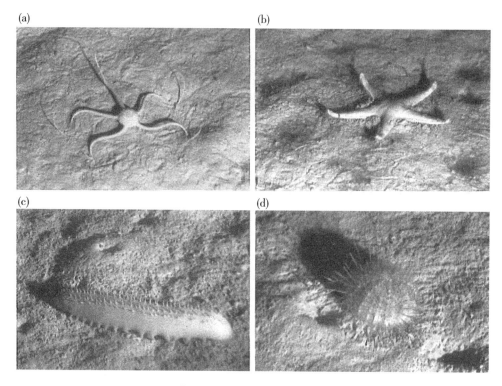

图 13.4　典型底表生活的棘皮动物原位拍摄照片

（a）海蛇尾或海蛇尾纲；（b）海星或小游星；（c）海参或海参类动物；（d）海胆或海胆纲动物。所有原始图片由 A. L. Rice 拍摄，由英国国家海洋学中心提供，首次在 Gage 和 Tyler（1991）中发表。

　　棘皮动物有着非常不同的食性和摄食模式。海蛇尾在底部活动，因此它们会挑选碎屑，摄取沉积物，过滤沉积物表层上方的颗粒，甚至会朝鱼尸移动。海星摄取沉积物，捕食蛤蚌和其他移动较慢的动物，其中一个类群——磁海星科（Porcellanasteridae），会滤食进入沉积物内部管穴的海水。多数海胆都是底泥摄食者（即在沉积物上方移动时，摄取沉积物）。海胆移动至碎屑堆或碎屑块中，随后快速食用这些碎屑。一些海胆已进化出两侧对称的体式，它们栖居在地洞中，通过棘刺运动来泵送海水并滤食。海参穿行于沉积物中进行摄食，同时在身后留下运动痕迹和排出粪团，这些粪团包含黏性添加物和已部分消化的有机物。海百合则利用特化的管足滤食水流中的颗粒，将捕获物包上黏液，沿着腕足送入口中。

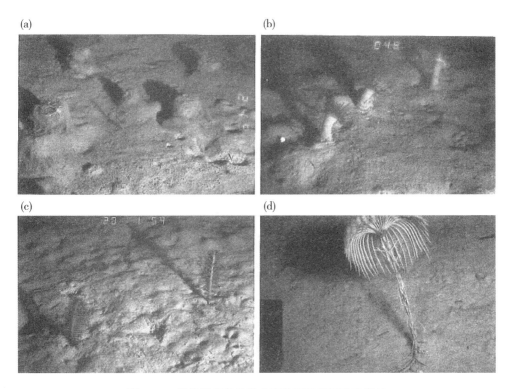

图 13.5　原位拍摄的几类典型的巨型底栖动物照片

（a）在硅质海绵中爬行的一种螃蟹（铠甲虾科），（b）穴居的海葵，（c）海鳃，（d）有柄海百合。
（a）、（b）和（c）原始图片由 A．L．Rice 拍摄，由英国国家海洋学中心提供，（d）由俄勒冈州海洋
生物研究所的 Craig Young 提供。所有图片首次在 Gage 和 Tyler（1991）中发布；经剑桥大学出版社
许可。

　　隶属于环节动物门（Annelida）的多毛类包括一些体型非常大的类群，也可归属于
巨型动物，其中多数深海物种隶属于多鳞虫科（Polynoidae）。其他的巨型动物还包括
2 个动物门：半索动物门［Hemichordata，含肠鳃纲（Enteropneusta）］以及螠虫门
（Echiuroidea）。这些动物居住在底表上方或沉积物内，使用特化的头部结构从海底表
面挑选颗粒物。一些半索动物的运动呈摆动式，留下特有的粪便痕迹。螠虫动物栖息
在地洞中，它们的星状长吻在沉积物中穿行，这些痕迹（称为舔痕）的直径最大可达
1 m，并将排泄物排至地洞底部。定时摄影拍摄的照片表明，这种舔痕仅在一段时间
内存在，随后消失不见，表明此类动物可频繁地迁移至新的位置。在一些水流持续时
间较长的地方，固着栖息着许多巨型动物，包括海绵、海葵、海鳃、海百合（图
13.5），以及柳珊瑚或海鸡冠。在较深海域发现的海绵多数利用硅质骨针进行支撑。
它们的形状变化多端，从扁平的皮壳形至花瓶形状。它们内部孔道壁上带纤毛的细胞
产生水流，过滤摄食；水流中的颗粒会黏附在这些细胞的领状结构上。海鳃是刺胞动
物，它们的球根状基部埋在沉积物中，支撑着厚厚的扇叶状水螅体，这些水螅体延展
至水流中，摄取触碰到的颗粒和浮游生物。海鸡冠的基部固定在岩石上，有机质骨骼

呈分支状向四周延展，其摄食方式与海鳃相同。深海区域也有石珊瑚，其杯状方解石基部直径可达数厘米，部分埋入沉积物中。海鞘（尾索动物门）在潮池中也是十分常见的，在深海中也有一些较为类似的生物，如通过黏液进行滤食的有柄囊袋海鞘。然而，一些深海海鞘成了掠食者（Havenhand 等，2006）（图 13.6），它们的进水孔已经进化为陷阱，吸引水中的猎物，随后将猎物夹住并猛咬。

图 13.6　附着在蒙特雷峡谷壁的捕食性有柄海鞘（*Megalodicopia hians*、尾索动物、被囊类）
照片由 Dave Wrobel 拍摄，ⓒ1995 年，蒙特雷湾水族馆研究所。

13.3　大型动物——选择性摄食者

深海大型动物的组成见表 13.2。多毛类是大型动物中的重要成员，这类动物具有环节，体两侧分布有棘刺，通常沿着两侧长有附肢（疣足）。在海洋大型底栖动物中，无论在个体丰度还是在生物量上，多毛类动物通常都占据一半以上。多毛类动物分为约 80 个科，它们的生活方式（尤其是摄食模式）非常多变。最简单的多毛类与常见的寡毛纲动物——蚯蚓非常相似。它们与蚯蚓身体构造不同的地方主要集中在头部，多毛类的头部由位于口前方的锥形口前叶，以及位于口后的无刚毛围口节组成；围口节通常有眼点，甚至有可成像的眼睛，以及各式各样的触须或触手，通过多种方式协助摄食。在一些类群（如丝鳃虫）中，触手向外伸出，将沉积物或食物收集至口中；在另一些类群（如龙介虫）中，触手的形状和羽毛相似，形成较大的过滤扇。很多科（如吻沙蚕）个体的前食道可外翻以抓取食物，随后收缩并将其摄入。这些长吻可以长有坚固而内弯的刺毛以便进行捕食，也可被黏液覆盖以黏附有机颗粒。在浅海底部的多毛类动物的体型变化很大，一些种类较小，最大的种类身体直径可超过 1 cm，长度可超过几分米。但是，随着深度的增加，基本上所有科的体型都有所减小。

表 13.2　深海软基底群落大型动物群成员的数量百分比

分类	西北大西洋*		北太平洋中部**
	小于 4 000 m	大于 4 000 m	5 600 m
多孔动物门	小于 0.1	0.2	1.1
腔肠动物门	0.5	0.5	1.4
多毛纲	70.4	55.6	54.4
寡毛纲	0.7	—	2.1
星虫动物门	5.8	4.6	0.4
螠虫动物门	远小于 0.1	—	0.4
鳃曳动物门/纽形动物门/须腕动物门	0.9	—	—
异足目	1.6	19.3	18.1
等足目	1.0	12.2	5.9
端足目	4.1	1.5	—
涟虫目/其他节肢动物门	0.1	0.2	—
无板纲	0.6	0.3	1.1
双壳纲	13.0	4.3	7.0
腹足纲	0.3	0.6	0，4
掘足纲	0.5	0.2	2.4
蛇尾亚纲	0.3	0.8	0.7
海胆纲	0.1	0.2	—
海百合纲/海星纲/海参纲	0.3	—	0.4
外肛动物门	大于 0.4		2.1
鳃足亚纲	—		0.7
海鞘纲	远小于 0.1	—	1.1

*西北大西洋数据源于盖伊角－百慕大群岛断面的锚式拖网样本（Sanders 等，1965）。小于 4 000 m 的一列为 10 个站点数值的平均，深度在 200～2 870 m。深度在 4 436～5 001 m 的 7 个站点的数值用于第二列的计算。

**北太平洋中部数据是使用 10 个 0.25 m² 采样器所获得数值的平均值，这些数值都是在坐标为 28°30′N，155°20′W 的位置获得，深度范围为 5 497～5 825 m。（Hessler，1972）

　　Jumars（1975）研究了太平洋中部深海区域的大量箱式采样样品。多毛类动物数量和生物量约占动物群的一半是底栖动物群落的一个典型特征。四个最丰富的物种占所有个体数量的一半，它们分别是：*Chaetozone* sp.（18.5%）、*Capitella* sp.（15.8%）、*Flabelligella* sp.（11.4%）以及 *Tharyx* sp.（6%）。第一种和第四种都属于丝鳃虫科［图

13.7(a)]，丝鳃虫是生活在浅水沉积物中的食底泥动物，它们可能会利用围口节上的触手在摄食前对沉积物进行分选或探查沉积物的丰度。深海生活的 *Chaetozone* 和 *Tharyx* 的消化道中装满了沉积物。*Capitella* 隶属于小头虫科[图13.7(b)]，是在所有深度都能观察到的属；它们也是食底泥动物，形状较为简单，与蚯蚓类似，但是它们的吻部具有黏性、可翻转，能在筛选更好的食物颗粒时发挥一定的作用。*Flabelligella* 属不常出现在浅水域，其特征研究得并不透彻；该属深海种类的后肠中有球状泥团，它们很可能也是食底泥动物。丰度排名第五和第六的物种分别属于异毛虫科（Paraonidae）和海稚虫科（Spionidae），也是食底泥动物，但这两种类群对食物的选择性可能比其他类群的生物更加挑剔。因此，它们主要的生存方式是直接摄入沉积物，有时会挑选或拒绝某些特定的颗粒类型。

双栉虫科（Ampharetidae）、蛰龙介科（Terebellidae）、龙介虫科（Serpulidae）等多毛类为管居性动物，它们的平均数量较少，但在有些地方数量很多[图13.7(c)]。居管由腺体在体表形成，具有多种不同的形式。在双栉虫中，管的后端垂直掩埋在沉积物内，前端顶部向下倾斜穿过沉积物。虫体长有触手，从管的开口处伸出，在周围的沉积物表面进行搜索，筛选颗粒并将其送入口中。蛰龙介虫的居管则几乎完全掩埋在沉积物内，但虫体有一部分露出，使用其触手在周围的沉积物表面进行搜索。缨鳃虫对沉积物表面水流中的颗粒进行滤食，一些其他科的动物也是如此。这种类型的动物几乎都仅栖息在浅海中。掠食性的多毛类动物通常使用多刺、可翻转的长吻袭击猎物，并将猎物整个吞食。吻沙蚕科[Glyceridae，图13.7(d)]在深海中以此方式进行摄食，可能是该摄食方式最具代表性的一个科。

环节动物中的须腕动物（Pogonophora）看起来与众不同，它们体内没有任何消化道。由于巨型管虫及其相近种倍受关注（一类色彩斑斓，栖息在富含硫化物的深海热液喷口区域的大型蠕虫），须腕动物也受到了广泛的关注。在其他所有水深的沉积物中，尤其是在有机物丰富的区域，也发现了一定数量、体型更小的须腕动物。这些动物身体保持竖立状态，体下端从沉积物的还原层中吸收硫化物，提供给营养器官中的共生细菌进行化能合成。触手在沉积物表层上方摄取氧气，用于氧化硫化物，驱动化能合成。DNA 序列研究表明，须腕动物与其他环节动物之间亲缘关系密切，从外表上看，它们在很多方面与多毛类中的缨鳃虫科十分相似。其最早被认定为一个门级阶元，后被"降级"为科——西伯加虫科（Siboglinidae）。

虽然多毛类在所有水深的沉积物中都占有主导地位，但随着取样从陆架逐渐下延至深渊，多毛类的外形特征也发生了明显的变化。较浅区中的多毛类体型较大，生态功能变化多端，且更加色彩斑斓。Hartman 和 Fauchald（1971）清晰地描述了其形态特征随深度变化的趋势："与浅海多毛类相比，深渊中的多毛类最明显的一个特征是……体型普遍较小，且成熟时体节数量较少。它们身体趋向于线形、无花纹，疣足退化为小的乳头状凸起，几乎没有片状发育，并且通常长有光滑细长的刚毛，刚毛在极少数情况下呈粗锯齿状，或沿着长轴方向长有刺凸。它们缺乏浅海物种那样独有的辨识度。多数物种为哑色（如果有颜色的话），或其身体为半透明至暗黑色或黑色，

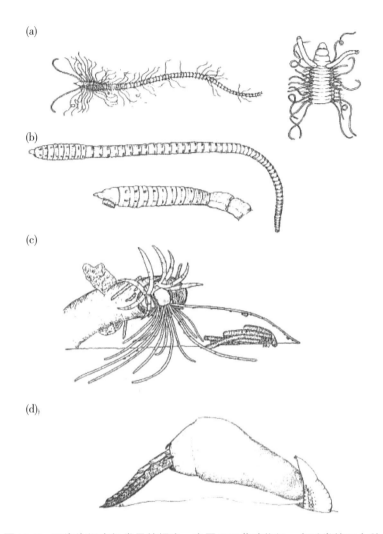

图 13.7　深海海泥中极常见的蠕虫，隶属于环节动物门、多毛类的四个科

（a）丝鳃虫科（Cirratulidae），（b）小头虫科（Capitellidae），小头虫属 *Capitella*，（c）双栉虫科（Ampharetidae），（d）吻沙蚕科（Glyceridae）。（a）和（b）来自 Day，1967；（c）和（d）来自 Fauchald 和 Jumars，1979。

无花纹。体表或上皮的衍生物很少……头部无眼、眼退化或在外观上变化很大；口前叶上通常长有很小的黑色素斑点。"（省略号表示类似这样的描述还有好几页的篇幅，主要强调深渊多毛类的个体较小、结构简化）。

　　节肢动物门中的甲壳纲动物是深海沉积物中丰度排名第二的动物群，多数为囊虾类（pericaridean），它们用育卵袋孵化卵及养育幼体，具有固定的无柄眼（与有柄眼相对）。此类动物包含片脚类、等足类、异足虫类以及涟虫类。卵袋由雌性个体胸足上（被称为抱卵板）的板状结构构成。片脚类动物是淡水、盐沼、陆架和上陆坡沉积物中占主导地位的底栖甲壳动物。它们的身体通常呈横向扁平，拱起［图 13.8（a）］。在下陆坡，它们逐渐被等足类和异足虫类取代（图 13.9）。辨识片脚类动物和等足类动物之间的差异需要非常专业的知识，但这些类群在深度梯度上确实呈现出空间分布上的差异。栖息在浅水区的等足类动物背腹扁平，形状简单（和常见的陆生类群外形相似，如潮虫或球潮虫），但在深海区，其形状变得十分多样［图13.8(b)］。在泥中生活的类群布满花纹和装饰的外形令人称奇，目前尚不清楚这种形态复杂性的意义，但毋庸置疑，这种趋势与 Hartman 和 Fauchald 所述的多毛动物截然相反。异足虫［图13.8(c)］体型较长，与蠕虫相似，但它们在首个胸肢上生有明显的螯足。这种雌雄异型特征常导致雄性和雌性个体被分别命名为不同的物种。异足虫的个体数量占了深海甲壳动物的60％，剩余的则是等足类和极少的片脚类。

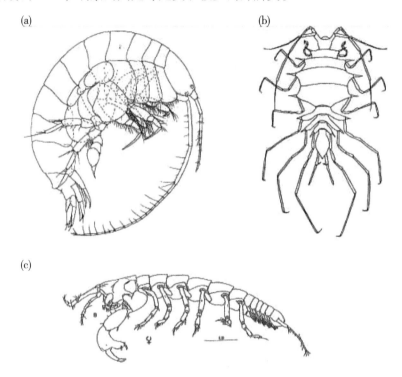

图13.8　底栖甲壳动物的主要类群，均为囊虾类

（a）一个体长6.0 mm 的片脚类动物，钩虾亚目中的双眼钩虾属（Myers，1985）。（b）深海等足类动物中的 Dendrotionidae（Hessler 等，1979）。（c）异足虫，*Neotanais*（Gardiner，1975）。

　　丰度排名第三，或者有时排名第二的动物是斧足纲（Pelecypoda）或双壳类软体动物（蛤）。在浅水区，占主导地位的蛤是真瓣鳃类，它们长有多重分瓣的鳃，鳃在身体中占有很大的比例，用于过滤沉积物上覆水中的颗粒。在更深的区域，真瓣鳃类逐渐被原鳃类（图13.9）取代。原鳃类的鳃较小，结构更简单，且不用于摄食活动。原鳃类是食底泥动物，使用唇须对沉积物进行分选并摄取其中合适的部分。在所有深度区的沉积物内部和表面都可发现腹足纲（螺类）和掘足纲（掘足类）动物。一些腹足类食用沉积物，另一些（尤其双壳类）则是掠食者。在某些区域，掘足类可能是深海动物群重要的组成部分。它们的软组织由稍扁平的钙质管状结构保护着，较宽的一端向下埋入沉积物内。头部和强健的掘足从较低的一端向外延伸。足部的运动使其壳体和身体在沉积物中穿行。头部长有一簇头丝——端部为黏性触觉感受器的丝状触须。足部施力在沉积物中制造空腔，头丝沿着空腔表面及空腔内搜索合适的食物，随后食物沿着触须被纤毛带送入口中（Gainey，1972）。有孔虫类在它们的食物中占了很大比例（Bilyard，1974）。无板纲（Aplacophora）——软体动物中的一个原始类群，与多板类和腹足类亲缘关系较近，在深渊中有少量发现。

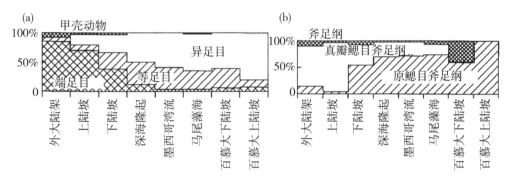

图 13.9　（a）甲壳纲动物以及（b）斧足纲动物主要类群的组成
底栖生物样品采自西北大西洋沿盖伊角至百慕大群岛断面内由浅到深的站点。（Sanders 等，1965）

一些蠕虫类群在深海沉积物中有非常高的丰度。星虫（星虫动物门，Spunculida）看起来与花生壳相似，被形象地称为"花生蠕虫"。此类动物的身体是一个长的囊状结构，口部位于相对较窄的前端，且在口部周围长有一簇触须。在一些类群中，这些触须用于气体交换，在另一些类群中，则被用于主动摄食。此类动物多为非选择性摄食的食底泥动物。

13.4　微型与小型动物

与上方水体相比，海洋沉积物富含细菌（小于 2 μm）——微型生物群（microfauna），以及由原生动物和个体较小的后生动物构成的复杂集群——小型动物（meiofauna）。细菌附着在黏土、淤泥和砂粒的光滑表面，并在矿石裂缝和裂纹中迅速繁殖，它们在间隙水中十分丰富。在沉积物表面的有氧层中，细菌对有机质进行有氧代谢，这对于惰性有机物的分解尤为重要。细菌消耗了沉积物中的绝大部分氧气。在沉积柱中较深的缺氧层，这些细菌的数量仍然很高，缺氧层中的细菌从硝酸盐以及硫酸盐（从数量角度而言后者更为重要）中分离出氧，继续氧化有机物。生成的硫化物使沉积物以及入海口淤泥发出特有的臭鸡蛋气味。在更深的海域，细菌丰度仍然比较高，虽然它们的"生物地球化学"活性可能并不强。在所有的细菌中，代谢活跃的那些个体所占的比例仍有待进一步确定；一些实际已经死亡的细菌可能也会出现在细胞核染色后的表面荧光计数中。很久之前已确定，很多深海沉积物中的细菌是专性嗜寒微生物和嗜压微生物，需要深渊内的低温（低于 3℃）以及静水压力条件才能完成生理功能。这类微生物经抓斗或取样器采集至海洋表面，再送入实验室再次增压后（模拟深渊压力），有一小部分类群能够复苏并生长（缓慢），可在实验条件下培养。

小型动物以细菌、微粒碎屑及其他小型动物为食，还可能摄食 DOM。我们通常采用下述方式研究小型动物：将沉积物样本悬浮在大量的海水中，在显微镜下用吸液管对它们进行分选。种类鉴定也需要在显微镜下完成。Giere（2009）给出了研究这类生物的形态、生物学和生态学性质的实验方法指南。在此我们仅简要提及这部分内容。动物的 20 个门在小型动物中都有发现。现已发现的颚胃动物门、动吻动物门、铠甲动物门、腹毛动物门和缓步动物门都仅为小型动物（海洋），它们中的一些类群也在淡水中出现，缓步动物门甚至在潮湿的生境（如苔藓）以及海洋沉积物中出现。其余部分是人们通常认为的较大型动物的少数几个代表类群，如腹足动物和海参类动物。除了大型动物幼体以及铠甲动物门以外，后生动物通常通过减少细胞总数的方式来达到较小体型的目的，而非通过减少细胞体积的方式。不到 1 000 个细胞就能构成非常复杂且具有功能性的解剖结构。相反，铠甲动物门的个体含有超过 10 000 个细胞，但卵形的身体仅 0.5 mm 长。通常，后生动物器官的数量减少（例如，生殖腺从 2 个减少至 1 个）的同时，器官的相对大小也会有所减少。即将产卵的雌性个体中的卵细胞数目很少，Giere 记录的一般为 1 ~ 4 个。较低的产卵力通过下述方式得以部分补偿：一是使幼虫期更多地在沉积物中度过，因为幼虫期行浮游生活会面临更大的风险；二是迅速发育，以尽早形成完整、成熟的防御模式（脊柱、运动型、分泌物……）。在浮游动物中，很多类群是雌雄同体的——个体并未丧失两性的生殖功能，但仍进行异体受精。交配过程中，精子转移最为常见，但也存在其他交配方式，包括将精囊排出体外，以供准备好行使雌性功能的同类配偶找到。找寻配偶以及精子转移的过程可能涉及化学信号传递，但目前对这方面细节的了解还非常少。

与生活在其他生境中的同类相比，很多（但并非所有）栖息在砂（主要局限于潮下带和陆坡区域）中的小型动物的体型都薄而长。这种体型形态非常适合在沉积物间隙内扭动穿行或是暂住（有可能），一些小型动物的尾部长而瘦，可能也发挥了同样的作用（图 13.10）。一些类群长有黏着垫或分泌出黏性表面分泌物，这些结构可以附着在沉积物颗粒上，增加其有效质量，从而提高其在砂砾筛动时稳固自身的能力。一些类群表皮长有针状结构或硬质的内部结构，可提高抗磨蚀性，或者增强穿透沉积物的能力。在较软的泥沙和黏土中，小型动物的身体多数不会达到夸张的长度，但其体壁内的各种硬质结构仍然非常明显（图 13.11）。在沉积物中穿行的机制可能主要为纤毛在砂子中运动，以及通过压缩、伸展回复向前移动这样的运动方式在泥中前进。小型动物类群按丰度的粗略排序（虽然随着沉积物类型、水深和食物供给状况的不同会发生大幅变化）通常为：有孔虫类、线虫（以及一些其他蠕虫动物门，如腹毛类）、桡足类（以及一些其他的小型甲壳纲动物）、扁形虫（扁形动物）以及小型环节动物（如 Protodrillus）。这些类群中存在大量的趋同进化，因此需要非常丰富的专业知识才能对它们进行形态鉴定，例如，将微小环节动物与外形相似的伪分节线虫及细长的桡足类动物区分开。

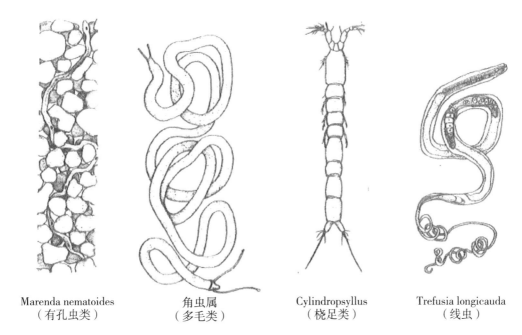

| Marenda nematoides
（有孔虫类） | 角虫属
（多毛类） | Cylindropsyllus
（桡足类） | Trefusia longicauda
（线虫） |

图 13.10　砂砾中生活的小型动物

该图显示了其细长的体型，所有图片比例尺相同（见左图中的砂粒）。从左至右分别为有孔虫类、多毛类、桡足类（猛水蚤）、线虫。这只线虫的尾巴很长，且非常纤细，此特征在很多砂砾生活的小型底栖动物类群中很常见。（Giere，2009）

　　有孔虫是变形虫样的原生生物，通过延伸细胞质丝（伪足）的方式进行移动和摄食。它们的重要性随着深度的增加逐渐增大，在 2 000m 水深以下达到底栖生物生物量的 30%（Shirayama 和 Horikoshi，1989）。多数底栖有孔虫有方解石、蛋白质壳体，或在其胞核周围黏附有沉积物颗粒。它们的壳体在古生态学的重建研究中十分有用，以微体化石的形式在岩芯和地质运动抬升的沉积物中大量出现。将这些深海底栖种类的壳体与一同保留的浮游种类的壳体进行对比是非常有用的，为研究过去海水的构成提供了矿物指标（如 Cd 与 Ca 的浓度之比可作为壳体沉积中磷酸盐浓度的近似估量值；Boyle，1988）。随着有孔虫系统分类学的发展，目前已描述过 34 000 多种现存的底栖有孔虫物种，除此之外还有很多已经灭绝的物种。有孔虫利用伪足网穿过沉积物，摄食细菌、异养底栖硅藻（实际也称为"小型动物"）、碎屑颗粒以及其他小型动物。在沉积物中还有许多变形虫、纤毛虫，它们被划分到小型或微型底栖动物中。至少有一种有孔虫属——深管虫属（*Bathysiphon*）的体型尺寸达到了大型动物分组的界限范围。其细胞具有管状壳体，壳体上黏附有矿物颗粒聚合物，包含海绵的骨针，管壳达 11 cm 长，直径达 2.3 mm（内腔直径 1.2 mm）。其约有 1 cm 埋入沉积物中，剩余部分保持竖直。它们可呈管状网络在沉积物中延伸 1 m 或更长。在扰动极少的陆坡中段区域丰度较高。细胞质中多有硅藻细胞以及各种有机物（Gooday 等，1992）。与有孔虫亲缘关系较近（基于 DNA 序列，Pawlowski 等，2003）的 Xenophyo-

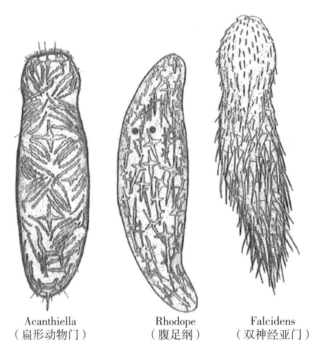

Acanthiella　　　　　　Rhodope　　　　　　Falcidens
（扁形动物门）　　　　（腹足纲）　　　　（双神经亚门）

图 13.11　松软沉积物中生活的三种小型动物示例

均利用骨针对表皮进行增强，从左至右为：扁形虫、腹足纲以及外形奇特的软体动物。最后一种是尾腔纲的示例，根据基因相似性，该类群与头足纲有一定的亲缘关系。（Giere，2009）

phorea 种类甚至能够长得更大——它们是表面覆盖颗粒的多核细胞。一些是在沉积物表面延展、相互纠缠的管状结构（表面覆盖矿物质），厚度仅几毫米，尺寸可达餐盘大小；另一些是稍小的、外观呈球形的一团管状结构。一些后生动物通常生活在管网内部或下方，与这类大型"原生生物"密切关联（Buhl-Mortensen，2010）。

　　线虫的个体与种类数量都非常多。例如，Lampadariou 和 Tselepides（2006）在爱琴海北部一组相邻的站点中就发现了 104 个线虫的属（很多属还包含许多物种）。这些小型蠕虫几乎在地球上所有生境中都有分布，营自由生活或寄生生活。线虫通过蠕动的方式移动，并利用口腔复合体进行摄食，口腔复合体随食性的不同而结构各异。掠食性的类群可能长有交合刺、食道球或环状小齿。很多口部结构更简单的类群可以整块地摄入沉积物，消化其中的细菌、硅藻、碎屑，同时吸收溶解的有机物。实验表明，此类动物依靠嗅觉指引朝喜好的食物移动（Moen 等，1999）。小型底栖桡足类动物多数属于猛水蚤目（Harpacticoida），其体型大小约为成年桡足类体型大小的下限值（0.5 mm）。它们通过足部的挖掘以及身体的弯曲在沉积物中前行。扁形动物（"扁形虫"，通常称为涡虫）的丰度非常高，同时也是小型动物中多样性很高的一个类群，尤其是无肠目，这种动物具有较小的口部，连接至实心圆柱状的消化组织，而非敞开的消化道。体型较小的无肠目扁形动物呈蠕虫状，而体型较大的无肠目动物则更加扁平，它们主要通过纤毛的运动在沉积物中穿行。

小型动物的分类学非常复杂，这一点几乎与刺细胞动物至脊索动物的所有门级动物一样。沉积物（或至少是非常严密受限的空间）是至少五个上文所列"较小"的动物门的唯一栖息地。如需了解更多有关小型生物的信息，请参考 Giere（2009）。

13.5　深度梯度与表层生产力

13.5.1　沉积物中的深度

在大陆坡和更深的海底，沉积物中的小型动物和大型动物的分布位置都非常接近沉积物的表面。大型动物对沉积物的搅动至多可达 10～15 cm 深，更深处的沉积物环境具有强烈的还原性，这是它们在那生活的主要障碍。体型更大的一些动物则不受此条件限制，因为它们可以挖掘洞穴，随后被灌满海水，在洞穴壁周厚达 1 cm 的沉积物是氧化层。大部分小型动物的分布位置离沉积物表面更近、约 4 cm 的范围内（Snider 等，1984），但在更深一些的沉积层中，硫化物浓度非常高，总体丰度较高的那些类群个体在这样的沉积物深度也会出现（但数量已大幅减少）。对于每个生物类群来说，其种、属的组成在氧化－还原界面都存在大幅度的变化。沉积物更深处的群落以线虫为主，被称作"嗜硫生物"（当然包含厌氧细菌）。对该环境下生存所必需的生理适应研究正在开展中，但生物个体较小给此类研究带来许多困难。

13.5.2　丰度随水体深度的变化

Rex 和 Etter（2010）统计了动物个体数量和生物量随着深度变化的趋势。他们利用偏回归分析，对文献资料中大量数据进行了标准化，使收集器、筛网开口和纬度等数据分布在统一的标准范围内。他们给出了许多区域之间的对比图，在此我们只展示北大西洋东侧和西侧的对比结果（图 13.12）：从统计角度而言，两者难以区别。毫无疑问，标准化过程也会使样点偏离实际数据。但是，从大陆架、大陆坡，再到深渊的整个深度变化梯度上，任意一个断面内的样品都表现出了随深度增加而变化的良好趋势。这与苏联时期的研究结果显示了相似的趋势（图 13.13）：大量巡航调查工作表明（这些结果多数来自"okean"抓斗获得的样本），生物量与深度存在明确的关系（Rowe，1983）。

在近岸、浅滩区域底栖生物的丰度与生物量都较高；丰度与生物量沿着由近海至远海、再到深海的方向逐渐降低。其原因在于：陆地径流向近海输送了丰富的营养盐，陆地也促使了上升流的形成，两者都增加了表层的生产力，同时由于位置较浅，沉降的有机物在达到底部之前，被摄食、代谢导致的耗损较少。由于超深渊海沟的分布位置几乎都靠近岛弧和大陆，在海沟区这种下降的趋势变得平缓，在深渊－超深渊边界区（深约 5 000 m）甚至还出现反向上升的趋势（图 13.13）。沉水的有机物（海沟底部照片中出现的椰子）为该区域补充了食物来源。沉积物也会经常性地发生塌方，形成浊流，将含碳量较高的浅海沉积物向下输送至海沟中。

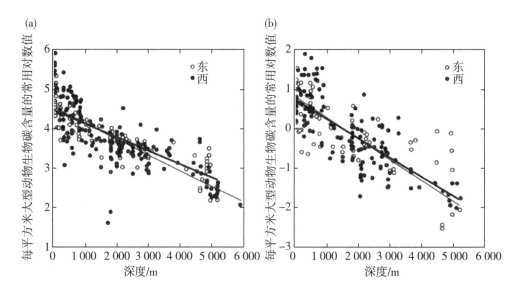

图 13. 12　北大西洋东侧和西侧沉积物样品中大型动物的(a)丰度及(b)生物量与水体深度的半对数关系

两条回归线(较粗的回归线为东部样品)之间没有显著的差异。(Rex 和 Etter，2010)

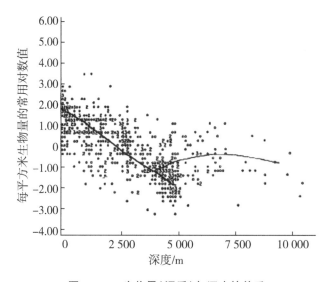

图 13. 13　生物量(湿重)与深度的关系

数据源于苏联时期海洋学研究。趋势线由作者徒手绘制。(Rowe，1983)

　　从近岸到大洋，生产力一路持续降低，在有机物沉降至海底的过程中，有机物的消耗随着深度的增加也逐渐增加。通过回归分析对现有数据的拟合(图 13. 12)表明，从 0 ～ 5 000 m，个体数量减少了 50 倍，而生物量则减少了约 224 倍。在其数学表达中，个体数量及生物量以指数形式减少，指数分别为 − 0. 8/1 000 m 和 −1. 1/1 000 m。两者之间的差异可由生物体型的变小来解释。以多毛类为例，深海多毛类的体型要小于在大陆坡和大陆架生活的相关物种。详细研究整体趋势线周围的离差时会发现：在某些特定区域，局域性的环境条件变化也可导致当地较高或较低的丰度或生物量。当然，有机物的供应量仍是最重要的因素，但沉积物类型、洋流及温度对丰度与生物量也有一定程度的影响。例如，北卡罗来纳州哈特拉斯角不同体型级别动物群的总量都显著地高于北大西洋典型中陆坡(200～800 m)处的平均值。Aller 等(2002)有这样的描述："大陆架和大陆坡地形的相互作用，以及南大西洋中湾、大西洋中湾、大陆坡底部(水流)和北卡罗来纳州哈特拉斯角附近墨西哥湾流水域相互作用的环流模式，显著地提高了初级生产力，使哈特拉斯区域很可能向邻近大陆坡输送了大量的、现代的碳。"也有一些特殊情况，例如秘鲁沿岸海区，与海岸非常靠近的缺氧区几乎没有大型动物存在，但在距离海岸更远的区域，有定量的氧气供应，富营养的上升流带来食物的供给，大型动物的生物量可达高峰。Rex 和 Etter 将数据相对于纬度来进行标准化，消除了区域间差异，发现高纬度海域(除北冰洋外)底栖生物的总量往往大于热带海域。这种现象在一定程度上是因为高纬度海域的初级生产力不如热带海域稳定，有明显的季节性变化(藻华)，因此，其中的底栖群落无法像热带底栖群落一样高效地对生产力变化做出响应。

虽然上文只介绍了大型动物随深度的减少，但实际上所有其他类别也有着同样的深度梯度分布规律，深度每增加 1 m，巨型动物的减少速度逐渐增加，而小型动物和细菌的减少速度逐渐变小。

13.5.3　深海物种的多样性

物种多样性——动物物种的数量，不会随着深度的增加而大幅度地减少，这给底栖生物学家、分类学家提供了无穷无尽的研究素材。多数对比研究表明，深渊海床上动物的多样性与浅水水域相似。生态学家认为，物种多样性包含两个方面：①如果一个生物集群(即从挖出的淤泥中筛分出的所有大型动物)的物种总数 S 更大，那么该集群多样性就更高；②如果个体在不同物种之间的分布更加平均，那么该集群也被认为具有较高的多样性。换言之，设想我们随机地从集群中选择个体，将鉴定出的物种添加到物种列表中，如果列表中物种的数目朝 S 靠近越快，那么该集群就更加多样化。多样性的这一属性被称为均匀度(equitability)。其重要性在于，一种动物，比方说捕食者，在穿过均匀度较低的群落时通常会反复遇见相同的少数几个物种，这样可能只需要重复少数的几招就能捕到足够的食物。这类捕食者因此可以只捕食一种或少数几种猎物。与此相反，当掠食者穿过高均匀度的群落时，很少会接连遇见相同类型的猎物，于是这类捕食者就可能需要更多不同的捕食技能。在一定程度上，多样性的这两方面属性是相互关联的，因为如果 S 较大，那么在采样过程中每个物种至少会出现一些个体，由此会增加一定的均匀度，但 S 与均匀度之间并无紧密的耦合关系。

Simpson 多样性指数 L 是一种强调均匀度的多样性指数，其表示从样本(包含 N 个个体)中连续随机选取 2 个个体，它们属于同种物种的可能性为：

$$L = \sum_{i=1}^{s} \frac{n_i(n_i - 1)}{N(N - 1)} \qquad (式 13.1)$$

式中，n_i 指第 i 种物种在样本中的数量。50 年以前，人们认为通过了解和比较不同生境和样点的多样性指数（例如 L），就能得到深刻的生态学认识，但很显然，那些想法几乎都没能成为现实。

盖伊角（马萨葡萄园岛）至百慕大群岛断面底栖生物研究项目发现：动物群落多样性并未随着海底深度的增加而减少。这一观测结果给该研究项目的负责人 Howard Sanders 留下了深刻的印象。他使用"稀疏曲线"展示群落的多样性。根据多个区域绘制的曲线（图 13.14）表明，与马尾藻海的底栖生物相比，虽然热带浅海（在 Sanders 所进行的对比中为孟加拉湾）的底栖生物多样性可以更高，但多数浅海底栖生境中每个个体对应的物种数量少于西北大西洋深海。这些曲线表示什么？它们实际上是一种"合成"的物种－面积曲线。Gerlach（1972）绘制了波罗的海底栖生物实际的物种－面积曲线图（图 13.15），该图显示了随着采样时抓斗次数的增加（即采样面积的增加）累计物种数的变化。该曲线的陡度表示物种均匀度。此外，渐近线越高（即总的物种数量越大），多样性水平也越高。如果曲线很陡，那么对于一只蠕虫，它在淤泥中蠕动前行所遇见的下一个动物就很可能是新的、出乎意料的物种。曲线越高，这只蠕虫最终遇见新的、意料之外的物种的可能性就越高。稀疏曲线（Sanders，1968，1969）是通过对群落进行大量统计分析从而建模获得的物种－面积曲线。对于从 n 到 N（实际样本量）逐渐递增的样本量，通过下式计算不同样本量下预期的物种数量，其中 N_i 是所有 S 个物种中第 i 个物种的数量：

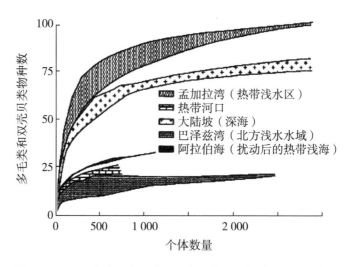

图 13.14 不同海底区多毛类和双壳贝类物种数稀疏曲线的范围
虽然深海营养贫乏且环境条件几乎没有变化，但是深海的物种数量和均匀度都很高。（Sanders，1968）

$$E(S_n) = \sum_{i}^{s} \left[1 - \frac{(N - N_i)/n}{(N/n)} \right] \qquad （式 13.2）$$

括号内以比值形式表征了从 N 个个体中采取 n 个个体的所有组合方式的数量。事实上，Hurlbert(1971)指出，这个公式(Sanders 的原始计算)对于任何给定的 n 都将高估预期的物种数 S。将 $E(S)$ 和 n 在整个曲线上进行比较，可避免这个问题：鉴于斜率(均匀度)和渐近线(S)相互影响，在给定样本量为 n 时，截然不同的样本可得出相同的 $E(S_n)$。尽管如此，$E(S_{100})$ 和其他 $E(S_n)$(偶尔 $n < 15$)仍被用于比较不同样点的多样性。稀疏曲线在底栖生态学研究中仍以独有的方式继续得到广泛使用。

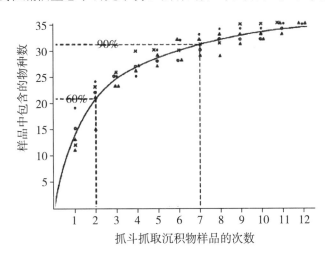

图 13.15 波罗的海黑尔戈兰湾底栖底内动物的物种－面积曲线

拟合的曲线表明，两次抓斗抓取沉积物通常可获得整个群落中 60% 的物种数，7 次抓泥得到的物种数可达 90%。(Gerlach，1972)

Grassle 和 Maciolek(1992)沿着美国新泽西州海岸对一片深海沉积物(深度变化较小)中的所有物种的多样性进行了研究。他们使用箱式采样器，沿着 2 100 m 等深线，在距离约 108 km 的范围进行一系列采样，目的是在油气勘探之前对该区域的生境进行评估。在一些更深和更浅的海域额外增加了 10 个站点，连续 2 年、每年 3 个季节重复进行取样。对大型动物进行系统分类，超过 98% 的个体被鉴定到物种水平(基于形态学差异所建立的物种)。它们中有很多物种之前从未被报道过，因此仅仅被分类学家团队鉴定为切实的物种。使用 233 个采样器获得的样本总共包含 90 677 个个体，分属于 14 个门级阶元，共有 798 个物种，优势类群为环节动物(48%)、囊虾类甲壳动物(23%)，以及软体动物(13%)。

优势种有 10 个种(占总体比例的 2.1% ~ 7.1%)，在几乎所有站点和季节性群落中占有主导地位，并有相似的占比。这些物种占了个体总数的 35%。但是，所有物种中只有约 20%(包括主要的那 10 个优势种)在全部站点都出现(至少出现在站点内的其中 1 个泥样中)，有 34% 仅出现在 1 个站点，有 11% 仅出现在 2 个采样器内，有 28% 仅出现在 1 个泥样内。因此，相对丰度分布的尾部非常长。整个群落包括了地方性的主要类群，同时也包括一系列丰度较小且变化剧烈的物种。Grassle 和 Maciolek 采用几种不同的方式计算了物种－面积分布曲线：一是以随机顺序不断增加样本数，随后计算平均值(图 13.16)；二是使用稀疏曲线公式(图 13.17)。两者得出的结果略有不同，但都表明 1 000 个个体中约有 150 种物种（图 13.16 中并未明确示出）。另外，只要逐步增加个体数（以及采样面积），物种数就会超过 300 或 350，但两者在 50 000 个个体（甚至 90 000 个个体）时都未完全逼近渐近线（图 13.17）。多毛类、甲壳动物和软体动物各自的曲线最初都比较陡峭（均匀度较大），在样本量超过 10 000 个个体时都未有渐缓的趋势（暗示物种最终数量很大）。这些曲线并不是连续海床面积上个体的增量。数据中包含了多个尺度、不同历史区块中物种的累积，因此可以获得非常大的物种数量（虽然无法精确估计）。

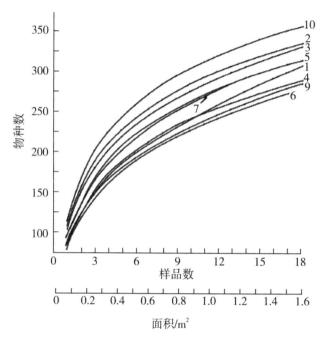

图 13.16　通过连续随机采样累积至 18 个样品后获得的物种－面积曲线

这些样品选自美国新泽西州大陆坡 2 100m 区域收集的 233 个样品。曲线之间的变化（曲线末端的数字）表示斑块的多尺度效应对群落组成的影响。（Grassle 和 Maciolek，1992）

令人惊讶的是，有些深海沉积物生境具有很高的物种多样性，其多样性高于研究得更多的一些较浅生境。由 Nancy Maciolek 负责的大规模取样和物种鉴定项目，获得了一组更好的浅海和深海对比结果（见表 13.3）。该结果是由 Etter 和 Mullineaux（2001）负责计算的，比较对象为美国新英格兰地区近海的乔治沙洲两侧区域（深度为 38 ～ 167 m）与更深的大陆坡向南延伸的区域（深度为 250 ～2 180m）。这种区域性比较有点不公平，因为较深样品组的深度跨度范围更大；但若只拿 1 220 ～ 1 350 m 的样品进行比较，得到的结果也同样是更深沉积物中多样性更高。

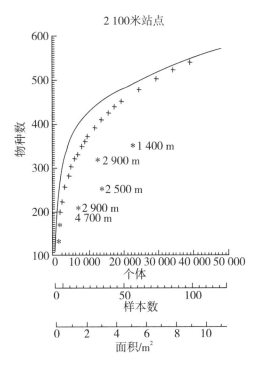

图 13.17　连续曲线是利用新泽西州 2 100 m 区域中 125 个样本的多种连续排序计算的平均物种 – 面积曲线

加号（＋）描绘了相同数据获得的物种稀疏曲线。（Grassle 和 Maciolek，1992）

表 13.3　美国新英格兰浅海、陆坡不同深度处大型底栖动物多样性的比较

	乔治沙洲	大陆坡（250 ～ 2 180 m）	大陆坡（1 220 ～ 1 350 m）
样品数	1 149	191	63
每平方米平均物种数	165	278	319
$E(S_{1\,000})$	69	156	188

"累积"的物种数量和取样面积曲线（与稀疏曲线相近，如图 13.18 所示）表明，更深处的群落多样性确实也更高。深海群落的均匀度更高（起始斜率更大），物种总数也更多。

然而，对新英格兰地区大陆坡的研究同时也表明，随着深度的增加，物种多样性并不能无限地增高：$E(S_{100})$ 值在 1 250 m 为 50 ～ 65 种，在 2 250 m 仅为 40 ～ 55 种。很多大陆坡至深渊断面研究也得出了相似的结果。Olabarria（2005）使用浅海底滑车和拖网对 Porcupine 海湾（东北大西洋）采样，结果发现：在 500 ～ 1 200 m 的区域，双壳类软体动物的物种数逐渐增加，随后保持 41 ～ 49 种直至 3 500 m，最终在临近深海平原时物种数适度地减少（图 13.19）。Svavarsson（1997）也使用拖曳式滑车

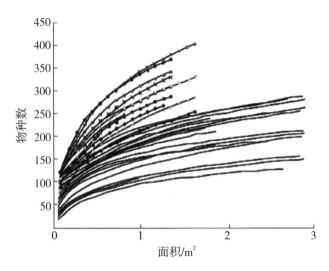

图 13.18 大型动物物种数与累计采样面积的关系曲线

使用的方法与图 13.16 类似，数据来自乔治沙洲大陆架的不同深度（无数据点标志）以及向东南部延伸的大陆坡（各种数据点标志）。在更深的陆坡样品中，起始斜率（均匀度）和渐近线（物种总数 S）都更大。数据来自 Maciolek 等，美国矿物管理服务项目；图片来自 Etter 和 Mullineaux，2001。

采样器对沉积层上部进行采样，他发现，在冰岛北部的北冰洋海中，等足类物种数随着深度增加先大幅增加，随后有所减少（图 13.20）。每个样本的物种数和 $E(S_{200})$ 均显示出这种变化趋势，其中 $E(S_{200})$ 受到样品中个体数量的影响较小。

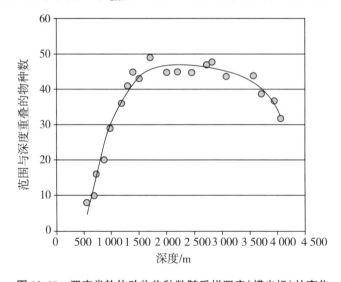

图 13.19 双壳类软体动物物种数随采样深度（横坐标）的变化

在东北大西洋 Porcupine 海湾大陆架（500 m）至海底深渊使用滑车和拖网进行的采样。数据来自 Olabarria，2005。

Sanders（1968）及 Rex 和 Etter（2010）等关于稀疏曲线的结果引发了许多研究者的

关注：像深海这样高度同质化的环境，其中的生态角色是如此之少，怎么能够容纳如此之多的不同物种呢？据推测，底栖动物可以摄入沉积物、滤食底层水中的颗粒物、等待沉尸的坠落并向沉尸点移动、以其他底栖动物为食。上述这几点似乎已经列举了几乎所有可能的摄食情景，尤其对于底内动物而言。这个问题之所以重要，是因为"竞争排斥原理"，我们之前为亚热带环流中浮游生物高度的多样性感到费解时考虑到了这个理论。在此回顾一下，这是一种使用理论模型以及相关实验（在罐子中放入成对的面粉甲虫或水蚤）获得的生态"规律"：就有限资源展开竞争的物种之间的相互作用，将最终导致其中一方的获胜，失败者会逐渐消亡。如果事实如此，深海中的可分配资源也确实很少，那么深海环境为何能维持如此多的物种？

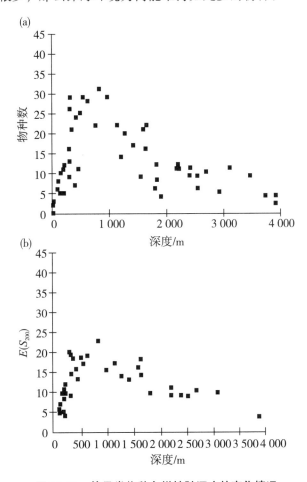

图 13.20　等足类物种多样性随深度的变化情况

使用滑车沿着冰岛北部大陆架至深渊的断面进行采样：（a）物种数，（b）均匀度 $E(S_{200})$。（Svavarsson，1997）

　　环境会随时间发生很大的变化，这一点被认为是深海生境能维持底栖动物较高多样性的原因之一。持续的环境波动会让竞争的规则（"竞争系数"）也不断地改变。在规则改变之前，没有任何竞争能够进展到结束阶段。人们曾经一度认为深海环境没有任何实际性的变化：盐度的波动只有 0.1 PSS，基本保持不变，温度在 0.2 ℃ 范围内变化；从海洋表层到海底的距离（深度）越大，食物供给存在的波动也不断地减少（至少在 20 世纪 70 年代时还存在这种看法）等。在 20 世纪 70 年代早期，这个"问题"是深海生态学家们激烈辩论的一个主要科学问题。对于这种基本无法靠实验检验的问题，学术争论往往是最激烈的。随后很多生态学家找到了局部范围内或生境内部多样性差异的一些解释，例如，北方地区和热带地区森林中树的物种数和均匀度的差异，以此提供了许多可供选择的假说。大多数假说也在深海底栖生物的讨论中出现过：

（1）Sanders（如 1968，1969）提出，在物理条件变化很小的深海，群落可以维持高水平多样性的原因在于：群落中的竞争已经演化为良性竞争。通过性状替换（Character displacement）可以使资源在相互竞争的物种间划分得越来越精细，即使是受限程度非常大的生态位也总会存在。专性物种的演化减少，物种间的竞争减少，使多种物种可以共存。陆生生境的研究相对容易开展，的确也发现了性状替换的现象。例如，就食物展开竞争的鸟类物种分别进化出更长和更短的鸟喙，因而在食性水平有所区分。"鸟喙长度"这一特征被认为发生了替换。Sanders 将对深海的高多样性的解释称为"时间－稳定性假说"。长时间尺度下稳定不变的环境允许生态角色出现非常精细的划分，他将此称为"生物性调和"（biological accommodation）。然而，深海环境中性状替换的证据非常少。研究 4 种或 5 种食底泥的丝鳃虫多毛动物如何对淤泥的最上层资源划分难度极大。

（2）深海环境看似稳定不变，实际并非如此。大型底栖鱼类四处游动，偶尔还会将自己掩埋进沉积物中。海参在淤泥中缓慢行进，摄食沿途碰见的东西不计其数，身后会留下约 10 cm 宽的沟痕，这种沟痕在海底遍布，纵横交错。一些挖掘沉积物的动物可以堆积起小型的沉积物堆。鲸鱼、鲨鱼和成片金枪鱼死亡后会沉落至（突然掉落）海底（Smith 和 Baco，2003），为海底栖息的动物（如鼠尾鳕、八目鳗和片脚类动物）提供了大量食物。在看似均质的生境中，这些事件的发生导致了许多微结构的形成，从而允许多个物种的共存。对问题的解释通常可以这样表述：深海底栖生物群落是"不同的斑块在空间上的拼接（马赛克）"，这些斑块处于演替过程的不同阶段，演替在一定区域内循环往复，沿着等深线，这种区域性的演替过程彼此之间通常差异更小。快速生长的、可运动的物种（"机会主义者"）可利用尚未被其他物种占据的空旷地点。整个演替过程在环境中都有可能出现（或至少在下一次环境变化前持续存在），从早期的外来物种到最后持续存在的"顶级"物种。总体上，无休止的环境扰动使大量的物种可以在数百米范围内共存。对于深海群落研究，Dayton 和 Hessler（1972）提出了有别于时间－稳定性假说的解释。他们并未发现沉积食性动物生态位上存在明显分离。他们注意到，一个物种可以沿深度梯度分散分布，并在不同的群落中存在（这并不属于生物性调和现象）。他们指出，由于种群密度过低，因此个体之间并不会发生许多的相互作用。Jumars（1975，1976）的研究表明，深海底栖动物群的确存在小范围的斑块分布。当然，斑块化分布也可能是群落自身进行生物调和的一种机制。Rex

和 Etter(2010)将其称为"解释局部物种共存的一个范例"。

（3）竞争的数学模型表明，如果掠食者阻止了其竞争物种达到由资源决定的种群上限，那么竞争排斥将不会出现。对于适当的非选择性掠食者（"收割者"），排斥现象也不会发生，这样就保持了群落的物种多样性。Dayton 和 Hessler(1972)认为这属于扰动的一种情况，但实际上两者不是一回事。

（4）Rex(1981)与 Grassle 和 Morse-Porteous(1987)援引了由 Joseph Connell 提出的"中度扰动"假说，即环境扰动频繁且幅度很大的区域，其物种多样性较低，仅容许可移动的机会主义物种生存，没有环境扰动的区域将会发生竞争排斥。在环境扰动适中的区域，斑块呈马赛克样分布——从新近到来的机会主义物种到完全适应的顶级群落——将达到其最大的复杂性，同时整体多样性将达到最高水平。毋庸置疑，这仅是对上文所说的第二点的注释。

虽然还可能有其他解释，但上述机制都可能在一定程度上发挥作用。Grassle 和 Sanders(1973)为 Dayton 和 Hessler 的问题提供了一种答案。就算在几十年之后阅读这篇文章，仍然能够感受到这种观点的魅力。对于这一具有普遍意义的生态学问题的研究仍在继续，例如 Wei 等(2010)对墨西哥湾从大陆架至深渊的多样性梯度进行了研究。Rex 和 Etter(2010)述评了这些数据和论点，并将讨论的范围延伸至小型动物和巨型动物。很多底栖生态学家转向研究单个物种的种群生物学，以及某些动物与生境之间的相互作用。对于深海沉积物而言，虽然生境物种多样性不高，但在中等区域内却能够让几百种物种共存。研究者对于这一现象仍抱有浓厚的兴趣，但仍始终无法圆满解释其成因。

13.6　底栖生物地理学

海水的覆盖使海床难以让人类靠近，从而限制了相关研究的开展，但底栖生物地理学这一主题的重要性是显而易见的。此外，底栖生物的分布不像表层浮游生物一样会受到洋流的强烈影响，洋流的运动不一定会导致底栖生物的基因在整个环流内发生交流。因此，在空间上布置足够多的采样点就可以可靠地揭示其分布模式，但这样的采样策略难度很高，在实施过程中也难以保证质量。俄罗斯对海洋深渊的生物分布研究高度重视，在 20 世纪 50—80 年代，他们在全球巡航调查期间获得了大量的数据。Vinogradova(1997)对这些研究成果做了总结。与早期开展的全球性考察（以船舶的名字进行命名：挑战者号、瓦尔迪维亚号、信天翁号、加拉瑟号……）的结果一致，俄罗斯的研究结果表明：很多大型动物的属级和所有更高分类阶元的分布都十分广泛，很多类群都呈全球性分布。当然，属级分类阶元是分类学家们对物种的一种主观划分，但同一个属的物种确实在很多情况下都非常相似。另外，很多物种也表现出限制性的分布，在 Vinogradova 的分析中，1 000 个物种中约 85% 仅在一个大洋中出现，只有 4% 的物种呈世界性分布。广布性物种中，绝大多数的深度分布范围都非常广，（据推测）其分布可以跨越海岭。当然，对于这类物种来说，不同的类群其分布模式仍存在一定的差异。因此，物种的局域性分布现象（endemism）很明显，这与下述认知相符：个体的运动范围通常较小，海岭将不同海盆隔离的同时也容易引起生物的隔离。对很多区域性研究结果也都支持这一观点。例如，Menzies（1965）发现，从西南大西洋的阿根廷海盆以及合恩角海盆中采集的158种（22个属）等足类动物中，只有22种在这两个区域均有出现。与此相反，所有的这22个属都能在太平洋中找到。Vinogradova发现，和大西洋或南极的动物区系相比，太平洋和北印度洋的动物区系在属及更高级阶元上更为相似。太平洋和大西洋的动物群可明显地划分为东部、西部和北部三大群。在大西洋，动物区系的分隔线与大西洋中脊重合。南极区的动物群与大西洋、太平洋和印度洋动物群间存在一定的区别。海沟区域的物种显示出非常明显的局域性分布特征，一个特定海沟中至少一半的物种都仅在该区域生存。

　　对于深度大于3 000 m的深海海底，Vinogradova（1997；基本模型最初发布于1959年）提出，根据底栖动物区系的分布格局（基于相似程度进行划分，相似性包括共有物种、属级阶元的相同占比、许多特征性分类类群的存在），可将全世界海底分为3个主要区域（图13.21）：（1）太平洋和北印度洋；（2）大西洋；（3）南大洋及延伸至亚热带辐合带的海域。

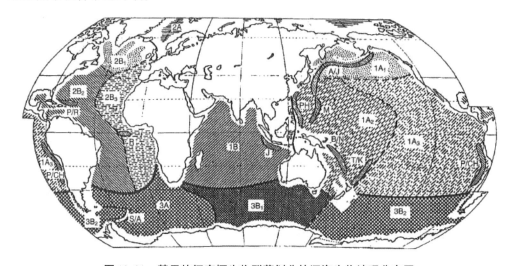

图13.21　基于特征底栖生物群落划分的深海生物地理分布区

这些分群最早是利用俄罗斯20世纪50—80年代的采样数据来分析确定的。（Vinogradova，1997）

　　每个大的区域均可被划分为若干亚区（province，在图中以不同的剖面线表示），且亚区的分界线大多与洋中脊一致。北极深海的动物区系在一定程度上比较独特，但Vinogradova发现，相较于同样具有特色的亚北极太平洋亚区（"$1A_1$"），该区系反而和大西洋区系的关系更为密切。亚区的划分模式表明，空间障碍的存在使深海底栖生物异域性的物种形成成为可能，其中最主要的因素就是水体深度。因此，底栖生物的生物地理学分布模式也与浮游生物的差异很大。

　　Kussakin（1973）提出，南极洲深海动物区系（尤其指等足类动物——Kussakin的研究专长)发源于寒冷的陆架水域,并随着时间的推移逐步扩展至更深的海底,该区系目前扩展至(相对纯净、未混合的)南极底层水向赤道方向流动的极限位置附近。Griffiths 等(2009)将环南极区的底栖生物群落划分为不同的区,其结果与 Vinogradova 的划分相似,即各大洋的南部对应一个分区,但分区数量与 Vinogradova 的结果相比还要更多一些。如果能将分散的数据整合起来,使用明确、可重复的程序(算法)来鉴别不同的分区,那将是一份非常有用的工作。图 13.21 中的超深渊区域内存在与周围深渊区域不同的群落。在超深渊内的非本地分布物种,只能在附近至多一个紧密相邻的海沟中有分布。

大陆架和大陆坡区域的样品更容易采集,因此对这些区域内物种分布的研究也更加详细。在很多研究项目中,采样点之间的间距在不断缩小。例如,Theroux 和 Wigley(1998)对新英格兰地区大陆架(缅因湾、乔治沙洲和新泽西州大陆架西南部)大型动物分布进行的研究展现了一系列不同动物类群的分布模式(图 13.22),包括随处可见的广布种(其中一些类群的分布可沿着大陆坡下降至很深的海域)和局域性分布的狭生种。狭生种有的局限在特定的深度范围,有的局限在特定洋流冲刷区,有的仅分布在特定地貌区(如海底峡谷),还有的仅位于特殊沉积类型区(冰川砾石、砂子和淤泥)。一般而言,陆架和陆坡区物种的分布范围在一定程度上受到纬度的限制,并且海盆周边的底栖生物群落也存在种水平上的差异。基于俄罗斯采获的部分数据,Zezina(1997)对全球海洋底栖生物的分布范围做了评述。

13.7　海底资源

13.7.1　颗粒物"雨"

大部分海底都处于永久黑暗之中,除热液喷口区的群落外,其他的深海底栖生物群落完全依赖于外源营养的输入:从真光层下沉(或在某种程度上由游泳物种输送)的颗粒物、大型动物沉尸(例如鲸鱼和金枪鱼),以及小部分的渍水木头。我们已经对沉降的颗粒物数量有了一定的了解,但后两种营养来源的重要性仍有待评估。McCave(1975)展示了海水中颗粒物粒径的一些分布特征。多数颗粒物较小,随着粒径的增加,颗粒丰度呈指数性递减。在水深大约 200 m 以下的区域,大于 20 μm 或 30 μm 的颗粒物的浓度通常小于 1 个颗粒每毫升。但是如果将这些颗粒物的沉降速率与其质量相乘,上述关系将发生相反变化。因为较大的颗粒物沉降更快,虽然它们数量不多,但占据了下沉颗粒物的大部分质量。这部分颗粒物很难用瓶状采样器采获。为了研究海底资源的供给,还需要借助其他设备——沉积物捕获器(sediment trap)。这种设备自 20 世纪 70 年代问世后,应用已越来越多。

沉积物捕获器的形状和尺寸多种多样。第一种是置于海底的收集器,其黏性收集板暴露在挡流板下方,但此类装置的捕获效率并不高。第二种是大型锥形收集器(PARFLUX 收集器、Dymond 收集器等)[图 13.23(a)]。有些收集器由简单的管子

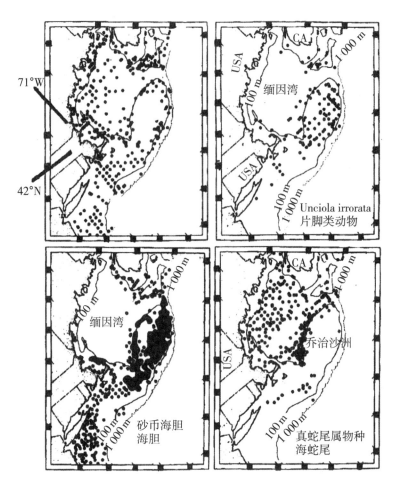

图 13.22　新英格兰大陆架(包括乔治沙洲和缅因湾)大型底栖动物的分布模式示例

数据来自 Smith-McIntyre 抓斗采样器在整个区域进行密集采样获得。本图示为原较大图集的一部分，来自 Theroux 和 Wigley(1998)。

组成，通常称为 PIT——颗粒拦截收集器[particle-interceptor trap，图 13.23(b)]。管道的尺寸有所不同，但通常足够小(直径为 3.5～15 cm)，使用起来非常方便。也有很多用于时间序列采样的装置，例如置于圆锥体底部的转盘，每隔一段时间(通常两周一次)便放置一个新的收集杯。采集过程会受到仪器偏差的干扰，可以使用以下方法来应对：在水槽中进行校准；对采集过程进行模拟，然后通过测定的数据计算出正确的通量；通过良好的使用技巧来克服这些问题。

　　沉积物捕获器主要有以下缺陷：

　　(1)捕获器会吸引很多浮游动物在其中游动。如果捕获管包含防腐剂，那么这些动物将会死亡并成为沉积物样本的一部分。据估计，浮游动物死亡造成的通量是实际沉降颗粒物通量的 4 倍。解决的方案是：要么忽视这一问题，要么由熟悉浮游动物的专家将那些形态保留还算完整、接近鲜活的生物个体从样本中挑除。Michael Peterson

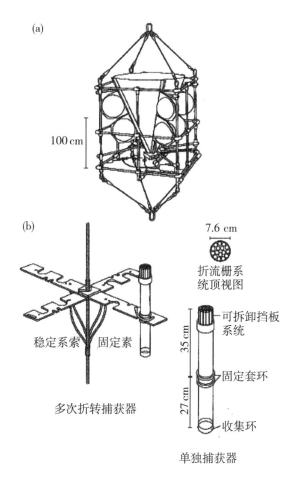

图 13.23　两种沉积物捕获器的结构示意[*]

（a）Honjo 沉积物捕获器的设计原理（Honjo，1982）。锚系缆绳连接至上部和下部金属环。掉入圆锥的沉积物自行沿着侧部落至底部的收集杯内。在收回锚系之前，右下方的弹簧将遮板盖在收集器上（Honjo 等，1982）。（b）VERTEX 捕获器的设计及其与锚系的连接（Knauer 等，1979）。

[*]图题为译者总结。

及其同事发明了一种锯齿状球形旋转阀（IRS），可置于收集器喉部。这种塞子防止了浮游动物进入捕获器的主体部分，因此这些动物到此一游后就能离开；与此同时，颗粒物将被收集在位于球体顶部的凹陷部分和浅槽中。凹陷部分会间歇性地上下翻转，将收集的颗粒物倒入下方的防腐剂内。最近，Peterson 等（2005）改良了捕获器，将捕获器与开口约 1 m 的锥形网相连，网的开口处悬挂有连接至水面浮标的波浪吸收器。应用这类捕获器已经获得了一些数据（如 Hernes，2001）。最后，对于较深（大于 2 km）的样品，游泳动物数量更少，一般认为在分析之前使用筛网对样品进行粗筛（1 mm）可将之移除；海洋雪聚合物大多会解体并穿过筛网（如 Honjo 等，2008）。

（2）收集器会阻碍流体的运动，使其周围的水流在捕获器顶部形成涡流。这些涡流的作用与草甸上的防雪栅栏类似——它们使附近沉积通量远超过该地区的实际水平。研究人员已使用水槽和电脑对此过程进行了模拟，发现成对悬挂在相同高度的收集器之间可能存在2倍的差异（可能是分别置于流体前端和末尾的一对收集器）。防雪栅栏效应的影响很大，但目前还不能对其进行准确量化。可将捕获器安装在中性浮力的浮标上（至目标采样深度），这样可能会解决这一问题，但这需要花心思做出精细的设计（Stanley等，2004）。

（3）在仪器长期部署（很多数据都来自长期部署的仪器）期间，沉积至捕获器中的有机物大量地分解和溶解。为了解决这一问题我们已进行了大量尝试，包括在捕获器底部加入叠氮化物（直到1985年）、氯化汞或甲醛。一般可以将这些添加物与密度较大的盐水混合，使其保留在捕获器底部。遗憾的是，密度较大的盐水会导致困在收集器中的细胞和动物发生渗透破裂。IRS收集器基本解决了这一问题，无须使用高盐水进行压载就可稳定住防腐液（Peterson和Dam，1990）。

锯齿状旋转球形收集器经改良后，可以用于测定颗粒沉降速度的分布情况（Peterson等，2005）。鉴于旋转阀间歇性地倾倒聚集的沉积物，阀门下方管道（很长）底部的步进电机以短于旋转阀的时间间隔更换收集杯，通过这种方式就可将沉积颗粒通量按沉降速度进行分离（虽然存在一些黏性"壁效应"）。Trull等（2008）在北太平洋和地中海200～300 m深度范围内的高生产力区域和寡营养区域同时使用这一系统进行采样。他们发现，所有区域沉积颗粒的沉降速度都呈几何式分布，沉积颗粒通量中约50%的部分沉降速度为1 000～100 m·d^{-1}，剩余部分的沉降速度逐步降低至1 m·d^{-1}。与一般的理解相反（将在下文阐述），沉降速度与粒度的关系并不是非常密切，并且虽然普遍认为矿物压载比较严重，但无机的碳酸钙和蛋白石的数量在沉降速度较高的沉积物中并未增加。

大部分研究采用的是一种非常大的锥形捕获器，其设计原理与PARFLUX系列（Honjo等，1982）类似：形状为锥形，尖顶部朝下，侧部与垂直面之间的夹角为14°，设有1.54 m^{2}开口，口部装有蜂窝挡板。这些收集器悬挂至系泊锚上方，通过侧部安装的大型Pyrex^{TM}球体使其上浮。沉积物质被收集到尖部的收集杯中，然后通常使用固定液将其保存。收集装置有两种类型，一种为单次采样收集器和时间序列采样收集器，另一种使用步进电机以一定的间隔时间（8.5天、21天等）转动装有一组收集杯的转盘。在完成一个收集期后，向声控挂钩发送信号可使捕获器从锚定固件上脱落下来，整个系泊的收集系统就逐渐上浮至海面（通常包含位于不同深度的若干捕获器）。对浮上来的捕获器进行整理，拆除收集杯，并对潮湿状态的样品进行分装。分装出来的试样将用于进行各种化学和生物分析。

对沉降通量研究结果进行过多次总结（Lampitt和Antia，1997；Berelson，2001；Lutz等，2002；Honjo等，2008）。当捕获器放置的深度离海底太近时，有机物的通量估算结果会出现较大的偏差，原因是底部水流会使沉积物再悬浮，并将它们混合至上方数百米的水体。但是，这些沉积物上方水层的再悬浮速度很缓慢，足以确保约3 000 m深度的收集器可对海底最终输入量进行较好的估计。几乎所有结果［图13.24

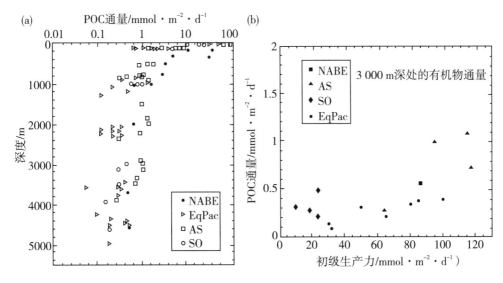

图 13.24　POC 沉降通量与水深、表层初级生产力的关系*

（a）颗粒有机物沉降（以 POC 来计量）通量与深度的关系。数据来自 JGOFS 项目中使用 PARFLUX 捕获器在不同地点采集的样本：NABE，北大西洋藻华实验；EqPac，赤道太平洋；AS，阿拉伯海；SO，南大洋。（b）有机物通量与表层初级生产力的关系，初级生产力通过 ^{14}C 摄入速度来测定。（Berelson，2001）

*图题为译者总结。

（a）]都在 $0.1 \sim 2 \ molC \cdot m^{-2} \cdot d^{-1}$（$1.2 \sim 24 \ mgC \cdot m^{-2} \cdot d^{-1}$）范围内，这些仅占表层初级生产量很小的一部分。Berelson（2001）将 JGOFS 项目巡航研究中所有采用 PARFLUX 捕获器的研究结果与同步测定的生产率［图 13.24（b）和图 13.25］进行了对比，发现在真光层产生的光合作用产物中，约有 0.5% ～ 1% 到达了 3 000 m 深度或海洋底部。这是此类研究的一个经典范例。颗粒有机碳在水体中的消耗遵从 Martin 等（1987）给出的垂直分布函数——"Martin 曲线"（图 13.25）：

$$深度 \ z \ 处的通量 =（100 \ m \ 处的 \ POC \ 通量）\times（z/100）^{-b}　　（式 13.3）$$

式中，b 为拟合出的参数。100 m 或 200 m 处的通量通常被称为"输出通量"，可使用置于此深度的捕获器测定出来。在深度小于 100 m（或略深）的范围内捕获结果的偏差都非常大，可以拿这些值作为一个粗略的通量上限（尽管比较武断），其他测定值可与之进行比较，而不是与相对更浅水层的通量率进行比较，或直接与初级生产力进行对比。如 Berelson 的图（图 13.25）所示，b 的最佳值在 0.6 至 1.2 的范围内变化，并且 2 000 m 深度以下 b 的减少量通常小于拟合方程式计算的数值。b 值减小速度变慢（无论函数是否准确拟合）的原因：（1）在较深水域，食腐动物数量下降，对沉降下来的海洋雪和粪便物的再利用就减少了；（2）颗粒物极快的沉降加速度。常见的较大颗粒物（占据了通量中大部分的质量）的下沉速率为 $100 \sim 200 \ m \cdot d^{-1}$，而在该深度以下，沉降速率会增加约 50%。通常，出现这种现象的原因是颗粒的聚集，并且粒度更大的颗粒下沉得更快（Stokes，1851）。人们普遍接受的观点是，沉降中的较小有机颗粒主要来自多种形式的聚集体：（1）通过"海洋雪"的形式下沉，海洋雪在一定程度上是由藻类和动物分泌的聚合物构成；（2）通过浮游动物（桡足类粪粒较小但密度较大，樽海鞘的粪粒较大等）以及自游生物的粪粒下沉。海洋中通常充满了絮凝的膜状物质，最初由 William Beebe 于 1930 年通过球形潜水装置观察到，Beebe 将其称为"海洋雪"（marine snow）。一直以来，海洋雪都是一个研究热点（如 Alldredge，1998；Kiørboe，2000）。海洋雪大部分由可分泌 TEP（透明胞外多糖，transparent extracellular polysaccharide）的浮游植物产生（Alldredge 等，1993）。聚合物聚集成团。浮游动物（主要由樽海鞘、尾海鞘和翼足类动物）分泌的黏液也是海洋雪的重要组成部分。

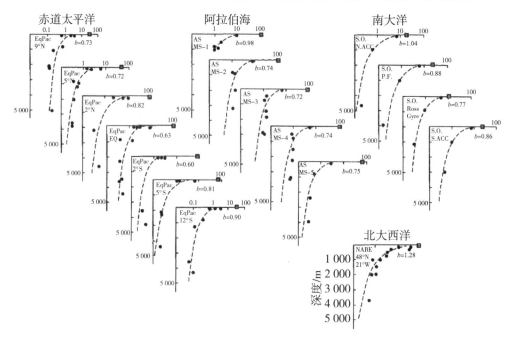

图 13.25　JGOFS 区域性研究使用 PARFLUX 沉积物捕获器估算的四个海域 POC 通量垂直剖面
横坐标是对数化的 POC 通量，真光层初级生产力用实心正方形来表示，两者单位均为 molC·$m^{-2} \cdot d^{-1}$。曲线是最佳拟合时的马丁曲线，b 值在每条曲线的右侧标明。（Berelson，2001）

20 世纪 80 年代，由 John Martin 负责的 VERTEX 研究项目采用了一种更加轻型的 PIT 技术，其采样管的直径只有 3.5 cm[图 13.23（b）]，收集到的主体部分就是无定形的有机黏稠物质——"海洋雪"。所有类型的有机物颗粒都被粘连在点状、片状的海洋雪中。在这一无定形的黏液基质中，存活的浮游植物（小鞭毛虫在数量上占主导地位，较大个体的细胞在通量中占主导地位）被运送到更深的区域；放射虫和其他原生生物十分常见；还可看见不同的粪粒，来自包括原生动物（较小粪粒）、螃蟹和樽海鞘等各种动物（如 Silver 和 Gowing，1991）。细菌的数量也很多。在 Urrere 和 Knauer（1981）提供的数据中，桡足类和其他浮游生物的粪粒通量在表层 100 m 范围内可达 200 000 ～ 325 000 $m^{-2} \cdot d^{-1}$。这样的数量看起来似乎非常庞大。但是，考虑到较浅水体中桡足类动物的数量及其排便速度，这一数据也不足为奇，在深度大于 100 m 的水层，数量逐渐减少至 35 000 m^{-2}·d^{-1}，随后再次增加，可能是因为在中层水域被消耗以及颗粒的"再包装"。生物（不同深度区域）对沉降物质反复的消化使有机物通量随着深度的增加而减少。虽然粪粒数量很大，它们的碳通量只占上层水的 10%，在 1 500 m 之下则只剩 3%。海洋雪是表层向深海输送有机碳的主要形式。所有沉积物捕获器的结果似乎都证实了这一点。

另一个案例来自 Berelson（1997）的定量研究。他们沿着赤道 140°W 的断面采样，使用大型锥形捕获器采集表层生产力向海底的输送（图 13.26），也通过 ^{14}C 吸收法（数据引自 Barber，1996；图 11.34）测定表层初级生产力。受赤道上升流的影响，赤道区营养盐更为丰富，而赤道至 10°N 和 12°S 区域则仍为寡营养盐，生产力存在较大梯度。将沉积物捕获器设置在海床上方，测得有机物通量［图 13.26（b）］结果也显示出同样的梯度。在这个断面上，到达底部的初级生产力约为总量的 0.4%，即下行经 4 500 m 深的水体"过滤"之后，初级生产出的 1 000 份有机碳只有 4 份最终到达海底。底栖生物呼吸速率（见第 14 章）与碳代谢率大体上处在同一数量级［图 13.26（c）］。根据在 105 m 深处设置的沉积物捕获器得到的数据，有机物通量率仅为初级生产力的 3%～6%（Hernes，2001）。光合作用合成的有机物大部分都在真光层中就被消耗了。

虽然大洋海域的沉积物通量大多数源于生物，但其中含量最高的并不是有机物，而是生物源性的矿物。一个典型 PARFLUX 剖面中，质量通量的四分之三都是碳酸钙：颗石藻、有孔虫的壳和翼足类动物的壳。蛋白石［聚合 Si(OH)$_4$ 固体：硅藻、硅鞭藻与放射虫］占另外的八分之一或稍多一点，有机物中的碳约占 8%。剩余部分是有机物中的其他元素，还有"成岩"颗粒（主要为黏土）。碳酸钙和有机物的比值随着深度的增加显著增大（至少在 1 000 m 范围内是这样的）。沉降凝聚体中的矿物质具有重要的压载作用，能加快颗粒物下沉，使速度高达 100 m·d^{-1} 以上。

Wakeham 和 Lee（1993；图 13.27）对寡营养海区的沉积物捕获数据进行了整合分析，对不同深度区域内（深度逐渐增加）不同成分的有机物向下的通量率进行了对比。下沉有机物的消耗和再矿化大多发生在表层 500 m 范围内。在低于该深度的区域，上述现象基本呈指数衰减（与 Martin 曲线略相似），Wakeham 和 Lee 通过估计"半深度"——将通量减少一半所需的距离，对此进行了说明。氨基酸（蛋白质颗粒）被清除的速率高于脂肪酸（即半深度更浅），而这些物质的清除速率则高于其他所有有机物的整体清除速率。因此，在有机物沉降的过程中，它们作为"食物"的品质随着深度的增加而发生变化。氨基酸组成上的巨大变化证明了这一点。氨基酸在沉积物中（被重复代谢多次后的残余部分）的变化甚至更大。有机物仅有一部分能够到达海底，为多种细菌、原生生物和后生动物提供了赖以生存的食物。

最后再次强调以下内容：（1）当真光层生产力增加时，将有更多有机物离开真光层，并且这一结论适用于所有有机物组分（Wakeham 和 Lee，1993）；（2）通量随着深度增加而减少，呈指数衰减，但衰减的速率在深海有所下降；（3）沉降的食物量小于

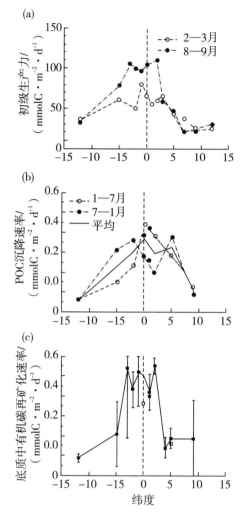

图 13.26 跨赤道断面上 2 个季节 (2—3 月观测时正处于厄尔尼诺最强盛时期) 的 3 个参数的对比
(a) 初级生产力，(b) 海底上方有机碳通量，(c) 底质有机碳再矿化速率 (基于耗氧量)。实心正方形
和带有十字的空心正方形来自不同的航次。(Berelson 等，1997)

$2 \ mol \ C \cdot m^{-2} \cdot d^{-1}$；(4) 食物品质随着深度的增加而下降。

13.7.2 沉尸和渍水木头

目前，对大型动物尸体和渍水树木 (树枝、原木和椰子) 重要性的量化还非常粗略。当使用定时摄像机对锚定的诱饵进行观察时 (图 13.1)，可以看到长尾鳕科鱼、八目鳗类鱼、深海鲨鱼、片脚类动物和螃蟹开始快速食用这些诱饵，数小时至数天内诱饵将只留下一堆白骨。用鼠海豚的骨骼做试验，发现约几个月内那些骨骼就会解体并散布开 (Glover 等，2008)。但是，鲸鱼骨骼仍可维持部分的连接，因此可完整地保留数年。例如，1987 年在加利福尼亚州南部流域进行潜艇调查时发现的蓝鲸或长

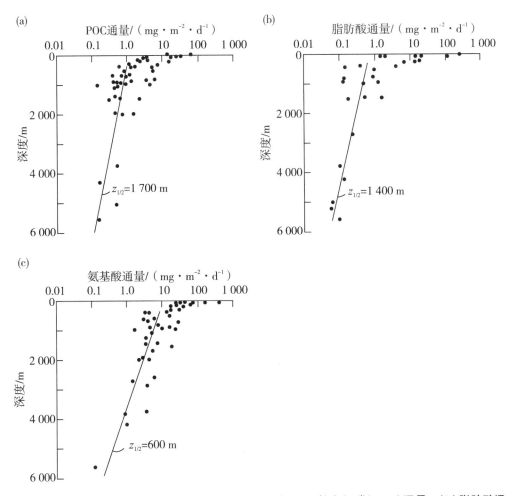

图 13.27　寡营养大洋中沉积物捕获器多次采样测定的(a)颗粒有机碳(POC)通量、(b)脂肪酸通量及(c)氨基酸通量的垂直剖面
通量随着深度的衰减速率使用通量减少一半所需的深度($z_{1/2}$)来表示。(Wakeham 和 Lee，1993)

须鲸尸体，在 2005 年时仍保持着清晰的骨架结构(Glover 等，2005a)，骨骼上长满了丝状细菌垫——贝日阿托氏菌(*Beggiotoa*)群体。*Bathykurila*——一类在热液喷口出现的多鳞蠕虫(多毛类的一个属)，也在细菌垫中觅食。因此，鲸鱼的尸体可以被看作是"垫脚石"，使这些蠕虫和其他动物群的幼虫可以在热液喷口之间进行中转。鲸鱼的骨骼也可被无消化道的西伯达虫科的物种密集覆盖，这类蠕虫与热液喷口附近的长管艳虫相似，但属于不同的属——食骨蠕虫属(*Osedax*)。虽然最近才在鲸落上发现它们(Rouse，2004)，但这个属的物种目前已超过了 11 种(例如，Glover，2005b)。Rouse 的报告中称，这些蠕虫体后端具有一个根样结构，通过这个结构穿刺进骨头内部吸收营养，同时还充满了异养的共生细菌；而 Glover 则表示，还不能排除化能合成共生菌存在的可能性。鲸鱼骨头富含硫脂。这几种蠕虫在底栖生物系统运行中的重要性尚无法确定(但发挥高重要性的可能性不大)，然而，沉尸中的肉和柔软器官的分布与再分布还是具有一定的重要性的。

深海海底木料的采集通常使用拖网。原木和树枝的降解需要具有一定复杂性的动物群落，这些动物紧密依附在木头上，食用木屑或用木头打磨自己的齿窝，例如，帽贝、蛤蚌、船蛆（船蛆科）以及专性栖居在木材中的海笋（Xylophagainae）中的一些类群，在其生长过程中会在木材中穿洞（Pailleret 等，2007；Voight，2007）。一定程度上，木头的重要性在于提供固态基质，但有些动物包含具有纤维素消化功能的共生菌（至少对于船蛆是这样的），因此也可以将木材消化掉，这时的木料也可被视为食物源。

13.8　深海中的季节循环

研究表明，1%～2%的初级生产力最终沉降至深海海底，因此这样的生产力输出几乎和表层生产力一样，具有强烈的季节性。早期开展的时间序列采样研究（Deuser，1981）结果显示：马尾藻海表层生产力的季节性变化也能通过 3 200 m 深水层（远高于海底）的沉降物质量的变化反映出来。到达深海的颗粒物通量约为 1%，同时很意外地发现这部分生产力具有季节性的变化。在马尾藻海附近的 BATS 站点，时间序列采样连续开展了 20 年（Conte 等，2001），在 1989—1998 年期间的采样频率达到

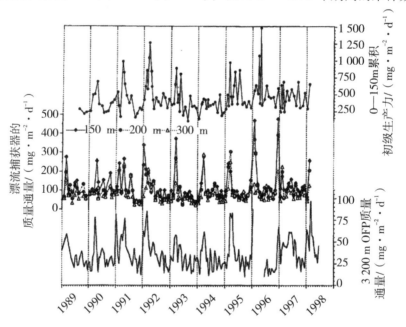

图 13.28　大西洋 BATS 站初级生产力，颗粒物在不同水深沉降通量的时间序列变化
顶部图：BATS 站点表层 150 m 累积的初级生产力（^{14}C 吸收法）的时间序列（采样频率接近每月一次）。中间图：BATS 作业期间捕获器所获得的三处深度质量通量的短期测量值。底部图：3 200 m 深度处 PARFLUX 捕获器所获得的每两周一次采样的时间序列数据。通量包含有机物和矿物质，大部分都源于生物体。（Conte 等，2001）

了两周一次(图 13.28)。当亚热带站点每年冬末的藻华(存在例外情况)发生时,对应 3 200 m 深处的颗粒物通量也大幅增加(虽然根据 Conte 等的计算,两种时间序列的相关仍未达到显著)。

东北大西洋深海颗粒物和有机物通量的季节性变化也十分明显,如 48°N,21°W 时间序列采样数据所示(Honjo 和 Manganini,1993),东北大西洋的表层水在春季会出现强烈的藻华。藻华和通量的峰值出现在 1989 年 5 月,晚于 BATS 站点,这种情况十分常见——在整个春季,藻华一般由南部开始逐渐往北部发展。当硅藻耗尽了可用的营养盐时,大量繁殖的浮游植物"崩溃",沉降到海底,在海床上形成一层絮凝层。那时,低于 2 000 m 的捕获器检测到的颗粒通量中硅藻含量的确非常高。

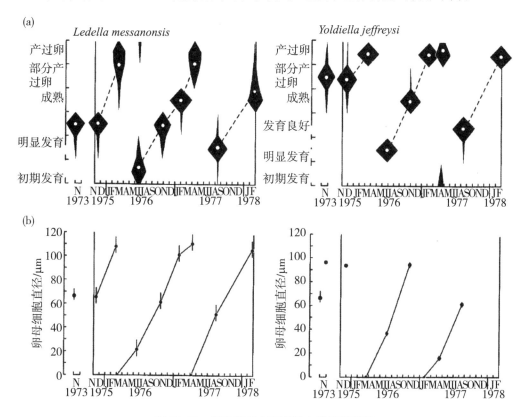

图 13.29　两种蛤蜊生殖周期中的特征变化

样品采集自东北大西洋 Rockall Trough,每年进行三次采样。两个物种的性腺都从 6 月开始持续增大至次年 3 月左右,随后重新减小。(a)每个"风筝图"都显示了在卵巢发育后期不同阶段的个体比例。(b)卵母细胞直径变化遵循相同趋势。(Lightfoot 等,1979)

Tyler(1988)及其同事发现,亚北极北大西洋的一部分(并非所有)底栖生物的生长和繁殖的周期循环受食物供给周期的影响。例如,原鳃目双壳类两个属(*Ledella* 和 *Yoldiella*)的繁殖活动有明显的季节性(图 13.29)。可从卵母细胞直径和卵巢状态的时间序列中观察到这种季节性变化(Lightfoot 等,1979;Tyler 等,1992)。一些棘皮动物（Tyler 等，1993）、腕足类和掘足类软体动物也存在相似的周期。这些按周期繁殖的物种都具有浮游生物营养型（planktotrophic）的幼体——这些幼体必须在水体中进食，直到它们经过变态发育转变为底栖生活。卵黄营养型（lecithotrophic）物种的卵富含蛋黄，可以提供营养使卵直接发育为底栖生活的幼体（或者对于一些动物，幼体在孵化之前就变态发育转变进入底栖生活阶段），这些物种的卵巢无周期循环。因此，等足类动物的繁殖没有特别的周期性。繁殖模式的这种周期应变，说明了生物对环境的适应性，表现在产卵的母体能够"预见"其后代出生在一个食物充足的环境，很可能就是春季藻华大量沉降发生的那段时期。然而，除了季节性形成的脉冲式食物供给外，几乎想不出还有其他因素能对繁殖进行调控。可能这些动物仅仅在资源允许时才进行繁殖。与繁殖一样，已有充分的证据表明：深海底栖群落的总体新陈代谢也会对食物的供应量作出响应，且几乎没有时滞（我们会在下一章中对此进行讨论）。

第 14 章　底栖生物群落生态学概观

生态学家多用"群落"（community）一词来指代生态系统中的一系列生物体。遗憾的是，英文"community"在日常生活中多用来描述人类共同体及其相互联系，给理解该词的生态学含义带来了一些麻烦。人类共同体依靠劳动分工完成各种功能。有的从事农业，有的是屠户，有的管理保险，还有的是芭蕾舞演员，如此等等。有些人的分工是必需的，比如采集和分配食物，有些人则不然。在生态学研究的早期，"群落"一词隐含着这样的假设：自然界中的植物和动物群体也通过劳动分工进行分类。在某种程度上也确实是这样的：植物产生了满足所有生物活动需求的基本有机物；草食动物将其转化为可移动的有机体形式；肉食动物捕食草食动物；分解者则回收物质原料。

随之而来的一个问题是：这些特定的分工和互动在多大程度上是必不可少的，是否需要精准或近乎精准地由某种特定物种来组合形成一个可运转的、健康的群落乃至生态系统？换言之，在适当的物理条件下，大多数物种能否与其他不同物种组合起来从而和谐共存？从 19 世纪晚期到 20 世纪早期，植物生态学在很多方向上形成了多个学派，最终，Fredric Clements 学派和 Henry Gleason 学派从中脱颖而出。Clements 学派的观点是：大多数植物物种生活在准必需的集合中（就像器官之于生物体一样）。Gleason 学派则认为：多数地点发现的植物组合，就是恰好适合该物理生境的物种的准随机集合，在某些情况下，仅仅是因为它们的种子率先接触空旷的土地而已。多年来的实证研究显示两种说法均有道理，但事实更倾向于支持 Gleason 的观点。例如，沿着山坡一侧向上，呈现出生境上的梯度，植物物种每增加一个与减少一个，都没有看到明显的生境变化与之对应。这样来看，对于大多数物种而言，没有哪个物种对另一个物种来说是绝对必需的。一般而言，只要不受生存模式的限制，植物（和动物）与其他物种（竞争者、掠食者和关联物种）的共存都具有相当的灵活性。于海洋底栖动物而言，从潮间带到深海，沿着深度及有机物可利用度的梯度，这一结论同样适用（Dayton 和 Hessler，1972）。当然，这并不是说物种间就不会存在某些必然的联系。例如，特定物种共存的现象在寄生虫－宿主这种情况下就非常普遍。

在底栖生态学中，"群落分析"指评估动物集群的多种特定方法，即解读样本中各种动物的共存。类似于"Clements 式"的观点认为：只要环境条件适宜，群落中的物种集合就趋向于再次出现。虽然大多数群落为"Gleason 式"，但关于群落中物种组合可以重现的观点（Fager，1963）仍被广泛接受。这一矛盾也将在下文中提及。

14.1 群落的定量分析

在许多特定区域或生境的生态调查中，有关生物体实际生存状况的信息少之又少。实际可利用的（或者有可能获得的）信息，是一组来自该区域不同分区动物群的样本，其中死亡的动物体被保存在甲醛或乙醇中，经物种鉴定获得物种清单。问题是如何通过这些样本获取生境特性信息。事实上，的确有解决这一问题的方法（虽然有局限性）。一个基本假设是：发现生物体的地点对于生物体而言，或多或少都是一处适宜的生境。因此，区域内物种构成的变化可以用来区分不同的生境。一旦定义了生境的界限，就可以对生境进行调查，以确定其物理、化学、地质和生物特性。同时，我们能据此做出合理的假设：哪些特性对于具有生境特异性的物种的生存是至关重要的。我们将以 Bilyard 和 Carey（1979）的研究成果为范例，从简单问题出发，逐步深入研究复杂问题，对动物群展开探讨，每一步都能给出很有价值的结论。最后他们成功地证明：在某种意义上，相对于那些仅由单个物种定义的生境，由物种组群所定义的生境更具有普适性。

Bilyard 和 Carey 的研究是为了评估阿拉斯加北坡西波弗特海海底不同生境的生物数量和特征。他们乘坐破冰船跨越了 8 个经度，从深度为 25 ~ 2 000 m 的多个站位（图 14.1）采集了大量样本。Bilyard 负责样品检查和分析，由于对多毛纲动物感兴

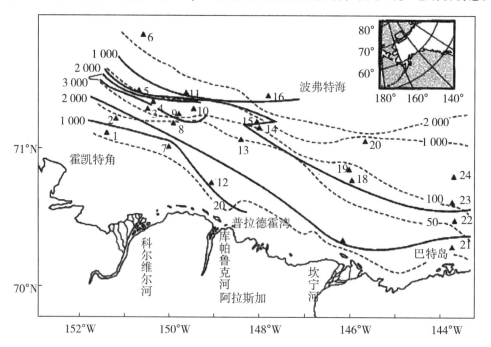

图 14.1 西波弗特海陆架和陆坡的站点位置（▲）、等深线（虚线）和多毛类丰度（蠕虫数量/m^2，实线）。

（Bilyard 和 Carey，1979）

趣，因此他将注意力集中在这个类群的研究上。此类研究的情况也大多如此：由于研究者的分类专业知识有限，大多数生态学家只能对一两个重要生物类群在物种层面开展较为细致的研究。在进行第一步区域分析时，Bilyard 记录了每个样本中环节动物的数量，并将结果标记在等深线图中（图 14.1），发现环节动物的丰度呈现自西（多）向东（少）明显降低的梯度。这意味着：夏季海流携带着大量源于白令海陆架区（高生产力）的浮游植物，从白令海峡侵入巴罗角附近海域，从而使环节动物丰度的分布与夏季舌形海流的形状一致。这股海流极有可能给下方海底沉积层带来大量有机物，从而为环节动物提供更多的食物源。

分析的第二步：对每个样本中所有多毛类进行物种鉴定与计数，构建数据表（表 14.1）。这是一项十分艰巨的工作，因为需要对每个动物逐一核查，有时甚至细致到检查刚毛等细微结构，完成所有 24 件样本的鉴定与计数花费了 2 年多的时间。如此繁杂的工作，对于那些急于求成的学者而言，几乎难以想象。要反映区域分布的全貌，只依赖于某个单一站点的数据是不行的，但将各个站点数据进行比较分析后会看到完全不同的效果。经过分类统计后，制作出一张带有两个坐标轴的大表，表中标有站点与物种，并填有丰度估计值。群落分析的奥妙就在于如何从矩阵中提取尽可能多的信息。分析之初常使用几种方法对矩阵进行简化。Bilyard 先将站点中出现物种的丰度改为"1"，将没有出现物种的丰度改为"0"，之后根据物种沿深度梯度出现或缺席的情况对物种进行排序（表 14.2）。

优势物种的排序特征是：浅海区分布范围最窄，中等深度分布范围最广，再到深海的独有生物。通过排序可以发现，很多物种都属于广布种，可以适应不同深度；它们至少在 1 500 m 以内的深度都有出现。

表 14.1 中的 39 个物种中有 7 个物种在各个深度范围都有发现。表 14.2 中并没有出现明显的断层，即没有出现既是某一优势物种分布的下边界又是另外一个优势物种分布的上边界这样的区间。当多毛类动物群沿深度变化时，没有发现特别明显的与深度有关的生境界限。

接下来，Bilyard 在站点图上标上了发现的种类数目（图 14.2）。与绝对丰度呈现出的分布模式相反，他发现东部的物种数更多。这可能看起来有些难以置信，但事实的确如此。然后，他开始对各个站点动物群进行比较。有很多方法都可以实现这一点。Bilyard 首先计算了每一对（两个）站点物种丰度之间的相关系数。在计算过程中，频繁地使用到一些数据标准化的方法，如将每个站点的丰度替换为每个站点的标准偏差（站点物种偏离于平均值的估计值）。这可以避免仅因物种都具有较高的丰度而表面上显得相关。将相关系数最大的站点在地图上使用直线相连，就可看出明显的沿岸分布模式（图 14.3）。深度相同的站点常常分布着相对丰度基本一致的同类物种。虽然沿深度梯度并未出现物种存在与缺失的明显断层，但深度显然是影响动物群集合的一个重要因素。无论如何，请谨记深度并不仅仅反映水的压力。如阿拉斯加北坡研究所示，深度通常与离岸距离有关，深度同时也与海洋表层有机物向深层的供给率相关联。海岸附近的生产力通常比较高，因此可以下沉的食物也更多。离岸海域生产力较低，水体深度越深，浮游动物就有更多的时间用来寻找和摄食下沉的有机物。

表 14.1　波弗特海多毛纲物种丰度经对数变换的原始数据

分析师：Bilyard

断面 E			站点 24		
	序号	$\ln(x+1)$		序号	$\ln(x+1)$
Allia suecica	65	4.19	Minuspio cirrifera	13	2.64
Allia sp. A	0	0.00	Myriochele heeri	5	1.79
Amage auricula	14	2.17	Nephtys ciliata	1	0.69
Anaitides groenlandica	0	0.00	Onuphis quadricuspls	7	108
Antinoella sarsi	0	0.00	Ophelina abranchiata	1	0.69
Barantolla americana	12	2.56	Ophelina cylindricaudatus	0	0.00
Capitella capitata	0	0.00	Ophelina sp. A	0	0.00
Chaetozone setosa	0	0.00	Owenia fusiformis	1	0.69
Chone murmanica	0	0.00	Pholoe minuta	0	0.00
Cistenides hyperborea	0	0.00	Prionospio steenstrupi	0	0.00
Cossura longocirrata	0	0.00	Scalibregma inflatum	0	0.00
Eclysippe sp. A	35	3.58	Scoloplos acutus	0	0.00
Eteone longa	2	1.10	Sigambra tentaculata	7	2.08
Heteromastus filiformis	6	1.95	Spiochaetopterus typicus	0	0.00
Laonice cirrata	2	1.10	Sternaspis fossor	0	0.00
Lumbrineris minuta	14	2.71	Tauberia gracilis	1	0.69
Lumbrineris sp. A	0	0.00	Terebellides stroemi	5	1.79
Lysippe labiata	0	0.00	Tharyx? acutus	22	3.14
Maldane sarsi	346	5.85	Typosyllis cornuta	4	1.61
Micronephtys minuta	0	0.00			

该数据由 Gordon Bilyard 提供。

　　Bilyard 继而使用聚类和排序技术对站点－物种表进行分析。这种分析涉及了许多方法，并且方法的选择也十分重要。了解不同方法的变化、优缺点及作用并加以利用，这本身就是一门学科（如 McCune 和 Grace，2002）。所有这些方法几乎都与几何模型相关。通常，必须先对数据进行标准化（与相关矩阵进行的标准化类似），这样处理后，无论各物种绝对丰度如何，都能获得大致相同的结果。之后，站点－物种表可以用来定义两种空间：一是几何空间中站点的位置，其中坐标轴的数目与物种数

（S）相同，每条轴上的刻度均从零开始到该代表物种的丰度最大值（标准化后的）；二是几何空间中物种的位置，坐标轴数量等于站点数量（N），且所有坐标轴标度相同。在第一种情况中，若空间内某些站点聚集，则表明有些物种在这些聚集的站点间有相似的相对丰度分布模式；在第二种情况中，若空间内某些物种聚集，则表明这些物种在不同站点中都有相似的相对丰度。因此，空间定义决定了它所解决的问题：哪些站点的物种集合相似，或者哪些物种在站点间的分布相似。当然，这两个问题显然是紧密相关的。"相对丰度"中的"相对"一词很重要，因为数据标准化后已经不再强调绝对丰度了。

表 14.2　波弗特海沉积物中多毛纲优势物种排序

物种	
Cistenides hyperborea	
Lysippe labiata	
Scalibregma inflatum	
Typosyllis cornuta	
Anaitides groenlandica	
Pholoe minuto	
Prionospio steenstrupi	
Antinoella sarsi	
Barantolla americana	
Chaetozone setosa	
Chone murmanica	
Cossura longocirrata	
Eteone longa	
Nephtys ciliata	
Tauberia gracilis	
Allia suecica	
Allia sp. A	
Ophelina cylindricaudatus	
Scoloplos acutus	
Sternaspis fossor	
Terebellides stroemi	
Capitella capitata	
Heteromastus filiformis	

续表 14.2

物种	分布
Lumbrineris minuta	
Maldane sarsi	
Micronephthys minuta	
Minuspio cirrifera	
Myriochele heeri	
Tharyx? acutus	
Spiochaetopterus typicus	
Onuphis quadricuspis	
Laonice cirrata	
Owenia fusiformis	
Eclysippe sp. *A*	
Amage auricula	
Ophelina abranchiata	
Sigambra tentaculata	
Ophelina sp. *A*	
Lumbrineris sp. *A*	

深度间隔/m	0~20	21~40	41~60	61~80	81~100	101~200	201~300	301~400	401~500	501~600	601~700	701~800	801~900	901~1 000	1 001~1 500	1 501~2 000	2 001~2 500	2 501~3 000
Smith-McIntyre 抓取样本数量	0	25	25	0	10	15	0	5	10	0	0	10	0	0	5	5	5	4

根据深度范围，底部显示的是深度间距范围。局限于浅海站点的物种位于顶部，可适应不同深度的物种位于中部，仅在最深站点发现的物种位于底部。（Bilyard 和 Carey，1979）

由于多数群落研究对象包含多个物种与多处站点（大于 3），这样的多维空间通常难以形象地表达。使用聚类或排序方法处理后可以使抽象空间的点集可视化。聚类法有多种，其中最容易理解的一种可能是凝聚聚类：首先，需要计算站点（物种）空间中所有可能的站点（物种）对之间的距离。距离最小的一对站点可标为可能聚类簇的一部分，并以两者之间的中心点进行代替（S 空间中）。如果因此减少的站点间总距离较少，则此配对评级为高，否则评级为低。不断重复此步骤（可能根据新配对两侧的站点数量，对新位置进行加权），直至所有站点均在同一簇内。检查聚类的序列，在达到一个适宜的聚类簇数后停止，此时剩余各组间的距离跃升至一个较大值（因为相距较远的簇被合并了）。此时可以标注或检视站点聚类的不同分群是否对应于不同的沉积物类型，或对应于某个环境因子的分野。

通过排序技术可以建立一个坐标系（如各个站点在物种空间中的坐标系），然后

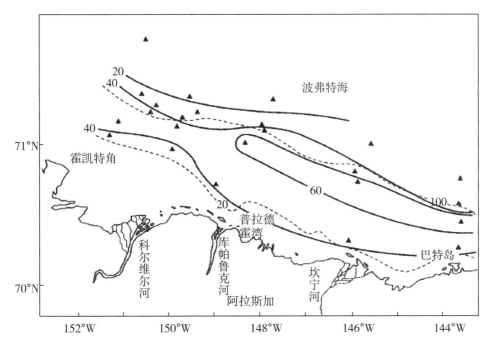

图 14.2　波弗特海各站点物种数等值线
图例参见图 14.1。（Bilyard 和 Carey，1979）

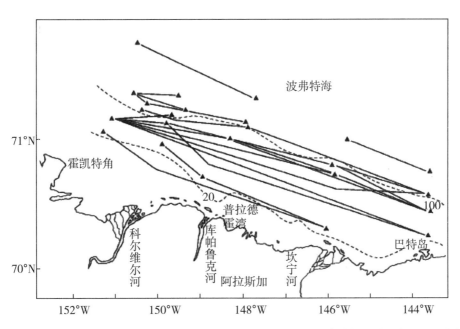

图 14.3　根据较高的积距相关系数（大于 0.645）确定的多毛类组成高度相似的站点，以实线相连
可以看出相似的站点显然都出现在类似的深度处。图例参见图 14.1。（Bilyard 和 Carey，1979）

通过逐步拟合，在这个空间中建立坐标轴，使轴与所有站点的总间距最小（通常使距离平方总和 $\sum d^2$ 最小）。在最简单的版本（与主成分分析有关）中，两条坐标轴互相垂直（正交）。这样，第一条坐标轴将穿过 S 维空间并具有最小的 $\sum d^2$，第二条坐标轴须与已选定的第一坐标轴垂直，同时 $\sum d^2$ 也最小。这两条轴线共同确定一个平面。如果站点在 S 维空间中形成了 3 个主要的聚类簇，那么它们都将落在平面附近，这时将它们的空间位置投影到平面上并标注出来，就能清楚地展现其聚类情况。可以定义更多的坐标轴，从而显示更多簇群的位置。这样某些具有独特物种集合的站点就有可能在图中清楚地展现出来。

多数人会选用其工作单位普遍使用且同行熟悉的研究方法。因此，Bilyard 选择了由俄勒冈州立大学 D. McIntire 和 S. Overton 共同开发的名为"CLUSB"的聚类技术。CLUSB 的算法是：先将簇中心点置于数据的几何模型中，然后将站点归类给各个簇中心，并使各站点到其簇中心距离的平方的总和最小。通过不断增加簇中心进行聚类，直到增加簇中心后平方总和不再大幅减少。Bilyard 发现了 4 个相对独立、良好分离的站点簇，每个簇中的各个站点到该簇中心的距离都不算远。他在等值线图中用字母 A 到 D 标注到属于这 4 个聚类群的站点位置（图 14.4）。

聚类的结果与种类数的分布（图 14.2）类似。出现在东部的 60 个物种也正是站点簇内的一系列物种。需注意的是站点簇的分布模式与等深线基本平行，但 A 簇的分布跨过了西部的等值线。这表明，虽然深度是决定生境的重要因素，但其他因素也很重要。

Bilyard 也进行了基于正交轴排序的典型相关分析（见框 14.1）。典型相关分析获得的聚类簇（图 14.5）与 CLUSB 得出的结果一致，这也是很正常的。如果聚类的效果很显著（数据的确表明了不同类别的存在），那么多数方法均将显示类似的结果。如果聚类结果不明显，那么不同方法将显示不同的聚类情况。现在可通过一些方法对聚类的"真实性"进行概率分析（见框 14.1）。Bilyard 的聚类足够清晰，不同类别间区别足够明显，因此无须进行这些检验。在当时只有沉积物粒径数据的情况下，Bilyard 也试图寻找可能解释 A 组站点跨等深线分布的生境变量。他在黏土、淤泥和砂砾组成的三角或"三元"图中，标出了这些站点的位置，并用聚类名称标注（图 14.6）。B 组站点中粗糙沉积物占有较大比例，只有两处包含一些砂砾，可能是冰筏的产物，这样的沉积环境也许正符合这些动物的生存需求。Bilyard 的结论并不新奇：沉积物特性通常是控制底栖动物群组成的生境变量。此外，仅通过深度，就可对图中 B 组站点的分布（图 14.4）进行合理解释，因为沉积物存在近岸－离岸梯度，即与细致的沉积物相比，粗糙的沉积物离海岸更近。然而，沉积物特性无法很好地解释 A 组站点的跨等深线分布模式。要完美解释为什么这些站点聚成 A 组仍需要进一步的研究。

这个优秀的研究项目提出了许多科学问题，在结题后的数十年间仍未得到令人满意的解答。这类现象在群落生态学研究中十分常见。当石油公司发现某个海域海底可能存在石油时，他们在石油开发前就需要科学家准备一些背景材料用以撰写环境影响报告，底栖群落生态学研究就得到资金资助；当这类生态学研究完成后，出资方又担

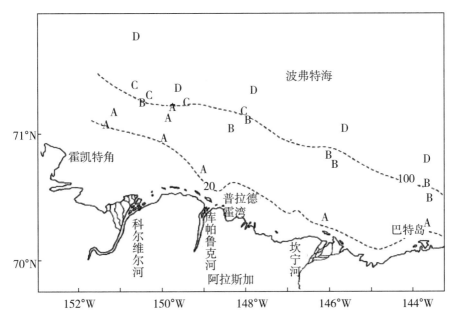

图 14.4　由 CLUSB 和典型相关分析定义的四组站点(A、B、C 和 D)的位置
同一聚类簇中的站点在多毛类物种组成上高度相似。(Bilyard 和 Carey，1979)

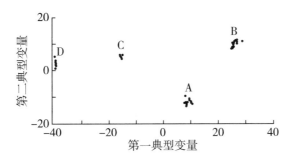

图 14.5　典型相关分析确定的"物种空间"最佳平面上站点聚类簇(A 到 D)的位置投影
进行这种分析的集群会异常紧密。(Bilyard 和 Carey，1979)

框 14.1　排序技术及其数学原理简介

在群落生态学中，数据表通常是一系列采样站点及在每个站点发现的各物种丰度(或生物量)构成的二维列表。排序即是对这些数据表在空间上的类比。在东北大西洋罗科尔海槽使用箱式取样器采集海沟中的大型底栖生物就是群落生态学研究的一个例子(Gage 等，2000)。类比空间是拥有多条坐标轴的"多维空间"，坐标轴的数目等于物种数目 S，每个物种的丰度就是它在其坐标轴上的位置，那么一个站点(样品)所代表的物种空间就可以记作：n_1, n_2, n_3, ……, n_s。当然，这个多维空间的类比无法形成思维图像(可视化)。排序则是用低维度空间(多为二维或三维空间)去"拟合"原本的多维空间，并将站点的位置投影在低维空间上，使站点各子集之间的物种组成相似度更加明显。

在主成分分析(*principal-component analysis*，*PCA*)中，维度为 X(X < S)的线、平面或空间被置于原先的 S 空间中，我们暂且称之为一个平面。(在 S 维空间中)各站点到该平面的直线距离的平方和最小。然后站点投影到此平面上，标注站点编号以方便识别。那么此平面上相距较近的那些站点其物种组成也更为相似。

上述几何问题的数学表述如下：建立站点距平面距离平方总和的方程，方程对各变量取导数，并赋值为 0(最优化)，得到一个方程组，最后对该方程组求解，得到确定该平面的常数。将各站点在 S 空间的坐标代入公式，以计算其在主成分(*PC*)平面上的坐标。主成分平面对 S 维空间中站点离散程度的拟合必然导致一些信息的丢失，但丢失程度是可以通过计算来衡量的。直线(一维空间)丢失的信息量最多；添加第二条主成分轴后，丢失的信息量减少；当有第三及更高的主成分轴时，丢失的信息量会依次减少。

若使用原始丰度数据，那么平面将由少数几种丰度最高的物种来确定。沿着这些物种轴的距离将是最大的，它们还要进行平方。在一般情况下，这样的计算并不是我们想要的。通常，数据分析的第一步是将数据标准化，也就是将各物种丰度转化为与该站点所有物种丰度平均值的差值(以标准差单位表示)。这样每个站点所有物种的平均值均为零，而且在站点之间的变化具有相似的尺度(不是特别剧烈)。数据表中那些始终稀少的种类或在很多站点丰度为 0 的种类通常都需要删除。典型数据表可以有多个零，它们的存在可能使分布模式突然"截断"，计算结果往往也不如意(主成分轴或平面将被"拉"向原点)。

PCA 主要用于分析线性数据，而丰度数据(即使经转换以后)不符合此前提，因此，通过 *PCA* 方法对分析群落结构分组并不具有实际的生态学意义。*PCA* 图显示的站点的分群情况与现实情况可能一样，也可能不一样。*PCA* 的另一种显示方式是以站点为轴，从而查看不同种类在站点之间分布的相似性(与以上讨论的情况刚好反过来)。所有的 *PCA* 计算基本上是矩阵运算，如今很多软件的算法也是以矩阵运算方式编程的。

类似于 *PCA* 的方法还有许多，例如，因子分析、主坐标分析、典型相关分析、对应分析、降趋对应分析、典型对应分析、冗余分析等。每种分析方法都有其适用的前提条件，也各有缺点。

非度量多维测度法(*non-metric multidimensional scaling*，*nMDS* 或 *MDS*)处理的原始多维空间如前所述。可以通过计算原始 S 空间中站点间的某些距离指数来大幅简化数据。普遍使用的有索伦森距离(*Sorensen's distance*)，即 1−布雷柯蒂斯相似度或 1−雅卡尔系数。布雷柯蒂斯指数(*Bray-Curtis index*)表示两个站点中每个物种所占比例较小者的数值总和。如果使用百分比，则也可称作"百分率相似性指数"。若所有物种所占百分比相同，则布雷柯蒂斯系数为 1（或 100%）。雅卡尔（*Jaccard*）系数有两种定义方式，不同的定义得出的数值不同，因此，当作者说使用雅卡尔指数的时候，尤其需要注意他使用的是哪种定义。以下描述了其中一种定义：A 为仅在一处站点出现的物种数目，B 为仅在另一站点出现的物种数目，C 为在这两个站点都有出现的物种数目，那么，J = C/（A + B + C）。将两种物种均出现的比例作为两站点间的相似性系数。在物种空间中所有物种轴的取值均在 0 ～ 1，那么，索伦森指数与"1 − J"均为物种空间中两个站点的距离。显然，两种指数对相对丰度的加权完全不同——相对丰度在索伦森距离的计算中非常重要，而在"1 − J"中则不重要。

下一步的计算更为高效，类似于将任意平面（或 X 空间）在 S 空间穿滑，然后计算所有的点移动到平面上所经历距离的平方和，该值被称作平面的"胁强系数"或"应力"（*stress*）。记录下此胁强系数数值以备后续参考，并不断尝试新的平面，如此往复。当发现胁强系数足够小后，将胁强系数最低的平面作为计算结果，并将站点在平面上的投影点（对应站点到平面的最短距离）绘制出来。这就是 MDS 的排序结果。平面上的站点聚类情况可能比较明显，也可能不明显。与 PCA（以及许多其他分析方案）不同的是，第一主轴是任意的，不一定就是应力最低（解释最多站点差异）的一条。因此如果设置两条轴线，那么有可能第二主轴对站点距离的拟合度比第一主轴还要好。因此 MDS 的第一坐标轴是可任意选取的。如果三轴的 nMDS 排序可以在整体上"释放"更多的应力，那么这种三轴的形式也可使用，有时还会非常有用。更有效的算法是：首先设置一个任意平面（可以借用 PCA 平面，以便一开始就从靠谱的排序结果开始尝试），之后反复调整，以确定效果更好的排序平面。但这种算法也有一定的风险，即如果起始平面位恰好处于应力的局部波谷中，那么有可能多次搜寻也不能脱离这个局部陷阱找到更小的应力，这样就需要随机尝试多个起始平面了。

现在已经开发了很多方法用于"检验"聚类及排序分析中出现的不同组群的真实性，这些方法大多为"自抽样"（*bootstrap*）方法。通过多次（如 1 000 次）进行聚类或排序，每次都对各站点中每个物种的丰度随机赋值。每次随机化运行程序就获得一个聚类结果，将其强度记作 C_{rand}，并将此基于随机化数据的强度与基于原始数据的强度 C_{data} 进行比较。多次运行后做概率统计，若 $C_{rand} < C_{data}$ 发生的概率小于指定的显著性水平（如 $\alpha = 0.05$），则认为基于该数据的聚类结果具有"显著性"。这些模拟出来的概率有一定的参考价值，但这种模拟无法涵盖现实群落中物种丰度可能发生的所有情况。因此，为了彻底检验这样的生态学假说（群落结构的变化遵循了聚类或排序结果中体现的某种规律），就需要重复整个采样、分类鉴定、计数过程。但这种做法始终有点不切实际，毕竟聚类分组与环境变化之间的关系在主观上的合理性左右着我们对分析结果的评判。

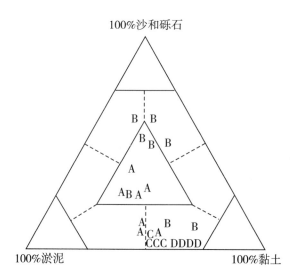

图14.6　沉积物成分三元图中波弗特海各站点位置

根据多毛纲动物聚类簇名称（A～D）标识。（Bilyard 和 Carey，1979）

心巨大浮冰对钻井平台的撞击可能造成的巨大生态灾难，资助研究的兴趣也荡然无存。

　　Feder 等（1994）在前述研究区以西的海域开展了一项研究项目，手段与目标均与前述研究类似，已成为北极区域群落分析的经典案例，推荐感兴趣的读者自行阅读。Dunton 等（2006）对波弗特海底栖生物进行的食物网分析（另一种群落评估方法）也很有参考价值。因为北极近岸冰层融化来得越来越早，封冻来得越来越晚，这些变化可能会给动物群落带来巨大变化（Carmack 和 Wassmann，2006），所以，科学家们对北极大陆架底栖生物的研究兴趣也日益浓厚了。

14.2　更多有关底栖生物群落的排序

　　底栖生物研究为群落分析提供了很多很好的案例。底栖生物群落研究常见的出口就是应用于辨识沿海地区污水或污染物排放对生物的影响。类似的技术也适用于浮游生物、渔业捕获、森林中的树木和田间昆虫等。应用这种方法的好处在于：无须知晓它们具体的生物学特性，我们就可以通过生物群落特征来了解这些生物需要怎样的生境，以及区分不同的生境。这种方法也有其局限性：它只能提出假设（生境的某一方面对于其中的生物群落十分重要），而无法验证这一假设。在底栖生态学中，同样的假设再次出现：动物群落随着深度、沉积物类型、有机物丰富程度和上覆水体的特性变化而变化。也许无需具体样品也能想到这样的规律，但只有根据多个地点的数据，充分确证这些规律，才能给出更令人满意的回答。

　　对于几种常用排序技术，框 14.1 提供了一些简要说明。Legendre 和 Legendre（1998）以及 McCune 和 Grace（2002）的著作给出了多种排序方法的详细解释及生态学案例。与多数其他类型的著作(如复杂软件的说明)类似,在说明排序技术时,作者了解所有的细节和定义,而且常以为读者也了解很多这方面的知识,但事实上读者可能并不清楚其中某些知识点。另外,排序程序之所以可行,很大程度上是因为可以利用计算机进行复杂的运算,尤其是关于 *nMDS* 的运算(见框 14.1)。只要计算机程序有效,作者就希望读者亲自尝试,通过尝试去理解其内涵。

　　Roper 等(1989)比较了新西兰北岛东岸吉斯伯恩海域和黑斯廷斯沿岸海域潮下 15 *m* 处城市排污口附近的底栖动物群落。他们在距离排污口(图 14.7 为吉斯伯恩位置)附近到逐渐远离排污口(同时挑选出水深与排污口相同)的一系列站点采样,测定了大量底栖生物物种的密度。在吉斯伯恩,总共鉴定出了 89 种底栖生物,包括 42 种多毛纲动物、12 种软体动物、27 种甲壳动物、4 种棘皮动物和 4 种其他物种,查验的个体达到 2 735 个。应用 *PCA* 对吉斯伯恩(物种 X 站点)矩阵进行分析(图 14.8),结果显示:排污口附近站点的群落与其他站点相比发生了明显的变化(与聚类分析的结果一致)。*Roper* 等随后将站点沉积物中的油脂含量叠加到 *PCA* 图中的对应站点位置,发现排污口附近站点(仅有两处距离最近的站点)被严重污染。黑斯廷斯的结果与之类似。令人惊讶的是,排污口影响的水域范围并不大,仅有几公里。大城市排污口影响的水域范围要大很多(例如,美国加利福尼亚州圣塔莫尼卡市的 *Hyperion* 排污口),但就这些管道排出的巨量有机物而言,其影响范围仍然没有想象中那么大。

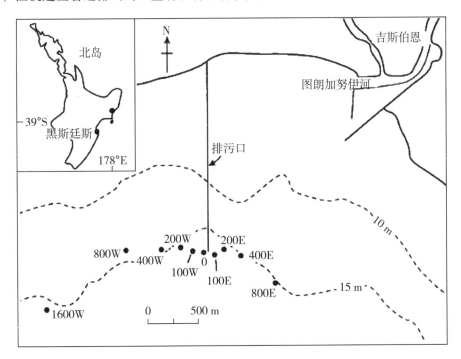

图 14.7　新西兰吉斯伯恩位置排污口以及底栖生物采样站点位置
(Roper 等,1989)

　　除潮间带外,河口是所有海洋生境中水平方向上环境梯度最大的。在河口区,从

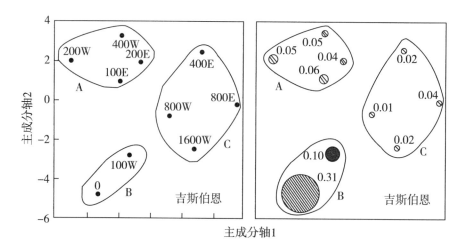

图14.8　PCA分析展示站点之间的底栖生物群落差异及与环境因子的关系*

左图：吉斯伯恩排污口附近取样站点"物种"空间的二维主成分分析。右图：群落主成分分析图上叠加沉积物油脂含量的分布情况。接近排污口的沉积物中群落组成明显区别于其他样点，显然是对污水排放的响应。（Roper 等，1989）

*图题为译者总结。

　　上游流入的淡水密度小于海水，因此往往位于下游海水的上方，海水在下方朝陆地方向进入河口，于是形成了一个"盐楔"。如果淡水水流较强且潮汐混合较弱，那么表层水和盐楔之间的垂直盐度梯度就会十分明显。反之，当垂直潮汐混合强烈时，盐度梯度大体上将沿着河口的水平轴线方向分布。无论哪种情况，河口上游底层水的盐度将在涨潮时上升，在退潮时下降。在潮水较低时，一些偏海洋生活的底栖动物可通过多种方式防止盐度降低。在礁石表面生活的牡蛎、贻贝、藤壶等物种只需闭合其壳体，就可以防止低盐水进入其组织。一些生活在沉积物中的种类（如多毛纲动物、泥虾等），主要分布在下游盐度较高的淤泥中。涨潮时，盐度最高、密度最大的海水会渗透进沉积物，或灌入地洞中，形成上轻下重的水体垂直梯度，从而抑制淡水的混合及低盐度水侵入底层。因此，虽说河口是海水－淡水混合区，但河口底栖生物往往属于海洋生物，而非淡水生物（如 *Alexander* 等，1935）。

　　北美洲西海岸的旧金山湾从入海口岩石质的海岬向内陆延伸约 100 *km* 至萨克拉门托河和圣华金河河口。除了明显的盐度梯度和严重污染外，19 世纪中期以来大量外来物种（尤其是 20 世纪 80 年代后期遍布海底的北亚洲蛤——黑龙江河蓝蛤 Corbula amurensis）入侵，河口区底栖群落已经大为改变。*Peterson* 和 *Vayssieres*（2010）评估了采自河口沿岸的 4 个监测站各季度（或更为频繁的采样）23 *cm* ×23 *cm* 样方的底栖动物群落 27 年中的连续变化情况（图 14.9）。他们将每年的底栖生物群落的数据合并，从而得到年平均群落组成表，并使用 *nMDS* 分析总共（27 ×4 ＝）108 组数据的样点－物种表。无脊椎动物物种年平均丰度经四次方根转换（这是一种为了减少差异物种丰度影响的常用数据转换策略）后计算 *Bray-Curtis* 群落不相似性指数，作为群落距离。

排序图(彩图 14.1)显示了清晰的上游-下游分布模式。然后，按第一排序轴沿线的样点位置标出其对应的盐度(彩图 14.2)，这样很容易就能看出群落变化与盐度之间存在紧密联系。*Peterson* 与 *Vayssieres* 同时表示："与其他物理条件相比，底栖群落的构成对于年平均盐度变化更为敏感。"也就是说，不同地点的底栖生物群落组成并不是稳定的，它会随着盐度变化而变化：在三角洲淡水流量大的年份，底栖生物会向河口下游迁移，在淡水流量小的年份，它们朝河口上游方向迁移，群落组成与底泥成分、在港湾中的位置(*vs.* 在河道中的位置)等生境物理属性的关系不大。

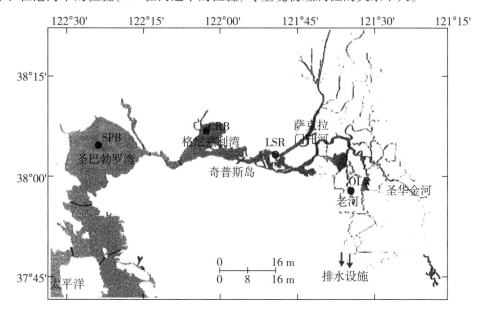

图 14.9　旧金山湾附近河口

黑圈指示取样站点。(Peterson 和 Vayssieres，2010)

得益于排序图维度的减少，排序程序的结果将群落组成变化的梯度清晰地展现在 *Peterson* 和 *Vayssieres* 面前。群落变化的起因因此也变得显而易见(彩图 14.2)。彩图 14.1 还包含很多信息：虽然河口某一区域内的站点可能在 *nMDS* 轴 1 上的投影非常靠近，但它们在轴 2 方向上间隔很远。在另一个标记有群落组成的扇形的排序图上(彩图 14.3)，明确显示出轴 2 方向上的群落组成变化可能是由黑龙江河蓝蛤入侵造成的。

14.3　群落分析——功能群方法

群落分析也有一些与上述流程完全不同的方法，但因为需要更为广泛的生物学专业知识，所以并不常用。尽管如此，使用这些方法能给出深入的见解。在题为《虫类的食性》的论著中，*Fauchald* 和 *Jumars*(1979)通过案例说明了在群落分析中如何应用物种和更高阶元动物类群的生物学知识。多数生态学家成了某些生物类群的生物学专家，他们对相关生物学知识的应用进一步加深了对生物体与其生境相互作用的认识。*Fauchald* 和 *Jumars* 均对多毛类有着浓厚的兴趣。选择多毛纲动物为研究对象对于此类研究的优势在于(*Fauchald* 和 *Jumars*，1977)：除数量和生物量占优势外，它们起源于前寒武纪，因此该类群中各科动物的形成时间十分久远。故在任何给定生境中，不能将没有观察到某现存多毛纲动物生活方式归结于它们起源与扩散时间的不足。这一论点可能也适用于大多数海洋生物类群，因此 *Jumars* 和 *Fauchald* 聚焦多毛纲动物群落生态学得益于他们确实非常了解这些生物。

Fauchald 和 *Jumars* 于 1979 年发表论文，将多毛纲动物按摄食模式进行功能性分类。多毛纲包含 81 科(1980 年时)，总共约 6 000 个物种(现在约 9 000 种)。关于多毛纲动物摄食的生物学知识大多是对不同科动物的记录。由此，他们从三个方面对多毛纲动物的摄食方式进行了分类：

(1)根据食物颗粒的大小可划分为：

·小噬生物：摄取微小颗粒，并趋向于批量地进食。根据摄食发生的泥层可细分为掘穴动物、滤食性动物和表层泥食性动物。

·巨噬生物：整块摄取或咬食大块食物，可进一步细分为食肉动物和食草动物。

(2)根据摄食所需要的运动能力可划分为：

·固着型：从不游走，或有时无法游走。

·间歇性游走型：有时通过游走改善觅食状况，但通常不在摄食时游走。

·游走型：摄食时游走。

(3)根据摄取模式不同(小噬生物和巨噬生物不同)可划分为：

·颌(有时基于可外翻的咽部)。

·触角。

·抽取。

·"*X*"特别型。

整个分类体系见表 14.3(原始版本的简化版)和图 14.10。虽然摄食方式是该功能分类的依据，但摄食功能和其他生存功能之间也有很强的相关性。例如，游走型和管栖型的多毛类对掠食者采取的防御措施不同，对于交配的前提也有不同，等等。根据鲜明的"功能"特征将多毛类划分为 21 个功能群，每个功能群都以首字母缩略词命名。例如，*BMJ* 指代掘穴游走型、有颌的小噬生物(子类)。*Fauchald* 和 *Jumars* 将这些分类称为"摄食行会"(*feeding guilds*)，即"摄食功能群"。生态学家从中世纪晚期的历史中借用了"行会"(*guild*)一词。行会是中世纪晚期出现的工匠团体，如制革行会、面包师行会等。行会通过学徒制度限制了人员进入，在惯例允许范围内，保持工艺的机密性，巧妙地进行竞争，通过控制供给维持高价。它们通常也有着社会性的一面，比如有举办会议、婚礼的行会大厅，以及临时安置所。有些行会为成员提供了简单的保险机制。对于生态学家而言，这个词语类似于生态位(*niche*)，即每个物种都在生态群落中有自己的作用。"行会"中的物种成员被认为(通常是人们主观相信)在该生境有着类似的功能。当然，现在很多人使用这个词可能都有他们自己的含义，因此在接受作者的"行会"理念时，需要稍加注意。

表 14.3　环节动物门多毛纲动物的功能分类总览

巨噬生物
HMX——无颌、游走型的食草动物，以大颗粒为食，全部来自多毛纲动物中体型较小的科。它们摄取的颗粒只是相对较大。对异毛虫科——*Paraonis fulgens* 的摄食研究较多。它们在沉积物表面掘穴，以硅藻和有孔虫为食
HMJ——典型代表为沙蚕科（如沙蚕属）。它们通常在沉积物中形成黏液栖管（通过分泌黏液到体外，形成一种中空的管状结构，可用于栖息），生物可以从黏液栖管中离开，并形成新的黏液栖管。它们从黏液栖管中探头现身，在表面沉积物上探索周边区域。多以漂浮的植物碎屑为食［图 14.10(a)］
HDJ——管沙蚕科（如巢沙蚕）。通过黏液和蛋白质形成纤维栖管，栖管尖端从表面沉积层中伸出。这类沙蚕多以石块、木片、沉积物颗粒或生长期的海藻装饰其栖管。可以游走但并不常见，在成虫期可以形成新的栖管。当有大的藻类碎片漂经栖管时，它们会捕获并啃食这些碎片［图 14.10(b)］
CMJ——裂虫科及管沙蚕科与沙蚕科中的其他类群。有时沿坚硬底质爬行，啃食海绵、刺胞动物等［图 14.10(c)］
CMX——天仙虫科（如 *Hermodice carunculata*）。以珊瑚虫等为食。可能生活在珊瑚砂中（尤其是正午）。生有毒刺。下唇可翻转，肌肉发达，用来刨碎并挤压猎物［图 14.10(d)］
CDJ——吻沙蚕科（如吻沙蚕属及其他类群）。它们长有巨大的、可翻转的吻部，吻部带有一小圈刺，在某些物种中与毒腺相连。这些掠食者善于伏击，在泥沙中伺机等待，并弹出吻部以捕捉经过的猎物［图 14.10(e)］。这一科的物种身体柔韧，有些也是以碎屑为食
小噬生物
滤食性动物
FDT——帚虫科（如帚虫属）。有触角，间歇性游走。这些动物在栖管中生活，仅在不得不离开栖管时游走。触手冠部整体移动产生水流。通过触手丝上纤毛的涌动将食物颗粒移向口器［图 14.10(f)］
FDP——沙蠋科（如沙蠋属的很多种类）。泵抽型，生活在"U"形的栖管中。通过身体蠕动收缩推动水流穿过栖管，这将使水流过身体前部的沙塞，经过一段时间的过滤后，沙塞被吞食。Fauchald 和 Jumars 表示，尽管进行了长期研究，仍未对该类群的摄食有充分的了解［图 14.10(g)］

续表 14.3

FST——帚毛虫科。管栖的、造礁的多毛类。摄食方式类似于帚虫科
FSP——毛翼虫科（如毛翼虫属的多个物种）。在"U"形栖管内生活，通过摆动较大的疣足推动水体沿栖管从入口向出口流动。前疣足可以产生黏液网（与樽海鞘十分相似），黏附食物颗粒的黏液网随后再被毛翼虫逐步吃掉［图 14.10(h)］
表层泥食性动物
SMJ——索沙蚕科（如索沙蚕属的多个物种）。有颌、游走型。可翻转的吻部上带有颌。多在沉积物最表层游走，通过吻部部分猛翻推动沉积物开路，也不时从沉积物中伸出。有些种类可摄食沉积物；有些为食肉、食草动物等［图 14.10(i)］
SMT——扇沙蚕科（如扇沙蚕属的多个物种）。通常沿沉积物表面游走，通过触须间隙收集食物颗粒［图 14.10(j)］
SMX——小头虫科（小头虫属的多个物种）。结构简单，蚯蚓状，在沉积物最表层游走，吞食沉积物
SDJ——沙蚕科，管沙蚕科（见上文）
SDT——海稚虫科（尾稚虫属的多个物种）。栖管由沉积物颗粒组成。虫体会伸出沉积物表面，挥扫触手，捕获的食物颗粒沿触须输送至口中［图 14.10(k)］
SDX——某些沙蠋科（见上文）
SST——双栉虫科，与海稚虫类似，但运动性较差［图 14.10(l)］
掘穴泥食性动物
BMJ——很多游走型、掘穴型的食肉动物都属于此类。其可将沉积物整个吞食（如沙蚕科、齿吻沙蚕科、Lumbrinaridae）
BMT——海稚虫科中有一个种属于此类型
BMX——多个科都属于此类型，如笔帽虫科（包括笔帽虫属的多个物种）。在掘穴、筛选沉积物及进食方面都有多种模式。此类生物常具有触手，但"T"用于指代长触手，而掘穴动物的触角一般较短［图 14.10(m)］
BSX——从字面上看，这种摄食方式有点自相矛盾，Fauchald 和 Jumars 认为此类型还尚待进一步讨论。缩头虫科属于管栖类型，从管道系统端部食取沉积物。可在栖管中活动，栖管在沉积物中长长。沉积物通过重复的坍塌在栖管底部交换［图 14.10(n)］

摄食类型以首字母缩写命名，其后分别给出了属于该摄食类型的科名及一个或多个示例属名。H：食草动物；C：食肉动物；B：水底掘穴动物；F：滤食性动物；S：表层泥食性动物；J：有颌；T：触角；P：泵吸；X：其他摄食形态。（Fauchald 和 Jumars，1979）

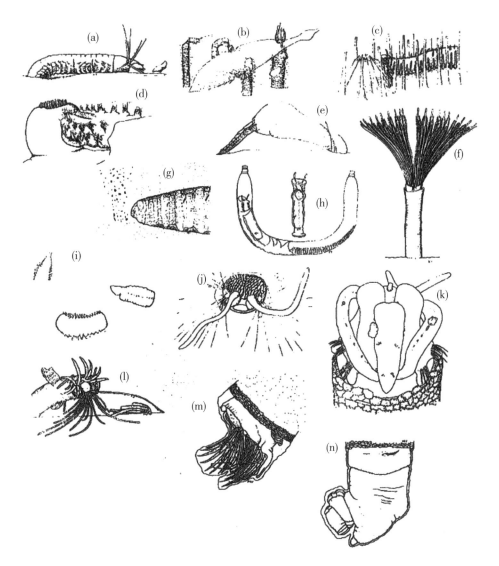

图 14.10　多毛纲各科不同功能群体前端(摄食器官)示意

(a)HMJ,沙蚕科;(b)HDJ,管沙蚕科;(c)CMJ,裂虫科;(d)CMX,天仙虫科;(e)CDJ,吻沙蚕科;(f)FDT,帚虫科;(g)FDP,沙蠋科;(h)FSP,毛翼虫科;(i)SMJ,索沙蚕科;(j)SMT,扇沙蚕科;(k)SDT,海稚虫科;(l)SST,双栉虫科;(m)BMX,笔帽虫科;(n)BSX,缩头虫科。(Fauchald 和 Jumars,1979)

　　Jumars 和 Fauchald 依据他们的摄食分类系统,在早期的一篇论文(1977)中分析了软质沉积物中不同深度、不同摄食功能群的分布情况。数据来自著名多毛纲分类学家 Olga Hartman 对南加利福尼亚海岸陆架和陆坡 30 个站点沉积物中的物种鉴定数据,同时还增加了一些由 Jumars 得出的太平洋陆坡和深海数据。他们以三元图的形式展示了上述数据(图 14.11 和 14.12),这与 Bilyard 的图类似,但此处的轴线代表环节动物群落中不同功能群组成的比例,而不是沉积物的组分。三元图中的比例是不同功能群在每个样品中的占比，且不包括食肉动物，这样此图就仅有三条轴线，但似乎不尽如人意，因为我们同样希望了解食肉动物的相对重要性。分类的各项依据（能动性、摄食地层）均单独进行分析。结果表明：对于生活在陆架沉积物中的多毛纲动物，与游走型或可间歇性游走型物种相比，固着型物种更为少见。固着型物种仅在一个沿海样本占有优势。在深海陆盆沉积物中，三种游走模式的物种都有出现（位于三角形中心附近），游走型和间歇游走型功能群在深海样本中均有见到，但几乎没有哪一物种是完全定栖的。换言之，固着型类群多分布于中等深度的海域。在各个不同深度的软泥沉积物中，属于滤食性功能群的个体较少。在近海沉积物中，群落组成从只有表层泥食性动物过渡到只有掘穴动物，居间也包括不同摄食方式组合。

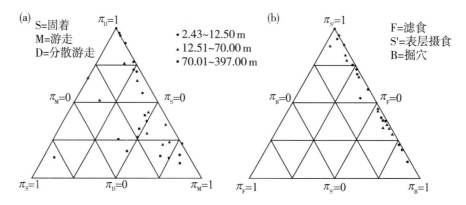

图14.11　南加利福尼亚大陆架样本多毛类群落的三元图

（a）站点的位置依据间歇性游走型（π_D）、游走型（π_M）和固着型（π_S）功能群在多毛类群落中所占比例来确定。（b）站点位置依据表层摄食（$\pi_{S'}$）、掘穴（π_B）和滤食性（π_F）功能群在多毛纲群落中的比例来确定。（Jumars 和 Fauchald，1977）

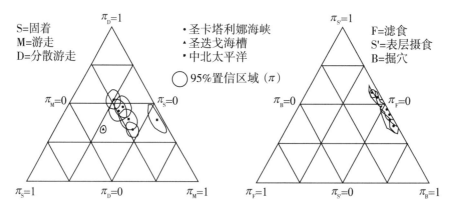

图14.12　仅针对圣卡塔利娜海峡、圣迭戈海槽和中北太平洋的深海样本的三元图

该图与图14.11类似。（Jumars 和 Fauchald，1977）

Jumars 和 Fauchald（1977）详细讨论了可能存在的取样偏差及各种统计细节。例如，当认为在多数陆架样本中掘穴动物的数量可能被低估时，他们把掘穴动物从数据

（图 14.11 和 14.12）中都删除掉，从而得到图 14.13。通过分析图表推测，固着类群在近岸海域相对稀少源于不稳定的沉积物和湍流（在深度为 30 m 的海域十分常见），这不利于它们的生存。对于生存状况良好的成虫而言（如我们在样本中所发现的那样），即使有滑坡、沙波移动或其他干扰，其仍可在海底重新栖居，并重返沉积层表面。陆架深处的沉积物稳定性更高，食物较为丰富，因此固着类群（不包括在沉积物上方的滤食者）在这里更有优势。据 Jumars 和 Fauchald 推测，在食物最为稀缺的深海，固着型生物获取足够的食物将非常困难。虽然这个假设只是被提出而未被证实，但它仍然很有意义。显而易见，验证这一假设需要更多的深海数据。当然乘船远航去收集更多数据并非易事。虽然食肉性多毛类没能在三元图标出来，但知道它们所占的比例对我们理解群落变化仍十分有用。

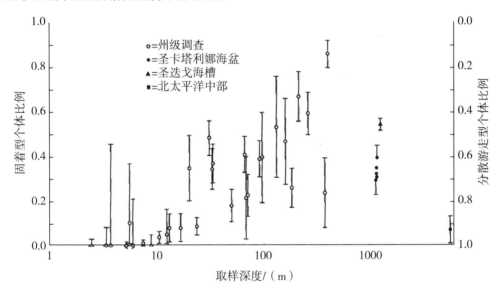

图 14.13　多次取样调查不同深度固着和分散游走型多毛纲动物获得的相对比例变化
置信界限（95%）用于比例估计，并基于二项分布。（Jumars 和 Fauchald，1977）

　　基于功能群的分析方法本来应该在群落结构分析中广泛使用，但现在拥有大量生物学专业知识从而恰当运用功能群分析方法的人极少，同时基于功能群的分析结果仍有主观性（不仅如此，它们仅可通过口头或半定量方式说明），因此功能群分析方法既有优点也有缺点。本书第一版写道：“在当前的科学环境下，以语言陈述的自然历史直觉仅有文学价值……此类研究很难获得充足的资金支持。”然而，在此之前，直到 1992 年，这篇论文已有 245 次引用记录，Fauchald（1992）就这一成就发表评论称：“我们关于‘食性’的结论大多已经过时。我们过去有过错误，甚至有时错得很离谱。现在，我们通过引用第一代‘后食性’论文，有时是‘食性’这篇论文本身，进行第二代‘后食性’论文的写作，许多更为优秀的调研、结果与理论不断涌现，‘食性’正逐渐被人遗忘，这在一定程度上也是‘食性’理论提出后所发挥的积极作用。”

　　到 2010 年末，对该论文的引用已达到 1 049 次，现在已有关于底栖生物的第三代和第四代研究：它们怎么运动和摄食；怎么完成摄食过程；在不同环境下的食量有多大；消化和吸收如何进行。我们在此只举几个案例。

14.4 底栖动物运动与摄食

潮间带动物易于获得，并可在实验室正常存活，因此它们一直是大型底栖生物掘穴和摄食研究的主要对象。研究的结果在大多数情况下可能也适用于深海动物。据推测，在泥沙中掘穴，特别是在硬泥中掘穴，需要花费较高的能量。然而，这是一项仍待研究的课题，基于多种原因，这个说法既没被证实，也不曾被否定。特别需要指出的是，我们很难将掘穴（及相关低效能现象）需要的代谢能与消化及基础呼吸所需的代谢能区分开。Dorgan 等（2006）对掘穴，尤其是向前穿过沉积物的机理进行了评述。他们根据沉积物类型将掘穴划分为两类：在沙地中移动和在淤泥中穿行，并分析了它们不同的机理。

潮湿沙滩和潮线下的沙地都是沙粒在重力作用下形成的堆叠体，每个沙粒及其下方或侧面的沙粒均由几个接触点或几条接触线来支撑。这种堆叠方式通常会使沙粒间留出一定的空隙并充满水。找一块潮湿的沙滩（近乎平坦，细沙，在退潮时大部分水已排出，但仍含有空隙水），并站在上面，当你扭动双脚时，你会破坏整个堆叠体，使水与颗粒的混合物流体化，同时让沙粒重新排列，使它们之间的空隙更小，这时你将会下沉。当你站到一边时，将留下一个积水的凹坑，积水会逐渐流入沙滩中。在沙地中栖息的动物就是利用这种流体化机制来移动身体的。由于水平方向对沙粒的扰动比垂直方向上对抗沙堆重力要高效得多，因此在对沉积物进行流体化时，在沙中水平挖掘比向下钻入沙滩所需的力小很多。

当底栖动物在沙中水平移动时，需要将刚毛延伸至侧面沙中锚定身体，或者通过液压使某些特定的体节得以伸展，从而推动前方的沙粒。对前方沙粒的推力来自液压伸展，这一过程类似于用双手挤压香肠状的气球。通过环肌收缩，虫体变细并向前延伸。有些种类，例如多毛纲的齿吻沙蚕科，带有可翻转的吻部，可在肌肉的作用下向前弹射出去，推动前方的沙粒，然后由纵肌收回。此外，身体侧向振动可以使躯体两侧的沉积物流体化，这样虫体运动就像是在稠密的流体介质中游泳一样。沙质基底大都较浅，波浪足可使这些沙子反复多次地堆叠，因此，动物在沉积物中的运动不至于使沙粒的排布达到一种稳定状态，而沙粒排布的稳定状态将阻止动力，利于流体化从而在沙中穿行。在沙中钻行，即使仅仅移动到表层以下，如鼹蟹（鼠蝉蟹属）在沙滩上调整位置，也可包括单纯的挖掘以及钻入洞中的过程。流体化有助于保护动物向下退避到沙中。有些动物可以通过将水压入前方沙粒以增强流体化作用。

深海底泥（及河道入海口沉积物）粒径很小，其粒间空隙甚至小于小型底栖生物个体。此外，肽葡聚糖将微小颗粒紧密地黏合在一起，形成与饱和砂性质不同的、具有一定弹性的准固体。如 Watling（1988）所言：“无论颗粒是大还是小，沉积物颗粒都被一层有机物基质所包裹。”Dorgan 等（2005，2008）使用透明明胶来模拟淤泥，这样就可以看到底栖生物穿过凝胶块，并进行拍照，同时也可使用不同明胶来设定底栖动物在其中贯穿的难易程度。他们使用多毛纲沙蚕属作为模型动物，将沙蚕放入预先做好的垂直洞，引导它们在明胶中向前移动。当沙蚕向前推进时，会使体前的明胶裂缝越来越大并向深度扩展。切开明胶块裂缝的张力同样来自虫体前端（即"口前叶"前端，沙蚕属为吻部）的液压膨胀，沿前进轴的垂直方向推挤明胶块，使前方裂缝以 U 形扩展。虫体像楔子一样进入裂缝口，对弹性泥壁发挥杠杆作用，使作用在前方沉积物的应力（单位面积上的张力）得到了放大。"O"形环体型的膨胀与虫体上的刚毛都可被用作锚点，使虫体中后段获得支撑，协助前端向前移动——当然，这种关于蠕虫（包括蚯蚓）如何移动的认识已相对陈旧。新的观点认为，是沙蚕口前叶将沉积物撕裂开，形成裂缝后，虫体再钻入其中。当虫体体节延展时，刚毛被拉向体内侧并被拖拽着前进。开裂过程的一个重要特征是洞穴的形状显得扁平而宽（图 14.14；Dorgan 等，2005），因此，沉积物中的许多多毛纲动物实际上都受到了背腹方向的强烈挤压。

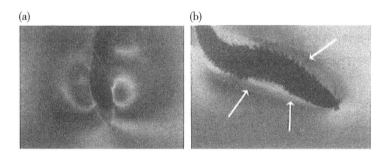

图 14.14　偏振光拍摄的沙蚕属幼虫在明胶块中形成的洞穴的轮廓

（a）裂缝前视图和端视图，蠕虫背面和腹面紧挨明胶；（b）洞穴的后视图，箭头指示其轮廓。
（Dorgan 等，2005）

在沉积物表面以下移动的许多其他底栖动物也可以制造裂缝。海螺和蛤蜊可将腹足向前伸展成细窄的楔状插入裂缝，体壳此时起锚定作用，然后腹足收缩，将壳体拉入前方的裂缝。根据"黏弹性"物质的应力和拉力关系，Dorgan 等（2008）详细解析了多毛类动物在黏稠泥土中运动的机理，其核心是裂缝蔓延。对于非多毛纲动物在底泥中的运动机理研究还很粗略。例如，在淤泥中生活的两栖动物或许会使用弯曲而平坦的背部作为楔子来制造裂缝，但要很好地解释这些动物在黏稠淤泥中的活动还需要做更多的观察与研究。当把淤泥看成大量黏性极强的半流体物质时，有证据表明制造裂缝需要的能量要远小于推开淤泥需要的能量。即便如此，有关掘穴能量消耗的定量研究仍需要大力加强。

当掘穴动物前方的沉积物液化或开裂后，它们可通过触觉和嗅觉探索新空间，以寻找最喜欢的食物颗粒：富含有机物和细菌的沉积物凝块、线虫和其他较小型底栖生物。这些食物通常与大量沉积物颗粒一同被吞食，掘穴动物消化并吸收其中的有机物质。但是底栖动物粪便的质量几乎与摄入物质量相等，因此被吸收的营养物质相对来说仅仅是被大量吞食物质中的一小部分。在美国俄勒冈州的一个沙滩，每克沙约含 6 mg POM（颗粒有机物），其中生活的一种多毛类 *Euzonus mucronata* 摄取团块状的沉积物，其肠道内容物多为矿物。然而有机物碎屑^{14}C 标记的结果显示：当 POM 的实际吸收率为 10% 时就足以满足该蠕虫的需求（Kemp，1986）。最表层的沉积物是大多数泥食性动物获取食物颗粒的地方，但有些物种专以沉积物深处的有机物为食，或在生物扰动（见下文）最活跃区域的底部觅食。多毛类小头虫目的丝异蚓虫（*Hetero-mastus filiformis*）往往头部朝下摄取沉积物表面以下 15 cm 处的沉积物，从大量惰性物质中提取可用有机物（可能也包括细菌）。利用同位素标记表层 15 cm 以下的细菌，Clough 和 Lopez（1993）发现，这种多毛类对同位素的保留效率约为 8%。虫体显然通过最靠近水体的尾部获得新陈代谢需要的氧气。

大部分泥食性动物（包括大型底栖生物和巨型动物）多选择摄食或吸收由真光层刚沉降下来的有机物。这一点已在哈特拉斯角沿岸上陆坡（DeMaster 等，2002；样本取自 1996 年）和白令豪生海 64°S 上陆坡研究中对海洋水体上层颗粒物（主要为浮游生物）和沉积物有机物的^{14}C 含量的比较中被证实了（Purinton 等，2008；样本取自 2000 年）。在 20 世纪 50—60 年代，由于核爆炸试验使大气中^{14}C 的含量增加了 +700 ppm，而海洋上层水体有机碳中^{14}C 增加了 +50ppm，达到 +170ppm（与 1890 年的木料中的^{14}C 相比）。含有老（低^{14}C）碳的上涌水与原有水团的混合形成不同的比例，这将会导致^{14}C 含量的差异。哈特拉斯角沿岸海表漂浮的海藻（马尾藻）吸收^{14}C，使藻体^{14}C 含量增高约 +109 ppm。相反，沉积物中的有机碳较老，^{14}C 含量为 −41 ～ −215 ppm，但它在底栖动物（6 个科的多毛类动物和 1 种鱼）中的含量达到了 +40 ～ +83 ppm（1 种蠕虫仅为 +20 ppm），这种^{14}C 在底栖动物身体中的富集显然来自最近产生的有机碳（DeMaster 等，2002）。

当开阔海域硅藻藻华发生时，南极沿海受到上升流的影响，因此表层浮游生物中新碳（核爆炸试验产生的碳）的含量很少，^{14}C 相对于标准品为负（−135 ±10 ppm）。然而，此^{14}C 水平与表面沉积物中^{14}C 水平（−234 ±13 ppm）仍有较大差异。通过拖网收集各种表层泥食性动物（主要是棘皮动物，如海参和海胆），分析后发现，它们组织中^{14}C 水平为 −125 ±13 ppm，这与海表浮游生物而非沉积物中有机物的^{14}C 水平相当（Purinton 等，2008）。显然，底栖动物体中碳的主要来源是近期、源自近表面的有机碳。它们必须有选择性地摄取更有营养的食物颗粒，同时也主要消化、吸收初级生产者新生产的有机物。而沉积物中有机物分子的惰性特征更加明显：年龄越老的分子通常越难以被酶降解。例如，通过对食物进行同位素标记，Ahrens 等（2001）证明多毛虫沙蚕（这个实验对象很容易在近岸水域采集到）对新鲜藻类的吸收效率高达 55% ～ 95%，而对沉积物中碳的吸收率仅为 5% ～ 18%。蠕虫越大，食物通过肠道的时间越长，吸收效率越高。事实上，很多底栖动物都进行选择性摄食（如 Taghon，1982）。在 Taghon 的研究中，他使用微小的玻璃珠来模拟食物颗粒，发现泥食性的蠕虫和蛤蜊更青睐小玻璃珠以及有蛋白涂层的玻璃珠。受青睐的颗粒可能与摄食表面黏液更有效地结合，从而引起选择性摄食。在某种程度上，当新鲜有机物到达海底时，动物也许仅仅加快了对这些有机物的摄食，这样看起来就像它们"选择"了这些食物一样（Taghon 和 Jumars，1984）。

14.5 总体底栖过程

相对于浮游生态系统而言，底栖生物生境的众多过程可以"打包"，形成整体效应，这些过程的总体速率也可测量出来。这种研究模式可以将海床纳入全球生态系统的生物地球化学模型中。这种整体性测量的对象多为沉积物混合速率和氧利用率。

14.5.1 生物扰动作用

沉积物混合是底栖生物的整体效应之一，又称生物扰动（bioturbation）。这种扰动很容易通过沉积物上层的放射性核素剖面展示出来。例如，在宇宙射线的作用下或核爆炸试验时，大气可生成放射性碳元素（^{14}C）。与其他碳同位素类似，^{14}C 原子可被固定到有机物中，通过有机物颗粒的下沉（包括海洋雪、粪粒和鲸鱼尸体）抵达海底水 - 沉积物界面。然后，通过蠕虫的掘洞、海参的搅动和摄食以及鼠尾鳕尾部的摆动作用，这些新沉积下来的颗粒有机物会向下混入沉积物中。最终达到沉积物的某个深度，所谓生物扰动极限（L）。含氧水体中该扰动极限深度为 $1.5 \sim 20$ cm，依水体深度不同该扰动极限深度的平均值在 5 cm（Teal 等，2008）到 10 cm（Boudreau，1998）之间。当沉积物表面逐渐堆积，厚度增加 1 cm 时，极限深度 L 以下 1 cm 的部分就不会被扰动了。在整个混合层中，^{14}C 通过 β 衰变减少，半衰期为 5 730 年。减少的 ^{14}C 量可以解释为表观年龄，即在持续不断的混合作用下，最新沉降到达沉积物表层的碳与过去不同时间段加入的碳（直至深度为 L 的沉积层）年龄的平均值。然而，由于沉积物由分层堆积而形成，作为一个整体，通过这种物理平均的计算方式无法精确计算出平均时间。其原因是：水体中的无机碳在海面以下被固定后，将逐步老化并失去 ^{14}C；同时，在初级生产发生的表层海水中，碳同位素与大气的平衡也不完全。因此，从表观 ^{14}C 年龄来看，沉降下来的颗粒有机物可能已经有几百到几千年（当然，核试验的情况例外，因为核试验使 ^{14}C 的丰度增高，致使它的年龄看起来可能比 0 龄还要年轻些）。从近海到深海海底平原，沉积物生物扰动层的表观年龄从约 400 年逐渐增加到 12 000 年（Emerson 等，1997；Hedges 等，1999），这个空间上的梯度变化与有机物输入的相对速率及（更为重要的）整体沉降速率呈函数关系。

在 L 以下，不存在进一步的混合作用，因此，^{14}C 按照放射性衰变的规律以指数方式减少，表观年龄随深度增加。Thomson 等（2000）列举了一个案例：在不列颠群岛西北罗科尔海岸西边（图 14.15），$L = 17.4$ cm。核试验带来的污染使沉积物最表层 3 cm 的 ^{14}C 略有增加。通过将 ^{14}C 与树木年轮标准的 ^{14}C 进行比较，推算出 ^{14}C 差异能代表多少"传统年"。根据以上数据和其他数据的估计，罗科尔站点的沉降速率为 4.4 cm 每 1 000 a。

根据同位素估计的 L 值并非恒定，主要取决于所用同位素的半衰期。

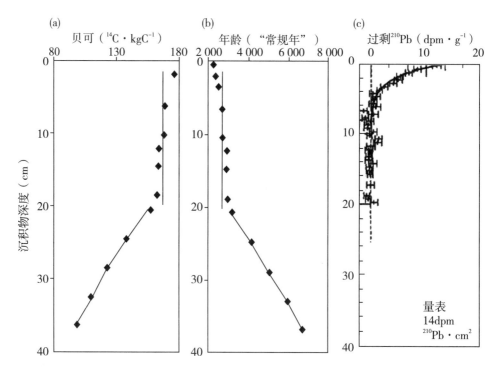

图 14.15　东北大西洋罗科尔平原 1 100 m 处沉积物柱状样的生物扰动示踪剖面
(a) ^{14}C，(b) ^{14}C 年龄，(c) ^{210}Pb 过量。图(a)和图(b)中的数据由 J. Thomson 提供；图(c)来自
Thomson 等，2000。

　　对沉积物混合常用的示踪物是"过剩"铅 -210(^{210}Pb)。^{210}Pb 是镭连续衰变的中间
产物，它的半衰期是 22 年。在沉积物中，过剩的 ^{210}Pb 指附着在水体颗粒物上并沉降
到底泥上的那部分 ^{210}Pb，其可与沉积物中由镭维持的 ^{210}Pb 区分开来。统计衰变产
物 ^{210}Pb 的总含量，并从中扣除镭维持的 ^{210}Pb 的量（通过确定镭的含量得到），即为
^{210}Pb 的过剩量。对于同一岩芯，自上而下的 ^{210}Pb［图 14.15(c)］与 ^{14}C 数据变化的模
式不同。在沉积物表面附近，过剩的 ^{210}Pb 以指数方式下降，在 8 ~ 10 cm 处达到零，
这个深度就是生物扰动极限深度 L 的估计值。^{210}Pb 的半衰期足够短，以至于在 L 以下
其值为 0。示踪物 ^{14}C 与 ^{210}Pb 之间的差异，主要源于它们之间半衰期的差异以及生物
扰动可能存在的间断。大多数时候，沉积物均保持静止状态，其堆积不会受到过多干
扰。有时蠕虫挖掘洞穴，表面沉积物落至洞内，之后又处于静止状态。混合事件的发
生足以使那些半衰期更长的示踪物在沉积物中变得均匀（寿命较短的则不会），同时，
半衰期更长的示踪物在体型更大的动物的偶然到访时可以混合到更深的地方。

　　根据 ^{210}Pb 和其他几种示踪同位素的分布规律，可以通过一个扩散模型来估计生
物扰动率。在该模型中，混合事件之间的等待时间比混合所用的总时间短，故连续混
合率 D_B 即为整体扩散系数，该系数通过类比菲克定律获得：

$$D_B \frac{\mathrm{d}^2 C}{\mathrm{d}z^2} - \lambda C = 0 \qquad\qquad （式 14.1）$$

式中，$\mathrm{d}C/\mathrm{d}z$ 是同位素自上而下的浓度梯度，λ 是放射性衰变率。D_B，生物扰动扩散系数，可根据同位素剖面估计出来，在罗科尔海岸附近站点的值应为 $0.088\ \mathrm{cm^2 \cdot a^{-1}}$。与 L 类似，D_B 由示踪物半衰期决定，但其受半衰期的影响与 L 正好相反。Smith 等（1997）比较了赤道附近 140°W 处太平洋横断面沿线站点（图 14.16），结果显示过量钍 −234（铀 −238 的子体，半衰期为 24 天）的 D_B 明显比 ^{210}Pb 的更大。^{234}Th 的 L 值仅为 2～3 cm（Pope 等，1996）。两种同位素的 D_B 估计值与沉积物收集器估计的有机碳输入量相关。显然，更充足的食物供给引起更多的生物活动，而后者意味着更大的生物扰动率（Boudreau，2004）。

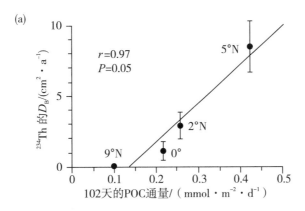

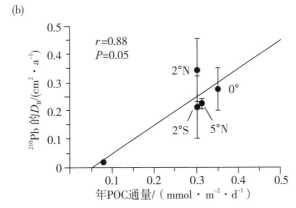

图 14.16　赤道附近西经 140°W 处站点沉积物平均（±SD）混合系数（D_b）与离底 700 m 处沉积物捕获器测得的 POC 通量关系

（a）过量 ^{234}Th，（b）过量 ^{210}Pb。使用半衰期较长同位素来示踪得到的沉积物平均混合系数也更高。当沉积物中动物摄取更多有机物时，生物扰动也更快。（Smith 等，1997）

罗科尔海槽 ^{210}Pb 的示踪剖面非常清晰，但不是所有站点的剖面都是如此［图 14.17（c）］。较大规模的短暂混合就可中断小幅混合情况下放射性衰变（指数衰减）剖面的形成进程。大型棘皮动物（彩图 13.1）重复穿行于沉积物中可能会导致下行的剖面曲线上出现肩峰或断层。Wheatcroft 等（1990）进一步提出：即便基于数学扩散模型获得的结果能够与同位素和其他示踪物显示的剖面很好地吻合，生物扰动也不是通过稳定的扩散作用来实现的。相反，沉积物中生物的活动具有时强时弱的脉冲性特征。泥食性动物在沉积物内的活动多为水平移动，垂直移动幅度较小，因此，单一维度上（垂直）扩散系数的估计值实际上并不能完全反映沉积物中大多数的混合事件。此外他们还指出，通常沉积物在整个混合层中的垂直运移并不是连续的，底栖动物（尤其是蠕虫）一般会在一端进行挖掘，而将挖掘出来的沉积物堆积在身体另一端。例如，蠕虫通常用吻部从沉积物表面扫动颗粒并摄食，然后将其粪便（相较摄入颗粒稍有改变的物质）堆积在位于数厘米深处的洞穴底部。表层和洞穴底部之间的沉积物将不受其影响。因此，平流式生物扰动模型可能比扩散式模型要好得多。不同的掘穴模式带来不同类型的沉积物转移方式（图14.17）。

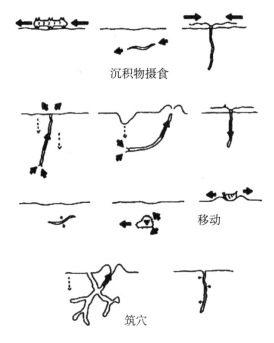

沉积物摄食

移动

筑穴

图 14.17　底栖动物引起沉积物混合的主要模式

（Wheatcroft 等，1990）

　　氧气从上层水体扩散进入沉积物间隙水，沉积物中的氧是一种"半衰期"很短的示踪物。将微电极从沉积物表面缓慢插入可以获得氧垂直分布的剖面图（图14.18），图中，氧浓度在一个较短的距离内迅速下降至零，氧浓度的这种分布模式可用氧在间隙水中的分子扩散（见下文）和呼吸之间的动态平衡来解释。因为底栖生物新陈代谢消耗的氧气几乎为零阶（即不取决于氧浓度），所以半衰期并不能很好地表征氧气的垂直分布规律。此外，与固相的同位素示踪物并不相同，氧气作为一种示踪物，可以不依靠生物扰动而独立地通过间隙水扩散。沉积物内氧气被消耗后，可从上方水体获得持续的补给。然而在大多数地方，特别是近岸地区，如果来自上方的氧气补给突然终止，那么沉积物中的氧气2小时左右就会被完全耗尽。这就是氧气扩散渗透的深度通常较浅的原因。在多数(并非全部)情况下，氧剖面不受生物扰动的影响。间歇性搅动使氧气可达到比其扩散极限深度更深处，从而使氧剖面发生均质化，但由于微生物对氧气的大量消耗，这种搅动带来的影响很快就会被消除。尽管生物扰动可导致氧气向沉积物深层渗透，但毕竟发生的频率很低，因此，大多数沉积物在大部分时间内都处于静止的非扰动状态。

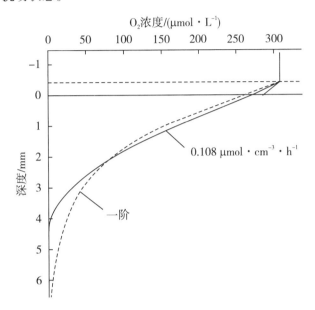

图14.18 丹麦奥胡斯湾15m深度沉积物中氧浓度的微电极剖面
数据以点表示。水平实线为沉积物表面；水平虚线为扩散边界层(DBL)顶部。拟合实线为消耗速率为0.108 μmol·cm⁻³·h⁻¹的零阶模型(速率不依赖于浓度)。虚曲线为拟合最好的一阶模型。(Rasmussen和Jørgensen，1992)

颗粒的大小是影响颗粒在沉积物中的下行混入速率的一个因素。Wheatcroft(1992)在距加利福尼亚圣卡塔利娜盆地1 240 m处做了一个实验，他用一台装有大型香料振动筛的潜水器将直径8 ～ 420 μm的光滑球形玻璃珠散布到1 m²内的沉积物上。997天后再次采集的沉积物柱样(图14.19)显示玻璃珠向下沉降了约7 cm。因为玻璃珠进入沉积物之前的初始位置位于同一平面上，所以预计的分布模式并非简单的指数型，而是符合图中数据的拟合曲线。随着颗粒直径的增加，其最佳拟合的 D_B 值减小，但从图14.19(以及文章中的其他图)可看出其差异很小。除了粒径最大的玻璃珠(就像深海大型底栖动物眼中的鹅卵石)外，其余珠子也都下沉至相同的扰动极限深度 L 处，且曲线形状大体相同。

Boudreau(1998)发现 L 与水体深度无关[图14.20(a)]。统计很多同位素(多为²¹⁰Pb)剖面得到的 L 平均值为9.8 cm ± 4.5 cm(±SD)(Teal等，2008)。这个平均值同样不受沉降速率的影响，尽管沉降速率通常与有机物供给量呈正相关，与水体深度呈负相关。Wheatcroft等(1990)曾推测，L 是由沉积物的致密度决定的[图14.20

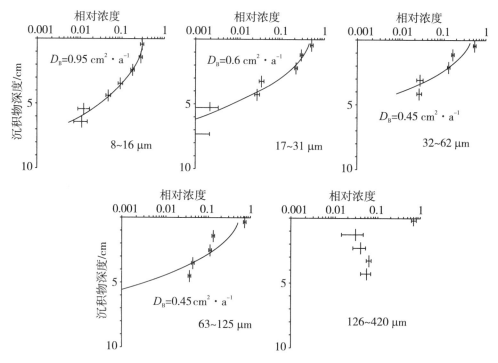

图 14.19　加利福尼亚州南部沿岸海盆中示踪颗粒（粒径逐渐增大）的拟合弥散曲线

图中出现的轻微趋势是：较小颗粒移动较快，弥散系数较大。最大的颗粒可以移动，但无法用弥散模型进行拟合。（Wheatcroft，1992）

（b）]，随着颗粒下行，沉积层的含水量逐渐减少，因此沉积物将变得越来越难以穿过。然而，很难用实验验证挖掘越深耗能越大的设想。相比之下，Boudreau（1998，2004）则推测：在表层数厘米深的沉积层，大部分易降解有机物已消耗殆尽，掘穴动物在更深的地方觅食将一无所获，因此，生物扰动主要局限在沉积物表层。还应注意的是，在有机物输入最高的大陆架边缘地区，沉积物表面几厘米以下通常是缺氧的，氧化还原电位为负值，并且含有硫化物等有毒的还原性物质。因此，掘穴动物想在沉积物表面几厘米深度以下生存是十分困难的。近年来，有关生物扰动率和深度的偏微分方程复杂模型已经建立起来。Bernard Boudreau、Filip Meysman、Jack Middleburg 和 Karline Soetaert 对这项工作做出了杰出贡献。

通过柱样切片的 X 射线影像将填满的洞穴显示出来。沿洞壁下行通气的增强促进了溶解在还原性沉积物中的重金属、锰元素和铁元素的沉淀作用。此外，洞穴填充物与洞穴四周矿物和致密度的差异导致它们对 X 射线吸收率的不同，因此可以生成影像。洞穴尺寸具有明确的分层分布特征：在多数情况下，最小的洞穴都在最表层的几厘米深度内；中间层厚度为几分米，该层的洞穴稍大，通常可通过色差和 X 射线来辨识；洞穴在更深一些的埋藏层中逐渐减少直至消失（Berger 等，1979）。

对于多数海洋学研究来说，生物扰动的重要性在于它确实存在，在动物区系或气候历史重建的地层学研究中是绝对不应忘记、不能忽视的一环。生物扰动作用的影响

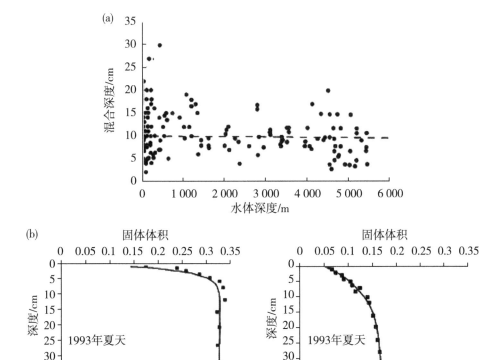

图 14.20　沉积物混合深度与水体深度的关系及沉积物紧实度与沉积物深度的关系[*]

（a）全球海洋沉积物的混合深度 L（基于过量 ^{210}Pb）。L 不随深度而变化。自 Boudreau，1998。（b）新斯科舍省沿海大陆坡沉积物压实曲线的两项实例。图像为固体体积 $(1-\varphi)$ 与沉积物深度的关系，其中 φ 为沉积物孔隙度。（Mulsow 和 Boudreau，1998）

[*] 图题为译者总结。

在于它使沉积事件的记录随着时间的推移变得模糊，显著降低了事件的分辨率。海洋沉积速率有时极小，在亚热带太平洋海区可低至 0.1 mm/$1\,000$ a。对于这种沉积速率很低的地点，即使 L 值只有 4.0 cm，也反映了近 40 万年内特定化石沉积的历史，比冰期－间冰期的循环周期还要长。这样，短期事件（如冰期终止）就很难在沉积物中找到与之对应的断层平面；化石的分布非常弥散并且在垂直分布上向上层偏离，就像 Guinasso 和 Schink（1975）的模式显示的那样。此外，仅当混合作用到达最深层（L）时，古生物学或气候相关事件在地层中的记录才会最终被保存下来，L 由半衰期最长的示踪物来表征，并受到最小的、维持时间最长久的 D_B 值的影响。当然，地层学研究并非看不到希望。如果足够细心的话，可以通过地层的下行变化而有所发现。有些站点的沉降速率很快，也有些站点在近乎缺氧的底层水下，比如美国加利福尼亚沿岸的圣巴巴拉海盆，这类地点没有生物扰动的影响，其沉积物显示出逐年累积的分层，称为纹泥（varves）。沉积学者对这些地点进行了大量细致的研究。

也有观点认为生物扰动在全球生物地球化学进程演化中发挥了重要的作用。在前寒武纪末期，自养生物的活动使大气和海洋中的氧气浓度开始增加，一些植物(7 亿年前的苔藓和苔类，以及稍晚的真菌和地衣)在陆地定植，增强了对土壤的侵蚀，从而将土壤颗粒输送至海洋。黏土颗粒表面带电，可吸附有机质，从而增加了有机碳的埋藏量，减少净相对呼吸量，进而使全球氧含量增加(Kennedy 等，2006)。氧含量的增加和食物(有机碳)的埋藏支持了海洋后生动物(那些最早进行生物扰动的类群)的适应辐射。生物扰动对沉积物表面微生物垫的破坏作用使有机物可以分布到更深的位置，并最终确立了现代有机物生产和代谢循环之间的近似平衡状态。

14.5.2 沉积物的生物塑形

底栖动物活动带来生物扰动效应的同时，也改变了沉积物表面的形状。这一改变可能不易察觉，也可能相对明显。掘穴动物将沉积物移向表面，形成土堆，通常为火山状(图 14.21)。穴居海参(芋参目)制造的土堆最为壮观，但很多其他生物，尤其是多毛纲、蟸纲和肠鳃纲生物(囊舌虫)，只能造出较小的土堆。底栖动物活动也可形成不同形式的凹坑和凹槽。多毛纲的双栉虫可以在它们羊皮纸状的栖管端部挖掘小的摄食坑。在沉积物中，这些栖管一部分保持垂直，另一部分穿过沉积物表层水平地朝向凹坑。竖直的栖管或细长的海鳃都会在沉积物附近产生局部旋涡，增大了冲刷力。大型棘皮动物(海蛇尾、海星、海胆和海参)穿过海底时会留下痕迹，痕迹通常底部平坦，边埂稍高于沉积物表面数厘米(彩图 13.1)。底栖生态学家用德语 *Lebens-spuren*(生命轨迹)来指代沉积物中的一系列动物痕迹。人们曾一度认为深海动物的活动十分缓慢，以至于它们留下的"生命轨迹"的年龄可能长达数十年或更久。然而，通过延时摄影和多次潜水观察证实了这种沉积物塑形可能每几周都会有新的变化(Wheatcroft 等，1989)。

图 14.21 穴居海参形成的沉积物堆积

(Gage 和 Tyler，1991)

动物的分泌物及活动可能使沉积物变得更加稳定或不稳定。肠道分泌的黏液会与内含物混合，排出体外后至少可以暂时增强其凝聚性。反之，大量蛤蜊假粪、小型致密沉积物球使底泥更易流动。在海底峡谷陡坡上堆积着大量来自近岸的沉积物，有观点认为其中底栖动物的掘穴活动能引起坍塌并触发浊流。

14.6　底栖生物的总体新陈代谢

14.6.1　测定方法

沉积物群落耗氧量(SCOC)被广泛用来衡量海底所有生物的新陈代谢水平。这对于评估海床在海洋有机物的总体经济(生产、转化、利用、消耗等)中扮演的角色具有重要意义。Ronnie Glud(2008)对这方面的研究发展状况做出了里程碑式的综述，其中还讨论了本书并未涉及的一些技术问题。

测定潮间带滩涂所有底内生物的氧消耗量(从细菌到蛤蜊)通常可以如下操作：利用一个一端开口的罐子，罐子另一端装有阀门，内部装有搅拌器。当潮水高度达到大腿一半时涉水前行，使水装满罐体，并将开口端缓慢插入沉积物中，保持后端阀门打开，使罐体滑入泥土时水能从后端流出。小心地将罐体插入至一个已知深度，这样罐内的体积就可以确定。之后将注射器连接至阀门，采集水样，然后关闭阀门。这样，就可以测出孵育实验之前水样氧的含量($[O_2]$)。随着时间的推移，采集的一系列样本将显示$[O_2]$的下降。计算出氧使用率或总氧利用率(total oxygen utilization rate，TOU)就可估算出研究期间罐底区域底栖生物的新陈代谢水平。

借助现代技术，我们可以使用连接在基底探测器上的小罐自动采集任意深度的样本，进而实现上述观测。基底探测器(通常是大型三脚支架)慢速下降至海底，等待尘泥消散后缓慢地将一个或多个小罐沉入探测器下方的沉积物中。注射器按时间序列取样或通过记录电极来测定溶解氧的消耗。也有研究者尝试先利用箱形采样器采获大块沉积物，然后将小罐插入这个采样块内来测定呼吸作用。然而，将沉积物取运到海面的过程中会伴随压力的降低和温度的升高，这些因素都会影响耗氧速率的估算结果(一般来说，结果偏高)。

如果上层水体中的溶解氧未能扩散到沉积物内，那么沉积物中生物群落对溶解氧的消耗将会导致沉积物的缺氧。通过比较微电极(常为嵌在玻璃微管中的铂丝)和沉积物表面以上的银－氯化银参比电极的读数，可以获得垂直方向上精确度很高的沉积物氧浓度剖面图。同样，微电极可以安装在探测器携带的电动微型断面仪上(如 Reimers，1984)。浮泥消散之后，电极被缓慢置入沉积物中，产生剖面图(图 14.18)。可利用底层水的(可由温克勒尔滴定方法来测定)氧浓度以及沉积物数厘米之下的氧浓度值(通常为零)来对电极测量结果进行校准。最近，用玻璃光纤制成的氧"光极"可产生对应于氧浓度的荧光信号，从而完成氧浓度的测定。这些测量工具也可以集成到基底探测器上，通过探头插入沉积物中完成溶解氧的原位测定(Wenzhöfer 等，

2001）。

依靠氧电极和光极获得的沉积物溶解氧剖面（图 14.18）与水体 - 沉积物界面上方紧贴水层中 $[O_2]$ 剖面非常一致。当探针下降到离沉积物表面只有几毫米，也就是接近水 - 泥相接的界面时，该处水流速率基本为零，这意味着探针进入了扩散边界层（DBL），该扩散边界层中 $[O_2]$ 变化的斜率与沉积物表层以下 $[O_2]$ 曲线起始部分的斜率相等。若知道了该斜率，即 $d[O_2]/dz$，就可估算出扩散氧消耗率（diffusive oxygen uptake rate）：$DOU = D_O \cdot d[O_2]/dz$，其中，$D_O$ 是水中氧分子扩散系数。该系数是关于温度的函数，温度越低时扩散越慢，见表 14.4（Armstrong，1979）。

表 14.4　氧分子在水中的扩散系数与温度的对应关系

温度/℃	$D_O/(\times cm^2 \cdot s^{-1})$
0	0.99
5	1.27
10	1.54
15	1.82
20	2.10
25	2.38
30	2.67

更复杂的扩散反应模型同时考虑了沉积物的相对孔隙度及颗粒形状和堆叠的效应（弯曲度，tortuosity）这两方面因素带来的影响。弯曲度可基于沉积物对电流的电阻率剖面测定出来（如 Berg 等，1998）。一般而言，这些模型均为"零阶"，即假定它们不依赖于溶解氧浓度。实际上，除非溶解氧浓度很低（图 14.18），否则生物对氧气的利用率的确不依赖于氧的供给情况，而其他因素（主要是有机物的供给）可能对生物耗氧有影响（Cai 和 Reimers，1995）。一般情况下，TOU 的值比 DOU 的值略大，因为 TOU 包含了分散在沉积物中、较大型生物体的新陈代谢，同时测定更大的区域更可能将微生物微观结构的代谢"热点"也包含在内。大型底栖动物的活动可以将氧气导入沉积物局部，从而导致氧浓度在沉积物下层出现峰值，电极测定有时可能会记录到这种现象（Glud 等，1994）。

无论是小罐还是电极，要插入沙子或砾石沉积物中都不太容易。针对这一问题，Peter Berg 等（2003）开发出了非穿透性的 TOU 测量法：涡度相关法。将声学多普勒流速仪（ADV）和氧电极紧挨着悬挂在支架上，两者到沉积物的距离均为 10 ～ 15 cm。它将持续记录垂直速率 w 和 $[O_2]$ 的数据。仪器的安放位置远高于 DBL（图 14.18）。由涡流平流和 DBL 低浓度混合导致的 $[O_2]$ 下降（非常小，但可测量），与上行速度脉冲相关（约 0.5 cm·s^{-1}）；而 $[O_2]$ 的升高则源于下行速度脉冲（从上层）混合带来的氧气。这些变化的幅度比较微小，但仍可通过高频率（例如 64 Hz，运行平均值为 8

Hz，用于减少设备噪音)的信号采集记录下来。与深海相比，河口的测量结果与耗氧的关系(图 14.22)显示出较大的波动。下述问题留给读者自行思考：为什么数分钟内测量的通量(TOU)为 $w' \cdot [O_2]'$ 的平均值，即波动分量的乘积(通过在 w 和 $[O_2]$ 中减去所有测量结果的平均值，以得到 w' 和 $[O_2]'$)。在相模湾(本州岛东部)1 450 m 处，此技术的测量结果同小罐和电极剖面结果完全一致(Berg 等，2009)。涡流相关设备正在商业化生产，未来将由此产生大量的沉积物总耗氧数据(敬请关注)。

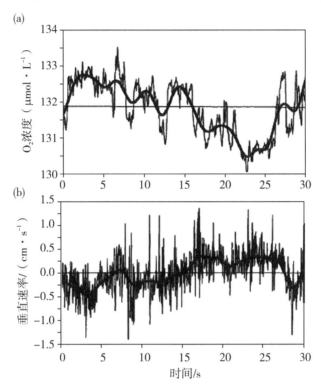

图 14.22　丹麦奥胡斯湾沉积物上方 15 cm 处，在 25 Hz 下同步记录的 30 秒内 $[O_2]$ 波动和垂直速度(＋为上)

水平线为平均值。粗线来自低通滤波。(Berg 等，2003)

14.6.2　测定结果

从全球数据集中去除 $[O_2]$ 极低站点后发现(Glud，2008)：随深度的增加，TOU 和 DOU 出现指数性下降趋势[图 14.23(a)]。从 10 ~ 4 000 m 深处，TOU 变化了 85 倍。虽然数据非常离散，但并不能否认这样明确的深度变化关系，而离散较大的样点意味着有机物供给在各地点之间差异很大。这与氧在沉积物中的渗透深度的指数性增长相对应[图 14.23(b)，源于电极剖面]。当沉积物中可供呼吸的有机物更少时，氧可以在沉积物中扩散得更深。在寡营养海域以及当深度较大时，溶解氧可以向下扩散至沉积物 8 cm 甚至 20 cm 深处(Wenzhöfer 等，2001)。在不同沉积物中，溶解氧穿透深度的差异显然与有机物的可利用性有关，也就是说，与生物耗氧量有关。然而，氧穿透深度的变化非常大，即便在很小的局部区域内（小到两个探针之间的范围）也可能出现差异（图 14.24）。在富含有机质的近海站点，例如 1 450 m 深的相模湾，O_2 穿透深度范围在 0.2～1.2 cm。造成这种局部斑块分布的因素很多，包括有机物（食物）的浓度、大型底栖动物运动轨迹的搅动、附近是否有掘穴动物、是否存在细菌垫。上述因素都将导致数厘米范围内微生物活动的巨大变化。不同海底 O_2 穿透深度的变化情况也大多如此。

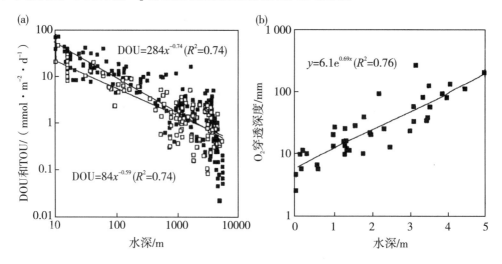

图 14.23 沉积物所处的水体深度与氧气利用率及氧穿透浓度的关系

（a）全球 DOU（空心方块）和 TOU（实心方块）与水体深度的关系。带有回归方程的对数坐标。（b）氧渗入沉积物的深度与水体深度的关系。（Glud，2008）

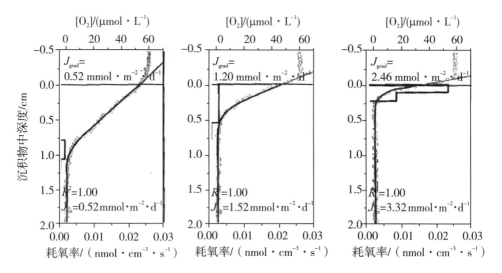

图 14.24 三个样本 $[O_2]$ 与沉积物深度关系的剖面（两个极端和一个中性案例）

沉积物位于日本本州相模湾水深 1 450 m 处。J_{grad} 值为根据上剖面斜率计算的通量率。沉积物生物群落的耗氧率位于较低的横坐标。类似的氧渗透深度和通量的局部变化非常普遍。（Berg 等，2009）

Wenzhöfer 和 Glud（2002）对比了高表层生产力区域（如西非上升流区）和寡营养大洋中央海域的 DOU。在 1 km 深的海底，两个区域 DOU 的差异为 4 倍；在 3 km 深的海底，差异为 2 倍。上层水体生产力是决定深海生物活动的主要因素，但随着水体深度的增加，穿过水层最终到达海底的有机物量会减少。因此，SCOC 结果呈现这些特征就不奇怪了，这与收集器通量、大型动物丰度分布规律等基本一致。

14.7　食物供给与新陈代谢的关系

测定出 TOU 和 DOU 后，下一个问题就变得显而易见：耗氧量与海底沉降有机物的供给率到底存在多大程度的相关？考虑到供给和消耗具有季节性，对这一问题的回答就变得相对复杂。因此，需要足够长时间的连续采样，并且至少需要以季度为单位，才能使结果令人信服。K. L. Smith 及其同事（Baldwin 等，1998；Smith 等，2009）对加利福尼亚康塞普逊以西 220 km 海域 4 100 m 深海平原站点 M 开展了长时间序列研究，获得了大量样品与数据。1989—1998 年，他们大致按照季度间隔完成了 36 个航次。在 2010 年又专门开展了更加密集的采样。每个航次他们都会回收并放置新的锥形沉积物收集器（开口带挡板，面积为 0.25 m^2），收集器被固定在距离海底 600 m 及 50 m 的深度上。收集器通过一系列带防护层的杯体收集下行的颗粒流，并每隔 10 天自动更换。杯体更换设备有时可能会被卡住，因此有些数据丢失了，但是每次采样都如期进行，保证了时间序列的完整性。参与航行的人员还进行了一系列的海底观察，最突出的是使用探测器上的小罐来研究 2 天内的沉积物耗氧率。同时也进行了其他研究，包括相机滑轨摄像，拖网捕捉大型动物和潜水器潜水等。

沉积物收集器在距离海底 600 m 和 50 m 处［图 14.25（a）和（b）］收集到的数据显示：颗粒有机碳（POC）供给率具有明显的季节性。这两处深度上 POC 通量的时间序列数据十分接近，证明在水深 2 000 m 以下有机物沉降过程中只有非常少的有机碳被消耗了。50 m 处的供给率比 600 m 处的供给率高出 10%，这可能源于近底部颗粒物的横向输送。POC 通量的最大值出现在沿海上升流的季节性峰值之后，滞后约 2～3 个月（相对迅速）；上升流的峰值可通过对该海区容易导致上升流的风场粗略地估算（巴坤指数，BUI）。除季节变化外，年度总通量也存在变化（见表 14.5；1997—1998 年后无数据更新）。POC 通量与 20～60 天前的上升流强度（巴坤指数）有一定的相关性（斯皮尔曼等级相关系数为 0.3，$P < 0.001$），并且上升流强度在不同年份间变化很大。

利用卫星遥感获得的叶绿素数据研究手段出现在 1996 年，略早于 1997—1998 年后对站点 M 的低频航次采样。Smith 等（2006）对 1996—2004 年站点 M 沉积物收集器测得 POC 通量的连续时间序列数据进行了模拟，之后在 Smith 等（2009）的文献中数据被更新至 2006 年。基于卫星数据的叶绿素浓度和温度的时间序列数据，建立净产量的算法；再以叶绿素浓度、温度和 BUI 为自变量，POC 为因变量，得到多元回归方程。结果表明，1999 年年末至 2006 年的 POC 通量大于 1996 年至 1998 年的 POC 通量（图 14.26）。这些 POC 通量的变化（如果的确发生的话）可能对底栖动物产生影响，并与气候涛动指数的变化粗略地相关（Smith 等，2009；关于气候涛动指数请参考第 16 章）。

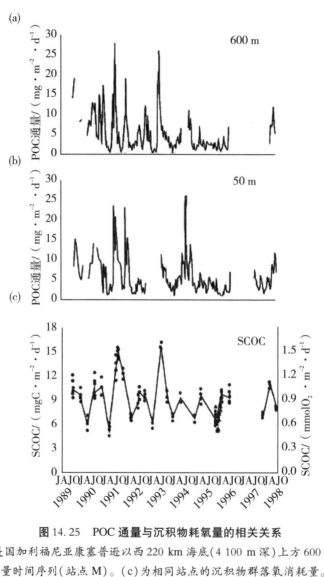

图 14.25　POC 通量与沉积物耗氧量的相关关系

（a）和（b）为进入美国加利福尼亚康塞普逊以西 220 km 海底（4 100 m 深）上方 600 m 和 50 m 处收集器的颗粒有机碳通量时间序列（站点 M）。（c）为相同站点的沉积物群落氧消耗量。左边刻度表示呼吸商为 0.85 时换算而得出的有机碳代谢通量。（Smith 等，2001）

表 14.5　M 站点年度总 POC 通量和沉积物耗氧量(SCOC，转换为碳当量单位)的比较

	年份								
	1989—1990	1990—1991	1991—1992	1992—1993	1993—1994	1994—1995	1995—1996	1996—1997	1997—1998
POC 通量/$(gC \cdot m^{-2} \cdot a^{-1})$	3.18	2.51	1.63	2.32	1.91	1.53	0.67	—	1.45
SCOC/$(gC \cdot m^{-2} \cdot a^{-1})$	3.21	3.75	3.34	3.81	3.12	2.94	3.06	—	3.37
POC/SCOC 比率	0.99	0.67	0.49	0.61	0.61	0.52	0.22	—	0.43

(Smith 等，2001)

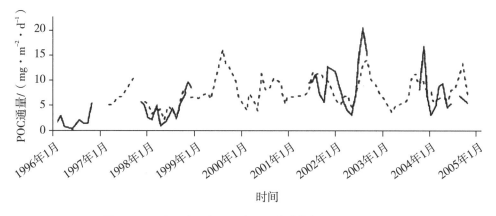

图 14.26　利用叶绿素、温度、上升流指数预测 POC 通量

实线：M 站点沉积物收集器 POC 通量(海底以上 50 m)。虚线：当叶绿素浓度(200 km 半径)、温度和上升流指数作为自变量时，数据(实线)的多元回归模型。(Smith 等，2006)

　　Smith 等(2001)假定呼吸商(每分子 O_2 消耗产生的 CO_2，该呼吸商适用碳水化合物和脂肪的混合物)为 0.85，将沉积物群落耗氧(SCOC)率转换为有机碳的氧化率。与有机物的供给类似，群落耗氧率与有机碳的氧化率也呈现出明显的季节性[图 14.25(c)]：在夏、秋两季最大，冬季最小，平均值约为 10 mgC $\cdot m^{-2} \cdot d^{-1}$。与很多长时间序列的生态研究结果类似，这一时间序列长度还不足以建立很好的相关关系。从图 14.25 可以看出，当 SCOC 处于夏季峰值时，POC 通量在三年中有两年(1991 年和 1993 年，而非 1994 年)都高于 POC 通量较低的三年(1992 年、1995 年和 1996 年)。因此，该研究得到的主要结论是：沉积物底栖生物群落对于上层海水有机物输出增加的反应十分迅速，甚至是立即响应；有机物在到达海底后很快就被底栖生物群落代谢消耗掉了。

　　从年平均值来看，海底对有机物的消耗量似乎大于上层海水颗粒有机物的供给量，约多出 180%，当供给量较小时，差异则更大(有机碳的消耗量比供给量更为稳定；图 14.25)。此外，Smith 等(2001)指出，由于约 9% 的供给量最终被封存在沉积物深处，因此有机物供给量与消耗量的差异可能更大。在世界范围内，上层水体沉降有机物被沉积物封存的比例变化范围很大。Reimers 等(1992)指出，陆架边缘海有机

物供给量中约 13% 最终被封存在生物扰动极限深度以下的海洋沉积物中。在寡营养的大洋水域海底，这种"埋藏效率"很低，可能低于 2%。对于位于加利福尼亚洋流上升区外缘的站点 M 来说，9% 是一个合理的测算结果。

Smith 等（2008）使用时间序列的海底影像来评估大型有机凝聚体——大团的硅藻和放射虫沉积到海底的重要性。沉积物收集器的挡板会将这些大型凝聚体挡住，直到被清除掉，因此它们无法被收集。凝聚体确实为底栖生物提供了额外的、脉冲式的食物来源，很多时候凝聚体沉降的峰值也与收集器测量的 POC 通量的季节性峰值同步发生，但凝聚体的通量一般还不足以与沉积物新陈代谢率（SCOC）相匹配。Glud（2008）认为，所有基于短时间尺度数据的比较都显示了同样的规律：SCOC 代表的新陈代谢对有机物的消耗总是高于收集器测得的 POC 沉降通量。

Smith 测得站点 M 表层 3 cm 厚的沉积物有机物现存量为 150 $gC \cdot m^{-2}$，而呼吸作用存在季节变化，这暗示这些沉积物中的有机质已经有所降解，仅需得到惯常 POC 通量的偶尔补充，就可在相当长时间内支持 3～4 $mgC \cdot m^{-2} \cdot a^{-1}$ 的新陈代谢。对于大型食物坠落（鲸鱼尸体等）所产生的有机物转移，沉积物收集器无法测定，这种食物来源在海底会由食腐动物重新分配，其速率目前还无法预测。临近海底的底层水流可通过侧向输送给沉积物供给有机物，在站点 M 所处陆坡的附近尤其如此。人们可能会想到，实际发生的底栖新陈代谢大部分都来自细菌和其他微生物，它们可以从间隙水中吸收 DOC，因此，微生物对溶解有机物的吸收可能是代谢消耗的另一来源。然而，表层沉积物中 DOC 浓度是较低的（表层 3 cm 现存量约为 0.16 $gC \cdot m^{-2}$），并且不太可能从上层水的 DOC 中获得补充，因为上层水里 DOC 的浓度更低，而且其 ^{14}C 年龄更老，因此惰性较强，营养价值更低。故此，间隙水 DOC 必定来自沉积物 POC。正因为如此，DOC 对底栖新陈代谢的供给仍然无法解释氧消耗量和 POC 沉降量之间明显的不平衡现象。Andersson 等（2004）认为 SCOC 必定真实地反映了有机物的通量，并由此推测全球有机物向深海的运移率是一个相对较大的值。然而，DOU 和 TOU 测量的地点多在海岸区域（Seiter 等，2005），其他大部分海域却还没有测量数据，因此地理分布上具有极大的偏向性。另外在各类不同的海底，溶解氧浓度差距有 10 倍之多，这也是影响底栖代谢的一个重要因素。

14.8 群落响应

另一个有意思的问题是：大型动物和巨型动物群落如何响应食物输入的变化？Ruhl（2008）通过相机滑轨摄像研究了站点 M 大型动物群落长时间序列的变化情况，结果显示群落组成在保持大体稳定的同时也会发生一些变化。图像捕捉到 10 种不同物种，均为棘皮动物，构成了沉积物表面爬行动物的 99%：8 种海参（海参属）、1 种海胆（海胆纲）和 1 种海蛇尾（实际为海蛇尾纲不同的种）。在 37 次调查中，海蛇尾的丰度均位列第一或第二。仅有一次例外，研究人员推测排序名次上的变化与取样方法的差异有关。这项例外是：通常占优势的海参——*Elpidia minutissima*，在 2001—

2004 年的图片(彩图 14.4)中,从一贯的排名第一或第二,下降至第十(实际上,这种海参基本消失殆尽)。在相同时间段,海胆 *Echinocrepis rostrata* 在相对丰度上有所变化——从第五上升至第三,并且种群密度增加了约 10 倍。

海胆的增多显然与生物补充事件有关,因为中等大小的动物个体在群落中大幅减少。Ruhl(2008)对 1989—2004 年这 10 个物种比例上的变化进行了聚类分析,结果显示:将采样日期按年代进行分组可信度很高,其中 2001 年的变化持续到 2004 年最为明显。站点 M 有些时间段的食物输入数据和群落变化的对应关系不那么可信(Smith 等,2001,2006),并表示 2001 年和后续几年群落组成的变化可能是对 1998 年强烈厄尔尼诺现象的响应。利用箱形采样器采获的沉积物样品中大型底栖动物群落也有变化,但变化规律更为混乱(Smith 等,2009,图 4)。

14.8.1　大西洋时间序列

英国生态学家在 Porcupine 深海平原(PAP)开展了一个类似的深海营养级时间序列研究,但研究跨度较短。PAP 站点位于布列塔尼正西方向,欧洲陆坡和大西洋中脊之间,北大西洋副极区涡旋 49°N,16.5°E 处 4 800 m 深的位置。1996—2004 年的结果已经发表(Lampitt 等,2010a)。POC 通量(图 14.27)用 0.5 m^2 锥形收集器在 3 100 m 处测量,收集杯在高通量时间段内每隔两周更换一次,在低通量期间每隔八周更换一次。1997 年 10 月以后,PAP 的 200 km 半径内的叶绿素浓度平均值可以使用卫星遥感来估算与比较。叶绿素(代表初级生产力)和 POC 通量在时间上的变化规律是大致相似的(Lampitt,2010b)。然而在某些年(1999 年和 2001 年),POC 通量峰值比叶绿素峰值出现的时间晚了数月,但其他年份未出现明显延迟。2001 年的 POC 通量较 1998 年和 1999 年高出很多,而当年叶绿素水平却并未明显高于这两年。与 1998—2001 年相比,2002 年夏天到 2005 年的叶绿素含量较低,POC 通量也较低(如 1998,1999 年样本除外)。POC 通量的夏末脉冲实际上是 POC 通量与矿物通量比值较大的时期:碳酸钙和蛋白石颗粒的通量相对较低。这与文献中的疑问一致——沉降颗粒物中的矿物含量是深海食物供应率的一个决定因素(见 Passow 和 De La Rocha 的综述,2006)。

Lampitt 等(2009)根据连续的浮游生物记录器数据证明夏末出现种群激增的稀孔虫类——0.1～1 mm 大小的原生物,具有硅质骨骼与蛋白质基质,依靠沿蛋白石突起伸出的黏性伪足摄食——可能造成了大量 POC 通量沉降。在沉积物收集器捕获的内容物中稀孔虫类及其骨针的丰度并不高,因此,骨针可能在沉降的过程中分解,但在夏末的收集器中可能收集到高丰度的小型球状物(原生动物粪便)。1990 年的数据确实如此。不幸的是,1999 年和 2001 年的样本并不适用于进行显微镜检查。然而,此类推测的确为之后的试验提供了一种假设。

PAP 通量时间序列研究没有采集 SCOC 的数据,但 Billett 等(2010)对拖网捕捞巨型动物的丰度和群落组成变化进行了非常详细的分析。在 PAP 站点周围,他们使用 8.6 m 宽的网板拖网捕捞扫过 6～15 hm^2 的海底,这个范围足以评估深海平原动

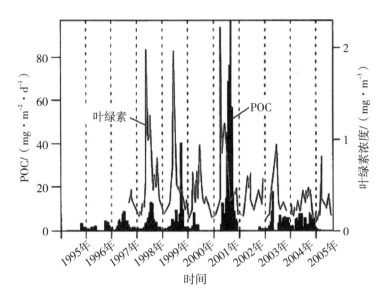

图 14.27　**PAP 站点 POC 通量的时间序列** *

直条形方图：东北大西洋 Porcupine 深海平原(49°N、16°30′W)上方 3 000 m 处收集器获得的颗粒有机碳通量时间序列估测值。连续折线图(大多位于条形部分上方)：收集器站点周围 200 km 半径内卫星估测叶绿素浓度平均值。(Lampitt 等，2010b)

* 图题为译者总结。

物的总体变化。海参(海参类动物)是优势类群，约占个体总数的 60% 多、总生物量的 90% 。直到 1995 年，群落中的优势种类都是由 6 个物种共同组成的。大约在 1995 年开始采样(但直到 1996 年才开始)，*Amperima rosea* 海参开始出现增长。这个之前从未出现的物种到 1996 年已在数量上占据优势。同样增长的还有 *Ellipinion molle*(海参类动物)和 *Ophiocten hastatum*(海蛇尾纲)。*Amperima* 持续出现了 4 年(不断衰减)，之后在 2001—2003 年出现了短暂的上升(*E. molle* 并未上升)。后来 2 个物种都降至较低水平，这次"Amperima 事件"才最终结束。2001 年观察到的高 POC 通量表明这些事件可能都是由食物供给造成的。在这些时间段，一些常见优势物种仅出现了略微的增长，但 *Peniagone diaphana* 却出现了大幅度减少(之后又恢复)。Billett 等(2010)指出，重构整个沉积物表面一般需要 2.5 年，但在事件发生期间，这个时间缩短到不到 6 周，并且在这段时间中 PAP 海底并未出现絮凝碎屑的季节性累积。其原因和影响虽然仍无法明确，但能够确定的一点是：营养关系及与其相关的底栖动物种群进程都在数年间发生了剧烈的改变与恢复。虽然无法确定这种事件多久发生一次，但就站点 M 出现的动物群变化来看，表层海水的初级生产力和有机碳的输出速率驱动着底栖动物群的动态及多种生态效应。除表层生产力提供的食物供给有差异之外，不同区域站点在众多方面都十分相似。例如 Maynou 和 Cartes(2000)发现，在地中海年生产力不同的相邻海盆中，底表栖性的深海虾类存在明显的群落组成差异。

14.9　本章语

多年前的《纽约客》杂志中，曾有这样一幅漫画，画中有几位上流社会女性坐在沙发上喝茶，其中一个说道："我不知道我为什么对海底的一切毫无兴趣，我就是没兴趣。"如果你部分认同她的观点，那么海洋学中肯定有其他话题会吸引你。另一方面，我们中有很多人都对海底和底栖动物十分着迷，而且新工具的出现让他们的研究进展迅速。当我们继续在海底更深处钻取石油，不可避免地出现泄漏时，当我们继续将底层水视为化石燃料产生的二氧化碳可能的储存库时，这些底栖生物学家取得的进展就不仅仅只有学术价值。地球上所有生态系统都相互联系，因此即使我们的视线被数千米的海水所遮挡，底栖生物仍值得我们去了解。

第 15 章　海底热液

20 世纪 70 年代 J. B. Corliss(1973)研究证实：玄武岩岩浆从洋壳溢出，沿洋中脊中心扩张，在其周围极热海水的淋滤作用下发生了很大改变。他收集了能证明玄武岩结构变化的一系列证据，大多来自不同位点岩石样品的同位素数据及其比较。在不曾见到任何海底热泉的情况下，他描绘了一种海底间歇泉：海水向下穿过沉积物和玄武岩，侵入岩浆的周围，在对流的驱动下海水被向上输送，喷涌而出，形成间歇泉。现在，这些喷口已被证实并得到深入的研究；描述喷口附近海底液流循环的图解与 J. B. Corliss 原先的绘图几近相同。Corliss 认为：许多陆相富硫矿体实际上沿海底扩散轴下陷到沉积物中，随其构造板块俯冲，最终随大陆山脉隆起。框 15.1 简述了他提出的模式涉及的主要过程。

框 15.1　《炼金术士般的海洋》的节选(Corliss，1973)

大多数具有经济价值的金属都是那些在熔岩慢慢冷却过程中最后才固化结晶的金属。这些矿物位于岩石颗粒的边界，容易被流经的热海水浸取，形成可溶氯化物……当深度较浅时，海水和玄武岩的相互作用会引起岩石的浸析，但主要矿物相不会有明显改变；当深度更深、温度更高时，上述相互作用将导致主要矿物相的改变，玄武质岩会转变为绿色片岩。在此演替过程中，相当多的铁从岩石中浸出，伴有少量的锰、铜、镍、铅、钴和其他金属元素。岩浆中剩余的还原态铁被大量氧化。铁的氧化过程与海水中的硫酸盐还原过程相偶联，导致金属元素以硫化物的形式从热液中沉淀下来。热液上升，喷入海水之中，形成海底热泉。然后，红褐色氢氧化铁沉淀物形成，同时，热液中的其他金属及上覆海水中的一些元素也混入这些沉淀物中。大部分沉淀物会沉降下来，在喷口周围形成一层富含金属的沉积物。一部分则可能广泛散布到海水中……

Corliss 和一群海洋地质学家和化学家们(多数来自俄勒冈州立大学)做了进一步探讨，认为海底"间歇泉"如果真的存在，就应利用潜水器对其进行勘察。为得到科学考察的准批，团队完成了大量工作。终于，1977 年伍兹霍尔(Woods Hole)带潜水器的科考船 Lulu 号启航，利用阿尔文号(Alvin)载人潜艇对东太平洋赤道附近的加拉帕戈斯海岭(Galapagos Ridge)的顶峰进行了多次勘察。在考察之前，他们先利用可拖曳的热敏电阻和摄像机确定了喷口的大致方位。Corliss 率先上艇沉入海底，随即发现了喷口，还看到这些喷口周围有许多引人注目的附着或可运动的底栖动物(Corliss 等，1979；彩图 15.1)。Cone(1991)讲述了首次发现喷口的历史。Humphris 等

（1995）、Van Dover（2000）和 Desbruyères 等（2006）在书中对洋中脊、喷口和喷口生物学做了评述。

那次科学考察准备得很充分。他们利用摄像机、岩石采集设备（多组抓臂和吊篮）、测温装置和化学采样装置，首次获得了让人意想不到的、完整的喷口系统特征描述，也包括动物样本的采集。该系统很快被证实极不寻常，因为高密度的生物（需氧生物近缘种类）却生活在硫化物（能引起有氧代谢中重要的电子传递酶中毒而危害细胞色素）过饱和的海水中。喷口壁和海水附着了大量的细菌垫，推测这些细菌为动物们提供了食物。硫化物的存在表明这些细菌可能属于能利用硫化物进行还原反应的化能合成细菌，类似于富含硫化物的沉积物中广为人知的一类细菌。早在上述假设被证明之前，听过科考报道和看过科考视频的生物学家就提出了该假设。一些学者认为，这种观点需要先被证明然后才能被接受（如 Enright 等，1981），同时提出：喷口底部的增强流受高温海水驱使从喷口涌出，这可能为滤食性生物提供了高浓度的颗粒食物。喷口附近确实存在滤食性动物，尤其是具有触角冠的龙介虫多毛类。但是，后续的观察确实证实了它们的食物主要是来自泉口的颗粒，而不是来自周围海底向喷口输送的颗粒。

Corliss 把采集到的动物样本交给史密森尼研究所（Smithsonian Institution）无脊椎动物研究负责人，由负责人将动物样本分给各类群研究专家。这些专家花费很长时间，出色地完成了采获样本的分类和命名工作。我们由此知道：喷口附近的大多数固着生活的动物与硫化物氧化化能合成细菌具有共生关系，并从中获取营养。例如，首次深海勘察中发现的管状蠕虫［tube worms，原为须腕动物（pogonophorans），现改称为外套颈管虫（vestimentiferans），巨型管虫（*Riftia pachyptila*）］，蛤类［壮丽伴溢蛤（*Calyptogena magnifica*）］和贻贝［嗜热深海偏顶蛤（*Bathymodiolus thermophilus*）］。贻贝也可通过滤食获得营养。喷口生物群落还包括蟹类（深洋蟹属的 *Bythograea thermydron* 及数种铠甲虾）和鱼类，它们在喷口附近悠游并咬食固着生物。其他群落成员还有喷口羽流中的浮游动物，它们滤食从喷口涌出的细菌。首批发现的喷口显得非常平静，流出液中没有出现大量的矿物质颗粒，也没有猛烈的喷溢现象。后来，在沿东太平洋海隆以北的科考中发现：喷口形状如高耸的烟囱，排出黑色的羽状流，流中含有高密度的矿物质，科学家们遂将其命名为"黑烟囱"。"黑烟囱"周围的生物群落与之前发现的较为相似。

在首次发现喷口 9 年后，Rona 等（1986）在大西洋中脊（Mid-Atlantic ridge）的亚热带海区发现了海底黑烟囱，喷口区分布的动物群落组成却大为不同。目前，在西太平洋的弧后俯冲带和印度洋的扩张性洋中脊上已发现有数个喷口。在全世界范围内，很多热液喷口都沿有火山和板块构造活动的海岭系统分布（图 15.1）。不同的洋脊以不同的速率（$0.1 \sim 17.0 \ \mathrm{cm \cdot a^{-1}}$）扩张，其速率取决于岩浆房内的活动和岩浆房至洋脊表面的距离。扩张速率可根据周围海底玄武岩的磁逆转年龄（与陆地堆叠的玄武岩的地球极性反转的磁场特征做对比，钾－氩放射性定年）测定。快速的扩张与海底 1 km 以下的岩浆有关，最慢的扩张与海底更深处以及断断续续的热源和熔融的岩石有关。通常扩张越快，热泉活动越强烈，海水也与真正的岩浆更为靠近。喷口沿弧后海沟分布，弧后海沟是大陆地壳远离俯冲大洋板块的地方，其间充满岩浆。对于喷口的探索尚不完全，但已知热液沿上升甬道上行，贯穿破碎的玄武岩裂缝，覆盖于上层地壳中最新的熔岩侵入层之上，喷口通常刚好位于扩张脊中心的轴谷（"线状的喷火山口"）上。较冷的海水从两侧经地下裂缝渗透至喷口底部周围，为上喷流提供补给。海底的强热足以造成海水和超临界点的液体－蒸气混合物的相位分离。2005 年，在大西洋中脊(5°S)3 000 m 处发现的一个热液系统，其喷出蒸汽的温度达 464 ℃（Koschinsky 等，2008）。在温度高于 407 ℃的超临界阶段，再大的压力都不能使水凝结成液体。但大多数喷口喷出的热液的温度为 300 ℃或更低，且在海底之上没有发现明显的水蒸气喷发(气泡)。通常在接近洋壳表面时温度降低，但海水的静压之高足以将热液维持在液相状态(Von Damm，1995)。

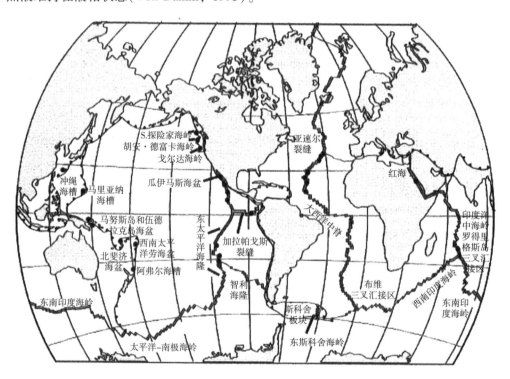

图 15.1　有火山活动的洋中脊和俯冲带上热液喷口的分布

横断偏移的平行线表示扩张中心。带箭头的单线表示俯冲带，箭头指向上冲板块一边俯冲的方向。生物样本采集位点位于纬度圈；仅根据温度确定 Xs 区的位点。该地图基于 German 和 Von Damm 于 2003 年发表的地图，经 Dr. Gern 和 Elsevier 同意，由 Chris German 修改后出版。

　　喷口研究关注的不只有生物学。海水渗透经过扩张中心高温的玄武岩时，热液中几乎每一种元素都大量地溶解到温度极高的海水中。对于大部分这些元素的收支预算来说，喷口是它们进入海洋的主要输入源。这些元素在海水中的浓度取决于其自喷口向海洋的输入率。然而，这种化学收支过程是复杂的，对喷口的研究仅有 25 年，对喷口勘察的频率也很低，基于上述原因，有关喷口的研究仍在继续。热液中可溶的金属在喷出后遇到低温的海水变得不溶。因此，当喷口羽状流进入周围较冷的水时，这些金属会以盐的形式沉淀下来，喷口附近多为硫化物（如黄铁矿）和硫酸盐。在许多情况下，尤其是富含金属溶解物的喷口（海底黑烟囱），已溶解金属在排放口周围析出、沉积形成烟囱。这些烟囱富含矿物质，是具有开发利用潜力的矿石资源，因而备受关注，但是深海采矿尚未付诸实践。

海底黑烟囱由热岩浆循环驱动，是热液喷口沿扩张中心脊轴分布的一种主要形式。但在 2001 年，Deborah Kelley 等（2005）在大西洋发现了一些很高的、主要由石灰岩构成的白烟囱。它们的位置不在火山口的轴线上，而是位于玄武岩壁一侧上方。被其发现者称之为"失落之城"的区域实际上就位于一座巨大的海山上，即大西洋海底山块（Atlantic Massif）（30°07′N，42°07′W），其山脉断层中分布有丰富的渗流系统。海水流过断层裂隙，使镁铁质（mafic，镁和三价铁离子的缩写，尽管铁实际上是二价的亚铁）和超铁镁质（含镁高、含非常低的硅酸盐）的玄武岩经受蛇纹石化。也就是说，水将铁氧化为三价铁离子，释放出氢气和大量热量，从而驱动热液流，并使钙溶解。岩石上留下清晰可见的蛇纹曲线。上升的海水呈碱性（pH >10），当其与含 CO_2 的深海冷水混合时，沉淀出碳酸钙（文石和方解石均有）形成美丽又醒目的白塔。喷口的起始构造是由石质管状构成的复杂矩阵，热液流经这些管子并淋析沉积下来（图片，Kelley 等，2005）。管状系统内的温度为 40℃～90℃。

无论是以化能合成细菌为食者、营自由生活者，还是与细菌共生的大型生物群，在"失落之城"白塔均未大量出现。这种现象可能是因为附近缺乏二氧化碳，而且喷口涌出的水硫化物含量较低。不论是活跃的还是冷却的塔，其微孔和裂缝中都生活着非常丰富的小型底栖动物（meiofauna）；在塔上有一些较大的螺和甲壳动物，周边有外来的底表生活物种。温度适中，包含氢气甲烷的碱性海水，可供微生物利用。"失落之城"区域活泉喷口栖息着多种微生物，主要隶属于古菌的八叠球菌目（Methanosarcinales），其多数种类能在缺氧情况下生产甲烷，且部分种类能利用 H_2 还原 CO_2（化能自养的一种形式）来生长。一些古菌－细菌聚集体通过氢和甲烷的氧化来获取能量，且微生物菌群一部分的氧化代谢得到硫酸盐还原过程的支持，从而生成一些硫化物。Deborah Kelley 坚信必将有更多的碳酸钙塔式系统被发现，但毫无疑问，就目前这类系统被发现的频率来看，其分布还是相对比较少的。

15.1　化能合成

在深海喷口被发现前，利用硫化物获取能量的化能合成过程早已被发现。自 19 世纪（Winogradsky，1887），活跃于沉积物中的化能营养型硫细菌就已为人们所知。海水中的硫以硫酸根离子（SO_4^{2-}）形式大量存在。当溶解氧浓度降至非常低的水平（小于 0.1 ml·L^{-1}）时，细菌转向利用硫酸盐和硝酸盐中的氧（而非氧气）对有机质的氧化，反应生成硫化物（S^{2-}）和铵（NH_4^+）。这些还原态化合物储存着化学势能。当溶解氧再次变得可利用时，化能合成细菌能氧化 NH_4^+ 和 S^{2-} 获得能量，从而驱动一连串的碳同化反应以生产有机物。此反应与卡尔文循环和其他酶所介导的光合作用暗反应完全一样。植物利用光将 NAD^+ 还原成 NADH 并产生 ATP。化能合成细菌在有氧条件下通过氧化铵或硫化物进行上述反应。参与反应的酶被称作 ATP 硫酸化酶，能催化硫化物的氧化过程产生 ATP。

由于同时需要氧和硫化物，这两种物质的分布决定了哪些地方（包括非喷口区域）可发生硫化物的化能合成。例如，在沉积物中，缺氧（较深）层和含氧（较浅）层之间的界面（通常是非常窄的区域）中同时存在这两种溶解物。在一些富含有机物的盐沼中，此界面可能位于沉积物表层，硫细菌能在表层形成粉红色的膜。深海喷口附近，能维持硫化物化能合成反应的区域，正是那些富含硫化物的喷口区海水与含氧相对丰富的深海水相互混合的区域。硫氧化反应很少受到能量的限制，在含氧溶液中就能自发地发生。能满足氧气和硫化物均达到足够浓度的区域非常有限，这也是为什么化能自养区域较小的原因。

基本的反应是：

$$HS^- + 2O_2 \rightarrow SO_4^{2-} + H^+ \qquad (式 15.1)$$

释放出能量 $-790 \text{ kJ} \cdot \text{mol}^{-1}$（自由能）。

只有细菌能进行这种生化反应获取一小部分能量用于化能合成。因此，对于要从中获利的动物而言，它们要么以界面处的细菌（或被清除出界面的细菌）为食，要么与这些细菌在体内或体表共生。就喷口区的动物而言，依靠共生使许多非同凡响的生命形式得以维持。下面介绍一些有"超凡魅力"的无脊椎动物共生模式的例子。

除了利用硫化物的化能自养菌外，在热液喷口还发现了利用其他还原态物质（因为它们在放能反应中被氧化失去电子，所以通常被称为电子供体）的细菌，尤其是利用 H_2：

$$H_2 + \frac{1}{2}O_2 \rightarrow H_2O \qquad (式 15.2)$$

释放出能量 $-263 \text{ kJ} \cdot \text{mol}^{-1}$。

也有些细菌，称为"甲烷氧化菌"或"嗜甲烷菌"，能氧化甲烷获得能量：

$$CH_4 + 2O_2 \rightarrow HCO_3^- + H^+ + H_2O \qquad (式 15.3)$$

释放出能量 $-803 \text{ kJ} \cdot \text{mol}^{-1}$，并将无机碳转化为复杂有机物。氢气和甲烷均溶解在喷口流出液中。在喷口羽状流和沉积物中，有不同的细菌从金属离子氧化反应中获得能量，尤其是 Fe^{2+} 转化为 Fe^{3+} 和 Mn^{2+} 转化为更高化合价态（Jannasch，1999）。由于铁氧化反应中释放的能量很低，仅 $26 \text{ kJ} \cdot \text{mol}^{-1}$，因此，金属离子氧化细菌都没能建立起化能自养系统。然而，原核生物可利用的喷口化学反应非常复杂，而且远未研究透彻。例如，烟囱表层覆盖的细菌，它们显然可以利用固体黄铁矿（FeS_2）中的硫化物和其他金属硫化物沉淀来驱动化能自养（Wirsen 等，1993）。

Cary 和 Giovannoni（1993）探讨了喷口动物幼体获得共生体的机制。他们对共生体中编码 SSU rRNA 的 DNA 进行 PCR 扩增，设计出针对它们 DNA 的特异性探针，然后在卵中寻找上述 DNA。该研究想要弄清的问题是：母体是否将共生菌传给卵？对 *Riftia* 属管虫的研究结果表明：没有传递。显然，幼虫须从喷口溢出液区域"捕获"它们的共生菌。但是，对 *Bathymodiolus* 属蛤的研究结果是：有传递，且卵中带有可与之共生的共生菌。

15.2　热液喷口区动物的生物地理学

热液喷口区会经历形成、繁荣、冷却、热液停止流动并消亡等一系列过程，热液喷口生境中赖以生存的动物群落也会随之消亡，因此，喷口动物幼虫期一定要足够长，以寻找新的栖息地，否则，物种将随当地喷口生物群落的死亡而灭绝。若存在长距离的幼虫迁移，那么，喷口动物就应该是世界性分布的，在整个山脊系统的每个喷口都应该是大致相同的，但事实并非如此。Tunnicliffe 等（1998）对已知的喷口生物种类做了总结，得出结论：大部分喷口区物种（包括那些优势类群）的分布范围仅局限在海岭某些区段，当然，海岭很长的区段内确实都没有热泉喷口。他们写道："绝大多数的物种仅在一个采样站点被发现。"（Tunnicliffe 等，1998）Ramirez Llodra 等（2007）非正式地给出了全球喷口生物的地理分布，并且配有很好的照片集。基于 63 处喷口区所采集的 332 属 592 种生物（约 80% 为地域性种类），Bachraty 等（2009）进行了目水平上的动物区系类型的统计分析，发现所有的喷口区群落可分成六大类（图 15.2），动物群组成在六大类之间的重叠很少。随着对海岭系统中更多区段的勘察，Bachraty 等提出的动物区系类型可能会不断增加，例如，Schander 等（2010）通过水下机器人（ROV）从大西洋中脊北端（71°N，500 ～ 700 m）的莫恩海岭（Mohn Ridge）采集到喷口动物，并鉴定出了 180 个物种。与许多低纬度区相比，虽未发现明显的喷口特有物种，但是，在喷口区个体数量较高的动物类群有海绵、水螅虫、海葵、各种环节动物、一种腹足类动物（*Rissoa* sp.）及其他动物。Shander 等发现了大量"烟囱"细菌，但是没发现有明显的或复杂的共生现象。这表明北极的喷口（温度研究显示，加科尔海岭 Gakkel Ridge 以北的区域也有一些喷口）相对年轻，未达到喷口特有物种演化所需的时间。等到南极洲周围绵长的山脊系统能被充分探查的那天（与热带山脊相比，南极寒冷的气候使研究开展异常困难），相信将有更多的喷口和生物物种被发现。

沿东太平洋和西太平洋海岭，外套颈管虫（vestimentiferans）在很多绵长的区段都有分布，但在大西洋或印度洋还没发现它们的踪迹。它们在不同区域的分布表现出属水平上的差异（诚然有些主观判断）：东太平洋海隆（西伯加虫科 Siboglinidae 的 *Tevnia* 和 *Riftia*）、西太平洋（西伯加虫科 Siboglinidae 的 *Alaysia* 和 *Arcovestia*）以及位于加拿大和美国西北部朝太平洋侧的胡安德富卡－戈尔达海（Juan de Fuca-Gorda ridge）系统的喷口（西伯加虫科 Siboglinidae 的 *Ridgeia*）。东太平洋热液喷口系统没有深水螺科（Provannidae）及臂虾总科（Alvinocarididae）的 *Rimicaris* 属，而这两类动物分别为大西洋中脊和印度洋中脊（Central Indian Ridges）热液喷口的优势种类。

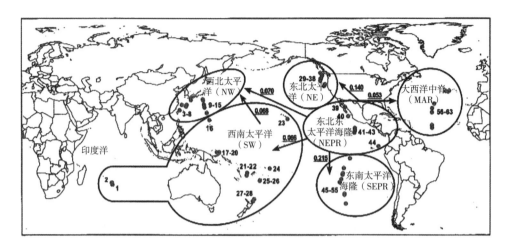

图 15.2　热液区的 6 个具有统计学差异的生物地理分布区

地图中的箭头表示喷口区动物的扩散方向并标有区系交流的"扩散系数"（见原文）（Bachraty 等，2009）。

东太平洋的雪瓜蛤（*Calytogena* 属）在大西洋系统没有分布，但存在与其相关的贻贝。偏顶蛤类（隶属于贻贝类）是世界性分布的较大型深海动物。大西洋硫化物烟囱周围分布着大群的臂虾，但没有外套颈管虫和艾尔文蠕虫（Alvinellidae，环节动物）分布，这种互补式的不相容分布模式目前只解释为由地理隔离造成，除此还找不到更好的解释。从时间上来看，深海俯冲带在大约 4 000 万年前已存在于深海，这样来看，外套颈管虫似乎应该有足够的时间在大西洋洋脊形成群落，但是事实上它们没有。阻碍它们在大西洋洋脊形成群落的原因有很多，不太可能受到了进化时间上的限制，同样，喷口羽状流在化学组成上存在差异（源自上升岩浆成分的差异），可能促使生物采取不同的适应策略来利用化能自养潜能。

与西南太平洋热液区域相同，在西北太平洋弧后系统（back-arc systems）的热液喷口主要分布有深水螺科（*Ifremeria* 和 *Alviniconcha* 两属）。这两个区域的生物主要在种水平上存在差异。最初由 Hashimoto 等（2001）勘察的印度洋中脊喷口，在科和属水平上，存在与西南太平洋喷口区（深水螺科、北海道螺科的贝类）和大西洋中脊（特有的 *Rimicaris* 属）相同的动物群。早期文献（Van Dover 等，2001）对位于 24°N 附近、裂谷壁东侧的印度洋喷口区域（称为 Kairei 和 Edmond）的动物区系描述（简要摘录）如下：

"Kairei 热液区的无脊椎群落存在非常明显的过渡变化……10～20 ℃的黑烟囱热液区主要聚集着密集的虾群（*Rimicaris* sp.）；环境温度为 1～2 ℃的边缘区域主要栖息着海葵（*Marianactis* sp.）……除了虾群，还生息着贻贝、多毛腹足类［*Alviniconcha* n. sp.］和'鳞角腹足蜗牛'［见下文'魅力非凡'的喷口无脊椎动物部分］，它们各自集群，个体达数百个。在海葵和虾群生物群落生息的狭小过渡区，短尾亚目的蟹类（*Austinograea* n. sp.）、涡虫纲的扁形虫、纽虫和另一种虾（*Chorocaris* n. sp.）有时密集出现，但它们独立于海葵和虾群呈斑块分布。在过渡区……经常会看到其他腹足类（帽贝 limpets 和螺类）、……多毛类和成簇固着的……藤壶（*Neolepas* n. sp.）。在 Kairei 热液区方圆1km 范围内，可以采集到囊螂科贝类的贝壳（Vesicomyid shells）［如 *Calyptogena* 属］，但未发现活体蛤类。"（中括号中的内容是作者的注释。）

你可能（或不可能）想象得到：在某个地方发现大量、多样的"新物种"（见 Van Dover 等提供的彩色照片），这激起了生物学家极大的兴趣和研究热情。得到样本后，他们开始给新的物种命名（如 *Alviniconchia hessleri* 是根据发现者 Robert Hessler 的名字而命名），并对其进行详细的生物学研究。例如，*A. hessleri* 的鳃中被证实有 ε－变形菌共生（Suzuki 等，2005）。

物种在远距离区域之间的交流确实有，但非常有限。也许较浅的喷口区（如位于亚速尔群岛的喷口）、相关的冷泉、鲸骨区的动物群（如食骨蠕虫 *Osedax*）都有可能为喷口区动物与化能自养细菌的共生提供了便利，使它们能够适应新喷口的环境条件。

15.3　"魅力非凡"的喷口无脊椎动物之代表

在对加拉帕戈斯海岭喷口的第一次勘察中，拍到了许多深海底栖无脊椎动物群的清晰照片，这些动物的个体大小不同寻常。特别有代表性的是外套颈管虫，这类蠕虫最后被命名为巨型管虫（*Riftia pachyptila*）。巨型管虫的照片引起了学者们巨大的好奇，对其特殊生存适应机制的研究尤其广泛。许多其他较大体型的无脊椎动物亦受到同样的关注；少数种类的生理学和分子方面已有深入研究。目前，已知喷口区动物超过 500 种，而这也仅是整个喷口动物群的一少部分，这里我们概述其中 4 种，附一些蛤类的简介，但并不包括它们所有的细节。

15.3.1　巨型管虫（*Riftia pachyptila* Jones，1981）

Monika Bright 和 François Lallier（2010）根据 258 份主要文献对外套颈管虫的生物学特征做了全面概述。该类群的名字源于其肌肉质的领部（muscular collar），即外套颈（vestimentum）（图 15.3），其位于羽状鳃的后方，围绕虫体（彩图 15.1），外套颈扩展以支撑壳管顶部的虫体，此时的鳃丝暴露于喷口热液与底层水的混合液中。自1977 年在热液喷口发现了这些管虫，共计 600 多篇有关外套颈管虫的论文（和科普读物）已被发表。对管虫的研究兴趣已拓展到 *Riftia* 属以外的、可与化能合成细菌进行体内共生的其他属，例如，分布于东太平洋海隆（East Pacific Rise）的 *Tevnia* 属和 *Oasisia* 属、戈尔达海岭（Gorda Ridge）系统的 *Ridgeia piscesae*、西太平洋弧后喷口的 *Alaysia* spp.，以及分布于有硫化物渗出的冷泉区的 *Escarpia* spp.、*Lamellibrachia* spp. 和少数其他种类。*Osedax* spp. 能钻入鲸骨并获得硫化物，与巨型管虫的系统进化距离相对较远。巨型管虫是热液喷口最具"代表性"的物种，目前仍是 *Riftia* 属唯一的物种。其巨大的体型、亮红色的鳃羽和独特的生物学特征，吸引着研究者们进行了一系列的海底潜水勘察，开展了大量有关其形态学、遗传学、生理学、共生关系、繁殖学、胚胎学和生态学的研究工作。

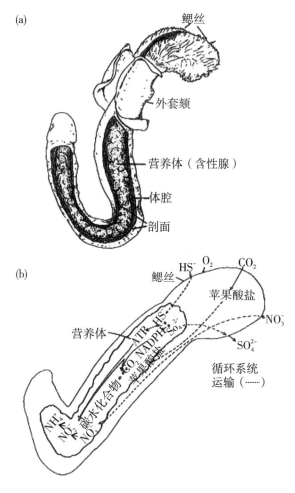

图 15.3 巨型管虫(*Riftia pachyptila*)结构与代谢示意
（a）解剖结构，（b）部分生化物质的交换。（Felbeck 和 Somero，1982）

　　外套颈中的腺体分泌形成一种管状结构，用以增加管上端的长度。管壁强韧且粗糙，其中 25% 为几丁质，其他主要化学成分为蛋白质。底端是封闭的，较老的、空心的管区由隔膜封闭，因此形成管的物质可能是由外套颈后端的表皮层分泌而来的。管和虫体的生长极其迅速。Lutz（1994）根据连续拍摄的照片估计管的扩展速度为 85 cm · a^{-1}，而其他学者根据几周的观察，估计个体长度变化的速度是前者的 2 倍。无论是上述哪一种情况，巨型管虫的生长都是大型无脊椎动物中最快速的。巨型管虫的身体后部包括 2 个部分：躯干和后体部（一种短而有棘刺的钩状球形物）。若鳃羽被螃蟹夹住或被潜水器采样臂戳中，可快速缩回到管中以自我保护。在 *Riftia* 属管虫（图 15.3）及其近亲中，共生细菌存在于躯干中的一个大器官——营养体（ *trophosome* ）。当皮肤被剖开后，营养体看起来像一串长长的绿色葡萄。每个小叶是含菌细胞（bacteriocytes）形成的一个克隆，其中心部有大血管和向周围辐射扩展的小血管，开口于外组织层下面的血窦。血液从周围向中央静脉流动。含菌细胞在中心上皮细胞中产生，然后反复分裂，沿辐射状血管向外表皮的细胞层迁移。含菌细胞在迁移中反复分裂，其中共生细菌的形状也发生改变：先是杆状，然后变为小球状，接着变成大的球状。在周围，含菌细胞消化共生的细菌死亡后被机体再次吸收（Pflugfelder 等，2009）。这种反复循环可能是此蠕虫获得细菌性营养的一种方式。

鳃丝的表面分割得极细，有助于鳃羽处的气体交换，平均气体交换量按干体重计算为 22 $cm^2 \cdot g^{-1}$（Anderson 等，2002），此数值远高于很多其他动物，仅次于另一喷口区环节动物（Alvinellidae，*Paralvinella*）（47 $cm^2 \cdot g^{-1}$）。此外，在鳃丝末端，交换的气体从水中扩散到血液所经的组织距离非常短，仅为 1～2 μm。位于外套颈的心脏驱动血流，将 S^{2-}、O_2、CO_2 和化合态的氮（不同于常见生物，*Riftia* 管虫运输的是 NO_3^-，这是对深海环境通常缺乏 NH_4^+ 的适应）由腮丝运输到营养体，将硫氧化反应的副产物运回鳃部，排出体外，并把从共生关系中获得的营养物质传运到体内各处。这些物质（特别是碳水化合物）交换系统之所以庞大且复杂，是为了保持体内碱性 pH 环境，以对抗酸性的热液 - 海水混合物中高梯度 H^+ 的进入。此生理机能已有细致深入的研究（见 Bright 和 Lallier，2010）。这种管虫具有的高度特化的适应性，具体表现在以下几个方面：

血管内的血液和体腔内的体腔液富含特殊的血红蛋白。实际上，血液中的血红蛋白有两种分子结构（分子量为 3 600 Da 的 HbV1 和分子量为 400 Da 的 HbV2），体腔液中的血红蛋白只有一种分子结构（分子量为 400 Da 的 HbC1）。HbV1 是大分子的多亚基复合体，但其分子量远小于由 4 个亚基组成的人体血红蛋白（分子量为 68 000 Da）。*Riftia* 属管虫的血红蛋白不存在于细胞中。与 HbV1 结合的硫化物和氧气的量大致等同于它们在外部的浓度（Arp 等，1987）。氧气与血红素的结合与其他携氧血红蛋白相似。硫化物与处于高级结构的蛋白质分子结合，结合位点可能在富含半胱氨酸和蛋氨酸（含硫氨基酸）的某处，也可能在结合锌离子的位置（Flores 和 Hourdez，2006），目前还不明确。已证实，S^{2-} 与 HbC1 的结合，可能是为防止 S^{2-} 对其他分子（如与血红素结合的线粒体细胞色素，其在氧化反应中的电子传递起重要作用）的毒害。有些证据表明：与其他动物相比，*Riftia* 属管虫的细胞色素对 S^{2-} 的亲和性较低。与血红蛋白结合的 S^{2-} 在外套颈血液中的浓度是其在生境中的 100 倍，而溶解在体腔液中 S^{2-} 的浓度不到生境中浓度的 10 倍。因此，大量的 S^{2-} 迁移到营养体，而与动物自身的细胞接触的 S^{2-} 则相对较少。在营养体中，通过浓度梯度，氧气和硫化物从血红蛋白上清除，且细菌继续进行化能合成。在许多的动物 - 细菌共生关系中，细菌向其周围排放有机代谢产物，这些产物又被宿主所吸收利用。对于 *Riftia* 属管虫，其共生关系所起的作用可能与上述情况相同，但是含菌细胞的周期性循环（繁殖、死亡和再利用）也可使管虫从细菌的化能合成中受益。化能合成的副产物为游离态的硫酸盐（SO_4^{2-}）和质子，它们随血液被携带至羽状腮丝处，经由主动运输作用清出体外。新陈代谢过程见 Childress 和 Girguis（2011）的综述。

一个显而易见的问题是：这些动物的幼体是如何附着于固体基质的？就拿 *Riftia*

属管虫来说，其能从日益老化的喷口向新的活跃喷口迁移。迁移行为是非常重要的，因为喷口的活动寿命短。现在已知的许多喷口生物都进行迁移，常见的是浮游幼虫。*Riftia* 属管虫释放卵子或受精卵，它们最终孵化成看起来相当普通的环节动物幼虫（担轮幼虫）。幼虫随海流沿着海底漂浮迁移。*Riftia* 属管虫为雌雄异体，生殖腺位于红色鳃丝基部，有人认为生殖孔处特定的外部通道能引入雄性动物以利交配。然而，Van Dover(1994)观察到卵子和精子(显然不同)排放于迅速分散的羽状流中，认为卵子可下沉。卵可能是在末端处的输卵管中与雄性释放的精子结合而受精，而非卵子释放后于水中受精。卵巢和精巢沿着躯干部的长轴分布，邻近营养体，这意味着可产出大量的卵子或精子。

　　Brooke 和 Young(2009)用移液管从雌体采集到了受精卵，然后用控压、控温培养箱和置于管虫生息地上方的固着塑料室对受精卵进行孵育实验。实验结果证实：这些新生受精卵富含脂质，充足的蜡脂质具有类似卵黄提供营养的作用，受精卵慢慢地漂浮上升，速度约为 $2\ m \cdot d^{-1}$，经 20 天左右发育成纤毛幼虫。当蜡脂质被代谢消耗时，浮力下降，由此推测，受精卵和幼虫可能沉至非常接近海底处。不论在生息地还是培养箱中，当温度维持在 5 ℃以上时，细胞的分裂速率和正常发育的比例都迅速下降。在没有足够压力的条件下受精卵根本不会发育。Brooke 和 Young 的孵育实验结果显示：压强为238 atm时的实验结果好于压强为 170 atm 或 102 atm 时的。当压强为 34 atm 时，发育停止。基于平均呼吸速率和幼虫身体的化学组成，Marsh 等(2001)预测：幼虫弥散可持续约 38 天(34 ~ 44 天)。他们模拟推算出幼体沿海岭的最大迁移距离约达 100 km。其他沿海岭海流模拟出的迁移距离超过 200 km。无论如何，最大迁移距离都不可能超出无喷口分布的范围(从 21°N 的东太平洋海隆到戈尔达海岭区)。

　　将附着板设置于靠近喷口的附着基质之上，可以观察幼虫的固着。固着始于一系列的变态过程，即从分化出口、含某些颗粒物的肠和肛门的担轮幼虫变为生活在管中并从营养体获得营养的幼体。共生细菌被摄入或通过体壁"感染"到达体内。用来自共生体的基因探针进行的染色表明：这些早期幼体的体壁和体腔中存在细菌。相同种类的细菌确实存在于喷口表面和周围的水中。目前尚未观察到管虫释放共生体并传递给子代幼虫。营养体自前肠附近发育形成，随后前肠消失(Nussbaumer 等，2006)。

　　不同的外套颈管虫具有不同的共生体，但每种管虫均只与一种 γ-变形菌"种系型"共生。3 种东太平洋海隆种类的共生体都是"种系型 2"类型的细菌。该类细菌虽不能被培养，但其基因组已被测序，已被命名为 *Endoriftia persephone*(暂处于 Candidatus 状态，表示未被成功培养的状态)。与从母体传递到卵的专性内共生体不同，这类细菌的基因组保留了独立生存所需的所有酶功能，包括化学感受器功能和自由运动的能力，可能使它们通过趋化性发现并"感染"易感的幼虫(Robidart 等，2008)。对加压水族箱中的管虫进行的代谢研究表明：仅硫化物氧化反应(通过 ATP 硫酸化酶催化)为化能合成供能。存在核酮糖-1，5-二磷酸羧化酶/加氧酶(RuBisCO)，且最近的研究表明另一固碳途径中的相关蛋白也在管虫体内存在(Markert 等，2007)。

管虫主要着生于热液区岩石的缝隙中，热液温度仅 3 ～ 12 ℃，偶尔会更高些，热液中硫化物的最大浓度为 150 μmol·L^{-1}，周围氧浓度通常为 50 μmol·L^{-1}。随着热液流速减慢、温度下降、硫化物及氧的浓度变低，管虫通常被 *Bathymodiolus* 属的深海贻贝或囊螂科 *Calyptogena* 属蛤类动物取代。

15.3.2　庞贝蠕虫（*Alvinella pompejana* Desbruyères & Laubier，1980）

庞贝蠕虫，即多毛纲 *Alvinella pompejana* 及其近缘种类（图 15.4），分布于东太平洋海隆（9°N 和 13°N）和加拉帕戈斯海岭喷口烟囱的周边，于羊皮纸样的（糖蛋白）管中生活，管由前腹侧的腺板分泌而成。管引导某些金属硫化物在管部沉积，矿物量的增加使管向外延伸。该种最大的成体直径 12 mm，体长 95 mm，居管直径达 2 cm。针对庞贝蠕虫行为的观察结果五花八门。Desbruyères 等（1998）报道了庞贝蠕虫的活动周期，即虫体呆在管中 5 ～ 10 min，然后随鳃羽延伸到周围热液中，短暂停留不足 30 s。而 Cary 等（1998）研究认为它们大多时候与鳃羽一起在管外停留。在庞贝蠕虫群落附近的温度测定结果显示：多数情况下，环境温度在 20 ～ 45 ℃，但是烟囱壁中仅几厘米深的地方，环境温度则高出很多。Cary 等（1998）进行了管内温度梯度的测定，结果显示：管后端为 80 ℃，开口端为 20 ℃，处于动物可承受的极端温度范围。Di Meo-Savoie 等（2004）对分布于东太平洋海隆不同喷口处的庞贝蠕虫进行了研究，他们将窄（3 mm）的热电偶置于有庞贝蠕虫的管内，连续记录管内数厘米处的温度。测得温度范围普遍为 30 ～ 80 ℃，有时候 50 ～ 110 ℃ 的高温持续了 4 h 以上（图 15.5），有时候 95 ℃ 以上的温度持续了 8 min。关于脂类和蛋白质构成的动物是否可能栖息存活于上述极端环境这一问题，虽存在争议，但其答案似乎已见分晓（尽管一些学者仍显迟疑，认为这种生存适应显然太不可思议了）。对胶原蛋白分子结构的详细研究证实：存在一种符合预期的极度耐热的结构。短期温度变化可能由喷口热液流速和其与周围海水的混合速率这两者的变化所引起。此外，Di Meo-Savoie 等通过微电极和船载化学实验的方法证实了庞贝蠕虫周围水环境不同寻常的化学特征：氧含量低于最低测出值（小于 5 μmol·L^{-1}），游离硫化物水平低，但含大量的可溶性 FeS，海水富含硫酸盐（22 ～ 27 mmol·L^{-1}），为酸性环境（pH 为 5.3 ～ 6.4）且含丰富的总溶解铁（超过 700 μmol·L^{-1}）。这些数据表明化学环境的严酷（特别是当温度达到 30 ℃ 以上时），并且不足以发生基于硫化物的化能合成反应。

Alvinella 蠕虫具有非凡的耐热能力，目前尚不能彻底理解这一生理学机制。与其近缘的 *Paralvinella* spp.，最高耐受温度稍低，可连续几个小时承受 40 ℃ 或 50 ℃ 的温度，研究已证实其体内具有大量热休克蛋白（Hsp），即一种用于保护其他蛋白免于解折叠和变性的蛋白分子。在控压水族箱中，通过短时间内的温度升高可促使 *Paralvinella* 体内 Hsp 的增加（Cottin 等，2008）。然而，Hsp 的增加需要数小时来达成，因此，Hsp 只能部分地解释 *Paralvinella* 适应快速温变这一生理学机能（图 15.5）。在高温酶学方面，更多数据来自对附着于 *Alvinella* 蠕虫的细菌的研究。共生菌起初并未在 *Alvinella* spp. 中被发现。然而，*Alvinella* spp. 的每个节片边缘的背侧

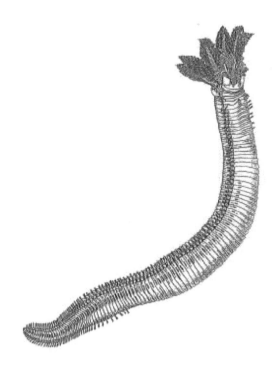

图 15.4　庞贝蠕虫

多毛纲新科的代表种类，发现于热液喷口。（Desbruyères 和 Laubier，1986）

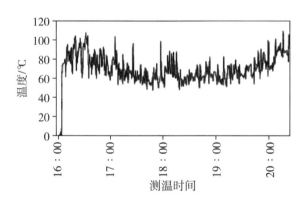

图 15.5　庞贝蠕虫管内 3 cm 处观测温度的经时变化

庞贝蠕虫位于 9° 51.8′N 处，温度记录连续进行了 4 小时。（Di Meo-Savoie 等，2004）

和左右两侧分布着表皮突起，突起中含有大量的丝状细菌菌落，这些菌落有时被描述为"羊毛状"物。长形的细菌菌落（长达 0.6 mm）缠绕于突起中，这些突起和表面细胞、外部细胞的黏液分泌物一起发挥腺体的功能（Desbruyères 等，1985）。因此，蠕虫的体表尤其能说明生物对体表共生（episymbiont）的适应。其他化能自养细菌位于体节间的沟槽中，沿管的内表面分布。在热液区，大多数内共生体是 γ - 变形菌，但是 Cary 等（1997）的研究证实，*Alvinella* 蠕虫体外的丝状体大多数是 ε - 变形菌（与

Rimicaris 虾共生体身份归属相同）。这些共生细菌有 2 个主要的"种系型"，即根据 SSU rRNA 的显著变异划分（Campbell 等，2001）。其中一种是可培养细菌，被命名为 *Nautilia profundicola*，其全基因组已被测序（Campbell 等，2008），该菌新陈代谢的特征因此也已有详细的解析。这种细菌实际上是一种"化能无机营养生物"，但不氧化利用硫化物。更准确地说，Campbell 等（2008）认为，"*Nautilia profundicola* 是严格的厌氧细菌。为进行化能无机自养生长，菌体以分子氢或甲酸盐作为电子供体，以硫元素作为电子受体，代谢产生硫化氢"。在 *Alvinella* 共生体中，也存在可进行硫酸盐还原或亚硫酸盐还原的 ε - 变形菌，实验室培养的这些细菌可氧化甲酸盐和乙酸盐，此外还有其他硫氧化自养细菌（Campbell 等，2001）。因此，*Alvinella* 蠕虫的附生细菌群落在系统发育分型方面是有限的，但在营养方式方面仍然很复杂。

　　Alvinella 蠕虫的摄食器官为触手，这些触手具有槽和纤毛，能聚集颗粒状食物，可与近缘种类 ampharetids（多毛纲 Ampharetidae 科）的摄食器官相匹敌。另外，alvinellids 的吻结构特殊，可以从基质表面采集大量细菌。尽管如此，目前尚无法直接观察庞贝蠕虫对大量细菌的摄食。管内壁上的细菌肯定会被摄食。分布于背部的细菌可能被摄食（因为蠕虫非常柔韧灵活），或者它们可能会被用于接种到管壁上形成菌落。前端的肠道内容物实际上是丝状细菌，其他细菌在前肠处被压缩成黏液结块（Desbruyères 等，1985）。肠后端的固体粪便主要含单质硫，但也含有氨基葡萄糖，即一种在细菌细胞壁中发现的氨化糖（Saulnier-Michel 等，1990）。因此，庞贝蠕虫的食物肯定是细菌共同体（bacterial associates）。粪便中的单质硫表明：以硫酸盐作为氧化剂的硫酸盐还原细菌起着重要作用。

　　Lee 等（2008）从东太平洋海隆（9°N）的一个庞贝蠕虫样本的含细菌突起中收集到了 DNA，并从中分离和鉴定出了 2 种代谢酶的基因。为了能够产生足够数量的酶，他们使用基因重组技术培育了一株携带此代谢酶基因的菌株，通过体外实验研究温度对催化反应速率的影响。谷氨酸脱氢酶的实验结果最显著（图 15.6），它是一种在所有细胞中均常见且必需的代谢酶。Lee 等在 40 ℃的温度条件下，测定了底物的转化率，然后将温度按梯度快速提高并测定转化率的经时变化。90 ℃以内的所有温度下，各温度梯度对应的最初反应速率都较高，接下来当温度升至 60 ℃以上时，在各温度下保持 10 min，此时转化率下降。当多数酶反应速率增加约 10 倍时，在长期高温的情况下，温度从 40 ℃增加到 75 ℃时转化率只增加了不到 2 倍。Lee 等提出这种嗜热生物体的某些酶至少具有 2 种平衡转化形式：活性酶和结构完整的非活性酶。在足够的高温下，活性酶将以一定速率变性（不可逆）为非活性酶。随着温度的升高，更多的酶会呈非活性形式，以稳定整个反应速率，避免活性酶过量地转化底物。这种酶促反应的化学动力学可用来预测转化速率对温度的响应模式。因为表面共生细菌已进化出这种适应温度变化的模式，所以蠕虫中也许存在类似的模式。庞贝蠕虫的某些非凡的酶学特性使其能在大多数动物所不能承受的温度范围及迅速变化的温度中生存。

　　庞贝蠕虫为雌雄异体，且与亲缘关系较近的环节动物不同，雌性具有储精囊（spermathecae）。雌体和雄体都有一对生殖管，生殖管上的生殖孔正好位于簇鳃的后

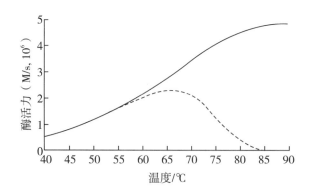

图 15.6 谷氨酸脱氢酶对底物的转化速率

根据庞贝蠕虫体外共生 ε-变形菌菌株的谷氨酸脱氢酶基因，通过基因工程异源表达获得谷氨酸脱氢酶。横坐标表示温度。黑线表示温度从 40 ℃上升至横轴某一温度后立即测得的转化速率。虚线表示从 40 ℃上升至横轴某一温度后保持 10 min，然后测得的转化速率。（Lee 等，2008）

部。雄性的生殖孔附近有一对为了交配而进化出的特化触手，交配发生在雄性和雌性相邻近的生殖管外部。根据附着板实验可知，附着的幼体仅需几个月的时间便能快速发育为成体。精子和卵子的形态都不同寻常（Padillon 和 Gaill 的综述，2007）。发育成熟的雌性体腔内可产生多达 80 000 个卵母细胞，输卵管中有约 3 000 个卵子待产。很显然，产卵在整个种群中并不是同步的。与 *Riftia* 属相比，庞贝蠕虫的受精卵发育（见 Padillon 和 Gaill，2007）有所不同：其发育也需要深海压力，但发育时需要且可耐受更高的温度，庞贝蠕虫的最佳发育温度大约为 10 ℃，但在 2 ℃或高于 20 ℃的温度条件下则不发育。

庞贝蠕虫在另一些方面也具有代表性。它是一个新的科（Alvinellidae）的代表种类（Desbruyères 和 Laubier，1986），虽然 Alvinellidae 起初被划分至双栉虫科（Ampharetidae，Desbruyères 和 Laubier，1980）。通过喷口动物系统发育的分析来提高喷口研究重要性的认识，这是一种趋势。因此，外套颈须腕动物（vestimentiferan pogonophora）的分类地位曾一度被提升到门级水平。奇怪的是，根据分子遗传学证据，所有的须腕动物（Pogonophora）的分类地位随后被降级至科，即环节动物的西伯加虫科（Siboglinidae，自 1900 年以来人们就已知该科的某些种类是沉积食性底栖生物）。将须腕动物降级至一个科的分类方法似乎有些极端，毕竟须腕动物与其他环节动物有显著的差异。然而，本着高级分类单元的命名法必须反映系统发育之原则，须腕动物的分类地位必须被降低。对于 Alvinellidae 而言，单独将其作为一个新科得到了形态学和分子系统发育数据的支持。喷口区的大规模生物采集及其分类分析证实，那里存在许多不同的庞贝蠕虫物种，目前将其分为两个属：*Alvinella* 属和 *Paralvinella* 属（Desbruyères 和 Laubier，1986）。

15.3.3 盲虾（*Rimicaris exoculata* Williams & Rona，1986）

在大西洋中脊（MAR）的海底黑烟囱周边发现体长 6 cm 的虾（图 15.7）大量群游，

达每平方米 3 000 只。目前，*Rimicaris* 属由来自印度洋中脊喷口的 *R. kairei* 等数个种类组成，该属最初曾被划分至真虾下目的臂虾科（Bresiliidae，主要在浅滩海绵上的空穴中生活的虾）。后来，根据喷口生物分类学原则，在海底黑烟囱周围被发现的虾类被单独作为一个科，即 Alvinocarididae 科，有时被作为臂虾总科 Bresilioidea 下的一个科。目前，Alvinocarididae 科包括 7 个属，其中 *Rimicaris* 属、*Alvinocaris* 属和 *Chorocaris* 属与大西洋中部和印度洋海底黑烟囱处的物种在生活方式上具有相似性。盲虾的颚足（口附近的突起）上具有短刚毛，其上覆盖有硫氧化型化能合成的丝状细菌。也有类似的菌体生长在鳃盖内表面。盲虾沿喷口壁在热液与海水的混合流中占有一席之地，从而使附生细菌得以进行气体交换。盲虾寻求含有硫化物和氧气且水温在 20 ～40 ℃的热液，通过其他口器来滤食颚足和鳃盖上的营养物（Gebruk 等，1993）。

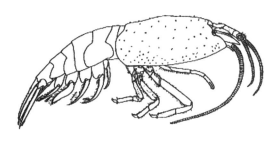

图 15.7　盲虾

一种来自大西洋中脊海底黑烟囱的臂虾（Bresiliidae）。图为雄虾的外观。（Williams 和 Rona，1986）

"exoculate" 为没有眼睛之意，其作为种名却是一个误称。在发育过程中，盲虾的眼从相当标准的小眼简化而来，并逐步迁移至头胸甲前部的下方，通过透明的几丁质可看到外面（Van Dover 等，1989）。眼部有两个大约 0.25 cm ×1 cm 的视网膜平面，总面积大约为 50 mm^2。所有的光学聚焦组织均消失，充满视紫红质的感杆束肥大成厚层（100 μm），由白色的扩散细胞所支持，可将未捕获的光子反射回感杆束。盲虾眼的吸收光谱峰值为 500 nm，而且 White 等（2002）从喷口涌出水（其水温超出虾的耐热范围）中探测到非常弱的绿色光。该绿色光的波长小于 650 nm，这种光超过喷口温度下预期的黑体辐射。约 10^4 photons · cm^{-2} · s^{-1} · sr^{-1} 的光强对人来说是不可见的，且其产生的机制目前尚不清楚。White 及其同事认为绿色光可能源自：极度压力下气泡的破碎、晶体生成时释放的能量和化学发光。盲虾眼睛的感光功能具有免于被热液烫伤、找到返回喷口区域的路径之功能，或者某些其他的功能。盲虾很可能是从这种绿色光获得不同的信息，而不是从更长波长的、大量的黑体辐照度来获取信息。不管怎样，*Rimicaris* 的虾色素可能起源于一种更普通的、受益于短波长可见光的深海虾。*Chorocaris* 的眼与 *Rimicaris* 的相似，但不是很大，不能向后迁移到头胸甲的下方。除了拥有不寻常的视觉系统（在功能上可能涉及确定喷口的方向和感知自己在喷口处的位置），*Rimicaris* 属第二触角的微孔下有硫化物感应树突（Renninger 等，1995）。这些神经的活动强度与 Na_2S 浓度呈指数函数对应关系，因此适用于寻找硫化物来源。对于硫化物，嗅觉感应（人类可以闻到）是很常见的，但 Renninger 等并没有发现其他虾对硫化物的嗅觉感应。

Nicole Dubilier 及其同事（Peterson 等，2010）在 36°N 到 4°S 区间，从沿 8 500 km 的大西洋中脊（MAR）分布的 4 个站位采集了生物样本，针对采集到的所有种类进行了体表共生细菌 DNA（细菌中编码 SSU rRNA 的 DNA）测序。他们发现了两个类群的细菌，即 ε - 变形菌和 γ - 变形菌。ε - 变形菌由一些亲缘关系较近的亚群组成，各亚群沿着洋中脊有规律地分布。所有检测到的 ε - 变形菌都与已知的硫化物（硫氧化）化能自养型细菌相关，包括 Alvinella 体表共生细菌。虽然采集到的所有虾（即从各地采集样本中取 3 个个体）中都检测出了 γ - 变形菌，但其丰度和多样性都较低，此外，与 γ - 变形菌的代谢特征最接近的近缘细菌也是硫氧化化能自养细菌。尽管盲虾表面还有其他细菌存在，但是这 2 个类群的变形菌是常见的优势类群，至少对盲虾而言它们是必不可少的共生细菌。Dubilier 研究团队也对上述盲虾进行了 2 个线粒体基因的检测，他们发现所检测的基因在 8 500 km 范围内仅有微小的变化。他们认为：沿这段海岭延伸分布的热液的化学特征是不一致的（Schmidt 等，2008）。在南端，喷口是"玄武岩占优型"，热液富含硫化物，而氢气和甲烷则匮乏。在北端，热液经超碱性熔岩加热，导致化学特征与南端相反：硫化物（S^{2-}）匮乏、富含氢（H_2）和甲烷（CH_4）。不论如何，几乎可以肯定的是：盲虾的体表共生细菌的化学需求与热液化学特征非常相似。对盲虾或细菌而言，这种共生可被称为专性共生，该论断只得到了观察结果的支持，还没得到实验验证。可能盲虾携带的 2 个主要的变形菌类群具有多种化能自养代谢途径，但也可能源于其他机制。

Bruce Shillito 率领的团队（如 Ravaux 等，2003）直接测试了盲虾对高温的耐受能力，所测盲虾生活在喷口壁处，离喷口涌出的 350 ℃海水只有几米远。盲虾样本由水下机器人（ROV）的吸入系统采集并带至海面，然后被迅速密封于压强为 230 atm、配有"内视镜"的水箱中。在高温条件下观察虾的存活率，然后提高实验温度。在非常低的温度，即 33 ～ 37 ℃，盲虾出现了明显的死亡。在后续的研究中，Shillito 及其同事描述了一种 70 kDa、热诱导的热休克蛋白（属于 Hsp 70 类）的特征，仅当温度在 25 ℃以上时，该蛋白在盲虾体内积聚，意味着这种热休克蛋白的最适温度稍微低于 25 ℃。或许，在低于 25 ℃的条件下，很多采样地的硫化物/硫磺和氧含量处于最佳浓度，该温度高于 Riftia 属所栖息的东太平洋热液区的温度。

Ramirez Llorda 等（2000）的研究认为，Rimicaris 属虾的繁殖与其他真虾下目种类的繁殖类似。雄虾将含精子的精荚附于雌虾的生殖孔。精子经雌虾的生殖管进入纳精囊。在发育的所有阶段，卵母细胞皆存在于卵巢中。一簇受精卵排出后雌虾将受精卵移至步足处进行孵卵。在热液区，很少能采集到正在孵卵的雌虾，因此，Ramirez Llorda 等推测，它们会在受精卵发育期间离开大规模的虾群，以避免在虾群中移动时受精卵受损。对少数抱卵雌虾的统计表明：每个个体的抱卵数不足 1 000 个。通过分子遗传学方法（Dixon 和 Dixon，1996）鉴定出 Rimicaris 幼虫，发现它们具有普通的复眼，且消化道内含有浮游生物。有观点认为：这些幼虫会随水流向上层游动，它们有很长的浮游期，以浮游植物为食，这使其具有潜在的长距离迁移能力。它们成功返回原热液区的概率必定很小。

15.3.4　鳞脚腹足类(*The scaly-foot gastropod*)

1999 年，在印度洋中脊喷口区域周围发现了一种聚集成群的、特殊的螺圈形腹足类(彩图 15.2)，直径为 5 cm(Van Dover 等，2001)。曾有提议称用林奈双名法对其命名，该提议仍可在网站上找到，但是这一名称至今未被正式发表。尽管如此，Warén 等(2003)在他们的网上补充材料中对上述腹足类生物的特征给出了很好的描述，他们分子序列的分析结果表明：上述腹足类生物与大量栖息于西太平洋喷口附近的 Neomphalina 类群的 *Hirtopelta* 属和 *Peltospira* 属之间存在亲缘关系。

鳞脚腹足类有两个不同寻常的特征。首先，其腹足不能完全自如地伸缩，腹足被铁－硫矿物质形成的矿物质层覆盖，这些矿物质为黄铁矿(FeS_2，具有 S-S 键和 Fe-S 键)和硫复铁矿(Fe_3S_4，一种混合价化合物)。这些矿物质层可拉聚在一起形成一个围绕腹足的封闭铠甲，似乎源于进化中发生显著特化的鳃盖。整个壳圈的外层也由一层黄铁矿－硫复铁矿层覆盖。学者针对铠甲的力学特性进行了详细研究(Suzuki 等，2006；Yao 等，2010)。螺圈形外壳的矿物质外层下方是一层较厚的弹性蛋白层(又称"贝壳硬蛋白")，该弹性蛋白层与软组织相近，是一种比较普遍的软体动物角质层。显然，上述构造将防刺和耐压两个功能结合为一体。印度洋中脊喷口区的蟹类，可能夹碎保护不当的腹足类或夹住它们的腹足。Yao 等想基于这种模式设计出军用铠甲。可见在我们的脑海和研究预算中，战争似乎从未远离。在其他地方发现的软体动物也具有由铁化合物组成的坚硬结构，尤其是多板纲生物齿舌上的赤铁矿覆盖层。尽管如此，鳞脚矿物质确实很特别，这主要得益于喷口所排出丰富的铁和硫化物。

其次，鳞脚腹足类的食道具有侧张能力很大的软组织，软组织细胞中栖息着大量的 γ－变形菌，这些变形菌的代谢方式与其他喷口内共生体的硫化物氧化能合成形式(thiotrophic chemosynthetic forms)相关(Goffredi 等，2004)。还需要进一步研究氧气和硫化物输送到组织内部结构的生理学细节，同样，这些腺体组织中的产物通过何种方式分配到鳞脚腹足动物的其他组织还不太清楚。鳞脚腹足类和其他腹足类 *Alviniconcha* 一起生活在"烟囱体"基部周围，环境中含有它们可利用的硫化物和氧。Warén 等(2003)研究发现：与典型的腹足类的消化系统相比，鳞脚腹足类的消化系统更小，这表明深海腹足类对来自内共生体的营养具有很强的依赖性。然而，他们也证实了鳞脚腹足类具有非常精巧的齿舌结构，这种结构保留一定的刮食功能。据 Goffredi 等报道，其鳞片上覆盖着大量丝状 ε 和 γ－变形菌，但很难观察到鳞脚腹足类的口如何够到鳞片并摄食细菌的。与 *Alviniconcha* 属及其亲缘种不同，鳞脚腹足类的鳃内没有细菌。

目前，对鳞脚腹足类的繁殖学的了解仍然非常少。Warén 等发现鳞脚腹足类的卵巢是前置的，这一点确实不同寻常，随后，他们在雌性生殖管中发现了精荚。显然，雄性是以精荚的方式来传递精子的。

15.3.5 深海双壳类（*Bathymodiolus* & *Calyptogena*）

与鳞脚腹足类动物不同，大部分软体动物的鳃丝是化能自养细菌的共生场所。这种共生现象确实存在于 *Bathymodiolus* 属贻贝（广泛分布于喷口区）和大白蛤（*Calyptogena magnifica*）（分布于东太平洋海隆）中。鳃中布满了血管，增大了与外部液体接触的表面积，这样在鳃上共生的细菌也能实现良好的气体交换。显微镜检查和鳃组织中固碳酶 RuBisCO 的确认都证实了鳃部有细菌存在（Cavanaugh 等，1981）。已有报道（Cavanaugh 等，1992）显示，甲烷氧化细菌明显与硫化物氧化化能自养菌共存，与 *Bathymodiolus* 属贻贝存在共生关系（Fisher 等，1993）。

这些双壳类动物的独特之处在于它们对内共生化能合成细菌的依赖，但囊螂科（*Calyptogena* 属）种类的分布不仅限于热液系统，它们也出现在冷泉区，埋栖下潜到沉积物中，使其中的硫化物、氢气和其他化学物质介入海底边界层。Fujiwara 等（1998）对栖息在日本相模湾冷泉区海底边界层的 *C. soyoae* 和 *C. okutani* 进行了一项有趣的观察。此观察结果可能适用于或可能不适用于喷口双壳类动物。两种蛤将精子和卵子自由排放到水中，精子和卵子必须在水中结合。这要求精子和卵子的排放近乎同步。冷泉区的蛤通过感知温度在短时间的上升和对水中配子的嗅觉感应实现精卵的同步排放。Fujiwara 等设立了一个影像记录观测台对 *C. soyoae* 进行长期（1.5 年）观察，并同时记录温度。温度仅升高 0.2 ℃（图 15.8）即诱发了精子排放，所有的卵子排放均滞后于精子排放，显然，精子的排放继而诱发了卵子排放。Fujiwara 等随后用潜水器在蛤的埋栖区设置了带加热器的树脂玻璃，以加热器升温并诱发了精卵排放，同时再次观察到先排精后排卵的情况。实验精巧地重现了所观察到的自然产卵（Fujikura 等，2007）。在 213 次的精子排放过程中，有 90 次伴有卵子的排放。从未出现先排卵的情况。雄蛤摇摆虹吸管将精子按弧形轨迹射出。精子的射出流经蛤埋栖床的粗糙表面引起涡流，使精子和卵子随之飘动、充分混合，随之精卵结合，确保高的受精率。对喷口区的蛤床来说，还未见有类似的报道，但类似的信号传递机制是很可能存在的。由于潮汐和湍流变化，热液喷口区域有时也会流过一阵更热的（或更冷的）海流。

Bathymodiolus spp. 的卵细胞通过摄食浮游生物得以维持，但具体摄取什么类群尚不清楚，热液羽状流中的细菌是可能的摄食对象。这些卵的存活时间可能相对长些，这使它们可以迁移很长一段距离。对囊螂科蛤类及很多喷口腹足类和环节动物而言，它们的幼虫更多地受限于卵子（"卵黄"）所提供的营养，而且可能必须尽快附着变态。这种营养方式（浮游生物营养和卵黄营养）上的差别与上述各类生物的遗传变异程度并无很强的相关性（Audzijonyte 和 Vrijenhoek，2010）。

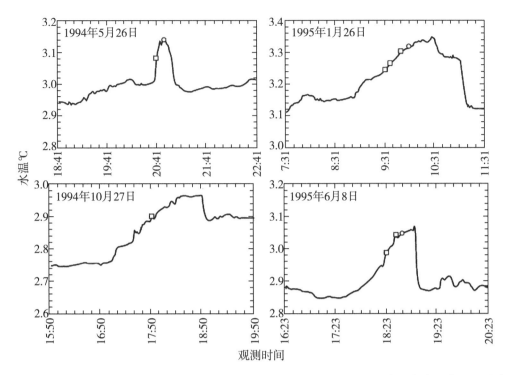

图 15.8 *Calyptogena soyoae* 蛤的四次精子排放情况（方形），观察到其中的三次卵子也随后排放（圆形）

上述观察结果来自日本相模湾冷泉蛤埋栖床的（水深 1 174 m）水温略上升期间。（Fujiwara 等，1998）

15.4 喷口周围动物群的排布

　　深海热液区周围不同的巨型动物群对流速（交换速率）以及硫化物和氧气的具体浓度的要求不同。在东太平洋海隆，较小型的外套颈动物 *Tevnia jerichonana* 是在新喷口区较早群集定居的生物，它们在 30 ℃的喷口区附近聚集并继续存在，直至喷口冷却至大约 5 ℃。随后 *Riftia* 属管虫到达冷泉区，代替 *Tevnia* 属并在活动的喷口周围形成成簇的群落，群落之间的间隙温度更低。贻贝不需要如此高的硫化物浓度，而且通常存在于距离喷口较远的地方，虽然它们可能附着于管虫的基部体。蛤类群落分布在硫化物浓度较低且水流缓慢的区域，最常见于玄武岩的水平裂缝中，裂缝的水流更接近于渗透液。它们将为气体交换而特化的足向下伸入裂缝中。足也可能有固定的作用。喷口的周围有一系列的滤食生物，尤其是多毛类龙介虫属管栖生物。喷口周围的硫化物浓度过低且因化能自养氧化反应而减少，但是相比深海，从喷口内壁扩散出的大量的细菌为滤食生物提供了更丰富的食物。Hessler 等（1998）描述了东太平洋海隆喷口区生物群落的空间分布。大量的文献现已报道其他海底热液区动物区系的构成和演替规律。

15.5　喷口的寿命和在新喷口的定植

热液区的寿命在几年到几十年之间。1977 年的首次探险横贯加拉帕戈斯海岭轴向断裂，根据沉积的贝壳（尤其是蛤 *C. magnifica*）发现了以前的喷口和生物群落的所在地。死烟囱体分布在活烟囱体附近。由于喷口不会一直活动，动物们必须较快地生长，特别是 *Riftia* 属管虫。可通过壳层形成的时间准确地推算出 *Calyptogena* 的贝龄：规格最大的样本贝龄为 25 年。东太平洋海隆在 9°N 活跃的延伸区曾是 1991 年 4 月的熔岩流所发生的位点，恰好发生在科学家乘阿尔文号探险之前（Lutz 等，1994）。熔岩曾流经有动物群落栖息的活喷口区。事实上，包括被烤焦的成簇的管虫在内，喷口区动物并未被埋葬。热液流活跃于新熔岩的裂缝中，混杂着颗粒物。丰富的细菌在底部形成厚达 5 cm 的细菌垫。在 1992 年 3 月的再次探查中，热液区的位点被进一步确定，细菌垫覆盖范围减少很多。也许是因为活跃于该区域的蟹类吃掉了表层的细菌。热液区裂缝的周围栖有 *Tevnia* 属管虫的群落，它们属于小型（最大为 30 cm）外套颏动物，在新喷口区形成后不久便出现，且明显适应于非常热的热液环境。该区没有出现 *Riftia* 属管虫。在 1993 年的最后一次探查中，发现了大量个体长度超过 1.5 m 的 *Riftia* 属管虫，它们已完全覆盖了那块曾做过标记的区域，而 20 个月前那里只是一片散布有 *Tevnia* 属管虫的裸露岩石区。在活跃的热液区周围还发现了小型贻贝和 *Calyptogena* 属蛤类。活跃的热液区一直维持着复杂的热液生物群落。因此，群落形成的时间十分短，在几个月至几年之间。它们会因熔岩的覆盖或喷口的死亡而几乎瞬间消亡。

与 Lutz 等的研究类似，Tunnicliffe 等（1997）对胡安德富卡海岭处一个全新喷口的生物定植进行了研究。该喷口位于海岭新的轴向火山上、极地向流的下游。泉口溢出流含一些絮状物质，因此被称之为喷口"絮团"（"Floc"）。在 1993 年的夏天，有絮凝的喷口区是很贫瘠的。到 1994 年的夏天，那里已经有 8 种后生动物，到 1995 年夏天，喷口区的生物达到 21 种，这些生物与老的泉口区的 24 种生物形成鲜明的对比。他们将老的喷口称为"源"，指代那些位于上游的、一个明显较早形成的喷口。1995 年最后一次的调查稍晚于同年夏季，探查发现喷口絮团濒临消失，所统计的生物种类数已降至 12 种。喷口的形成相对迅速，因此，当热液流停止后剥蚀随即发生。在利用潜水器和水下机器人（ROV）开展的海岭喷口探查中，大多数航次都发现了沿海岭轴散布的活体和生物残骸的聚集物。已死喷口的主要标志物是冷却的烟囱体、蛤类壳和石灰质的蠕虫管。

和 *Riftia* 属管虫（见上文）一样，观察研究已证实大多数喷口动物经浮游迁移并变态附着在实验板上（Craddock 等，1997；Vrijenhoek，1997），例如，帽贝、包括 alvinellids 科在内的数种蠕虫、*Bathymodiolus* 属贻贝和 *Calyptogena* 属蛤类。一些幼虫到达新喷口，当然，更多幼虫无法到达。毫无疑问，很多幼虫会在亲本周围区域固着，便于聚集形成大的群落。幼虫迁移到达的新喷口必须位于扩张中心，由沿扩张中心的轴向山谷分布的近底层热液流渠道促使而形成，因为扩张中心处的新喷口最有可能涌溢出热液。但整体上幼虫的死亡率一定高于任何其他海洋底栖动物。繁殖必须要有丰富的食物供应，以维持大的个体规格和高的繁殖力，从而弥补幼虫的高死亡率。

　　数名工作者，尤其是 Craddock、Vrijenhoek 及其同事，对海岭系统中分布距离不同的喷口动物群和分布于不同的海岭系统的喷口动物群进行了遗传分化调查。以同工酶频率为工具估算不同的代谢酶和 DNA 序列的变异。同工酶是催化特定的代谢反应的代谢酶的变体形式。随着用于代谢反应的纸电泳技术的发展，通过电泳时不同的迁移速率可鉴定这两种酶。结果并不是唯一的。对 *Lepetodrilus* 属帽贝的同工酶分析表明，同工酶的差异与（离东太平洋海隆和加拉帕戈斯裂谷的）地理距离的远近并不相关。尽管如此，幼虫壳的特征表明它们在浮游期间不怎么摄食，幼虫的扩散迁移的距离就较短，其基因流就会明显地升高（Craddock 等，1997）。对沿加拉帕戈斯裂谷水深超过 2 370 km 处分布的嗜热深海偏顶蛤 *Bathymodiolus thermophilus* 的分析也得出类似的结果。嗜热深海偏顶蛤的幼虫壳确实证明（通过与熟知的浅海蛤进行对比）其具有一定的摄食能力，使幼虫能迁移分布至远处（Craddock 等，1995）。根据 Vrijenhoek（1997）的研究，有些喷口区动物确实具有浮游幼虫阶段，而且也随地理距离而表现出遗传渐变，显示了一种踏脚石式的扩散模式（stepping-stone model of dispersal）。另外，抱卵的喷口动物，如端足目 *Ventiella sulfuris*，分布于不同喷口区的个体呈现出很大的遗传分化，且地理距离越远遗传差异越大（France 等，1992）。这种形式的迁移所引起的不同喷口区之间的基因流动是非常低的。*Ventiella sulfuris* 仅出现在喷口区。目前还不清楚它们和其他抱卵繁殖的动物是如何到达新的喷口区的。最近，Audzijonyte 和 Vrijenhoek（2010）质疑了遗传同质性和遗传分化研究中沿海岭采样的统计学合理性，还有更多工作有待开展。

15.6　生命起源地

　　自 19 世纪中叶，达尔文通过全面回顾古生物学的研究成果，提出了地球生命所经历的一系列渐进式进化的观点，生命最初是如何开始的这一问题便从此等待着一个全面而令人满意的答案。一些陆相起源派学者很早就概述了这一问题（见 Wächterhäuser，1997）。自 20 世纪 20 年代（Oparin，1924，1938），此问题一直备受关注，当时对生物化学过程已有充分的认识，已可支持一些相关的推测。随着生物分子学的迅速发展，对生命起源的推测已开始走向现实。

　　在发现深海热液喷口后不久，当时与 J. B. Corliss（Corliss 等，1981）一同工作的一位名为 Sarah Hoffman 的研究生注意到：喷口系统和最早由 Sidney Fox（引自 Fox，1971；另见 Fox 和 Dose，1972）基于间歇泉的灵感开展的"合成"简单的生命形式的实验，两者之间有相似性。Fox 的实验与生命起源很难说有什么实际的联系，但却激起了很多的好奇心。他的实验分 3 个阶段：生成氨基酸，形成类似蛋白质的结构（类蛋白体），以及由类蛋白体形成"原始细胞"。第一步在气相中完成，方法是使甲烷通过浓缩的氢氧化铵溶液，在砂基、熔岩或其他基质中，将其加热至 1 000 ℃，然后在冷的氨溶液中迅速淬火。加热产生了一些外消旋的氨基酸混合物，其中有一些在生物系统中从未发现过。氨基酸的聚合也可通过加热实现，但是因为反应中脱水，所以实验在无水条件下进行，只需在试管中混合并加热（175 ℃）干的氨基酸。实验必须使用几种氨基酸的混合物，仅使用单种氨基酸则不会发生聚合，如甘氨酸。这样生成了有一定结构的长链"类蛋白体"，虽然不同条件下得到的实验结果不尽相同，但产生的氨基酸序列的顺序和残基的组成大致具有可重复性。最后，他将一些热的类蛋白体投入沸水中，产生了许多小囊泡，称之为"原始细胞"；它们具有类膜结构，能催化一些简单的代谢反应（如丙酮酸脱羧反应），但效率不高。

Fox"合成"实验条件极为特别，其气相—液相—气相—液相的反应顺序在任何地方都很难重现，尤其是很难在活跃热液喷口重现。尽管如此，Hoffman 主张小分子有机物由喷口深处最热处（大于 600 ℃）的还原性物质（热液中富含的 CH_4、NH_3、H_2、H_2S）形成，这些还原性物质随热海水对流上升，与周围低温（大于 250 ℃）海水混合并冷却聚合，然后进一步冷却，形成类似 Fox 所说的原始细胞。至此，类似的新陈代谢开始形成，最终通过不断地选择变得稳定，生长最快的细胞达到一定的大小后开始分裂繁殖。

Hoffman 和 Corliss 都是太古宙地质学、古老岩石和古沉积物方面的专家。他们研究了年龄超 30 亿年的岩石并对其中的大量微体结构做了记录。包括微管碎片在内，这些微体结构长期以来被认为是最早的生命微体化石（Fox 和 Dose 记录的碎片看上去和原始细胞完全相同），对其最好的解释是这些微体结构在海底曾被淹没的热液喷口中形成。这样，就可能的微生物生命的化石痕迹而言，其最大的年龄不会大于被淹没的各热液喷口的残余年龄。两者在形成年代上的吻合提示有必要进一步验证其可能性。系统进化树为原始生命起源于热液喷口的观点提供了部分证据。基于系统进化过程中伴随着生物大分子复杂性的逐步提高这一假设，以 SSU rRNA 的 DNA 序列构建的系统进化树（Woese 和 Fox，1977）得到的树根往往是嗜热古菌。这些微生物中最原始的是在深海热液喷口内（或附近）被发现的化能自养菌（Kandler，1998）。

随后的历史很复杂，充满了研究者之间的个性冲突，也有对化学进化的客观评价。尽管如此，热液喷口始终被认为是生命可能的起源地之一，在那里初始生命可以从简单的反应中获取能量，能自我繁殖及生存。目前的生命起源理论主要分为两派："信息优先"和"能量传导优先"。前者通常以最新研究发现为基础，即 RNA 能携带遗传信息并能作为催化剂（早期生命是一个"RNA 的世界"）。后者提出生命最初是一个酶系统，在某种程度上类似于线粒体的电子转移体系。有类似 ATP 的某种分子"能量货币"形成，或许后一个理论设想的很多事情终将成为可能。上述两种理论都常提到小囊泡（"类蛋白体"）由水中的脂肪酸经乳化作用而形成，生命形成之前若干反应所需的空间都存在于水中。两种起源观点的支持者都推断：热液喷口的高温（可能还有黏土和黄铁矿，或方解石表面化学反应）可能在生命的"自然发生"过程中发挥了作用。

Dyson（1999）认为：繁殖、基于蛋白质的代谢系统和基于核酸的复制系统可能各自独立形成，且在不同的地点形成，它们随后联合在一起为繁殖提供一种精密的复制机制。这种合并可以追溯到进化的早期阶段，那里通过共生组合形成了真核细胞的线粒体和叶绿体。

从头合成生命系统的方案非常的精巧，但期望这个生命起源的故事被普罗大众从相信到接受，最好的解决方案就是在实验室重现生命起源的过程。如果生命起源的故事确实能被详细阐述，那将会成为我们科学起源的一部分（还包括宇宙大爆炸起源、意识的起源等）。我们为感兴趣的读者提供几份相关参考文献：Budin 等（2009）；Budin 和 Szostak（2010）；Lane 等（2010）；Shrum 等（2010）。这些近期的研究论文指出：在蛇纹岩化作用下，这些被加热的深海喷口和持续的碱性 pH 环境为原始细胞赋予了各种功能与潜力。

Sarah Hoffman 在海洋学和地质学多个领域发表了重要的研究成果。她与骨癌长期斗争，于 2010 年末逝世。Jack Corliss 因没有发表足够的学术论文而被所属大学解雇。看来，仅有科学历史上最重要的两项发现（和论文）仍是不够的。他后来移居匈牙利，在那里继续思考一些重要的科学问题。

第 16 章　海洋生态学与全球气候变化

　　早些年前，地球科学家就不断地向国际理事会和国家立法机构解释"全球气候变化"可能导致的后果，期望通过游说政府来影响环境政策并得到政府对此类研究的支持。由于全球气候变化问题涉及面太广，倡导者们很多都致力于争取关注和研究资金。海洋中的生物过程参与了气候变化的调控，气候变化也反过来影响海洋生物。因此，气候变化及其效应已经成为生物海洋学的一个重要研究方向。"气候变化"已经成为"变暖"的代名词，相对于 20 世纪中叶的温度，大气和海洋温度在全球范围内的升高就发生在我们身边。气候变暖是一个非常复杂的问题，联合国认可的政府间气候变化专门委员会（IPCC）在其 2007 年的报告中就用了四大卷书来论述其内容，而且很多内容在新版中有更新。在这一章，我们只能尽量概述海洋生物过程如何在长时间尺度上影响气候，展示海洋气候在十年时间尺度上的变化，并举例说明气候变暖所带来的效应。

　　地球上的气候从来就不是一成不变的。平均温度的变化、温度周期变化的幅度、降水率、降雪或降雨、季节性降雪与融冰、蒸发、生物生长季的时长等都是气候变化的重要推动力。目前我们正处于间冰期，与更新世，甚至 17 世纪至 19 世纪相比，现在的气候是非常适合人类居住的。与前几个世纪相比，20 世纪的大部分气候条件都很温和，气候逐渐变暖，生长季较长。自 20 世纪 80 年代以来，气候变暖已经成为一个严肃的公众问题并且在可预见的未来仍将如此。除了气候变化本身以外，气候在地球上的分布与地球供养的约 69 亿人口（2011 年 2 月，是 100 多年前人口的 4 倍多）的饮食与居住方式密切相关。气候变化影响人类生活的方方面面这话一点也不假。

　　气候变暖引发的许多事件都令人担忧：山区冰川消退、格陵兰和南极冰盖的融化、北冰洋海冰在夏季明显减少；疟蚊向两极扩散、厄尔尼诺与南方涛动等短期气候变化周期的强度增强、降雨量及分布的变化等。最近人们越来越认识到，气候在数十年到数千年期间循环往复，在冰期－间冰期之间也有旋回周期。我们正试图追踪北大西洋涛动、太平洋年代际涛动及与其偶联的其他全球性涛动。渔业周期也受到气候变化的驱动，其振荡周期长达 60 年，包含不同的阶段（称为"稳态"，regime）。在第 17 章中我们会介绍几个关于稳态转换的例子。这种复杂的多年代际循环与长期变化相互作用，其结果可能会掩盖目前正在发生的快速暖化趋势。因此，我们必须持续研究并理清气候变暖问题，尽可能彻底地理解它，并采取行动以缓解全球变暖（特别是减少化石燃料的使用）。有些延缓气候变化的措施可以在海洋中实施，其机制则与海洋生物密切有关。

　　这些措施的实施还存在着很多技术困难与费用问题，即使实施也并不能确保能稳定住暖化的趋势。我们还必须做好在一个更温暖世界生活的准备，因为很多变暖事件似乎是不可避免的。在矿物燃料燃烧向大气中排放更多 CO_2 使气候变暖的同时，溶解在海水中的 CO_2 的含量也增高，这使海水碳酸盐缓冲系统转向更大的酸度。自 2000 年以来，海水酸化问题已经引起了科研人员们的浓厚兴趣。

生物的生产力以及随后有机物在海洋中的再分布过程对控制气候也发挥了一定的作用，我们将从几个角度来进行讲解。联合国政府间气候变化专门委员会（IPCC）正试图了解相关数据和当前的最佳解决手段。有关详细信息，请参阅其最近的报告（2007；摘要可在 http://www.ipcc.ch 上查阅），其中的公布内容偶有更新。

16.1　全球变暖和 CO_2

天气正变得越来越暖。气候则是天气在长时间尺度上的一种平均（图 16.1）。自 19 世纪中叶以来获得的数据是观测温度平均值的分布，那时候获得的数据质量很好，数据量总体上也呈现出不断攀高的趋势。事实上，在工业时代之前气温就一直在升高，但是现在呈现出一种令人琢磨不透的、台阶式的加速升温趋势。20 世纪的气候变暖分为两个阶段：1905—1940 年和 1976 年至今。平均温度在 1940—1976 年相当稳定，然后气候逐渐变暖。从大约 2000 年至今的这段时间是有温度记录以来最暖的时期（图 16.1），尽管这期间一直保持相对平稳（这一特点也令人费解）。一些海洋学家认为，在这个温度"平稳"期，气候变暖主要发生在海洋中，1993—2008 年，上层海水存储了约 0.64 $W \cdot m^{-2}$ 的热量（图 16.2；Lyman 等，2010）。历史上也同样发生过强烈的温度波动，包括温暖的中世纪和 1600—1860 年的"小冰河期"（一个大陆冰川再膨胀、生长季变短的寒冷时代）。身处在一个最暖的时期、科技发达的年代，我们有能力去观测并解释相关过程，这是因为气候变暖也会造成许多不利的影响，其根源可能来自人类自身。高纬区的气候变暖比低纬区变暖更为严重，这也是全球气候变暖非常重要的一个特点（1880—2009 年数十年的温度异常图展示在以下网站：http://earthobservatory.nasa.gov/Features/WorldOfChange/de cadaltemp.php？src ＝ eoa － features）。

大气中温室气体的累积增加是对最近加速变暖最可能的一种解释。要理解全球变暖问题，特别是温室气体效应问题，就有必要掌握地球辐射平衡（radiation balance）这个概念，这一点对理解生物海洋学很关键。简言之，太阳照射在大气层上，以 1 365.6 ～ 1 367.0 $W \cdot m^{-2}$（随太阳黑子周期变化）的速率向垂直于其光线的区域传递能量，其中大部分能量来自光谱的可见光部分（图 16.3），大部分能量会穿过大气层到达陆地与海洋。当然，任何一个区域上接受到的辐射能取决于太阳角。变暖后的陆地和海洋以较长波长的红外线（IR）的形式将能量反射回太空。地球变暖，直到 IR 发射的能量与进入地球的能量大致相等，即达到辐射平衡。大气中各种气体对 IR 的吸收情况决定了混合后的温度。通常来说，入射光的波长几乎都在 350 ～ 750 nm 的范围内，而在平均地球表面温度约为 15 ℃时，反射光的波长峰值区为 12 ～ 20 μm（谓之"15 μm"光谱带，是入射光波长的 38 倍）。这些红外光被大气中的气体吸收：

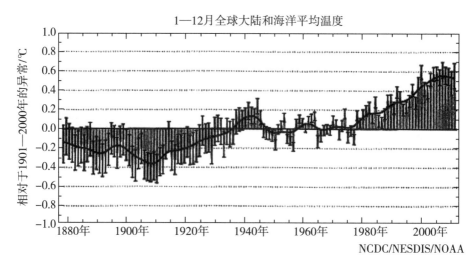

图 16.1　1880—2010 年全球的平均气温变化

数据来自美国国家海洋和大气管理局（2010）。可查看网址http://www.ncdc.noaa.gov/img/climate/research/2009/global－jan－dec－error－bar.gif。

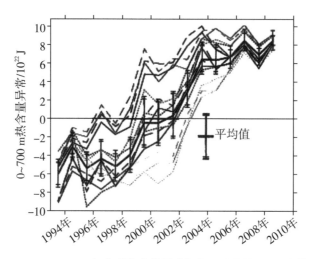

图 16.2　1993—2008 年全球海洋热量增加量平均值的 13 种估算结果

带标准误差的黑线，数据以异常值的形式表示变化。热量增加量约为 13×10^{23} J。（Lyman 等，2010）

　　光能被转化为分子化学键的振动，也使分子运动加快（温度升高）。这两者都使大气变暖，因此需要地球表面变得更热，从而发射出足够量的"15 μm"红外线以及不被气体那么强烈吸收的稍短波长，这样在相对较短的时间（几天）内就能达到辐射平衡。

　　大气中对光具有吸收效应的气体包括水蒸气、二氧化碳（吸收 12 ～ 17 μm 的红外线）、甲烷、一氧化二氮（N_2O）等。虽然甲烷和一氧化二氮在空气中占有较小的比例，但是这两种气体每个分子吸收红外线的能力比 CO_2 强很多。空气与保留在地表

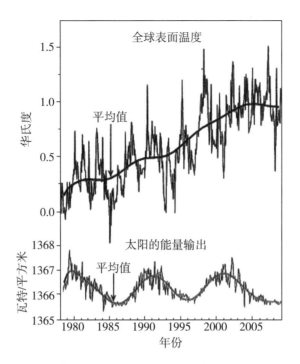

图 16.3 1979—2009 **年全球平均地表气温的增加量和在同一时期大气层外部的太阳辐射**
单位：W·m^{-2}。来自 NOAA 数据。

生态系统中的甲烷大都是生物产生的：牛肠道中的发酵，沼泽、稻田和沉积物细菌的产甲烷作用等。甲烷也是天然气的主要组分（～ 95 mol%），在天然气的生产、运输和使用过程中也可能释放一些进入大气。可能导致甲烷大量释放的几个事件包括：苔原大范围的融化与排气（对全球变暖的一种强烈的正反馈），海底的扰动也可能导致埋在大陆架表层沉积物以下的甲烷水合物释放出来。N_2O 则是由化石燃料燃烧产生，浮游植物的自然代谢过程也可产生 N_2O，此外 N_2O 还有其他来源。

目前，CO_2 浓度升高是一个主要关注点。矿物燃料燃烧（煤、石油和天然气的燃烧是主要来源）已经并且正在增加大气中的 CO_2 浓度（图 16.4）。自 20 世纪中叶以来，CO_2 浓度的增长速度显著加速。另外，生物质（木材等）燃烧和土壤的开垦也是造成这一现象的原因。燃料燃烧产生的 CO_2 的 1/3 到 1/2 被溶解在海洋中，海洋吸收 CO_2 的量要高于最近植树造林短期固定 CO_2 的量，但在数千年的时间尺度上，加上土壤和硅酸盐矿物的风化，植树造林对碳的固定还是非常显著的。CO_2 吸收红外线使大气变暖，从而能够保留更多的水蒸气，而水蒸气对红外线的吸收量也很大，这样就形成了乘数效应。通过一个通用的辐射平衡模型预测的结果如下：如果忽略水蒸气的乘数效应，预测温度会增加 0.3 ℃·W^{-1}·m^{-2}；如果将水蒸气考虑进来（实际上必须包括进来），则温度可增加 0.6 ℃·W^{-1}·m^{-2}。模型还预测：CO_2 的浓度成倍增加后，加热速率增加 4 W·m^{-2}，于是，当 CO_2 浓度是工业革命前浓度（270 ppmv）的 2 倍（540ppmv）时，则可预测温度将升高 2.4 ℃，即：该公式归并（或忽略）

$$\Delta T_{CO_2浓度加倍} = 0.6\ ℃ \cdot W^{-1} \times 4 \cdot W = 2.4\ ℃$$

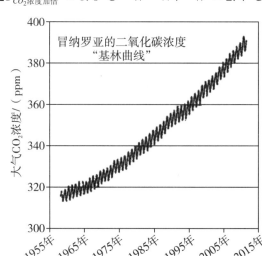

图 16.4 1958—2010 年冒纳罗亚火山观测站的 CO_2 浓度时间序列

这就是广为人知的"基林曲线"，由 C. D. Keeling 最早提出，R. F. Keeling 维护。数据由美国斯克里普斯海洋研究所 R. F. Keeling 提供。

了一系列可能的反馈效应。当你担心这一点时，请记住：光被流体混合物中某一组分吸收的吸收率与其浓度呈负指数关系。也就是说，当 CO_2 浓度加倍时，设红外光吸收率或温度的增量为 x，那么 CO_2 浓度需要再次翻番才能使增量提高到 $2x$。在 CO_2 浓度足够高的情况下，15 μm 波长的光谱带（和一些其他波长的光谱带）中所有红外光将被转变成大气的热量，同时温度升高到足以（在稍短的波长处）维持辐射平衡。在始新世期间，CO_2 远超过现今浓度水平的 2 倍。与现在相比，那时候的平均气温较高，海平面也高，当时在美国堪萨斯州等地还有内陆海（陆地上基本上没有冰），在加拿大最北部的埃尔斯米尔岛上还有树蕨和鳄鱼生活。人类活动产生的 CO_2 并不会导致世界末日，但对于已习惯现今气候的人类和温带物种就不一样了。在本文和全世界的讨论中，CO_2 是关注的焦点，这是因为温室气体中 CO_2 是在大气中停留时间较长的，而且人类活动也会大量地产生 CO_2。但请记住，其他气体和一系列复杂的陆地和海洋过程也参与气候控制。有关这一点 IPCC 有进一步的阐述（2007，第 1 卷）。

　　矿物燃料的燃烧对 CO_2 排放的贡献最大，目前的碳排放量比 2007 年的总值 8.4 Gtc · a^{-1} 还要多（"Gtc"指十亿吨碳）。从 1750 年起，矿物燃料的总使用量稳步上升，并且从 20 世纪 40 年代晚期到现在上升得更为迅速（图 16.5）。人们常说，在这个时间段矿物质燃料的总使用量呈指数增长，但这只说对了部分情况。线性式增加就已经很显著了：二战后，全球经济如火如荼，大约 1950 年后 CO_2 年排放量每年增加 0.11 Gtc（图 16.6）。现在 CO_2 年增量是二战后几年的 4 倍。矿物燃料燃烧产生的所有 CO_2 几乎都排放进入了大气，其中大约有一半的 CO_2 目前仍留存在大气中（图

16.4）。截至 2010 年年底，CO_2 在大气中的年平均浓度为 390 ppmv（百万分之一的体积），其将很快超过 400 ppmv，增速为 $1.7 \sim 2.5$ ppmv·a^{-1}（2004—2010 年的平均值）。CO_2 浓度每年的增量会有所差异（图 16.6）并不是因为燃料的使用增量有如此变化，而是由大气与海洋之间复杂的相互作用所致。大气中 CO_2 增加幅度最大的年份出现在厄尔尼诺年。有些海区吸收 CO_2，而另一些海区则释放 CO_2。在热带东太平洋，厄尔尼诺使上升流减少，实际上就是减少了海洋向大气的 CO_2 净转移量。因此，厄尔尼诺对大气 CO_2 增加的促进作用必然来自陆地。有观点认为：在厄尔尼诺期间，西太平洋和亚洲的热带地区会变得干旱，而干旱通常会导致陆地净初级生产量减少。由于 1 ppmv =2.125 Gtc，目前，厄尔尼诺带来的 CO_2 平均碳增加量为 4.4 Gtc·a^{-1}，大概是矿物燃料燃烧量的一半。起初人们注意到这一点时，将这种差异称为"丢失的矿物燃料碳"。当然，我们现在知道了这部分碳大部分的去向；而"丢失"通常用于形容未解释清楚的那部分剩余量。

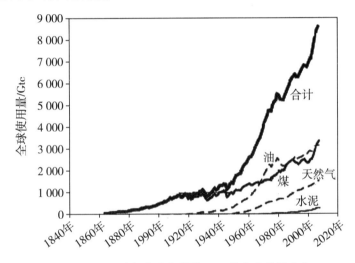

图 16.5　不同来源向大气释放 CO_2 的年度总量变化

单位为百万公吨 CO_2 中的碳。数据来自美国能源部二氧化碳信息分析中心 CDIAC（http://cdiac. ornl. gov/trends/emis/methreg. htm）。

通过比较，我们可以更好地理解这些数字。Behrenfeld 和 Falkowski（1997）根据卫星数据估算出全球大洋的初级生产量约为 44 Gtc·a^{-1}。每年矿物燃料燃烧量约为 8.5 Gtc·a^{-1}，约占初级生产量的 19%，海洋封存的矿物燃料产生的 CO_2 约占 4.5%。陆地光合作用与海洋光合作用总量约在同一数量级上。这样大致可计算得到：在海洋和陆地上，每年新结合到有机质中的碳量与呼吸释放的碳量基本相等，如图 16.4 中锯齿状波动所示。因此，燃烧矿物燃料产生的 CO_2 是每年全球碳循环的一个主要部分，是大气 CO_2 净变化的主要来源。

在年度尺度上看，如果燃料燃烧释放的 CO_2 没存留在大气中，则主要在两个地方积累：一是溶解在海洋中；二是被陆地植物特别是树木吸收和储存（至少一段时

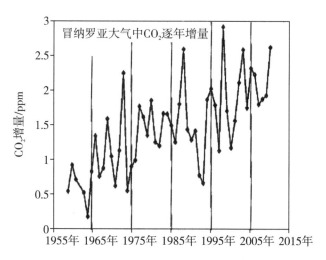

图 16.6　大气 CO_2 浓度的年增量

根据图16.4年平均数据计算得来。数据由美国斯克里普斯海洋研究所 R. F. Keeling 提供。

间）。关于燃料燃烧产生的 CO_2 在空气—海洋—陆地的去向划分，有很多种测量方式。最准确的方法是测量碳燃烧消耗了多少氧气（$C + O_2 \rightarrow CO_2$），同时减去石油与天然气中氢气燃烧对氧气的消耗（产生水），此外还需要估计年代际尺度上变暖引起的海洋中 O_2 和 N_2 的释放量。大气中氧气的分压净变化只占大气总分压减少量的很小一部分（20.9%），因此较难准确测定出来，特别是考虑到大气压力的波动也会导致氧气分压的变化。但是，$O_2 : N_2$ 这一比率则可以通过多种方法非常精确地测量出来：一是 O_2 与 N_2 的比率变化会反映在空气折射率的变化上，这样就可通过干涉仪测量出来（Keeling 等，1998a）；二是质谱分析法（Bender 等，1996）。两种测量结果都非常精确，但是这两种技术都需要在实验时对气体进行精准地控制，因为氧分子会吸附到收集器表面和阀垫圈，也会与一些金属管道（如不锈钢）发生反应，氧气通过阀和孔的速率也不同于氮气。此外，在制备标准气样和参考空气样过程中，其中 O_2、N_2、Ar 和 CO_2 比例也必须精确地控制，还要保护其不与盛装的容器发生作用。通过不断的实验优化，这些问题已经被完全解决，而且获得了不少非常有用的数据（如 Keeling 等，1998a）。

　　使用测定出的 $O_2 : N_2$，相对于任意一个标准，就可以做一些粗略的计算，用于评估大气的时间变化规律，并将之与矿物燃料来源 CO_2 在全球范围内不同碳库的配置联系起来，这正是由 Manning 和 Keeling（2006）提出的算法。使用的一阶变量是：

$$\delta(O_2 / N_2) = \frac{(O_2 / N_2)_{样本} - (O_2 / N_2)_{参考}}{(O_2 / N_2)_{参考}} \times 10^6 \qquad （式16.1）$$

结果的单位是"meg"（百万分比）。将北半球和南半球的数据统一化（相反的季节变化）后，可以得出从 1998 年到 2002 年 $O_2 : N_2$ 在全球的减少量约为每年 21meg（图 16.7 中拟合曲线的斜率）（图 16.8）。通过大气 CO_2 和 O_2 的预算变化推测 CO_2 在海洋和陆地的汇：

$$\Delta CO_2 = F - O_c - L \qquad (式16.2)$$

$$\Delta CO_2 = -\alpha_F F + \alpha_B F + Z \qquad (式16.3)$$

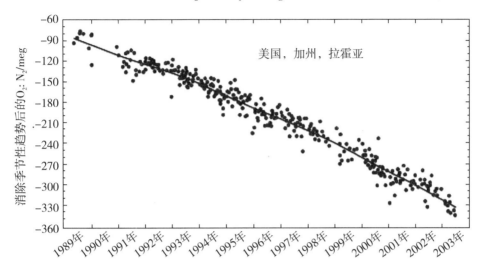

图 16.7 美国加利福尼亚州拉霍亚(33°N，117°W)大气中 $O_2 : N_2$ 的时间序列

已相对于季节数据的年平均值做出调整(图 16.8)。单位是百万分之一(meg)。(Manning 和 Keeling，2006)

其中，F 为矿物碳燃烧的摩尔数，O_c 为海洋对 CO_2 的吸收量，L 为陆地对 CO_2 的吸收量，α_F 为矿物燃料燃烧消耗的氧气与矿物燃料碳的摩尔比(约为 1.39)，α_B 为由光合作用平均产生 1 mol 的陆源有机物过程中产 O_2 的量(约为 1.1)，Z 为空气与海洋之间 O_2 的交换(由于上层海洋变暖，少量 O_2 从海洋释放到大气)。等式左侧的变量可以测定出来，假定 N_2 含量几乎固定(取变暖时的近似值)，根据 $\Delta (O_2/N_2)$ 就可计算出 ΔO_2。等式右边，F 的值来自政府机构报告的煤炭开采以及天然气和石油生产的数据。方程用于求解 O_c 和 L。根据 Manning 和 Keeling(2006)的研究，1993—2003 年的碳汇总量是：$O_c = (2.2 \pm 0.6) Gt \cdot a^{-1}$ 和 $L = (0.5 \pm 0.7) Gt \cdot a^{-1}$。在那些年间，$F \approx 6.5 \ Gt \cdot a^{-1}$，海洋对 CO_2 的吸收占了矿物燃料产生总 CO_2 的 1/3 左右，总体上留在大气中的 CO_2 量略多于燃料输入的一半。L 的不确定性大于平均值，显然，砍伐森林和拓荒很可能使土地成为大气中 CO_2 的源，而不是汇。

因此，海洋在减缓燃料使用方面起了很大的作用。有观点认为，近年来对土地吸收的估计值 L(正值)是源于北半球温带地区(包括北美东部和斯堪的纳维亚)的植树造林。随着农业生产越来越多地集中在生产力最高的地区进行，许多地区(如新英格兰)自 1950 年左右就已经恢复森林。这些森林中的生物质总量仍在不断增加。在一些温带、以木材生产为主(如美国西部)的森林中，砍伐率也已经降低，生物量再次累积。光合作用在生产生物质的同时，将氧气返还给大气，使 O_2 和 $O_2 : N_2$ 的降低现象出现得比预期的要少。海洋中的光合作用不具有这种效应，因为海洋光合作用产生的几乎所有 O_2 会很快被呼吸消耗掉，将光合氧转变成 CO_2。分析海洋季节性地吸收和

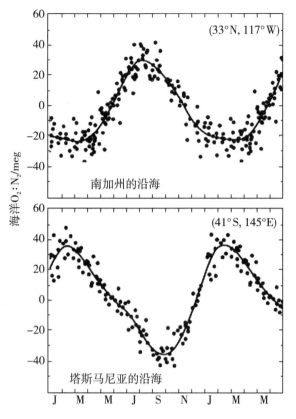

图 16.8　北半球和南半球 $O_2 : N_2$ 的季节周期

显示了净产量（光合作用 > 呼吸作用）和净代谢在两个半球刚好相反的季节性。（Keeling 等，1998b）

放出 CO_2 就可看出 CO_2 预算的细节变化（图 16.8）。春、夏两季释放到大气中的 O_2 在秋、冬两季再次被吸收。这与季节性的温度变化对 O_2 溶解度的影响有关，当然也与季节性的生物作用（光合与呼吸代谢）有关。热带森林的数据表明，它们的生物量正持续地向大气转移，因为森林正在被砍伐，而且烧木材比生物质再生要快得多。陆地年度净储碳量只是对全球平均而言的。

矿物燃料 CO_2 的另一去向是通过硅酸盐矿物的风化及化学作用转化为可溶态。随着 CO_2 浓度的升高，以及碳酸的形成，雨水和土壤水分的酸度增加。这可以侵蚀各种硅酸盐，如硅灰石（$CaSiO_3$）：

$$CaSiO_3 + H_2CO_3 \rightarrow CaCO_3 + SiO_2 + H_2O \qquad （式16.4）$$

反应产物被输往海洋，进入生物外壳中（主要有孔虫和硅藻），然后沉降进入沉积物中。在地质年代的长时间尺度上，化学风化在限制（有时甚至是降低）大气 CO_2 浓度水平方面非常重要。例如，在过去的几百万年 CO_2 有所减少，因为几百万年前喜马拉雅山的隆起使大范围的新岩石暴露出来，风化的速率很高。在当前，人类活动引起的 CO_2 含量升高强化了化学风化作用，而对强化后化学风化重要性的研究仍然很少。

在 CO_2 水平渐渐增高的过程中，要检测方解石沉积的增加还十分困难，因为在全球海洋中方解石的沉积发生的区域非常广泛（如在热带水域中的珊瑚礁、有孔虫壳、颗石藻沉积），只要其去除量达到约 1 GtC·gt 就会产生重要影响。而且，CO_2 升高导致海水 pH 降低，使礁石和颗石藻中方解石沉积速率降低（Riebesell 等，2000）。有关全球变暖各过程的变化幅度与相互作用研究仍是一个相当大的挑战。

可以肯定的一点是，大部分"丢失的"矿物燃料碳最终都进入了海洋，但还不太确定是哪些过程介导了 CO_2 的溶解。根据海洋化学家的说法，答案相当简单：大气 - 海洋交换过程中 CO_2 的溶解是 CO_2 进入海洋的重要一环。当向大气中添加矿物燃料 CO_2 时，碳的封存本质上是一个非平衡过程。基于观测 CO_2 含量（空气和水）和交换速率的数据，绘制 CO_2 进入和逸出速率的分布图，结果显示（彩图 16.1），大量向海洋的 CO_2 输入都发生在深层水形成的区域：一是南极周边，水在那里被冷却，外加海冰形成时将盐类析出，形成低温高盐水，驱动水团下沉；二是挪威海和（或）伊尔明厄海，海湾流高盐水在北极被冷冻降温从而下沉。在以上这些地区，新的 CO_2 水平（大气中矿物燃料源的 pCO_2 升高）与冰冷的极地水达到平衡，极地水团在下沉到深处时也携带了较高浓度的 CO_2。CO_2 从海洋中逸出最显著的海区是东部热带太平洋、阿拉伯海和白令海的西南海盆深水区，那里 CO_2 以较低的速率（从全球总量看）返回至大气，溢出的速度与 CO_2 在深水区的浓度有关，而这些水完成整个循环周期可能需要数千年。因此，返回至大气的 CO_2 代表了工业革命前的大气 CO_2 水平。除了这种非平衡效应之外，CO_2 要想逃逸成功就必须逆 CO_2 浓度梯度将之推入大气，因为大气中存在较高浓度的 CO_2。因此，可能需要 3 000 ～ 6 000 年的延迟，一个新的平衡才能建立起来，矿物燃料源 CO_2 的一部分则将迅速进入海洋。

然而，CO_2 在逃逸地点的浓度比侵入地点的更高。在水团于深处移动的过程中，有机碳同时也会被呼吸氧化掉，以 CO_2 的形式随着深水洋流一路流动。我们假设影响初级生产力的因素在 200 年内没有发生太大变化，那么在工业化进程中，这种生物固碳可能也没有大的变化。尽管固碳量非常大，但是在整体交换中基本不变。当前对总预算（图 16.9）的共识（IPCC 2007）是生物贡献约 11 GtC·a^{-1}。如果它变化，可以用来解释海洋中不稳定（labile）碳的总投入产出平衡的变化。"不稳定碳"在本文中意为没有固化成岩石、能在气态和溶解的碳酸盐碳库和有机物之间自由转换的那部分碳。

海 - 气 CO_2 通量图（彩图 16.1）也显示了这种生物碳转移到海洋的过程。在一些没有深层水形成的海区，如亚北极的北大西洋、亚北极太平洋和亚南极的顺风区，向海洋内部输送的碳也不少。在这些海区，大量 CO_2 通过"生物泵"（该词来自 Longhurst 和 Harrison，1989）输入海洋内部。在这些海区，因为光合作用大量吸收水中的 CO_2，使表层 CO_2 浓度降低，使气 - 水梯度更加明显，CO_2 从大气向海洋输入的通量也增加。呼吸作用产生的 CO_2 并不能平衡浮游植物对这些海域表层 CO_2 的吸收，因为颗粒物（小到粪球、大到鲸鱼尸体）的沉降和垂直迁移将碳移出表层水并在海洋深处累积。在（中纬度区比较典型的）永久性密度跃层、亚极地地区的盐度跃层下，这

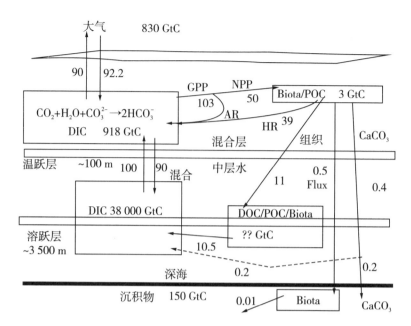

图 16.9　全球海洋中不稳定碳、合成态碳在各储库中的近似量

单位为十亿吨碳，GtC。该图同时也显示了不同过程对 CO_2 输入、输出海洋和对各含碳成分之间转移的贡献。数字表示的是年平均速率。缩写：GPP，总初级生产量；NPP，净初级生产量；AR，自养呼吸；HR，异养呼吸；DIC，溶解无机碳；DOC，溶解有机碳。数据来自 Sarmiento 和 Gruber（2006）、IPCC（2007）以及 Emerson 和 Hedges（2008）。

些颗粒会最终被氧化，使中层水 CO_2 浓度过饱和。在更长的时间尺度上（比工业时代更长），大气 CO_2 的变化与物理溶解泵和生物碳泵的变化都有关系，这一点在冰期－间冰期的旋回中会看得非常清楚。

　　基于海－气 CO_2 通量图的数据就可以根据面积计算出 CO_2 输入和输出的总和（Gruber 等，2009；彩图 16.2）。计算方法有 4 种，如彩图图版中不同颜色条形图所示（彩图 16.2），虽然条形图适用的区域并不十分明确，但结果很明显：大气 CO_2 向海洋的输入大于其输出，其中很大一部分位于热带太平洋。在误差范围内，这种方法得出的结果与依据 $O_2 : N_2$ 方法的结果一致，即在调查期间（1995 年）海洋对 CO_2 的净吸收量约为 2 GtC·a^{-1}。基于化学的近似计算可以将人源性与"自然"的 CO_2 通量分辨开来，进而得出结论：南大洋的 CO_2 是通过物理泵输入海洋的，但如果没有矿物燃料碳的话，这些 CO_2 的转移方向就会是输出。在其他海区，CO_2 转移的方向没有变化，但转移量发生了很大的变化，例如，热带海区的输出量减少了近一半。全球碳预算图（图 16.9）显示，这些净变化量相对于整体转移量来说只是很小的一部分。因此，CO_2 输入和输出海洋的总量都接近 90 GtC·a^{-1}，差值约为 2.2 GtC·a^{-1}，即人源性输入。几乎所有的初级生产力都会在非常短的时间尺度内被消耗，只有非常少的有机物被分流到水或沉积物中。因此，这些净变化量级较小，但在海洋中广泛散布，测定起来就极为困难。通过这两种完全不同的方法获得的海洋吸收 CO_2 估算值是如此接近，确实令人惊叹。

通过模型可以估算工业化时代大气中碳的增加对气候的影响。这个模型很复杂，包括多个方面：全球大气的循环、生物圈－大气的相互作用对 CO_2（还有甲烷等）的影响、气－海的能量交换、输入－输出的能量预算。现在有不少从业者专门负责这些模型的建立和运行。除了网格尺度较粗等数值问题外，使用这些模型的主要难点是：由于系统的复杂性和一些关键过程还没有很好地量化，造成结果极大的不确定性。例如：CO_2 增加对初级生产力的效应还没有很好地被刻画；CO_2 增加对浮游植物的影响可能很小，但对陆地系统的效应却很重要；变暖对云层的形成、高度和覆盖度以及地球反射率的影响；变暖对深层水的形成及深海通风速率的影响。

16.2　CO_2 和冰期－间冰期旋回

在冰期－间冰期时间尺度上，一部分全球气候变化过程与 CO_2 进入（及离开）深海的过程相耦合，可以解释为什么有些矿物燃料碳没有留存在大气中。对于这个庞大而复杂的主题，Ruddiman（2007a）以一种直观的方式解决了其中的部分问题。在海洋的永久性密度跃层之下，存在着地球上最大的不稳定碳储库，约为 38 000 GtC，而大气只有 830 GtC（图 16.9）。如果深海水团的形成过程减缓或停止（这种情况确实也在冰期间歇性地出现过），那么深海水团的水平环流就会减缓，在某些海区累积 CO_2 向大气的释放也会显著地下降。在达到再平衡之前，生物泵将向深海净转移 CO_2，促使大气 CO_2 水平下降。对南极洲（图 16.10）和格陵兰岛（可定年的）冰芯中的气体分析表明，在冰川达到最大的那些时期，即 350、260、140 和 25kyr BP（1950 年前的数千年，近似测定值），当时大气中 CO_2 浓度重复多次地接近 185 ppmv。随着冰川的解冻，大气 CO_2 出现反弹，到工业化前达到了 270 ppmv，在 3 个较早的间冰期，CO_2 实际上短暂地（几千年）达到了 290 ppmv。在 4 个主要的冰期，大气 CO_2 浓度的下降模式也不完全相同。CO_2 浓度呈脉冲式下降，与冰的累积同步，这一点可从冰川水中 ^2H 与 ^{18}O 同位素丰度增加推测出来（见下文）。当一个大冰期结束的时候，CO_2 浓度回升的速度是很快的，在约 5kyr 内可上升约 100 ppmv。在冰川生长期，海洋主要通过生物泵的吸收与输送，使大气 CO_2 缓慢地或间隔脉冲式地减少；而在冰期结束时，深海水开始大量释放 CO_2，使大气 CO_2 的浓度快速恢复。

由于地球自转及绕太阳公转轨道的周期性变化，地球接收到的太阳辐射呈现出波动周期，从根本上驱动了地球上冰期－间冰期的旋回。这些地球旋转和轨道变化综合效应的旋回理论最初由塞尔维亚数学家 Milutin Milankovitch 提出，因此也以他的名字来命名，即米兰科维奇循环（Milankovitch cycles）。冰川生长或消退取决于冬季积雪速率和夏季融化速率之间的平衡。在很寒冷的地区，每个冬天冰川总会生长并逐步推进，每年还会接收积雪。温度波动对冰川的增长影响不大。然而，夏季冰川融化对温度变化的反应强烈，温度增加几度就可以使情况大不相同：原本前一个冬天的降雪还能留下些许，夏季温度上升后前一个冬天的全部降雪外加秋天积累的一部分雪都会融化。此外，南极洲在至少近 500 万年来一直持续寒冷和冰川态，其主要变化来自北极大陆的冰盖。冰盖在北极圈附近延展或收缩，因此，日照循环的最重要体现就是夏季北极圈附近的阳光变化。

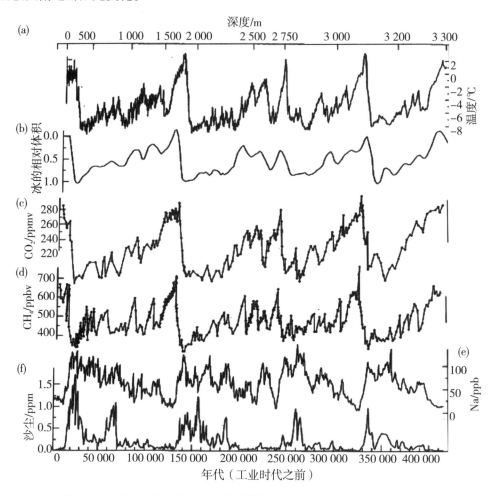

图 16.10　基于南极东部 Vostok 站采获的长冰芯获得的时间序列分析结果

(a)基于氘同位素的变化推测出 Vostok 站温度的变化；(b)从海冰芯中碳酸盐的 $\delta^{18}O$ 值推测出陆地冰的总量；(c)冰芯包裹的空气中二氧化碳的浓度；(d)冰芯包裹的空气中甲烷的浓度；(e)冰芯中钠的含量；(f)冰芯中沙尘的含量。钠是指示海洋风暴潮活动的一个指标；沙尘则是指示向南极及其周边海域输送铁的指标。(Petit 等，1999)

　　一旦整个夏季雪未融化，北极冰川开始增长，那么以下正反馈就变得非常重要：(1)冰川具有极高的反照率(90%，植被则只有15%)，能将大部分阳光反射回天空，促进了冷却效果；(2)冰河时代的大型冰川缓慢上升 1～3 km 的高度，它们的表面温度以大约 $-6.5\ ℃\cdot km^{-1}$ 的速率随高度递减，这样就进一步保护了较高处的冰芯，使其在夏季也不会融化；(3)冷却使大气中的水蒸气量减少，水蒸气的温室气体作用也相应降低，使大气进一步冷却；(4)非常重要的一点是，CO_2 浓度降低 100 ppmv

会使更多的"15 μm"红外光穿透大气层至外太空，使大气平均温度降低。正反馈的机制还有很多，有些只是推测，有些还是反面证据。

夏季日晒随着地球－太阳旋转的周期而变化，体现在以下 4 个方面：

(1)地球自转轴相对于黄道(绕太阳旋转的平面)存在一个倾斜的夹角，夹角的变化范围从 22.25°到 24.25°(目前为 23.44°)，周期约为 41 kyr。当地球倾斜得越厉害时，太阳光更加直接地照射极地，因此夏季温度也越高。这个夹角的值也被称为倾斜度(obliquity)。两度的倾斜角度差异看起来很小，但其效应却是巨大的。当倾斜度为 24.25°(与 22.25°相比)时，北极圈向南偏移了 2°，夏季白昼略短，而且夏季中午阳光照射到地球上的面积多了 8%。

(2)倾斜轴在黄道平面内的摆动(轴向岁差)为 25.7 kyr。

(3)地球绕太阳旋转的椭圆也围绕太阳约每 22 kyr 旋转一圈，随着季节变动，近日点和远日点也发生移动。第(2)和第(3)项结合为"二分点进动"(以及冬至点、夏至点)，净周期约为 23 kyr。当夏至发生在近日点(椭圆离太阳最近)，夏天的升温会更高，在远日点时夏天升温最少。目前的近日点在北部处于冬天。

(4)椭圆偏心率$[(a^2 - b^2)^{1/2}/a$，其中 a 和 b 分别是椭圆的长轴和短轴$]$在 0.005 和 0.0607 之间变化(目前为 0.0167)，地球－太阳距离的年变化周期约为 100 kyr。更大的偏心率导致更近的近日点与更远的远日点。

在 65°N 处夏季日照强度范围为 410 至 500 $W \cdot m^{-2}$，变化巨大。椭圆偏心率可"调控"分点岁差的影响，这可能是偏心率变化掌管冰期和间冰期转换的原因(参见 Ruddiman，2007a)。冰体积指标也很清楚地显示了冰的形成和消失的波动，其倾斜周期为 41 kyr。

冰川冰在陆地上不断累积的过程可用"化石性变量"(冰的体积指标)——冰川冰及化石性碳酸盐(有孔虫、珊瑚)中^{18}O——的变化来表示(图 16.10)。较轻的 $H_2{}^{16}O$ 分子比较重的 $H_2{}^{18}O$ 分子更容易蒸发，也更容易被包含在冰川冰中。因此，随着冰川冰的累积，海水中的^{18}O 相对富集，同时水的蒸发也会提高海水中^{18}O 的含量，这样，冰川冰的堆砌(底层的冰较老，顶层的冰较年轻)就将全球冰量的信息记录在^{18}O 含量的变化中，针对水中的氧原子即可测定出来。通过质谱分析法进行测定，结果表示为相对于标准样品中氧的分数呈现出来的差异。这个分数被称为 δ^{18}O("del－O－18")，其单位为千分之一(‰)。基于同样的机制，水中的氘浓度的上升(δD)也可以测定出来，通过对照南极冰进行标定(相比于 δ^{18}O 更加精确)后，δD 可以作为反映温度变化的一个指标。利用南极中央和格陵兰中部的冰芯(其很少有冰侧向运动，随着年代顺序，冰层也是接近垂直的堆积状态)以及世界各地的山地冰川的冰芯，这两个变量(δ^{18}O 与 δD)的剖面图已经被绘制出来。采用^{14}C 与其他技术来定年，当冰芯中的每年的沙尘沉降层可以计数时，定年尤其精准。

溶解在水中的 CO_2 可反应生成碳酸和碳酸氢盐，^{18}O: ^{16}O 在水与溶解性 CO_2 之间在小时内即可达到平衡。因此，新形成的珊瑚骨骼或有孔虫壳碳酸盐中的 O 可以部分地记录当时水体的^{18}O: ^{16}O。全球的各个氧库(水、大气气体、溶解的 O_2、碳酸盐)

经几千年时间的交换达到平衡，这意味着这些氧库全部都会记录当时冰对^{16}O的相对去除率。对于海洋碳酸盐来说，记录会有一些滞后，并且这种滞后随着壳沉积的深度（例如，底栖有孔虫与表层有孔虫）和纬度的不同而变化，这是因为从赤道输送到冰盖的路线上存在好几次蒸发与降雨而导致^{18}O富集。

Lisiecki和Raymo(2005)建立了基于有孔虫"沉积"的δ^{18}O变化记录，可追溯至530万年前的地质记录（图16.11只展示了3.6 Mya）。结果显示，在如此之长的地质记录中，冰川的形成旋回发生了很多次，大多数都局限在冰体积累积时，且大多数发生在41 kyr的倾斜度周期内。此后有一段时间的过渡期，大体从1.1 Mya到0.676 Mya；然后是6次大冰川形成事件，总时长约为100 000年，其间冰量也以较短的41 kyr和23 kyr为周期持续地波动（图16.11）。有观点认为，尽管不确定性仍然存在，但经历短周期的温暖阶段时，大部分北极冰盖仍可保留下来，使得更长的周期循环成为可能，当循环返回到较冷的夏季时，通过上文提到的反馈机制，冰川得以加速恢复。只有当地球处于最大偏心率的夏至（也可能是倾斜），即处于近日点时，夏季的暖化足以在几千年的时间内使冰盖完全消融。此外，轨道和旋转这种组合条件一旦结束，在整个100 kyr的循环周期内，冰盖就可以间歇式地重新扩展。因此，在过去675 kyr的大部分时间内，北方大型冰盖通常都在不断地增长。在100 kyr循环期间，冰盖的再推进并不比消退慢，但冰盖的推进间歇性更强，需要的时间也更长。

Imbrie(1980)建立了一个基于轨道变化对应δ^{18}O堆叠等数据的拟合模型，可以展示轨道对全球冰量(y)的控制。该模型如下：

$$\frac{dy}{dt} = \frac{1 \pm b}{T_m}(x - y) \qquad （式16.5）$$

其中，x是轨道压力值（例如，Berger，1977），是在时间t时的倾斜度、岁差、偏心效应在地球65°N处对日射效应的总和净值，T_m是冰响应的平均滞后时间，b是一个非线性参数，当冰增长（减慢生长）时取负值，当中不增长（加速消融）时取正值。当T_m=15 kyr和b=0.6时，拟合出的结果（图16.12，Lourens等，2010）多数时候都非常好。但在约150 kyr BP时的轨道效应脉冲在冰芯δD或δ^{18}O数据中却没有发现。由此可见，理论确实很好，但不能解释一切。在格陵兰岛冰芯中可以观察到一些较短期、小尺度的变化以及Dansgaard－Oeschger变化，南极冰芯中的稳定同位素最大值看起来几乎同时发生或稍有偏移（Wolff等，2009；图16.13）。它们可能由大洋深处的通风变化所驱动。

最后，让我们回到冰川形成与CO_2的相互作用问题上来。当冰在陆地上堆积时，CO_2几乎也成比例地迁出大气（图16.10）。当大型冰盖消融时，CO_2会迅速地、成比例地重新回到大气中。大气的"15 μm"红外光吸收是另一个关键的反馈机制，可使冰盖在生长过程中保持冷却，在冰盖融化时则促进温度上升。深海是不稳定的CO_2唯一可能储存起来的地方。虽然很难给出一个具体时间，但很明显，冰的积累会减缓海洋的温盐环流，Wallace Broecker一直坚持并推广此观点。冰川的形成会导致北大西洋深水团的减少。当北方冰盖向南扩展时，在非常寒冷的北极风吹下，墨西哥湾流不

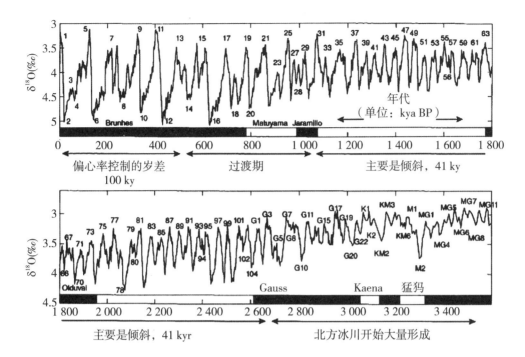

图 16.11　多个海洋沉积物柱芯碳酸盐中的[18]O 含量估值的一致性"堆叠"

地层数据已对齐及平均化，与 $\delta^{18}O(‰)$ 的成比例测定值，图上显示的是 $\delta^{18}O$ 的绝对值，陆地冰量较低、[18]O 含量低的时期对应的是曲线峰值。使用碳酸盐中的[14]C、地磁学（显示为黑条和白条，Brunhes 等）等方法定年。箭头指示不同地质年代地球轨道变化引起的主要响应。小数字是给定的"海洋同位素阶段"（MIS）名称，例如，MIS −5 对应于间冰期结束时的 $\delta^{18}O$ 变化趋势的转换。此"堆叠"被称为 LR04，是 Lorraine Lisiecki 和 Maureen Raymo 在 2004 年将数据结合起来而建立的，通常被用来与新获得的冰川冰芯和沉积物剖面就各变量进行对比研究（Lisiecki 和 Raymo，2005）。

再携带高盐水，因此，即使水被冷却也不会使其密度变得足够高从而下沉到海底。冰川融水还可能间歇性地扩散，跨越大西洋，使水体分层增强。因此有人建议，北大西洋深水团（NADW）的形成可能会被较浅、体积较小的"冰川北大西洋过渡水"的俯冲所代替。南极洲周围整年都存在的海冰也有可能抑制气体交换，这样能进行良好气体交换的海区就会局限在比现今低得多的纬度上。当深水不再形成或再暴露在表层时通气减少，有机物输出到深海并转化为 CO_2 在海洋中长期留存。当天气变暖时，深水的形成又重新恢复（因此完成通气过程），快速地（几个 kyr）恢复到原来的水平。南极海冰消退的作用也很大，因为这会促进南大洋的上升流，将深层水带到表层并发生通风，这可能是变暖周期中的一个重要事件。研究南极洲有孔虫壳碳酸盐同位素的结果显示：在上一次冰期结束期间，[14]C 年龄剧烈下降（Skinner 等，2010），这个结果与深水储存的碳又回到表层并在表层发生气体交换的观点相符。事实上，在几次冰川消融速率（短期内）发生脉冲式变化的时候，也出现过[14]C 年龄剧降的事件，而多种地层学记录显示，这些事件可能与深水形成速率的变化有关：Heinrich 亚冰期 1、Bølling −

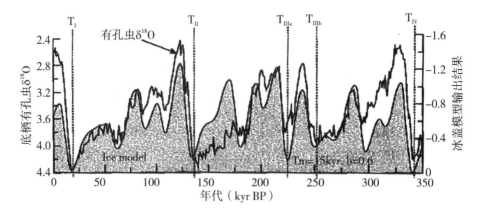

图 16.12　基于 Imbrie – Imbrie 模型的全球冰量变化

模型计算得出（参数 T_m =15kyr，b =0.6；参见文本）全球冰量对轨道变化的响应（阴影时间序列）及与 LR04 堆叠的 δ^{18}O 值（图 16.11）的比较。冰期终止的开始时间是 T_I、T_{II} 等（Lourens 等，2010）。

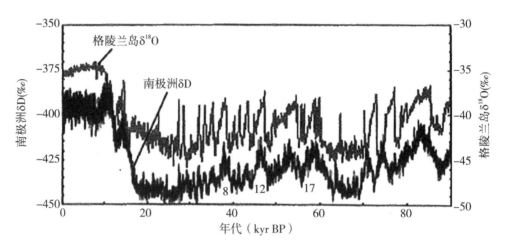

图 16.13　来自南极洲冰穹 C 的 EPICA 冰芯中的 δD（冰川冰中的氘,‰，温度变迁的指标）（下曲线）与格陵兰的北部 GRIP 冰芯中的 δ^{18}O（上曲线）

该两个系列都各自测年，没有刻意挤压或拉伸来强调匹配，但短期事件的匹配确实是相当明显的：主要是格陵兰的丹斯伽阿德 – 厄施格尔事件和在冰穹 C 处南极同位素最大值（AIM；编号 8、2 和 17）。（Wolff 等，2009）

Allerod 期和 Pre – Boreal – Younger Dryas 期。

　　当冰川时代的各种过程使通气变缓时，生物泵就成了海洋封存碳的主要机制。我们希望能够通过模型来推断冰期全球范围内碳的封存率。然而，因为年度碳封存量都非常小，通过模型来计算可能不会令人信服。要想 30 kyr 的 CO_2 浓度下降 70 ppmv（从 290 ppmv 下降到 220 ppmv，即威斯康星冰川形成初期 CO_2 的"快速"下降），仅需要从间冰期大气碳含量（约 600 GtC）中封存约 145 GtC，这个量约与全球海洋初级生产力 3 年的总量相当。因此，碳封存的速率非常低（小于 0.005 GtC·yr^{-1}），即使通气或输出发生非常微小的变化，对碳封存的影响也将会非常大。但是这个数据无法直接测定，即使我们有船舶、沉积物捕集器，掌握钍同位素方法等手段。事实上，游泳动物对海洋垂直混合量一个不算很大的影响都会导致气体交换大幅变化（Dewar 等，2006；Katija 和 Dabiri，2009）。目前，矿物燃料碳进入海洋的速率是 2.2 $GtC \cdot yr^{-1}$，将这个值与封存速率 0.005 $GtC \cdot yr^{-1}$ 比较，就会强烈地感受到当前人类参与气候控制和海洋化学研究居然达到了如此之大的程度。

有一个观点曾一度非常流行：冰川时代初级生产力增加，冰盖生长期间有机物的垂向输出增加，从而封存更多的碳。其中一个重要因素是海洋输送沙尘的增多。因为从赤道到极点的热梯度变得更加强烈，平均全球风速也可能增加，将沙尘吹送至更远的海区，大范围的干旱也会导致更多土壤受到风的侵蚀。在大西洋和西印度洋的亚南极区，沙尘输送可能是最严重的，阿根廷南美大草原在西风带的上风处不断输送灰尘。由于沙尘增加，铁对亚南极生产力的限制可能已经有所缓解。然而，请再看看图 16.10。威斯康星冰川冰量开始降低（和至少前两次冰川消融事件）发生在大量沙尘出现之前。在冰量达到最大值时，沙尘量确实猛增，但在 CO_2 浓度降低的主要时段却并不对应沙尘量的峰值。但依据这一点还不能马上下结论，因为这些数据记录来自遥远的南极内陆冰芯，而在南极内陆区域存在若干相反风向的风带，可能会阻碍尘埃跨海洋输送到南极内陆。对"冰穹 C"（75°S）的一根 800 kyr 冰芯的研究发现（Lambert 等，2008），在间冰期和冰川形成的初始阶段，沙尘通量较低（约 0.03 $mg \cdot m^{-2} \cdot yr^{-1}$），其后沙尘通量升高（至约 15 $mg \cdot m^{-2} \cdot yr^{-1}$），在整整 8 次冰川周期中这种沙尘通量变化模式反复地出现。

在冰川重新形成的初期阶段，南大洋的粉尘通量很低，这一点已得到了一些数据的支持。对大西洋亚南极区的一根沉积物柱芯的研究（Martinez－Garcia 等，2009）显示，在当前、之前的间冰期以及 30 Myr 之后的时期中，沙尘和铁的沉积量都很低，它们的沉积量仅在冰川接近发育完全时才有所上升（图 16.14）。最终，可能由于铁的富集，硅藻的沉积（由于 Martinez－Garcia 等未测定此数据，但从相关 ODP－1090 位点的 γ 射线衰减现象可以得出此数据）和烯酮的沉积（普林藻 prymnesiophyte 丰度的标志物）都出现峰值，但仅出现在最大冰量时。正如 Martinez－Garcia 等所言，初始阶段 CO_2 的下降必定是由物理机理引起的，而非沙尘或沙尘含铁量。通气的减少可能是原因之一：通气的减少会导致北大西洋深水形成和/或扩大、每年南极海冰覆盖延展的减少。与这些对亚南极进行研究得到的数据不同，采自南极锋面内（太平洋与大西洋经度方向）的 4 个晚更新世柱芯（Anderson 等，2009）显示：刚好在上一次冰川消退时，硅藻沉积增多，随后便停止了。Anderson 等认为，通气恢复期间，硅酸的可利用度增加，从而引起硅藻沉积增多。还不清楚是什么原因导致了硅藻在完全进入间冰期后停止了沉积。来自 ODP－1094 位点（也位于极地锋面以内）的柱芯数据也表明，在间冰期的早期阶段硅藻沉积达到峰值之后，在 CO_2 浓度下降期间，硅藻的沉积速率变得非常低（至少基于蛋白石指标来看近似如此）。

早期的一些数据表明，沙尘施肥作用在 CO_2 循环中起的作用很小。Elderfield 和

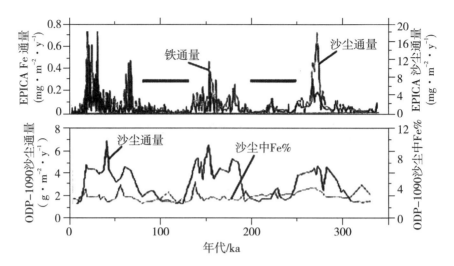

图 16.14　来自 EPICA 冰穹 C 冰芯与亚南极大西洋(ODP-1090)的沉积物柱芯的地质历史数据
比较了最近 3 个冰河周期的沙尘沉积速率(黑线)、大致的铁供应速率(灰线，右侧标尺)。2 条横线表示陆地冰盖再次扩张的 2 个时期，与南极洲和南大洋 2 个低沙尘时期相对应。(Martinez-Garcia 等，2009)

Rickaby(2000)研究了亚南极沉积物剖面浮游有孔虫壳中的 Cd∶Ca，认为南大洋亚南极地区冰期的可溶性磷酸盐水平与现代的几乎没有差异。在极少数的酶中，作为辅助因子的 Zn 原子能被 Cd 原子替代，而溶解态的 Zn 能发挥微营养盐的作用，且与磷酸盐的浓度密切相关，因此，Cd∶Ca 比率能反映出当时磷酸盐的水平。铁的可用度越高，浮游植物就能消耗更多的主要营养盐，使上层水体中的磷酸盐和 Cd 浓度降低。与许多人一样，Elderfield 和 Rickaby 低估了铁的效应，他们推测冰期 CO_2 浓度较低，因为冰盖的面积出现季节性的增加，阻碍了南大洋的通风过程。他们认为当时的生物生产力没有多大变化，至少在南大洋是这样的。在不同纬度的海区，初级生产可能会转向以硅藻为主(Anderson 等，2009)，但由于铁的限制，初级生产力并没有普遍增加。

　　除了冰期-间冰期这种较长周期的循环外，冰芯和其他证据记录了一些短期的变化：在冰期发生的丹斯伽阿德-厄施格尔(Dansgaard-Oeschger，或 D-O)周期，以及在全新世发生的 Bond 事件。D-O 事件在格陵兰岛冰芯中最为明显(Dansgaard 等，1993)，包括一个快速变暖的阶段(大约 40 年)，但随后的寒冷阶段时间更长，总循环时间约 1470 年。升温阶段对应于海因里希事件(Heinrich events)，即冰山的前缘不断有浮冰(冰筏)流出，这些冰筏将石头碎屑带到北大西洋并沉积下来。在 D-O 事件中，不仅温度指标有改变，而且冰中的 $\delta^{18}O$ 也有大幅增加，这意味着会发生冰量的大幅减少、表层海水盐度降低、深水的形成与温盐环流的循环减弱。这些有可能是引起长期 CO_2 浓度降低的关键因素。自威斯康星冰川形成结束后，在全新世出现了 8 次 Bond 事件(例如 Bond，1997)，最后 1 次大约发生在 1400 年前。Bond 事件是通过大西洋沉积物中的岩屑识别出来的。Bond 事件具有与 D-O 事件大致相同的频率，但与温度变化缺乏明显的相关性。相比之下，前一个间冰期中出现了一些变暖事件，在几十年中温度迅速升高至 14℃，在格陵兰柱芯中这一记录非常明显（GRIP 成员，1993）。全新世发生的 Bond 事件可能引起表层海水淡化并使温盐环流减弱，但实际上这些猜想并没有得到印证。D－O 事件和 Bond 事件的成因均没有得到圆满的解释。一个可能的解释是：在冰堆积和冰盖不稳定之间旋回。还不知道这些事件会引起怎样的直接生态后果。它们为当今人们关注的全球气候变化问题提供的启示是：不管起因是什么，气候可以在非常短的一段时间内发生非常显著的变化。

以上是对冰川旋回过程相关数据与过程的一些思考。数据的收集及对过程的交互作用的思考仍在继续。人们希望能充分理解人类活动导致温室气体的增加所带来的机制性影响，这是许多研究开展的动机。不幸的是，就像美国前副总统戈尔指出的那样，我们现在面对的情况已远远超出地质历史上冰期－间冰期 CO_2 浓度在 185 ppmv 和 290 ppmv 之间的这种死板旋回。Ruddiman（2007b）认为，我们本应该看到地球气候在 8000 年前变得寒冷，但实际上却没有。他将此归因于（可能的）温室效应，那时候的土壤开垦、为了农业生产而砍伐森林、稻田农业就已经使 CO_2 和甲烷浓度开始增加了。温室气体增加导致的效应之一，与冰川时代的"反馈"效应相当，就是冰川继续融化。当前格陵兰和南极洲都处于（或即将出现）冰净损失的状态。由于这两个地方的大部分冰都位于陆地上，因此这些冰川的融化可能在十年到百年内使海平面上升，将岛和沿海地区淹没在几十米的水深之下。

16.3　向海洋施铁肥来延缓全球变暖

海洋中很大面积海域（例如 HNLC 海区）的初级生产力，特别是较大个体的浮游植物（ >8μm）的生长，受到铁的限制。虽然铁是地球主要组成元素之一，但其在海水中的浓度却非常低。这是因为三价铁（Fe^{3+}，细胞可吸收的形式）在碱性的海水（pH 约 8.3）中形成氢氧化铁（$Fe(OH)_3$）。氢氧化铁的溶解度系数约为 10^{-12}，容易形成絮凝沉淀，将游离的三价铁离子浓度降低至亚纳摩尔的水平（ $<1 \times 10^{-9}$ mol Fe^{3+} · L^{-1}）。在海水中，二价铁（Fe^{2+}）会被氧化成三价铁并被沉淀。铁是许多酶的辅助因子，也是一些色素的组成成分，因此铁的可利用度及限制性控制着大个体浮游植物的生长。向海洋施铁肥的大型实验已经进行了 12 次，包括直接添加铁到大约 100 km^2 HNLC 海域（东热带太平洋、亚北极太平洋、南大洋），这些研究已经证明铁确实是一个限制性因素。de Baar 等（2005）和 Boyd 等（2007）对这些研究做了综述。甚至早在那些"IRON－EX"实验研究之前，就有人建议向 HNLC 海域加入铁以便将大气中的 CO_2 封存在海洋中。这个问题仍有争议，本书的作者之一 Miller（Strong 等，2009a）已公开反对通过"海洋施铁肥"（OIF）来降低大气 CO_2 含量。我们秉持反对 OIF 的立场是有充分依据的。但这并不是说人类社会应该对 CO_2 减排或大气中现有的 CO_2 不采取任何行动。这本书并不讨论什么事情可以做或什么应该做，而是有些事情必须要做。

1989 年，John Martin 提出冰期－间冰期旋回与 HNLC 海域铁限制互作的假说，引起了极高的公众关注度。他指出，我们也许能够通过向此类海区输入更多的铁来清除大气中的 CO_2。当时的想法是向辽阔的南大洋 HNLC 水域加入富铁的沙尘，从而促进大细胞浮游植物的生长。这些区域性的浮游植物藻华将大量吸收水体的主要营养盐，而且（该理论认为）它们大多数会下沉，将大量有机物带入深海。这样就减缓了工业时代大量排放 CO_2 的问题，可能使气候回到以前（譬如，1960 年以前）较冷的状态。

这种设想引起了诸多争议。根据 Michael Pilson 的计算以及 Peng 和 Broecker（1991）的箱式模型得出的结论是：即使将南极所有的营养盐涌升到表层，并转化为有机物，然后沉降到深海，对大气 CO_2 浓度的影响也是非常小的。此外，大多数被封存的碳不会沉降到特别深的地方，在未来 30—40 年内就会重新返回大气。更详细的建模研究表明，需要向海洋中永不停歇地加铁，才能达到对大气 CO_2 产生中等影响的效果。环保人士也一度抵制 OIF 项目，这个项目似乎前途渺茫。

大约从 1994 年开始，出现了一系列商业化的 OIF 计划（Strong 等，2009b）。各种各样的公司成立，随后又解散，典型的例子包括 GreenSea Ventures（Michael Markels 为首）、Planktos（Russ George）和 Climos（Dan Whaley 和 Margaret Leinen）。它们提出的方案各有不同，但都希望通过销售"碳信用额"（carbon credit）来赚钱。GreenSea 公司提出把含主要营养盐和铁的缓释胶囊加到热带海区。Climos 公司现还在，但自 2008 年就偃旗息鼓了。Climos 主要对南大洋未被利用的主要营养盐感兴趣。大量论据表明 OIF 并不能从大气中清除足够的 CO_2，因此不值得为此大费周章。

首先，要使 OIF 可行，最有可能获得成功的实验地是南大洋，因为南大洋真光层内（南半球的秋天）残留较高浓度的硝酸盐和磷酸盐（访问 http://www.nodc.noaa.gov/OC5/WOA09F/pr_woa09f.htmL，了解 NOAA－NODC 2009 年世界海洋地图册 4—6 月表面硝酸盐分布图）。但是，亚南极海区硅酸的浓度并不高（对比 2009 年世界海洋地图册 4—6 月表面硅酸盐分布图），还不足以匹配其"剩余"的 NO_3^- 和 PO_4^{3-}。两次铁加富实验研究（一次是在北方的"SoFex"实验，另一次是 2009 年"LohaFex"实验）都发现，补充铁后引起的叶绿素浓度增加并不源于硅藻，而且向深海的输出量也只有很少一点。所以，OIF 计划要成功就必须证明它确实可引起硅藻藻华，而且大部分硅藻未被浮游动物吃掉而下沉。没有硅酸盐，微型鞭毛虫会增加但它们不会沉降。这将一些有潜力实施 OIF 的纬度位置从 55°N 以南推至 60°S，实验场地路途遥远，实施起来困难极大。

其次，OIF 的 CO_2 封存潜力必须通过模型进行评估。最优模型是由 Zahariev 等（2008）开发的全球环流模式（GCM），包括垂直混合，由温度、氮、混合深度和（根据硝酸盐存量年度最小值的空间分布建模得到的）铁限制的空间变化控制初级生产量。利用模型消除所有的铁限制（即吸收所有的硝酸盐，无论何年何地）后，模型运行得到的结果为：第一年内清除的二氧化碳量为 0.9 GtC，但在 OIF 进行 30 年后，逐步下降至仅 0.2 GtC·yr^{-1}。下降的原因是在低产的季节，之前消耗的硝酸盐不能通过垂直混合得到完全的弥补。事实上，由于模型忽视了亚南极区内的硅酸盐问题，运行得出的结果的平均值变化范围很大（约为 2 倍）。在矿物燃料耗尽或能够被替换之前，若在极地锋面南部的整个区域不断地补铁，如 $Fe_2(SO_4)_2$，那么封存碳量为 0.1 $GtC \cdot yr^{-1}$，与当前矿物燃料碳进入大气层的通量（超过 8 $GtC \cdot yr^{-1}$）相比，这种 OIF 储碳策略似乎并不乐观。

第三，在 2008 年 8 月 7—8 日发生了一次自然发生的铁加富事件，其效应正在评估中。事件的起因是阿留申群岛 Mt. Kasatochi 火山爆发，产生的火山灰散布在广阔的阿拉斯加州海湾 HNLC 区域。幸运的是，当时的有关海洋学信息被卫星、系泊设备和该区域内的一次科考研究记录了下来（Hamme 等，2010）。当时的盛行风（彩图 16.3a）将火山灰带往东部，形成羽状流，导致了硅藻藻华的发生，其浮游植物总量约为通常夏末时的 2 倍（彩图 16.3b）。SeaWIFS 和 MODIS 卫星遥感（彩图 16.3c）记录了藻华的范围，船载观测数据证实了卫星叶绿素水平。8 月 21 日在 50°N，145°W（站点 P）采取的海湾表层水样品中，确证了火山灰颗粒的存在。在模拟实验中，将新的火山灰加入海水确实引起了强烈的铁释放和硅藻生长。在站点 P 的锚系记录显示，从 8 月 12 日开始及随后一周多的时间内，pCO_2 大幅降低，pH 大幅升高（彩图 16.3d）；附近的水下滑翔机测得的混合层荧光信号也几乎翻了一番（彩图 16.3e）。8 月下旬的岩藻黄质（fucoxanthin）水平也高得令人意外，这表明造成藻华的浮游植物中存在大量硅藻。另外，对藻华成因的替代假说也不成立（Hamme 等，2010）。

Hamme 等（2010）计算得出，由于 Kasatochi 火山爆发，pCO_2 下降了约 25 μatm，这意味着在当时的混合深度上水体含碳量减少了 0.3—0.7 $molC \cdot m^{-2}$。外推到整个藻华的面积（最大 2 000 000 km^2），得出含碳量最多下降了 0.017 GtC。基于这些结果，Hamme 等假设当时的初级生产量的输出比率为 50%（实际上这个值太高，现实中不太可能发生），得出的结果是：整个火山灰 – 羽状流效应可能会封存的碳量不超过 0.01 GtC。在同一海区开展的、名为 SERIES 的加铁实验也强烈地促进了浮游植物的生产，但估算得出的输出率只有 7%。因此，那次火山爆发引起的碳封存量实际上还不到 0.001 GtC。Kasatochi 火山灰羽流的面积远远超过了任何国际加铁实验可能覆盖的范围，而且在如此之大的区域上添加中等浓度的铁溶液成本是非常高的。如此，"Kasatochi 事件"表明，OIF 减少大气 CO_2 的潜力是微不足道的。假设在硅酸盐丰富的那部分海域要获得 0.001 GtC 的碳封存量，那么每次铁加富实验的碳封存量可能为 0.01 GtC（Phillip Boyd 的计算结果）。实际上，海洋每年的碳吸收量大约为该数值的 200 倍，因此 OIF 不会对我们有帮助。不幸的是，火山也不能对海洋碳封存起多大的作用。

16.4　海洋环境和生物群的年代际变化

气候在不断变化，很可能变暖，即使我们快速地行动起来以减少温室气体排放。

由于温度会影响所有的化学和生物反应，即使中等程度的变暖也将使一切都发生改变。为了预测变暖对海洋生物群的影响，我们必须基于已有的最长时间序列数据进行外推。除了化石代理指标外，其他的事件序列的跨度不会超过一个世纪。一般而言，更加稳定的水体层化现象的发生是变暖的信号，这意味着水体垂向混合向上输送给浮游植物的营养盐变少，初级生产力降低、食物短缺会一直沿食物链向上传导，也包括最后向海底的沉降。事实上，水体层化的变化驱动了全球海洋生产的大部分变化（Behrenfeld 等，2006；图 16.15）。这是因为广阔赤道带海域的生产力是决定全球生产力的主要因素。厄尔尼诺事件（见下文）发生期间，初级生产力剧降，西太平洋暖池沿赤道瓦解，超越高产的东部热带海域。温暖的表层水将富营养水层压制在 100 m 深度以下，使它们无法上涌。因此，根据叶绿素和温度数据估算出的全球初级生产异常与厄尔尼诺强度指数（MEI）以及水体层化（根据水体结构的数据同化模型得出的估计值）的变化情况非常合拍。全球变暖导致水体分层增强的方式有多种，但其原理基本相同：变暖加剧了分层并减少了营养盐向上混合，从而降低了初级生产力。通过模型可猜算出层化的大致效应，但模型的结果始终都存在很大的不确定性。研究海洋生态系统对较长气候周期（在十几年或更长时间内交替进行，与季节性的周期变化有点类似）的响应，能让我们初步认识到我们即将面对怎样的气候。

有人（Mackas 和 Beaugrand，2010）认为：中型浮游动物的丰度和物种组成是表征海洋生态系统对气候变化响应更方便的一类指标。这些物种的生命周期通常不到一年，因此其总量能及时地响应年际气候变化。同时它们的寿命较长，我们以中等频率（每月一次）采样就足以记录其变化。有些较短的时间序列，例如，大约每个月采集一次浮游动物样品的 HOTS（夏威夷海洋学时间序列），展示了大幅度的丰度变化。在那个亚热带海区（Sheridan 和 Landry，2004），1994—2002 年（图 11.32）这 9 年内，净浮游动物量加倍，近表层白天与夜晚的小型动物量都会增加，并同样影响夏季的峰值和冬季低点。对于昼夜迁移的那些种类来说，夜晚的样品中丰度也不会增加。出现的变化是较长周期中的一部分，还是代表了一个真正的长期变化？这对较短时间序列来说总是一个问题（因为进行直接生物观测的所有时间序列都太短）。

海洋生物种群的时间序列观测有持续好几十年的。观测浮游动物种群变化的时间序列有 3 个项目：在英国周围海域开展的浮游动物连续记录器（CPR）调查，约于 1952 年建立，1958 年实现全面运转；加利福尼亚联合大洋鱼类调查（CalCOFI），始于 1950 年；日本渔业署科学家超过 50 年的数据收集（"Odate 数据集"）。北大西洋 CPR 调查利用标准航线上的商船拖载 Hardy 浮游生物记录器（图 16.16），利用卷轴的薄纱连续采集浮游生物。按照统一的方式，已对这些卷轴进行了超过 50 年的分析。当前，这一项目仍由英格兰普利茅斯的阿利斯特·哈代先生的私人海洋科学基金会（SAHFOS）继续开展。CalCOFI 调查的是加州外海，沿近岸 - 远海断面采样，站点之间的间隔距离为 40 海里，采样通过调查船、标准环网或邦戈网完成。早期的 CalCOFI 调查每月进行一次，近几十年来变为每季度（或更长的间隔）采样一次。

从 1950 年到现在，日本方面在海水表层 150 m 内垂直拖网采样，网眼为 333 μm，

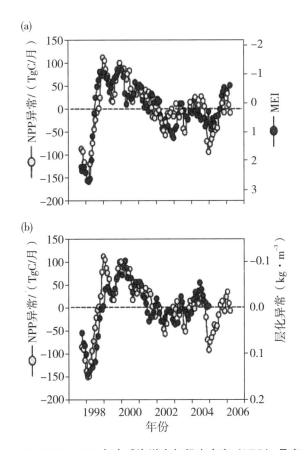

图 16.15　1997—2005 年全球海洋净初级生产率（NPP）月度异常

根据卫星叶绿素（大部分）和温度数据估算而得。（a）多元 ENSO 指数（MEI）及（b）全球分层异常（主要由厄尔尼诺事件时期相对于赤道太平洋正常条件的比较得出）变化的比较。（Behrenfeld 等，2006）

网口环 0.45m，在日本周围海域向东至国际日期变更线之间的海域采集浮游生物，采样数量非常庞大。最初的研究叫 Kazuko Odate 项目，他们只检查并记录生物量。最近的研究又被称为"Odate 项目"。所有这 3 个项目都展示了浮游生物总量的长期变化，发现总量的变化与多年际海风的变化模式、海洋温度、环流的变化密切联系。这种变化通常被称为"涛动"，可以用指数来表征，例如，北大西洋涛动（NAO）和太平洋年代际涛动（PDO），还存在其他所谓的"涛动"。

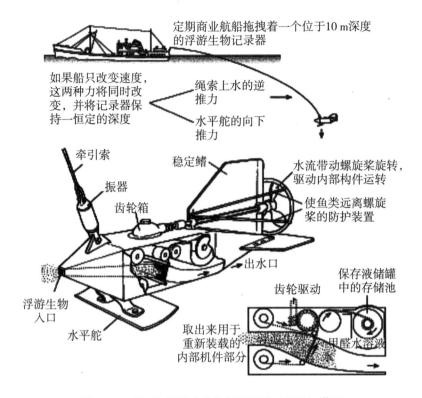

定期商业航船拖拽着一个位于10 m深度的浮游生物记录器

如果船只改变速度，这两种力将同时改变，并将记录器保持一恒定的深度

绳索上水的逆推力

水平舵的向下推力

牵引索

振器

齿轮箱

稳定鳍

水流带动螺旋桨旋转，驱动内部构件运转

使鱼类远离螺旋桨的防护装置

出水口

齿轮驱动

保存液储罐中的存储池

浮游生物入口

水平舵

取出来用于重新装载的内部机件部分

甲醛水溶液

图 16.16　Hardy 浮游生物连续记录器（CPR）草图

（Hardy，1970）

16.4.1　CPR 的结果：不断变化的大西洋东北部

CPR 的早期研究报告是模糊的，大部分以统计学概念来表达，很难用某些生物学变化的概念来解释。最近 Frédéric Ibanez 和其同事的工作已经澄清了很多问题。这种情况因地区而异（图 16.17）。在英国北部和东部，占优势的大型植食性桡足类（飞马哲水蚤）的总量与 NAO 指数（北大西洋风力值）成反向变化［图 16.18（a）］。NAO 为冰岛低压和亚速尔高压之间的气压差。当 NAO 较高时，向东推动墨西哥湾流的风力变强。当 NAO 较低时，风力较弱。该区域风力的整体分布在高 NAO 和低 NAO 之间变化［图 16.18（b）和（c）］。在"低 NAO"模式下，较弱的海流自更远的北方（那里是飞马哲水蚤群体所在地）流入欧洲北部。在"高 NAO"模式下，海流来自更远的南方，将更多、更温暖的水带向苏格兰和挪威。从 20 世纪 60—90 年代期间，NAO 逐步变强，使欧洲变得越来越暖。浮游动物记录器按航线在北海北部和苏格兰西北部收集到的信息显示，浮游动物群落中源自南方的物种越来越多。特别是在北海，飞马哲水蚤（北方种类）和海岛哲水蚤（南方种类）的平均丰度都紧随 NAO 而变化，而且具有显著的年际变化（图 16.19）。因此，浮游生物可以（部分地）通过平流效应对全球大气环流变化做出响应。在 21 世纪的头十年里，

NAO 的变化趋势持平，在写作本书时（2011 年）已跌到一个很低的负值。已发布的 CPR 数据尚未跟上这一变化。在北海所有海域，海岛哲水蚤在浮游动物群中占优势的情况至少持续到 2005 年（图 16.20）。

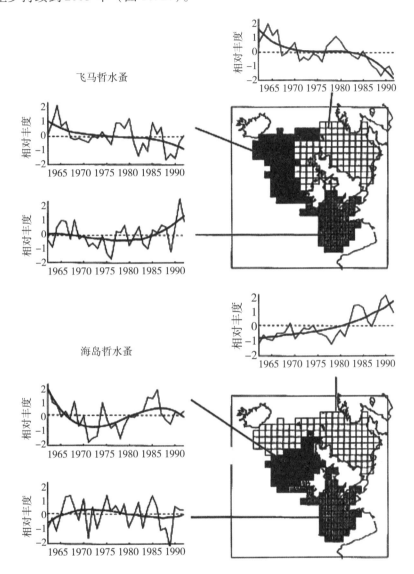

图 16.17　**北海、挪威海湾和法罗群岛－冰岛区 1958—1996 年飞马哲水蚤和海岛哲水蚤的丰度变化**（Planque 和 Ibanez，1997）

　　我们对 NAO 导致生物群落的变化已有一些了解。苏格兰研究者 Michael Heath 提出了 NAO 影响哲水蚤属的理论。东大西洋飞马哲水蚤主要分布在挪威海。在低 NAO 时期，冬天的溢流较深，从挪威海向南穿过冰岛－苏格兰海岭。该溢流受深水层形成的驱动，沿着法罗群岛西部的一条狭窄的深水水道流动，携带有处于休眠期的飞马哲水蚤。这些水蚤在二三月份发育成熟并上升到海表层产卵。其中有一些则被表层海流

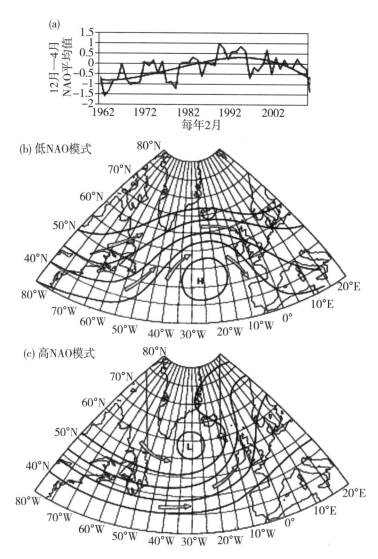

图 16.18 （a）北大西洋涛动（NAO）指数于 1950—2000 年的时间序列。NAO 是指冰岛和葡萄牙之间的大气压差，此处坐标为异常值（来自 NOAA）。低 NAO（b）和高 NAO（c）对北大西洋洋流模式的总体效应。（Mann 和 Lazier，1991）

带入北海的北部，CPR 采样区域的哲水蚤属总量与 NAO 存在最强的反向变动关系。顺序为：

低 NAO → 更多深层水传输 → 更多母体 → 更多的飞马哲水蚤。

高 NAO → 较少深层水传输 → 较少母体 → 较少的飞马哲水蚤。

海岛哲水蚤是一种生活在南部和东部的暖水物种。NAO 对海岛哲水蚤丰度的影响与飞马哲水蚤刚好相反。高 NAO 不仅引起飞马哲水蚤更多地向北运移，而且非洲北部的整个东边界流以及地中海的浮游生物群落都会向北转移，导致浮游动物多样性

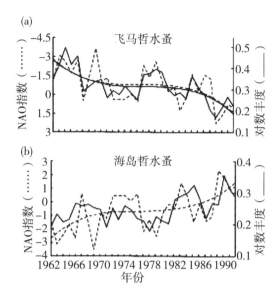

图 16.19　CPR 记录的优势浮游动物（区域性、年平均）丰度与 NAO 指数在 1962—1992 年的变化情况

（a）飞马哲水蚤丰度，（b）海岛哲水蚤丰度。飞马哲水蚤的 NAO 的变化趋势刚好相反。圆滑趋势线为拟合的 3 次多项式。（Fromentin 和 Planque，1996）

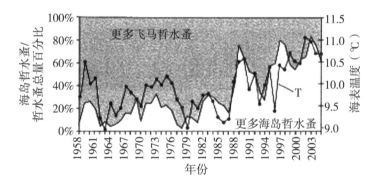

图 16.20　北海 CPR 调查（1958—2005 年）中飞马哲水蚤和海岛哲水蚤（飞马哲水蚤/总和,%）相对丰度的渐进变化及与海表温度变化（多点的连线）的比较

（Beaugrand，2009）

上升、平均个体体型变小。这种从一种稳态向另一种稳态的转变很可能引起食物链上层营养级的连锁反应。飞马哲水蚤的总量在春天达到峰值，同样在春天，鳕鱼（大西洋鳕鱼）将产卵，鳕鱼的幼体将以飞马哲水蚤的无节幼体为食，小鱼则以桡足幼体为食。海岛哲水蚤在仲夏至夏末达到峰值，因为太晚所以无法为鳕鱼繁殖提供营养。磷虾和小型的拟哲水蚤是鳕鱼幼体和幼鱼的重要食物。根据算法，Beaugrand 和 Kirby（2009）对北海 CPR 数据进行了粗略的计算，得出了 3 月到 9 月鳕鱼浮游性食物的可用度指数，并将其与"年龄 1"鳕鱼长成为成体的数量进行对比（图 16.21）。

大约在 1983 年，浮游动物（特别是桡足类动物）的多样性上升以后，鳕鱼幼鱼可利用的食物减少，而且鳕鱼幼体成为成体的数量也下降了。1963 年和 1978 年北海鳕鱼成体数量特别高，被称为 "鳕鱼暴发"，它的结束很可能是由于浮游生物丰度、物种和季节性的变化造成的。

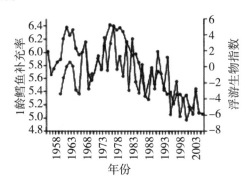

图 16.21　对比北海浮游动物的长期变化（1958—2007 年，左侧上白垩统）与滞后一年的（1963—2007 年）1 龄鳕鱼补充速率

（Beaugrand 和 Kirby，2010）

沿拉布拉多海、新斯科舍和新英格兰海岸的循环变化与大西洋东北海域刚好相反。随着海岛哲水蚤向北移动，飞马哲水蚤（甚至北极的很多浮游动物）有向南、向西移动的趋势。这与拉布拉多海外向平流较大有关，平流同样是由 NAO 的北大西洋低压和高压的变化引起的。不过这种变化并不那么强烈，但是确实存在，Greene 和 Pershing（2000）对此变化进行了阐述。

北海和大部分北大西洋海区（Hátun 等，2009）浮游生物的变化属于典型的辽阔沿岸海流系统的变化。这其中包含局部条件的变化及盛行洋流对浮游生物的输送。要想知道生物变化是否是长期、持续性气候变化的预测指标，我们还需等待。也许，高纬度区的浮游生物将通过改变运动等来适应，可能变回类似于时间序列早期的那种状态。也许，高纬度海域将被低纬度温带甚至热带物种永久占据。

16.4.2　CalCOFI：加利福尼亚洋流的变化

除了仔鱼外，CalCOFI 时间序列的浮游生物样本很少有过具体的计算。当项目资金和人力资源充足时，曾有过几年的详细研究，如此而已。然而，科学家们已严谨地保存了总浮游动物置换体积数据［在细筛孔上除去样品的水分，将浮游动物重新悬浮在一定体积的水中，再次测定并记录水的体积增加量（排水量）就是浮游动物的总体积］。John McGowan 及其同事（Roemmich 和 McGowan，1995a，b）进行了数据分析，Lavaniegos 和 Ohman（2007）对某些分析重新作了解释。最完整时间序列来自加州南部海湾的离岸区域［图 16.22（a）］。大约从 1976 年到 1998 年［图 16.22（b）］，浮游生物斜向拖网得到的浮游动物置换体积逐渐下降，降至长期均值的 25%，然后在 1999 年大幅反弹，接近 1976 年之前的均值。当然，需要强调的是，这个趋势对应的时间段包括 1984—1986 年的强脉冲式变化，而极强烈的一次厄尔尼诺发生在 1983 年。

不过，这期间浮游动物总量下降的趋势与平均温度急剧上升的过程［图 16.22 (c)］及 PDO 的变化［图 16.22 (d)］相呼应。与 NAO 不同，PDO 直接由太平洋 20°N 以北的温度场推导而来，并作为空间变化的第一主成分（Mantua 等，1997）。在该区域内，很多生物性的参数与之相关。当然，这些相关性并不一定是由温度效应直接引起。（类似 NAO 的）气压指数也可在太平洋存在，而且在年际尺度上也与 PDO 相关。McGowan 等（2003）曾提出：温度上升对加利福尼亚洋流浮游动物的影响是通过水体层化加剧来介导的，致使上升流和垂直混合向上传输的营养盐减少（彩图 16.4），通过比较可能出现的情况，我们发现他们的解释确实有些道理。

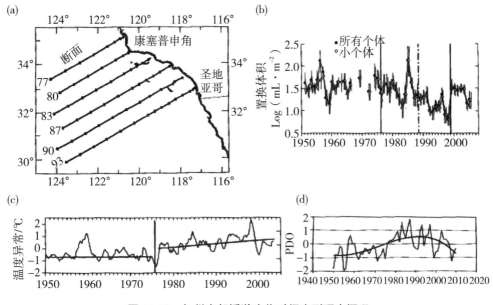

图 16.22　加州南部浮游生物时间序列研究概况

（a）加州南部（SoCal）的 CalCOFI 采样点及断面的位置（康塞普申角至圣地亚哥和临海位置至 124°W）。（b）基于 SoCal 区内 CalCOFI 样品测得的浮游生物置换体积的时间序列。总体积（●）；体长 <5cm 的动物体积（○）；垂直双线为标准误差；垂直的长线指示稳态转换的时间；对于 1989 年的加州洋流稳态转换时间（点划线）实际上还不太确定；M. Ohman 绘制曲线图。（c）SoCal 的海表温度的时间序列，显示 20 世纪 70 年代温度呈阶梯式升高。（d）太平洋年代际涛动（PDO）指数的年平均值的时间序列。图（b）和（c）来自 Mackas 和 Beaugr，2010；图（d）根据 Nathan Mantua 维护的表格绘制：http://jisao.washington.edu/pdo/PDO.latest。

Rebstock(2001a，b)重新分析了一组长达 49 年的南加利福尼亚州 CalCOFI 数据，计算出桡足类优势物种的丰度。她发现，长期来看物种组成并未发生变化，尽管在 6 年间出现了短期的物种组成变化；其中 3 年正是厄尔尼诺事件发生的年份。然而，她获得的优势种类丰度，以及桡足类的总数，确实是按照 Roemmich-McGowan 模式下降了，尤其是在 20 世纪 90 年代初海洋温度较高的一个较长时间段内。种类组成相同，但群落个体总量却较少。

Lavaniegos 和 Ohman（2007）重新查阅了每年在海湾区获得的春季航次数据。他们将 45 个春季航次在仲春夜晚采集的所有样品合并起来，再对这个混合群进行了二次抽样，然后对浮游生物群组进行了计数和测量。根据长度－质量比率将丰度数据转化为碳生物量之后，他们得出结论：统计学意义上丰度显著下降是由樽海鞘和海樽科的物种的下降引起的。或许，置换体积的时间序列的大部分细节变化体现在它们的总碳含量及某些类群（桡足类、磷虾及毛颚类）上。每年的低谷通常都分别对应于温暖的厄尔尼诺年（南部浮游生物的水平输送），每年的高峰则对应于寒冷年北方洋流更进一步的水平输送。在 1999 年之后出现的总量反弹的性质和持久性仍有待评估。

通过研究俄勒冈州和温哥华岛近岸浮游动物较短时间序列数据发现，动物群落组成与丰度的变化都与 PDO 有相关性，甚至在一年内 PDO 变化也是如此（Mackas 等，2004）。在那些更靠北的海域，冬天南部物种和夏天北部物种之间的消长是引起整个动物群变化的主要起因。

16.4.3　Odate 项目

Chiba 等（2006）报道了基于 Odate 样品的分类学分析结果。他们从所有 Odate 样品库中选出一个子集，包括了 1 433 个样品（还有一些用同样的拖网采集的样品），这些样品主要来自 1960—2002 年每年的 2 ～ 10 月的亲潮站点（42°N 附近、水深超过500m，100m 水深处温度低于 5℃）。整个样本的湿重生物量（图 16.23）的变化范围可以达到 3 倍，其周期与 PDO 几乎完全吻合。其对桡足类做了种类鉴定，并对 59 种最丰富的种类进行了统计分析。根据聚类分析可将物种分为 5 个季节性"群落"：丰度峰值出现在 4 月的物种包括新哲水蚤 Neocalanus cristatus 和 N. flemingeri、5 ～ 7 月（N. plumchrus，Eucalanus bungii，Oithona similis，Pseudocalanus minutus），7 月、9月和 10 月。最后 3 个群落与暖水有关，很可能代表黑潮环在夏－秋季节对亲潮的频繁过洗（overwashing）。Chiba 等人描绘了群落组成变化的特征，内容如下（意译）：

从 1960 年到 2002 年，春季群落的丰度逐渐增加。生活史的时序变化与 20 世纪70 年代中期的气候稳态转换完全一致，就像 PDO 显示的那样。稳态转换之后，春季丰度达到峰值的时间推迟了一个月，即从 3 ～ 4 月推迟至 4 ～ 5 月，但春－夏群落达到峰值的时间较早。这导致了两个群落达到最高生物量的时间在 5 月出现重叠。20世纪 70 年代中期过后，冬季气温下降后夏季气温又迅速升高，这可能是导致两个群落繁殖延迟开始和提早结束的原因。随后在 20 世纪 90 年代中期，PDO 和物候后移。暖冬后紧接着是酷暑，导致繁殖季节延长，并再次使两个群落的生活史模式互不相同。

Chiba 等认为，年代际的气候旋回可能对冬－春和春－夏有不同的影响，如此，这些不同的效应综合起来最终决定年度生产力。很明显，更冷的冬天和快速变暖的夏天对总体生物量的产量并不会有很大的助益。温度、流量、光照、营养盐供给与被捕食等因子及其相互作用控制着春季藻华及其食物链。在亲潮流过陆坡处，这些因素到

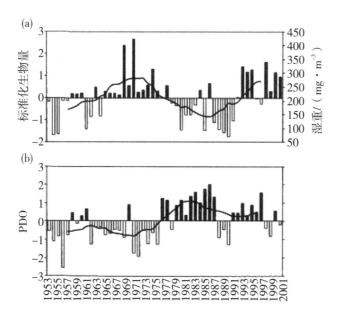

图 16.23　浮游动物生物量与太平洋年代际涛动的反向相关关系*

（a）北海道东部深度大于 500m 的亲潮区 5 月至 7 月浮游动物湿重均值的时间序列（棒梢为观测值，单位 mg·m^{-3}，纵坐标轴于右侧；棒梢的标尺更改为以标准偏差替代的异常值，纵坐标轴于左侧）。数据来自 Odate 样品库。（b）太平洋年代际涛动。实线表示 10 年的滑动平均。PDO 高时，浮游动物生物量低，呈反向关系。（Chiba 等，2006）

*图题为译者总结。

底是如何准确地控制群落中的桡足类种群的？这个问题还需要一个圆满的回答。

16.4.4　关于年代际旋回

生态系统对年代际气候变化的响应基本上等同于生态系统对普通、长期气候变暖的可能响应（Richardson，2008）。举例来说，海洋生物的分布与丰度对 NAO 和 PDO 的响应比陆地生物在纬度梯度变化上的响应更加迅速。海洋浮游生物每年可能移动几百公里，而陆地植物和昆虫向极地的移动速度不超过 10 km·yr^{-1}。毫无疑问，流体环境中的水平流在陆地上没有。一旦海洋整体变暖，越来越多的海洋物种的分布范围将扩大并很可能成为一种永久的变化。可以想象，在地理分布上，某些物种将被挤向两极，成为避难群。那些不怎么迁移的物种（例如，北海的鳕鱼）很可能会发现它们的食物出现的时间发生了变化，它们将不得不适应当地的变化，必须与同一营养级的、来自温带的入侵者展开竞争。即使以上所有的推测都可以接受，将年代际变化等同于长期变化也并不完美。我们能做的，就是将最好的时间序列数据留给子孙后代，以便搞清楚海洋生态随时间的变化规律。

这样的时间序列数据目前非常少。我们需要来自所有海洋的时间序列数据，以便了解全球海洋水体生态系统的健康状况。种种迹象表明，更多这样的时间序列研究项目即将启动，以便给我们的子孙后代留下更多的研究材料与数据。由于采集、分析和持续的科学思考涉及的工作量很大，很少有人愿意从事这一工作。CPR 项目从英国出发的各个航线上获取数据，似乎得到了海洋科学基金会（SAHFOS）的稳定经费支持。Sonja Batten 和 SAHFOS（例如 Batten 和 Freeland，2007）开创了一条从阿拉斯加到胡安·德富卡海峡的新 CPR 航线和一条从加拿大到日本的航线，如果研究机构有意愿长期资助的话，它们应该可以贡献很多时间序列数据。短期的浮游动物数据到处都有（Batchelder 等，2011）。全球海洋观测系统（GOOS）正逐渐发展壮大，但除了营养盐、荧光和（可能的）光谱吸收数据外，生物学数据还得不到保证，即使这样，这些数据对海洋水体和海洋表层气候变化等问题的理解也有裨益。ARGOS 项目如果能够持续开展，将提供海量的水文学图谱及可能与浮游植物相关的一些参数。因此，通过这些项目，我们有希望了解气候变化引起的海洋变化的一些具体情况。

16.5　物候学效应

物候学主要研究生态系统的循环（通常为季节循环）对生物生活史时序的影响机制。这种机制可通过调节使生物体的产卵期与其生态系统一致。该词也用作"一只蝴蝶的物候学"，意思是为了适应栖息地环境时序上的变化，生物对生命周期（生活史）也做出了某些特别的调整。气候变化的主要特征之一就是季节性事件的位移，特别是随着气候逐渐变暖，冬天提早结束，春天提早开始，因此，如果营养盐供给保持连续的话，初级生产力的峰值会提早出现，而且可持续更长时间。大西洋东北部的 CPR调查发现，56 种浮游植物和 86 种浮游动物出现周期性峰值的日期比 20 世纪 50 年代末、20 世纪 60 年代初的峰值日期提早了 1 ～ 6 周：

"我们观测到的一种普遍规律是：当水柱混合或处于一种过渡状态时，很多物种的丰度峰值物候学变化程度都非常大，而那些低扰动环境条件下的物种（37 个物种中的 34 个物种，5 ～ 8 月）的季节性峰值都提前出现了。"（Edwards 与 Richardson，2004）

这表明，水体层化出现的日期是一个关键的季节性事件。奇怪的是，相当一部分的峰值（66 个中的 22 个）向后位移到较晚的日期。可见，全球变暖（或酸化，见下文）并不会消灭海洋生物，但可能引起生物群的显著变换及许多种群的快速进化。

与此同时，动物和植物通常会利用比日历更加固定化的信号（尤其是昼长的变化）来启动与终止休眠期（或滞育期），这样就便于聚集在一起交配和产卵，或为滞育期储存脂肪。滞育期还要求在苏醒前有足够的一段时间保持寒冷（或温暖）的环境条件，剧烈的温度变化将妨碍休眠期的结束进程。因此，最佳环境条件（或不太合适的环境条件）出现的时间点及温度的快速变化将给进化的速率提出挑战，而进化速率的变化有可能导致物候学的位移。

另外，控制种群生活史的因素多种多样，因此，种群可能需要快速地、选择性地做出某些改变。通过维持物候学较大的可变性（即两面下注策略），整个种群可以得到一种长期的回报。至少有一种浮游桡足类似乎能预先适应年度生产峰值的时序位移。亚北极太平洋中的一种新哲水蚤 *Neocalanus plumchrus* 在春末夏初进入休眠期，然后，在深海，从休眠期开始的几个月内就可达到成熟。从 9 月至次年 2 月这一段较长的时间内，雄性和雌性个体先后成熟，并在深海完成繁殖（Miller 和 Clemons，1988）。无节幼体不需要觅食，随着自身的发育会逐步上升到混合层。抵达混合层后，它们可能（也可能不会）找到充足的食物来满足桡足幼体的发育需要。那些刚好遇到季节性初级生产高峰期的无节幼虫就能够生长并成为下一年的休眠个体。Mac-kas 等（2004）的研究显示，后期桡足幼体的生物量峰值及广泛分布出现的日期存在变化，且与每年上层水体变暖达到温度基线（6 摄氏度）的速率有相关性。变暖来得早的情况下，将引起 4 月峰值的提早到来；变暖来得晚则会使发育延迟至 7 月。在海洋动物群中类似的、有效的两面下注策略是否具有普遍性还不太清楚。

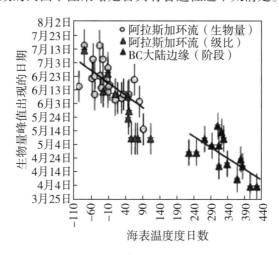

图 16.24　太平洋东北部的新哲水蚤 *Neocalanus plumchrus* 种群季节性生物量最大时对应的日期，与 3 ～ 5 月生长季节期间海洋上层水温暖天数的累积（"度日数"），即春季变暖期间温度超过 6℃ 的天数总和

累积度日数主要取决于春季变暖的开始日期。峰值出现的日期在 4 月初和 7 月初之间变化（长达 3 个月）。级比指第 5 阶段桡足类幼体的数量与桡足类幼体所有阶段总数的比值，与群体总生物量的峰值密切对应。"阿拉斯加环流"包含来自 50°N、145°W 和以东区域的远海样品。（Mackas 等，2007）

16.6　厄尔尼诺事件给我们的经验教训

短周期的气候变化（比 NAO 或 PDO 时间短）事件研究在预测海洋生物群对气候变化的响应中发挥了一定的作用。其中信息量最大的是对厄尔尼诺南方涛动（El Niño － Southern Oscillation，ENSO）周期的响应研究，前面的章节（第 10 章）已经简要介绍了其对浮游生物分布模式的影响。厄尔尼诺，西班牙语意为"圣婴"，名称源于它通常出现在秘鲁海岸的季节刚好是圣诞节。厄尔尼诺发生时，热带太平洋的东部海

水温度上升，上升流可能停止也可能不停止，当上升流继续时，带到表层的营养盐减少，这对生态系统的每个环节都会产生强烈的影响，包括浮游植物、浮游动物、秘鲁鳀群体、海鸟和全球鱼粉市场等。

"南方涛动"是指太平洋赤道区气压差的变化[图16.25(a)]，气压差通常在复活节岛或塔希提岛和澳大利亚达尔文进行数据测量。这一气压差异通常表现为东部高压，西部低压，是对由东向西的信风驱动力的一个测量值。此持续性的信风（全年不分昼夜，风速约20～30节）向西推动赤道海水，使海平面产生由东向西的上斜坡度。因太阳照射变暖的表层水会移动，因此西部的暖水层变深，而且温度、密度和绝大部分其他变量的等值线沿向上（相对于表面）坡度向东倾斜。"永久性的"温跃层在西部深度约350～400m，在东部的深度只有100～120m。因此，东部赤道上升流可送达的下层营养盐更为丰富，从而使热带东部太平洋成为一个营养盐丰富（除铁存在限制外）且相对高产的海区。西部的"暖池"是一个像中央环流一样的寡营养系统。"正常"状态下的情况便是如此。

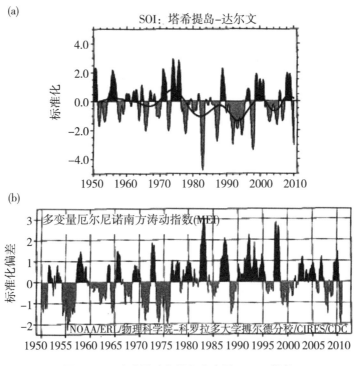

图 16.25　南方涛动指数与多变量 ENSO 指数

（a）南方涛动指数（SOI，塔希提岛和澳大利亚达尔文两地之间标准化后大气压差的异常值，已过滤掉短于 8 个月的其他涛动）；（b）多变量 ENSO 指数（MEI）。SOI 数据来自 www.cgd.ucar.edu/cas/catalog/climind/soi.htmL。平滑的曲线为 10 年移动平均线。MEI 是基于热带太平洋上的 6 种变量的指数，包括：海平面压力、海面风的纬向和经向风分量、表层海水温度、表面气温、总云量分数。MEI 无单位，MEI 高的时候，SOI 就低。它是由 Klaus Wolter 制作的美国国家海洋和大气局（NOAA）产品（www.esrl.noaa.gov/psd/people/klaus.wolter/MEI/）。

每隔 3 ~ 5 年，平衡就会发生变化，这种变化会通过复活节岛——达尔文的大气压差减小提前几个月发出信号（Quinn 等，1987）。信风减弱，倾斜的海面开始变平，西部暖水东流，厄尔尼诺开始。科氏力效应推动海流向赤道移动，变成开尔文波沿赤道波导带向东运动，抵达热带太平洋东部，使海平面上升并向下推挤低温水层，而上升流正是将营养盐携带至表层的低温水。然后，海流分成南北两支，继续沿海岸流动，并在科氏力效应的作用下保持在近海。实际水的位移为 1 000 千米，推动并替换下游水体，使北到阿拉斯加湾、南到智利中部所有近海都升温。每次厄尔尼诺事件发生的强度会有所不同。向东移动的水量有时多有时少，对应于向极区运输量的增多与减少。在最近发生的厄尔尼诺事件中，最强烈的几次分别发生在 1972 年、1983 年、1997—1998 年。

1982—1983 年发生了"双"厄尔尼诺事件，因两次事件快速演替而引人注目。通常秘鲁海面温度（SST）和海平面的最高值出现在 12 月，而当年第二波厄尔尼诺事件发生的高值在 5—6 月，相差 6 个月（Huyer et al，1987）。第二波厄尔尼诺事件沿北美海岸延伸得很远，并产生了冲击效应。然而，强烈的厄尔尼诺的发生在几个世纪前的殖民记录中就已注明了。热带的其他地区也有此类记录，尤其是自公元 622 年从尼罗河附近的井水水位反映出的尼罗河水位（Quinn，1992），水位变化的历史记录表明，与南方涛动相关的现象是热带气候变化的长期特征。ENSO 事件与地球上大部分的水文循环相关联。西太平洋暖池的蒸发作用为澳大利亚、印度尼西亚、印度和遥远的俄罗斯大草原提供降水。厄尔尼诺的出现引起蒸发减少，以及不同程度的干旱；厄尔尼诺事件给太平洋东部造成的影响刚好相反，给低－中纬度区域带去少见的强降雨和洪水。

当信风恢复，缓慢向西推动海水表层，使太平洋东部海水温跃层所在的深度变浅，允许富营养海水层上涌时，厄尔尼诺事件结束。通常在厄尔尼诺事件开始 18 ~ 24 个月后，非厄尔尼诺（较寒冷的时候被称为"拉尼娜现象"）条件形成。20 世纪 90 年代初，这个规律被打破，当时南方涛动指数持续为负数［达尔文的压力高于塔希提岛的压力；图 16.25（a）］，而且热带太平洋东部 SST（海表温度）高于 5 年来的平均值。太平洋东部的热度持续不退，与 1997—1998 年非常强的厄尔尼诺事件相耦合，在某种程度上表明全球变暖可能会导致厄尔尼诺发生的频率、持续的时间与强度都增加。但是，过去几百年的数据也同样显示：在那些还没有明显变暖的历史时期，与此类似的一系列非常强且延长的厄尔尼诺事件也同样发生过。

厄尔尼诺事件对海洋生物的影响非常强烈。由于浮游生物生命周期短，种群生长潜力高，随着厄尔尼诺事件的发生，浮游生物群落的变化非常迅速。而对较大、寿命较长的动物，特别是对海鸟的影响则表现为高死亡率和较长的种群恢复时间。信风的弱化减少了赤道上升流，而热带太平洋东部温跃层和营养盐跃层的变深则降低了向表层的营养盐供应（来自上述加深的上升流）。第 11 章讨论了厄尔尼诺对初级生产和高层营养级的影响。

厄尔尼诺沿海岸转移浮游藻类和动物：它们随海流向两极移动。热带物种的纬度边界向两极移动，而亚极地的对应洋流则在加州洋流（图 10.25）和秘鲁洋流上游形成退缩。从 1982—1983 年的厄尔尼诺事件之前和期间的大规模和多次采样活动中，Ochoa 和 Gómez（1987）发现原有的一种多甲藻属（*Protoperidinium obtusum*，一种通常普遍存在于整个秘鲁海岸的亚南极物种）被赤道物种短时存在的角藻（*Ceratium breve*）完全取代（两者的纬度变化均为 16°）。这种互补转移跨度若等于或高于 10°纬度，则通常与强厄尔尼诺事件有关。在强厄尔尼诺事件期间，夏季某一纬度的环境条件与靠近赤道海域的非常相似，热带太平洋东部和亚热带的海洋物种向两极移动，替换当地物种，并在那里繁殖、生长，但它们的生物量通常都达不到东边界流的正常水平。然而，只要亚极地海域的环境条件恢复正常达一个季度，其亚极地动物生物量会随即恢复到较高水平。显然，群落的个体总量一部分来自海流的输送，另一部分则包括沿途的生长和繁殖。浮游生物对厄尔尼诺周期的响应通常在同时段发生，几乎没有滞后效应。

厄尔尼诺事件对游泳动物的影响与浮游动物有部分相似之处，对游泳动物的效应持续时间更长，这当然也与动物的行为有关。在强厄尔尼诺期间，亚热带鱼类（例如，黄鳍金枪鱼，其分布的北方界线通常是圣地亚哥南部）会随着暖流向北迁移，直至到达俄勒冈港口。翻车鲀（*Mola mola*），俗称海洋太阳鱼，也是一种亚热带鱼类，也能出现在英属哥伦比亚甚至阿拉斯加（Pearcy 和 Schoener，1987）。当天气恢复寒冷时，它们又会消失，尚不确定它们是死亡了还是向南迁移了，但游回南方的可能性较大。厄尔尼诺事件期间，近海溯河的鱼类（如大马哈鱼和钢头鳟鱼）通常还保持迁徙习性。在加州北部至英属哥伦比亚之间，2 龄的王鲑与银鲑（小鲑鱼）沿河流进入海洋，在厄尔尼诺期间它们会遇到暖流和低浓度的浮游生物，存活率剧降，生长也变得极为缓慢。

厄尔尼诺对寿命较长、相对附着生活的鱼类（例如，礁石鱼类，石斑鱼）的影响主要体现为短期生长变慢。可以确定的是，大部分大龄鱼类能够挨过厄尔尼诺，事实上，它们在跨越几十年的生存期内必须经历多次的厄尔尼诺事件。因温暖和饥饿，动物幼体顺利长成成体的数目会下降，但也可能因滞留在近岸而有获益（Yoklavich 等，1996）。当然，这些鱼类种群的存活绝不是取决于每年的成功繁殖。厄尔尼诺对寿命较长的底栖生物的影响是类似的，它们能够幸存但生长缓慢。例如，在 1978—1980 年正常期（非厄尔尼诺期）内，加州海湾南部圣罗莎岛周围，标记为大约 3 龄（直径 50 ~100mm）的红鲍鱼在 5 龄时仅长了 37mm。在遭遇强厄尔尼诺的 1981—1983 年期间，它们仅长了 30mm，此差异虽不算大，但也表明厄尔尼诺的效应非常显著（Haaker 等，1998）。此外，相对固着生活的动物，如生存 25 年以上的红鲍鱼，它们必须适应环境以便在多次厄尔尼诺事件中幸存下来。1982—1983 年厄尔尼诺期间，华盛顿州养殖牡蛎的肉壳体积比是有记载以来最低的（Schoener 和 Tufts，1987），而恰好 1976 年时当地气候开始变暖，因此，厄尔尼诺使牡蛎体重减轻的情况雪上加霜。厄尔尼诺对寿命较短的生物及底内底栖动物的影响的研究还很少。

强厄尔尼诺会导致处于食物链顶端的海鸟和海洋哺乳动物大量死亡。沿俄勒冈州的海滩，持续记录死鸟的数量，结果表明：在温暖、低生产力时期，死亡数量猛增。厄尔尼诺期间，厄瓜多尔和秘鲁海岸的海鸟(秘鲁鸬鹚、秘鲁鲣鸟、热带企鹅)大量死亡，当秘鲁鳀游向离岸区域、更深处时，鸟群数量会减少 60% 或更多。需要经过多个正常条件周期和温和的厄尔尼诺事件，这些鸟类群体才能恢复。厄尔尼诺期间，海豹不是简单地向极地迁移，因为它们热衷于在沿岸某些特定的繁殖和生育地生活。温暖期，加州南部海岸的海豹幼崽死亡率会很高，较大的幼年海豹的生长也会大幅削减。厄尔尼诺引起的鱼类短缺会使海豹营养不良，以致它们不能将釉质层(每年)沉积到牙齿上。这样，在厄尔尼诺年它们的牙本质层仍会沉积，导致其异常地增厚，这也是厄尔尼诺年的一种记录。

　　根据厄尔尼诺对近海生物群的影响可以预测，长期变暖将使浮游生物和自游泳生物物种在纬度上限上发生近乎永久性的位移。热带物种将向两极移动，温带和寒带物种也将如此。也许，变暖(加速新陈代谢)和水柱稳定性的增加(来自深层的营养盐供应减少)将会导致生产力在一个较宽纬度范围内降低。物种丰富、生产力较高的温带－寒带生物群落分布的纬度范围会变窄，导致全球海洋总生产力降低。低产也意味着鱼类变少，渔业产量减少。然而，较大年龄、相对定居动物(如礁岩鱼类)可能因它们深冷的栖息地而免受变暖的影响，但它们的幼体通常必须在海洋表层生活一段时间。变暖和初级生产力降低会导致幼体的存活率下降，或使幸存的幼体向两极移动。在大西洋鳕鱼适温范围的上限(较暖的)区域，如乔治沙洲和大浅滩，其数量近期出现了减少，这在一定程度上归咎于过度捕捞，也可能因海洋变暖而成为一种永久性现象。只是几种鳕鱼种群数量的减少就已引起了新英格兰和加拿大海岸地区戏剧性的经济变化和社会影响。如果变暖持续，可以预见更多此类事件将会发生，而这将破坏我们与海洋生物之间的良性互动。

16.7　海洋酸化

$$CO_2(aq) + H_2O \rightleftharpoons H_2CO_3 \rightleftharpoons H^+ + HCO_3^-$$

$$H^+ + CO_3^{2-} \rightleftharpoons HCO_3^- \qquad (式\,16.6)$$

　　不幸的是，海洋酸化更令人担忧(见 2009 年《海洋学》杂志第 22 卷关于海洋酸化的特刊)。新排入大气中的二氧化碳可在海水中溶解，并与水可逆地结合形成碳酸，碳酸解离生成氢离子和碳酸氢根离子。氢离子(以上方程式中的破折线)与自由的碳酸根离子可逆地结合生成更多的碳酸氢根。这些反应的电离常数有利于碳酸氢盐的生成，因而[H^+]升高(pH 降低)并降低了碳酸根离子的浓度。以上第二个反应取决于温度和压力：温度越高则碳酸根越多，温度越低则碳酸根越少；较大压力会促使反应生成碳酸氢根。这样，在海洋深处(更冷，压强更大)碳酸根的浓度就越低，碳酸盐矿物（尤其碳酸钙）就越倾向于溶解。随着海洋吸收更多的 CO_2，明显酸化的水体深度将变得越来越深。

许多海洋生物（从浮游植物、原生动物到鱼类）的交换膜都暴露于海水中，更大的酸性将对其生理机能产生巨大的影响。若大气中 CO_2 的浓度为工业化之前的 3 倍，那么 pH 将大约下降至 7.8（Feely 等，2009）。当前的 CO_2 水平已使全球 pH 水平下降了约 0.05 个单位，在一些沿海区域 pH 下降得更多，pH 下降的总体效应并没有很好地被刻画，甚至大部分都没被识别出来。

碳酸氢盐浓度的提高很可能会适度刺激浮游植物的光合作用与生长，但同时也会改变一切碳参与的生理过程。例如，Wu 等（2010）报道了对三角褐指藻（*Phaeodactylum tricornutum*）的培养实验结果。这种硅藻在经历许多世代后适应了培养瓶顶空中的 CO_2 浓度（pH =8.12）及是工业时代之前的 3 倍的 CO_2 浓度（pH =7.8）。在高 CO_2 浓度培养组，其碳摄入率增加了 12%，但暗呼吸速率也增加了 34%，因此实际的生长只有 5%。高 CO_2 条件对碳摄入系统的影响非常明显；其 K_s 值增加了 20%（亲和力降低）。对定鞭藻类（prymnesiophytes）、原绿球藻等物种进行实验也出现了相似效果，但并非所有的物种都表现出此类适度增长，还不清楚持续性的高 DIC 浓度和低 pH 将带来何种效应。

碳酸盐的生物矿化得到的关注最多。一些重要的浮游植物（颗石藻）、某些珊瑚藻和动物（有孔虫类、翼足类、蛤蚌、珊瑚、棘皮动物等）分泌碳酸钙质的外壳、骨架、脊柱和骨针。$CaCO_3$ 晶体存在两种晶型：方解石（有孔虫类、蛤蚌、棘皮动物）和文石（翼足类、珊瑚）。其分别具有不同的温度和压力响应模式。在较高的碳酸盐浓度下，文石比方解石更容易溶解，也易在较高温度和较浅的水深条件下溶解。太平洋深处积累的 DIC 水平和深层 H^+ 浓度比大西洋的高，因此外壳在太平洋较浅的水深处就可发生溶解。这在很大程度上决定了沉积物组分差异：大西洋沉积物中有大量的 $CaCO_3$，甚至翼足类软泥，太平洋（多数海区比大西洋深）的沉积物主要为蛋白石（硅藻、放射虫类的骨骼）。文石和方解石开始溶解的水深被称为它们的补偿深度（compensation depth）。

关于海洋动物矿化还有很多方面有待进一步了解，但它们形成外壳的器官通常通过主动转运吸收钙和碳酸盐以合成矿物。即使在比正常海水碱性（pH 约为 8.1）更低的环境条件下，有些种类仍然能维持壳的结构，其机制是在矿物表面维持活性分泌组织，或者是在矿物表面覆盖一层不透水的有机涂层。其他一些动物，特别是以文石为壳的种类，在 pH 为 7.6 ～ 7.8 的条件下即使能存活下来，其外壳也会被溶解。Doney 等（2009）对早期的一系列结果进行评述。酸化会导致许多动物的钙化率降低，包括一些颗石藻（但另一些种类未见降低）、浮游有孔虫、软体动物、棘皮动物、热带珊瑚和红藻，甚至硫酸钙六水合物的形成（无任何碳酸盐）以及水母幼虫的平衡石中的钙化也有所减少（Winans 和 Purcell，2010）。酸化对幼虫的影响尤其大，例如，蛤蚌和牡蛎的最初"D 型"壳的形成，海参和海蛇尾幼虫骨针的形成。当暴露在适度降低 pH 条件下时，成年翼足类的外壳逐渐溶解，变得脆弱，边缘脱落。相比大洋海域，近岸水体受到酸化的影响更加严重，这不全是人类活动带来的影响。当上升流将深处的海水涌升到表层时，这部分水长期积聚大量的碳酸盐与碳酸氢盐，pH 较低。不出所料，高纬度冷水上升流的酸化效应更强，低 pH 导致南极棘皮动物不能形成骨针。在上升流盛行的季节，俄勒冈州和华盛顿州（美国西北部）的牡蛎孵化场需要设法通过缓冲将养殖系统中的海水维持在一个较高的 pH，给幼虫 D 型壳的形成创造有利条件。

16.8 本章小结

当你思考这些问题或研究气候变化效应的时候，最好牢记：即使温和的气候变化也会产生非常强烈的影响。这里有个例子，Brander（1997）展示了水温变化对两个鳕鱼群体总量的影响（图 16.26），一个群体位于西格陵兰沿岸，另一个群体位于法罗群岛沿岸。这些寒冷海域（最高温度约为 11℃）的水温越暖，鳕鱼生长越快。鱼体的大小对温度的精确响应暗示了某种因果关系，而且仅 1.0～1.5℃ 的温差就会引起 4 龄

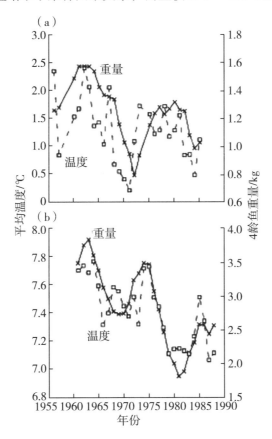

图 16.26　年平均温度（正方形和虚线）对应的（a）西格陵兰和（b）法罗群岛 4 龄鳕鱼的平均体重（十字标和实线）

（Brander，1997）

鳕鱼体型大小的 2 倍变化。在较短的时间内让鳕鱼长得更大似乎是一件好事，但是请记住，一个物种在接近最低温度限（或最高温度限）的条件下获得的性状变化必然会带来在另一个极端条件下不希望出现的一些变化。在下一章中会更多地介绍气候变化对鱼类、鱿鱼和渔业产生的影响。

第 17 章　渔业海洋学

　　学习本章的目的是初步了解渔业生物学家们的逻辑框架。渔业研究是海洋科学中一个非常重要且实用的内容，因此，每个海洋学家都应当对这个领域的理念有所了解。我们将介绍渔业生物学家努力辨别和评估的种群单位（"群体"，stocks）；讨论一些有关资源量动态的简单模型及渔业生产与经济之间的相互作用，并浅析世界渔业的整体态势。对于这门深奥而复杂的学科，我们在此只能介绍一些皮毛。

　　在理解下文给出的许多数据之前，让我们首先认识一下重量单位：吨（国际单位符号用"t"来表示）和 100 万吨（million metric tonnes）（Mt）。这些单位可以用来度量鱼、蟹或鱿鱼的总量。如果用得到，100 万吨也等于 10^{12} 克（1 太克 =1 Mt）。1 吨指注满 1 立方米的箱子所需的水量，约等于一张小桌子所框占的体积。可以设想一下：1 吨鱼指的是可以全部扔进一个大鱼箱，而且能够从渔船起吊到加工厂码头的量。也可用类似的方法设想 100 万吨鱼的量有多大：100 万吨鱼可以填满两个并排的足球场（每个足球场为 100 m ×50 m），高度可达 100 m。这些鱼可以填满世界上最大的足球体育馆，或填满洛杉矶纪念体育馆直到其最上面一排的座位。20 世纪 90 年代末，全世界野生鱼和其他等海洋动物捕获量达到峰值，约为 90 Mt，相当于将鱼、虾、螃蟹、牡蛎、鱿鱼等填满整整 90 个世界上最大的体育馆。若装进一单排鱼箱，则可绵延约 18 km，虽不至于不可思议，但也是一个很庞大的量。随着海水养殖和水产养殖技术的不断发展，所有"鱼类"的总产量也正在急速增长。目前，捕捞与养殖的渔获总量可能已达到 160 Mt。

17.1　群体或"单位"群体

　　有些批评家（如 Gauldie，1991）声称群体（鱼群）的概念已经过时，因为捕捞其中某一个群体，便对所有其他群体都会产生影响，这种将每个群体分割开来考虑或相互区分的做法存在一定的风险。将各个群体区别对待、不考虑它们与渔业经济之间的相互作用是不可取的。有些渔业学家认为，将群体进行细分与鉴定也是合乎程序的做法（Hauser 和 Carvalho，2008）。如果密切关注动物的物种与种群关系，那么这些数据就有可能被完全应用到渔业工作中，这可能是群体精细化研究带来的一些优势。将生长迅速与生长缓慢的动物，或者将只产一次卵的和多次产卵的动物归并在一起考虑，这样的效果并不好，因为不同的物种对管理的需求不同。即使在网捕时多个物种不可避免地被同一次拖网所捕获，不同物种仍然有不同的管理需求。如果捕捞一个群体会影响另一个群体，我们只需要对其做出解释即可。将捕捞与鱼群的交互作用、渔业与市场的交互作用分别分析，然后再将这两方面联系起来考虑，仍是非常有用的研究策略。不过，我们希望"单位群体概念"（unit stock concept）也能经常使用；从渔业管理的角度出发，常将很多不同物种资源聚集在一起考虑，但它们通常不算是理想条件下、纯粹的杂交亚种群（interbreeding subpopulations）。

尽管对群体的定义可以追溯到一个多世纪以前，但 David Cushing（1995 及此前的书籍）是现代第一个使用"单位群体概念"的人。较老版本的定义如下："群体"简单地指从某个或某些港口外出的渔船所捕获回来、搬运上岸的某一种或某一俗称类别（如"比目鱼"）渔获的统计总量。最近，一个理想的"单位群体"（unit stock）被定义为：一个严格意义上可繁育的生物物种，可指一种鱼、一种鱿鱼或一种虾等。之所以如此定义是因为海洋中有很多物种每年季节性地洄游到某些固定的产卵地。这种为交配而进行的汇合为定义亚种群（subpopulations）提供了方便：可以对个体进行计数（至少在原则上可以）；在个体大小和年龄结构上都具有鲜明的特点；在行为等生物学方面有足够的均一性。这些都有利于在捕获时对它们进行适当的管理。这些群体具有相对恒定的基因型比例（如血型、蛋白质变体或 DNA 序列），在不同时间或地点交配洄游的群体在基因型的比例上又存在一定的变化。如此，遗传标记就可以帮助划定单位群体的界限。但始终要记住的是，如果要确定一群鱼（或捕获上岸的鱼群）是否属于同一个群体，那么就需要先明确种群样本中的各个基因型所占的比例。由于只有少数个体会改变交配的地点或时间，这样会引起一些基因流动，因此，相似的基因型比例并不意味着有很大程度的基因混合发生。

Cushing 提出"水文遏制"（hydrographic containment）这个词，用来解释同一交配习性在不同物种（甚至不同门）中反复出现的现象。例如，欧洲北海的一种比目鱼（拟庸鲽 Pleuronectes platessa），它们长途跋涉，聚集到北海西南角一个中等大小的海区并产卵 [图 17.1(a)]。这种比目鱼选择这个地点作为交配和产卵地的原因众多，其中比较确定的是，荷兰的瓦登海（Waddensee）是其幼鱼（juvenile）最适宜的栖息地。它们的仔鱼（larvae）通过英吉利海峡漂流到特塞尔峡口（Texel Gate）外（那里是瓦登海的入口），刚好就长至幼鱼阶段。产卵地点与随后孵化出来的仔鱼的漂流路线非常匹配，这样既能将仔鱼、稚鱼在不适合生存的海域的损失降至最低，又能确保稚鱼到达适合生长的环境。这就是"水文遏制"的意义。

在阿拉斯加半岛的 Kekurnoi 海角附近、科迪亚克岛（Kodiak Island）的西北部有一个陆架沟，阿拉斯加湾（Gulf of Alaska）狭鳕（黄线狭鳕 Theragra chalcogramma）在每年的 3 至 4 月会聚集到那条陆架沟里交配。卵子会下沉到 150 m 的深度，并且在为期 2 周的孵化期内不会水平流动。孵化后，仔鱼会上升到 50 m 深处，随阿拉斯加沿岸向西南方向漂移，它们通常呈斑块分布，也会被带回漩涡一段时间，在舍利科夫海峡（Shelikoff Strait）享用丰富的浮游生物饵料而迅速生长，在整个 5 月的生长速率可达 2 mm·d^{-1}。还有一些鳕鱼群体的产卵地点与产卵时间各不相同，例如，有一个鳕鱼群在 5 月于白令海大陆架的东端和海缘处产卵。

大西洋鳕鱼（Gadus morhua）的主要产卵地通常有十几个，小的产卵地也有许多 [Brander，1997；图 17.1(a)]，分布区从挪威罗浮敦（Lofoten）群岛到乔治沙洲，它们在繁殖季（相对较短）聚集到那里交配产卵。例如，乔治沙洲及其周边的鳕鱼在2月下旬时游向沙洲东北部的高地产卵［图17.1（b）］。在2—3月，待产的飞马哲水蚤（桡足类）成体会聚集于此，产卵后孵化出的无节幼体为大西洋鳕鱼的仔鱼提供了饵料。同样重要的是，漂流将这个阶段的仔鱼保持在岸边，直到它们具备沿底游泳的能力。在许多交配地点，群体在遗传上的区别非常明显，尽管有关交配群中个体的忠诚度和遗传差异仍有争议。

　　尽管有些群体会共享索饵场，它们在遗传上的差异却非常明显，每个群体的成员仍会洄游到各自的繁殖地。例如，Svei－Erik Fevolden及其同事对挪威海域中大西洋鳕鱼进行了研究，基于血型和耳石的差异上的认识，这些鳕鱼一直以来被认为包含两个群体，即"东北北极鳕"（NEAC）和"挪威沿岸鳕"（NCC）。多数处于幼鱼和成鱼阶段的NEAC在巴伦支海（Barents Sea）的离岸海域觅食，索饵区域也会延伸到斯匹次卑尔根岛（Spitsbergen）海域；而NCC大多数是在近岸和峡湾中觅食。从12月到次年1月，NEAC群体会沿着海岸迁徙至罗浮敦群岛附近的浅滩进行繁殖，孵化出的仔鱼被向北的沿岸流带回到巴伦支海，在那里长成稚鱼、成鱼。在夏秋摄食季，成年鳕鱼又游回北方。NCC群体的产卵和摄食都是在沿岸的峡湾及其附近进行，偶尔（尤其是在峡湾附近、距北极最远端）会和NEAC混杂在一起。Sarvas和Fevolden（2005）测定了pantophysin（在分泌组织中发现的一种膜蛋白）在细胞核上的两个等位基因（只有A和B这两个基因）的频率。他们建立了一种快速检测等位基因的PCR技术，结果发现：在远海和巴伦支海捕获的NEAC体内B基因的频率超过90%，而分散在峡湾和散布于挪威海岸产卵地的鳕鱼体内A基因的频率为50%～100%（图17.2）。这样显著的遗传差异主要源于繁殖结构，尽管Case等（2006）认为自然选择也起了一定的作用，但仅自然选择这一个因素不可能维持如此大的差异。北部某些区域的鱼体内基因频率介于两者之间，这可能是由于捕获的样品中同时混杂着NCC和NEAC两个群体的个体，或者这两个群体的杂交后代确实存在。

　　文献详细描述了大西洋鳕鱼在基因水平上的差异，虽然没有充分解释等位基因比例在种群内部的变异度（通常通过比较不同年份而得），但可以确定的是，地理分布范围很广的鱼群在遗传上就存在分化（Pogson等，2001），这表明基因流动很缓慢。简单的地理距离变化能部分地解释这些遗传差异，但也可能是因为（尤其是这种区域内的情况，像挪威北极鳕和挪威峡湾鳕）它们对产卵地忠诚度的不同体现出两个群体的遗传差异。还有一个例子，Kovach等（2010）用pantophysin等位基因证明：乔治沙洲东北部高地产卵的鳕鱼［图17.1（b）］和缅因湾西南沿岸春季产卵的鳕鱼是有遗传差异的，并且这两个鳕鱼群体都不同于在科德角（Cape Cod）周围浅底产卵的鳕鱼。然而，所有这些鳕鱼群体都可能被捕捞并从美国马萨诸塞州的普利茅斯转移上岸，而它们具有不同的习性，暗示需要对它们各自分开管理（Hauser和Carvalho，2008），尽管这样做可能不太容易。

　　还有很多产卵洄游的例子：狗鳕、鲱鱼（Sinclair，1988）、金枪鱼、板鳃亚纲鱼、鱿鱼及鲽鱼、比目鱼和大比目鱼等的底栖鱼。为了寻找合适的产卵和交配场，甚至鲸

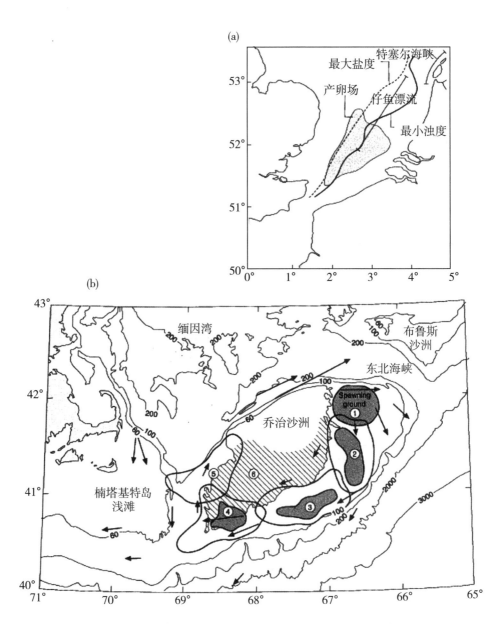

图 17.1 鱼类产卵洄游到产卵场，展示了水文遏制的三个例子

（a）北海鲽鱼产卵地。通常，仔鱼漂流是通过特塞尔海峡进入瓦登海的幼鱼生长区（Cushing，1995）。（b）鳕鱼和黑线鳕的产卵区域在乔治沙洲的东北部高地，显示产卵后第 2、3 和 4 期仔鱼典型的漂流路径。（GLOBEC NW 大西洋实施计划）。（c）北大西洋鳕鱼产卵地及其仔鱼典型的漂移模式。漂移通常会将幼鱼带回索饵场，在那里成长为成鱼，然后又迁徙到之前的产卵场产卵。（Brander，1997）

鱼也会不远万里从亚极地摄食区迁徙到亚热带海区。鲸鱼的案例可能并不是由于水文遏制，但与水文遏制显示出共同的特征：要么是为了到达最好的繁殖地，要么是为了获得更丰富的食物。大西洋鲑鱼和太平洋鲑鱼展示了这一现象的一些极端的例子，每

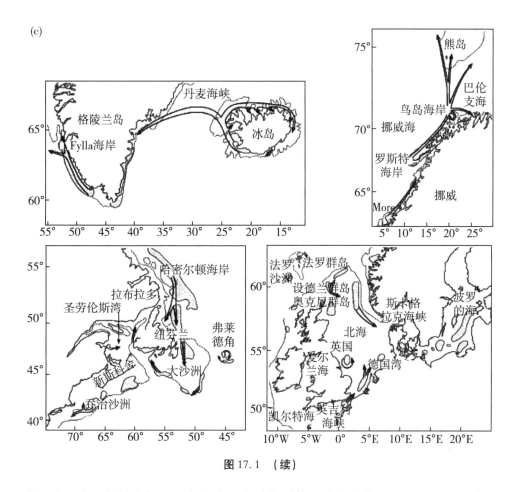

图 17.1 （续）

一个河流入海区的鲑鱼都可以定义为一个单位群体。在某种意义上，河流的淡水为它们的幼鱼（"小鲑鱼"）提供了水文遏制，更重要的是，淡水为鲑鱼躲避海洋掠食者提供了避难所。对很多鲑鱼物种的遗传学研究（与针对大西洋鳕鱼所做的研究类似）获得的结果也基本相似。对很多海洋动物而言，理想化的单位群体和水文遏制都是很有用的概念。

虽然交配场很多而且分布广泛，然而极少有浮游生活的幼鱼将广袤的大洋、延绵的近岸海域及一些生产力很高的区域选作它们的产卵场。那是因为从那里孵化出来的幼鱼会被冲到不适合它们生长的生境。繁殖期的成鱼并不知道这一点。这就像自然选择将繁殖时间和地点设置为繁殖程序中的参数，通过这个程序若幼鱼可以在合适的时间到达合适的地点，那么它就可能成为幸存者而生存下来。那些被冲到不适宜生境中的幼鱼则会被淘汰。关于产卵场间隔区有一个极好的例子（Parrish 等，1981）：从门多西诺角（Cape Mendocino）到康塞普申角（Point Conception）的加利福尼亚海岸带，这里的漩涡流会把新上涌的水带离海岸（如图 17.3 中粗箭头所示），最后混入寡营养的中央环流中。美洲鳀（*Engraulis mordax*）有两个隔离的群体，它们分别在布兰科角 Cape Blanco（南俄勒冈）的北部和康塞普申角（圣巴巴拉 Santa Barbara）的南部产卵，但是在两地之间产卵的却不多。成年的鳀鱼（以及沙丁鱼）会穿越加利福尼亚中部海域，但它们仍分别属于北部或南部的产卵群体。事实上，太平洋鳕鱼（太平洋无须鳕 *Merluccius productus*）会成群地沿这条漫长的海岸线来回洄游：从 3 月直到夏季，它们向北迁移，在靠近俄勒冈州、华盛顿及不列颠哥伦比亚的近海摄食；从 10 月开始向南迁移，冬季时在下加利福尼亚（Baja California）的北部外海产卵（Bailey 等，1982；图 17.4）。目前对狗鳕产卵的准确地点知之甚少，主要是因为它们在远海、深水区产卵，而且很可能呈斑块分布，不同年份的产卵地似乎也不同。它们的鱼卵会在海水中上浮，处于早期阶段的仔鱼会被季节性表层流带向北部及近岸水域。产卵过后，滞留在近岸的仔鱼数量对以后的渔业补充量起决定作用。因此，"年龄组强度"（year class strength）指数与（基于 1 月沿岸风应力指数计算出的）离岸流量呈负相关关系（Bailey 等，1982）。

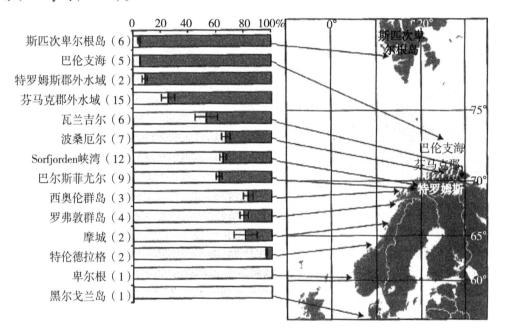

图 17.2　挪威沿海不同海域大西洋鳕鱼（*Gadhus morhua*）幼鱼（＞ =1 年）样本中两个 pantophysin 等位基因的出现频率（平均值 ±标准误差）

（Sarvas 和 Fevolden，2005）

在加利福尼亚中部近海产卵的鱼类和鱿鱼有着不同的繁殖策略。十线六线鱼（*Hexagrammus decagrammus*）和长蛇齿单线鱼（*Ophiodon elongatus*）等鱼类会把具黏性的鱼卵产在海底，在那里孵化、生长为后期阶段的仔鱼。很可能是因为仔鱼待在海底，因此没有被洋流带走。海鲫（海鲫科）能产下年轻的、较大的"早熟仔鱼"，这些仔鱼可能有足够的游泳能力使自身留在海岸附近，在那里上升流的海水交换速度并不快。岩鱼（平鲉属的种类 *Sebastes* spp.）是卵胎生，尽管刚产的幼鱼很小，还带有卵黄囊，且生存能力很弱，可是大量的仔鱼在 1 至 3 月上旬出生，那时沿岸流靠近岸边并流向北方(Moser 和 Boehlert，1991)。平鲉的幼鱼会被带向外海，成为大陆坡之外最常见的、底栖鱼类的浮游阶段幼鱼之一。它们可能具有一个很长的仔鱼阶段，这使它们有机会在陆架或陆坡上找到适合的栖息地。在找到栖息地之前，最成熟的幼鱼多漂浮在海水表层几厘米。这些表层海水很容易随风而动，因此当极表层水被带向陆架时，这些鱼可能乘着风势向近岸的方向移动。

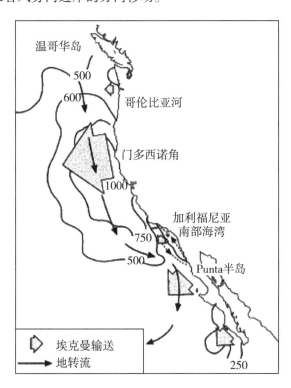

图 17.3　北美洲西海岸夏季的环流概况

宽箭头表示离岸埃克曼输送的相对水平，主要出现在地形投影的射流中。小箭头表示平均地转流的方向，包括在加利福尼亚南部海湾的近岸环流。等值线表示风混合指数($m^3 \cdot s^{-3}$)。从门多西诺角到康塞普申角是水体产卵最少的海域。(Bakun，1993)

17.2　动力学方法

渔业资源管理的模型设计有多种方法。大部分模型强调总的输入－输出关系的方方面面。鱼的种群(或单位群体)是可被捕获的，其总质量被记为 B。质量 B 可随 4 个过程而改变，如下图所示：

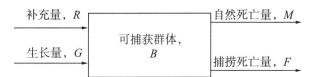

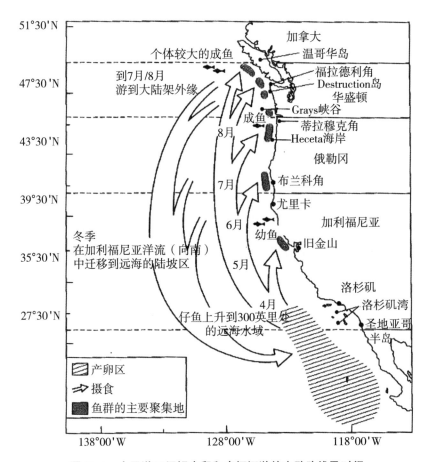

图 17.4 太平洋无须鳕产卵和索饵洄游的大致路线及时间

（Bailey 等，1982）

如果 A 代表总的年龄结构变量，X 代表捕捞压力，Y 代表渔业产量，那么：

$$\triangle B/\triangle t = R(B,A) + G(B,A) - M(B,A) - Y(X,B,A) \quad （式17.1）$$

或用文字描述为：

群体变化量 = 补充量 + 生长量 - 自然死亡量 - 捕捞死亡量

括号代表通常所说的"关于……的函数"。例如，捕捞死亡量 F 一定是关于捕捞量、群体大小及群体年龄结构的函数。

研究渔业动态的目的是用明确的函数关系式（一个模型）来代替 R、G、M 和 Y，从而尽量真实地模拟群体的行为，达到通过调控 X 就可以实现 $Y(X, B, A)$ 平稳、长久地最大化。对于一些渔业来说，该模型已经取得了一定的成功，然而实际操作的结果经常小于模型的估算结果。这有两方面的原因：①模型的参数虽然通过不断调整后能拟合过去的数据，但实际应用涉及对未来的预测，此部分很难调整。另外，通常模型都假设群体的动态变化是固定不变的，但几乎可以肯定的是，海洋气候、群体与掠食者及猎物之间的相互作用都会随时间发生很大的变化。这一观点正是 Alan Long-hurst 的一部著作（2010 年版 *Mismanagement of Marine Fisheries*）的主要依据。②管理者经常在渔业政治中被否决（Rosenberg，2003）。有些方法明确地包括 R 和 G，而在较简单的方法中，X、B 和 $Y(X$，B，$A)$ 之间的关系则是重点。我们将简要地对这两种类型进行说明。对其中的数学计算感兴趣的读者可以参考 Quinn 和 Deriso（1998）。

在输入－输出管理方案中，经常假设存活和生长对密度的依赖（density dependence）非常强烈。也就是说，如果一个群体数量减少了，用来支撑群体的生存和生长的资源就相对更多了，这样个体存活率就更高、生长状况更好。当然，其他一些动物也可能会填补承载容量上的空缺。例如，那些生长缓慢的鱼经常会被生长迅速的鱼替代，鱿鱼或水母有时就是这种机会主义式的替代者。在下文中，"鱼"这个字眼通指渔业中的一种产品，如蛤、虾、鱿鱼等，当然也指鱼类本身。

17.2.1　群体规模（B 的量度）

首先要解决的问题就是估算群体的生物量和年龄组成。正如每个野生动物管理者所说，准确估算鹿或者鹅的丰度并不是一件简单的事。测定海洋动物群体的规模就会更难了，因为人们不能亲自到海洋中去查看。因此，通常并不能明确知道群体的大小（虽然还可以使用标记方法）。最常用的方法是：如果在一个地方捕捉到鱼的难度越大，那么那里的鱼就越少。也就是说，如果群体 B 较小，那么产量 Y、单位捕捞努力量 X 应该较少（反之亦然）：

$$Y/X = \text{单位捕捞努力量对应的渔获量（CUPE），} \propto B$$

$$Y/X = qB \qquad\qquad\qquad\text{（式 17.2）}$$

式中 q 是可捕系数，即投入一个单位的捕捞工作量（也称努力量），所得的捕获量占群体的比例。在码头对捕获的鱼进行称重或计数就可以得到捕获量，捕获这些鱼所用的工作量也可以用一些合适的单位来表示，如钩时数（hook－hours），或者标准船只出海工作的天数。通过鼓励或要求渔民保存有关出海捕捞工作量的日志可以获得这些数据。政府渔业管理机构可能将渔民提交航行日志作为批准渔获销售的条件之一。随着时间的推移，捕捞压力和种群动态之间建立了平衡关系，那么这样的管理要求是行得通的；Y/X 随 X 变化的曲线（X 在横坐标上）是单调递减的形状。在最简单的情况下，两者大概呈线性关系[图 17.5（a）]。如果将纵坐标截距记为 $qP_{natural}$，表示一个单位的工作量条件下，不进行捕捞所表现出来的渔获率，我们可以将这个关系表示为：

$$Y/X = qB_{nat} - qkX \qquad\qquad\text{（式 17.3）}$$

式中 k 是关系式中的斜率。在相对意义上，Y/X 随 X 变化的关系式向我们直观地展示了一个群体中有多少鱼。

在使用这个关系式之前，我们必须先检查它的主要假设，即假设 Y/X 和 B 成正比。需要注意的是，从统计角度看这个方程并不可靠，因为式中会有两个随机变量 Y_i 和 X_i，Y_i/X_i 和 X_i 呈负相关关系。也就是说，人为地使 Y/X 与 X 相关。幸好，在许多情况下，这个关系确实非常紧密，而且不只是出于假象。渔业中的 Y/X 与群体总数的相关关系是可以检验的。例如，布里斯托尔湾（Bristol Bay）红鲑（*Oncorhyn-*

chus nerka)的渔获就满足这些条件。在布里斯托尔湾可用流刺网对游回岸边的红鲑进行商业性捕捞，但在河流入口处捕鱼是被禁止的。通过对鲑鱼进行计数可以得到流刺网的渔获量。一旦鲑鱼沿河流上溯，人们就可以在鱼梯和堤坝上观察并对那些逃过捕捞的鱼进行计数。这样记录多年的结果，就可以检验 Y/X 与 $B = (Y + $ 河流中鱼的数量$)$ 的相关性了[图 17.6(a)]。

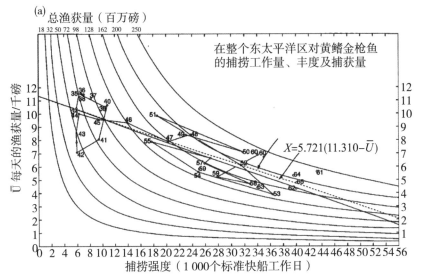

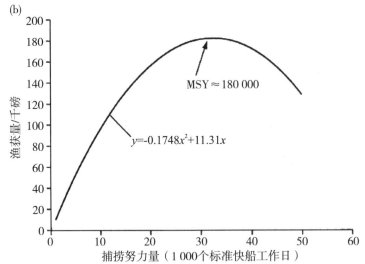

图 17.5　单位渔获量、总渔获量与捕捞努力量之间的关系[*]

(a)1934—1965 年太平洋东部热带区黄鳍金枪鱼的 CPUE(每单位工作量的渔获量)。(b)图(a)中的曲线转化为捕获量与捕捞努力量的关系，为抛物线型。(Schaefer, 1967)

[*] 图题为译者总结。

CPUE 估算结果看起来非常好。也可用 CPUE 的值来粗略估计渔民对整个群体的

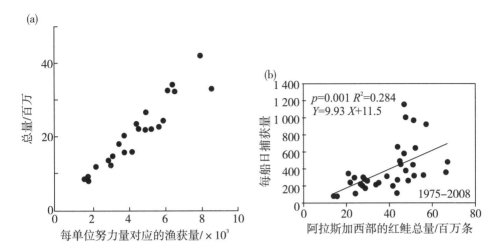

图 17.6　单位努力渔获量(CPUE)与红鲑资源总量之间的关系示例[*]

(a)布里斯托尔湾红鲑的总体数量(＝捕获量＋河流段的计数)随 CPUE 的变化情况(Tanaka,
1962)。(b)1975—2008 年阿拉斯加半岛南端 6 月围网捕红鲑的 CPUE 与阿拉斯加西部红鲑洄游量
的比较(Martin, 2009)。

[*]图题为译者总结。

捕获率。例如，Martin(2009)对阿拉斯加半岛南端红鲑 6 月捕获量(不同的捕捞方式
都转化为以"船天"为单位的努力量来统一表示)和阿拉斯加西部红鲑每年年度总洄游
量(图 17.6b)进行了比较，不出所料，两者之间的拟合度并不高。

　　另一种方法适用于运动不频繁(或很慢)的鱼类(或蛤类)：在一些面积不算太大
的区域，可以将它们"一网打尽"，这样，由于其他区域的个体迁移至该区的数量很
少，对群体总量的估算基本无影响。热带鲷鱼(笛鲷科 Lurjanidae)生活在礁石周围，
具有较强的领地意识，通常只游动很短的距离去捕捉猎物(或诱饵)。在一个以前没
有捕捞过的 12 km^2 礁石区，King(2007)差使萨摩亚(Western Samoa)的渔民使用鱼钩
和鱼线对丝尾红钻鱼(*Etelis coruscans*)的群体进行了 10 个星期的钓捕。CPUE 随总渔
获量变化的时间序列如图 17.7(a)所示，图中总渔获量($Y_总$)的斜率为 q。该方法最早
由 Leslie 和 Davis 提出，用来评估老鼠的丰度，因此这个图又被称为"莱斯利图"
(Leslie plot)。最初群体总量的估计值是 $Y_总$ 轴上的截距，或者是 CPUE 轴上的截距 a
除以 q(在数学上这两个值是相等的)。时间系列图中的线性关系说明了 CPUE 与群体
总量的比例关系。类似的还有对蛤和扇贝进行的挖捕实验：在一片富有竹蛏的海底
(面积 11 613 m^2)，P. Rago(未发表数据)反复进行开挖采捞，每次采捞的面积约为
1 500 m^2。所得的 Leslie 图[图 17.7(b)]中，采获的蒲式耳数(渔业研究中使用的单
位，1 蒲式耳 ≈ 135 个蛤)与总蛤数量的线性关系也非常好。很显然，将竹蛏采获得
一个不留是非常困难的。这种一网打尽的结果很少出现，因为涸泽而渔会导致整个群
体的灭绝。但这个实例确实证明：通常情况下，CPUE 可以用来度量群体的大小。但
是，大多数情况下，q 是无法估算出来的，因此需要用一个替代性的指标 Y/X 来估算

实际群体丰度。

尽管通过 CPUE 估算群体大小非常有用，但仍须牢记：CPUE 对捕鱼技术的微小改变非常敏感。例如，用鱼线将带饵的鱼钩沉至海底，放置 12～24 小时，然后收起鱼线，大多数时候能钓捕到北太平洋大比目鱼（狭鳞庸鲽 *Hippoglossus stenolepis*）。1982—1983 年之前，渔民们一直使用"J"形钓钩，后来才换用弧圈型钓钩（图 17.8）。换钩以后使每个鱼钩的捕鱼率会上升 2～3 倍（具体倍数与钓到鱼的大小有关）（IPHC，1998）。因此，简单地改变鱼钩形状就导致了钓捕率的提高，又显著降低了脱钩数量。管理者有时候确实没有意识到渔业技术上这些细微的变化，但渔民们却能强烈地感受到 CPUE 的变化，渔具、搜索效率的改进，渔民间的交流，在最高产时期集中捕捞以及更丰富的工作经验都能显著提高 CPUE。因此，技术改良引起的 CPUE 的提高很容易被管理者理解为群体数量出现了上升。而只要鱼群的状况允许，管理者就需要（或在法律上必须）尽量给渔民更高的渔获量配额，或允许更长的捕捞时间，因此，对 CPUE 增长的错误理解很容易导致过度捕捞。

事实上，使用 CPUE 来衡量群体大小的方法自始至终都受到人们的批评（见 Maunder 等，2006 等的评论）。主要是因为该方法存在偏差，部分原因如下：

（1）在捕捞的起始期，捕捞到的鱼是群体中那些最容易被捕获的鱼，因此，起始期的 CPUE 倾向于高估，导致对群体总量的高估；而后期阶段的 CPUE 则存在低估。

（2）由于渔民总在剩余群体的分布中心区捕捞，这样的后果是本来应该下降的 CPUE 值（群体大小）却不一定降低。

（3）故意谎报捕获量和工作量来避免过早地达到配额，这样会让群体看起来数量很大、渔民看起来很成功（低 Y 值、高 Y 值、低 X 值以及高 X 值在不同情况下都可能带来偏差）。

（4）在出海工作量 X 一定的情况下（至少工作量按常用的方法来确定的情形下），捕捞的效能出现持续或阶梯式的提高与改进（上面已举例）。

（5）由于气候或天气变化、鱼群的分布发生改变、或其环境发生改变，即使使用常用的捕鱼方法，靠近并接触鱼群的难易程度也发生了改变。

为了至少克服以上的第（2）（3）（4）点，渔业管理机构通常会在标准站位通过固定的方法开展调查，在调查结果的基础上对某些渔业捕捞活动进行监管。近几十年，还采用高效率的声呐法探测生物量，并与拖网或物种特异性的捕捞方法相结合。渔业管理机构这样的调查获得了不错的效果，调查记录对于预测渔获量非常有用。然而，渔民经常认为渔业管理机构的调查结果是错误的，因为在他们看来，这些调查并没有关注鱼群在哪里。换句话说，渔民们自己是知道在哪里可以捕到鱼的，但他们不会将之透露给渔业管理机构。当然，这也导致了结果出现偏差，偏差的来源同上述第（2）条。为了"窥探"海洋中鱼的数量与位置，就需要努力获得可靠的数据，这种努力是无止境的。目前给出的建议是：通过"综合评价"来进行渔业管理（Maunder 等，2006），甚至进行更广泛的、"基于生态系统的管理"（下文有提及）。这种评价体系将 CPUE 作为输入量，但也考虑了其他许多方面，如：年龄结构、繁殖生物学、补充量

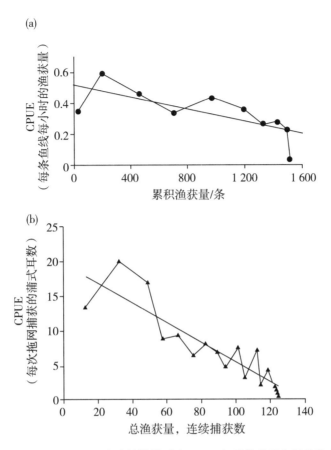

图 17.7　通过涸泽而渔式的捕捞测试 CPUE 与群体总量之间的关系

(a) 在萨摩亚西部附近 CPUE(每小时每条鱼线的渔获量)随丝尾红钻鱼累积捕获量变化的关系图。捕鱼区拟合出来的 q 值为 0.0002(每小时每条线的渔获量在群体中的占比)或 0.0023 km^{-2}(King, 2007)。(b) 竹蛏 CPUE 随累积捕获量的变化关系图,q 值为每网 0.14;数据由 Paul Rago 提供, NMFS。

估算值、生长动态、分布模态、掠食者和猎饵的生态学、海洋学方面的变化等。在美国,管理有方的渔场,尤其是对东白令海(Eastern Bering Sea)鳕鱼群体(Ianelli, 2005)的管理是以独立的渔业拖网和声学调查数据为依据进行监管的,使渔业资源的捕捞量远低于系统能持续产出的、最大渔获量的估算值(详见下文)。另外,渔业管理机构会专门派观察员进驻捕捞鳕鱼等资源的渔船,以确保渔获和其他鱼品报告的完整性。群体评估的典型工具是精确的数学/统计模型,但同时也需要在各种显性和隐性假定的基础上进行。

17.2.2　补充量$[\Delta B/\Delta t = R(B, A) + \cdots\cdots]$

当鱼长大到足够的规格、可用常规方法捕获的时候,那么该鱼就被"招募"成了渔业资源的一员,或成为渔业资源的"补充"(recruitment)。补充鱼群的体型大小有时

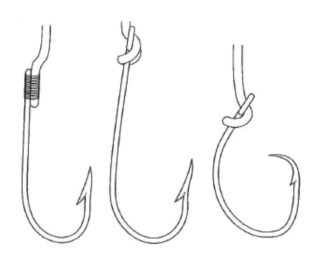

图 17.8　用于钓捕大比目鱼的钓钩

左边的两个钓钩为 1982 年以前使用的钩型，右边为 1982—1983 年后引进使用弧圈型钓钩（IPHC，1998）。

候可由渔民或渔业管理当局（通常依照法规）自己选择。例如，在美国西北海岸，捕捉邓杰内斯蟹用的蟹篓有一个供其逃逸的开口，该开口稍小于法定最小甲壳宽度（甲壳的最小宽度）。大部分进到蟹篓的小蟹都会再次逃脱，当捕蟹者检查发现篓中还有尺寸过小的蟹时，也会把它们扔回大海。雌蟹也都会被放还大海。因此，相对严格的"补充群体"定义指的是那些大于法定尺寸的雄蟹。在底拖网渔业中，渔网的网孔尺寸是可以调节的，小于补充规格的鱼可以从网孔中溜掉——至少这就是网孔调节设计的初衷。补充率（recruitment rate，每次进入可捕获群体中的幼鱼数量）取决于一系列的变量，这些因素是如何影响补充量的？对这个科学问题的理解是渔业生物学家需要面对的一个重大挑战。这些变量包括：产卵的数量、孵化成功率、能否存活到补充年龄或体型、可否滞留在一个适宜的生境中完成发育过程、生境的承载容量、是否能向新补充的个体提供足够未被占用的空间。仔鱼的存活又取决于水流的温度、速度和方向，大小合适、富含营养的食物颗粒的可利用度，以及掠食者和寄生虫的活跃度。年长的个体通常会占据系统的大部分承载空间，从而抑制新补充进来的鱼，有时甚至还会吃掉它们。在与体型较大的、强壮的年长个体之间的竞争过程中，潜在补充个体的存活和生长率会有所降低。

　　通常来说，补充量被看成是关于群体大小的一个抛物线函数［图 17.9（a）］，又被称为"亲体－补充量"关系曲线。在群体的规模处于低限时（通常是实验性的过度捕捞导致的，也可能是鱼群生存所需的气候恶化所致），繁殖亲体数量很少，实际的补充个体数量也寥寥无几。几个鲱鱼群体的亲体－补充量关系［图 17.9（b）和（c）］可以很好地说明了这一点。当群体数量因捕捞而下降时，图上的各点退向原点。这很容易理解，如果没有亲体，就没有幼鱼。当亲体数量较大时，补充量的分布通常非常分散，但也并不总是这样（图 17.10）。为了选择、论证一个拟合亲体－补充量曲线的最佳数学函数，目前渔业科学家们已经投入了巨大的努力。现在有 Beverton 和 Holt 构建的曲线（和 Michaelis－Menten 函数一样），以及 Ricker、Cushing、Shepard 和其他人构建的曲线，以拟合群体－补充量关系。除极少数例外，争论是没有用的，因为这些方程中没有一个可以将分散的数据点很好地拟合从而脱颖而出。竞争是引起亲体－补充量曲线右侧下降的原因之一，此外还有几个原因。对那些仔鱼浮游生活的鱼类而言，浮游仔鱼数量多到使自身资源受限的情况是很少见的，因为浮游仔鱼是整个浮游生态系统中非常小的一部分，但这种情况确实有发生的可能。数量巨大的仔鱼也可能吸引掠食者的注意，使掠食者对有效猎物的搜寻模式得以强化，导致其死亡率升高。

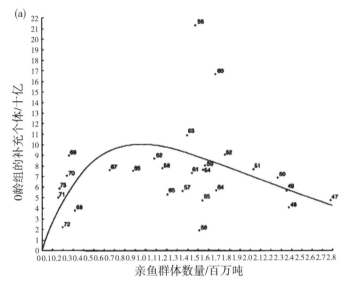

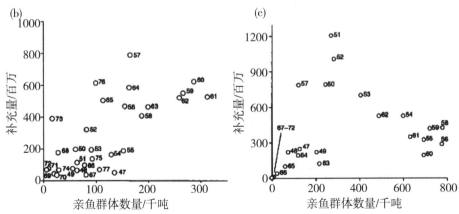

图 17.9　鲱鱼亲体－补充量曲线的三个例子

（a）0 龄北海鲱鱼与亲鱼群体（2 龄及以上）生物量的关系，拟合为 Ricker 曲线（Saville 和 Bailey，1980）。（b）冰岛夏季产卵的鲱鱼（补充群体随亲体群体数量的变化情况）。基于 1947—1961 年数据绘制的亲体－补充量准抛物曲线。（c）冰岛春季产卵的鲱鱼。图 b 和 c 根据 Jakobsson，1980 的数据绘制。

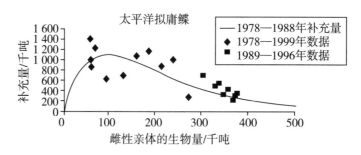

图 17.10　使用 Ricker 曲线（$R = aS\exp[-bS]$，a 和 b 为常数）能很好地拟合白令海太平洋拟庸鲽（*Hippoglossoides elassodon*）的亲体 - 补充量关系
该曲线根据 1978—1988 年的数据拟合而成，并对 1989—1996 年的数据进行了预测。这一期间内没有补充量非常低的数据点，根据拟合曲线，$S = 0$ 时 R 的值一定为 0。（Wilderbuer 等，2002）

　　当然，渔业管理应始终以维持必要的群体补充量为导向，也就是说，以保持足够的鱼能够繁殖后代为目标。令人震惊的是，这个规则虽然简单，但实际的管理操作常常并非如此。有时渔业管理贯彻了补充量最大化的理念。通常选择这样一个模型：在亲本群体数量还未达到最大时，补充量达到最大值；由于捕捞，群体的数量减小，会导致补充量从其最大值开始降低。鲑鱼渔业就是一个最好的例子。如果渔民在鲑鱼出生的河流中或附近进行捕捞作业，那么当年的补充群体就会成长为亲体，在下一年洄游到河流中。从某种意义上说，这是个非常理想的例子。这些补充群体几乎在同一时间扮演着两个角色。那么问题就变成了：为了使返回至河流的鲑鱼数目（补充群体）达到最大，那么上一代亲鱼（群体）的数量就应取一个最佳值。由于事前知道该函数是一条穿顶曲线，那么可能会出现这样一个情形：捕捞导致待产卵的鲑鱼数量大幅下降，那么下一年返回渔场的鲑鱼数量事实上将会增加，即有更多的鱼可捕。该观点有些牵强，因为幼鱼期分为两个不同的阶段：淡水阶段与海洋阶段。在淡水环境中，如果鱼卵较少，则竞争减少，有更多、更健康的鱼苗或小鲑鱼生存了下来，并洄游到海中，这样在海中长大后洄游到河流中产卵的成鱼数量也会增加。在某些情况下，这样的数据是令人信服的，而其他一些情况则不然。在阿拉斯加的科迪亚克群岛（Kodiak Archipelago）产卵的粉红鲑鱼（驼背大马哈鱼 *Oncorhynchus gorbuscha*）群体就对应了以上这两种情况［图 17.11（a）和（b）］。如果将迁移入海的小鱼苗当作"补充个体"进行捕捞，那么数据似乎会显示为：待产卵亲鱼的群体数量降至 200～300 万尾时，不会导致补充个体数量的显著降低，在某些年份进入海中的鱼苗似乎还增加了 1.5 倍。如果将洄游产卵 2 龄成鱼的数量当成补充个体的数量，那么两者的关系（有多年的产卵数据）就变得不太清晰了。200 万尾亲鱼可以为渔场和繁殖群体总共带来 300 万或 1 500 万尾成鱼。鲑鱼在海中的存活率无疑存在很大的变数，这对其补充量来说是至关重要的。

　　亲体 - 补充量的关系分析已成为渔业管理应用的一个工具。该分析通常假设影响亲体 - 补充量关系的生境因子都是基本稳定的。显然事实并非如此。就科迪亚克岛的鲑鱼和其他阿拉斯加鲑鱼而言，在 20 世纪 70 年代曾发生过一次栖息地的变化，致使它们在海洋中的生存率提高，因此，相对于亲鱼的数量，补充个体的丰度出现了明显的升高[图 17.11(c)和(d)]。在亲体 - 补充量曲线中，"生态系统稳态转换"（"regime shift"）之前和之后的数据点混杂在一起，这使分析的实用性倍受质疑。通常来说，如果定义一个曲线的数据足够，那么系统的变化就会体现在时间序列的变化上。

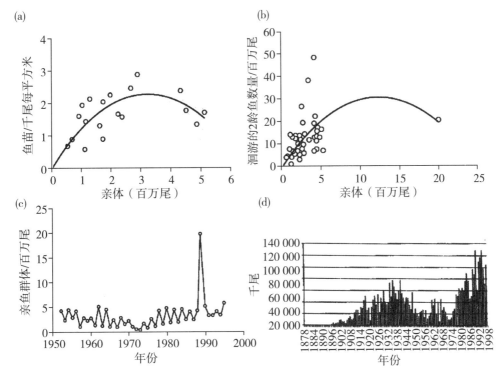

图 17.11　粉鲑资源的动态

(a)阿拉斯加科迪亚克岛各河流中亲体丰度与 1 龄(还在淡水中、准备迁移到海水中去的)鱼苗数量之间的关系。关系曲线为一条抛物线；数据来自 Donnelly，1983。(b)科迪亚克群岛及其所有河流中亲体的总数量与洄游的 2 龄鱼数量之间的关系。关系曲线为一条抛物线，受 1989 年获得庞大的亲体数量的影响较大，尽管当年渔民并没有为捕捉鲑鱼做好充分的准备；数据来自 Donnelly，1983，由 Myers，2001 更新。(c)科迪亚克群岛亲体丰度的时间序列。所有地区的粉鲑都有出现强、弱交替的年龄组；数据来自 Myers，2001。(d)阿拉斯加粉鲑的总渔获量，其数值在 20 世纪 70 年代中期以后上升到非常高的水平；数据来自阿拉斯加渔政局。

　　仔鱼成功长大达到补充个体规格的数量每年都存在变化(年龄组效应 year - class effect)，从而影响着大多数的亲体 - 补充量关系。这样的实例有很多，我们只介绍其中一个例子。每年的渔业调查都对白令海的阿拉斯加鳕鱼(黄线狭鳕 *Theragra chalcogramma*)群体中年龄达到 1 龄的鱼数量进行严密监控。结果发现：1 龄鱼的数量变化[Ianelli，2005；图 17.12(a)]非常大，取决于冬季的天气、掠食者的活动、中型浮游动物生产、仔鱼漂流过程中水流的变化等因素，而这些因素对 1 龄鱼数量的影响方式通常还很难具体描述。同许多其他物种的渔业一样，白令海的阿拉斯加鳕鱼多年份的产量取决于是否有一个非常成功的年龄组，以及该年龄组的生长情况。1992—1997年，捕获鳕鱼的平均大小逐年增加[图17.12(b)]，这主要归功于成功的1989年，而

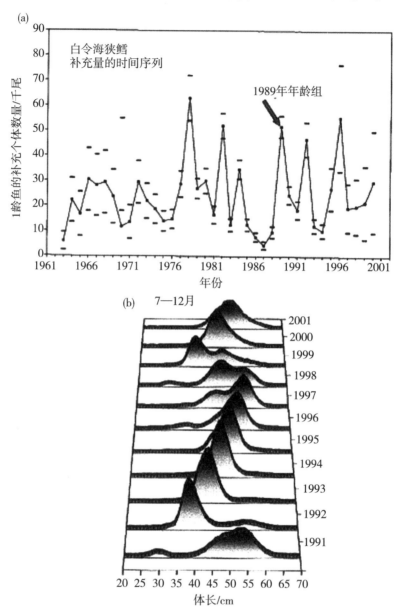

图 17.12 对东白令海内阿拉斯加鳕雪（黄线狭鳕 *Theragra chalcogramma*）的渔业调查结果 *

（a）东白令海（EBS）群体中1龄黄线狭鳕的补充量变化，数据来自不以商业渔获为目的的拖网调查结果。每一年份对应的横杠分别表示补充量置信区间的上限和下限。请注意，在1989年出现了非常高的补充量。（b）东白令海鳕鱼渔场夏季捕获的鱼体大小－频次在不同年份的分布。从1992年的40cm到1997年的55cm的峰值对应的都是1989年的年龄组。图a数据来自Ianelli，2005；图b引自Ianelli，2005。

*图题为译者总结。

且该年龄组在群体中占据了优势地位。在理解不同群体年龄组强度变化的问题上，人们已付出了巨大的努力，对各群体的研究都取得了不同程度的成功。

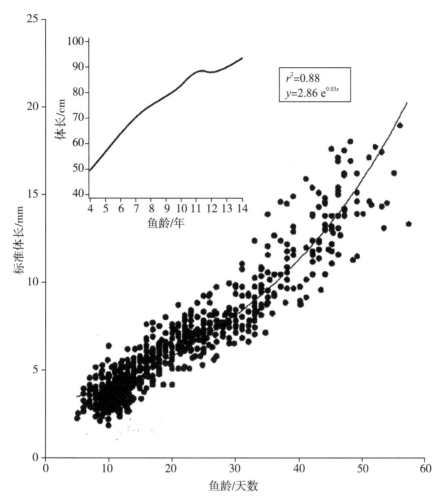

图 17.13　乔治沙洲海区大西洋鳕仔鱼(*Gadus morhua*)的体长随年龄的变化情况

插图：格陵兰岛渔场捕获的 4 龄及更年长的洄游鳕鱼的体长(Riget 和 Engelstoft，1998)。不同年龄组的鳕鱼，其生长也存在一定的差异(Green 等，1999)

17.2.3　生长量 $\left[\Delta B / \Delta t = \cdots\cdots + G(B,\ A) \cdots\cdots\right]$

不同大小(年龄)的鱼的生长速率不尽相同。鱼群中"平均"个体的生长速率是群体生物量增量的指标，根据这个指标渔业管理者制定对鱼群的捕捞最大速率，达到可持续捕获的目的。图 17.13 显示了鱼大小与年龄、生长速率与年龄之间的关系。影响鱼年龄或大小的因素有很多，而人们通常都想捕捞某个特定年龄或特定大小的鱼，因为只有在鱼生命周期的某些阶段，吃起来才是美味可口的。事实上，捕鱼的主要目标可能是鱼卵：鱼子酱、鲱鱼卵以及海胆卵都是上等的佳肴。一条鱼只有长到一定的大小才能繁殖，或者最想要的生长率可能局限于某个很窄的年龄段。对于后一种情况，或许清除鱼群中那些生长缓慢、低效的老鱼和大鱼是值得的，这样就不会"浪费"鱼群的食物。渔业管理中对鱼类生长潜力的分析核算意味着可以在此基础上调整补充量的大小（鱼龄），使鱼群处于迅速生长的状态，以实现最大的收获。鱼生长的时间越长，自然死亡率也会越高，使最终渔获量降低，只有这两者之间达到平衡才能获得最大渔获量。

另一因素是，在捕捞一些体型稍小的个体时，难免会同时捕捞上某些较大的个体。可能的原因是，大多数寿命较长的"鱼"（鳕鱼、大比目鱼、石斑鱼和龙虾等，但不包括鲑鱼或鱿鱼）能持续生长，达到较大的体型，尽管有时生长可能较慢，它们的年龄通常为数十年。长到这些大的体型后，能捕食它们的掠食者会越来越少，因此它们的死亡率会下降。将它们留在群体中的好处在于，相对于更年幼、体型较小的个体，许多物种的大体型雌性个体会产生更多（比体型比例高得多）的卵子。例如，Bobko 和 Berkeley（2004）提出，加利福尼亚洋流中的黑石斑鱼（*Sebastes melanops*）在6 龄（最早繁殖年龄）到 16 龄期间，其单位体重（g）的年产卵量会翻一番，从 374 个增长到 549 个，总产卵量则从 30 万增至 100 万枚胚胎（它们孵化后仔鱼便释放出来）。另外，规格大（big）、鱼龄大（old）、肥硕（fat）、生殖力旺盛（fecund）的雌鱼（以下简称 BOFFFF 或 BOFF）可以提供更多的油脂和蛋白质，用来形成更大、更好的卵粒。Berkeley 等（2004）的研究表明，从这样的卵粒孵化出的仔鱼发育和成长更快，更能忍受饥饿（图 17.14），从而获得更高的存活机会。就某些鱼类及捕鱼方法而言，只要鱼体大小超过了规定值就必须放回大海，除了少数个体可暂时存活，对大多数鱼类来说，脱离水面或拥撞拖网都意味着致命的危险。

通常来说，对生长的研究其实是要了解群体中个体的大小、年龄的分布结构。通常的捕捞对象是鱼群中个体较大、鱼龄较大的鱼，部分原因是这些鱼受渔民青睐，捕捞技术也通常针对这些鱼。当然，即使不对它们进行捕捞，其数量也会减少。因此，高强度的捕捞会改变鱼群的年龄结构，鱼会变小、鱼龄降低，通常产卵力也变弱。因此，一旦渔场落成，较大年龄的鱼被捕捞殆尽，出于巨大的经济压力（渔业人员的劳务费和船费），人们也会被允许捕捞越来越年幼的鱼。这样不停地捕捞就可能导致许多后果。例如，在 20 世纪 60 年代后期和 20 世纪 70 年代初期，由于高强度捕捞，秘鲁鳀（*Engraulis ringens*）鱼群个体大小逐渐变小、以鱼龄较小的鱼为主。截至 1971年，群体中的大部分个体都较小。它们的产卵量不足以弥补 1972 年厄尔尼诺（El Niño）期间造成的仔鱼损失（低存活量），鳀鱼渔业崩溃。20 世纪 90 年代后期，秘鲁鳀鱼群数量终于得以恢复，接着人们又开始进行大量的捕捞。为应对 1998 年的厄尔尼诺，管理者曾尝试强制禁捕，持续了约 10 天后，迫于政治压力，不得不再次解禁。

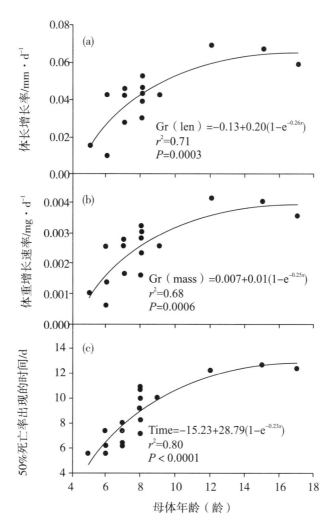

图 17.14 雌性黑晴平鲉(*Sebastes melanops*)繁殖仔鱼时的年龄与其他指标之间的关系
(a)仔鱼体长(len)的增长率(Gr),(b)体重(mass)的增长率,(c)当不提供食物时,50% 的个体被饿死所需要的时间(time)。仔鱼卵黄囊中的油滴大小与母体年龄也存在类似的关系(Berkeley,2004)

17.2.4　自然死亡率[$\Delta B/\Delta t = \cdots\cdots -M\,(B,A)\cdots\cdots$]

在与渔业有关的所有变量中,自然死亡率是我们所知最少的,也是渔业管理最少用到的一个变量。有时候,可通过标记法来测定自然死亡率,一直以来人们对此也付出了大量的努力。如果我们标记了补充群体(年龄组)的 T 条鱼(对"同期群"的一部分作标记),那么,我们就可以假设这个年龄组其余的鱼将会服从如下比例关系:

$$T : T_R : T_L :: N : Y : M$$

式中:

T_R =在整个生命历程中，回收到的、已标记的同期群个体数

T_L =再也未见过的标记个体的数目

N =同期群中的个体数目

Y =同期群捕捞的总产量（数目）

M =同期群中，未被捕捞且已死亡的个体数目

存在以下必要关系：

$$T = T_L + T_R \; 且 \; N = Y + M$$

根据假设的比例：

$$M = (T_L/T_R)Y \qquad (式 17.4)$$

因此，

$$N = Y + (T - T_R)Y/T_R \qquad (式 17.5)$$

通过给鱼作标记、然后重新捕获回来，从而评估种群大小的方法被称为林肯指数法（Lincoln Index）。此法看似简单，可同时估测实际种群大小和死亡率，事实上，测定起来并没那么简单。问题在于：①被标记的和那些再次被捕获的样品大部分都是容易被捕获的个体；②再次被捕获的鱼通常仅占原始标记个体很小的部分（通常情况如此），因此导致这种抽样统计并不理想（存在大的估算误差）；③假设群体无迁入迁出，但这不符合海洋中的实际情况；④被标记的鱼发生死亡。标记致死，即被标记个体多少会因标记而死亡，因此，$M < (T_L/T_R)Y$。但很难估计究竟多少鱼会因标记而死亡。

无论它们的实际用处有多大，上述方程也有一定的指导性价值：就可捕的鱼群量而言，Y 和 M 之间存在竞争性关系：$N = Y + M$。如果我们不捕捞鱼，还有其他生物会捕食鱼。渔民们很清楚自己与其他鱼类捕食者之间的竞争关系。他们有时会尝试采取一些直接的行动，如射击海豹。

标记法对研究种群扩散与迁移也同样有用（Jennings 等，2001）。在某地对鱼进行标记后，在另一地点捕获到这些被标记的鱼，说明这些鱼沿此两地之间的某个路径进行了迁移。若获得足够多的回捕标记个体，那么就可能重建该鱼通常的迁移模式。例如，太平洋大比目鱼是一种在大陆架和上部陆坡生活的鱼类，其东部群体分布于阿拉斯加湾的周围。该群体通常会沿陆坡向下迁移并产卵，其仔鱼则漂移至阿拉斯加湾的北部和西部周围。对年轻成鱼进行标记后发现，它们一般会迁徙返回南部和东部，而仔鱼则通过水平流不断向西迁移从而保持西部种群的稳定。近年来，标记物变得十分精巧，能从内部记录温度、压强、光照水平及其他参数。在某些情况下，可根据昼长的变化或其他数据推导出迁移路径，获得的这些数据也使人们对大型鱼类的行为有了快速、进一步的了解。

17.2.5 渔获量和渔业死亡率 $[\Delta B/\Delta t = \cdots\cdots -Y(X, B, A)]$

由前文中的每单位的捕捞工作量对应的渔获量关系式（式 17.3），$Y/X = qB_{nat} -$

qkX，Y 的解为：

$$Y = qB_{\text{nat}}X - qkX^2 \qquad \text{（式 17.6）}$$

该函数表明，渔获量和捕捞工作量之间存在抛物线关系：渔获量－捕捞工作量曲线［图 17.5（b）］。该关系也是几百年来经济学家所称的"收益递减法则"（"Law of Diminishing Returns"）。对曲线各部分的解释如下：

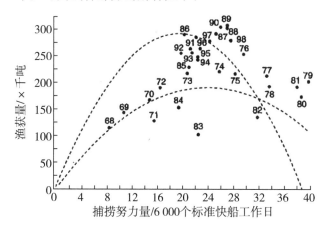

图 17.15　东部热带太平洋中黄鳍金枪鱼的捕捞量－捕捞努力量曲线

两条曲线分别对应于 1968—1984 年和 1985—1998 年两个时期。这两个时期的渔业产量稳态差异非常明显。（IATTC，2000）

（1）当对资源的开发力度还处于较低水平时，捕捞工作量越多，捕获的鱼就越多，但增长速率不断下降。

（2）可持续捕捞的最大渔获量（maximum sustainable yield）被称作 MSY。

（3）当 X 很大时，鱼群资源变得枯竭，很难再捕捞到鱼，渔获量下跌。

通常，当鱼群中富有繁殖能力的个体被移除时，会出现图中曲线右侧下滑的现象。从这个意义上说，渔获量－捕捞工作量曲线也就是补充量－亲体量曲线的一种反向绘制。

尽管 MSY 是每位渔业管理者需要考虑的一个指标，但在许多渔业中这个指标已不再使用了。尽管如此，MSY 还是在很多场合发挥着潜在的作用，在对渔获量或捕捞努力量进行限制的有关国际协议中有时会以"参考点"的形式再次出现。基于 Schaefer（1967）对渔获量和捕捞努力量的分析，明确地采用一个 MSY 模型，对东部热带太平洋中的黄鳍金枪鱼（*Thunnus albacares*）渔业进行一段时间的管理。该渔业经历了几个主要的时期。20 世纪 30 年代中期，加利福尼亚沿海的长鳍金枪鱼渔业衰退，因此，罐头工厂支持一些拥有冷藏设备的渔船到更远的东部热带太平洋去捕捞黄鳍金枪鱼。第二次世界大战后，捕捞范围不断向南扩张，来自拉丁美洲国家的渔船也加入捕捞队伍中。大约在 1930—1958 年，捕捞作业的方法变为：从渔船的桅顶上瞭望搜寻鱼群，发现鱼群后，将船只驶到鱼群旁，从船箱中释放出一些银色的饵料鱼，在鱼群疯狂抢食的过程中，用银色的钓钩来钓鱼，然后使用人力将金枪鱼拉上渔船。

这些渔船在当时被称为"金枪鱼快船"（tuna clippers），管理者记录的捕捞工作（努力）量单位为"标准快船工作日"（standard clipper day），这个单位可以通过对比不同大小快船的捕捞有效性得到。第二个时期从 1958 年开始，渔业迅速转向围网捕捞，从渔船上卸下一个渔艇，渔艇牵引着大量的围网撒布于金枪鱼群的周围。当围网的自由端绕过鱼群回到渔船后，通过聚拢缆索的牵引将鱼群下方的网收紧。然后用液压动力装置将渔网连同网内的金枪鱼一并拉上渔船。金枪鱼被拉出水面后，于货舱中即刻被冷冻。围网渔船和快船作业都进行了多年，因此足以对其捕捞工作量进行恰当的比较，"标准快船工作日"这个捕捞工作量的单位也一直在使用。

Schaefer 绘制的单位捕捞努力渔获量（CPUE）随捕捞努力量（1 000 个标准快船工作日）变化曲线[图 17.5（a）]呈现出较好的线性关系。他发现当捕捞努力量一定时，鱼群的年龄结构、补充量和渔获量从未达到平衡。为了克服该问题，他使用了几个近似量来进行校正。结果发现，捕捞努力量在这些年却一直稳步上升。对此的讨论见其原始论文。该图也能很容易地转化为渔获量－捕捞努力量曲线[图 17.5（b）]，这条曲线显示金枪鱼每年的 MSY 约为 20 万磅。美洲热带金枪鱼委员会最终使用该值作为捕捞金枪鱼的年度配额。各渔船需通过无线电向总部报告自己的渔获量。总部计算出总量，当总量达到配额时，将发送一条反馈消息告知渔船停止捕捞并返回港口。

金枪鱼渔业的第三个时期始于 1967 年，当时渔民达到捕捞定额的耗时远远短于通常的计划用时。渔民发现将围网布置在鼠海豚群的周围时，可捕获在鼠海豚群下方水层生活的黄鳍金枪鱼。鼠海豚和金枪鱼之间存在某种相互关系，且研究者们至今尚未完全了解这种关系是如何形成的，但是渔民们知道如何对其加以利用。此外，鼠海豚群下方的金枪鱼的个体大小远大于海洋表层鱼群的平均规格，因此，这样的捕捞措施使捕获率、CPUE 都急剧升高，将渔业分析与管理的基础毁于一旦。于是，委员会或多或少放弃了管制，任由渔民们捕捞，直到他们满载而归。事实上，在 1980 年至 1998 年，整个东部太平洋黄鳍金枪鱼捕捞都没有受到任何管制。目前，根据美洲热带金枪鱼委员会（IATTC）建立的条约要求，为进行渔业管理又出现了名义上的 MSY。然而，韩国和日本延绳钓船的加入，及美洲国家更为复杂的捕捞方案，都使捕捞工作量的估算变得十分复杂。1968—1998 年的捕获量－捕捞工作量关系图（图 17.15；IATTC，2000）是以大型（"6000 个标准快船工作日"）围网船的 CPUE 为基础绘制的。我们认为这些围网船能代表整个渔业，因为它们贡献了大部分东部太平洋的渔获量。

很明显，可将该图划分为1985年以前与1985年以后两个时期。IATTC 的分析员对这两个阶段分别绘制了捕获量－捕捞努力量抛物线。很明显，早期阶段是一个捕捞努力量增长的阶段，尽管总渔获量保持相对稳定，CPUE 降低。一旦 CPUE 变得足够低，渔船将被出售，或到渔业产量较高的大西洋或西部太平洋去捕捞。此时鱼群的数量开始回升，渔获量大幅增加，很快便远远超过了 1984 年以前的渔获量，并且所需捕捞工作量的投入较低。在后面一个时段，补充率较高，生长也更快。这并不算异常变化；鱼群的兴旺随时间而改变，通常我们无法找到确切的原因。此类 MSY 分析显然说明了渔业管理的难度，长期来看，鱼群的生物量会对捕捞压力或多或少地做出反应，而且反应的方式也基本相同。对东部太平洋黄鳍金枪鱼渔业及其存量的评估变得如此复杂，术语也如此晦涩难懂（Maunder 和 Watters，2001），对其进行解释已经超出了我们本章的讨论目的。

还有其他一些基于 MSY 分析进行渔业管理的例子，可能会对我们有所启发。Hunter 等（1986）绘制了两幅大西洋黄鳍金枪鱼的渔获量－捕捞工作量曲线图（图17.16）。其中一幅图使用的数据截至 1975 年，其抛物线拟合显示，当捕捞工作日约为 6 万日时，MSY 在 5 万吨左右。然而达到 MSY 后，捕捞工作量的增长并未停止，截至 1983 年，捕捞工作日迅速增至超过 20 万个，使捕获量达到 10 万吨以上的峰值，且仍未出现明显下降的趋势。Hilborn 和 Walters（1992）就此非常中肯地告诫（至少在没有详细的种群动态分析的情况下）："若过度捕捞没有发生，你就不能确定鱼群的潜在捕捞量。"过度捕捞一旦发生，必定会对鱼群造成破坏，甚至破坏鱼群在生态系统中的栖息地，仅仅通过将 X 降至表观 MSY 以下可能都无法弥补这种破坏。通过分析捕捞工作量和渔获量数据也不一定能得到一个明确的 MSY 值。在东北部太平洋大比目鱼渔场，捕捞努力（工作）量是用每天在海底布置的诱饵钩的篮数来统计的。在许多捕捞区域，年度 CPUE 相对于捕捞努力量的变化曲线（图17.17）是非线性的，而且具有明显的弧度。通过假设恒定的渔获量为 2 440 万磅，并用它除以捕捞努力量（以千套钓篮为单位），由图17.17 中的数据可绘制出一条曲线。换句话说，当捕捞工作量约为 30 万篮以上时，无论再投入多少努力，渔获量都是一样的。当然，CPUE－捕捞工作量函数还是拟合得非常好的，即使该曲线是弯曲的，此函数也可将其转换为捕获量－捕捞工作量曲线，曲线的捕捞量值始终维持在约 24 百万磅，在 30 万的捕捞努力范围内相对比较平直。事实上，捕捞努力量的时间序列来自一个监管机构，他们发现 CPUE 自 1925 年起开始下降，并大概从 1931 年起强制降低捕捞努力。这样，即使在没有制定 MSY 的情况下，CPUE 也是一种有效的管理工具。该监管机构还关注了鱼群的年龄结构，发现鱼群已转变为以鱼龄较小的鱼为主。

稍不留意，MSY 的提法可能被理解为：一个谨慎的捕捞者希望找到一个合适的捕捞工作量 X，以实现 MSY。由于确定 MSY 或适合 MSY 的 X 是有难度的，因此需要以相对较低的捕捞率进行捕捞。应该基于某个 MSY 值，来设定一个理想的捕捞量。然而，分析 MSY 过程中仍存在对过程的过分简化，MSY 还不是一种足够有效的管理工具。该分析目前仍存在许多问题。最突出的问题是：假设 Y/X 与 B 成正比，这对某些鱼群和捕捞状况来说是有效的，对其他鱼类则不一定。另一问题是，如之前所指出的，当 X 较大时，我们无法在不损害鱼群的情况下来研究 Y 值。于是，就需要假定鱼群的生物量是恒定的，且只随捕捞工作量的变化而变化。当然，捕捞通常会改变鱼群的年龄、规格和繁殖结构，而且捕捞带来的死亡率对这些变化的响应相当滞后。鱼群的减少可能有利于其生态竞争者数量的增加。在这种情况下，即使降低捕捞力度，鱼群也可能不会很快恢复，或根本就不能恢复。最后，MSY 假设生境是恒定不变的，始终为维持种群存量供给相同的资源量。事实上，对种群长期观察的结果显示情况并非如此，如上图中东部太平洋中黄鳍金枪鱼的捕捞量－捕捞努力量曲线所

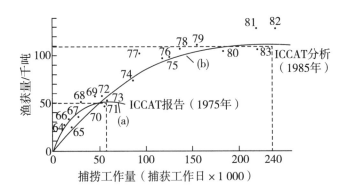

图 17.16　东部大西洋黄鳍金枪鱼的两条渔获量－捕捞工作量曲线

曲线(a)是由1973年之后的管理委员会绘制的，预告渔获量已达到MSY。曲线(b)是根据截至1983年的数据绘制的，与(a)有所不同，且具有更高的MSY值。（Hilborn 和 Walters，1992；结果引自 Hunter 等，1986）

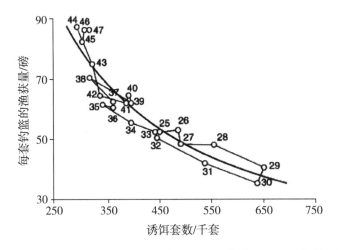

图 17.17　北太平洋（"南部海底"）大比目鱼每套诱饵的渔获量（CPUE）随诱饵套数（以诱饵篮数为单位）的变化曲线

该曲线假设总产量恒定为 0.244 亿磅。数据来自国际太平洋比目鱼委员会。

示。Carmel Finley（2011）对 MSY 管理法存在的许多问题都进行了论述："这种管理方法更强调最大化，而非可持续性。"

　　然而，尽管有些理想化，有关 MSY 的分析仍是清晰的，总体上也是正确的，因此这种方法仍颇具价值。Peter Larkin（1977）所著的《MSY 概念的墓志铭》很适合渔业专家，此外对我们来说，MSY 这一概念仍然存在一些有用的价值：

　　"MSY 的概念埋葬于此，

　　它主张的捕获量过高，

　　却不吐露该如何平衡各方。

　　我们用最美好的祝愿将它埋葬，

谨代表鱼类将它埋葬。

我们尚不知何以为替，

但我们希望它一样很好地服务于人类。"

Larkin 的最后一句话表明，即便是他，也认为 MSY 还是有其价值的。

当今的管理方法（和/或哲学）包括"实际种群分析"（VPA）、"合理和谨慎的选择"（RPA）和"基于生态系统的管理"（EBM，之后又被称为"为管理服务的生态系统方法"，EAM）。这些方法可用于评估鱼群的规模、状态及与捕捞之间的相互关系。VPA 整合了对个体大小、年龄和繁殖能力进行的详细分析，同时还采用了以年龄组为单位，这样就将补充率在年与年之间的不均匀性也考虑在内。至少在美国，为了保护鱼群及受渔业影响的其他种群，防止对海洋生境造成不应有的损害，RPA 是一种用于建立并实施管理方案的法定方法。生态系统管理者尝试将鱼群及其生境的各个方面都考虑在内，他们对环境健康的关注超过对产量的关注。Pikitch 等（2004）阐述了EBM 的总体理念。如果人们不情愿采用 EBM，至少可强制执行。无论情况如何，其目标都是为了对渔业进行谨慎管理，并着眼于长期的环境健康和鱼群保护。所有这些工作落实起来都十分复杂，因为它们与经济和政治因素有着错综复杂的联系。例如，在美国，科学家并不单独进行渔业管理，而是由渔业利益相关的各方，包括渔民、罐头生产商和科学家们组成的地区管理委员会来共同管理。委员会和科学机构以某种方法维持工作，尽管经常会受到来自法院的干扰，包括面对鱼类环境组织和渔民为保护自身利益、维持生计而提起的诉讼。因此，在美国的渔业法体系中，有关科学术语的复杂性、议题、经常性趋紧的渔业经济（见下一节）之间的争论总是喋喋不休。

17.3　渔业经济学

渔业生物学与渔业经济学息息相关。如果我们能充分理解渔业规律并能维持渔业的良性运转，那么我们就能控制它并使各方均受益：

· 渔民们收入提高；

· 人们得到大量营养、美味的食物；

· 尽力保护鱼类群体，同时还能有效地开发利用。

出于种种原因，我们通常无法实现这样的管理目的。大部分渔场都是自由、无主权的资源，这可能是最重要的一个原因。任何人都能买一艘渔船进行捕捞。因此，只要能在渔场挣到一点钱（一美元、一日元或一克朗），更多想要挣钱的渔民就会出现。在全球大部分渔场，捕鱼带来的平均利润几乎接近零。事实是：渔场收入的美元（或日元、人民币）与产量大致成正比（尽管较大的产量会压低价格），即 $\$=kY$。产量与捕捞努力量之间存在抛物线关系，或至少呈现报酬随捕捞努力量的增加而递减的曲线关系。因此，美元收益也和捕捞努力量呈抛物线关系。另外，捕捞努力量成本的增长与捕捞努力量间大致呈线性关系：新增加船只的成本与已有船只的成本大致相同。这两种关系显示如下图：

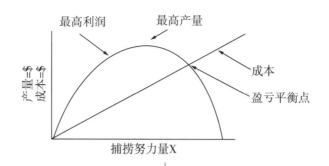

当捕捞努力量在盈亏平衡点以下时，投资尚有回报，连木匠们都想出海捕鱼 | 当捕捞努力量高于盈亏平衡点后，渔民们想要成为木匠

只要渔场仍处于盈亏平衡点之下，新的加入者（购买船只并开始捕鱼的那些人）就能获得利润。接近盈亏平衡点时，仍然有利可图，但这些收益正被越来越多的渔船瓜分。在盈亏平衡点，平均利润为零。事实上，许多或大多数渔场的收益正随着渔获量和捕捞努力量的逐年增加，向盈亏平衡点移动。平均来看，许多渔场的投资回报率为零。如果要求一个渔场将其产量大致控制在最高可持续产量（MSY），那么就会出现很多渔船来争夺渔获量获得利润，从而将利润摊薄，以至于平均利润接近零。有限的捕捞日或装置通常会造成这一结果。渔民（和昂贵的设备）不得不在大部分时间内赋闲，或使用效率最低的设备。以这些方式管理的捕捞业通常会导致较低的单位资本收益，其劳动生产力也糟糕透顶。最佳的解决方案是采用特许经营（渔民们对鱼群有所有权）和限流渔业。这些政策听起来有些可怕，但在一些地区正在实施，如日本、不列颠哥伦比亚、阿拉斯加沿海地区，甚至包括美国西海岸的拖网渔场。

17.4　稳态变化

自 20 世纪 80 年代晚期开始，渔业科学家就一直在研究所谓的"稳态变化"（如 Hollowed 等，1987），这在渔业研究中指群体对年代际气候涛动的响应（见最后一章节）。上文中举了一个有关黄鳍金枪鱼的例子，显示其 CPUE 大约是在 1985 年发生的转变。海洋中各种鱼类的现存量水平和生产量在几年和几十年间产生较大差异是普遍存在的。对此研究得最为充分的就是饵料鱼（大部分为鲱科 Clupeidae：沙丁鱼、鳀鱼、鲱鱼、毛鳞鱼等），它们是工业化渔业的捕捞对象。Bakun（Bakun，1996；Bakun 等，2009）指出，这些鱼类是"蜂腰"型浮游生态系统的"腰部"。浮游植物和浮游动物通常多样性较高，存在大量物种，而以它们为食的饵料鱼群只属于一两个物种，一直在海洋中占主要地位。同时，这些饵料鱼又被很多鱼、鱿鱼、鸟和哺乳动物捕食，如鲭鱼、鲑鱼、鳕鱼、柔鱼、海豹、燕鸥、鲸等。因此，在较为复杂的上层和底层营养级之间，由多样性很低的物种构成的中层营养级（"蜂腰"）将底层与上层营养级连接起来，构成物质与能量传输的枢纽。

在温和的东部热带浅海海域（远至 100 海里以外），饵料鱼通常主要为沙丁鱼或鳀鱼。例如，加利福尼亚洋流中的主要鱼类通常为蓝色拟沙丁鱼（*Sardinops sagax cerulea*，沙丁鱼的一个种）或加洲鳀（*Engraulis mordax*，鳀鱼的一种）。加利福尼亚沿岸的捕捞业始于 19 世纪末，并于 20 世纪 20 年代成为重要产业[图 17.18(a)]，产生了大量有效数据。沙丁鱼渔场，尤其是远离加利福尼亚中部的渔场，在 20 世纪 30 年代的产量为 0.6 Mt，当时的生物量为 3.6 Mt，并维持至 20 世纪 40 年代末。随后沙丁鱼渔场崩溃，1951 年后，鱼群存量无法再维持任何渔场，20 世纪 60 年代的生物量低至 0.01 Mt。20 世纪 70 年代前，人们从未主动开发任何大型鳀鱼渔场，但不知从何时开始，凤尾鱼开始代替沙丁鱼成为主要饵料鱼。这些渔场的发展不仅需要可供捕获的鱼群，还需要市场和企业对其加工过程进行投资。有些人（或者有时是鸡）必须食用这些鱼或将鱼油制成油漆。尽管如此，一个捕捞量可达 0.3 Mt 的渔场出现了，但经过两个阶段后又在 1990 年崩溃了。由于沙丁鱼捕捞业的再次兴起，鳀鱼渔业也被小范围取代，但开发利用程度可能小于可利用的鱼类现存量（超过 0.9 Mt，2000 年最高，达 1.8 Mt，随后开始下降，20 世纪 30 年代预测现存量约多达 3.6 Mt）。饵料鱼的捕获量一直在增加，2007 年在加利福尼亚沿岸超过 0.08 Mt，在墨西哥沿岸超过 0.3 Mt，因此，加利福尼亚沿岸的饵料鱼产量显示出一系列多年代际的"稳态"。

世界各地的很多渔场也出现了类似的变化发展趋势：日本沿岸的沙丁鱼（*Sardinops melanostictus*）和日本鳀鱼（*Engraulis japonicus*）渔场[图 17.18(b)]、南美洲西部沿岸的拟沙丁鱼（*S. sagax*）和秘鲁鳀（*E. ringens*）渔场[图 17.18(c)]以及非洲西南部沿岸（纳米比亚）的渔场。所有这些地区都显示出类似的渔场稳态转换（regime shift）。在大多数渔场，鱼群随地理分布的改变而变化。这可以通过日本沙丁鱼来例证：这种鱼的产卵场比索饵场要小得多（Schwartzlose 等，1999）。它们沿着日本南部和中国中部的近海地区产卵，当鱼群数量较少时，大部分鱼群会停留在这一海域内索饵。此时，捕捞主要局限于日本海南部和中国南海近岸区。当鱼群较大时，鱼群会前往日本海北部，并进一步向东移动，进入太平洋索饵，有时甚至会延伸至国际日期变更线以东。加利福尼亚沙丁鱼和智利沙丁鱼同样会在鱼群存量较大时扩大活动范围，反之，活动范围也会缩小（如 Bakun 等，2010；图 17.19）。

Kawasaki（1983）首次提出：亚洲、加利福尼亚和南美洲沿岸发生的稳态转换具有一定的同步性，其主要依据来自沙丁鱼的变化。日本沙丁鱼和智利沙丁鱼变动的同步性最为明显，将捕获统计量标准化并绘制在相同的日期轴上时，就能更明显地看到这一现象（Alheit 和 Bakun，2010，图 17.20），而且在这两种情况下，沙丁鱼的捕获量都随着鳀鱼存量的大幅下降而同时变化。另外，20 世纪 70 年代初期，鳀鱼群的数量大幅下降前，秘鲁和智利沿岸的沙丁鱼捕捞量都不是很大，因此我们的比较不需要从很久远的时代开始。20 世纪 90 年代，加利福尼亚沙丁鱼的存量并未随日本沙丁鱼和智利沙丁鱼存量的下降而下降。鳀鱼循环的同步性较低。20 世纪 70 年代后，太平

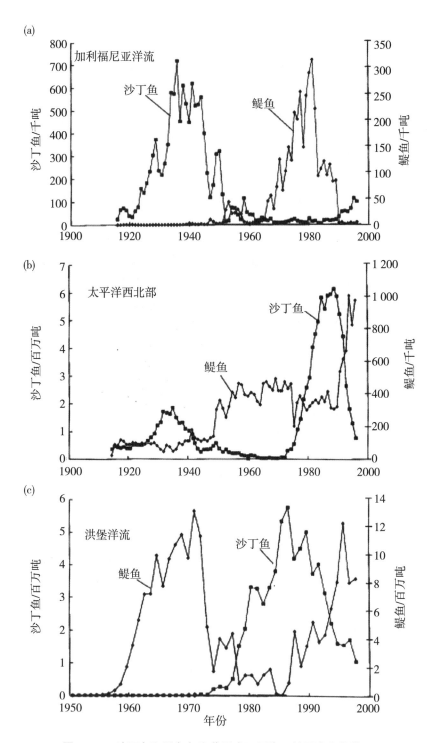

图 17.18　沙丁鱼和鳀鱼年渔获量在不同海区的历史变化情况

（a）加利福尼亚洋流中沙丁鱼和鳀鱼的年渔获量。（b）太平洋西北部（亚洲）沙丁鱼和鳀鱼的年渔获量。（c）智利沙丁鱼和秘鲁鳀鱼的年渔获量。（Schwartzlose 等，1999）

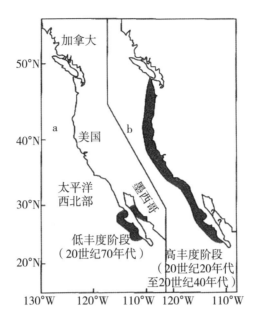

图 17.19　加利福尼亚沙丁鱼(*Sardinops sagax caeruleus*)**高丰度**(**右**)**阶段和低丰度**(**左**)**阶段的分布模式。**

(Bakun 等，2010)

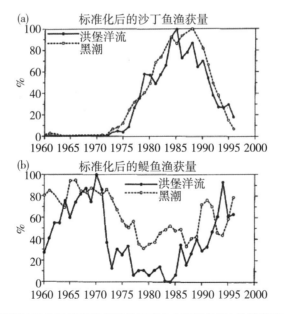

图 17.20　日本洋流(**黑潮**)**和洪堡洋流渔场的沙丁鱼**(a)**和鲹鱼**(b)**的捕获率，标准化至最大捕获率的百分比**

(Alheit 和 Bakun，2010；数据来自 Schwartzlose 等，1999)

洋西北部鳀鱼捕捞量仅下降了四分之一，而秘鲁沿岸的鳀鱼捕捞量降至接近为零。亚洲鳀鱼捕捞量的改变也可通过鳀鱼市场重新被沙丁鱼代替来解释。毫无疑问，随着1990年后这两个海区沙丁鱼现存量的减少，鳀鱼的现存量和渔获量大大增加。至少，稳态的持续时间在这三个地区都很相似，它们也都包括这两种"蜂腰"鱼数量的增减。加利福尼亚和南非鲱鱼渔场的变化与亚洲和南美洲渔场的变化大同小异。

对"蜂腰区"饵料鱼稳态控制机制的解释有几个。在"蜂腰"稳态转换中，捕捞业可能起了一定的作用，但我们也清楚地知道，早在工业化捕捞业出现之前这种稳态转换就已经规律地上演了。对缺氧海盆沉积物中的鳀鱼和沙丁鱼鱼鳞沉积速率的研究数据支持了以上观点；在这方面，对加利福尼亚南部洋流中的圣巴巴拉海盆（Santa Barbara Basi）的研究数据最为充分（Baumgartner 等，1992）。该沉陷海盆位于加利福尼亚康塞普申角（Point Conception）东南部，在深度为580m处有一个平底的大坑，部分区域已被沉积物填埋。这里很少受到海水冲刷，通常保持缺氧状态，几乎不存在大型底栖动物。因此，这里的生物扰动作用很小，沉积物的年融积层清晰可见。这些融积层由冬季径流带来的陆源沉积物和夏季浮游植物碎片沉积形成。在过去的几千年间，这里偶尔会发生生物扰动，也发生过一些塌陷。因此，仅仅通过融积层鳞片数计算出距今1 100年前准确的日期还存在很多问题，但通过不同形式的矫正仍可以得出过去几千年间的大致日期。鳞片的计数在不同柱芯之间存在一些变化，在较深的芯层中，通常样品的体积不足（鳞片数量较低，导致计数的方差较大）。不过，以每10年为单位来对融积层中的鳞片进行计数，并对不同柱芯的计数结果取平均数，便可绘出这两种鱼在时间尺度上的变化情况（图17.21）。

20世纪后期，研究发现圣巴巴拉海盆沉积物鳞片计数与当地鳀鱼和沙丁鱼群体大小的估计值具有很好的相关性。沉积物中的大部分鳞片都来自2龄以下的鱼类，这些鱼类的死亡率最高。没有证据表明沉积物中存在鳞片消耗或损失，事实上，在过去2 000年中，鳞片数整体上呈减少态势，在这期间鳀鱼占据优势地位，比沙丁鱼的数量平均高两到三倍。这两个物种以准周期的形式此消彼长，鳀鱼的周期规律性比沙丁鱼更加明显。年代谱（时间序列分析）显示鳀鱼为优势物种的时长约为百年，而沙丁鱼约为160年。年代谱还显示出一些短期的"能量"，但这在实际序列中并不是很明显。这两个时期的时长都比渔业变化周期要长，表明工业级规模的捕捞和生境基本特征在近期的变化共同导致了生态系统的改变。无论如何，对沉积物的分析结果表明，在过去历史中，生态系统稳态转换就已多次出现，现在我们通过渔业数据这一非常扭曲的镜头仍能窥见其一斑。通过分析秘鲁和智利缺氧水体下方的沉积物，在一个较短时间序列上（Díaz – Ochoa 等，2009）也发现了同样的演替规律：鳀鱼的鱼磷通常占大多数，其次是蛇鼻鱼、沙丁鱼或鳕鱼的鱼鳞。

在所有区域性案例中，在温度偏好和食物颗粒最佳粒径这两个因素上，沙丁鱼和鳀鱼都存在明显的差异，因此是稳态转换的两个关键因素。洪堡洋流和加利福尼亚洋流系统中，沙丁鱼数量较多的时期通常比较温暖，海水盐度较高，流向赤道方向的洋流较弱，沿岸上升流也较少；而鳀鱼数量较多的时期通常比较寒冷，近岸有较强的上

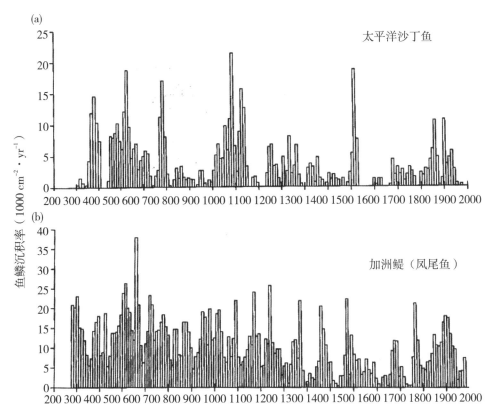

图 17.21　从公元 300 年至今，圣巴巴拉缺氧海盆沉积物中沙丁鱼（a）和鳀鱼（b）鱼鳞数量（用沉积率表示）的时间序列。

（Baumgartner 等，1992）

升流。这两个属的鱼类均主要以浮游动物为食，但沙丁鱼的齿耙排列更加紧密，能过滤温暖、离岸水体中个体较小的动物。鳀鱼则主要靠视觉获取食物颗粒，包括稍大的浮游动物，而这些食物通常来自较寒冷、生产力更高的近岸上升流系统（van der Lingen，2006）。因此，这两种鱼在最适温度和食物偏好方面都存在很大的差异。在日本洋流（黑潮）中，沙丁鱼和鳀鱼的食物类型基本无变化，但在温度适应方面则恰好相反。这可能也代表了生物对东、西方边界洋流系统的不同适应策略。

对于加利福尼亚洋流系统，Rykaczewski 和 Checkley（2008）提出，食物大小的偏好以及两种模式上升流的相对强度（图 11.39）共同造就了有利或不利于沙丁鱼的稳态。吹向赤道的近岸海风驱动的沿岸上升流，形成温度相对较低、营养盐丰富的生态系统，其中的硅藻供养了大量大个体的浮游动物（如哲水蚤、磷虾等）。如果这是上升流带来的主要效应，则这种环境更适合鳀鱼的生存。在沙丁鱼兴旺期，离岸风比近岸风的风力更强，因此会出现很强的风应力旋度（风速在空间上的梯度）。于是，除沿岸上升流以外，不同的物理机制会驱动并形成较慢、较分散的上升流，如通过"埃克曼抽吸"作用形成离岸主上升流（图 11.39）。这种上升流使高生产力海区的范围有所扩大，但影响程度并不大。这使小个体浮游动物（可能为拟哲水蚤 *Paracalanus* 和剑水蚤 *Oithona*）的生产量增加，且温度不会大幅降低，因此沙丁鱼的数量也有增加。Rykaczewski 和 Checkley 比较了 5 月至 7 月旋度驱动的上升流不同水平（通过月平均风速图计算而得）条件下沙丁鱼的幼苗发育情况与沙丁鱼的"过剩生产量"［这一数据基本上来自对渔业及沙丁鱼补充量的调查数据，其每年的统计值主要受 0 龄沙丁鱼丰度的影响（图 17.22）］。它们之间的相似度很高，因此很可能是可信的。对秘鲁－智利海区进行的类似比较将给我们带来一些启发。

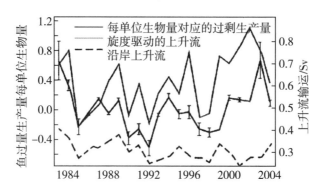

图 17.22　加利福尼亚南部沿岸 5 月至 7 月沿岸上升流和旋度驱动的上升流中加州沙丁鱼相对补充率时间序列比较

补充率与沿岸上升流无关，但与旋度驱动的上升流显著相关（$r = 0.62$，$P \sim 0.005$）。（Rykaczewski 和 Checkley，2008）

　　洪堡洋流的发生时间在鳀鱼和沙丁鱼之间来回切换，Alheit 和 Bakun（2010）认为，其直接原因是这两个物种在温度偏好和摄食生态方面的差异。沙丁鱼的繁盛约从 1972 年开始，与近岸 SST 和盐度的长期大幅上升相对应。此时环境条件由温度较低的沿岸海水（14～18℃，$S = 35$）主导转变为亚热带海表条件（18～27℃，$S = 35.1$～35.7），大型浮游动物开始减少，鳀鱼补充量随之下降（产卵的成年雌鱼被捕捞掉，补充量因此受到影响），鱼群丰度急剧下降并停留在低位。这样的环境条件对沙丁鱼来说更有利，它们的群体对渔业的支持达到 6 Mt·yr^{-1}。20 世纪 80 年代末，海洋环境条件再次回到低盐低温状态，沿岸沙丁鱼数量开始减少，鳀鱼的数量开始恢复，1993 年鳀鱼再次成为渔场的主要捕捞对象，捕捞量高达 12 Mt·yr^{-1}。随后再次从该峰值下跌，群体和产量仍维持较高水平，除了 1998 年以外。1998 年，厄尔尼诺事件的出现使人们在相当长的一段时间内停止了捕捞，随后再次恢复。

　　1973—1993 年，洪堡洋流和日本沙丁鱼的同步"暴发"看上去至少与太平洋大气的"遥相关"（teleconnections）有关，但日本的情况有所不同。日本沙丁鱼在冬季会迁徙至靠近日本的黑潮洋流产卵。幼苗在生长的过程中被洋流带往北方，成年鱼同样会迁徙至黑潮－亲潮汇合处，在那里，幼鱼和成年鱼摄食并生长。在产卵场，低温时期的补充量最高，这与春季摄食区较高的浮游动物总量相对应。这种关系似乎与亚洲冬季季风的强度（相关指数 MOI，在 1970—1990 年较高）和冬季北极震荡的较低值

（AO，在同期较低）有关。这些指数与太平洋年代际涛动（PDO）甚至是南方涛动指数（SOI）密切相关，但有关到底哪些大气效应控制着这些涛动的问题仍有待解决。与秘鲁的情况不同，日本沙丁鱼在 20 世纪 80 年代的数量暴发并未大大降低日本鳀鱼的渔获量，相反，随着沙丁鱼的减少，人们捕捞了更多的鳀鱼。这可能是因为当时鱼群总量增加，或仅仅是因为渔业捕捞转向数量更多的鱼群。因此，在所有这些地区，我们至少需要观察鳀鱼到沙丁鱼的一个循环周期，以便更彻底地理解其控制机制。更多的长期气候变化，包括人为造成的气候变暖，可能会改变这些循环的时长及与大气事件的关系。

稳态转换将对整个沿海地区造成重要的经济和文化影响。曾发生过一次强烈的稳态转换，影响了过去 30 年间鲑鱼数量的变化。大约在 1976 年，整个太平洋北部沿岸变暖，海表平均温度至少上升了 0.5℃。这对北部的鲑鱼来说十分有利，因此阿拉斯加湾北部和白令海东部的渔获量增至前所未有的高水平。同时，随着气候变暖和低营养级生物生产量的（可能）减少，美国华盛顿州和俄勒冈州沿岸的海洋鲑鱼的存活量开始下降。大多数鱼群开始不足以支撑商业捕捞。在 20 世纪 80 年代和 90 年代初期，太平洋西北部的捕捞业变得十分艰难，来自阿拉斯加的便宜且大量供应的鲑鱼也压低了鲑鱼的市场价格。渔民们开始出售他们的渔船，加工厂接二连三地倒闭，港口海滨被改造成旅游餐馆。相反，在阿拉斯加，渔民们大量购进渔船，加工厂不断扩张，大学生们积极参与夏季的捕鱼兼职工作，渔民及相关人员赚得盆满钵满。大约在 1999 年，至少在华盛顿州和俄勒冈州沿岸发生了另一个转折。鲑鱼，尤其是银大马哈鱼在海洋中的存活量反弹。在 2001 年，返回至哥伦比亚河孵化场的鲑鱼数量创造了历史新高（也许部分原因在于当时的海洋捕捞并未相应恢复）。自此之后，收益增加和减少交替出现。有些年也会出现意外，但阿拉斯加的渔获量始终保持着较高的水平。

17.5　有关术语的注释

研究者们为稳态转换、补充量变化及其与鱼类生物学和行为的关系精心制定了一套贴切的术语。Andrew Bakun（2010）创造了一部分术语，并认为它们能代表一些假说，这些假说在人们理解海洋渔业生态学的群体变化和物种间相互作用的过程中得到了反复应用。例如，我们在上文中对"蜂腰型生态系统"（wasp‐waisted ecosystems）进行了详细的定义。Bakun 将这些术语称为"概念模板"和"结构示意图"（其实二者是相同的），从根本上说，这些术语是提出假说的一种工具，可（或无法）经过调整以便适用于某特定情况。以下为研究者当前经常使用的一些术语。

匹配‐不匹配（Match‐mismatch，出自 David Cushing）：获得较大补充量的必要条件是鱼群产卵及其幼体发育对食物的需求与生产食物的事件在时机上相匹配。对鳕鱼来说，这意味着它们的孵化与哲水蚤产卵之间的匹配（或不匹配），以便为幼鱼提供大量早期的哲水蚤无节幼体作为食物。在饿死之前的关键期（critical period）内找到食物就是一种相关的概念模板，这种模板使匹配（与不匹配相对）成为鱼类存活的必要条件。

这两个概念与"Lasker 窗口"概念十分类似。Reuben Lasker 强调了幼鱼对寻找并获得充足食物的需求，并将之与浮游动物猎饵在垂直方向上的强烈分层联系起来。寻找到合适的浓度才能成就幼鱼生长的"窗口期"，使其个体迅速长大并超过许多浮游掠食者偏好的猎饵个体大小范围，同样也是幼鱼状态和移动特性的"窗口期"。Lasker 将这一点与海洋分层的重要性结合起来，这样一来，在幼鱼的关键生长期，幼鱼的食物层将不会受到干扰（从而维持合适的浓度）。

连通性（Connectivity，出自 Michael Sinclair 等）：卵和幼鱼的漂流过程中必然会将浮游生物幼体与适合幼鱼发育的地点连接起来。如上文对"水文遏制"的详细描述，鱼类通常选择能提供该连通性的位置作为产卵场。如果洋流不正常的话（另一类匹配 - 不匹配），该连通性将失去作用。这与海洋三元因素（ocean triads）有关，Bakun 认为大型鱼群可在以下区域生长发育：①海水中营养盐浓度高（上升流、混合区、铁元素丰富等）；②营养盐浓度可长期维持（交汇区、锋面等）；③洋流能将仔鱼与幼鱼栖息地连接起来。

猎物对掠食者的捕食环路（P2P loop，出自 Bakun）："猎物 - 捕食者"的逆向相互作用。其含义是，在海洋生态系统中，当潜在的掠食者（如鳕鱼、狗鳕、跳鱼等）还未长大时，饵料鱼可大量捕食这些掠食者的卵和仔鱼，以此减少"后患"从而保护它们自身。Bakun 提出，大西洋西北部近期出现的鲱鱼群体大增，因此它们大量吃掉鳕鱼卵，从而减缓了鳕鱼群体的恢复，于是维持了它们自身的高丰度。目前量化分析 P2P Loop 的重要性还很困难。

环路洞（Loopholes，出自 Bakun 与 Kenneth Broad）：指在某些海区，掠食者对卵或仔鱼的捕食量很低，足以克服这些海区作为栖息地的劣势。Bakun 与 Broad（2003）举了一个例子：金枪鱼会在一些海区产卵，相对于成鱼生活的其他海区，这些海区的生产力最低，金枪鱼这么做，可能是为了降低掠食者对仔鱼的威胁。不被吃掉有时与获得食物同样重要。

掠食者坑（Predator pits，出自 Bakun）：某种饵料鱼的分布密度很低，以至于其掠食者可以将其忽略，这样该饵料鱼的存活率就较高。为实现高密度，鱼群丰度必须高于一定水平（一个较低但又不是最低的水平，即"坑"）。在该丰度下，该鱼群受到其掠食者的控制。如果条件良好，允许种群突破"临界点"而大量繁殖，这时掠食者捕食开始变得饱和，那么该种群将具有较低的平均死亡率，并达到很高的丰度。

鱼群陷阱（School trap，出自 Bakun）：一种数量远低于优势物种的鱼类可能与优势物种一起成群生活，忍受对其来说不太理想的食物或环境条件，只为了借助大型鱼群来逃避掠食者。这一机制一方面使该物种数量增加的潜力减小了很多，另一方面又保护了自身。人们发现，混合鱼群广泛存在。群居的倾向性可能使大型鱼群无法有效搜寻食物栖息地（它们被"困住"了）。Bakun 将这一概念修改为"鱼群混合反馈回路"（school - mix feedback loop），即占优势地位鱼类的不当行为（比如说一些基因型）可能会导致整个鱼群的毁灭。

最优稳定性窗口（Optimal stability window，出自 Ann Gargett）：这个假设来自 Gargett（如 1997），即中等水平的扰动能提供理想的生物条件。中等的风速、波浪运动和垂直混合率可能会为鱼群存活提供最佳条件。

此外，在渔业中还采用了一些来自普通生态学的术语，这些概念同样试图创造概念模板。Schindler 等（2010）为湖中产卵的红大马哈鱼提出了"组合效应"（portfolio effect，由 Frank Figge 首先提出）。返回布里斯托尔湾（阿拉斯加）的大马哈鱼群的整体数量变化远低于返回不同湖泊的个体数量变化。如同一个股票组合投资，亚种群行为的多样性将为整个系统提供一定的稳定性。其他概念包括："铆钉假说"，即一个或少数几个物种(生态系统结构中的"铆钉")数量的损失或剧降，将导致整体生态系统的崩溃；"功能补偿"假说，即多个物种分别为生境提供一种功能，一个物种的减少将被其他物种所代替，并且冗余量将提供稳定性(恰恰与铆钉假说相反)。就如同物理学家命名夸克、胶子和粲数，渔业生态学家将继续创造具有提示性（且贴切）的术语。

17.6　世界渔业现状

联合国粮食和农业组织（FAO）是全球渔业的数据收集中心。该组织每年都会编制 FAO 渔业年鉴，这是一份精心制作的统计总结报告，包括出版 2 至数年的数据。FAO 网站上有近年的大部分图表。

为能更好地通过最新的数据资料了解渔业的现状，读者应该结合以下总结来查看这些资料。即使是很久以前的数据，FAO 也常常通过世界各地渔业机构提供的信息，更新其报告。有关全球渔业现状的补充性意见，参见 Garcia 与 Rosenberg，2010。

人们总是发现捕捞变得越来越困难。海洋的整体渔业生产量是否可持续仍有待考证（框 17.1）。大约在 1973 年，所有海洋渔业总产量的准指数增长趋势停止了（自第二次世界大战起一直保持每年约 6% 的增长率）（彩图 17.1）。该指数式增长的最后一个阶段为秘鲁鳀鱼捕捞业的发展提供了重要支撑，其最高捕捞量为 12 Mt。该短暂的巅峰期于 20 世纪 70 年代骤然结束，伴随而来的是 1972 年秘鲁鳀鱼捕捞业的崩溃。1973 年后，世界渔业总捕捞量保持在大约 65 Mt 鲜重，以每年约 1% 的速率增长。海底(靠近海底的)渔业的持续发展，使总捕捞量在 20 世纪 70 年代仍维持在较高水平，在这一阶段，人们大量投资可大范围捕捞的拖网渔船。然而在 1978 年，随着工业捕捞国家(其中最重要的是日本和苏联)将世界海底渔业资源消耗殆尽，这一切都宣告结束了。

随后，在 20 世纪 80 年代中期，全球总捕捞量出现了一系列的反复增长。拖网渔业仍然存在，产量也保持了一段时间的稳定。最初，20 世纪 80 年代中期的产量主要来自以下几个物种的贡献：阿拉斯加鳕鱼（Alaskan pollock）、日本沙丁鱼（Japanese sardine）、毛鳞鱼（capelin）和智利竹荚鱼（Chilean jack mackerel）。它们中的一些种类，尤其是鲱科鱼，其产量在 1976 年太平洋稳态转换之后出现了急剧的增长。海水

框 17.1　渔业潜在生产量

多名研究者（Ryther，1969；Pauly 和 Christensen，1995）曾设想，通过结合全球初级生产量估测值和简单的生态学计算，可能预测海洋捕捞移除生物量的速率。他们预估所捕捞"鱼类"的营养级（T）并赋一个近似值，也设定一个物质与能量流向 T 的食物链过程的总体生态效率；在海洋中相当一部分新合成的生物量被用于满足鱼群的健康和繁殖的需要，他们也将这一点考虑进来；然后通过适当的乘法运算求出最终估计值。当前全球初级生产量约为每年 44 GtC（Behrenfeld 与 Falkowski，1997）。近岸海区具有更高的生产力，虽然仅占海洋面积的 10% 左右，但却贡献了约 50% 的渔业产量。沿海地区具有相对较短的食物链和大量第三和第四营养级的渔业生产量，因此，$T \approx 3.5$。其他海域营养盐较缺乏，且食物链较长，渔品生产量的营养级 $T \approx 5.5$。

生态效率（EE）是一个营养级的生产量向掠食者传递的平均比例，实际上是极难估算的。当然，生态效率的值处于一定范围的，不可能为零，也不可能高于典型的生命生长效率，即（形成的组织量）/（摄食的食物量）。许多海洋动物的生长效率较高，尤其是幼年时期，可能达到 30%。生态效率则要更低些，因为生态效率的计算不包括向分解者营养级输送的"损失"，而只考虑向上输送至高级掠食者的有效部分。因此，如 Ryther 及所有预测者一样，让我们猜测吧。起初，设 EE $\approx 20\%$。

将模型表示为等式，并留下三分之二的生产量用于鱼群的维持（实际上，这并非一个很严谨的数字），我们得到：

$$\text{潜在渔获量} = 0.33 [44 \text{ GtC}(0.5\text{EE}^{3.5} + 0.5\text{EE}^{5.5})] = 0.027 \text{ GtC}。$$

还需要把碳含量转化为"鱼重"。通过使用合理的、近似系数（碳/干重 =0.4，干重/湿重 =0.3），我们可得到：

$$\text{潜在渔获量} = 0.027 \text{ GtC}/(0.3 \times 0.4) = 0.227 \text{ Gt 湿重}。$$

最后，须将其转换为 100 万公吨（Mt）：

$$\text{潜在渔获量} = 0.227 \times 10^3 \text{ Mt/Gt} = 227 \text{ Mt}$$

这大概是全球实际渔获量的 2 倍，包括被抛弃的那部分渔获物。非常重要的一点是：不管这个结果的不确定性如何，全球实际渔业捕获量与这个预测结果处于相同的数量级。这清楚地显示：我们人类从海洋生态系统中"取走"的生物量是高营养级海洋生态学中一个非常大的因子。

如果重新检查等式，你会发现它对我们选择（猜测）的 EE 值非常敏感。假设潜在渔获量为当前渔获量，即约 125 Mt，并对 EE 求解（通过迭代法或取对数法），解得 EE 为 17%，就当前我们对营养生态学的了解，这个数值并非不可能。当然，该计算同样对所选择的代表渔品生产量的营养级、沿海和远洋生产量的分配比例以及初级生产量总和的计算精确度等都十分敏感。对此，读者可以自己进行一些探索。

如果将潜在渔获量设为生产量的三分之一这个限制条件解除，且 EE 降至 10%，则潜在生产量仅为 19 Mt，比实际值低 20%。所有这些都证明 EE 在 10% 左右，大约 30 年前生态学家就已经将该值设为生态效率标准，在基础生态学课程中也是这样讲授的，但至少对海洋来说，该数值还是太低了。

我们很可能会在鱼群的承受限度内尽可能密集地捕捞，长期来看捕捞会更加密集，即使表观潜在渔获量是实际渔获量的两倍。问题在于资源的可获得性。鱿鱼和磷虾代表的那部分生产力仍未被开发利用，它们的量足以解释生产力上存在的差值。渔业群体所在的营养级还有其他类群极少被开发：水母、海洋中层鱼类和分布广泛的远洋鱼群。因此，这些计算结果和近来总渔获量变化较小等表明，为了人类需求，我们的渔获能力正逐渐逼近海洋的生产潜力。

越暖，这些鱼群的生产量也越高。一些渔场（日本、智利）立即作出了反应，而其他渔场（新英格兰沿岸的鲱鱼、加利福尼亚的沙丁鱼）不具备能驱动渔业回到高产量的市场。智利渔场为 20 世纪 80 年代中期的增长贡献了很大一部分，那些年，智利是世界第四大（甚至是第三大）渔业大国。这源自对沙丁鱼和鲭鱼鱼群的捕捞与智利南部沿岸各种物种的捕捞。20 世纪 90 年代，秘鲁鳀鱼渔业产量再次回升至 9 Mt·yr^{-1} 以上，在 1995 年更是达到 12 Mt，弥补了全球底栖鱼类产量的下降，提高了全球总生产量，并使 1996—1997 年的海洋渔业总捕捞量达到 86 Mt 以上，创造了历史新高。因为秘鲁在厄尔尼诺期间暂时停止了部分捕捞，导致全球总捕捞量于 1998 年降至 78 Mt。1999 年，鳀鱼捕捞量再次回升，全球总捕捞量恢复至 84.5 Mt。同样是在 20 世纪 90 年代，因为苏联、波兰和东德开始逐渐减少密集捕捞活动，海底拖网渔船数量减少。原因是这些国家开始建立起资本主义式的成本计算模式，尤其是机会成本的计算。以前，共产主义国家由于经济立场其捕捞方式略显低效。东方阵营国家捕捞量的减少，并未在很大程度上使世界总产量减少。这一减少量随秘鲁重新开始捕捞鳀鱼而得到弥补。自 2000 年以来，年渔业捕捞总量为 80—84 Mt，其中鳀鱼的捕捞量占 7—10.7 Mt，阿拉斯加鳕鱼的捕捞量为 2.7—2.9 Mt（自 2008 年最新完整数据）。

除渔业捕捞外，全球的近岸水域中正大量开展海水养殖（不同于淡水养殖）。重要的养殖产品为鲑鱼（大部分产自挪威和加拿大）、软体动物（贻贝、牡蛎、蛤蚌和扇贝）和虾。1999 年，这些养殖活动带来了超过 12 Mt 的产量，2008 年的产量为 19.7 Mt。值得注意的是，FAO 报告的软体动物重量将壳重也包括在内，而大部分壳最终堆弃于海岸上，而非食用。淡水养殖的产量增长越来越快，从 1999 年的 18.4 Mt 增至 2008 年的 32.9 Mt。

许多捕捞活动并不将捕获的所有生物都带到港口。除希望捕获的物种外，捕获上来的其他鱼类和无脊椎动物被称为"副渔获物"（bycatch）。一些副渔获物比较有价值，会被带回港口，因此也会包含在渔获总量中。但大部分副渔获物都没有市场，这些副渔获物包含法规禁止捕捞的物种，或是一些没有商业价值的物种。渔民们会将这一部分铲出，大部分副渔获物会被捕捞工具杀死或伤害，随后渔民们将之抛回大海。被抛弃的副渔获物是渔业造成的海洋种群死亡率的一个重要组成部分。Alverson 等（1994）根据观察经验计算得出 1992 年世界副渔获总产量为 27 Mt，约为 FAO 该年捕捞量估计值的三分之一。在很长一段时间内，被抛弃的副渔获物很可能都已包括在该捕捞量内（彩图 17.1 中显示了副渔获物的影响），其数量甚至超过了鲱科鱼的总捕捞量。

中国借助 1980 年以来捕捞量的急剧增长，成了最大的渔业国，这些捕捞量绝大部分集中于其本国的海岸，包括许多物种。此外，中国池塘（和水稻田）养殖鲤鱼和罗非鱼的捕捞努力量也在不断增加。不断扩张的渔业和水产养殖使中国能获得足量的产自本国的优质蛋白质。

推动总渔获量增长的商业捕鱼利润空间十分令人震惊。据我们所知，几乎不会再出现什么新资源可供人们探索以增加渔业生产量。然而，这并不意味着渔业捕捞已经达到上限，日本捕鱼大师们可能还会发现更多的可食用鱼群。如果人们能找到有效的捕捞方法，中层水域中的鱿鱼种群可能会成为一种新资源。目前，在夜晚的灯光下诱捕迁徙至海面的鱿鱼是唯一有效的捕捞方法。日本船只在全球范围内进行捕捞，并通过自动钓钩装置获得大量渔产。在深处进行拖网捕捞的经济收益很低。南极磷虾（*Euphausia superba*）是一种有潜力的资源，每年的可能产量为 50 ～ 200 Mt，日本、西德和东方阵营国家已经作出了一些开发尝试。然而到 1982 年，经过十年的研究和首次商业开发，南极磷虾的渔获量为 0.53 Mt，且随后越来越少，如 2008 年的渔获量为 0.016 Mt（不在全球 69 种主要捕捞物种的清单内）。这一群体生活在全球最偏远的海域，开发利用所需的燃料成本极高，而磷虾也仅仅适合一小部分人的口味。其加工过程很困难，因为其消化腺极易破裂，导致酶流入组织中对组织进行消化，使其几乎马上开始腐烂。人们需要快速、特殊的保存方法来生产可用的产品。由于存在这些困难，相比其他投资，磷虾的前景并不十分光明。

Pauly 等（1998）认为，我们的渔业开发正逐步接近食物链的基部，因此被描述为"沿着食物链向下的捕捞"。他们认为，我们的捕捞使更高营养级的鱼类群体总量不断减少（如鳕鱼、金枪鱼和剑鱼），并越来越倾向于捕捞以浮游生物为食的鱼类（如皮尔彻德鱼、鳀鱼等）。在更高或更低营养级进行捕捞是否为渔业开发的最佳策略仍存在争议，但这种现象很可能并不能代表一种渔业管理策略，而只是一种趋势。越来越多地捕捞浮游生物为食的鱼类只不过反映出：①如 Pauly 等人所指出的，人类偏爱的掠食性鱼类的数量再次减少；②饵料鱼数量的再次增加及对其进行的开发，尤其是秘鲁鳀鱼。有时，鳀鱼或类似鱼群的群体减少时，"平均营养级"的统计值实际上增加了。整体变动是一个营养级的一小部分，可能并没有太大的意义。

17.7 生态影响

污染和捕捞是人类活动对海洋环境造成的最大影响。捕捞活动造成的最显著的影响是鱼群的减少，从大型动物群体中夺走了生物量，直接干扰了食物链。捕食者数量减少影响了"下行"效应，使得猎饵群体数量增加，进而引起对其下一营养级的过度摄食。这方面的文献相对较少。或许，最佳研究案例是 20 世纪六七十年代，南极洲的蓝鲸、长须鲸及其他以磷虾为食的鲸鱼数量的减少。我们没有直接证据表明磷虾数量增多，但以螃蟹为食的海豹、企鹅及其他以磷虾为食的动物种群数量都成倍增长。可能当大型群体被大量开发时，食物网就会重新"洗牌"，我们只是无法收集到足够的数据而加以展示。

渔业群体的整体开发水平和捕捞活动造成的生境的改变，生境改变的程度和重要性是当前最活跃的研究领域，也是争议最多的领域。毫无疑问，现代海洋的底栖动物，至少深海区和深海平原上的底栖动物，已经与工业捕捞之前的底栖动物大不相同。即使是最早开始的工业捕捞，也改变了海洋生物区系。Callum Roberts 在他的《海洋的奇妙历史》(2007)一书中对渔业的开发历史进行了精彩的论述；Anthony Koslow 在他的《寂静的海底》(2007)一书中，描述了近来在极深的海底生境进行拖网捕捞造成的影响，尤其是在捕捞大西洋胸棘鲷及其他长寿命鱼类的过程中，对海底山上大量软珊瑚群落造成的破坏。很快，大西洋胸棘鲷就因为商业捕捞而濒临灭绝，Roberts 展示了 17 至 19 世纪的捕鲸业使露脊鲸和抹香鲸成了永久濒危物种，尽管后者的数量最终可能还会恢复。这些破坏来自那些配备划艇和手掷鱼叉的动力大帆船。事实上，在所有热带岛屿中，之前生活着的大量大型肉食性鱼类，尤其是石斑鱼类(鮨科)和鲷鱼类(笛鲷科)已经消失。这些鱼类大部分被捕鱼竞技者和个体渔民捕获，有时也会受到毒鱼藤或爆炸的大规模袭击。Rosenberg 等(2005)通过航行日志和其他数据粗略地再现了新英格兰和斯科舍陆架的鳕鱼鱼群的历史。1852 年，当时捕捞较少，鱼群生物量为 1.26×10^6 Mt。20 世纪中期到晚期，工业捕捞和人们对生境的破坏使鳕鱼的生物量减少至不到 5×10^4 Mt。自 1994 年，对鳕鱼的捕捞暂时停止了(但鳕鱼作为副渔获物，仍会被捕捞上岸)，但鱼群数量并未明显恢复。太多令人心痛的事实，此处无法一一尽述。

Ransom Myers 和 Boris Worm(2003)撰写的一篇关于"二战"后日本对金枪鱼和长嘴鱼的延绳捕捞发展的论文，引起不少争议。这种捕鱼作业从日本延伸至太平洋，最终横跨整个世界，其数据记录很完备，绘制的单位捕捞努力量对应的渔获量随时间变化图表明，在初期渔获量较高，随后便开始逐渐减少，最终形成全球性的渔获量减少。基于海洋地区的 CPUE(每 100 次下钩的渔获量，图 17.23)，Myers 和 Worm(2003)估计，这些物种混合总量只剩 20 世纪中期的约 10%。人们很快对此提出了批评意见。例如，Maunder 等(2006，如上述讨论过的)对使用 CPUE 估计存量大小这种做法进行了强烈批评，因为 CPUE 是 Myers 和 Worm 论点的基础。延绳捕捞的捕捞方式确实不是始终不变的，而且不同的鱼群对饵料深度的改变及其他变化的敏感性也有所不同。一些鱼群，尤其是东部热带太平洋中的黄鳍金枪鱼的总量曾经减少，随后恢复至一定水平，这个案例说明这些鱼群是可以持续捕捞的。然而其他鱼群，尤其是个体较大的蓝鳍金枪鱼(*Thunnus thynnus*)，这种鱼是珍贵的寿司食材，它们的群体总量也岌岌可危。尽管渔获量在逐渐减少，甚至接近零，但这些群体的价值与可维持的捕捞量之间相互影响，2011 年 1 月，在东京的筑地鱼市场，一条较大的蓝鳍金枪鱼（377 kg）的售价是 396 700 美元。这些钱足够支付很多船只的燃料和搜寻时间的成本。高昂的鱼价同样导致澳大利亚和地中海沿岸的养殖场活捉幼鱼进行开放养殖，这种方式有其自身的问题，能否缓解野生鱼群的压力还不清楚。10% 这个数字也许不能准确地概括高营养级掠食鱼类的减少，但短短 50 年间的全球减少量却必然会引起海洋生态系统巨大的变化。由于基线偏移的影响，连海洋生物学家也开始思考其作为常态出现的新形势。

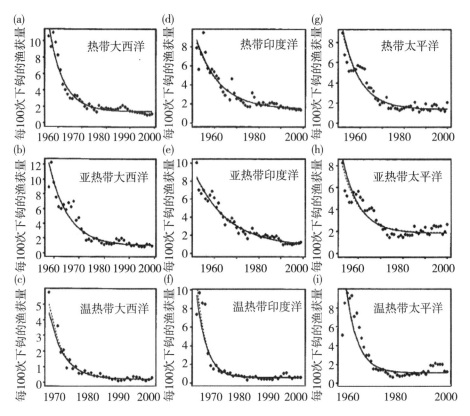

图 17.23　日本延绳金枪鱼捕捞业在不同海域 CPUE(每 100 次下钩的渔获量) 的时间序列（Myers 和 Worm，2003）

在过去数十年生态系统的重排中，鱼群的减少可能导致了水母(尤其是钵水母)丰度的增加。水母具有两种状态：小于 1cm 的附着水螅体阶段和很大的有触须拖尾的圆顶状水母体阶段。水母这两种状态间交替变化。水螅体"球果"会产生水母幼体(蝶状幼体)，这些水母幼体会长成不同大小的水母——从餐盘大小(海月水母)到餐桌大小(野村水母)。以浮游生物为食的鱼类数量降低可能会减少对蝶状幼体的捕食。拖网可能会使掠食者远离水母水螅体。大量水母体季节性涌现，例如，夏季暴发的美国俄勒冈州沿岸和白令海中的太平洋黄金水母，会与捕食浮游动物的对手竞争，并吃掉鱼类的仔鱼，维持群落的稳定。暴发最为急剧的是长度达 2 m、重量达 500 kg 的越前水母（*Nemopilema nomuri*），它们在日本周边海域中大量繁殖（Kawahara 等，2006）。如同许多钵水母水螅体，越前水母的水螅体对亚缺氧状态有超乎寻常的耐受力，目前在长江入海口的海底生境中大量存在。因此，很可能它们在该地区很少遭到捕食，并在较浅的海底大量繁殖，增加了幼体的生产量。蝶状幼体一边生长，一边被冲往中国东海，并随着春季的对马暖流前往北方进入韩国/日本的东海。数年前，野村水母大量出现在韩国沿岸水域，还曾大量出现在日本沿岸水域。到达津轻海峡后，沿岸洋流将其送往太平洋和日本本州的南部沿岸。近年来，它们的数量过大，几乎让所有的拖网捕捞陷入停滞。若一两只发育完全的水母体被捞入了网中，其巨大的体重会导致捕捞机械出现大问题。这对日本和韩国沿岸渔业的经济影响是巨大的。Richardson 等（2009）对全球的水母"问题"进行了评述。

　　捕捞业与气候变化相互影响，并逐渐趋向于过度捕捞。我们把这一主题留给其他作者探讨。对于管理和政策是如何相互作用，将捕捞限制在可持续的水平（到目前为止，生境对于任何可持续性来说始终是足够的）的简要叙述，参见 Rosenberg（2003）。有关西北部大西洋鳕鱼资源的耗尽和难以恢复的情况，见 Rose（2004）。

　　若不考虑那些在捕捞过程中被杀死的鱼，一些渔业技术还是相对温和的。若不考虑被当成目标捕获的鱼，在中层水域拖网或进行拖钓可能不会严重伤害生物区系。但在海底拖网则完全是另一回事。大型海底拖网的"拖底铁链"在沉积物上层拖过，捕获或损伤了大量无脊椎动物，破坏了表层几十厘米深的沉积物，将一些栖息地变为不毛之地，可能需要数年的时间才能恢复（Jennings 等，2001）。一些被拖网严重破坏的海底，如乔治沙洲或英吉利海峡东部，可能在数十年内都未能恢复到自然的、被拖网破坏前的状态。事实上，19 世纪早期，（大西洋）北海的海床被牡蛎层覆盖（Roberts，2007）。早期的拖网渔船将沉重的铁链拖过整个地区，改变了鲽鱼和鳎目鱼的栖息地，现在这里全是泥沙。当然，如果你喜欢吃鲽鱼和鳎目鱼，那也不错。在某些情况下，为维持拖网渔船的目标鱼类群体，可能需要破坏海底环境，从而建立起与这些鱼类栖息地近似自然的海底生境条件。因此，捕捞不仅使鱼群数量减少，还妨碍了鱼群的恢复。整个问题直到 20 世纪 90 年代晚期才开始得到广泛关注，人们正努力评估并减轻拖网造成的损害。底栖生态学家 Les Watling 是该研究领域的领导者（Watling，2005）。

　　丢失的捕捞装置各式各样，它们将在很长一段时间内成为海洋环境的一部分。脱离了海面浮球的螃蟹套和龙虾套在海底还会继续困住螃蟹和龙虾。具有腐蚀性锁扣的闭锁逃生门在预计报废日期后还会继续关闭一小段时间。目前几乎所有拖网和刺网（流网）使用的是人造纤维，这些纤维将在海中漂浮很久。每一位水手都曾经见过被困在旧渔网线中的海豹和鲸鱼，它们挣扎着想摆脱这些渔网，却只能经受漫长的折磨直至死亡。丢失的刺网会在海中继续进行它们的"捕捞工作"，有时甚至长达数年，它们会困住各种鱼类和哺乳动物。哺乳动物，尤其是沿海的鼠海豚，通常会困在丢失的刺网中而被淹死。近年来，国际惯例要求人们采用较短的、更好标记的渔网，减少了网渔的丢失问题，并通过封锁一些区域减少了副渔获物（很可能被捕捞的生物）的捕捞量。这些问题无法被彻底解决，除非有朝一日我们不再捕鱼。不过，在东部热带太平洋中的金枪鱼捕捞作业中，尽管仍继续在鼠海豚群周围布下围网，但它们的死亡率已经大大减少。通过在捕虾拖网口安装驱龟装置，也已使海龟死亡率降低。这些及其他一些成功的事例告诉我们，对捕捞操作进行精心设计可以大大减少副渔获量，并将海洋生境造成的损害降至最低。

环境学家、渔场管理者甚至是捕鱼业都在积极探寻如何通过建立渔业保护区来保护商业鱼群、其他种群及某些海洋生境。可以预测，这些避难所将使一些生物个体长得更大，繁殖率更高（成为 BOFF）；仔鱼将在不受干扰的生境中生长繁荣；生机勃勃的种群将从保护区游向周围的渔区。有关保护区设计研究的各个方面也正在进行中，包括物理维度、海底类型、选址应如何利用洋流等。大量物种间歇性聚集的产卵区和繁殖区都是最明显不过的候选区域了。对选址进行评估并对保护区的影响进行量化分析已经成为这些利益相关者的研究主题。目前已有的结果显示，海洋保护区在改善生境质量和毗邻地区的渔业方面，业已取得了惊人的成功（Lubchenco 等，2007）。

17.8　最后的话

如果您从开头至此读完全书，那么祝贺您，并非常感谢您的耐心阅读。我们也很高兴，终于完成了这本书。休息一天，钓鱼去吧。但愿仍然有鱼可钓。

参考文献①

Aagaard, K., Andersen, R., Swift, J. & Johnson, J. (2008) A large eddy in the central Arctic Ocean. Geophysical Research Letters 35: L09601, doi: 10. 1029/2008GL033461.

Abbott, M. R., Richman, J. G., Letelier, R. M. & Bartlett, J. S. (2000) The spring bloom in the Antarctic Polar Frontal Zone as observed from a mesoscale array of bio-optical sensors. Deep-Sea Research II 47: 3285 −3314.

Acuña, J. L., Deibel, D. & Morris, C. C. (1996) Particle capture mechanism of the pelagic tunicate Oikopleura vanhoeffeni. Limnology and Oceanography 41: 1800 − 1814.

Agogue, H., Brink, M., Dinasquet, J. & Herndl, G. J. (2008) Major gradients in putatively nitrifying and non-nitrifying Archaea in the deep North Atlantic. Nature 456: 788 −792.

Ahrens, M. J., Hertz, J. & Lamoureux, E. M. (2001) The effect of body size on digestive chemistry and absorption efficiencies of food and sediment-bound organic contaminants in Nereis succinea (Polychaeta). Journal of Experimental Marine Biology and Ecology 263: 185 −209.

Ailing, V., Humborg, C., Mörth, C.-M., Rahm, L. & Pollehne, F. (2008) Tracing terrestrial organic matter by δ^{34}S and δ^{13}C signatures in a subarctic estuary. Limnology and Oceanograpby 53: 2594 −2602.

Aizawa, Y. (1974) Ecological studies of micronektonic shrimp (Crustacea, Decapoda) in the western North Pacific. Bulletin of the Ocean Research Institute, University of Tokyo 6: 1 −84.

Aksnes, D. & Ohman, M. D. (1996) A vertical life table approach to zooplankton mortality estimation. Limnology and Oceanography 41: 1461 −1469.

Albert, A., Echevin, V., Lévy, M. & Aumont, O. (2010) Impact of nearshore wind stress curl on coastal circulation and primary productivity in the Peru upwelling system. Journal of Geophysical Research 115: (13 pp.)

Alexander, W. B., Southgate, B. A. & Bassindale, R. (1935) Survey of the River: Tees. II. The estuary—chemical and biological. Water Pollution Research Technical

---

① Biological Oceanography, Second Edition. Charles B. Miller, Patricia A. Wheeler.
ⓒ 2012 John Wiley & Sons, Ltd. Published 2012 by John Wiley & Sons, Ltd.

Paper No. 5, xiv +171 pp. Department of Scientific and Industrial Research, United Kingdom.

Alheit, J. & Bakun, A. (2010) Population synchronies within and between ocean basins: apparent teleconnections and implications as to physical-biological linkage mechanisms. Journal of Marine Systems 79: 267 −285.

Alldredge, A. (1998) The carbon, nitrogen and mass content of marine snow as a function of aggregate size. Deep-Sea Research I 45: 529 −541.

Alldredge, A. L., Passow, U. & Logan, B. E. (1993) The abundance and significance of a class of large, transparent organic particles in the ocean. Deep-Sea Research 40: 1131 −1140.

Aller, J. Y., Aller, R. C. & Green, M. A. (2002) Benthic faunal assemblages and carbon supply along the continental shelf/shelf break-slope off Cape Hatteras, North Carolina. Deep-Sea Research II 49: 4599 −4625.

Aluwihare, L. I., Repeta, D. J. & Chen, R. F. (1997) A major biopolymeric component to dissolved organic carbon in surface seawater. Nature 387: 166 −169.

Alvain, S., Moulin, C., Dandonneau, Y. & Loisel, H. (2008) Seasonal distribution and succession of dominant phytoplankton groups in the global ocean: a satellite view. Global Biogeochemical Cycles 22: GB3001, doi: 10. 1029/2007GB003154.

Alvariño, A. (1965) Distributional atlas of chaetognatha in the California Current region. CalCOFI Atlas No. 3. 299 pp.

Alverson, D. L., Freeberg, M. H., Murawski, S. A. & Pope, J. G. (1994) A global assessment of fisheries bycatch and discards. FAO Fisheries Technical Papers, No. 339.

Ambler, J. W. (1986) Effect of food quantity and quality on egg production of Acartia tonsa Dana from East Lagoon, Galveston, Texas. Estuarine, Coastal and Shelf Science 23: 183 −196.

Ambler, J. W. & Miller, C. B. (1987) Vertical habitat partitioning by copepodites and adults of subtropical oceanic copepods. Marine Biology 94: 561 −577.

Anderson, A. C., Jolivet, S., Claudinot, S. & Lallier, F. H. (2002) Biometry of the branchial plume in the hydrothermal vent tube-worm Riftia pachyptila (Vestimentifera; [sic] Annelida). Canadian Journal of Zoology 80: 320 −332.

Anderson, D. M. & 8 coauthors (2005) Alexandrium fundyense cyst dynamics in the Gulf of Maine. Deep-Sea Research II 52: 2522 −2542.

Anderson, P. & Sorensen, H. M. (1986) Population dynamics and trophic coupling in pelagic microorganisms in eutrophic coastal waters. Marine Ecology Progress Series 33: 99 −109.

Anderson, R. F., Ali, S., Bradtmiller, L. I., Nielsen, S. H. H., Fleisher, M.

Q. , Anderson, B. E. & Burckle, L. H. （2009）Wind-driven upwelling in the Southern Ocean and the deglacial rise in atmospheric CO_2. Science 323： 1443 −1448.

Andersson, J. H. , Wijsman, J. W. M. , Herman, P. M. J. , Middleburg, J. J. , Soetaert, K. & Heip, K. （2004）Respiration patterns in the deep ocean. Geophysical Research Letters 31： L03304（4 pp）doi： 10. 1029/2003GL018756.

Andrews, K. J. H. （1966）The distribution and life history of Calanoides acutus（Giesbrecht）. Discovery Reports 34： 1 −116.

Anonymous（1963）CalCOFI Atlas of 10-meter temperatures and salinities 1949 through 1959. CalCOFI Atlas No. 1. California Cooperative Oceanic Fisheries Investigations, La Jolla, California, iv +296 pp.

Antezana, T. , Ray, K. & Melo, C. （1982）Trophic behavior of Euphausia superba Dana in laboratory conditions. Polar Biology 1： 77 −82.

Antoine, D. , Morel, A. , Gordon, H. R. , Banzon, V. F. & Evans, R. H. （2005）Bridging ocean color observations of the 1980s and 2000s in search of long-term trends. Journal of Geophysical Research 110： C06009（22 pp. ）.

Archer, S. D. , Leakey, R. J. G. , Burkill, P. H. & Sleigh, M. A. （1996）Microbial dynamics in coastal waters of East Antarctica： herbivory by heterotrophic dinoflagellates. Marine Ecology Progress Series 139： 239 −255.

Aristegui, J. , Gasol, J. M. , Duarte, C. M. & Herndl, G. J. （2009）Microbial oceanography of the dark ocean's pelagic realm. Limnology and Oceanography 54： 1501 −1529.

Armstrong, W. （1979）Aeration in higher plants. Advances in Botanical Research 7： 225 −332.

Arp, A. J. , Childress, J. J. & Vetter, R. D. （1987）The sulphide-binding protein in the blood of the vestimentiferan tube-worm, Riftia pachyptila, is the extracellular haemoglobin. Journal of Experimental Biology 128： 139 −158.

Arrigo, K. R. , van Dijken, G. L. & Bushinsky, S. （2008）Primary production in the Southern Ocean. Journal of Geophysical Research 113： C08004, doi： 10. 1029/2007JC004551, 208.

Aruda, A. M. , Baumgartner, M. F. , Reitzel, A. M. & Tarrant, A. M. （2011）Heat shock protein expression during stress and diapause in the marine copepod Calanus finmarchicus. Journal of Insect Physiology 57： 665 −675.

Atkinson, A. （1998）Life cycle strategies of epipelagic copepods in the Southern Ocean. Journal of Marine Systems 15： 289 −311.

Atkinson, A. , Siegel, V. , Pakhomov, E. A. , Jessopp, M. J. & Loeb, V. （2009）A re-appraisal of the total biomass and annual production of Antarctic krill. Deep-Sea Research I 56： 727 −740.

Audzijonyte, A. & Vrijenhoek, R. C. (2010) When gaps really are gaps: statistical phylogeography of hydrothermal vent invertebrates. Evolution 64: 2369 −2384.

Azam, F., Fenchel, T., Gray, J. G., Meyer-Reil, L. A. & Thingstad, T. (1983) The ecological role of water-column microbes in the sea. Marine Ecology Progress Series 10: 257 −263.

Bachraty, C., Legendre, P. & Desbruyères, D. (2009) Biogeographic relationships among deep-sea hydrothermal vent faunas at global scale. Deep-Sea Research I 156: 1371 −1378.

Baier, C. T. & Purcell, J. E. (1997) Effects of sampling and preservation on apparent feeding by chaetognaths. Marine Ecology Progress Series 146: 37 −42.

Bailey, K. M., Francis, R. C. & Stevens, P. R. (1982) The life history and fishery of Pacific whiting, Merluccius productus. CalCOFI Reports 23: 81 −98.

Bailey, S. W. & Werdell, P. J. (2006) A multi-sensor approach for the on-orbit validation of ocean color satellite data products. Remote Sensing of Environment 102: 12 − 234.

Baines, S. B. & Pace, M. L. (1991) The production of dissolved organic matter by phytoplankton and its importance to bacteria: patterns across marine and freshwater systems. Limnology and Oceanography 36: 1078 −1090.

Baker, A. deC., Boden, B. P. & Brinton, E. (1990) A Practical Guide to the Euphausiids of the World. Natural History Museum Publications, London, 96 pp.

Bakun, A. (1993) The California Current, Benguela Current, and Southwestern Atlantic shelf ecosystems: a comparative approach to identifying factors regulating biomass yields. In: Sherman, K., Alexander, L. M. & Gold, B. D. (eds.) Large Marine Ecosystems: Stress, Mitigation and Sustainability. AAAS Press, Washington, DC, pp. 199 −221.

Bakun, A. (1996) Patterns in the Ocean, Ocean Processes and Marine Population Dynamics. California Sea Grant, La Jolla, CA, 323 pp.

Bakun, A. (2010) Linking climate to population variability in marine ecosystems characterized by non-simple dynamics: conceptual templates and schematic constructs. Journal of Marine Systems 79: 361 −373.

Bakun, A. & Broad, K. (2003) Environmental "loopholes" and fish population dynamics: comparative pattern recognition with focus on El Niño effects in the Pacific. Fisheries Oceanography 12: 458 −473.

Bakun, A. & Weeks, S. J. (2008) The marine ecosystem off Peru: what are the secrets of its fishery productivity and what might its future hold? Progress in Oceanography 79: 290 −299.

Bakun, A., Babcock, E. A. & Santora, C. (2009) Regulating a complex adaptive system via its wasp-waist: grappling with ecosystem-based management of the New England herring fishery. ICES Journal of Marine Science 66: 1768 −1775.

Bakun, A., Babcock, A. E., Lluch-Cota, S. E., Santora, C. & Salvadeo, C. J. (2010) Issues of ecosystem-based management of forage fisheries in "open" non-stationary ecosystems: the example of the sardine fishery in the Gulf of California. Reviews in Fish Biology and Fisheries 20: 9 −29.

Balch, W. M., Poulton, A. J., Drapeau, D. T., Bowler, B. C., Windecker, L. A. & Booth, E. S. (2011) Zonal and meridional patterns of phytoplankton biomass and carbon fixation in the Equatorial Pacific Ocean, between 110°W and 140°W. Deep-Sea Research II 58: 400 −416.

Baldwin, R. J., Glatts, R. C. & Smith, K. L. Jr (1998) Particulate matter fluxes into the benthic boundary layer at a long time-series station in the abyssal NE Pacific: composition and fluxes. Deep-Sea Research II 45: 643 −666.

Ball, E. E. & Miller, D. J. (2006) Phylogeny: the continuing classificatory conundrum of chaetognaths. Current Biology 16: R593 −R596.

Ballance, L. T., Pitman, R. L. & Fiedler, P. C. (2006) Oceanographic influences on seabirds and cetaceans of the eastern tropical Pacific: a review. Progress in Oceanography 69: 360 −390.

Baltar, F., Aristegui, J., Gasol, J. M., Sintes, E. & Herndl, G. J. (2009) Evidence of prokaryotic metabolism on suspended particulate matter in the dark waters of the subtropical North Atlantic. Limnology and Oceanography 54: 182 −193.

Bannister, T. T. (1974) Production equations in terms of chlorophyll concentration, quantum yield, and upper limits to production. Limnology and Oceanography 19: 1 −12.

Banoub, M. W. & Williams, P. J. le B. (1973) Seasonal changes in the organic forms of carbon, nitrogen and phosphorus in the English Channel in 1968. Journal of the Marine Biological Association of the United Kingdom 53: 695 −703.

Banse, K. (1995) Zooplankton: pivotal role in the control of ocean production. ICES Journal of Marine Science 52: 265 −277.

Barber, R. T. & 7 coauthors (1996) Primary productivity and its regulation in the equatorial Pacific during and following the 1992 −1993 El Nino. Deep-Sea Research II 43: 933 −969.

Barlow, R. G., Mantoura, R. F. C., Gough, M. A. & Fileman, W. T. (1993) Pigment signatures of the phytoplankton composition in the north-eastern Atlantic during the 1990 spring bloom. Deep-Sea Research II 40: 459 −477.

Basedow, S. L. & Tande, K. S. (2006) Cannibalism by female Calanus finmarchicus on naupliar stages. Marine Ecology Progress Series 327: 247 −255.

Batchelder, H. P. & Miller, C. B. (1989) Life history and population dynamics of Metridia pacificus: results from simulation modelling. Ecological Modelling 48: 113 −136.

Batchelder, H. P. , Edwards, C. A. & Powell, T. M. (2002) Individual-based models of copepod populations in coastal upwelling regions: implications of physiologically and environmentally influenced diel vertical migration on demographic success and nearshore retention. Progress in Oceanography 53: 307 −333.

Batchelder, H. P. , Mackas, D. L. & O'Brien, T. O. (2011) Spatial-temporal scales of synchrony in marine zooplankton biomass and abundance patterns: a world-wide comparison. SCOR Working Group 125 Report. 54 pp.

Batten, S. D. and Freeland, H. J. (2007) Plankton populations at the bifurcation of the North Pacific Current. Fisheries Oceanography 16: 536 −646

Baum, J. K. & Worm, B. (2009) Cascading top-down effects of changing oceanic predator abundances. Journal of Animal Ecology 78: 699 −714.

Baumgartner, T. R. , Soutar, A. & Ferreira-Bartrina, V. (1992) Reconstruction of the history of Pacific sardine and northern anchovy populations over the past two millennia from sediments of the Santa Barbara Basin, California. CalCOFI Report 33: 24 −40.

Bé, A. W. H. & Tolderlund, D. S. (1971) Distribution and ecology of living planktonic foraminifera in surface waters of the Atlantic and Indian Oceans. In: Funnell, B. & Riedel, W. R. (eds.) Micropalaeontology of the Oceans. Cambridge University Press, Cambridge, pp. 105 −149.

Bé, A. W. H. , MacClintock, C. & Currie, D. C. (1972) Helical shell structure and growth of the pteropod Cuvierina columella (Rang) (Mollusca, Gastropoda). Biomineralisation Forschungsberichte 4: 47 −79.

Beam, C. A. & Himes, M. (1979) Sexuality and meiosis in dinoflagellates. In: Levandowsky, M. & Hutner, S. H. (eds.) Biochemistry and Physiology of Protozoa, Vol. 3. Academic Press, New York, pp. 171 −206.

Beardall, J. & Morris, I. (1976) The concept of light intensity adaptation in marine phytoplankton: some experiments with Phaeodactylum tricornutum. Marine Biology 37: 377 −387.

Beaugrand, G. (2010) Decadal changes in climate and ecosystems in the North Atlantic Ocean and adjacent seas. Deep-Sea Research II 56: 656 −673.

Beaugrand, G. (2009) Decadal Changes in climate and ecosystems in the North Atlantic Ocean and adjacent seas. Deep-Sea Research II 56: 656 −673.

Beaugrand, G. & Kirby, R. R. (2010) Climate, plankton and cod. Global Change Biology 16: 1268 −1280.

Beckmann, A. & Hense, I. (2009) A flesh look at the nutrient cycling in the oligotrophic ocean. Biogeochemistry 96: 1 −11.

Behrenfeld, M. J. (2010) Abandoning Sverdrup's critical depth hypothesis on phytoplankton blooms. Ecology 91: 977 −989.

Behrenfeld, M. J. & Falkowski, P. G. (1997a) Photosynthetic rates derived from satellite-based chlorophyll concentration. Limnology and Oceanography 42: 1 −20.

Behrenfeld, M. J. & Falkowski, P. G. (1997b) A consumer's guide to phytoplankton primary production models. Limnology and Oceanography 42: 1479 −1491.

Behrenfeld, M. J. & 9 coauthors (2006) Climate-driven trends in contemporary ocean productivity. Nature 444: 752 −755.

Béjà, O. & 11 coauthors (2000) Bacterial rhodopsin: evidence for a new type of phototrophy in the sea. Science 289: 1902 −1906.

Bender, M. & 12 coauthors (1987) A comparison of four methods for the determination of planktonic community metabolism. Limnology and Oceanography 32: 1085 −1098.

Bender, M., Ellis, T., Tans, P., Francey, R. & Lowe, D. (1996) Variability in the O_2/N_2 ratio of southern hemisphere air, 1991 −1994: implications for the carbon cycle. Global Biogeochemical Cycles 10: 9 −21.

Bender, M., Orchardo, J., Dickson, M. -L., Barber, R. & Lindley, S. (1999) In vitro O_2 fluxes compared with ^{14}C production and other rate terms during the JGOFS Equatorial Pacific experiment. Deep-Sea Research I 46: 637 −654.

Benner, R. (2002) Chemical composition and reactivity. In: Hansell, D. A. & Carlson, C. A. (eds.) Biogeochemistry of Marine Dissolved Organic Matter, Academic Press, San Diego, CA, pp. 59 −90.

Benner, R. & 7 coauthors (1993) Measurement of dissolved organic carbon and nitrogen in natural waters: workshop report. Marine Chemistry 41: 5 −10.

Benoit-Bird, K. J. (2009) Dynamic 3-dimensional structure of thin zooplankton layers is impacted by foraging fish. Marine Ecology Progress Series 396: 61 −76.

Benoit-Bird, K. J., Cowles, T. J. & Wingard, C. E. (2009) Edge gradients provide evidence of ecological interactions in planktonic thin layers. Limnology and Oceanography 54: 1382 −1392.

Berelson, W. M. (2001) The flux of carbon into the ocean interior: a comparison of four U. S. JGOFS regional studies. Oceanography 14: 59 −67.

Berelson, W. M. & 11 coauthors (1997) Biogenic budgets of particulate rain, benthic remineralization and sediment accumulation in the equatorial Pacific. Deep-Sea Research H 44: 2251 −2282.

Berg, H. C. & Purcell, E. M. (1977) Physics of chemoreception. Biophysics Journal 20: 193 −219.

Berg, P., Risgaard-Petersen, H. & Rysgaard, S. (1998) Interpretation of measured concentration profiles in sediment pore water. Limnology and Oceanography 43: 1500 − 1510.

Berg, P. , Røy, H. , Janssen, F. , Meyer, V. , Jørgensen, B. B. , Huettel, M. & de Beer, D. (2003) Oxygen uptake by aquatic sediments measured with a novel non-invasive eddy-correlation technique. Marine Ecology Progress Series 261: 75 −83.

Berg, P. Glud, R. N. , Hume, A. , Stahl, H. , Oguri, K. , Meyer, V. & Kitazato, H. (2009) Eddy correlation measurements of oxygen uptake in deep ocean sediments. Limnology and Oceanography Methods 7: 576 −584.

Berger, A. (1977) Long-term variation of the earth's orbital elements. Celestial Mechanics 15: 53 −74.

Berger, W. H. , Ekdale, A. A. & Bryant, P. E (1979) Selective preservation of burrows in deep-sea carbonates. Marine Geology 32: 205 −230.

Berkeley, S. A. , Chapman, C. & Sogard, S. M. (2004) Maternal age as a determinant of larval growth and survival in a marine fish, Sebastes melanops. Ecology 85: 1258 −1264.

Besiktepe, S. & Dam, H. (2002) Coupling of ingestion and defecation as a function of diet in the calanoid copepod Acartia tonsa. Marine Ecology Progress Series 229: 151 −164.

Beversdorf, L. J. , White, A. E, Björkman, K. M. , Letelier, R. M. & Karl, D. M. (2010) Phosphonate metabolism of Trichodesmium IMS101 and the production of greenhouse gases. Limnology and Oceanography 55: 1768 −1778.

Biddanda, B. & Benner, R. (1997) Carbon, nitrogen and carbohydrate fluxes during the production of particulate and dissolved organic matter by marine phytoplankton. Limnology and Oceanography 42: 506 −518.

Bidle, K. D. & Azam, F. (2001) Bacterial control of silicon regeneration from diatom detritus: significance of bacterial ectohydrolases and species identity. Limnology and Oceanography 46: 1606 −1623.

Bieri, R. (1959) The distribution of the planktonic chaetognatha in the Pacific and their relationship to the water masses. Limnology and Oceanography 4: 1 −28.

Billen, G. , Servais, P. & Becquevort, S. (1990) Dynamics of bacterioplankton in oligotrophic and eutrophic aquatic environments: bottom-up or top-down control? Hydrobiologia 207: 37 −42.

Billett, D. M. S. , Bett, B. J. , Reid, W. D. K. , Boorman, B. & Priede, I. G. (2010) Long-term change in the abyssal NE Atlantic: the "Amperima Even" revisited. Deep-Sea Reseach II 57: 1406 −1417.

Bilyard, G. (1974) The feeding habits and ecology of Dentalium entale stimpsoni Henderson (Mollusca: Scaphopoda). The Veliger 17: 126 −138.

Bilyard, G. & Carey, A. G. Jr (1979) Distribution of western Beaufort Sea polychaetous annelids. Marine Biology 54: 329 −339.

Binet, D. & Suisse de Sainte-Claire, E. (1975) Contribution à l'étude du copepode planctonique Calanoides carinatus: répartition et cycle biologique au large de la Côte-d'Ivoire. Cahiers ORSTOM, séries Océanographie 13: 15 −30.

Bishop, J. K. B., Calvert, S. E. & Soon, M. Y. -S. (1999) Spatial and temporal variability of POC in the northeast Subarctic Pacific. Deep-Sea Research II 46: 2699 −2733.

Bishop, J. K. B., Davis, R. E. & Sherman, J. T. (2002) Robotic observations of dust storm enhancement of carbon biomass in the North Pacific. Science 298: 817 −821.

Bissinger, J. E., Montagnes, D. J. S., Sharpies, J. & Atkinson, D. (2008) Predicting marine phytoplankton maximum growth rates from temperature: improving on the Eppley curve using quantile regression. Limnology and Oceanography 53: 487 −493.

Blachowiak-Samolyk, K. & Angel, M. V. (2008) An Atlas of Southern Ocean Ostracods. http://deep.iopan.gda.pl/ostracoda/index.php. (National Oceanography Centre, Southampton, UK).

Bobko, S. J. & Berkeley, S. A. (2004) Maturity, ovarian cycle, fecundity, and age-specific parturition of black rockfish (Sebastes melanops). Fishery Bulletin 102: 418 −429.

Bochdansky, A. B. & Deibel, D. (1999) Functional feeding response and behavioral ecology of Oikopleura vanhoeffeni (Appendiculara, Tunicata). Journal of Experimental Marine Biology and Ecology 233: 181 −211.

Bochdansky, A. B., Deibel, D. & Hatfield, E. A. (1998) Chlorophyll-a conversion and gut passage time for the pelagic tunicate Oikopleura vanhoeffeni (Appendicularia). Journal of Plankton Research 20: 2179 −2197.

Bode, A., Cunha, M. T., Garrido, S., Peleteiro, J. B., Porteiro, C., Valdés, L. & Varela, M. (2007) Stable nitrogen isotope studies of the pelagic food web on the Atlantic shelf of the Iberian Peninsula. Progress in Oceanography 75: 115 −131.

Bollens, S. & Frost, B. W. (1989a) Zooplanktivorous fish and variable diel vertical migration in the marine planktonic copepod Calanus pacificus. Limnology and Oceanography 34: 1072 −1083.

Bollens, S. & Frost, B. W. (1989b) Predator-induced diel vertical migration in a planktonic copepod. Journal of Plankton Research 11: 1047 −1065.

Bollens, S., Rollwagen-Bollens, G., Quenette, J. A. & Bochdansky, A. B. (2011) Cascading migrations and implications for vertical fluxes in pelagic ecosystems. Journal of Plankton Research 33: 349-355.

Bond, G. & 9 coauthors (1997) A pervasive millennial-scale cycle in North Atlantic Holocene and glacial climates. Science 278: 1257 −1266.

Booth, B. C., Lewin, J. & Postel, J. R. (1993) Temporal variation in the structure of autotrophic and heterotrophic communities in the subarctic Pacific. Progress in Oceanography 32: 57 −99.

Boss, E. & 7 coauthors (2008) Observations of pigment and particle distributions in the western North Atlantic from an autonomous float and ocean color satellite. Limnology and Oceanography 53：2112 −2122.

Bothe, H. , Tripp, H. J. & Zehr, J. P. （2010） Unicellular cyanobacteria with a new mode of life：the lack of photosynthetic oxygen evolution allows nitrogen fixation to proceed. Archives of Microbiology 192：783 −790.

Böttger-Schnack, R. & Huys, R. （2004） Size polymorphism in Oncaea venusta Philippi, 1843 and the validity of O. frosti Heron, 2002：a commentary. Hydrobiologia 513：1 −5.

Boudreau, B. P. （1998） Mean mixed depth of sediments：the wherefore and the why. Limnology and Oceanography 43：524 −526.

Boudreau, B. P. （2004） What controls the mixed-layer depth in deep-sea sediments? The importance of particulate organic carbon flux. Limnology and Oceanography 49：620 −622.

Boxshall, G. A. & Halsey, S. H. （2004） An Introduction to Copepod Diversity. The Ray Society, London. Pt. 1, xv + 421 pp. ; Pt. 2, vii + pp. 422 −966.

Boyd, P. W. & 12 coauthors （2005） The evolution and termination of an iron-induced bloom in the north east subarctic Pacific. Limnology and Oceanography 50：1872 − 1886.

Boyd, P. W. & 22 coauthors （2007） Mesoscale iron enrichment experiments 1993 − 2005：synthesis and future directions. Science 315：612 −617.

Boyd, S. H. , Wiebe, P. W. & Cox, J. L. （1978） Limits of Nematoscelis megalops in the Northwestern Atlantic in relation to Gulf Stream cold core rings. II. Physiological and biochemical effects of expatriation. Journal of Marine Research 36：143 −159.

Boyle, E. A. （1988） Cadmium：chemical tracer of deepwater paleoceanography. Paleoceanography 3：471 −489.

Boyson Jensen, P. （1919） Valuation of the Limfjord. I. Studies on the fish-food in the Limfjord 1909 −1917, its quantity, variation and animal production. Report of the Danish Biological Station 26：1 −44.

Brand, L. E. （1991） Minimum iron requirements of marine phytoplankton and the implications for the biogeochemical control of new production. Limnology and Oceanography 36：1756 −1771.

Brander, K. （1997） Effects of climate change on cod （Gadus morhua） stocks. In：Wood, C. M. & McDonald, D. G. （eds. ） Global Warming：Implications for Freshwater and Marine Fish. Cambridge University Press, New York, pp. 255 −278.

Brander, K. （2007） Global fish production and climate change. Proceedings of the National Academy of Sciences 104：19,709 −19,714.

Breitbart, M. , Middelboe, M. & Rohwer, F. （2008） Marine viruses：Community dynamics, diversity and impact on microbial processes. In：Kirchman, D. L. （ed. ） Microbial Ecology of the Oceans, Second Edition, Wiley, New York, pp. 443 −479.

Bricaud, A., Babin, M., Morel, A. & Claustre, H. (1995) Variability in the chlorophyll-specific absorption coefficients of natural phytoplankton: analysis and parameterization. Journal of Geophysical Research 100: 13,321 −13,332.

Bricaud, A., Claustre, H., Ras, J. & Oubelkheir, K. (2004) Natural variability of phytoplanktonic absorption in oceanic waters: influence of the size structure of algal populations. Journal of Geophysical Research 109: C11010, doi: 10. 1029/2004JC002419.

Bright, M. & Lallier, F. H. (2010) The biology of vestimentiferan tube worms. Oceanography and Marine Biology: an Annual Review 48: 213 −266.

Brinton, E. (1962) The distribution of Pacific euphausiids. Bulletin of the Scripps Institute of Oceanography 8: 51 −270.

Brinton, E. (1967a) Distributional Atlas of Euphausiacea (Crustacea) in the California Current Region, Part 1. CalCOFI Atlas No. 5. California Cooperative Oceanic Fisheries Investigations, La Jolla, California, xii + 275 pp.

Brinton, E. (1967b) Vertical migration and avoidance capability of euphausiids in the California Current. Limnology and Oceanography 12: 451 −483.

Brinton, E. (1976) Population biology of Euphausia pacifica off southern. California 74: 733 −762.

Brinton, E., Ohman, M. D., Townsend, A. W., Knight, M. D. & Bridgeman, A. L. (1999, MacIntosh/2000, PC) Euphausiids of the World Ocean (CD-ROM expert system). Springer-Verlag, Heidelberg.

Britschgi, T. B. & Giovannoni, S. J. (1991) Phylogenetic analysis of a natural marine bacterioplankton population by rRNA gene cloning and sequencing. Applied and Environmental Microbiology, 57: 1313 −1318.

Brock, T. D. (1981) Calculating solar radiation for ecological studies. Ecological Modelling 14: 1 −19.

Bronk, D. A. & Glibert, P. M. (1994) The fate of the missing ^{15}N differs among marine systems. Limnology and Oceanography 39: 189 −195.

Brooke, S. D. & Young, C. M. (2009) Where do the embryos of Riftia pachyptila develop? Pressure tolerances, temperature tolerances, and buoyancy during prolonged embryonic dispersal. Deep-Sea Research II 56: 1599 −1605.

Brown, R. M., Herthe, W., Franke, W. W. & Romanovicz, D. K. (1973) The role of the Golgi apparatus in the biosynthesis and secretion of a cellulosic glycoprotein in Pleurochrysis. In: Loewus, F. (ed.) Biogenesis of Plant Cell Wall Polysaccharides. Academic Press, New York, pp. 207 −257.

Bruland, K. W. (1980) Oceanographic distributions of cadmium, zinc, nickel and copper in the North Pacific. Earth and Planetary Science Letters 47: 176 −198.

Brzezinski, M. A. & 16 coauthors (2011) Co-limitation of diatoms by iron and silicic acid in the equatorial Pacific. Deep-Sea Research II 58: 493 −511.

Buckel, J. A., Steinberg, N. D. & Conover, D. O. (1995) Effects of temperature, salinity, and fish size on growth and consumption of juvenile bluefish. Journal of Fish Biology 47: 696 −706.

Buckley, T. W. & Miller, B. S. (1994) Feeding habits of yellowfin tuna associated with fish aggregation devices in American Samoa. Bulletin of Marine Science 55: 445 −459.

Bucklin, A. & Wiebe, P. H. (1998) Low mitochondrial diversity and small effective population sizes of the copepods Calanus finmarchicus and Nannocalanus minor: possible impact of climatic variation during recent glaciation. Journal of Heredity 89: 383 −392.

Bucklin, A., Astthorsson, A. S., Gislason, A., Allen, L. D., Smolenack, S. B. & Wiebe, P. H. (2000) Population genetic variation of Calanus finmarchicus in Icelandic waters: preliminary evidence of genetic differences between Atlantic and Arctic populations. ICES Journal of Marine Science 57: 1592 −1604.

Budin, I. & Szostak, J. W. (2010) Expanding roles for diverse physical phenomena during the origin of life. Annual Reviews of Biophysics 39: 245 −263.

Budin, I., Bruckner, R. J. & Szostak, J. W. (2009) Formation of protocell-like vesicles in a thermal diffusion column. Journal of the American Chemical Society 131: 9628 −9629.

Buesseler, K. O., Andrews, J. A., Hartman, M. C., Belastock, R. & Chai, F. (1995) Regional estimates of the export flux of particulate organic carbon derived from thorium-234 during the JGOFS EqPac program. Deep-Sea Research II 42: 757 −776.

Buhl-Mortensen, L. & 8 coauthors (2010) Biological structures as a source of habitat heterogeneity and biodiversity on the deep ocean margins. Marine Ecology—An Evolutionary Perspective 31(special issue, 1): 21 −50.

Bundy, M. H., Gross, T. F., Vanderploeg, V. A. & Strickler, J. R. (1998) Perception of inert particles by calanoid copepods: behavioral observations and a numerical model. Journal of Plankton Research 20: 2129 −2152.

Burkholder, J. M. & Glasgow, H. B., Jr (1997) Pfiesteria piscicida and other Pfiesteria-like dinoflagellates: behavior, impacts, and environmental controls. Limnology and Oceanography 42(5, Suppl. 2): 1052 −1075.

Burton, R. S., Ellison, C. K. & Harrison, J. S. (2006) The sorry state of F2 hybrids: consequences of rapid mitochondrial DNA evolution in allopatric populations. The American Naturalist 168: S14 −S24.

Busenberg, S., Kumar, S. K., Austin, P. & Wake, G. (1990) The dynamics of a model of plankton-nutrient interaction. Bulletin of Mathematical Biology 52: 677 −696.

Buskey, E. J., Lenz, P. H. & Hartline, D. K. (2002) Escape behavior of planktonic copepods in response to hydrodynamic disturbances: high speed video analysis. Marine Ecology Progress Series 235: 135 −146.

Cai, W. -J. & Reimers, C. E. (1995) Benthic oxygen flux, bottom water oxygen concentration and core top organic carbon content in the deep northeast Pacific Ocean. Deep-Sea Research I 42: 1681 −1699.

Calbet, A. (2008) The trophic role of microzooplankton in marine systems. ICES Journal of Marine Science 65: 325 −331.

Calbet, A. & Landry, M. R. (1999) Mesozooplankton influences on the microbial food web: direct and indirect trophic interactions in the oligotrophic open ocean. Limnology and Oceanography 44: 1370 −1380.

Calbet, A. & Landry, M. R. (2004) Phytoplankton growth, microzoo-plankton grazing, and carbon cycling in marine systems. Limnology and Oceanography 49: 51 −57.

Calbet, A. & Saiz, E. (2005) The ciliate-copepod link in marine eco-systems. Marine Microbial Ecology 38: 157 −167.

Calbet, A., Landry, M. R. & Nunnery, S. (2001) Bacteria-flagellate interactions in the microbial food web of the oligotrophic subtropical North Pacific. Aquatic Microbial Ecology 23: 283 −292.

Calbet, A. & 8 coauthors (2008) Impact of micro-and nanograzers on phytoplankton assessed by standard and size-fractionated dilution grazing experiments. Aquatic Microbial Ecology 50: 145 −156.

Calbet, A., Atienza, D., Henriksen, C. I., Saiz, E. & Adey, T. R. (2009) Zooplankton grazing in the Atlantic Ocean: a latitudinal study. Deep-Sea Research II 56: 954 −963.

Caldwell, D. R. & Chriss, T. M. (1979) The viscous sublayer at the sea floor. Science 205: 1131 −1132.

Caldwell, D. R. (1978) The maximum-density points of pure and saline water. Deep-Sea Research 25: 175 −181.

Campbell, B. J., Jeanthon, C., Kostka, J. E., Luther, G. W. & Cary, S. C. (2001) Growth and phylogenetic properties of novel bacteria belonging to the epsilon subdivision of the Proteobacteria enriched from Alvinella pompejana and deep-sea hydrothermal vents. Applied and Environmental Microbiology 67: 4566 −4572.

Campbell, B. J. & 10 coauthors (2008) Adaptations to submarine hydrothermal environments exemplified by the genome of Nautilia profundicola. PLOS Genetics 5: e1000362 (19 pp).

Campbell, L., Nolla, H. A. & Vaulot, D. (1994) The importance of Prochlorococcus to community structure in the central North Pacific Ocean. Limnology and Oceanography 39: 954 −961.

Campbell, R. G. , Wagner, M. M. , Teegarden, G. J. , Boudreau, C. A. & Durbin, E. G. (2001) Growth and development rates of the copepod Calanus finmarchicus reared in the laboratory. Marine Ecology Progress Series 221: 161 −183.

Campbell, R. G. , Sherr, E. B. , Ashjian, C. J. , Plourde, S. , Sherr, B. F. , Hill, V. & Stockwell, D. A. (2009) Mesozooplankton prey preference and grazing impact in the western Arctic Ocean. Deep-Sea Research II 56: 1274 −1289.

Cannon, H. G. (1928) On the feeding mechanism of the copepods Calanus finmarchicus and Diaptomus gracilis. British Journal of Experimental Biology 6: 131 −144.

Caparroy, P. , Pérez, M. T. & Carlotti, F. (1998) Feeding behavior of Centropages typicus in calm and turbulent conditions. Marine Ecology Progress Series 168: 109 −118.

Carey, A. G. & Hancock, D. R. (1965) An anchor-box dredge for deep-sea sampling. Deep-Sea Research 12: 983 −984.

Carlotti, F. & Nival, S. (1991) Individual variability of development in laboratory-reared Temora stylifera copepodites: consequences for the population dynamics and interpretation in the scope of growth and development rules. Journal of Plankton Research 13: 801 −813.

Carmack, E. C. & Wassmann, P. (2006) webs and physical-biological coupling on panArctic shelves: unifying concepts and comprehensive perspectives. Progress in Oceanography 71: 446 −477.

Carpenter, E. J. & Capone, D. G. (2008) Nitrogen fixation in the marine environment. In: Carpenter, E. J. & Capone, D. G. (eds.) Nitrogen in the Marine Environment, Elsevier, Amsterdam, pp. 141 −198. doi: 10. 1016/B978-0-12-372522-6. 00004-9.

Carpenter, E. J. & Guillard, R. R. L. (1971) Intraspecific differences in nitrate halfsaturation constants for three species of marine phytoplankton. Ecology 52: 183 −185.

Carr, M. -E. & Kearns, E. (2003) Production regimes in four Eastern Boundary Current systems. Deep-Sea Research II 50: 3199 −3221.

Cary, S. C. & Giovannoni, S. J. (1993) Transovarial inheritance of endosymbiotic bacteria in vesicomyid clams found inhabiting deep-sea hydrothermal vent systems. Proceedings of the National Academy of Sciences 90: 5695 −5699.

Cary, S. C. , Cottrell, M. T. , Stein, J. L. , Camacho, F. & Desbruyères, D. (1997) Molecular identification and localization of filamentous symbiotic bacteria associated with the hydrothermal vent annelid Alvinella pompejana. Applied and Environmental Microbiology 63: 1124 −1130.

Cary, S. C. , Shank, T. & Stein, J. (1998) Worms bask in extreme temperatures. Nature 391: 545 −546.

Casciotti, K. L. , Trull, T. W. , Glover, D. M. & Davies, D. (2008) Constraints on nitrogen cycling at the subtropical North Pacific Station ALOHA from isotopic measurements of nitrate and particulate nitrogen. Deep-Sea Research II 55: 1661 −1672.

Case, R. A. J. & 12 coauthors (2006) Association between growth and Pan I* genotype within Atlantic cod full-sibling families. Transactions of the American Fisheries Society 135: 41 −250.

Catton, K. B., Webster, D. R., Brown, J. & Yen, J. (2007) Quantitative analysis of tethered and free-swimming copepodid flow fields. Journal of Experimental Biology 210: 299 −310.

Caut, S., Angulo, E. & Courchamp, F. (2009) Variation in discrimination factors (Δ ^{15}N and Δ^{13}C): the effect of diet isotopic values and application for diet reconstruction. Journal of Applied Ecology 46: 443 −453.

Cavanaugh, C. M., Wirsen, C. O. & Jannasch, H. W. (1992) Evidence for methylotrophic symbionts in a hydrothermal vent mussel (Bivalvia: Mytilidae) from the Mid-Atlantic Ridge. Applied and Environmental Microbiology 58: 3799 −3803.

Cavender-Bares, K. K., Karl, D. M. & Chisholm, S. W. (2001) Nutrient gradients in the western North Atlantic Ocean: relationship to microbial community structure and comparison to patterns in the Pacific Ocean. Deep-Sea Research I 48: 2373 −2395.

Cermeno, P., Estevez-Blanco, P., Marañon, E. & Fernandez, E. (2005) Maximum photosynthetic efficiency of size-fractionated phytoplankton assessed by ^{14}C uptake and fast repetition rate fluorometry. Limnology and Oceanography 50: 1438 −1446.

Chan, A. T. (1978) Comparative physiological study of marine diatoms and dinoflagellates in relation to irradiance and cell size. I. Growth under continuous light. Journal of Phycology 14: 396 −402.

Chase, Z., Strutton, P. & Hales, B. (2007) Iron links river runoff and shelf width to phytoplankton biomass along the US west coast. Geophysical Research Letters 34: LO4607. doi: 10.1029/ 2006GL028069.

Chavez, F. P. & Messié, M. (2009) A comparison of eastern boundary upwelling ecosystems. Progress in Oceanography 83: 80 −96.

Checkley, D. M. Jr (1980) Food limitation of egg production by a marine, planktonic copepod in the sea off southern California. Limnology and Oceanography 25: 991 −998.

Checkley, D. M. Jr & Barth, J. A. (2009) Patterns and processes in the California Current sysytem. Progress in Oceanography 83: 49 −64.

Chelton, D. B., Wentz, F. J., Gentemann, C. L., de Szoeke, R. A. & Schlax, M. (2000) Satellite microwave SST observations of transequatorial tropical instability waves. Geophysical Research Letters 27: 1239 −1242.

Chert, F., Lu, J. -R., Binder, B. J., Liu, Y. & Hodson, R. E. 2001. Application of digital image analysis and flow cytometry to enumerate marine viruses stained with SYBR Gold. Applied and Environmental Microbiology 67: 539 −545.

Chen, J. -Y. & Huang, D. -Y. (2002) A possible Lower Cambrian chaetognath (arrow worm). Science 298: 187.

Chiba, S., Tadokoro, K., Sugisaki, H. & Saino, T. (2006) Effects of decadal climate change on zooplankton over the last 50 years in the western subarctic North Pacific. Global Change Biology 12: 907 −920.

Childress, J. J. (1975) The respiratory rates of midwater crustaceans as a function of depth of occurrence and relation to the oxygen minimum layer off southern California. Comparative Biochemistry and Physiology 50A: 787 −799.

Childress, J. J. (1995) Are there physiological and biochemical adaptations of metabolism in deep-sea animals? Trends in Ecology and Evolution 10: 30 −36.

Childress, J. J. & Girguis, P. R. (2011) The metabolic demands of endosymbiotic chemoautotrophic metabolism on host physiological capacities. The Journal of Experimental Biology 214: 312 −325.

Childress, J. J. & Price, M. H. (1978) Growth rate of the bathypelagic crustacean Gnathophausia ingens (Mysidacea: Lophogastridae). I. Dimensional growth and population structure. Marine Biology 50: 47 −62.

Childress, J. J. & Somero, G. N. (1979) Depth-related enzymic activities in muscle, brain and heart of deep-living pelagic marine teleosts. Marine Biology 52: 273 −283.

Childress, J. J., Taylor, S. M., Cailliet, G. M. & Price, M. H. (1980) Patterns of growth, energy utilization and reproduction in some meso- and bathypelagic fishes off Southern California. Marine Biology 61: 27 −40.

Childress, J. J., Seibel, B. A. & Thuesen, E. V. (2008) N-specific metabolic data are not relevant to the "visual interactions" hypothesis concerning the depth-related declines in metabolic rates: comment on Ikeda et al. (2006). Marine Ecology Progress Series 373: 187 −191.

Chisholm, S. W., Olson, R. J., Zettler, E. R., Goericke, R., Waterbury, J. B. & Welschmeyer, N. (1988) A novel free-living prochlorophyte abundant in the oceanic euphotic zone. Nature 334: 340 −343.

Chriss, T. M. & Caldwell, D. R. (1984) Turbulence spectra from the viscous sublayer and buffer layer at the ocean floor. Journal of Fluid Mechanics 142: 39 −55.

Christensen, V. & Waiters, C. J. (2004) Ecopath with Ecosim: methods, capabilities and limitations. Ecological Modelling 172: 109 −139.

Church, M., Bidigare, R., Dore, J., Karl, D., Landry, M., Letelier, R. & Lukas, R. (2009) The Ocean is HOT: 20 years of Hawaii Ocean Time-Series research in the North Pacific subtropical gyre. OCB [Ocean Carbon and Biogeochemistry] News 2 (1): 2 −9.

Claus, C. (1866) Die Copepoden-Fauna von Nizza. Ein Beitrag zur Charakteristik der

Formen und deren Abäinderungen "im Sinne Darwin's". Schriften der Gesellschaften sur Befördung der gesamten Naturwissenschaften zu Marburg (Suppl 1): 1 −34; pls. 1 −5.

Claustre, H. &8 coauthors (2005) Toward a taxon-specific parameterization of biooptical models of primary production: a case study in the North Atlantic. Journal of Geophysical Research 110: C07S12, doi: 10. 1029/2004JC 002634.

Clough, L. M. & Lopez, G. R. (1993) Potential carbon sources for the head-down deposit-feeding polychaete Heteromastus filiformis. Journal of Marine Research 51: 595 −616.

Coale, K. &18 coauthors (1996) A massive phytoplankton bloom induced by an ecosystem-scale iron fertilization experiment in the equatorial Pacific Ocean. Nature 383: 495 −501.

Coale, K. &47 coauthors (2004) Southern Ocean iron enrichment experiment: carbon cycling in high-and low-Si waters. Science 304: 408 −414.

Cohen, D. M. (1964) Suborder Argentinoidea. In: Bigelow, H. B. (ed.) Fishes of the Western North Atlantic, Part. 4. Sears Foundation for Marine Research, Memoir No. I, pp. 1 −70.

Collin, S. P. (1997) Specialisations of the teleost visual system: adaptive diversity from shallow-water to deep-sea. Acta Physiologica Scandinavica 161 (Suppl. 638): 5 −24.

Cone, J. (1991) Fire Under the Sea. Oregon State University Press, Corvallis, 285 pp.

Conover, S. A. M. (1956) Oceanography of Long Island Sound, 1952 −54. IV. Phytoplankton Bulletin of the Bingham Oceanographic Collection 15: 62 −112.

Conte, M. H., Ralph, N. & Ross, E. H. (2001) Seasonal and interannual variability in deep ocean particle fluxes at the Oceanic Flux Program (OFP) Bermuda Atlantic Time Series (BATS) site in the western Sargasso Sea near Bermuda. Deep-Sea Research II 48: 1471 −1505.

Conwav Morris, S. (2009) The Burgess Shale animal Oesia is not a chaetognath: a reply to Szaniawski (2005) Acta Palaeontologica Polonica 54: 175 −179.

Corliss, J. B. (1973) The sea as alchemist. Oceanus 17 (Winter 1973 −74): 38 −43.

Corliss, J. B. &10 coauthors (1979) Submarine thermal springs on the Galapagos Rift. Science 203: 1073 −1083.

Corliss, J. B., Baross, J. A. & Hoffman, S. E. (1981) An hypothesis concerning the relationship between submarine hot springs and the origin of life on Earth. Oceanologica Acta 4 (Suppl.): 59 −69.

Corno, G., Letelier, R. M., Abbott, M. R. & Karl, D. M. (2006) Assessing primary production variability in the North Pacific Subtropical Gyre: a comparison of fast repetition rate fluorometry and ^{14}C measurements. Journal of Phycology 42: 51 −60.

Corno, G., Letelier, R. M., Abbott, M. R. & Karl, D. M. (2008) Temporal and vertical variability in photosynthesis in the North Pacific Subtropical Gyre. Limnology and Oceanography 53: 1252 −1265.

Corwith, H. L. & Wheeler, P. A. (2002) El Niño related variations in nutrient and chlo-
rophyll distributions off Oregon. Progress in Oceanography 54: 361 −380.

Cottin, D. &7 coauthors (2008) Thermal biology of the deep-sea vent annelid Paralvinel-
la grasslei: in vivo studies. The Journal of Experimental Biology 211: 2196 −2204.

Cottrell, M. T. & Kirchman, D. L. (2000) Natural assemblages of marine proteobacte-
ria and members of the Cytophaga—Flavobacter cluster consuming low- and high-mole-
cular-weight dissolved organic matter. Applied and Environmental Microbiology 66:
1692 −1697.

Cottrell, M. T. & Kirchman, D. L. (2003) Contribution of major bacterial groups to
biomass production (thymidine and leucine incorporation) in the Delaware estuary.
Limnology and Oceanography 48: 168 −178.

Cottrell, M. T., Malmstrom, R. R., Hill, V., Parker, A. E. & Kirchman, D. L.
(2006) The metabolic balance between autotrophy and heterotrophy in the western Arc-
tic Ocean. Deep-Sea Research I 53: 1831 −1844.

Cowles, D. L., Childress, J. J. & Wells, M. E. (1991) Metabolic rates of midwater
crustaceans as a function of depth of occurrence off the Hawaiian Islands: food availabil-
ity as a selective factor. Marine Biology 110: 75 −83.

Cowles, T. J., Desiderio, R. A. & Carr, M. -E. (1998) Small-scale planktonic struc-
ture: persistence and trophic consequences. Oceanography 11: 4 −9.

Craddock, C., Hoeh, W. R., Lutz, R. A. & Vrijenhoek, R. C. (1995) Extensive
gene flow among mytilid (Bathymodiolus thermophilus) populations from hydrothermal
vents of the eastern Pacific. Marine Biology 124: 137 −146.

Craddock, C., Lutz, R. A. & Vrijenhoek, R. C. (1997) Patterns of dispersal and lar-
val development of archaeogastropod limpets at hydrothermal vents in the eastern Pacif-
ic. Journal of Experimental Marine Biology and Ecology 210: 37 −51.

Crain, J. A. & Miller, C. B. (2001) Effects of starvation on intermolt development in
Calanus finmarchicus copepodites: a comparison between theoretical models and field
studies. Deep-Sea Research II 48: 551 −566.

Cullen, J. J. (1999) Iron, nitrogen and phosphorus in the ocean. Nature 402: p. 372.

Cushing, D. H. (1995) Population Production and Regulation in the Sea: a Fisheries
Perspective. Cambridge University Press, Cambridge, UK, 354 pp.

Cussler, E. L. (1984) Diffusion, Mass Transfer in Fluid Systems. Cambridge University
Press, Cambridge, UK, 580 pp.

Cuzin-Roudy, J. & Bucholz, F. (1999) Ovarian development and spawning in relation to
the moult cycle in Northern krill, Meganyctiphanes norvegica (Crustacea: Euphausia-
cea), along a climatic gradient. Marine Biology 133: 267 −281.

Dagg, M. (1977) Some effects of patchy food environments on copepods. Limnology and Oceanography 22: 99 −107.

Dagg, M., Strom, S. & Liu, H. (2009) High feeding rates on large particles by Neocalanus flemingeri and N. plumchrus, and consequences for phytoplankton community structure in the subarctic Pacific Ocean. Deep-Sea Research I 56: 716 −726.

Dagg, M. J., Frost, B. W. & Walser, W. E., Jr (1989) Copepod diel migration, feeding and the vertical flux of pheopigments. Limnology and Oceanography 34: 1062 −1071.

Dahlgren, U. (1915 − 1917) The production of light by animals; light production by cephalopods. Journal of the Franklin Institute 181: 525 −556. (A series of papers on bioluminescence: 1915 −1917, J. F. I. 180, 182, 183).

Dale, T., Bagoeien, E., Melle, W. & Kaartvedt, S. (1999) Can predator avoidance explain varying overwintering depth of Calanus in different oceanic water masses? Marine Ecology Progress Series 179: 113 −121.

D'Alelio, D. D., d'Alcala, M. R., Dubroca, L., Sarno, D., Zingone, A. & Montressor, M. (2010) The time for sex: a biennial life cycle in a marine planktonic diatom. Limnology and Oceanography 55: 106 −114.

Daly, K. L. (1990) Overwintering development, growth, and feeding of larval Euphausia superba in the Antarctic marginal ice zone. Limnology and Oceanography 35: 1564 −1576.

Dam, H. G. & Peterson, W. T. (1988) The effect of temperature on the gut clearance rate constant of planktonic copepods. Journal of Experimental Marine Biology and Ecology 123: 1 −14.

Dansgaard, W. & 10 coauthors (1993) Evidence for general instability of past climate from a 250-kyr ice-core record. Nature 364: 218 −220.

Darley, M. W., Sullivan, C. W. & Volcani, B. E. (1976) Studies on the biochemistry and fine structure of silica shell formation in diatoms. Division cycle and chemical composition of Avicula pelliculosa during light-dark synchronized growth. Planta (Berl.) 130: 159 −365.

Davis, C. C. (1977) Sagitta as food for Acartia. Astarte Journal of Arctic Biology 10: 1 −3.

Dawson, P. A. (1973) Observations on the structure of some forms of Gomphonema parvulum Kutz. III. Frustule formation. Journal of Phycology 9: 353 −365.

Day, J. H. (1967) A Monograph on the Polychaeta of Southern Africa. Part 2, Sedentaria. British Museum (Natural History), London, pp. 471 −878.

Dayton, P. K. & Hessler, R. R. (1972) The role of disturbance in the maintenance of deep-sea diversity. Deep-Sea Research 19: 199 −208.

de Baar, H. J. W. & 33 coauthors (2005) Synthesis of iron fertilization experiments: from the Iron Age in the Age of Enlightenment. Journal of Geophysical Research 110: C09S16, doi: 10.1029/2004JC002601 (22 pp).

De Vargas, C., Aubry, M. P., Probert, I. & Young, J. (2007) Origin and evolution of coccolithophores: from coastal hunters to oceanic farmers, In: Falkowski, P. G. & Knoll, A. (eds.) Evolution of Primary Producers in the Sea, Academic Press, pp. 251 −285.

Décima, M., Landry, M. R. & Rykaczewski, R. R. (2011) Broad scale patterns in mesoplankton biomass and grazing in the equatorial Pacific. Deep-Sea Research II 58: 387 −399.

Deibel, D. & Powell, C. V. L. (1987) Ultrastructure of the pharyngeal filter of the appendicularian Oikopleura vanhoeffeni: implication for particle size selection and fluid mechanics. Marine Ecology Progress Series 35: 243 −250.

del Giorgio, P. A. & Cole, J. J. (2000) Bacterial energetics and growth efficiency. In: Kirchman, D. L. (ed.) Microbial Ecology of the Oceans, Wiley, New York, pp. 289 −326.

del Giorgio, P. A. & Gasol, J. M. (2008) Physiological structure and single-cell activity in marine bacterioplankton. In: Kirchman, D. L. (ed.) Microbial Ecology of the Oceans. Second Edition, Wiley, New York, pp. 243 −298.

DeLong, E. F. (1992) Archaea in coastal marine environments. Proceedings of the National Academy of Sciences, 99: 10,494 −10,499.

DeLong E. F. (2001) Microbial seascapes revisited. Current Opinion in Microbiology 4: 290 −295.

DeLong, E. F., Taylor, L. T., Marsh, T. L. & Preston, C. M. (1999) Visualization and enumeration of marine planktonic Archaea and Bacteria using polyribonucleotide probes and fluorescent in situ hybridization. Applied and Environmental Microbiology 65: 5554 −5563.

DeMaster, D. J., Thomas, C. J., Blair, N. E., Fornes, W. L., Plaia, G. & Levin, L. A. (2002) Deposition of bomb ^{14}C in continental slope sediments of the Mid-Atlantic Bight: assessing organic matter sources and burial rates. Deep-Sea Research II 49: 4667 −4685.

Denman, K. L. & Peña, M. A. (1999) A coupled 1-D biological/physical model of the northeast subarctic Pacific Ocean with iron limitation. Deep-Sea Research II 46: 2877 −2908.

Denman, K. L., Voelker, C., Peña, M. A. & Rivkin, R. B. (2006) Modelling the ecosystem response to iron fertilization in the sub-arctic NE Pacific: the influence of grazing, and Si and N cycling on CO_2 drawdown. Deep-Sea Research II 53: 2327 −2352.

Denton, E. J. (1970) On the organization of reflecting surfaces in some marine animals. Philosophical Transactions of the Royal Society, London B 258: 285 −313.

Denton, E. J. (1991) Some adaptations of marine animals to physical conditions in the sea. In: Mauchline, J. & Nemoto, T. (eds.) Marine Biology, Its Accomplishment and Future Prospect. Hokusen-Sha, Tokyo, pp. 187 −193.

Derenbach, J. B., Astheimer, H., Hansen, H. P. & Leach, H. (1979) Vertical microscale distribution of phytoplankton in relation to the thermocline. Marine Ecology Progress Series 1: 187 −193.

Desbruyères, D. & Laubier, L. (1980) Alvinella pompejana gen. et sp. nov., Ampharetidae aberrant des sorces hydrothermales de la ride Est-Pacifique. Oceanologica Acta 3: 267 −274.

Desbruyères, D. & Laubier, L. (1986) Les Alvinellidae, une famille nouvelle d'annélides polychètes inféodées aux sources hydrother-males sous-marines: systématique, biologie et écologie. Canadian Journal of Zoology 64: 2227 −2245.

Desbruyères, D., Gaill, F., Laubier, L. & Fouquet, Y. (1985) Polychaetous annelids from hydrothermal vent ecosystems: an ecological overview. Biological Society of Washington Bulletin 6: 103 −116.

Desbruyères, D. & 17 coauthors (1998) Biology and ecology of the Pompeii worm (Alvinella pompejana Desbruyères and Laubier), a normal dweller of an extreme deep-sea environment: a synthesis of current knowledge and recent developments. Deep-Sea Research H 45: 383 −422.

Desbruyères, D., Segonzac, M. & Bright, M. (eds.) (2006) Handbook of Deep-Sea Hydrothermal Vent Fauna, 2nd edn. Denisia 18, Landesmuseum Linz, Austria, 554 pp.

Dessier, A. & Donguy, J. R. (1987) Response to El Niño signals of the epiplanktonic copepod populations in the eastern tropical Pacific. Journal of Geophysical Research, Oceans 92: 14,393 −14,403.

Deuser, W. G., Ross, E. H. & Anderson, R. F. (1981) Seasonality in the supply of sediment to the deep Sargasso Sea and implications for the rapid transfer of matter to the deep ocean. Deep-Sea Research 28: 495 −505.

Deutsch, C., Sarmiento, J. L., Sigman, D. M., Gruber, N. & Dunne, J. P. (2007) Spatial coupling of nitrogen inputs and losses in the ocean. Nature 445: 163 − 167. doi: 10.1038/nature05392.

Dever, E. P., Dorman, C. E. & Largier, J. L. (2006) Surface boundary-layer variability off Northern California, USA, during upwelling. Deep-Sea Research II 53: 2887 −2905.

Dewar, W. K., Bingham, R. J., Iverson, R. L., Nowacek, D. P., St. Laurent,

L. C. & Wiebe, P. H. (2006) Does the biosphere mix the ocean? Journal of Marine Research 64: 541 −561.

Diaz, R. J. and Rosenberg, R. (1995) Marine benthic hypoxia: a review of its ecological effects and the behavioral responses of benthic macrofauna. Oceanography and Marine Biology, An Annual Review 33: 245 −303.

Dfaz-Ochoa, J. A., Lange, C. B., Pantoja, S., De Lange, G. J., Gutiérrez, D., Muñoz, P. & Salamanca, M. (2009) Fish scales in sediments from off Callao, central Peru. Deep-Sea Research II 56: 1124 −1135.

Di Meo-Savoie, C. A., Luther, G. W. III & Cary, S. C. (2004) Physicochemical characterization of the microhabitat of the epibionts associated with Alvinella pompejana, a hydrothermal vent annelid. Geochimica et Cosmochemica Acta 68: 2055 −2066.

Dittmar, W. (1884) Report on researches in the composition of ocean-water, collected by H. M. S. Challenger, during the years 1873 −1876. Report on the Scientific Results of the Voyage of H. M. S. Challenger, during the years 1873 −1876, Vol. 1,247 pp. + 3 plates.

Dixon, D. R. & Dixon, L. J. R. (1996) Results of DNA analyses conducted on vent shrimp postlarvae collected above the Broken Spur vent field during the CD95 cruise, August 1995. BRIDGE Newsletter 111: 9 −15.

Dodge, J. D. (1972) The fine structure of the dinoflagellate pusule: a unique osmo-regulatory organelle. Protoplasma 75: 285 −302.

Dodge, J. D. (1979) The phytoflagellates: fine structure and phylogeny. In: Levandowsky, M. & Hutner, S. H. (eds.) Biochemistry and Physiology of Protozoa, Vol. 1. Academic Press, New York, pp. 7 −57.

Dodge, J. D. (1985) Atlas of Dinoflagellates. Blackwell Scientific Publishing, Palo Alto, CA, 119 pp.

Dodge, J. D. & Crawford, R. M. (1970) A survey of thecal fine structure in the Dinophyceae. Journal of the Linnean Society of London. Botany 63: 53 −67.

Donaghay, P. & Small, L. F. (1979) Food selection capabilities of the estuarine copepod Acartia clausi. Marine Biology 52: 137 −146.

Doney, S. C., Fabry, V. J., Feely, R. A. & Kleypas, J. A. (2009) Ocean acidification: the other CO_2 problem. Annual Review of Marine Science 1: 169 −192.

Donnelly, R. F. (1983) Factors affecting the abundance of Kodiak Archipelago Pink Salmon (Oncorhynchus gorbuscha, Walbaum). PhD Dissertation, University of Washington, Seattle, vii + 157 pp.

Dore, J. E., Letelier, R. M., Church, M. J., Lukas, R. & Karl, D. M. (2008) Summer phytoplankton blooms in the oligotrophic North Pacific Subtropical Gyre: historical perspective and recent observations. Progress in Oceanography 76: 2 −38.

Dorgan, K. M., Jumars, P. A., Johnson, B., Boudreau, B. P. & Landis, E. (2005) Burrow extension by crack propagation. Nature 433: p. 475.

Dorgan, K. M., Jumars, P. A., Johnson, B. D. & Boudreau, B. P. (2006) Macrofaunal burrowing: the medium is the message. Oceanography and Marine Biology Annual Review 44: 85 −121.

Dorgan, K. M., Arwade, S. R. & Jumars, P. A. (2008) Worms as wedges: effects of sediment mechanics on burrowing behavior. Journal of Marine Research 66: 219 −253.

Drebes, G. (1977) Sexuality. In: Werner, D. (ed.) The Biology of Diatoms. University of California Press, Berkeley, pp. 250 −283.

Droop, M. R. (1968) Vitamin B_{12} and marine ecology, IV: the kinetics of uptake, growth and inhibition in Monochrysis lutheri. Journal of the Marine Biological Association UK 48: 689 −733.

Duarte, C. M. & Regaudie-de-Gioux, A. (2009) Thresholds of gross primary production for the metabolic balance of marine planktonic communities. Limnology and Oceanography 54: 1015 −1022.

Ducklow, H. (1992) Factors regulating bottom-up control of bacterial biomass in open ocean plankton communities. Archiv fur Hydrobiologie. Beiheft 37: 207 −217.

Ducklow, H. (2000) Bacterial production and biomass in the oceans. In: Kirchman, D. L. (ed.) Microbial Ecology of the Oceans. Wiley, New York, pp. 47 −84.

Ducklow, H. W. & Carlson, C. A. (1992) Oceanic bacterial production. Advances in Microbial Ecology 12: 113 −181.

Ducklow, H. W., Carlson, C., Church, M., Kirchman, D., Smith, D. & Stewart, G. (2001) The seasonal development of the bacterioplankton bloom in the Ross Sea, Antarctica, 1994 −1997. Deep-Sea Research II 48: 4199 −4221.

Dufresne, A. & 20 coauthors (2003) Genome sequence of the cyanobacterium Prochlorococcus marinus SS120, a nearly minimal oxy-phototrophic genome. Proceedings of the National Academy of Sciences 100: 10,020 −10,025.

Dugdale, R. C. & Goering, J. (1967) Uptake of new and regenerated forms of nitrogen in primary production. Limnology and Oceanography 12: 196 −206.

Dugdale, R. C., Wilkerson, F. P., Chai, F. & Feely, R. (2007) Size-fractionated uptake measurements in the equatorial Pacific and confirmation of the low Si-high-nitrate low-chlorophyll condition. Global Biogeochemical Cycles 21: GB2005, doi: 10. 1029. /2006GB002722, 2007.

Duhamel, S., Dyhrman, S. T. & Karl, D. M. (2010) Alkaline phosphatase activity and regulation in the North Pacific Subtropical Gyre. Limnology and Oceanography, 55: 1414 −1425.

Dunton, K. H., Weingartner, T. & Carmack, E. C. (2006) The near-shore western

Beaufort Sea ecosystem: circulation and importance of terrestrial carbon in Arctic coast food webs. Progress in Oceanography 71: 362 -378.

DuRand, M. D. , Olson, R. J. & Chisholm, S. W. (2002) Phytoplankton population dynamics at the Bermuda Atlantic Time-series station in the Sargasso Sea. Deep-Sea Research II 48: 1983 -2003.

Durbin, E. G. , Durbin, A. G. & Wlodarczyk, E. (1990) Diel feeding behavior in the marine copepod Acartia tonsa in relation to food availability. Marine Ecology Progress Series 68: 23 -45.

Durbin, E. G. , Campbell, R. G. , Gilman, S. L. & Durbin, A. G. (1995) Diel feeding behavior and ingestion rate in the copepod Calanus finmarchicus in the southern Gulf of Maine during late spring. Continental Shelf Research 15: 539 -570.

Durbin, E. G. , Casas, M. C. , Rynearson, T. A. & Smith, D. C. (2007) Measurement of copepod predation on nauplii using qPCR of the cytochrome oxidase I gene. Marine Biology 153: 699 -707.

Dyson, F. (1999) Origins of Life, 2nd edn. Cambridge University Press, Cambridge, UK, 100 pp.

Edgar, L. A. & Pickett-Heaps, J. D. (1983) The mechanism of diatom locomotion. I. An ultrastructural study of the motility apparatus. Proceedings of the Royal Society of London B 281: 331 -343.

Edgar, L. A. & Pickett-Heaps, J. D. (1984) Diatom locomotion. Progress in Phycological Research 3: 47 -88.

Edlund, M. B. & Stoermer, E. F. (1991) Sexual reproduction in Stephanodiscus niagarae (Bacillariophyta). Journal of Phycology 27: 780 -793.

Edwards, C. A. , Batchelder, H. P. & Powell, T. M. (2000) Modeling microzooplankton and macrozooplankton dynamics within a coastal upwelling system. Journal of Plankton Research 22: 1619 -1648.

Edwards, E. & Richardson, A. J. (2004) Impact of climate change on marine pelagic phenology and trophic mismatch. Nature 430: 881 -884.

Egerton, F. N. (2002) A history of the ecological sciences, part 6: Arabic language science-origins and zoological writings. Bulletin of the Ecological Society of America, April 2002: 142 -146.

Eissler, Y. , Wang, K. , Chen, F. , Wommack, K. E. & Coats, D. W. (2009) Ultrastructural characterization of the lytic cycle of an intranuclear virus infecting the diatom Chaetoceros cf. wighamii (Bacillariophyceae) from Chesapeake Bay, USA. Journal of Phycology 45: 787 -797.

Elderfield, H. & Rickaby, R. E. M. (2000) Oceanic Cd/P ratio and nutrient utilization in the glacial Southern Ocean. Nature 405: 305 -310.

Eleftheriou, A. & McIntyre, A. (2005) Methods for Study of Marine Benthos, 3rd Edition. Wiley-Blackwell, Oxford, 218 pp.

Ellis, S. G. & Small, L. F. (1989) Comparison of gut-evacuation rates of feeding and non-feeding Calanus marshallae. Marine Biology 103: 175 −181.

Elskens, M. &7 coauthors (2008) Primary, new and export production in the NW Pacific subarctic gyre during the vertigo K2 experiments. Deep-Sea Research II 55: 1594 − 1604.

Emerson, S. & Stump, C. (2010) Net biological oxygen production in the ocean II: remote in situ measurements of O_2 and N_2 in the subarctic Pacific surface water. Deep-Sea Research I 57: 1255 −1265.

Emerson, S., Quay, P., Stump, C., Wilbur, D. & Knox, M. (1991) O_2, Ar, N_2, and ^{222}Rn in surface waters of the subarctic Pacific ocean: net biological O_2 production. Global Biogeochemical Cycles 5: 49 −69.

Emerson, S., Stump, C., Grootes, P. M., Stuiver, M., Farwell, G. W. & Schmidt, F. H. (1997) Estimate of degradable organic carbon in deep-sea surface sediments from ^{14}C concentrations. Nature 329: 51 −53.

Emerson, S., Stump, C. & Nicholson, D. (2008) Net biological oxygen production in the ocean: remote in situ measurements of O_2 and N_2 in surface waters. Global Biogeochemical Cycles 22: GB3023, doi: 10.1029/2007GB003095.

Emerson, S. R. & Hedges, J. I. (2008) Chemical Oceanography and the Marine Carbon Cycle. Cambridge University Press, Cambridge, UK, 453 pp.

Endo, Y. & Wiebe, P. H. (2007) Temporal changes in euphausiid distribution and abundance in North Atlantic cold-core rings in relation to the surrounding waters. Deep-Sea Research I 54: 181 −202.

Enright, J. T. (1977a) Copepods in a hurry: sustained high-speed upward migration. Limnology and Oceanography 22: 118 −125.

Enright, J. T. (1977b) Diurnal vertical migration: adaptive significance and timing. Part 1. Selective advantage: a metabolic model. Limnology and Oceanography 22: 856 −872.

Enright, J. T., Newman, J. A., Hessler, R. R. & McGowan, J. A. (1981) Deep-ocean hydrothermal vent communities. Nature 289: 219 −221.

Eppley, R. W. (1972) Temperature and phytoplankton growth in the sea. Fisheries Bulletin 70: 1063 −1085.

Eppley, R. W. & Thomas, W. H. (1969) Comparisons of half-saturation constants for growth and nitrate uptake of marine phytoplankton. Journal of Phycology 5: 375 −379.

Eppley, R. W., Holm-Hansen, O. & Strickland, J. D. H. (1968) Some observations of the vertical migration of dinoflagellates. Journal of Phycology 5: 375 −379.

Eppley, R. W., Rogers, J. N., McCarthy, J. J. & Sournia, A. (1971) Light: dark periodicity in nitrogen assimilation of the marine phytoplankters Skeletonema costatum and Coccolithus huxleyi in N-limited chemostat culture. Journal of Phycology 7: 150 −154.

Ericson, D. B. & Wollin, G. (1968) Pleistocene climates and chronology in deep-sea sediments. Science 162: 1227 −1234.

Esaias, W. E. & Curl, H. C., Jr (1972) Effect of dinoflagellate bioluminescence on copepod ingestion rates. Limnology and Oceanography 17: 901 −906.

Etter, R. J. & Mullineaux, L. (2001) Deep-sea communities. In: Bertness, M. D., Gaines, S. D. & Hay, M. E. (eds.) Marine Community Ecology. Sinauer Associates, Inc., Sunderland, MA, pp. 367 −394.

Evans, G. T. & Parslow, J. S. (1985) A model of annual plankton cycles. Biological Oceanography 3: 327 −347.

Evans, W., Strutton, P. G. & Chavez, F. P. (2009) Impact of tropical instability waves on nutrient and chlorophyll distributions in the equatorial Pacific. Deep-Sea Research I 56: 178 −188.

Fager, E. W. (1963) Communities of organisms. In: Hill, M. N. (ed.) The Sea. Vol. 2. Wiley-Interscience, New York, pp. 415 −437.

Fahrenbach, W. H. (1963) The sarcoplasmic reticulum of a striated muscle of a cyclopoid copepod. The Journal of Cell Biology 17: 629 −640.

Falkowski, P. G. (1997) Evolution of the nitrogen cycle and its influence on the biological sequestration of CO_2 in the ocean. Nature 387: 272 −375.

Falkowski, P. G. & Raven, J. A. (2007) Aquatic Photosynthesis, 2nd Edition. Princeton University Press, Princeton, New Jersey, 484 pp.

Falkowski, P. G., Dubinsky, Z. & Wyman, K. (1985) Growth-irradiance relationships in phytoplankton. Limnology and Oceanography 30: 311 −321.

Falkowski, P. G., Katz, M. E., Knoll, A. H., Quigg, A., Raven, J. A., Schofield, O. & Taylor, F. J. R. (2004) The evolution of modern eukaryotic phytoplankton. Science 305: 354 −360.

Falk-Peterson, S., Mayzaud, P., Kattner, G. & Sargeant, J. R. (2009) Lipids and life strategy of Arctic Calanus. Marine Biology Research 5: 18 −39.

Fasham, M. J. R. (1995) Variations in the seasonal cycle of biological production in subarctic oceans: a sensitivity analysis. Deep-Sea Research I 42: 1111 −1149.

Fasham, M. J. R., Ducklow, H. W. & McKelvie, S. M. (1990) A nitrogen-based model of plankton dynamics in the oceanic mixed layer. Journal of Marine Research 48: 591 −639.

Fauchald, K. (1992) Diet of Worms. Current Contents 40: p. 8.

Fauchald, K. & Jumars, P. A. (1979) The diet of worms: a study of polychaete feeding guilds. Oceanography and Marine Biology Annual Review 17: 193 −284.

Faust, M. A. (1992) Observations on the morphology and sexual reproduction of Coolia monotis (Dinophyceae). Journal of Phycology 28: 94 −104.

Feder, H. M., Naidu, A. S., Jewett, S. C., Hameedi, J. M., Johnson, W. R. & Whitledge, T. E. (1994) The northeastern Chukchi Sea: benthos-environmental interactions. Marine Ecology Progress Series 111: 171 −190.

Feely, R. A., Doney, S. C. & Cooley, S. R. (2009) Ocean acidification: present conditions and future changes in a high-CO_2 world. Oceanography 22: 36 −47.

Feinberg, L. R. & Peterson, W. T. (2003) Variability in duration and intensity of euphausiid spawning off central Oregon, 1996 − 2001. Progress in Oceanography 57: 363 −379.

Feistel, R. (2005) Numerical implementation and oceanographic application of the Gibbs thermodynamic potential of seawater. Ocean Science 1: 9 −16.

Felbeck, H. (1981) Chemoautotrophic potential of the hydrothermal vent tube worm, Riftia pachyptila Jones (Vestimentifera). Science 213: 336 −338.

Felbeck, H. & Somero, G. N. (1982) Primary production in deep-sea hydrothermal vent organisms: roles of sulfide-oxidizing bacteria. Trends in Biochemical Sciences 7: 201 −204.

Fenaux, R. (1976) Cycle vital d'un appendiculaire Oikopleura dioica Fol, 1872, description et chronologie. Annales de l'Institut océanographique, Paris 52: 89 −101.

Fields, D. M. & Yen, J. (1997) The escape behavior of marine copepods in response to a quantifiable fluid mechanical disturbance. Journal of Plankton Research 19: 1289 − 1304.

Fiksen, O. & Giske, J. (1995) Vertical distribution and population dynamics of copepods by dynamic optimization. ICES Journal of Marine Science 52: 483 −503.

Finkel, Z., Quigg, A., Raven, J. A., Reinfelder, J. R., Schofield, O. & Falkowski, P. G. (2006) Irradiance and the elemental stoichiometry of marine phytoplankton. Limnology and Oceanography 51: 2690 −2701.

Finley, C. (2011) All the Fish in the Sea, Maximum Sustainable Yield and the Failure of Fisheries Management. University of Chicago Press, Chicago, 224 pp.

First, M. R., Miller, H. L. III, Lavrentyev, P. J., Pinckney, J. L. & Burd, A. B. (2009) Effects of microzooplankton growth and trophic interactions on herbivory in coastal and offshore environments. Aquatic Microbial Ecology 54: 255 −267.

Fisher, C. R., Brooks, J. M., Vodenichar, J. S., Zande, J. M., Childress, J. J. & Burke, R. A. J. (1993) The co-occurrence of methanotrophic and chemoautotrophic sulfur-oxidizing bacterial symbionts in a deep-sea mussel. Marine Ecology 14: 277 −289.

Fisher, R. A. (1930) The Genetical Theory of Natural Selection. Clarendon Press, Oxford, variorum edition, J. H. Bennett (ed.), 2000, 360 pp.

Fitzwater, S. E., Knauer, G. A. & Martin, J. H. (1982) Metal contamination and its effect on primary production measurements. Limnology and Oceanography 27: 554 −551.

Fleminger, A. & Hulsemann, K. (1974) Systematics and distribution of the four sibling species comprising the genus Pontellina Dana (Copepoda, Calanoida). Fishery Bulletin 72: 63 −120.

Flood, P. R. (1991) Architecture of, and water circulation and flow rate in, the house of the planktonic tunicate Oikopleura labradoriensis. Marine Biology 111: 95 −111.

Flores, J. F. & Hourdez, S. M. (2006) The zinc-mediated sulfide-binding mechanism of hydrothermal vent tubeworm 400 kDa hemoglobin. Cahiers de Biologie Marine 47: 371 −377.

Fonda Umani, S. & Beran, A. (2003) Seasonal variations in the dynamics of microbial plankton communities: first estimates from experiments in the Gulf of Trieste, Northern Adriatic Sea. Marine Ecology Progress Series 247: 1 −16.

Fonda Umani, S., Tirelli, V., Beran, A. & Guardiani, B. (2005) Relationship between microzooplankton and mesozooplankton: competition versus predation on natural assemblages of the Gulf of Trieste (northern Adriatic Sea). Journal of Plankton Research 27: 973 −986.

Fox, S. W. (1971) Self-assembly of the protocell from a self-ordered polymer. In: Kimball, A. P. & Oro, J. (eds.) Prebiotic and Bio-chemical Evolution. North-Holland Publishers Co., Amsterdam, pp. 8 −30.

Fox, S. W. & Dose, K. (1972) Molecular Evolution and the Origins of Life. W. H. Freeman, San Francisco. [Reprint, 1977, M. Dekker, NewYork] 359 pp.

Frada, M., Probert, I., Allen, M. J., Wilson, W. H. & deVargas, C. (2008) The "Cheshire Cat" escape strategy of the coccolithophore Emiliana huxleyi in response to viral infection. Proceedings of the National Academy of Sciences 105: 15,944 − 15,949.

France, S. C., Hessler, R. R. & Vrijenhoek, R. C. (1992) Genetic differentiation between spatially-disjunct populations of the deep-sea hydrothermal vent endemic amphipod Ventiella sulfuris. Marine Biology 114: 551 −559.

Francis, C. A., Roberts, K. J., Beman, J. M., Santoro, A. E. & Oakley, B. B. (2005) Ubiquity and diversity of ammonia-oxidizing archaea in water columns and sediments of the ocean. Proceedings of the National Academy of Sciences 102: 14,683 − 14,688.

Francisco, D. E., Mah, R. A. & Rabin, A. C. (1973) Acridine orange epifluorescence technique for counting bacteria in natural waters. Transactions of the American Microscopical Society 92: 416 −421.

Franck, V. M., Brzezinski, M. A., Coale, K. H. & Nelson, D. M. (2000) Iron and silicic acid concentration regulate Si uptake north and south of the Polar Frontal Zone in the Pacific sector of the Southern Ocean. Deep-Sea Research II 47: 3315 - 3338.

Frank, K. T., Petrie, B., Choi, J. S. & Leggett, W. C. (2005) Trophic cascades in a formerly cod-dominated ecosystem. Science 308: 1621 -1623.

Frank, K. T., Petrie, B., Shackell, N. L. & Choi, J. S. (2006) Reconciling differences in trophic control in mid-latitude marine ecosystems. Ecology Letters 9: 1096 - 1105.

Frank, T. A., Porter, M. & Cronin, T. W. (2009) Spectral sensitivity, visual pigments and screening pigments in two life history stages of Gnathophausia ingens. Journal of the Marine Biological Association of the United Kingdom 89: 119 -129.

Franks, P. J. S., Wroblewski, J. S. & Flierl, G. R. (1986) Behavior of a simple plankton model with food-level acclimation by herbivores. Marine Biology 91: 121 -129.

Franz, V. (1907) Die biologische Bedeutung des Silberglanzer in der Fishchaut. Biologiches Zentralblatt 27: 278 -285.

Franz, V. (1912) Zur Frage der vertikalen Wanderungen der Planktontiere (Autorreferat). Archiv für Hydrobiologie und Planktonkunde 7: 493 -499.

Fréon, P., Barange, M. & Aristegui, J. (2009) Eastern boundary upwelling ecosystems: integrative and comparative approaches. Progress in Oceanography 83: 1 -14.

Fromentin, J. -M. & Planque, B. (1996) Calanus and environment in the eastern North Atlantic. II. Influence of the North Atlantic Oscillation on C. finmarchicus and C. helgolandicus. Marine Ecological Progress Series 134: 111 -118.

Frost, B. W. (1969) Distribution of the oceanic, epipelagic copepod genus Clausocalanus with an analysis of sympatry of North Pacific species. PhD Thesis, Scripps Institute of Oceanography, University of California, San Diego, xxii + 297 pp.

Frost, B. W. (1972) Effects of size and concentration of food particles on the feeding behavior of the marine planktonic copepod Calanus pacificus. Limnology and Oceanography 17: 805 -815.

Frost, B. W. (1975) A threshold feeding behavior in Calanus pacificus. Limnology and Oceanography 20: 263 -266.

Frost, B. W. (1989) A taxonomy of the marine calanoid copepod genus Pseudocalanus. Canadian Journal of Zoology 67: 525 -551.

Frost, B. W. (1993) A modelling study of processes regulating plankton standing stock and production in the open subarctic Pacific Ocean. Progress in Oceanography 32: 17 -56.

Frost, B. W. & McCrone, L. E. (1974) Vertical distribution of zooplankton and myctophid fish at Canadian Weather Station P, with description of a new multiple net trawl.

Proceedings of the International Conference on Engineering in the Ocean Environment, IEEE, 1: 159 −165.

Fry, B. & Sherr, E. (1984) δ^{13}C measurements as indicators of carbon flow in marine and freshwater ecosystems. Contributions to Marine Science 27: 15 −47.

Fu, F. X. & 7 coauthors (2008) Interactions between changing pCO_2, N_2 fixation, and Fe limitation in the marine unicellular cyanobacterium Crocosphaera. Limnology and Oceanography 53: 2472 −2482.

Fu, Y., O'Kelly, C., Sieracki, M. & Distel, D. L. (2003) Protistan grazing analysis by flow cytometry using prey labeled by in vivo expression of fluorescent proteins. Applied and Enviromental Microbiology 69: 6848 −6855.

Fuhrman, J. A. & Azam, F. (1982) Thymidine incorporation as a measure of heterotrophic bacterioplankton production in marine surface waters: evaluation and field results. Marine Biology 66: 109 −120.

Fuhrman, J. A. & Noble, R. T. (1995) Viruses and protists cause similar bacterial mortality in coastal seawater. Limnology and Oceanography 40: 1236 −1242.

Fuhrman, J. A. & Steele, J. A. (2008) Community structure of marine bacterioplankton: patterns, networks, and relationships to function. Aquatic Microbial Ecology 53: 69 −81.

Fuhrman, J. A., McCallum, K. & Davis, A. A. (1992) Novel major archaebacterial group from marine plankton. Nature 356: 148 −149.

Fujikura, K. & 7 coauthors (2007) Long-term in situ monitoring of spawning behavior and fecundity in Calyptogena spp. Marine Ecology Progress Series 333: 185 −193.

Fujiwara, Y., Tsukahara, J., Hashimoto, J. & Fjikura, K. (1998) In situ spawning of a deep-sea vesicomyid clam: evidence for an environmental cue. Deep-Sea Research I 45: 1881 −1889.

Fulton, J. D. (1983) Seasonal and annual variations of net zooplankton at Ocean Station "P", 1956 −80. Canadian Data Reports, Fisheries and Aquatic Science 374: i − iii; 1 − 65.

Gage, J. D. & Tyler, P. A. (1991) Deep-Sea Biology: A Natural History of Organisms on the Deep-Sea Floor. Cambridge University Press, Cambridge, UK, 504 pp.

Gage, J. D., Lamont, P. A., Kroeger, K., Paterson, G. L. J. & Gonzalez Vecino, J. L. (2000) Patterns in deep-sea macrobenthos at the continental margin: standing crop, diversity and faunal change on the continental slope off Scotland. Hydrobiologia 440: 261 −271.

Gainey, L. F. Jr (1972) The use of the foot and the captacula in the feeding of Dentalium (Mollusca: Scaphopoda). The Veliger 15: 29 −34.

Gallager, S. M. & Alatalo, P. (n. d.) Swimming and feeding in the Thecosomate pteropod Limacina retroversa. Unpublished manuscript.

Galloway, J. N. &14 coauthors (2004) Nitrogen cycles: past, present, and future. Biogeochemistry 70: 153 −226.

Garcia, S. M. &Rosenberg, A. A. (2010) Food security and marine capture fisheries: characteristics, trends, drivers and future perspectives. Proceedings of the Royal Society, London B 365: 2869 −2880.

Gardiner, L. F. (1975) The systematics, postmarsupial development, and ecology of the deep-sea family Neotanaidae (Crustacea: Tanaidacea). Smithsonian Contributions to Zoology 170: 1 −265.

Gargett, A. E. (1997) The optimal stability "window": a mechanism underlying decadal fluctuations in North Pacific salmon stocks? Fisheries Oceanography 6: 109 −117.

Garside, C. (1982) A chemiluminescent technique for the determinations of nanomolar concentrations of nitrate and nitrite in seawater. Marine Chemistry 11: 159 −167.

Gaten, E. , Shelton, P. M. J. &Herring, P. J. (1992) Regional morphological variations in the compound eyes of certain mesopelagic shrimps in relation to their habitat. Journal of the Marine Biological Association of the United Kingdom 72: 61 −75.

Gauldie, R. W. (1991) Taking stock of genetic concepts in fisheries management. Canadian Journal of Fisheries and Aquatic Science 48: 722 −731.

Gayral, P. & Fresnel, J. (1983) Description, sexualité et cycle de développement de une nouvelle coccolithophoracée (Prymnesiophyceae): Pleurochrysis pseudoroscoffensis sp. nov. Protistologica 19: 245 −261.

Gebruk, A. V. , Pimenov, N. V. & Savvichev, A. A. (1993) Feeding specialization of bresiliid shrimps in the TAG site hydrothermal community. Marine Ecological Progress Series 98: 247 −253.

Gerlach, S. A. (1972) Die Produktionsleistung des Benthos in der Helgoläinder Bucht. Verhandlung der Deutschen Zoologische Gesellschaft 65: 1 −13.

German, C. R. & Von Damm, K. L. (2003) Hydrothermal processes. In: Elderfield, H. (ed.) Treatise on Geochemistry, Vol. 6, The Oceans and Marine Geochemistry. Elsevier, Amsterdam, pp. 181 −222.

Giere, O. (2009) Meiobenthology: The Microscopic Motile Fauna of Aquatic Sediments. Springer, 422 pp.

Gifford, D. J. (1993) Protozoa in the diets of Neocalanus spp. in the oceanic subarctic Pacific Ocean. Progress in Oceanography 32: 223 −237.

Gifford, D. J. , Bohrer, R. N. &Boyd, C. M. (1981) Spines on diatoms: do copepods care? Limnology and Oceanography 26: 1057 −1061.

Gilmer, R. W. &Harbison, G. R. (1986) Morphology and field behavior of pteropod molluscs: feeding methods in the families Cavoliniidae, Limacinidae and Peraclididae

（Gastropoda：Thecosomata）. Marine Biology 91：47 −57.

Giovannoni, S. & Rappé, M. （2000）Evolution, diversity, and molecular ecology of marine prokaryotes. In：Kirchman, D. L. （ed.）Microbial Ecology of the Oceans. Wiley, New York, pp. 47 −84.

Giovannoni, S. J. & Stingl, U. （2005）Molecular diversity and ecology of microbial plankton. Nature 437：343 −348.

Giovannoni, S. J. & 13 others （2005）Genome streamlining in a cosmopolitan oceanic bacterium. Science 309：1242 −1245.

Gjøsæter, J. （1984）Mesopelagic fish, a large potential resource in the Arabian Sea. Deep-Sea Research 31：1019 −1035.

Glazier, D. S. （2005）Beyond the "3/4-power law"：variation in the intra- and interspecific scaling of metabolic rate in animals. Biological Reviews 80：611 −662.

Glibert, P. M. & 7 coauthors （2005）The role of eutrophication in the global proliferation of harmful algal blooms. Oceanography 18：198 −209.

Glover, A. G., Goetz, E., Dahlgren, T. G. & Smith, C. R. （2005a）Morphology, reproductive biology and genetic structure of the whale-fall and hydrothermal vent specialist, Bathykurila guaymasensis Pettibone, 1989 （Annelida：Polynoidae）. Marine Ecology 26：223 −234.

Glover, A. G., Killstrom, B., Smith, C. R. & Dalgren, T. G. （2005b）World-wide whale worms? A new species of Osedax from the shallow north Atlantic. Proceedings of the Royal Society, London B 272：2587 −2592.

Glover, A. G., Kemp, K. M., Smith, C. R. & Dahlgren, T. G. （2008）On the role of bone-eating worms in the degradation of marine vertebrate remains. Proceedings of the Royal Society, London, B 275：1959 −1961.

Glover, D. M. & Brewer, P. G. （1988）Estimates of wintertime mixed layer nutrient concentrations in the North Atlantic. Deep-Sea Research 35：1525 −1546.

Glud, R. N. （2008）Oxygen dynamics of marine sediments. Marine Biology Research 4：243 −289.

Glud, R. N., Gundersen, J. K., Jørgensen, B. B., Revsbech, N. P. & Schulz, H. D. （1994）Diffusive and total oxygen uptake of deep-sea sediments in the eastern South Atlantic Ocean：in situ and laboratory measurements. Deep-Sea Research I 41：1767 −1788.

Goetze, E. （2005）Global population genetic structure and biogeography of the oceanic copepods Eucalanus hyalinus and E. spinifer. Evolution 59：2378 −2395.

Goetze, E. （2008）Heterospecific mating and partial prezygotic reproductive isolation in the planktonic marine copepods Centropages typicus and Centropages hamatus. Limnology and Oceanography 53：433 −445.

Goetze, E. (2010) Species discovery in marine planktonic invertebrates through global molecular screening. Molecular Ecology 95: 952 −967.

Goetze, E. & Bradford-Grieve, J. (2005) Genetic and morphological description of Eucalanus spinifer T. Scott 1894 (Calanoida: Eucalanidae), a circumglobal sister species of the copepod E. hyalinus s. s. (Claus, 1866). Progress in Oceanography 65: 55 −87.

Goffredi, S. K., Warén, A., Orphan, V. J. & Van Dover, C. L. (2004) Novel forms of structural integration between microbes and a hydrothermal vent gastropod from the Indian Ocean. Applied and Environmental Microbiology May 2004: 3082 −3090. doi: 10.1128/ AEM. 70. 5. 3082 −3090. 2004.

Goldman, J. C. (1977) Temperature effects on phytoplankton growth in continuous culture. Limnology and Oceanography 22: 932 −936.

Goldman, J. C. & Carpenter, E. J. (1974) A kinetic approach to the effect of temperature on algal growth. Limnology and Oceanography 19: 756 −766.

Goldman, J. C., Caron, D. A. & Dennett, M. R. (1987) Regulation of gross growth efficiency and ammonium regeneration in bacteria by substrate C: N ratio. Limnology and Oceanography 32: 1239 −1252.

Gómez-Gutiérrez, J., Peterson, W. T. & Morado, J. F. (2006) Discovery of a ciliate parasitoid of euphausiids off Oregon, USA: Collinia oregonensis n. sp. (Apostomatida: Colliniidae). Diseases of Aquatic Organisms 71: 33 −49.

Gómez-Gutiérrez, J., Feinberg, L. R., Shaw, C. T. & Peterson, W. T. (2007) Interannual and geographical variability of the brood size of the euphausiids Euphausia pacifica and Thysanoessa spinifera along the Oregon coast (1999 −2004). Deep-Sea Research II 54: 2145 −2169.

Gómez-Gutiérrez, J., Rodríguez-Jaramillo, C., Angel-Rodríguez, J. D., Robinson, C. J., Zavala-Hernández, C., Martínez-Gómez, S. & Tremblay, N. (2010) Biology of the subtropical sac-spawning euphausiid Nyctiphanes simplex in the northwestern seas of Mexico: interbrood period, gonad development, and lipid content. Deep-Sea Research II 57: 616 −630.

Gonzalez, J. M., Sherr, E. B. & Sherr, B. F. (1993) Differential feeding by marine flagellates on growing vs. starving and on motile vs. non-motile prey. Marine Ecology Progress Series 102: 257 −267.

Gooday, A. J., Levin, L. A., Thomas, C. L. & Hecker, B. (1992) The distribution and ecology of Bathysiphon filiformis Sars and B. major DeFolin (Protista, Foraminiferida) on the continental slope of North Carolina. Journal of Foraminiferal Research 22: 129 −146.

Goodenough, U. W. & Weiss, R. L. (1978) Interrelationships between microtubules, a striated fiber, and the gametic mating structure of Chlamydomonas reinhardtii. Journal of Cell Biology 76：430 −438.

Gordon, L. I. , Codispoti, L. A. , Jennings, J. C. Jr, Millero, F. J. , Morrison, J. M. & Sweeney, C. (2000) Seasonal evolution of hydrographic properties in the Ross Sea, Antarctica, 1996 −1997. Deep-Sea Research II 47：3095 −3117.

Gowing, M. M. (1989) Abundance and feeding ecology of Antarctic phaeodarian radio-larians. Marine Biology 103：107 −118

Grabowski, M. N. W. , Church, M. J. & Karl, D. M. (2008) Nitrogen fixation rates and controls at Stn ALOHA. Aquatic Microbial Ecology 52：175 −183.

Gran, H. H. & Braarud, T. (1935) A quantitative study of the phytoplankton in the Bay of Fundy and the Gulf of Maine. Journal of the Biological Board of Canada 1：279 − 467.

Grassle, J. F. & Maciolek, N. J. (1992) Deep-sea species richness：regional and local diversity estimates from quantitative bottom samples. American Naturalist 139：313 −341.

Grassle, J. F. & Morse-Porteous, L. S. (1987) Macrofaunal colonization of disturbed deep-sea environments and the structure of deep-sea benthic communities. Deep-Sea Research 34A：1911 −1950.

Grassle, J. F. & Sanders, H. L. (1973) Life histories and the role of disturbance. Deep-Sea Research 20：643 −659.

Green, J. , Brownell, S. , Jones, R. & Chute, A. (1999) Age and Growth of Larval Cod and Haddock From the '95 and '96 [Georges Bank] Broad-Scale Program. http：//globec. whoi. edu/globec −dir/reports/siworkshop1999/green. html.

Greene, C. H. & Pershing, A. J. (2000) The response of Calanus finmarchicus populations to climate variability in the Northwest Atlantic：basin-scale forcing associated with the North Atlantic Oscillation. ICES Journal of Marine Science 57：1536 −1544.

Greene, C. H. & Pershing, A. J. (2007) Climate drives sea change. Science 315：1084 −1085.

Griffiths, H. J. , Barnes, D. K. A. & Linse, K. (2009) Towards a generalized biogeography of the Southern Ocean benthos. Journal of Biogeography 36：162 −177.

GRIP (Greenland Ice-core Project) Members, 40 coauthors (1993) Climate instability during the last interglacial recorded in the GRIP ice core. Nature 364：203 −207.

Gruber, N. & Sarmiento, J. (1997) Global patterns of marine nitrogen fixation and denitrification. Global Biogeochemical Cycles 11：235 −266.

Gruber, N. & 14 coauthors (2009) Oceanic sources, sinks, and transport of atmospheric CO_2. Global Biogeochemical Cycles 23：GB1005 (doi：10.1029/2008GB003349, 21 pages).

Guinasso, N. L. Jr & Schink, D. R. (1975) Quantitative estimates of biological mixing rates in abyssal sediments. Journal of Geophysical Research 80：3032 −3043.

Haaker, P. L. , Parker, D. O. , Barsky, K. C. & Chun, S. Y. C. (1998) Growth of red abalone, Haliotis rufescens (Swainson), at Johnsons Lee, Santa Rosa Island. California Journal of Shellfish Research 17: 747 −753.

Haddock, S. H. D. (2004) A golden age of gelata: past and future research on planktonic ctenophores and cnidarians. Hydrobiologia 530/531: 549 −556.

Hairston, N. G. & Twombly, S. (1985) Obtaining life table data from cohort analysis: a critique of current methods. Limnology and Oceanography 30: 886 −893.

Hales, B. , Moum, J. N. , Covert, P. & Perlin, A. (2005) Irreversible nitrate fluxes due to turbulent mixing in a coastal upwelling system. Journal of Geophysical Research 110, C10S11. doi: 10.1029/2004JC002685.

Halsband-Lenk, C. , Pierson, J. J. & Leising, A. W. (2005) Reproduction of Pseudocalanus newrnani (Copepoda: Calanoida) is deleteriously affected by diatom blooms − a field study. Progress in Oceanography 67: 332 −348.

Halsey, K. H. , Milligan, A. J. & Behrenfeld, M. J. (2010) Physiological optimization underlies growth rate-independent chlorophyllspecific gross and net primary production. Photosynthesis Research 103: 125 −137.

Hama, T. , Miyazaki, T. , Ogawa, Y. , Iwakuma, T. , Takahashi, M. , Otsuki, A. & Ichimura, S. (1983) Measurement of photosynthetic production of a marine phytoplankton population using a stable ^{13}C isotope. Marine Biology 73: 31 −36.

Hamme, R. C. (2010) & 15 coauthors Volcanic ash fuels anomalous plankton bloom in subarctic northeast Pacific. Geophysical Research Letters 37: L19604, doi: 10.1029/2010GL044629 (5 pp.).

Hamner, W. M. (1974) Ghosts of the Gulf Stream, blue water plankton. National Geographic 146: 530 −545.

Hamner, W. M. (1988) Biomechanics of filter feeding in the Antarctic krill Euphausia superba: review of past work and new observations. Journal of Crustacean Biology 8: 149 −165.

Hamner, W. M. & Hamner, P. P. (2000) Behavior of Antarctic krill (Euphausia superba): schooling, foraging, and antipredatory behavior. Canadian Journal of Fisheries and Aquatic Sciences 57 (Suppl. 3): 192 −202.

Hannides, C. C. S. , Popp, B. N. , Landry, M. R. & Graham, B. S. (2009) Quantification of zooplankton trophic position in the North Pacific subtropical gyre using stable nitrogen isotopes. Limnology and Oceanography 54: 30 −61.

Hannides, C. C. S. , Landry, M. R. , Benitez-Nelson, C. R. , Styles, R. M. , Montoya, J. P. & Karl, D. M. (2009) Export stoichiometry and migrant-mediated flux of phosphorus in the North Pacific Subtropical Gyre. Deep-Sea Research I 56: 73 −88.

Hansen, P. J. , Bjørnsen, P. K. & Hansen, B. W. (1997) Zooplankton grazing and growth：scaling within the 2 −2000 μm body size range. Limnology and Oceanography 42：687 −704.

Harbison, G. R. & McAlister, V. (1979) The filter-feeding rates and particle retention efficiences of three species of Cyclosalpa (Tunicata：Thalicea). Limnology and Oceanography 24：875 −892.

Hardy, A. C. (1924). The herring in relation to its animate environment. Part I. The food and feeding habits of the herring with special reference to the east coast of England. Fishery Investigations, Series 2, 7 (3)：53 pp.

Hardy, A. C. (1970) The Open Sea：Its Natural History. Part I：The World of Plankton, 2nd edn. Collins, London (335 pp.).

Harris, J. E. & Wolfe, U. K. (1955) A laboratory study of vertical migration. Proceedings of the Royal Society of London, B 144：329 −354.

Harrison, P. J., Boyd, P. W., Levasseur, M., Tsuda, A., Rivkin, R. B., Roy, S. O. & Miller, W. L. (editors) (2006). Canadian SOLAS：Subarctic Ecosystem Response to Iron Enrichment (SERIES). Deep-Sea Research II, 53 (20 −22)：2005 −2454.

Harrison, W. G., Harris, L. R. & Irwin, B. D. (1996) The kinetics of nitrogen utilization in the oceanic mixed layer：nitrate and ammonium interactions at nanomolar concentrations. Limnology and Oceanography 41：16 −32.

Hartman, O. & Fauchald, K. (1971) Deep-water benthic polychaetous annelids off New England to Bermuda and other North Atlantic areas, Part II. Allan Hancock Monographs in Marine Biology 6：1 −327.

Hartwick, R. F. (1991) Observations on the anatomy, behavior, reproduction and life cycle of the cubozoan Carybdea sivickisi. Hydrobiologia 216/217：171 −179.

Harvey, W. H. (1937) Note on selective feeding by Calanus. Journal of the Marine Biological Association of the United Kingdom 22：97 −100.

Hashimoto, J. & 9 coauthors (2001) First hydrothermal vent communities from the Indian Ocean discovered. Zoological Science 18：717 −721.

Hasle, G. R. & Syvertsen, E. E. (1997) Marine diatoms. In：Tomas, C. R. (ed.) Identifying Marine Phytoplankton, Academic Press, San Diego, pp. 5 −385.

Hátun, H. & 8 coauthors (2009) Large bio-geographical shifts in the north-eastern Atlantic Ocean：from the subpolar gyre, via plankton, to blue whiting and pilot whales. Progress in Oceanography 80：149 −162.

Hauser, L. & Carvalho, C. R. (2008) Paradigm shifts in marine fisheries genetics：ugly hypotheses slain by beautiful facts. Fish and Fisheries 9：333 −362.

Hausmann, K., Hüilsmann, N., MacHerner, H. & Mulisch, M. (1996) Protozoology. Georg Thieme Verlag, Stuttgart, 338 pp.

Havenhand, J. N., Matsumoto, G. I. & Seidel, E. (2006) Megalodicopia hians in the Monterey submarine canyon: distribution, larval development, and culture. Deep-Sea Research I 53: 215 −222.

Haxo, F. T. (1985) Photosynthetic action spectrum of the coccolithophorid, Emiliania huxleyi (Haptophyceae): 19'Hexanoyloxyfucoxanthin as antenna pigment. Journal of Phycology 21: 282 −287.

Heath, M. R., Fraser, J. G., Gislason, A., Hay, S. H., Jónasdóttir, S. H. & Richardson, K. (2000) Winter distributions of Calanus finmarchicus in the Northeast Atlantic. ICES Journal of Marine Science 57: 1628 −1635.

Heath, M. R. & 32 coauthors (2008) Spatial demography of Calanus finmarchicus in the Irminger Sea. Progress in Oceanography 76: 39 −88.

Hedges, J. I. (1992) Global biogeochemical cycles: progress and problems. Marine Chemistry 39: 67 −93.

Hedges, J. I., Hu, F. S., Devol, A. H., Hartnett, H. E., Tsamakis, E. & Keil, R. G. (1999) Sedimentary organic matter preservation: a test for selective degradation under oxic conditions. American Journal of Science 299: 529 −555.

Hedges, J. I., Keil, R. G. & Benner, R. (1997) What happens to terrestrial organic matter in the ocean? Organic Geochemistry 27: 195 −212.

Hedgpeth, J. W. (1957) Classification of marine environments. In: Hedgpeth, J. W. (ed.), Treatise on Marine Ecology and Paleoecology, Volume 1, Ecology, Geological Society of America, Memoir, 67, pp. 17 −27.

Heintzelman, M. B. (2006) Cellular and molecular mechanics of gliding locomotion in eukaryotes. International Review of Cytology 251: 79 −129.

Helfenbein, K. G., Fourcade, H. M., Vanjani, R. G. & Boore, J. L. (2004) The mitochondrial genome of Paraspadella gotoi is highly reduced and reveals that chaetognaths are a sister group to protostomes. Proceedings of the National Academy of Sciences 101: 10,639 −10,643.

Helmkampf, M., Bruchhaus, I. & Hausdorf, B. (2008) Multigene analysis of lophophorate and chaetognath phylogenetic relationships. Molecular Phylogenetics and Evolution 46: 206 −214.

Hernández-León, S. & Ikeda, T. (2005) A global assessment of mesozooplankton respiration in the ocean. Journal of Plankton Research 27: 153 −158.

Hernández-León, S., Portillo-Hahnenfeld, A., Almeida, C., Béognée, P. & Moreno, I. (2001) Diel feeding behaviour of krill in the Gerlache Strait, Antarctica. Marine Ecology Progress Series 223: 235 −242.

Hernández-León, S., Franchy, G., Moyano, M., Menéndez, I., Schmoker, C. & Putzeys, S. (2010) Carbon sequestration and zooplankton lunar cycles: could we be missing a major component of the biological pump? Limnology and Oceanography 55：2503 −2512.

Hernes, P. J., Peterson, M. L., Murray, J. M., Wakeham, S. G., Lee, C. & Hedges, J. J. (2001) Particulate carbon and nitrogen fluxes and composition in the central equatorial Pacific. Deep-Sea Research I 48：1999 −2023.

Heron, G. A. (2002) Oncaea frosti, a new species (Copepoda：Poecilostomatoida) from the Liberian coast and the Gulf of Mexico. Hydrobiologia 480：145 −154.

Hessler, R. R. (1972) The structure of deep benthic communities from central oceanic waters. In：Miller, C. (ed.) The Biology of the Oceanic Pacific. Oregon State University Press, Corvallis, pp. 79 −93.

Hessler, R. R. & Jumars, P. (1974) Abyssal community analysis from replicate box cores in the central North Pacific. Deep-Sea Research 21：185 −209.

Hessler, R. R., Wilson, G. D. & Thistle, D. (1979) The deep-sea isopods：a biogeographic and phylogenetic overview. Sarsia 64：67 −75.

Hessler, R. R., Smithey, W. M., Boudrias, M. A., Keller, C. H., Lutz, R. A. & Childress, J. J. (1988) Temporal change in megafauna at the Rose Garden hydrothermal vent (Galapagos Rift；Eastern Tropical Pacfic). Deep-Sea Research 36：1681 −1709.

Heymans, S. J. J., Guénette, S. & Christensen, V. (2007) Evaluating network analysis indicators of ecosystem status in the Gulf of Alaska. Ecosystems 10：488 −502.

Heymans, S. J. J., Sumaila, U. R. & Christensen, V. (2009) Policy options for the northern Benguela ecosystem using a multispecies, multifleet ecosystem model. Progress in Oceanography 83：417 −425.

Heymans, S. J. J. & Sumaila, U. R. (2007) Updated ecosystem model for the northern Benguela ecosystem, Namibia. In：Le Quesne, W. J. F., Arreguín-Sánchez, F. &Heymans, S. J. J. (eds.) INCOFISH ecosystem models：transiting from Ecopath to Ecospace. University of British Columbia Fisheries Center Research Reports 15 (6), pp. 25 −70.

Higgins, M. J., Molino, P., Mulvaney, P. & Wetherbee, R. (2003) The structure and nanomechanical properties of the adhesive mucilage that mediates diatom substrate adhesion and motility. Journal of Phycology 39：1181 −1193.

Hilborn, R. & Waiters, C. J. (1992) Quantitative Fisheries Stock Assessment：Choice, Dynamics and Uncertainty. Chapman and Hall, New York, 570 pp.

Hill, R. S., Allen, L. D. & Bucklin, A. (2001) Multiplexed species-specific PCR protocol to discriminate four N. Atlantic Calanus species, with a mtCOI gene tree for ten Calanus species. Marine Biology 139：279 −287.

Hirst, A. G. & Bunker, A. J. (2003) Growth of marine planktonic copepods：global rates and patterns in relation to chlorophyll a, temperature, and body weight. Limnology and Oceanography 48: 1988 −2010.

Hirst, A. G. & Lampitt, R. S. (1998) Towards a global model of in situ weight-specific growth in marine planktonic copepods. Marine Biology 132: 247 −257.

Hirst, A. G., Peterson, W. T. & Rothery, P. (2005) Errors in juvenile copepod growth rate estimates are widespread: problems with the moult rate method. Marine Ecology Progress Series 298: 268 −279.

Ho, T. -Y., Quigg, A., Finkel, Z. V., Milligan, A. J., Wyman, K., Falkowski, P. G. & Morel, F. M. M. (2003) The elemental composition of some phytoplankton. Journal of Phycology 39: 1145 −1159.

Hobbie, J. E., Daley, R. J. & Jaspar, S. (1977) Use of nucleopore filters for counting bacteria by fluorescent microscopy. Applied and Environmental Microbiology 33: 1225 −1228.

Hoch, M. P., Snyder, R. A., Cifuentes, L. A. & Coffin, R. B. (1996) Stable isotope dynamics of nitrogen recycled during interactions among marine bacteria and protists. Marine Ecology Progress Series 132: 229 −239.

Hollowed, A. S., Bailey, K. S. & Wooster, W. S. (1987) Patterns in recruitment of marine fishes in the Northeast Pacific Ocean. Biological Oceanography 5: 99 −131.

Honjo, S. & Manganini, S. J. (1993) Annual biogenic particle fluxes to the interior of the North Atlantic Ocean; studied at 34°N 21°W and 48°N 21°W. Deep-Sea Research I. 40: 587 −607.

Honjo, S., Manganini, S. J. & Cole, J. J. (1982) Sedimentation of biogenic matter in the deep ocean. Deep-Sea Research 29: 609 −626.

Honjo, S., Dymond, J., Collier, R. & Manganini, S. J. (1995) Export production of particles to the interior of the equatorial Pacific Ocean during the 1992 EqPac experiment. Deep-Sea Research II 42: 831 −870.

Honjo, S., Manganini, S. J., Krisfield, R. A. & Francois, R. (2008) Particulate organic carbon fluxes to the ocean interior and factors controlling the biological pump: a synthesis of global sediment trap programs since 1983. Progress in Oceanography 76: 217 −285.

Hopcroft, R. R., Roff, J. C., Webber, M. K. & Witt, J. D. S. (1998) Zooplankton growth rates: the influence of size and resources of tropical marine copepodites. Marine Biology 132: 67 −77.

Huggett, J., Verheye, H., Escribano, R. & Fairweather, T. (2009) Copepod biomass, size composition and production in the Southern Benguela: spatio-temporal patterns of variation, and comparison with other eastern boundary upwelling systems. Progress in Oceanography 83: 197 −207.

Humphris, S. E. , Zierenberg, R. A. , Mullineaux, L. S. & Thomson, R. E. (eds.) (1995) Sea floor hydrothermal systems: physical, chemical, biological, and geological interactions. American Geophysical Union, Geophysical Monograph 91, 466 pp.

Hunter, J. R. , Argue, A. W. , Bayliff, W. H. , Dizon, A. E. , Fonteneau, A. , Goodman, D. & Seckel, G. R. (1986) The dynamics of tuna movement: an evalua-tion of past and future research. FAO Fisheries Technical Paper 277.

Huntley, M. E. (1996) Temperature and copepod production in the sea: a reply. Ameri-can Naturalist 148: 407 −420.

Huntley, M. E. & Boyd, C. (1984) Food-limited growth of marine zooplankton. Amer-ican Naturalist 124: 455 −478.

Huntley, M. E. & Lopez, M. D. G. (1992) Temperature-dependent production of ma-rine copepods: a global synthesis. American Naturalist 140: 201 −242.

Hurlbert, S. H. (1971) The nonconcept of species diversity: a critique and alternative parameters. Ecology 52: 577 −586.

Hurtt, G. C. & Armstrong, R. A. (1999) A pelagic ecosystem model calibrated with BATS and OWSI data. Deep-Sea Research, I 46: 27 −61.

Hutchins, D. A. & Fu, F. -X. (2008) Linking the oceanic biogeochemistry of iron and phosphorus with the marine nitrgen cycle. In: Capone, D. G. , Bronk, D. A. & Mul-holland, M. R. (eds.) Nitrogen in the Marine Environment, Academic Press, Burl-ington, MA, pp. 1627 −1666.

Huyer, A. , Smith, R. L. & Paluszkiewicz, T. (1987) Coastal upwelling off Peru dur-ing normal and El Niño times, 1981 −1984. Journal of Geophysical Research, Oceans 92: 14,297 −14,307.

Huys, R. & Boxshall, G. A. (1991) Copepod Evolution. The Ray Society, London, 468 pp.

Ianelli, J. (2005) Assessment and fisheries management of eastern Bering Sea walleye pollock: is sustainability luck? Bulletin of Marine Science 76: 321 −335.

IATTC (Inter-American Tropical Tuna Commission) (2000) Annual Report of the IAT-TC, 1998. IATTC, La Jolla, California.

Ikeda, I. & Dixon, P. (1982) Body shrinkage as a possible over-wintering mechanism of the Antarctic krill Euphausia superba Dana. Journal of Experimental Marine Biology and Ecology 62: 143 −151.

Ikeda, T. (1974) Nutritional ecology of marine zooplankton. Memoirs of the Faculty of Fisheries, Hokkaido University 22: 1 −97.

Ikeda, T. (1985) Metabolic rates of epipelagic marine zooplankton as a function of body mass and temperature. Marine Biology 85: 1 −11.

Ikeda, T. (2008) Metabolism in mesopelagic and bathypelagic copepods: reply to

Childress et al. (2008). Marine Ecology Progress Series 373: 193 −198.

Ikeda, T., Sano, F. & Yamaguchi, A. (2007) Respiration in marine pelagic copepods: a global bathymetric model. Marine Ecology Progress Series 339: 215 −219.

Iles, E. J. (1961) The appendages of Halocyprididae. Discovery Reports 31: 299 −626.

Imai, K., Nojiri, Y., Tsurushima, N. & Saino, T. (2002) Time series of seasonal variation of primary productivity at station KNOT (44°N, 155°E) in the subarctic western North Pacific. Deep-Sea Research II 49: 5395 −5408.

Imbrie, J. & Imbrie, J. Z. (1980) Modeling the climatic response to orbital variations. Science 207: 943 −953.

Ingalls, A. E., Shah, S. R., Hansman, R. L., Aluwihare, L. I., Santos, G. M., Druffel, E. R. M. & Pearson, A. (2006) Quantifying archaeal community autotrophy in the mesopelagic ocean using natural radiocarbon. Proceedings of the National Academy of Sciences 103: 6442 −6447.

Intergovernmental Panel on Climate Change (2007) Working Group I Report "The Physical Science Basis", Oxford University Press, 996 pp. (Also on-line, http://www.ipcc.ch/publications_and_data/publications_ipcc_fourth_assessment_report_wgl_report_the_physical_science_basis.htm)

IOCCG (International Ocean-Colour Coordinating Group) (2009) Partition of the ocean into ecological provinces: role of ocean-colour radiometry. IOCCG Report No. 9, 98 pp. (available on-line).

IPHC, International Pacific Halibut Commission (1998) The Pacific halibut. Biology, fishery and management. IPHC Technical Report 40. 1 −63.

Ivlev, V. S. (1945) Biologicheskaya produktivnost' vodoemov (The biological productivity of waters). Uspekhi Sovremennoi Biologii 19: 98 −120. Translated in Ricker, W. E. (1966) Journal of the Fisheries Research Board of Canada 23: 1707 −1759.

Jacobson, D. M. & Anderson, D. M. (1992) Ultrastructure of the feeding apparatus and myonemal system of the heterotrophic dinoflagellate Protoperidinium spinulosum. Journal of Phycology 28: 69 −82.

Jahnke, R. A. (2010) Global synthesis. In: Liu, K. K., Atkinson, L., Quiñones, R. & Talaue-McManus, L. (eds) Carbon and Nutrient Fluxes in Continental Margins, Global Change − The IGBP Series, Springer-Verlag, Berlin, Heidelberg, pp. 597 −615..

Jakobsson, J. (1980) Exploitation of the Icelandic spring- and summer-spawning herring in relation to fisheries management, 1947 − 1977. Rapports et procès-verbaux des réunions/Conseil permanent international pour l'exploration de la mer 177: 23 −42.

Jannasch, H. W. (1999) Biocatalytic transformations of hydrothermal fluids. In: Cann, J. R., Elderfield, H. & Laughton, A. (eds.) Mid-Ocean Ridges: Dynamics of

Processes Associated with Creation of New Ocean Crust. Cambridge University Press, Cambridge, UK, pp. 281 −292.

Jannasch, H. W. & Jones, G. E. (1959) Bacterial populations in sea water as determined by different methods of determination. Limnology and Oceanography 4: 128 −139.

Jansen, S. (2008) Copepods grazing on Coscinodiscus wailesii: a question of size? Helgoland Marine Research 62: 251 −255.

Jassby, A. D. & Platt, T. (1976) Mathematical formulation of the relationship between photosynthesis and light for phytoplankton. Limnology and Oceanography 21: 540 −547.

Jennings, S., Kaiser, M. J. & Reynolds, J. D. (2001) Marine Fisheries Ecology. Blackwell Science, Oxford, 417 pp.

Jeong, H. J., Yoo, Y. D., Kimi, J. S., Kang, N. S., Kim, T. H. & Kim, J. H. (2004) Feeding by the marine planktonic ciliate Strombidinopsis jeokjo on common heterotrophic dinoflagellates. Aquatic Microbiology and Ecology 36: 181 −187.

Johnson, C. L., Leising, A. W., Runge, J. A., Head, E. J. H., Pepin, P., Plourde, S. & Durbin, E. G. (2008) Characteristics of Calanus finmarchicus dormancy patterns in the Northwest Atlantic. ICES Journal of Marine Science 65: 339 −350.

Johnson, J. K. (1980) Effects of temperature and salinity on production and hatching of dormant eggs of Acartia californiensis (Copepoda) in an Oregon estuary. Fishery Bulletin 77: 567 −584.

Johnson, J. K. (1981) Population dynamics and cohort persistence of Acartia californiensis (Copepoda: Calanoida) in Yaquina Bay, Oregon. Ph. D. Dissertation, Oregon State University, Corvallis, Oregon, USA, 305 pp.

Johnson, K. S., Riser, S. C. & Karl, D. M. (2010) Nitrate supply from deep to near-surface waters of the North Pacific subtropical gyre. Nature 465: 1062 −1065.

Johnson, M. W. & Brinton, E. (1963) Biological species, water masses and currents. In: Hill, M. (ed.) The Sea, Vol. 2. Interscience, New York, pp. 381 −414.

Johnson, P. W. & Sieburth, J. M. (1979) Chroococcoid cyanobacteria in the sea: a ubiquitous and diverse phototrophic biomass. Limnology and Oceanography 24: 928 −935.

Johnson, P. W. & Sieburth, J. M. (1982) In situ morphology and occurrence of eucaryotic phototrophs of bacterial size in the picoplankton of estuarine and oceanic waters. Journal of Phycology 18: 318 −327.

Johnson, S. (2001) Hidden in plain sight: the ecology and physiology of organismal transparency. Biological Bulletin 201: 301 −318.

Jørgensen, E. G. (1964) Adaptation to different light intensities in the diatom Cyclotella menenghiniana Kutz. Physiologia Plantarum 17: 136 −145.

Jørgensen, E. G. (1969) The adaptation of plankton algae IV. Light adaptation in different algal species. Physiologia Plantarum 22: 1307 −1315.

Jumars, P. (1975) Environmental grain and polychaete species diversity in a bathyal benthic community. Marine Biology 30: 253 −266.

Jumars, P. (1976) Deep-sea species diversity: does it have a characteristic scale? Journal of Marine Research 20: 643 −659.

Jumars, P. A. & Fauchald, K. (1977) Between-community contrasts in successful polychaete feeding strategies, in. Coull, B. (ed.) Ecology of Marine Benthos. University of South Carolina Press, Columbia, pp. 1 −20.

Kaiser, K. & Benner, R. (2008) Major bacterial contribution to the ocean reservoir of detrital organic carbon and nitrogen. Limnology and Oceanography 53: 99 −112.

Kampa, E. M. & Boden, B. P. (1954) Submarine illumination and the twilight movements of a sonic scattering layer. Nature 174: 869 −873.

Kandler, O. (1998) The early diversification of life and the origin of the three domains: a proposal. In: Wiegel, J. & Adams, M. W. W. (eds.) Thermophiles: the Keys to Molecular Evolution and the Origin of Life? Taylor and Francis, London, pp. 19 −31.

Kapp, H. (2000) The unique embryology of Chaetognatha. Zoologischer Anzeiger 239: 263 −266.

Karaköylü, E. M., Franks, P. J. S., Tanaka, Y., Roberts, P. L. D. & Jaffe, J. S. (2009) Copepod feeding quantified by planar laser imaging of gut fluorescence. Limnology and Oceanography Methods 7: 33 −41.

Karl, D. M. & 7 coauthors (2001) Ecological nitrogen-to-phosphorus stoichiometry at station ALOHA. Deep-Sea Research II 48: 1529 −1566.

Karner, M. B., DeLong, E. F. & Karl, D. M. (2001) Archaeal dominance in the mesopelagic zone of the Pacific Ocean. Nature 409: 507 −510.

Katija, K. & Dabiri, J. O. (2009) A viscosity-enhanced mechanism for biogenic ocean mixing. Nature 460: 624 −626 (methods on line) (doi: 10.1038/nature08207)

Kaupp, L. J., Measures, C. I., Selph, K. E. & MacKenzie, F. T. (2011) The distribution of dissolved Fe and Al in the upper waters of the Eastern Equatorial Pacific. Deep-Sea Research II 58: 296 −310.

Kawachi, M., Inouye, I., Maeda, O. & Chihara, C. (1991) The haptonema as a food-capturing device; observations on Chrysochromulina hirta. Phycologia 30: 563 −573.

Kawahara, M., Uye, S. -I., Ohtsu, K. & Iizumi, H. (2006) Unusual population explosion of the giant jellyfish Nemopilema nomurai (Scyphozoa: Rhizostomeae) in East Asian waters. Marine Ecology Progress Series 307: 161 −173.

Kawasaki, T. (1983) Why do some pelagic fishes have wide fluctuations in their numbers? Biological basis of fluctuation from the viewpoint of evolutionary ecology. FAO Fisheries Report 291: 1065 −1080.

Keeling, P. J. (2010) The endosymbiotic origin, diversification and fate of plastids.

Philosophical Transactions of the Royal Society B 365: 729 −748.

Keeling, R. F., Manning, A. C., McEvoy, E. M. & Shertz, S. R. (1998a) Methods for measuring changes in atmospheric O_2 concentration and their application in southern hemisphere air. Journal of Geophysical Research 103: 3381 −3397.

Keeling, R. F., Stephens, B. B., Najjar, R. G., Doney, S. C., Archer, D. & Heimann, M. (1998b) Seasonal variations in the atmospheric O_2/N_2 ratio in relation to the kinetics of air-sea gas exchange. Global Biogeochemical Cycles 12: 141 −163.

Keister, J. E. & Peterson, W. T. (2003) Zonal and seasonal variations in zooplankton community structure off the central Oregon coast, 1998 −2000. Progress in Oceanography 57: 341 −361.

Kelley, D. S. & 25 coauthors (2005) A serpentinite-hosted ecosystem: the Lost City hydrothermal field. Science 307: 1428 −1434.

Kemp, P. F. (1986) Direct uptake of detrital carbon by the depositfeeding polychaete Euzonus mucronata (Treadwell). Journal of Experimental Marine Biology and Ecology 99: 49 −61.

Kennan, S. C. & Flament, P. J. (2000) Observations of a tropical instability vortex. Journal of Physical Oceanography 30: 2277 −2301.

Kennedy, M., Droser, M., Mayer, L. M., Pevear, D. & Mrofka, D. (2006) Late Precambrian oxygenation: inception of the clay mineral factory. Science 311: 1446 − 1449.

Kimmerer, W. J. (1983) Direct measurement of the production: biomass ratio of the subtropical calanoid copepod Acrocalanus inermis. Journal of Plankton Research 5: 1 −14.

Kimmerer, W. J. & McKinnon, A. D. (1987) Growth, mortality, and secondary production of the copepod Acartia tranteri in Westernport Bay, Australia. Limnology and Oceanography 32: 14 −28.

Kimmerer, W. J., Hirst, A. G., Hopcroft, R. R. & McKinnon, A. D. (2007) Estimating juvenile copepod growth rates: corrections, inter-comparisons and recommendations. Marine Ecology Progress Series 366: 187 −202.

King, M. (2007) Fisheries Biology: Assessment and Management, 2nd Edition. Blackwell Science, Oxford, 400 pp.

Kiørboe, T. (2000) Colonization of marine snow aggregates by invertebrate zooplankton: abundance, scaling, and possible role. Limnology and Oceanography 45: 479 −484.

Kiørboe, T. (2008) A Mechanistic Approach to Plankton Ecology. Princeton Univ. Press, Princeton NJ, 209 pp.

Kiørboe, T. & Bagøien, E. (2005) Motility patterns and mate encounter rates in planktonic copepods. Limnology and Oceanography 50: 1999 −2007.

Kiørboe, T. & Sabatini, M. (1994) Reproductive and life cycle strategies in egg-carrying cyclopoid and free-spawning calanoid copepods. Journal of Plankton Research 16: 1353 −1366.

Kiørboe, T. , Andersen, A. , Langlois, V. J. , Jakobsen, H. H. & Bohr, T. (2009) Mechanisms and feasibility of prey capture in ambush-feeding zooplankton. Proceedings of the National Academy of Sciences 106: 12,394 −12,399.

Kipp, N. G. (1976) New transfer function for estimating past sea-surface conditions from sea-bed distribution of planktonic foraminiferal assemblages in the North Atlantic. In: Cline, R. & Hays, J. D. (eds.) Investigations of Late Quaternary Paleoceanography and Paleoclimatology. Geological Society of America Memoirs 145: 3 −41.

Kirchman, D. L. , K'Nees, E. & Hodson, R. (1985) Leucine incorporation and its potential as a measure of protein synthesis by bacteria in natural waters. Applied and Environmental Microbiology 49: 599 −607.

Kirchman, D. L. (1992) Incorporation of thymidine and leucine in the subarctic Pacific: application to estimating bacterial production. Marine Ecology Progress Series 82: 301 −309.

Kirchman, D. L. (2000) Uptake and regeneration of inorganic nutrients by marine heterotrophic bacteria. In: Kirchman, D. L. (ed.) Microbial Ecology of the Oceans. Wiley, New York, pp. 261 −288.

Kirchman, D. L. , Ducklow, H. & Mitchell, R. (1982) Estimates of bacterial growth from changes in uptake rates and biomass. Applied and Environmental Microbiology 44: 1296 −1307.

Kirchman, D. L. , Moran, X. A. G. & Ducklow, H. (2009) Microbial growth in the polar oceans − role of temperature and potential impact of climate change. Nature Reviews/Microbiology 7: 451 −459.

Knauer, G. A. , Martin, J. H. & Bruland, K. W. (1979) Fluxes of particulate carbon, nitrogen and phosphorus in the upper water column of the northeast Pacific. Deep-Sea Research 26A: 97 −108.

Knight, M. D. (1984) Variation in larval morphogenesis within the Southern California Bight population of Euphausia pacifica from winter through summer, 1977 −1978. CalCOFI Reports 25: 87 −99.

Koblizek, M. (2011) Role of photoheterotrophic bacteria in the marine carbon cycle. In: Jiao, N. , Azam, F. & Sanders, S. (eds.) Microbial Carbon Pump in the Ocean, American Association for the Advancement of Science, Washington D. C. , pp. 49 −51.

Koehl, M. & Strickler, R. (1981) Copepod feeding currents: food capture at low Reynolds number. Limnology and Oceanography 26: 1062 −1073.

Kolber, Z. S. , Prasil, O. & Falkowski, P. G. (1998) Measurements of variable chlorophyll fluorescence using fast repetition rate techniques: defining methodology and experimental protocols. Biochimica et Biophysica Acta 1367: 88 −106.

Kolber, Z. S., Van Dover, C. L., Niederman, R. A. & Falkowski, P. G. (2000) Bacterial photosynthesis in surface waters of the open ocean. Nature 407: 177 −179.

Koschinsky, A., Garbe-Schönberg, D., Sander, S., Schmidt, K., Gennerich, H. -H. & Strauss, H. (2008) Hydrothermal venting at pressure-temperature conditions above the critical point of seawater, 5°S on the Mid-Atlantic Ridge. Geology 36: 615 −618.

Koslow, J. A. (2007) The Silent Deep: the Discovery, Ecology and Conservation of the Deep Sea. University of Chicago Press, Chicago, 270 pp.

Kostadinov, T. S., Siegel, D. A. & Maritorena, S. (2010) Global variability of phytoplankton functional types from space: assessment via the particle size distributions. Biogeosciences 7: 3239 −3257.

Kovach, A. I., Breton, T. S., Berlinsky, D. L., Maceda, L. & Wirgin, I. (2010) Fine-scale spatial and temporal genetic structure of Atantic cod off the Atlantic coast of the USA. Marine Ecology Progress Series 410: 177 −195.

Kristiansen, S., Farbrot, T. & Naustvoll, L. -J. (2000) Production of biogenic silica by spring diatoms. Limnology and Oceanography 45: 472 −478.

Kröger, N., Deutzmann, R. & Sumper, M. (1999) Polycationic peptides from diatom biosilica that direct silica nanosphere formation. Science 286: 1129 −1132.

Kruse, S. (2009) Population structure and reproduction of Eukrohnia bathypelagica and Eukrohnia bathyantarctica in the Lazarev Sea, Southern Ocean. Polar Biology 32: 1377 −1387.

Kudela, R. M. & 8 coauthors (2008) New insights into the controls and mechanisms of plankton productivity in coastal upwelling waters of the northern California Current system. Oceanography 21: 46 −59.

Kudo, I., Noiri, Y., Imai, K., Nojiri, Y., Nishioka, J. & Tsuda, A. (2005) Primary productivity and nitrogenous nutrient assimilation dynamics during the subarctic Pacific iron experiment for ecosystem dynamics study. Progress in Oceanography 64: 207 −221.

Kudo, I., Noiri, Y., Cochlan, W. P., Suzuki, K., Aramaki, T., Ono, T. & Nojiri, Y. (2009) Primary productivity, bacterial productivity and nitrogen uptake in response to iron enrichment during SEEDS II. Deep-Sea Research II 56: 2755 −2766.

Kussakin, O. G. (1973) Peculiarities of the geographical and vertical distribution of marine isopods and the problem of deep-sea fauna origin. Marine Biology 23: 19 −34.

Lalli, C. M. & Gilmer, R. W. (1989) Pelagic Snails, The Biology of Holoplanktonic Gastropod Mollusks. Stanford University Press, Stanford, CA, 259 pp.

Lambert, F. & 9 coauthors (2008) Dust-climate couplings over the past 800,000 years from the EPICA Dome C ice core. Nature 452: 616 −619.

Lampadariou, A. & Tselepides, A. (2006) Spatial variability of meiofaunal communities at areas of contrasting depth and productivity in the Aegean Sea (NE Mediterranean). Progress in Oceanography 69: 19 −36.

Lampitt, R. S. & Antia, A. N. (1997) Particle flux in deep seas: regional characteristics and temporal variability. Deep-Sea Research I 44: 1377 −1403.

Lampitt, R. S., Salter, L. & Johns, D. (2009) Radiolaria: major exporters of organic carbon to the deep ocean. Global Biogeochemical Cycles 23: GB1010 (9 pp).

Lampitt, R. S., Billett, D. S. M. & Martin, A. P. (2010a) The sustained observatory over the Porcupine Abyssal Plain (PAP): insights from time series observations and process studies. Deep-Sea Research II 57: 1267 −1271.

Lampitt, R. S., Salter, I., de Cuevas, B. A., Hartman, S., Larkin, K. E. & Pebody, C. A. (2010b) Long-term variability of downward particle flux in the deep northeast Atlantic: causes and trends. Deep-Sea Research II 57: 1346 −1361.

Landry, M. R. (1976) Population dynamics of the planktonic marine copepod, Acartia clausi Giesbrecht, in a small temperate lagoon. Ph. D. Dissertation, Univ. Washington, Seattle, 167 pp.

Landry, M. R. (1978) Population dynamics and production of a planktonic marine copepod, Acartia clausii, in a small temperate lagoon on San Juan Island, Washington. International Revue der gesamten Hydrobiologie 63: 77 −119.

Landry, M. R. & Calbet, A. (2004) Microzooplankton production in the oceans. ICES Journal of Marine Science 61: 501 −517.

Landry, M. R. & Hassett, R. P. (1982) Estimating the grazing impact of marine microzooplankton. Marine Biology 67: 283 −288.

Landry, M. R., Constantinou, J., Latasa, M., Brown, S. L., Bidigare, R. R. & Ondrusek, M. E. (2000) Biological response to iron fertilization in the eastern equatorial Pacific (IronEx II). III. Dynamics of phytoplankton growth and microzooplankton grazing. Marine Ecology Progress Series 201: 57 −72.

Landry, M. R., Ohman, M., Goericke, R., Stukel, M. R. & Tsyrklevich, K. (2009) Lagrangian studies of phytoplankton growth and grazing relationships in a coastal upwelling ecosystem off Southern California. Progress in Oceanography 83: 208 −216.

Landry, M. R., Selph, K. E., Taylor, A. G., Décima, M., Balch, W. M. & Bidigare, R. R. (2011) Phytoplankton growth, grazing and production balances in the HNLC equatorial Pacific. Deep-Sea Research II Marine Ecology Progress Series 58: 524 −535.

Lane, N., Allen, J. F. & Martin, W. (2010) How did LUCA make a living? Chemiosis in the origin of life. BioEssays 32: doi: 10.1002/ bies. 201090012.

Lang, B. T. (1965) Taxonomic review of the copepod genera Eucalanus and Rhincalanus in the Pacific Ocean. Ph. D. Dissertation, Scripps Institute of Oceanography, University of California, San Diego, xvi + 251 pp.

Larkin, P. A. (1977) An epitaph for the concept of maximum sustained yield. Transactions of the American Fisheries Society 106: 1 −11.

Larson, R. J. (1980). The Medusa of Velella velella (Linnaeus, 1758) (Hydrozoa, Chondrophorae). Journal of Plankton Research 2: 183 −186.

Latz, M. I., Frank, T. J. & Case, J. F. (1988) Spectral composition of bioluminescence of epipelagic animals from the Sargasso Sea. Marine Biology 98: 441 −446.

Lavaniegos, B. E. & Ohman, M. D. (2007) Coherence of long-term variations of zooplankton in two sectors of the California Current system. Progress in Oceanography 75: 42 −69.

Lavaniegos, B. E. (1995) Production of the euphausiid Nyctiphanes simplex in Vizcaino Bay, Western Baja California. Journal of Crustacean Biology 15: 444 −453.

Lawrence, J. E. (2008) Furtive foes: algal viruses as potential invaders. ICES Journal of Marine Science 65: 716 −722.

Laws, R. M. (1984) Seals. In: Laws, R. M. (ed.) Antarctic Ecology. Vol. 2. Academic Press, London, pp. 621 −715.

Lazier, J. R. N. & Mann, K. H. (1989) Turbulence and diffusive layers around small organisms. Deep-Sea Research 36: 1721 −1733.

Le Borgne, R., Barber, R. T., Delcroix, T., Inoue, H. Y., Mackey, D. J. & Rodier, M. (2002) Pacific warm pool and divergence: temporal and zonal variations on the equator and their effects on the biological pump. Deep-Sea Research II 49: 2471 −2512.

Lebourges-Dhaussy, A., Marchal, E., Menkes, C., Champalbert, G. & Biessy, B. (2000) Vinciguerria nimbaria (micronekton) environment and tuna: their relationships in the eastern tropical Atlantic. Oceanologica Acta 23: 515 −528.

Lee, C. K., Cary, S. C., Murray, A. E. & Daniel, R. M. (2008) Enzymatic approach to eurythermalism of Alvinella pompejana and its endosymbionts. Applied and Environmental Microbiology 74: 774 −782.

Lee, H. -W., Ban, S., Ikeda, T. & Matsuishi, T. (2003) Effect of temperature on development, growth and reproduction in the marine copepod Pseudocalanus newmani at satiating food condition. Journal of Plankton Research 25: 281 −271.

Lee, R. E., Kugrens, P. & Mylnikov, A. P. (1991) Feeding apparatus of the colorless flagellate Katablepharis (Cryptophyceae). Journal of Phycology 27: 725 −733.

Lee, S. & Fuhrman, J. A. (1987) Relationships between biovolume and biomass of naturally-derived marine bacterioplankton. Applied and Environmental Microbiology 52: 1298 −1303.

Legendre, P. & Legendre, L. (1998) Numerical Ecology, 2nd English Edition. Elsevier

Science, Amsterdam, xv + 853 pp.

Leising, A. W., Gentleman, W. C. & Frost, B. W. (2003) The threshold feeding response of microzooplankton within Pacific high-nitrate low-chlorophyll ecosystem models under steady and variable iron input. Deep-Sea Research II 50: 2877 −2894.

Leising, A. W., Pierson, J. J., Halsband-Lenk, C., Horner, R. & Postel, J. (2005) Copepod grazing during spring blooms: does Calanus pacificus avoid harmful diatoms? Progress in Oceanography 67: 384 −405.

Lenz, P. H., Hartline, D. K. & Davis, A. D. (2000) The need for speed. I. Fast reactions and myelinated axons in copepods. Journal of Comparative Physiology, A 186: 337 −345.

Lenz, P. H., Hower, A. E. & Hartline, D. K. (2004) Force production during pereiopod power strokes in Calanus helgolandicus. Journal of Marine Systems 49: 133 −144.

Lessard, E. J. (1991) The trophic role of heterotrophic dinoflagellates in diverse marine environments. Marine Microbial Food Webs 5: 49 −58.

Letelier, R. M., Dore, J. E., Winn, C. D. & Karl, D. M. (1996) Seasonal and interannual variations in photosynthetic carbon assimilation at Station ALOHA. Deep-Sea Research H 43: 467 −490.

Lewin, J. C. (1955) Silicon metabolism in diatoms. III. Respiration and silicon uptake in Navicula pelliculosa. Journal of General Physiology 39: 1 −10.

Lewin, R. A. & Withers, N. W. (1975) Extraordinary pigment composition of a prokaryotic alga. Nature 256: 735 −737.

Lewis, M. R., Warnock, R. E., Irwin, B. & Platt, T. (1985) Measuring photosynthetic action spectra of natural phytoplankton populations. Journal of Phycology 21: 310 −315.

Li, X., McGillicuddy, Jr, D. J., Durbin, E. G. & Wiebe, P. H. (2006) Biological control of Calanus finmarchicus on Georges Bank. Deep-Sea Research H 53: 2632 − 2655.

Lightfoot, R. H., Tyler, P. A. & Gage, J. D. (1979) Seasonal reproduction in deepsea bivalves and brittlestars. Deep-Sea Research 26: 967 −973.

Lin, G., Banks, T. & O'Reilly-Sternberg, L. daS. L. (1991) Variation in $\delta^{13}C$ values in Thalassia testudinum and its relation to mangrove carbon. Aquatic Botany 40: 333 − 341.

Lisiecki, L. E. & Raymo, M. E. (2005) A Pliocene—Pleistocene stack of 57 globally distributed benthic $\delta^{18}O$ records. Paleoceanography 20: PAl003. doi: 10.1029/2004PA001071 (17 pp.).

Litaker, R. W., Vandersea, M. W., Kibler, S. R., Madden, V. J., Noga, E. J. & Tester, P. (2002) Life cycle of the heterotrophic dinoflagellate Pfiesteria piscicida

（Dinophyceae）. Journal of Phycology 38：442 −463.

Liu, H. , Nolla, H. A. & Campbell, L. （1997）Prochlorococcus growth rate and contribution to primary production in the equatorial and subtropical North Pacific Ocean. Aquatic Microbial Ecology 12：39 −47.

Liu, H. , Probert, I. , Uitz, J. , Claustre, H. , Aris-Brosou, S. , Frada, M. , Not, F. & deVargas, C. （2009）Extreme diversity in non-calcifying haptophytes explains a major pigment paradox in open oceans. Proceedings of the National Academy of Sciences 106：12,803 −12,808.

Lochte, K. , Ducklow, H. W. , Fasham, M. J. R. & Stienen, C. （1993）Plankton succession and carbon cycling at 47°N, 20°W during the JGOFS North Atlantic Bloom Experiment. Deep-Sea Research II 40：91 −114.

Locket, N. A. （1985）The multiple bank rod fovea of Bajacalifornia drakei, an alepocephalid deep-sea teleost. Proceedings of the Royal Society of London, B 224：7 −22.

Longhurst, A. R. （1985）Relationship between diversity and the vertical structure of the upper ocean. Deep-Sea Research 85：1535 −1570.

Longhurst, A. R. （2006）Ecological Geography of the Sea（2nd Edn. ）. Academic Press, Amsterdam, 542 pp.

Longhurst, A. R. （2010）Mismanagement of Marine Fisheries. Cambridge University Press, 320 pp.

Longhurst, A. R. & Harrison, W. G. （1989）The biological pump：profiles of plankton production and consumption in the upper ocean. Progress in Oceanography 22：47 −123.

Longhurst, A. R. , Bedo, A. W. , Harrison, W. G. , Head, E. J. H. & Sameoto, D. D. （1990）Vertical flux of respiratory carbon by oceanic diel migrant biota. Deep-Sea Research I 37：685 −694.

Loose, C. J. （1993）Daphnia diel vertical migration behavior：response to vertebrate predator abundance. Archiv für Hydrobiologie, Beiheft Ergebnisse der Limnologie 39：29 −36.

Lotka, A. J. （1925）Elements of Physical Biology. Williams & Wilkins Co. , Baltimore, 465 pp.

Lourens, L. J. , Becker, J. , Bintanja, R. , Hilgen, F. J. , Tuenter, E. , van de Wal, R. S. W. & Ziegler, M. （2010）Linear and non-linear response of Neogene glacial cycles to obliquity forcing and implications for the Milankovitch theory. Quaternary Science Reviews 29：352 −365.

Lubchenco, J. & Partnership for Interdisciplinary Studies of Coastal Oceans（2007）The Science of Marine Reserves. 2nd Edition, International Version. www. piscoweb. org. 22 pp.

Lutz, M., Dunbar, R. & Caldeira, K. (2002) Regional variability in the vertical flux of particulate organic carbon in the ocean interior. Global Biogeochemical Cycles 16 (3), 1037, doi: 10.1029/ 2000GB001383.

Lutz, R. A., Shank, T. M., Fornari, D. J., Haymon, R. M., Lilley, M. D., Von Datum, K. L. & Desbruyères, D. (1994) Rapid growth at deep-sea vents. Nature 371: 663 −664.

Lyman, J. M. & 7 coauthors (2010) Robust warming of the global upper ocean. Nature 465: 334 −337.

Lynch, D. R, Ip, J. T. C., Naimie, C. E. & Werner, F. E. (1996) Comprehensive coastal circulation model with application to the Gulf of Maine. Coastal and Shelf Science 16: 875 −906.

MacDonald, J. D. (1869) On the structure of the diatomaceous frustule, and its genetic cycle. Annals and Magazine of Natural History 4 (3): 1 −8.

MacIntyre, H. L., Kana, T. M., Anning, T. & Geider, R. J. (2002) Photoacclimation of photosynthesis irradiance response curves and photosynthetic pigments in microalgae and cyanobacteria. Journal of Phycology 38: 17 −38.

Mackas, D. L & Beaugrand, G. (2010) Comparisons of zooplankton time series. Journal of Marine Systems 79: 286 −304.

Mackas, D. & Bohrer, R. (1976) Fluorescence analysis of zooplankton gut contents and an investigation of diel feeding patterns. Journal of Experimental Marine Biology and Ecology 25: 75 −85.

Mackas, D. L., Peterson, W. T. & Zamon, J. E. (2004) Comparisons of interannual biomass anomalies of zooplankton communities along the continental margins of British Columbia and Oregon. Deep-Sea Research H 51: 875 −896.

Mackas, D. L., Strub, P. T., Thomas, A. C. & Montecino (2005) Eastern ocean boundaries: pan-regional overview. In: Robinson, A. R. & Brink, K. H. (eds.) The Global Ocean, Interdisciplinary Regional Studies and Syntheses. The Sea, vol. 14, Part A. Harvard University Press, Cambridge, MA, pp. 21 −59.

Mackas, D. L., Batten, S & Trudel, M. (2007) Effects on zooplankton of a warmer ocean: Recent evidence from the Northeast Pacific. Progress in Oceanography: 223 −252.

Mackey, K. R. M., Paytan. A., Grossman, A. R. & Bailey, S. (2008) A photosynthetic strategy for coping in a high-light, low-nutrient environment. Limnology and Oceanography 53: 900 −913.

MacLulich, D. A. (1937) Fluctuations in the number of the varying hare (Lepus americanus). University of Toronto Studies in Biology, Series No. 43, Univ. Toronto Press.

Madin, L. P. & Harbison, G. R. (1978) Thalassocalyce inconstans, new genus and species, an enigmatic ctenophore representing a new family and order. Bulletin of Marine Science 28: 680 −687

Madin, L. P. & 7 coauthors (1996) Voracious planktonic hydroids: unexpected predatory impact on a coastal marine ecosystem. Deep-Sea Research II 43: 1823 −1829.

Mann, D. G. (1984) Structure, life history and systematics of Rhoicosphenia (Bacillariophyta). V. Initial cell and size reduction in Rh. curvata and a description of the Rhoicospheniaceae Fam. Nov. Journal of Phycology 20: 544 −555.

Mann, K. H. & Lazier, J. R. N. (1991) Dynamics of Marine Ecosystems: Biological—Physical Interactions in the Oceans, 1st edn. Blackwell Science, Oxford, 466 pp.

Mann, K. H. & Lazier, J. R. N. (2006) Dynamics of Marine Ecosystems, 3rd Edn., Blackwell, Oxford, 496 pp.

Manning, A. C. & Keeling, R. F. (2006) Global oceanic and land biotic carbon sinks from the Scripps atmospheric oxygen flask sampling network. Tellus 58B: 95 −116.

Mantua, N. J., Hare, S. R., Zhang, Y., Wallace, J. M. & Francis, R. C. (1997) A Pacific decadal climate oscillation with impacts on salmon. Bulletin of the American Meteorological Society 78: 1069 −1079.

Marañon, E., Holligan, P. M., Varela, M., Mourino, B. & Bale, A. J. (2000) Basin-scale variability of phytoplankton biomass, production, and growth in the Atlantic Ocean. Deep-Sea Research I 47. 825 −857.

Marchetti, A., Maldonado, M. T., Lane, E. S. & Harrison, P. J. (2006a) Iron requirements of the pennate diatom Pseudo-nitzschia: comparison of oceanic (high-nitrate, low-chlorophyll waters) and coastal species. Limnology and Oceanography 51: 2092-2101.

Marchetti, A., Sherry, N. D., Kiyosawa, H., Tsuda, A. & Harrison, P. J. (2006b) Phytoplankton processes during a mesoscale iron enrichment in the NE subarctic Pacific: Part I −Biomass and assemblage. Deep-Sea Research II 53: 2095 −2113.

Marcus, N. H. (1982) Photoperiodic and temperature regulation of diapause in Labidocera aestiva (Copepoda: Calanoida). Biological Bulletin 162: 45 −52.

Markert, S. & 11 coauthors (2007) Physiological proteomics of the uncultured endosymbiont of Riftia pachyptila. Science 441: 247 −250.

Marlétaz, F. & 11 coauthors (2006) Chaetognath phylogenetics: a protostome with deuterostome-like development. Current Biology 16: R577 −R578.

Marlow, C. J. & Miller, C. B. (1975) Patterns of vertical distribution and migration of zooplankton at Ocean Station "P". Limnology and Oceanography 20: 824 −844.

Marra, J. F. (2009) Net and gross: weighing in with 14C. Aquatic Microbial Ecology 56: 123 −131.

Marsh, A. G., Mullineaux, L. S., Young, C. M. & Manahan, D. T. (2001) Larval dispersal potential of the tube worm Riftia pachyptila at deep-sea hydrothermal vents. Nature 411. 77 −80.

Marshall, N. B. (1979) Developments in Deep-Sea Biology. Blandford, Poole, UK. 566 pp.

Marshall, S. M. & Orr, A. P. (1934) On the biology of Calanus finmarchicus. V. Distribution, size, weight and chemical composition in Loch Striven in 1933, and their relation to phytoplankton. Journal of the Marine Biological Association of the United Kingdom 19: 793 −827.

Martin, J. H. & Fitzwater, S. (1988) Iron deficiency limits phytoplankton growth in the northeast Pacific subarctic. Nature 331: 341 −343.

Martin, J. H. & 43 coauthors (1994) Testing the iron hypothesis in ecosystems of the equatorial Pacific Ocean. Nature 371: 123 −129.

Martin, J. H., Knauer, G. A., Karl, D. M. & Broenkow, W. W. (1987) VERTEX: carbon cycling in the northeast Pacific. Deep-Sea Research 34: 267 −285.

Martin, J. H., Gordon, R. M., Fitzwater, S. & Broenkow, W. W. (1989) VERTEX: phytoplankton/iron studies in the Gulf of Alaska. Deep-Sea Research 36: 7649 − 7680.

Martin, P. C. (2009) Do sea surface temperatures influence catch rates in the June South Peninsula, Alaska, salmon fishery? North Pacific Anadromous Fish Commission Bulletin 5: 147 −156.

Martinez, J. M., Schroeder, D. C., Larsen, A., Bratbak, G., & Wilson, W. H. (2007) Molecular dynamics of Emiliana huxleyi and cooccurring viruses during two separate mesocosm studies. Applied and Environmental Microbiology 73: 554 −562.

Martinez-Garcia, A., Rosell-Melé, A., Geibert, W., Gersonde, R., Masqué, P., Gaspari, V. & Barbante, C. (2009) Links between iron supply, marine productivity, sea surface temperature, and CO_2 over the last 1. 1 Ma. Paleoceanography 24. PA1207 (14 pp.); doi: 10.1029/2008PA001657.

Martiny, A. C., Kathuria, S. & Berube, P. M. (2009) Widespread metabolic potential for nitrite and nitrate assimilation among Prochlorococcus ecotypes. Proceedings of the National Academy of Sciences 106: 10,787 −10,792.

Mathews, C. K., van Holde, K. E. & Ahern, K. G. (2000) Biochemistry. Benjamin/Cummings, Menlo Park, CA, xxvii + 1159 pp.

Mauchline, J. (1988) Growth and breeding of meso-and bathypelagic organisms of the Rockall Trough, northeastern Atlantic Ocean, and evidence of seasonality. Marine Biology 98: 387 −393.

Mauchline, J. (1998) The Biology of Calanoid Copepods. Advances in Marine Biology 33: 1 −710.

Maunder, M. N. & Watters, G. M. (2001) Status of yellowfin tuna in the eastern Pacific Ocean. Inter-American Tropical Tuna Commission, Stock Assessment Report 1: 5 -86.

Maunder, M. N., Sibert, J. R., Fonteneau, A., Hampton, J., Kleiber, P. & Harley, S. J. (2006) Interpreting catch per unit effort data to assess the status of individual stocks and communities. ICES Journal of Marine Sciences 63: 1373 -1385.

Maynou, F. & Cartes, J. E. (2000) Community structure of bathyal crustaceans off southwest Balearic Islands (Western Mediterranean) season and regional patterns in zonation. Journal of the Marine Biological Association of the United Kingdom 80: 789 -798.

Mayzaud, P. & Poulet, S. (1978) The importance of the time factor in the response of zooplankton to varying concentrations of naturally occurring particulate matter. Limnology and Oceanography 23: 1144 -1154.

McCarthy, J. J., Taylor, W. R. & Taft, J. L. (1975) The dynamics of nitrogen and phosphorus cycling in the open waters of Chesapeake Bay. In: Church, T. M. (ed.) Marine Chemistry in the Coastal Environment. American Chemical Society Symposium Series 18: 664 -681.

McCave, I. N. (1975) The vertical flux of particles in the ocean. Deep-Sea Research 22: 491 -502.

McClatchie, S. (1985) Time-series feeding rates of the euphausiid Thysanoessa raschii in a temporally patchy food environment. Limnology and Oceanography 31: 469 -477.

McClelland, J. W. & Montoya, J. P. (2002) Trophic relationships and the nitrogen isotopic composition of amino acids in plankton. Ecology 83: 2173 -2180.

McCune, B. & Grace, J. B. (2002) Analysis of Ecological Communities. MjM Software, Gleneden Beach, Oregon, 300 pp.

McGillicuddy, D., Anderson, D. M., Lynch, D. R. & Townsend, D. W. (2005) Mechanisms regulating large-scale seasonal fluctuations in Alexandrium fundyense populations in the Gulf of Maine: results from a physical-biological model. Deep-Sea Research II 52: 2698 -2714.

McGowan, J. A. (1963) Geographical variation in Limacina helicina in the North Pacific. In: Harding, J. P. & Tebble, N. (eds.) Speciation in the Sea. Systematics Association, London, Publication No. 3, pp. 109 -128.

McGowan, J. A. (1968) The Thecosomata and Gymnosomata of California. Veliger 3 (suppl.): 103 -130.

McGowan, J. A. & Walker, P. W. (1979) Structure in the copepod community of the North Pacific Central Gyre. Ecological Monographs 49: 195 -226.

McGowan, J. A. & Walker, P. W. (1985) Dominance and diversity maintenance in an oceanic ecosystem. Ecological Monographs 55: 103 -118.

McGowan, J. A., Bograd, S. J., Lynn, R. J. & Miller, A. J. (2003) The biological response to the 1977 regime shift in the California Current. Deep-Sea Research II 50: 2567 −2582.

McIntyre, A. &7 coauthors (1976) Glacial North Atlantic 18,000 years ago: a CLIMAP reconstruction. In: Cline, R. & Hays, J. D. (eds.) Investigations of Late Quaternary Paleoceanography and Paleoclimatology. Geological Society of America Memoir 145: 43 −76.

McLaughlin, F. A., Carmack, E. C., Macdonald, R. W. & Bishop, J. K. B. (1996) Physical and geochemical properties across the Atlantic/ Pacific water mass front in the southern Canadian Basin. Journal of Geophysical Research, Oceans 101: 1183 −1197.

McQuoid, M. R. & Hobson, L. A. (1996) Diatom resting stages. Journal of Phycology 32: 889 −902.

McQuoid, M. R., Godhe, A. & Nordberg, K. (2002) Viability of phytoplankton resting stages in the sediments of a coastal Swedish fjord. European Journal of Phycology 37: 191 −201.

Ménard, F. & Marchal, E. (2003) Foraging behavior of tuna feeding on small schooling Vinciguerria nimbaria in the surface layer of the equatorial Atlantic Ocean. Aquatic Living Resources 16: 231 −238.

Menkes, C. E. &9 coauthors (2002) A whirling ecosystem in the equatorial Atlantic. Geophysical Research Letters 29: 10.1029/ 2001GL014576.

Menzies, R. J. (1965) Conditions for the existence of life on the abyssal sea floor. Oceanography and Marine Biology Annual Review 3: 195 −210.

Messié, M., Ledesma, J., Kolber, D. D., Michisaki, R. P., Foley, D. G. & Chavez, F. P. (2009) Potential new production estimates in four eastern boundary upwelling ecosystems. Progress in Oceanography 83: 151 −158.

Michael, E. L. (1911) Classification and vertical distribution of the Chaetognatha of the San Diego region. University of California Publications in Zoology 8: 21 −186.

Michaels, A. F. &8 coauthors (1996) Inputs, losses and transformations of nitrogen and phosphorus in the pelagic North Atlantic Ocean. Biogeochemistry 35: 181 −226.

Middleboe, M. & Jorgensen, N. O. G. (2006) Viral lysis of bacteria: an important source of dissolved amino acids and cell wall compounds. Journal of the Marine Biological Association of the United Kingdom 86: 805 −612.

Miller, C. B. (ed.) (1993) Pelagic ecodynamics in the Gulf of Alaska, results from the SUPER Program. Progress in Oceangraphy 32: iv + 358 pp.

Miller, C. B. & Clemons, M. J. (1988) Revised life history analysis for large grazing copepods in the subarctic Pacific Ocean. Progress in Oceanography 20: 293 −313.

Miller, C. B., Frost, B. W., Wheeler, P. A., Landry, M. R., Welschmeyer, N. & Powell, T. M. (1991a) Ecological dynamics in the subarctic Pacific, a possibly iron-limited ecosystem. Limnology and Ocea-nography 36: 1600 −1615.

Miller, C. B., Lynch, D. R., Carlotti, F., Gentleman, W. & Lewis, C. V. W. (1998) Coupling of an individual-based population dynamical model for stocks of Calanus finmarchicus to a circulation model for the Georges Bank region. Fishery Oceanography 7: 219 −234.

Miller, J. E. & Pawson, D. L., (1990) Swimming sea cucumbers (Echinodermata: Holothuroidea): a survey, with analysis of swimming behavior in four bathyal species. Smithsonian Contributions to the Marine Sciences 35: iii + 18 pp.

Miralto, A. & 10 coauthors (1999) The insidious effect of diatoms on copepod reproduction. Nature 402: 173 −176.

Mobley, C. T. (1987) Time-series ingestion rate estimates on individual Calanus pacificus Brodsky: interactions with environmental and biological factors. Journal of Experimental Marine Biology and Ecology 114: 199 −216.

Moen, T., Verbeeck, L., de Maeyer, A., Swings, J. & Vincx, M. (1999) Selective attraction of marine bacterivorous nematodes to their bacterial food. Marine Ecology Progress Series 176: 165 −178.

Mohr, W., Grosskopf, T., Wallace, D. W. R. & LaRoche, J. (2010) Methodological underestimation of oceanic nitrogen fixation fates. PLoS ONE 5 (9): e12583 (7 pp.)

Moisander, P. H. & 7 coauthors (2010) Unicellular cyanobacterial distributions broaden the oceanic N_2 fixation domain. Science 327: 1512 −1514.

Moku, M., Kawaguchi, K., Watanabe, H. & Ohno, A. (2000) Feeding habits of three dominant myctophid fishes, Diaphus theta, Stenobrachius leucopsarus and S. nannochir, in the subarctic and transitional waters of the western North Pacific. Marine Ecology Progress Series 207: 129 −140.

Monger, B. C., Landry, M. R. & Brown, S. L. (1999) Feeding selection of heterotrophic marine nanoflagellates based on the surface hydrophobicity of their picoplankton prey. Limnology and Oceanography 44: 1917 −1927.

Montagnes, D. J. S. (1996) Growth responses of planktonic ciliates in the genera Strombilidium and Strombidium. Marine Ecology Progress Series 130: 241 −254.

Moore, C. M., Mills, M. M., Langlois, R., Milne, A., Achterberg, E. P., LaRoche, J. & Geider, R. J. (2008) Relative influence of nitrogen and phosphorus availability on phytoplankton physiology and productivity in the oligotrophic sub-tropical Atlantic Ocean. Limnology and Oceanography 53: 291 −305.

Moore, J. K. & Abbott, M. R. (2000) Phytoplankton chlorophyll distributions and primary production in the Southern Ocean. Journal of Geophysical Research, C, Oceans 105: 28,709 −28,722.

Moreira, D., von der Heyden, S., Bass, D., López-García, P., Chao, E. & Cavalier-Smith, T. (2007) Global eukaryote phylogeny: combined small- and large-subunit ribosomal DNA trees support monophyly of Rhizaria, Retaria and Excavata. Molecular Phylogenetics and Evolution 44: 255 −266.

Morel, A. (1991) Light and marine photosynthesis: a spectral model with geochemical and climatological implications. Progress in Oceanography 26: 263 −306.

Morel, F. M. M. (1987) Kinetics of nutrient uptake and growth in phytoplankton. Journal of Phycology 23: 137 −150.

Morel, F. M. M., Kustka, A. B. & Shaked, Y. (2008) The role of unchelated Fe in the iron nutrition of phytoplankton. Limnology and Oceanography 53: 400 −404.

Morris, R. M., Nunn, B. L., Frazar, C., Goodlett, D. R., Ting, Y. S. & Rocap, G. (2010) Comparative metaproteomics reveals ocean-scale shifts in microbial nutrient utilization and energy transduction. The ISME Journal 4: 673 −685.

Morton, J. E. (1954) The biology of Limacina retroversa. Journal of the Marine Biological Association of the United Kingdom 33: 297 −312.

Moser, H. G. & Boehlert, G. W. (1991) Ecology of pelagic larvae and juveniles of the genus Sebastes. Environmental Biology of Fishes 30: 203 −224.

Mouhon, F. R. 1942. Liebig and after Liebig. AAAS Publ. No. 16, Washington, D. C.

Moutin, T., Broeck, N. V. D., Beker, B., Dupouy, C., Rimmelin, P. & Boutelilller, A. L. (2005) Phosphate availability controls Trichodesmiun spp. biomass in the SW Pacific Ocean. Marine Ecology Progress Series 297: 15 −21.

Mullin, M. M. & Brooks, E. R. (1970) Production of the planktonic copepod Calanus helgolandicus. Bulletin of the Scripps Institution of Oceanography 17: 89 −103.

Mullin, M. M. & Brooks, E. R. (1976) Some consequences of distributional heterogeneity of phytoplankton and zooplankton. Limnology and Oceanography 21: 784 −796.

Mullins, T. D., Britschgi, T. B., Krest, R. L. & Giovannoni, S. J. (1995) Genetic comparisons reveal the same unknown bacterial lineages in Atlantic and Pacific bacterioplankton communities. Limnology and Oceanography 40: 148 −158.

Mulsow, S. & Boudreau, B. (1998) Bioturbation and porosity gradients. Limnology and Oceanography 43: 1 −9.

Mundy, C. J. & 13 coauthors (2009) Contribution of under-ice primary production to an ice-edge upwelling phytoplankton bloom in the Canadian Beaufort Sea. Geophysical Research Letters 36: L17601, doi: 10.1029//2009GL038837.

Munn, C. B. (2006) Viruses as pathogens of marine organisms − from bacteria to whales. Journal of the Marine Biological Association of the United Kingdom 86：453 −467.

Muntz, W. R. A. (1976) On yellow lenses in mesopelagic animals. Journal of the Marine Biological Association of the United Kingdom 56：963 −976.

Murray, J. W., Johnson, E. & Garside, C. (1995) A US JGOFS process study in the Equatorial Pacific (EqPac)：introduction. Deep-Sea Research II 42：275 −293.

Murray, J. W., Le Bourgne, R. & Dandonneau, Y. (1997) JGOFS studies in the equatorial Pacific. Deep-Sea Research II 44：1759 −1763.

Myers, A. A. (1985) Shallow-water, coral reef and mangrove amphipoda (Gammaridea) of Fiji. Records of the Australian Museum, Supplement 5：143 pp.

Myers, R. (2001) Stock Recruitment Database. http：//www. mscs. dal. ca/ ~ myers/ welcome. html.

Myers, R. A. & Worm, B. (2003) Rapid worldwide depletion of predatory fish communities. Nature 423：280 −284.

Nagasawa, S. (1984) Laboratory feeding and egg production in the chaetognath Sagitta crassa Tokioka. Journal of Experimental Marine Biology and Ecology 76：51 −65.

Nagura, M. & McPhaden, M. J. (2010) Wyrtki Jet dynamics：seasonal variability. Journal of Geophysical Research 115：C07009 (17 pp.).

Nejstgaard, J. C. & 7 coauthors (2008) Quantitative PCR to estimate copepod feeding. Marine Biology 153：565 −577.

Nelson, D. M. & Brand, L. E. (1979) Cell division periodicity in 13 species of marine phytoplankton on a light：dark cycle. Journal of Phycology 15：67 −75.

Nelson, D. M. & Dortch, Q. (1996) Silicic acid depletion and silicate limitation in the plume of the Mississippi River：evidence from kinetic studies in spring and summer. Marine Ecology Progress Series 136：163 −178.

Nelson, D. M. & Landry, M. R. (2011) Regulation of phytoplankton production and upper ocean biogeochemistry in the eastern Equatorial Pacific：introduction to results of the Equatorial Biocomplexity project. Deep-Sea Research H 58：277 −283.

Nelson, D. M. & Smith, W. O. Jr (1991) Sverdrup revisited：critical depths, maximum chlorophyll levels and the control of Southern Ocean productivity by the irradiance-mixing regime. Limnology and Oceanography 36：1650 −1661.

Nelson, D. M., Tréguer, P., Brzezinski, M. A., Leynaert, A. & Quéguiner, B. (1995) Production and dissolution of biogenic silica in the ocean：revised global estimates, comparison with regional data and relationship to biogenic sedimentation. Global Biogeochemical Cycles 9：359 −372.

Nelson, D. M., Brzezinski, M. A., Sigmon, D. E. & Frank, V. E. (2001) A seasonal progression of Si limitation in the Pacific sector of the Southern Ocean. Deep-Sea

Research II 48: 3973 -3995.

Neuer, S. & 10 coauthors (2007) Biogeochemistry and hydrography in the eastern sub-tropical North Atlantic gyre. Results from the European time-series station ESTOC. Progress in Oceanography 72: 1 -29.

Neuheimer, A. B., Gentleman, W. C., Galloway, C. L. & Johnson, C. L. (2009) Modeling larval Calanus finmarchicus on Georges Bank: time-varying mortality rates and a cannibalism hypothesis. Fisheries Oceanography 18: 147 -160.

Neuheimer, A. B., Gentleman, W. C., Pepin, P. & Head, E. J. H. (2010) How to build and use individual-based models (IBMs) as hypoth esis testing tools. Journal of Marine Systems 81: 122 -133.

Neveux, J., Dupouy, C., Blanchot, J., Le Bouteiller, A., Landry, M. R. & Brown, S. (2003) Diel dynamics of chlorophylls in high-nutrient, low-chlorophyll waters of the equatorial Pacific (180°): interactions of growth, grazing, physiological responses, and mixing. Journal of Geophysical Research—Oceans 108: C12, 8240, doi: 10.1029/2000JC000747.

Newell, C. L. & Cowles, T. J. (2006) Unusual gray whale Eschrichtius robustus feeding in the summer of 2005 off the central Oregon coast. Geophysical Research Letters 33: L22S11 doi: 10.1029/ 2006GL027189.

Nicol, S. (2006) Krill, currents, and sea ice: Euphausia superba and its changing environment. BioScience 56: 111 -120.

Nicol, S. (2010) BROKE-West, a large ecosystem survey of the South West Indian O-cean sector of the Southern Ocean, 30°E—80°E (CCAMLRDivision58. 4. 2). Deep-Sea Research II 57: 693 -700.

Nicol, S., De la Mare, W. K. & Stolp, M. (1995) The energetic cost of egg production in Antarctic krill (Euphausia superba Dana). Antarctic Science 7: 25 -30.

Niehoff, B. (2000) Effect of starvation on the reproductive potential of Calanus finmarchicus. ICES Journal of Marine Science 57: 1764 -1772.

Niehoff, B., Klenke, U., Hirche, H. -J., Irigoien, X., Head, R. & Harris, R. (1999) A high frequency time series at Weathership M, Norwegian Sea, during the 1997 spring bloom: the reproductive biology of Calanus finmarchicus. Marine Ecological Progress Series 176: 81 -82.

Nielsen, J. G., Bertelsen, E. & Jespersen, Å. (1989) The biology of Eurypharynx pelecanoides (Pisces, Eurypharyngidae). Acta Zoologica (Stockholm) 70: 187 -197.

Nilsson, D. -E. (1989) Optics and design of the compound eye. In: Hardie, R. C. & Stavenga, D. G. (eds.) Facets of Vision, Springer-Verlag, Berlin, pp. 30 -73.

Nishida, S. (1985) Taxonomy and distribution of the family Oithonidae (Copepoda, Cyclopoida) in the Pacific and Indian Oceans. Bulletin of the Ocean Research Institute, University of Tokyo 20: 167 pp.

Nishida, S. & Ohtsuka, S. (1991) Midgut structure and food habits of the mesopelagic copepods Lophothrix frontalis and Scottocalanus securifrons. Bulletin of the Plankton Society of Japan, Special Volume 1991: 527 −534.

Nussbaumer, A. D., Fisher, C. R. & Bright, M. (2006) Horizontal endosymbiont transmission in hydrothermal vent tubeworms. Nature 441: 345 −348.

Oakley, B. R. & Dodge, J. D. (1976) Mitosis and cytokinesis in the dinoflagellate Amphidinium carterae. Cytobios 17: 35 −46.

Ochoa, N. & Gómez, O. (1987) Dinoflagellates as indicators of water masses during El Niño, 1982 −1983. Journal of Geophysical Research 92: 14,355 −14,367.

O'Dor, R. K. (1983) Illex illecebrosus. In: Boyle, P. R. (ed.) Cephalopod Life Cycles, Vol. 1. Academic Press, London, pp. 175 −199.

Ohman, M. D. & Wood, S. N. (1996) Mortality estimation for planktonic copepods: Pseudocalanus newmani in a temperature fjord. Lirnnology and Oceanography 41: 126 −135.

Ohman, M. D., Frost, B. W. & Cohen, E. B. (1983) Reverse diel vertical migration: an escape from invertebrate predators. Science 220: 1404 −1406.

Ohman, M. D., Bradford, J. M. & Jillett, J. B. (1989) Seasonal growth and lipid storage of the circumgiobal, subantarctic copepod, Neocalanus tonsus (Brady). Deep-Sea Research 36: 1309 −1326.

Ohman, M. D., Eiane, K., Durbin, E. G., Runge, J. A. & Hirche, H.-J. (2004) A comparative study of Calanus finrnarchicus mortality patterns at five localities in the North Atlantic. ICES Journal of Marine Science 61: 687 −697.

Ohman, M. D., Durbin, E. A., Runge, J. A., Sullivan, B. K. & Field, D. B. (2008) Relationship of predation potential to mortality of Calanus finmarchicus on Georges Bank, northwest Atlantic. Limnology and Oceanography 53: 1643 −1655.

Okutani, T. (1983) Todarodes pacificus. In: Boyle, P. R. (ed.) Cephalopod Life Cycles, Vol. 1. Academic Press, London, pp. 201 −214.

Olabarria, C. (2005) Patterns of bathymetric zonation of bivalves in the Porcupine Seabight and adjacent Abyssal plain, NE Atlantic. Deep-Sea Research I 52: 15 −31.

Olli, K. & 10 coauthors (2007) The fate of production in the central Arctic Ocean-top-down regulation by zooplankton expatriates? Progress in Oceanography 72: 84 −113.

Olsen, G. J., Lane, D. L., Giovannoni, S. J., Pace, N. R. & Stahl, D. A. (1986) Microbial ecology and evolution: a ribosomal RNA approach. Annual Review of Microbiology 40: 337 −366.

Olson, D. B. (2001) Biophysical dynamics of western transition zones: a preliminary synthesis. Fisheries Oceanography 10: 133 −150.

Olson, D. B. & Hood, R. R. (1994) Modelling pelagic biogeography. Progress in Oceanography 34: 161 −205.

Olson, R. J. & Boggs, C. H. (1986) Apex predation by yellowfin tuna (Thunnus albacares): independent estimates from gastric evacuation and stomach contents, bioenergetics, and cesium concentrations. Canadian Journal of Fisheries and Aquatic Sciences 43: 1135 −1140.

Olson, R. J., Chisholm, S. W., Zettler, E. R., Altabet, M. A. & Dusenberry, J. A. (1990) Spatial and temporal distributions of prochlorophyte picoplankton in the North Atlantic Ocean. Deep-Sea Research 37: 1033 −1051.

Olson, R. J. & 11 coauthors (2010) Food-web inferences of stable isotope patterns in copepods and yellowfin tuna in the pelagic eastern Pacific Ocean. Progress in Oceanography 86: 124 −138.

Oparin, A. I. (1938) The Origin of Life. Macmillan, New York. [Russian original, Proiskhozhdenie Zhizny, 1924.], viii + 270 pp.

Orsi, A. J., Whitworth, T. & Nowlin, W. D. (1995) On the meridional extent and fronts of the Antarctic Circumpolar Current. Deep-Sea Research I 42: 641 −673.

Ouverney, C. C. & Fuhrman, J. A. (1999) Marine planktonic archaea take up amino acids. Applied and Environmental Microbiology 66: 4829 −4833.

Pabi, S., van Dijken, G. L. & Arrigo, K. R. (2008) Primary production in the Arctic Ocean, 1998 −2006. Journal of Geophysical Research 113: C08005, doi: 10.1029/2007JC004578, 2008.

Pace, N. R. (2006) Time for a change. Nature 441: p. 289.

Pace, N. R. (2009) Mapping the tree of life: progress and prospects. Microbiology and Molecular Biology Reviews 73: 565 −576.

Padillon, F. & Gaill, F. (2007) Adaptation to deep-sea hydrothermal vents: some molecular and developmental aspects. Journal of Marine Science and Technology (Taiwan) 15 (Special Issue): 7 −53.

Paffenhöfer, G.-A. (1971) Grazing and ingestion rates of nauplii, copepodids and adults of the marine planktonic copepod Calanus helgolandicus. Marine Biology 11: 286 −298.

Paffenhöfer, G.-A. (1984) Food ingestion by the marine planktonic copepod Paracalanus in relation to abundance and size distribution of food. Marine Biology 80: 323 −333.

Paffenhöfer, G.-A. & Lewis, K. D. (1990) Perceptive performance and feeding behavior of calanoid copepods. Journal of Plankton Research 12: 933 −946.

Pailleret, M., Haga, T., Petit, P., Privé-Gill, C., Saedlou, N., Gaill, F. & Zbinden, M. (2007) Sunken wood from the Vanuatu Islands: identification of wood substrates and preliminary description of associated fauna. Marine Ecology 28: 233 −241.

Palenik, B. & 37 coauthors (2007) The tiny eukaryote Ostrecoccus provides genomic insights into the paradox of plankton speciation. Proceedings of the National Academy of Sciences 104: 7705 −7710.

Papetti, C. , Zane, L. , Bortolotto, E. , Bucklin, A. & Patarnello, T. (2005) Genetic differentiation and local temporal stability of population structure in the euphausiid Meganyctiphanes norvegica. Marine Ecology Progress Series 289: 225 −235.

Papillon, D. , Perez, Y. , Caubit, X. & Le Parco, Y. (2006) Systematics of Chaetognatha under the light of molecular data, using duplicated 18S DNA sequences. Molecular Phylogenetics and Evolution 38: 621 −634.

Park, T. (1993) Taxonomy and distribution of the calanoid copepod family Euchaetidae. Bulletin of the Scripps Institute of Oceanography 29: 1 −203.

Parker, M. S. , Mock, T. & Armbrust, E. V. (2008) Genomic insights into marine microalgae. Annual Review of Genetics 42: 619 −645.

Parrish, R. H. , Nelson, C. S. & Bakun, A. (1981) Transport mechanisms and reproductive success of fishes in the California Current. Biological Oceanography 1: 175 −203.

Parsons, T. R. , Maita, Y. & Lalli, C. M. (1984) A Manual of Chemical and Biological Methods for Seawater Analysis. Pergamon Press, Oxford, 173 pp.

Partridge, J. C. , Archer, S. N. & Oostrum, J. van (1992) Single and multiple visual pigments in deep-sea fishes. Journal of the Marine Biological Association of the United Kingdom 72: 113 −130.

Passow, U. & De La Rocha, C. (2006) Accumulation of mineral ballast on organic aggregates. Global Biogeochemical Cycles 20: GB 1013 (7 pp.).

Pauly, D. & Christensen, V. (1995) Primary production required to sustain global fisheries. Nature 374: 255 −257.

Pauly, D. , Christensen, V. , Dalsgaard, J. , Froese, R. & Torres, F. Jr (1998) Fishing down marine food webs. Science 279: 860 −863.

Pawlowski, J. , Holzmann, M. , Fahrni, J. & Richardson, S. L. (2003) Small subunit ribosomal DNA suggests that the xenophyophorean Syringammina corbicula is a foraminiferan. Journal of Eukaryotic Microbiology 50: 483 −487.

Pearce, I. , Davidson, A. T. , Thomson, P. G. , Wright, S. & van den Enden, R. (2010) Marine microbial ecology off East Antarctica (30 −80°E): rates of bacterial and phytoplankton growth and grazing by heterotrophic protists. Deep-Sea Research II 57: 849 −862.

Pearcy, W. G. & Schoener, A. (1987) Changes in the marine biota coincident with the 1982 −1983 El Niño in the northeastern subarctic Pacific Ocean. Journal of Geophysical Research 92: 14,417 −14,428.

Pearcy, W. G. , Meyer, S. L. & Munk, O. (1965) A "four-eyed" fish from the deep-sea. Nature 207: 1260 −1262.

Pearre, S. Jr (1973) Vertical migration and feeding in Sagitta elegans Verrill. Ecological Monographs 54: 300 −314.

Pearre, S. Jr (1980) Feeding by chaetognatha: the relation of prey size to predator size in several species. Marine Ecology Progress Series 3: 125 −134.

Pearre, S. Jr (1981) Feeding by chaetognatha: energy balance and importance of various components of the diet of Sagitta elegans. Marine Ecology Progress Series 5: 45 −54.

Pearson, A., McNichol, A. P., Benitez-Nelson, B. C., Hayes, J. M. & Eglinton, T. I. (2001) Origins of lipid biomarkers in Santa Monica Basin surface sediment: a case study using compound specific Δ^{14}C analysis. Geochimica et Cosmochimica Acta 65: 3123 −3137.

Peijnenburg, K. T. C. A., Breeuwer, J. A. J., Pierrot-Bults, A. C. & Menken, S. B. J. (2004) Phylogeography of the planktonic chaetognath Sagitta setosa reveals isolation in European seas. Evolution 58: 1472 −1487.

Peijnenburg, K. T. C. A., Fauvelot, C., Breeuwer, J. A. J. & Menken, S. B. J. (2006) Spatial and temporal genetic structure of the planktonic Sagitta setosa (Chaetognatha) in European seas as revealed by mitochondrial and nuclear DNA markers. Molecular Ecology 15: 3319 −3338.

Peng, T. -H. & Broecker, W. S. (1991) Factors limiting the reduction of atmospheric CO_2 by iron fertilization. Limnology and Oceanography 36: 1919 −1927.

Penry, D. L. & Frost, B. W. (1991) Re-evaluation of the gut-fullness (gut fluorescence) method for inferring ingestion rates of suspension-feeding copepods. Limnology and Oceanography 35: 1207 −1214.

Pérez, V. & 12 coauthors (2005) Latitudinal distribution of microbial plankton abundance, production, and respiration in the Equatorial Atlantic in autumn 2000. Deep-Sea Research I 52: 861 −880.

Perry, R. I., Cury, P., Brander, K., Jennings, S., Möllmann, C. & Planque, B. (2010) Sensitivity of marine systems to climate and fishing: concepts, issues and management responses. Journal of Marine Systems 79: 427 −435.

Peters, F. & Marrasé, C. (2000) Effects of turbulence on plankton: an overview of experimental evidence and some theoretical considerations. Marine Ecology Progress Series 205: 291 −306.

Peterson, B. J. (1980) Aquatic primary productivity and the ^{14}C-CO_2 method: a history of the productivity problem. Annual Review of Ecology and Systematics 11: 359 −385.

Peterson, H. A. & Vayssieres, M. (2010) Benthic assemblage variability in the upper San Francisco Estuary: a 27-year retrospective. San Francisco Estuary and Watershed Science, 8 (1): 1 −27.

Peterson, J. M., Ramette, A., Lott, C., Cambon-Bonavita, M. -A., Zbinden, M. & Dubilier, N. (2010) Dual symbiosis of the vent shrimp Rimicaris exoculata with filamentous gamma-and epsi-lonproteobacteria at four Mid-Atlantic Ridge hydrothermal vent fields. Environmental Microbiology 12: 2204 −2218.

Peterson, M. L., Wakeham, S. G., Lee, C., Askea, M. A. & Miquel, J. C. (2005) Novel techniques for collection of sinking particles in the ocean and determining their settling rates. Limnology and Oceanography Methods 3: 520 −532.

Peterson, W. T. & Dam, H. R. (1990) The influence of copepod "swimmers" on pigment fluxes in brine-filled vs. ambient seawater-filled sediment traps. Limnology and Oceanography 35: 448 −455.

Peterson, W. T. & Miller, C. B. (1977) Seasonal cycle of zooplankton abundance and species composition along the central Oregon coast. Fishery Bulletin 75: 717 −724.

Petit, J. R. & 18 coauthors (1999) Climate and atmospheric history of the past 420,000 years from the Vostok ice core, Antarctica. Nature 399: 429 −436.

Pflugfelder, B., Cary, S. C. & Bright, M. (2009) Dynamics of cell proliferation and apoptosis reflect different life strategies in hydrothermal vent and cold seep vestimentiferan tubeworms. Cell and Tissue Research 337: 149 −165.

Phleger, F. B., Parker, F. L. & Pierson, W. J. (1953) North Atlantic Foraminifera. Report of the Swedish Deep-Sea Expedition 7: 1 −122.

Pickett-Heaps, J. D., Schmid, A. -M. M. & Edgar, L. A. (1990) The cell biology of diatom valve formation. Progress in Phycological Research 7: 1 −168.

Pierson, J. J., Frost, B. W., Thoreson, D., Leising, A. W., Postel, J. R. & Nuwer, M. (2009) Trapping migrating zooplankton. Limnology and Oceanography Methods 7: 334 −346.

Pikitch, E. & 16 coauthors (2004) Ecosystem-based fishery management. Science 305: 346 −347.

Pilson, M. E. Q. (1998) An Introduction to the Chemistry of the Sea. Prentice Hall, Upper Saddle River, NJ, USA. 431 pp.

Pinchuk, A. I. & Hopcroft, R. R. (2006) Egg production and early development of Thysanoessa inermis and Euphausia pacifica (Crustacea: Euphausiacea) in the northern Gulf of Alaska. Journal of Experimental Marine Biology and Ecology 332: 206 −215.

Planque, B. & Batten, S. D. (2000) Calanus finmarchicus in the North Atlantic: the year of Calanus in the context of interdecadal change. ICES Journal of Marine Science 57: 1528 −1535.

Planque, B. & Ibanez, F. (1997) Long-term time series in Calanus finmarchicus abundance—a question of space? Oceanologica Acta 20: 159 −164.

Planque, B., Hays, G. C., Ibanez, F. & Gamble, J. C. (1997) Large-scale variations in the seasonal abundance of Calanus finmarchicus. Deep-Sea Research 44: 315 −326.

Platt, T. and Jassby, A. D. (1976) The relationship between photosynthesis and light for natural assemblages of coastal marine phytoplankton. Journal of Phycology 12: 421 −430.

Platt, T. , Bird, D. F. & Sathyendranath, S. (1991) Critical depth and marine primary productivity. Proceedings of the Royal Society of London B 246: 205 −217.

Platt, T. , Gallegos, C. L. & Harrison, W. G. (1980) Photoinhibition of photosynthesis in natural assemblages of marine phytoplankton. Journal of Marine Research 38: 687 −701.

Plourde, S. & Runge, J. A. (1993) Reproduction of the planktonic copepod Calanus finmarchicus in the lower St. Lawrence estuary: relation to the cycle of phytoplankton production and evidence for a Calanus pump. Marine Ecology Progress Series 102: 217 −227.

Pogson, G. H. , Taggart, C. T. , Mesa, K. A. & Boutilier, R. G. (2001) Isolation by distance in the Atlantic cod, Gadus morhua, at large and small geographic scales. E-volution 55: 131 −146.

Pointer, M. A. , Carvalho, L. S. , Cowing, J. A. , Bowmaker, J. K. & Hunt, D. M. (2007) The visual pigments of a deep-sea teleost, the pearl eye Scopelarchus analis. The Journal of Experimental Biology 210: 2829 −2835.

Pomeroy, L. R. (1974) The ocean's food web: a changing paradigm. BioScience 24: 499 −504.

Poorvin, L. , Hutchins, D. A. & Wilhelm, S. W. (2004) Viral release of iron and its bioavailability to marine plankton. Limnology and Oceanography 49: 1734 −1741.

Pope, R. H. , DeMaster, D. J. , Smith, C. R. & Seltmann, H. Jr (1996) Rapid bio-turbation in equatorial Pacific sediments: evidence from excess 234-Th measurements. Deep-Sea Research 43: 1339 −1364.

Popp, B. N. & 7 coauthors (2007) Insight into the trophic ecology of yellowfin tuna, Thunnus albacares, from compound specific nitrogen analysis of proteinaceous amino acids. In: Dawson, T. E. & Siegwolf, R. T. W. (eds.) Stable Isotopes as Indicators of Ecological Change. Elsevier/Academic Press, Terrestrial Ecology Series, San Diego, pp. 173 −190.

Post, D. M. (2002) Using stable isotopes to estimate trophic position: models, methods, and assumptions. Ecology 83: 703 −778.

Poulet, S. A. & Oullet, G. (1983) Role of amino acids in swarming and feeding of copepods. Journal of Plankton Research 4: 341 −346.

Poulet, S. A. , Ianora, A. , Miralto, A. & Meijer, L. (1994) Do diatoms arrest embryonic development? Marine Ecology Progress Series 111: 79 −86.

PrasannaKumar, S. & 9 coauthors (2006) Bay of Bengal Process Studies (BOBPS) Final Report: http://drs. nio. org/drs/bitstream/ 2264/535/3/Report _ BOBPS _ July2006. p. pdf

Price, H. J. & Paffenhöfer, G. A. (1984) Effects of feeding experience in the copepod Eucalanus pileatus: a cinematographic study. Marine Biology 84: 35 −40.

Provan, J. , Beatty, G. E. & Keating, S. L. (2010) High dispersal potential has maintained long-term population stability in the North Atlantic copepod Calanus finmarchicus. Proceedings of the Royal Society, B 276: 301 −307.

Purcell, E. M. (1977) Life at low Reynolds number. American Journal of Physics 45: 3 −11.

Purcell, J. E. & Madin, L. P. (1991) Diel patterns of migration, feeding, and spawning by salps in the subarctic Pacific. Marine Ecology Progress Series 73: 211 −217.

Purinton, B. L. , DeMaster, D. J. , Thomas, C. J. & Smith, C. R. (2008) ^{14}C as a tracer of labile organic matter in Antarctic benthic food-webs. Deep-Sea Research II 55: 2438 −2450.

Quetin, L. B. & Ross, R. M. (2001) Environmental variability and its impact on the reproductive cycle of Antarctic krill. American Zoologist 41: 74 −89.

Quigg, A. & 8 coauthors (2003) The evolutionary inheritance of elemental stoichiometry in marine phytoplankton. Nature 425: 291 −294.

Quinn, T. J. & Deriso, R. B. (1998) Quantitative Fish Dynamics. Oxford University Press, Oxford, 560 pp.

Quinn, W. H. (1992) A study of Southern Oscillation-related climatic activity for A. D. 622 − 1900 incorporating Nile River flood data. In: Diaz, H. F. & Markgraf, V. (eds.) El Niño: Historical and Paleoclimatic Aspects of the Southern Oscillation. Cambridge University Press, Cambridge, UK, pp. 110 −149.

Quinn, W. H. , Neal, V. T. & de Mayolo, S. E. A. (1987) El Niño occurrences over the past four and a half centuries. Journal of Geophysical Research 92: 14,449 − 14,461.

Quinones, R. A. (2010) Eastern boundary current systems. In: Liu, K. K. , Atkinson, L. , Quiõones, R. & Talaue-McManus, L. (eds.) Carbon and Nutrient Fluxes in Continental Margins, Global Change—The IGBP Series, Springer-Verlag, Berlin, pp. 25 −120.

Ramirez Llodra, E. , Tyler, P. E. & Copley, J. T. P. (2000) Reproductive biology of three caridean shrimp, Rimicaris exoculata, Chorocaris chacei and Mirocaris fortunate (Caridea: Decapoda), from hydrothermal vents. Journal of the Marine Biological Association of the United Kingdom 80: 473 −484.

Ramirez Llodra, E. , Shank, T. M. & German, C. R. (2007) Biodiversity and biogeography of hydrothermal vent species: thirty years of discovery and investigations. Oceanography 20: 30 −41.

Rappé, M. S. , Connon, S. A. , Vergin, K. L. & Giovannoni, S. J. (2002) Cultivation of the ubiquitous SAR11 marine bacterioplankton clade. Nature 418: 630 −633.

Rasmussen, H. & Jørgensen, B. B. (1992) Microelectrode studies of seasonal oxygen uptake in a coastal sediment: role of molecular diffusion. Marine Ecology Progress Series 81: 289 −303.

Ravaux, J. , Gaill, F. , Le Bris, N. , Sarradin, P. -M. , Jollivet, D. & Shillito, B. (2003) Heat-shock response and temperature resistance in the deep-sea vent shrimp Rimicaris exoculata. The Journal of Experimental Biology 206: 2345 −2354.

Raven, J. A. (1985) Physiological consequences of extremely small size for autotrophic organisms in the sea. In: Platt, T. & Li, K. W. (eds.) Photosynthetic Picoplankton, Canadian Bulletin of Fisheries and Aquatic Science 214: 1 −70.

Razouls, C. , de Bovée, F. , Kouwenberg, J. & Desreumaux, N. (2005 −2011) Diversity and Geographic Distribution of Marine Planktonic Copepods. http://copepodes. obs-banyuls. fr/en

Rebstock, G. A. (2001a) Long-term changes in the species composition of calanoid copepods off southern California. PhD Dissertation, Scripps Institution of Oceanography, University of California, San Diego.

Rebstock, G. A. (2001b) Long-term stability of species composition in calanoid copepods off southern California. Marine Ecological Progress Series 215: 213 −224.

Redfield, A. C. , Ketchum, G. H. & Richards, F. A. (1963) The influence of organisms on the composition of sea water. In: Hill, M. N. (ed.) The Sea. Wiley-Interscience, New York, pp. 26 −77.

Reimers, C. E. (1984) An in situ microprofiling instrument for measuring interfacial pore water gradients: methods and oxygen profiles from the North Pacific Ocean. Deep-Sea Research 24: 2019 −2035.

Reimers, C. E. , Jahnke, R. A. & McCorkle, D. (1992) Carbon fluxes and burial rates over the continental slope and rise off central California with implications for the global carbon cycle. Global Biogeochemistry and Cycles 6: 199 −224.

Renninger, G. H. & 7 coauthors (1995) Sulfide as a chemical stimulus for deep-sea hydrothermal vent shrimp. Biological Bulletin 189: 59 −76.

Renz, J. , Mengedoht, D. & Hirche, H. -J. (2008) Reproduction, growth and secondary production of Pseudocalanus elongatus Boeck (Copepoda, Calanoida) in the southern North Sea. Journal of Plankton Research 30: 511 −528.

Reuter, J. G. (1988) Iron stimulation of photosynthesis and nitrogen fixation in Anabaena 7120 and Trichodesmium (Cyanophyceae). Journal of Phycology 24: 249 −254.

Rex, M. A. (1981) Community structure in the deep-sea benthos. Annual Review of E-cology and Systematics 12: 331 −353.

Rex, M. A. & Etter, R. J. (2010) Deep-Sea Biodiversity, Pattern and Scale. Harvard University Press, Cambridge, Massachusetts, 354 pp.

Richardson, A. J. (2008) In hot water: zooplankton and climate change. ICES Journal of Marine Science 65: 279 −295.

Richardson, A. J. & Verheye, H. M. (1998) The relative importance of food and temperature to copepod egg production and somatic growth in the southern Benguela upwelling system. Journal of Plankton Research 20: 2379 −2399.

Richardson, A. J., Bakun, A., Hays, G. C. & Gibbons, M. J. (2009) The jellyfish joyride: causes, consequences and management responses to a more gelatinous future. Trends in Ecology and Evolution 24: 312 −322.

Richardson, K., Beardall, J. & Raven, J. A. (1983) Adaptation of unicellular algae to irradiance: an analysis of strategies. New Phytologist 93: 157 −191.

Richman, S., Heinle, D. & Huff, R. (1977) Grazing by adult estuarine calanoid copepods of the Chesapeake Bay. Marine Biology 42: 69 −84.

Ricker, W. E. (1946) Computation of fish production. Ecological Monographs 16: 373 −391.

Riebesell, U., Zondervan, I., Rost, B., Tortell, P. D., Zeebe, R. E. & Morel, F. M. M. (2000) Reduced calcification of marine plankton in response to increased atmospheric CO_2. Nature 407: 364 −367.

Riget, F. & Engelstoff, J. (1998) Size-at-age of cod (Gadus morhua) off West Greenland, 1952 −1992. North Atlantic Fisheries Organization, Science Council Studies 31: 1 −12.

Riley, G. A. (1946) Factors controlling phytoplankton populations on Georges Bank. Journal of Marine Research 6: 54 −73.

Riley, G. A., Stommel, H. & Bumpus, D. F. (1949) Quantitative ecology of the plankton of the western North Atlantic. Bulletin of the Bingham Oceanographic Collection 12: 1 −169.

Rizzo, P. J. & Nooden, L. D. (1973) Isolation and partial characterization of dinoflagellate chromatin. Biochimica et Biophysica Acta (Amsterdam) 349: 402 −414.

Roberts, C. (2007) The Unnatural History of the Sea. Island Press, Washingon, D.C., 435 pp.

Robertson, J. E. & 7 coauthors (1994) The impact of a coccolithophore bloom on oceanic carbon uptake in the northeast Atlantic during summer 1991. Deep-Sea Research I 41: 297 −314.

Robidart, J. C. & 7 coauthors (2008) Metabolic versatility of the Riftia pachyptila endosymbiont revealed through metagenomics. Environmental Microbiology 10: 727 −737.

Robinson, A. R. & 11 coauthors (1993) Mesoscale upper ocean variabilities during the 1989 JGOFS bloom study. Deep-Sea Research II 40: 9 −35.

Robinson, C. & 11 coauthors (2006) The Atlantic Meridional Transect (AMT) Programme: a contextual view 1995 −2005. Deep-Sea Research II 53: 1485 −1515.

Robinson, C. & 16 coauthors (2010) Mesopelagic zone ecology and biogeochemistry—a synthesis. Deep-Sea Research II 57: 1504 −1518.

Robinson, C., Holligan, P., Jickells, T. & Lavender, S. (2009) The Atlantic Meridional Transect (AMT) Programme (1995 −2012). Deep-Sea Research II 56: 895 −898.

Robinson, G. A. (1970) Continuous plankton records: variation in the seasonal cycle of phytoplankton in the North Atlantic. Bulletin of Marine Ecology 6: 333 −345.

Robison, B. H. & Connor, J. (1999) The Deep Sea. Monterey Bay Aquarium Natural History Series, 80 pp.

Rocap, G. & 23 coauthors (2003) Genome divergence in two Prochlorococcus ecotypes reflects oceanic niche differentiation. Nature 424: 1042 −1047.

Roe, P. & Norenburg, J. L. (1999) Observations on depth distribution, diversity, and abundance of pelagic nemerteans from the Pacific Ocean off California and Hawaii. Deep-Sea Research I 46: 1201 −1220.

Roemmich, D. & McGowan, J. A. (1995a) Climatic warming and the decline of zooplankton in the California Current. Science 267: 1324 −1326.

Roemmich & McGowan (1995b) Sampling zooplankton: correction. Science 268: 352 −353.

Roman, M. R., Dam, H. G., Gauzens, A. L., Urban-Rich, J., Foley, D. G. & Dickey, T. D. (1995) Zooplankton variability on the Equator at 140°W during JGOFS EqPac Study. Deep-Sea Research II 42: 673 −693.

Roman, M. R., Adolf, H. A., Landry, M. R., Madin, L. P., Steinberg, D. K. & Zhang, X. (2002) Estimates of oceanic mesozooplankton production: a comparison using the Bermuda and Hawaii time-series data. Deep-Sea Research II 49: 175 −192.

Rona, P. A., Klinkhammer, G., Nelson, T. A., Tefry, J. H. & Elderfield, H. (1986) Black smokers, massive sulfides and vent biota at the Mid-Atlantic Ridge. Nature 321: 33 −37.

Roper, D. S., Smith, D. G. & Read, G. B. (1989) Benthos associated with two New Zealand coastal outfalls. New Zealand Journal of Marine and Freshwater Research 23: 295 −309.

Rose, G. A. (2004) Reconciling overfishing and climate change with stock dynamics of Atlantic cod (Gadus morhua) over 500 years. Canadian Journal of Fisheries and Aquatic Sciences 61: 1553 −1557.

Rosenberg, A. A. (2003) Managing to the margins: the overexploitation of fisheries.

Frontiers in Ecology and the Environment 1：102 −106.

Rosenberg, A. A., Bolster, W. J., Alexander, K. E. & Leavenworth, W. B. (2005) The history of ocean resources：modeling cod biomass using historical records. Frontiers in Ecology the Environment 3：78 −84.

Ross, R. M. & Quetin, L. B. (1984) Spawning frequency and fecundity of the Antarctic krill Euphausia superba. Marine Biology 77：201 −205.

Ross, R. M., Daly, K. L. & English, T. S. (1982) Reproductive cycle and fecundity of Euphausia pacifica in Puget Sound, Washington. Limnology and Oceanography 27：304 −315.

Rothschild, B. J. & Osborne, T. R. (1988) Small-scale turbulence and plankton contact rates. Journal of Plankton Research 10：465 −474.

Round, F. E., Crawford, R. M. & Mann, D. G. (1990) The Diatoms, Biology and Morphology of the Genera. Cambridge University Press, Cambridge, UK, 747 pp.

Rouse, G. W., Goffredi, S. K. & Vrijenhoek, R. C. (2004) Osedax：bone-eating marine worms with dwarf males. Science 305：668 −671.

Rowe, G. T. (1983) Biomass and production of the deep-sea macrobenthos. In：Rowe, G. T. (ed.) The Sea, Volume 8：Deep-Sea Biology. Wiley-Interscience, New York, pp. 97 −121.

Ruddiman, W. F. (2007a) Earth's Climate：Past and Future, 2nd Edn., W. H. Freeman, San Francisco, 388 pp.

Ruddiman, W. F. (2007b) The early anthropogenic hypothesis：challenges and responses. Reviews of Geophysics 45：2006RG000207R.

Ruhl, H. A. (2008) Community change in the variable resource habitat of the abyssal northeast Pacific. Ecology 89：991 −1000.

Runge, J. A. (1980) Effects of hunger and season on the feeding behavior of Calanus pacificus. Limnology and Oceanography 25：134 −145.

Runge, J. A. (1984) Egg production of the marine, planktonic copepod Calanus pacificus Brodsky：laboratory observations. Journal of Experimental Marine Biology and Ecology 74：53 −66.

Runge, J. A. (1985) Relationship of egg production of Calanus pacificus to seasonal changes in phytoplankton availability in Puget Sound, Washington. Limnology and Oceanography 30：382 −396.

Russell, F. (1939) Hydrographical and biological conditions in the North Sea as indicated by plankton organisms. Journal du conseil/ Conseil international pour l'exploration de lamer 14：171 −192.

Rykaczewski, R. R. & Checkley, D. M. Jr (2008) Influence of ocean winds on the pelagic ecosystem in upwelling regions. Proceedings of the National Academy of Sciences

105：1965 −1970.

Ryther, J. H.（1969）Photosynthesis and fish production in the sea. Science 166：72 −76.

Saito, H. & Tsuda, A.（2000）Egg production and early development of the subarctic copepods Neocalanus cristatus, N. plumchrus and N. flemingeri. Deep-Sea Research I 47：2141 −2158.

Saiz, E. & Calbet, A.（2007）Scaling of feeding in marine copepods. Limnology and Oceanography 52：668 −675.

Sakshaug, E.（2004）Primary and secondary production in the Arctic seas. In：Stein, R. & MacDonald, R. W.（eds.）The Organic Carbon Cycle in the Arctic Ocean, Springer-Verlag, Berlin, pp. 57 −81.

Sambrook, J., MacCallum & Russell, D. W.（2006）The Condensed Protocols from Molecular Cloning：a Laboratory Manual. Cold Spring Harbor Laboratory Press, Woodbury, New York, 800 pp.

Sanders, H. L.（1968）Marine benthic diversity：a comparative study. American Naturalist 102：243 −282.

Sanders, H. L.（1969）Benthic marine diversity and the stability-time hypothesis. Brookhaven Symposia in Biology 22：71 −80.

Sanders, H. L., Hessler, R. R. & Hampson, G. R.（1965）An introduction to the study of deep-sea benthic faunal assemblages along the Gay Head—Bermuda transect. Deep-Sea Research 12：845 −867.

Sarmiento, J. L. & Gruber, N.（2006）Ocean Biogeochemical Dynamics, Princeton University Press, Princeton NJ, 503 pp.

Sars, M.（1867）Om nogle Echinodermer og Coelenterater fra Lofoten. Oversigt Over del Kongeligt Danske Videnskabernes Selskabs Forhandlingar, Christiana 1867：1 −7.

Sarvas, T. H. & Fevolden, S. E.（2005）Pantophysin（Pan I）locus divergence between inshore v. offshore and northern v. southern populations of Atlantic cod in the north-east Atlantic. Journal of Fish Biology 67：444 −469.

Saulnier-Michel, C., Gaill, F., Hily, A., Alberic, E & Cosson-Mannevy, M. A.（1990）Structure and function of the digestive tract of Alvinella pompejana, a hydrothermal vent polychaete. Canadian Journal of Zoology 68：722 −732.

Savidge, G. & 7 coauthors（1992）The BOFS 1990 spring bloom experiment：temporal evolution and spatial variability of the hydrographic field. Progress in Oceanography 29：235 −281.

Saville, A. & Bailey, R. S.（1980）The assessment and management of the herring stocks in the North Sea and to the west of Scotland. Rapports et procès-verbaux des réunions/Conseil permanent international pour l'exploration de la mer 177：112 −142.

Sazhina, L. I. (1968) Hibernating eggs of marine Calanoida. Zoologicheskii ZhurnaI 47: 1554 −1556 (in Russian).

Scanlan, D. J. and 9 coauthors (2009) Ecological genomics of marine picocyanobacteria. Microbiology and Molecular Biology Reviews 73: 249 −299.

Schaefer, M. B. (1967) Fishery dynamics and present status of the yellowfin tuna population of the eastern Pacific Ocean. Inter-American Tropical Tuna Commission Bulletin 12: 89 −136.

Schander, C. &23 coauthors (2010) The fauna of hydrothermal vents on the Mohn Ridge (North Atlantic). Marine Biology Research 6: 155 −171.

Schindler, D. E. , Hilborn, R. , Chasco, B. , Boatright, C. P. , Quinn, T. P. , Rogers, L. A. & Webster, M. S. (2010) Population diversity and the portfolio effect in an exploited species. Nature 465: 609 −612.

Schmid, A. M. (1984) Wall morphogenesis in Thalassiosira eccentrica: comparison of auxospore formation and the effects of MT-inhibitors. In: Mann, D. G. (ed.) Proceedings of the 7th International Symposium on Living and Fossil Diatoms, O. Koeltz, Koenigstein, pp. 47 −70.

Schmidt, C. , Vuillemin, R. , Le Gall, C. , Gaill, F. & Le Bris, N. (2008) Geochemical energy sources for microbial primary production in the environment of hydrothermal vent shrimps. Marine Chemistry 108: 18 −31.

Schnack-Schiel, S. B. (2001) Aspects of the study of the life cycles of Antarctic copepods. Hydrobiologia 453/454: 9 −24.

Schnack-Schiel, S. B. , Thomas, D. N. , Haas, C. , Dieckmann, D. S. & Alheit, R. (2001) The occurrence of the copepods Stephos longipes (Calanoida) and Drescheriella glacialis (Harpacticoida) in summer sea ice in the Weddell Sea, Antarctica. Antarctic Science 13: 150 −157.

Schoener, A. & Tufts, D. F. (1987) Changes in oyster condition index with El Niño Southern Oscillation events at 46°N in an eastern Pacific bay. Journal of Geophysical Research 92: 14,429 −14,435.

Schwartzlose, R. A. & 20 coauthors (1999) Worldwide large-scale fluctuations of sardine and anchovy populations. South African Journal of Marine Science 21: 289 −347.

Scott, T. (1894) Report on the Entomostraca from the Gulf of Guinea. Transactions of the Linnean Society of London, Series 2 6 (1): 1 −161.

Sebastian, M. (1966) Euphausiacea from Indian Seas: systematics and general considerations. Symposium on Crustacea, Marine Biological Association of India 1: 233 −254.

Seibel, B. A. , Thuesen, E. V. , Childress, J. J. & Gorodezky, L. A. (1997) Decline in pelagic cephalopod metabolism with habitat depth reflects differences in locomotory efficiency. Biological Bulletin 192: 262 −278.

Seibel, B. A. , Thuesen, E. V. & Childress, J. J. （2000） Light-limitation on predator-prey interactions: consequences for metabolism and locomotion of deep-sea cephalopods. Biological Bulletin 198: 284 −298.

Seiter, K. , Hensen, C. & Zabel, M. （2005） Benthic carbon mineralization on a global scale. Global Biogeochemical Cycles 19: GB1010 （26 pp. ）.

Serret, P. , Fernández, E. , Robinson, C. , Woodward, E. M. S. & Pérez, V. （2006） Local production does not control the balance between plankton photosynthesis and respiration in the open Atlantic Ocean. Deep-Sea Research II 53: 1611 −1628.

Sheridan, C. C. & Landry, M. R. （2004） A 9-year increasing trend in mesozooplankton biomass at the Hawaii Ocean Time-series Station ALOHA. ICES Journal of Marine Science 61: 457 −463.

Sherr, E. & Sherr, B. （2000） Marine microbes, an overview. In: Kirchman, D. L. （ed. ） Microbial Ecology of the Oceans. Wiley, New York, pp. 47 −84.

Sherr, E. B. & Sherr, B. F. （2007） Heterotrophic dinoflagellates: a significant component of microzooplankton biomass and major grazers of diatoms in the sea. Marine Ecology Progress Series 352: 187 −197.

Sherr, E. B. & Sherr, B. F. （2009） Capacity of herbivorous protists to control initiation and development of mass phytoplankton blooms. Aquatic Microbial Ecology 57: 253 −262.

Sherr, B. F. , Sherr, E. B. & Fallon, R. D. （1987） Use of monodispersed, fluorescently labeled bacteria to estimate in situ protozoan bacterivory. Applied and Environmental Microbiology 53: 958 −965.

Sherr, E. B. , Sherr, B. F. & Fessenden, L. （1997） Heterotrophic protists in the central Arctic Ocean. Deep-Sea Research II 44: 1665 −1682.

Sherr, E. B. , Sherr, B. F. & Cowles, T. J. （2001） Mesoscale variability in bacterial activity in the Northeast Pacific Ocean off Oregon, USA. Aquatic Microbial Ecology 25: 21 −30.

Sherr, E. B. , Sherr, B. F. , Wheeler, P. A. & Thompson, K. （2003） Temporal and spatial variation in the stocks of autotrophic and heterotrophic microbes in the upper water column of the central Arctic Ocean. Deep-Sea Research I 50: 557 −571.

Sherr, E. B. , Sherr, B. F. & Hartz, A. J. （2009） Microzooplankton grazing impact in the western Arctic Ocean. Deep-Sea Research II 56: 1264 −1273.

Shimeta, J. , Jumars, P. A. & Lessard, E. J. （1995） Influences of turbulence on suspension feeding by planktonic protozoa; experiments in laminar shear fields. Limnology and Oceanography 40: 845 −859.

Shinn, G. L. （1997） Chaetognatha. In: Harrison, F. W. & Ruppert, E. E. （eds. ） Microscopic Anatomy of Invertebrates, Vol. 15. Hemichordata, Chaetognatha, and the

Invertebrate Chordates. Wiley-Liss, New York, pp. 103 −220.

Shiomoto, A. , Tadokoro, K. , Nagasawa, K. & Ishida, Y. (1997) Trophic relations in the subarctic North Pacific ecosystem: possible feeding effect from pink salmon. Marine Ecology Progress Series 150: 75 −85.

Shirayama, Y. & Horikoshi, M. (1989) Comparison of the benthic size structure between sublittoral, upper-slope and deep-sea areas of the western Pacific. International Revue Gesamtes Hydrobiologie 74: 1 −13.

Shrum, J. E, Zhu, T. F. & Szostak, J. W. (2010) The origins of cellular life. Cold Spring Harbor Perspectives in Biology. doi: 10.1101. csh-perspect. a002212 (15 pp.) [no volume number exists].

Sieberth, K. McM. , Smetacek, V. & Lenz, J. (1978) Pelagic ecosystem structure: heterotrophic compartments of the plankton and their relationship to plankton size fractions. Limnology and Oceanography 23: 1256 −1263.

Siegel, D. A. , Karl, D. M. & Michaels, A. F. (2001) HOTS and BATS: interpretations of open ocean biogeochemical processes. Deep-Sea Research II 48: 1403 −1404.

Sieracki, M. E. , Verity, P. G. & Stoecker, D. K. (1993) Plankton community response to sequential silicate and nitrate depletion during the 1989 North Atlantic spring bloom. Deep-Sea Research II 40: 213 −225.

Sieracki, C. K. , Sieracki, M. E. & Yentsch, C. S. (1998) An imaging-in-flow system for automated analysis of marine microplankton. Marine Ecology Progress Series 168: 285 −296.

Sigman, D. M. , Granger, J. , DiFiore, P. J. , Lehmann, M. M. , Ho, R. , Cane, G. & van Geen, A. (2005) Coupled nitrogen and oxygen isotope measurements of nitrate along the eastern North Pacific margin. Global Biogeochemical Cycles 19: GB4022. doi: 10.1029/ 2005GB002458.

Silver, M. W. & Gowing, M. M. (1991) The "particle" flux: origins and biological components. Progress in Oceanography 26: 75 −113.

Simard, Y. , Lacroix, G. & Legendre, L. (1985) In situ twilight grazing rhythm during diel vertical migrations of a scattering layer of Calanus finmarchicus. Limnology and Oceanography 30: 598 −606.

Sinclair, M. (1988) Marine Populations, an Essay on Population Regulation and Speciation. University of Washington Press, Seattle.

Skinner, L. C. , Fallon, S. , Waelbroeck, C. , Michel, E. & Barker, S. (2010) Ventilation of the deep Southern Ocean and deglacial CO_2 rise. Science 328: 1147 −1151.

Slawyk, G. , Collos, Y. & Auclair, J. C. (1977) The use of the ^{13}C and ^{15}N isotopes for the simultaneous measurement of carbon and nitrogen turnover rates in marine phytoplankton. Limnology and Oceanography 22: 925 −932.

Slemons, L. O. , Murray, J. W. , Resing, J. , Paul, B. & Dutrieux, P. (2010) Western Pacific sources of iron, manganese and aluminum to the Equatorial Undercurrent. Global Biogeochemical Cycles 24: GB3024, doi: 10.1029/2009GB003693.

Smayda, T. J. (1976) Phytoplankton processes in mid-Atlantic near-shore and shelf waters and energy-related activities. In: Manowitz, B. (ed.) Effects of Energy-Related Activities on the Atlantic Continental Shelf. Brookhaven National Laboratory Report No. 50484, pp. 70 −95.

Smayda, T. J. (1980) Phytoplankton species succession. In: Morris, I. (ed.) The Physiological Ecology of Phytoplankton, University of California Press, Berkeley, pp. 493 −570.

Smetacek, V. (1985) Role of sinking in diatom life-history cycles: ecological, evolutionary and geological significance. Marine Biology 84: 239 −251.

Smetacek, V. (2009) (temporary citation: http://www. awi. de/en/news/ press_releases/detail/item/lohafex_provides_new_insights_on_ plankton_ecology_only_small_amounts_of_atmospheric_carbon_ dioxide/? cHash =leb5f2e233)

Smetacek, V. & Passow, U. (1990) Spring bloom initiation and Sverdrup's critical-depth model. Limnology and Oceanography 35: 228 −234.

Smith, C. R. & Baco, A. R. (2003) Ecology of whale falls at the deep-sea floor. Oceanography and Marine Biology 41: 311 −354.

Smith, C. R. , Hoover, D. J. , Doan, E. E. , Pope, R. H. , DeMaster, D. J. , Dobbs, F. C. & Altabet, M. A. (1996) Phytodetritus at the abyssal seafloor across 10° of latitude in the central equatorial Pacific. Deep-Sea Research II 43: 1309 −1338.

Smith, C. R. , & 7 coauthors (1997) Latitudinal variations in benthic processes in the abyssal equatorial Pacific: control by biogenic particle flux. Deep-Sea Research II 44: 2295 −2317.

Smith, K. L. Jr, Kaufmann, R. S. , Baldwin, R. J. & Carlucci, A. F. (2001) Pelagic-benthic coupling in the abyssal eastern North Pacific: an 8-year time-series study of food supply and demand. Limnology and Oceanography 46: 543 −556.

Smith, K. L. Jr, Baldwin, R. J. , Glattis, R. C. & Kaufmann, R. S. (2006) Climate effect on food supply to depths greater than 4000 meters in the northeast Pacific. Limnology and Oceanography 51: 166 −176.

Smith, K. L. Jr, Ruhl, H. A. , Kaufmann, R. S. & Kahru, M. (2008) Tracing abyssal food supply back to upper-ocean processes over a 17-year time series in the northeast Pacific. Limnology and Oceanography 53: 2655 −2667.

Smith, K. L. Jr, Ruhl, H. A. , Bett, B. J. , Billett, D. S. M. , Lampitt, R. S. & Kaufmann, R. S. (2009) Climate, carbon cycling, and deep-ocean ecosystems. Proceedings of the National Academy of Sciences 106: 19,211 −19,218.

Smith, R. C. & Baker, K. S. (1981) The bio-optical state of ocean waters and remote sensing. Limnology and Oceanography 23: 247 −259.

Smith, S. L. & 8 coauthors (1998) Seasonal response of zooplankton to monsoonal reversals in the Arabian Sea. Deep-Sea Research II 45: 2369 −2403.

Smith, W. & McIntyre, A. D. (1954) A spring-loaded bottom-sampler. Journal of the Marine Biological Association of the United Kingdom 33: 257 −264.

Smith, W. O. Jr & Anderson, R. F. (eds.) (2000a) U. S. Southern Ocean JGOFS Program (AESOPS). Deep-Sea Research II 47: 3073 −3548.

Smith, W. O. Jr & Anderson, R. F. (eds.) (2000b) U. S. Southern Ocean JGOFS Program (AESOPS) —Part II. Deep-Sea Research II 48: 3883 −4383.

Snider, L. J., Burnett, B. R. & Hessler, R. R. (1984) The composition and distribution of meiofauna and nanobiota in a central Pacific deep-sea area. Deep-Sea Research 31: 1225 −1249.

Sochard, M., Wilson, D., Austin, B. & Colwell, R. (1979) Bacteria associated with the surface and gut of marine copepods. Applied and Environmental Microbiology 37: 750 −759.

Sommer, F., Hansen, T., Feuchtmayr, H., Santer, B., Tokle, N. & Sommer, U. (2003) Do calanoid copepods suppress appendicularians in the coastal ocean? Journal of Plankton Research 25: 869 −871.

Sorokin, Y. (1964) A quantitative study of the microflora in the central Pacific Ocean. Journal du conseil/Conseil international pour l'exploration de la mer 29: 25 −40.

Sosik, H. M. & Olson, R. J. (2007) Automated taxonomic classification of phytoplankton sampled with imaging-in-flow cytometry. Limnology and Oceanography Methods 5: 204 −216.

Sowell, S. M. & 7 coauthors (2008) Proteomic analysis of stationary phase in the marine bacterium "Candidatus Pelagibacter ubique". Applied and Environmental Microbiology 74: 4091 −4100.

Spero, H. J. (1982) Phagotrophy in Gymnodinium fungiforme (Pyrrophyta): the peduncle as an organelle of ingestion. Journal of Phycology 18: 356 −360.

Spitz, Y. H., Moisan, J. R. & Abbott, M. R. (2001) Configuring an ecosystem model using data from the Bermuda Atlantic Time Series (BATS). Deep-Sea Research II 48: 1733 −1768.

Stanley, R. H. R., Buesseler, K. O. & Manganini, S. J. (2004) A comparison of major and minor elemental fluxes collected in neutrally buoyant and surface-tethered sediment traps. Deep-Sea Research I 51: 1387 −1395.

Steeman-Nielsen, E. (1952) The use of radioactive carbon (^{14}C) for measuring organic production in the sea. Journal du conseil/Conseil international pour l'exploration de lamer 18：117 −140.

Steinberg, D. K., Carlson, C. A., Bates, N. R., Johnson, R. J., Michaels, A. F. & Knap, A. H. (2001) Overview of the US JGOFS Bermuda Atlantic Time-Series Study (BATS)：a decade-scale look at ocean biology and biogeochemistry. Deep-Sea Research II 48：1405 −1447.

Steinberg, D. K., Van Mooy, B. A. S., Buesseler, K. O., Boyd, P. W., Kobari, T. & Karl, D. M. (2008) Bacterial vs. zooplankton control of sinking particle flux in the ocean's twilight zone. Limnology and Oceanography 53：1328 −1338.

Stenseth, N. C., Falck, W., Bjørnstad, O. N. & Krebs, C. J. (1997) Population regulation in snowshore hare and Canadian lynx：asymmetric food web configurations between hare and lynx. Proceedings of the National Academy of Sciences 94：5147 − 5152.

Stoecker, D. K., Johnson, M. D., de Vargas, C. & Not, F. (2009) Acquired phototrophy in aquatic protists. Aquatic Microbial Ecology 57：279 −310.

Stokes, G. G. (1851) Transactions of the Cambridge Philosophical Society 9：8. (Stokes：Mathematical and Physical Papers 3：1.)

Straile, D. (1997) Gross growth efficiencies of protozoan and metazoan zooplankton and their dependence on food concentration, predator-prey weight ratio, and taxonomic group. Limnology and Oceanography 42：1375 −1385.

Stramska, M. & Dickey, T. (1993) Phytoplankton bloom and the vertical thermal structure of the upper ocean. Journal of Marine Research 51：819 −842.

Strom, S. L. (2000) Bacterivory：interactions between bacteria and their grazers. In：Kirchman, D. L. (ed.) Microbial Ecology of the Oceans. Wiley, New York, pp. 351 −386.

Strom, S. L. & Buskey, E. J. (1993) Feeding, growth, and behavior of the thecate heterotrophic dinoflagellate Oblea rotunda. Limnology and Oceanography 38：965 −977.

Strom, S. L. & Morello, T. A. (1998) Comparative growth rates and yields of ciliates and heterotrophic dinoflagellates. Journal of Plankton Research 20：571 −584.

Strom, S. L., Benner, R., Ziegler, S. & Dagg, M. J. (1997) Planktonic grazers are a potentially important source of marine dissolved organic carbon. Limnology and Oceanography 42：1364 −1374.

Strom, S. L., Miller, C. B. & Frost, B. W. (2000) What sets lower limits to phytoplankton stocks in high-nitrate, low-chlorophyll regions of the open ocean? Marine Ecology Progress Series 193：19 −31.

Strom, S. L., Brainard, M. A., Holmes, J. L. & Olson, M. B. (2001) Phytoplankton blooms are strongly impacted by microzooplankton grazing in coastal North American waters. Marine Biology 138：355 −368.

Strom, S. L. , Wolfe, G. V. & Bright, K. J. (2007) Responses of marine planktonic protists to amino acids: feeding inhibition and swimming behavior in the ciliate Favella sp. Aquatic Microbiology and Ecology 47: 107 −121.

Strong, A. , Chisholm, S. , Miller, C. & Cullen, J. (2009a) Ocean fertilization: time to move on. Nature 461: 347 −348.

Strong, A. L. , Chisholm, S. W. & Cullen, J. J. (2009b) Ocean fertilization: science, policy, and commerce. Oceanography 22: 236 −261.

Strutton, P. G. & Chavez, F. P. (2000) Primary productivity in the equatorial Pacific during the 1997 − 1998 El Niño. Journal of Geophysical Research, Oceans 105: 26,089 −26,101.

Strutton, P. G. & 7 coauthors (2011) The impact of equatorial Pacific tropical instability waves on hydrography and nutrients: 2004 −2005. Deep-Sea Research II 58: 284 −295.

Strzepek, R. F. & Harrison, P. J. (2004) Photosynthetic architecture differs in coastal and oceanic diatoms. Nature 43: 689 −692.

Suggett, D. J. , MacIntyre, H. L. , Kana, T. M. & Geider, R. J. (2009) Comparing electron transport with gas exchange: parameterizing exchange rates between alternative photosynthetic currencies for eukaryotic phytoplankton. Aquatic Microbial Ecology 56: 147 −162.

Sullivan, B. K. (1980) In situ feeding behavior of Sagitta elegans and Eukrohnia hamata (Chaetognatha) in relation to the vertical distribution and abundance of prey at Ocean Station "P". Limnology and Oceanography 25: 317 −326.

Sullivan, B. K. & McManus, L. T. (1986) Factors controlling seasonal succession of the copepods Acartia hudsonica and A. tonsa in Narragansett Bay, Rhode Island: temperature and resting egg production. Marine Ecology Progress Series 28: 121 −128.

Sullivan, B. K. , Miller, C. B. , Peterson, W. T. & Soeldner, A. H. (1975) A scanning electron microscope study of the mandibular morphology of boreal copepods. Marine Biology 30: 175 −182.

Sun, S. , De La Mare, W. & Nicol, S. (1995) The compound eye as an indicator of age and shrinkage in Antarctic krill. Antarctic Science 7: 387 −392.

Sunda, W. G. & Huntsman, S. A. (1995) Iron uptake and growth limitation in oceanic and coastal phytoplankton. Marine Chemistry 50: 189 −206.

Sunda, W. G. & Huntsman, S. A. (1997) Interrelated influence of iron, light and cell size on marine phytoplankton growth. Nature 390: 389 −392.

Sunda, W. G. , Swift, D. G. & Huntsman, S. A. (1991) Low iron requirement for growth in oceanic phytoplankton. Nature 351: 55 −57.

Suttle, C. A. (2007) Marine viruses − major players in the global eco-system. Nature Reviews Microbiology 5: 801 −812.

Suzuki, Y. & 7 coauthors (2005) Novel chemoautotrophic endosymbiosis between a member of the epsilonproteobacteria and the hydrothermal-vent gastropod Alviniconcha aff. hessleri (Gastropoda: Provannidae) from the Indian Ocean. Applied and Environmental Microbiology 71: 5440 −5450.

Suzuki, Y. & 15 coauthors (2006) Sclerite formation in the hydrothermal vent "scaly-foot" gastropod −possible control of iron sulfide biomineralization by the animal. Earth and Planetary Science Letters 242: 39 −50.

Svavarsson, J. (1997) Diversity of isopods (Crustacea): new data from the Arctic and Atlantic Oceans. Biodiversity and Conservation 6: 1571 −1579.

Sverdrup, H. U. (1953) On conditions for the vernal blooming of phytoplankton. Journal du Conseil international pour l'exploration de lamer 18: 287 −295.

Sverdrup, H. U., Johnson, M. V. & Fleming, R. H. (1942) The Oceans, Their Physics, Chemistry and Biology. Prentice Hall, Englewood Cliffs, NJ, 1060 pp.

Taghon, G. L. (1982) Optimal foraging by deposit-feeding invertebrates: roles of particle size and organic coating. Oecologia 52: 295 −304.

Taghon, G. L. & Jumars, P. A. (1984) Variable ingestion rate and its role in optimal foraging behavior of marine deposit feeders. Ecology 65: 549 −558.

Takahashi, T. & 30 coauthors (2009) Climatological mean and decadal change in surface ocean pCO_2, and net sea −air CO_2 flux over the global oceans. Deep-Sea Research 56: 554 −577.

Tanaka, S. (1962) On the salmon stocks of the Pacific coast of the United States and Canada. International North Pacific Fisheries Commission Bulletin 9: 69 −84.

Tang, E. P. Y. (1996) Why do dinoflagellates have lower growth rates? Journal of Phycology 32: 80 −84.

Tarrant, A. M., Baumgartner, M. F., Verslycke, T. & Johnson, C. L. (2008) Differential gene expression in diapausing and active Calanus finmarchicus (Copepoda). Marine Ecology Progress Series 355: 193 −207.

Taylor, A. G., Landry, M. R., Selph, K. E. & Yang, E. J. (2011) Biomass size structure and depth distribution of the microbial community in the eastern equatorial Pacific. Deep-Sea Research II 58: 342 −357.

Taylor, F. J. R. (1976) Flagellate phylogeny: a study in conflicts. Journal of Protozoology 3: 28 −40.

Taylor, F. J. R. (1987) The Biology of Dinoflagellates. Biological Monographs, Vol. 21. Blackwell, Oxford, UK, 785 pp.

Teal, L. R., Bulling, M. T., Parker, E. R. & Solan, M. (2008) Global patterns of bioturbation intensity and mixed depth of marine soft sediments. Aquatic Biology 2: 207 −218.

Tett, P. (1990) The photic zone. In: Herring, P. J., Campbell, A. K., Whitfield, M. & Maddock, L. (eds) Light and Life in the Sea. Cambridge University Press, Cambridge, pp. 58 −87.

Tett, P. & Barton, E. D. (1995) Why are there about 5000 species of phytoplankton in the sea? Journal of Plankton Research 17: 1693 −1704.

Theroux, R. B. & Wigley, R. L. (1998) Quantitative composition and distribution of the macrobenthic invertebrate fauna of the continental shelf ecosystems of the northeastern United States. NOAA Technical Report NMFS 140: 1 −240.

Thibault, D., Head, E. J. H. & Wheeler, P. A. (1999) Mesozooplankton in the Arctic Ocean in summer. Deep-Sea Research I 46: 1391 −1415.

Thingstad, T. F. (2000) Control of bacterial growth in idealized food webs. In: Kirchman, D. L. (ed.) Microbial Ecology of the Oceans. Wiley, New York, pp. 229 −260.

Thompson, G. A., Alder, V. A., Boltovskoy, D. & Brandini, F. (1999) Abundance and biogeography of tintinnids (Ciliophora) and associated microzooplankton in the Southwest Atlantic Ocean. Journal of Plankton Research 21: 1265 −1298.

Thomson, J., Brown, L., Nixon, S., Cook G. T. & MacKenzie, A. B. (2000) Bioturbation and Holocene sediment accumulation rates in the north-east Atlantic Ocean (Benthic Boundary Layer experiment sites). Marine Geology 169: 21 −39.

Thor. P. & Wendt, I. (2010) Functional response of carbon efficiency in the pelagic calanoid copepod Acartia tonsa Dana. Limnology and Oceanography 55: 1779 −1789.

Thuesen, E. V. & Childress, J. J. (1993) Enzymatic activities and metabolic rates of pelagic chaetognaths: lack of depth-related declines. Limnology and Oceanography 38: 935 −948.

Thuesen, E. V. & Childress, J. J. (1994) Oxygen consumption rates and metabolic enzyme activities of oceanic California medusae in relation to body size and habitat depth. Biological Bulletin 187: 84 −98.

Thuesen, E. V., Kogure, K., Hashimoto, K. & Nemoto, T. (1988) Poison arrow worms: a tetrodotoxin venom in the marine phylum Chaetognatha. Journal of Experimental Marine Biology and Ecology 116: 249 −256.

Thuesen, E. V., Miller, C. B. & Childress, J. J. (1998) An ecophysiological interpretation of oxygen consumption rates and enzymatic activities of deep-sea copepods. Marine Ecological Progress Series 168: 95 −107.

Torres, J. J., Belman, B. W. & Childress, J. J. (1979) Oxygen consumption rates of midwater fishes off California. Deep-Sea Research 26A: 185 −197.

Townsend, D. W., Cammen, L. M., Holligan, P. M., Campbell, D. E. & Pettigrew, N. R. (1994) Causes and consequences of variability in the timing of spring phytoplankton blooms. Deep-Sea Research 41: 747 −765.

Trees, C. C., Clark, D. K., Bidigare, R. R., Ondrusek, M. E. & Mueller, J. L. (2000) Accessory pigments versus chlorophyll a concentrations within the euphotic zone: a ubiquitous relationship? Limnology and Oceanography 45: 1130 −1143.

Tremblay, J. -É. & 9 coauthors (2006) Trophic structure and pathways of biogenic carbon flow in the eastern North Water Polynya. Progress in Oceanography 71: 402 −425.

Triemer, R. E. & Brown, R. M. (1977) Ultrastructure of meiosis in Chlamydomonas reinhardtii. British PhycoIogical Journal 12: 23 −44.

Trull, T. W., Bray, S. G., Buesseler, K. O., Lamborg, C. H., Manganini, S., Moy, C. & Valdes, J. (2008) In situ measurement of mesopelagic particle sinking rates and the control of carbon transfer to the ocean interior during the Vertical Flux in the Global Ocean (VERTIGO) voyages in the North Pacific. Deep-Sea Research II 55: 1684 −1695.

Tsuda, A. (ed.) (2005) Results from the subarctic Pacific Iron Experiment for Ecosystem Dynamics Study (SEEDS). Progress in Oceanography 64: 91 −324.

Tsuda, A. & Miller, C. B. (1998) Mate-finding behaviour in Calanus marshallae Frost. Proceedings of the Royal Society of London, B 353: 713 −720.

Tunnicliffe, V., Embley, R. W., Holden, J. F., Butterfield, D. A., Massoth, G. J. & Juniper, S. K. (1997) Biological colonization of new hydro-thermal vents following an eruption on Juan de Fuca Ridge. Deep-Sea Research 44: 1627 −1644.

Tunnicliffe, V., McArthur, A. G. & McHugh, D. (1998) A biogeographical perspective of the deep-sea hydrothermal vent fauna. Advances in Marine Biology 34: 353 −442.

Turner, J. T. (2004) The importance of small planktonic copepods and their roles in pelagic marine food webs. Zoological Studies 43: 255 −266.

Tyler, EA. (1988) Seasonality in the deep-sea. Oceanography and Marine Biology Annual Review 26: 227 −258.

Tyler, P. A., Harvey, R., Giles, L. A. & Gage, J. D. (1992) Reproductive strategies and diet in deep-sea nuculanid protobranchs (Bivalvia: Nucutoidea) from the Rockall Trough. Marine Biology 114: 571 −580.

Tyler, P. A., Gage, J. D., Paterson, G. J. L. & Rice. A. L. (1993) Dietary constraint on reproductive periodicity in two sympatric deep-sea seastars. Marine Biology 115: 267 −277.

Tyrrell, T. (1999) The relative influences of nitrogen and phosphorus on oceanic primary production. Nature 400: 525 −531.

Tyrrell, T., Marafion, E., Pouhon, A. J., Bowie, A. R., Harbour, D. S. & Woodward, E. M. S. (2003) Large-scale latitudinal distribution of Trichodesmium spp. in the Atlantic Ocean. Journal of Plankton Research 25: 405 −416.

Uematsu, M., Tsuda, A., Wells, M. and Saito, H. (2009) Introduction to Subarctic i-

ron Enrichment for Ecodynamics Study II (SEEDS II). Deep-Sea Research II 56：
2731 −2732.

Uitz, J. , Claustre, H. , Morel, A. & Hooker, S. B. (2006) Vertical distribution of
phytoplankton communities in open ocean：an assessment based on surface chlorophyll.
Journal of Geophysical Research 111：C08005, doi：10.1029/2005JC003207.

Uitz, J. , Huot, Y. , Bruyant, F. , Babin, M. & Claustre, H. (2008) Relating phyto-
plankton physiological properties to community structure on large scales. Limnology and
Oceanography 53：614 −630.

Uitz, J. , Claustre, H. , Gentili, B. & Stramski, D. (2010) Phytoplankton class-specific
primary production in the world's oceans：seasonal and interannual variability from satel-
lite observations. Global Biogeochemical Cycles, 24 (GB3016)：1 − 19, doi：
10.1029/2009GB 003680.

Urrere, M. & Knauer, G. A. (1981) Zooplankton fecal pellet fluxes and vertical trans-
port of particulate matter in the marine pelagic environment. Journal of Plankton Re-
search 3：369 −387.

Uye, S. (1982) Population dynamics and production of Acartia clausi Giesbrecht (Copep-
oda：Calanoida) in inlet waters. Journal of Experimental Marine Biology and Ecology
57：55 −83.

Uye, S. (1996) Induction of reproductive failure in the planktonic copepod Calanus
pacificus by diatoms. Marine Ecology Progress Series 133：89 −97.

Van den Hoek, C. , Mann, D. G. & Jahns, H. M. (1995) Algae, an Introduction to
Phycology. Cambridge University Press, Cambridge, UK, 623 pp.

van der Lingen, C. D. , Hutchings, L. & Field, J. G. (2006) Comparative trophody-
namics of anchovy (Engraulis encrasicolus) and sardine Sardinops sagax in the southern
Benguela：are species alternations between small pelagic fish trophodynamically media-
ted? African Journal of Marine Science 28：465 −477.

Van Dover, C. L. (1994) In situ spawning of hydrothermal vent tube-worms (Riftia
pachyptila). Biological Bulletin 186：134 −135.

Van Dover, C. L. (2000) The Ecology of Deep-Sea Hydrothermal Vents. Princeton U-
niversity Press, Princeton, NJ, 424 pp.

Van Dover, C. L. , Szuts, E. Z. , Chamberlain, S. C. & Cann, J. R. (1989) A no-
vel eye in "eyeless" shrimp from hydrothermal vents of the Mid-Atlantic Ridge. Nature
337：458 −460.

Van Dover, C. L. , Kaartvedt, S. , Bollens, S. M. , Wiebe, EH. , Martin, J. W. &
France, S. C. (1992) Deep-sea amphipod swarms. Nature 358：25 −26.

Van Dover, C. L. & 26 coauthors (2001) Biogeography and ecological setting of Indian
Ocean hydrothermal vents. Science 294：818 −823.

van Duren, L. A., Stamhuis, E. & Videler, J. J. (2003) Copepod feeding currents: flow patterns, filtration rates and energetics. Journal of Experimental Biology 206: 255 −267.

Van Haren, H., Mills, D. K. & Wetsteyn, L. P. M. J. (1998) Detailed observations of the phytoplankton spring bloom in the stratifying central North Sea. Journal of Marine Research 56: 655 −680.

Van Mooy, B. A. S. & Devol, A. H. (2008) Assessing nutrient limitation of Prochlorococcus in the North Pacific tropical gyre by using an RNA capture method. Limnology and Oceanography 53: 78 −88.

Van Mooy, B. A. S. & 11 coauthors (2009) Phytoplankton in the ocean use non-phosphorus lipids in response to phosphorus scarcity. Nature 458: 69 −72.

Vanderklift, M. A. & Ponsard, S. (2003) Sources of variation in consumer-diet δ^{15}N enrichment: a meta-analysis. Oecologia 136: 169 −182.

Vanderploeg, H. & Paffenhöfer, G.-A. (1985) Modes of algal capture by the freshwater copepod Diaptomus sicilis and their relation to food-size selection. Limnology and Oceanography 30: 871 −885.

Vaqué, D., Gazelle, J. M. & Maoris, C. (1994) Grazing rates on bacteria: the significance of methodology and ecological factors. Marine Ecology Progress Series 109: 263 −274.

Varela, M. M., van Aken, H. M., Sintes, E. & Herndl, G. J. (2008) Latitudinal trends of Crenarchaeota and Bacteria in the meso- and bathypelagic water masses of the Eastern North Atlantic. Environmental Microbiology 10: 110 −124.

Vaske, T., Jr, Vooren, C. M. & Lessa, R. P. (2003) Feeding strategy of yellowfin tuna (Thunnus albacares), and wahoo (Acanthocybium solandri) in the Saint Paul and Saint Peter Archipelago, Brazil. Boletim do Instituto de Pesca, São Paulo 29: 173 −181.

Venrick, E. L. (1974) The distribution and significance of Richelia intracellularis Schmidt in the North Pacific Central Gyre. Limnology and Oceanography 19: 437 −445.

Venrick, E. L. (1982) Phytoplankton in an oligotrophic ocean: observations and questions. Ecological Monographs 52: 129 −154.

Venrick, E. L. (1999) Phytoplankton species structure in the central North Pacific, 1973 − 1996: variability and persistence. Journal of Plankton Research 21: 1029 −1042.

Venter, J. C. & 22 coauthors (2004) Environmental genome shotgun sequencing of the Sargasso Sea. Science 304: 66 −74.

Vichi, M., Pinardi, N. & Masina, S. (2007a) A generalized model of pelagic biogeochemistry for the global ocean ecosystem. Part I: Theory. Journal of Marine Systems 64: 89 −109.

Vichi, M., Masina, S. & Navarra, A. (2007b) A generalized model of pelagic biogeochemistry for the global ocean ecosystem. Part II: Numerical simulations. Journal of Marine Systems 64: 110 −134.

Vidal, J. (1980) Physioecology of zooplankton. 1. Effects of phyto-plankton concentration, temperature, and body size on the growth rate of Calanus pacificus and Pseudocalanus sp. Marine Biology 56: 111 −134.

Villareal, T. A. & Carpenter, E. J. (2003) Buoyancy regulation and the potential for vertical migration in the oceanic cyanobacterium Trichodesmium. Microbial Ecology 45: 1 −10.

Vinogradov, M. E. (1968) Vertikal'noe Raspredelenie Okeanicheskogo Zooplanktona. Izdatel'stvo Nauka, Moskow. [Translated 1970, "Vertical Distribution of the Oceanic Zooplankton". Israel Program of Scientific Translations, 339 pp.]

Vinogradov, M. E., Volkov, A. F. & Semenova, T. N. (1996) Hyperiid Amphipods (Amphipoda, Hyperiidea) of the World Oceans. Translated from Russian edition (1982) by Siegel-Causey, D. Science Publishers, Inc., Lebanon, New Hamphire, USA, 632 pp.

Vinogradova, N. G. (1997) Zoogeography of the abyssal and hadal zones. Advances in Marine Biology 32: 325 −387.

Visser, A. W. (2007) Biomixing of the oceans? Science 316: 838 −839.

Vogel, S. (1996) Life in Moving Fluids, 2nd Edn., Princeton University Press, Princeton NJ, 484 pp.

Voight, J. R. (2007) Experimental deep-sea deployments reveal diverse northeast Pacific wood-boring bivalves of Xylophagainae (Myoida: Pholadidae). Journal of Molluscan Studies 73: 377 −391.

Volterra, V. (1926a) Fluctuations in the abundance of a species considered mathematically. Nature 118: 558 −60.

Volterra, V. (1926b) Variazioni e fluttuazioni del numero d'individui in specie animali conviventi. Memorie Royale Accademia Nazionale dei Lincei, Series VI 2: 31 −113.

Von Datum, K. L. (1995) Controls on the chemistry and temporal variability of sea floor hydrothermal fluids. In: Humphris, S. E., Zierenberg, R. A., Mullineaux, L. S. & Thomson, R. E. (eds.) Sea Floor Hydrothermal Systems: Physical, Chemical, Biological, and Geological Interactions. American Geophysical Union, Geophysical Monographs 91: 222 −247.

Von Stosch, H. A. (1973) Observations on vegetative reproduction and sexual life cycle of two freshwater dinoflagellates, Gymnodinium pseuclopalustre Schiller and Woloszynskia apiculata sp. nov. British PhycologicalJournal 8: 105 −134.

Vrieling, E. G., Gieskes, W. W. C. & Beelen, T. P. M. (1999) Silicon deposition in diatoms: control by the pH inside the silicon deposition vesicle. Journal of Phycology

35: 548 −559.

Vrijenhoek, R. C. (1997) Gene flow and genetic diversity in naturally fragmented met-apopulations of deep-sea hydrothermal vent animals. Journal of Heredity 88: 285 −293.

Wächterhäuser, G. (1988a) Before enzymes and templates: theory of surface metabo-lism. Microbiological Review 52: 452 −484.

Wächterhäuser, G. (1997) The origin of life and its methodological challenge. Journal of Theoretical Biology 187: 483 −494.

Wade, I. & Heywood, K. J. (2001) Acoustic backscatter observations of zooplankton a-bundance and behaviour and the influence of oceanic fronts in the northeast Atlantic. Deep-Sea Research II 48: 899 −924.

Wajih, S. & Naqvi, A. (2008) The Indian ocean. In: Carpenter, E. J. & Capone, D. G. (eds.) Nitrogen in the Marine Environment, Elsevier, Amsterdam, pp. 631 −681.

Wakeham, S. G. & Lee, C. (1993) Production, transport, and alteration of particulate organic matter in the marine water column. In: Engel, M. H. & Macko, S. A. (eds.) Organic Geochemistry: Principles and Applications, Plenum Press, New York, pp. 145 −169.

Walker, C. B. & 23 coauthors (2010) Nitrosopumilus maritimus genome reveals unique mechanisms for nitrification and autotrophy in globally distributed marine crenarchaea. Proceedings of the National Academy of Sciences 107: 8818 −8823.

Walsh, I., Chung, S. P., Richardson, M. J. & Gardner, W. D. (1995) The diel cy-cle in the integrated particle load in the equatorial Pacific: a comparison with primary production. Deep-Sea Research II 42: 465 −477.

Ward, P., Shreeve, R. S. & Cripps, G. C. (1996) Rhincalanus gigas and Calanus si-millimus: lipid storage patterns of two species of copepod in the seasonally ice-free zone of the Southern Ocean. Journal of Plankton Research 18: 1439 −1454.

Warén, A., Bengtson, S., Goffredi, S. K. & Van Dover, C. L. (2003) A hot-vent gastropod with iron sulfide dermal sclerites. Science 302: 1007 −1007.

Warner, J. A., Latz, M. I. & Case, J. F. (1979) Cryptic bioluminescence in a mid-water shrimp. Science 203: 1109 −1110.

Warrant, E. J. & Locket, N. A. (2004) Vision in the deep sea. Biological Reviews 79: 671 −712.

Warren, B. A. (1983) Why is no deep water formed in the North Pacific? Journal of Marine Research 41: 327 −347.

Wassmann, P. & 11 coauthors (2004) Particulate organic carbon flux to the Arctic Ocean sea floor. In: Stein, R. & Macdonald, R. W. (eds.) The Organic Carbon Cycle in the Arctic Ocean, Springer, Berlin, pp. 101 −138.

Waterbury, J. B., Watson, S. W., Guillard, R. R. L. & Brand, L. E. (1979)

Widespread occurrence of a unicellular, marine, planktonic cyano-bacterium. Nature 277: 293 −294.

Watkins-Brandt, K. S., Letelier, R. M., Spitz, Y. H., Church, M., Bottjer, D. & White, A. E. (2011) Addition of inorganic and organic phosphorus enhances nitrogen and carbon fixation in the oligotrophic North Pacific. Marine Ecology Progress Series 432: 17 −29.

Watling, L. (1988) Small-scale features of marine sediments and their importance to the study of deposit feeding. Marine Ecology Progress Series 47: 135 −144.

Watling, L. (2005) The global destruction of bottom habitats by mobile fishing gear. In: Crowder, L. B. & Norse, E. A. (eds.) Marine Conservation Biology. Island Press, Washington D. C., pp. 198 −210.

Wei, C. -L. & 11 coauthors (2010) Bathymetric zonation of deep-sea macrofauna in relation to export of surface phytoplankton production. Marine Ecology Progress Series 399: 1 −14.

Weinbauer, M. G. (2004) Ecology of prokaryotic viruses. FEMS Microbiology Reviews 28: 127 −181.

Weinbauer, M. G. & Suttle, C. A. (1997) Comparison of epifluorescence microscopy and transmission electron microscopy for counting viruses in natural marine waters. A-quatic Microbial Ecology 13: 225 −232.

Weinbauer, M. G., Winter, C. & Hofle, M. G. (2002) Reconsidering transmission electron microscopy based estimates of viral infection of bacterioplankton using conversion factors derived from natural communities. Aquatic Microbial Ecology 27: 103 −110.

Weissburg, M. J., Doall, M. H. & Yen, J. (1998) Following the invisible trail: kinematic analysis of mate-tracking in the copepod Temora longicornis. Proceedings of the Royal Society of London, B 353: 701 −712.

Welch, H. E., Crawford, R. E. & Hop, H. (1993) Occurrence of Arctic Cod (Boreo-gadus saida) schools and their vulnerability to predation in the Canadian high Arctic. Arctic 46: 331 −339.

Welschmeyer, N. (1993) Primary production in the subarctic Pacific Ocean: Project SU-PER. Progress in Oceanography 32: 101 −135.

Wenzhöfer, F. & Glud, R. N. (2002) Benthic carbon mineralization in the Atlantic: a synthesis based on in situ data from the last decade. Deep-Sea Research I 49: 1255 −1279.

Wenzhöfer, F., Holby, O. & Kohls, O. (2001) Deep penetrating benthic oxygen profiles measured in situ by oxygen optodes. Deep-Sea Research I 48: 1741 −1755.

West, G. B., Brown, J. H. & Enquist, B. J. (1997) A general model for the origin of allometric scaling laws in biology. Science 276: 122 −126.

Wetz, M. S. & Wheeler, P. A. (2007) Release of dissolved organic matter by coastal diatoms. Limnology and Oceanography 52: 798 −807.

Wetz, M. S., Wheeler, P. A. & Letelier, R. M. (2004) Light-induced growth of phytoplankton collected during the winter from the benthic boundary layer off Oregon, USA. Marine Ecology Progress Series 280: 95 −104.

Wheatcroft, R. A. (1992) Experimental tests for particle size-dependent bioturbation in the deep ocean. Limnology and Oceanography 37: 90 −104.

Wheatcroft, R. A., Smith, C. R. & Jumars, P. A. (1989) Dynamics of surficial trace assemblages in the deep-sea. Deep-Sea Research 36A: 71 −91.

Wheatcroft, R. A., Jumars, P. A., Smith, C. R. & Nowell, A. R. M. (1990) A mechanistic view of the particulate biodiffusion coefficient: step lengths, rest periods, and transport directions. Journal of Marine Research 48: 177 −207.

Wheeler, P. A. (1993) New production in the subarctic Pacific Ocean: net changes in nitrate concentrations, rates of nitrate assimilation and accumulation of particulate nitrogen. Progress in Oceanography 32: 137 −161.

Wheeler, P. A. & Kokkinakis, S. A. (1990) Ammonium recycling limits nitrate uptake in the oceanic subarctic Pacific. Limnology and Oceanography 35: 1267 −1278.

Wheeler, P. A., Watkins, J. M. & Hansing, R. L. (1997) Nutrients, organic carbon and organic nitrogen in the upper water column of the Arctic Ocean: implications for the sources of dissolved organic carbon. Deep-Sea Research II 44: 1571 −1592.

White, A. E., Spitz, Y. H. & Letelier, R. M. (2006) Modeling carbohydrate ballasting by Trichodesmium spp. Marine Ecology Progress Series 323: 35 −45.

White, A. E., Karl, D. M., Björkman, K. M., Beversdorf, L. J. & Letelier, R. M. (2010) Production of organic matter by Trichodesmium IMS101 as a function of phosphorus source. Limnology and Oceanography 55: 1755 −1767.

White, S. N., Chave, A. D., Reynolds, G. T. & Van Dover, C. L. (2002) Ambient light emission from hydrothermal vents on the Mid-Atlantic Ridge. Geophysical Research Letters 29: doi: 10.1029/2002GL014977 (4 pp.).

Whitehill, E. A. G., Franks, T. A. & Olds, M. K. (2009) The structure and sensitivity of the eye of different life history stages of the ontogenetic migratory Gnathophausia ingens. Marine Biology 156: 1347 −1357.

Whitman, W. B. (2009) The modern concept of the prokaryote. Journal of Bacteriology 191: 2000 −2005.

Wilderbuer, T. K., Hollowed, A. B., Ingraham, W. J., Spencer, P. D., Conners, M. E., Bond, N. A. & Waiters, G. E. (2002) Flatfish recruitment response to decadal climatic variability and ocean conditions in the eastern Bering Sea. Progress in Oceanography 55: 235 −247.

Wiebe, P. H. & Benfield, M. C. (2003) From the Hensen net toward four-dimensional biological oceanography. Progress in Oceanography 56: 7 −136.

Wiebe, P. H. & Boyd, S. H. (1978) Limits of Nematoscelis megalops in the North-western Atlantic in relation to Gulf Stream cold core rings. I. Horizontal and vertical distributions. Journal of Marine Research 36: 119 −142.

Wiebe, P. H., Flierl, G. R., Davis, C. S., Barber, V. & Boyd, S. H. (1985a) Macrozooplankton biomass in Gulf Stream warm-core rings: spatial distribution and temporal changes. Journal of Geophysical Research 90: 8885 −8901.

Wiebe, P. H. & 7 coauthors (1985b) New developments in the MOCNESS, an apparatus for sampling zooplankton and micronekton. Marine Biology 87: 313 −323.

Wilderbuer, T. K., Hollowed, A. B., Ingraham, W. J., Spencer, P. D., Conners, M. E., Bond, N. A. & Walters, G. E. (2002) Flatfish recruitment response to decadal climatic variability and ocean conditions in the eastern Bering Sea. Progress in Oceanography 55: 235 −247.

Wilhelm, S. W. & Suttle, C. A. (1999) Viruses and nutrient cycles in the sea. BioScience 49: 781 −788.

Williams, A. B. & Rona, P. A. (1986) Two new caridean shrimps (Bresiliidae) from a hydrothermal field on the Mid-Atlantic Ridge. Journal of Crustacean Biology 6: 446 −462.

Williams, P. J. leB. (1981) Incorporation of microheterotrophic processes into the classical paradigm of the food web. Kieler Meeresforschungen Sonderheft 5: 1 −29.

Williams, P. J. leB. (1995) Evidence for the seasonal accumulation of carbon-rich dissolved organic material, its scale in comparison with changes in particulate material and the consequential effect on net C/N assimilation ratios. Marine Chemistry 51: 17 −29.

Williams, P. M., Bauer, J. E., Robertson, K. J., Wolgast, D. M. & Occelli, M. L. (1993) Report on DOC and DON measurements made at Scripps Institution of Oceanography. Marine Chemistry 41: 271 −281.

Winans, A. K. & Purcell, J. E. (2010) Effects of pH on asexual reproduction and statolith formation of the scyphozoan, Aurelia labiata. Hydrobiologia 645: 39 −52.

Winogradsky, S. (1887) Über Schwefelbakterien. Botanische Zeitgung 45: [In sections from 489 to 610.]

Winter, C., Herndl, G. J. & Weinbauer, M. G. (2004) Diel cycles in viral infection of bacterioplankton in the North Sea. Aquatic Microbial Ecology 35: 207 −216.

Wirsen, C. O., Jannasch, H. W. & Molyneaux, S. J. (1993) Chemosynthetic microbial activity at Mid-Atlantic Ridge hydrothermal vent sites. Journal of Geophysical Research 98: 9693 −9703.

Woese, C. R. & Fox, G. E. (1977) Phylogenetic structure of the prokaryote domain:

the primary kingdoms. Proceedings of the National Academy of Sciences 75: 5088 − 5090.

Wolff, E. W. , Fischner, H. & Röthlisberger, R. (2009) Glacial terminations as southern warmings without northern control. Nature Geoscience 2: 206 − 209. (doi: 10.1038/NGEO442).

Wood, S. N. (1994) Obtaining birth and mortality patterns from structured population trajectories. Ecological Monographs 64: 23 −44.

Woods, L. P. & Sonoda, P. M. (1973) Order Berycomorphi (Beryciformes). In: Cohen, D. M. & 9 coeditors, Fishes of the Western North Atlantic, Part 6. Memoir Number 1 of the Sears Foundation for Marine Research, pp. 263 −396.

Worden, A. Z. & Binder, B. J. (2003) Application of dilution experiments for measuring growth and mortality rates among Prochlorococcus and Synechococcus populations in oligotrophic environments. Aquatic Microbial Ecology 30: 159 −174.

Worden, A. Z. & Not, F. (2008) Ecology and diversity of picoeukaryotes. In: Kirchman, D. L. (ed.) Microbial Ecology of the Oceans, Second Edition, Wiley-Blackwell, New Jersey, pp. 159 −196.

Wu, J. , Sunda, W. , Boyle, E. A. & Karl, D. M. (2000) Phosphate depletion in the western North Atlantic Ocean. Science 289: 759 −762.

Wu, S. M. & Rebeiz, C. M. (1988) Chlorophyll biogenesis: molecular structure of short wavelength chlorophyll-a (E432: F662). Phytochemistry 27: 353 −356.

Wu, Y. , Gao, K. & Riebesell, U. (2010) CO_2-induced seawater acidification affects physiological performance of the marine diatom. Phaeodactylum tricornutum Biogeosciences 7: 2915 −2923.

Wuchter, C. , Abbas, B. , Coolen, M. J. L. , Herfort, L. & van Bleijswijk, J. (2006) Archaeal nitrification in the ocean. Proceedings of the National Academy of Sciences 103: 12,317 −12,322.

Wuchter, C. , Schouten, S. , Boschker, H. T. S. & Sinninghe Damste, J. S. (2003) Bicarbonate uptake by marine Crenarchaeota. FEMS Microbiology Letters 219: 203 −207.

Wyllie, J. G. & Lynn, R. J. (1971) Distribution of temperature and salinity at 10 meters, 1960 −1969 and mean temperature, salinity and oxygen at 150 meters, 1950 − 1968. CalCOFI Atlas no. 15. California Cooperative Oceanic Fisheries Investigations, La Jolla, California, xi + 189 pp.

Yamaguchi, A. & Ikeda, T. (2000) Vertical distribution, life cycle, and developmental characteristics of the mesopelagic calanoid copepod Gaidius variabilis (Aetideidae) in the Oyashio region, western North Pacific Ocean. Marine Biology 137: 99 −109.

Yao, H. & 7 coauthors (2010) Protection mechanisms of the iron-plated armor of a deep-sea hydrothermal vent gastropod. Proceedings of the National Academy of Sciences 107：987 −992.

Yen, J., Rasberry, K. D. & Webster, D. R. (2008) Quantifying copepod kinematics in a laboratory turbulence apparatus. Journal of Marine Systems 69：283 −294.

Yentsch, C. (1980) Light attenuation and phytoplankton photosynthesis. In：Morris, I. (ed.) The Physiological Ecology of Phytoplankton. University of California Press, Berkeley, pp. 95 −127.

Yoder, J. A., Aiken, J., Swift, R. N., Hoge, F. E. & Stegmann, P. M. (1993) Spatial variability in near-surface chlorophyll a fluorescence measured by the Airborne Oceanographic Lidar (AOL). Deep-Sea Research II 40：37 −53.

Yoklavich, M. M., Loeb, V. J., Nishimoto, M. & Daly, B. (1996) Nearshore assemblages of larval rockfishes and their physical environment off central California during an extended El Niño event, 1991 −1993. Fisheries Bulletin 94：766 −782.

Young, J. R., Andruleit, H. & Probert, I. (2009) Coccolith function and morphogenesis：insights from appendage-bearing coccolithophores of the family Syracosphaeraceae (Haptophyta). Journal of Phycology 45：213 −226.

Young, R. E. & Mencher, F. M. (1980) Bioluminescence in mesopelagic squid：diel color change during counterillumination. Science 208：1286 −1288.

Young, R. E. & Roper, C. F. E. (1977) Intensity regulation of biolumi-nescence during countershading in living midwater animals. Fisheries Bulletin 75：239 −252.

Young, R. E., Roper, C. F. E. & Waiters, J. F. (1979) Eyes and extraocular photoreceptors in midwater cephalopods and fishes：their roles in detecting downwelling light for counterillumination. Marine Biology 51：371 −380.

Zahariev, K., Christian, J. R. & Denman, K. L. (2008) Preindustrial, historical, and fertilization simulations using a global ocean carbon model with new parameterizations of iron limitation, calcification, and N_2 fixation. Progress in Oceanography 77：56 −82.

Zehr, J. P. & Kudela, R. M. (2009) Photosynthesis in the open ocean. Science 326：945 −946.

Zehr, J. P. & 8 coauthors (2007) Experiments linking nitrogenase gene expression to nitrogen fixation in the North Pacific subtropical gyre. Limnology and Oceanography 52：169 −183.

Zeldis, J. (2001) Mesozooplankton community composition, feeding and export production during SOIREE. Deep-Sea Research II 48：2615 −2634.

Zentara, S. -J., Kamykowski, D. (1981) Geographic variations in the relationship between silicic acid and nitrate in the South Pacific Ocean. Deep-Sea Research 28A：455 −465.

Zezina, O. N. (1997) Biogeography of the bathyal zone. Advances in Marine Biology

32: 389 −426.

Zhaxybayeva, O. , Doolittle, W. F. , Papke, R. T. & Gogarten, J. P. (2009) Intertwined evolutionary histories of marine Synechococcus and Prochlorococcus marinus. Genome, Biology and Evolution 1: 325 −339.

Zhou, M. (2006) What determines the slope of a plankton biomass spectrum? Journal of Plankton Research 28: 437 −448.

彩　　图

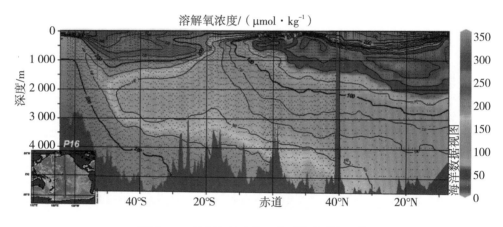

溶解氧浓度/（μmol · kg^{-1}）

彩图 1.1　溶解氧浓度的一个"海洋学剖面"

海洋科考船按插图内给出的航线采集数据：在太平洋，沿 150°W 经线从南极洲到阿留申群岛。图
中每个小点表示在此站点及深度上获取实测值，采水后封闭采水器，提回至船甲板，然后对溶解氧
浓度（单位：μmol · kg^{-1}）进行测定。含氧最低的区域（紫色部分）位于亚北极和北部亚热带环
流内、亚北极下沉的中层水的下方。低氧水在赤道附近有所露头。最低含氧区位于较深层的全球热
盐环流向太平洋输送水团的上方。最大氧浓度区（红色）位于南极中层水内。数据来自世界海洋环
流实验 WOCE 的 P16 剖面。

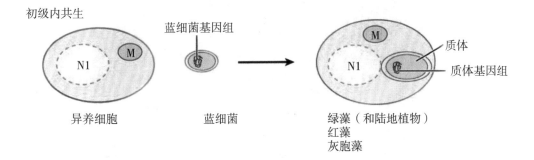

初级内共生

蓝细菌基因组

质体

N1

M

质体基因组

N1

M

异养细胞 蓝细菌 绿藻（和陆地植物）
红藻
灰胞藻

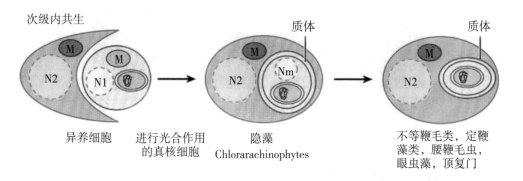

次级内共生

质体 质体

N2 M M N1 N2 M Nm N2 M

异养细胞 进行光合作用 隐藻 不等鞭毛类，定鞭
的真核细胞 Chlorarachinophytes 藻类，腰鞭毛虫，
眼虫藻，顶复门

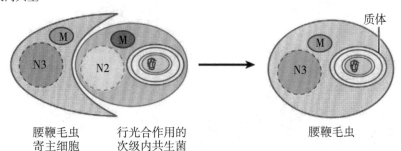

三次内共生

质体

N3 M M N2 N3 M

腰鞭毛虫 行光合作用的 腰鞭毛虫
寄主细胞 次级内共生菌

彩图 2.1 内共生事件中质体转变为细胞器、共生体基因组去向的原理示意

在初级共生事件中，蓝细菌被异养真核生物细胞吞噬（或侵入）。蓝细菌基因组随时间推移逐步退化，在所有已知行光合作用的真核生物细胞中，质体仍保留了很少一部分基因（质体基因组）。在次级内共生事件中，异养真核细胞吞并了一个自养真核细胞。内共生体的细胞核（N1）将其基因转移至宿主的细胞核中，导致 N1 的基因组严重退化，成为类核体（Nm）或完全消失。"不等鞭毛类"（Stramenopiles）又名"Heterokontophyta"，包括硅藻。在三次内共生中，腰鞭毛虫作为宿主细胞吞噬了一个不等鞭毛类、定鞭藻类或隐藻。（Parker 等，2008）

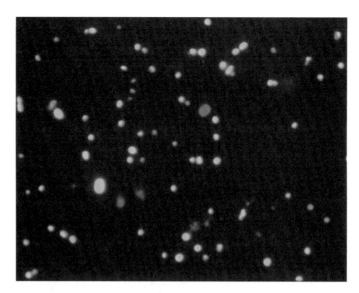

彩图 2.2　未经染色的表面荧光显微照片

表示聚球藻（橙色）和真核微微型浮游生物（红色）。（由 E. Sherr 和 B. Sherr 拍摄）

彩图 2.3　美国国家宇航局制作的全球 SeaWIFS 图像

2000 年 5 月的月平均值。海洋区域的紫色表示叶绿素含量极低，由紫逐渐变为蓝、绿、黄、红，表示叶绿素含量逐渐升高。叶绿素浓度最大值出现在亚极地海区，最小值出现在亚热带环流区域内，赤道海区为中间值，但仍然偏低。（经ⓒ地球之眼卫星公司允许使用）

(a)

小型浮游植物

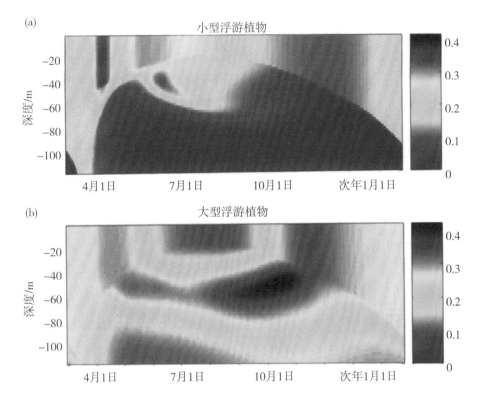

深度/m

4月1日　　　7月1日　　　10月1日　　　次年1月1日

(b)

大型浮游植物

深度/m

4月1日　　　7月1日　　　10月1日　　　次年1月1日

彩图 4.1　阿拉斯加湾的铁限制（HNLC）生态系统中不同深度上浮游植物丰度的年度变化
（a）微型浮游植物和微微型浮游植物；（b）大型浮游植物（硅藻）。（Denman 等，2006）

彩图 5.1　通过多核糖核苷酸探针荧光原位杂交（FISH）显现海洋细菌与古菌
样品来自美国加利福尼亚州莫斯兰丁外 177 英里（约 285 km）处 80 m 深的海水。荧光素（绿色）标记的是细菌，CY−3（红色）标记的是古菌。使用 Adobe Photoshop 软件获得图像的层叠效果。（DeLong，2001）

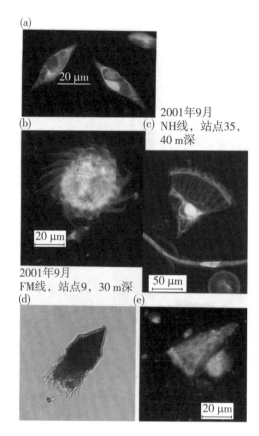

彩图 5.2　异养原生生物

（a）摄入球状蓝细菌（红色颗粒）后的异养腰鞭毛虫；　（b）利加虫（*Leegaardiella* sp.）；
（c）福尔马林固定、DAPI 染色后的纤毛虫（未定种）；（d）一种纤毛虫，急游虫（*Strombidium*
sp.）；（e）砂壳纤毛虫（丁丁虫）的表面荧光显微照片。照片由 E. Sherr 提供。

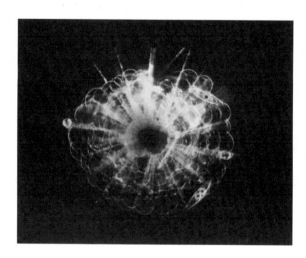

彩图 6.1　一种浮游有孔虫（*Hastigerina pelagica*）

直径约为 4 mm。胞质中有一个呈紫色的小型桡足类（隆剑水蚤 *Oncaea*），源于吞噬。（由 Al-
lan Bé 拍摄）

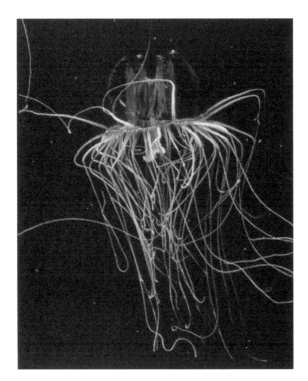

彩图6.2　**钟水母**（*Polyorchis penicillatus*）

一种水螅水母。钟状体高约 1.5 cm。（©蒙特雷湾水族馆）

彩图6.3　**管水母**

与彩游泳体或泳钟在左侧，带有触手的胃钳长链延伸至后方。（©蒙特雷湾水族馆）

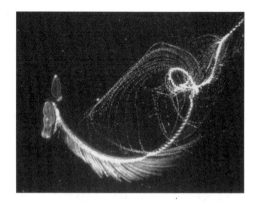

彩图6.4　太平洋金黄水母（*Chrysaora fuscescens*）

一种钵水母，最长可达30 cm。（由 James M. King 拍摄，Alice Alldredge 提供）

彩图6.5　浮蚕属（*Tomopteris*）

多毛纲环节动物，约1.5 cm 长。（Jaime Gomez Gutierrez 拍摄）

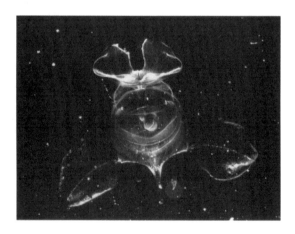

彩图6.6　龟螺（*Cavolinia*）

隶属于真壳亚目（有壳翼足类）。"翼"位于顶部，从壳上的小孔伸出外套膜并在两侧延展开。（由潜水员 Ron Gilmer 拍摄；来自 Hanmer，1974）

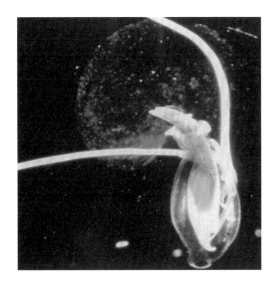

彩图6.7 **内折龟螺**（*Cavolinia inflexa*）

通过黏液状漂浮物（胭脂颗染色）悬浮于水中。（由潜水员 R. Gilmer 拍摄；来自 Gilmer 和 Harbison，1986）

彩图6.8 *Gleba* **属**

假壳类，有长吻，"足"连接在大黏液漂流物上。"翼展"约 10 cm。（由 James M. King 拍摄，Alice Alldredge 提供）

彩图 6.9　挪威真刺水蚤（*Euchaeta norvegica*）

一种大型（约 3.5 mm 长）掠食性桡足类。静止体位，小触角向两侧延伸，尾体下垂。该属的个体将卵黏附在尾体前段的囊内。（由 Jeanette Yen 拍摄）

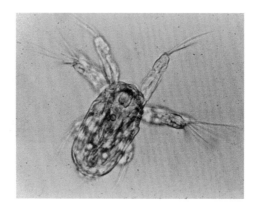

彩图 6.10　桡足类的一种，加州纺锤水蚤（*Acartia californiensis*）

该图为其无节幼体的第二阶段，体长约 60 μm。照片由 J. Kenneth Johnson 拍摄。

彩图 6.11　太平洋磷虾（*Euphausia pacifica*）

磷虾类的典型代表物种。（由 Lisa Dilling 拍摄，Alice Alldredge 友情提供）

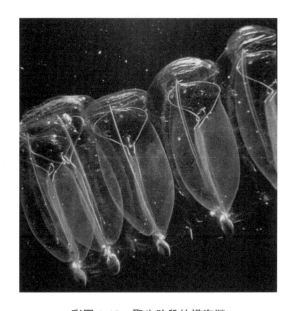

彩图 6.12　聚生阶段的樽海鞘

潜水员在拍摄前用胭脂红颗粒对黏液摄食锥进行了染色。樽海鞘入水孔朝上，消化腺和生殖腺
位于身体底部。（由潜水员 Larry Madin 拍摄；来自 Hanmer，1974）

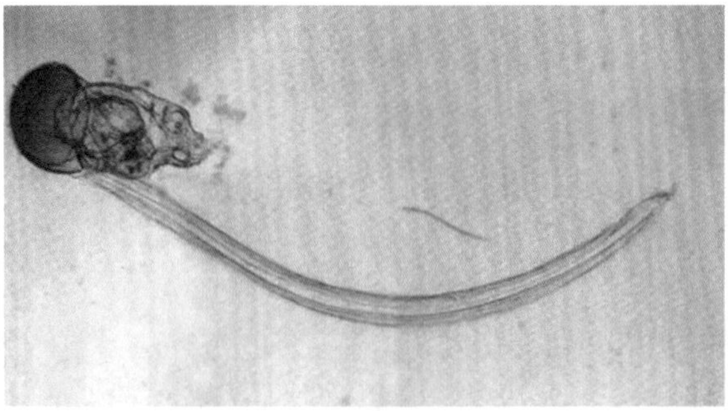

彩图 6.13　尾海鞘的身体形态

照片由海洋生物学爱好者 J. Cavanihac 拍摄。

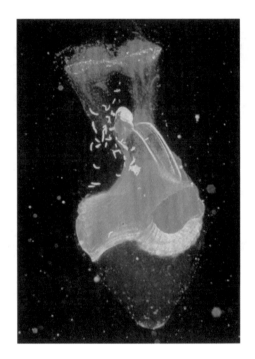

彩图 6.14　位于其黏液囊内的尾海鞘

潜水员拍摄前使用极细的胭脂红颗粒进行染色。入口处的粗滤膜位于顶部；切向流滤膜位于动物体及其粪便团的下方。（由 James M. King 拍摄，Alice Alldredge 提供）

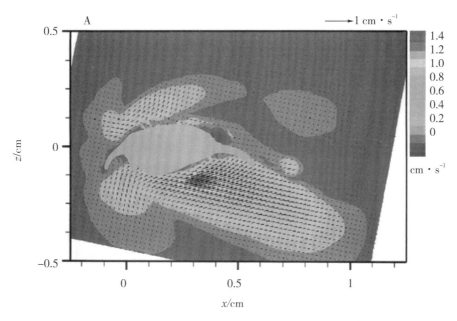

彩图 7.1　南极真刺水蚤（*Euchaeta antarctica*，第 5 阶段桡足幼体）在觅食过程中缓慢向前自由游动时的流线

俯视和侧视。速度矢量见等值色标。（Catton 等，2007）

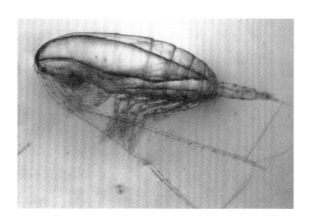

彩图 8.1　马歇尔哲水蚤（*Calanus marshallae*）

在其身体中线位置有一个很大的油囊（油囊的后端被染成红色）。（由 Jaime Gómez - Gutiérrez 拍摄）

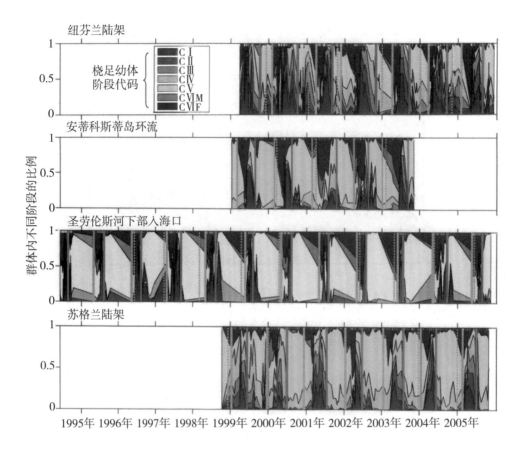

彩图 8.2　大西洋西部时间序列站点观测到的飞马哲水蚤（*Calanus finmarchicus*）种群组成统计
显示了该种不同阶段的桡足幼体在种群中所占比例随着时间的变化情况。红线：滞育期开始的时间点。绿色实线：根据雌性个体出现的比例估算出的休眠期结束时间点。绿色虚线：根据桡足幼体处于初期阶段（假设食物饱和）反推出的休眠期结束时间点。（Johnson 等，2008）

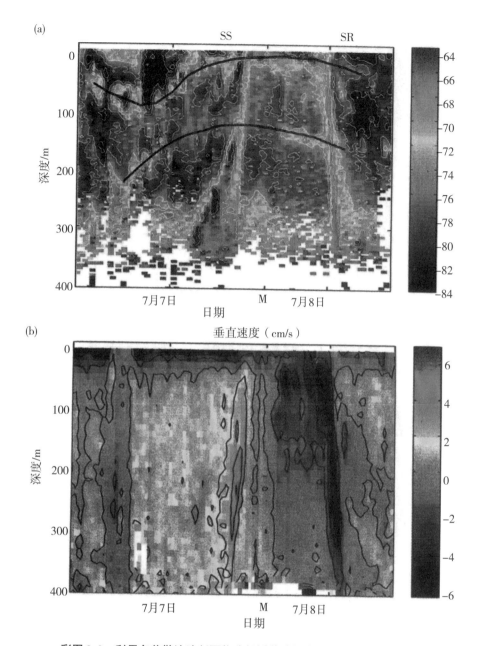

彩图 8.3 利用多普勒流速剖面仪分析浮游动物的昼夜垂向迁移示例[*]

（a）多普勒流速剖面仪在 48°N 处对颗粒反向散射的定量分析（色度单位：dB；红色表示颗粒分散，蓝色表示不太分散）。请注意几种不同的分层（图上的黑线起辅助强调作用），以及分层随着日期的运动与变化。（b）通过音频偏移得到的颗粒垂向速率。在日落（SS）和日出（SR）时分，分层的垂向运动非常快。（Wade 和 Heywood，2001）

[*]图题为译者总结。

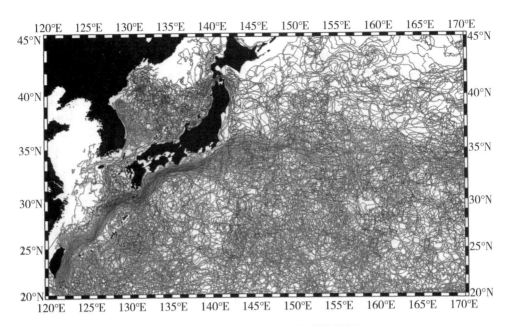

彩图 10.1 漂流浮标向卫星传送的数据

绘制出北平洋黑潮－亲潮汇流区到帝王海山区的累积轨迹（"意大利面式图"）。（来自 Peter Niiler，允许在本书中使用）

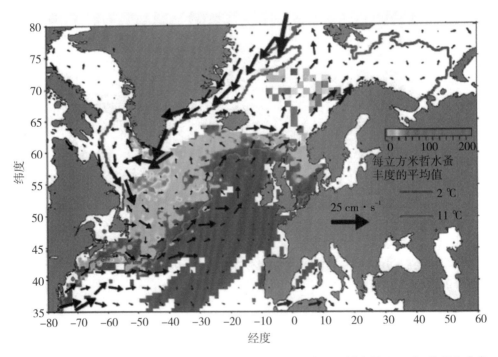

彩图 10.2 挪威海 1958—2000 年采集 7～10 m 水深样品中飞马哲水蚤 C5－C6 的每立方米丰度，与 1997 年的浮游生物的时间平均

箭头表示 10 m 深处年平均流速，紫色线与红色线分别表示 2 ℃和 11 ℃年度平均等温线，数据基于 1997 年的全球环流模型。（Heath 等，2008）

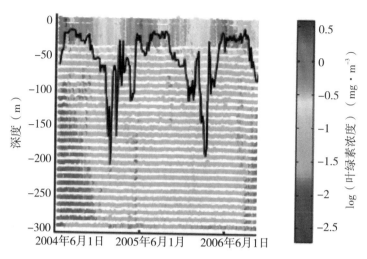

彩图 11.1　ARGOS 漂标在 50°N，47°W 附近采获的叶绿素浓度（色度）垂直剖面、两年的时间序列数据

叶绿素浓度用荧光计测定得出，漂标每 5 天上升到表层 300 米，于午夜时分采集数据。混合层深度定义为 σ_t 值比表面的 σ_0 值大 0.125 时的最浅深度；黑线表示混合层深度随时间的变化。在混合层深度边界以下，浮游植物始终呈均匀分布。（Boss 等，2008）

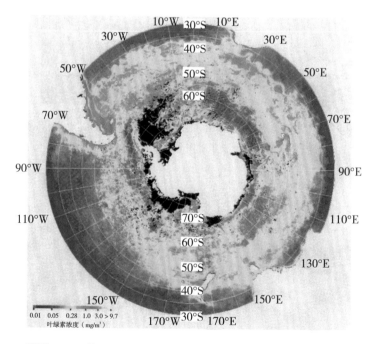

彩图 11.2　基于 SeaWIFS 数据分析南大洋中叶绿素的分布情况

黄色代表约 0.3 mg·m^{-3}，是亚极地 HNLC 海区的一个常见的叶绿素浓度。（Moore 和 Abbott，2000）

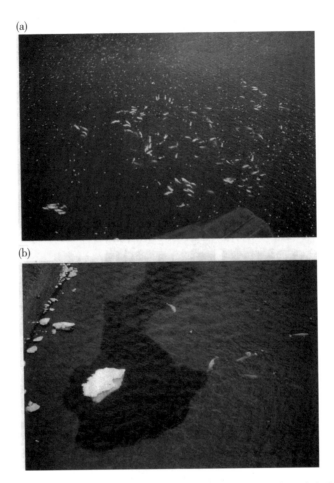

彩图 11.3　1991 年 7 月于拉德斯托克湾巡视点附近拍摄到北极鳕鱼、海鸟和白鲸的照片

（a）离岸 100～200 m 处鳕鱼群俯瞰图。图中有超过 130 头鲸。照片左上角可见浅水中剩余的鳕鱼群。（b）一个很大的北极鳕鱼群的前端。鳕鱼群长度为 500 m，照片只显示了其中约 50 m 的范围。捕食压力较小（注意没有鸟），仅有少数几头鲸。（Welch 等，1993）

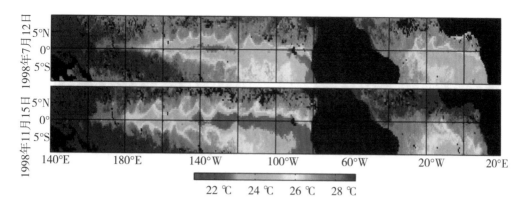

彩图 11.4　太平洋和大西洋中热带不稳定波的卫星海面温度微波观测

图上显示的是 1998 年 7 月 11—13 日（上）以及 1998 年 11 月 14—16 日（下）的 3 日平均值。
图中黑色区域代表陆地或雨水污染。（Chelton 等，2000）

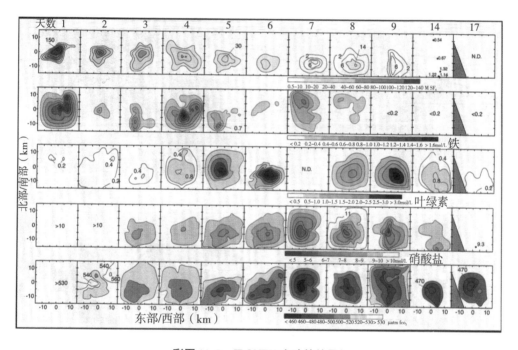

彩图 11.5　IRONEX 实验的结果[*]

（a）热带东太平洋大洋站点处铁富集实验期间的温度、深度与时间等值线。（b）加铁后连续
几天的等值线。各横排图分别表示六氟化硫（SF_6）示踪物、铁浓度、叶绿素浓度、硝酸盐
（等值线表示与 10 μmol/L 之间的差异）和 CO_2 的逸度（% 分压）。（Coale 等，1996）
[*] 图题为译者总结。

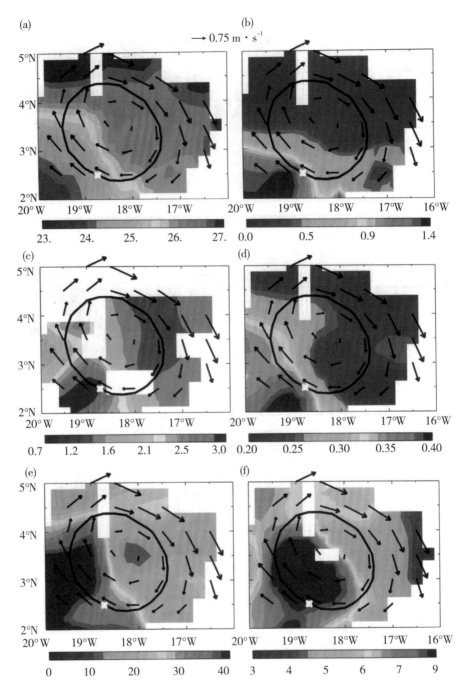

彩图 11.6　赤道大西洋中热带不稳定波的反气旋式涡旋场内的循环、硝酸盐浓度和生物学参数

（a）密度跃层以上水柱的平均温度和流速。　　（b）密度跃层以上水柱的硝酸盐浓度（单位：$\mu mol/L$）平均值。（c）0.1% 光强深度以上水柱的总初级生产力（通过测定自然荧光而得；单位：$g\,C \cdot m^{-2} \cdot d^{-1}$）。（d）密度跃层深度以上水柱中的原位平均叶绿素浓度（单位：$mg \cdot m^{-3}$）。（e）表层 150 m 水柱中浮游动物的平均生物量（每立方米的干重；声学测定，以浮游生物拖网所得数据进行了校正）。（f）声学取样测定的表层 500 m 水柱中弱泳生物的平均生物量。（Menkes 等，2002）

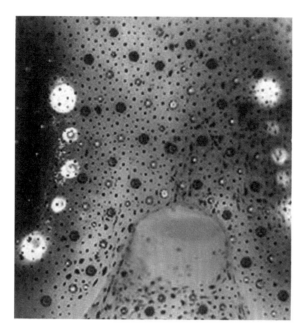

彩图 12.1　太平洋小钩腕乌贼的腹面观照片

显示出几种颜色（蓝圈白心和红色）的发光器官。红色是由滤光片获得，白色大点是位于半透明皮层内的视觉发光器官。（Young 和 Mencher，1980）

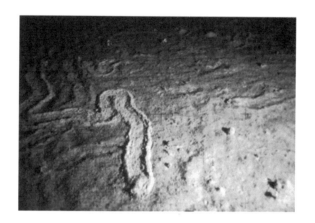

彩图 13.1　在 2°N，140°W 处深海平原海底的照片

弯曲的轨迹是照片最前端的海胆的运行轨迹，也可看见早先的轨迹以及各种各样的动物堆。（来自 Smith 图集；C. R. Smith 拍摄，1996）

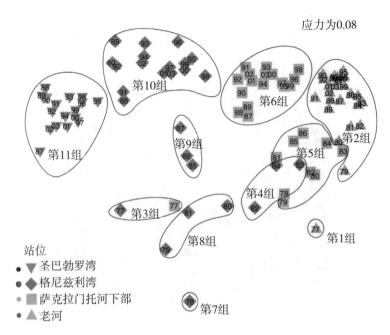

彩图14.1 **旧金山湾入海口上游的**4**个站点时间序列样本与大型底栖动物群落组成的前两个主成分的关系**

PCA −1 是横向坐标，PCA −2 是纵向坐标。（Peterson 和 Vayssières，2010）

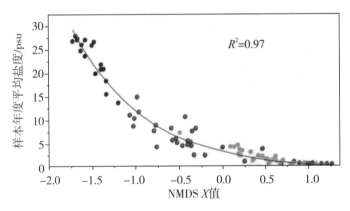

彩图14.2 **沿** PCA −1（**彩图**14.1）**轴的位置与盐度的关系**

盐度较低的是上游站位。（Peterson 和 Vayssières，2010）

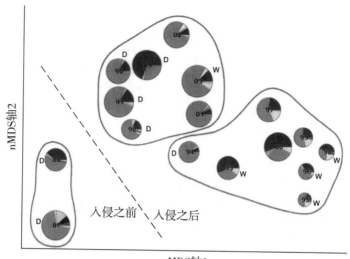

彩图 14.3　灰熊湾（旧金山湾河口中部）样品年平均群落组成的主成分

Corbula amurensis 入侵前、入侵后（每个圆饼图中的数字表示年份）的群落明显分开。部
分分布趋势来自湿润（W）年份与干燥（D）年份的差异。有些年份（没有标记）的降水
量处于平均水平，因此，淡水流入河口。圆饼表示每年的物种组成。扇形的不同颜色对应
不同的（动物分类）门：蓝色代表蛤类，红色代表甲壳动物等。（Peterson 与 Vayssières，
2010）

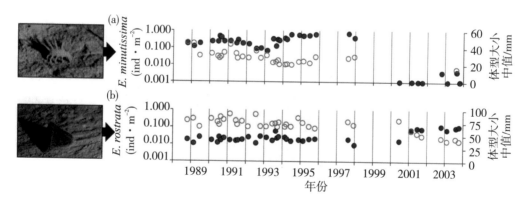

**彩图 14.4　美国加利福尼亚州南部向海站点 M 处海参类 *Elpidia minutissima* 和海胆类 *Echinocre-
pis rostrata* 在海底沉积物表面上的照片，及在断面上丰度（实心蓝点）的时间序列数据**

使用带有摄像机的雪橇后方连接的有拖网取样，测定了 2 个物种的体型大小中值（红色空心
圆）时间序列。（Smith 等，2009）

彩图 15.1　深海热泉喷口区的动物图集

（a）一种深海热泉蠕虫（Vestimentiferan）——巨型管蠕虫（*Riftia pachyptila*），1977 年摄于加拉帕戈斯海岭（伍兹霍尔海洋研究所 J. Edmond 馈赠）。（b）热液喷口的贻贝——嗜热深海偏顶蛤（*Bathymodiolus thermophilus*），摄于 21°N 东太平洋海隆处。（c）热液喷口的蛤蜊——壮丽伴溢蛤（*Calyptogena magnifica*）。（d）海底"黑烟囱"喷口附近有各式各样的动物。（b）（c）（d）由伍兹霍尔海洋研究所 J. Baross 馈赠。

彩图 15.2　印度洋中脊的"鳞脚腹足类"

（Warén 等，2003）

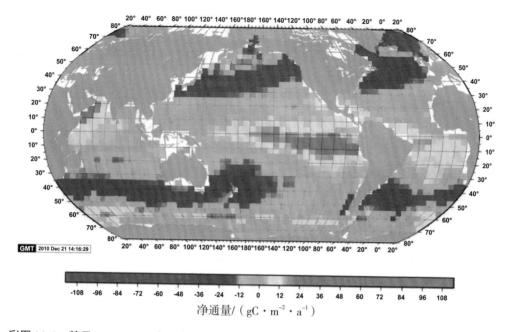

彩图 16.1　基于 1980—2000 年测得的 300 万个表面海水 $p\mathrm{CO_2}$ 值预测海洋的 $\mathrm{CO_2}$ 输入通量（负值，冷色）和输出通量（正值，暖色）的世界性分布

以万维网 2010 年 12 月重新计算为基础，经 T. Takahashi 的许可；方法来自 Takahashi 等，2009。

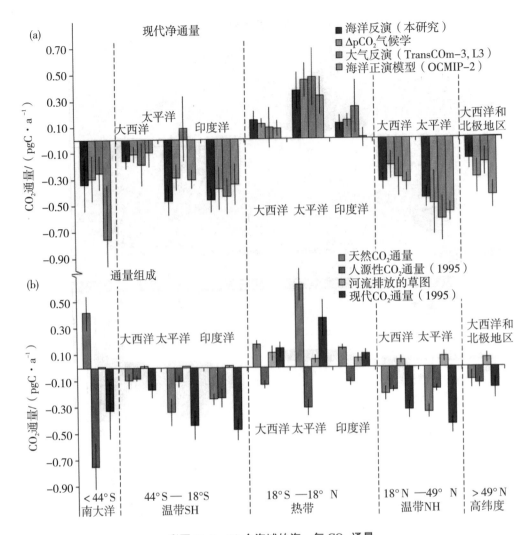

彩图16.2　10个海域的海-气 CO_2 通量

正值表示从海洋输出到大气。误差棒给出了近似标准偏差（"不确定性"）。(a) 使用4种不同颜色的柱条表示4种模型计算出1995年的通量值。(b) 前工业化时期的近似值（"自然"状态下的通量——蓝绿色），人类活动产生的 CO_2 通量（粉色），和 Gruber 等（2009）使用反演法得到的1995年交换通量 [图 (a) (b) 中的蓝色柱]。

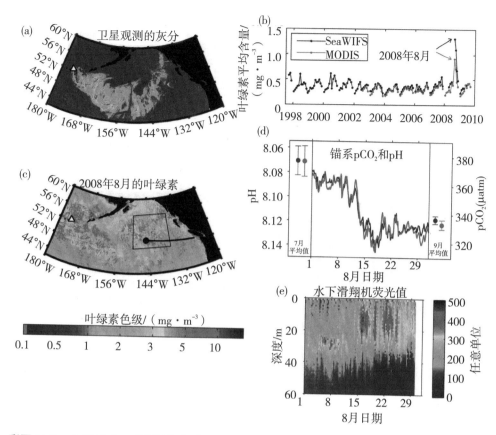

彩图 16.3　由 2008 年 8 月阿拉斯加湾的 Mt. Kasatochi 火山喷发出的尘羽导致的浮游植物藻华
（a）卫星记录下的初始阶段尘羽反射的模式。（b）SeaWIFS 和 MODIS 记录的目标海区［图
（c），方框所示］叶绿素月平均值的时间序列，显示 2008 年 8 月叶绿素浓度发生强烈、不寻常
的增高。（c）2008 年 8 月 MODIS 记录的叶绿素分布模式；更为典型的分布模式见 Hamme 等
（2010）。（d）8 月 12 日左右尘羽产生时站点 P［图（c）中的黑点］处 pH 的升高和 $p\mathrm{CO_2}$ 的降
低。（e）尘羽产生之前、之后在站点 P 附近水下滑翔机获取的原始荧光数据。（Hamme 等，
2010 年）

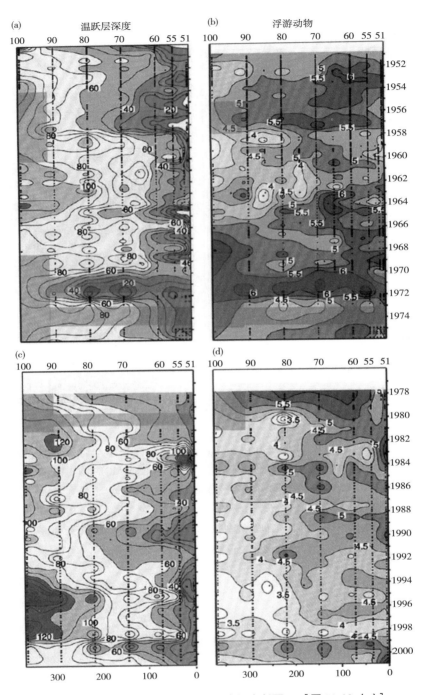

彩图 16.4　加利福尼亚联合海洋鱼类调查断面 80 [图 16.22（a）]

图（a）和（c），表示不同时间与离岸距离条件下温跃层的深度变化情况图中用 12 ℃等温线深度（单位：m）来代表温跃层深度和营养盐跃层深度。图（b）和（d）表示在不同时间与离岸距离条件下，大型浮游动物排水量［单位：mL·（1 000 m）$^{-3}$］的自然对数。图（a）和（b）的数据来自 1950—1975 年的样品；图（c）和（d）的数据来自 1976—2000 年的样品。小点（温跃层深度数据有 1 392 个，浮游生物排水体积数据有 1 750 个）代表实测的站点。灰色阴影表示两个相邻航次之间的时间跨度较长。（McGowan 等，2003）

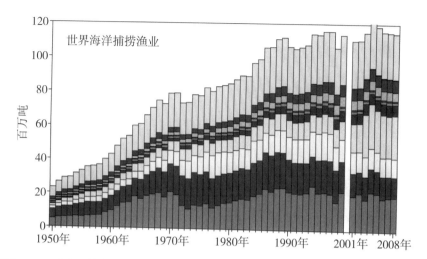

彩图 17.1　联合国粮食及农业组织（FAO）对自 1950 年起全球海洋渔业捕捞量的统计
不同颜色的柱段，从底部开始分别表示：蓝色，鲱科鱼（鲱鱼、鳀鱼……）；褐红色，底栖鱼
（鳕鱼、狗鳕、比目鱼）；奶油色，狗鱼和其他浮游物种；淡蓝色，其他；紫色，金枪鱼、狐鲣；
粉色，溯河性鱼（鲑鱼、鲱鱼），后面是鲨鱼、甲壳动物、软体动物（约为鱿鱼的一半）；黄色，
海上丢弃物的近似量。由于在此只选了这些类别作展示，故这些类群的总和不一定与 FAO 总计
量完全相同。2000—2001 年的类别也发生了变化，主要将一些居于水底的和远洋捕捞量算到
"未识别海洋物种"这一项中（自 2001 年起被归类到淡蓝色表示的组合类群中）。然而，同期对
有些水底物种的捕捞量也有减少，禁捕可能是捕捞量降低的原因之一。